agr 720
lbc 19
13. Aufl.
42. Expl.

Ausgeschieden im Jahr 20 24

Bei Überschreitung der Leihfrist wird dieses Buch sofort gebührenpflichtig angemahnt (ohne vorhergehendes Erinnerungsschreiben).

Kirchgeßner

Tierernährung

Leitfaden
für Studium, Beratung
und Praxis

13., neu überarbeitete Auflage

von

Prof. Dr. agr. Dr. agr. habil.
Franz X. Roth
Technische Universität München

Prof. Dr. agr. Dr. agr. habil.
Frieder J. Schwarz
Technische Universität München

Prof. Dr. oec. troph. Dr. habil.
Gabriele I. Stangl
Martin-Luther-Universität Halle-Wittenberg

Bibliographische Information **Der Deutschen Bibliothek**

Die Deutsche Bibliothek verzeichnet diese Publikation in der Deutschen Nationalbibliographie; detaillierte bibliographische Daten sind im Internet über http://dnb.ddb.de abrufbar.

Abbildungsverzeichnis

agrarmotive, Münster: Seite 239, 250, 274, 277 (oben), 304, 351, 367, 379, 501, 505, 523, 545, 562, 566 (links), 571, 572

agrar-press, Nörvenich: Seite 252, 265, 268, 303, 365 (links), 376, 398 (links), 421, 507, 524, 534, 566 (rechts), 588, 595, 597

Farmbilder, Frechen: Seite 245, 307, 355, 368, 411 (links), 431, 548

agrarfoto, Kremsmünster (A): Seite 81, 240, 271, 286, 289, 294 (links), 294 (rechts), 301, 308, 311, 315, 365 (rechts), 371, 372, 390, 398 (rechts), 411 (rechts), 427, 432, 443, 515, 519, 522, 527, 529, 533, 537, 544, 558, 560, 570, 573, 583, 591

PhotoDisc Agriculture: Seite 246, 291, 353, 374

Fa. Bigdutchman, Vechta: Seite 569

Titel: fotolia

Die Vervielfältigung und Übertragung einzelner Textabschnitte, Zeichnungen oder Bilder, auch zum Zwecke der Unterrichtsgestaltung, gestattet das Urheberrecht nur, wenn sie mit dem Verlag vereinbart wurden. Im Einzelfall muss über die Zahlung einer Gebühr für die Nutzung fremden geistigen Eigentums entschieden werden. Das gilt für die Vervielfältigung durch alle Verfahren einschließlich Speicherung und jede Übertragung auf Papier, Transparente, Filme, Bänder, Platten und andere Medien.

@ 2011 DLG-Verlag GmbH, Eschborner Landstraße 122, D-60489 Frankfurt am Main

ISBN 978-3-7690-0803-6

Umschlag: Petra Sarow, München
Satz: MedienStudio Strith, Eltville
Herstellung: Daniela Schirach, Frankfurt am Main

Druck: FINIDR, Czech Republik

Vorwort zur 13. Auflage

Das Schreiben eines Buches kann Zufriedenheit und Glück bedeuten (Tucholsky). Ein Fachbuch, das die Grundlagen der Tierernährung vereinfacht und die praktische Fütterung umfassend behandeln soll, kann zur Qual werden. Sichtet und vergleicht man nämlich das Vorhandene, so erkennt man schnell, dass mit vielem gebrochen, manches modifiziert und neu gestaltet werden muss, wenn man nur annähernd die Fortschritte der schnelllebigen Wissenschaft für die Praxis einfangen will. Durch die Arbeit und das Wirken der älteren und jüngeren Fachkollegen des In- und Auslandes ist dies heute jedoch durchaus möglich. Das vorliegende Buch ist ein Versuch hierfür. Praxis und Beratung werden nach entsprechender Einarbeitung ihren Nutzen daraus ziehen können. Auch für Studierende der Agrarwissenschaft, Veterinärmedizin sowie der Ernährungswissenschaften ist dieses Buch als Einführung in die Ernährungsphysiologie und Tierernährung sicherlich eine Hilfe.

Dieses Vorwort zur ersten Auflage (1969) kann man auch nach 42 Jahren der neu bearbeiteten 13. Auflage vorausschicken. Die Neubearbeitung wurde auf drei Schultern verteilt. Den Studierenden, der Beratung und letztlich auch der Praxis werden damit die neuesten Erkenntnisse zugänglich gemacht. Auch die bislang erschienenen Auflagen waren nur möglich durch die unermüdliche Hilfe einiger Mitarbeiter des Instituts für Ernährungsphysiologie der Technischen Universität München. Bei vielen der früheren Auflagen haben an einigen Kapiteln Privatdozent Dr. H. L. MÜLLER und Prof. Dr. Dora A. ROTH-MAIER mitgearbeitet. In der neu bearbeiteten 13. Auflage übernehmen Prof. Dr. Gabriele STANGL die gesamten Grundlagen der Ernährungsphysiologie, einschließlich des Stoffwechsels der Nähr- und Wirkstoffe, Prof. Dr. F. J. SCHWARZ wieder die Rinder-, Pferde- und Schaffütterung und Prof. Dr. F. X. ROTH die Schweine- und Geflügelfütterung. Im Inhaltsverzeichnis ist dies im Einzelnen aufgeführt.

Weihenstephan, im Sommer 2011   M. Kirchgeßner

Inhalt

Aufgaben der Tierernährung 17

1 Zusammensetzung von Nahrung und Tier *(G. I. Stangl)* 19
    Weender Futtermittelanalyse 22

2 Die Verdauung *(G. I. Stangl)* 27
    2.1 Zur Physiologie der Verdauung 28
        2.1.1 Verdauungssekrete des Tieres 30
        2.1.2 Mikrobiologische Vorgänge bei der Verdauung 32
    2.2 Die Verdaulichkeit und ihre Beeinflussung 34
        2.2.1 Verdaulichkeit und Absorbierbarkeit 34
        2.2.2 Einflüsse auf die Verdaulichkeit 37
            2.2.2.1 Tierart 37
            2.2.2.2 Futtermenge 39
            2.2.2.3 Rationszusammensetzung 40
            2.2.2.4 Zubereitung der Futtermittel 40
        2.2.3 Zur Bestimmung der Verdaulichkeit 41
            2.2.3.1 Tierversuche 41
            2.2.3.2 In-vitro-Methoden und Schätzmethoden 43
        2.2.4 Bedeutung der Verdaulichkeit der organischen Substanz
             für die praktische Fütterung 44

3 Die Nährstoffe und ihr Stoffwechsel *(G. I. Stangl)* 45
    3.1 Wasser 46
    3.2 Kohlenhydrate und ihr Stoffwechsel 49
        3.2.1 Klassifizierung und Bedeutung der Kohlenhydrate 50
            Stärke 52
            Cellulose 52
        3.2.2 Verdauung und Absorption 54
            3.2.2.1 Nichtwiederkäuer 54
            3.2.2.2 Wiederkäuer 55
        3.2.3 Stoffwechsel der Kohlenhydrate 57
            3.2.3.1 Glycolyse 58
                Regulation der Glycolyse 61
                Abbau von Pyruvat zu Acetyl-CoA 64
                Verknüpfung der Glycolyse mit dem Fettstoffwechsel 65
            3.2.3.2 Gluconeogenese 65
                Beziehungen zum Stoffwechsel der Aminosäuren 66

Inhalt

		3.2.3.3 Pentosephosphatweg	66
		3.2.3.4 Glycogenstoffwechsel	67
		3.2.3.5 Aktivierung und Umwandlung von Zuckern	68
	3.2.4	Störungen im Stoffwechsel der Kohlenhydrate	68
		Pansenazidose	68
		Ketose	69
3.3	Fette und ihr Stoffwechsel		71
	3.3.1	Chemische Struktur und Klassifizierung der Fette	71
		Triglyceride und Fettsäuren	73
		Physikalisch-chemische Eigenschaften von Triglyceriden	75
		Fettkennzahlen	76
		Phospho- und Glycolipide	76
		Terpene	77
		Steroide	77
	3.3.2	Verdauung und Absorption	77
		3.3.2.1 Nichtwiederkäuer	77
		Verdaulichkeit von Fetten	78
		3.3.2.2 Wiederkäuer	79
		Hydrierung	79
		Umlagerung der Doppelbindung	79
		Konjugierung von Doppelbindungen	80
		Einsatz von pansengeschützten Fetten	80
		Fetttoleranz	81
	3.3.3	Einflüsse auf Körper- und Milchfett	82
		Einfluss der Fütterung auf das Depotfett	82
		Einflüsse der Fütterung auf die Zusammensetzung des Milchfetts	83
	3.3.4	Stoffwechsel der Fette	85
		3.3.4.1 Oxidation von Fettsäuren	85
		Mitochondriale Fettsäureoxidation	85
		Peroxisomale Fettsäureoxidation	87
		3.3.4.2 Biosynthese von Ketonkörpern	87
		3.3.4.3 Synthese von Fetten (Lipogenese)	88
		3.3.4.4 Stoffwechsel des Cholesterins	88
		3.3.4.5 Regulation des Fettstoffwechsels	89
	3.3.5	Essenzielle Fettsäuren	90
	3.3.6	Fettverderb	90
		Hydrolytische Spaltung	90
		Autoxidation	91
	3.3.7	Technologische Modifikation von Fetten	92
3.4	Proteine und ihr Stoffwechsel		94
	3.4.1	Chemische Struktur und Funktion von Proteinen	94
		Stickstoffhaltige Verbindungen ohne Eiweißstruktur	96
	3.4.2	Chemische Struktur und Funktion von Aminosäuren	97
	3.4.3	Verdauung und Absorption	98
		3.4.3.1 Nichtwiederkäuer	99
		Einflüsse auf die Verdaulichkeit von Protein	100
		Tierspezifische Faktoren	101

	Futterspezifische Faktoren	102
	Einfluss der Vorbehandlung von Futtermitteln	102
	Einfluss begleitender Futterstoffe	103
	Einfluss antinutriver Pflanzenstoffe	103
	3.4.3.2 Wiederkäuer	104
3.4.4	Stoffwechsel der Proteine	104
	3.4.4.1 Biosynthese von Proteinen	105
	Schritte der Proteinbiosynthese	106
	3.4.4.2 Proteinabbau	107
	3.4.4.3 Dynamik und Regulation des Proteinstoffwechsels	108
	3.4.4.4 Besonderheiten im Proteinstoffwechsel des Wiederkäuers	110
	Bildung von Mikrobeneiweiß	110
	Einflüsse auf die mikrobielle Eiweißsynthese	111
	Ruminohepatischer Kreislauf	112
	Konsequenzen für die Proteinversorgung	113
	Harnstoffeinsatz und geschützte Proteine	113
3.4.5	Stoffwechsel der Aminosäuren und ihre Essenzialität	114
	3.4.5.1 Stoffwechsel der Aminosäuren	114
	Transaminierung	114
	Desaminierung	115
	Harnstoffzyklus	115
	Decarboxylierung	116
	Abbau des Kohlenstoffgerüstes der Aminosäuren	117
	3.4.5.2 Essenzielle Aminosäuren	117
3.4.6	Biologische Proteinqualität und ideales Protein	119
	3.4.6.1 Bestimmung und Bewertung der Qualität von Futtereiweißen	121
	3.4.6.2 Ergänzungswirkung von Proteinen	123
	3.4.6.3 Proteinqualität beim Wiederkäuer	126
3.4.7	Proteinbedarf der Tiere	126
	3.4.7.1 Stickstoff-Bilanz	126
	3.4.7.2 Proteinbedarf von Monogastriden	129
	3.4.7.3 Proteinbedarf von Wiederkäuern	130
3.4.8	Fehlernährung mit Proteinen und Aminosäuren	132

4 Energiehaushalt (G. I. Stangl) — 133

4.1	Energetische Grundbegriffe	134
	4.1.1 Einheiten	134
	4.1.2 Grundgesetzmäßigkeiten	135
4.2	Energieumsetzung im Tier	137
	4.2.1 Theoretische Berechnung von Energiebilanzen im Intermediärstoffwechsel	137
	4.2.1.1 Energielieferung der Nährstoffe	137
	4.2.1.2 Citratzyklus und Atmungskette als Endstrecke der biologischen Nährstoffoxidation	139
	Citratzyklus	139
	Atmungskette	141
	4.2.1.3 Energieaufwand für Biosynthesen	143

	4.2.2	Messung des gesamten Energieumsatzes im Tier 144
		4.2.2.1 Bilanzstufen des Energiewechsels 144
		4.2.2.2 Methodik der Energiewechselmessung 147
	4.2.3	Energetische Verwertung der Nahrungsenergie 151
		4.2.3.1 Energieverwertung bei Monogastriden 151
		4.2.3.2 Verwertung der Endprodukte der Pansengärung 152
		Pansen 153
		Erhaltung 154
		Körperenergieansatz 155
		Milchbildung 156
4.3	Energiebedarf des Tieres 157
	4.3.1	Minimalbedarf oder Grundumsatz 157
	4.3.2	Erhaltungsbedarf 158
	4.3.3	Leistungsbedarf 159
4.4	Die energetische Bewertung der Futtermittel 161
	4.4.1	Entwicklung der Futterbewertung 162
		Stärkewertsystem 162
	4.4.2	Futterbewertung beim Wiederkäuer 163
	4.4.3	Futterbewertung beim Schwein 166
	4.4.4	Futterbewertung beim Geflügel 168
	4.4.5	Gleichungen zur Schätzung energetischer Futterwerte 169
		Schweinemischfutter 169
		Geflügelmischfutter 169
		Rindermischfutter 170
		Gras- und Maisprodukte 170

5 Mineralstoffe, Vitamine und sonstige Wirkstoffe *(G. I. Stangl)* 173

5.1	Mengenelemente 175
	5.1.1	Dynamik im Stoffwechsel 175
		5.1.1.1 Absorption und Exkretion 175
		5.1.1.2 Speicherung und Mobilisierung 176
		5.1.1.3 Mangel und Überschuss 177
	5.1.2	Spezifische Funktionen und Besonderheiten einzelner Mengenelemente ... 179
		Natrium, Chlorid und Kalium 179
		Calcium und Phosphat 180
		Magnesium 184
		Schwefel 185
	5.1.3	Zur faktoriellen Ableitung des Bedarfs an Mengenelementen ... 185
5.2	Spurenelemente 188
	5.2.1	Dynamik im Stoffwechsel 189
		5.2.1.1 Absorption und Exkretion 190
		5.2.1.2 Verteilung, Speicherung und Mobilisierung 192
		5.2.1.3 Mangel und Überschuss 193
	5.2.2	Spezifische Funktionen und Besonderheiten einzelner Spurenelemente 194
		Eisen 194
		Kupfer 198

	Zink	199
	Mangan	200
	Molybdän	200
	Kobalt	201
	Chrom	201
	Jod	202
	Selen	203
	Fluor	204
	Ultraspurenelemente	204
5.2.3	Zur Bedarfsableitung der Spurenelemente	205
5.3	Vitamine	208
5.3.1	Dynamik im Stoffwechsel	209
5.3.1.1	Absorption und Exkretion	209
5.3.1.2	Speicherung und Mobilisierung	210
5.3.1.3	Mangel und Überschuss	210
5.3.2	Spezifische Funktionen und Besonderheiten einzelner fettlöslicher Vitamine	212
	Vitamin A und Carotinoide	212
	Vitamin D	214
	Vitamin E	216
	Vitamin K	218
5.3.3	Spezifische Funktionen und Besonderheiten einzelner wasserlöslicher Vitamine	219
	Vitamin B_1 (Thiamin)	219
	Vitamin B_2 (Riboflavin)	220
	Vitamin B_6 (Pyridoxin, Pyridoxal, Pyridoxamin)	221
	Vitamin B_{12} (Cobalamin)	221
	Folsäure	222
	Niacin (Nicotinsäure und Nicotinamid)	223
	Pantothensäure	223
	Biotin (Vitamin H)	224
	Vitamin C (Ascorbinsäure)	225
	Vitaminähnliche Substanzen	225
	Cholin	225
	Carnitin	225
5.3.4	Zur Bedarfsableitung von Vitaminen	226
5.4	Ergotrope Stoffe *(F. X. Roth)*	228
5.4.1	Enzyme	229
5.4.2	Hormone	231
5.4.3	Wachstumsförderer	231
5.4.3.1	Pro- und Präbiotika	232
5.4.3.2	Organische Säuren	233
5.4.3.3	Phytogene Zusatzstoffe	234
5.4.4	Antioxidantien, Emulgatoren, Coccidiostatica	235

Inhalt

6 Schweinefütterung *(F. X. Roth)* 237
  6.1 Fütterung der Zuchtsauen 239
    6.1.1 Leistungsstadien 240
      6.1.1.1 Die Zeit des Deckens 240
      6.1.1.2 Trächtigkeit 241
        Fötales Wachstum und Milchdrüse 243
        Zur Bildung von Körperreserven gravider Sauen 246
      6.1.1.3 Laktation 248
        Milchzusammensetzung und Milchertrag 248
    6.1.2 Bedarfsnormen 249
      6.1.2.1 Erhaltung 250
      6.1.2.2 Trächtigkeit 251
      6.1.2.3 Laktation 255
      6.1.2.4 Mineralstoff- und Vitaminbedarf 259
        Absetzen bis zum Decken 262
    6.1.3 Praktische Fütterungshinweise 262
      6.1.3.1 Alleinfütterung 263
      6.1.3.2 Kombinierte Fütterung 267
      6.1.3.3 Fütterungstechnische Hinweise 271
  6.2 Ferkelfütterung 272
    6.2.1 Grundlagen zur Ferkelernährung 273
      6.2.1.1 Nährstoff- und Schutzstoffgehalt der Kolostralmilch 273
      6.2.1.2 Absorptionsverhältnisse der γ-Globuline 275
      6.2.1.3 Enzymentwicklung und Verdauungsvermögen 276
    6.2.2 Bedarfsnormen für Ferkel 278
      6.2.2.1 Energie 278
      6.2.2.2 Eiweiß und Aminosäuren 279
      6.2.2.3 Mineralstoff- und Vitaminbedarf 283
    6.2.3 Fütterungshinweise zur Ferkelernährung 283
      6.2.3.1 Normale Säugedauer (4–6 Wochen) 283
        Saugferkelbeifütterung 283
        Wasser 287
      6.2.3.2 Verkürzte Säugedauer (1–3 Wochen) 287
        Absetzen nach einer Woche 287
        Absetzen nach drei Lebenswochen 288
        Sauenmilchersatz 289
      6.2.3.3 Fütterung von Absetzferkeln 290
        Zukaufsferkel 292
    6.2.4 Fütterungsbedingte Aufzuchterkrankungen 293
      6.2.4.1 Ferkelanämie 293
      6.2.4.2 Ferkeldurchfall 295
      6.2.4.3 Plötzlicher Herztod und Ödemkrankheit
        der Absetzferkel 296
  6.3 Fütterung weiblicher Zuchtläufer 296
    Fütterungshinweise 299
  6.4 Fütterung von Jung- und Deckebern 300
    6.4.1 Reproduktionsleistung und Nährstoffbedarf 300

	6.4.1.1	Aufzuchtperiode	300
	6.4.1.2	Deckperiode	301
6.4.2	Praktische Fütterungshinweise		302
	6.4.2.1	Aufzucht von Ebern	302
	6.4.2.2	Deckeber	303

6.5 Fütterung der Mastschweine 305
   6.5.1 Zur Physiologie des Wachstums von Mastschweinen 305
      6.5.1.1 Wachstumsintensität 305
      6.5.1.2 Körperzusammensetzung 306
           Chemische Zusammensetzung 309
   6.5.2 Nährstoffretention und -bedarf wachsender Mastschweine 310
      6.5.2.1 Protein- und Fettansatz 311
      6.5.2.2 Energiebedarf 314
      6.5.2.3 Protein- und Aminosäurenbedarf 316
      6.5.2.4 Mineralstoff- und Vitaminbedarf 319
      6.5.2.5 Richtzahlen zur Optimierung des Futters 320
      6.5.2.6 Futterverzehr und Einfluss des Geschlechts auf die Mastleistung 321
           Jungebermast 322
      6.5.2.7 Verdaulichkeit 323
   6.5.3 Fütterungshinweise zur Schweinemast 324
      6.5.3.1 Getreidemast 324
           Reduzierung der N- und P-Ausscheidung 331
           Futtermittel 332
           Fütterungstechnik 335
      6.5.3.2 Mast mit Maiskolbenschrotsilage 339
      6.5.3.3 Hackfruchtmast 341
           Beifutter 342
           Kartoffelmast 342
           Rübenmast 344
           Fütterungstechnik 344
      6.5.3.4 Molkenmast 345
      6.5.3.5 Mast mit sonstigen Futtermitteln 347

7 Rinderfütterung *(F. J. Schwarz)* 349
7.1 Fütterung laktierender Kühe 350
   Zusammensetzung der Kuhmilch 350
   Kolostrum 352
   7.1.1 Nährstoffbedarf laktierender Kühe 353
      7.1.1.1 Energiebedarf für Erhaltung und Milchproduktion 353
      7.1.1.2 Proteinbedarf für Erhaltung und Milchproduktion 355
      7.1.1.3 Mineralstoff- und Vitaminbedarf für Erhaltung
           und Milchproduktion 361
   7.1.2 Konzentration und Aufnahme von Nährstoffen bei laktierenden Kühen 364
      7.1.2.1 Energiekonzentration 364
      7.1.2.2 Futteraufnahme 364
           Einflussfaktoren auf die Futteraufnahme 366

7.1.3 Ernährung und Milchmenge sowie Milchzusammensetzung 370
    7.1.3.1 Laktationsverlauf 370
    7.1.3.2 Ernährung und Laktation 373
        Milchproduktion bei Energie- und Proteinfehlernährung 373
        Ernährungsbilanz bei Hochleistungskühen 376
    7.1.3.3 Fütterung und Milchzusammensetzung 377
        Ernährungseinflüsse auf das Milcheiweiß 377
        Ernährungseinflüsse auf das Milchfett 378
        Kohlenhydrate und Milchfettgehalt 378
        Eiweiß- sowie Energieversorgung und Milchfettgehalt 380
        Futterfett und Milchfettgehalt 380
        Ernährung und Fettsäuremuster des Milchfettes 381
        Ernährung und Gehalt der Milch an Mineral- und Wirkstoffen 381
    7.1.3.4 Diagnose von Fütterungsfehlern anhand von Milchinhaltsstoffen 382
    7.1.3.5 Fütterung und Geruch, Geschmack sowie Keimgehalt der Milch 383
        Futter und Geschmacks- sowie Geruchsfehler 384
        Zur Verhütung von Geschmacks- und Geruchsfehlern 384
        Ernährung und Keimgehalt der Milch 385
7.1.4 Hinweise zur praktischen Milchviehfütterung 386
    7.1.4.1 Berechnung von Futterrationen 386
        Futterstruktur 387
        Fütterungssystem und Rationsgestaltung 388
    7.1.4.2 Weide 388
        Vorbereitungsfütterung 389
        Futterwert und Nährstoffaufnahme 389
        Zur Weideführung 390
        Weidebeifütterung 392
    7.1.4.3 Grünfütterung im Stall 393
        Praktische Grünfutterrationen 395
    7.1.4.4 Rationsgestaltung mit Futterkonserven 396
        Heu, Produkte der Heißlufttrocknung und Stroh 396
        Silagen 399
        Rüben in der Winterfütterung 402
    7.1.4.5 Biertreber und Schlempen 402
    7.1.4.6 Kraftfutter. 403
        Milchleistungsfutter. 404
        Zum Kraftfuttereinsatz 406
    7.1.4.7 Mineral- und Wirkstoffergänzung 407
    7.1.4.8 Futterzusatzstoffe 409
    7.1.4.9 Fütterungstechnik und Fütterungshygiene 410
7.1.5 Ökologische Milchviehfütterung 412
7.2 Fütterung trockenstehender Kühe 413
  7.2.1 Zur speziellen Ernährungsphysiologie bei der Reproduktion 413
    7.2.1.1 Entwicklung des Fötus und der Reproduktionsorgane 413
    7.2.1.2 Trächtigkeitsanabolismus 416
    7.2.1.3 Ernährungsintensität und Leistung 416
        Nährstoffzufuhr und Geburtsgewicht 417

	7.2.2	Nährstoffbedarf trockenstehender Kühe	417
		7.2.2.1 Energie	417
		7.2.2.2 Protein	418
	7.2.3	Fütterungshinweise	420
		Mineral- und Wirkstoffversorgung	422
7.3	Fütterung von Aufzuchtkälbern		423
	7.3.1	Grundlagen zur Ernährung des Kalbes	424
		7.3.1.1 Ernährung in der Kolostralmilchphase	424
		7.3.1.2 Enzymaktivitäten im Verdauungstrakt und Verdauung der Nährstoffe	426
		Eiweiß	426
		Kohlenhydrate	427
		Fett	427
		7.3.1.3 Pansenentwicklung	428
	7.3.2	Energie- und Nährstoffbedarf	431
		Körperzusammensetzung	431
		Zusammensetzung des Körperansatzes	432
		Bedarfsableitung	433
		Futteraufnahme	434
	7.3.3	Fütterungshinweise zu den verschiedenen Aufzuchtmethoden	435
		7.3.3.1 Kolostralmilch	435
		7.3.3.2 Kälberaufzucht mit einer Tränkeperiode von 10 Wochen	437
		Vollmilch	437
		Milchaustauschfutter	438
		Kraftfutter und Heu	440
		7.3.3.3 Frühentwöhnung	442
		7.3.3.4 Kalttränkeverfahren	443
		7.3.3.5 Aufzucht älterer Kälber	445
7.4	Aufzuchtfütterung weiblicher Jungrinder		446
	7.4.1	Aufzuchtintensität sowie Energie- und Nährstoffbedarf	447
		7.4.1.1 Ernährungsniveau und Leistung	447
		7.4.1.2 Energie- und Nährstoffbedarf	447
	7.4.2	Fütterungshinweise zur Rinderaufzucht	453
		7.4.2.1 Fütterung im ersten und zweiten Lebensjahr	453
		7.4.2.2 Vorbereitungsfütterung des hochtragenden Jungrindes	455
7.5	Fütterung von Jung- und Deckbullen		456
	7.5.1	Grundlagen zur Zuchtbullenfütterung	456
		7.5.1.1 Aufzuchtintensität und Leistungsfähigkeit	456
		7.5.1.2 Energie- und Nährstoffbedarf	458
	7.5.2	Fütterungshinweise	459
7.6	Kälbermast		461
	7.6.1	Allgemeine Aspekte der Kälbermast	461
		Tiermaterial	461
		Mastendgewicht	462
		Fleischfarbe	462
	7.6.2	Ernährungsgrundlagen	463
		Körperzusammensetzung	463

		Nährstoffretention	463
		Energiebedarf	464
		Proteinbedarf	466
	7.6.3	Praktische Fütterungshinweise zur Kälbermast	467
		Mast mit Milchaustauschfutter	468
7.7	Jungrindermast		471
	7.7.1	Zur Physiologie des Wachstums von Mastrindern	471
		7.7.1.1 Körperzusammensetzung wachsender Rinder	471
		7.7.1.2 Zur Fütterungsintensität	473
	7.7.2	Nährstoffretention und -bedarf wachsender Mastrinder	475
		7.7.2.1 Fett- und Proteinansatz	476
		7.7.2.2 Energiebedarf	477
		7.7.2.3 Proteinbedarf	478
		7.7.2.4 Mineralstoffe und Vitamine	480
	7.7.3	Schlachtkörper und Fleischqualität	482
	7.7.4	Futteraufnahme wachsender Mastrinder	484
	7.7.5	Fütterungshinweise zu den Mastmethoden	485
		7.7.5.1 Maissilage	485
		Eiweißergänzung	488
		7.7.5.2 Grassilage	490
		7.7.5.3 Nebenerzeugnisse der Zuckerherstellung und des Gärungsgewerbes	491
		7.7.5.4 Kraftfutter	493
		7.7.5.5 Weide	493
	7.7.6	Mast von Färsen und Ochsen	495
	7.7.7	Mutterkuhhaltung	497

8 Schaffütterung *(F. J. Schwarz)* ... 499

8.1	Fütterung von Mutterschafen		500
	8.1.1	Leistungsstadien und Nährstoffbedarf	500
		8.1.1.1 Zeit des Deckens	501
		8.1.1.2 Trächtigkeit	502
		8.1.1.3 Laktation	503
		8.1.1.4 Wollwachstum	504
		8.1.1.5 Energie- und Nährstoffbedarf	505
		Energie	505
		Protein	507
		Mineralstoffe und Vitamine	508
	8.1.2	Futteraufnahme	510
	8.1.3	Praktische Fütterungshinweise	510
		8.1.3.1 Grundfutter	511
		8.1.3.2 Kraftfutter	512
8.2	Aufzucht von Lämmern		514
	8.2.1	Energie- und Nährstoffbedarf	514
	8.2.2	Aufzuchtmethoden	516
		8.2.2.1 Sauglämmeraufzucht	517

	8.2.2.2	Frühentwöhnung	518
	8.2.2.3	Mutterlose Aufzucht	520
8.2.3		Fütterung junger Zuchtschafe	521
8.3	Zur Fütterung von Zuchtböcken		523
8.4	Lämmermast		525
	8.4.1	Lämmerschnellmast	526
		8.4.1.1 Sauglämmermast	526
		8.4.1.2 Intensivlämmermast	527
	8.4.2	Verlängerte Lämmermast	529

9 Pferdefütterung (F. J. Schwarz) ... 531

- 9.1 Fütterung von Zug- und Sportpferden ... 532
  - 9.1.1 Zur Verdauungsphysiologie der Nährstoffe beim Pferd ... 532
    - Kohlenhydrate ... 532
    - Protein ... 534
    - Fett ... 534
  - 9.1.2 Nährstoffbedarf von Zug- und Sportpferden ... 534
    - 9.1.2.1 Energiebedarf ... 535
    - 9.1.2.2 Proteinbedarf ... 538
    - 9.1.2.3 Mineral- und Wirkstoffbedarf ... 539
      - Mengen- und Spurenelemente ... 539
      - Vitamine ... 540
    - 9.1.2.4 Wasser ... 541
  - 9.1.3 Praktische Fütterungshinweise ... 542
    - 9.1.3.1 Futterbewertung und Futteraufnahme ... 542
    - 9.1.3.2 Grundfutter ... 544
      - Weide- und Grünfutter ... 544
      - Silagen ... 546
      - Raufutter ... 547
      - Hackfrüchte ... 549
    - 9.1.3.3 Kraftfutter ... 549
    - 9.1.3.4 Mineral- und Wirkstoffergänzung ... 550
    - 9.1.3.5 Fütterungstechnik ... 551
- 9.2 Fütterung von Stuten ... 553
  - 9.2.1 Leistungsstadium und Nährstoffbedarf ... 553
    - 9.2.1.1 Trächtigkeit ... 553
    - 9.2.1.2 Laktation ... 554
  - 9.2.2 Praktische Fütterungshinweise ... 556
    - Weide ... 558
- 9.3 Fütterung von Fohlen und Jungpferden ... 559
  - 9.3.1 Wachstum und Nährstoffbedarf ... 559
  - 9.3.2 Fütterungshinweise zur Aufzucht ... 561
    - 9.3.2.1 Saugfohlen ... 561
    - 9.3.2.2 Absetzfohlen ... 562
    - 9.3.2.3 Fütterung von Jährlingen und Zweijährigen ... 563
- 9.4 Fütterung von Deckhengsten ... 564

Inhalt

10 Geflügelfütterung *(F. X. Roth)* 565
    10.1 Fütterung der Legehennen. 567
        Leistungsentwicklung der Legehennen 567
        Ernährung und Eizusammensetzung 568
        Mineral- und Wirkstoffgehalt des Eies 570
        Farbe des Eidotters 571
        Geschmack und Geruch des Eies 572
        10.1.1 Energie-, Protein- und Aminosäurenbedarf 572
        10.1.2 Mineralstoff- und Vitaminbedarf 578
        10.1.3 Praktische Fütterungshinweise 580
            10.1.3.1 Alleinfütterung. 580
                Hofeigene Mischungen. 583
            10.1.3.2 Kombinierte Fütterung 585
            10.1.3.3 Fütterung von Corn-Cob-Mix. 586
            10.1.3.4 Wasserversorgung 587
    10.2 Küken- und Junghennenaufzucht 588
        Fütterungshinweise. 589
        Haltungsbedingungen. 591
    10.3 Fütterung der Zuchthähne. 592
    10.4 Broilerfütterung. 593
        Wachstum. 593
        Chemische Zusammensetzung und Energieansatz 593
        Futteraufnahme und Futterverwertung 595
        Energiebedarf. 595
        Protein- und Aminosäurenbedarf 598
        Mineralstoff- und Vitaminbedarf 601
        Fütterungshinweise zur Broilermast 601
    10.5 Mit der Fütterung zusammenhängende Besonderheiten beim Geflügel 605
        Beleuchtungsprogramm 605
        Fettlebersyndrom 605
        Federfressen und Kannibalismus 607

11 Futtermittelsicherheit *(F. J. Schwarz und F. X. Roth)* 609
    11.1 Futtermittel 610
    11.2 Tränkwasser 613

Anhang 617
    Abkürzungen 618
    Literaturhinweise 622
    Zur Zusammensetzung und zum Nährwert von Futtermitteln. 625
    Sachverzeichnis 626

Aufgaben der Tierernährung

Der Anteil der tierischen Erzeugnisse am Gesamterlös der Landwirtschaft betrug im Mittel der letzten Jahre 75 %. Dies zeigt, dass der größte Teil der landwirtschaftlich angebauten Früchte über den Tiermagen veredelt wird.

Während nahezu die gesamte Nahrung für Rinder und Schafe für die menschliche Nahrung nicht direkt geeignet ist, können etwa 60 % der an Geflügel, Schweine und Mastkälber verabreichten Futtermittel auch vom Menschen verzehrt werden. Hieraus könnte sich in Notzeiten eine Konkurrenzsituation ergeben, die dann letztlich die Versorgung der Menschheit mit hochwertigen Proteinen in Frage stellt. Deshalb muss auch für diese tierische Produktion die Suche nach vom Menschen nicht verwertbaren Futtermitteln intensiviert werden.

Während sich die Tierernährung früher zum Ziel setzte, die tierische Produktion – im Sinne einer besseren Ausnutzung von Futtermitteln – zu intensivieren, rückte die Qualität tierischer Erzeugnisse in den letzten Jahrzehnten zunehmend in den Vordergrund. Da die tierischen Produkte der menschlichen Ernährung dienen, müssen sie auch frei von Schadstoffen sein. Diese Schadstofffreiheit muss aber bereits für Futtermittel gewährleistet sein. Nur so kann der Verbraucher in seiner Gesundheit geschützt, aber auch der praktische Landwirt vor ökonomischen Einbußen bewahrt werden. Der Qualitätsbegriff umfasst somit die möglichst rückstandsfreie Erzeugung tierischer Produkte, die Herstellung eines gesundheitlich einwandfreien und ernährungsphysiologisch wertvollen Produktes, die Produktion in Art-gerechten Betrieben sowie geschmackliche Güte. Der Tierernährung kommt damit eine Vielfalt von Aufgaben zu. Primäres Ziel der Ernährung ist es jedoch, den ständigen Verbrauch an Nährstoffen und Energie, die jeder tierische Organismus hat, über die Nahrung zuzuführen. Dieser Stoff- und Energiewechsel ist Kriterium für alle Lebensvorgänge. Die Pflanzen liefern über den Weg der Photosynthese alle für das Tier notwendigen organischen Verbindungen, wie Kohlenhydrate, Proteine, Fett und Vitamine. Daneben braucht das Tier, ebenso wie die Pflanze, eine gewisse Menge an anorganischen Stoffen. Erst dann kann der tierische Organismus wachsen, körpereigene Substanzen aufbauen bzw. erneuern und Produkte wie Milch und Eier bilden. Zusätzliche Qualität kann über variierende Kompositionen der Futterbestandteile, Futtermittelkontrolle und Haltungbedingungen erlangt werden.

Dieser Zusammenhang zwischen der Nahrung und den Lebensäußerungen ist der Bereich der Ernährung. Nur mit naturwissenschaftlichen Methoden lassen sich diese Vorgänge erforschen. Praktische Fütterungsversuche dürfen streng genommen nicht ohne weiteres verallgemeinert werden. Echte Fortschritte sind deshalb in der Tierernährung besonders durch Grundlagenforschung möglich. Die Grundlagen der Ernährung reichen aber von der Chemie und Biochemie bis zur Anatomie, Physiologie, Mikrobiologie, Immunologie, Technologie und Genetik der Pflanze und des Tieres.

Obgleich das landwirtschaftliche Nutztier im Mittelpunkt der Tierernährungsforschung steht, müssen viele grundlegende Fragen vor allem zur Stoffwechselphysiologie auch an Labortieren erforscht werden. Hierzu ist auch die Entwicklung neuer und immer genauerer Analysenverfahren notwendig, die eine Erforschung bis hin zu molekularen Vorgängen auf Zellebene möglich macht. Übertragbar auf das landwirtschaftliche Nutztier sind die gewonnenen Erkenntnisse beim Labortier aber nur dann, wenn sie auch an der jeweiligen Nutztierspezies verifiziert werden. Dies gilt immer, unabhängig welches System in der Fütterung angestrebt wird und natürlich auch für ökologische Belange. Die Erforschung solcher Grundlagen ist meist nur in Wechselbeziehung zu den anderen Disziplinen möglich. Ziel aller Forschungsbemühungen muss am Ende die Gesundheit des Tieres sowie die Erzeugung qualitativ hochwertiger tierischer Produkte sein.

Das Gebiet spannt sich weit, der möglichen Irrtümer sind viele. Mancher populäre Artikel über Fütterungsprobleme ist falsch oder verwirrend. Die erste Voraussetzung für eine rationelle und gezielte Fütterung ist deswegen die Kenntnis der Grundlagen. Im Folgenden sollen deshalb zunächst die wichtigsten Grundlagen der Tierernährung und anschließend die entsprechenden Fütterungshinweise behandelt werden. Das Einkommen eines Betriebes wird nämlich durch rationelle und zweckmäßige Tierernährung wesentlich beeinflusst, zumal der Anteil der Futterkosten bei den verschiedenen Nutzungsformen die Hälfte bis zu zwei Drittel der Gesamtkosten ausmacht.

1
Zusammensetzung von Nahrung und Tier

1 Zusammensetzung von Nahrung und Tier

Der größte Teil der tierischen Nahrung stammt aus Pflanzen sowie Rückständen verarbeiteter pflanzlicher Produkte. Die darin enthaltenen Stoffe ermöglichen dem Tier seine Lebensäußerungen und den Aufbau von tierischem Gewebe. Wir nennen diese Stoffe Nährstoffe. Bislang sind über 50 verschiedene Nährstoffe bekannt. Die Nährstoffe sind in den verschiedensten Futtermitteln in mehr oder weniger konzentrierter, gut verdaulicher oder bedingt durch hohe Mengen Gerüstsubstanzen in schlecht zu verdauender Form enthalten. Grundsätzlich sind in der Nahrung dieselben Substanzklassen vertreten wie sie auch im Tierkörper vorkommen: Wasser, Eiweiß, Fette, Kohlenhydrate, Vitamine und Mineralstoffe. Der Unterschied zwischen Tier und Nahrung liegt in der verschiedenen Zusammensetzung dieser Substanzen wie auch in den Mengen, in denen die einzelnen Stoffe vorkommen.

In Pflanzen variieren die Gehalte an verschiedenen Nährstoffen sehr stark. Im Allgemeinen überwiegt der Anteil an Kohlenhydraten, die der Pflanze als Energiereserve dienen. Der Gehalt des tierischen Organismus an Kohlenhydraten ist dagegen sehr gering. Er beträgt weniger als 1%. Im Tier werden zugeführte Kohlenhydrate laufend ab- und umgebaut und für energetische Zwecke herangezogen. Überschüssige Energie wird vom Tier im Wesentlichen in Form von Fett gespeichert. Der Fettgehalt eines jeden Tieres schwankt deshalb sehr stark.

Ausgewachsene, normal ernährte Tiere zeigen im Mittel folgende chemische Zusammensetzung:

55–60%	Wasser
15–20%	Eiweiß
18–25%	Fett
3–4,5%	Mineralstoffe

Die Zusammensetzung des Körpers variiert jedoch innerhalb einer gewissen Spannbreite, die bestimmt wird von der Tierart, den interindividuellen Unterschieden innerhalb einer Tierspezies, dem Alter und auch dem Ernährungszustand des Tieres.

Die verschiedenen Nährstoffe sind nun keineswegs in allen Geweben und Organen gleichmäßig verteilt. Lipide sind Bestandteil aller Zellmembranen, dienen dem mechanischen Schutz innerer Organe (Nieren, Darmgekröse) oder fungieren als Füllgewebe. Als Energiespeicher findet sich das Fett in den Fettdepots sowie unter der Haut. Das Eiweiß ist entsprechend seiner funktionellen und strukturellen Bedeutung in jeder Zelle vorhanden. So enthalten Muskeln, welche ungefähr die Hälfte der gesamten Körpermasse ausmachen, 75–80% Eiweiß in der Trockenmasse. Mehr als 60% des Körperwassers befindet sich als sogenannte Intrazellulärflüssigkeit im Inneren der Zellen. Die extrazelluläre Flüssigkeit verteilt sich vor allem auf das Interstitium, während ein kleiner Teil als Blutplasma im Gefäßsystem zirkuliert. Als transzelluläre Flüssigkeit bezeichnet man Wasser in Hohlräumen, wie dem Magen-Darmtrakt, sowie an Oberflächen. Organsysteme enthalten entsprechend ihrer Funktion viel oder nur wenig Wasser (70–80% in Herz, Niere, Lunge und Muskel; etwa 20% im Skelett und Fettgewebe). Die geringen Mengen Kohlenhydrate finden sich vornehmlich in der Leber und Skelettmuskulatur. Auch die einzelnen Mineralstoffe zeigen ein typisches Verteilungsmuster im Körper.

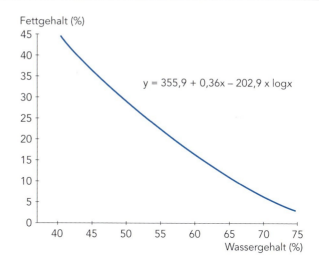

Abbildung 1-1

Beziehung zwischen dem Fett- und Wassergehalt des Körpers (Rind)

Zur Bestimmung der chemischen Zusammensetzung des tierischen Organismus stehen eine Reihe von Möglichkeiten zur Verfügung. Die chemische Analyse des Tierkörpers nach der Schlachtung liefert als direktes Messverfahren die umfassendsten Daten, sie ist bei Großtieren (Mastschweine, Mastrinder) aber äußerst aufwendig und erlaubt zudem nur Aussagen über die Zusammensetzung am Ende der Fütterung. Bei Kleintieren (Ratten, Küken, Ferkel) lässt sich dieser Nachteil mit vertretbarem Aufwand dadurch umgehen, dass während eines Fütterungsversuches mehrere zeitlich gestaffelte Schlachtgruppen untersucht werden. Interessiert primär, wie durch eine bestimmte Ernährung die Zusammensetzung des Tierkörpers laufend verändert wird, kann der gesamte Fettansatz eines Tieres über Respirationsversuche kontinuierlich ermittelt werden, der Eiweißansatz über entsprechende Stickstoff-Bilanzversuche. Eine Reihe weiterer Verfahren zur Bestimmung der Körperzusammensetzung am lebenden Organismus umfasst die Messung des Körperwassers mithilfe markierter Substanzen (D^2O, O^{18}), des Körperkaliums oder der Körperdichte (Tauchversuch), woraus sich insbesondere der Fettgehalt abschätzen lässt. Neuere Methoden betreffen die Messung der elektrischen Leitfähigkeit oder der elektrischen Impedanz zur Ermittlung von Körperwasser und Körperzellmasse. Auch die in der medizinischen Diagnostik angewandte Magnetresonanz-Tomographie wird neuerdings zur Bestimmung des Fett-, Protein- und Phosphorgehaltes von Tieren eingesetzt. Für züchterische Belange wird die Veränderung der Dicke des Rückenspecks und die Querschnittsfläche des Rückenmuskels mittels Ultraschall gemessen.

Bei allen diesen mehr indirekten Messungen werden meist korrelative Zusammenhänge zwischen Körperbestandteilen für die Beurteilung der Körperzusammensetzung herangezogen. So besteht zwischen der Menge an Wasser und Fett im Tier eine negative Korrelation, d.h. je höher der Fettgehalt ist, um so geringer ist der Wassergehalt und umgekehrt. Das hängt mit dem geringen Wassergehalt des Fettgewebes zusammen. In Abb. 1-1 ist dieser Zusammenhang aufgezeigt. Die Bestimmung des Wassergehaltes des lebenden Tieres ermöglicht somit Rückschlüsse auf den Fettgehalt. Auch auf den Protein- und Aschegehalt lassen sich Rückschlüsse ziehen, da in einem wasser- und fettfreien tierischen Körper annähernd 80 % Eiweiß und 20 % Asche enthalten sind.

1 Zusammensetzung von Nahrung und Tier

Weender Futtermittelanalyse

Aufbau und Erhaltung des Tierkörpers, ebenso wie die Bildung von Fleisch, Milch oder Eiern erfordern die ständige Zufuhr bestimmter Nährstoffe mit dem Futter. Da die Art der zugeführten Nährstoffe überaus bedeutend ist für die genannten Prozesse, wurde bereits 1860 von HENNEBERG und STROHMANN an der landwirtschaftlichen Versuchsstation in Weende bei Göttingen eine Methode zur Analyse der Nährstoffe im Futter entwickelt. Bei diesem relativ einfachen Verfahren werden jedoch nicht alle Nährstofffraktionen analytisch-chemisch bestimmt, sondern einige auch rechnerisch als Differenz ermittelt. Obgleich die Analysentechniken inzwischen deutlich verbessert wurden, wird diese Analysenmethode auch heute noch angewendet. Die Einteilung der Nährstoffe und die mithilfe der Weender-Futtermittelanalyse ermittelbaren Nährstoffgruppen zeigt Übersicht 1-1. Da die Weender-Futtermittelanalyse nur ganz bestimmte Nährstoffgruppen erfasst, sind für die Rationsgestaltung deshalb noch zusätzliche Analysen einzelner Nährstoffe notwendig. Durch ausgereifte Analysenverfahren können heute spezielle Kohlenhydrate, Fette, Aminosäuren, Mengen- und Spurenelemente sowie Vitamine und nicht-nutritive Futterbestandteile bestimmt werden.

Im Analysengang werden zunächst Wasser und Trockenmasse unterschieden. Die Bestimmung der **Trockenmasse** einer zerkleinerten Probe erfolgt im Allgemeinen bei vierstündiger Trocknung mit einer Temperatur von 103 °C. Da bei dieser Temperatur neben Wasser auch flüchtige Substanzen wie niedermolekulare oder kurzkettige oder flüchtige Fettsäuren, Ammoniak oder ätherische Öle entweichen, ist der Wert des **Rohwassers** (= Frischmasse – Trockenmasse) in der Regel geringfügig höher als der eigentliche Wassergehalt. Für bestimmte Futtermittel wird die Trocknung unter anderen Bedingungen durchgeführt. Getreide, Mehl, Grütze und Grieß werden zwei Stunden bei 130 °C getrocknet, für zucker- und fettreiche Futtermittel sowie hydrolisierte Getreideerzeugnisse wird die Trockenmasse im Vakuumtrockenschrank durch vierstündige Trocknung bei 80–85 °C ermittelt.

Die Trockenmasse umfasst sowohl anorganische als auch organische Stoffe. Die organischen Stoffe werden, da sie vorwiegend aus Kohlenstoff bestehen, durch Veraschung in einem Muffelofen (550 °C) verbrannt. Die anorganische Komponente verbleibt bei dieser Verbrennung als Rückstand. Sie wird als **Rohasche** bezeichnet. Dabei bedeutet die Vorsilbe „Roh" in den Formeln (abgekürzt als C = crude), dass es sich nicht um die reine Fraktion der jeweiligen Komponenten handelt. Mithilfe dieses Wertes lässt sich der Anteil der **organischen Masse** (organischen Substanz) an der Trockenmasse errechnen (organische Masse = Trockenmasse – Rohasche).

Rohprotein wird standardmäßig nach der Methode von Kjeldahl (Aufschluss mit Schwefelsäure, Destillation und Titration des freigesetzten Ammoniaks) bestimmt. Man erhält hierbei den Stickstoffgehalt der untersuchten Substanz. Ein anderes Verfahren ist die Verbrennungsanalyse, bei der der N-Gehalt nach Verbrennung der Probe mithilfe von Detektoren (Wärmeleitfähigkeit) ermittelt wird. Da Eiweiß 16 % Stickstoff enthält, wird dieser Wert mit 6,25 multipliziert, um den Rohproteingehalt der Ausgangssubstanz zu erhalten. Allerdings sind im Eiweiß der Nahrung nur im Mittel 16 % Stickstoff enthalten, einzelne Futtermittel können davon stärker abweichen. So weist das Eiweiß des Weizens 17,5 % Stickstoff auf, was einem Faktor von 5,71 entspricht. Trotz solcher Schwankungen verwendet man gesonderte Proteinumrechnungsfaktoren nur für Milchprodukte (6,37) und für Kollagen und Hautprodukte (5,55).

Da Rohprotein neben den eigentlichen Eiweißkörpern, den Proteinen, auch andere N-haltige Stoffe enthält (Übersicht 1-1), wurde von STUTZER und BARNSTEIN eine Methode zur Bestimmung des Reineiweißes entwickelt. Im Prinzip beruht dieses Verfahren

Übersicht 1-1
Die chemische Zusammensetzung von Tier und Nahrung

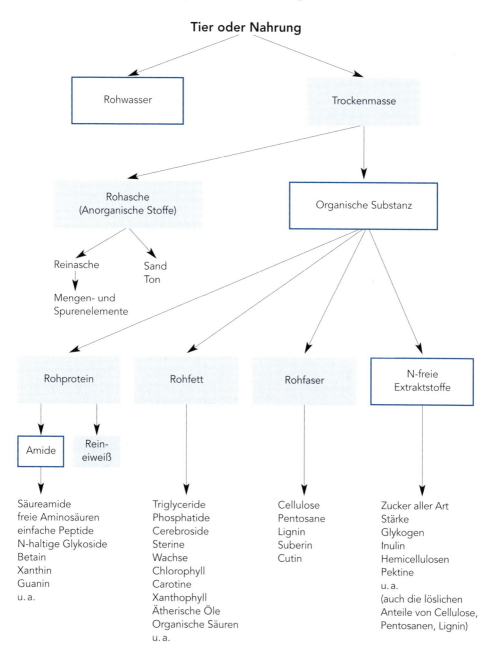

durch Analyse erfasst
aus der Differenz errechnet

darauf, dass die Proteine durch Fällungsmittel wie Kupferhydroxid oder Tannin ausgefällt werden, während bestimmte nicht fällbare stickstoffhaltige Substanzen, die sogenannten **Amide,** in Lösung gehen und abfiltriert werden können. Chemisch gesehen handelt es sich dabei nicht nur um die Säureamide, sondern um eine Reihe weiterer stickstoffhaltiger Verbindungen (siehe 3.4.2).

Rohfett wird analytisch als Etherextrakt (Extraktion mit Petrolether in der Soxhlet-Apparatur) definiert. Es umfasst eine stark heterogene Gruppe von Stoffen, denen nur ihre Löslichkeit in diesem Lösungsmittel gemeinsam ist. Dieses Rohfett besteht aus zahlreichen verschiedenen Lipiden. Hierzu gehören die Triglyceride oder Neutralfette, die quantitativ in Futtermitteln, aber auch im Tierkörper den höchsten Anteil der Lipide bilden, aber auch Phospholipide (z. B. Lecithin), Glycolipide, Wachse sowie Polyisoprenoide (z. B. Sterole wie Cholesterin, fettlösliche Vitamine, Carotinoide, Terpene). Viele dieser Stoffe, wie z. B. Harze, Wachse und Farbstoffe, können vom tierischen Organismus nicht zur Energiegewinnung herangezogen werden. Besonders bei fettarmen und farbstoffreichen Futtermitteln wie Gras und Heu ist damit zu rechnen, dass 20–40 % des Rohfettes nicht aus eigentlichem Fett (Triglyceriden) bestehen. Bei tierischen Produkten, aber auch bei Samen, ist das Rohfett im Wesentlichen aus Triglyceriden zusammengesetzt.

Ein Teil der etherlöslichen Stoffe ist erst nach Zerstörung der Struktur des Probenmaterials extrahierbar. Dies ist besonders bei Milchprodukten, Knochenschroten, Trebern, Trockenhefen und einigen weiteren industriellen Nebenprodukten der Fall. Um einen vollständigen Extrakt zu gewährleisten, wird bei solchen Proben vor der Etherextraktion mit Salzsäure hydrolysiert. Das nach diesem Verfahren bestimmte Rohfett wird als Rohfett nach HCl-Aufschluss (Gesamtrohfett) bezeichnet.

Rohfaser ist der in Säuren und Laugen unlösliche fett-, stickstoff- und aschefreie Rückstand der Trockenmasse. Die Rohfaser umfasst Cellulose, Lignin, Pentosane usw. Ein Teil dieser Stoffe geht jedoch in Lösung und wird somit der Gruppe der **N-freien Extraktstoffe** zugerechnet. Diese letzte Gruppe der Weender Analyse wird nur rechnerisch erfasst. Sie enthält alle diejenigen zahlreichen leichtlöslichen Stoffe (Übersicht 1-1), die bei den anderen Bestimmungen nicht mit erfasst wurden (N-freie Extraktstoffe = organische Masse – Rohprotein – Rohfett – Rohfaser).

Die Weender Futtermittelanalyse stellt eine sogenannte Konventionsanalyse (von convenire = übereinkommen) dar, d. h., es sind genaue Analysenvorschriften ausgearbeitet, die bei strenger Einhaltung zu gut reproduzierbaren Analysenergebnissen führen. Dennoch haften dem Verfahren mehrere Mängel an. Die Weender Analyse ist nämlich ein summarisches Verfahren, d. h., sie erfasst nur Stoffgruppen. Diese sind in ihrer chemischen Zusammensetzung und in ihrem physiologischen Wert für das Tier nicht einheitlich. Die Bezeichnung Rohnährstoffe umschreibt dies. Ein anderer Nachteil der Weender Futtermittelanalyse ist, dass nicht alle Rohnährstoffe, die als Ergebnis der Untersuchung angegeben werden, wirklich analytisch bestimmt werden. Dadurch können sich z. B. bei den N-freien Extraktstoffen Analysenfehler summieren. Der schwächste Punkt ist jedoch die Unterteilung der Kohlenhydrate in N-freie Extraktstoffe und Rohfaser. Ursprünglich sollten dadurch die besser verdaulichen Kohlenhydrate von den weniger verdaulichen unterschieden werden. In Wirklichkeit wird aber durch die Rohfaserbestimmung je nach Futterstoff nur ein mehr oder weniger großer Anteil der **Gerüstsubstanzen** (Cellulose, Hemicellulosen, Lignin) erfasst; der andere Teil bleibt in Lösung und kommt damit zu der Fraktion N-freie Extraktstoffe. Dies kann zur Folge haben, dass in Einzelfällen die Verdaulichkeit der Rohfaser höher liegt als die der N-freien Extraktstoffe.

Übersicht 1-2

Futtermittelanalyse nach dem Weender System und modifizierten Weender Systemen (Beispiel Weizenkleie, Trockenmasse = 100)

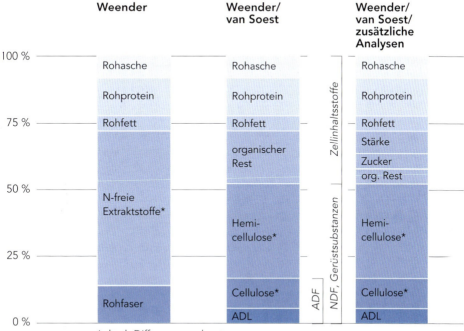

* durch Differenz errechnet

Zur besseren Differenzierung der Kohlenhydrate wurde von VAN SOEST ein neues Analysensystem vorgeschlagen, das mittlerweile eine weite Verbreitung gefunden hat. Die Summe der Gerüstsubstanzen wird dabei als Rückstand nach dem Kochen in neutraler Detergentienlösung erhalten (NDF, **n**eutral **d**etergent **f**iber). Der Rückstand nach dem Kochen mit schwefelsaurer Detergentienlösung (ADF, **a**cid **d**etergent **f**iber) enthält im Wesentlichen Cellulose und Lignin. In diesem Rückstand wird die Cellulose durch 72%ige Schwefelsäure hydrolysiert und der dann noch verbleibende Rückstand als „Lignin" ausgewiesen (ADL, **a**cid **d**etergent **l**ignin). Die „Cellulose" ergibt sich aus der Differenz ADF – ADL; die „Hemicellulosen" erhält man aus der Differenz NDF – ADF. Man muss sich darüber im Klaren sein, dass man auch hier Stoffgruppen und nicht chemisch definierte Substanzen ermittelt. Dieses Analysensystem ersetzt nicht die gesamte Weender Analyse, sondern nur den Teil, der sich auf die Kohlenhydrate und ihre Begleitsubstanzen (z. B. Lignin) bezieht. In Übersicht 1-2 ist aufgezeigt, wie sich das System nach VAN SOEST mit den Teilen Rohasche, Rohprotein und Rohfett der Weender Analyse kombinieren lässt. Auch in diesem System bleibt ein Rest, der nicht wirklich analytisch erfasst wird. Wenn dieser „organische Rest" sehr groß ist, kann er durch zusätzliche Analysen (Stärke, Zucker, Pektin) reduziert werden, wie in der Übersicht 1-2 am Beispiel von Weizenkleie verdeutlicht wird. Das System kann deshalb als offen bezeichnet und den spezifischen Anforderungen bestimmter Futtermittelgruppen angepasst werden.

Die gesamte Fütterungslehre basiert auf der Futtermittelanalyse nach dem Weender System. Obwohl sie im Vergleich zu den heutigen Möglichkeiten erhebliche Fehler aufweist, lassen sich modifizierte Verfahren nicht ohne Weiteres durchsetzen. In speziellen Fällen lohnt es sich aber durchaus auf die neuen Analysenverfahren für einzelne Nährstoffe zurückzugreifen. Dies trifft vor allem für die automatisierte Routineanalytik der Aminosäuren zu, zumal diese in der praktischen Schweine- und Geflügelfütterung verstärkt genutzt werden.

Pflanzliche Futtermitel enthalten neben den Nährstoffen auch hunderte von sekundären Pflanzenstoffen (z. B. Carotinoide, Polyphenole, ätherische Öle etc.), die für die Gesundheit von Tier und Mensch außerordentlich interessant sind. Insbesondere Stoffe mit antimikrobieller, antioxidativer oder immunstimulierender Wirkung gelten als erwünscht. Andererseits gibt es auch antinutritive Stoffe, die beispielsweise die Nährstoffverdaulichkeit, die Futteraufnahme und die Schilddrüsenaktivität hemmen. Oft sind sie mit pflanzlichen Proteinen assoziiert und in Körperleguminosen und Raps enthalten. Insgesamt sind hunderte solcher antinutritiver Stoffe bekannt. Die größte Bedeutung haben Proteaseinhibitoren, Alkaloide, Glucosinolate, Vicin, Lectine und Tannine. Sie lassen sich zum Teil durch Züchtung, aber auch durch thermische Behandlung reduzieren. Futtermittel, die solche Stoffe enthalten, können deshalb nur begrenzt in der Tierernährung eingesetzt werden.

2
Die Verdauung

2 Die Verdauung

2.1 Zur Physiologie der Verdauung

Die vom Tier aufgenommene Nahrung kann erst dann in die Blut- und Lymphbahn übertreten und im Organismus verwertet werden, wenn sie bestimmte Veränderungen erfahren hat. Diese Umwandlung der zugeführten Nahrung in absorbierbare Stoffe wird als Verdauung bezeichnet. Für die Ernährung des Tieres ist also weniger die im Futter enthaltene Menge an Rohnährstoffen entscheidend als vielmehr der Teil der Nährstoffe, welcher vom Tier verdaut werden kann.

Der Verdauungstrakt ist an die jeweilige Nahrung der Tierspezies evolutionär optimal angepasst. Dies betrifft sowohl die Anatomie des Verdauungstraktes als auch das Milieu für nährstoffspaltende Mikroorganismen. Um die vom Tier nicht-spaltbaren organischen Nährstoffverbindungen im Futter in nutzbare, absorbierbare Nährstoffe zu zerlegen, besitzen Herbivoren (Pflanzenfresser) entweder einen Pansen (Wiederkäuer) oder einen stark ausgeprägten Blinddarm (Pferd). Die Wiederkäuer lassen sich wiederum in drei Ernährungstypen einteilen: die Gras- und Raufutterfresser, die Konzentrationsselektierer sowie die Intermediärtypen. Gras- und Raufutterfresser, zu denen Rind und Schaf gehören, fressen Nahrung mit hohem Gras- bzw. Zelluloseanteil. Die Konzentrationsselektierer wie Reh und Elch fressen ausgewählte Pflanzenteile. Der Gras- und Zelluloseanteil ihrer Nahrung ist wesentlich geringer als von Rind und Schaf. Ziege, Damwild, Gämsen und Hirsche gehören zu den Wiederkäuern intermediären Ernährungstyps, da sie sich von einer Mischnahrung ernähren können und ihr Verdauungssystem an das jahreszeitliche Nahrungsangebot bzw. an die unterschiedliche Nahrungszusammensetzung anpassen können. Omnivore (Allesfresser) wie das Schwein oder auch der Mensch machen sich durch die im gesamten Dickdarm massenhaft vorkommenden Mikroorganismen ebenfalls unverdauliche Futterbestandteile

Übersicht 2.1-1

Größenangaben zum Verdauungstrakt von Wiederkäuer, Pferd und Schwein

	Rind	Schaf	Pferd	Schwein
Volumen in l				
gesamter Verdauungstrakt	330	45	210	25
Magen	10–20	2–4	10–20	5–10
Vormägen	150–230	20–30	–	–
Dünndarm	65	10	65	9
Dickdarm	40	6	130	10
Blinddarm (Caecum)	10	1	40	2
Volumen des Verdauungstraktes in l je 100 kg Körpermasse	65	75	35	25
Körperoberfläche : Oberfläche des Magen-Darmtraktes	1 : 3		1 : 2,2	1 : 1,3

nutzbar, obgleich in deutlich geringerem Umfang als die Pflanzenfresser.

Im Verdauungstrakt wird die Nahrung mechanisch aufbereitet, in wässrige Lösung gebracht und chemisch verdaut. Der Verdauungstrakt gliedert sich in Mund, Rachen, Ösophagus, Magen, Dünndarm, Dickdarm, Rektum und Anus und besteht aus einer Serie konzentrisch angeordneter Muskelzylinder, die von einem Epithel ausgekleidet sind. Die hintereinander geschalteten Abschnitte des Verdauungstraktes können bei den verschiedenen Tierarten sehr unterschiedlich ausgebildet sein. Die wesentlichen Unterschiede liegen vor allem im Bau des Magensystems sowie in der Ausgestaltung bestimmter Darmabschnitte. So besitzen Pferd und Schwein einen einhöhlig-zusammengesetzten, der Wiederkäuer einen mehrhöhlig-zusammengesetzten Magen. Im Bereich des Darmkanals fällt vor allem das große Fassungsvermögen des Dickdarms beim Pferd auf (siehe Abb. 2.1-1 und Übersicht 2.1-1). Besonders deutliche Unterschiede zwischen den einzelnen Nutztierarten zeigen sich, wenn man das Volumen des gesamten Verdauungskanals je 100 kg Körpermasse oder das Verhältnis von Körperoberfläche zur Oberfläche des Magen-Darm-Traktes betrachtet (Übersicht 2.1-1). Wie aus diesen Größenangaben abgeleitet werden kann, sind Wiederkäuer weitaus besser als Nichtwiederkäuer geeignet, voluminöse pflanzliche Futtermittel aufzunehmen. Aber auch Pferde können wegen des stark ausgebildeten Dickdarms noch relativ rohfaserreiches Futter verdauen. Schweine sind hingegen auf konzentriertere Nahrung, also Nahrung mit relativ hoher Nährstoffdichte, angewiesen. Entsprechend dieser Unterschiede im Verdauungstrakt und der damit resultierenden andersartigen Verdauung sind auch die Unterschiede in der Kotzusammensetzung zu erklären. So weisen zum Beispiel Pferdeäpfel noch viele Fasern und andere Pflanzenreste auf, während Kuhfladen aufgrund der intensiveren Verdauung und Nährstoffausnutzung der Pflanzenfasern eine einheitliche, unstrukturierte und breiige Masse bilden.

Der Verdauungstrakt des Huhns unterscheidet sich deutlich von dem des Säugers. Die erste Besonderheit findet sich in der zahnlosen Mundhöhle. Durch die fehlenden Zähne findet keine mechanische Zerkleinerung der Nahrung statt. Diese wird im Mund nur ein-

Abbildung 2.1-1

Der Verdauungstrakt von Wiederkäuer, Pferd und Schwein (schematisiert)

Wiederkäuer

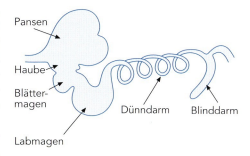

Pferd

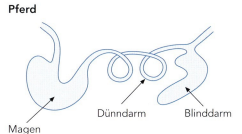

Schwein

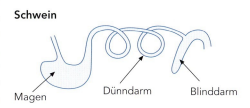

geschleimt und in den Kropf, eine Ausbuchtung der Speiseröhre, weitergeleitet. Hier wird die Nahrung zunächst gespeichert, aufgeweicht und verquollen, bevor sie in die Mägen gelangt. Die Dauer der Speicherung und die Weitergabe an die sich anschließenden Mägen ist ein regulierter Prozess. Die Füllung des Verdauungstraktes bestimmt gleichzeitig auch die Höhe der Futteraufnahme.

Der an die Speiseröhre angrenzende Verdauungsteil besteht aus einem Drüsenmagen (Pepsin und Salzsäure) und dem Muskelmagen, in denen die chemische und mechanische Verdauung erfolgt. Die durch starke Muskelkontraktionen bedingte mechanische Zerkleinerung wird durch Steinchen im Magen ergänzt. Bei Verzicht auf Bodenhaltung müssen diese Steinchen zugefüttert werden. Der Hauptteil der Verdauung mittels Enzymen erfolgt im Darm, wobei die bakterielle Fermentierung deutlich geringer ausfällt als bei Säugern. Die gesamte Darmlänge beträgt nur etwa das Fünffache der Körperlänge (beim Rind ist es das Fünfundzwanzigfache), was im Wesentlichen auf das Fehlen großer Dickdarmabschnitte zurückzuführen ist. Die bakterielle Fermentation beschränkt sich somit auf die relativ großen Blinddärme, weshalb beim Geflügel auch deutlich weniger Rohfaser eingesetzt werden darf.

Die Verdauung der Nahrung, also ihre Umwandlung in absorbierbare und verwertbare Stoffe, erfolgt auf physikalischem und chemischem Wege. Physikalische Vorgänge der Verdauung sind die mechanische Zerkleinerung der Nahrung durch den Kauakt, der Transport des Nahrungsbreies durch den Verdauungstrakt, die Durchmischung des Nahrungsbreies in verschiedenen Abschnitten des Gastrointestinaltraktes zur besseren Berührung mit den Verdauungssäften und der Mucosaoberfläche bei der Absorption, die vorübergehende Speicherung (Magen, Dickdarm, Rektum) sowie Quellungs-, Emulgierungs- und Lösungsvorgänge. Aus den segmentspezifischen motorischen Aktivitäten der einzelnen Verdauungsabschnitte ergeben sich jeweils ganz bestimmte Passagezeiten. Der wesentliche Vorgang bei der Verdauung ist jedoch die chemische Zerlegung der Nahrung. Sie erfolgt durch die Verdauungssekrete des Tieres, je nach Tierart auch in mehr oder weniger starkem Umfang durch Tätigkeit von Mikroorganismen sowie in einzelnen Fällen auch durch Mitwirkung von Pflanzenenzymen (Kropf des Geflügels). Bei den einzelnen Tierarten werden jedenfalls die verschiedenen Nährstoffe der Rohfaser und der nativen Stärke in verschiedenen Abschnitten des Verdauungstraktes mikrobiell zerlegt. Dies führt zwar bei allen Tierarten zu denselben Endprodukten, jedoch sind Menge und Anteile dieser Endprodukte im Kot tierspezifisch sehr unterschiedlich.

2.1.1 Verdauungssekrete des Tieres

Die Verdauungssekrete werden von den Drüsen des Verdauungstraktes sowie den großen Anhangdrüsen (Bauchspeicheldrüse, Leber) produziert. Die Sekrete dienen einerseits als Schmier- und Schutzfilm und enthalten andererseits Enzyme und andere Substanzen, die der Verdauung dienen. Die Sekretion beinhaltet in allen Fällen den Transport von Salzen und Wasser vom Interstitium zum Lumen sowie die Synthese von Proteinen für den Export über die apikale Zellmembran der sekretorisch-tätigen Zellen. Wichtig für das Verständinis der Verdauung sind die Eigenschaften und Wirkungsweise der daran beteiligten Enzyme, ihre Aktivierung aus inaktiven Vorstufen und die Steuerung ihrer Sekretion. Verdauungsenzyme katalysieren die Spaltung (Hydrolyse) der hochmolekularen Nahrungsbestandteile in ihre Grundbausteine. Für die Verdauung von Fetten, Polysacchariden und Proteinen sind

2.1 Zur Physiologie der Verdauung

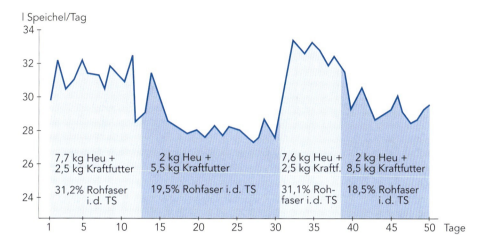

Abbildung 2.1-2
Tägliche Menge Speichel, die von der Ohrspeicheldrüse (Parotis) einer Kuh bei unterschiedlicher Fütterung mit Heu und Kraftfutter gebildet wird

die Lipasen, die Amylasen und die Proteasen verantwortlich, wobei zu jeder dieser Gruppe verschiedene Enzyme gehören, von denen jedes nur ganz bestimmte Molekülbindungen angreift und spaltet.

Im **Speichel** landwirtschaftlicher Nutztiere finden sich mit Ausnahme der α-Amylase beim Schwein keine Verdauungsenzyme. Der Speichel dient in erster Linie dazu, die Nahrung anzufeuchten und gleitfähig zu machen, als Überträgermedium von Geschmacksstoffen zu entsprechenden Rezeptoren, für das Saugen sowie der thermoregulatorischen Wärmeabgabe durch Verdunsten des Speichels. Die Stimulation der Speichelsekretion erfolgt durch Reflexe, die durch Geruchs- und Geschmacksreize sowie mechanische Reize ausgelöst werden oder konditioniert sind. Die sezernierte Speichelmenge wird damit ganz erheblich durch die Beschaffenheit der Nahrung beeinflusst. So wird zum Beispiel vom Pferd ein trockenes, sperriges Futter intensiver gekaut und damit die Sekretion der Speicheldrüsen verstärkt angeregt. Es ist deshalb unzweckmäßig, Pferden das Futter in feuchtem Zustand zu füttern. Damit würde die Kautätigkeit herabgesetzt und eine wichtige Voraussetzung beim Verdauungsvorgang verlorengehen. Dies gilt auch für Schweine, denen das Futter zu dünnbreiig verabreicht wird. Beim Wiederkäuer hat der Speichel als Pufferlösung ($NaHCO_3$) zur teilweisen Neutralisation der im Pansen gebildeten Säuren eine zusätzliche Bedeutung und beeinflusst damit auch die bakteriellen Fermentationsvorgänge in den Vormägen. Die Menge an Speichel wird insbesondere von der Futterstruktur beeinflusst, wobei die Speichelsekretion mit zunehmendem Trockenmassegehalt und zunehmendem Rohfaseranteil der Ration ansteigt. Als Beispiel hierzu ist in Abb. 2.1-2 ein Versuchsergebnis von KAUFMANN dargestellt.

Die Speichelabsonderung ist sehr hoch, sie beträgt beim Rind 100–180 l, beim Pferd über 40 l und beim Schwein bis zu 15 l pro Tag. Diese großen Flüssigkeitsmengen gehen dem Tier aber nicht verloren, sondern werden nach dem Abschlucken im Verdauungstrakt rückabsorbiert.

Der **Magensaft** ist das Sekret der Kardia-, Fundus- und Pylorusdrüsen. Seine Sekretion wird durch nervale und chemische Reize beeinflusst. Die nerval bedingte Sekretion erfolgt bei den Nutztieren durch Reflexe, die durch das Kauen und Abschlucken der Nahrung ausgelöst werden, durch Dehnung der Magenwand und durch verdaute Proteine. Beim Menschen, eventuell auch beim Schwein, spielen für die Magensaftabsonderung auch bedingte Reflexe eine Rolle, wie zum Beispiel Anblick und Geruch der Nahrung. Chemische Reize für die Absonderung des Magensaftes entstehen, wenn die Magenverdauung begonnen hat und bestimmte Bestandteile der Nahrung auf die Schleimhaut des Magens wirken. Aufgrund dieser Einflüsse hängen Menge und evtl. auch Zusammensetzung des Magensaftes von der Art des Futters ab. Bei Futterwechsel stellen sich die Magendrüsen erst nach und nach auf das neue Futter ein, deshalb muss ein Futterwechsel langsam und vorsichtig vorgenommen werden. Extremer, plötzlicher Futterwechsel kann erhebliche Verdauungsstörungen hervorrufen.

Die Hauptverdauung der Nahrung findet erst im Dünndarm statt. Die hier wirksamen Verdauungssekrete sind der **Pankreassaft,** der **Gallensaft** sowie die **Sekrete der Dünndarmschleimhaut.** Ihre Wirkung wird im einzelnen im Zusammenhang mit dem Stoffwechsel der Kohlenhydrate, Fette und Eiweißstoffe beschrieben. Das schleimreiche Sekret des Dickdarms enthält keine Verdauungsenzyme.

2.1.2 Mikrobiologische Vorgänge bei der Verdauung

Es gibt kein mikrobielles System, das so hohe Substratmengen effizient fermentiert wie das des Pansens im Wiederkäuer. Dies hängt auch damit zusammen, dass durch das Futter alle für das Wachstum der Mikroben wichtigen Nährstoffe angeboten werden. Als Mikroorganismen sind im Verdauungstrakt Bakterien und Protozoen (vor allem Ciliaten) vorhanden. Da Bakterien in der Natur überall vorkommen und die Entwicklungsbedingungen (Temperatur, Feuchtigkeit, pH-Wert) in einzelnen Abschnitten des Verdauungstraktes sehr günstig sind, ist im Tier stets eine artenreiche, vielseitige Mikroorganismenpopulation anzutreffen. So können die Vormägen (Pansen, Haube) des Wiederkäuers als regelrechte Gärkammern bezeichnet werden. Die darin ablaufenden mikrobiellen Vorgänge sind für die Verdauung des Futters, insbesondere der Rohfaser (Cellulose), von entscheidender Bedeutung. Eine reiche Bakterienflora ist auch im Dickdarm vorhanden, insbesondere im Blinddarm (Caecum) des Pferdes und im Grimmdarm (Colon) des Schweines. Auf diese Weise können monogastrische Tiere bis zu einem gewissen Umfang auch Cellulose verdauen. Im einhöhligen Magen des Schweins, im Labmagen des Wiederkäuers und im Anfangsteil des Dünndarms spielen Mikroorganismen keine wesentliche Rolle in der Verdauung.

Pansen. Beim Wiederkäuer stellt der Pansen einen mikrobiellen Lebensraum dar, der eine perfekte Symbiose zwischen anaeroben Mikroorganismen und dem Wirtstier ermöglicht. Durch die anatomische Gliederung des Pansens in einen dorsalen und ventralen Pansensack kann durch abwechselnde Kontraktionen eine optimale Durchmischung des Panseninhalts erreicht werden. Zusammen mit der ständigen Absorption der Abbauprodukte (kurze Fettsäuren) der Mikroben durch die Pansenwand und dem Weitertransport der gebildeten Mikrobenmasse sowie des nichtabgebauten Futters wird eine hervorragende Durchsatzleistung und damit Vergärung der Nahrung gewährleistet. Die gewaltige Leistung der Mikroorganismen wird allein schon durch die außerordentlich hohe Keimzahl belegt,

Übersicht 2.1-2
Einfluss der Futterart auf den Keimgehalt im Pansensaft

	Keimzahl in 10^9/ml Pansensaft
Stroh	4 – 15
Heu	9 – 15
stärkereiche Fütterung	50 – 60
Rübenblatt	10 – 20
Rüben	9 – 15

Übersicht 2.1-3
Zusammensetzung der Futtermittel und Pansenvorgänge

	cellulosereich	stärkereich	zuckerreich
Keimzahl	relativ klein	relativ hoch	relativ klein
pH-Wert	hoch (6,5)	tief (5,7)	sehr tief (5,1)
Abbau	langsam	schnell	sehr schnell

die im Allgemeinen mit 10 Milliarden Keime je ml Pansensaft angegeben wird. Da hierbei nur die nicht am Futter haftenden Bakterien erfasst sind, liegt die Gesamtkeimzahl noch höher. Sie beträgt im gesamten Pansen 3–7 kg Bakterienfrischmasse. Das sind etwa 5–10 % des Panseninhaltes.

Die Keimzahl wird sehr stark von der Rationszusammensetzung beeinflusst, wie Untersuchungen von ORTH und KAUFMANN deutlich zeigen (Übersicht 2.1-2).

Während der Pansensaft bei Strohfütterung $4-15 \times 10^9$ Keime je ml enthielt, war die Keimzahl bei stärkereichen Futtermitteln um etwa das Fünffache erhöht. Diese unterschiedliche Wirkung der verschiedenen Futtermittel lässt sich im Wesentlichen auf die Wirkung einiger wichtiger Inhaltsstoffe zurückführen. Die entsprechenden Zusammenhänge sind in Übersicht 2.1-3 dargestellt.

Aber nicht nur die Gesamtkeimzahl wird durch die Nahrung beeinflusst, sondern auch die Zusammensetzung der Keimpopulation. So treten bei rohfaserreicher Fütterung die Cellulosezersetzer (z. B. Bacterioides succinogenes, Clostridien, Ruminokokken) hervor, während bei stärkereicher Fütterung Selenomonaden, Streptokokken und Vibrionen vorherrschen. Durch dieses Abhängigkeitsverhältnis zwischen Ration und Bakterienarten werden Art und Menge an Gärungsprodukten wie auch die Verdauungsleistung insgesamt stark beeinflusst.

Die im Pansen vertretenen Protozoen (Ciliaten und wenige Flagellaten) sind für das Tier selbst nicht lebensnotwendig, wie anhand von Versuchen mit protozoenfreien (defaunierten) Tieren nachgewiesen wurde. In einem ml Pansensaft von ausgewachsenen Tieren finden sich zwischen 2 und 20×10^5 Ciliaten. Sie müssen im Gegensatz zu Bakterien von Jungtieren durch Kontakt mit anderen Tieren erst erworben werden. Den Protozoen kommt vor allem bei stärkereichen Rationen eine Bedeutung zu, da sie durch Aufnahme ganzer Stärkekörner eine schnelle bakterielle Fermentation und damit eine starke pH-Absenkung unterbinden. Andererseits sind die Protozoen aufgrund ihrer intensiven Ammoniakfreisetzung bei eiweißarmen Rationen mit vorwiegend hochabbaubarem Protein eher von Nachteil für die Versorgung des Tieres mit Aminosäuren. Bei solchen Rationen konnten durch Defaunierung N- und Energieansatz sowie tägliche Zunahmen gesteigert werden. Beim Rohfaserabbau haben Protozoen nur eine unbedeutende Rolle.

Die Vielfalt an vorkommenden Mikroorganismenarten wie auch ihre große Masse bewirken insgesamt gewaltige Umsetzungen des Futters im Pansen, wobei nicht nur Abbauvorgänge, sondern auch wertvolle Synthesen (Eiweiß, B-Vitamine) stattfinden.

2.2
Die Verdaulichkeit und ihre Beeinflussung

2.2.1 Verdaulichkeit und Absorbierbarkeit

Von der aufgenommenen Nahrungsmenge wird ein gewisser Anteil durch den Kot ausgeschieden. Nahrungsbestandteile, die nicht im Kot erscheinen, wurden verdaut und absorbiert. Im Bereich der Humanernährung und Medizin wird vielfach noch die Bezeichnung Resorption für den Transport verdauter Nahrungsstoffe aus dem Lumen des Verdauungstraktes in das Blut oder in die Lymphe verwendet. In der Tierernährung hat sich der im Englisch-sprachigen Raum verwendete wissenschaftliche Begriff der Absorption durchgesetzt. Die Differenz zwischen Nährstoffmenge im Futter und Nährstoffmenge im Kot gibt somit die verdauliche Menge des betreffenden Nährstoffes an. Wird die verdaute Menge ins Verhältnis zur aufgenommenen Menge gesetzt, erhält man die Verdaulichkeit (auch als „scheinbare" Verdaulichkeit bezeichnet). Die in Prozent ausgedrückte Verdaulichkeit heißt vielfach auch Verdauungsquotient (VQ) oder Verdauungskoeffizient (VK). Ein einfaches Beispiel soll die Berechnung erläutern: Eine Kuh nehme täglich 18 kg Trockenmasse auf, an Kot werden 5,5 kg Trockenmasse festgestellt. Die Verdaulichkeit der Trockenmasse des Futters beträgt dann $(18-5,5)/18 \times 100 = 69{,}4\%$. Wenn der Energiegehalt des Futters 18,1 MJ/kg TM und der des Kotes 18,5 MJ/kg TM beträgt, ergeben sich für die Verdaulichkeit der Energie 68,8 % (Übersicht 2.2-1).

Außer den unverdauten Nahrungsbestandteilen enthält der Kot jedoch auch Produkte aus dem Stoffwechsel, wie Teile von Verdauungssekreten oder abgestoßene Darmzellen. Diese endogenen Bestandteile im Kot verfälschen sozusagen den wahren Wert der Verdaulichkeit. In Wirklichkeit wird mehr verdaut, als sich aus der Differenz Futter minus Kot errechnet. Die endogene Menge wird bei dieser Berechnung ja als unverdauter Anteil bewertet. Die tatsächlich verdaute (= absorbierte) Nährstoffmenge ist also um den Betrag der endogenen Ausscheidung höher. Das Verhältnis von absorbierter Menge zu der mit dem

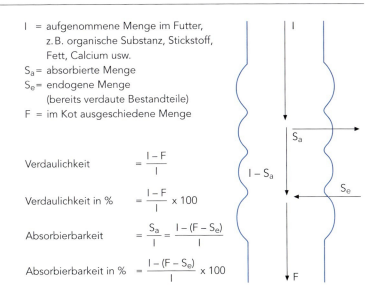

Übersicht 2.2-1

Zur Definition von Verdaulichkeit und Absorbierbarkeit

I = aufgenommene Menge im Futter, z.B. organische Substanz, Stickstoff, Fett, Calcium usw.
S_a = absorbierte Menge
S_e = endogene Menge (bereits verdaute Bestandteile)
F = im Kot ausgeschiedene Menge

$$\text{Verdaulichkeit} = \frac{I - F}{I}$$

$$\text{Verdaulichkeit in \%} = \frac{I - F}{I} \times 100$$

$$\text{Absorbierbarkeit} = \frac{S_a}{I} = \frac{I - (F - S_e)}{I}$$

$$\text{Absorbierbarkeit in \%} = \frac{I - (F - S_e)}{I} \times 100$$

Futter aufgenommenen Menge wird als Absorbierbarkeit (oder „wahre" Verdaulichkeit) bezeichnet (siehe Übersicht 2.2-1).

Da bei den Nährstoffgruppen Rohfaser, N-freie Extraktstoffe und Rohfett keine oder nur sehr geringfügige Mengen endogener Herkunft im Kot vorhanden sind, stimmt hier die Verdaulichkeit mit der Absorbierbarkeit zahlenmäßig überein. Anders liegen die Verhältnisse beim Eiweiß. Auch bei eiweißfreier Ernährung wird nämlich eine gewisse Menge Stickstoff im Kot ausgeschieden (Darmverlust-Stickstoff). Dadurch liegt die Verdaulichkeit einige bis viele Prozentpunkte unter der Absorbierbarkeit. Die Größe dieser Differenz hängt sehr von der Eiweißzufuhr ab. Sie steigt mit abnehmendem Eiweißgehalt des Futters stark an, da die endogene Stickstoffmenge im Kot bei einer gegebenen Trockenmasseaufnahme in etwa gleich hoch ist (siehe Abb. 3.4-2). Diese Zusammenhänge sprachen dafür, in der Fütterung die Berechnung der Eiweißversorgung auf das Rohprotein zu beziehen und von dem früheren Maßstab des verdaulichen Proteins abzurücken.

Große Unterschiede zwischen Verdaulichkeit und Absorbierbarkeit ergeben sich vor allem bei verschiedenen Mengen- und Spurenelementen, da z.T. hohe Mengen endogener Mineralstoffe mit dem Kot ausgeschieden werden. In Übersicht 2.2-2 ist hierzu ein Beispiel aus Untersuchungen von KIRCHGESSNER und WEIGAND (1984) aufgezeigt. Die absorbierte Zn-Menge liegt wesentlich höher als die Verdaulichkeit angibt. Experimentell lassen sich die endogenen Mengen eines mit dem Kot ausgeschiedenen Mineralstoffs mithilfe der Isotopenmarkierung bestimmen. Zu diesem Zweck erhält das Tier alimentär oder durch Infusion zunächst das entsprechende Isotop verabreicht. Dann wird bei isotopfreier Ernährung die Konzentration des Isotops im Blutserum und im Kot gemessen. Aus der Gleichgewichtsbeziehung „Elementmenge im Kot × Isotopenkonzentration im Kot = endogene Ausscheidungsmenge × Isotopenkonzentration im Blut" ergibt sich die endogene Menge, da die Isotopenkonzentration der in den Darm sezernierten Menge der Isotopenkonzentration im Blut gleichgesetzt werden kann.

> **Übersicht 2.2-2**
>
> Verdaulichkeit und Absorbierbarkeit des Spurenelements Zink bei der Ratte
>
> Tägliche Zinkaufnahme 450 µg, Zinkausscheidung 190 µg und endogenes Zink im Kot 110 µg
>
> $$\text{Verdaulichkeit} = \frac{450 - 190}{450} \times 100 = 58\,\%$$
>
> $$\text{Absorbierbarkeit} = \frac{450 - (190 - 110)}{450} \times 100 = 82\,\%$$

Praecaecale Verdaulichkeit. Bei der Fermentation im Dickdarm wird Stickstoff endogener Herkunft sowie auch einströmender Futterstickstoff zum großen Teil in Bakterienprotein umgewandelt. Dies bedingt, dass die Verdaulichkeit der einzelnen Aminosäuren aus der Differenz zwischen Aminosäurenmenge im Futter und Kot (sog. fäkale Verdaulichkeit) von der enzymatischen Verdauung im Dünndarm deutlich abweichen kann. Eine ähnliche Situation trifft für die B-Vitamine zu, bei denen im Dickdarm ebenfalls mikrobielle Synthesen stattfinden. Man bezeichnet die Verdaulichkeit bis vor Eintritt des Nahrungsbreies in den Dickdarm als ileale oder praecaecale Verdaulichkeit. Die Messung der praecaecalen Verdaulichkeit der Aminosäuren ist als besserer Maßstab zur Bewertung der Futteraminosäuren anzusehen als die fäkale Verdaulichkeit. Zur experimentellen Bestimmung müssen Proben oder der gesamte Inhalt aus dem terminalen Ileum meist mithilfe verschiedener Kanülentechniken gewonnen werden. Mittels Operationstechniken, die eine Ausschaltung der bakteriellen Synthese im Dickdarm gewährleisten, kann der natürlicherweise ausgeschiedene Chymus zur Messung herangezogen werden. Aus der Differenz zwischen Aufnahme mit dem Futter und Gehalt am Ende des Ileums ergeben sich die verdauten Aminosäuren. Allerdings beeinflussen Aminosäuren aus Verdauungssekreten das Ergebnis, sodass die praecaecale Verdaulichkeit trotz Abgrenzung von den mikrobiellen Umsetzungen im Dickdarm nicht die wahre Verdaulichkeit der Aminosäuren des Futters wiedergibt. Um die praecaecale Absorbierbarkeit der Aminosäuren zu ermitteln, müssen die Werte noch um die Menge der endogen sezernierten Aminosäuren korrigiert werden. Dies erfolgt über die Gabe gestaffelter Proteinmengen oder die Markierung von Aminosäuren.

Die Gesellschaft für Ernährungsphysiologie gibt in ihren neuen Empfehlungen (2006) zur „Energie- und Nährstoffversorgung von Schweinen" die Versorgungsempfehlung für Rohprotein auf Basis der praecaecalen Verdaulichkeit der Aminosäuren an, soweit dies für einzelne Futtermittel bereits untersucht wurde. Mit der praecaecalen Verdaulichkeit von Aminosäuren wird somit der futtermittelspezifische Einfluss auf die Gesamtverwertung der Aminosäuren berücksichtigt. Auch für das Geflügel wird zukünftig die praecaecale Verdaulichkeit der Aminosäuren eingeführt werden. Beim Wiederkäuer gibt das scheinbar verdauliche Rohprotein (N-Aufnahme minus N im Kot) ebenfalls keine brauchbaren Angaben. Im Pansen wird das Futterprotein zum Teil abgebaut und zu Mikrobenprotein aufgebaut, weshalb die im Duodenum ankommenden N-Verbindungen von denen des Futters abweichen. Im Kot erscheint sowohl unverdautes Mikroben- und Futterprotein als auch endogener Stickstoff. In der praktischen Fütterung der Milchkühe und Rinder ist man deshalb ebenfalls dazu übergegangen, das am Duodenum ankommende „nutzbare Rohprotein" als Basis für die Versorgungsempfehlung mit Protein zu verwenden (siehe 7.11.2).

2.2.2 Einflüsse auf die Verdaulichkeit

Die Verdaulichkeit eines Futtermittels ist keineswegs eine konstante Größe. Sie ist von verschiedenen Faktoren wie Tierart, Futtermenge, Rationszusammensetzung und Zubereitung der Futtermittel abhängig. Einflüsse auf die Verdaulichkeit des Proteins siehe 3.4.3.

2.2.2.1 Tierart

Die stärksten Unterschiede zwischen den Tierarten treten in der Verdaulichkeit der Rohfaser auf. Während der Wiederkäuer durch sein Vormagensystem ausgesprochen auf rohfaserreiche Futtermittel, also Grundfuttermittel eingestellt ist, findet beim Schwein weder im Magen noch im Dünndarm ein Rohfaserabbau statt. Beim Schwein kann lediglich im Dickdarm auf bakteriellem Wege in beschränktem Umfang Rohfaser verdaut werden. Beim Huhn ist das Verdauungsvermögen für Rohfaser noch deutlich schwächer ausgeprägt.

Die aufgenommene Rohfasermenge beeinflusst auch die Verdaulichkeit anderer Nährstoffgruppen. Dies hängt hauptsächlich damit zusammen, dass die Zellinhaltsstoffe erst nach Aufschluss der Zellwände (Rohfaser) der Verdauung zugänglich sind. AXELSSON errechnete aus den in der Literatur vorliegenden Ergebnissen, dass die Verdaulichkeit der organischen Masse je 1 % Rohfaser beim Wiederkäuer um 0,81, beim Pferd um 1,26, beim Schwein um 1,68 und beim Huhn sogar um 2,33 Einheiten vermindert wird. Die Auswirkung der Rohfaser auf die Verdaulichkeit anderer Nährstoffe steigt also mit abnehmender Bakterientätigkeit im Verdauungstrakt in der Reihenfolge Wiederkäuer, Pferd, Schwein, Huhn an (Übersicht 2.2-3).

In Übersicht 2.2-4 ist die Verdaulichkeit der organischen Masse einiger Kraftfuttermittel aufgezeigt (NEHRING und Mitarbeiter). Sowohl beim Rind als auch beim Schwein fällt die Verdaulichkeit mit steigendem Rohfasergehalt ab. Gleichzeitig geht aus den Werten hervor, dass der Wiederkäuer dem Schwein bei der Verdauung rohfaserreicher Futterstoffe überlegen ist. Handelt es sich dagegen um rohfaserarme Futtermittel, so besteht zwischen beiden Tierarten hinsichtlich der Verdaulichkeit der organischen Masse und damit auch der einzelnen Nährstoffe kaum ein Unterschied.

Übersicht 2.2-3

Verdaulichkeit der organischen Masse (y, in %) in Abhängigkeit vom Rohfasergehalt in der Trockenmasse des Futters

Wiederkäuer	y = 87,6 – 0,81 × % Rohfaser
Pferd	y = 97,0 – 1,26 × % Rohfaser
Schwein	y = 92,2 – 1,68 × % Rohfaser
Huhn	y = 88,1 – 2,33 × % Rohfaser

Übersicht 2.2-4
Verdaulichkeit der organischen Masse einiger Kraftfuttermittel bei Rind und Schwein

	Rohfaser %	Verdaulichkeit der organ. Substanz, %	
		Rind	Schwein
Mais	2,8	84,8	88,7
Erdnussextraktionsschrot	5,8	87,5	87,6
Sojaextraktionsschrot	5,9	87,2	82,3
Gerste	6,4	82,2	83,2
Leinextraktionsschrot	11,4	71,4	65,5
Hafer	11,8	73,4	67,6
Palmkernextraktionsschrot	19,9	77,9	64,3

Übersicht 2.2-5
Vegetationsstadium und Verdaulichkeit von Gräsern beim Rind

	Rohfasergehalt in % der T	Verdaulichkeit der organ. Substanz, %
im Schossen	22,8	75
vor der Blüte	28,4	69
in der Blüte	32,8	64
nach der Blüte	36,3	60
Samenreife	36,4	61
Samen ausgefallen	40,7	54

In Übersicht 2.2-5 ist am Beispiel von Gräsern aufgezeigt, dass bei vielen Futterpflanzen der Rohfasergehalt mit fortschreitender Vegetation sehr stark zunimmt. Die Verdaulichkeit der organischen Masse und damit die Menge an verfügbaren Nährstoffen gehen entsprechend zurück.

Diese dargestellten Beziehungen zwischen Rohfasergehalt und Verdaulichkeit der Nährstoffe treffen jedoch nicht in jedem Falle zu. Bestand die „Rohfaser" z. B. aus reiner Cellulose, so wurden beim Rind durch Erhöhung dieser Rohfaser von 18 auf 28 % weder die Verdaulichkeit der Trockenmasse noch die einzelner Nährstoffe beeinflusst. Auch in Versuchen an Mastschweinen verursachten Cellulosezulagen bis 24 % praktisch keine Verminderung der Verdaulichkeit der Trockenmasse der Ration. In Futtermitteln ist vor allem der Ligningehalt ursächlich für den Rückgang der Verdaulichkeit der organischen Masse verantwortlich. NEHRING konnte im Vergleich verschiedener Futtermittel zeigen, dass die Verdaulichkeit in Futtermitteln mit höheren Cellulose- und Hemicellulosengehalten, aber niedrigeren Ligningehalten deutlich besser war. Insgesamt zeigt sich also, dass der Einfluss der Fraktion „Rohfaser" auf die Verdaulichkeit sehr von ihren chemischen Komponenten abhängt und die entsprechenden Gleichungen im Einzelfalle nicht immer anwendbar sind.

Rasse und Alter der Tiere wie auch Trächtigkeit und Laktation sind ohne Einfluss auf die Verdaulichkeit des Futters. Dies gilt jedoch nicht für junge Tiere, deren Verdauungsapparat und Enzymaktivitäten noch nicht voll entwickelt sind. Ältere Zuchtschweine haben aufgrund ihres größeren Dickdarmvolumens für Cellulose ein besseres Verdauungsvermögen als wachsende Schweine. Höhere Umwelttemperaturen können die Verdaulichkeit etwas erhöhen, wie in Versuchen an Rind und Schaf festgestellt wurde. Der Effekt ist jedoch sehr gering, und besitzt deshalb auch keine praktische Bedeutung.

2.2.2.2 Futtermenge

Beim Wiederkäuer besteht eine ausgeprägte Abhängigkeit zwischen Futtermenge und Verdaulichkeit. In Übersicht 2.2-6 sind hierzu einige Ergebnisse von BLAXTER aus Versuchen an Schafen aufgezeigt. Wurde die Futtermenge gegenüber dem Erhaltungsbedarf verdoppelt, so sank die Verdaulichkeit der Futterenergie je nach Futterart um 1–9 Einheiten.

Auch beim Milchvieh wurden solche Einflüsse gefunden, wie beispielsweise aus norwegischen Versuchen von EKERN hervorgeht (Abb. 2.2-1). Der Rückgang der Verdaulichkeit

Übersicht 2.2-6
Abhängigkeit der Verdaulichkeit von Futtermenge (Schaf)

Ration	Verdaulichkeit der Energie bei Erhaltungsniveau %	Rückgang der Verdaulichkeit um ... Einheiten bei Verdoppelung der Futtermenge
Trockengras		
lang	63–83	1,1–5,1
pelletiert oder gemahlen	62–72	1,9–6,6
Heu, lang	55	6,6; 9,8
Körnermais	91	1,0
Heu + Hafer	72	2,2

Abbildung 2.2-1
Rückgang der Verdaulichkeit der Trockenmasse mit steigender Futterzufuhr beim Milchvieh

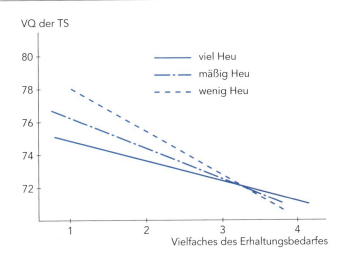

der Trockenmasse mit steigender Futterzufuhr war bei kraftfutterreichen Rationen etwas stärker als bei raufutterreichen. Betrachtet man die Forschungsergebnisse zu diesem Problem insgesamt, so lässt sich beim Milchvieh der Verdaulichkeitsrückgang je Stufe Erhaltungsniveau auf 2–3 Prozent-Einheiten einschätzen. Im Hinblick auf die praktische Fütterung ist aber von Bedeutung, dass mit steigender Futtermenge gleichzeitig die Harn- und Methanverluste abnehmen, sodass die Energieversorgung der Tiere durch diese Verdaulichkeitsreduzierung weniger beeinflusst wird (siehe 7.1.1.1).

Beim Schwein wird die Verdaulichkeit durch Erhöhung der Futtermenge schwächer beeinflusst als beim Wiederkäuer. Untersuchungen am Mastschwein zeigten einen Rückgang der Verdaulichkeit der Energie um etwa 1 % je Stufe Erhaltungsniveau.

2.2.2.3 Rationszusammensetzung

Die Verdaulichkeit von Futtermitteln kann mitunter stark von ihrer Zusammensetzung abhängen. Dies gilt vor allem für Grundfuttermittel, deren Nährstoffgehalt meist beträchtlich variiert, weniger für Getreide, das in seiner Zusammensetzung weitgehend konstant ist (siehe auch Übersichten 2.2-3 bis 2.2-5).

Aber nicht nur die Zusammensetzung des Einzelfuttermittels, sondern auch die Zusammensetzung der gesamten Futterration kann die Verdaulichkeit beeinflussen. Streng genommen hat jedes Futtermittel einen Einfluss auf die Verdaulichkeit eines anderen Futtermittels. Es ist jedoch anzunehmen, dass bei Tieren mit überwiegend enzymatischer Verdauung die Zusammensetzung der Futterration mit Ausnahme der Rohfaser keine nennenswerte Wirkung auf die Verdaulichkeit der Nährstoffe hat. Bei Wiederkäuern dagegen kann die Rationszusammensetzung eine größere Rolle spielen, da von ihr die Entwicklung der verschiedenen Mikroorganismenarten des Pansens beeinflusst wird. So senkt die Zulage von leichtlöslichen Kohlenhydraten (Zucker, aber auch Stärke) zu rohfaserreichem Grundfutter die Verdaulichkeit aller Nährstoffe, insbesondere die des Eiweißes und der Rohfaser. Diesen Rückgang bezeichnet man allgemein als **Verdauungsdepression.** Solche Verdauungsdepressionen kann man weiterhin bei Zulage von Ölen beobachten, was vor allem auf Beeinflussung von Cellulose abbauenden Bakterien (cellulolytische Aktivität) durch ungesättigte Fettsäuren beruht. Auf der anderen Seite wurde beim Rind eine positive Beziehung zwischen Rohproteingehalt und Verdaulichkeit der Energie besonders im unteren Versorgungsbereich mit Protein festgestellt. Gewürzstoffe wie auch Kochsalz hingegen beeinflussen die Verdaulichkeit nicht. Insgesamt gesehen müsste man daraus ableiten, dass jede Kombination von zwei Futtermitteln zu einer Änderung der Verdaulichkeit der Nährstoffe der einzelnen Futtermittel führt. Bleibt man jedoch innerhalb gewisser physiologischer Gegebenheiten, so kann die Verdaulichkeit der Futterration aus den Verdaulichkeitswerten der einzelnen Komponenten additiv errechnet werden.

2.2.2.4 Zubereitung der Futtermittel

Für die Verdaulichkeit der Nährstoffe ist auch die Zubereitung des Futters von Bedeutung. Um optimale Verdaulichkeit zu erhalten, sollte das Getreide für Rinder gequetscht und für Schweine gemahlen sein, während Pferde wegen guter Kautätigkeit weniger auf eine vorausgehende Zerkleinerung des Getreides angewiesen sind. Kartoffeln müssen für die

Schweinefütterung gedämpft werden. Häckseln von Raufutter hat keinen Einfluss auf die Verdaulichkeit. Mahlen von Raufutter kann die Verdaulichkeit verringern, was dadurch erklärt wird, dass die Passagerate durch den Verdauungstrakt erhöht ist. Beim Häckseln und vor allem auch Pelletieren von Heu muss jedoch beachtet werden, dass die Tiere häufiger auch mehr Futter aufnehmen, was streng von dem Einfluss auf die Verdaulichkeit zu trennen ist.

Von Bedeutung ist auch der Temperatureinfluss bei der Konservierung von Futtermitteln durch Silagebereitung oder durch technische Trocknung. Überhöhte Temperaturen senken die Verdaulichkeit, besonders die des Rohproteins. Andererseits wird durch spezielle thermische Behandlung von Sojaschrot (Toasten) die Proteinverdaulichkeit verbessert. In den Bereich technologischer Effekte fallen auch die Verfahren zum Aufschluss von Stroh. Durch Besprühen von Stroh mit NaOH oder Begasung mit NH_3 wird der Ligno-Cellulose-Komplex gelockert, so dass der Abbau im Verdauungstrakt erleichtert wird und die Verdaulichkeit der organischen Masse um etwa 10 Prozentpunkte ansteigt.

2.2.3 Zur Bestimmung der Verdaulichkeit

2.2.3.1 *Tierversuche*

Das klassische Verfahren zur Bestimmung der Verdaulichkeit ist der Tierversuch. Hierbei kann man zwei Methoden unterscheiden, nämlich die Sammeltechnik und die Indikatormethode.

Sammeltechnik. Entsprechend der Definition der Verdaulichkeit müssen sowohl die verzehrte Futtermenge als auch die ausgeschiedene Kotmenge genau erfasst werden. Um die Tagesschwankungen in der Kotausscheidung auszugleichen, muss die Kotsammlung über mehrere Tage (7–10 Tage) erfolgen. Man nennt diesen Versuchszeitraum die Hauptperiode. Einer solchen Hauptperiode muss eine Vorperiode vorausgehen, in der das Tier auf das zu prüfende Futter eingestellt wird und die Reste der vorherigen Ration aus dem Verdauungstrakt völlig verschwinden. Aus diesem Grunde muss die Vorperiode bei Wiederkäuern mindestens 10, besser 14 Tage, bei Pferden und Schweinen 7 Tage dauern. Verdauungsversuche müssen ferner an mehreren Tieren durchgeführt werden, da die Sicherheit der Ergebnisse sehr stark von der Tierzahl abhängt. In Abb. 2.2-2 (nach KIRCHGESSNER) ist dieser Zusammenhang für Rinder anschaulich dargestellt. Mit steigender Tierzahl wird die Grenzdifferenz (= $1/2$ Konfidenzintervall) der Verdaulichkeit für die einzelnen Nährstoffe wesentlich geringer. Verdauungsversuche sollten deshalb mit 3, besser mit 4 Tieren durchgeführt werden. Leider sind viele in der Literatur beschriebenen Verdauungsversuche nur mit 2 Tieren durchgeführt worden.

Viele Futtermittel können nicht für sich allein verfüttert werden. Daher lässt sich auch ihre Verdaulichkeit nicht durch **einen** Versuch ermitteln. In diesem Fall wird der sogenannte **Differenzversuch** durchgeführt. Dabei wird im ersten Versuch die Verdaulichkeit einer Grundration bestimmt und im zweiten Versuch das zu prüfende Futtermittel zugelegt. Zusammensetzung und Umfang der Ration dürfen dabei nicht zu sehr verändert werden, auf der anderen Seite muss aber die Zulage groß genug sein, um aus der Differenz zuverlässige Verdauungswerte zu erhalten. In Übersicht 2.2-7 ist am Beispiel der Verdaulichkeit von Fischmehl die Differenzmethode im einzelnen aufgezeigt. Die auf diese Weise bestimmte Verdaulichkeit wird auch **partielle Verdaulichkeit** genannt.

2 Die Verdauung

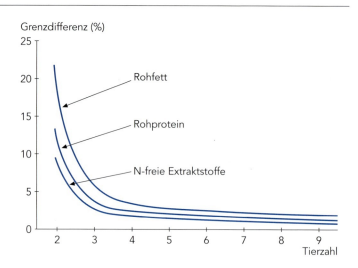

Abbildung 2.2-2
Grenzdifferenz der Verdaulichkeit (%) in Abhängigkeit von der Tierzahl (Rind)

Übersicht 2.2-7
Zur Bestimmung der Verdaulichkeit von Fischmehl beim Schwein

Grundration	1 kg Gerste	
	organ. Masse	Rohfett
im Futter, g	850	20
im Kot, g	150	10
verdaut, g	700	10
Verdaulichkeit, %	82	50
Zulageration	**1 kg Gerste + 300 g Fischmehl**	
	organ. Masse	Rohfett
im Futter, g	1.060	50
im Kot, g	170	14
insgesamt verdaut, g	890	36
von der Gerste verdaut, g	700	10
vom Fischmehl verdaut	190	26
Verdaulichkeit des Fischmehls, %	90	87

Um den Nachteil unterschiedlicher Futteraufnahmen und unterschiedlicher Nährstoffverhältnisse zwischen Grundration und Zulageration zu vermeiden bzw. abzuschwächen, kann der Differenzversuch so modifiziert werden, dass ein Teil der Grundration durch die Zulage ersetzt wird **(Substitutionsversuch)**. Es ist auch ein Ersatz von Grundration durch gestaffelte Zulagen möglich, die Verdaulichkeit wird dann regressionsanalytisch berechnet.

Indikatormethode. Eine große Schwierigkeit bei den Verdauungsversuchen liegt darin, dass Futter- und Kotmengen über längere Zeiträume verlustlos erfasst werden müssen. Es gab daher viele Überlegungen, die herkömmlichen Tierversuche zur Verdaulichkeitsbestimmung methodisch zu vereinfachen. Am weitesten davon ist die Indikatormethode entwickelt. Hierbei wird die Verdaulichkeit aus der Konzentrationsänderung einer Bezugssubstanz von Futter zu Kot bestimmt, so dass sich die quantitative Sammlung erübrigt. Solche Bezugssubstanzen oder Indikatoren müssen unabsorbierbar sein und den Verdauungstrakt gleichmäßig passieren. Auch dürfen sie in keiner Weise auf den Verdauungsablauf einwirken. Aus dem Verhältnis von Indikator und Nährstoff in Futter und Kot lässt sich die Verdaulichkeit wie folgt errechnen:

$$\text{Verdaulichkeit (\%)} = 100 - \left(\frac{\text{\% Indikator im Futter}}{\text{\% Indikator im Kot}} \times \frac{\text{\% Nährstoff im Kot}}{\text{\% Nährstoff im Futter}} \times 100 \right)$$

Als Indikator dient gewöhnlich Chromoxid, zuweilen werden auch die natürlichen Substanzen Chromogen und Lignin benutzt. Mittels der Indikatormethode lässt sich die Verdaulichkeit auch bei weidenden Tieren und im Zusammenhang mit einem zweiten Indikator zusätzlich die Futteraufnahme bestimmen.

2.2.3.2 *In-vitro-Methoden und Schätzmethoden*

Für Routinezwecke (Serienuntersuchungen für Betriebsberatung, Pflanzenzüchtung und Pflanzenbau) ist die Bestimmung der Verdaulichkeit durch den Tierversuch viel zu aufwendig. Besonders für die Anwendung beim Wiederkäuer wurden deshalb zahlreiche Methoden entwickelt, mit denen es möglich ist, bei kleinen Probemengen viele Futterproben in kurzer Zeit zu untersuchen.

Bei der sogenannten Nylonbeutel-Technik werden die zu untersuchenden Futterstoffe in feinmaschiges Gewebe eingeschweißt und in den Pansen eines mit Pansenfistel ausgestatteten Rindes versenkt. So können viele Proben gleichzeitig untersucht werden. Nach einer festgesetzten Zeit (meist 48 Std.) wird die unverdaute Restsubstanz erfasst. Ein Schritt weiter weg vom Versuchstier führt dazu, Teilprozesse der Verdauung ins Reagenzglas zu verlegen. Man spricht dann von in-vitro-Methoden. Unter diesen hat die 2-Stufen-Methode nach TILLY und TERRY zur Ermittlung der Verdaulichkeit von Grün- und Raufutter eine weite Verbreitung gefunden. In einer ersten Stufe wird das Untersuchungsmaterial mit Pansensaft und in einer zweiten Stufe mit Pepsin in verdünnter Salzsäurelösung inkubiert. Anschließend wird die unverdaute organische Masse erfasst. Ein anderes Verfahren besteht darin, die Gasbildung (CH_4 und CO_2) bei der Fermentation in vitro mit Pansensaft als Maß für die verdaute organische Masse zu erfassen (MENKE, Hohenheimer Futtertest). Diese Methoden setzen jedoch die Verwendung von Pansensaft voraus, was zu zahlreichen Fehlerquellen führen kann, falls nicht detaillierte Vorschriften über die Spendertiere und die Abnahme des Pansensaftes eingehalten werden. Deshalb wurden für Grün- und Raufutter auch Methoden erarbeitet, die den Pansensaft durch handelsübliche Cellulase-Präparate ersetzen. Nach einem 24stündigen Aufschluss mit einer Pepsin-Salzsäure-Lösung folgt eine Inkubation mit Cellulaselösung über die gleiche Zeitdauer. Aus dem nicht lösbaren Anteil in Verbindung mit einer nachfolgenden Aschebestimmung lässt sich dann der Gehalt an enzymlösbarer organischer Masse (Substanz) berechnen (Cellulase-Methode, ELOS, DE BOEVER et al.). Bei all diesen Methoden stimmen die gemessenen Verdaulichkeiten meist nicht mit den Ergebnissen des Tierversuchs überein, jedoch lassen sich mittels entsprechender Korrekturfaktoren gute Näherungswerte erstellen.

Ein anderer Weg zur Schätzung der Verdaulichkeit der organischen Masse und der Nährstoffe führt über die Analyse von Futterinhaltsstoffen. So kann aus dem Rohfasergehalt bei vielen Futterarten die Verdaulichkeit geschätzt werden, da sich die Rohfaser in der Regel negativ auf die Verdaulichkeit aller Nährstoffe auswirkt (siehe 2.2.2). Ähnliches gilt auch für die Gerüstsubstanzen NDF, ADF und Lignin. Die Schätzung der Verdaulichkeit wird sicherer, wenn mehrere Inhaltsstoffe als unabhängige Variable in einer multiplen Regressionsgleichung kombiniert werden. Solche Gleichungen wurden für Wiederkäuer und Monogastriden erarbeitet (siehe auch unter 4.4.5).

2.2.4 Bedeutung der Verdaulichkeit der organischen Masse für die praktische Fütterung

Die verdauliche organische Masse setzt sich aus den verdaulichen Nährstoffen zusammen, sie ist die Summe der verdaulichen Nährstoffe. Damit kann die Verdaulichkeit der organischen Masse einen Maßstab geben für die Nährstoffkonzentration eines Futtermittels (verdauliche Nährstoffe je Gewichtseinheit Futtermittel).

Da der Nährstoffbedarf der Tiere sich mit steigender Leistung erhöht, andererseits jedoch das Fassungsvermögen des Verdauungstraktes begrenzt ist, muss die Nährstoffdichte mit steigender Leistung ansteigen. Im gleichen Futtervolumen müssen also mehr verdauliche Nährstoffe enthalten sein, und das bedeutet, dass die Verdaulichkeit der organischen Masse höher sein muss. Für die praktische Rinder- und Schweinefütterung muss deshalb die Verdaulichkeit der organischen Masse nach Untersuchungen von KIRCHGESSNER (1964) in etwa die in Übersicht 2.2-8 aufgezeigten Werte haben, damit die entsprechende Leistung auch erzielt werden kann.

Übersicht 2.2-8

Anforderungen an die Verdaulichkeit des Futters für Rind und Schwein

	Verdaulichkeit der organischen Masse, %
Milchkuh	
Erhaltung	50
Trockenstehen	70
Milchleistung	
10 kg Milch	66
20 kg Milch	74
30 kg Milch	80
Rind (300–500 kg)	
Mast	65–70
Aufzucht	55–65
Schwein, Mast	78–82
Sauen	
niedertragend	60
Säugezeit	80–84

3
Die Nährstoffe und ihr Stoffwechsel

3.1 Wasser

Leben ist ohne Wasser nicht möglich. Säugetiere können deutlich länger ohne Nahrung überleben als ohne Wasser. Wasserverluste von 10 % der Körpermasse können bereits zum Tod führen. Dies liegt nicht zuletzt an den vielfältigen und lebenswichtigen Funktionen des Wassers im Körper wie beispielsweise:

- Lösungs- und Transportmittel für Nährstoffe, Gase, Hormone etc.
- Abtransport und Ausscheidung überschüssiger oder potenziell toxischer Stoffe
- Reaktionsmedium und Reaktionspartner von Enzymreaktionen
- Thermoregulation über die Verdunstung von Wasser
- Baustoff und Schutzfaktor (Schleim, Amnionflüssigkeit)

Wasser ist aber auch ein Endprodukt der oxidativen Energiegewinnung, d. h. der vollständigen „Verbrennung" von Nährstoffen unter Sauerstoffzufuhr. Der tierische Organismus besteht zum überwiegenden Teil aus Wasser. Dieses Wasser verteilt sich auf zwei Hauptflüssigkeitsräume:

> das Wasser im Zellinneren (Intrazellulärflüssigkeit)
> das Wasser außerhalb der Zellen (Extrazellulärflüssigkeit)

Die Extrazellulärflüssigkeit kann weiterhin unterteilt werden in das Blutplasma, das Wasser des Zwischengewebsraumes (interstitielle Flüssigkeit) und das transzelluläre Wasser (Flüssigkeit in Magen-Darm-Trakt, Gallenblase und Harntrakt, Liquorräume des Gehirns, Augenkammerwasser).

Mehr als 60 % des Wassers im Organismus befinden sich im Inneren der Zellen. Die Menge des intrazellulären Wassers hängt jedoch maßgeblich von der Zellart ab. Muskelgewebe enthält etwa 75 % Wasser, Fettgewebszellen jedoch nur etwa 20 %. Dies hat zur Folge, dass Veränderungen der Körperzusammensetzung (Muskulatur, Fettgewebe) meist auch mit einer Änderung des Körperwassergehaltes einhergehen. Der Wasseranteil des Körpers nimmt im Laufe des Lebens stetig ab (physiologische Austrocknung). Dieser Rückgang des Wasseranteils ist durch Verluste der interstitiellen Flüssigkeit bedingt; die Anteile der Intrazellulärflüssigkeit und des Plasmawassers bleiben zeitlebens nahezu konstant.

> eine Zunahme des Fettanteils im Körper geht stets einher mit einer Abnahme des Wasseranteils

Unter physiologischen Bedingungen wird Wasser nahezu vollständig im Darm absorbiert. Der Hauptort der Wasserabsorption ist der Dünndarm. Der Wassertransport aus dem Darmlumen in das Blutgefäßsystem erfolgt passiv entlang eines osmotischen Gradienten, der bei der Absorption von Nährstoffen entsteht. Bei Wiederkäuern können relativ große Wassermengen auch durch das Epithel des Pansens transportiert werden. Die Nettotransportrate von Wasser hängt jedoch entscheidend vom osmotischen Druck im Pansen ab. Je höher dieser ist, umso weniger Wasser wird absorbiert. Milchkühe mit einem hohen osmotischen Pansendruck in Folge einer Pansenazidose (siehe Kapitel 3.2.4) sind deshalb besonders von einer Austrocknung (Dehydratation) betroffen. Das Verhältnis von Wasseraufnahme zu Wasserabgabe wird als Wasserbilanz bezeichnet. Wasser wird mit dem Kot, dem Harn, der Milch, aber auch über die Atmung (Wasserdampfsättigung der Ausatemluft) und die Haut abgegeben. Störungen der Wasserbilanz zu Gunsten der Wasserabgabe (z. B. Durchfälle) können den Organismus sehr schnell in einen kritischen Zustand bringen. Der Wasserbedarf eines Tieres hängt unter anderem von folgenden Faktoren ab:

physiologischer Zustand	Trockenmasseaufnahme	Luftfeuchtigkeit
Körpermasse	Natriumaufnahme	
Milchbildungsrate	Umgebungstemperatur	

Als Richtwert gilt, dass je kg verzehrter Futter-Trockenmasse für das Schwein 2–3 l und für das Rind 4–5 l Wasser zur Verfügung stehen sollten. Der tägliche Wasserbedarf beträgt im Durchschnitt:

für **Mastschweine**	6 – 10 l
für **Sauen**	12 – 15 l
für **Mastrinder**	20 – 60 l
für **Kühe**	50 – 100 l

Erhöhte Wasserverluste treten aber nicht nur bei Durchfallerkrankungen auf, sondern auch bei hohen Außentemperaturen, Fieber, starker Muskelaktivität, Aufenthalt in Höhe und trockener Luft sowie in der Initialphase der Energierestriktion. Auch laktierende Tiere haben einen gesteigerten Wasserbedarf. Dies ist vor allem bei Milchkühen mit hoher Milchleistung bedeutsam. So führt bei Milchkühen eine Verminderung der Wasserzufuhr auf 50 % der freiwillig aufgenommenen Menge zu reduzierter Futteraufnahme mit nachfolgendem Gewichtsrückgang und eingeschränkter Milchproduktion. Verliert der Organismus nur 0,5 % seines Körpergewichts in Form von Wasser, entsteht bereits Durstgefühl. Wasserverluste von 1–2 % bezeichnet man als milde Dehydratation, während Verluste von über 4 % bereits einen Zustand schwerer Dehydratation darstellen. Prinzipiell werden drei verschiedene Arten der Dehydratation unterschieden.

Isotone Dehydratation Verlust von Wasser und Elektrolyten erfolgt im gleichen Verhältnis (z. B. bei Durchfällen)

3 Die Nährstoffe und ihr Stoffwechsel

> **Übersicht 3.1-1**
> **Wassergehalt ausgewählter Futtermittel, in %**
>
> | | | | |
> |---|---|---|---|
> | Schlempen | 90–94 | Raufutter, Getreidekörner | 12–15 |
> | Grünfutter, Wurzeln u. Knollen | 75–85 | Handelsfuttermittel | 10–15 |
> | Silage | 80 | Trockengrünfutter | 5–12 |
> | Anwelksilage | 60–70 | | |

Hypertone Dehydratation	der Organismus verliert Wasser ohne entsprechenden Salzverlust (z. B. bei intensiver Atmung)
Hypotone Dehydratation	der Anteil an Salzen nimmt stärker ab als der Wasseranteil (z. B. starkes Schwitzen)

Wasserverluste müssen sehr schnell durch die Zufuhr einer entsprechenden Wassermenge ausgeglichen werden. Durstempfindungen beeinflussen das Tier unverzüglich in seinem Verhalten. Durch Aufsuchen von Wasserstellen und spontanem Trinken wird das Wasserdefizit sehr schnell ausgeglichen (Homöostase durch Verhalten). Unter praktischen Bedingungen wird der Bedarf am besten gedeckt, wenn man den Tieren stets eine Trinkgelegenheit bietet. Die hygienischen Anforderungen an das Tränkwasser entsprechen denen des Trinkwassers für den Menschen. Sie unterliegen damit der Trinkwasserverordnung, in der die Grenzwerte für Mikroorganismen und Schadstoffe festgelegt sind. Bei stehenden Gewässern besteht vor allem die Gefahr der Kontamination mit Kot, Harn, Parasiten und der Bildung von Fäulnisstoffen. Wasser wird jedoch nicht nur in Form von Tränkwasser aufgenommen, sondern auch mit der Nahrung. Die Wassergehalte unterscheiden sich aber je nach Futtermittel beträchtlich (Übersicht 3.1-1). Bei pflanzlichen Futtermitteln geht mit fortschreitendem Wachstum und Reife der Pflanze der Wassergehalt zurück. Auch die Trocknung von Futtermitteln verringert den Wassergehalt deutlich.

Das Hauptregulationsorgan des Wasserhaushaltes ist die **Niere.** Sie besitzt die Aufgabe, den Körper von harnpflichtigen Substanzen wie Harnstoff, Harnsäure, Ammoniumionen überschüssige Elektrolyte und Mineralstoffe sowie sonstigen Stoffwechselendprodukten zu befreien. Hierzu wird das Blutplasma über viele kleine Blutgefäßknäuel der Nierenrinde, die so genannten Glomeruli, filtriert. Das entstehende Filtrat wird als Primärharn (Wasser und darin gelöste kleine Moleküle) bezeichnet. Unter normalen Bedingungen werden in der Niere ca. 99 % des abfiltrierten Primärharns rückabsorbiert. Dies geschieht im Tubulussystem der Niere. Der endgültige, zur Ausscheidung gelangende Urin (Sekundärharn) hat aufgrund der unterschiedlichen Rückabsorptionsraten von gelösten Substanzen und Wasser schließlich eine ganz andere Zusammensetzung als das ursprüngliche Filtrat.

> Die Hauptregulation des Wasserhaushaltes erfolgt über das Durstempfinden und die Niere.

Die Niere besitzt die Fähigkeit, harnpflichtige Substanzen im Falle knapper Wasseraufnahme in einem relativ kleinen Wasservolumen zu lösen. Bei geringer Wasseraufnahme konzentrieren sich die im Harn gelösten Substanzen somit auf (der Urin wird dunkler). Diese Fähigkeit der Harnkonzentrierung durch die Niere unterliegt jedoch Beschränkungen. In Abhängigkeit der Tierspezies muss eine Mindestmenge an Wasser aufgenommen werden, um die Ausscheidung harnpflichtiger Substanzen zu gewährleisten. Landtiere oder gar Wüstentiere haben eine sehr ausgeprägte Fähigkeit zur Harnkonzentrierung; im oder am Wasser lebende Spezies können dies jedoch kaum. Normalerweise übersteigt die Wasseraufnahme aber den Minimalbedarf.

Die Wasserabgabe und das Zurückhalten von Wasser im Körper werden durch das Zusammenwirken verschiedener Hormone sowie das Nervensystem reguliert. Die Regulation des Wasserhaushaltes ist dabei untrennbar gekoppelt an die Regulation des Elektrolythaushaltes, vor allem die des Natriums. Zu den Regulatoren der Wasserhomöostase gehören Sensoren im Körper, die Druck, Dehnung oder Osmolarität in der Zelle und in den Blutgefäßen messen, das Hormon Adiuretin (antidiuretisches Hormon, ADH, Vasopression), natriuretische Peptide sowie das Renin-Angiotensin-Aldosteron-System.

ADH wird von den Nervenzellen des Hypothalamus gebildet und in der Neurohypophyse gespeichert. Eine verstärkte ADH-Sekretion erfolgt bei einer Zunahme der Osmolarität des Plasmas sowie einer Verringerung des Plasmavolumens. ADH stimuliert in den Sammelrohren der Niere den Einbau von Wasserkanälen (Aquaporen), sodass filtriertes Wasser vermehrt in das Blutgefäßsystem des Körpers zurückfließen kann. Das Renin-Angiotensin-Aldosteron-System wird bei Blutdruckabfall und Volumenmangel aktiviert. Aldosteron aus der Nebennierenrinde stimuliert die Rückabsorption von Natrium und fördert somit auch die Retention von Wasser im Körper. Die natriuretischen Peptide werden in den Herzvorhöfen gebildet und regen hingegen die Ausscheidung von Natrium und Wasser über den Harn an.

3.2
Kohlenhydrate und ihr Stoffwechsel

Kohlenhydrate gehören einer großen Gruppe von organischen Naturstoffen an, die aus dem Element Kohlenstoff (C) und dem Molekül Wasser (H_2O) im Verhältnis 1:1 bestehen (Namensgebung!). Alle Kohlenhydrate sind Aldehyd- oder Ketonabkömmlinge höherer Alkohole. Der tierische Organismus enthält relativ wenige Kohlenhydrate. Einfachzucker und Glycogen (tierische Stärke) sind die vornehmlichen Kohlenhydratformen. In der Milch dominiert vor allem der Zweifachzucker Lactose. In Verbindung mit Proteinen oder Lipiden sind Kohlenhydrate aber auch Bausteine von Knochen-, Knorpel- und Bindegewebe sowie Schleim, Immunglobulinen und Gerinnungsfaktoren. Einen weitaus höheren Kohlenhydratanteil als die Tiere haben Pflanzen. Die pflanzlichen Kohlenhydrate stellen die Hauptenergiequelle für den tierischen Organismus dar.

3.2.1 Klassifizierung und Bedeutung der Kohlenhydrate

In Übersicht 3.2-1 sind einige ernährungsphysiologisch bedeutende Kohlenhydrate aufgelistet und chemisch klassifiziert. Einfachzucker (Monosaccharide) werden nach der Zahl ihrer C-Atome (z. B. Pentosen = 5 C-Atome; Hexosen = 6 C-Atome), der Stellung der Carbonylgruppe (Aldehydzucker = Aldose und Ketonzucker = Ketose) sowie der Art des Ringschlusses (Fünfring = Furanose und Sechsring = Pyranose) unterschieden. Beim Übergang von der offenkettigen Form in die Ringform (Halbacetal-Bildung) entsteht am C-Atom 1 ein neues chirales bzw. asymmetrisches Zentrum (C-Atom mit vier verschiedenen Substituenten). Einer der Substituenten ist eine Hydroxylgruppe (-OH). Ist die Hydroxylgruppe dieses C-Atoms nach unten gerichtet spricht man von einer α-Konfiguration, weist sie nach oben, handelt es sich um eine β-Konfiguration. Di-, Oligo- und Polysaccharide unterteilt man nach der Zahl und Art der beteiligten Einfachzucker sowie deren glycosidischer Verknüpfung. Die Glycosidbindung wird immer zwischen der Hydroxylgruppe des chiralen C-Atoms des ersten Zuckers und einer Hydroxylgruppe eines zweiten Zuckers unter Wasserabspaltung geknüpft. Von einer α-glycosidischen Bindung spricht man, wenn die Hydroxylgruppe des ersten Zuckers in α-Konfiguration vorliegt, bei β-Konfiguration entsteht eine β-glycosidische Bindung. Die Verknüpfungsart ist vor allem im Hinblick auf ihre enzymatische Spaltbarkeit im Magen-Darm-Trakt des Tieres bedeutsam.

Monosaccharide (Einfachzucker) sind wasserlöslich und weisen einen süßen Geschmack auf. Am häufigsten sind die Hexosen Glucose und Fructose, da sie Hauptbestandteil von Di- und Polysacchariden der pflanzlichen Nahrung sind. In Früchten und Honig liegen Glucose und Fructose auch als Monosaccharide vor. Im Tier entsteht Glucose in größerem Umfang bei der Verdauung von Stärke. Glucose ist ein wichtiger Energieträger und bildet den „Blutzucker" im tierischen Organismus. Glucose verbindet sich darüber hinaus auch mit Galactose zum Milchzucker. Pentosen sind vor allem Bausteine der Pentosane, die in größerer Menge in der Hemicellulose vorkommen. Ribose ist Bestandteil von Nukleinsäuren, Nukleotid-Coenzymen und des Adenosintriphosphats (ATP). Desoxyribose, bei der eine OH-Gruppe durch ein H ersetzt wurde, ist die Zuckerkomponente der Desoxyribonukleinsäure (deoxyribonucleic acid, DNA) im Zellkern.

Disaccharide (Zweifachzucker) sind ebenso wie die Monosaccharide wasserlöslich und süß schmeckend. Saccharose dient den Pflanzen als lösliche Kohlenhydratreserve und -transportform. Pflanzen mit besonders hohem Saccharoseanteil sind Zuckerrohr und Zuckerrüben. Der Zweifachzucker Maltose ist besonders reichlich im keimenden Getreide als Abbauprodukt der Stärke zu finden. Die schwach süß schmeckende Lactose kommt nahezu ausschließlich in der Milch vor. Sie stellt dort das wichtigste Kohlenhydrat in der Ernährung neugeborener Tiere dar. Obwohl der Lactosegehalt in der Milch verschiedener Tierspezies zwar deutlich weniger variiert als der des Milchfettes, existieren auch für die Lactosegehalte speziesspezifische Unterschiede. Zudem ändert sich im Verlauf der Laktation die Zusammensetzung der Milch und damit auch der Lactosegehalt. Nachfolgend sind die Lactosegehalte in der Milch verschiedener Tierspezies und des Menschen dargestellt.

Kuhmilch	46–50 g/l	Sauenmilch	43–58 g/l
Stutenmilch	60–65 g/l	Hundemilch	30–40 g/l
Schafsmilch	42–50 g/l	Katzenmilch	40 g/l
Ziegenmilch	38–48 g/l	Humanmilch	55–75 g/l

Übersicht 3.2-1

Chemische Klassifizierung wichtiger Kohlenhydrate

Chemische Struktur		Beispiele	
Monosaccharide			
Pentosen	Aldosen	Ribose, Desoxyribose, Arabinose, Xylose	
	Ketosen	Ribulose	
Hexosen	Aldosen	Glucose (Traubenzucker), Galactose (Schleimzucker), Mannose	
	Ketosen	Fructose (Fruchtzucker)	
Disaccharide			
α-glycosidisch verknüpft		Saccharose (Rohrzucker)	= Glucose + Fructose
		Maltose (Malzzucker)	= Glucose + Glucose
β-glycosidisch verknüpft		Lactose (Milchzucker)	= Glucose + Galactose
Oligo- und Polysaccharide			
Pentosane	β-glycosidisch verknüpft	Arabinoxylane	
Hexosane	α-glycosidisch-verknüpft	Trehalose	= Galactose + Glucose + Fructose
		Stärke	aus Glucoseeinheiten (verzweigt)
		Glycogen	aus Glucoseeinheiten (verzweigt)
	β-glycosidisch-verknüpft	Cellulose	aus Glucoseeinheiten (unverzweigt)
		Carrageen	aus Galactoseeinheiten (verzweigt)
		Inulin	aus Fructoseeinheiten (unverzweigt)

Als **Oligosaccharide** werden Kohlenhydrate bezeichnet, die aus drei bis zehn Monosacchariden bestehen. Ein Vertreter ist die Raffinose, ein Trisaccharid, das natürlicherweise vor allem in Erbsen, Bohnen, Zuckerrohr und Zuckerrüben als Speicher- und Transportkohlenhydrat vorliegt. Bei der Zuckerherstellung geht Raffinose in großer Menge in die Melasse über (1–2%). Auch Solanin, ein toxisches Alkaloid aus der Familie der Nachtschattengewächse, ist ein aus Rhamnose, Glucose und Galactose zusammengesetztes Trisaccharid.

Polysaccharide sind in der Natur weit verbreitet. Funktionell kann man sie in drei Gruppen einteilen. Struktur-Polysaccharide verleihen Pflanzenzellen und pflanzlichen Organismen mechanische Stabilität (z. B. Cellulose, Hemicellulose). Wasserbindende Polysaccharide verhindern das Austrocknen von pflanzlichen Zellen und Geweben (z. B. Pektine, Agarose, Carrageen) und Reserve-Polysaccharide dienen sowohl den Pflanzen als auch tierischen Organismen als Energiespeicher (Stärke, Glycogen). Polysaccharide lassen sich darüber hinaus auch bezüglich ihrer Verdaulichkeit in Stärke und Nicht-Stärke-Polysaccharide (NSP) unterteilen. Bisweilen werden NSP auch als komplexe Kohlenhydrate bezeichnet. Zu den NSP zählen beispielsweise Cellulose, Hemicellulose, Pektine, langkettige Fructane und Pentosane. Die gebräuchliche Unterteilung in Stärke und NSP darf jedoch nicht dahin interpretiert werden, dass Stärke immer vollständig verdaulich ist. Die Verdaulichkeit des Stärkemoleküls kann in bestimmten nativen Formen sowie nach speziellen Vorbehandlungen eingeschränkt sein (siehe Stärke).

Sowohl Oligo- als auch Polysacchariden fehlt der typische Süßgeschmack von Einfach- oder Zweifachzuckern. Quantitativ stellen Oligo- und Polysaccharide die wichtigste Nährstoffgruppe in Futtermitteln pflanzlichen Ursprungs dar.

> Im tierischen Organismus werden Kohlenhydrate in Form von Glucose transportiert, in Form von Glycogen gespeichert und als Lactose an die Nachkommen weitergegeben.

Stärke

Stärke ist das wichtigste Reservekohlenhydrat der Pflanze. Besonders reichlich ist sie in Getreidekörnern (75% der Trockenmasse), Kartoffeln (65%) und Mais (>30%) enthalten. Dort liegt sie in den mikroskopisch sichtbaren Amyloplasten vor, die sich morphologisch von Pflanze zu Pflanze unterscheiden. Stärke setzt sich aus zwei Anteilen zusammen, der unverzweigten, spiralförmig-strukturierten Amylose (200–300 Glucosemoleküle, $\alpha 1 \rightarrow 4$ glycosidisch verknüpft) und dem verzweigtkettigen Amylopektin (jeder 20. bis 25. Glucoserest ist über eine $\alpha 1 \rightarrow 6$ Brücke mit einer weiteren Kette verbunden). Nach Zugabe von elementarem Jod zu einer Stärkelösung entsteht typischerweise eine Blaufärbung, die durch Einlagerung von Jod in die Helices (Spiralstrukturen) der Amylose resultiert. Bei der tierischen Stärke, dem **Glycogen,** weist sogar jedes 8. bis 10. Glucosemolekül eine Verzweigung auf. Die Verdaulichkeit von Stärke ist üblicherweise relativ hoch. Sie ist jedoch eingeschränkt, wenn sie physikalisch unzugänglich ist (z.B. komplette Getreidekörner) oder mehrfach erhitzt und wieder abgekühlt wurde (retrograde Stärke). Auch granuläre Stärke in nativem, unzerkleinertem Mais ist schlecht verdaulich. Die Ursache liegt in der verminderten enzymatischen Abbaubarkeit der kristallinen und wasserunlöslichen Stärkemoleküle in den Stärkekörnern. Da Mais nach der Ernte aufgrund der hohen Feuchte meist intensiv getrocknet werden muss, wird die Bildung der kristallinen Stärkestruktur noch gefördert. Die Verdaulichkeit lässt sich jedoch durch mechano-hydrothermische Behandlung deutlich verbessern.

Cellulose

Cellulose besteht ebenso wie Stärke aus Glucosemolekülen. Diese sind jedoch im Unterschied zur Stärke $\beta 1 \rightarrow 4$ glycosidisch verknüpft (β-1,4-Glucan). Cellulosemoleküle, die aus mehr als 10.000 Glucoseeinheiten bestehen können, sind wasserunlöslich. Für den Abbau der Cellulose besitzt das Tier keine entsprechenden Enzyme. Cellulose kann jedoch von Mikroorganismen wie den Pansenmikroben oder den Dickdarmbakterien abgebaut und dem Tier verfügbar gemacht werden. Pflanzliche Zellwände bestehen bis zu 40–50% aus Cellulose. In Baumwollfasern beträgt der Celluloseanteil sogar bis zu 98%. Cellulosemoleküle sind in Mikrofibrillen organisiert. In dieser Form liegen sie in den Zellwänden vor und werden dort mit weiteren Polysacchariden wie der Hemicellulose zu einem komplexen Geflecht vernetzt. In Zellwänden bestimmter Pilze und Hefen sind spezifische β-1,3/1,6-Glucane zu finden, die nicht nur den Charakter einer Rohfaser besitzen, sondern auch immunstimulatorische Wirkungen aufweisen. In Experimenten ließ sich durch den Einsatz dieser Glucane beispielsweise ein besserer Infektionsschutz bei Ferkeln erzielen (STUYVEN und Mitarbeiter 2009). Technische Cellulose zur Papierherstellung wird vorwiegend aus Holz gewonnen (Celluloseanteil 40–50%). Reine Celluloseprodukte (Papier, Taschentücher) haben aufgrund ihrer niedrigen oder gar fehlenden Gehalte an Mineral- und Wirkstoffen eine gewisse Bedeutung für experimentelle Spurenelement- oder Vitaminmangelversuche beim Nutztier.

Ebenso wie die Cellulose sind auch die nachfolgend genannten NSP durch Enzyme des Verdauungstraktes nicht spaltbar. Da ein mikrobieller Aufschluss jedoch möglich ist, sind sie für alle „mikrobenabhängigen" Nutztiere überaus bedeutsam.

Fructane wie das Inulin sind wasserlösliche Fructosepolymere, die als Speicherkohlenhydrate in verschiedenen Pflanzen wie dem Weizen oder Topinambur vorkommen. **Hemicellulose** ist eine Sammelbezeichnung für Polysaccharide aus verschiedenen Hexosanen (Glucose, Galactose, Mannose, Fucose) und Pentosanen (Xylose, Arabinose). Sie dienen der pflanzlichen Zellwand ebenso wie die Cellulose als Stütz- und Gerüstsubstanz. In Weizen und Gerste überwiegen die Hexosane, während Roggen und Hafer vor allem reich an Pentosanen sind. Mit einem Anteil von bis zu 40 % enthält Kleie besonders viel Hemicellulose. Pektine kommen in allen höheren Landpflanzen vor. Dort sind sie vor allem in den fleischigen Stängeln, Blättern und Blüten lokalisiert. **Pektine** sind in den Mittellamellen und Zellwänden enthalten und übernehmen dort eine festigende, aber auch wasserregulierende Funktion. Pektine sind Polysaccharide aus Galacturonsäure-Monomeren, die gleichzeitig das „Rückgrat" des Pektinmoleküls bilden. Die Seitenketten bestehen aus den Zuckern Arabinose, Galactose oder Xylose. Besonders pektinreich sind Schalen von Früchten (besonders Zitrusfrüchte) sowie Apfel-, Zitrus- oder Rübentrester und deren Trockenschnitzel (15–30 %).

Lignin ist im Gegensatz zu den bislang genannten Verbindungen kein Kohlenhydrat, sondern eine dreidimensional-vernetzte, aromatische Kohlenwasserstoff-Verbindung. Sie besteht im Wesentlichen aus den Monomeren Coumaryl-, Coniferyl- und Sinaptylalkohol, die zu langen Ketten verknüpft sind. Der Ligninanteil ist besonders hoch in Holz (etwa 30 %) und verholzten Pflanzenteilen. Nicht nur für den tierischen Organismus, sondern auch für die meisten Mikroorganismen ist Lignin nahezu unverdaulich. Durch Vergesellschaftung von Lignin mit anderen Zellwandbestandteilen wird der Zutritt von Mikroorganismen zur Stärke und den NSP häufig verhindert. Verholzte, ligninreiche Pflanzenteile beeinträchtigen daher die Verdaulichkeit von Nährstoffen.

> Lignin besteht aus Phenolen und ist ein verdaulichkeitshemmender Rohfaserstoff.

Unter dem Begriff Rohfaser fasst man die in Säuren und Laugen unlöslichen fett-, stickstoff- und aschefreien Rückstände einer Substanz zusammen (siehe Übersicht 1-1). Dazu zählen in pflanzlichen Futtermitteln vor allem Cellulose, Lignin und Pentosane. Hohe Rohfasergehalte im Futter erhöhen deren Volumen. So ist zum Beispiel das Volumen einer definierten Masse Hafer deutlich größer als das der gleichen Masse Mais. Aufgrund des begrenzten Fassungsvermögens des Magen-Darm-Traktes ist bei hohem rohfaserreichem Raufuttermittelanteil die Nährstoffdichte der Ration somit verringert. Extrem rohfaserreiche Futtermittel mit einem starken Wasserbindungsvermögen können außerdem zu Durchfällen führen. Rohfaser ist andererseits aber auch ein unverzichtbarer Bestandteil der Wiederkäuerration, da sie die Pansenmotorik unterstützt, einer Pansenübersäuerung entgegenwirkt und zur Milchfettbildung erforderlich ist.

3.2.2 Verdauung und Absorption

Da sich landwirtschaftliche Nutztiere im Aufbau und der Funktion ihres Verdauungssystems stark unterscheiden, insbesondere bezüglich des Umfangs der mikrobiellen Nährstoffspaltung, ergeben sich für die Verdauung der Kohlenhydrate beträchtliche Unterschiede zwischen Nichtwiederkäuern und Wiederkäuern.

3.2.2.1 Nichtwiederkäuer

Zu den verdaulichen Kohlenhydraten des Nichtwiederkäuers zählen vor allem die Stärke, die Saccharose und bei Milchzufuhr auch Lactose. Da Kohlenhydrate nur in Form ihrer Monosaccharide absorbiert werden können, müssen alle polymeren und dimeren Kohlenhydrate im Verdauungstrakt enzymatisch gespalten werden (Abb. 3.2-1). Stärke wird vor allem durch die α-Amylase hydrolysiert, die beim Schwein in geringer Menge auch im Speichel enthalten ist. Der Hauptanteil der Stärke wird jedoch durch die α-Amylase der Bauchspeicheldrüse (Pankreasamylase), Verzweigungsstellen durch die Oligo-1,6-Glucosidase gespalten. Disaccharide werden mittels spezifischer Disaccharidasen (Maltase, Saccharase, Lactase) der Bürstensaummembran des Dünndarms in Einfachzucker zerlegt. Für die Spaltung der β-glycosidisch-verknüpften Cellulose sowie der Fructane, Pektine und anderer NSP besitzen Tiere im Gegensatz zu den Mikroorganismen keine Enzyme. Cellulose und andere NSP gelangen deshalb beim Nichtwiederkäuer aufgrund des fehlenden endogenen und mikrobiellen Abbaus im Dünndarm unverdaut in den Dickdarm. Im Dickdarm findet in mehr oder weniger großem Umfang ein mikrobieller Aufschluss dieser Kohlenhy-

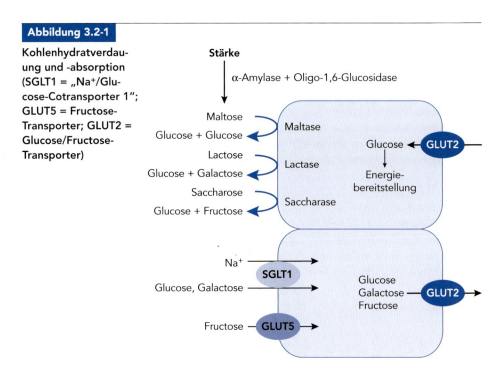

Abbildung 3.2-1
Kohlenhydratverdauung und -absorption (SGLT1 = „Na+/Glucose-Cotransporter 1"; GLUT5 = Fructose-Transporter; GLUT2 = Glucose/Fructose-Transporter)

drate statt. Beim Schwein ist der energetische Nutzen jedoch deutlich geringer als beim Wiederkäuer.

Einfachzucker passieren die Darmbarriere über zwei verschiedene Transporter (Abb. 3.2-1). Über den SGLT1 (Na+/Glucose-Cotransporter 1) werden Glucose und Galactose energieabhängig aus dem Lumen in die Dünndarmzelle befördert. Dieser Transport erfolgt schnell und ist auch bei größeren zu absorbierenden Glucose- und Galactosemengen überaus effizient. Fructose wird hingegen durch eine passive, also energieunabhängige, erleichterte Diffusion mittels GLUT5 (Fructose-Transporter) aus dem Darmlumen in die Dünndarmzelle aufgenommen. Die Absorptionsgeschwindigkeit ist entsprechend langsam. Die deutlich geringere Absorptionsgeschwindigkeit von Fructose im Vergleich zu Glucose oder Galactose ist Ursache für Durchfälle bei fructosereicher Nahrung. Die Ausschleusung aus der Dünndarmzelle in das Blut erfolgt für alle Zucker vorwiegend über GLUT2 (Glucose/Fructose-Transporter) mittels erleichterter Diffusion. Über diesen Transporter werden die Dünndarmzellen auch mit Blutglucose energetisch versorgt. Die absorbierten Einfachzucker gelangen anschließend über die Pfortader zur Leber.

3.2.2.2 Wiederkäuer

Beim Wiederkäuer wird der Hauptteil der Kohlenhydrate bereits im Pansen durch Mikroorganismen abgebaut. Hierbei werden nicht nur Stärke und Disaccharide gespalten, sondern in großem Umfang auch Cellulose und andere NSP. Im Gegensatz zum monogastrischen Tier werden die Kohlenhydrate aber nicht nur bis zur Stufe der Monosaccharide gespalten, sondern weiter abgebaut zu Pyruvat (Brenztraubensäure) und schließlich zu kurzkettigen Fettsäuren. Die Endprodukte dieses Abbaus sind **Propionat** (Salz der Propionsäure), **Acetat** (Salz der Essigsäure) und **Butyrat** (Salz der Buttersäure) sowie die Gase Methan und Kohlendioxid (Abb. 3.2-2). Die im Rahmen der Abbauprozesse freiwerdende Energie nutzen die Mikroben für deren Synthesen und Stoffwechselvorgänge. Das mikrobiell gebildete Methan besitzt noch einen gewissen Energiewert. Das Gärungsgas Methan ist für den Wiederkäuer jedoch nicht verwertbar und wird zusammen mit Kohlendioxid über den Ruktus abgegeben. Auf diesem Weg geht deshalb auch ein beträchtlicher Teil der zugeführten Futterenergie verloren (siehe 4.2.3). Das erwachsene Hausrind gibt täglich etwa 200 l Pansengase ab. Diese Abgabe erfolgt über einen Reflex, der vom Nervus vagus gesteuert wird. Das abgegebene Gärungsgas besteht zu etwa 60 % aus Kohlendioxid und zu 40 % aus Methan.

> Das erwachsene Rind gibt täglich etwa 200 l Pansengase
> (40 % Kohlendioxid, 60 % Methan) über den Ruktus ab

Propionat kann abhängig von der Art der im Wachstum geförderten Bakterien und deren Enzymausstattung auch auf dem Acrylyl-CoA-Weg über die Bildung von Laktat entstehen oder über den Succinatweg mit den Zwischenprodukten Oxalacetat, Malat, Fumarat und Succinat. Auf welchem Wege Propionat gebildet wird hängt von der Bakterienspezies ab. Auch Acetat kann mikrobiell über 2 Stoffwechselwege entstehen. Bevorzugt läuft der Pyruvat-Formiatlyase-Weg ab, bei dem aus Pyruvat Formiat und Acetat gebildet werden. Formiat

3 Die Nährstoffe und ihr Stoffwechsel

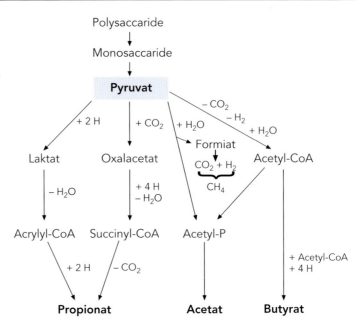

Abbildung 3.2-2
Zwischen- und Endprodukte des bakteriellen Kohlenhydratabbaus im Pansen

kann dann in einer weiteren Stufe zu Methan abgebaut werden. Der 2. Weg ist der Pyruvat-Ferridoxin-Oxireduktase-Weg, bei dem Pyruvat zu Acetat, CO_2 und Ferridoxin abgebaut wird. Hierbei wird H_2 freigesetzt. Der ATP-Gewinn bei der Acetatbildung aus Pyruvat ist für die mikrobielle Proteinsynthese von außerordentlich großer Bedeutung. Butyrat hat durchschnittlich nur einen Anteil von ca. 10–20 % an den gebildeten flüchtigen Fettsäuren. Im Pansen zählt unter anderem das Bakterium Butyrivibrio fibrisolvens zu den wichtigen Butyratbildnern. Die kurzkettigen Fettsäuren werden größtenteils bereits im Pansen absorbiert. Mikrobielle Kohlenhydrate oder Futterkohlenhydrate, die in den nachfolgenden Verdauungsteil gelangen, werden dort soweit sie spaltbar sind über die Verdauungsenzyme des Tieres zu Monosachariden abgebaut und absorbiert.

Die Produkte des Kohlenhydratabbaus im Pansen variieren deutlich in Abhängigkeit des Futters. Sowohl die Zusammensetzung der Futterration als auch der Verarbeitungsgrad des Futters sind maßgebliche Einflussfaktoren auf die Menge und das Verhältnis der gebildeten kurzkettigen Fettsäuren. In Übersicht 3.2-2 sind exemplarisch die Anteile ruminal gebildeter kurzkettiger Fettsäuren in Abhängigkeit des verabreichten Futtermittels dargestellt. So führen Stärke und Zucker vornehmlich zu einem Anstieg des Propionat- und Butyratanteils. Dies ist beispielsweise der Fall, wenn Kraftfutter oder Getreide verabreicht werden. Cellulose bzw. rohfaserreiche Rationen verschieben die Proportionen vor allem zugunsten des Acetats. Auch Galactose, Xylose und Arabinose werden überwiegend zu Acetat umgesetzt. Ebenso erhöht das Pelletieren oder Mahlen von Raufutter die Konzentrationen an kurzkettigen Fettsäuren im Pansen, während es gleichzeitig zu einer Verschiebung der Zusammensetzung der kurzkettigen Fettsäuren zugunsten der Propionsäure kommt.

Auch die Abbaubarkeit einzelner Zucker im Pansen ist unterschiedlich. Frühe Untersuchungen zeigten, dass Saccharose, Glucose und Fructose fast vollständig, Galactose, Xylose und Arabinose hingegen nur zur Hälfte umgesetzt werden (SUTTON 1968). Diese Zusam-

Übersicht 3.2-2

Anteile mikrobiell entstandener kurzkettiger Fettsäuren im Pansen von Kühen bei Einsatz verschiedener Futtermittel

Futtermittel	Gehalt in mol/100 mol Gesamtsäure		
	Essigsäure	Propionsäure	Buttersäure
Wiesen- bzw. Luzerneheu	70	18	10
Weide	63	18	17
Lolium italicum, jung	53	23	19
Lolium italicum, älter	61	21	14
Getreide	50	30	20
gehaltvolle Futterrübe	52	26	21

menhänge zwischen Art und Darreichungsform des Futters und den gebildeten kurzkettigen Fettsäuren entscheiden über die energetische Verwertung des Futters und damit auch über die energieabhängige Syntheseleistung des Tieres wie zum Beispiel die Milchbildung. Die Kohlenhydratverdaulichkeit im Pansen ändert sich aber auch mit der Futtermenge, Verschiebungen im Grundfutter-Kraftfutter-Verhältnis sowie mit der Fettzufuhr. Bei Zufuhr von 7 % Leinöl oder Kokosfett zur Futterration vermindert sich beispielsweise die Kohlenhydratverdaulichkeit im Pansen um ca. 40 % (McALLAN et al. 1983).

Die Absorption von kurzkettigen Fettsäuren aus dem mikrobiellen Kohlenhydratabbau erfolgt hauptsächlich im Pansen über den Monocarboxylat-Transporter 1 (MCT1). Für den Wiederkäuer stellen die absorbierten kurzkettigen Fettsäuren die Hauptenergiequelle dar. Absorbiertes Acetat dient vor allem der Synthese von Fettsäuren bzw. Triglyceriden in Leber und Fettgewebe sowie in der Milchdrüse während der Laktation. Das mikrobielle Kohlenhydratspaltprodukt Propionat ist darüber hinaus für den Wiederkäuer das wichtigste Ausgangssubstrat für die Glucosebildung. Etwa ein Fünftel des Propionats wird bereits in der Pansenwand zu Laktat umgewandelt und anschließend in der Leber über den Stoffwechselweg der Gluconeogenese zu Glucose aufgebaut. Dieser Schritt ist überaus bedeutend, da beim Wiederkäuer die Glucose im Pansen größtenteils zu kurzkettigen Fettsäuren abgebaut wird. Anders als beim monogastrischen Tier, muss der Wiederkäuer deshalb die Glucose überwiegend neu aus Vorstufen synthetisieren, um die im Vergleich zu Monogastern geringen Mengen absorbierter Glucose auszugleichen.

3.2.3 Stoffwechsel der Kohlenhydrate

Kohlenhydrate erfüllen im Stoffwechsel des tierischen Organismus zahlreiche Funktionen (Übersicht 3.2-3). In erster Linie sind sie jedoch schnell verfügbare Energieträger. Um die beschriebenen Funktionen erfüllen zu können, müssen die verdauten und absorbierten Kohlenhydrate in verschiedene Stoffwechselwege münden. Diese werden in den nachfolgenden Unterkapiteln näher erläutert.

3 Die Nährstoffe und ihr Stoffwechsel

Übersicht 3.2-3
Funktionen der Kohlenhydrate im tierischen Organismus

Funktion	Kohlenhydratform
Energieträger	Glucose: ATP-Gewinnung über aerobe und anaerobe Glycolyse Glycogen: Abbau (Glycogenolyse) zu Glucose Lactose: Energiesubstrat für die säugenden Nachkommen
Energiepeicher	Glycogen: Speicherung in Leber und Muskel bei Energieüberschuss Umwandlung zu Fetten (Lipogenese)
Baustein	Mucopolysaccharide (Schleim) Proteoglycane in Bindegeweben Glycoproteine (Hormone, Immunglobuline etc.) Glycolipide in Zellmembranen

3.2.3.1 Glycolyse

Die Glycolyse (= Glucoseabbau) ist eine der wichtigsten Stoffwechselreaktionen des Körpers. Sie läuft praktisch in jeder Zelle ab. Die Bezeichnung Glycolyse leitet sich von den griechischen Begriffen „glykys" = süß und „lysis" = Auflösung ab und bedeutet das Auflösen der süßen Eigenschaften des Zuckers nach Spaltung des Moleküls. Glucose ist das wichtigste Substrat der Glycolyse im tierischen Organismus. Im Gegensatz zu Fett sind alle Körperzellen zur Energiegewinnung aus Glucose fähig, auch Zellen ohne Mitochondrien wie die roten Blutkörperchen. Beim glycolytischen Abbau von Glucose in den Zellen wird Energie für den Stoffwechsel gewonnen (siehe 4.2.1.1). Dies kann entweder in Anwesenheit von Sauerstoff (aerobe Glycolyse), aber auch unter Sauerstoffausschluss (anaerobe Glycolyse) erfolgen. Die für den Körper nutzbare Stoffwechselenergie wird in Form von Adenosintriphosphat (ATP)-Molekülen „konserviert". Der ATP-Gewinn beim oxidativen Abbau von Glucose ist jedoch deutlich höher, als der des anaeroben Glucoseabbaus. Bei anaerober Glycolyse entsteht als Endprodukt Laktat (Milchsäure), bei aerober Glycolyse entsteht zunächst Pyruvat (Brenztraubensäure), das unter Zufuhr von Sauerstoff weiter zu Kohlendioxid und Wasser abgebaut werden kann. Die in der Glycolyse, auch bei Sauerstoffdefizit ablaufende ATP-Bildung, nennt man Substratketten-Phosphorylierung. Der weitere sauerstoffabhängige Abbau wird als oxidative Phosphorylierung der Atmungskette bezeichnet.

> Die Glycolyse ist im Säugetier der einzige Stoffwechselweg, in dem ohne Sauerstoffverbrauch ATP gebildet werden kann.

Alle Teilschritte der Glycolyse laufen im wässrigen Raum der Zelle (Cytosol) ab. Dabei sind 11 Enzyme beteiligt, die sich zu einem lockeren Aggregat zusammenfügen. Die nachfolgende Übersicht 3.2-4 soll den Unterschied zwischen anaerober und aerober Glycolyse verdeutlichen.

3.2 Kohlenhydrate und ihr Stoffwechsel

Übersicht 3.2-4
Merkmale der anaeroben und aeroben Glycolyse

Anaerobe Glycolyse	Aerobe Glycolyse
Glucose → H [2H] + 2 Pyruvat → 2 Laktat ohne Sauerstoff möglich	Glucose → H [2H] + 2 Pyruvat → 6 CO_2 + 6 H_2O nur in Anwesenheit von Sauerstoff möglich
Laktat verlässt die Zelle	Pyruvat entsteht → Oxidation zu Acetyl-CoA (aktivierte Essigsäure) → weitere Oxidationen in Citratzyklus und Atmungskette
lockeres Enzymaggregat im Cytosol	lockeres Enzymaggregat im Cytosol + Multienzymkomplex in den Mitochondrien
Energiegewinn: 2 ATP	Energiegewinn: 36 ATP

Übersicht 3.2-5
Funktionelle Teilprozesse der Glycolyse

Teilabschnitt	Funktion
Hexose-Teil	Phosphorylierung der Glucose; hält die Glucose in der Zelle „gefangen" und erhöht deren Reaktionsbereitschaft Glucose → Glucose-6-P → Fructose-1,6-bis-P
Triose-Teil	Spaltung der Hexose zu 2 Triosen Fructose-1,6-bis-P → Dihydroxyaceton-P + Glycerinaldehyd-3-P Isomerisierung des Dihydroxyaceton-P zu Glycerinaldehyd-3-P

Propionsäure-Teil	Energiegewinnung durch Substratkettenphosphorylierung
	1. Substratketten-Phosphorylierung
	   Oxidation von Glycerinaldehyd-P zu Glycerinsäure-3-P
	   NAD^+ → NADH + H^+
	2. Substratketten-Phosphorylierung
	   Dehydratisierung der Glycerinsäuren zu Enolen (Phosphoenolpyruvat)
	   Oxidation der Enole zu Pyruvaten
	   Reduktion von Pyruvat zu Laktat bei Sauerstoff-Defizit

Die Reaktionen der Glycolyse bis zur Stufe des Pyruvats bzw. Laktats lassen sich funktionell in drei Abschnitte unterteilen (Übersicht 3.2-5). Abbildung 3.2-3 stellt ein vereinfachtes Schema der Glycolyse dar, mit Kennzeichnung der funktionellen Dreiteilung des Stoffwechselweges.

Ohne die Möglichkeit der anaeroben Glycolyse ist der tierische Organismus nicht lebensfähig. Zu Beginn jeder körperlichen Aktivität erfolgt der Glucoseabbau zunächst einmal anaerob, bis über eine entsprechende Anpassung der Atmung und des Kreislaufs genügend Sauerstoff bereitgestellt wird. Die Glycolyse läuft auch dann anaerob ab, wenn der

Abbildung 3.2-3
Teilschritte der Glycolyse

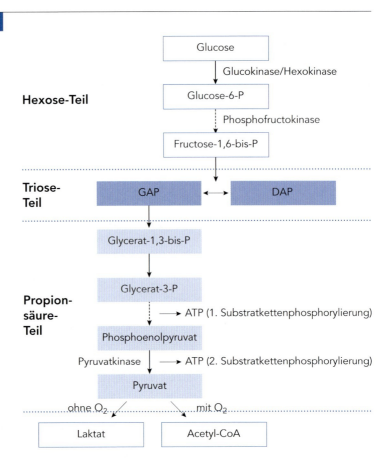

ATP-Bedarf der Muskulatur die O_2-Bereitstellung übersteigt, wie das beispielsweise bei sehr intensiver körperlicher Aktivität der Fall ist. Sie ist auch unverzichtbar für die mitochondrienfreien roten Blutkörperchen. Allerdings entsteht im Rahmen der anaeroben Glycolyse immer das Endprodukt Laktat. Sofern es nicht rasch über den Blutweg abtransportiert wird, reichert sich Laktat im umgebenden Milieu an und sorgt durch die pH-Senkung für eine allmähliche Hemmung von Enzymreaktionen. Über den Blutweg abtransportiertes Laktat gelangt in andere Gewebe, so auch in die Leber. Dort wird es zu Pyruvat umgewandelt und entweder der Endoxidation zugeführt oder wieder zu Glucose aufgebaut (Corizyklus).

Im Rahmen der Glycolyse entsteht auch eine Vielzahl an Zwischenprodukten, die in weitere Stoffwechselwege einmünden oder regulatorische Funktionen ausüben (Übersicht 3.2-6, Abb. 3.2-4). Die Funktionen der Glycolyse lassen sich wie folgt zusammenfassen:

- ATP-Bildung, auch bei fehlendem Sauerstoff
- Vorbereitender Abbau der Glucose für die nachfolgende oxidative ATP-Gewinnung
- Teil des Gesamtprozesses, bei der Glucose zu Fett umgewandelt werden kann
- Bereitstellung von funktionellen Zwischenprodukten für weitere Biosynthesen

3.2 Kohlenhydrate und ihr Stoffwechsel

> **Übersicht 3.2-6**
>
> Zwischenprodukte der Glycolyse sowie deren Funktionen in anknüpfenden Stoffwechselwegen

Zwischenprodukt	Stoffwechselweg/Funktion

Glucose-6-Phosphat	**Pentosephosphatweg**
	→ Bereitstellung von NADPH + H⁺ für:
	    Biosynthese von Fettsäuren, Cholesterin, Steroidhormonen
	    Regeneration von Glutathion
	    Fremdstoffabbau
	→ Bereitstellung von Ribose-5-Phosphat für:
	    Biosynthese von Nukleinsäuren
	
	Aktivierung zu Uridindiphosphat-(UDP)-Glucose
	→ Bildung von Glucuronsäure für den Fremdstoffabbau
	→ Synthese von Glycogen
	→ Synthese von Vitamin C
	→ Synthese von Galactose für die Milchzuckerbildung
	→ Synthese von Mucopolysacchariden und Glycoproteinen

Fructose-6-Phosphat	**Aktivierung zu Fructose-2,6-bis-Phosphat** → regulatorischer Aktivator der Glycolyse
Triosephosphate	**Umwandlung zu Glycerin-3-Phosphat** → Grundbaustein für Triglyceride und Glycerophospholipide
Glycerat-1,3-bis-Phosphat	**Umwandlung zu Glycerat-2,3-bis-Phosphat** → Regulation der Sauerstoff-Affinität des Hämoglobins
Glycerinaldehyd-3-Phosphat	**Ausgangsstoff für die Synthese der Aminosäure Serin**
Pyruvat	**Ausgangssubstrat für die Synthese der Aminosäure Alanin** **Oxidation zu Acetyl-CoA** → energetischer Abbau über Citratzyklus und Atmungskette → Substrat zur Synthese von Fettsäuren und Ketonkörper **Umwandlung in Oxalacetat** → Gluconeogenese → Synthese der Aminosäuren Aspartat und Asparagin

Regulation der Glycolyse

Anpassungen an Veränderungen der Substratzufuhr und des Energie- bzw. Nährstoffbedarfes erfordern eine Regulation des Stoffwechsels. Reguliert werden meist Enzyme, die den geschwindigkeitslimitierenden Schritt eines Prozesses katalysieren (**Schrittmacherenzyme**) oder die an „Verzweigungsstellen" von Stoffwechselwegen stehen und Wege „aufschließen" oder „absperren" können (**Schlüsselenzyme**). In der Glycolyse gehören die Glucokinase, die Phosphofructokinase und die Pyruvatkinase zu den regulierten Enzymen (Übersicht 3.2-7).

3 Die Nährstoffe und ihr Stoffwechsel

Abbildung 3.2-4

Verknüpfung der Glycolyse mit anderen Stoffwechselwegen

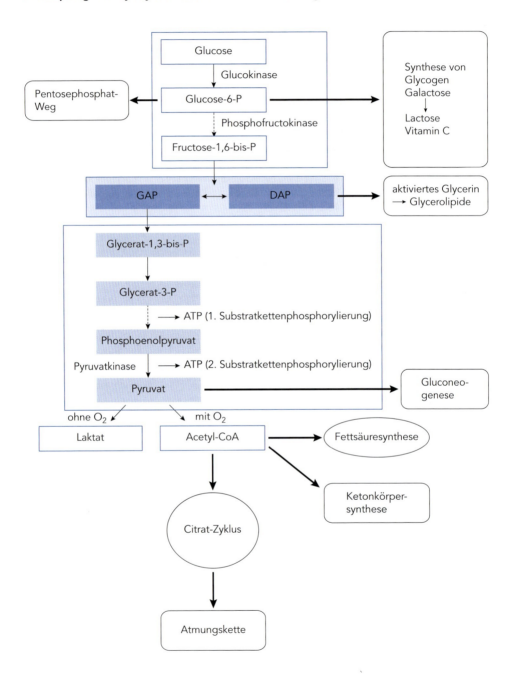

Übersicht 3.2-7

Enzyme, die im Rahmen der Glycolyse reguliert werden

Enzym	Aktivierung/Induktion	Hemmung
Glucokinase	Insulin Kohlenhydratüberschuss	Kohlenhydratmangel Glucose-6-Phosphat
Phosphofructokinase	Insulin Kohlenhydratüberschuss Fructose-6-Phosphat AMP, ADP Leber: Fructose-2,6-bis-Phosphat	ATP Citrat
Pyruvatkinase	Insulin Kohlenhydratüberschuss Fructose-1,6-bis-Phosphat	Kohlenhydratmangel ATP

Die Regulation von Enzymen kann auf zweierlei Arten erfolgen, durch Veränderung der Enzymmenge sowie durch Modulation der Enzymaktivität. Eine Erhöhung der Enzymmenge in der Zelle erfolgt meist durch Genexpression, also durch Steigerung der Transkriptionsrate des enzymkodierenden Gens. Dadurch kann ein höherer Substratumsatz erfolgen, ohne dass sich die Aktivität des einzelnen Enzyms verändert. Schnelle Regulationen laufen bei konstanter Enzymmenge, aber veränderter Enzymaktivität ab, wobei die Aktivität durch verschiedene Mechanismen beeinflusst wird. Einmal kann das im Rahmen einer Enzymreaktion entstandene Produkt das Substrat vom aktiven Zentrum des Enzyms verdrängen und somit den weiteren Substratumsatz unterbinden (isosterische Regulation). Zum anderen können spezifische Regulatoren an Stellen außerhalb des aktiven Enzymzentrums binden und die Raumstruktur und somit Aktivität des Enzyms beeinflussen (allosterische Regulation). Ein weiterer schnell greifender Regulationsmechanismus ist das „An- und Abschalten" von Enzymen durch kovalente Bindung von bestimmen Gruppen (z. B. Phosphatgruppen). Diese Art der Enzymregulation wird als Interkonversion bezeichnet. Alle genannten Regulationsmöglichkeiten werden bei der Glycolyse verwirklicht. **Insulin** wirkt dabei als steuerndes Hormon, das die Glycolyse sowohl durch vermehrte Bildung (Genexpression, Induktion) als auch durch Aktivitätssteigerung von Glycolyseenzymen stimuliert. Obwohl Insulin den Glucoseabbau fördert, zählt es zu den anabolen Hormonen. Es steigert unter anderem die Synthese von Glycogen, Proteinen sowie Fetten und die Aufnahme von Glucose in Muskel- und Fettgewebe. Die Stimulation der Glycolyse durch Insulin ist letztlich Ausdruck der verstärkten Bereitstellung von Energie und Substraten für anabole Synthese- und Transportprozesse. Der klassische Gegenspieler (Antagonist) des Insulins ist das Hormon Glucagon, das folglich die Glycolyse hemmt.

> Insulin ist ein glycolyseförderndes, anaboles Hormon.

Hauptziel der Glycolyse ist die ATP-Produktion. Der Substratfluss durch die Glycolyse wird deshalb an den Energiebedarf angepasst. Ein Indikator für den Energiestatus der Zelle ist der Quotient aus ATP und Adenosindiphosphat (ADP). Im Falle eines hohen Energieverbrauchs nimmt die ATP-Menge ab, während sich ADP anhäuft. Darüber hinaus kann bei einem ATP-Mangel aus 2 Molekülen ADP ein ATP hergestellt werden; dabei entsteht auch ein Molekül Adenosinmonophosphat (AMP). Erhöhte AMP-Konzentrationen und erniedrigte ATP/ADP-Quotienten sind untrügliche Zeichen eines Energiemangels. Diese Adenosinphosphate fungieren als Energiesensoren und sind wesentlich an Aktivitätsregulation der glycolytischen Enzyme beteiligt.

Das Hauptventil, an dem der Substratfluss durch die Glycolyse gesteuert wird, ist die Phosphofructokinase. Sie stellt das eigentliche Schrittmacherenzym der Glycolyse dar. Sie wird allosterisch gehemmt durch ATP und aktiviert durch AMP. In der Leber wird die Phosphofructokinase auch durch den allosterischen Aktivator Fructose-2,6-bis-Phosphat stimuliert. Seine Konzentration steht unter hormoneller Kontrolle von Insulin und seinen Gegenspielern Glucagon und Adrenalin. Unter dem Einfluss von Insulin steigt über eine vermehrte Bildung von Fructose-2,6-bis-Phosphat auch die Aktivität der Phosphofructokinase. Ist die Fructose-2,6-bis-Phosphat-Konzentrationen jedoch niedrig, wird die Glycolyse gehemmt, während es gleichzeitig zu einer Stimulation der Gluconeogenese kommt.

> Das Enzym Phosphofructokinase ist das Hauptventil zur Steuerung des Substratflusses durch die Glycolyse.

Auch Pyruvtkinase wird durch ATP allosterisch gehemmt; der Gegenspieler ist jedoch nicht AMP, sondern Fructose-1,6-bis-Phosphat, das Produkt der Phosphofructokinase. Reguliert wird auch am ersten Enzym der Glycolyse, der Glucokinase, welche die Glucose durch Phosphorylierung aktiviert und in der Zelle „gefangen" hält. Bei hohen Glucosekonzentrationen in der Pfortader ist die Glucokinase aktiver als bei niedrigen Glucosespiegeln. Diese Aktivierung ist bedingt durch die geringe Substrat-Affinität der Glucokinase und dem Umstand, dass die anflutenden Glucosemoleküle ein Glucokinase-assoziiertes Inhibitorprotein verdrängen. Die drei genannten Enzyme Phosphofructokinase, Pyruvatkinase und Glucokinase unterliegen auch der Langzeitregulation durch das anabole Hormon Insulin.

Abbau von Pyruvat zu Acetyl-CoA

Pyruvat als Endprodukt der aeroben Glycolyse kann unter Energieaufwand wieder in Glucose rückverwandelt werden (Gluconeogenese). In aller Regel wird es zur Energiegewinnung jedoch weiter zu aktivierter Essigsäure (Acetyl-CoA) abgebaut. Dieser Abbau erfolgt in den Mitochondrien an einem Multienzymkomplex, dem so genannten Pyruvatdehydrogenase-Komplex. Bei dieser Reaktion sind zahlreiche Cofaktoren beteiligt, die sich unter anderem von den Vitaminen B_1, B_2, Pantothensäure und Nicotinsäure bzw. Niacin ableiten. Von größter physiologischer Relevanz ist die Tatsache, dass die Umwandlung von Pyruvat in Acetyl-CoA ein irreversibler, also nicht-umkehrbarer Prozess ist. Diese Irreversiblität ist bedingt durch die stark exergone Reaktion, bei der sehr viel Energie freigesetzt wird. Aus diesem Grund kann aus Acetyl-CoA weder Pyruvat noch Glucose aufgebaut werden. Da beim Abbau von Fettsäuren in aller Regel nur Acetyl-CoA entstehen, können im tierischen Organismus aus Fetten keine Glucose und sonstigen Kohlenhydrate gebildet werden.

Verknüpfung der Glycolyse mit dem Fettstoffwechsel

Bei betont kohlenhydratreicher Nahrung entstehen infolge der aktivierten Glycolyse auch hohe Mengen an Pyruvat und Acetyl-CoA. Wird das gebildete Acetyl-CoA nicht schnell genug über den Citratzyklus abgebaut bzw. ist der Energiebedarf der Zelle bereits gedeckt, dann wird das überschüssige Acetyl-CoA für die Synthese von Fettsäuren und Triglyceriden (Lipogenese) verwendet. Dieser Vorgang wird als Kohlenhydratmast bezeichnet.

Kohlenhydrate können bei energetischer Überversorgung zu Fett umgewandelt werden; ein Aufbau von Glucose aus Fett ist jedoch nicht möglich.

3.2.3.2 Gluconeogenese

Bei Erschöpfung der relativ begrenzten Kohlenhydratreserven kann der Organismus über den Stoffwechselweg der Gluconeogenese (Glucoseneubildung) Glucose herstellen. Dieser Stoffwechselweg ist während des Hungerns oder bei fehlender Kohlenhydratzufuhr lebenswichtig, da einige Zellen und Gewebe von Glucose abhängig sind und keine Fettsäuren als Energiequelle nutzen können. Dazu gehören das Nervensystem, die roten Blutkörperchen sowie das Nierenmark. Als Substrate für die Glucosesynthese dienen vor allem die Abbauprodukte bestimmter Aminosäuren (glucoplastische Aminosäuren). Solange die Gluconeogenese aktiv ist, werden freie Aminosäuren der Leber bzw. Körperproteine abgebaut. Die Gluconeogenese stellt grundsätzlich eine Umkehrung der Glycolyse dar, mit Ausnahme der folgenden exergonen Reaktionen, bei denen üblicherweise hohe Energiebeträge frei werden.

  I. Glucose → Glucose-6-Phosphat
  II. Fructose-6-Phosphat → Fructose-1,6-bis-Phosphat
  III. Phosphoenolpyruvat → Pyruvat

Die Reaktionen I und II sind mithilfe spezifischer Enzyme reversibel. Reaktion I wird durch das Enzym Glucose-6-Phosphatase katalysiert, Reaktion II durch die Fructose-1,6-bis-Phosphatase. Während die Glucose-6-Phosphatase nur in Leber, Niere und Darm aktiv ist, wird Fructose-1,6-bis-Phosphatase zusätzlich auch im Muskel gebildet. Beide Enzyme werden durch Insulin gehemmt, sodass bei ausreichender Kohlenhydratzufuhr praktisch keine Gluconeogenese stattfindet.

Die Umgehung der Pyruvatkinasereaktion ist hingegen wesentlich komplizierter. Dieser Schritt stellt die Schlüsselreaktion der Gluconeogenese dar. Hierbei muss eine stark exergone Reaktion umgangen werden. Dazu wird Pyruvat als erstes in einer biotinabhängigen Reaktion zu Oxalacetat umgewandelt. Diese Reaktion findet in den Mitochondrien der Zellen statt. Da die weiteren Schritte jedoch im Cytosol ablaufen und Oxalacetat die Mitochondrienmembran nicht passieren kann, muss es zuerst in membrangängiges Malat, Citrat oder Aspartat umgewandelt werden. Erst dann kann mithilfe der Phosphoenolpyruvat-Carboxykinase Pyruvat synthetisiert werden. Da nur Leber und Niere alle erforderlichen Enzyme für die Gluconeogenese aufweisen, sind dieses die beiden Hauptorgane, die den Organismus während des Hungers oder bei fehlender Kohlenhydrataufnahme mit Glucose versorgen. Den Hauptteil der synthetisierten Glucose liefert jedoch die Leber. Aufgrund der fehlenden Glucose-6-Phosphatase in der Muskulatur kann Glucose-6-Phosphat aus dem Muskelglycogen nicht zu Glucose umgewandelt werden. Der Muskel kann somit keine Glucose an das Blut abgeben. Die Glycogenspeicher der Muskulatur dienen ausschließlich dem Eigenbedarf.

Um aus Pyruvat Glucose herzustellen, benötigt der Organismus zudem beträchtliche Energiemengen. Pro Mol gebildeter Glucose werden 6 Mol ATP verbraucht.

> Die Neusynthese von Glucose aus Aminosäuren ist ein energieaufwendiger, proteinkataboler Prozess.

Beziehungen zum Stoffwechsel der Aminosäuren

Viele Aminosäuren liefern bei ihrem Abbau Pyruvat oder Zwischenprodukte des Citratzyklus. Sie werden als glucogene bzw. glucoplastische Aminosäuren bezeichnet. Aus Leucin und Lysin (ketoplastische Aminosäuren) entstehen beim Abbau ausschließlich Acetyl-CoA bzw. Acetoacetat. Diese beiden Aminosäuren können daher nicht zur Glucosebildung beitragen. Die glucoplastische Aminosäure Alanin liefert den Hauptteil der Glucose während des Stoffwechsels der Gluconeogenese. Da Alanin in aller Regel proteingebunden vorliegt, erfolgt die Neusynthese von Glucose beim monogastrischen Tier fast immer auf Kosten körpereigener Proteine, vor allem der Muskelproteine. Eine fehlende Zufuhr von Kohlenhydraten sowie Fasten fördern daher den Proteinabbau beträchtlich. Beim Wiederkäuer wird ein Großteil der Glucose durch das absorbierte Propionat bzw. Laktat gebildet. Körperproteine müssen hierzu nicht abgebaut werden.

3.2.3.3 Pentosephosphatweg

Ein Seitenweg der Glycolyse ist der Pentosephosphatweg. Ausgangssubstrat ist Glucose-6-Phosphat. Im Rahmen des Pentosephosphatweges entsteht reichlich wasserstoffbeladenes Nicotinsäureamid-Adenin-Dinukleotid-Phosphat (NADPH + H$^+$), welches für die Synthese von Fettsäuren und Cholesterin benötigt wird. Deshalb haben auch alle Gewebe mit hoher Fett- und Steroidsyntheseleistung einen ausgeprägten Pentosephosphatstoffwechsel. Rote Blutkörperchen benötigen darüber hinaus NADPH + H$^+$ zur Aufrechterhaltung ihres antioxidativen Status im Zellinneren. Übersicht 3.2-8 zeigt Gewebe mit besonders hohem NADPH + H$^+$ Bedarf sowie deren NADPH + H$^+$-abhängige Funktionen.

Übersicht 3.2-8
Gewebe mit ausgeprägtem Pentosephosphatzyklus sowie deren NADPH + H⁺- abhängige Funktionen

Nebennierenrinde	Synthese von Steroidhormonen (Mineralocorticoide, Glucocorticoide, Sexualhormone)
Leber	Synthese von Fettsäuren und Cholesterin
Fettgewebe	Synthese von Triglyceriden
laktierende Milchdrüse	Synthese von Milchfetten
Erythrozyten	Reduktion von oxidiertem Glutathiondisulfid zum Schutz der Zellen vor Radikalen

3.2.3.4 Glycogenstoffwechsel

Im tierischen Organismus enthält nahezu jede Zelle Glycogen. In größeren Mengen wird es aber nur im Muskel (ca. 1 % der Muskelmasse) und in der Leber (bis zu 10 % der Lebermasse) gespeichert. Da Glycogen deutlich weniger osmotisch wirksam ist als Glucose, stellt es eine ideale Kohlenhydrat-Speicherform dar. Der Glycogenstoffwechsel umfasst die Glycogensynthese und den Glycogenabbau (= Glycogenolyse; im Gegensatz zur Glycolyse = Glucoseabbau!).

Ausgangsstoff für die **Glycogensynthese** ist Glucose-6-Phosphat, das erste Zwischenprodukt der Glycolyse. Nach Aktivierung mit Uridindiphosphat kann der Glycogenaufbau starten. Für den Start ist jedoch zusätzlich ein Starter-(Primer-)Molekül erforderlich, das aus einer Proteinkette mit einem bereits gebundenen Glycogenrest von 5–10 Glucoseeinheiten besteht. Das Hauptenzym der Glycogensynthese ist die Glycogensynthase. Diese katalysiert die Bildung eines unverzweigten 1,4-glycosidisch verknüpften Glycogen-Moleküls. Die Verzweigungen des Glycogenmoleküls kommen zustande durch zusätzliches Einfügen von 1,6-glycosidischen Verknüpfungen durch ein so genanntes „branching enzyme". Der Glycogenaufbau findet vor allem nach Aufnahme von kohlenhydrathaltiger Nahrung statt; in Zeitintervallen zwischen den Nahrungsaufnahmen wird Glycogen abgebaut.

Der **Glycogenabbau (Glycogenolyse)** besteht vorwiegend aus phosphorylytischen Spaltungen, bei denen Glucose-1-Phosphat entsteht. Dieses wird sehr schnell zu Glucose-6-Phosphat umgewandelt und bei Energiebedarf glycolytisch abgebaut. Die Bildung von Glucose aus Glucose-6-Phosphat ist nur den Organen vorbehalten, die das Enzym Glucose-6-Phosphatase bilden (vor allem die Leber). Das gespeicherte Glycogen in der Leber sorgt daher primär für die Aufrechterhaltung des Blutglucosespiegels, während das Glycogen im Muskel vor allem der Kontraktion dient.

> Glycolyse und Glycogenolyse werden immer gegensinnig reguliert; eine Stimulation der Glycolyse ist immer mit einer Hemmung des Glycogenabbaus verbunden.

3.2.3.5 Aktivierung und Umwandlung von Zuckern

Für die Synthese von Lactose und Aminozuckern ist eine Aktivierung des Glucosemoleküls erforderlich, die durch eine Kopplung an Uridindiphosphat (UDP) erfolgt. Die Bildung von Galactose (Schleimzucker) als Bestandteil der Lactose (Galactose + Glucose) erfolgt aus Glucose. Die Umwandlung ist aber nicht direkt möglich, sondern erfolgt über die Bildung von UDP-Glucose und anschließender Umlagerung zu UDP-Galactose. Die UDP-Galactose wird schließlich enzymatisch mit Glucose zu Lactose verknüpft. Auch die Synthese von Glucuronsäure geht von UDP-aktivierter Glucose aus. Glucuronsäure wird unter anderem zum Abbau und der Ausscheidung von Arzneimitteln sowie bestimmten Hormonen benötigt. Die meisten Tiere können aus Glucuronsäure auch Vitamin C synthetisieren, nicht jedoch das Meerschweinchen, Primaten und der Mensch. Sie sind auf eine ausreichende Zufuhr von Vitamin C mit der Nahrung angewiesen.

Durch Verknüpfung von Aminozuckern, Glucuronsäure und Galactose entstehen Mucopolysaccharide, die durch Bindung an Proteine Proteoglycane bilden. Proteoglycane sind auf Grund ihres hohen Wasserbindungsvermögens am Aufbau der Haut, elastischer Blutgefäße, Sehnen und dem lockeren Bindegewebe beteiligt. Darüber hinaus sind auch zahlreiche funktionelle Proteine mit Kohlenhydraten vergesellschaftet (Glycoproteine) wie beispielsweise Enzyme, Serumproteine, Blutgerinnungsfaktoren, Immunglobuline sowie bestimmte Hormone. Glycoproteine und -lipide sind außerdem Bestandteile biologischer Membranen.

3.2.4 Störungen im Stoffwechsel der Kohlenhydrate

Beim monogastrischen Nutztier kommt es im Allgemeinen zu keinen Störungen des Kohlenhydratstoffwechsels. Beim Wiederkäuer sind vor allem zwei fütterungsbedingte Krankheiten des Kohlenhydratstoffwechsels bekannt, die Pansenazidose und die Ketose (Acetonämie, Acetonurie).

Pansenazidose

Die Pansenazidose ist vornehmlich eine Erkrankung der Milchkuh. Sie tritt meist als akute oder subakute Form auf und wird durch eine Ansammlung großer Mengen Laktat im Pansen, bei gleichzeitig verringerter Zahl an laktatverwertenden Mikroben verursacht. Als Auslöser gelten ein plötzlicher Wechsel von einer energiearmen auf eine stärke- und energiereiche, aber rohfaserarme Ration sowie Strukturarmut von gemahlenem oder pelletiertem Grundfutter. In Folge einer solchen Futterumstellung entstehen große Mengen an Laktat im Pansen. Die starke Milchsäureanreicherung führt zu einer Absenkung des pH-Wertes im Pansen, was wiederum ein massenhaftes Absterben von Infusorien (Einzeller) sowie Cellulose-, Stärke- und Milchsäure-abbauenden Bakterien zur Folge hat. Die akute Pansenazidose wird von verschiedenen Krankheitssymptomen begleitet, die sich bis zu lebensbedrohlichen Komplikationen ausweiten können.

Leichte Formen der akuten Pansenazidose gehen einher mit Inappetenz („Off feed"), Bauchschmerz (wiederholtes Aufstehen und Niederlegen), Durchfall und einer verminderten Tagesmilchleistung. Schwere Formen sind gekennzeichnet durch schlagartiges Aussetzen der Futter- und Trinkwasseraufnahme, vermehrtes Liegen, Durchfälle mit unverdauten Nahrungsbestandteilen, Versiegen der Milchsekretion sowie hoher Atem- und Herzfrequenz als Ausdruck vermehrter Kreislaufbelastung. Bei fehlender Therapie kann es zum Festliegen und durch Kreislaufversagen zum Tod der Tiere kommen.

Den geschilderten Symptomen liegen verschiedene Pathomechanismen zustande. So steigt durch die Laktatanreicherung unter anderem der osmotische Druck im Pansen, der die Absorption von Wasser verhindert. Infolgedessen entsteht in den Geweben und im Blutgefäßsystem der Tiere ein Flüssigkeitsmangel mit erheblicher Herz-Kreislaufbelastung. Durch das massenhafte Absterben von gramnegativen Pansenbakterien werden zudem Endotoxine freigesetzt, die eine Schockreaktion auslösen können. Die erheblichen Mengen an Milchsäure können außerdem eine metabolische Azidose des Gesamtorganismus auslösen und lokale Entzündungen sowie Durchfälle aufgrund einer Reizung der Pansen- und Darmschleimhaut hervorrufen.

Die subakute Pansenazidose der Milchkuh tritt häufig erst 7 bis 20 Tage nach der Geburt auf. Sie resultiert aus einer ungenügenden Anpassung der Kuh an konzentratreiche Rationen. Der Übergang in die akute Form ist fließend. Klinisch dominiert die verminderte Futteraufnahme, die eine starke Fettmobilisation zur Folge haben kann. Die Milchleistung ist dabei deutlich vermindert.

Chronisch-latente Formen der Pansenazidose treten bevorzugt zwischen dem 40. und 150. Laktationstag auf und sind das Ergebnis einer erhöhten Bildung und Absorption von flüchtigen Fettsäuren im Pansen bei gleichzeitig verminderter Speichelsekretion. Vor allem Rationen mit hohem Anteil an leicht fermentierbaren Kohlenhydraten und Mangel an strukturwirksamer Rohfaser können zu diesem Krankheitsbild führen. Krankheitsauslösend ist hier die excessive Bildung kurzkettiger Fettsäuren im Pansen. Durch den Mangel an Rohfaser, verbunden mit verkürzter Kauzeit und einer verminderten Sekretion von Speichel, ist die Pufferung der Säuren im Pansen gering. Bei der chronisch-latenten Pansenazidose reichert sich vor allem Propionsäure an, die ebenfalls zu einer Beeinträchtigung der Gesundheit und der Leistung des Tieres führt. Zu den zentralen Vorbeugemaßnahmen gehört deshalb ein langsames Gewöhnen an kraftfutterreiche Rationen, die möglichst schon bei den trockenstehenden Kühen als Vorbereitung für die Laktation verabreicht werden sollten.

Bei der Behandlung leichter Formen der Pansenazidose genügen ein sofortiges Absetzen des azidoseauslösenden Futters und der Einsatz eines rohfaserreichen Futters wie Heu oder Futterstroh. Bei schwereren Formen können puffernde bicarbonatreiche Lösungen oral bzw. intravenös appliziert werden oder spezifische Antibiotika gegen Milchsäurebakterien verabreicht werden.

Ketose

Die Ketose (Acetonämie, Acetonurie) ist eine Störung des Kohlenhydratstoffwechsels von hochproduzierenden Milchkühen. Sie zeichnet sich durch hohe Spiegel an Ketonkörpern (Aceton, Acetacetat sowie β-Hydroxybutyrat) aus. Die Ketose tritt häufig in den ersten Wochen nach dem Abkalben auf und ist bedingt durch ein relatives Energiedefizit, das sich besonders leicht aufgrund des hohen Energiebedarfs während der Laktation und einer zu langsam erfolgten Steigerung der Futteraufnahme einstellt. Als besonders kritisch gelten die ersten 1–3 Wochen der Laktation, da in dieser Zeit ein besonders hoher Anstieg der Milchleistung erfolgt. Als besonders risikoreich gelten auch alle Erkrankungen, die in dieser Zeit zu einer Appetitminderung bzw. verminderten Futteraufnahme führen (z. B. Mastitis, Pansenazidose, Gebärparese). In seltenen Fällen wird die Ketose durch ketogene Futtermittel hervorgerufen. Dazu gehören beispielsweise Silagen mit zu hohem Feuchtigkeitsge-

Übersicht 3.2-9
Ketosegrade in Abhängigkeit der Acetonkonzentration in der Milch und die zu erwartenden Folgen für die Milchkuh

Ketosegrade	Acetonkonzentration der Milch		Beurteilung
	mmol/l	mg/l	
physiologischer Normbereich minimales Ketoserisiko	< 0,2	< 11,5	keine Symptome
Risikoberich für subklinische Ketose	0,2 – 0,249	11,5 – 14,4	Entwicklung einer Ketose möglich; Fresslust beoachten
Subklinische Ketose	0,25 – 1,0	14,5 – 58,0	Krankheitsrisiko hoch
Akute, klinisch-symptomatische Ketose	1,001 – 2,0	58,1 – 116,0	Krankheitssymptome Inappetenz, Rückgang der Milchleistung, etc.
Klinische Ketose	> 2,0	> 116,0	Manifestation multipler Krankheitssymptome

halt, in denen größere Mengen Buttersäure entstanden sind, die in Ketonkörper überführt werden können. Allerdings reicht dies allein nicht aus, um eine klinische Acetonämie auszulösen. Vielmehr stehen auch hier die geringe Akzeptanz des butyratreichen Silagefutters und der damit einhergehende Rückgang der Futteraufnahme im Vordergrund.

Bei energetischer Unterversorgung baut das Tier zum Ausgleich seine Fettdepots ab. Jedoch werden nicht alle aus dem Fettdepot freigesetzten Fettsäuren zur Milchdrüse transportiert und zum Aufbau von Milchfett genutzt, sondern gelangen in mehr oder weniger großen Mengen auch in die Leber. Dort werden aus einem Teil der zu Acetyl-CoA abgebauten Fettsäuren Ketonkörper gebildet, die das Krankheitsbild prägen. Da Ketonkörper appetitmindernd wirken, kann sich der Energiemangel schnell verstärken. Besonders Ketose-gefährdet sind pluripare Kühe. Bei Kalbinnen ist das Risiko aufgrund der meist etwas geringeren Einsatzleistung häufig nicht ganz so hoch. Die Konzentrationen an Ketonkörpern steigen vor allem im Blut, im Urin sowie in der Milch an. Da die Gehalte der Ketonkörper im Blut und der Milch gut korrelieren, erlaubt die Untersuchung des Acetongehaltes der Milch in den kritischen ersten acht Laktationswochen eine Einschätzung des Ketoserisikos. Als oberster Grenzwert wird eine Konzentration von 0,25 mmol Aceton pro Liter Milch erachtet. Bereits eine subklinische Ketose erhöht deutlich das Risiko für die Entwicklung von Krankheitssymptomen. Bis zu 30 % der Milchkühe entwickeln in den ersten beiden Laktationswochen eine subklinische Ketose. Übersicht 3.2-9 zeigt den diagnostischen Nutzen der Acetonbestimmung in der Milch für die Beurteilung des Ketose-Krankheitsrisikos.

Obwohl Ketonkörper energetisch nutzbar sind und den Vorteil haben, dass sie die Proteinreserven des Körpers schonen, können sie in hohen Mengen die Gesundheit und Leistung des Tieres beeinträchtigen. Zu den möglichen klinischen Symptomen einer Ketose bzw. Acetonämie gehören ein Rückgang des Futterverzehrs und der Milchleistung, eine

Hypoglykämie (erniedrigte Blutglucosespiegel), Verdauungsstörungen, neurologische Symptome, Apathie, Fruchtbarkeitsstörungen sowie eine verschlechterte Immunabwehr mit verstärkter Anfälligkeit gegenüber Infektionen. Die Ausatemluft weist charakteristischerweise einen starken Acetongeruch auf. Mit Rückgang der Milchleistung ändert sich häufig auch die Milchzusammensetzung, wobei verminderte Protein- und erhöhte Fettgehalte charakteristisch sind.

Vorbeugende Maßnahmen sind der Einsatz von Futtermittelkonzentraten, das Meiden ketogener Futtermittel sowie die Propylaxe von Krankheiten mit verminderter Futteraufnahme. Therapeutisch hat sich der orale Einsatz von Propionat sowie Laktat bewährt. Beide Substanzen sind für den Wiederkäuer wichtige Ausgangsstoffe für die Gluconeogenese und können somit zur Normalisierung des Energiestoffwechsels beitragen. Zudem haben auch Injektionen von Glucose und Glucocorticoiden gute Erfolge erbracht. Die Verabreichung hoher Gaben an Zucker, Melasse oder Vitaminen blieben ohne Effekt.

Eine weitere Form der Kohlenhydratstoffwechselstörung hat ihre Ursache in einer Überfütterung der Tiere vor der Laktation. Die an ein hohes Futterniveau adaptierte hormonelle Regulation kann nach der Geburt zu Stoffwechselstörungen mit erhöhten Insulin- und Glucosespiegeln führen. Sind die Tiere dann zu Beginn der Laktation zusätzlich starkem Stress ausgesetzt, kommt es zu einer massiven Freisetzung von Fettsäuren aus dem Fettgewebe **(Fettmobilisationssyndrom).** Wieder gelangt ein Großteil dieser Fettsäuren in die Leber. Durch die gleichzeitig erhöhten Insulinspiegel kommt es jedoch zusätzlich zu einer verstärkten Lipidbildung in der Leber. Die anflutenden Fettsäuren in die Leber und die gesteigerte Fettsynthese führen zur Einwicklung einer **Fettleber** sowie zu Leberfunktionsstörungen.

3.3 Fette und ihr Stoffwechsel

Der Begriff Lipide oder Fette bezeichnet organische Stoffe, die durch Unlöslichkeit in Wasser (hydrophob) und durch Löslichkeit in unpolaren organischen Lösungsmitteln wie Benzol, Ether oder Chloroform (lipophil) gekennzeichnet sind. In der Weender Futtermittelanalyse werden die wasserunlöslichen Substanzen als „Rohfett" bezeichnet (Übersicht 1-1).

3.3.1 Chemische Struktur und Klassifizierung der Fette

Fette lassen sich nach mehreren Gesichtspunkten in verschiedene Klassen unterteilen. Chemisch gesehen wird zwischen hydrolysierbaren (unter Wasseraufnahme spaltbare) und nicht-hydrolysierbaren Lipiden unterschieden. Hydrolysierbare Lipide besitzen ein oder

Übersicht 3.3-1
Chemische Klassifizierung der Lipide

Lipidklasse	Zusammensetzung	Beispiel/Vorkommen
Hydrolysierbare Lipide		
Einfache Ester		
Triglyceride	Glycerin + 3 Fettsäuren	Pflanzenöle, tierisches Depotfett
Wachse	langkettiger Alkohol + langkettige Fettsäure	Bienenwachs, Wollfett der Schafe
Sterolester	Sterol + Fettsäure	Cholesterinester
Phospholipide		
Glycerophospholipide	Glycerin + 2 Fettsäuren + Phosphat + Alkohol	Phosphatidylcholin (Lecithin) Membranbestandteile
Sphingophospholipide	Sphingosin + Fettsäure + Phosphat + Alkohol	Membranbestandteile, Botenstoffe
Glycolipide		
Cerebroside	Sphingosin + Fettsäure + 1 Zucker	Bestandteil von Nervenzellen
Ganglioside	Sphingosin + Fettsäure + Oligosaccharid (auch Neuraminsäure)	Bestandteil von Nervenzellen
Nicht hydrolysierbare Lipide		
Fettsäuren und deren Derivate		
Fettsäuren	Carbonsäuren mit hydrophober Kohlenstoffkette	Stearinsäure, Ölsäure, Linolsäure
Eicosanoide	modifizierte Arachidon- oder Eicosapentaensäure	Gewebshormone: Prostaglandine, Thromboxane, Leukotriene
Isoprenoidlipide/Polyisoprenoide		
Terpene	Polymerisierte Isoprenmoleküle	Vitamin A, E und K, Carotinoide, pflanzliche ätherische Öle, Naturkautschuk
Steroide	zyklisierte Triterpene aus 3 Cyclohexanringen + 1 Cyclopentanring	Cholesterin, Steroidhormone, Gallensäuren, Vitamin D

mehrere Esterbindungen. Die Esterbindung entsteht durch Verknüpfung einer OH-Gruppe eines Alkohols mit einer COOH-Gruppe einer Fettsäure. Zu den hydrolysierbaren Lipiden gehören die Triglyceride, Sterolester, Wachse, Phospholipide und Glycolipide. Die Gruppe der nicht-hydrolysierbaren Lipide (keine Esterbindung) umfasst das unveresterte Cholesterin, Fettsäuren, Eicosanoide und Carotinoide. Übersicht 3.3-1 zeigt die chemische Zusammensetzung und das Vorkommen biologisch bedeutender Lipide.

3.3 Fette und ihr Stoffwechsel

Triglyceride und Fettsäuren

Den Hauptanteil der Lipide in der Nahrung bilden die Triglyceride. Dabei handelt es sich um Ester des dreiwertigen Alkohols Glycerin (Glycerol) mit drei gebundenen Fettsäuren. Bei der hydrolytischen Spaltung der Triglyceride entstehen Di- und Monoglyceride sowie freie Fettsäuren. Die Fettverbrennung ergibt im Vergleich zu anderen Nahrungsstoffen die höchste Energieausbeute (ca. 39 kJ/g). Aufgrund ihres hohen Energiegehaltes und der nahezu wasserfreien Speicherung sind Triglyceride eine ideale Form der Energiereserve. Im tierischen Organismus werden sie vornehmlich in den Depotfetten gespeichert, in der Pflanze vor allem in den Samen und ölhaltigen Früchten. Die Verabreichung konzentrierter fettreicher Nahrung ist vor allem in der Kälber- und Geflügelmast bedeutsam. Triglyceride sind auch in der Milch wichtige Energieträger für die Nachkommen. Die Milchfettgehalte unterscheiden sich relativ stark innerhalb verschiedener Tierspezies. Auffallend ist, dass vor allem Tierarten mit mehreren Nachkommen pro Geburt eine fettreiche Milch produzieren. Die nachfolgende Tabelle zeigt den Milchfettgehalt einiger ausgewählter Tierspezies und des Menschen.

Kuhmilch	35–45 g/l	Sauenmilch	60–97 g/l
Stutenmilch	10–15 g/l	Hundemilch	70–95 g/l
Schafsmilch	62–70 g/l	Katzenmilch	50–80 g/l
Ziegenmilch	30–42 g/l	Humanmilch	37–40 g/l

Neben ihrer Hauptfunktion als Energieträger, dienen Triglyceride auch der Wärmeisolierung und dem mechanischen Schutz von Organen (z. B. Fettkapsel der Niere). Nahrungsfett ist zudem auch Träger essenzieller Fettsäuren und begünstigt die Absorption fettlöslicher Vitamine und Carotinoide. So ließ sich beispielsweise bei Broilern ein linearer Anstieg der Vitamin E Konzentrationen im Plasma mit steigender Futterfettmenge im Bereich von 0 bis 6 % erzielen (ABAWI et al. 1985).

Fettsäuren sind gestreckte Carbonsäuren, die einen mehr oder weniger ausgeprägten hydrophoben (wasserunlöslichen) Molekülanteil besitzen. Fettsäuren lassen sich chemisch und funktionell in verschiedene Gruppen einteilen. Die Strukturunterschiede bedingen auch deren Funktionen und Wirkungen im Organismus. Da tierische Produkte der menschlichen Ernährung dienen, wurden auch deren Fettsäuren stärker in den ernährungsphysiologischen Fokus gestellt. Zur Erzeugung biofunktioneller Lebensmittel wird die Fettqualität häufig durch entsprechende Fütterung gezielt beeinflusst. Die Produktion von omega (ω oder n)-3 fettsäurereichen Eiern durch Zufütterung von Leinöl, Rapsöl oder Kaltwassermeeralgen ist nur ein Beispiel hierfür. Die gängigen Klassifizierungsmerkmale für Fettsäuren sind:

Zahl der Kohlenstoffatome →	geradzahlig, ungeradzahlig
	kurzkettig, mittelkettig, langkettig
Zahl d. Doppelbindungen →	gesättigte Fettsäuren (keine DB)
(DB)	einfach-ungesättigte Fettsäuren (1 DB) = Monoenfettsäuren
	mehrfach-ungesättigte Fettsäuren (≥ 2 DB) = Polyenfettsäuren

3 Die Nährstoffe und ihr Stoffwechsel

Lage der 1. DB	→ ω-9 Fettsäuren: 1. DB am 9. C-Atom vom Methylende gezählt ω-6 Fettsäuren: 1. DB am 6. C-Atom vom Methylende gezählt ω-3-Fettsäuren: 1. DB am 3. C-Atom vom Methylende gezählt
Isolation der DB durch Einfachbindungen	→ isolierte DB: durch ≥ 2 Einfachbindungen voneinander getrennt konjugierte DB: DB und Einfachbindung wechseln sich ab kumulierte DB: keine Einfachbindung zwischen den DB
Stellung der Molekülgruppen beidseits der DB	→ cis-DB: Molekülgruppen weisen in die gleiche Richtung trans-DB: Molekülgruppen liegen gegenüber
Synthetisierbarkeit im Tier	→ essenzielle Fettsäuren: nicht synthetisierbar nicht-essenzielle Fettsäuren: synthetisierbar

Übersicht 3.3-2 zeigt Beispiele und das Vorkommen von biologisch bedeutenden Fettsäuren.

Übersicht 3.3-2

Klassifizierung und Vorkommen biologisch wichtiger Fettsäuren (DB = Zahl an Doppelbindungen, K = kurzkettige Fettsäure, M = mittelkettige Fettsäure, L = langkettige Fettsäure)

Fettsäure	C-Atom:DB	Chemie	Vorkommen/Beispiel
Essigsäure	2:0	K	Pansen, Dickdarm
Propionsäure	3:0	K	Pansen, Dickdarm
Buttersäure	4:0	K	Pansen, Dickdarm
Capronsäure	6:0	K	Milchfett von Wiederkäuern, Kokosfett
Caprylsäure	8:0	M, gesättigt	Milchfett von Wiederkäuern, Kokosfett
Caprinsäure	10:0	M, gesättigt	Milchfett von Wiederkäuern, Kokosfett
Laurinsäure	12:0	L, gesättigt	Kokosfett
Myristinsäure	14:0	L, gesättigt	Milchfett von Wiederkäuern, Kokosfett
Palmitinsäure	16:0	L, gesättigt	Palmöl, Rindertalg, Schweineschmalz, Gänseschmalz, Milchfett
Palmitoleinsäure	16:1	L, einfach-ungesättigt, ω-7/ω-9	Fischöl
Stearinsäure	18:0	L, gesättigt	Schweineschmalz, Rindertalg
Ölsäure	18:1	L, einfach-ungesättigt, ω-7/ω-9	Olivenöl, Rindertalg, Schweineschmalz, Gänseschmalz
Linolsäure	18:2	L, mehrfach-ungesättigt, ω-6	Weizenkeimöl, Sonnenblumenöl, Sojaöl, Färberdistelöl
α-Linolensäure	18:3	L, mehrfach-ungesättigt, ω-3	Leinöl
Arachidonsäure	20:4	L, mehrfach-ungesättigt, ω-6	Zellmembranen
Eicosapentaensäure (EPA)	20:5	L, mehrfach-ungesättigt, ω-3	Fischöl, Seetieröle
Erucasäure	22:1	L, einfach-ungesättigt, ω-9	Fischöl, frühere Rapssorten (heute nahezu erucasäurefreier Raps = 0-Raps)
Docosahexaensäure (DHA)	22:6	L, mehrfach-ungesättigt, ω-3	Fischöl, Seetieröle

Übersicht 3.3-3

Zusammensetzung der Fettsäuren einiger pflanzlicher und tierischer Fette, in Gewichts%

pflanzliche Fette

	Kokosfett	Palmöl	Olivenöl	Weizenkeimöl	Sojaöl	Leinöl
C4:0–C6:0	5–10	–	–	–	–	–
C8:0–C10:0	10–18	–	–	–	–	–
C12:0	45–53	<1	–	–	<1	–
C14:0	3	0,5–2	<1	<1	<1	–
C16:0	8–10	39–48	7,5–20	13–20	8–13,5	4–6
C18:0	2–4	3,5–6	0,5–5	0–2,0	2–5,4	2–3
C16:1	–	<1	0,3–3,5	<1	<1	<1
C18:1	5–10	36–44	55–83	13–21	17–30	10–22
C18:2 ω-6	1–2,5	9–12	3,5–21	55–66	48–59	12–18
C18:3 ω-3	<1	<1	<1	4–10	4,5–11	56–71

tierische Fette

	Milchfett Kuh	Milchfett Sau	Rindertalg	Schweineschmalz	Gänseschmalz	Fischöl
C4:0–C6:0	6	–	–	–	–	–
C8:0–C10:0	3	–	–	–	–	–
C12:0	3	–	–	–	–	<1
C14:0	10	3	2–6	1–2,5	–	5,5–9
C16:0	27	26	20–30	20–30	22–25	13,5–21,5
C18:0	13	4	15–30	8–22	6,5–9,5	3–5
C16:1	3	–	1–5	2–4	3–3,7	6–12
C18:1	28	51	30–45	35–55	51–57	10–16
C20:1	–	–	–	–	–	1–3,5
C18:2 ω-6	3	7	1–6	4–12	9–10	0,5–2,5
C18:3 ω-3	1	1	<1,5	<1,5	–	0,8–1,0
C20:5 ω-3	–	–	–	–	–	9–22,5
C22:5 ω-3	–	–	–	–	–	1–4
C22:6 ω-3	–	–	–	–	–	6–14

Triglyceride aus pflanzlichen Ölen oder tierischen Fetten enthalten in aller Regel unterschiedliche Fettsäuren. Jedes Öl bzw. Fett weist daher eine charakteristische Zusammensetzung der Fettsäuren auf (Übersicht 3.3-3).

Physikalisch-chemische Eigenschaften von Triglyceriden

Triglyceride sind farblos. Die Eigenfarbe von Ölen kommt zustande durch fettlösliche färbende Begleitstoffe wie Carotinoide. Die Trübung von Ölen wird meist verursacht durch Beimengen an Proteinen oder Schleimstoffen. Aufgrund ihrer spezifischen Fettsäurezusammensetzung haben Futter- und Körperfette ganz unterschiedliche physikalische und chemische Eigenschaften. Auf der Basis dieser Eigenschaften lassen sich Fette somit näher charakterisieren. Zu den so genannten Fettkennzahlen gehören unter anderem der Schmelzpunkt, die Jodzahl und die Verseifungszahl. Die einzelnen Fettsäuren in einem Fett können aber auch gaschromatographisch bestimmt werden.

Fettkennzahlen

Unter **Schmelzpunkt** versteht man diejenige Temperatur, bei der ein Fett vom festen in den flüssigen Aggregatszustand übergeht. Allerdings kann hierfür kein exakter Temperaturwert angegeben werden, da Fette erst weich, zähflüssig und dann dünnflüssig werden. Aus diesem Grund wird immer ein Temperaturintervall angegeben. Das Schmelzpunkt-Intervall liegt umso tiefer, je kurzkettiger die Fettsäuren sind und je mehr Doppelbindungen sie in cis-Form aufweisen. So sind häufig Pflanzenöle mit mehrfach-ungesättigten Fettsäuren auch bei Raumtemperatur flüssig, während viele tierische Fette mit reichlich gesättigten Fettsäuren erst bei entsprechend höheren Temperaturen flüssig werden. Die niedrigeren Schmelzpunkte von ungesättigten Fetten werden durch die cis-Doppelbindungen verursacht, die einen Knick in der gestreckten Kohlenstoffkette verursachen und dadurch eine größere Verschieblichkeit der Moleküle untereinander bedingen. Als Öl bezeichnet man üblicherweise ein Fett, das bei Raumtemperatur flüssig ist.

Die **Jodzahl** beschreibt die Menge an Jod, die ein Fettmolekül zur Absättigung der Doppelbindungen aufnehmen kann. Die Jodzahl ist somit ein Maß für die Anzahl an Doppelbindungen und den Gehalt an ungesättigten Fettsäuren in einem Fett. Sie drückt aus, wie viele Gewichtsteile Jod an die in 100 Gewichtsanteilen Fett enthaltenen Doppelbindungen addiert werden. So hat beispielsweise Fischöl eine Jodzahl von ca. 180, während der Wert für Palmkernfett bei nur 10 liegt.

Die **Verseifungszahl** wird zur Charakterisierung des mittleren Molekulargewichts der Fettsäuren bestimmt. Sie erfasst die Menge an Kalilauge (KOH), die nötig ist, um 1 g Fett zu verseifen bzw. zu hydrolysieren. Je höher die Menge an verbrauchter Kalilauge ist, umso höher ist die Zahl der Moleküle pro g Fett. So hat beispielsweise Butter mit einem relativ hohen Anteil an Myristin- (C14:0) und Palmitinsäure (C16:0) eine deutlich höhere Verseifungszahl als ein pflanzliches Öl mit hohem Anteil an C18-Fettsäuren wie Öl- und Linolsäure (Butter = 230, Maiskeimöl = 90).

Phospho- und Glycolipide

Phospholipide sind zwar Bestandteil pflanzlicher wie tierischer Nahrung, sie spielen jedoch aufgrund ihrer kleinen Mengen in Futtermitteln ernährungsphysiologisch keine Rolle. Phospholipide können vom Organismus selbst synthetisiert werden. Ein wichtiger Vertreter der Phospholipide ist das Phosphatidylcholin (Lecithin). Phospholipide haben vor allem als Bestandteil der Zellmembranen und der Myelinscheiden von Nervenzellfortsätzen physiologische Bedeutung. Auch Eidotter enthält größere Mengen Phospholipide. Ebenso wie die Phospholipide sind auch Glycolipide ernährungsphysiologisch von untergeordneter Bedeutung. Der Organismus kann sie bei Bedarf selbst bilden. Glycolipide sind klassische Bausteine des Nervengewebes.

Terpene

Terpene sind im Pflanzenreich weit verbreitet. Hierzu gehören beispielsweise Geraniol, Menthol, Kampfer, Carveol, Limonen und Cymol. Mit pflanzlichen Futtermitteln gelangen Terpene auch in das Verdauungssystem der Nutztiere. Einige Terpene wirken mikrobizid; sie können daher bei Wiederkäuern in hohen Mengen die Pansenmikroben beeinträchtigen, mit den Folgen einer verschlechterten Kohlenhydratfermentation und einer verminderten Bildung von kurzkettigen Fettsäuren. Fraglich ist bislang, ob die antibakteriell wirksamen Terpene einen Vorteil in der Schweineernährung bringen. Dieser Frage wendet man sich wieder vermehrt zu, da seit dem Jahr 2006 der Gebrauch von Fütterungsantibiotika gänzlich verboten ist. Zu den Terpenen zählen auch Naturkautschuk, die fettlöslichen Vitamine A, E und Phyllochinon (pflanzliches Vitamin K) sowie Carotinoide.

Steroide

Hauptvertreter aus der Gruppe der Steroide ist das Cholesterin. Es wird in tierischen Geweben aus Acetyl-CoA synthetisiert und muss daher nicht mit der Nahrung zugeführt werden. Der größte Teil des Cholesterins wird in der Leber synthetisiert. Aber auch Darmmukosa, Nebennieren und Gonaden sind bedeutende Syntheseorte. Cholesterin erfüllt als Bestandteil der Zellmembranen, als Vorstufe von Vitamin D, den Gallensäuren und Steroidhormonen wichtige Funktionen im Organismus. Da jede tierische Zelle Cholesterin enthält, tragen Innereien und Muskelfleisch zur Cholesterinaufnahme des Menschen bei.

3.3.2 Verdauung und Absorption

Beim monogastrischen Tier ist die Verdauung der Fette vornehmlich im Dünndarm lokalisiert. Beim Wiederkäuer hingegen beginnt der Fettabbau im Pansen durch Mikroben. Im Rahmen dieser mikrobiellen Abbauprozesse werden die Fettsäuren aus dem Futter modifiziert. Dabei entstehen unter anderem die für den Wiederkäuer charakteristischen trans-Fettsäuren sowie konjugierte Fettsäuren.

3.3.2.1 Nichtwiederkäuer

Beim monogastrischen Tier findet der größte Teil der Fettverdauung im Dünndarm statt. Hierzu bedarf es der Spaltung durch die Pankreaslipase. Diese wird jedoch erst in Anwesenheit einer Colipase aktiviert. In nicht aktivem Zustand ist durch die chemische Struktur der Lipase das triglyceridspaltende Zentrum „maskiert". Erst nach Wechselwirkung mit der Colipase wird das aktive Zentrum freigelegt und die Fettspaltung kann einsetzen. Die Wirkung der Pankreaslipase wird deutlich effizienter nach vorheriger Emulgierung der Nahrungsfette durch Gallensäuren. Die Emulgierung führt zu einer Oberflächenvergrößerung der aufgenommenen Fette, wodurch die Angriffsfläche für das fettspaltende Enzym zunimmt. Gallensäuren bilden außerdem zusammen mit den Fettspaltprodukten (Diglyceride, Monoglyceride, freie Fettsäuren) sogenannte Micellen, die dem Transport der Fettspaltprodukte an die Darmwand dienen. Neben der Pankreaslipase leisten auch Speichel- und Magenlipase einen gewissen, obgleich auch untergeordneten Beitrag zur Fettverdauung.

3 Die Nährstoffe und ihr Stoffwechsel

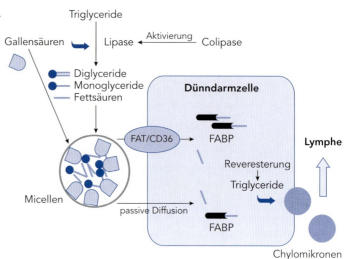

Abbildung 3.3-1
Verdauung und Absorption von Triglyceriden (FAT/CD36 = „fatty acid translocase", FABP = "fatty acid binding protein")

Triglyceride aus mittelkettigen Fettsäuren können auch ohne vorherigen Kontakt mit Gallensäuren effektiv gespalten werden.

Die Absorption erfolgt entweder durch passive Diffusion oder durch einen Protein-vermittelten Transport mittels „fatty acid translocase" (FAT/CD36). Nach Aufnahme in die Darmzellen werden die Fettspaltprodukte durch ein „fatty acid binding protein" (FABP) gepuffert und zu intakten Triglyceriden resynthetisiert. Diese Resynthese dient vornehmlich der Aufrechterhaltung eines Konzentrationsgefälles zwischen Darmlumen und Darmzellen. Dieses Konzentrationsgefälle ist notwendig, um den gerichteten Transport der Fettspaltprodukte aus dem Darmlumen in die Darmzellen auch in größeren Mengen zu ermöglichen und die Fettabsorption zu optimieren. Die Fette in den Dünndarmzellen werden zusammen mit speziellen Proteinen (Apolipoproteinen) in Chylomikronen verpackt und über die Lymphbahn schließlich in das Blutgefäßsystem transportiert. Auf dem Weg durch das Blutgefäßsystem findet ein sukzessiver Abbau der Chylomikronenfette durch das Enzym Lipoproteinlipase statt. Die abgespaltenen Fettsäuren dienen den Zellen als Energiequelle. Fette mit mittelkettigen Fettsäuren werden sofort in das Pfortaderblut ausgeschleust. Abbildung 3.3-1 zeigt ein vereinfachtes Schema der Fettverdauung und -absorption.

Verdaulichkeit von Fetten

Die Verdaulichkeit von Fetten hängt sehr stark von deren Schmelzpunkt und aufgenommener Menge statt (Übersicht 3.3-4). Liegt der Schmelzpunkt eines Fettes unterhalb der Körpertemperatur (Fette mit hohen Anteilen an ungesättigten Fettsäuren oder kurzkettigen Fettsäuren) ist die Verdaulichkeit in aller Regel sehr hoch. Fette mit hohem Anteil an langkettigen gesättigten Fettsäuren, wie beispielsweise industriell gehärtete (hydrierte) Fette haben einen hohen Schmelzpunkt und sind daher schlecht verdaulich. Fette mit Schmelzpunkten über 50 °C können bei Körpertemperatur keine flüssige Tröpfchenform einnehmen und erreichen somit nicht den für eine effektive Fettverdauung erforderlichen Emulsionszustand.

Übersicht 3.3-4
Abhängigkeit der Fettverdauung vom Schmelzpunkt des Fettes

Fett	Schmelzpunkt (°C)	verdaute Menge (%)
natives Schweineschmalz	48	94
hydriertes Schweineschmalz	55	63
	61	21
hydrierte Baumwollsaat	38	91
	46	84
	54	69
	62	38
	65	24

Die Abnahme der Fettverdaulichkeit mit zunehmender Kettenlänge der Fettsäuren ist besonders ausgeprägt bei Gabe großer Fettmengen. Durch Verminderung des Futterfettgehalts kann somit die Verdaulichkeit von Fetten mit langkettigen, gesättigten Fettsäuren verbessert werden.

3.3.2.2 Wiederkäuer

Beim Wiederkäuer beginnt der Fettabbau bereits im Pansen durch bakterielle Enzyme. Ein Teil der Triglyceride und der im Grünfutter enthaltenen Mono- und Digalaktosyldiglyceride werden zu Glycerin und freien Fettsäuren gespalten. Kurzkettige Fettsäuren werden meist im Pansen absorbiert. Langkettige Fettsäuren werden entweder im Pansen durch Mikrobenenzyme modifiziert oder sofort in den Dünndarm weitertransportiert und dort analog den Prozessen bei Monogastriden absorbiert. Einer bakteriellen Modifikation sind vor allem die ungesättigten Fettsäuren unterworfen. Im Pansen können die nachfolgend genannten mikrobiell induzierten Veränderungen ungesättigter Fettsäuren auftreten.

Hydrierung

Bei der mikrobiellen Hydrierung werden Doppelbindungen in Einfachbindungen umgewandelt. Auf diesem Wege entstehen aus mehrfach ungesättigten Fettsäuren einfach ungesättigte oder gesättigte Fettsäuren. So werden beispielsweise im Pansen über 50 % der mit dem Futter aufgenommenen Linolsäure zu gesättigter Stearinsäure hydriert.

Umlagerung der Doppelbindung

Während des Vorgangs der bakteriellen Hydrierung kann sich auch die Konfiguration der Doppelbindung in der Fettsäure ändern. Häufig wird dabei die cis-Konfiguration in eine trans-Konfiguration überführt (trans-Fettsäuren). Unter den im Pansen entstehenden trans-Fettsäuren dominiert vor allem die trans-Vaccensäure (C18:1, trans 11). Da trans-Fettsäuren gut absorbierbar sind, enthalten die Körperfette des Wiederkäuers, einschließlich der Milchfette, deutlich mehr trans-Fettsäuren als die der Monogastriden. Allerdings ist der Gehalt an trans-Fettsäuren in Fleisch und Milch mit 0,5 bis maximal 5 g pro 100 g Fettsäuren vergleichsweise gering.

In der menschlichen Ernährung sind trans-Fettsäuren unerwünscht, da sie das Risiko für Herz-Kreislauf-Erkrankungen erhöhen. Trans-Fettsäuren steigern beim Menschen unter anderem die Konzentrationen an atherogenen Lipoproteinen (LDL = low density lipoprotein) im Blut, während sie gleichzeitig das erwünschte HDL- (high density lipoprotein) Cholesterin absenken. Die Hauptquellen an trans-Fettsäuren in der menschlichen Ernährung sind jedoch nicht Fleisch und Milch von Wiederkäuern, sondern Fertigprodukte mit industriell gehärteten Pflanzenfetten oder fettreiche Lebensmittel, die stark erhitzt wurden.

Konjugierung von Doppelbindungen

Im Rahmen der Modifizierung von ungesättigten Fettsäuren durch die Pansenmikroben kann sich auch die Lage der Doppelbindung in der Kohlenstoffkette der Fettsäure verändern. Üblicherweise sind die Doppelbindungen der ungesättigten Fettsäuren in den Pflanzen durch mindestens zwei Einfachbindungen getrennt (isolierte Doppelbindungen). Mikrobielle Enzyme können ein konjugiertes Doppelbindungssystem generieren, bei dem die Doppelbindungen nur durch eine Einfachbindung getrennt sind. Hierzu gehören beispielsweise die konjugierten Linolsäure-Isomere (conjugated linoleic acids, CLA). Sie entstehen vor allem durch die Linolsäure-Isomerase des Pansenbakteriums Butyrivibrio fibrisolvens. Das Haupt-CLA-Isomer ist die cis9, trans11-CLA. Auch hiervon gelangt ein Teil über die Absorption in den Organismus des Wiederkäuers. Der CLA-Gehalt des Milchfettes liegt bei etwa 0,3–1,1%. CLA werden aufgrund ihrer starken physiologischen bzw. pharmakologischen Wirkungen intensiv beforscht. In Zellkulturstudien und Tierversuchen zeigen CLA krebsprotektive und antientzündliche Wirkungen. Zudem hemmen sie die Fettsynthese. Abbildung 3.3-2 zeigt die stufenweise mikrobielle Umwandlung der essenziellen Linolsäure im Pansen. Alle hierbei entstehenden Zwischen- und Endprodukte können absorbiert und in die Gewebe eingelagert werden. Bei Milchkühen werden diese Fettsäuren auch in die Milch transportiert. Im Intermediärstoffwechsel des Wiederkäuers kann auch enzymatisch aus der trans-Vaccensäure ein CLA-Isomer entstehen. Eine Rücküberführung in Linolsäure ist nicht möglich.

Einsatz von pansengeschützten Fetten

Pansengeschützte Fette sind gegen mikrobiellen Abbau und mikrobielle Modifikation geschützt. Darunter fallen beispielsweise:

1. **nativ geschützte zellgebundene Fette der Ölsaaten,** die in Form von Ölsaatkuchen oder geschroteten Vollsaaten eingesetzt werden. Das Schutzprinzip besteht in der langsamen Freisetzung der Öle aus den Pflanzenzellen; allerdings weisen solche Fette eine geringe Lagerstabilität auf.
2. **hitzebehandelte Ölsaaten,** z.B. durch Extrusion; wobei denaturierte Eiweiße das Fetttröpfchen umgeben und es so vor mikrobiellem Abbau schützen.
3. **chemisch modifizierte Fette,** z.B. durch Verseifung von Fettsäuren mit Calcium oder Ummantelung („Coating") der Fetttröpfchen mit formaldehydbehandelten Proteinen.
4. Fette, die durch **technische Verfahren** (z.B. Härten der Pflanzenfette) vor mikrobiellen Enzymen geschützt sind.

3.3 Fette und ihr Stoffwechsel

Abbildung 3.3-2

Mikrobielle Modifikation der Linolsäure im Pansen und absorbierte Produkte

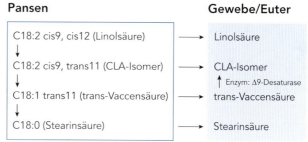

Pansen | Gewebe/Euter

C18:2 cis9, cis12 (Linolsäure) → Linolsäure
↓
C18:2 cis9, trans11 (CLA-Isomer) → CLA-Isomer
↓   ↑ Enzym: Δ9-Desaturase
C18:1 trans11 (trans-Vaccensäure) → trans-Vaccensäure
↓
C18:0 (Stearinsäure) → Stearinsäure

In der Praxis werden pansengeschützte Fette zu folgenden Zwecken eingesetzt:

I. gezielte Beeinflussung der Fettsäuren von Milch oder Fleisch
II. Vermeiden von negativen Effekten auf die mikrobielle Aktivität und somit auf die Faserverdaulichkeit und bakterielle Proteinsynthese
III. gezielte Einschleusung von Fettsäuren wie CLA zur Senkung der Milchfettsynthese (Stoffwechselentlastung, Milchquotenmanagement)

Fetttoleranz

Im Allgemeinen wird von Wiederkäuern weniger Fett im Futter toleriert als von Schweinen und Geflügel. Sofern sich überhaupt Grenzen des Fetteinsatzes festsetzen lassen, liegen sie in der gesamten Futterration für Rind und Milchvieh bei etwa 5 %, für das Schwein bei 10 % und für Geflügel bei 20 % der Trockenmasse. Die relativ geringe Fetttoleranz der Wiederkäuer resultiert aus der beeinträchtigten mikrobiellen Aktivität durch hohe Mengen oberflächenaktiver freier Fettsäuren. Freie Fettsäuren können aber auch mit Calcium und Magnesium unlösliche Seifen bilden und so die faserabbauenden Mikroben beeinträchtigen.

3.3.3 Einflüsse auf Körper- und Milchfett

Das Depotfett unterliegt auch bei isoenergetischer Versorgung der Tiere einem ständigen Auf- und Abbau (Turnover). Der Turnover des Fettgewebes ist relativ langsam. Die Halbwertszeit beträgt bei Nutztieren mehrere Wochen. Etwa 50 % der Speicherfette liegen unter der Haut als subkutanes Fett. Der andere Teil befindet sich in Umgebung von Organen wie Nieren, Muskeln und Darm. Körperfettmasse und -zusammensetzung sind stark abhängig vom Futter und der Mastintensität. Darüber hinaus beeinflusst auch die Art des Verdauungssystems die Zusammensetzung des Speicherfettes in den Tieren. So hat beispielsweise unter üblicher artgerechter Fütterung das Schwein ein deutlich weicheres Körperfett als der Wiederkäuer (Übersicht 3.3-3).

Mit dem Abbau von Körperfett zur Energiegewinnung geht ein Masseverlust einher, der sich jedoch nicht immer deutlich in einer Gewichtsabnahme äußern muss. Bei einem Rückgang von Fettmasse wird der Gewichtsverlust unter Umständen durch eine starke Retention von Wasser vollständig kompensiert. In einem Respirationsversuch mit einer Hochleistungskuh mit über 8.000 kg Milchjahresleistung zeigte sich dieser Zusammenhang besonders eindrucksvoll (FLATT und Mitarbeiter 1967). Das Tier mobilisierte vom 26. bis 45. Tag nach dem Abkalben täglich etwa 2 kg Fett aus den Fettdepots für die Milchproduktion, während sich in diesem 20-tägigen Zeitraum das Körpergewicht des Tieres nicht veränderte.

Einfluss der Fütterung auf das Depotfett

Die Zusammensetzung der Fettsäuren des Körperfettes von Monogastriden hängt in beträchtlichem Maße von den Ernährungsbedingungen ab. Da Härte und Lagerstabilität auch den Marktwert des Specks bestimmen, müssen die Einflüsse des Futters auf den Schmelzpunkt des Körperfettes in der praktischen Fütterung berücksichtigt werden. Durch die Fütterung ist in erster Linie die Zusammensetzung von Depotfett und intramuskulärem Fett zu beeinflussen. Die Fettsäuren von nicht-fettspeichernden Körperorganen lassen sich jedoch nur bedingt verändern. Besonders deutlichen Einfluss auf die Fettsäuren des Körperfettes haben Nahrungsfette und Kohlenhydrate. Übersicht 3.3-5 zeigt die Beziehung zwischen Jodzahl des Nahrungsfettes und Jodzahl des Körperfettes. Allerdings passt sich selbst bei monogastrischen Tieren die Zusammensetzung des Körperfettes nicht vollständig an das des Nahrungsfettes an, da sich vor allem die Fettsäuren der Membranen nicht beliebig verändern lassen. Ersetzt man das Nahrungsfett durch Kohlenhydrate wird das Körperfett in aller Regel härter, da das Tier aus der abgebauten Glucose bzw. dem Acetyl-CoA vornehmlich gesättigte und einfach ungesättigte Fettsäuren synthetisiert. Für die praktische Fütterung des monogastrischen Nutztieres gelten somit folgende Regeln:

> Futtermittel mit reichlich ungesättigten Fettsäuren bedingen ein weiches Körperfett; Futterfette mit gesättigten Fettsäuren oder kohlenhydratlastige Rationen erzeugen ein hartes Körperfett.

Da weicher Speck für die weitere Verarbeitung (z. B. Räuchern) ungünstig ist und außerdem eine geringe Lagerstabilität aufweist, legt man in aller Regel Wert auf etwas härteren Speck. Den Prozess des Einsatzes von Futterfetten mit gesättigten Fettsäuren oder kohlen-

Übersicht 3.3-5

Beziehung zwischen Nahrungsfett und Körperfett beim Schwein

Futterfett	Jodzahl	
	Futterfett	Körperfett
Sojaöl	132	123
Maisöl	124	114
Baumwollsaatöl	108	107
Erdnußöl	102	98
Schweineschmalz	63	72
Butterfett	36	56
Kokosfett	8	35

hydratlastigen Rationen zur „Aufhärtung" des Specks wird auch als „hardening off" bezeichnet. Aufgrund des Fettgewebs-Turnovers reicht es mitunter aus, 3–4 Wochen vor dem Schlachten die Futterration entsprechend umzustellen. Theoretisch könnte dieser Prozess beschleunigt werden durch ein vorheriges Einschalten einer Hungerperiode, bei der die vorhandenen Fettsäuren im Fettgewebe schnell frei gesetzt und abgebaut werden. Für die praktische Fütterung ist dies jedoch nicht relevant.

Einflüsse der Fütterung auf die Zusammensetzung des Milchfetts

Ähnlich wie das Körperfett unterliegen auch Menge und Zusammensetzung des Milchfettes zahlreichen Einflüssen. Hierzu gehören genetische Faktoren, das Laktationsstadium sowie die Fütterung. Unter den Hauptnährstoffen ist Fett am stärksten durch die Fütterung zu beeinflussen. Milchfett stammt zu 50 % aus der Nahrung bzw. dem Depotfett und zu weiteren 50 % aus der Neusynthese von Fettsäuren.

Milchfettsäuren mit 4 bis 12 Kohlenstoffatomen werden in den Milchdrüsen des Wiederkäuers vornehmlich aus Acetat gebildet. Fettsäuren mit einer Kettenlänge von über 18 C-Atomen und essenzielle Fettsäuren stammen vor allem aus dem Nahrungs- und Depotfett. Myristin- und Palmitinsäure werden auch durch Eigensynthese gebildet.

Von Bedeutung für die Menge und Zusammensetzung des Milchfettes der Kuh sind neben Menge und Art des Futterfettes auch alle Faktoren, die eine hohe Acetatbildung im Pansen gewährleisten. Für die Bildung von Milchfett ist damit besonders ein hoher Rohfasergehalt im Futter günstig, während hohe Stärkegehalte die Milchsynthese beeinträchtigen. Eine fütterungsbedingte Abnahme des Milchfettgehaltes wird als Milchfettdepression bezeichnet. Dabei kann der durchschnittliche Fettgehalt der Kuhmilch auf unter 3 % absinken. Zu beobachten ist sie vor allem bei Einsatz einer Kombination aus hohen Mengen leichtverdaulicher Kohlenhydrate und einem gleichzeitigen Mangel an Rohfaser. Die resultierende Milchfettdepression wird vermutlich durch verschiedene Mechanismen ausgelöst:

1. Eine entsprechend beschriebene Fütterung führt zu einem verminderten Verhältnis an Acetat und Propionat und damit einem relativen Mangel an dem für die Milchfettsynthese wichtigen Acetat.

2. Die hohen Mengen an Propionat stimulieren vermutlich die Sekretion von Insulin, das die Mobilisierung von Fetten aus den Speichern hemmt.
3. Die genannte Fütterung führt zu einer Verschiebung der Pansenflora, wodurch mehr konjugierte Linolsäureisomere entstehen, die durch ihre hemmende Wirkung auf die Synthese von Fettsäuren den Milchfettgehalt senken.

Die Mechanismen des CLA-induzierten Milchfettrückgangs werden derzeit in der Forschung intensiv untersucht. CLA-Isomere hemmen die Expression zahlreicher Gene, die für die Aufnahme von zirkulierenden Fettsäuren in die Milchdrüse, für die Synthese von Fettsäuren sowie die Triglyceridbildung verantwortlich sind. Hierbei hat sich vor allem das trans10, cis-12 CLA-Isomer als besonders fettreduzierend erwiesen. Die Abnahme des Fettanteils in der Milch wird heute als eher günstig erachtet. Die diskutierten Vorteile bestehen einerseits aus einer Entlastung des Stoffwechsels (geringere Fettmobilisierung) und zum anderen aus einer möglichen Erhöhung der Milchmenge. Senkungen des Milchfettgehaltes von 0,4–0,5 % können zu Steigerungen der Milchmenge um bis zu 3–10 % führen. Aus diesem Grund wird heute dem Milchleistungsfutter oftmals CLA zugesetzt. Diese CLA-Präparationen sind in der Fütterung zugelassen, müssen allerdings in pansengeschützter Form eingesetzt werden.

Nicht nur die Fettmenge, auch die Zusammensetzung der Fettsäuren des Milchfettes der Kuh unterliegt Fütterungseinflüssen. Da ein erheblicher Teil der Fettsäuren des Futters mikrobiell modifiziert wird, ist die Zusammensetzung des Milchfettes der Kuh deutlich weniger durch die Ernährung zu beeinflussen als das Milchfett von Monogastriden. Übersicht 3.3-6 zeigt die Veränderung der Jodzahl des Milchfettes bei der Kuh in Abhängigkeit der gefütterten Menge an linolensäurereicher Leinsaat. In ähnlicher Weise wirken alle Futtermittel mit hohem Gehalt an mehrfach ungesättigten Fettsäuren, auch junges Grünfutter. Durch Zulagen an Ölsaatrückständen mit hohem Anteil an gesättigten Fettsäuren wie von Kokos und Palmkern (sowie die entsprechenden Kuchen bzw. Expeller) steigt auch der Anteil an gesättigten Fettsäuren in der Milch.

Die Ursache für die im Verlauf des Jahres auftretenden charakteristischen Veränderungen in der Zusammensetzung des Milchfettes sind im Wesentlichen Fütterungseinflüsse (Abb. 3.3-3). Im Sommer während des Weidegangs der Tiere ist das Milchfett deshalb reicher an ungesättigten Fettsäuren und besitzt damit eine höhere Jodzahl; im Winter bei Stallfütterung ist die Jodzahl entsprechend niedriger. Diese jahreszeitlichen Schwankungen in der Zusammensetzung der Fettsäuren bewirken entgegen den Verbraucherwünschen im Sommer eine zu weiche Butter, im Winter hingegen eine zu harte Butter mit

Übersicht 3.3-6

Verfütterte Menge an Leinsaat und Jodzahl des Milchfettes

Leinsaat, kg	Jodzahl des Milchfettes
0	30
0,5	39
1	45
2	58

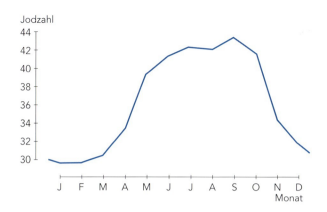

Abbildung 3.3-3
Veränderung der Jodzahl des Milchfettes im Verlauf eines Jahres

bröckeliger Konsistenz. Durch entsprechende Fütterungsmaßnahmen lassen sich diese Schwankungen der Jodzahl abschwächen.

3.3.4 Stoffwechsel der Fette

In den nachfolgenden Kapiteln werden der oxidative Abbau von Fettsäuren, die Fettsäure- und Triglyceridsynthese, die Ketonkörperbildung sowie der Stoffwechsel des Cholesterins beschrieben.

3.3.4.1 Oxidation von Fettsäuren

Triglyceride sind im Organismus vor allem Energielieferanten. Zur Gewinnung von ATP müssen die Fettsäuren der Triglyceride in den Zellen zu Acetyl-CoA abgebaut werden. Dieser Prozess wird als Fettsäureoxidation bezeichnet. Generell werden zwei Arten des Fettsäureabbaus unterschieden, der mitochondriale und der peroxisomale Abbau. Der quantitativ bedeutendere Weg ist der Abbau in den Mitochondrien, den so genannten „Kraftwerken der Zelle".

Mitochondriale Fettsäureoxidation

Beim oxidativen Abbau der Fettsäuren in den Mitochondrien werden aus den langen energiereichen Fettsäuremolekülen sukzessiv Acetyl-CoA Moleküle abgespalten, die über Citratzyklus und Atmungskette weiter abgebaut werden bis zur Stufe von CO_2 und Wasser. Zum Abbau der Fettsäuren im Mitochondrium müssen diese erst aus dem wässrigen Cytoplasmaraum der Zelle durch die mitochondriale Membran transportiert werden. Dies erfolgt mittels eines Carnitin-abhängigen Transporters. Für diesen Transport und die anschließende Oxidation ist eine Aktivierung der reaktionsträgen Fettsäuren zu Acyl-CoA notwendig. Diese erfolgt duch Verknüpfung der Fettsäure mit einem Molekül Coenzym A. Beim Ab-

Abbildung 3.3-4

Abbau von Fettsäuren durch β-Oxidation

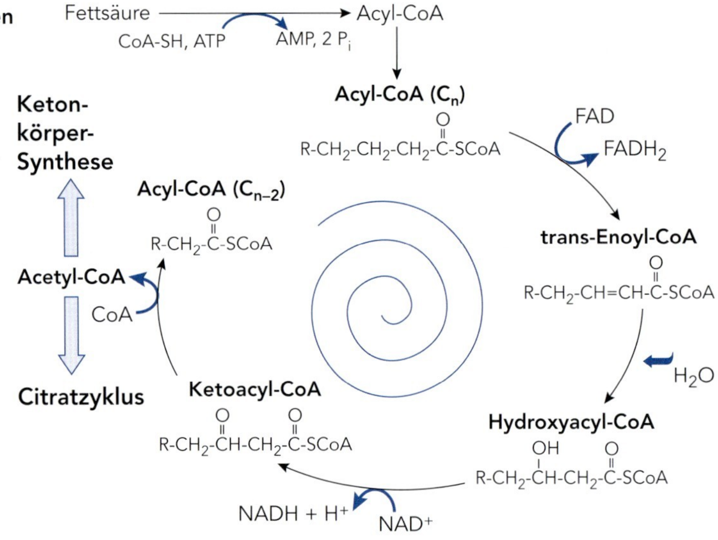

Fettsäure → Acyl-CoA
CoA-SH, ATP   AMP, 2 P_i

Acyl-CoA (C_n)
$R-CH_2-CH_2-CH_2-\overset{O}{\underset{\|}{C}}-SCoA$

FAD → $FADH_2$

trans-Enoyl-CoA
$R-CH_2-CH=CH-\overset{O}{\underset{\|}{C}}-SCoA$

H_2O

Hydroxyacyl-CoA
$R-CH_2-\underset{OH}{\overset{|}{C}H}-CH_2-\overset{O}{\underset{\|}{C}}-SCoA$

NADH + H⁺ ← NAD⁺

Ketoacyl-CoA
$R-CH_2-\overset{O}{\underset{\|}{C}}-CH_2-\overset{O}{\underset{\|}{C}}-SCoA$

Acyl-CoA (C_{n-2})
$R-CH_2-\overset{O}{\underset{\|}{C}}-SCoA$

Acetyl-CoA ← CoA

Ketonkörper-Synthese

Citratzyklus

---

bau der Fettsäure in den Mitochondrien muss diese mehrmals den nachfolgend genannten Zyklus mit den 4 Hauptreaktionsschritten durchlaufen (Abb. 3.3-4).

1. Oxidation von Acyl-CoA zu einer ungesättigten trans Fettsäure (trans-Enoyl-CoA)
2. Wasseranlagerung führt zur Entstehung von β-Hydroxyacyl-CoA
3. Oxidation der β-Hydroxylgruppe zu einer Ketogruppe
4. Abspaltung von Acetyl-CoA

Die beim sukzessiven Abbau der Fettsäuren freigesetzten Elektronen werden auf das Vitamin B_2-abhängige Flavin-Adenin-Dinukleotid (FAD) und das Niacin-abhängige (Nikotinamid-Adenin-Dinukleotid) (NAD⁺) übertragen. Dabei entstehen $FADH_2$ und NADH + H⁺, die in der Atmungskette 1,5 bzw. 2,5 ATP liefern. Das am Ende eines jeden Umlaufs abgespaltene Acetyl-CoA wird über Citratzyklus und Atmungskette weiter oxidiert (siehe Kapitel 4.2). Die mitochondriale Oxidation der Fettsäuren wird auch als β-Oxidation bezeichnet, da alle Reaktionsschritte am β-Kohlenstoffatom der Fettsäure stattfinden (= 2. Kohlenstoffatom, das sich an die Carboxylgruppe anschließt). Da die meisten natürlichen Fettsäuren geradzahlig sind (meist 14, 16, 18 oder 20 Kohlenstoffatome), entsteht als einziges Reaktionsprodukt Acetyl-CoA. Über die Nahrung werden jedoch auch geringe Mengen an Fettsäuren mit ungerader Kohlenstoffzahl aufgenommen. Bei deren Abbau im Mitochondrium bleibt am Ende Propionyl-CoA übrig. Dieses wird im Körper mithilfe einer Vitamin B_{12}- und Biotin-abhängigen Reaktion zu Succinyl-CoA abgebaut und in den Citratzyklus eingeschleust.

Peroxisomale Fettsäureoxidation

Ein teilweiser Abbau von Fettsäuren findet auch in den Peroxisomen statt. Im Vergleich zur mitochondrialen Oxidation gibt es jedoch einige Unterschiede. So ist die Einschleusung der aktivierten Fettsäuren in die Peroxisomen Carnitin-unabhängig. Im Gegensatz zur mitochondrialen β-Oxidation verläuft die peroxisomale nur über 2 bis maximal 5 Zyklen. Der peroxisomale Fettsäureabbau dient damit offensichtlich eher der Verkürzung langkettiger Fettsäuren als der vollständigen Oxidation. Beim Abbau von Fettsäuren durch die peroxisomale Acyl-CoA-Oxidase wird zudem Wasserstoffperoxid (H_2O_2) gebildet, der durch eine peroxisomale Katalase rasch eliminiert werden muss. Da in den Peroxisomen zudem keinerlei Citratzyklus und Atmungskette abläuft, ist ein Transfer der verkürzten Fettsäuren zum weiteren Abbau in die Mitochondrien nötig.

3.3.4.2 Biosynthese von Ketonkörpern

Die Biosynthese der Ketonkörper steht in enger Beziehung zum Abbau der Fettsäuren und findet vornehmlich in der Leber statt. Die Bildung der Ketonkörper beginnt mit der Verknüpfung von drei aktivierten Essigsäuremolekülen (Acetyl-CoA). Nach enzymatischer Abspaltung von Acetyl-CoA entsteht Acetacetat, das zu β-Hydroxybutyrat reduziert werden kann. Obwohl β-Hydroxybutyrat zu den Ketonkörpern gezählt wird, ist es streng genommen kein Keton, sondern ein Alkohol. Durch spontane nicht-enzymatische Decarboxylierung (Abspaltung von COOH) kann aus Acetacetat auch Aceton (= Ketonkörper) entstehen. Aceton ist flüchtig und kann in höheren Konzentrationen geruchlich mit der Ausatemluft wahrgenommen werden. Ketonkörper werden nach anschließender Aktivierung mit Coenzym A von vielen Geweben als Energiequelle genutzt.

Ketonkörper werden vor allem während des Hungerns gebildet. Im Hunger kommt es zu einer verstärkten Freisetzung von Fettsäuren aus den Depots. Durch vermehrtes Anfluten von freien Fettsäuren in die Leber wird dort der Transkriptionsfaktor „peroxisome proliferator activated receptor α" (PPARα) stimuliert. Dieser sorgt für die vermehrte Bildung von Enzymen der β-Oxidation, aber auch von Enzymen der Ketonkörperbildung. Somit ist während des Hungers der Abbau von Fettsäuren über die β-Oxidation beschleunigt, aber auch die Synthese von Ketonkörpern. Einer ausgeprägten Ketose geht somit immer ein exzessiver Anstieg der Fettsäuren im Blut voraus. Ein vermehrtes Anfluten von Fettsäuren, verbunden mit einer gesteigerten Bildung von Ketonkörpern, resultiert auch bei einem Mangel an Insulin, bei starkem Stress sowie bei Monogastriden nach Verabreichung einer fettreichen, aber nahezu kohlenhydratfreien Nahrung. Üblicherweise verwerten Gehirn, Nierenmark und Erythrozyten Glucose als einzige Energiequelle, sodass zu Beginn einer Nahrungskarenz große Proteinmengen zu Aminosäuren abgebaut werden müssen, um genügend Glucose über Gluconeogenese aufzubauen. Der Proteinkatabolismus ist deshalb in dieser anfänglichen Hungerphase besonders stark ausgeprägt. Nach kurzer Zeit werden dann die gebildeten Ketonkörper zur Hauptenergiequelle für Gehirn und Nierenmark. Ketonkörper ermöglichen dem Organismus deshalb, körpereigene Proteine zu schonen.

> Während des Hungerns wird Energie aus den Speicherfetten bezogen. Gehirn und Nierenmark können diese jedoch nur in Form von Ketonkörpern verstoffwechseln.

3.3.4.3 Synthese von Fetten (Lipogenese)

Die Fähigkeit des tierischen Organismus zur Speicherung von Energie in Form von Kohlenhydraten und Proteinen ist sehr begrenzt. Zusammengenommen reicht die im Glycogen gespeicherte Energie für maximal 24 Stunden. Protein wird hingegen üblicherweise überhaupt nicht zu Energiezwecken abgebaut. Ganz anders ist die Situation beim Fett. Der Organismus kann Fett in sehr großen Mengen bilden und speichern. Die Fettsäuren in den Fettdepots stammen entweder aus den Nahrungsfetten, aus den mikrobiell gebildeten kurzkettigen Fettsäuren im Pansen oder bei Energieüberschuss auch aus Kohlenhydraten. Letzteres spielt vor allem bei der Kohlenhydratmast von Tieren eine große Rolle.

Bei der Bildung von Fett aus Kohlenhydraten muss die Glucose bis zur Stufe des Acetyl-CoA abgebaut sein. Aus Acetyl-CoA entsteht in einer ersten Biotin-abhängigen Schlüsselreaktion Malonyl-CoA. Die weitere Synthese, bei der das Malonyl-CoA um jeweils weitere Acetyl-CoA verlängert wird, erfolgt im Cytoplasma an einem Multienzymkomplex, der so genannten Fettsäuresynthase. Im Gegensatz zu den Oxidationsprozessen beim Abbau von Fettsäuren, finden beim Aufbau Reduktionen statt (Elektronenaufnahmen). Desweiteren ist zur Synthese von Fettsäuren Energie erforderlich. Die gebildeten Fettsäuren werden schließlich mit dem dreiwertigen Alkohol Glycerin zu einem Triglycerid verknüpft. Die Synthese erfolgt zunächst über die Bildung von Phosphatidsäure, bei der 2 aktivierte Fettsäuren (Acyl-CoA) mit aktiviertem Glycerin (Glycerin-3-Phosphat) verestert sind. Durch Verknüpfung mit einer dritten aktivierten Fettsäure entsteht ein Triglycerid.

3.3.4.4 Stoffwechsel des Cholesterins

Cholesterin ist ein lebensnotwendiger Baustein im tierischen Organismus. Der Körper kann das gesamte benötigte Cholesterin in Eigensynthese bilden; eine Zufuhr von Cholesterin über die Nahrung ist daher nicht erforderlich. Cholesterin spielt beim Nutztier in der Fütterung ohnehin nur eine untergeordnete Rolle, da sämtliche pflanzlichen Futtermittel praktisch cholesterinfrei sind. Sollte jedoch Cholesterin über das Futter aufgenommen werden, verändert sich der Gesamtbestand an Cholesterin des Nutztieres nicht, da exogen zugeführtes Cholesterin üblicherweise eine Verringerung der Cholesterineigensynthese zur Folge hat. Da Cholesterin ein unverzichtbarer Bestandteil jeder Zellmembran ist, enthält praktisch jedes tierische Gewebe Cholesterin, allerdings in unterschiedlicher Menge.

Die mit Abstand höchsten Cholesteringehalte haben Gehirn und Rückenmark. Hier ist das Cholesterin vor allem in den Myelinscheiden der Nervenzellfortsätze lokalisiert. Die Myelinscheiden bestehen aus unzähligen Lagen dicht gepackter Zellmembranschichten und dienen der Erhöhung der Leitgeschwindigkeit von Nervenzellsignalen. Auch stoffwechselaktive Gewebe wie Leber und Nieren sind aufgrund ihrer ausgeprägten Zelldichte relativ cholesterinreich. Eidotter von Hühnereiern zählen mit einem durchschnittlichen Cholesteringehalt von 250 mg ebenfalls zu den cholesterinreichen tierischen Produkten. Im Muskelgewebe wie auch in der Milch ist der Cholesteringehalt hingegen vergleichsweise gering. Beim Menschen ist die Aufnahme von tierischen Produkten immer mit einer Aufnahme von Cholesterin verbunden. Jedoch ist die Aufnahme von cholesterinhaltiger Nahrung nicht bei jedem Menschen mit einem Anstieg des Cholesterinspiegels im Blut verbunden. Zudem fällt auch bei cholesterinsensitiven Personen der Cholesterinanstieg vergleichsweise moderat aus. Gesättigte Fettsäuren und trans-Fettsäuren sind diesbezüglich als deutlich problematischer zu bewerten.

Cholesterin ist darüber hinaus auch Baustein von Gallensäuren sowie Vorstufe von Vitamin D und Steroidhormonen. Zu den Steroidhormonen gehören die Glucocorticoide, Mineralocorticoide und Sexualhormone. Glucocorticoide, zu denen das Cortison gezählt wird, wirken vor allem fettabbauend und fördern die Synthese von Glucose aus Aminosäuren. Mineralcorticoide wie das Aldosteron regulieren den Natrium- und Wasserhaushalt des Körpers, in dem sie die Retention von Natrium und Wasser fördern. Zu den aus Cholesterin gebildeten Sexualhormonen gehören unter anderem Progesteron, Androstendion, Testosteron, Androsterol, Östron, Östradiol und Östriol.

Hauptsyntheseort des Cholesterins ist die Leber. Die Zelle bildet das Cholesterin stufenweise aus Acetyl-CoA Molekülen. Über cholesterintransportierende Lipoproteine wird das in der Leber gebildete Cholesterin über den Blutweg im gesamten Körper verteilt. Die endogene Cholesterinsynthese ist ein streng regulierter Prozess, wobei der Membrancholesteringehalt des endoplasmatischen Retikulums als Sensorgröße gilt. Das Cholesterinmolekül kann zwar vom Körper aufgebaut, jedoch nicht enzymatisch abgebaut werden. Die einzige Möglichkeit, größere Mengen an Cholesterin aus dem Körper zu entfernen, ist die Ausscheidung in Form von Gallensäuren.

3.3.4.5 Regulation des Fettstoffwechsels

Die Regulation des Fettstoffwechsels findet über Hormone und spezielle Transkriptionsfaktoren statt. So wirkt beispielsweise das Hormon Insulin nicht nur anabol auf den Kohlenhydratstoffwechsel, sondern auch auf den Fettstoffwechsel. Insulin fördert die Bildung und Speicherung von Fetten im Körper. Hierzu aktiviert Insulin den Transkriptionsfaktor „sterol regulatory element-binding protein 1c" (SREBP-1c), der die Bildung von Enzymen der Fettsynthese induziert. Zu den Hormonen, die den Fettabbau beschleunigen gehören die Stresshormone Adrenalin, Noradrenalin und Cortison, aber auch das Wachstumshormon sowie Glucagon. Auf hormonellen Reiz hin werden die Triglyceride im Fettgewebe durch das Enzym „hormonsensitive Lipase" in Glycerin und Fettsäuren gespalten (Lipolyse). Die freigesetzten Fettsäuren aktivieren den Transkriptionsfaktor „peroxisome proliferator-activated receptor α" (PPARα), der als „Sensor" für Fettsäuren agiert und auf Transkriptionsebene die Bildung von Enzymen der Fettsäureoxidation, der Ketonkörpersynthese sowie des Carnitin-abhängigen Transportes von Fettsäuren in die Mitochondrien fördert. Die Fettsäuren werden bei Lipolyse rasch oxidiert. Das freiwerdende Glycerin kann in der Leber zum Aufbau von Glucose genutzt werden.

3.3.5 Essenzielle Fettsäuren

Essenzielle Fettsäuren sind nicht nur Energieträger, sondern Vorstufen wichtiger Membranlipide sowie lokal wirkender Gewebshormone. Sie können vom Tier nicht aus Kohlenhydraten aufgebaut werden. Zu den essenziellen Fettsäuren gehören die ω-6-Fettsäure Linolsäure (C18:2) sowie die ω-3-Fettsäure Linolensäure (C18:3, α-Linolensäure). Beide Fettsäuren bestehen aus 18 Kohlenstoffatomen, besitzen isolierte Doppelbindungen in cis-Stellung und sind vor allem in pflanzlichen Ölen enthalten. Sie können in den meisten tierischen Organismen über Elongasen verlängert und mittels Desaturasen um weitere Doppelbindungen ergänzt werden. Dabei entstehen Arachidonsäure (C20:4), Eicosapentaensäure (C20:5) und Docosahexaensäure (C22:6). Carnivoren (Fleischfresser) wie Katzen sind aufgrund fehlender Desaturasen auch auf die Zufuhr dieser langkettigen, ungesättigten Fettsäuren mit der Nahrung angewiesen.

Arachidonsäure und Eicosapentaensäure sind Vorläufer von Eicosanoiden. Hierbei handelt es sich um lokale Signalstoffe mit extrem vielfältiger Wirkung. Sie werden unterteilt in Prostaglandine, Thromboxane und Leukotriene und sind beteiligt bei der Blutdruckregulation, der Blutstillung, bei immunologisch-entzündlichen Prozessen sowie der Schmerzvermittlung. Daneben werden essenzielle Fettsäuren auch benötigt, um die Fluidität von Zellmembranen aufrechtzuerhalten und die Funktion und Aktivität membranständiger Ionenkanäle, Transporter, Rezeptoren sowie zahlreicher Enzyme sicherzustellen.

Der exakte Bedarf landwirtschaftlicher Nutztiere an essenziellen Fettsäuren ist nicht bekannt. Im Allgemeinen kann man davon ausgehen, dass der Bedarf der Tiere an essenziellen Fettsäuren durch die in den Futterrationen üblicherweise enthaltenen Rohfettmengen gedeckt wird. Für wachsende Schweine wird der Bedarf an Linolsäure mit etwa 2 % und für Broiler mit 1–2 % der umsetzbaren Energie angegeben. Der Minimalbedarf an Linolsäure vieler Spezies scheint bei etwa 1 % der umsetzbaren Energie zu liegen. Der Bedarf für die α-Linolensäure dürfte etwa um den Faktor 5–10 niedriger sein. Beide Fettsäuren sind in den meisten Pflanzen reichlich enthalten (Übersicht 3.3-3), sodass in aller Regel kein spezieller Zusatz zum Tierfutter erfolgen muss. Eine fehlende Zufuhr von essenziellen Fettsäuren mit der Nahrung führt im Tierexperiment zu Wachstumsverzögerung, Schäden des Hautepithels und der Nieren sowie Fertilitätsstörungen.

3.3.6 Fettverderb

Fette sind keineswegs stabile Verbindungen. Sie besitzen zwei Schwachstellen in ihrem Molekül, die besonders leicht angegriffen werden können: die Esterbindungen und die Doppelbindungen. Man unterscheidet deshalb zwei Wege des Fettverderbs, die hydrolytische Spaltung und die Oxidation der ungesättigten Fettsäuren. Letztere wird eingeteilt in die Autoxidation und die Lipoxygenase-katalysierte Peroxidation, bei der Lipoxygenaseenzyme von Pflanzen (z. B. Sojabohnen, Erbsen, Weizen) Sauerstoff auf die Doppelbindungen von Linol- und α-Linolensäure übertragen können.

Hydrolytische Spaltung

Bei der Hydrolyse kommt es ähnlich wie im Darmtrakt zu einer Spaltung der Bindung zwischen Glycerin und Fettsäuren unter Anlagerung von Wasser. Dies kann beispielsweise bei extremer Erhitzung erfolgen, aber auch durch pflanzliche oder mikrobielle Lipasen. Auf diesem Wege entstehen Produkte, die zwar physiologisch unbedenklich, meist jedoch sensorisch beeinträchtigt sind, da unter anderem niederkettige Fettsäuren (z. B. Caprinsäure C10:0) entstehen, die einen unangenehmen Geruch und Geschmack aufweisen. Bereits 10 µg Caprinsäure pro Gramm Fett reichen aus, um Fette sensorisch stark zu beeinträchtigen. Zur Aromabildung bei der Reifung von Käse ist jedoch eine solche hydrolytische Spaltung erwünscht.

Autoxidation

Bei der Autoxidation greift der Luftsauerstoff die ungesättigten Fettsäuren an ihrer Doppelbindung an. Je mehr Doppelbindungen eine Fettsäure aufweist, umso schneller wird der Oxidationsprozess vorangetrieben. Charakteristisch ist hierbei der zunächst langsam in Gang kommende Oxidationsprozess und die im weiteren Verlauf exponentielle Zunahme der Reaktionsgeschwindigkeit. Man unterscheidet vier Hauptschritte der Autoxidation:

1. Startreaktion/Induktion
   RH → R• + H• (• bezeichnet das ungepaarte Elektron und ist Symbol für ein Radikal)
   Dieser Schritt kann durch Licht, Wärme, Schwermetalle (Eisen, Kupfer) induziert werden.

2. Kettenwachstum
   R• + O_2 → ROO• (Peroxidradikal)
   ROO• + RH → R• + ROOH (Hydroperoxid)
   Die während der Startreaktion gebildeten Radikale reagieren mit Sauerstoff. Dieser kann bei der Lipooxygenase-katalysierten Oxidation auch durch pflanzliche Enzyme auf die Fettsäuren übertragen werden.

3. Kettenverzweigung
   ROOH → RO• + •OH (Hydroxylradikal)
   •OH + RH → R• + H_2O
   Die gebildeten Hydroperoxide (ROOH) sind instabil und zerfallen wieder.

4. Kettenabbruch
   R• + R• → R-R (stabiles Produkt)
   RO• + R• → R-O-R (stabiles Produkt)
   Die Radikale reagieren untereinander zu stabilen Produkten (Ketone, Alkohole, Epoxide und Aldehyde). Diese bedingen den ranzigen Geschmack und Geruch des verdorbenen Fettes.

Zum Nachweis dieser Veränderungen dienen die Peroxidzahl, die Aldehydzahl und die Säurezahl. Vor allem zu Beginn des Autoxidationsprozesses steigt die Peroxidzahl deutlich an. Die Bildung von Folgeprodukten bei fortschreitendem Verderb der Fette wird durch die Aldehydzahl und Säurezahl erfasst (Abb. 3.3-5). Ranzige Fette können durch ihren schlechten Geschmack und Geruch die Futteraufnahme beeinträchtigen. Durch den Oxidationsprozess werden auch die fettlöslichen Vitamine A und E zerstört. Dies ist vor allem bei län-

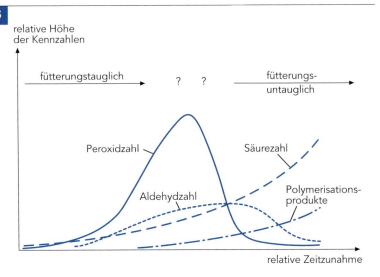

Abbildung 3.3-5
Veränderung der Fettkennzahlen während des Fettverderbs

gerer Lagerung von Getreide oder Kraftfuttergemischen zu beachten. Durch Vernetzung freier Fettsäuren werden auch Polymerisationsprodukte gebildet. Das Öl wird in Folge pastös und schwer verdaulich. Zudem können hohe Mengen an Fettoxidationsprodukten die Gesundheit des Tieres beeinträchtigen. Bei Küken zum Beispiel lassen sich dadurch Wachstumsdepressionen und Ödembildung auslösen. Ursache ist der ausgeprägte oxidative Stress im Organismus des Tieres sowie die starke Aktivierung des Fremdstoffmetabolismus in der Leber. Der beschriebene Prozess des oxidativen Fettverderbs kann auch im Organismus des Tieres auftreten. Dies tritt vor allem dann auf, wenn große Mengen ungesättigter Fettsäuren, bei gleichzeitig niedrigem Antioxidantienstatus des Tieres eingesetzt werden. Mit steigender Menge an ungesättigten Fettsäuren im Körper erhöht sich somit auch der Bedarf an Vitamin E. Dies gilt insbesondere dann, wenn es sich um hochungesättigte Fettsäuren aus pflanzlichen Ölen oder Seetierölen handelt.

Antioxidantien sind Substanzen, die den Verderb von Fetten verhindern oder verzögern. Ihre Wirkung beruht auf der Fähigkeit, die Autoxidation zu hemmen und Radikale abzufangen. Vitamin E ist das wichtigste natürliche Antioxidans. Es ist in vielen pflanzlichen Ölen enthalten. Vitamin E kann den Futterfetten auch zugesetzt werden, um ihre Oxidationsempfindlichkeit zu mindern und die Lagerstabilität zu erhöhen.

3.3.7 Technologische Modifikation von Fetten

Auch auf technischem Wege können Öle oder Fette verändert werden, um ihnen bestimmte erwünschte Eigenschaften zu verleihen. Dazu gehören die Raffination, die Fetthärtung, das Winterisieren und die Umesterung.

Bei der **Raffination** wird das native Öl mehreren technologischen Schritten unterzogen, um das Öl von unerwünschten Begleitstoffen zu befreien:

3.3 Fette und ihr Stoffwechsel

Bei der **Fetthärtung** werden die Doppelbindungen der Fettsäuren durch Wasserdampf zum Teil oder gänzlich abgesättigt. Dieser Hydrierungsprozess findet in Anwesenheit eines Katalysators (z. B. Nickel, Nickelsulfate) typischerweise bei hohen Temperaturen (150–200 °C) und Drücken statt. Dabei wird der eingeblasene Wasserstoff an die Doppelbindung der Fettsäure angelagert. Auf diese Weise kann der Schmelzpunkt des Fettes erhöht werden. Zum Beispiel wird Baumwollsaatöl einer Fetthärtung unterzogen, um es als Futterfett in der Tierernährung einzusetzen. Bei partieller Hydrierung entstehen auch trans-Fettsäuren.

Das **Winterisieren** ist eine Methode, Öle kältebeständiger zu machen. Dies geschieht durch Abtrennung von Triglyceriden und Wachsen, die einen hohen Schmelzpunkt aufweisen oder durch Zugabe von Mono- und Diglyceriden.

Ziel des Verfahrens der **Umesterung** ist die Herstellung sogenannter „maßgeschneiderter" Fette. Dies geschieht durch Austausch von Fettsäureresten innerhalb des Triglyceridmoleküls oder zwischen verschiedenen Triglyceriden in Anwesenheit eines Katalysators (z. B. Natriummethylat).

3.4
Proteine und ihr Stoffwechsel

3.4.1 Chemische Struktur und Funktion von Proteinen

Proteine sind Makromoleküle, deren Grundbausteine Aminosäuren sind. Diese setzen sich aus Kohlenstoff, Wasserstoff, Sauerstoff und Stickstoff zusammen und können auch Elemente wie Schwefel oder Selen enthalten. Die prozentualen Anteile der häufigsten Elemente in den Proteinen sind:

Kohlenstoff	51–55	Wasserstoff	6,5–7,3
Sauerstoff	21,5–23,5	Schwefel	0,5–2,0
Stickstoff	15,5–18,0	Phosphor	0–1,5

Die Bildung der Proteine findet hauptsächlich an den Ribosomen statt. Alle ribosomal entstandenen Eiweiße bestehen aus so genannten proteinogenen Aminosäuren, die durch drei Nukleinsäurebasen im genetischen Code determiniert sind. Durch Peptidbindungen (= Säureamidbindungen) werden die Aminosäuren zu langen Ketten verbunden. Kleinere Proteine bzw. Peptide können auch enzymatisch, ohne Beteiligung des Ribosoms gebildet werden (z.B. das Tripeptid Glutathion). Die verknüpften Aminosäuren werden in Abhängigkeit ihrer Länge als Oligopeptide (2 bis ca. 10 Aminosäuren) oder Polypeptide (= Proteine > 10 Aminosäuren) bezeichnet. Die meisten Proteine im tierischen Organismus bestehen aus 100 bis 300 Aminosäuren.

Keine andere Molekülgruppe zeigt eine ähnlich große Vielfältigkeit in Struktur und Funktion wie die Proteine. Der Begriff Protein leitet sich vom Griechischen „proteios" ab und heißt übersetzt „von herausragender Bedeutung". Übersicht 3.4-1 macht die komplexen Funktionen der Proteine im Organismus deutlich.

> Proteine gehören strukturell und funktionell zur vielfältigsten Stoffgruppe in der Natur.

Milchproteine dienen der Versorgung von Nachkommen mit Aminosäuren. Da Milch zunächst die einzige Nahrungsquelle für das Jungtier darstellt, muss das Milchprotein eine für das Wachstum des Tieres optimale Zusammensetzung der Aminosäuren aufweisen. Der Proteingehalt der Milch differiert sehr stark unter den Säugern. Besonders bei Tieren mit hoher Nachkommenzahl pro Geburt ist die Milch sehr proteinreich; auffallend tief ist er in der Humanmilch. Zudem besteht eine enge positive Beziehung zwischen dem Proteingehalt der Milch und der Wachstumsgeschwindigkeit der Nachkommen.

Übersicht 3.4-1
Funktionen der Proteine im tierischen Organismus

Proteinklasse	Beispiele	Funktion
Strukturproteine	Zytoskelett (Mikrotubuli, Aktinfilamente)	Zellstruktur, intrazellulärer Transport
	Kollagen	Bindegewebsbestandteil Sehnen-, Knorpel-, Knochenfestigkeit,
	Keratin	Haare/Wolle, Federn, Klauen, Hufe
Speicherproteine	Ferritin	Eisenspeicher
	Ovalbumin, Casein	Eiweißspeicher für Nachkommen
Motorproteine	Aktin, Myosin, Tropomyosin	Bewegung, Muskelkontraktion
Enzyme	Oxidoreduktasen, Ligasen, Lyasen, Transferasen, Hydrolasen, Isomerasen	Katalyse chemischer Reaktionen
Transportproteine	Hämoglobin	Transport von Sauerstoff im Blut
	Transferrin	Transport von Eisen im Blut
	Albumin	Nährstoff- und Hormontransport im Blut
	Apolipoproteine	Transport von Fetten im Blut
Signalproteine	Proteohormone (z.B. Insulin)	Stoffwechselregulation
	Transkriptionsfaktoren (z.B. PPAR)	
	Wachstumsfaktoren (z.B. IGF)	Zellwachstumsregulation
Abwehrproteine	Immungobuline (Antikörper)	Immunabwehr
Rezeptorproteine	Insulinrezeptor, IGF-Rezeptor	Vermittlung von exogenen Signalen in das Zellinnere
Ionenkanäle	Calcium-, Natrium-, Kaliumkanäle	Regulation des Ionengleichgewichts in der Zelle; Erregbarkeit von Nerven- und Muskelzellen
Proteine mit Sonderaufgaben	Gerinnungsfaktoren	Blutgerinnung
	Histone	„DNA-Verpackung", Genregulation
	„Anti-freeze"-Proteine	Frostschutz arktischer/antarktischer Tiere
	Leimproteine	Haftung von Muscheln an Felsen
	„Green-fluorescent"-Protein	Leuchtsignale von Tiefseefischen

Kuhmilch	33 g/l	Sauenmilch	40–60 g/l
Stutenmilch	22 g/l	Hundemilch	75 g/l
Schafsmilch	52 g/l	Katzenmilch	42–70 g/l
Ziegenmilch	36 g/l	Reife Humanmilch	11–12 g/l

Die Funktion der Proteine ist an ihre räumliche Struktur geknüpft. Als **Primärstruktur** wird die Reihenfolge und Zusammensetzung der Aminosäuren innerhalb eines bestimmten Proteins bezeichnet. Sie ist im genetischen Code festgelegt und kann durch Ernährung nicht verändert werden. Die Aminosäuren eines Proteins liegen allerdings nicht als gestreckte Kette vor, sondern bilden aufgrund von Wasserstoffbrückenbindungen gefaltete Strukturen wie spiralig gewundenen α-Helices oder parallel angeordnete β-Faltblätter **(Sekundärstruktur)**. Durch weitere chemische Bindungen wie Disulfidbrücken oder Wasserstoffbrücken entstehen in der Folge kugelförmige (globuläre) oder fadenförmige (fibrilläre) Proteine **(Tertiärstruktur)**. Da die Funktion eines Proteins von dessen korrekter Faltung abhängt, gibt es in der Zelle Faltungshilfsproteine, die man als Chaparone bezeichnet. Die bekanntesten Chaparone sind die Hitzeschockproteine. Häufig sind Proteine auch mit anderen Nichtprotein-Verbindungen vergesellschaftet wie mit Zuckern (Glycoprotein) oder Metallionen (Metalloproteine).

Chemische Einflüsse (Säuren, Salze), hohe Temperaturen, organische Lösungsmittel oder Detergentien verändern die Sekundär- und Tertiärstruktur eines Proteins, ohne dessen Aminosäurenzusammensetzung zu beeinflussen. Dieser Vorgang wird als **Denaturierung** bezeichnet. Im Normalfall verliert das Protein dabei seine Funktion im Organismus. Bei Futtereiweißen wirkt sich eine Denaturierung hingegen eher günstig aus. In denaturierter Form sind Nahrungsproteine meist besser verdaulich als in nativer Form; zudem verlieren störende Enzymhemmstoffe im Futtermittel ihre Wirkung.

Stickstoffhaltige Verbindungen ohne Eiweißstruktur

Stickstoffhaltige Verbindungen ohne Peptidbindung, d.h. ohne strukturelle Eigenschaften eines Proteins werden unter dem Begriff **NPN (= Nicht-Protein-Stickstoff)** zusammengefasst. Zu diesen Verbindungen zählen alle freien Aminosäuren, Amide mit zwei Aminogruppen wie der Harnstoff sowie Ammoniumsalze, Betain, Cholin, Nitrate, Purin- und Pyrimidinbasen von Nukleinsäuren und Alkaloide. Alkaloide sind vorwiegend pflanzliche, oftmals bitterschmeckende Stoffe, die ein oder mehrere meist heterozyklisch eingebaute Stickstoffatome besitzen (z.B. Mutterkornalkaloide, Atropin, Capsaicin, Coffein, Nikotin). Betain (Trimethylammoniumacetat, $C_5H_{11}NO_2$) ist vor allem reichlich in Zuckerrübenmelasse enthalten. Da Aminosäuren selbst zwar keine Peptidbindung besitzen, aber Grundbausteine der Proteine sind, sollten sie nicht zu den klassischen NPN-Verbindungen gezählt werden. NPN-Verbindungen im engeren Sinne können meist nur mikrobiell verwertet werden, weswegen sie für Wiederkäuer einen gewissen ernährungsphysiologischen Wert haben können.

NPN-Verbindungen sind reichlich in Grünfutterpflanzen (ca. 15% des Gesamtstickstoffs), in vegetativen Pflanzenspeicherorganen wie Wurzeln, Knollen, Zwiebeln (bis zu 50% des Gesamtstickstoffs) sowie in Körnern und Samen enthalten. Deren absolute Mengen gehen jedoch mit zunehmender Reife deutlich zurück. Übersicht 3.4-2 zeigt die prozentualen Anteile von stickstoffhaltigen Verbindungen am Gesamtstickstoff in pflanzlichen Futterstoffen (FERGUSON und TERRY 1954; CHRISTIANSON et al. 1965).

Zu den NPN-Verbindungen zählen auch die Basen der Nukleinsäuren. Diese sind besonders reichlich enthalten in Algen (6–13% des Gesamt-N), Hefen (13–20% des Gesamt-N) und Bakterien (15–25% des Gesamt-N). In gewissem Umfang können die mit dem Futter zugeführten Nukleinsäurebasen auch zur endogenen Nukleinsäuresynthese sowie als Stickstoffquelle für die Bildung nicht-essenzieller Aminosäuren verwendet werden.

Übersicht 3.4-2

Anteile der NPN-Verbindungen in Futterstoffen

	Weidelgras	Luzerne	Maiskörner
Gesamt-N, in mg/100g Trockenmasse	2.998	2.842	1.390
Gesamt-N, in %	100	100	100
NPN, in %			
Ammoniak	1,0	0,6	0,07
Amide	2,9	2,6	–
Cholin	0,5	0,1	0,12
Betain	0,6	1,1	0,01
Nukleinsäure-Basen	2,2	1,3	0,05
Nitrate	2,4	1,3	–
sonstige NPN-Verbindungen	6,4	3,5	0,59

Der überwiegende Teil der absorbierten Nukleinsäuren wird jedoch abgebaut. Dabei gelangt der aus den Pyrimidinbasen Thymin, Cytosin und Uracil als NH_3 freigesetzte Stickstoff in den Harnstoffzyklus. Bei den Purinbasen (Adenin, Guanin) ist eine vollständige Spaltung des stickstoffhaltigen Purinringes jedoch nicht möglich. Während bei Primaten, Landreptilien, Vögeln und vielen Insekten der Abbau auf der Stufe der Harnsäure endet, entsteht bei den meisten Säugern Allantoin als Endprodukt.

3.4.2 Chemische Struktur und Funktion von Aminosäuren

Aminosäuren sind Bausteine der Proteine. Sie besitzen mindestens eine Carboxylgruppe (-COOH) und eine Aminogruppe ($-NH_2$). Die Aminosäuren unterscheiden sich somit nur hinsichtlich ihrer Seitenkette. Bis auf die einfachste Aminosäure, das Glycin, ist für alle anderen proteinogenen Aminosäuren das α-Kohlenstoffatom (Kohlenstoffatom, das die Säure- und Aminogruppe trägt) asymmetrisch (chiral), da es vier verschiedene Liganden trägt. Somit existieren von jeder Aminosäure 2 Spiegelbildformen, so genannte Enantiomere (L- und D-Form). Nur Aminosäuren in L-Form sind proteinogen und somit als Proteinbaustein geeignet. Bislang sind 21 proteinogene Aminosäuren bekannt, für die eigene Basentripletts und transfer-RNAs (tRNAs) existieren. Allerdings ist streng genommen Prolin gar keine Amino-, sondern eine Iminosäure, da die Seitenkette des Prolins zusammen mit dem α-C-Atom und der NH_2-Gruppe einen Fünfring bildet; damit fehlt dem Prolin die für Aminosäuren charakteristische primäre Aminogruppe. Der Einfachheit halber wird Prolin jedoch zu den Aminosäuren gezählt.

$$\begin{array}{cc}
COO^- & COO^- \\
| & | \\
H_3N^+ - C_\alpha - H & H - C_\alpha - N^+H_3 \\
| & | \\
R & R \\
\text{L-Stereoisomer einer Aminosäure} & \text{D-Stereoisomer einer Aminosäure}
\end{array}$$

3 Die Nährstoffe und ihr Stoffwechsel

> **Übersicht 3.4-3**
>
> Zusammensetzung der Aminosäuren von Proteinen, in Gewichts %
> (fett hervorgehoben sind häufige erstlimitierende Aminosäuren in Futtermitteln)

	Casein	Ei-albumin	Muskelfleisch (Rind)	Sojaprotein	Weizenprotein	Maisprotein
L-Alanin	3,0	6,7	5,0	4,4	3,6	7,6
L-Arginin	1,1	5,7	7,2	7,4	4,6	4,3
L-Asparaginsäure	7,1	9,3	6,1	11,9	5,4	6,9
L-Cystein	0,3	1,3	1,1	1,0	2,2	1,7
L-Glutaminsäure	22,4	16,5	15,6	18,0	30,6	19,4
Glycin	2,7	3,0	5,1	4,4	4,1	3,6
L-Histidin	3,1	2,4	2,9	2,8	2,3	2,8
L-Isoleucin	6,1	7,0	6,3	4,6	3,2	3,5
L-Leucin	9,2	9,2	7,7	7,8	6,6	13,0
L-Lysin	8,2	6,3	8,2	6,3	2,7	2,7
L-Methionin	2,8	5,2	2,2	1,4	1,6	2,0
L-Phenylalanin	5,0	7,7	5,0	5,3	4,8	5,1
L-Prolin	11,3	3,6	6,0	5,2	9,9	8,5
L-Serin	6,3	8,1	5,5	5,2	4,7	4,8
L-Threonin	4,9	4,0	5,0	4,0	2,9	3,6
L-Tryptophan	1,2	1,2	1,1	1,3	1,2	0,6
L-Tyrosin	6,3	3,7	4,4	3,9	3,1	5,1
L-Valin	7,2	7,0	5,0	5,1	4,1	4,8

Aminosäuren sind in erster Linie Bestandteile von Proteinen. Tierische wie auch pflanzliche Eiweiße weisen jeweils charakteristische Zusammensetzungen der Aminosäuren auf (Übersicht 3.4-3). Sie haben daher für das Tier einen ganz unterschiedlichen ernährungsphysiologischen Wert.

Neben ihrer Funktion als Proteinbaustein sind viele Aminosäuren auch Vorstufe oder Bestandteil zahlreicher biologisch aktiver Substanzen (Übersicht 3.4-4). Durch enzymatische Abspaltung der Säuregruppe können aus Aminosäuren beispielsweise biogene Amine mit Neurotransmitterfunktion entstehen. Im Hunger dienen viele Aminosäuren auch der Synthese von Glucose. Üblicherweise werden Aminosäuren bei isoenergetischer Versorgung der Tiere weder als Glucose- noch als ATP-Quelle genutzt. Die verzweigtkettigen Aminosäuren Valin, Leucin und Isoleucin bilden diesbezüglich eine gewisse Ausnahme, da sie in der arbeitenden Muskulatur auch in größerem Umfang zur Energieversorgung beitragen können.

3.4.3 Verdauung und Absorption

Hinsichtlich der Verdauung von Proteinen bestehen zwischen monogastrischen Tieren und Wiederkäuern erhebliche Unterschiede. Während Monogastriden auf die kontinuierliche Zufuhr von essenziellen Aminosäuren mit dem Futterprotein angewiesen sind, erfolgt beim Wiederkäuer die Bildung von Aminosäuren vornehmlich durch die Pansenbakterien;

Übersicht 3.4-4

Aminosäuren als Vorstufen und Baustein von biologisch aktiven Substanzen

Aminosäure	Funktion
Glycin	Baustein von Purinbasen, Porphyrinen (z. B. Häm) und Kreatin
Glutaminsäure	erregender Neurotransmitter
Asparaginsäure	Baustein von Purin- und Pyrimidinbasen
Cystein	Vorstufe von Taurin (Gallensäurebestandteil, Antioxidans) Vorstufe von aktiviertem Sulfat zum Abbau von Fremdstoffen in der Leber
Arginin	Vorstufe von Stickstoffmonoxid (Immunabwehr, Blutgefäßerweiterung)
Serin	Bestandteil des Phospholipids Phosphatidylserin (Membranbaustein)
Tryptophan	Vorstufe von Serotonin (Neurotransmitter), Melatonin (Zeitgeberhormon) und Nicotinsäure (Vitamin, Coenzym)
Phenylalanin	Vorstufe der Aminosäure Tyrosin Vorstufe von Dopamin, Noradrenalin, Adrenalin, Schilddrüsenhormonen
Methionin	Übertragung von Methylgruppen (CH_3-) zur Synthese von Cholin aus Ethanolamin oder Adrenalin aus Noradrenalin
Lysin	Baustein von Carnitin (Transport von Fettsäuren in die Mitochondrien)
Leucin	Aktivierung der Proteinsynthese

die Zusammensetzung des Futterproteins spielt diesbezüglich eine eher untergeordnete Rolle.

3.4.3.1 Nichtwiederkäuer

Die mit dem Futter aufgenommenen Proteine werden durch das Zusammenwirken verschiedener hydrolytisch spaltender Proteasen bzw. Peptidasen des Magens, der Bauchspeicheldrüse und des Dünndarms bis zur Stufe von kurzkettigen Peptiden und Aminosäuren zerlegt. Während Endopeptidasen an bestimmten Stellen innerhalb der Peptidkette spalten, greifen Exopeptidasen die Proteine vom Ende her an. Alle proteinspaltenden Enzyme werden zunächst als inaktive Vorstufen (Proenzyme) gebildet. Die Verdauung der Proteine beginnt im Magen. Dort wird unter sauren Bedingungen (pH 1–2) die Endopeptidase Pepsinogen autokatalytisch zu Pepsin aktiviert und das Futtereiweiß vornehmlich an Stellen mit aromatischen Aminosäuren wie Tryptophan, Tyrosin und Phenylalanin gespalten. Die gleichzeitige Denaturierung der Nahrungsproteine durch die Salzsäure des Magens erleichtert den Angriff durch die Enzyme. Im Magen des Kalbes ist außerdem das Labferment Rennin (Chymosin) wirksam, welches das Milcheiweiß fällt und Casein in Paracasein überführt. Nahrungsproteine werden üblicherweise im Magen aber nicht vollständig verdaut.

Im Dünndarm erfolgt ein weiterer Abbau zu Tri- und Dipeptiden sowie zu Aminosäuren. Dies geschieht durch die Proteasen der Bauchspeicheldrüse (Trypsin und Chymotryp-

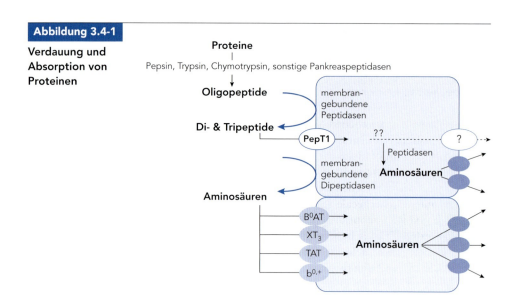

Abbildung 3.4-1
Verdauung und Absorption von Proteinen

sin) und der am Bürstensaum der Dünndarmzellen lokalisierten Peptidasen (Abb. 3.4-1). Auch sie werden als Enzymvorstufe gebildet und erst bei Einsetzen der enzymatisch katalysierten Proteinverdauung aktiviert. Trypsin spaltet innerhalb des Proteins vornehmlich Lysyl- und Arginyl-Bindungen, Chymotrypsin vor allem Stellen mit Tyrosin, Tryptophan, Phenylalanin oder Methionin.

Die Endprodukte der Proteinverdauung werden mithilfe spezifischer Transporter absorbiert (Abb. 3.4-1). Di- und Tripeptide werden über ein tertiär-aktives Transportsystem (PepT1) aus dem Darmlumen in die Dünndarmzelle aufgenommen. Hierzu wird ein zelleinwärts gerichteter Protonengradient genutzt (H^+/Na^+-Antiport), der auch einen „bergauf"-Transport ermöglicht. Absorbierte Di- und Tripeptide können in der Darmzelle weiter zu Aminosäuren gespalten werden. Bislang ist nicht geklärt, ob und in welchem Umfang absorbierte Di- und Tripeptide die Zelle als intakte Peptide verlassen. Für die Absorption von einzelnen Aminosäuren existieren sowohl lumenwärts als auch basolateral eine Vielzahl von Transportsystemen, von denen hier nur einige erwähnt werden sollen.

B^0AT1 → neutrale Aminosäuren
B^0AT2 → neutrale Aminosäuren
$b^{0,+}$ → basische Aminosäuren (Arginin, Lysin, Histidin), neutrale Aminosäuren
TAT1 → aromatische Aminosäuren (Tryptophan, Tyrosin, Phenylalanin)
X^-_{AG} → saure Aminosäuren (Aspartat, Glutamat)
Y^+ → basische Aminosäuren
L → verzweigtkettige Aminosäuren (Valin, Leucin, Isoleucin)

Einflüsse auf die Verdaulichkeit von Protein

Die Verdaulichkeit von Nahrungseiweißen hängt sowohl von tier- als auch von futterspezifischen Faktoren ab. Zu den tierspezifischen Faktoren gehören das Alter der Tiere, die aufgenommene Proteinmenge sowie Darmerkrankungen. Futterspezifische Einflussfaktoren sind Art und Vorbehandlung des Futterproteins, Rohfasergehalt des Futters sowie antinutritive Pflanzenstoffe.

Tierspezifische Faktoren

In den ersten Lebenswochen steigt mit zunehmendem Alter der Tiere die Verdaulichkeit der Rohnährstoffe und damit auch die des Rohproteins. Zum Zeitpunkt der Geburt sind weder Anatomie und Physiologie des Verdauungstraktes voll entwickelt, noch weisen die Verdauungsenzyme maximale Aktivitäten auf. Ein Höchstmaß der Verdauungskapazität wird erst nach vielen Wochen post partum erreicht. Zu den tierspezifischen Faktoren, die eine verminderte praecaecale Proteinverdaulichkeit zur Folge haben, gehören vor allem Durchfälle und Parasitenbefall. Die Fütterungsintensität bzw. Proteinmenge scheinen mit Ausnahme extremer Proteinüberschüsse und Imbalancen zwischen Aminosäuren keinen Einfluss auf die Verdaulichkeit des Rohproteins bzw. der Aminosäuren im Dünndarm zu haben. Anders verhält sich dies für die scheinbare Verdaulichkeit; diese steigt aufgrund des relativ geringen Anteils an endogenen N-Verlusten (Zellabschilferungen, Schleim, bakterielles Protein) mit zunehmenden Gehalten an Aminosäuren in der Ration bis zum Erreichen eines Plateauwertes stetig an. Mit steigendem Rohproteingehalt der Ration wird somit auch das Verhältnis zwischen verdautem Protein und endogenen N-Verlusten im Kot größer, sodass die errechnete scheinbare Verdaulichkeit zunimmt, obwohl die wahre Verdaulichkeit gleich bleibt (Abb. 3.4-2, nach EGGUM et al. 1986).

Bei Zunahme der Bakterientätigkeit im Dickdarm wird verstärkt Stickstoff in das Mikrobenprotein eingebaut, die N-Verluste erhöhen sich und die scheinbare Verdaulichkeit des Proteins sinkt ab. Dies ist besonders ausgeprägt bei Fütterung von Sauen mit Cellulose-, Pektin- bzw. Zuckeralkohol-reichen Rationen. (Übersicht 3.4-5, nach KIRCHGESSNER und MÜLLER 1991). Durch die hohen Mengen an fermentierbaren Substanzen mit der Aufnahme der nicht-verdaulichen Kohlenhydrate Cellulose und Pektin und der schlecht absorbierbaren Zuckeralkohole Mannit und Sorbit nimmt das Bakterienwachstum im

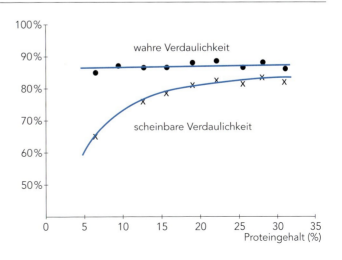

Abbildung 3.4-2

Einfluss der Zufuhr an Rohprotein auf die scheinbare und wahre Verdaulichkeit

Übersicht 3.4-5

Einfluss von Grundrationen mit fermentierbaren Futterstoffen auf die scheinbare Verdaulichkeit von Rohprotein bei Sauen

	Grundration –	Grundration + Cellulose	Grundration –	Grundration + Pektin	Grundration –	Grundration + Mannit/Sorbit
N-Aufnahme, g	45,5	45,6	47,9	49,1	43,4	43,4
Kot-N, g	6,5	12,3	6,1	9,1	8,6	12,9
Harn-N, g	36,1	26,2	37,5	30,4	32,7	25,3
N-Verdaulichkeit, %	86	73	87	81	80	70

Dickdarm stark zu und in Folge die scheinbare N-Verdaulichkeit ab. Da sich die Höhe der scheinbaren Verdaulichkeit durch zahlreiche Einflussfaktoren ändert und damit eine überaus störanfällige Größe darstellt, ist man dazu übergegangen, die Verdaulichkeit von Proteinen als praecaecale Verdaulichkeit auszudrücken (siehe 2.2.1).

Futterspezifische Faktoren

Die Proteinverdaulichkeit wird sehr stark von der nativen Struktur des Futterproteins beeinflusst. So sind vor allem Proteine mit zahlreichen Disulfidbrücken-Bindungen und damit komplexer Tertiärstruktur proteolytisch schwer abbaubar. Hierzu gehört beispielsweise das Keratin in Haaren und Horn, aber auch bestimmte Leguminosenproteine. Ähnlich schwer spaltbar sind prolinreiche Eiweiße wie das Gluten aus dem Weizen sowie glutenähnliche Proteine in Hafer und Roggen.

Einfluss der Vorbehandlung von Futtermitteln

Auch die Vorbehandlung von Futtermitteln kann die intestinale Verfügbarkeit von Aminosäuren für das Nutztier verändern. Besonders starken Einfluss nehmen thermische (trockenes Erhitzen, Dämpfen) und mechanische Behandlungen (Quetschen, Schroten). Während schonende Erhitzungsverfahren die Denaturierung der Proteine fördern und das Protein enzymatisch leichter spaltbar machen, können starke Erhitzungsprozesse die Verdaulichkeit des Proteins beeinträchtigen. Die Verdaulichkeit des Proteins verschlechtert sich vor allem dann, wenn das erhitzte Futtermittel neben Eiweiß, auch Kohlenhydrate mit reduzierenden Gruppen enthält. Die Ursache liegt in der nicht-enzymatischen Reaktion von freien Aminogruppen der Aminosäuren mit reduzierenden Zuckern (z. B. Fructose), die zur Bildung nicht-spaltbarer Produkte führt. Man bezeichnet diesen chemischen Prozess auch als Maillard-Reaktion; die hierbei gebildeten Moleküle heißen Maillard-Produkte. Besonders häufig reagieren die Aminosäuren Lysin und Arginin mit Zuckern, da sie eine zweite Aminogruppe besitzen, die nicht an der Peptidbindung beteiligt ist. Obwohl Maillard-Reaktionen bevorzugt bei hohen Temperaturen ablaufen, treten sie auch bei Raumtemperatur und entsprechend langer Lagerung von proteinhaltigen Futtermitteln auf. Zwischenprodukte der Maillard-Reaktion können darüber hinaus Folgereaktionen eingehen. Dazu gehört der Streckerabbau, bei dem eine Aminogruppe einer Aminosäure auf eine in der Maillard-Reaktion gebildete Dicarbonylverbindung übertragen wird. Als Folgeprodukte entstehen Aminocarbonylverbindungen, Aldehyde und Kohlendioxid. Der Streckerabbau hat eine verschlechterte intestinale Verfügbarkeit einzelner Aminosäuren zur Folge. So entsteht beispielsweise aus der Aminosäure Methionin Methional und aus Cystein Thiophenderivate. Vor allem starke thermische Belastungen von Futtermitteln mit hohen Gehalten an Aminosäuren begünstigen den Streckerabbau. Bei Trocknung proteinhaltiger Futtermittel wie Magermilch, Molke oder Sojaschrot ist deshalb besonders auf Temperatur und Dauer der Erhitzung zu achten.

Mechanische Verfahren wie das Schroten und Quetschen verbessern in aller Regel die praecaecale Verdaulichkeit von Aminosäuren. In der praktischen Fütterung muss daher auch der Vermahlungsgrad von Futtergetreide mitberücksichtigt werden.

Einfluss begleitender Futterstoffe

Durch steigende Rohfasergehalte in der Ration nimmt die Verdaulichkeit von Rohprotein kontinuierlich ab. Dies ist vermutlich bedingt durch die verschlechterte enzymatische Spaltung des Futterproteins sowie die beschleunigte Darmpassage. Daneben wird auch ein Teil des Futterstickstoffs von den vermehrt gebildeten Darmbakterien fixiert.

Einfluss antinutritiver Pflanzenstoffe

Die Verdauung der Proteine kann darüber hinaus auch durch antinutritive Pflanzenstoffe beeinträchtigt sein. Neben den Hauptnährstoffen beinhalten Pflanzen auch sogenannte Sekundärmetabolite. Diese sind Teil der chemischen Abwehr des Pflanzenorganismus gegen Aggressoren aus der Umwelt. Ihre Schutzwirkung kann aus Abstoßung (bitterer Geschmack), direktem Vergiften (Toxine) oder ernährungs- und wachstumshemmenden Effekten bestehen. Zu diesen sekundären Pflanzenstoffen gehören Proteaseinhibitoren wie beispielsweise die Trypsininhibitoren. Sie reagieren mit Trypsin und hemmen die proteolytische Aktivität dieses Verdauungsenzyms. Durch die inhibierte Trypsinaktivität fallen zudem zahlreiche weitere Enzyme aus, da Trypsin üblicherweise eine Vielzahl von anderen Verdauungsenzymen aktiviert. Relevante Mengen an Trypsininhibitoren enthalten Leguminosen wie die Sojabohne. Die ungünstige Wirkung dieser Inhibitoren kann jedoch weitgehend beseitigt werden, wenn das proteinhaltige Futtermittel mit Dampf erhitzt wird. Aufgrund der deutlichen Vorteile für die Verdaulichkeit des Proteins wird deshalb Sojaschrot in der Tierfütterung nahezu immer einer Dampferhitzung unterzogen. In einer Untersuchung von NEHRING und Mitarbeitern (1962) wird der Vorteil des Dampferhitzens auf die Verdaulichkeit und Absorbierbarkeit des Proteins besonders deutlich (Übersicht 3.4-6). Die Aufwertung der biologischen Proteinwertigkeit kommt durch eine höhere Verfügbarkeit einiger essenzieller Aminosäuren nach dem Dampferhitzen zustande.

Auch Tannine zählen zu den antinutritiven Pflanzeninhaltsstoffen. Sie gehören zur Gruppe der Polyphenole und bilden Komplexe mit Proteinen. Auf diesem Wege hemmen sie die Aktivität von Verdauungsenzymen, führen aber auch zur Bildung von unverdaulichen Komplexen mit Nahrungsproteinen. Tannine sind in größerer Menge vor allem in Hülsenfrüchten (z.B. Ackerbohne, Erbse), Hirse, Gerste, Traubenmaische, aber auch in Holz, Rinde und Früchten von Eichen und Kastanien enthalten. Tiere, die sich üblicherweise von tanninreicher Nahrung ernähren wie Reh, Elch, Gämsen, Ziegen und Damwild

Übersicht 3.4-6
Einfluss des Dampferhitzens von Sojaschrot auf die intestinale Verfügbarkeit des Sojaproteins

	Sojaprotein (Versuche an Ratten)		
	Verdaulichkeit %	Absorbierbarkeit %	biologische Wertigkeit
natives Sojaschrot	61	79	62
getoastetes Sojaschrot	74	88	69

bilden ein tanninbindendes Speichelprotein, das die verdauungshemmende Wirkung der Tannine abschwächt.

Eine erhöhte Verdaulichkeit von Futterproteinen bringt durch die verbesserte N-Bilanz der Tiere nicht nur wirtschaftliche, sondern auch ökologische Vorteile.

3.4.3.2 Wiederkäuer

Beim Wiederkäuer wird ein großer Teil der Nahrungsproteine bereits im Pansen umgesetzt. Die Proteinverdauung wird durch proteolytische Enzyme der Mikroorganismen katalysiert, wobei die Futterproteine schrittweise zu Aminosäuren abgebaut und größtenteils weiter zu Ammoniak (NH_3) gespalten werden (siehe 3.4.4.4); beim Abbau des Kohlenstoffgerüstes der Aminosäuren entstehen CO_2 und flüchtige Fettsäuren. Auch NPN-Verbindungen werden durch die Pansenmikroben enzymatisch gespalten. So entstehen beispielsweise durch die katalytische Wirkung der bakteriellen Urease aus Harnstoff NH_3 und CO_2.

Frühere Untersuchungen an Schafen zeigen, dass die proteolytische Aktivität im Pansensaft von der Art der Fütterung weitestgehend unabängig ist (WARNER 1955), wobei allerdings hohe Zuckergehalte im Futter den Eiweißabbau im Pansen durchaus beeinträchtigen können. Die Geschwindigkeit des Eiweißabbaus im Pansen wird vor allem von der physikalischen Struktur und der Löslichkeit der Proteine bestimmt. Die Abbaubarkeit der verschiedenen Futterproteine differiert sehr stark und liegt zwischen 50 und nahezu 100 % (Übersicht 3.4-7). Die Abbauraten schanken jedoch in Abhängigkeit von Herkunft und Vorbehandlung der Futterproteine. Die Verdauung des Eiweißes in Labmagen und Darm des Wiederkäuers erfolgt analog den Prozessen beim monogastrischen Tier.

3.4.4 Stoffwechsel der Proteine

In den folgenden Kapiteln werden die Proteinbiosynthese, die Abbauwege von Proteinen sowie Faktoren, die den Proteinturnover beeinflussen, beschrieben. Besonderheiten des Proteinstoffwechsels beim Wiederkäuer sind in Kapitel 3.4.4.4 dargestellt.

> **Übersicht 3.4-7**
>
> Abbaubarkeit des Futterrohproteins im Pansen (ermittelt auf der Basis von in vivo-Versuchen)

Abbaubarkeit des Rohproteins im Pansen (%)		
65 (55–75)	75 (65–85)	85 (75–95)
Trockengrün	Maissilage	Frischgras
Sojaextraktionsschrot	Sonnenblumenextraktionsschrot	Grassilage
Baumwollsaatextraktionsschrot	Sonnenblumenexpeller	Heu
Baumwollsaatexpeller	Erdnussextraktionsschrot	Weizen (Korn)
Trockenschnitzel	Erdnussexpeller	Hafer (Korn)
Maiskleber	Palmkernextraktionsschrot	Gerste (Korn)
Biertreber	Palmkernexpeller	Ackerbohnen
Mais (Korn)	Rapsextraktionsschrot	
	Maiskeimschrot	
	Maiskleberfutter	
	Hefe	

3.4.4.1 Biosynthese von Proteinen

Die Hauptmenge der Proteine im Organismus entsteht durch Transkription (Abschrift) eines Gens und anschließender Translation am Ribosom. Das Rindergenom umfasst ca. 22.000, das Schweinegenom vermutlich 25.000 und das Hühnergenom 20.000 bis 23.000 Gene. Bislang sind 21 proteinogene Aminosäuren bekannt, die im genetischen Code durch eine bestimmte Basensequenz determiniert sind. Die Abfolge von jeweils drei Basen (Basentriplett) kodiert für eine Aminosäure. Mit den verfügbaren Basen Adenin (A), Guanin (G), Cytosin (C) und Thymin (T, in der DNA) bzw. Uracil (U, in der RNA) und dem Triplett als Informationseinheit für eine Aminosäure ergeben sich rechnerisch $4^3 = 64$ mögliche verschiedene Aminosäuren. Da es nur 21 proteinogene Aminosäuren gibt, existieren für die meisten Aminosäuren mehrere spezifische Basentripletts (degenerierter Code). So wird die Aminosäure Alanin beispielsweise durch GCA, GCC, GCG und GCU kodiert. Die Aminosäure Selenocystein wird hingegen durch dasselbe Basentriplett kodiert, das auch das Translationsende kennzeichnet. Ob die Translation beendet oder Selenocystein in die Peptidkette eingebaut wird, wird durch die Struktur des nachfolgenden mRNA-Abschnittes festgelegt.

> Zusammensetzung und Abfolge von Aminosäuren in Proteinen sind genetisch determiniert

Zum Zeitpunkt der Proteinsynthese am Ribosom müssen alle Aminosäuren zeitgleich in der Zelle vorliegen. Nicht-essenzielle Aminosäuren bildet der Organismus bei Bedarf selbst. Die Zufuhr der essenziellen Aminosäuren muss über die Nahrung bzw. beim Wiederkäuer auch über die mikrobielle Synthese erfolgen. Durch den physiologischen Proteinturnover liegt zwar meist eine gewisse Menge an Aminosäuren frei in der Zelle vor, eine kontinuierliche Zufuhr von essenziellen Aminosäuren über die Nahrung ist jedoch für eine effiziente Proteinsynthese unerlässlich. So führt bereits ein 36-stündiger Entzug des Protein-Ergänzungsfutters beim Schwein zu einer deutlich verminderten Stickstoff-Retention und einer vermehrten Ausscheidung von Stickstoff über den Harn. Dieses sich rasch einstellende Defizit an Aminosäuren muss bei der Fütterungshäufigkeit mitberücksichtigt werden.

Schritte der Proteinbiosynthese

Der erste Schritt der Proteinbiosynthese erfolgt im Zellkern und beginnt mit der Abschrift einer Basensequenz eines spezifischen Gens (Abb. 3.4-3). Dabei entsteht ein sogenanntes Transkript, das nach mehreren Prozessierungsschritten in modifizierter Form den Zellkern verlässt und als messenger RNA (mRNA, Boten-RNA) in das Cytoplasma der Zelle gelangt. Mit Hilfe der mRNA wird an den Ribosomen die Basensequenz in eine Abfolge von Aminosäuren übersetzt. Dieser Vorgang wird als Translation bezeichnet. Zellen mit intensiver Proteinsynthese (z.B. Drüsenzellen) besitzen deshalb sehr viele Ribosomen. Zumeist sind diese Ribosomen an der Oberfläche des Endoplasmatischen Retikulums lokalisiert.

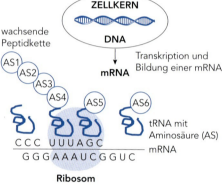

Abbildung 3.4-3

Transkription und ribosomale Proteinsynthese

Alle für die Translation notwendigen Aminosäuren müssen zuerst durch ATP aktiviert und auf ein spezifisches Transportmolekül von kleeblattartiger Struktur, die transfer-RNA (tRNA), übertragen werden. Die eigentliche Proteinbiosynthese am Ribosom umfasst die **Initiation** (Translationsstart), die **Elongation** (Verlängerung der Peptidkette) und die **Termination** (Translationsstopp). Die Initiation ist ein komplexer Vorgang, an dem eine Reihe von Initiationsfaktoren beteiligt ist. Sie ist aber auch ein regulierter Prozess, der durch Ernährung beeinflusst werden kann (Kapitel 3.4.4.3). Die Elongation beinhaltet die Bindung einer Aminosäure-beladenen tRNA an die Akzeptorstelle des Ribosoms und die Übertragung der Aminosäure oder Peptidkette von der Peptidylstelle auf diese Aminosäure an der Akzeptorstelle. Bei dieser Übertragung wird eine neue Peptidbindung geknüpft. Danach bewegt sich die kleine Untereinheit des Ribosoms um drei Nukleotide auf der mRNA vorwärts. Das leere tRNA-Molekül an der Peptidylstelle wird freigesetzt und das Ribosom ist für die Bindung der nächsten Aminosäure-beladenen tRNA bereit. Der Kettenabbruch erfolgt, wenn entlang der mRNA ein Stopp-Codon erscheint.

Da Stoffwechselaufgaben komplex sind, muss auch die Vielfalt an Proteinen entsprechend hoch sein. Würde jedes Gen nur für ein einziges Protein kodieren, könnte eine solche Vielfalt nicht gewährleistet werden. In tierischen Zellen werden deshalb die Proteine im Anschluss an ihre Synthese meist modifiziert (**posttranslationale Modifikation**). Diese Proteinmodifikationen (z.B. Phosphorylierung, Hydroxylierung, Acetylierung, Glycosylierung) finden größtenteils im Endoplasmatischen Retikulum, aber auch im Golgi-

Apparat statt. Zum Transport an den Zielort, wird das Protein mit einem speziellen Signalmolekül versehen („Adressierung").

> posttranslationale Veränderungen von Proteinen vergrößern die Proteinvielfalt, beeinflussen den Aktivitätszustand und dienen der „Adressierung" von Proteinen

3.4.4.2 Proteinabbau

Die Zelle besitzt verschiedene Proteinabbausysteme. Die Hauptmasse der Proteine wird in den Lysosomen und Proteasomen gespalten. Lysosomen sind kleine kugelige Zellorganellen, die nicht nur Proteine, sondern auch zahlreiche andere Zellbestandteile abbauen können. So werden in den Lysosomen beispielsweise auch Pathogene oder überaltete Zellorganellen beseitigt. Die lysosomalen Proteasen werden als Cathepsine bezeichnet und arbeiten nur bei niedrigen pH-Werten.

Quantitativ von größerer Bedeutung ist der Proteinabbau in den Proteasomen der Zellen (Abb. 3.4-4). Proteasomen sind keine Membran-umschlossenen Zellorganellen, sondern fassartige bzw. zylindrisch geformte Strukturen. Sie kommen im Zytoplasma und Zellkern

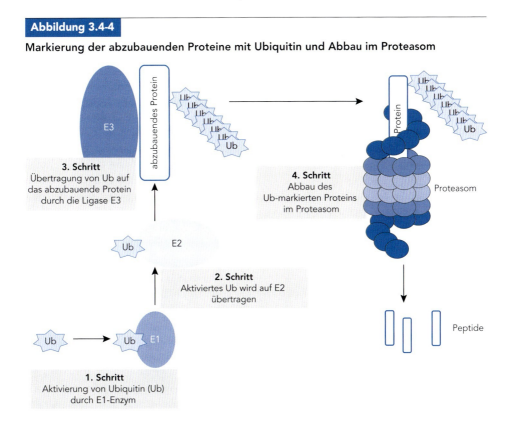

Abbildung 3.4-4

Markierung der abzubauenden Proteine mit Ubiquitin und Abbau im Proteasom

von nahezu allen Körperzellen vor. Im Proteasom werden regulatorische Proteine wie Enzyme, Hormone oder Zellzyklusproteine abgebaut, die nur für eine begrenzte Zeit wirken sollen. Das Proteasom entfernt aber auch fehlgefaltete Proteine und kontraktile Proteine aus der Muskulatur. Proteine, die im Proteasom abgebaut werden sollen, müssen vorher mit mehreren Ubiquitin-Molekülen markiert werden. Ubiquitin ist ein Polypeptid, das aus 75 Aminosäuren besteht. Welches Protein mit Ubiquitin markiert wird, ist streng reguliert. Ubiquitinierte Proteine werden dann an einem Ende des Proteasoms gebunden, entfaltet und nach Abspaltung der Ubiquitinmoleküle in das Innere des Proteasoms geschleust. Im Inneren des Proteasoms findet der eigentliche proteolytische Abbau des Proteins statt. Die resultierenden Abbauprodukte sind jedoch keine freien Aminosäuren, sondern kleine Peptide, die durchschnittlich aus 6 bis 10 Aminosäuren bestehen. Die endgültige Spaltung bis zur Stufe der Aminosäuren erfolgt durch Peptidasen im Zytoplasma der Zelle. Die freiwerdenden Aminosäuren nutzt der Körper für neue Biosynthesen oder baut sie weiter ab. Proteasomen bauen die Hauptmasse der Proteine ab, die im Rahmen des Proteinturnovers freigesetzt werden. Auch 80–90 % der Skelettmuskelproteine werden über dieses System abgebaut. Hierzu müssen allerdings vorher die myofibrillären Proteine von ihren Z-Scheiben gelöst werden. Dies geschieht durch intrazelluläre calciumabhängige Cysteinproteasen, den Calpainen.

3.4.4.3 Dynamik und Regulation des Proteinstoffwechsels

In der Tierproduktion sollen spezifische Fütterungs- und Haltungskonzepte einen effizienten Proteinmetabolismus bzw. einen hohen Muskelansatz in den Nutztieren gewährleisten. Die Proteine im Organismus unterliegen ständigen Auf- und Abbauprozessen. Der Körper weist auch unter gesunden Bedingungen einen relativ hohen Proteinumsatz (Proteinturnover) auf. Dieser resultiert aus der Kurzlebigkeit vieler regulatorisch und katalysatorisch wirksamer Proteine sowie aus der raschen Erneuerungsrate bestimmter Gewebe. Obgleich Leber und Darmmukosa nur etwa 4–5 % des Körperproteinbestandes ausmachen, gehören sie aufgrund ihres raschen Proteinturnovers zu den Organen mit sehr lebhafter Proteinsyntheserate (SIMON und Mitarbeiter 1982). Immerhin werden bei Nutztieren 15–25 % der verdaulichen Energie für die Erneuerung bzw. den Ersatz von abgebauten Proteinen verwendet. Durch den fortwährenden Abbau von Proteinen stehen dem Organismus auch zwischen den Phasen der Futteraufnahme freie Aminosäuren zur Verfügung. Des Weiteren wird durch diesen Abbau sichergestellt, dass defekte oder geschädigte Proteine sich in den Zellen nicht anhäufen. Unterbindet man diesen fortwährenden Proteinabbau auf experimentellem Wege, dann führt dies rasch zum Tod. Durch das Wechselspiel zwischen Synthese und Abbau steuert die Zelle intrazelluläre Proteinkonzentrationen und passt sich so neuen Stoffwechselleistungen an.

Die Lebensdauer eines Proteins wird vor allem durch dessen Funktion bestimmt. So beträgt beispielsweise die biologische Halbwertszeit von Zellzyklus-regulierenden Proteinen nur wenige Minuten, die von Verdauungsenzymen wenige Stunden, während Leberenzyme immerhin eine Halbwertszeit von ein bis mehreren Tagen aufweisen (Übersicht 3.4-8). Proteine von Haut, Knochen und Muskulatur weisen hingegen Halbwertszeiten von bis zu einem halben Jahr auf; Proteine der Augenlinse werden zeitlebens nicht abgebaut und erneuert.

Die Lebensdauer eines Proteins wird unter anderem durch die Art der Aminosäure am N-terminalen Ende bestimmt (N-Terminus Regel). Proteine, die am N-Terminus Phenyl-

Übersicht 3.4-8
Proteine und ihre biologischen Halbwertszeiten

Protein	Halbwertszeit
Zykline	5 Minuten
Insulin-like-growth factor (IGF)-1	10 Minuten
RNA-Polymerase I	1,3 Stunden
Tyrosin-Aminotransferase	2,0 Stunden
Ornithin-Aminotransferase	19 Stunden
Ferritin	36 Stunden
Laktatdehydrogenase	5,4 Tage
Immunglobulin G	21 Tage
Hämoglobin	60 Tage
Aktin (Skelettmuskel)	3 Monate
Myosin (Skelettmuskel)	6 Monate
Kollagen	1 Jahr
Linsen-Crystallin	> 80 Jahre

alanin, Leucin, Tryptophan, Tyrosin, Arginin, Lysin, Histidin oder Isoleucin tragen, gelten als deutlich weniger stabil als Proteine mit N-terminalem Alanin, Serin, Threonin, Glycin, Valin, Prolin oder Methionin. Auch spezifische Aminosäure-Sequenzen innerhalb des Proteins beeinflussen dessen Halbwertszeit. Typisch für kurzlebige Proteine ist die PEST-Sequenz, die sich aus den Aminosäuren Prolin (P), Glutaminsäure (E), Serin (S) und Threonin (T) zusammensetzt.

Obgleich die Lebensdauer eines Proteins durch dessen Aminosäuren beeinflusst wird, kann die Proteinabbaurate, mehr noch als die Proteinsynthese, durch Hormone, Krankheiten oder Ernährungseinflüsse stark verändert werden. Die klassischen proteinanabolen Hormone wie Insulin, Wachstumshormon, IGFs, Trijodthyronin und Androgene fördern zum einen zwar die Proteinsynthese, sie hemmen aber auch sehr stark den Proteinabbau. Die klassischen proteinkatabolen Hormone wie Katecholamine (Adrenalin, Noradrenalin), Glucocorticoide (Cortison) und Glucagon fördern hingegen den Abbau von Proteinen. Generell sind aber auch Hunger, Stress, Immobilität, entzündliche Erkrankungen und Stoffwechselkrankheiten mit hohen Proteinabbauraten verbunden. In den letzten Jahren wurden viele wissenschaftliche Untersuchungen durchgeführt, die weitere Einflussfaktoren auf die Proteinsynthese und den Proteinabbau identifizieren konnten (zusammengefasst in: STANGL 2010). Verzweigtkettige Aminosäuren, insbesondere das Leucin, scheinen unter gewissen Bedingungen den Proteinansatz günstig beeinflussen zu können. Ein möglicher Nutzen von zusätzlichen Gaben an verzweigtkettigen Aminosäuren in der Nutztierernährung wäre eventuell in Situationen verstärkten Proteinabbaus (Infektionskrankheiten, Fressunlust, metabolischen Azidosen) denkbar. Da bei Gabe hoher Dosen einzelner Aminosäuren immer auch die Gefahr des beschleunigten Abbaus dieser Aminosäuren besteht, müssen optimale Dosierungsschemata erst noch erarbeitet werden. Auch pränatale Faktoren können die Muskelbildung und den postnatalen Proteinansatz maßgeblich beeinflussen. Die Zahl an Muskelfasern wird bereits in der vorgeburtlichen Phase festgelegt. Besonders eindrucksvoll wird dies am Beispiel des „Uterine Crowdings" bei Sauen deutlich. Bei Sauen mit hoher Ovulationsrate und hoher Embryonenzahl bis zum 30. Tag der Trächtigkeit kann das Wachstum der Plazenta häufig mit dem hohen Nährstoffbedarf der Embryonen nicht Schritt halten. In Folge entsteht ein relativer Nährstoffmangel, die in dieser kritischen Embryonalphase die Myogenese, also die Entwicklung und Reifung der Muskelfasern stört. Als Folge dieser relativen intrauterinen Nährstoffunterversorgung werden Ferkel mit geringerem Geburtsgewicht, geringerer Muskelmasse und verminderter postnataler Gewichtsentwicklung geboren, die mitunter selbst bei optimierter Ernährung zeitlebens bestehen bleiben.

Die Höhe des gesamten Proteinturnovers kann unter anderem mittels radioaktiv-markierten Aminosäuren bzw. radioaktiv-markierten Stickstoffs ermittelt werden. Die Quantifizierung der fraktionellen Proteinabbaurate in einem bestimmten Organsystem bereitet methodisch aber noch immer große Schwierigkeiten. Die Messung der Plasmakonzentration an 3-Methylhistidin wird häufig als Marker für den Abbau von Muskulatur herangezogen.

Da Proteine im Organismus keine primäre Energiequelle darstellen, werden sie auch nicht im klassischen Sinne gespeichert. Die Leber kann zwar nach Aufnahme proteinreicher Nahrung kurzfristig den über das Pfortaderblut antransportierten Überschuss an Aminosäuren aufnehmen, nicht benötigte Aminosäuren werden jedoch rasch wieder abgebaut. Durch proteinreiche Nahrung ohne entsprechendes proteinanaboles Signal ist jedoch kein vermehrter Proteinansatz möglich.

3.4.4.4 Besonderheiten im Proteinstoffwechsel des Wiederkäuers

Der intermediäre Eiweißstoffwechsel (Synthese, Abbau und Regulation) läuft beim Wiederkäuer nach den gleichen Prinzipien ab wie bei anderen Tierarten. So haben auch Wiederkäuer einen physiologischen Bedarf an essenziellen Aminosäuren, um körpereigenes Protein aufzubauen. Im Unterschied zum monogastrischen Tier können beim Wiederkäuer essenzielle Aminosäuren aber auch durch die Pansenmikroben synthetisiert werden. Aufgrund des partiellen Abbaus von Futterproteinen und NPN-Verbindungen sowie der gleichzeitigen Neusynthese von Aminosäuren und Proteinen durch die Mikroben sind bei der Proteinversorgung des Wiederkäuers andere Aspekte von Bedeutung als bei Monogastriden.

Bildung von Mikrobeneiweiß

Mikroorganismen des Pansens benutzen als Stickstoffquelle zum Aufbau ihrer eigenen Proteine sowohl das Rohprotein des Futters als auch endogene und futterspezifische NPN-Verbindungen. Bis zu 20 % des mikrobiell synthetisierten Proteins stammt auch aus rezirkulierendem Stickstoff. Das Futtereiweiß wird von mikrobiellen Proteasen zunächst zu kleineren Peptiden und Aminosäuren gespalten, die dann größtenteils weiter zu NH_3 abgebaut werden. Auch beim mikrobiellen Abbau von NPN-Verbindungen entsteht NH_3.

Die Mikroorganismen des Pansens synthetisieren sowohl nicht-essenzielle als auch essenzielle Aminosäuren für das Wirtstier. Die Zusammensetzung der Aminosäuren im Zwölffingerdarm weicht deshalb stark von den Aminosäuren des Futterproteins ab. Neben der Synthese von Aminosäuren, die dem Aufbau des Mikrobenproteins dienen, nutzen die Pansenmikroorganismen den Stickstoff auch zur Bildung von Nukleinsäuren. Im Mittel verwenden Mikroben 75–85 % des Stickstoffs für die Proteinsynthese und etwa 15–20 % zum Aufbau ihrer Nukleinsäuren. Im Pansen lassen sich über 200 verschiedene Mikroorganismenarten identifizieren, die in unterschiedlicher Weise die verschiedenen Stickstoffquellen nutzen. Cellulose- und Hemicellulose-abbauende Bakterien verwenden aufgrund ihrer Enzymausstattung vorwiegend oder ausschließlich Ammoniak als Stickstoffquelle, während andere Mikroben mehrere Stickstoffquellen und zum Teil auch bestimmte Aminosäuren benötigen. Die Gesamtpopulation an Bakterien und Protozoen im Pansen ist prinzipiell aber in der Lage, alle Aminosäuren aus Nichteiweiß-Stickstoff herzustellen. Den experimentellen Beweis hierfür lieferten LOOSLI und Mitarbeiter bereits 1949, in dem sie Schafe und Ziegen mit Harnstoff als einzige Stickstoffquelle ernährten. Dieser experimentelle Befund ist jedoch nicht dahin gehend zu interpretieren, dass der gesamte Eiweißbedarf des Wiederkäuers in optimaler Weise durch NPN-Verbindungen gedeckt werden kann. Die mikrobielle Synthese von Aminosäuren kann nämlich nicht beliebig gesteigert werden. Ein hoher Bedarf an Aminosäuren der Tiere kann somit selbst bei maximaler mikrobieller Synthese von Aminosäuren nicht gedeckt werden. Ohne die Verabreichung von zusätzlichem Futtereiweiß wäre das Tier in seiner Leistung limitiert.

Einflüsse auf die mikrobielle Eiweißsynthese

Die Synthese von Eiweiß bzw. Aminosäuren durch die Mikroben, aber auch die Zusammensetzung der Mikrobenpopulation werden deutlich durch die Fütterung beeinflusst. Zu den futterspezifischen Einflussfaktoren gehören die Energie (Kohlenhydrate), die Verfügbarkeit von Stickstoff sowie die Bereitstellung von essenziellen Wirkstoffen für das Wachstum der Mikroben. Für eine maximale Synthese an Mikrobenprotein im Pansen müssen deshalb Futterenergie und bereitgestellter Stickstoff aufeinander abgestimmt werden. Viele Untersuchungen machen deutlich, dass die mikrobielle Proteinsynthese mit zunehmender Energieversorgung linear ansteigt. Im Mittel beträgt die Menge an gebildetem Mikrobenprotein (Bakterien und Protozoen) ca. 10 g Rohprotein pro MJ umsetzbare Energie. Dies entspricht einer Synthese von 200 g Rohprotein pro kg umgesetzter organischer Substanz im Pansen.

Bei extremer Rationszusammensetzung mit über 70 % Kraftfutter vermindert sich sowohl die Vielfalt an Mikrobenarten im Pansen, als auch deren Proteinsyntheseleistung, was vermutlich auf die starke pH-Absenkung zurückzuführen ist. Aber auch bei großen Mengen schwer fermentierbarer Stärke (Maisstärke) geht die Proteinsyntheserate zurück. Die Fütterungsfrequenz ist hingegen ohne wesentlichen Einfluss auf die mikrobielle Eiweißsynthese.

Voraussetzungen für die energieabhängige Proteinsynthese ist eine entsprechend hohe Menge verfügbaren Stickstoffs. Hierbei ist vor allem die Menge an NH_3 ausschlaggebend. Als optimal werden zwischen 5 und 15 mmol NH_3 pro Liter Pansensaft erachtet. Diese Konzentrationen werden unter Fütterungsbedingungen mit praxisüblichen Wiederkäuerrationen bei einem Rohproteingehalt von etwa 13 % in der Trockenmasse erreicht (KAUFMANN und HAGEMEISTER 1975). Neben der notwendigen Energie und dem Stickstoff, müssen den Mikroorganismen für ihr Wachstum und ihre Syntheseleistungen aber auch noch andere Wirkstoffe zugeführt werden. Dazu gehören beispielsweise Mineralstoffe wie Schwefel und Phosphor, ebenso wie das Kobalt, das in organifizierter Form zur mikrobiellen Methan- und Essigsäurebildung benötigt wird.

3 Die Nährstoffe und ihr Stoffwechsel

Ruminohepatischer Kreislauf

Das durch Abbauvorgänge im Pansen gebildete Ammoniak wird nicht vollständig zur Synthese von Eiweiß genutzt. Ein Teil des Ammoniaks passiert die Pansenwand oder wird in nachfolgenden Abschnitten des Gastrointestinaltraktes absorbiert. Der Übertritt aus dem gastrointestinalen Lumen in das Blut erfolgt über passive Diffusion entlang eines Konzentrationsgefälles. Ammoniak kann jedoch nur in ungeladener Form als NH_3 die Pansen- und Darmwand passieren; geladene Ammoniumion (NH_4^+) können die Membranbarrieren praktisch nicht überwinden. Die Absorption von Ammoniak aus dem Pansen in das Blut ist etwa proportional der NH_3-Konzentration im Pansen. Da Ammoniak in hohem Maße zelltoxisch wirkt, wird es rasch in der Leber zu Harnstoff umgewandelt. Anteile dieses Harnstoffs werden über den Urin ausgeschieden, gelangen in die Speichelflüssigkeit oder diffundieren zurück in den Pansen. Dort wird er von mikrobiellen Ureasen zu Ammoniak gespalten und steht den Pansenmikroben wieder als Stickstoffquelle zu Verfügung. Diesen Kreislauf des Ammoniaks bzw. Harnstoffs beim Wiederkäuer bezeichnet man als **ruminohepatischen Kreislauf** (Abb. 3.4-5). Da Harnstoff nicht nur in die Vormägen, sondern entlang des gesamten Intestinums zurück in das Darmlumen diffundieren kann, spricht man auch vom gastroenterohepatischen Harnstoff-Kreislauf. Diese Besonderheit im Stoffwechsel des Wiederkäuers gewährleistet einen überaus ökonomischen Stickstoffkreislauf. Bei mangelnder N-Versorgung wird nämlich die Harnstoffausscheidung mit dem Urin zugunsten der Harnstoff-Diffusion in den Pansen eingeschränkt. Bei mangelnder Zufuhr an Koh-

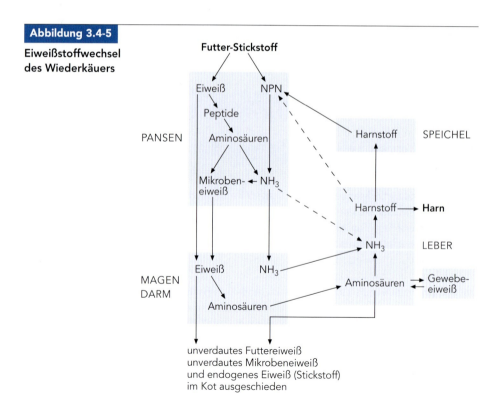

Abbildung 3.4-5
Eiweißstoffwechsel des Wiederkäuers

lenhydraten und gleichzeitig hohen Mengen an Stickstoff werden hingegen die N-Ausscheidungen größer, da die zur mikrobiellen Proteinsynthese notwendige Energie fehlt. Infolge dessen steigen auch die Harnstoffgehalte in Blut und Urin.

Ruminale N-Konzentration und Harnstoffgehalte im Plasma spiegeln sehr gut die Menge an Protein und NPN-Verbindungen im Futter wieder. Allerdings steigt bei einer deutlich überhöhten Zufuhr an NPN-Verbindungen die Ammoniakmenge mitunter so stark an, dass die Kapazität der Harnstoffsynthese überschritten wird. Als kritischer Grenzwert gilt eine Menge von 39 g verfügbarem Stickstoff pro kg Futtertrockenmasse. Sich anreicherndes Ammoniak im Blut führt zur Ammoniakintoxikation, die sich bei den Tieren unter anderem durch Kreislaufbelastung mit beschleunigter Atmung und Krampfzuständen bemerkbar macht.

Konsequenzen für die Proteinversorgung

Auch für den Wiederkäuer ist das im Dünndarm verfügbare Protein die entscheidende Größe. Dieses sogenannte **„nutzbare Protein am Duodenum"** setzt sich aus zwei Komponenten zusammen, dem Futterprotein und dem Mikrobenprotein, wobei die Menge an gebildetem Mikrobenprotein eng mit der Energiezufuhr korreliert. Die neuen Protein-Bedarfsempfehlungen für das Milchvieh von der Gesellschaft für Ernährungsphysiologie (2001) basieren auf der Angabe des nutzbaren Proteins am Duodenum. Ziel ist es, die Bedarfszahlen für Protein bei allen Wiederkäuern und in jedem Leistungsstadium auf der Basis dieser Größe vorzunehmen. Die Mindestzufuhr an Stickstoff entspricht dem Bedarf an Stickstoff für das Wachstum der Pansenmikroben. Üblicherweise ist jedoch der Proteinbedarf des Wiederkäuers höher als die im Darm verfügbare Menge an Mikrobenprotein. Die Differenz muss dann durch nicht-mikrobiell abgebautes Futterprotein bereitgestellt werden. Der Beitrag nicht-mikrobiell abgebauten Futterproteins wird also umso wichtiger, je höher die Leistung des Wiederkäuers ist.

Harnstoffeinsatz und geschützte Proteine

Bei Einsatz von Harnstoff in der Fütterung des Wiederkäuers sind zur Optimierung der Synthese von Mikrobeneiweiß aus dem Futterstickstoff folgende Fütterungsfaktoren zu berücksichtigen:

1. Genügend hohe Mengen an verfügbaren Kohlenhydraten, die den Pansenbakterien die Energie und die notwendigen Kohlenstoffgerüste zur Eiweißsynthese liefern.
2. Adäquate Mengen an Mengen- und Spurenelementen, insbesondere Schwefel, Phosphor, Eisen, Mangan und Kobalt für Stoffwechsel und Wachstum der Pansenbakterien.
3. Allmähliche Gewöhnung der Tiere an den Futterharnstoff und gleichmäßige Verabreichung des harnstoffhaltigen Futters.
4. Der zugelegte Harnstoff darf sich weder entmischen, noch in bestimmten Futterkomponenten anreichern, wie dies beispielsweise bei Einmischen von Harnstoff in Silage der Fall wäre.

Unter experimentellen Bedingungen ist es möglich, Tiere mit geringer oder mittlerer Leistung durch die Gabe von Harnstoff und Ammoniumsalzen als alleinige N-Quellen ausreichend zu ernähren. Diese wurde schon vor mehreren Jahrzehnten in einem Versuch mit

Milchkühen (VIRTANEN 1966) deutlich, bei dem die Tiere unter Einsatz von Harnstoff und Ammoniumsalzen als ausschließliche N-Quelle eine Milchleistung von 2.000 bis 3.000 kg Standardmilch (2,86 MJ/kg) in 360 Melktagen erbrachten. Auch die Milchzusammensetzung entsprach im Wesentlichen der von üblich gefütterten Milchkühen.

Allerdings wird der Einsatz von Harnstoff oder anderen NPN-Verbindungen zunehmend ineffizienter, je mehr der abbaubare Futterstickstoff den Bedarf der Pansenmikroben übersteigt. Bei Kühen mit hoher Milchleistung sowie bei beginnender Intensivmast von Bullen ist daher eine effiziente Ausnutzung des Harnstoffs nicht mehr gegeben. Bei hochleistenden Tiere muss die N-Versorgung vielmehr so gestaltet werden, dass Proteine mit geringerer Abbaubarkeit im Pansen verstärkt zum Einsatz kommen, um eine überschüssige Ammoniakproduktion und eine Leberbelastung durch intensive Harnstoffbildung zu vermeiden. Im Extremfall werden hierzu geschützte Futterproteine (protected proteins) eingesetzt. Dabei handelt es sich um technologisch aufgearbeitete Nahrungsproteine (z. B. Sojaextraktionsschrot), die einem Abbau im Pansen widerstehen, aber in Labmagen und Dünndarm vollständig enzymatisch spaltbar sind. Die Schutzwirkung erfolgt durch Behandlung mit Formaldehyd, Tanninen oder Hitze, welche die Löslichkeit der Proteine vermindern. Für einen optimalen Einsatz müssen die Bedingungen für die technische Behandlung der Futterproteine vorab getestet werden. Zielgrößen sind hoher Schutz vor mikrobiellem Abbau im Pansen und optimale Verdaulichkeit im proximalen Verdauungssystem durch endogene Proteasen bzw. Peptidasen.

3.4.5 Stoffwechsel der Aminosäuren und ihre Essenzialität

Aminosäuren erfüllen ihre Funktion hauptsächlich als Bestandteil von Proteinen. Aminosäuren können hinsichtlich ihrer Synthetisierbarkeit im tierischen Organismus in nicht-essenzielle und essenzielle Aminosäuren unterteilt werden. Nicht-essenzielle Aminosäuren kann der Organismus bei Bedarf selbst bilden. Essenzielle Aminosäuren müssen in der gesamten erforderlichen Menge über die Nahrung bzw. beim Wiederkäuer auch über Pansenmikroben bereitgestellt werden.

3.4.5.1 Stoffwechsel der Aminosäuren

Aminosäuren werden entweder zu Peptidketten verknüpft, zu biogenen Aminosäuren decarboxyliert, ineinander umgewandelt oder abgebaut. Das beim Abbau von Aminosäuren anfallende Ammoniak wird in wasserlöslichen Harnstoff umgewandelt und vorwiegend über die Niere ausgeschieden. Nachfolgende Übersicht 3.4-9 zeigt mit Ausnahme der im Kapitel 3.4.4.1 beschriebenen Proteinbiosynthese, die wichtigsten intermediären Umsetzungen der Aminosäuren.

Transaminierung

Die Transaminierung dient dem Abbau von Aminosäuren (mit Ausnahme von Lysin und Threonin), aber auch dem gleichzeitigen Aufbau neuer, nicht-essenzieller Aminosäuren. Bei der Transaminierung wird die α-Aminogruppe der Aminosäure reversibel auf eine α-Ketosäure (Oxosäure) verschoben, wobei neue Aminosäuren und α-Ketosäuren entste-

> **Übersicht 3.4-9**
>
> Stoffwechselwege der Aminosäuren und deren Bedeutung im tierischen Organismus
>
> | Stoffwechselweg | Funktion |
> |---|---|
> | Transaminierung | Verschiebung der NH$_2$-Gruppe einer Aminosäure auf eine Keto (Oxo)-säure zur Synthese neuer nicht-essenzieller Aminosäuren sowie zum Abbau von Aminosäuren |
> | Desaminierung | Freisetzung der Aminogruppe einer Aminosäure als Ammoniak |
> | Harnstoffzyklus | Umwandlung des zelltoxischen Ammoniaks in wasserlöslichen Harnstoff |
> | Decarboxylierung | Abspaltung der COO$^-$-Gruppe einer Aminosäure zur Bildung biogener Amine |
> | Abbau des Kohlenstoffgerüstes von Aminosäuren | I. zu Pyruvat oder Zwischenprodukte des Citratzyklus = glucoplastische Aminosäuren
II. zu Acetyl-CoA oder Acetoacetat = ketoplastische Aminosäuren |

hen. Aus Ketosäuren können im Organismus somit je nach Bedarf neue nicht-essenzielle Aminosäuren aufgebaut werden wie beispielsweise Alanin aus Pyruvat, Serin aus Hydroxypyruvat, Glutaminsäure aus α-Ketoglutarat und Asparaginsäure aus Oxalacetat. Die hierfür erforderlichen Enzyme werden als Transaminasen bezeichnet und enthalten ein Vitamin B$_6$-abhängiges Coenzym.

Desaminierung

Die Desaminierung bezeichnet die Abspaltung bzw. Freisetzung der Aminogruppe einer Aminosäure als Ammoniak. Auch hier entstehen aus Aminosäuren α-Ketosäuren. Die Desaminierung spielt vor allem beim Abbau von Aminosäuren eine entscheidende Rolle. Die Abspaltung der Aminogruppe kann durch oxidative Desaminierung oder durch nicht-oxidative eliminierende Desaminierung erfolgen. Bei der oxidativen Desaminierung wird zunächst die Aminosäure zu einer Iminosäure oxidiert, welche in einem zweiten Schritt dann zu einer a-Ketosäure und Ammoniak (NH$_3$) hydrolysiert wird. Oxidativ desaminiert wird vor allem Glutamat. Der dabei freiwerdende Wasserstoff wird auf die Coenzyme NAD$^+$ oder NADP$^+$ übertragen. Ammoniak wird rasch zur Entgiftung in den Harnstoffzyklus eingeschleust. Ohne Oxidation mithilfe von Dehydratasen wird vor allem der α-Aminostickstoff von Serin, Cystein, Glycin, Methionin und Threonin eliminiert. Auch hierfür ist Vitamin B$_6$ in Coenzymform notwendig. Der α-Aminostickstoff von Histidin wird allerdings Coenzym-unabhängig abgespalten.

Harnstoffzyklus

Der Harnstoffzyklus dient der „Entgiftung" des Ammoniaks, das beim Abbau von Aminosäuren entsteht. Ammoniak ist schon in geringen Konzentrationen hoch toxisch und wird daher in der Leber unter Energieaufwand von 4 ATP zu ungiftigem Harnstoff umgewandelt und über die Niere ausgeschieden. Die Harnstoffsynthese findet vornehmlich in Leber-

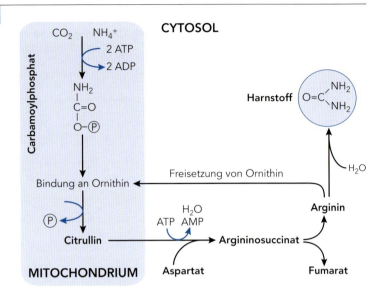

Abbildung 3.4-6
Harnstoffzyklus

zellen statt und gliedert sich in einen mitochondrialen und cytosolischen Teil (Abb. 3.4-6). Ammoniak und Aspartat sind die beiden Stickstofflieferanten zum Aufbau des Harnstoffs.

> Die Entgiftung des Ammoniaks aus dem Abbau von Aminosäuren erfolgt über die Bildung von Harnstoff.

Der Harnstoffzyklus beginnt im Mitochondrium mit der Bildung von Carbamoylphosphat aus CO_2 und NH_4^+. Carbamoylphosphat wird schließlich an Ornithin als Trägermolekül gebunden. Nach Abspalten des Phosphatrestes entsteht Citrullin, das ins Cytosol austritt und dort unter ATP-Verbrauch mit Aspartat zu Argininosuccinat kondensiert (Zusammenlagerung unter Abspaltung von Wasser). Argininosuccinat wird schließlich zu Arginin und Fumarat gespalten, wobei aus Arginin hydrolytisch Isoharnstoff freigesetzt wird, der sich spontan zu Harnstoff umlagert. Dabei wird das Trägermolekül Ornithin wieder freigesetzt.

Decarboxylierung

Durch Abspaltung der Carboxyl (Säure)-gruppe von Aminosäuren entstehen biogene Amine, wie beispielsweise das Gewebshormon Histamin aus Histidin, der Neurotransmitter γ-Aminobuttersäure aus Glutaminsäure, der Coenzym A-Bestandteil β-Alanin aus Asparagin und der Phospholipidbaustein Ethanolamin aus Serin. Die biologisch wirksamen Amine werden durch Mono- und Diaminooxidasen wieder inaktiviert.

> **Übersicht 3.4-10**
>
> **Gluco- und ketoplastische Aminosäuren sowie deren Abbauprodukte**
>
> **glucoplastische Aminosäuren**
> | | | |
> |---|---|---|
> | Glycin | → | Pyruvat |
> | Alanin | → | Pyruvat |
> | Serin | → | Pyruvat |
> | Threonin | → | Propionyl-CoA → Succinyl-CoA |
> | Valin | → | Succinyl-CoA |
> | Asparaginsäure | → | Oxalacetat |
> | Glutaminsäure | → | α-Ketoglutarat |
> | Arginin | → | α-Ketoglutarat |
> | Cystein | → | Pyruvat |
> | Methionin | → | Oxalacetat |
> | Histidin | → | α-Ketoglutarat |
> | Prolin | → | α-Ketoglutarat |
>
> **gluco- und ketoplastische Aminosäuren**
> | | | |
> |---|---|---|
> | Isoleucin | → | Succinyl-CoA, Acetyl-CoA |
> | Phenylalanin | → | Fumarat, Acetoacetat |
> | Tyrosin | → | Fumarat, Acetoacetat |
> | Tryptophan | → | Pyruvat, Acetyl-CoA |
>
> **ketoplastische Aminosäuren**
> | | | |
> |---|---|---|
> | Leucin | → | Acetyl-CoA, Acetoacetat |
> | Lysin | → | Acetyl-CoA |

Abbau des Kohlenstoffgerüstes der Aminosäuren

Alle Aminosäuren, die beim Abbau entweder Pyruvat oder Zwischenprodukte des Citratzyklus (Succinyl-CoA, α-Ketoglutarat, Oxalacetat) liefern, werden als glucoplastische Aminosäuren bezeichnet. Alle Aminosäuren, bei deren Abbau Acetyl-CoA oder Acetoacetat entstehen, nennt man ketoplastische Aminosäuren. Daneben gibt es noch Aminosäuren, die eine Zwischenstellung einnehmen und beide Klassen von Abbauprodukten bilden (Übersicht 3.4-10). Glucoplastische Aminosäuren dienen dem Körper während des Hungerns zur Synthese von Glucose (Gluconeogenese). Aus den ketogenen Aminosäuren entstehen Produkte, die entweder im Citratzyklus weiter abgebaut oder zum Aufbau von Ketonkörpern genutzt werden können.

3.4.5.2 Essenzielle Aminosäuren

Etwa die Hälfte der Aminosäuren in den Körperproteinen kann der Organismus selbst synthetisieren. Als Ausgangsstoffe zur Synthese dieser nicht-essenziellen Aminosäuren dienen entweder Oxosäuren aus dem Kohlenhydrat-Stoffwechsel, andere nicht-essenzielle Aminosäuren oder gewisse essenzielle Aminosäuren (Übersicht 3.4-11).

Übersicht 3.4-11
Synthese nicht-essenzieller Aminosäuren

Ausgangssubstrate zur Bildung nicht-essenzieller Aminosäuren

Oxosäure		nicht-essenzielle Aminosäure		essenzielle Aminosäure	
Vorstufe	Produkt	Vorstufe	Produkt	Vorstufe	Produkt
Pyruvat	→ Alanin	Glutamat	→ Prolin	Methionin	→ Cystein
Oxalacetat	→ Asparagat	Glutamat	→ Arginin	Phenylalanin	→ Tyrosin
2-Oxoglutarat	→ Glutamat	Serin	→ Glycin		
Hydroxypyruvat	→ Serin				

Für die Gruppe der essenziellen Aminosäuren gibt es jedoch im tierischen Organismus keine geeigneten Vorstufen. Sie müssen daher in der gesamten erforderlichen Menge mit der Nahrung zugeführt oder mikrobiell verfügbar gemacht werden. Heute gelten 9 Aminosäuren als essenziell.

Valin, Leucin, Isoleucin	aliphatische, verzweigtkettige Aminosäuren
Phenylalanin, Threonin, Tryptophan	aromatische Aminosäuren
Methionin	schwefelhaltige Aminosäure
Lysin, Histidin	basische Aminosäuren

Als bedingt-essenziell (semiessenziell) werden Aminosäuren dann bezeichnet, wenn der Organismus prinzipiell zwar entsprechende Substrate und Enzyme für deren Synthese besitzt, aber die Syntheserate nicht immer dem Bedarf gerecht wird. Dies ist vor allem in Phasen raschen Wachstums der Fall. So konnte in Untersuchungen aus der Arbeitsgruppe KIRCHGESSNER und ROTH (1991) gezeigt werden, dass ein gänzliches Fehlen der Aminosäuren Arginin, Glutaminsäure und Prolin in der Nahrung zu einem vermindertem N-Ansatz bei rasch wachsenden Schweinen führt (Abb. 3.4-7). Damit wurde der Nachweis erbracht, dass die Eigensynthese dieser Aminosäuren beim wachsenden Schwein unzureichend ist, keinen optimalen N-Ansatz gewährleistet und eine optimale Versorgung nur durch entsprechende Zulagen zum Futter erreicht werden kann. Für Geflügel ist Arginin aufgrund eines fehlenden Synthesemechanismus essenziell. Bei wachsenden Küken scheinen Glycin und Prolin zu den bedingt-essenziellen Aminosäuren zu gehören. Die Gruppe der klassischen essenziellen Aminosäuren muss also in Phasen raschen Wachstums um die genannten bedingt-essenziellen Aminosäuren erweitert werden. Bei allen weiteren nicht-essenziellen Aminosäuren ist selbst in starken Wachstumsphasen kein Defizit zu erwarten, selbst wenn die Nahrung frei von diesen Aminosäuren ist. Allerdings müssen immer geeignete N-Quellen zur Synthese verfügbar sein. Die Aminosäuren Cystein und Tyrosin entstehen im Organismus aus den essenziellen Aminosäuren Methionin bzw. Phenylalanin. Mit der Zufuhr von Cystein und Tyrosin lassen sich somit gewisse Mengen an Methionin und Phenylalanin im Futter einsparen. Aus diesem Grund gibt man häufig die Summe aus Methionin + Cystein und Phenylalanin + Tyrosin an.

3.4 Proteine und ihr Stoffwechsel

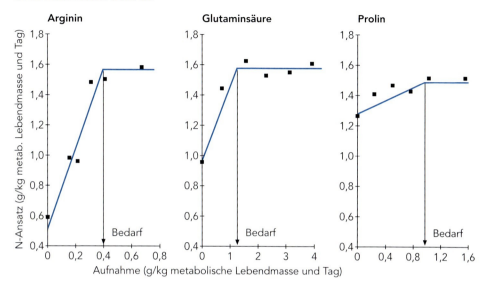

Abbildung 3.4-7

Einfluss der Zulage an Arginin, Glutaminsäure und Prolin auf den N-Ansatz beim wachsenden Schwein

3.4.6 Biologische Proteinqualität und ideales Protein

Ein Nahrungsprotein ist dann als ideal zu bezeichnen, wenn es für eine bestimmte Leistungsrichtung die optimale Zusammensetzung an Aminosäuren aufweist und die Leistung weder durch Zulage noch durch Entfernen einzelner Aminosäuren verbessert werden kann.

> Das „Ideale Protein" beschreibt die für eine bestimmte Leistungsrichtung optimale Zusammensetzung an Aminosäuren im Futter.

Das monogastrische Tier hat im eigentlichen Sinn keinen Proteinbedarf, sondern einen Bedarf an Aminosäuren. Aufgenommene Nahrungsproteine werden ohnehin im Verdauungstrakt zu Tri- und Dipeptiden sowie Aminosäuren abgebaut. Ein entsprechendes mit dem Futter zugeführtes Gemisch aus diesen kurzkettigen Peptiden oder Aminosäuren könnte theoretisch das Eiweiß in der Ernährung voll ersetzen. Der Organismus hat also für Erhaltung und Leistung einen bestimmten Bedarf an einzelnen Aminosäuren, wobei zwischen essenziellen und nicht-essenziellen Aminosäuren zu unterscheiden ist. Fehlt dem Organismus eine essenzielle Aminosäure wird die Eiweißsynthese abrupt gehemmt, wodurch auch alle übrigen Aminosäuren nicht mehr verwertet werden können. Mangelnde Gehalte einer oder mehrerer essenzieller Aminosäuren begrenzen daher den Wert des gesamten Eiweißes einer Ration. Essenzielle Aminsäuren, die in Relation zum Bedarf in der geringsten Menge im Futtereiweiß enthalten sind, werden als begrenzende oder **limitie-**

rende Aminosäuren bezeichnet. Die Tatsache, dass verschiedene Nahrungseiweiße nicht denselben physiologischen Wert besitzen, war schon lang vor der Aufklärung des biochemischen Hintergrundes der Proteinqualität bekannt. Bereits 1841 wies der französische Physiologe FRANCOIS MAGENDIE nach, dass Fleischprotein nicht durch Gelatine zu ersetzen ist. Erst viel später wurde erkannt, dass eine Ergänzung von Proteinen mit bestimmten Aminosäuren in aller Regel günstigere Effekte auf das Wachstum von Tieren hat als das Protein allein (OSBORNE und MENDEL 1914). Damit war der Grundstein für die Erkenntnis gelegt, dass der ernährungsphysiologische Wert eines Proteins von dessen Aminosäuren bestimmt wird.

Neben den limitierenden Aminosäuren kann die Qualität des Proteins aber auch durch einen Überschuss einer oder mehrerer Aminosäuren vermindert sein. So ließ sich beispielsweise der biologische Wert von Casein geringfügig erhöhen, wenn ein Teil der überschüssigen Aminosäuren wie Tryptophan oder Lysin entfernt wurde (WANG und FULLER 1989). Ein Nahrungsprotein hat also dann die höchstmögliche biologische Qualität, wenn alle Aminosäuren genau in der Relation vorliegen, in der sie vom Organismus benötigt werden. Diese Überlegung liegt dem **„Konzept des Idealproteins"** zugrunde. Als Idealprotein versteht man somit ein Modellprotein, bei dem das Verhältnis aller einzelnen essenziellen Aminosäuren exakt dem Bedarf des Organismus entspricht. Die biologische Qualität eines Idealproteins kann somit weder durch Zulage noch durch Weglassen einzelner Aminosäuren gesteigert werden. Das Idealprotein beschreibt zudem die für eine bestimmte Leistungsrichtung optimale Relation der Aminosäuren im Futter und dient damit als Referenzgröße.

Übersicht 3.4-12

Ideale Relationen von Aminosäuren für Schwein und Geflügel in verschiedenen Leistungsstadien

Aminosäure	Schwein			Geflügel	
	Erhaltung	Wachstum	Erhaltung + Wachstum*	Legehenne	Broiler
Lysin	100	100	100	100	100
Methionin	32	28	–	44	–
Methionin + Cystein	147	53	63	–	72/75**
Threonin	139	69	72	74	67/73
Tryptophan	29	18	19	16	17
Leucin	71	115	110	94	111
Isoleucin	45	63	60	76	67
Valin	53	77	75	64	77
Phenylalanin	63	60	–	58	–
Phenylalanin + Tyrosin	124	124	124	107	105
Arginin	–	–	42	82	105
Histidin	–	–	32	–	37

* N-Ansatz: 1g/kg metabolische Lebendmasse und Tag.
** Zahlen geben den Bedarf zwischen 0. und 21. Tag bzw. zwischen dem 21. und 49. Tag nach dem Schlüpfen an.
– Keine experimentellen Daten vorliegend.

Erst mit der Kenntnis des Idealproteins ist eine Bewertung der biologischen Qualität von Futterproteinen möglich. Selbstverständlich muss dabei die Verdaulichkeit der Aminosäuren in den Futtermitteln berücksichtigt werden. Die optimale Relation der Aminosäuren in einem Futterprotein sollte heute deshalb nur noch auf der Basis der praecaecal verdaulichen Aminosäuren ausgedrückt werden. Die Zusammensetzung des Idealproteins ist außerdem sehr stark von der Spezies sowie vom Leistungsstatus des Tieres abhängig. Übersicht 3.4-12 zeigt die Zusammensetzung des Idealproteins für Schweine (WANG und FULLER 1989), Legehennen (KIRCHGESSNER und Mitarbeiter 1995) und Broiler (BAKER und Mitarbeiter 1994, 1996).

Beim Vergleich der idealen Zusammensetzung von Aminosäuren fällt der anteilig hohe Bedarf an Threonin, Tryptophan und den schwefelhaltigen Aminosäuren Methionin und Cystein während der Erhaltung im Vergleich zum Wachstum auf. Der Grund liegt in der außerordentlichen Bedeutung dieser Aminosäuren für viele, ohnehin in jedem Leistungsstadium benötigten Stoffwechselfunktionen. Der Bedarf an Aminosäuren für das Wachstum resultiert hingegen ausschließlich aus dem Einbau dieser Aminosäuren in ganz spezifische Körperproteine. Beim schnell wachsenden Tier wird der Bedarf aller Aminosäuren überwiegend durch den Einbau der Aminosäuren in Gewebeproteine bestimmt. Bei der Legehenne ergibt sich das Idealprotein weitgehend durch die Relationen der Aminosäuren im gebildeten Eiprotein, beim Broiler durch die Zusammensetzung der Aminosäuren des gebildeten Muskelfleisches. Als Bezugsbasis wird meist Lysin verwendet, da es häufig die erstlimitierende Aminosäure in Futtermitteln darstellt.

3.4.6.1 Bestimmung und Bewertung der Qualität von Futtereiweißen

Um die Proteinqualität eines Futters bewerten zu können, benötigt man neben der Zusammensetzung der Aminosäuren, auch Werte zur **praecaecalen Verdaulichkeit** der Aminosäuren im Futtermittel, Kenntnisse über die Zusammensetzung der beim Wachstum, bei der Wollbildung, bei der Milchbildung oder Eileistung gebildeten Proteine sowie Kenntnisse zur Erneuerungsrate und Zusammensetzung der Proteine, die während der Erhaltung einem ständigen Auf- und Abbau unterliegen. Die Qualität eines Nahrungsproteins wird somit direkt von der Zusammensetzung und der praecaecalen Verdaulichkeit von Aminosäuren bestimmt. Die Qualität eines Futterproteins ist deshalb umso größer, je besser praecaecal verdaulich es ist und je mehr seine Aminosäuren dem Bedarf des Tieres entsprechen. Mit modernen chromatographischen Analysenmethoden ist es heute leicht möglich, die Gehalte der Aminosäuren in Futterproteinen zu bestimmen. Durch den Vergleich mit den Relationen der Aminosäuren von experimentell ermittelten Idealproteinen kann eine Abschätzung der biologischen Qualität des jeweiligen Futterproteins vorgenommen werden. Allerdings existieren bislang noch nicht für alle Nutztiere experimentell gesicherte Daten zum idealen Profil an Aminosäuren. Auch innerhalb einer Spezies variiert die ideale Zusammensetzung an Aminosäuren in Abhängigkeit von der Art und Höhe der zu erbringenden Leistung des Tieres. Zur Beurteilung der Proteinqualität muss außerdem die praecaecale Verdaulichkeit der einzelnen Aminosäuren im Futter berücksichtigt werden. Die Schwierigkeit besteht allerdings darin, diese für jeweils alle in Frage kommenden Futterproteine experimentell zu ermitteln. In den Empfehlungen der Gesellschaft für Ernährungsphysiologie für Schweine (2006) sind bereits erste Daten zu den praecaecalen Verdaulichkeiten von verschiedenen Futtermitteln zusammengestellt. Solange diese aber noch

3 Die Nährstoffe und ihr Stoffwechsel

nicht für alle Futterproteine unter Berücksichtigung der vom Tier erbrachten Leistung bekannt sind, werden nach wie vor zum Teil auch noch ältere Verfahren wie zum Beispiel die Ermittlung der biologischen Eiweißwertigkeit oder des „Essential Amino Acid Index" verwendet, um die Qualität eines Futterproteins abzuschätzen.

Unter dem Begriff **„Biologische Wertigkeit"** (BW) versteht man nach THOMAS (1909) und MITCHELL (1924) den Anteil des absorbierten Stickstoffs, der im Körper für den N-Erhaltungsstoffwechsel und für die Neusynthese N-haltiger Körperbestandteile (Proteinansatz) verwertet werden kann. Zur Ermittlung des im Organismus für den N-Stoffwechsel tatsächlich genutzten Stickstoffs werden sowohl die Höhe des N-Ansatzes als auch die N-Verluste benötigt. N-Verluste erfolgen vor allem über Kot und Harn, in geringem Maße auch über Haarverluste und Hautabschilferungen. Allerdings setzen sich die N-Verluste im Kot aus nicht absorbiertem und endogenem Stickstoff zusammen. Ebenso muss auch beim Harn zwischen exogenem und endogenem Harn-N unterschieden werden. Der exogene Harn-N entspricht dabei dem Stickstoff der im N-Stoffwechsel nicht-genutzten Aminosäuren. Endogener Harn-N stammt hingegen aus irreversiblen Umsetzungen bei der Erneuerung von Körperproteinen und einfachen Stickstoffverbindungen und ist definitionsgemäß mit dem im Erhaltungsumsatz ausgeschiedenen Harn-N-Minimum gleichzusetzen. Der im Organismus tatsächlich genutzte Stickstoff ergibt sich also aus dem N-Ansatz abzüglich des endogenen Stickstoffs in Kot und Harn. Gegebenenfalls können auch Haarverluste und Hautabschilferungen mitberücksichtigt werden. In der früheren Literatur wurde der N-Ansatz abzüglich des endogenen N in Kot und Harn-N unter dem Begriff „retinierter Stickstoff" zusammengefasst, da im engeren Sinn die Resynthese von Körperproteinen zum Ausgleich der endogenen N-Verluste auch eine „Retention" darstellt. Heute wird der Begriff „N-Retention" beim wachsenden Tier jedoch gleichbedeutend mit N-Ansatz verwendet. Die Gleichung zur Berechnung der biologischen Wertigkeit umfasst somit folgende Größen:

$$BW = \frac{RN + FN_e + UN_e + VN}{N_a} \times 100$$

$$= \frac{IN - FN - UN + FN_e + UN_e + VN}{N_v + FN_e} \times 100$$

IN = N-Aufnahme
FN = Kot-N
UN = Harn-N
RN = N-Retention
VN = N-Verluste in Haut/Haaren

N_a = absorbierter N
N_v = verdaulicher N
   = IN − FN
FN_e = endogener Kot-N
UN_e = endogener Harn-N

Übersicht 3.4-13 zeigt die biologische Wertigkeit einiger Nahrungs- und Futtermittel, die an Versuchen mit Ratten und Schweinen ermittelt wurden (Thomas-Mitchell-Methode). Die Werte wurden bei wachsenden Tieren gewonnen und gelten damit für Erhaltung plus Wachstum. Die Qualität des Futterproteins wird dabei maßgeblich von der Zusammensetzung der erneuerten Proteine im Rahmen des üblichen Turnovers sowie der zusätzlich synthetisierten Proteine während des Wachstums bestimmt.

Übersicht 3.4-13
Biologische Wertigkeit einiger Nahrungs- und Futtermittel

Ei	96	Weizenkleie	64
Kuhmilch	92	Sojabohnen, roh	64
Fischmehl	76–90	Baumwollsaat	64
Muskelfleisch	75	Mais	54–60
Sojabohnen, erhitzt	75	Erbsen	48
Kartoffeln	71	Weizenkleber	40
Hefe	70	Bohnen	38
Getreide	64–67		

Grundlage der chemischen Verfahren wie dem „Essential Amino Acid Index" (EAAI) zur Bestimmung der Proteinqualität des Futters sind die analytisch ermittelten Gehalte an Aminosäuren des zu beurteilenden Proteins. Da der tatsächliche Bedarf an Aminosäuren der Tiere bislang kaum bekannt war, werden dabei anders als bei dem oben beschriebenen Konzept des Idealproteins die relativen Konzentrationen der Aminosäuren des zu beurteilenden Proteins mit denen eines bekannten biologisch hochwertigen Testproteins wie etwa dem Ei- oder Milchprotein verglichen. Dabei gilt ein Protein als umso hochwertiger, je mehr seine Zusammensetzung der Aminosäuren der des biologisch hochwertigen Testproteins entspricht.

Allerdings lässt diese Methode die Verfügbarkeit bzw. praecaecale Verdaulichkeit der Aminosäuren völlig unberücksichtigt. Der Fehler beim EAAI wird also dann besonders groß, wenn die Zusammensetzung der absorbierten Aminosäuren deutlich abweicht von der Zusammensetzung der Aminosäuren im Futterprotein. Für eine korrekte Beurteilung der biologischen Qualität eines Futterproteins müsste dann die praecaecale Verdaulichkeit in die Bewertung mit einfließen.

3.4.6.2 Ergänzungswirkung von Proteinen

Die biologische Wertigkeit von Proteinen lässt sich häufig durch Kombination verschiedener Futtereiweiße steigern. Es ist deshalb sinnvoll, die Summe aller Aminosäuren im Futter mit dem Bedarf des Tieres an Aminosäuren zu vergleichen. In Abbildung 3.4-8 wird deutlich, wie sich die Zusammensetzung der Aminosäuren einer Kombination aus Gersten- und Fischmehlprotein im Vergleich zu den einzelnen Futtereiweißen ändert. Als Bezugsgröße wurde der Bedarf an Aminosäuren von wachsenden Schweinen (20–30 kg) gewählt. Der Wert 100 entspricht der Zusammensetzung an Aminosäuren, die das Futterprotein haben müsste, wenn es bei einem Anteil von 18–20 % in der Ration genau den jeweiligen Bedarf an Aminosäuren dieser Tiere decken soll. Die Abbildung verdeutlicht, dass eine Ergänzung des Gerstenproteins mit Fischmehl geeignet wäre, das lysin- und methionindefiziente Gerstenprotein auszugleichen und den Bedarf an Aminosäuren der Tiere zu decken. Die biologische Wertigkeit der Mischung liegt dabei höher als der Mittelwert der biologischen Wertigkeit der Einzelproteine. Die beiden Proteine haben sich somit in ihrer biologischen Wertigkeit ergänzt und verbessert.

Eine Ergänzungswirkung tritt somit immer dann auf, wenn Protein A einer Futtermischung den Mangel an essenziellen Aminosäuren in Protein B ausgleichen kann. Die es-

Abbildung 3.4-8

Zusammensetzung der Aminosäuren einzelner und kombinierter Futtereiweiße in Relation zum Bedarf wachsender Schweine

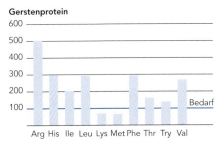

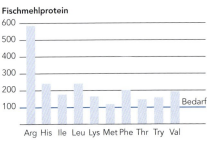

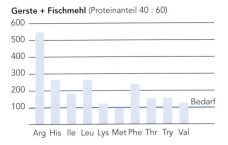

Abbildung 3.4-9

Methioningehalte in verschiedenen Futtereiweißen in Relation zum Methioninbedarf wachsender Schweine

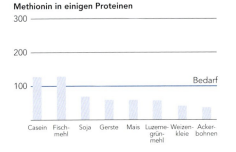

senziellen Aminosäuren Lysin und Methionin gehören zu den häufig limitierenden Aminosäuren in pflanzlichen Proteinen. Abbildung 3.4-9 zeigt die niedrigen Gehalte an Methionin in pflanzlichen gegenüber tierischen Proteinen. Da Lysin und Methionin im Milchprotein Casein in deutlich höheren Mengen enthalten sind, ist es als ergänzendes Protein für viele pflanzliche Eiweißträger gut geeignet.

Eiweißfuttermittel mit defizitären Anteilen essenzieller Aminosäuren können auch mit synthetischen Aminosäuren ergänzt werden. So lässt sich beispielsweise die biologische Wertigkeit von Futterhefe, Süßlupine und Erbsenschrot durch Zugabe von Methionin deutlich steigern (Übersicht 3.4-14; NEHRING und BOCK 1962).

Eine Veränderung der natürlichen Zusammensetzung von Aminosäuren in einem Futtereiweiß ist durch Züchtung oder gentechnische Maßnahmen möglich und zum Teil auch bereits verwirklicht. So gelang es auf züchterischem Weg bei Mais, Mutanten mit deutlich höheren Lysin- und Tryptophangehalten zu erzeugen als Hybridmais. „Opaque-2" Mais enthält beispielsweise etwa doppelt soviel Lysin und die 1,5-fache Menge an Tryptophan wie klassischer Hybridmais. Im Grunde genommen ist es heute möglich die Zusammensetzung der Aminosäuren in Pflanzen so zu verändern, dass sie dem Bedarf von Tier und Mensch sehr nahe kämen. Leider wurden bislang zu wenige Bemühungen unternommen, die Relationen an Aminosäuren in Pflanzenproteinen zu verbessern. Möglicherweise liegt der Grund darin, dass solche züchterischen Vorteile zunächst auf Kosten geringerer Flächenerträge „erkauft" werden. Die Verbesserung der Zusammensetzung von Aminosäuren in pflanzlichen Proteinen wäre jedoch nicht nur für den Bereich der Tierernährung von großem Wert, sondern auch für die menschliche Ernährung, zumal Proteinmangel in bestimmten Regionen der Erde immer noch ein zentrales Problem darstellt.

3.4 Proteine und ihr Stoffwechsel

Übersicht 3.4-14
Ergänzung pflanzlicher Proteine durch synthetisches DL-Methionin (Met)

	Futterhefe		Süßlupine		Erbsenschrot	
	ohne Met	+ 6 % Met	ohne Met	+ 3 % Met	ohne Met	+ 3 % Met
BW (Ratte)	67	79	55	65	60	77

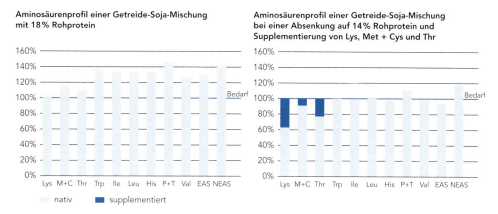

Abbildung 3.4-10
Zusammensetzung der Aminosäuren von Getreide-Soja-Mischungen mit und ohne Zusatz von synthetischen Aminosäuren in Relation zum Bedarf des wachsenden Schweins

Darüber hinaus wären Proteine mit hoher biologischer Wertigkeit auch von großem ökologischem Nutzen. Von einem minderwertigen Protein geringer biologischer Wertigkeit müssen große Mengen eingesetzt werden, um den Bedarf an limitierenden Aminosäuren zu decken, sofern dies überhaupt gelingt. Überschüssige Aminosäuren werden im Organismus jedoch rasch abgebaut und der Stickstoff in Form von Harnstoff ausgeschieden. Diese hohen Harnstoffmengen im Urin tragen jedoch in erheblichem Maße zur Stickstoffbelastung der Umwelt bei. Folglich ist auch aus ökologischer Sicht eine Optimierung der Relationen von Aminosäuren durch Einsatz synthetischer Einzelaminosäuren oder durch gezieltes Ausnutzen der Ergänzungswirkung verschiedener Futterproteine anzustreben.

Da auch an die Schweinehaltung die Forderung gestellt ist, sie umweltverträglich zu gestalten, muss in erster Linie eine Minimierung der N-Ausscheidung angestrebt werden. Hierzu ist es erforderlich, den Bedarf an Aminosäuren bei einer möglichst niedrigen Proteinaufnahme zu decken, d. h. die Proteinqualität dem des Idealproteins anzugleichen. Dies wiederum bedeutet, dass weder einzelne essenzielle, noch die Summe der nicht-essenziellen Aminosäuren im Mangel oder Überschuss vorliegen dürfen. In Versuchen zur N-Bilanz bei 50 kg schweren Mastschweinen (KIRCHGESSNER und ROTH 1993) konnten bei einem Mindestproteingehalt von 14 %, bei einer Energiezufuhr von 13 MJ/kg, einem Lysingehalt von 7,3 % im Protein und einem Verhältnis von essenziellen zu nicht-essenziellen Aminosäuren von 47 : 53 der höchste Proteinansatz und die geringste N-Ausscheidung in Kot und Harn erzielt werden. Auch Abbildung 3.4-10 verdeutlicht diesen Zusammenhang. Wird die

Mast beim Schwein mit einer Getreide-Soja-Mischung durchgeführt, so ist ein Proteinanteil von 18 % in der Ration nötig, um den Bedarf der erstlimitierenden Aminosäure Lysin zu decken. Werden jedoch die Aminosäuren Lysin, Methionin + Cystein sowie Threonin in synthetischer Form ergänzt, so kann der Rohproteingehalt der Ration auf 14 % abgesenkt werden. Überschüsse an Aminosäuren können damit vermieden und die Synthese von Harnstoff minimiert werden. Die Gestaltung einer Futterration mit einer unter Berücksichtigung der praecaecalen Verdaulichkeit für das Tier optimalen Zusammensetzung an Aminosäuren ist nicht nur ökologisch notwendig, sondern auch ökonomisch sinnvoll.

3.4.6.3 Proteinqualität beim Wiederkäuer

Aufgrund des komplexen Abbaus von Eiweißen und NPN-Verbindungen aus der Nahrung und der Neusynthese von Aminosäuren und Proteinen durch die Mikroorganismen des Pansens ergeben sich beim Wiederkäuer andere Anforderungen an die Futterproteine als bei monogastrischen Tieren. Das im Gastrointestinaltrakt absorbierbare Gemisch an Aminosäuren und kurzkettigen Peptiden ist nämlich nur zum geringen Teil mit den ursprünglichen Aminosäuren des Futterproteins identisch. Die Frage ist daher, wie hoch die biologische Wertigkeit von Bakterien- und Protozoeneiweiß ist?

Vergleicht man die Zusammensetzung der Aminosäuren von Mikrobeneiweiß mit biologisch hochwertigem Milcheiweiß, so weisen sowohl Bakterieneiweiß als auch Protozoeneiweiß ein für das Tier überaus günstiges Muster an Aminosäuren auf (im Einzelnen siehe Übersicht 7.1-9). Auf der Basis experimenteller Versuche mit Ratten ließ sich eine biologische Wertigkeit des Mikrobenproteins von etwa 80 ermitteln. Ähnlich hoch lagen die Werte für das Mikrobenprotein bei intragastral ernährten Schafen nach Messung des N-Ansatzes (STORM und ORSKOV 1984). Der Wiederkäuer ist also von der Proteinqualität des Futters weit weniger abhängig als das monogastrische Tier.

3.4.7 Proteinbedarf der Tiere

Im folgenden Kapitel werden einige allgemeine Aspekte zum Eiweißbedarf erläutert. Bedarfsangaben für einzelne Tierarten und Leistungsrichtungen werden in den Kapiteln zur „Praktischen Fütterung" behandelt. Wie bereits mehrfach erwähnt, ist beim monogastrischen Tier, aber auch beim Wiederkäuer der Proteinbedarf im eigentlichen Sinn ein Bedarf an Aminosäuren. Während beim Monogaster der Bedarf auf der Basis praecaecal verdaulicher essenzieller Aminosäuren angegeben wird, erfolgt dies beim Wiederkäuer unter Angabe des nutzbaren Proteins am Duodenum. Bei der Ableitung des Bedarfs kann heute nach wie vor nicht auf die Ermittlung von N-Bilanzen verzichtet werden.

3.4.7.1 Stickstoff-Bilanz

Bei der Messung der Stickstoff-Bilanz (N-Bilanz) wird nämlich die Differenz zwischen aufgenommener und ausgeschiedener Stickstoffmenge erfasst. Die N-Bilanz von adulten Tieren ist üblicherweise während der Erhaltung ausgeglichen (N-Bilanz = 0). Bei adäquater Versorgung ausgewachsener Tiere mit Aminosäuren stehen somit Stickstoffaufnahme

Übersicht 3.4-15
N-Bilanz einer trockenstehenden trächtigen Kuh

	g/Tag	
	N-Verluste	N-Aufnahme
N im Futter		180
N im Kot	70	
N im Harn	90	
N-Verluste (Hautabschilferung, Horn, Haar)	2 (häufig vernachlässigt)	
gesamte N-Verluste	**162**	
N-Bilanz		**+ 18 g N/Tag**

und -abgabe im Gleichgewicht. Der zur Erhaltung benötigte Stickstoff muss den Stickstoff aus abgebauten Aminosäuren und anderen N-haltigen Verbindungen im Rahmen des normalen Protein- und Zellturnovers ersetzen. Verbleibt mehr Stickstoff im Körper als aufgenommen wird, so ist die N-Bilanz positiv. Dabei wird nur ein Teil des aufgenommenen Stickstoffs ausgeschieden. Dies ist vor allem während des Wachstums der Fall (Protein-Anabolismus). Werden in der Bilanz mehr Eiweiße vom Körper abgebaut als aufgebaut, was beispielsweise beim Hungern oder Mangel an essenziellen Aminosäuren durch Fütterung minderwertiger Eiweiße der Fall ist, so ist die N-Bilanz negativ. In diesen Situationen wird mehr Stickstoff ausgeschieden als zum Erhalt der Proteinmasse des Körpers erforderlich ist (Protein-Katabolismus). Bei der Erstellung von N-Bilanzen werden die mit dem Futter aufgenommenen N-Mengen den N-Ausscheidungen gegenübergestellt. Stickstoff wird sowohl über den Kot ausgeschieden als auch in Form von Harnstoff über den Urin. Hinzu kommen auch noch Verluste über Hautabschilferungen sowie Haare und Hornteile.

Die N-Bilanz ermöglicht die Untersuchung kurzer Wachstumsabschnitte. Bei der Ermittlung der N-Bilanz auf der Basis von N-Ausscheidungen in Kot und Harn wird der N-Ansatz aber normalerweise überschätzt, da Verluste flüchtiger N-Verbindungen zumeist nicht erfasst werden. Dies trifft vor allem für wachsende Tiere mit hoher Proteinversorgung zu, weshalb hier die N-Bilanz durch die Bestimmung des Proteingehalts im Ganzkörper ergänzt wird. Nachteil der Ganzkörperanalyse ist, dass die N-Retention etwas unterschätzt wird, da Proteinverluste während des Wachstums (z. B. Abschilferungen von Haut, Horn und Darmzellen, Schleim) nicht berücksichtigt werden. Ein weiterer Nachteil ergibt sich dadurch, dass man sich bei Ermittlung des Proteinstatus auf Tiere mit geringerem Gewicht beziehen muss.

Bei Bestimmung der N-Bilanz werden auch Verbindungen miterfasst, die chemisch gesehen keine Proteine darstellen. Sie spielen jedoch quantitativ nur eine untergeordnete Rolle oder sind wie beim Wiederkäuer, den Proteinen ernährungsphysiologisch zum Teil gleichzusetzen. Folgende Aufstellung zeigt die N-Bilanz einer trockenstehenden trächtigen Kuh (Übersicht 3.4-15). Dabei wird anhand der positiven N-Bilanz deutlich, dass sich das Tier in einer proteinanabolen Stoffwechsellage befindet.

Die N-Bilanz hängt wesentlich von der Energieaufnahme ab. Lässt man ein Tier hungern, so erhöhen sich die N-Ausscheidungen in Kot und Harn. Dies ist Ausdruck eines vermehrten Eiweißabbaus. Dieser ausgeprägte Eiweißabbau ist vor allem durch die stark sti-

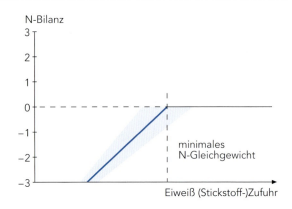

Abbildung 3.4-11

N-Bilanz des Tieres in Abhängigkeit der Eiweißzufuhr

mulierte Gluconeogenese bedingt und wird durch die proteinkatabolen Glucocorticoide gefördert. Der freiwerdende Stickstoff wird in Form von Harnstoff ausgeschieden. Des Weiteren können aufgrund der fehlenden Energie- und Eiweißzufuhr auch die üblichen Proteinverluste im Rahmen des Turnovers nicht erneuert werden. Dieser starke N-Verlust innerhalb der ersten Tage schwächt sich jedoch ab und erreicht ein Plateau, das so genannte **Hungerminimum.** Die nachlassenden N-Verluste sind durch die vermehrt gebildeten Ketonkörper bedingt, die „Glucose- bzw. Protein-sparende" Wirkung haben. Sind jedoch die Fettspeicher erschöpft, versiegt auch die Ketonkörperbildung und der Organismus baut auch große Mengen Protein zu energetischen Zwecken ab. Die N-Ausscheidung steigt dann wieder deutlich an.

Bekommt das Tier zwar genügend Energie, jedoch kein Protein mit der Nahrung, dann ist die N-Ausscheidung geringer als im Hungerminimum. Die unter diesen Bedingungen ausgeschiedene N-Menge nennt man **minimale N-Ausscheidung.** Sie ist deshalb kleiner als das Hungerminimum, da hier keine Proteine zur Bereitstellung von Glucose abgebaut werden müssen. Die Stickstoffverluste bei der minimalen N-Ausscheidung setzen sich zusammen aus dem N im Kot (N aus Verdauungssekreten, abgeschilferten Darmzellen, Schleim) und Urin. Wird nun der Ration Eiweiß zugelegt, so stellt sich ab einer gewissen N-Zufuhr ein N-Gleichgewicht ein, das als minimales N-Gleichgewicht bezeichnet wird (Abb. 3.4-11). Die Höhe der Proteinzulage bis zum Erreichen des Gleichgewichts hängt entscheidend von der biologischen Eiweißwertigkeit und der praecaecalen Verdaulichkeit der Aminosäuren ab.

Die Eiweißzufuhr bei minimalem N-Gleichgewicht stellt den zur Erhaltung des Proteinbestandes notwendigen Eiweißbedarf dar. Dieses **Eiweißminimum** kann bei Proteinentzug aus den endogenen N-Verlusten in Kot und Harn und den dermalen N-Verlusten unter Berücksichtigung der Ausnutzung des Futtereiweißes ermittelt werden (faktorielle Methode). Das Eiweißminimum lässt sich aber auch aus N-Bilanzversuchen ableiten. Bei diesem Verfahren müssen die Versuchsrationen ausreichend Energie enthalten, während das Protein dann in gestaffelten Mengen zugelegt wird. Die Zusammensetzung der Aminosäuren in einem Protein sollte dabei möglichst nahe dem Bedarf des Tieres gehalten werden, um das minimale N-Gleichgewicht schon bei möglichst geringen Proteinmengen zu erreichen.

3.4.8 Fehlernährung mit Proteinen und Aminosäuren

Störungen in der Versorgung mit Aminosäuren entstehen in Situationen genereller Eiweißmangelernährung, bei Unterversorgung an einzelnen essenziellen Aminosäuren, bei Eiweißüberschuss sowie bei Imbalancen zwischen Aminosäuren. Eine mangelnde Zufuhr an Eiweiß führt sehr rasch zu vermindertem Wachstum bzw. verminderter Leistung des Tieres, verbunden mit einer deutlich verschlechterten Immunabwehr. Im Kapitel „Praktische Fütterung" werden hierzu auch Beispiele aufgeführt.

Ein **Eiweißüberschuss** hat eine verstärkte Harnstoffsynthese in der Leber sowie eine vermehrte Harnstoffausscheidung über die Niere zur Folge. Da die gesunde Leber relativ große Harnstoffmengen bilden kann, die über den Urin vollständig ausgeschieden werden, vertragen monogastrische Tiere ebenso wie Wiederkäuer vorübergehend auch Eiweißmengen, die weit über dem Bedarf liegen. Allerdings sollte dies aus ökonomischen wie ökologischen Gründen vermieden werden. Der ausgeschiedene und mit der Gülle ausbrachte Harnstoff trägt nämlich wesentlich zur Stickstoffbelastung der Umwelt bei. Eine Anpassung der Eiweißzufuhr an den tatsächlichen Bedarf des Tieres sowie die Optimierung der Zusammensetzung von Aminosäuren im Futter stellen zwei wesentliche Möglichkeiten dar, die Stickstoffbelastung der Umwelt zu minimieren. Die Methode der Phasenfütterung ist eine Erweitung dieser angestrebten Minimierung. Hierbei wird die Wachstumsphase in mehrere Teilperioden unterteilt. Die Tiere erhalten dann ein gemäß ihrem spezifischen Eiweißbedarf entsprechendes Futter. Überhöhte Proteinzufuhren können neben den genannten Nachteilen für die Umwelt auch zu verstärkten Calciumverlusten über die Niere führen.

Weicht die Zusammensetzung der Aminosäuren des aufgenommenen Nahrungsproteins deutlich von dem des „Idealen Proteins" ab, sodass Futteraufnahme und/oder Wachstum beeinträchtigt werden, so spricht man von **Imbalancen zwischen Aminosäuren.** Solche Imbalancen lassen sich entweder durch Überschüsse einzelner Aminosäuren in einem ansonsten idealen Protein erzeugen oder durch einen Überschuss an Protein relativ zu einer limitierenden Aminosäure. Im letzteren Fall kann die Imbalance durch Zulage der limitierenden Aminosäure/n wieder vollständig beseitigt werden. Die Auswirkungen auf Wachstum und Futteraufnahme sind abhängig von der Art der fehlenden Aminosäure. So ist beispielsweise bei der Fütterung von Schweinen mit einem lysindefizienten Protein das Wachstum, jedoch nicht die Futteraufnahme beeinträchtigt (HENRY und Mitarbeiter 1992). Das verminderte Wachstum resultiert einerseits aus der fehlenden essenziellen Aminosäure für die Proteinsynthese, andererseits auch durch die Hemmung von Wachstumssignalen aufgrund verminderter Verfügbarkeit des proteinanabolen IGF-1. Im Gegensatz dazu führt tryptophanarmes Futter sowohl zu verminderter Gewichtsentwicklung als auch zu einem Rückgang der Futteraufnahme. Die verminderte Futteraufnahme resultiert vermutlich aus einem Mangel an Serotonin, das unmittelbar aus der Aminosäure Tryptophan synthetisiert wird. Durch die niedrigen Tryptophangehalte im Futter – im Vergleich zum relativen Überschuss an anderen Aminosäuren – kommt es außerdem an der Blut-Hirn-Schranke zu einer Konkurrenzsituation um die Transporter der Aminosäuren, wobei vor allem langkettige neutrale Aminosäuren mit Tryptophan um einen gemeinsamen Transport konkurrieren. Die mangelnde Aufnahme von Tryptophan in das Gehirn, verbunden mit der verringerten Synthese von Serotonin ist vermutlich die Ursache der verminderten Futteraufnahme. Darüber hinaus scheinen einige Aminosäuren wie beispielsweise Methionin oder Cystein ab gewissen Konzentrationen auch toxisch zu wirken.

Aminosäuren für den Wiederkäuer sind zunächst Kenntnisse zum Nettobedarf des Tieres an Aminosäuren erforderlich. Der Nettobedarf an Stickstoff für die Aminosäuren ergibt sich einerseits aus den endogenen N-Verlusten über Harn und Kot sowie den N-Verlusten durch Haut- und Hornabschilferungen, andererseits aus dem für den Proteinansatz bzw. die Milchbildung benötigtem Protein. Zur Ermittlung des gesamten Proteinbedarfs bzw. zur Beurteilung der Proteinversorgung sind jedoch nicht nur Kenntnisse zum Nettobedarf an Stickstoff für die Bildung von Aminosäuren erforderlich, sondern auch Daten zur Zusammensetzung der Aminosäuren des in den Dünndarm gelangenden Proteins. Die Ermittlung des nutzbaren Proteins am Duodenum dient heute als Bewertungsgrundlage (GfE 2001). Das scheinbar verdaute Rohprotein, also die Differenz zwischen N-Aufname mit dem Futter und der N-Ausscheidung über den Kot, gibt nämlich beim Wiederkäuer keine verlässliche Auskunft über die in den Dünndarm übertretenden Aminosäuren (siehe Kapitel 2.2.1). Da im Unterschied zum monogastrischen Tier die Zusammensetzung der Aminosäuren des in den Dünndarm gelangenden Proteins aufgrund des hohen Mikrobenproteinanteils nicht so stark variiert, wird der Bedarf an Aminosäuren deshalb auf der Basis der Summe des Aminosäurenstickstoffs bewertet. Zur Ermittlung des Bedarfs an nutzbarem Rohprotein am Duodenum ist zudem die intermediäre Verwertung des absorbierten nutzbaren Stickstoffs in Aminosäuren zu berücksichtigen, die Absorbierbarkeit und der Anteil des Stickstoffs in Aminosäuren am Nicht-Ammoniak-Stickstoff im Duodenalchymus. Die Menge an nutzbarem Rohprotein im Duodenum muss deshalb größer sein als der Nettobedarf.

Neben diesem Bedarf des Tieres an Protein am Duodenum muss aber auch die ruminale N-Bilanz (RNB) berücksichtigt werden. Ein Mangel an verfügbarem N im Pansen würde die mikrobielle Proteinsynthese deutlich beeinträchtigen, während zu hohe ruminal verfügbare N-Mengen das Tier, wie auch die Umwelt belasten würden. Aus diesem Grund sollte die RNB stets ausgeglichen sein. Als N-Quelle für die Mikroben dienen der Ammoniak-Stickstoff, der beim Abbau von Aminosäuren oder NPN aus dem Futter freigesetzt wird, die Aminosäuren des Futters sowie der Harnstoff aus dem Blut.

Jedes Futtermittel liefert neben dem nutzbaren Protein am Duodenum auch einen positiven oder negativen Beitrag für die RNB. Diese lässt sich aus dem Rohprotein des Futters (XP) abzüglich des nutzbaren Proteins (nXP) errechnen ([XP-nXP]/6,25). Dieser Wert ist für alle Futtermittel in den Futterwerttabellen enthalten. Bei der Zusammenstellung von Futterrationen ist darauf zu achten, dass die Kombination von Futtermitteln mit negativen oder positiven Beitrag zur RNB so erfolgt, dass die RNB insgesamt ausgeglichen ist.

Große methodische Schwierigkeiten bestehen vor allem für die Bestimmung der intermediären Verwertung des absorbierten nutzbaren Stickstoffs von Aminosäuren. Dementsprechend groß sind die Abweichungen der experimentell ermittelten Werte. Die intermediäre Verwertbarkeit des Proteins wird von der GfE (2001) mit 70% für den Proteinansatz und mit 75% für die Milchbildung angegeben. Die Absorbierbarkeit des Stickstoffs aus Aminosäuren mikrobieller Herkunft ist relativ konstant und beträgt meist mehr als 85% (STORM et al. 1983; TAS et al. 1981). Die Absorption des nicht abgebauten Stickstoffs aus Aminosäuren des Futters kann hingegen deutlich variieren. Über Regressionsanalysen wurde versucht, die mittlere Absorption aller Aminosäuren im Duodenum abzuleiten. Die GfE (2001) hat diesen Wert auf 85% gesetzt. Zur Bedarfsableitung im Einzelnen siehe Kapitel 7.1.

$$\text{pcv Lys (g/Tag)} = \text{Erhaltungsbedarf (g/Tag)} + \frac{\text{Lys LP} \times \text{Leistungsprodukte (g/Tag)}}{\text{intermediäre Verwertung des pcv Lys}}$$

Dabei bedeutet:
pcv Lys = praecaecal verdauliches Lysin
Lys LP = Gehalt an Lysin (g/100g Protein) im Leistungsprodukt
Leistungsprodukte (LP) = Proteinansatz/Milchproteinmenge (g/Tag)

$$\frac{\text{intermed. Verwertung}}{\text{des pcv Lys}} = \frac{\text{Lys LP} \times \text{Leistungsprodukte (g/Tag)}}{\text{Aufnahme an pcv Lys nur für d. Leistung (g/Tag)}}$$

Das gleiche Vorgehen wie für Lysin ist für andere essenzielle Aminosäuren noch nicht möglich, da zu wenige Angaben zur intermediären Verwertung vorliegen. Selbst die Daten zur intermediären Verwertung des praecaecal verdauten Lysins lassen keine eindeutigen Schlüsse zu. Die intermediäre Verwertung stellt deshalb noch einen relativ großen Unsicherheitsfaktor dar. Bei der faktoriellen Ableitung der Empfehlungen für die Versorgung mit weiteren essenziellen Aminosäuren wird hilfsweise von der Relation zwischen Lysin und diesen Aminosäuren, differenziert nach Erhaltung und Leistung, ausgegangen. Die daraus resultierenden optimalen Relationen werden als ideales Protein bezeichnet. Bei Ermittlung der minimalen Rohproteinmenge für das jeweilige Leistungsstadium, die den Bedarf der nicht-essenziellen Aminosäuren einschließt, geht man von der Annahme aus, dass 40 % aller im Körper- oder in den Milchproteinen gebundenen Aminosäuren essenzielle Aminosäuren sind. Die Mindestmenge an praecaecal verdaulichem Rohprotein müsste demnach 100/40 also das 2,5fache der Summe der Empfehlungen für die einzelnen praecaecal verdauten essenziellen Aminosäuren betragen. Im Gegensatz dazu liegt das Verhältnis von essenziellen Aminosäuren zu nicht-essenziellen Aminosäuren für den Erhaltungsbedarf nur bei etwa 20:80, was beim Schwein 17 % der gesamten Aminosäuren entspricht (FULLER und Mitarbeiter 1989). Bei intensiver Leistung ist der Unterschied zu vernachlässigen. Während der Trächtigkeit, die sich durch einen relativ hohen Erhaltungsbedarf auszeichnet, muss dies jedoch berücksichtigt werden. So kann zwar zur Ermittlung der Mindestmenge an praecaecal verdaulichem Rohprotein für den Leistungsanteil die Summe der praecaecal verdaulichen essenziellen Aminsäuren mit 2,5 multipliziert werden, bei Ermittlung der Mindestmenge an Rohprotein für die Erhaltung während der Trächtigkeit muss jedoch mit dem Faktor 100/17 (= ca. 5,9) multipliziert werden.

3.4.7.3 Proteinbedarf von Wiederkäuern

Auch der Wiederkäuer benötigt essenzielle Aminosäuren, wobei es derzeit noch nicht gelungen ist, den exakten Nettobedarf an einzelnen Aminosäuren zu bestimmen. Im Gegensatz zum monogastrischen Tier weicht die Zusammensetzung der Aminosäuren, die in das Duodenum gelangen von denen des Futters deutlich ab. Dies liegt an den komplexen Umsetzungen des Futterrohproteins im Pansen, die zur Folge haben, dass ein Großteil des im Duodenum ankommenden Proteins mikrobiellen Ursprungs ist und sowohl alimentäre als auch mikrobiell neu synthetisierte Aminosäuren enthält. Zur Ermittlung des Bedarfs an

Der **Stickstoff-Ansatz bzw. die N-Retention** beim wachsenden, trächtigen oder laktierenden Tier sowie beim eierlegenden Geflügel erfordert die Bereitstellung von N für den Erhaltungsbedarf und die tierischen Produkte. Neben der Kenntnis zum Erhaltungsbedarf, müssen dann auch die einzelnen Teilleistungen bekannt sein. Diese sind:

Wachstum	Proteinansatz während der verschiedenen Wachstumsabschnitte
Trächtigkeit	Bildung maternaler und fetaler Gewebe trächtigkeitsinduzierter Proteinanabolismus
Laktation	Milchleistung und N-Gehalte der Milch
Eibildung	Legeleistung und N-Gehalte der Eier

3.4.7.2 Proteinbedarf von Monogastriden

In der Fütterungspraxis von Monogastriden steht die Kenntnis über den Bedarf an essenziellen Aminosäuren im Vordergrund. Bei den Versorgungsempfehlungen muss schließlich die praecaecale Verdaulichkeit der Aminosäuren noch mit berücksichtigt werden, die futtermittelspezifischen Einflüssen unterliegt. Zur Bestimmung der intermediären Verwertung wird meist eine Kombination aus einer Proteinquelle als Basisversorgung mit einem Gemisch an Aminosäuren verwendet, welches die zu prüfende Aminosäure in variierenden Mengen enthält. Bei Ermittlung des Erhaltungsbedarfes an essenziellen Aminosäuren werden die jeweiligen Mengen an Aminosäuren bestimmt, bei denen das N-Gleichgewicht gewährleistet ist. Sie erfolgt vornehmlich auf der Basis von N-Bilanzen. Die zur Erhaltung erforderlichen Aminosäuren weichen in aller Regel von der Zusammensetzung der Aminosäuren in den Gesamtkörperproteinen ab, da der Hauptanteil des Körperproteins in Geweben mit langsamem Turnover gebunden ist. Bei den im Rahmen der Erhaltung zu ersetzenden Aminosäuren handelt es sich vor allem um kurzlebige Zellproteine und Proteine in Geweben mit hoher Erneuerungsrate, wie dem Darmepithel. Während des Wachstums und der Trächtigkeit basiert die Ableitung des Bedarfs an Aminosäuren auf der Ermittlung der N-Retention. Als Methoden zum Nachweis der Proteinretention dienen Ganzkörperanalysen und N-Bilanzmessungen. Der Bedarf an Aminosäuren in der Laktation ergibt sich aus der Abgabe von Aminosäuren über die Milch und deren intermediärer Verwertung. Die Menge der zu verabreichenden Aminosäuren hängt maßgeblich von der Höhe der Milchleistung ab, die beim Schwein indirekt aus der Entwicklung der Wurfmasse ermittelt werden kann.

Beim Monogaster geht man vom praecaecal verdaulichen Lysin aus, da man nur für diese Aminosäure entsprechende Versuchsdaten besitzt. Die notwendige Versorgung mit praecaecal verdaulichem Lysin zur Deckung des Erhaltungsbedarfes sowie der Teilleistungen beim Schwein lässt sich nach folgender Formel darstellen (GfE 2006). Dabei wird noch ein spezifischer Faktor für die intermediäre Verwertung berücksichtigt, der sich aus einer zweiten Formel ergibt.

4 Energiehaushalt

4 Energiehaushalt

Alles Leben auf der Erde ist unlösbar mit Energieumsetzungen verbunden. Von den grünen Pflanzen wird mithilfe der Photosynthese Sonnenenergie in chemische Energie organischer Stoffe umgesetzt, die ihrerseits dem Tier und Menschen als Energiequelle für Lebenserhaltung und Leistung dient. Der Organismus bedient sich dabei einer stufenweisen Oxidation der Nährstoffe (Atmung), um die chemische Energie der Nahrung zu nutzen. Soweit die Energie nicht für den Körper nutzbar gemacht werden kann, geht sie schließlich als „wertlose" Wärme an die Umgebung zurück. Die einzelnen Stufen und Umwandlungen dieses Energiestromes im biologischen Bereich werden von der **Bioenergetik** untersucht.

4.1 Energetische Grundbegriffe

4.1.1 Einheiten

Energie ist ein abstrakter Begriff; was wir wahrnehmen und messen können, sind nur die verschiedenen Erscheinungsformen der Energie: mechanische Energie, Wärme, chemische Energie, elektrische Energie, Kernenergie. Diese Erscheinungsformen sind durch geeignete Vorrichtungen auch ineinander überführbar. Allerdings ist die Überführung in den meisten Fällen nur unvollständig möglich. Die Physik lehrt aber, dass alle Energieformen in Wärme umwandelbar sind, sodass die Messung von Energieformen stets durch Wärmemessung möglich ist. Dies gilt im Besonderen für die chemische Energie der Nahrungsstoffe und des Tierkörpers.

Die Einheit der Energie ist nach dem jetzt gültigen internationalen Einheitensystem (SI-Einheiten) das Joule. Nach seiner Definition stellt es die Energiemenge dar, die notwendig ist, um ein kg Masse bei einer Beschleunigung von einem Meter pro Sekundenquadrat längs eines Weges von einem Meter zu bewegen ($1\ J = 1\ kg \times m^2 \times s^{-2} = 1\ Nm$, N = Newton).

Früher wurde bei Wärmemessungen als Energieeinheit die Kalorie (cal) verwendet. Es ist ungefähr die Wärmemenge, die notwendig ist, um 1 g Wasser um 1 °C zu erwärmen. Die genaue Festsetzung der Kalorie erfolgte jedoch schon seit langem durch elektrische Energiemessungen, da diese besser standardisiert werden können. Als Einheit diente die Wattsekunde, die gleich einem Joule ist. Auf diese Weise war auch die vorher verwendete Kalorie durch das Joule definiert, sodass die Umstellung von der Kalorie auf das Joule eigentlich keine prinzipielle Änderung darstellte. Die Umrechnung erfolgt nach der vor allem im angelsächsischen Bereich verbreiteten sog. Rossini-Kalorie mit 1 cal = 4,184 J, während nach einer anderen Definition 1 cal = 4,186 J entsprechen. Vom Standpunkt der

4.1 Energetische Grundbegriffe

> **Übersicht 4.1-1**
>
> **Energieeinheiten**
>
> | | | | |
> |---|---|---|---|
> | 1.000 J | = 1 kJ (Kilojoule) | 1 cal | = 4,184 J |
> | 1.000 kJ | = 1 MJ (Megajoule) | 1 kcal | = 4,184 kJ |
> | 1 J | = 1 Ws (Wattsekunde) | 1 Mcal | = 4,184 MJ |
> | 3,6 MJ | = 1 kWh (Kilowattstunde) | | |
>
> Leistung: 1 J/s = 1 W (Watt)
> 1 MJ/d = 11,57 W
>
> *Beispiele für Stoffwechselleistungen (Wärmebildung als mittlere Dauerleistung in Watt):*
>
> | | |
> |---|---|
> | Milchkuh, 600 kg, 30 kg Milch/d | 1.400 W (2,3 W/kg) |
> | Mastschwein, 80 kg, 800 g Zunahme/d | 220 W (2,7 W/kg) |
> | Pferd, 700 kg, 750 N Zugkraft, 5 h/d | 1.300 W (1,9 W/kg) |
> | Mensch, 70 kg, Erhaltungszustand | 100 W (1,4 W/kg) |

bei ernährungsphysiologischen Energiemessungen erzielbaren Genauigkeit spielen jedoch die in der dritten Kommastelle definitionsgemäß bestehenden Unterschiede dieser Faktoren letztlich keine Rolle. Da solche Umrechnungen im Zusammenhang mit der Benutzung bisheriger ernährungsphysiologischer Literatur ständig erfolgen müssen, sind beide Energieeinheiten in Übersicht 4.1-1 zusammengestellt.

4.1.2 Grundgesetzmäßigkeiten

Alle im Organismus ablaufenden biochemischen Reaktionen sind mit einem Energieumsatz verbunden. Für diesen Umsatz gelten bestimmte Gesetzmäßigkeiten, die von der Thermodynamik beschrieben werden. Die zunächst in der Physik und Chemie erforschten thermodynamischen Gesetze gelten auch in der Biologie. Sie beschreiben jedoch biologische Prozesse nur unvollständig, da diese Gesetze in ihrer klassischen Form nur den energetischen Anfangs- und Endzustand eines Vorganges im Gleichgewicht berücksichtigen. Im Organismus spielt aber für die ablaufenden Vorgänge auch die Zeit eine Rolle. Die Vorgänge erreichen wegen der Offenheit biologischer Systeme keine Gleichgewichtseinstellung, sondern befinden sich in einem sog. Fließgleichgewicht. Dennoch sind die beiden Hauptsätze der Thermodynamik für die bilanzmäßige Untersuchung und zum Verständnis des tierischen Energieumsatzes von grundlegender Bedeutung.

Der **1. Hauptsatz** der Thermodynamik besagt, dass Energie weder entstehen noch vergehen kann oder, was dasselbe bedeutet, dass die gesamte Energie in einem abgeschlossenen System unabhängig von den ablaufenden Vorgängen konstant bleibt. Betrachtet man Futter und Tier als ein solches System, so gilt die Beziehung:

$$I = V + H + R + A$$

Es bedeuten: I = Energieaufnahme, V = Energieverluste in den Ausscheidungen (Kot, Harn, Methan), H = Abgabe von Wärme, R = Energie in tierischen Produkten (Eiweiß- und Fettansatz, Milch, Eier), A = Energieabgabe in Form von mechanischer Arbeit. Hierbei sind alle Energieformen in derselben Einheit (Joule) auszudrücken.

Aus dem **2. Hauptsatz** der Thermodynamik geht hervor, dass freiwillig ablaufende Energieumsetzungen eine Richtung besitzen. Die Vorgänge gehen spontan nur von einem geordneten Zustand (z. B. Glucosemolekül) in einen weniger geordneten Zustand (H_2O- und CO_2-Moleküle) über, niemals umgekehrt. Als Maß für den Zustand der Unordnung dient die **Entropie,** sie steigt mit zunehmender Unordnung an. Multipliziert man die Entropie mit der Temperatur, so erhält man die Dimension einer Energie. Diese Energie ist Wärmeenergie mit der besonderen Eigenschaft, dass sie nicht mehr in eine andere Energieform übergeführt werden kann. Formelmäßig kann man sich die Entropieänderung in zwei Komponenten zerlegt denken: $\Delta S = \Delta Q/T + \Delta Q'/T = \Delta S_e + \Delta S_i$. Hierbei bedeuten ΔS_e den Entropieaustausch mit der Umgebung und ΔS_i die im System erzeugte Entropie. Letztere ist nur im Falle vollkommen reversibler Vorgänge gleich Null. Gemessen an der gesamten Energieänderung ist bei biologischen Abbaureaktionen die Komponente ΔS_e der Entropieänderung sehr gering. Sie beträgt beispielsweise bei der Oxidation von Essigsäure zu Wasser und CO_2 nur 9 kJ/mol bei einem gesamten Energieumsatz von 876 kJ/mol. Dies bedeutet, dass beim oxidativen Abbau der Essigsäure theoretisch 867 kJ/mol zur Leistung von Arbeit frei verfügbar sind (= Gibbs'sche freie Energie). Die Zelle ist aber bei weitem nicht imstande, diese thermodynamisch mögliche Arbeit voll zu nutzen. Der Abbau von Nährstoffen verläuft nämlich stark irreversibel, der zweite Term der Entropieänderung ist wesentlich größer als Null. Pauschal lässt sich feststellen, dass bei der Nährstoffoxidation im Organismus mehr als die Hälfte der freien Energie ungenutzt in Wärme übergeht (siehe 4.2.1). Diese unvermeidliche Wärme hat jedoch indirekt zur Aufrechterhaltung einer konstanten Körpertemperatur dennoch eine biologisch sinnvolle Bedeutung.

Welche Verhältnisse liegen nun bei Biosynthesen vor? Da große und kompliziert gebaute Moleküle einen hohen Ordnungszustand darstellen, wird die Entropie bei der Synthese dieser Moleküle aus kleinen Bausteinen abnehmen. Solche Vorgänge sind deshalb von sich aus nicht möglich. Sie können nur dann ablaufen, wenn gleichzeitig Energie über andere Reaktionen zugeführt wird, die ihrerseits mit einer entsprechenden Entropiezunahme verbunden sind. Dieses Prinzip nimmt der Organismus in der Weise wahr, dass die Zufuhr von Energie für Synthesen aus der ständigen Oxidation von Nährstoffen gewonnen wird. Man spricht in diesem Zusammenhang von gekoppelten Reaktionen. Neben den Biosynthesen (chemische Arbeit) muss der Organismus noch zwei wesentliche Arbeiten leisten, nämlich Transportarbeit und mechanische Arbeit. Diese Vorgänge laufen ebenfalls nur unter Energiezufuhr ab.

Insgesamt existiert im Organismus also ein wechselvolles Spiel zwischen freie Energie bildenden und freie Energie verbrauchenden Vorgängen. Aufgrund der dabei prinzipiell vorliegenden Gesetzmäßigkeiten ist es möglich, quantitative Zusammenhänge unter verschiedenen Bedingungen zu untersuchen und für die Berechnung der Energieversorgung der Tiere zunutze zu machen. Die Quantität der Vorgänge muss aber stets im Experiment erforscht werden. Die Thermodynamik kann nur das Verständnis liefern, warum eine bestimmte biochemische Reaktion gerade in dieser Richtung verläuft und in jener nicht verlaufen kann. Die dabei auftretenden Differenzen an freier Energie bzw. an Entropie (ΔS_i) vermag die Theorie keineswegs vorherzusagen.

4.2 Energieumsetzung im Tier

Der tierische Organismus ist zur Verwirklichung der Lebensfunktionen auf die ständige Zufuhr von Energie angewiesen. Zu den energieaufwändigen Prozessen im Körper gehören beispielsweise die Bildung von körperspezifischen Molekülen, Aufbau und Erhaltung von Körpergeweben, Bewegung sowie Aufrechterhaltung von Ionengleichgewichten in Zellen. Die Energie stammt üblicherweise aus den aufgenommenen Nährstoffen. Im Hunger wird die Energie auch aus dem Abbau von Körperreserven gewonnen. In die Energiebilanz eines Tieres fließen ein die zugeführte Nahrungsenergie, die für den Körper daraus nutzbar gemachte Energie sowie Energieverluste. Die Energiebilanzen einzelner biochemischer Stoffwechselreaktionen sind heute weitestgehend bekannt. Der gesamte Energieumsatz im Tier kann jedoch nur durch spezifische Energiewechselmessungen erfasst werden.

4.2.1 Theoretische Berechnung von Energiebilanzen im Intermediärstoffwechsel

4.2.1.1 Energielieferung der Nährstoffe

Ziel des Organismus ist es, die in den Nährstoffen enthaltene Energie möglichst umfangreich für die Lebensfunktionen zu nutzen. Bei der Oxidation bzw. Verbrennung von Nährstoffen außerhalb des Organismus (z. B. im Bombenkalorimeter) wird deren gesamte Energie als Wärme freigesetzt. Im Körper wäre eine solche Art der Nährstoffoxidation wertlos, da Wärme weder für Bewegung, noch für Synthesen genutzt werden kann. Im tierischen Organismus ist deshalb die Oxidation von Nährstoffen an die Bildung von chemischer und damit nutzbarer Energie gekoppelt. Diese chemische Energiespeicherform wird als Adenosintriphosphat (ATP) bezeichnet. Allerdings ist es nicht möglich, die gesamte Nährstoffenergie in Form von ATP-Molekülen zu fixieren. Der Wirkungsgrad beträgt maximal 40 %, der Rest geht auch im Organismus größtenteils als Wärme verloren. Diese bei der Oxidation der Nährstoffe anfallende Wärme muss ständig abgeführt werden. Besonders bei intensiver Nährstoffoxidation wie zum Beispiel bei starker körperlicher Bewegung ist die Wärmebildung so enorm, dass zusätzlich Kompensationsmechanismen wie Schweißbildung, Erhöhung der Hautdurchblutung, Kühlung über Zunge etc. stattfinden müssen. Übersicht 4.2-1 zeigt, wie viel Mol ATP aus 1 Mol Glucose unter theoretischen und tatsächlichen Bedingungen im Organismus entstehen können. Theoretisch enthalten die beim Abbau der Glucose entstehenden Reduktionsäquivalente (siehe 4.2.1.2) Nicotinamin-Adenin-Dinukleotid ($NADH + H^+$) und Flavin-Adenin-Dinukleotid ($FADH_2$) Energie für die Bildung von 3 ATP (im Falle des $NADH + H^+$) und 2 ATP (im Falle des $FADH_2$). Unter diesen theoretischen Annahmen würden beim Abbau von 1 Mol Glucose unter Sauerstoffverbrauch 38 Mol ATP entstehen. Tatsächlich entstehen im tierischen Organismus

Übersicht 4.2-1

Theoretische und tatsächliche Bildung von ATP aus Glucose im Organismus

Abbauschritt	Coenzym-Ausbeute	ATP-Synthese theoretisch	ATP-Synthese tatsächlich
Glycolyse			
Aktivierung der Glucose	–	–2	–2
Glycolyse			
Substratkettenphosphorylierung	–	+4	+4
oxidative Phosphorylierung	2 NADH + H$^+$	+6	+3 (+5)
Oxidative Decarboxylierung	2 NADH + H$^+$	+6	+5
2 Pyruvat → 2 Acetyl-CoA			
Citratzyklus/Atmungskette	6 NADH + H$^+$	+18	+15
	2 FADH$_2$	+4	+3
		+2 (GTP)	+2 (GTP)
Gesamtausbeute		**+38**	**+30* (+32**)**

* Nutzung des Glycerin-3-Phosphat-Shuttles
** Nutzung des Malat-Aspartat-Shuttles

aber weniger ATP Moleküle. Dies ist bedingt durch die Kompartimentierung der Zellen, also durch die räumliche Trennung verschiedener chemischer Reaktionen. Während des Abbaus der Glucose müssen die gebildeten Reduktionsäquivalente Membranen von Zellorganellen passieren, was nur unter einem gewissen Energieaufwand möglich ist. Somit entstehen im Körper des Tieres beim Abbau von 1 Mol Glucose tatsächlich nur 30 bzw. 32 Mol ATP. Ob 30 oder 32 Mol ATP gebildet werden hängt davon ab, auf welchem Weg die beiden NADH + H$^+$, die in der Glycolyse entstanden sind, aus dem Cytoplasma in das Mitochondrium zur Oxidation transportiert werden. Wird zum Transport dieser beiden NADH + H$^+$ das Glycerin-3-Phosphat-Shuttle genutzt, kann effektiv nur 1,5 ATP pro NADH entstehen; wird jedoch das Malat-Aspartat-Shuttle verwendet, werden pro NADH + H$^+$ 2,5 ATP gebildet. Der im Körper tatsächlich genutzte Transportweg entscheidet also letztlich über die tatsächliche Menge an gebildetem ATP.

Am Beispiel der Glucose lässt sich damit sehr eindrucksvoll zeigen, dass der tatsächliche Energiewert eines Nährstoffes sehr stark vom System abhängt, in dem er oxidiert wird. Bei vollständiger Oxidation der Glucose im Bombenkalorimeter entstehen 2.870 kJ/mol als Wärme. Unter theoretischen Bedingungen entstehen im Körper aus Glucose 38 ATP. Bei einem Energiewert von 30,5 kJ pro Mol ATP entspricht das einem Energiewert von 1.159 kJ/mol. Dies wäre ein Wirkungsgrad von 40,4 %. Tatsächlich entstehen im Körper durch die Kompartimentierung der Zellen und damit den erforderlichen Transportmechanismus nur 30–32 ATP. Bei resultierenden Energiewerten von 915 bzw. 976 kJ/mol entspricht dies Wirkungsgraden von 31,9 bzw. 34,0 %. Ähnliches gilt natürlich auch für die Oxidation von anderen Nährstoffen, wobei der energetische Wirkungsgrad für Glucose und langkettige Fettsäuren dennoch deutlich günstiger liegt als der energetische Wirkungsgrad für Aminosäuren.

4.2.1.2 Citratzyklus und Atmungskette als Endstrecke der biologischen Nährstoffoxidation

Unter den Nährstoffen tragen vor allem Kohlenhydrate und Fette zum Energiegewinn bei. Obwohl prinzipiell auch Proteine energetisch nutzbar sind, werden sie bei Anwesenheit von Kohlenhydraten und Fetten im Körper eher geschont. Eine Ausnahme bildet die Skelettmuskulatur, die üblicherweise als Energiequelle auch verzweigtkettige Aminosäuren verwendet. Zum Zwecke der Energiegewinnung werden die komplexen organischen Nährstoffmoleküle zu niedermolekularen Produkten abgebaut. Dabei entstehen aus den Fetten und Kohlenhydraten die energiearmen Abbauprodukte CO_2 und H_2O. Beim Abbau von Proteinen entsteht zusätzlich NH_3, das bei Säugern in Form von Harnstoff (Ureotelie) und bei Reptilien und Vögeln als Harnsäure (Uricotelie) entsorgt werden muss.

Energiegewinnung aus Nährstoffen bedeutet die Umwandlung von Oxidationsenergie in Phosphorylierungsenergie bzw. ATP. Grundsätzlich unterscheidet man zwei Arten der Energiegewinnung: die Substratkettenphosphorylierung und die biologische Oxidation in der Atmungskette. Die Substratkettenphosphorylierung ist im Organismus die einzige Möglichkeit, ohne Sauerstoff, Energie in Form von ATP zu gewinnen. Sie wird in der anaeroben Glycolyse verwirklicht. Der Hauptteil der Nährstoffe wird jedoch unter Sauerstoffverbrauch in energiearme Produkte überführt. Diese Art des Nährstoffabbaus zur Energiegewinnung wird als **Atmungsketten-Phosphorylierung** bezeichnet.

Oxidation bedeutet im chemischen Sinne die Abgabe von Elektronen. Diese Elektronen gehen jedoch nicht verloren, sondern werden von anderen Partnern aufgenommen. Die Elektronenaufnahme bezeichnet man als Reduktion. Reaktionen, die aus einer Oxidation und Reduktion bestehen, werden als Redoxreaktionen bezeichnet. Bei Redoxreaktionen werden somit Elektronen ausgetauscht. Dabei überträgt immer der elektronenreichere Partner seine Elektronen auf den elektronenärmeren Partner. Die elektronenreichere Komponente bezeichnet man als reduzierte Form einer Verbindung, die elektronenärmere Komponente als oxidierte Form. Bei solchen Elektronenübertragungsreaktionen sind Enzyme beteiligt sowie Hilfsmoleküle, so genannte **Redox-Coenzyme**, die die Elektronen vorübergehend übernehmen. Bei Redoxreaktionen werden die Elektronen häufig zusammen mit ein oder zwei Protonen übertragen. Man spricht deshalb auch von Reduktionsäquivalenten. Die im Rahmen der Energiegewinnung beim Nährstoffabbau bedeutendsten Redox-Coenzyme sind das NAD^+ und das FAD. NAD^+ fungiert als Coenzym der Dehydrogenasen und transportiert die Elektronen in Form von Hydridionen (2 e^- und 1 H^+). Die reduzierte Form wird deshalb als $NADH + H^+$ geschrieben. Das FAD ist meist kovalent an Enzyme wie Dehydrogenasen, Oxidasen oder Monooxygenasen gebunden und überträgt 2 e^- und 2 H^+. Die reduzierte Form wird als $FADH_2$ gekennzeichnet. Beide Redox-Coenzyme binden somit Elektronen in Form von Wasserstoff und spielen für die ATP-Gewinnung in Citratzyklus und Atmungskette eine entscheidende Rolle.

Citratzyklus

Citratzyklus und Atmungskette stellen die Endstrecke der biologischen Oxidation dar. Im Citratzyklus treffen alle Abbauwege der verschiedenen Nährstoffe zusammen. Ausgangssubstrat für den Citratzyklus ist das Acetyl-CoA Molekül (aktivierte Essigsäure), das beim aeroben Abbau von Glucose über die Stufe des Pyruvats entsteht, aber auch beim oxidativen Abbau von Fettsäuren sowie aus einigen Aminosäuren.

4 Energiehaushalt

Abbildung 4.2-1
Reaktionen sowie gebildete Produkte des Citratzyklus

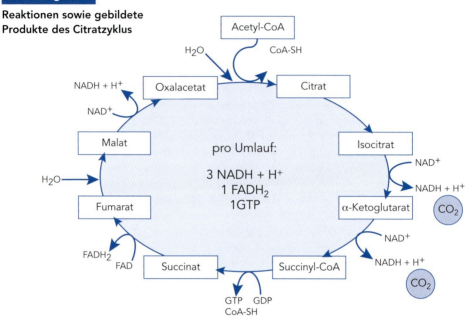

Der Citratzyklus hat im Wesentlichen zwei Aufgaben:

Er sorgt in Kooperation mit der Atmungskette zum einen für den oxidativen Abbau von Acetyl-CoA und damit der Bereitstellung von nutzbarer Energie. Er liefert zum anderen aber auch Substrate für verschiedene Biosynthesen (z. B. Aminosäuresynthese, Gluconeogenese, Häm-Synthese). Der Citratzyklus (Abbildung 4.2-1) wird deshalb auch als Drehscheibe des Stoffwechsels bezeichnet.

Der Citratzyklus (Tricarbonsäurezyklus) beginnt mit der Verknüpfung von Acetyl-CoA und Oxalacetat zu Citrat (Salz der Zitronensäure), das dem Citratzyklus den Namen gab. Da Citrat jedoch schwer oxidierbar ist, wird zunächst die Hydroxylgruppe (-OH) im Citratmolekül verschoben, um sie leichter oxidierbar zu machen. Durch diese Gruppenumlagerung entsteht aus Citrat Isocitrat. In zwei nachfolgenden Oxidationsschritten wird Isocitrat zum deutlich energieärmeren Succinyl-CoA umgesetzt. Der jeweils freiwerdende Wasserstoff wird dabei auf NAD^+ übertragen. Es entstehen die ersten beiden $NADH + H^+$ Moleküle des Citratzyklus. Durch die beiden gekoppelten Decarboxylierungsschritte wird auch CO_2 frei, das als Stoffwechselendprodukt mit der Ausatemluft abgegeben wird. Succinyl-CoA geht nun unter Abspaltung von CoA-SH in Succinat (Salz der Bernsteinsäure) über. Die dabei freiwerdende Energie wird in Form eines GTP (entspricht energetisch einem ATP-Molekül) gespeichert. Succinat wird abschließend dehydriert zu Fumarat, wobei der freiwerdende Wasserstoff vom FAD übernommen wird und $FADH_2$ entsteht. Durch Addition von Wasser entsteht schließlich Malat, das nach Oxidation die Bildung des dritten $NADH + H^+$ im Citratzyklus generiert.

Der Citratzyklus ist eng an die Atmungskette gekoppelt. Die Atmungskette ist die einzige biologisch verwirklichte Methode, Stoffwechselenergie in größerem Umfang „nutzbar" zu machen. Die Hauptaufgabe der Atmungskette ist es, die reduzierten Redox-Coenzyme NADH + H$^+$ sowie FADH$_2$ mit Sauerstoff unter Bildung von Wasser zu oxidieren.

Die Energiebilanz des Citratzyklus kann wie folgt dargestellt werden:

NADH + H$^+$	liefert in der Atmungskette netto 2,5 ATP im Citratzyklus sind 3 NADH + H$^+$ entstanden	7,5 ATP
FADH$_2$	liefert in der Atmungskette netto 1,5 ATP im Citratzyklus ist 1 FADH$_2$ entstanden	1,5 ATP
GTP	entspricht energetisch 1 ATP im Citratzyklus ist 1 GTP entstanden	1 ATP
Gesamtgewinn	pro Acetyl-CoA-Umlauf im Citratzyklus	10 ATP

Die Fließgeschwindigkeit des Citratzyklus wird jeweils an den ATP-Bedarf angepasst. Diese Anpassung erfolgt im Wesentlichen durch die Regulation der Aktivitäten der Citratzyklusenzyme Citratsynthase, Isocitratdehydrogenase sowie der Succinat- und Malatdehydrogenasen.

Stoffwechselenergie wird in größerem Umfang nur durch die Atmungskette „nutzbar" gemacht.

Atmungskette

In der Atmungskette erfolgt der eigentliche ATP-Bildungsprozess. Insgesamt wird pro kg Lebendgewicht und Tag etwa 1 kg ATP gebildet und verbraucht. Der Organismus setzt somit täglich etwa die Masse seines gesamten Körpers in Form von ATP um. Die Atmungskette ist an der Innenmembran der Mitochondrien lokalisiert und steht in enger Wechselbeziehung zum Citratzyklus. In der Atmungskette wird der coenzymatisch gebundene Wasserstoff mit Sauerstoff zu Wasser umgesetzt. Im Gegensatz zu Verbrennungsprozessen außerhalb des Körpers, bei denen die gesamte Energie als Wärme frei wird, verläuft der „Verbrennungsprozess" im Organismus stufenweise. Erst dadurch kann die Energie der Elektronen im transportablen Wasserstoff „konserviert" werden. Die Atmungskette untergliedert sich in vier Teilprozesse (Komplexe I bis IV). In den ersten Komplex fließt NADH + H$^+$, während FADH$_2$ den ersten Komplex umgeht und sofort in Komplex II fließt. Im letzten Schritt der Atmungskette in Komplex IV (Cytochrom-c-Oxidase) erfolgt die Elektronenübertragung auf Sauerstoff. Dabei entsteht Wasser als Stoffwechselendprodukt. An den Atmungskettenreaktionen sind zahlreiche Eisen-Schwefel-Proteine beteiligt sowie eisenhaltige Häm-Moleküle. Das abschließende Enzym Cytochrom-c-Oxidase enthält neben Eisen auch Kupfer.

Während des Elektronentransportes über die Komplexe I, III und IV findet gleichzeitig ein Transport von Protonen (H$^+$) statt. Komplexe I, III und IV wirken nicht nur als Elektro-

4 Energiehaushalt

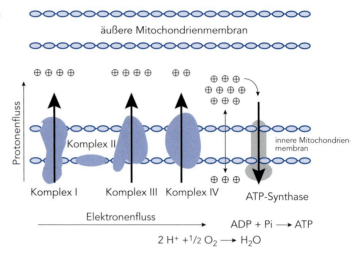

Abbildung 4.2-2
Vereinfachtes Schema zu den Teilprozessen der Atmungskette

nentransporter, sondern auch als Protonenpumpen. Die Protonen werden dabei aus dem inneren Matrixraum der Mitochondrien in den Zwischenmembranraum gepumpt. Der sich dadurch stufenweise aufbauende Protonengradient wird am Ende zur ATP-Synthese genutzt. Da $FADH_2$ erst in den zweiten Komplex einfließt und Komplex I und damit auch den ersten Protonentransport umgeht, entstehen aus diesem Reduktionsäquivalent auch nur 1,5 anstelle von 2,5 ATP. Der einzige Ort, an dem die angesammelten Protonen schließlich wieder in den inneren Matrixraum zurückfließen können ist die ATP-Synthase. Sie wird auch als Komplex V bezeichnet und besteht aus 2 Untereinheiten. Eine Untereinheit bildet dabei eine Art Kanal für Protonen, die zweite Untereinheit besteht aus katalytisch wirksamen Komponenten. In diesem katalytischen Teil findet durch die zurückfließenden Protonen die Bildung von ATP aus ADP und anorganischem Phosphat statt (Abb. 4.2-2).

Trotz dieses effektiven Mechanismus der „Energiekonservierung" in der Atmungskette ist der Wirkungsgrad nicht 100 %, sondern kleiner als 40 %. Mehr als 60 % der Nährstoffenergie wird als nicht nutzbare Wärme freigesetzt. Die im Körper entstehende Wärme ist somit ein „Nebenprodukt" der Nährstoffoxidation.

Bei **Entkopplung der Atmungskette** wird ein „Kurzschluss" des Protonentransports unter Umgehung der ATP-Synthase induziert. Atmungskettenentkoppler sind Moleküle, die in der inneren Mitochondrienmembran Kanäle bilden, über die die Protonen fließen können. Die Atmungskette läuft damit sozusagen im „Leerlauf". Die Energie kann dadurch nicht mehr in Form von ATP gespeichert werden und wird vollständig als Wärme freigesetzt. Tiere die Winterschlaf halten, können zur Wärmeproduktion die Atmungskette physiologisch entkoppeln. Als Protonenkanal fungiert das „Thermogenin" oder „uncoupling protein 1". Der gleiche Mechanismus liegt der Wärmebildung im braunen Fettgewebe von Nichtwinterschläfern zugrunde. Braunes Fettgewebe ist in größerer Menge bei neugeborenen Tieren vorhanden, da sie im Vergleich zu ausgewachsenen Tieren eine größere Körperoberfläche bezogen auf das Volumen haben und damit schneller einer Auskühlung unterliegen. Die auf diese Weise beschriebene Wärmebildung bezeichnet man als zitterfreie Thermogenese.

Im Gegensatz zu den Entkopplern, gibt es auch Hemmstoffe der Atmungskette. Diese können direkt ein oder mehrere Teilprozesse der Atmungskette hemmen oder schädigen. Atmungskettenhemmstoffe sind beispielsweise Kohlenmonoxid (CO), Schwefelwasserstoff (H_2S) und Cyanid (CN^-), die als Enzymgifte der Cytochrom-c-Oxidase wirken.

4.2.1.3 Energieaufwand für Biosynthesen

Der größte Teil der Nährstoffenergie wird für die Aufrechterhaltung von Ionenkonzentrationen in den verschiedenen Kompartimenten des Körpers genutzt. So werden allein etwa 50 % der gesamten täglichen Energie gebraucht, um Natriumionen aus der Zelle und Kalium in die Zelle zu transportieren. Energie wird in größerem Umfang auch für Biosynthesen benötigt, vor allem in Phasen starken Wachstums und für die Milchsynthese. Analog der Kenntnis zu den gebildeten ATP-Mengen beim oxidativen Nährstoffabbau, weiß man heute auch, welche ATP-Mengen theoretisch für die Synthese von Biomolekülen erforderlich sind. In Übersicht 4.2-2 ist am Beispiel der Synthese von Glucose aus Propionsäure die Energiebilanz aufgelistet. Insgesamt zeigt sich, dass zur Bildung von 1 Mol Glucose 4 Mol

Übersicht 4.2-2

Theoretische ATP-Bilanz für die Bildung von Glucose aus Propionsäure

		ATP-Bilanz
Propionat		
↓	2 ATP → 2 ADP + 2 P_i	−2
Propionyl-CoA		
↓	1 ATP → 1 ADP + 1 P_i	−1
Methyl-Malonyl-CoA		
↓		
Succinyl-CoA		
↓	1 GDP + 1 P_i → 1 GTP	+1
Succinat		
↓	1 FAD → 1 $FADH_2$	+2
Fumarat		
↓	1 NAD^+ → 1 NADH + H^+	+3
Oxalacetat		
↓	1 GTP → 1 GDP + 1 P_i	−1
Phosphoenolpyruvat		
↓	1 ATP → 1 ADP + 1 P_i	−1
½ Glucose	1 NADH + H^+ → 1 NAD^+	−3
		−2

Gesamtbilanz: 2 Mol ATP und 1 Mol Propionsäure pro ½ Mol Glucose
entspricht 4 Mol ATP und 2 Mol Propionsäure pro Mol Glucose

Energiewerte: 1 Mol Glucose 2.870 kJ
1 Mol Propionsäure 1.536 kJ
1 Mol ATP 30,5 kJ (um 1 Mol ATP zu bilden, müssen etwa 79 kJ Energie der Nährstoffe Glucose oder langkettigen Fettsäuren eingesetzt werden)

$$\text{Wirkungsgrad} = \frac{2.870 \times 100}{2 \times 1.536 + 4 \times 79} = 84{,}7\%$$

ATP Energie erforderlich sind. Um 4 Mol ATP aufzubauen, müssen etwa 79 kJ Nährstoffenergie aus Glucose oder langkettigen Fettsäuren aufgewendet werden. Um den Wirkungsgrad zu errechnen, muss der Energiewert der neu synthetisierten Substanz ins Verhältnis gesetzt werden zum Energiewert der Ausgangssubstanz plus der für die Synthese von 4 ATP erforderlichen Nährstoffenergie. Im Falle der Glucosebildung aus Propionsäure ergibt sich damit ein theoretischer Wirkungsgrad von 84,7 %.

Deutlich komplizierter werden jedoch diese theoretischen Berechnungen, wenn sich ein Synthesevorgang aus sehr vielen Teilprozessen zusammensetzt. Für die Synthese von Proteinen ist es beispielsweise kaum mehr möglich einen Wirkungsgrad zu errechnen, da Proteine aus unterschiedlich vielen Aminosäuren zusammengesetzt sind, meist posttranslational modifiziert werden und zwischen verschiedenen Zellkompartimenten wechseln, bevor sie den Zielort erreichen. Aufgrund der zum Teil großen Unsicherheiten in der theoretischen Abschätzung der benötigten Energie für den Syntheseaufwand, sind Energiewechselmessungen unerlässlich.

4.2.2 Messung des gesamten Energieumsatzes im Tier

Die mit der Nahrung zugeführte Energie wird im Tier in einem schrittweisen Vorgang letztlich für die Erhaltung der Lebensfunktionen und den Aufbau von Körpersubstanz bzw. tierischen Produkten verwertet. Hierbei treten an verschiedenen Stellen Energieverluste auf, die im energetischen Gesamtstoffwechselversuch erfasst werden können.

4.2.2.1 Bilanzstufen des Energiewechsels

Bei Energiewechselmessungen wird gewöhnlich folgende Gliederung in Bilanzstufen verwendet (Übersicht 4.2-3):

Bruttoenergie (GE, gross energy). Darunter ist die in der Nahrung enthaltene chemische Energie zu verstehen, die durch Verbrennung im Bombenkalorimeter als die dabei freigesetzte Wärme erfasst wird. In Übersicht 4.2-4 ist die Verbrennungswärme einiger Substanzen wiedergegeben.

Verdauliche Energie (DE, digestible energy). Ein wechselnder Anteil des vom Tier aufgenommenen Futters wird jeweils mit dem Kot ausgeschieden. Damit wird auch ein Teil der Bruttoenergie ausgeschieden. Zieht man diese im Kot enthaltene Energie – sie wird ebenfalls im Bombenkalorimeter bestimmt – von der Bruttoenergie ab, erhält man die verdauliche Energie des Futters. Man muss sich allerdings darüber im Klaren sein, dass im Kot auch Energie enthaltende Substanzen sind, die schon verdaut waren. Wir bestimmen also nur die scheinbar verdauliche Energie.

Umsetzbare Energie (ME, metabolizable energy). Ein Teil der verdaulichen Energie geht dem Organismus mit dem Harn und beim Wiederkäuer auch in Form der Gärgase (Methan) verloren. Wenn man diesen Anteil von der verdaulichen Energie abzieht, erhält man die umsetzbare Energie. Sie ist bei monogastrischen Tieren die Höchstmenge an Energie, die dem Organismus zur Erhaltung der Lebensfunktionen und zur Neubildung

4.2 Energieumsetzung im Tier

Übersicht 4.2-3

Schema des Energiewechsels

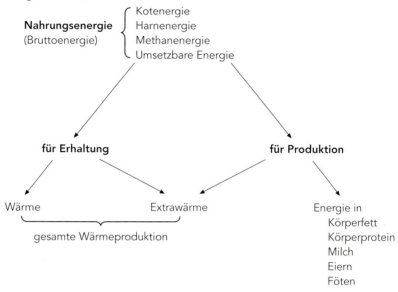

Übersicht 4.2-4

Verbrennungswärme einiger Substanzen

Substanz	kJ/g
Protein, im Mittel	23,8
Casein	24,5
Harnstoff	10,5
Erdnussöl	39,7
Schweineschmalz	38,8
Butterfett	38,9
Stärke, im Mittel	17,3
Glykogen	17,5
Futtercellulose	17,8
Glucose	15,6
Saccharose	16,5
Lactose	16,4
Essigsäure	14,6
Propionsäure	20,8
Methan	55,2

von Stoffen (Protein, Fett) zur Verfügung steht. Beim Wiederkäuer stimmt dies nicht ganz, da bei den Gärungsvorgängen im Pansen auch Wärme (Fermentationswärme) entsteht, die man jedoch nicht gesondert erfassen kann. Sie ist deshalb rechnerisch in der umsetzbaren Energie enthalten.

Wärmeenergie (H, heat). Die vom Tier abgegebene Wärme setzt sich aus zwei Anteilen zusammen. Sie umfasst zum einen die Wärmebildung, die dem Energieumsatz bei Nahrungsentzug entspricht, und zum anderen Wärme, die als Folge der Zufuhr von Nahrung auftritt. Letztere Wärmebildung wurde früher „thermische Energie" bezeichnet. Die Hauptursache dieser bei Nahrungszufuhr erhöhten Wärmebildung liegt darin, dass die intermediären Umsetzungen als irreversible Vorgänge stets mit der Freisetzung von Wärme verbunden sind. Treffender sind jedoch Ausdrücke wie Extrawärme oder Wärmezuwachs (im Engl. heat increment of feeding). Ein weiterer Anteil stammt aus der Energie für Kau-, Verdauungs- und Transportarbeit, die für das betreffende Futter aufgewendet werden muss und die ebenfalls den Organismus als Wärme verlässt. Schließlich kommt beim Wiederkäuer noch die Fermentationswärme hinzu. Bei niedriger Umwelttemperatur kann diese Extrawärme für das Tier von Nutzen sein, wenn sie zusätzlichen Abbau von Nährstoffen zum Zwecke der Temperaturregulierung verhindert.

Energieretention und Nettoenergie (RE, NE). Nach Abzug der Wärmeproduktion von der umsetzbaren Energie erhält man die in Form von Körperansatz (Proteinansatz, Fettansatz) und tierischen Produkten (Milch, Eier, Wolle) gespeicherte Energie (Energieretention). Befindet sich ein Tier nur im Erhaltungsstoffwechsel (RE = Null), so geht die damit verbundene umsetzbare Energie vollständig in Wärme über. Bei völligem Nahrungsentzug entspricht die Wärmebildung des Tieres der Menge an abgebauter Körperenergie (negative Energieretention). Wird der Abbau von Körperenergie durch Nahrungsenergie eingespart, so entsteht bei diesem Vorgang eine zusätzliche Wärmebildung, die man analog den Verhältnissen beim Produktionsstoffwechsel als Extrawärme bei der Erhaltung verstehen kann. Diese Einsparung von Körperenergie sowie die Retention von Energie in Körpergeweben und tierischen Produkten stellt also letztlich den eigentlichen Energiegewinn dar, den das Tier aus einer bestimmten Futtermenge erzielt hat. Will man diesen Sachverhalt besonders betonen, so spricht man von der **Nettoenergie** des Futters. Dieser Begriff, der besonders im Hinblick auf die Futterbewertung von Bedeutung ist, ergibt sich formelmäßig wie folgt:

$$NE_{Futter} = GE - E_{Kot} - E_{Harn} - E_{CH_4} - Extrawärme$$

Entsprechend dem Schema des Energiewechsels in Übersicht 4.2-3 lassen sich verschiedene Quotienten der Energieausnutzung beschreiben. Die gebräuchlichen Ausdrücke sind in Übersicht 4.2-5 zusammengestellt. Beim energetischen Wirkungsgrad der Energieverwertung sind der Gesamtwirkungsgrad und der Teilwirkungsgrad zu unterscheiden. Beide werden stets auf die umsetzbare Energie bezogen. Sie drücken aus, welcher Anteil der ME in der Retentionsform i gespeichert wird, wobei jedoch beim Teilwirkungsgrad nur diejenige ME zugrundegelegt wird, die für die entsprechende Retention zur Verfügung steht. Durch entsprechende Indices lassen sich die einzelnen Wirkungsgrade spezifizieren. Gebräuchliche Indices sind m = Erhaltung (maintenance), g = Wachstum (growth, Protein- und Fettansatz), p = Proteinansatz, f = Fettansatz, l = Laktation, c = Konzeptionsprodukte (concepta).

Übersicht 4.2-5
Begriffe der Energieausnutzung

Verdaulichkeit der Energie	d_E	$= \dfrac{\Delta DE}{\Delta GE}$
Umsetzbarkeit der Energie	q	$= \dfrac{\Delta ME}{\Delta GE}$
Gesamtwirkungsgrad	k_{m+i}	$= \dfrac{\Delta RE_i}{\Delta ME} \qquad RE > 0$
Teilwirkungsgrad (partieller Wirkungsgrad)	k_i	$= \dfrac{\Delta RE_i}{\Delta ME_i}$

Beispiele:

Gesamtwirkungsgrad beim Wachstum $\quad k_{m+g} = \dfrac{\Delta RE_g}{\Delta ME}$

Teilwirkungsgrad beim Wachstum $\quad k_g = \dfrac{\Delta RE_g}{\Delta ME_g}$

Teilwirkungsgrad bei Erhaltung $\quad k_m = \dfrac{\Delta RE_m}{\Delta ME_m}$

(dabei entspricht ΔRE_m der Energie des eingesparten Körperabbaues)

4.2.2.2 Methodik der Energiewechselmessung

Soweit es sich bei Untersuchungen zum Energiewechsel um die energetische Bestimmung von Stoffen handelt, die vom Tier aufgenommen oder ausgeschieden werden, ist deren bilanzmäßige Erfassung relativ einfach. Man bestimmt die umgesetzten Stoffmengen sowie die entsprechenden Verbrennungswärmen. Dies gilt für die Futterenergie, Kotenergie, Harnenergie, Methanenergie wie auch für die retinierte Energie in Form von Milch oder Eiern. Schwieriger gestaltet sich dagegen die Messung der Wärmeproduktion und der Retention von Energie in Form des Körperansatzes. Unter Verwendung der Beziehung $RE = ME - H$ stehen hierfür im Wesentlichen folgende Methoden zur Verfügung:

a) Direkte Kalorimetrie – Bei dieser Methode wird die Wärmeabgabe des Tieres mithilfe sehr aufwendiger Apparaturen direkt gemessen. Die Apparaturen beruhen heutzutage auf dem Temperaturgradientenprinzip, d.h. der Wärmestrom von der Tierkammer an die Umgebung kann aufgrund eines Temperaturgefälles über Thermoelemente gemessen werden.

b) Indirekte Kalorimetrie – Hierbei wird die Wärmeabgabe indirekt über den Sauerstoffverbrauch in Verbindung mit der CO_2-Ausscheidung und der Harn-N-Ausscheidung ermittelt (RQ-Methode). Man geht dabei von der Tatsache aus, dass die Oxidation von Nährstoffen im Körper mit dem Sauerstoff-Verbrauch und der CO_2-Produktion stöchiometrisch in Beziehung steht. Aus den oxidierten Mengen an Proteinen, Kohlenhydraten und Fetten und den dabei auftretenden Wärmemengen ergibt sich die gesamte Wärmeproduktion. Auskunft darüber, wieviel von diesen Substanzen im Körper abgebaut wurden, liefern die N-Ausscheidung im Harn und der respiratorische Quotient. Aus dem Harn-N wird zunächst unmittelbar auf die oxidierte Menge an Aminosäuren bzw. Protein geschlossen. Im Anschluss daran kann die abgebaute Menge an Kohlenhydraten und Fetten mithilfe des respiratorischen Quotienten berechnet werden. Der respiratorische Quotient (RQ) ist als das Volumen-(genauer: molare) Verhältnis von abgegebenem CO_2 zu aufgenommenem O_2 definiert. Man erhält beispielsweise für die Oxidation von Glucose gemäß der Gleichung

$$C_6H_{12}O_6 + 6\,O_2 \rightarrow 6\,CO_2 + 6\,H_2O \text{ einen } RQ = 6\,CO_2/6\,O_2 = 1{,}00$$

Für die verschiedenen Fette ergibt sich ein durchschnittlicher RQ von 0,71. Bei der Oxidation eines Gemisches aus Fett und Glucose liegt der RQ je nach den prozentualen Anteilen dieser beiden Substanzen zwischen 0,71 und 1,00 (siehe Abb. 4.2-3). Wird vom gesamten gemessenen Gasumsatz der anteilige Sauerstoffverbrauch und die anteilige CO_2-Bildung aus der Proteinoxidation abgezogen, ergibt sich aus dem verbleibenden Rest der proteinfreie RQ-Wert und damit auch das oxidierte Fett-Kohlenhydrat-Verhältnis und daraus in Verbindung mit dem O_2-Verbrauch/g Substanz die abgebauten Mengen. Beim Wiederkäuer ist noch zu berücksichtigen, dass ein gewisser Teil der Substrate wegen der Bildung und Ausscheidung von Methan nicht vollständig zu CO_2 und H_2O oxidiert wird und

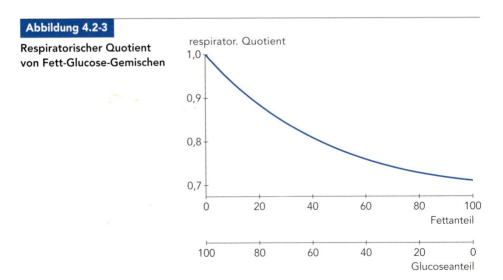

Abbildung 4.2-3
Respiratorischer Quotient von Fett-Glucose-Gemischen

deshalb die Wärmeabgabe um diesen Anteil vermindert werden muss. Der gesamte Rechengang lässt sich in komprimierter Form durch folgende Formel ausdrücken:

$$\text{Wärmebildung } H \text{ (kJ)} = 16{,}18 \times O_2 \text{ (l)} + 5{,}02 \times CO_2 \text{ (l)} - 2{,}17 \times CH_4 \text{ (l)} - 5{,}99 \times N \text{ (g)}$$

c) Messung des Energieansatzes aufgrund der CN-Bilanz-Technik – Bei diesem Verfahren wird die im Tier abgelagerte Energie – oder im Falle des Erhaltungsstoffwechsels der Abbau von Körperenergie – aus der Kohlenstoff- und Stickstoffbilanz ermittelt. Dabei unterstellt man, dass der energetische Ansatz oder Abbau nur in Form von Fett und Protein erfolgt. Die Ermittlung des Energieansatzes nach der CN-Methode ist im folgenden Beispiel aufgezeigt:

	Periode I (Grundration)		Periode II (Grundration + Zulage)	
	C	N	C	N
	g	g	g	g
Futter	2.500	160	3.600	200
Kot	600	35	700	50
Harn	100	120	130	140
CH_4	130	–	160	–
CO_2	1.570	–	2.110	–
Bilanz	+100	+5	+500	+10
Unterschied zwischen I u. II	–	–	+400	+5

Der durch die Zulage bewirkte Mehransatz von 400 g C und 5 g N pro Tag wird nun auf Energie umgerechnet. Für diese Berechnung gelten die auf dem 3. Energiesymposium in Troon (1965) festgelegten Zahlenwerte, welche in Übersicht 4.2-6 angegeben sind.

Im Beispiel erhalten wir für den Energieansatz:

Energieansatz = $5/0{,}16 \times 23{,}8 + (400 - 5/0{,}16 \times 0{,}52)/0{,}767 \times 39{,}7 = 20.607$ kJ
bzw. $\quad\quad\quad\quad 51{,}76 \times 400 - 19{,}47 \times 5 \quad\quad\quad\quad\quad\quad = 20.607$ kJ

Die Futterzulage hatte also eine Nettoenergie von 20,6 MJ. Selbstverständlich lässt sich auch die Extrawärme berechnen, wenn die Energiewerte von Futter, Kot, Harn und Methan und damit die umsetzbare Energie gemessen wurden und von dieser der Energieansatz abgezogen wird.

d) Vergleichende Schlachttechnik – Eine weitere Möglichkeit, den Energieansatz zu messen, besteht darin, den gesamten Tierkörper nach Versuchsende zu analysieren und mit dem Energiegehalt von gleichartigen Geschwistern zu Versuchsbeginn zu vergleichen. Eine routinemäßige Anwendung dieser Methode ist jedoch bei Großtieren kaum möglich. Auch lassen sich Studien über den zeitlichen Verlauf von Wärmeproduktion und Energieansatz damit nicht durchführen.

4 Energiehaushalt

Übersicht 4.2-6
Konstanten zur Berechnung des Energieansatzes

	C %	N %	kJ/g
Protein	52	16	23,8
Fett	76,7	–	39,7

angesetzte Energie (kJ) = 51,76 × C (in g) – 19,47 × N (in g)

Abbildung 4.2-4
Respirationsanlage (schematisiert), oben: geschlossenes System, unten: offenes System

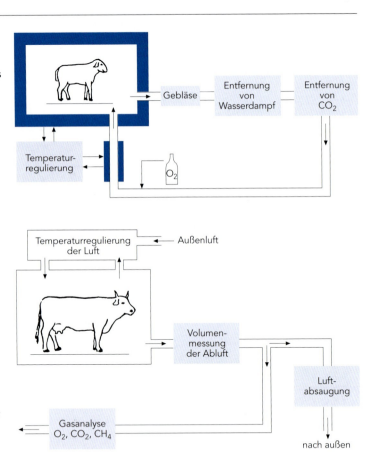

Technik der Gaswechselmessungen. Sowohl zur Messung der C-Bilanz als auch zur indirekten Bestimmung der Wärmeproduktion sind Apparaturen zur Erfassung des Gaswechsels notwendig, die allgemein als Respirationsanlagen bezeichnet werden. Sie bestehen im Prinzip aus zwei oder auch mehreren Kammern zur Aufnahme der Versuchstiere sowie den technischen Einrichtungen zur Erfassung und Analyse der Gase. Hinsichtlich der Luftführung unterscheidet man grundsätzlich zwei Systeme, nämlich das geschlossene und das offene System (siehe Abb. 4.2-4).

Beim **geschlossenen System** wird die Luft kontinuierlich umgepumpt. Das vom Tier produzierte Kohlendioxid und der Wasserdampf werden über sogenannte Absorber laufend entfernt, Sauerstoff wird dem System entsprechend dem Verbrauch zugeführt. Aus dem absorbierten Kohlendioxid, dem eingeströmten Sauerstoff und der Gaszusammensetzung der Kammerluft zu Versuchsbeginn und Versuchsende erhält man die Daten für den Gaswechsel des Tieres. Bei Versuchen mit Wiederkäuern ergibt sich der Nachteil, dass CH_4 in der Kammerluft angereichert wird und länger dauernde Versuche nur bei Entfernung (Verbrennung) des Methans möglich sind.

Beim **offenen System** wird ständig Frischluft durch die Kammer gesaugt. Der Gaswechsel des Versuchstieres wird dabei aus der Differenz der Gaszusammensetzung der zugeführten und der abgesaugten Luft und dem durchgeströmten Luftvolumen ermittelt. Für die Messung des Luftvolumens stehen Strömungsmesser, für die Gasanalyse automatische Gasanalysegeräte zur Verfügung. Im Gegensatz zum geschlossenen System ist es bei diesem System möglich, den zeitlichen Verlauf des Gaswechsels kontinuierlich zu erfassen.

4.2.3 Energetische Verwertung der Nahrungsenergie

Aus den bioenergetischen Reaktionen im Organismus lassen sich Aussagen über die Energieausnutzung bei einzelnen Substraten machen, wie in Abschnitt 4.2.1 gezeigt wurde. Die Ergebnisse sind jedoch meist mit Unsicherheiten behaftet, auch spiegeln sie vor allem nicht das komplexe Geschehen der Nahrungsaufnahme, der Nahrungsaufbereitung sowie des Nährstofftransportes wider. Diese Faktoren spielen besonders beim Wiederkäuer eine Rolle. Für praktische Kalkulationen des Energiestoffwechsels sind deshalb Messungen der Energieverwertung im Gesamtstoffwechselversuch unerlässlich.

4.2.3.1 Energieverwertung bei Monogastriden

In Übersicht 4.2-7 sind einige Angaben für die Verwertung von Glucose und Protein zur Körperfettsynthese bei Schwein und Ratte (NEHRING, SCHIEMANN und Mitarbeiter) aufgezeigt. Für die Fettsynthese aus Protein decken sich die gemessenen Werte mit der theoretischen Erwartung, für die Fettbildung aus Kohlenhydraten liegen sie nur wenig dar-

Übersicht 4.2-7

Verwertung von Glucose und Protein zur Fettsynthese im Gesamtstoffwechselversuch

	Verwertung in % der umsetzbaren Energie
Schwein, Ratte	
versch. Kohlenhydrate	73–76
Dorschprotein	64–66
Wiederkäuer	
Verabreichung in den Labmagen	
Glucose	72
Casein	65

unter. Insgesamt kann man also von einer guten Übereinstimmung sprechen. Interessant ist die Feststellung, dass auch beim Wiederkäuer ähnliche Teilwirkungsgrade gemessen wurden, wenn die Substrate Glucose oder Casein unter Umgehung der Vormagenverdauung direkt in den Labmagen infundiert wurden (ARMSTRONG, BLAXTER, MARTIN).

Bei der Proteinbildung ergeben sich dagegen erhebliche Unterschiede zwischen den biochemisch berechneten und den gemessenen Werten. Während der theoretische Wert über 80 % liegt, wurde der Energieaufwand (umsetzbare Energie) für den Ansatz von Körperprotein in Versuchen an Ratten, Ferkeln und Mastschweinen mit 40–60 kJ je g Protein gemessen. Bei einem Energiegehalt des angesetzten Proteins von 23,8 kJ/g berechnet sich ein Wirkungsgrad von nur 40–60 % (23,8/60 × 100 bzw. 23,8/40 × 100). Diese starke Abweichung zum theoretischen Wert erklärt sich im Wesentlichen dadurch, dass der experimentell ermittelte Aufwand nicht nur die Kosten des reinen biochemischen Syntheseprozesses der Proteinbildung umfasst, sondern dass in dieser Zahl auch weitere Energiekosten enthalten sind, die mit dem Gesamtgeschehen des Proteinansatzes korrelieren, d. h. bei der regressionsanalytischen Versuchsauswertung in den Wirkungsgrad mit einfließen. Hierbei sind vor allem die Dynamik des Körpereiweißes, aber auch der Energieaufwand für Transportvorgänge (Na^+/K^+-ATPase) sowie die Harnstoffsynthese zu nennen. Für praktische Berechnungen ist demgemäß der theoretisch abgeleitete Wert wenig relevant.

Zusammenfassend lässt sich feststellen, dass der Energieaufwand für die Synthese von Körpermasse sowohl von der Art der erzeugten Substanz als auch von den Ausgangsstoffen abhängt. Der energetische Aufwand ist für die Kohlenhydratsynthese relativ gering, während die Synthese von Körperfett bereits mit größeren Energieverlusten verbunden ist. Der Ansatz von Körperproteinen erfordert den höchsten Aufwand. Der Einfluss unterschiedlicher Ausgangsstoffe auf die Energieverwertung kann in der praktischen Fütterung allerdings vernachlässigt werden, da die Rationen normalerweise nährstoffmäßig balanciert sind und damit bezüglich des Protein- und Fettgehaltes wenig Variation besteht. Es ist deshalb ausreichend, die Verwertung der umsetzbaren Energie nur in Abhängigkeit des Protein- und Fettansatzes zu beschreiben. Für Mastschweine hat man aus einer Vielzahl von Versuchen die Teilwirkungsgrade $k_p = 0,56$ und $k_f = 0,74$ festgelegt (GfE 1987 und 2006).

4.2.3.2 Verwertung der Endprodukte der Pansengärung

Die Ergebnisse in Übersicht 4.2-7 zeigen, dass zwischen Wiederkäuer und monogastrischem Tier kein Unterschied festzustellen war, wenn die Infusion in den Labmagen erfolgte. Es ergaben sich aber erhebliche Abweichungen zu den Verhältnissen beim monogastrischen Tier, wenn Glucose oder Casein über den Pansen verabreicht wurde. Die Verwertung der Glucose zur Fettsynthese betrug in diesem Falle nur 55 %, die Verwertung des Caseins 50 %. Dies zeigt, dass die energetischen Umsetzungen im Intermediärstoffwechsel beim Wiederkäuer und monogastrischem Tier nach den gleichen Gesetzmäßigkeiten vor sich gehen. Was beide Tiergruppen bei der energetischen Verwertung der Nahrungsstoffe unterscheidet, sind die bereits im Pansen stattfindenden Umsetzungen. Damit verbunden sind neben Verlusten an Futterenergie im Pansen auch Verluste im Intermediärbereich aufgrund der anderen Ausgangsstoffe für den Aufbau von Körperenergie.

Pansen

Die Verluste an Futterenergie bei den Umsetzungen im Pansen sind durch die Bildung von Methan und durch frei werdende Wärmeenergie (Fermentationswärme) bedingt.

Methan. Die täglich produzierte Menge an Methan beträgt bei Kühen 200–400 g, bei Mastrindern 70–150 g, bei Schafen 10–30 g, bei Sauen 2–8 g und bei Mastschweinen, je nach Lebendgewicht 1–6 g. Die Schwankungen hängen in erster Linie von der aufgenommenen Futtermenge und der Rationszusammensetzung ab. Für Milchkühe kann die Methanbildung nach folgender Formel aus den Rohnährstoffen geschätzt werden:

$$CH_4 \text{ (g/d)} = 63 + 26 \text{ XP} + 79 \text{ XF} + 10 \text{ NfE} - 212 \text{ XL} \quad \text{(Rohnährstoffe in kg/d)}$$

Ausgedrückt als Anteil an der aufgenommenen Bruttoenergie ergeben sich bei einer mittleren Rationszusammensetzung ungefähr 7 % Methan (Umrechnung: 1 g CH_4 = 1,40 l = 55 kJ). Neben diesem Energieverlust bei der Futterausnutzung kommt als weiteres auch der ökologische Nachteil der CH_4-Emission hinzu. Die Beteiligung des von Nutztieren produzierten Methans wird auf 16 % der globalen CH_4-Emission geschätzt. In Deutschland liegt der Anteil durch die Rinderhaltung sogar bei 27 %, da Feuchtgebiete, in denen die organische Masse zersetzt wird, fehlen. Die Verweildauer des Methans in der Atmosphäre ist allerdings nach 10 Jahren nur noch ein $1/10$ des CO_2, das mit 45 % weltweit am Treibhauseffekt beteiligt ist.

Die CH_4-Bildung beim ruminalen Abbau zu vermindern, ist wegen des komplexen mikrobiellen Geschehens im Pansen nur schwierig zu erreichen. Maßnahmen wie extreme Rationen (geringe Mengen Rohfaser, große Mengen leichtlöslicher Kohlenhydrate), Zugabe von mehrfach ungesättigten Fettsäuren, ionophore Antibiotica oder Proteinunterversorgung beeinflussen nämlich neben der Methanbildung auch die gesamte Fermentationsrate und können ungünstige Verschiebungen in den Fettsäuren des Pansens bewirken. Die wirksamste Reduzierung der Methanausscheidung ohne Manipulation der Futterration geschieht durch Hebung des Leistungsniveaus, da der Erhaltungsanteil der CH_4-Bildung sich mit steigender Leistung stark vermindert. So sind bei 10 kg Milchleistung mit 30 g CH_4/kg erzeugte Milch zu rechnen, während bei 30 kg Leistung nur noch 10 g CH_4/kg Milch anfallen. Die entsprechenden Zusammenhänge sind nach KIRCHGESSNER und Mitarbeiter (1993) in Abb. 4.2-5 dargestellt.

Fermentationswärme. Die beim Abbau der Nahrung im Pansen frei werdende Wärme beträgt etwa 6 % der Bruttoenergie. Sie liegt damit um ein Vielfaches höher als die Wärmebildung bei der Nahrungsverdauung im Monogastriden, die kaum 1 % der zugeführten Futterenergie übersteigen dürfte. Dieser große Verlust beim Wiederkäuer erklärt sich daraus, dass die Nahrungsstoffe bei der Verdauung im Pansen in einfachere Spaltprodukte als bei der Darmverdauung des Nichtwiederkäuers abgebaut werden. Die frei werdende Energie wird dabei nur zum geringen Teil von den Pansenbakterien zu Synthesezwecken verwertet, der überwiegende Teil geht als Wärme sowie in Form von Methan verloren. Hinzu kommt, dass beim enzymatischen Abbau der Mikrobenmasse im Labmagen und Dünndarm nochmals Wärmeverluste auftreten.

4 Energiehaushalt

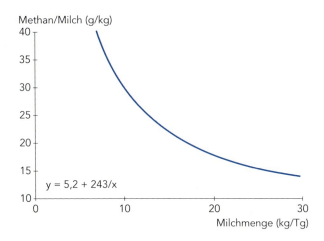

Abbildung 4.2-5
Methan-Ausscheidung je kg produzierter Milch in Abhängigkeit der täglichen Milchleistung von Kühen

Erhaltung

Die energetische Verwertung der kurzkettigen Fettsäuren für die Erhaltung ist in umfangreichen Untersuchungen von ARMSTRONG und BLAXTER an Schafen ermittelt worden (Übersicht 4.2-8). Hierbei wurde der Energieumsatz zum einen beim fastenden Tier und zum anderen bei der Infusion kurzkettiger Fettsäuren in den Pansen gemessen. Beispielsweise fand man in einem Experiment, dass durch Zufuhr von 2.946 kJ Essigsäure 1.770 kJ Körpersubstanz vor dem Abbau bewahrt wurden. Daraus ergibt sich ein Teilwirkungsgrad von 60 %.

Die Versuchsergebnisse insgesamt zeigen, dass die Energieausnutzung der Essigsäure wesentlich schlechter als die der Propionsäure war. Die Energieausnutzung der Buttersäure nahm einen mittleren Wert ein. Ein Gemisch verschiedener kurzkettiger Fettsäuren, das Propionsäure enthielt, wurde dagegen auch bei hohen Anteilen von Essigsäure energetisch gut verwertet. Fehlte die Propionsäure jedoch im Gemisch, so war die Ausnutzung entsprechend gering. Diese unterschiedliche Verwertung erklärt sich im Wesentlichen daraus, dass im Organismus für den Abbau von Essigsäure Oxalacetat bzw. dessen Vorläufer (Propionsäure) zur Verfügung stehen muss. Für die praktische Fütterung ergibt sich aus diesen Ergebnissen, dass die energetische Verwertung der Fettsäuren für die Erhaltung stets hoch sein wird, da selbst bei sehr rohfaserreichen Futtermitteln im Pansen soviel Propionsäure gebildet wird, dass die Ausnutzung der Essigsäure ungestört ablaufen kann.

Die Verwertung eines Gemisches aus kurzkettigen Fettsäuren liegt demnach bei etwa 85 %. Allein schon wegen der Fermentationswärme muss man annehmen, dass die Verwertung der umsetzbaren Energie von Futterrationen niedriger liegt als die von infundierten Fettsäuren. Man findet im Allgemeinen Teilwirkungsgrade zwischen 0,70 und 0,75. Die Höhe hängt von der Zusammensetzung des Futters ab, wobei vor allem die Umsetzbarkeit der Energie und der Proteingehalt der Ration von Bedeutung sind. Nach einer Gleichung des englischen AFRC ($k_m = 0{,}35\,q + 0{,}503$) erhöht sich die Verwertung der umsetzbaren Energie für Erhaltung um 0,35 Prozent absolut, wenn die Umsetzbarkeit der Energie um eine Einheit ansteigt. Eine ähnliche Gleichung wird von VAN ES angegeben ($k_m = 0{,}287\,q + 0{,}554$).

Übersicht 4.2-8
Energetische Verwertung kurzkettiger Fettsäuren für Erhaltung (Schaf)

Berechnungsweise: Beispiel Essigsäure, Werte in kJ/Tag

	ohne Essigsäurezufuhr	mit 2.946 kJ
Abbau von Körperfett	4.837	2.833
Abbau von Körpereiweiß	728	962
	5.565	3.795
Differenz		1.770

Verwertung = 1.770 / 2.946 × 100 = 60 %

Versuchsergebnisse (Mittel aus mehreren Versuchen)

	Verwertung in %
Essigsäure (E)	59
Propionsäure (P)	87
Buttersäure (B)	76
E : P : B = 25 : 45 : 30	87
E : P : B = 75 : 15 : 10	86
E : B = 90 : 10	65

Übersicht 4.2-9
Energetische Verwertung kurzkettiger Fettsäuren für die Körperfettsynthese (Schaf)

infundierte Säure	Verwertung in %
Essigsäure (E)	33
Propionsäure (P)	56
Buttersäure (B)	62
Gemische	
(I) E 75 %, P 15 %, B 10 %	32
(II) E 25 %, P 45 %, B 30 %	58

Körperenergieansatz

Die energetische Verwertung der bei der Pansengärung gebildeten Essig-, Propion- und Buttersäure im Stoffwechsel des Tieres wurde bislang meist nur in Form synthetisierten Körperfettes bestimmt. Dabei zeigte sich, dass die Verwertung der kurzkettigen Fettsäuren sehr von ihren molaren Anteilen abhängt. In Übersicht 4.2-9 sind hierzu Ergebnisse von ARMSTRONG und BLAXTER an Schafen wiedergegeben. Die Tiere erhielten neben den zu prüfenden Fettsäuren eine Grundration, welche den Erhaltungsbedarf deckte. Insgesamt belief sich der molare Anteil der Essigsäure im Pansensaft bei Essigsäureinfusion und Gemisch I auf etwa 70 %, bei Propionsäureinfusion und Gemisch II auf etwa 50 %. Die energetische Verwertung der absorbierten Fettsäuren, welche in ihrem molaren Verhältnis in etwa dem im Pansensaft entsprechen dürften, war bei hohem Essigsäureanteil mit etwas über 30% sehr schlecht. Bei stärkerem Propionsäureanteil belief sich die Energieverwertung dagegen auf etwa 60%. Ähnliche Ergebnisse wurden bei Verfütterung von Rationen erzielt, die von sich aus zu sehr unterschiedlichen molaren Fettsäurenverhältnissen im Pansen führten. Die Verwertung kurzkettiger Fettsäuren zur Fettproduktion hängt also stark vom Anteil der Essigsäure im Pansensaft ab, wobei mit zunehmendem Essigsäureanteil die Verwertung abnimmt.

Der Teilwirkungsgrad der umsetzbaren Energie von Rationen für den Energieansatz liegt zwischen 0,40 und 0,50. Bei überwiegender Fettbildung (ausgewachsene Schafe) ist mit einem mittleren Teilwirkungsgrad von $k_f = 0,47$ zu rechnen, wobei auch die Umsetzbarkeit der Energie von Einfluss ist ($k_f = 0,78\ q + 0,006$, nach BLAXTER). Aus Versuchen mit Mastbullen (Schwarzbunte und Fleckvieh) wurde ein mittlerer Verwertungsfaktor von $k_g = 0,40$ abgeleitet, für Färsen und Mastochsen beläuft sich k_g auf 0,43 (GfE 1995). Auch bei diesen Teilwirkungsgraden spielt die Umsetzbarkeit der Energie eine Rolle, daneben aber auch das Ernährungsniveau und die stoffliche Zusammensetzung des Energieansatzes, wodurch sich allerdings insgesamt kompensierende Wirkungen ergeben, sodass bei praktischen Bedarfsberechnungen auf eine Berücksichtigung dieser Einflüsse verzichtet werden kann.

Milchbildung

Die Verwertung der umsetzbaren Energie für die Milchsynthese schwankt in dem verhältnismäßig engen Bereich von 58–65% (siehe 4.4.2). Aus verschiedenen Untersuchungen lässt sich ableiten, dass für diese Variation das Mengenverhältnis der kurzkettigen Fettsäuren im Pansen keine Rolle spielt.

Im Vergleich zur Körperfettsynthese ist bei der Milchsynthese die energetische Verwertung des Futters weitaus besser. Bezogen auf die umsetzbare Energie liegt sie um 15% höher. Das hat mehrere Ursachen. Einmal enthält Milchfett mehr kürzerkettige Fettsäuren als Körperfett, wodurch der Aufwand an Energie für die Fettsynthese geringer ist. Weiterhin entfällt die energieverbrauchende Harnstoffsynthese, da die Aminosäuren zum Aufbau des Milcheiweißes verwendet werden, während sie bei der Körperfettbildung desaminiert werden und der Stickstoff in Form von Harnstoff ausgeschieden wird. Schließlich erfordert die Synthese des Milchzuckers aus Glucose nur sehr wenig Energie.

4.3
Energiebedarf des Tieres

Der Energiebedarf des Organismus ist je nach dem Umfang der zu leistenden „Arbeit" verschieden. Man unterscheidet gewöhnlich den Minimalbedarf oder auch Grundumsatz, den Erhaltungsbedarf und den Leistungsbedarf.

4.3.1 Minimalbedarf oder Grundumsatz

Auch wenn ein Organismus in unserem Sinne keinerlei Arbeit oder Leistung vollbringt, wenn er also ohne Nahrung (d. h. bei weitgehender Ausschaltung der Verdauungsarbeit) im Bereich der Neutraltemperatur in völliger Ruhe verharrt, benötigt er eine bestimmte Energiemenge. Das hat seinen Grund darin, dass auch unter diesen Bedingungen vielseitige Stoffwechselvorgänge ablaufen müssen, wenn der Organismus weiterhin bestehen soll. Die Hauptstätten dieser Stoffwechselvorgänge sind die Leber, das Herz, die Atemmuskulatur, sekretorische Drüsen, das Zentralnervensystem und Erneuerungsvorgänge der Körpermasse (Protein- und Fett-Turnover). Dieser Bedarf wird als Minimalbedarf oder **Grundumsatz** bezeichnet. Da bei Tieren im Gegensatz zum Menschen die Bedingung der Muskelruhe schlecht zu erreichen ist, beziehen sich die Messungen am Tier auf Nüchternheit, Neutraltemperatur und leichte Muskelaktivität. Man spricht deshalb auch vom **Nüchternumsatz**.

In Abb. 4.3-1 (in Anlehnung an KLEIBER) wird gezeigt, wie der Grundumsatz als Mindestwärmeproduktion bei Nahrungsentzug zu verstehen ist, die über Veränderung der Umgebungstemperatur nicht mehr zu erniedrigen ist. Betrachtet man den Organismus als ein System mit konstanter Temperatur (Thermostat), so wird die Wärmeerzeugung im Körper, die zum Ausgleich der Abkühlungsverluste notwendig ist, mit steigender Umgebungstemperatur immer geringer (gestrichelte Linie). Die tatsächliche Wärmeproduktion oder Umsatzrate des Organismus fällt jedoch nur bis zu einer bestimmten Umgebungstemperatur ab, der sog. unteren kritischen Temperatur (T_u). Dann ist die Umsatzrate konstant. Dieser Bereich der Umgebungstemperatur, wo die Umsatzrate von Temperaturänderungen unabhängig ist, heißt Zone der Neutraltemperatur, und die Umsatzrate selbst stellt den Grundumsatz dar. Bei weiterer Steigerung der Umgebungstemperatur steigt schließlich die Umsatzrate als Folge einsetzender Regulierungsmechanismen – ebenso wie im Bereich unterhalb der T_u – wieder an.

Der Grundumsatz ist von der Körpergröße abhängig. Dabei zeigten Messungen, dass die Umsatzrate bei größeren Tieren zwar absolut höher, je Einheit Körpermasse aber niedriger als bei kleineren Tieren ist. Bezieht man die Umsatzrate jedoch auf die Körperoberfläche, so erhält man für Tiere unterschiedlicher Größe ungefähr gleiche Werte. Diese Verknüpfung des minimalen Energiebedarfs mit der Körperoberfläche geht auf Untersuchungen RUBNERS zurück (RUBNERS „Oberflächengesetz"), wonach der Grundumsatz aller Warmblüter unabhängig von ihrer Körpergröße 4,2 MJ/d (1.000 kcal/d) je m² Körperober-

4 Energiehaushalt

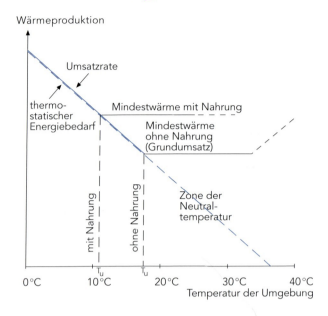

Abbildung 4.3-1
Umsatzrate des Tieres und Umgebungstemeratur

fläche ausmacht. Später ergaben umfangreiche Berechnungen von KLEIBER, dass der Grundumsatz zu einer Potenz der Lebendmasse enger proportional ist als zur Körperoberfläche, deren Größenbestimmung zudem sehr unsicher ist. KLEIBER fand, dass die Stoffwechselrate ausgewachsener Warmblüter von der Maus bis zum Rind unter standardisierten Bedingungen im Durchschnitt 293 kJ (70 kcal) pro kg Lebendmasse^{0,75} und Tag beträgt. Natürlich ist diese Zahl nur ein Mittelwert, von dem die Stoffwechselrate einzelner Tiere beträchtlich abweichen kann. Die zugrunde gelegte Dreiviertel-Potenz der Lebendmasse (in kg) wird als **metabolische Körpergröße** bezeichnet.

Den zweiten Haupteinfluss auf den Grundumsatz übt das Alter aus, und zwar geht die Umsatzrate je kg Körpermasse mit zunehmendem Alter meist zurück. Daneben beeinflussen noch weitere Faktoren den Grundumsatz wie Geschlecht, Körperzusammensetzung, Hormone, Trächtigkeit und Ernährungszustand.

4.3.2 Erhaltungsbedarf

Für die praktische Fütterung sind Angaben über den Grundumsatz wenig sinnvoll, weil die Bedingungen, unter denen sie gültig sind, in der Praxis nicht vorkommen. Dies bedeutet, dass der zur Lebens- und Leistungserhaltung notwendige Energiebedarf höher ist als der Grundumsatz. Man bezeichnet ihn als Erhaltungsbedarf (= Energiebedarf bei ausgeglichener Energiebilanz). Er setzt sich aus dem Minimalbedarf und dem Energiebedarf für Futteraufnahme, Verdauungsarbeit, leichte Muskeltätigkeit und Wärmeregulation zusammen. Da diese Faktoren variabel sind, wird der Erhaltungsbedarf eine gewisse Schwankungsbreite aufweisen.

Der Einfluss der Umgebungstemperatur auf den energetischen Erhaltungsbedarf geht aus Abb. 4.3-1 hervor. Die aus den notwendigen Stoffwechselvorgängen stammende Mindestwärme reicht nur im Bereich über der unteren kritischen Temperatur T_u aus, eine kon-

> **Übersicht 4.3-1**
>
> Thermoneutrale Temperatur in °C

Rind	Kalb	Schaf	Schwein (Mast)	Ferkel
−10 bis 20	5 bis 15	−10 bis 25	16 bis 22	25 bis 35

stante Körpertemperatur (ca. 38 °C) aufrechtzuerhalten. Sinkt die Umgebungstemperatur darunter, muss der Organismus zusätzlich Nährstoffe zur Wärmeproduktion oxidieren. Es liegt auf der Hand, dass die kritische Temperatur von Fall zu Fall verschieden ist. Sie hängt von der Ausbildung des Haarkleides der Tiere und dem Vorhandensein isolierender Fettschichten im Unterhautgewebe ab. Insbesondere sinkt die kritische Temperatur mit steigender Nahrungszufuhr wegen der dabei anfallenden Extrawärme (T_u mit Nahrung). Von Einfluss ist auch das Lebensalter der Tiere, wobei Neugeborene und sehr junge Tiere von älteren Tieren deutlich abweichen. Unter praktischen Haltungsbedingungen wurden starke Einflüsse auf die untere kritische Temperatur durch Stallverhältnisse (Fussbodenart beim Schwein) und Witterungseinflüsse (Wind, Feuchtigkeit, Regen, Nebel) festgestellt. Es ist deshalb verständlich, dass die thermoneutrale Temperatur, bei der keine Nährstoffoxidation zur Temperaturregulierung erfolgt, für einzelne Spezies nur als grober Bereich angegeben werden kann (Übersicht 4.3-1). Wird die Neutralzone bzw. die T_u mit Nahrung unterschritten, ist im Mittel mit einer thermoregulatorischen Wärmeproduktion von 15 kJ/kg $LM^{0,75}$ je Tag und °C zu rechnen (s. BERGNER und HOFFMANN 1996). Das entspricht etwa 3 % des energetischen Erhaltungsbedarfes je Unterschreitung der unteren kritischen Temperatur um ein Grad Celsius. Bei in Leistung stehenden Tieren reicht die Mindestwärme (Grundumsatz + Extrawärme) allerdings aus, um den Wärmebedarf der Tiere zur Konstanthaltung der Körpertemperatur unter den üblichen Haltungsformen zu decken. Während starker Kälteperioden oder sehr ungünstiger Witterungsverhältnisse (feucht und stark windig) kann jedoch ein zusätzlicher Energieverbrauch relevant werden.

Da im Erhaltungsbedarf der Minimalbedarf enthalten ist, wird der Erhaltungsbedarf natürlich auch von den im Abschnitt Minimalbedarf angeführten Faktoren beeinflusst, vor allem von der Körpergrösse. Die Umrechnung eines gegebenen Erhaltungsbedarfes einer Tierart auf unterschiedliche Tiergewichte erfolgt dabei meist über die metabolische Körpergrösse. Zu berücksichtigen ist allerdings, dass bei wachsenden Schweinen kein einheitlicher Proportionalitätsfaktor über den gesamten Wachstumsbereich gilt (siehe 6.5.2.2).

4.3.3 Leistungsbedarf

Mit einer Futterration, die den Erhaltungsbedarf gerade deckt, erbringt ein Tier keine zusätzliche Leistung. Eigentliche Leistungen sind nur möglich, wenn der dafür erforderliche Energiebedarf gedeckt wird. Dieser Leistungsbedarf ist zunächst gleichzusetzen mit der Energiemenge in den einzelnen Leistungsprodukten wie Körperzuwachs, Milch oder auch Föten. Dieser sogenannte Netto-Leistungsbedarf ist dabei nicht nur je nach Produktionsrichtung (Mast, Laktation, Gravidität) und Menge der erzeugten Produkte verschieden, sondern wechselt auch mit der stofflichen Zusammensetzung der Produkte, da der Energiegehalt die Summe der Brennwerte der einzelnen Substanzen darstellt. So beträgt der mittlere Energiegehalt der Milch 3,1 kJ/g, verändert sich aber insbesondere mit dem Fettgehalt der Milch. Bei

4 Energiehaushalt

> **Übersicht 4.3-2**
> **Energiegehalte verschiedener tierischer Produkte, in kJ/g**
>
> | | | | |
> |---|---|---|---|
> | Fett | 39,7 | Broiler | 9 |
> | Protein | 23,8 | Kalb | 9 |
> | Milch | 3,1 | Rind | 12 |
> | Hühnerei | 6,5 | Schwein | 15 |

wachsenden Tieren ändert sich im Verlaufe der Mast das Protein-Fett-Verhältnis des Gewichtszuwachses, was ebenfalls unterschiedliche Energiegehalte bedingt. Einige Angaben über den Energiegehalt tierischer Produkte bzw. des gesamten schlachtreifen Tieres sind in Übersicht 4.3-2 aufgezeigt. Im konkreten Fall ist es jedoch schwierig, die zu erwartende Leistung hinsichtlich Menge und Energiegehalt der Produkte richtig vorherzusagen.

Ein zweites Problem bei der Festsetzung des Bedarfes besteht darin, die Nettoleistung als erforderliche Nahrungsenergie auszudrücken. Das kann mithilfe der Kenntnisse über Energieverluste bei der Transformation des Futters in das tierische Produkt geschehen. Die Höhe der Transformationsverluste hängt jedoch auch von der Tierart und der Art des synthetisierten Produktes ab. Welche Schritte in der praktischen Rationsberechnung durchzuführen sind, hängt jedoch davon ab, nach welchem Maßstab der Energiewert des Futters gekennzeichnet ist, das heißt, ob die einzelnen Umwandlungsverluste bei der Bedarfsrechnung oder bei der energetischen Futterbewertung berücksichtigt worden sind.

Diese Vorgehensweise zur Bedarfsermittlung wird als faktorielle Bedarfsableitung bezeichnet und ist in typischer Form bei Mastschweinen und Mastrindern verwirklicht:

> Energetischer Gesamtbedarf
> $$= \text{Erhaltungsbedarf} + \text{Leistungsbedarf}$$
> $$= a \times \text{Lebendmasse}^c + \sum (\text{Energie im Produkt}_i / k_i)$$
>
> a = unterstellter Bedarf je kg LM^c
> c = Potenz der Lebendmasse (Rind, Schaf, Schwein, Pferd und Geflügel: 0,75)
> k_i = Transformationsverlust bei der Bildung der verschiedenen Produkte

Eine ausführliche zahlenmäßige Darstellung findet sich in den Abschnitten 6.5.2 und 7.7.2. Das faktorielle Schema kann natürlich um andere Komponenten erweitert werden (z. B. erhöhte Bewegungsaktivität) und in entsprechend modifizierter Form auch für andere Nährstoffe (Rohprotein, Mineralstoffe, Spurenelemente) angewendet werden.

Neben der faktoriellen Bedarfsbestimmung besteht auch die Möglichkeit, den energetischen Leistungsbedarf bzw. Gesamtbedarf durch Fütterungsversuche über den Vergleich von Nährstoffaufnahme und Leistung direkt abzuleiten. Hierbei kommt es natürlich darauf an, die verschiedenen den Bedarf des Tieres beeinflussenden Faktoren in etwa zu berücksichtigen. Die früheren Bedarfsnormen waren wegen mangelnder Daten zur faktoriellen Bedarfsableitung auf diese Weise entstanden. Gegebenenfalls können sich diese beiden Methoden gegenseitig ergänzen.

4.4 Die energetische Bewertung der Futtermittel

Ziel der energetischen Bewertung des Futters muss es sein, aus einer energetischen Maßeinheit des Futters bzw. der Futtermittel eine möglichst sichere Vorhersage der zu erwartenden tierischen Leistung zu erreichen. Umgekehrt muss es natürlich auch möglich sein, für eine gegebene tierische Leistung die notwendige Menge an Futterenergie zu berechnen. Futterbewertung und Bedarfsermittlung sind also eng miteinander verknüpft. Man spricht daher in diesem Zusammenhang auch von einem energetischen Futterbewertungssystem. Es liegt auf der Hand, dass dabei der Futterwert und der tierische Bedarf in derselben Maßeinheit ausgedrückt werden.

Grundlage für die Erstellung eines Futterbewertungssystems ist letztlich die Kenntnis aller energetischen Transformationsverluste bei der Umwandlung des Futters in die tierischen Erhaltungsfunktionen und tierischen Produkte. Die Erfassung dieser Verluste geschieht in Form der in Abschnitt 4.2.2 dargestellten energetischen Bilanzstufen. Die Eignung dieser einzelnen Bilanzstufen für eine Energiemaßzahl des Futters hängt praktisch davon ab, welche Umwandlungsverluste dem Futtermittel als solchem und welche dem Tier (bzw. der Bedarfsberechnung) zugeordnet werden sollen. Im Hinblick auf eine vergleichende Beurteilung des Futterwertes ist es sinnvoll, alle Energieverluste, die primär mit dem Futtermittel zu tun haben, in die Futterkennzahl zu integrieren. Andererseits sollten durch das Tier bedingte Umwandlungsverluste wie beispielsweise Ansatz in Form von Protein oder Fett nicht bereits im Energiewert des Futtermittels berücksichtigt werden, da dieser dann nicht mehr allgemein gültig ist.

Nach dieser Betrachtungsweise scheidet die Bruttoenergie von vornherein als Wertmaßstab aus, da die starke futtermittelabhängige Variation in der Verdaulichkeit nicht unberücksichtigt bleiben kann. Aber auch die verdauliche Energie als Maßstab stellt keine sinnvolle Lösung dar, denn ein von Futtermittel zu Futtermittel unterschiedlicher Anteil der verdaulichen Energie geht dem Tier in Form von Harn und Gärgasen verloren. Dagegen sind die bei der Überführung der umsetzbaren Energie in tierische Produkte auftretenden Verluste hauptsächlich vom Tier selbst abhängig. Die Schnittstelle bezüglich der Zuordnung der Umwandlungsverluste wäre also bei der umsetzbaren Energie anzusetzen. Streng genommen wird aber die Verwertung der umsetzbaren Energie in Nettoenergie teilweise noch durch die Art des Futters beeinflusst, sodass die Entscheidung für eine Futterbewertung nach der umsetzbaren Energie oder nach der Nettoenergie letztlich nicht einfach ist. Die Nettoenergie bringt jedoch die generelle Schwierigkeit mit sich, dass wegen ihrer Abhängigkeit von der Leistungsrichtung innerhalb einer Tierart verschiedene Nettobewertungen notwendig wären.

Die im Laufe der Zeit entwickelten Systeme der energetischen Futterbewertung sind daher stets als Kompromiss zwischen praktischer Notwendigkeit und theoretischen Forderungen zu verstehen. In Deutschland ist die Entscheidung dahingehend getroffen worden, dass mit Ausnahme des Milchviehs die energetische Futterbewertung auf der Basis der umsetzbaren Energie durchgeführt wird. Bei der Milchkuh ist der Einfluss des Futters auf die Verwertung der ME experimentell quantifiziert und sollte bei der Bewertung der Einzelfuttermittel nicht vernachlässigt werden. Bei den anderen tierischen Leistungen können diese Futtereffekte vernachlässigt oder durch andere Einflüsse kompensatorisch überlagert werden, sodass die umsetzbare Energie das praktikablere System darstellt.

4.4.1 Entwicklung der Futterbewertung

Zu den bekanntesten älteren Maßstäben, die im Laufe der nahezu hundertjährigen Entwicklung der energetischen Futterbewertung geschaffen wurden, zählen vor allem der Stärkewert und die Skandinavische Futtereinheit. Auch wenn diese Systeme heutzutage in der Praxis nicht mehr angetroffen werden, sind sie zum Verständnis älterer Literatur noch immer von Bedeutung. Seit den sechziger Jahren erfolgte eine intensive Bearbeitung und Erneuerung der gesamten energetischen Futterbewertung. Die vom Rostocker Futterbewertungssystem ausgehende, aber konsequent weiterentwickelte Beurteilung basiert nach wie vor auf der Nettoenergie bei der Fettmast. Diese Bewertung kann jedoch für die Milchbildung nicht angewendet werden (siehe 4.4.2), weswegen für die Fütterung der Milchkühe die Nettoenergie basierend auf den Werten der Laktation eingeführt wurde. Eine Übertragung dieses Energiebewertungssystem für das Wachstum ist nicht möglich, deshalb gilt für wachsende Rinder, wie auch für alle anderen Tierarten, die umsetzbare Energie als Bewertungsgrundlage. Hierbei werden die entsprechenden Verwertungen für den jeweiligen Bedarf zugrunde gelegt. Die umsetzbare Energie wird zukünftig auch für die Pferdefütterung eingeführt werden.

Stärkewertsystem

Die Stärkewertlehre wurde bereits um die Jahrhundertwende von OSKAR KELLNER begründet. Als Bewertungsmaßstab wurde die Nettoenergie für die Fettbildung bei der Mast ausgewachsener Ochsen gewählt, da Fett von allen Nährstoffen gebildet und im Körper in größeren Mengen gespeichert werden kann. KELLNER vertrat weiterhin die Auffassung, dass das Fettbildungsvermögen der Futtermittel nur von deren Gehalt an verdaulichen Nährstoffen abhängig sei. Als Vertreter der Nährstoffe dienten Stärke, Kleber, Erdnussöl, Melasse und Strohstoffe, deren Nettoenergie im Differenzversuch bestimmt wurde. In der ersten Versuchsperiode erhielten die Ochsen eine Ration, welche den Erhaltungsbedarf deckte, vorhandene Lücken im Glykogendepot auffüllte und einen geringen Fettansatz bewirkte. In der zweiten Periode wurde der Grundration dann der zu prüfende Nährstoff zugelegt. In beiden Perioden mussten der Kohlenstoffansatz und der Stickstoffansatz ermittelt werden, um daraus den Ansatz von Fett berechnen zu können (siehe 4.2.2.2). Der Unterschied im Ansatz zwischen den beiden Versuchsperioden unter Berücksichtigung des erhöhten Erhaltungsbedarfes entsprach dem Fettbildungsvermögen, also der Nettoenergie des zugelegten Nährstoffs.

Dabei ergab 1 kg Stärke 248 g Fettansatz. KELLNER drückte die Nettoenergie aller Nährstoffe nun nicht in einer Energie-Maßeinheit aus, sondern wählte als Bezugsgröße das Fettbildungsvermögen dieser verdaulichen Stärke. Diese Einheit hieß Stärkewert (StW) bzw. Stärkeeinheit (StE) und beträgt 1 für die Bezugsgröße 1 kg bzw. 1 g verdauliche Stärke. Setzt man das Fettbildungsvermögen anderer Nährstoffe in Bezug zu diesem Wert, so ergibt sich für verdauliche Rohfaser und die verdaulichen N-freien Extraktstoffe ebenfalls ein StW von 1, für Eiweiß ein StW von 0,94, während Fett je nach Herkunft einen StW von 2,41 für Ölsamen, 2,12 für Körnerfrüchte und 1,91 für Raufutter und Wurzelgewächsen liefert. In den folgenden Untersuchungen musste dann nur noch die Verdaulichkeit der Nährstoffe in den einzelnen Futtermitteln bestimmt werden, um mithilfe dieser Faktoren den Stärkewert zu bestimmen. Da die Futtermittel mit ihren verdaulichen Nährstoffen jedoch nicht ganz diese Werte erreichten, führte KELLNER für jedes Futtermittel eine „Wertigkeit" ein, womit er das Verhältnis von experimentell gefundenem zu berechnetem Wert bezeichnete. Die größten Abweichungen zeigte Raufutter, weshalb er je g Futtermittelrohfaser, in Abhängigkeit von Rohfaserart und -beschaffenheit, einen sogenannten „Rohfaserabzug" einführte. Sowohl die „Wertigkeit" als auch der „Rohfaserabzug" stellen wesentliche Schwachstellen dieses Energiebewertungssystems dar.

Das Rostocker Futterbewertungssystem (NEHRING, SCHIEMANN, HOFFMANN) ist eine Weiterentwicklung dieses über viele Jahrzehnte gültigen Systems. Auch hier wird die Fettmast bzw. das Fettbildungsvermögen als Ausdruck der Nettoenergie zugrunde gelegt. Allerdings wurden nicht wie beim Stärkewertsystem die einzelnen verdaulichen Nährstoffe untersucht, sondern natürliche Futtermittel bzw. die Gesamtration gewählt. Die Bezugsbasis wurde als „energetische Futtereinheit" (EF) bezeichnet, ein Multiplum vom einem 1 kcal Nettoenergie-Fett.

Weitere Futterbewertungen wie die skandinavische oder die sowjetische basieren letztlich auf dem StW, wobei die skandinavische Bewertung den Energiewert auf 1 kg Gerste bezog und die sowjetische Futterbewertung als Bezugsbasis 1 kg Hafer verwendete.

4.4.2 Futterbewertung beim Wiederkäuer

Obwohl im Stärkewertsystem wie auch im Rostocker Futterbewertungssystem die energetische Bewertung des Futters auf dem Zuwachs an Körperenergie bei der Fettmast ausgewachsener Tiere beruht, wurde dieser Maßstab jahrzehntelang in vielen Ländern auch in der Milchviehfütterung angewandt. Aus umfangreichen Messungen des Energieumsatzes von Milchkühen geht jedoch hervor, dass der Teilwirkungsgrad der umsetzbaren Energie für Milchbildung weit weniger durch die Zusammensetzung der Futterration (q-Wert) beeinflusst wird als der Teilwirkungsgrad für die Fettmast von Tieren (Abb. 4.4-1). Zum anderen zeigte sich, dass der Stärkewert beim Milchvieh zu systematischen Schätzfehlern des Futterwertes führte und insbesondere die über den Rohfasergehalt bzw. die Wertigkeit vorgenommenen Korrekturen als Schwachstellen anzusehen sind. Es war deshalb erforderlich, die Futterbewertung den neuen

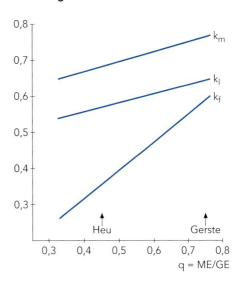

Abbildung 4.4-1

Abhängigkeit der Verwertung der ME für Erhaltung (k_m), Laktation (k_l) und Fettbildung (k_f) von der Umsetzbarkeit der Energie

4 Energiehaushalt

Erkenntnissen anzupassen, was in mehreren Ländern Europas dazu führte, dass in den 80-er Jahren neue Bewertungssysteme für die **Milchviehfütterung** entwickelt und eingeführt wurden. In der Bundesrepublik Deutschland hatte sich der Ausschuss für Bedarfsnormen der Gesellschaft für Ernährungsphysiologie bereits 1986 dafür entschieden, das System Nettoenergie-Laktation (NEL) anzuwenden.

Das NEL-System berücksichtigt folgende Erkenntnisse aus Stoffwechselexperimenten mit Milchkühen über den Zusammenhang zwischen Zufuhr an Nahrungsenergie und tierischer Leistung:

a) Die Verwertung der umsetzbaren Energie für Milch und für Körperansatz bei laktierenden Kühen ist gleich groß. Die Nettoenergie des Futters für diese Stoffbildung heißt Nettoenergie-Laktation und entspricht zahlenmäßig dem Energiegehalt dieser Produkte.

b) Der Teilwirkungsgrad der ME für die Laktation (k_l) wird durch die Zusammensetzung der Ration beeinflusst, die durch die Umsetzbarkeit der Energie (q-Wert) charakterisiert wird. Die Stärke des Einflusses von q auf k_l wird durch eine Gleichung von VAN ES beschrieben ($k_l = 0{,}24\, q + 0{,}463$).

c) Die Verwertung der ME für Erhaltung wird in proportional gleichem Ausmaß beeinflusst wie diejenige für die Laktation, d. h. der Quotient beider Teilwirkungsgrade ist unabhängig vom q-Wert konstant. Daraus folgt, dass der Erhaltungsbedarf ohne Verlust an Genauigkeit in NEL ausgedrückt werden kann (vgl. hierzu Abb. 4.4-1).

d) Die Menge an umsetzbarer Energie pro kg eines bestimmten Futters nimmt bei steigendem Ernährungsniveau (= Gesamtbedarf an Energie/Erhaltungsbedarf) ab. Dieser Rückgang der ME wird im NEL-System durch einen Zuschlag in der Bedarfsberechnung berücksichtigt (7.1.1).

Zur Berechnung der Nettoenergie-Laktation von Futtermitteln sind folgende Formeln notwendig:

a) Die Nettoenergie-Laktation wird nach der Formel (VAN ES)

$$\text{NEL (MJ)} = k_l \times \text{ME (MJ)} = 0{,}6\,[1 + 0{,}004\,(q - 57)]\,\text{ME (MJ)}, \quad q\,(\%) = \frac{\text{ME}}{\text{GE}} \times 100$$

berechnet. NEL ergibt sich also aus dem Produkt von umsetzbarer Energie und Teilwirkungsgrad k_l, der seinerseits von der Umsetzbarkeit q abhängt. Aus der Gleichung geht hervor, dass die Verwertung der ME bei einer mittleren Umsetzbarkeit (q = 57 %) 60 % beträgt und dass die Verwertung um 0,4 % absolut ansteigt, wenn die Umsetzbarkeit um eine Einheit zunimmt. Die Angabe der Nettoenergie-Laktation erfolgt in Mega-Joule.

b) Die umsetzbare Energie wird nach einer Gleichung, die auf Ergebnisse von Energiewechselmessungen an Ochsen mit 92 verschiedenen Rationen zurückgeht, aus den verdaulichen Rohnährstoffen und dem Rohprotein berechnet (HOFFMANN et al. 1971, GfE 1995):

4.4 Die energetische Bewertung der Futtermittel

ME (kJ) =   31,2 × verdauliches Rohfett (g)
          + 13,6 × verdauliche Rohfaser (g)
          + 14,7 × Rest verdauliche organische Masse (g)
          + 2,34 × Rohprotein (g)

Rest verd. organische Masse = verd. organ. Masse (DOM) – verd. Rohfett (DXL) – verd. Rohfaser (DXF)

Der Faktor vom Rohprotein ist als ein regressionsanalytisch ermittelter Korrekturwert für die ME-Schätzung aus der Fraktion „Rest verd. organ. Masse" in Verbindung mit der Höhe des Rohproteingehaltes und nicht etwa als ME-Wert des Rohproteins zu verstehen.

c) Die für die Bestimmung von q erforderliche Bruttoenergie wird, sofern nicht direkt kalorimetrisch gemessen, mit der nachfolgenden Gleichung aus den Rohnährstoffen berechnet (GfE 1995). Die Koeffizienten spiegeln die kalorimetrischen Brennwerte der einzelnen Nährstoffgruppen wider.

GE (kJ) =   23,9 × Rohprotein (g)
          + 39,8 × Rohfett (g)
          + 20,1 × Rohfaser (g)
          + 17,5 × N-freie Extraktstoffe (g)

Die Berechnung von NEL ist am Beispiel des Wiesenheus in Übersicht 4.4-3 aufgezeigt. Da der NEL-Gehalt des Futters den Energiegehalt angibt, der als Milchenergie oder auch als Körperenergie erscheint, folgt also, dass mit 1 kg Wiesenheu-Trockenmasse 4,94 MJ

Übersicht 4.4-3
NEL von Wiesenheu (Beginn der Blüte, bezogen auf Trockenmasse)

	Roh-nähr-stoffe g	Verdau-lichkeit %	verd. Rohnähr-stoffe g	Faktor für GE	GE MJ/kg	Faktor für ME	ME MJ/kg
Organ. Masse	922	62	572				
Rohprotein	94	–	–	23,9	2,25	2,34	0,22
Rohfett	22	45	10	39,8	0,88	31,2	0,31
Rohfaser	324	63	204	20,1	6,51	13,6	2,77
NfE	482	–	–	17,5	8,44	–	
DOM – DXL – DXF	–		358	–		14,7	5,26
					18,08		8,56

q = 8,56 × 100 / 18,08 = 47,3 %
NEL = 0,6 [1 + 0,004 (47,3 – 57)] × 8,56 = 4,94 (MJ/kg TM)

Milchenergie (oder Körperenergie) erzielbar sind. Bei einem Energiegehalt von 3,1 MJ/kg Milch (FCM) entspricht dies 1,6 kg Milch. Dem unmittelbaren Zusammenhang zwischen Leistung und Energiebedarf ist also klar Rechnung getragen.

Die Zusammenstellung einer Futterration erfolgt im NEL-System einfach durch Addition der Nettoenergiegehalte der einzelnen Rationskomponenten. Der hieraus bestimmte NEL-Gehalt der Ration ist jedoch stets etwas höher als bei Berechnung aus der ME der Gesamtration. So ergibt sich beispielsweise für eine Mischung von 3 kg Wiesenheu (86% TM) + 10 kg Maissilage (27% TM) ein NEL-Gehalt von 29,80 MJ, während sich aufgrund der Addition der Rohnährstoffe und anschließender Anwendung der NEL-Formel 29,74 MJ errechnen. Es lässt sich zeigen, dass diese Abweichungen bei üblicher Rationsgestaltung in der Regel kaum mehr als 1% betragen und damit für die praktische Fütterung nicht relevant sind. Die für die Kalkulation von Rationen wie auch in betriebswirtschaftlicher Hinsicht äußerst vorteilhafte Bewertung von Einzelfuttermitteln ist also durch diese Eigenschaft der Additivität durchaus berechtigt. Zu Bedarfsherleitung, Einfluss des Ernährungsniveaus sowie Rationsberechnungen siehe den Abschnitt über die Milchviehfütterung.

Die Futterbewertung für die Milchproduktion auf der von VAN ES entwickelten Verwertungsformel ist auch in den Niederlanden und Belgien (Voedereenheid Melk, VEM), Frankreich (Unité Fourragère Lait, UFL), der Schweiz (Nettoenergie Milch, NEL) und Österreich eingeführt. Die einzelnen Bewertungssysteme weichen untereinander und vom deutschen NEL-System nur in Details wie Schätzung von GE, ME und Korrektur für das Ernährungsniveau ab. In den USA ist die Futterbewertung für Milchkühe ebenfalls an der Verwertung der Futterenergie für die Milchbildung orientiert. Entsprechende Gleichungen wurden vor allem von MOE, FLATT und TYRRELL entwickelt.

In der **Rindermast** und **Schaffütterung** wurde das bislang verwendete Stärkewertsystem seit kurzem durch die Einführung der umsetzbaren Energie abgelöst. Bei den Masttieren wird die umsetzbare Energie außer vom Ernährungsniveau auch von der Höhe des Proteinansatzes beeinflusst. Der ME-Gehalt einer Ration fällt je Einheit Ernährungsniveau wie bei der Kuh um etwa 0,8% ab, während sich die Bildung von Körperprotein mit 3,6 kJ/g Proteinansatz positiv auswirkt. Durch diese Gegenläufigkeit beider Einflussgrößen ergeben sich mit einer vereinfachten Berechnung, in der Ernährungsniveau und Höhe des Proteinansatzes unberücksichtigt bleiben, insgesamt nur Abweichungen im Bereich von ±1% im Vergleich zu der erweiterten Berechnung der ME. Der Ausschuss für Bedarfsnormen (GfE 1995) hatte deshalb beschlossen, unter Verzicht auf diese beiden Einflüsse eine einheitliche Regressionsgleichung zur Schätzung der ME-Werte in der Fütterung aller Wiederkäuer anzuwenden (siehe Formel unter b). Zur faktoriellen Ableitung des Energiebedarfs an ME wird auf die Kapitel über Rindermast und Schafe verwiesen.

4.4.3 Futterbewertung beim Schwein

Die Bewertung von Futtermitteln für Schweine variiert in den verschiedenen Ländern von der verdaulichen Energie bis hin zur Nettoenergie. In der Bundesrepublik Deutschland hatte sich die Gesellschaft für Ernährungsphysiologie entschlossen, die Energiebewertung der Schweinefuttermittel auf der Grundlage der umsetzbaren Energie durchzuführen (GfE 1987). Der entscheidende Vorteil gegenüber der Nettoenergie liegt darin, dass die umsetzbare Energie einen für alle Produktionsrichtungen (Ferkel, Mastschweine, Sauen, Eber) definierten Energiemaßstab darstellt. Hingegen ist die Nettoenergiebewertung, die

Übersicht 4.4-4

Modifizierte Formel zur Berechnung der ME$_S$

ME_S (MJ) = 0,0205 × DXP (g) + 0,0398 × DXL (g)
 + 0,0173 × S (g) + 0,0160 × Z (g) + 0,0147 × BFS (g)

BFS errechnet sich aus DOS – DXP – DXL – S – Z.
Die Einheit der Regressionskoeffizienten ist MJ/g.

Dabei bedeutet:

D	= verdaulich	S	= Stärke
OS	= organische Substanz	Z	= Zucker
XP	= Rohprotein	BFS	= bakteriell fermentierbare Substanz
XL	= Rohfett		

auf dem Fettbildungsvermögen der Nährstoffe beruht (siehe Rostocker Futterbewertung, NEF$_S$), mit dem Problem verbunden, dass reine Fettbildung weder in der Mast noch in der Sauenernährung als alleiniges Leistungsprodukt anzusehen ist. Aber auch die Nettoenergie, die am Stoffansatz wachsender Tiere gemessen wird, ist nur sehr begrenzt anwendbar, da die Körperzusammensetzung je nach Rasse und Wachstumsintensität sehr verschieden ist.

Aufgrund dieser Zusammenhänge und der Gültigkeit der ME für alle Nutzungsrichtungen, hat die GfE 1987 beschlossen, für Schweine die ME anstelle der Nettoenergie einzuführen. Die umsetzbare Energie ist üblicherweise definiert als Bruttoenergie abzüglich der Energieverluste über Kot, Harn und Gärgase. HOFFMANN und SCHIEMANN erarbeiteten eine Formel, nach der die ME aus den einfach zu bestimmenden verdaulichen Nährstoffen Rohprotein, Rohfett, Rohfaser und N-freie Extraktstoffe berechnet werden kann.

Die GfE hat 1987 diese Formel um 2 Terme modifiziert. Die erste Korrektur ergab sich für zuckerreiche Futtermittel, da Monosaccharide im Energiewert 1–2 kJ/kg niedriger liegen als Stärke. Die zweite Korrektur ergab sich dadurch, dass pflanzliche Gerüststoffe mit bakteriell fermentierbaren Kohlenhydraten (Hemicellulosen, Pentosane, Cellulose und resistente Stärken) nur durch Mikroben im Dickdarm der Schweine abgebaut werden können. Dabei sind auf der Basis von Berechnungen und verschiedenen Respirationsversuchen (KIRCHGESSNER und MÜLLER 1991) ähnliche Energieverluste zu verzeichnen wie auch beim mikrobiellen Abbau im Pansen. Deshalb wurde die Berechnungsformel um die Korrekturfaktoren „bakteriell fermentierbare Substanz" (BFS) und „Zucker" erweitert.

Nach der Wiedervereinigung erarbeiteten JENTSCH und Mitarbeiter (2001) eine Berechnungsformel, in der die N-freien Extraktstoffe in verdauliche Stärke, verdaulichen Zucker und BFS unterteilt und in die Formel eingefügt wurden. In der Literatur liegen allerdings nur wenige experimentelle Ergebnisse zur Verdaulichkeit von Stärke und Zucker in den verschiedenen Futtermitteln vor. Dies ist nicht zuletzt bedingt durch den großen methodischen Aufwand, zumal die Verdaulichkeit von Zucker und Stärke nur durch Messungen am terminalen Ileum genau erfasst werden könnte. Angesichts des hohen methodischen Aufwands und den Unsicherheiten bei der Analyse des Stärkegehaltes in den Kotproben, wird bei Berechnung der ME$_S$ auf die Verdaulichkeit von Zucker und Stärke verzichtet. Für die Berechnung der ME empfiehlt deshalb die GfE (2006) die in Übersicht 4.4-4 aufgezeigte Formel.

Die für Mischfutter konzipierte Gleichung kann auch für Einzelfuttermittel angewendet werden. Allerdings ist sie nicht für Futtermittel geeignet, die vor allem sehr hohe Gehalte an fermentierbaren Substanzen (z. B. Pektine) enthalten. Bei Verwendung solcher Futtermittel, sollte deshalb eine gesonderte Berechnung erfolgen. Grundsätzlich ergeben sich mit dieser neuen Berechnung keine wesentlichen Veränderungen im Vergleich zur früheren ME-Berechnung. Durch die neue Formel müssen jedoch keine Korrekturfaktoren mehr eingefügt werden.

4.4.4 Futterbewertung beim Geflügel

Auch beim Geflügel ist zur Nettoenergiebewertung des Futters die Kenntnis über die für Wachstum und Eiproduktion erforderliche Energie notwendig. Die Verwertung der Energie ist jedoch in verschiedenen Wachstumsabschnitten durch den unterschiedlichen Fettansatz verschieden. Damit kann ein einzelner allgemeingültiger Wert für die Nettoenergie nicht erstellt werden. Es ist deshalb schon seit den 60-er Jahren üblich, die Energie als ME zu verwenden und auf eine ± 0-Stickstoff-Bilanz zu korrigieren, um auch die Unterschiede bei wachsenden und ausgewachsenen Tieren zu berücksichtigen. Die Gesellschaft für Ernährungsphysiologie hat sich 1999 auf den Faktor (f) von 36,5 kJ/g N-Retention (RN) geeinigt (RN nach TITUS und Mitarbeiter). Die ME ist somit eine N-korrigierte, scheinbare umsetzbare Energie. Die Bezeichnung „scheinbare Energie" soll ausdrücken, dass der in Kot und Harn ausgeschiedene Energiebetrag, auch die Energie endogenen Ursprungs enthält. Unter Annahme einer ausgeglichenen N-Bilanz, ergibt sich für die scheinbare ME folgende Formel:

$$ME_{N-korr.} \; (kJ/g) = \frac{\text{Energieaufnahme} - \text{Energie der Exkreta} - f \times RN}{\text{Futteraufnahme (g)}}$$

Die in Deutschland vom Zentralverband der Deutschen Geflügelwirtschaft publizierten Energiewerte von Geflügelfutter beruhen auf einer Berechnungsgleichung der „World's Poultry Science Association" aus umfangreichen Messungen, die in mehreren europäischen Ländern durchgeführt wurden.

$$\begin{aligned}ME_{N-korr.} \; (kJ) = \;& 18{,}0 \times \text{„umsetzbares" Rohprotein} \\ & + 38{,}8 \times \text{„umsetzbares" Rohfett (n. Salzsäureaufschluss)} \\ & + 17{,}3 \times \text{„umsetzbare" N-freie Extraktstoffe}\end{aligned}$$

Die „umsetzbaren" Rohnährstoffe (in g) verstehen sich als Rohnährstoffe nach Abzug der entsprechenden Verluste in Kot und Harn. Der Faktor 18,0 vom Rohprotein steht mit den Korrekturfaktoren f = 34,4–36,5 kJ/g N-Retention in Einklang ((23,8 – 18,0) / 0,16 = 36,2). Eine Formel zur Schätzung der ME aus der chemischen Rohnährstoffanalyse des Futters findet sich in 4.4.5.

4.4.5 Gleichungen zur Schätzung energetischer Futterwerte

Die meisten Systeme zur energetischen Bewertung von Futtermitteln für die verschiedenen Nutztierarten gehen von den verdaulichen Rohnährstoffen aus, die nur tierexperimentell in Verdauungsversuchen ermittelt werden können. Da diese Verfahren sehr aufwendig sind, versucht man, die energetischen Futterwerte aus analytisch einfach zu bestimmenden Inhaltsstoffen zu schätzen. Dafür kommen zunächst die Weender Rohnährstoffe in Frage, bei denen aber die Differenzierung der Kohlenhydrate in Rohfaser und N-freie Extraktstoffe problematisch ist. Die Aufteilung der Gruppe der Kohlenhydrate in Stärke, Zucker, Faserkomponenten und einen verbleibenden organischen Rest charakterisiert den Nährwert dieser Inhaltsstoffe besser und hat bei Mischfutter für Schweine und Geflügel zu guten Schätzgleichungen (vgl. relativer Restfehler $s_{y,x}$ %) geführt.

Diese Schätzverfahren haben vor allem die Aufgabe, den energetischen Wert eines Mischfuttermittels ohne Kenntnis der verwendeten Komponenten und ihrer Gemengteile möglichst sicher vorauszusagen und Angaben des Mischfutterherstellers zum Energiegehalt kontrollierbar zu machen. Nach einem Beschluss der Gesellschaft für Ernährungsphysiologie (GfE 1996 bzw. 2008) soll der Energiegehalt von Schweine-, Geflügel- und Rindermischfutter nach folgenden Formeln geschätzt werden:

Schweinemischfutter

Die GfE hat 2008 eine neue Schätzgleichung zur Berechnung der umsetzbaren Energie (ME_S) in Mischfuttermitteln für Schweine herausgebracht, die auf der Basis von Analysen ermittelt wurde.

$$ME_S \text{ (MJ/kg DM)} = (21{,}503 \text{ CP} + 32{,}497 \text{ CL} + 16{,}309 \text{ CS} + 14{,}701 \text{ OR} - 21{,}071 \text{ CF}) \times 10^{-3}$$

(Rohnährstoffe in g/kg) (± 1,7 %)

Der organische Rest (OR) ist definiert als organische Masse minus der Summe aus Rohprotein, Rohfett, Stärke und Rohfaser. Nach der GfE ist diese Schätzgleichung für alle Schweinemischfutter gültig, die Rohprotein im Bereich zwischen ≥ 150 und 250 g, Rohfett ≤ 60 g und Rohfaser ≤ 80 g je kg DM enthalten. Außerhalb dieser Bereiche wird der Schätzfehler größer. Um zukünftig solche Mischfuttermittel besser einbeziehen zu können, muss der Datenpool, der den Schätzgleichungen zugrunde liegt, durch entsprechende Verdauungsversuche erweitert werden. Dabei müssen dann auch die Analysen in den Mischfuttermitteln neben den Rohnährstoffen, auch um die verschiedenen Faktoren der Detergentien-Faser erweitert werden.

Geflügelmischfutter

Bei der Ermittlung des Gehaltes an scheinbarer umsetzbarer Energie (N-korrigiert) nach der WPSA (World's Poultry Science Association)-Formel wird die Faserkomponente nicht berücksichtigt, da im Geflügelmischfutter normalerweise nur hochverdauliche, faserarme Komponenten verwendet werden.

4 Energiehaushalt

> ME (MJ/kg) = (15,51 CP + 34,31 CL + 16,69 CS + 13,01 CZ) × 10⁻³
> (Rohnährstoffe in g/kg) (± 0,315 MJ/kg)

Rindermischfutter

Beim Wiederkäuer sind wegen der mikrobiellen Umsetzungen die Gasbildung bei der Fermentation mit Pansensaft in vitro (Gasbildungstest, GP), die Enzym-Löslichkeit der organischen Substanz (ESOM) sowie der Gehalt an Rohnährstoffen zur Futterwertschätzung geeignet (GfE 2009). Die nachfolgenden Gleichungen sind zukünftig für Rinder und auch kleinere Wiederkäuer gültig.

> a) Schätzung der ME unter Einbeziehung des GP
>
> ME (MJ/kg DM) = 7,17 − 0,01171 CA + 0,00712 CP + 0,01657 CL
>   + 0,00200 Stärke − 0,00202 ADF$_{OM}$ + 0,06463 GP
>   (Rohnährstoffe in g/kg DM und GP in ml/200 mg DM)
>
> b) Schätzung der ME unter Einbeziehung von ESOM
>
> ME (Mg/kg DM) = 9,67 − 0,01698 CA + 0,00340 CP + 0,01126 CL
>   + 0,00123 Stärke − 0,00097 NDF$_{OM}$ + 0,00360 ESOM
>   (Rohnährstoffe und ESOM in g/kg DM)

Die Schätzung der ME ist mit beiden Gleichungen nahezu gleich gut, wenn auch die Gleichung, welche die GP einschließt, präferiert wird. Die Berechnungen von NEL für Milchkühe können dann mittels Grundgleichungen (siehe 4.4.2) erfolgen.

Gras- und Maisprodukte

Für diese Produkte hat die GfE (2008) verschiedene entsprechende Schätzgleichungen veröffentlicht. Dabei wurden bei diesen Gleichungen neben den Weender-Rohnährstoffen, auch die Kenngrößen des Gasbildungstests (GP) sowie der enzymlöslichen organischen Masse (ESOM) und der Faktoren der Detergentien-Faser erfasst.

> ADF$_{OM}$ = saure Detergentienfaser in OM
> C = Crude (Roh)
> CA = Crude ash (Rohasche)
> CF = Crude fiber (Rohfaser)
> CL = Crude lipid (Rohfett)
> CP = Crude protein (Rohprotein)
> CS = Crude starch (Rohstärke)
> CZ = Rohzucker

DM = dry matter (Trockenmasse)
ESOM = Enzyme solubility of OM (Enzym-Löslichkeit der organischen Masse)
GP = Gasproduktion
NDF_{OM} = neutrale Detergentienfaser in OM
OM = organische Masse

5
Mineralstoffe, Vitamine und sonstige Wirkstoffe

5 Mineralstoffe, Vitamine und sonstige Wirkstoffe

Neben den Hauptnährstoffen (Kohlenhydrate, Fette, Protein) enthält die Nahrung auch Mikronährstoffe. Hierbei handelt es sich um anorganische oder organische Stoffe, die im eigentlichen Sinn keinen Nährwert haben, aber zur Aufrechterhaltung der Körperfunktionen unentbehrlich sind und dem tierischen Organismus kontinuierlich zugeführt werden müssen, um Mangelerscheinungen zu vermeiden. Zu den Mikronährstoffen zählen die Mineralstoffe, die sich in Mengen- und Spurenelemente unterteilen lassen sowie die Vitamine. Der Organismus benötigt sie in deutlich geringeren Mengen als die Hauptnährstoffe. Zu den sonstigen Wirkstoffen zählen Cholin und Carnitin sowie die Gruppe der Ergotropika. Diese Wirksubstanzen sind für das Tier zwar nicht lebensnotwendig; sie können jedoch seine Leistung oder Gesundheit verbessern.

Die Gehalte an Mikronährstoffen im Organismus werden üblicherweise homöostatisch reguliert. Der Begriff **Homöostase** wurde bereits 1929 von dem Physiologen WALTER CANNON geprägt. Er stammt aus dem Griechischen und bedeutet „Gleichstand". In der Biologie versteht man unter Homöostase die Fähigkeit eines lebenden Systems, sich trotz ändernder Umweltbedingungen, innerhalb gewisser Grenzen, in einem stabilen Zustand zu halten. Dies erfolgt durch regulatorische Prozesse im Organismus, die für jeden Mikronährstoff spezifisch sind. Zu den möglichen regulierten Prozessen gehören die Absorption, die Speicherung und Mobilisierung, die Ausscheidung sowie die Verteilung zwischen verschiedenen Körperkompartimenten. Welche dieser Regulationsmöglichkeiten realisiert wird und wie ausgeprägt die Regulation ist, hängt sehr stark vom Mikronährstoff selbst ab, aber auch vom Versorgungszustand. Besonders ausgeprägt ist die homöostatische Regulation bei Mineralstoffen, weshalb vorübergehende oder geringe Fütterungsfehler (Unterversorgung und Überschüsse) am Anfang häufig unbemerkt bleiben. Neben einer Homöostase unterliegen Mikronährstoffe auch einer homöorhetischen Kontrolle. Das bedeutet, dass ihre Gehalte im Körper bzw. in speziellen Geweben auch spezifischen Erfordernissen bestimmter physiologischer Leistungszustände wie dem Wachstum, der Trächtigkeit und Laktation angepasst werden **(Homöorhese).** Die Regulation der Gehalte an Mineralstoffen und Vitaminen im Organismus ist für das Überleben der Tiere und ihrer Nachkommen außerordentlich wichtig, da beide Nährstoffgruppen biochemische Stoffwechselprozesse erst ermöglichen. Die Gesunderhaltung und Aufrechterhaltung der Leistungsfähigkeit des Tieres ist deshalb nur über eine kontinuierliche Zufuhr bedarfsdeckender Mengen mit der Nahrung bzw. im Falle der Vitamine teilweise auch über mikrobielle Synthese möglich.

5.1 Mengenelemente

Mineralstoffe sind anorganische Nahrungsstoffe und dienen im Gegensatz zu den Hauptnährstoffen nicht als Energiequelle, sondern als Bau- oder Reglerstoffe. Bezüglich ihrer Gehalte im Organismus werden Mineralstoffe in Mengen- und Spurenelemente unterteilt. Mengenelemente liegen in Konzentrationen von über 50 mg pro kg Körpergewebe vor. Zu den essenziellen Mengenelementen zählen Natrium (Na), Chlorid (Cl), Kalium (K), Calcium (Ca), Schwefel (S) und Phosphor (P). Schwefel und Phosphor liegen im Körper aber praktisch nie in freier Form vor. So ist Schwefel überwiegend an schwefelhaltige Aminosäuren und in geringem Umfang auch an Sulfat (Salz der Schwefelsäure H_2SO_4) gebunden und Phosphor an anorganisches Phosphat (Salz der Ortho-Phosphorsäure H_3PO_4). Mengenelemente, die im Organismus üblicherweise als Ionen vorliegen (Natrium, Chlorid, Kalium, Magnesium, Calcium, Phosphat) werden als Elektrolyte bezeichnet.

5.1.1 Dynamik im Stoffwechsel

Die Konzentrationen an Mengenelementen im Blutplasma bewegen sich normalerweise innerhalb enger und für jedes Element genau festgelegter Grenzen. Nach Nahrungsaufnahme können sich die Plasmakonzentrationen kurzfristig erhöhen. Dauerhafte Abweichungen vom Normalwert deuten jedoch auf Fehlernährungszustände oder Krankheiten hin. Jedes Mengenelement weist eine spezifische Verteilung innerhalb des Tierkörpers auf. So befindet sich der überwiegende Teil des Calciums (>97 %), Phosphors (80 %) und Magnesiums (66 %) im Skelett, Natrium im extrazellulären Flüssigkeitsraum (95 %) und Kalium im Inneren der Zellen.

5.1.1.1 Absorption und Exkretion

Mengenelemente werden vor allem im Dünndarm absorbiert, geringe Mengen auch im Dickdarm. Beim Wiederkäuer werden die Mengenelemente auch in den Vormägen absorbiert; für Magnesium ist dies sogar der Hauptabsorptionsort. Während die einwertigen Elemente Natrium, Kalium und Chlorid beim gesunden Tier nahezu vollständig in den Körper übertreten, ist die Absorptionsrate der mehrwertigen Elemente Calcium, Phosphor und Magnesium sehr stark von der chemischer Bindungsart des Elements im Futter und den begleitenden Futterbestandteilen abhängig. Für die Absorption von Calcium und Phosphat spielen insbesondere auch der Versorgungszustand, das Leistungsstadium sowie das Alter der Tiere eine große Rolle. Beim Methionin- und Cystein-gebundenen Schwefel entspricht die Absorption der Absorption dieser Aminosäuren. Für die Absorption der Mengenelemente stehen spezifische Kanäle bzw. Transporter in den Darmzellen zur Verfügung. Einige Mengenelemente wie Chlorid werden in größeren Mengen auch parazellulär (zwischen zwei angrenzenden Zellen) transportiert. Parazelluläre Transporte erfolgen stets passiv, also ohne ATP-Verbrauch.

Die ausgeschiedene Menge eines Mengenelementes setzt sich aus Verlusten und regulierten Ausscheidungen zusammen. Die Verluste untergliedern sich zum einen in den nichtabsorbierten Anteil des Mineralstoffs und zum anderen in **unvermeidliche Verluste,** die auch bei fehlender Zufuhr des Mineralstoffs mit dem Futter auftreten. Dies sind beispielsweise Zellabschilferungen, nicht-verdaute Intestinal- und Pankreassekrete, aber auch Speichelverluste. Bei Natrium und Chlorid können hohe Verluste auch durch starkes Schwitzen auftreten. Eine **regulierte Ausscheidung** absorbierter Mengenelemente erfolgt vornehmlich über den Harn und/oder über spezifische Sekretionsmechanismen in den Verdauungstrakt. Natrium, Kalium und Chlorid werden beim monogastrischen Tier und Wiederkäuer vorwiegend renal, unter dem Einfluss von Hormonen, ausgeschieden. Auch endogene Calcium- und Phosphatüberschüsse werden beim monogastrischen Tier sowie beim Pferd vor allem über den Harn eliminiert. Beim Wiederkäuer erfolgt die Exkretion von überschüssigem Calcium und Phosphor vorwiegend über den Kot. Lediglich bei einem starken Abfall des Calcium-Phosphat-Verhältnisses oder bei sinkendem pH-Wert im Blut kann die Phosphatausscheidung mit dem Harn ansteigen. Üblicherweise ist der Speichel von Wiederkäuern relativ reich an Mengenelementen. Vor allem sind die Gehalte an Phosphor im Speichel auffallend hoch. Damit ist beim Wiederkäuer die endogene Ausscheidung dieser Elemente auch sehr stark von der Kauaktivität und somit von Faktoren wie Menge und Art des aufgenommenen Futters abhängig. Für Magnesium besteht sowohl beim monogastrischen Tier als auch bei Pferd und Wiederkäuer eine enge Abhängigkeit zwischen der Versorgung und der renalen Ausscheidung. Die Messung der ausgeschiedenen Magnesiummenge im Harn kann daher zur Diagnose einer Magnesiummangelversorgung herangezogen werden. Bei trächtigen und laktierenden Tieren gehen die Mengenelemente auch transplazentar auf die Nachkommen bzw. die Milch über. Beim eierlegenden Geflügel sind besonders die Calciumverluste über die Eischale beträchtlich.

5.1.1.2 Speicherung und Mobilisierung

Speicherung, Mobilisierung und Umverteilungen zwischen den verschiedenen Körperkompartimenten sind wichtige homöostatische Regulationsmechanismen. Vor allem die Elemente Calcium und Phosphor werden in beachtlichen Mengen im Skelett gespeichert. Die Speicherung erfolgt hauptsächlich in den mit Blutgefäßen versorgten Knochenbälkchen (Spongiosa). Durch die hormonell gesteuerte Aktivität knochenabbauender Zellen (Osteoklasten) können Calcium und Phosphat relativ rasch und auch in größeren Mengen mobilisiert werden. Bei jungen Tieren ist das Skelett zudem eine labile Reserve für Magnesium. Adulte Tiere können hingegen nur geringe Mengen Magnesium aus den Knochen freisetzen. Bei ausgewachsenen Wiederkäuern beträgt beispielsweise der maximale Anteil mobilisierbaren Magnesiums im Skelett nur etwa 2 %.

Von besonderer Bedeutung ist die Speicherung und Mobilisierung der Mengenelemente bei reproduzierenden Tieren. Vor allem Calcium und Phosphor unterliegen einer starken homöorhetischen Kontrolle. So findet während der Trächtigkeit bei hoher Zufuhr von Calcium und Phosphor zunächst eine ausgeprägte Speicherung statt, die nicht allein durch den Übergang der Elemente auf die Föten bedingt ist, sondern auch durch Retention im mütterlichen Gewebe **(Superretention, Trächtigkeitsanabolismus).** Zu Beginn

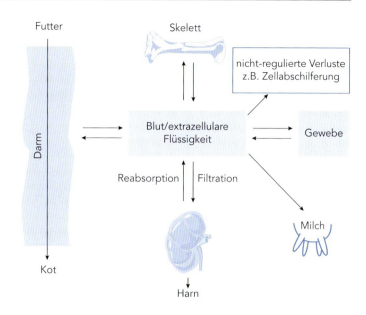

Abbildung 5.1-1

Dynamik des Calcium-, Phosphat- und Magnesium-Stoffwechsels

der Laktation wird die Bilanz deutlich negativ. Die homöorhetische Regulation dient der Anlage von Reserven während der Trächtigkeit, um auch noch bei suboptimaler Versorgung des Muttertieres eine bestmögliche Versorgung der Nachkommen und Reproduktionsorgane zu gewährleisten. Sie hat zudem zum Ziel, den Leistungsprodukten und -organen eine Priorität gegenüber anderen Geweben einzuräumen. Durch Homöorhese wird auch ein hoher Transfer von Mineralstoffen in die Milch ermöglicht. Der Zusammenhang zwischen Höhe der Mineralstoffzufuhr während der Trächtigkeit und der Mineralstoffbilanz während der Laktation wurde intensiver von LENKEIT (1969) untersucht. So zeigen Sauen, die während der Trächtigkeit hohe Mineralstoffzufuhren erhielten, eine ausgeprägte negative Mineralstoffbilanz zu Beginn der Laktation, die ihren Tiefstwert nach etwa 10 Tagen erreicht. Bei niedriger Calcium- und Phosphorversorgung während der Trächtigkeit ist hingegen die Ausscheidung in der Laktationsphase nur unwesentlich erhöht. In der Summe werden umso mehr Elemente zu Laktationsbeginn mobilisiert und ausgeschieden, je mehr von diesen während der Trächtigkeit gespeichert wurden (Abb. 5.1-2). Die negative Bilanz zu Beginn der Laktation ist somit die Folge einer reichlichen Versorgung während der Trächtigkeit. Sie wurde von LENKEIT auch als **„negative Überschussbilanz"** bezeichnet. Die genannten Zusammenhänge gelten insbesondere für Calcium und Phosphor. Die einwertigen Elemente zeigen hingegen teilweise ein anderes Verhalten. So scheint bei Natrium die negative Bilanz zu Beginn der Laktation von der vorausgegangenen Natriumversorgung relativ unabhängig zu sein.

5.1.1.3 Mangel und Überschuss

Hohe Speicherkapazitäten und eine gute Mobilisierbarkeit wie im Falle von Calcium oder Phosphor lassen in Situationen unzureichender Versorgung, Mangelerscheinungen nicht sofort sichtbar werden. Auch eine vorübergehende geringfügige Unterversorgung an

5 Mineralstoffe, Vitamine und sonstige Wirkstoffe

Abbildung 5.1-2

Verlauf der Phosphorbilanz bei Sauen mit unterschiedlicher Phosphorversorgung
(---- P-Zufuhr im Futter und Tränkwasser; —— P-Bilanz)

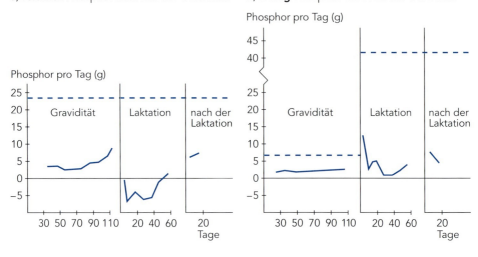

einwertigen Mengenelementen kann durch homöostatische Mechanismen weitgehend kompensiert werden. Wird jedoch langfristig der Bedarf nicht gedeckt bzw. liegt ein stärkeres Defizit vor oder werden abrupt große Mineralstoffmengen für die Milchsynthese benötigt, so können sich Mangelsymptome im Tier manifestieren. Spezifische Mangelsymptome durch Unterversorgung mit einzelnen Mengenelementen sind im nachfolgenden Kapitel 5.1.2 dargestellt. Generell wird sich ein Mangel immer in einer verminderten Leistung des Tieres ausdrücken, wie zum Beispiel verzögertem Wachstum oder eingeschränktem Futterverzehr. Diese relativ unspezifischen Mangelsymptome geben aber häufig noch keinen Rückschluss auf das im Defizit liegende Element. Außerdem lassen unspezifische Mangelsymptome nicht erkennen, ob es sich um einen isolierten oder einen kombinierten Mangel an Mengenelementen handelt. Zur genaueren Diagnostik sollten deshalb zusätzlich die Konzentrationen der Mengenelemente im Blut bzw. die Mengen im Harn bestimmt werden.

Umgekehrt führen auch Mineralstoff-Überschüsse zu Leistungseinbußen beim Tier. Im Experiment lassen sich mit jedem Mengenelement bei entsprechender Überdosierung Krankheitssymptome auslösen, die auch den Tod des Tieres zur Folge haben können. Bei praxisüblicher Fütterung ist die Gefahr einer Überversorgung an Mengenelementen jedoch vergleichsweise gering. Ein vorübergehendes Überangebot an Natrium, Kalium und Chlorid kann relativ rasch durch eine gesteigerte Wasseraufnahme und eine vermehrte Ausscheidung über den Harn kompensiert werden. Allerdings können diese Elemente beim Einmischen höherer Anteile Molkenpulver in Milchaustauscher mitunter so stark ansteigen, dass gesundheitliche Probleme auftreten. Auch bei Weidetieren können erhebliche Kaliumbelastungen durch die Aufnahme von gedüngten Jungpflanzen entstehen.

5.1.2 Spezifische Funktionen und Besonderheiten einzelner Mengenelemente

Natrium, Chlorid und Kalium

Natrium und Chlorid werden mit der Nahrung häufig zusammen als Natriumchlorid-Salz (NaCl) aufgenommen. Beide Elemente sind im tierischen Organismus vor allem im Extrazellulärraum lokalisiert, wobei die positive Ladung von Natrium und die negative Ladung von Chlorid für Elektroneutralität sorgen. Chloridionen werden ferner zur Bildung der Salzsäure des Magens (HCl) benötigt. Die Funktionen des Natriums im Körper sind außergewöhnlich vielfältig. Aufgrund des fortwährenden Transports von Natrium aus der Zelle und dem gleichzeitigem Transport von Kalium in die Zelle durch die Natrium-Kalium-ATPase entsteht ein elektrochemischer Gradient zwischen Zellinnerem und -äußerem. Dieses erzwungene Ungleichgewicht in der Verteilung dieser Ionen nutzt der Organismus, um aktiv Nährstoffe aus dem Darm oder über die Plazenta zu transportieren oder um Membranpotenziale an elektrisch erregbaren Zellen wie den Nerven- oder Muskelzellen auszulösen. Durch seine osmotische Wirkung im Extrazellularraum ist Natrium auch an der Blutdruckregulation beteiligt. Aufgrund dieser wichtigen Funktionen und der engen Kopplung des Natriumhaushalts an den von Kalium, werden die Körpergehalte beider Ionen vom Körper streng reguliert.

Die einwertigen Ionen Natrium, Chlorid und Kalium werden im Darm nahezu vollständig absorbiert. Der Hauptexkretionsweg ist die Niere. Aldosteron fördert dabei die Rückabsorption von Natrium und die Ausscheidung von Kalium. Diese entgegen gerichtete Regulation von Natrium und Kalium durch das Hormon Aldosteron geht vermutlich auf die natürlicherweise natriumarme, aber kaliumreiche Nahrung der Tiere zurück. Aldosteron stimuliert darüber hinaus auch die Sekretion von Kalium über Ionenkanäle in den Dickdarm.

Die Natriumgehalte von natürlichen Futtermitteln sind gering. Unter den pflanzlichen Futtermitteln enthält lediglich Zuckerrübenblatt höhere Gehalte. Eine Natrium-Ergänzung beim Tier erfolgt im Wesentlichen durch Einmischen von Viehsalz mit einem Natriumchloridgehalt von mindestens 95 % in die Ergänzungsfuttermittel. Es kann bei Weidetieren auch als Leckstein bzw. Leckschalen angeboten werden. Neben Viehsalz werden in neuerer Zeit auch Dinatriumphosphate als Natriumquelle verwendet. **Natriummangel** führt beim Tier zu Muskelschwäche, Muskelkrämpfen bzw. Gangstörungen. Unterschiedlich hohe bzw. bedarfsüberschreitende Aufnahmen von Natrium, Chlorid und Kalium mit dem Futter machen sich aufgrund der strengen Regulation des Natrium-, Chlorid- und Kaliumbestandes im Körper kaum bemerkbar. Allerdings können Verschiebungen im Säure-Basen-Haushalt die Gehalte an intra- und extrazellulärem Kalium verändern. So führen Azidosen infolge eines Aktivitätsrückgangs der Natrium-Kalium-ATPase zu einem Anstieg des extrazellulären Kaliums (hyperkaliämische Azidose), während eine Alkalose den Kaliumspiegel im Blut absenkt (hypokaliämische Alkalose). Unter praxisüblichen Fütterungsbedingungen tritt ein Mangel an Chlorid oder Kalium praktisch nicht auf. Wesentlich häufiger sind Belastungen mit Kalium durch Aufnahme von Molkenpulver oder Jungpflanzen, die reichlich mit Kalium gedüngt wurden. Deutliche **Kaliumüberschüsse** führen zu Störungen der Nerven- und Muskelzellaktivität. Wird gleichzeitig die Natriumzufuhr erhöht, kann aufgrund der gesteigerten Aldosteronwirkung, das überschüssige Kalium schneller ausgeschieden werden.

Calcium und Phosphat

Calcium entfaltet unterschiedlichste Funktionen im tierischen Organismus. Es bildet zusammen mit Phosphat **Hydroxylapatit** ($Ca_5(PO_4)_3OH$), dem anorganischen Baustoff für Knochen, Zähne und Eischale. Knochenasche besteht aus etwa 36% Calcium und 17% Phosphat und weist somit ein Calcium:Phosphor-Verhältnis von etwa 2:1 auf. Die kristallinen Calcium-Phosphat-Verbindungen zwischen den Kollagenfasern geben dem Knochen eine hohe Stabilität. Calcium wird aber auch für die Blutgerinnung benötigt; es stabilisiert Zellmembranen, ist bei zahlreichen Signalübermittlungen in Zellen als sekundärer Botenstoff beteiligt und erforderlich für die Erregbarkeit von Muskel- und Nervenzellen. Phosphat ist neben seiner mineralisierenden Wirkung auch Baustein von Nukleotiden, phosphorylierten Proteinen und Phospholipiden sowie funktioneller Bestandteil vieler energiereicher Verbindungen im Körper (z. B. ATP, GTP, Kreatinphosphat) und in Form des Säure-Basen-Paares Dihydrogenphosphat/Hydrogenphosphat ($H_2PO_4^-/HPO_4^{2-}$) ein wichtiger Puffer im Blut.

Das Hydroxylapatit des Knochens dient gleichzeitig als mobilisierbare Reserve bei unzureichender Aufnahme von Calcium oder Phosphat über die Nahrung, stark eingeschränkter intestinaler Verfügbarkeit oder in Phasen erhöhten Bedarfs. Die Mobilisierung erfolgt durch die Aktivierung von Osteoklasten, die sehr rasch Mineralstoffe aus den Knochenbälkchen freisetzen können. Knochenschäden treten hierbei nicht auf, wenn die Reserven in Perioden höherer Zufuhr wieder aufgebaut werden.

Calcium wird im Darm über den selektiven Calciumkanal TRP (transient receptor potential channel)-V6 absorbiert und mittels Calbindin-D_{9K}, das unter dem regulativen Einfluss von Vitamin D steht, durch die Dünndarmzelle hindurch transportiert. An der basolateralen Seite der Zelle wird Calcium über eine Ca^{2+}-ATPase in das Blut ausgeschleust. Zahlreiche Futterfaktoren beeinflussen die Menge absorbierten Calciums. Während organische Säuren, Aminosäuren und Vitamin D die intestinale Verfügbarkeit erhöhen, verschlechtern beispielsweise Phytinsäure, Oxalsäure, Lignin, Phosphat und Tannine die Absorption. Da phosphorreiche Phytate mit Calcium nicht-absorbierbare Komplexe bilden und Pflanzen teilweise hohe Phytatgehalte aufweisen, ist die Calciumverfügbarkeit aus pflanzlichen Futtermitteln häufig eher gering. Ähnliches gilt für Oxalat (Salz der Oxalsäure), das in höheren Mengen vor allem in Zuckerrüben, Zuckerrübenblattsilage und Luzernegrünmehl vorkommt. Während beim Wiederkäuer Phytat- und Oxalat-gebundenes Calcium durch Mikroben in den Vormägen freigesetzt werden kann, ist bei Schwein und Geflügel mit einer geringeren Verwertung zu rechnen. Die Calcium-Absorption ist auch bei großen Fettmengen im Futter bzw. hohen Konzentrationen an Fettsäuren im Darm verschlechtert, da sich Calcium und Fettsäuren zu schwerlöslichen Calciumseifen zusammenlagern können.

Eine Unterversorgung mit Calcium geht üblicherweise mit einer höheren Calciumabsorption einher. Die Absorptionssteigerung wird durch das Vitamin D_3-Hormon induziert, das sowohl die Bildung von Calbindin als auch die Aktivität des Transporters stimuliert. Auf Dauer lässt sich damit ein Mangel jedoch nicht vollständig kompensieren. Auch tierspezifische Faktoren können die Mengen absorbierten Calciums beeinflussen. Jungtiere (Kälber, Lämmer, Ferkel) weisen üblicherweise höhere Calcium-Absorptionsraten auf als adulte Tiere, da die Darmzellen aufgrund höherer Vitamin D_3-Hormon-Rezeptordichten besser auf das Vitamin D_3-Hormon ansprechen. Auch Trächtigkeit und Laktation gehen mit einer gesteigerten Calciumabsorption einher. Ähnliches gilt für das Mengenelement Phosphor.

5.1 Mengenelemente

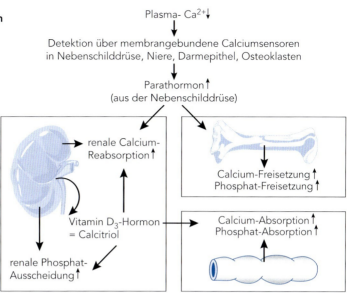

Abbildung 5.1-3
Hormonelle Regulation des Calcium- und Phosphat-Haushaltes

Für die intestinale Verwertung beider Elemente ist auch das Calcium : Phosphor-Verhältnis von Bedeutung. Dabei kann insbesondere ein zu weites Verhältnis beider Elemente, die Bildung von schwerlöslichen, schlecht absorbierbaren Calcium-Phosphat-Komplexen fördern.

Calcium und Phosphor werden hormonell bei der Absorption, der renalen Ausscheidung sowie bei der Verteilung zwischen Skelett und Extrazellularraum reguliert (Abb. 5.1-1). Stellgröße für Regulation des Calciumhaushaltes ist die Konzentration des freien, ionisierten Calciums im Plasma. Sinkt der Calciumspiegel ab, wird **Parathormon** aus der Nebenschilddrüse freigesetzt. Dieses fördert sowohl die Reabsorption des filtrierten Calciums in der Niere, als auch die Mobilisierung des Calciums aus dem Skelett (Abb. 5.1-3). Parathormon stimuliert zudem die Umwandlung von Vitamin D zum aktiven **Vitamin D_3-Hormon** (1,25-Dihydroxycholecalciferol, **Calcitriol**) in der Niere. Calcitriol begünstigt einerseits den intestinalen Calciumtransport, andererseits auch die Reabsorption von Calcium in der Niere. Weicht der Calciumspiegel nur geringfügig vom Normalwert ab, werden ausschließlich intestinale und renale Kompensationsmechanismen aktiviert. Bei stärkerem Calciumdefizit oder hohem Bedarf erfolgt auch eine Calciumfreisetzung aus dem Knochen. Hohe Calciumkonzentrationen im Blut stimulieren hingegen die Freisetzung des Hormons Calcitonin aus den C-Zellen der Schilddrüse. Calcitonin begünstigt die Einlagerung von Calcium in die Knochen, ist jedoch nicht an der Feinregulation der Calciumhomöostase beteiligt. Da der Stoffwechsel des Calciums eng an den von Phosphat geknüpft ist, sollten Werte von Calcium und Phosphat immer gemeinsam beurteilt werden (Abb. 5.1-3).

Phosphor wird durch einen Natrium-gekoppelten Phosphattransporter absorbiert. Beim monogastrischen Tier wird der intestinale Transport, ebenso wie beim Calcium, durch Calcitriol gefördert. In der Pflanze ist Phosphor häufig an Phytinsäure (= Hexaphosphorsäure-

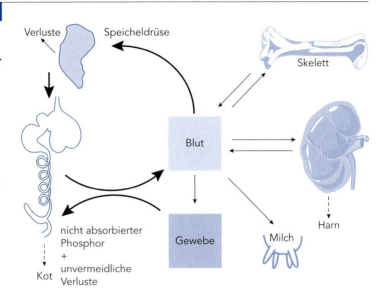

Abbildung 5.1-4
Endogener Phosphatkreislauf beim Wiederkäuer

ester des Inosits) gebunden. Phytinsäure bzw. sein Anion Phytat dient Pflanzen wie Hülsenfrüchten, Getreide und Ölsamen als Phosphorspeicher für das Wachstum des Keimlings. Allerdings ist Phytat-gebundener Phosphor für das monogastrische Tier kaum verfügbar, da Phytat-spaltende Enzyme (Phytasen) im Organismus fehlen. Phytatreiche Pflanzen besitzen zwar eigene Phytasen, jedoch in ganz unterschiedlichen Mengen. Die Verdaulichkeit des Phosphors unterscheidet sich deshalb sehr stark von Pflanze zu Pflanze. Phytate weisen nicht nur schlecht verfügbaren Phosphor auf, sondern können auch Calcium, Eisen oder Zink binden und sie der Absorption entziehen. Aus den genannten Gründen werden dem Futter monogastrischer Tiere heute häufig Phytasen zugesetzt (siehe 5.4.1).

Die Ausscheidung endogenen Phosphats erfolgt beim monogastrischen Tier vornehmlich über die Niere, wobei die ausgeschiedene Phosphatmenge die alimentäre Phosphataufnahme widerspiegelt. Im Gegensatz zum Calcium wird die Phosphatausscheidung mit dem Harn durch Parathormon gesteigert. Diese gegensinnige Regulation von Calcium und Phosphat in der Niere soll die Bildung unlöslicher Calcium-Phosphat-Komplexe im Blut verhindern.

Der Phosphathaushalt des Wiederkäuers unterscheidet sich deutlich von dem des monogastrischen Tieres. Im Gegensatz zum monogastrischen Tier spielt beim Wiederkäuer üblicherweise die Niere für die Adaptation an eine verminderte Phosphataufnahme mit dem Futter keine Rolle, da eine maximale Rückabsorption von Phosphat im Tubulussystem der Niere bereits bei adäquater Phosphatversorgung erreicht ist und nicht mehr gesteigert werden kann. Des Weiteren werden außergewöhnlich große Mengen an Phosphat im Speichel konzentriert. Vor allem der seröse Speichel der Ohrspeicheldrüse (Glandula parotis) enthält hohe Phosphatkonzentrationen, die auch bei starker Speichelsekretion während des Futterverzehrs beibehalten werden. Mit dem Speichel gelangt somit das meiste Phosphat zurück in die Vormägen und in den Darm, wo es zum größten Teil reabsorbiert wird. Aus diesem Grund kann im Darm des Wiederkäuers nicht mehr ohne weiteres zwischen exogenem und endogenem Phosphor unterschieden werden. Die Absorption erfolgt über einen Phosphattransporter, der im sauren Milieu seine maximale Transportkapazität erlangt. Diesen Zyklus des Phosphats bezeichnet man als **endogenen Phosphatkreislauf** (Abb. 5.1-4). Die hohen Absorptionsraten im Dünndarm und die ausgeprägte renale Reabsorption kompensieren die vergleichsweise hohe endogene Sekretion des Phosphors über den Speichel.

Calciummangel führt bei Jungtieren zu **Rachitis** oder Knochenweiche, die sich in vermindertem Wachstum, deformierten Röhrenknochen, verdickten Gelenken sowie steifem Gang und Lahmheit als Ausdruck mangelnder Calcifizierung des Knochens äußert. Durch die deutliche Verbesserung der Fütterungs- und Haltungsbedingungen ist die Rachitis bei Kälbern, Ferkeln, Lämmern und Fohlen stark zurückgegangen. Im adulten Tier wird die Calciummangelkrankheit als **Osteomalazie** bezeichnet. Diese fehlende Calcifizierung muss jedoch nicht zwangsläufig durch eine unzureichende Zufuhr von Calcium bedingt sein. Ebenso können ein Phosphatmangel, ein ungünstiges Calcium : Phosphat-Verhältnis oder ein Mangel an Vitamin D ursächlich sein.

Eine weitere Erkrankung, die auf einer Störung des Calcium-Stoffwechsels beruht, ist das **Milchfieber** (Gebärparese, Hypocalcämie) bei Kühen. Es tritt vor allem bei Hochleistungstieren unmittelbar nach dem Abkalben auf. Das klassische Milchfieber verläuft in drei Phasen.

Phase I	Überempfindlichkeit, Ruhelosigkeit, verminderte oder fehlende Fresslust der Tiere, Muskelzucken
Phase II	Skelettmuskelschwäche, Festliegen (auf dem Bauch), Störung des Schluckreflexes
Phase III	Lähmungen, Festliegen (in Seitenlage), fortschreitender Bewusstseinsverlust, Koma, Tod

Bei Milchfieber sind die Calcium- und Phosphatgehalte des Blutes erniedrigt (Hypocalcämie und Hypophosphatämie). Bei einem Großteil der Kühe mit Milchfieber ist auch der Magnesiumgehalt des Blutes vermindert (MARTENS und GÄBEL 1986). Als ursächlich gilt das deutliche Missverhältnis zwischen Bedarf und Verfügbarkeit an diesen Elementen (Abb. 5.1-5). Mit Beginn der Laktation steigt der Calcium- und Phosphorbedarf der Kühe sprunghaft an. Bei Kühen mit Milchfieber fallen in Relation zum ausgeprägten Transfer von Calcium und Phosphor in die Milch sowohl die Parathormon-induzierte Mobilisierung aus dem Skelett als auch die Vitamin D-abhängige Absorption dieser Elemente zu schwach aus. Erschwerend kommt hinzu, dass Motilitätsstörungen im Verdauungstrakt zum Zeitpunkt der Geburt die Absorption zusätzlich stark beeinträchtigen. Mit dem Alter der Tiere steigt die Anfälligkeit für dieses Krankheitsbild. Auch eine genetische Disposition für diese Krankheit ist wahrscheinlich, da Kühe mit früherer Milchfiebererkrankung bei erneutem Abkalben ein deutlich höheres Risiko für diese Krankheit aufweisen. Prophylaktische Maßnahmen zur Minimierung des Risikos für Milchfieber sind in Kapitel 7.2.3 zusammengefasst.

Beim Rind werden Fruchtbarkeitsstörungen gelegentlich auch in Zusammenhang mit einem Mangel an Phosphor gebracht. Ob es einen direkten Einfluss gibt, ist fraglich. Phosphormangel bedingt jedoch oftmals einen Rückgang des Futterverzehrs mit der Folge einer ungenügenden Energie- und Eiweißversorgung. Ein solches Defizit kann zur so genannten **„Hungersterilität"** führen.

5 Mineralstoffe, Vitamine und sonstige Wirkstoffe

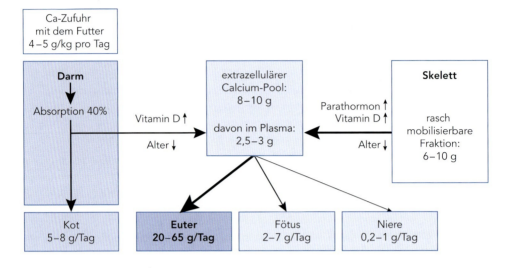

Abbildung 5.1-5
Calciumfluss bei der Milchkuh (modifiziert nach STAUFENBIEL 2001)

Magnesium

Magnesium wird im Dünndarm ebenfalls über einen spezifischen Transporter (TRPM6) absorbiert. In welcher Form es jedoch durch die Zelle transportiert und basolateral in das Blut geschleust wird, ist weitestgehend unbekannt.

Magnesium ist Cofaktor von etwa 300 verschiedenen Enzymen im tierischen Organismus, so zum Beispiel der Phosphatgruppen-übertragenden Kinasen, die bei allen energieabhängigen Stoffwechselschritten beteiligt sind oder der Arginase des Harnstoffzyklus. Als Cofaktor ist Magnesium auch bei der Synthese von Nukleinsäuren und Proteinen beteiligt sowie an der neuronalen Reizübertragung. Darüber hinaus trägt Magnesium ähnlich wie Calcium und Phosphor zur Mineralisierung des Knochens bei. Während bei jungen Tieren das Skelett auch eine labile Reserve für Magnesium darstellt, ist bei ausgewachsenen Tieren die Fähigkeit zur Mobilisierung von Magnesium aus dem Knochen nur noch gering. In der Schweinefütterung gehört Magnesium unter praxisüblichen Bedingungen nicht zu den limitierenden Faktoren. Bei Wiederkäuern kann sich allerdings ein Magnesiummangel bei zu hoher Kaliumzufuhr einstellen.

In verschiedenen Weidegebieten Norddeutschlands, aber auch den Niederlanden und in Dänemark ist die gelegentlich auftretende Magnesium-Mangelerkrankung der Milchkühe auch unter dem Namen **Weidetetanie** (Weidefieber, Grastetanie, Laktationstetanie, hypomagnesämische Tetanie) bekannt. Die erkrankten Tiere sondern sich von der Herde ab, zeigen verminderten Appetit, einen Verlust an Lebendmasse sowie einen Rückgang der Milchmenge. Daneben fallen Unruhe, Krämpfe, Festliegen und Muskelzittern auf. Der Magnesiummangel resultiert vor allem aus der geringen intestinalen Verwertbarkeit des Magnesiums, die vornehmlich durch die hohen Kaliumgehalte des jungen Grases hervorgerufen wird. Adulte Tiere sind zudem nur bedingt in der Lage, ausreichende Magnesiummengen aus dem Skelett zu mobilisieren. Ein vermehrtes Auftreten der Weidetetanie wurde besonders bei extensiver Mutterkuh- oder Ammenkuhhaltung beobachtet und vor allem bei Kühen mit hoher Milchproduktion. Bei magnesiumarmer Nahrung kann das Krankheitsbild auch während längerer Transporte (Transporttetanie) oder im Stall (Stalltetanie) auftreten. Des Weiteren kann der relativ hohe Rohproteingehalt des jungen Grases – verbunden mit der Bildung erheblicher Ammoniakkonzentrationen – die Absorption des Magnesiums zusätzlich verschlechtern (GÄBEL und MARTENS 1986). Als weitere begünstigende Faktoren sind verminderte Futteraufnahme, zu niedriger Rohfasergehalt der Gesamtration sowie Stresssituationen (Rangkämpfe auf der Weide, Kälteeinbruch) zu nennen. Prophylaktisch haben sich Magnesiumgaben als günstig erwiesen. Eine ausreichende Natrium-Zufuhr stellt zudem sicher, dass das Natrium : Kalium-Verhältnis im Pansen nicht unter 1 fällt (MARTENS und RAYSSIGUIER 1980). Durch Weidebeifutter kann die Gesamtration ausgeglichen gestaltet werden.

Schwefel

Die Aufnahme des Schwefels erfolgt vorwiegend über die schwefelhaltigen Aminosäuren Methionin, Cystein und Cystin. Die Schwefelversorgung ist daher im Wesentlichen ein Aspekt der Qualität und Menge verabreichter Proteine. Schwefel ist zur Bildung von „aktivem Sulfat" (3-Phosphoadenosin-5-Phosphosulfat) erforderlich, das zur Fremdstoffausscheidung, für die Synthese von schwefelhaltigen Lipiden des Nervensystems und zur Bildung von Chondroitinsulfat im Knorpel benötigt wird. Die Ausscheidung des Schwefels erfolgt als Konjugat über die Galle oder als anorganisches Sulfat über die Niere. Bei einer adäquaten Versorgung mit schwefelhaltigen Aminosäuren ist kein Mangel an Schwefel zu erwarten.

5.1.3 Zur faktoriellen Ableitung des Bedarfs an Mengenelementen

Empfehlungen zur Versorgung mit einzelnen Mengenelementen gewinnt man heute im Wesentlichen auf der Basis **faktorieller Methoden.** Zur Ermittlung des Bruttobedarfs müssen der Nettobedarf und die Verwertung der Mengenelemente bekannt sein.

$$\text{Bruttobedarf} = \frac{\text{Nettobedarf}}{\text{Verwertbarkeit in \%}} \times 100$$

Der **Nettobedarf** setzt sich bei allen Nutztieren aus der Summe des Bedarfs für die Erhaltung und der Menge an Mineralstoff in den vom Tier gebildeten Produkten (= Nettoleistungsbedarf für Zuwachs, Milch, Ei etc.) zusammen.

Der Erhaltungsbedarf muss den Ersatz unvermeidlicher Verluste berücksichtigen. Das sind diejenigen Mengen eines Elementes, die auch bei Unterversorgung ausgeschieden werden bzw. verloren gehen. Die **unvermeidlichen Verluste** setzen sich zum einen aus den endogenen Verlusten zusammen, wozu vor allem unvermeidliche fäkale Verluste (Epithelabschilferungen, Verdauungssekrete, Kotwasser etc.) zählen, zum anderen aus den unvermeidlichen Harn- und Oberflächenverlusten (Speichel, Haut- und Hornabschilferungen etc.). Um die unvermeidlichen Verluste bestimmen zu können, muss das Tier vorab in einen Mangel mit dem jeweiligen Element gebracht werden. Beim Schwein betragen diese unvermeidlichen Verluste für Phosphor weniger als 10 mg je kg Lebendmasse und Tag. Sie werden jedoch von der GfE (2006) annäherungsweise mit einem Wert von 10 mg je kg Lebendmasse und Tag veranschlagt. Aufgrund vieler physiologischer Parallelen zwischen Phosphor und Calcium wird der unvermeidliche Verlust für Calcium mit 20 mg je kg Lebendmasse und Tag angesetzt. Beim Wiederkäuer werden diese Verluste nicht auf die Lebendmasse, sondern auf die aufgenommene Futtermenge bezogen, da die unvermeidlichen Verluste nahezu unabhängig von der Lebendmasse sind und im Wesentlichen nur durch die Höhe der Futteraufnahme beeinflusst werden. Beim Wiederkäuer betragen die unvermeidlichen Verluste für Calcium und Phosphor etwa je 1 g pro kg Futtertrockenmasse (GfE 2001). Weitestgehend unbekannt sind bislang die unvermeidlichen Verluste von Magnesium. Bei den einwertigen Elementen Natrium, Kalium und Chlorid kann davon ausgegangen werden, dass diese vollständig im Wasser des Darminhaltes bzw. Kotes gelöst sind. Beim monogastrischen Tier betragen die unvermeidlichen fäkalen Verluste annäherungsweise 0,35 g für Natrium, 0,7 g für Kalium und 0,5 g für Chlorid pro kg Futtertrockenmasse. Auch beim Wiederkäuer basieren nur Annahmen zu den unvermeidlichen Verlusten dieser Elemente. Sie werden mit 0,7 g für Natrium, mit 8,4 g für Kalium und 1,4 g für Chlorid pro kg verzehrter Futtertrockenmasse veranschlagt.

Zur Ermittlung des Nettobedarfs für die jeweilige tierische Leistung (**Nettoleistungsbedarf**) muss man die unvermeidlichen Verluste sowie folgende Fakten kennen:

beim wachsenden Tier	Mineralstoffmenge je kg Lebendmassezuwachs
beim trächtigen Tier	Mineralstoffmenge in den Föten und Reproduktionsorganen
beim laktierenden Tier	Mineralstoffmenge in der Milch
beim eierlegenden Geflügel	Mineralstoffmenge im Ei

Da die Mineralstoffmenge während der Trächtigkeit in den Konzeptionsprodukten exponentiell ansteigt, wird bezüglich des Mineralstoffbedarfs zwischen einer „nieder- und hochtragenden" Phase unterschieden, wobei der zusätzliche Mehrbedarf an Mineralstoffen für die Nettoleistung in der frühen Trächtigkeit sehr gering ausfällt, in der späten Trächtigkeitsphase aber deutlich ansteigt. Beim trächtigen Tier müsste theoretisch noch die Mineralstoffmenge erfasst werden, die das Muttertier im Rahmen der hormonell bedingten Homöorhese retiniert (Trächtigkeitsanabolismus). Diese zusätzlich benötigte Mineralstoffmenge ist jedoch relativ klein und wird daher vernachlässigt. Bei laktierenden Tieren muss zur Ermittlung des Nettoleistungsbedarfs an einem Mineralstoff zudem der Mineralstoffgehalt in der Milch bekannt sein. Die Ableitung eines Nettoleistungsbedarfs beim laktierenden Tier wird allerdings dadurch erschwert, dass sich die Zusammensetzung der Milch im Laufe der Laktation verändert. Besonders stark sind diese Änderungen (meist Zunahmen) in der Sauenmilch. Allerdings werden sie dennoch nicht mitberücksichtigt, da in der gängigen Praxis die Laktation meist nach 4 Wochen abgebrochen wird, die Änderungen der Mineralstoffgehalte in diesem Zeitraum nur moderat ausfallen und aufgrund von Unsicherheiten bei Erfassung der Milchmenge ohnehin nur annäherungsweise exakte Werte ermittelt werden können. Beim Wiederkäuer ist der Mineralstoffgehalt in der Milch während der Laktation etwas konstanter, schwankt allerdings von Tier zu Tier. Er wird deshalb über die gesamte Laktationszeit gemittelt.

Für die Angabe von Empfehlungswerten zur Zufuhr einzelner Mengenelemente, muss der ermittelte Nettobedarf um den Faktor der **Verwertbarkeit** korrigiert werden. Beim Schwein geht man im Falle des Phosphors allerdings von der verdauten Menge aus, so dass nicht die Gesamtverwertbarkeit, sondern die Retention des verdauten Phosphors mit in die Berechnung einfließt. Die Verwertung hängt maßgeblich von der Höhe der absorbierten Mineralstoffmenge ab. Besonders bei den Mineralstoffen kann der nicht-absorbierte Anteil mitunter beträchtlich sein. Einflussfaktoren auf die Verdaulichkeit sind die chemische Bindungsform des Mineralstoffs, die sonstige Rationsgestaltung sowie die physiologischen Bedingungen im Verdauungstrakt. Zum anderen spielt bei der Verwertung auch die retinierte Menge des absorbierten Mineralstoffs eine Rolle. Sie kann über die Bestimmung der ausgeschiedenen Mineralstoffmenge im Harn abgeschätzt werden. Bei der Verwertung muss auch die zugeführte Mineralstoffmenge relativ zum Bedarf berücksichtigt werden, da bei hohen bedarfsüberschreitenden Zufuhren kompensatorische Ausscheidungsmechanismen wirksam werden. In Untersuchungen zur Ermittlung der Verwertbarkeit sollte deshalb der Mineralstoff dem Tier in suboptimaler Menge verabreicht werden. Wissenschaftliche Daten, die eine Differenzierung zwischen absorbiertem Mineralstoffanteil und der Retention des absorbierten Mineralstoffs zulassen, liegen bislang nur für das Mengenelement Phosphor beim Schwein vor. Gerade beim Phosphor unterliegt die Verdaulichkeit starken futterspezifischen Einflüssen, die vor allem dadurch bedingt sind, dass in vielen pflanzlichen Futtermitteln Phosphor an nicht-verdauliche Phytinsäure gebunden ist. Für zahlreiche pflanzliche Futtermittel ließen sich unter den Bedingungen einer marginalen Phosphorversorgung Werte für den **„verdaulichen Phosphor"** ermitteln. Zusätze mikrobieller Phytasen zum Futter können die Verdaulichkeit des Phosphors deutlich erhöhen (siehe 5.4.1). Der verdauliche Phosphor scheint zu etwa 95% für die Retention genutzt werden zu können (RODEHUTSCORD et al. 1985).

Die prozentuale Gesamtverwertung setzt sich somit zusammen aus:

$$\text{Gesamtverwertung (\%)} = \frac{\text{Aufnahme (g/Tag)} - \text{Ausscheidung in Kot u. Harn (g/Tag)}}{\text{Aufnahme (g/Tag)}} \times 100$$

und das entspricht:

$$\text{Gesamtverwertung (\%)} = \frac{\text{Retention (g/Tag)}}{\text{Aufnahme (g/Tag)}} \times 100$$

Bei Ableitung der Empfehlungen zur Mineralstoffaufnahme wird die prozentuale Gesamtverwertung unter den Bedingungen einer suboptimalen Versorgung ermittelt, also einem Zustand bei dem noch keine kompensatorischen Ausscheidungsmechanismen wirksam sind. Man bezeichnet sie als prozentuale Gesamt-Verwertbarkeit.

$$\text{Gesamt-Verwertbarkeit (\%)} = \text{Gesamtverwertung (\%) bei suboptimaler Versorgung}$$

Beim Schwein beträgt die Gesamt-Verwertbarkeit für Calcium 70%, für Natrium, Kalium und Chlorid jeweils 90% (GfE 2006). Für Magnesium wurden bislang keine entsprechenden Werte ermittelt. Beim Geflügel geht man von Verwertbarkeiten für Calcium von 55%, für Nicht-Phytin-Phosphor von 70% und für Magnesium von 60% aus (GfE 1999). Für die Verwertbarkeit von Natrium, Chlorid und Kalium liegen bislang keine Werte vor. Im Unterschied zum monogastrischen Tier ist beim Wiederkäuer aufgrund der intensiven mikrobiellen Aktivität im Pansen die Verwertbarkeit eines Mineralstoffs deutlich weniger von der Futterquelle abhängig. Sie wird für Calcium mit 50%, für Phosphor mit 70%, für Magnesium zwischen 20 und 30% und für Natrium, Kalium und Chlorid mit 95% veranschlagt (GfE 2001).

5.2 Spurenelemente

Essenzielle Spurenelemente weisen im Gegensatz zu den Mengenelementen Konzentrationen von weniger als 50 mg je kg Körpermasse auf. Zwar entspricht Eisen korrekterweise nicht ganz dieser Definition, da die Körpergehalte etwas höher als 50 mg/kg liegen, funktionell ist es aber vielmehr den Spuren- als den Mengenelementen zuzuordnen. Essenzielle Spurenelemente sind an zahlreichen Stoffwechselvorgängen beteiligt. Bei unzureichender oder gar fehlender Aufnahme resultieren Störungen der Körperfunktionen, die sich als Mangelsymptome äußern. Durch die Zufuhr des Elements lassen sich die Symptome wieder beheben, sofern keine irreversiblen Schäden aufgetreten sind. Sichtbare Mangelerscheinungen wie vermindertes Wachstum oder beeinträchtige Fortpflanzung sind aber immer Ausdruck von Störungen auf biochemischer Ebene. Unter den Spurenelementen sind vor allem die zweiwertigen Kationen Eisen (Fe), Zink (Zn), Kupfer (Cu), Mangan (Mn) und Molybdän (Mo) Bestandteil katalytischer Zentren von Metalloenzymen im tierischen Organismus.

Anders als bei den Mengenelementen gestaltet sich bei den Spurenelementen der Nachweis der Essentialität deutlich schwieriger. Dies liegt nicht zuletzt daran, dass die biologisch wirksamen Mengen häufig außerordentlich gering sind und die Herstellung von experimentellen Mangeldiäten aufgrund des ubiquitären Vorkommens bestimmter Spurenelemente in der Umwelt oft große Schwierigkeiten bereitet. Zu den Spurenelementen, deren essenzieller Charakter für das Nutztier zweifelfrei bewiesen ist, zählen Eisen, Zink, Kupfer, Mangan, Molybdän, Selen (S), Jod (J), Fluor (F) und Chrom (Cr). Für den Wiederkäuer sowie andere Herbivoren ist auch Kobalt (Co) essenziell, da es von den Mikroben zur Synthese von Vitamin B_{12} benötigt wird. Daneben gibt es eine Reihe weiterer Spurenelemente, für die der Nachweis der Essentialität erst im Tierversuch durch extrem gereinigte Diäten erbracht werden konnte, ohne dass ihre spezifischen Funktionen bislang aufgeklärt wurden. Zu diesen

Spurenelementen, die aufgrund ihres wahrscheinlich sehr geringen Bedarfes auch als **Ultraspurenelemente** bezeichnet werden, gehören Nickel, Blei, Zinn, Vanadium, Silizium und Bor. Einzelne Befunde deuten auch auf eine mögliche Essentialität der Elemente Arsen, Aluminium, Brom, Cadmium, Germanium, Lithium und Rubidium hin. In der praktischen Tierernährung spielen diese Elemente jedoch kaum eine Rolle, da ihr Bedarf bereits durch die im Futter vorkommenden Mengen gedeckt ist. Bei einigen dieser Spurenelemente steht vielmehr der toxikologische Aspekt im Vordergrund.

Im Gegensatz dazu haben **akzidentelle Spurenelemente** keine physiologischen Funktionen. Da sie jedoch häufig in Futtermitteln nachweisbar sind, gelangen sie damit auch in den Darm und oftmals auch in den Intermediärstoffwechsel des Tieres. Hierzu gehören Elemente wie Silber, Strontium oder Quecksilber. Die Aufnahme von Begleitelementen verdient in der Tierernährung insofern besondere Beachtung, da überhöhte Mengen toxisch wirken oder die Verwertung von anderen essenziellen Spurenelementen beeinträchtigen können.

5.2.1 Dynamik im Stoffwechsel

Für eine ausreichende Versorgung mit essenziellen Spurenelementen ist nicht allein der analytische Gehalt im aufgenommenen Futter, sondern vor allem auch die Verwertbarkeit durch den tierischen Organismus entscheidend. Die Gesamtverwertung ergibt sich dabei aus der Absorbierbarkeit und der intermediären Verfügbarkeit des Elements. Um ausreichende und physiologisch verträgliche Spurenelementkonzentrationen im Körper aufrechtzuerhalten, müssen Regulationsmechanismen greifen, die auf unterschiedliche alimentäre Zufuhren ansprechen (Abb. 5.2-1).

Abbildung 5.2-1

Dynamik des Spurenelement-Stoffwechsels

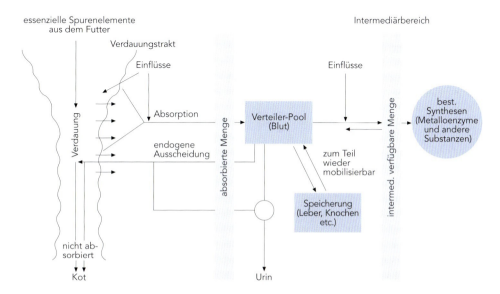

5.2.1.1 Absorption und Exkretion

Analog den Mengenelementen, werden auch Spurenelemente durch die Prozesse der Absorption und Exkretion homöostatisch reguliert, wobei sich die verschiedenen Elemente jeweils ganz spezifischer Regulationsmechanismen bedienen. So werden kationische Spurenelemente wie Eisen und Zink vornehmlich über die Absorption beeinflusst, während anionische Spurenelemente wie Jod und Fluor zunächst, ungeachtet des Versorgungsstatus, nahezu vollständig absorbiert und erst endogen über die Ausscheidung mit dem Harn reguliert werden. Viele kationische Spurenelemente wie Eisen, Zink, Mangan und Kupfer können zudem aufgrund ihrer starken Bindung an Proteine kaum über die Niere filtriert werden. Mangan und Kupfer werden deshalb beispielsweise zu einem nicht unerheblichen Anteil über die Galle ausgeschieden.

Die Absorption von essenziellen Spurenelementen erfolgt zumeist durch aktiven Transport. Für viele essenzielle Elemente gibt es energieabhängige Transportproteine. Einige wenige Spurenelemente können auch in Verbindung mit größeren organischen Molekülen absorbiert werden wie zum Beispiel Eisen in Form von Häm oder Selen als Selenomethionin. Analog der Absorption von Mengenelementen unterliegen auch die Transportmechanismen der Spurenelemente einer Regulation. Der Vorgang der Absorption beinhaltet jedoch nicht nur die bloße Aufnahme des Elements aus dem Darmlumen in die Dünndarmzelle, sondern auch den Transport durch die Zelle, die Ausschleusung an der basolateralen Seite der Zelle in das Blut sowie eine mögliche kurz- oder längerfristige Speicherung in der Darmzelle (Abb. 5.2-2). Nach Aufnahme eines Elements in die Dünndarmzelle sind verschiedene Wege möglich.

1. Verbleib in der Zelle zur Deckung des Eigenbedarfs
2. Speicherung des Elements in der Zelle
3. Transport durch die Zelle und Übertritt des Elements in den Intermediärstoffwechsel

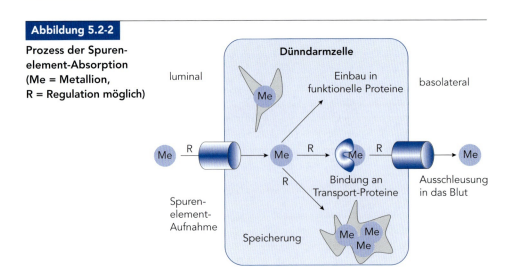

Abbildung 5.2-2
Prozess der Spurenelement-Absorption
(Me = Metallion,
R = Regulation möglich)

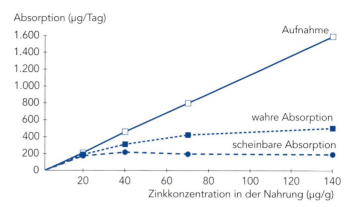

Abbildung 5.2-3
Homöostatische Anpassung der wahren und scheinbaren Absorption von Zink in Abhängigkeit der alimentären Versorgung beim Modelltier Ratte (WEIGAND und KIRCHGESSNER 1978)

Üblicherweise ist bei den meisten kationischen Spurenelementen im Mangel die Absorptionsrate gesteigert. Abbildung 5.2-3 zeigt am Beispiel Zink die Höhe der scheinbaren und wahren Absorption dieses Elementes in Abhängigkeit von der Versorgungslage. So wird bei einem Mangel an Zink dieses fast vollständig absorbiert, mit steigender Versorgung lässt jedoch der prozentuale Anteil absorbierten Zinks zunehmend nach. Die Ausscheidung von Zink erfolgt in hohem Maße über pankreatische und intestinale Flüssigkeiten in den Darm, sodass die scheinbare Absorption erheblich geringer ausfällt als die wahre Absorption (WEIGAND und KIRCHGESSNER 1978). Eine homöostatisch regulierte Steigerung der Absorption umfasst üblicherweise eine erhöhte Aufnahme in die Darmzelle, eine schnelle Passage durch die Zelle, eine geringere Speicherung in der Zelle und einen beschleunigten Übertritt in das Blut bzw. den Intermediärstoffwechsel.

Die Absorption der Spurenelemente unterliegt üblicherweise vielen Nahrungseinflüssen. So spielt für die Absorption die Freisetzung der Elemente aus der Matrix der Nahrung eine wesentliche Rolle sowie die Art der chemischen Bindung des Elements. Im Darmlumen kommt es ferner zu zahlreichen Wechselbeziehungen zwischen den Elementen untereinander sowie zwischen Elementen und anderen Nahrungsbestandteilen bzw. Verdauungsprodukten (z. B. Konkurrenz um den Transporter, Komplexbildung). Auch pH-Wert und Redoxstatus des Intestinaltraktes sind wichtige Einflussgrößen auf die Spurenelementabsorption.

Besonders kationische Spurenelemente neigen aufgrund ihrer Elektronenkonfigurationen dazu, mit bestimmten organischen Verbindungen Komplexe zu bilden. Dabei verbindet sich das Metallkation als Elektronenakzeptor mit ein oder mehreren Elektronendonatoren (Komplexbildner, Liganden). Solche **Komplexbildner** sind häufig andere Nahrungsbestandteile oder Verdauungsprodukte im Intestinaltrakt. Sie können die Verfügbarkeit der kationischen Spurenelemente erhöhen oder vermindern. Meist gilt, dass große und sehr stabile Komplexe die Absorption des gebundenen Metallions vermindern, während wenig stabile Komplexe das betreffende Element zunächst binden, es dadurch schützen, aber auch wieder relativ leicht für die Absorption freigeben. Aminosäuren begünstigen häufig die Absorption von Spurenelementen; Phytat, Cellulose oder Hemicellulose beeinträchtigen sie hingegen (SCHWARZ und KIRCHGESSNER 1975). Ein Beispiel für die vielfältigen intraluminalen Wechselwirkungen stellt die inverse Beziehung zwischen dem Proteinge-

5 Mineralstoffe, Vitamine und sonstige Wirkstoffe

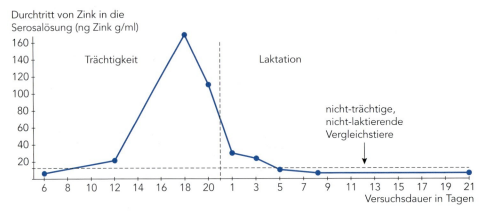

Abbildung 5.2-4

Veränderung der intestinalen Absorption von Zink während der Trächtigkeit und Laktation am Modelltier Ratte (SCHWARZ und KIRCHGESSNER 1981)

halt der Nahrung und dem hemmenden Effekt des Phytats auf die Zinkabsorption dar, der dadurch zu erklären ist, dass die während der Proteinverdauung freiwerdenden Aminosäuren die Bildung von Zink-Phytat-Komplexen verhindern (SANDSTRÖM et al. 1978).

Auch physiologische Faktoren wie Alter und Leistungsstadium des Tieres beeinflussen die Absorptionsrate, ebenso wie den Transfer von Spurenelementen in die Leistungsprodukte (Milch, Ei). Der erhöhte Bedarf an einem Spurenelement in der Trächtigkeit, der sich aus dem Ansatz in den Leistungsprodukten und der Superretention ergibt, steigert üblicherweise die Absorptionsrate (KIRCHGESSNER 1987). Am Beispiel Zink wird deutlich, wie sich die Absorption während der Trächtigkeit und Laktation verändert (Abb. 5.2-4)

5.2.1.2 Verteilung, Speicherung und Mobilisierung

Für den Transport der Spurenelemente innerhalb der Zellen, aber auch im Blut, stehen spezifische und unspezifische Bindungsproteine bzw. -moleküle zur Verfügung. Ein universelles Transportprotein im Blut ist das Albumin. Allerdings können auch Aminosäuren Transportfunktion für Spurenelemente übernehmen. Vor allem Zink bedient sich solcher unspezifischer Transporter. Spezifische Transportproteine gibt es vor allem für Eisen (Transferrin) und Kupfer (Transcuprein). Transferrin kann aber auch Mangan, Zink und Chrom binden.

Speicherverbindungen haben die Aufgabe in Phasen unzureichender Versorgung, Spurenelementengpässe auszugleichen sowie schädliche Wirkungen durch überhöhte Zufuhren abzuschwächen. Speicherung und Mobilisierung gehören zu den wesentlichen regulativen Mechanismen, um die verfügbaren Spurenelementgehalte im Organismus konstant zu halten. Als Speicherverbindungen dienen Proteine, die abhängig vom Versorgungszustand in unterschiedlicher Menge gebildet werden. Sie kommen in nahezu allen Zellen vor, sind allerdings häufig in Zellen ganz bestimmter Gewebe lokalisiert (Speicherorgane). So werden Eisen und Kupfer vor allem in der Leber gespeichert, Jod in der Schilddrüse, Zink in Skelett und Muskulatur und Mangan im Knochen. Dabei wird Eisen an Ferritin,

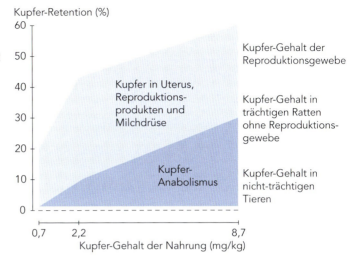

Abbildung 5.2-5
Retention von Kupfer während der Trächtigkeit am Modelltier Ratte (KIRCHGESSNER und SPOERL 1975)

Zink und Kupfer an Metallothionein und Jod an Thyreoglobulin gebunden. Metallothionein ist ein cysteinreiches Protein, das auch toxische Elemente wie Quecksilber und Cadmium bindet und den Organismus vor allem vor den schädlichen Wirkungen zu hoher Schwermetallmengen schützt. Die Bildung von Metallothionein und Ferritin wird auch bei Stress und Infektionskrankheiten stimuliert, so dass sich die intermediären Verfügbarkeiten von Zink und Eisen bei Krankheiten der Tiere vorübergehend vermindern können. Ein echter Mangel liegt dann aber nicht vor.

Bei trächtigen Tieren kommt es infolge des Trächtigkeitsanabolismus zu einer Superretention von Spurenelementen im mütterlichen Gewebe. Diese Reserven werden analog den Mengenelementen in der nachfolgenden Laktation mobilisiert und größtenteils zur Versorgung der Nachkommen über die Milch ausgeschieden. Abbildung 5.2-5 zeigt am Beispiel Kupfer wie sich die Retention während der Trächtigkeit in Abhängigkeit der Kupferversorgung verändert (KIRCHGESSNER und SPOERL 1975).

Von allen Spurenelementen lässt sich die Eisenausscheidung in die Milch am wenigsten durch eine gesteigerte Zufuhr mit dem Futter erhöhen. Bei den anionischen Spurenelementen Selen und Jod sowie bei Kobalt, Mangan und Molybdän steht hingegen der Gehalt in der Milch in enger Beziehung zur Zufuhr. Auch in Eiern ist der Spurenelementgehalt unterschiedlich stark durch den Versorgungsstatus zu beeinflussen. In einem weiten Bereich der bedarfsgerechten Spurenelementaufnahme treten versorgungsbedingte Schwankungen des Gehaltes an kationischen Spurenelementen in den Leistungsprodukten jedoch nur begrenzt auf (Abb. 5.2-6 und 5.2-7).

5.2.1.3 Mangel und Überschuss

Die meisten essenziellen kationischen Spurenelemente werden bei Mangel in höheren Mengen absorbiert (SCHWARZ und KIRCHGESSNER 1974). Der Körper kann sich jedoch auch vor Überladung mit bestimmten Spurenelementen innerhalb bestimmter Gren-

Abbildung 5.2-6
Homöostatische Regulation des Spurenelementgehaltes im Körper

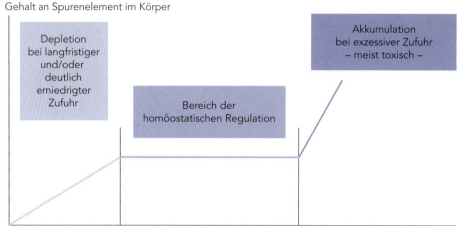

zen schützen. Üblicherweise führen bedarfsdeckende, aber unterschiedlich hohe physiologische Dosen eines Spurenelements noch zu keinen nennenswerten Veränderungen des Spurenelementgehaltes im Organismus (Abb. 5.2-6). Vor allem der Gehalt an intermediär verfügbaren Elementen bleibt zunächst konstant. Man bezeichnet diesen „sicheren" Bereich eines Spurenelementes auch als „therapeutische Breite".

Abbildung 5.2-7 zeigt am Beispiel Zink die relative Konstanz der Zinkgehalte im Körper und in den Leistungsprodukten über weite Bereiche der bedarfsdeckenden Versorgung. Hierbei ist zu erkennen, dass Zinkaufnahmen im Bereich zwischen 10 und 100 mg pro kg Futter den Gesamtkörperbestand an Zink nicht verändern. Ähnliches gilt auch für die tierischen Produkte Milch und Eier (KIRCHGESSNER 1993).

5.2.2 Spezifische Funktionen und Besonderheiten einzelner Spurenelemente

Eisen

Eisen ist das häufigste essenzielle Spurenelement im tierischen Organismus. Es liegt im Körper praktisch nie als freies Ion vor, sondern ist nahezu ausnahmslos an Proteine gebunden. Die Hauptmenge (ca. 75 %) ist im Hämoglobin lokalisiert und dient dem Transport von Sauerstoff im Blut. Das blutbildende Knochenmark ist deshalb auch eines der Hauptzielorte des absorbierten Eisens. In der Muskulatur ist Eisen vor allem Bestandteil des Sauerstoff-speichernden Myoglobins. Durch seine Fähigkeit zwischen zwei- und dreiwertigem Zustand (Fe^{2+} und Fe^{3+}) zu konvertieren, ist Eisen als Bestandteil von Schwefel-Eisen-Proteinen und Metalloenzymen bei der Elektronenübertragung in der mitochondrialen Atmungskette beteiligt. Es wird aber auch bei vielen anderen Redoxreaktionen (gekoppelte Reduktionen und Oxidationen) benötigt, die beim Fremdstoffmetabolismus, bei der Biosynthese von Steroidhormonen und Gallensäuren, der Desaturierung von Fettsäuren sowie der Bildung von Stickstoffmonoxid (NO) ablaufen. Das im Organismus nicht unmittelbar für funktionelle Proteine benötigte Eisen, wird in der Zelle an das Protein Apoferritin gebunden und als **Ferritineisen** gespeichert. Im Blut ist Eisen an **Transferrin** gebunden; es muss hierzu allerdings erst durch das Kupferenzym Coeruloplasmin (= Ferrooxidase) zu dreiwertigem Eisen oxidiert werden. Dies erklärt auch, warum ein Kupfermangel mit einem Mangel an verfügbarem Eisen einhergeht. Eisen wird ausschließlich bei der Absorption reguliert. Eine regulierte Eisenausscheidung gibt es nicht. Durch die strikte Proteinbindung kann Eisen auch nicht renal filtriert und mit dem Harn ausgeschieden werden. Eisenverluste treten vornehmlich durch Abschilferung von Epithelien und Blutungen (1 ml Blut = 0,5 mg Eisen) auf. Abbildung 5.2-8 verdeutlicht die Dynamik des Eisenstoffwechsels.

Eisen wird sowohl als Ion als auch in Hämeisen-Form absorbiert, wobei letzteres bei überwiegender Aufnahme pflanzlicher Futtermittel kaum eine Rolle spielt. Ionisiertes Eisen wird vor allem in zweiwertiger Form als Fe^{2+} absorbiert. Reduzierende (= elektronenübertragene) Substanzen in der Nahrung bzw. im Gastrointestinaltrakt wie beispielsweise SH-Gruppen von Proteinen begünstigen die Umwandlung von dreiwertigem zu zweiwertigem Eisen und erhöhen damit seine Absorption. Oxalate, Phytate, Tannine und Phosphate verringern hingegen durch ihre Komplexbildung mit ionischem Eisen seine Verfügbarkeit. Zweiwertiges Eisen wird vor allem durch den „divalent metal transporter-1" **(DMT1)** aus dem Darmlumen in die Darmepithelzelle transportiert. DMT1 transportiert zum Teil auch andere zweiwertige Kationen wie Zink, Mangan, Kobalt, Kupfer, Cadmium und Blei, weswegen unausgewogene Spurenelementzufuhren Konkurrenzsituationen am

Abbildung 5.2-7

Zinkgehalte im Körper und in den Leistungsprodukten in Abhängigkeit steigender Zinkgehalte im Futter (KIRCHGESSNER 1993)

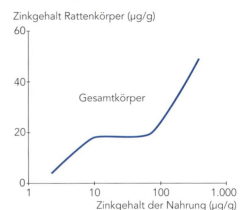

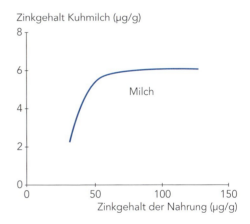

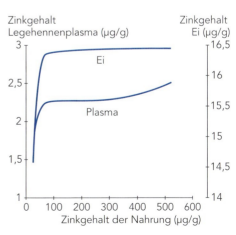

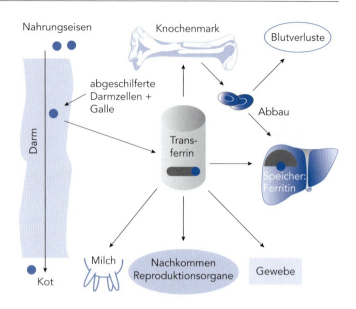

Abbildung 5.2-8
Dynamik des Eisenstoffwechsels

Transporter entstehen lassen. Das aufgenommene Eisen wird schließlich an zelluläres Transferrin gebunden, durch die Dünndarmzelle transportiert und an der basolateralen Seite über **Ferroportin** in das Blut ausgeschleust. Bevor Eisen jedoch auf Transferrin im Blut übertragen werden kann, wird es durch das kupferabhängige Enzym Hephaestin (Coeruloplasmin-Homolog) zu dreiwertigem Fe^{3+} oxidiert. Über einen Transferrinrezeptor wird die Dünndarmzelle auch mit Eisen aus dem Blut versorgt. In Situationen mangelnder Eisenversorgung ist die Absorption gesteigert. Lange Zeit war unklar, woher der Organismus seinen aktuellen Eisenbestand kennt, um die Absorption dahingehend anzupassen. Inzwischen ist bekannt, dass dies über schwefelhaltige Proteine als Eisensensoren in den Dünndarmzellen erfolgt. Bei Eisenmangel wird in der Dünndarmzelle ein so genanntes „iron-responsive element" (IRE) aktiviert, welches nicht nur die Bildung des DMT1 stimuliert, sondern auch die Synthese von Transferrin und Ferroportin (Abb. 5.2-9). Gleichzeitig vermindert sich die Menge an eisenspeicherndem Ferritin in der Zelle. Bei Eisenmangel wird außerdem weniger Hepcidin in der Leber gebildet. Dieses fördert üblicherweise den Abbau des Ferroportins, hält den Eisenstatus in der Dünndarmzelle hoch und induziert somit eine Verminderung der Eisenabsorption. Bei defizitärer Eisenversorgung bleibt die Hepcidinkonzentration jedoch niedrig und in Folge das Ferroportin erhalten. Intestinales Eisen kann somit verstärkt aus der Zelle transportiert werden, wodurch der Eisenstatus der Dünndarmzelle zusätzlich vermindert und die Eisenabsorption gesteigert wird.

Eisenmangel kann durch ein unzureichendes Eisenangebot der Nahrung, durch Behinderung seiner Absorption oder durch Blutverluste entstehen. In der Folge kommt es besonders durch Störungen der Hämoglobinsynthese zu einer **hypochromen Anämie** (Blutarmut). Im Mangel können sich auch die Aktivitäten der eisenabhängigen Enzyme vermindern. Bevor jedoch Symptome auftreten, kommt es zunächst zu einer sukzessiven Entleerung der Eisenspeicher und einer vermehrten Synthese des Eisentransportproteins

Abbildung 5.2-9

Regulation der Eisenabsorption in Abhängigkeit vom Eisenstatus
(DMT1 = „divalent metal transporter-1", IRE = „iron-responsive element")

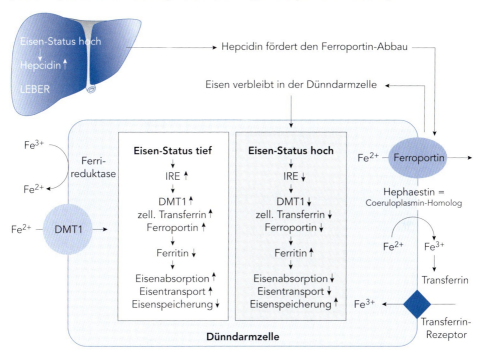

Transferrin (totale Eisenbindungskapazität erhöht). Eisenmangel tritt am häufigsten bei Jungtieren im Saugalter auf. Saugferkel sind aufgrund ihrer geringen Eisenreserven bei der Geburt, ihres schnellen Wachstums und der relativ geringen Eisenkonzentration in der Milch besonders anfällig für einen Eisenmangel. Neben Anämie, fallen vor allem eine erhöhte Anfälligkeit gegenüber Infektionskrankheiten, Appetitverlust sowie verringertes Wachstum auf. Dabei bleibt eine reichliche Eisenversorgung des Muttertieres während der Trächtigkeit ohne Wirkung auf die Eisenspeicher der Nachkommen und die Eisengehalte der Milch. Aus diesem Grund erhalten Ferkel heute prophylaktisch parenterale Eisengaben und Aufzuchtkälber zusätzliches Eisen mit dem Futter.

Eisen wird auch von bestimmten pathogenen Keimen und Parasiten als Nährstoff benötigt, weswegen die Verknappung von verfügbarem Eisen eine Strategie der Infektabwehr des Körpers darstellt. Dabei wird durch das Immunsystem des Körpers die Synthese von Transferrin vermindert und die Bildung von Ferritin erhöht. Zusätzlich wird von einigen Immunzellen auch eisenbindendes Laktoferrin produziert. Bakterielle Infektionen können deshalb vorübergehend eine Anämie auslösen. Eisenentzug über die Nahrung ist allerdings keine geeignete Strategie der Immunabwehr, zumal ein echter Eisenmangel das Immunsystem schwächt und die Infektanfälligkeit erhöht.

5 Mineralstoffe, Vitamine und sonstige Wirkstoffe

Kupfer

Ebenso wie Eisen, ist auch Kupfer im Organismus überwiegend an Proteine gebunden. Hauptspeicherorgan ist die Leber. Kupfer ist Bestandteil des katalytischen Zentrums von Hephaestin bzw. Coeruloplasmin (Ferrooxidase), das zweiwertiges zu dreiwertigem Eisen oxidiert und so dessen Bindung an Transferrin ermöglicht. Da die intermediäre Verwertung des Eisens von dessen Transport zu den Zielgeweben abhängt, wird verständlich, warum Tiere bei Kupfermangel Eisenmangelsymptome entwickeln. Kupfer ist darüber hinaus essenzieller Bestandteil vieler weiterer Metalloenzyme, wie zum Beispiel der mitochondrialen Cytochrom-c-Oxidase der Atmungskette, der Lysyloxidase zur Vernetzung von Kollagen im Bindegewebe, der Kupfer-/Zink-abhängigen Superoxiddismutase zur Beseitigung reaktiver Superoxidanion-Radikale, der Monoaminooxidase zum Abbau von Neurotransmittern und der Tyrosinase zur Synthese des Pigmentfarbstoffs Melanin in der Haut. Bei **Kupfermangel** kommt es neben einer Eisenverwertungsstörung auch zu Veränderungen der Struktur von Haar und Wolle, zu Verformungen und erhöhter Brüchigkeit des kollagenreichen Skeletts, zu Pigmentbildungsstörungen sowie zu Schäden des zentralen Nervensystems, die sich bei neugeborenen Tieren als Gangstörung (neonatale Ataxie) äußern.

Kupfer wird über einen aktiven, sättigbaren Transporter absorbiert. Die Absorption beginnt im Magen und ist im gesamten Dünndarm vergleichbar hoch. Die Bioverfügbarkeit von Kupfer ist allerdings von der Löslichkeit und Stabilität der Kupferkomplexe im Gastrointestinaltrakt abhängig. Citrat, Laktat und Mallat fördern die Löslichkeit und damit die Absorption des Kupfers; durch Vitamin C wird sie gesenkt. Futtermittel für Wiederkäuer sind üblicherweise relativ kupferarm. Beim Wiederkäuer verschlechtert sich darüber hinaus die Verfügbarkeit des Kupfers durch hohe Eisen-, Molybdän- und Sulfatmengen im Futter. Steigende Aufnahmen von Sulfat und schwefelhaltigen Aminosäuren vermindern außerdem die Speicherung von Kupfer in der Leber. Für die praktische Tierernährung dürfte es auch von Bedeutung sein, dass bei Rind und Schaf die Kupferverwertung in hohem Maße vom Calciumgehalt des Futters beeinflusst wird. Bei definiertem Kupfergehalt des Futters wird Kupfer umso schlechter verwertet, je calciumreicher die Ration ist. Mineralfutter für Rinder sollte deshalb mit Kupfer ergänzt werden.

Bei Schweinen stellt sich heute weniger das Problem einer Unterversorgung, vielmehr steht der **Zusatznutzen** durch pharmakologisch hohe Kupfergaben im Vordergrund. Vor allem Zusätze von Kupfersulfat führen bei wachsenden Schweinen zu einer Leistungsverbesserung mit verbessertem Wachstum und verminderter Durchfallhäufigkeit. Obgleich die Mechanismen für diesen leistungssteigernden Effekt nicht genau geklärt sind, wird vermutet, dass hohe Kupferdosen im Darm bakterizid wirken. So ist auch die verbesserte N-Verdaulichkeit und N-Retention bei Einsatz großer Kupfermengen zu erklären (KIRCHGESSNER und GIESSLER 1961). Aus ökologischen Gründen und der Gefahr toxischer Wirkungen im Tier dürfen diese hohen Dosen jedoch nicht verwendet werden. Bis zu einem Höchstalter von 12 Wochen sind allerdings verschiedene Kupferverbindungen bis zu maximal 170 mg Kupfer je kg Alleinfutter zur Verminderung des Durchfallrisikos erlaubt.

Bei langfristig erhöhter Zufuhr wird ein Teil des Kupfers in den Darmzellen und übrigen Zellen des Körpers an Metallothionein gebunden, der andere Teil über die Galle ausgeschieden. Trotz effektiver Kompensationsmechanismen können ab einer Dosis von über 200 mg Kupfer pro kg Futter toxische Effekte bei adulten Rindern auftreten, die mit verminderter Futteraufnahme und Gewichtsrückgang einhergehen, ebenso wie mit Schwäche, Apathie und parakeratotischen Hautveränderungen. Außerdem kommt es durch hohe Kupferzulagen zu einer kompetitiven Hemmung der Eisenabsorption mit der Folge eines Eisenmangels. Schafe reagieren besonders empfindlich auf Kupferüberschüsse.

Zink

Zink ist im tierischen Organismus nach Eisen das zweithäufigste Spurenelement und essenzieller Baustein von mehr als 300 Proteinen im Körper. Zu den zinkabhängigen Enzymen gehören beispielsweise die DNA- und RNA-Polymerasen, Pankreas-Exopeptidasen und Matrix-Metallo-Proteasen. Zentrale Bedeutung besitzt Zink auch als Bestandteil von intrazellulären Hormonrezeptoren und Transkriptionsfaktoren (Zink-Finger-Proteine), die Gene in ihrer Expression steuern. Zink ist darüber hinaus auch für ein intaktes Immunsystem notwendig. Die Entwicklung von T-Lymphozyten im Thymus und die Aktivitäten vieler weißer Blutkörperchen sind von einer ausreichenden Zinkversorgung abhängig. Auch für die Haut und deren Anhangsorgane ist Zink unentbehrlich, da es die Umwandlung des Stratum basale (Basalzellschicht, die für den Zellnachschub sorgt) zum Stratum corneum (Hornschicht) fördert. Aufgrund der Beteilung von Zink bei zahlreichen biologischen Reaktionen äußern sich Symptome eines Zinkmangels vielfältig. Auf **Zinkmangel** reagieren vor allem alle Jungtiere mit stark verminderter Futteraufnahme, reduziertem Wachstum und Infektanfälligkeit. Äußerlich erkennbar zeigen sich parakeratotische Hautverletzungen und -entzündungen durch Störungen der Keratin- bzw. Hornschichtbildung sowie Haarausfall, schwache Befiederung und eine verzögerte Wundheilung. Beim Schwein tritt die Parakeratose vor allem im Bereich der Augen, des Mauls und an den unteren Beinpartien auf. Bei Milchkühen entstehen die Hautläsionen vornehmlich an den Hinterbeinen und am Euter; Fresslust und Milchleistung sind dabei zunächst nicht beeinträchtigt.

Bei üblicher Zinkversorgung werden 15 bis maximal 40 % des Nahrungszinks absorbiert. Absorptionsort ist vornehmlich der Dünndarm, beim Wiederkäuer auch Pansen und Labmagen. Bei Zinkmangel ist die Absorption gesteigert (Abb. 5.2-3). Hemicellulosen, Lignin, Tannine und vor allem Phytinsäure verringern die Absorption. Phytatreiche Soja- und Rapsextraktionsschrote sowie Ackerbohnen können aufgrund der Bildung von schwerlöslichen Zink-Phytat-Komplexen die Zinkverfügbarkeit deshalb erheblich verschlechtern. Durch den Zusatz von Phytasen wird die Verwertung von Zink bei Schwein und Geflügel deutlich verbessert; damit lassen sich auch die eingesetzten Zinkmengen verringern. Bei Schweinen kann sich ein Zinkmangel besonders durch hohe Calciumgehalte des Futters verstärken. Umgekehrt verschlechtern aber auch hohe Zinkzulagen die Absorption von Calcium und Magnesium. Deutliche Wechselwirkungen gibt es auch zwischen Zink und Eisen. Sie kommen vermutlich aufgrund der Konkurrenz der beiden Elemente um den intestinalen Transporter zustande. So ist einerseits die Zinkabsorption bei Eisenmangel erhöht, andererseits können höhere Dosen an Eisen die Zinkabsorption hemmen. Am stärksten sind jedoch die Interaktionen jedoch zwischen Zink und Kupfer. Bei Aufnahme großer Zinkmengen über einen längeren Zeitraum kann wegen des antagonistischen Verhaltens von Zink und Kupfer bei Transport- und Verteilungsvorgängen ein Kupfermangel ausgelöst werden. Ursache ist nicht nur die Konkurrenz um den intestinalen Transporter, sondern auch die stimulierte Synthese von Metallothionein, welches Kupfer besonders stark bindet. Die verstärkte Bildung von Metallothionein durch Zink dürfte auch der Grund für die Beobachtung sein, dass Zink einen gewissen Schutz vor einer Belastung mit Cadmium bietet (PALLAUF 1982).

Kinetische Studien an Tieren zeigen, dass absorbiertes Zink vor allem von Leber, Knochenmark, Knochen, Haut, Nieren und Thymus rasch aufgenommen, an Metallothionein gebunden und gespeichert wird. Da auch Hormone wie Cortison und Adrenalin die Bildung von Metallothionein fördern, kommt es bei Krankheiten und Stress der Tiere zu einer vorübergehenden Abnahme des verfügbaren Zinks im Organismus. Der größte Teil des aufgenommenen Zinks wird mit dem Kot ausgeschieden. Das Zink im Kot setzt sich aber nicht nur aus nicht-absorbiertem Nahrungszink zusammen, sondern auch aus endogenen Verlusten (Galle, Zellabschilferungen, Pankreas- und Dünndarmsekrete). Die renale Zinkausscheidung ist üblicherweise sehr gering.

Mangan

Mangan ist in zweiwertiger Form essenzieller Bestandteil oder Aktivator von mehr als 60 Enzymen. Zentrale Bedeutung hat es vor allem als Cofaktor von Enzymen der Gluconeogenese (Pyruvat-Carboxylase und Phosphoenolpyruvat-Carboxykinase) und der Harnstoffsynthese (Arginase). Als Bestandteil der manganabhängigen Superoxid-Dismutase katalysiert es auch die Elektronenübertragung auf ein Superoxidanion-Radikal und leistet damit einen wesentlichen Beitrag zum antioxidativen Schutz des Körpers.

Mangan wird im Dünndarm absorbiert. Überhöhte Calciumzufuhren vermindern allerdings seine Absorption. Die Speicherung erfolgt in mitochondrienreichen Organen wie Leber, Niere, Pankreas, Hypophyse und Knochenmark. Auch Haare enthalten relativ große Mengen an Mangan. Eine Unterversorgung mit Mangan führt zu vermindertem Wachstum, anomaler Skelettentwicklung mit Knochendeformationen, Gerinnungsstörungen, neurologischen Störungen sowie verringerter Fruchtbarkeit. Beim Geflügel kann ein **Manganmangel** eine Perosis (Fersenkrankheit; Knochendeformation mit vergrößertem Sprunggelenk, bei dem es zum seitlichen Abgleiten der Achillessehne kommt) auslösen sowie die Schalenstabilität von Eiern und die Brutfähigkeit beeinträchtigen. Da einige pflanzliche Futtermittel wie Gerste, Maniok und Mais sehr arm an Mangan sind, können Engpässe in der Versorgung auftreten. Beim Geflügel wird deshalb in der Mast und Aufzucht, vor allem bei hohen Anteilen von Mais, eine zusätzliche Ergänzung des Futters mit Mangan empfohlen. Da der genaue Bedarf für Mangan beim Schwein nicht bekannt ist, andererseits Manganmangel das so genannte Beinschwächesyndrom auslösen kann, werden heute auch in der Schweinefütterung Manganzulagen zum Futter empfohlen.

Molybdän

Im tierischen Organismus ist Molybdän nur an drei enzymatischen Reaktionen beteiligt. Im Gegensatz zu den anderen kationischen Spurenelementen ist Molybdän dabei nicht direkt an das Enzym gebunden, sondern Bestandteil eines schwefelhaltigen Cofaktors. Zu den von Molybdän regulierten Enzymen gehört die Xanthinoxidase, die den Abbau der Purinnukleotide (GMP und AMP) zu Harnsäure katalysiert, die Aldehydoxidase, die beispielsweise beim Abbau der Katecholamine beteiligt ist sowie die Sulfitoxidase, die beim Abbau schwefelhaltiger Aminosäuren freiwerdendes Sulfit zu Sulfat umwandelt. In bestimmten Bodenbakterien ist Molybdän auch Bestandteil der Nitrogenasen, welche Luftstickstoff zu Ammoniak reduzieren und damit der biologischen Stickstoff-Fixierung dienen. Molybdän wird über einen nicht-sättigbaren Mechanismus absorbiert. Die Absorption ist im Vergleich zu anderen kationischen (positiv geladenen) Spurenelementen nahezu vollständig. Alimentäre Molybdän-Mangelerscheinungen kommen beim Tier praktisch nicht vor, zumal die praxisüblichen Futtermittel natürlicherweise relativ hohe Molybdängehalte aufweisen. Überhöhte Molybdänaufnahmen können beim Wiederkäuer bei gleichzeitig hohen Sulfatgaben die Kupferverwertung verschlechtern.

Kobalt

Kobalt ist zentraler Bestandteil des Vitamin B_{12}-Moleküls (Cobalamin). Da Vitamin B_{12} ausschließlich von Bakterien und Hefen synthetisiert werden kann, muss dem monogastrischen Tier das vollständige Vitamin B_{12}-Molekül mit dem Futter verabreicht werden. Im Gegensatz dazu können beim Wiederkäuer die Pansenmikroben Vitamin B_{12} bilden, sofern das Tier ausreichend Kobalt mit dem Futter erhält. Vermindert sich die Kobaltkonzentration im Pansen allerdings auf kritische 20 mg pro Liter Pansenflüssigkeit, ist die Bildung bedarfsdeckender Vitamin B_{12}-Mengen nicht mehr gewährleistet. Kobalt wird aber nicht nur vom Wiederkäuer benötigt, sondern auch von den Pansenmikroben, die es in Form von Vitamin B_{12} für eine Reihe von bakterienspezifischen Enzymen benötigen. Damit sind auch Wachstum und Entwicklung der Bakterien eng gekoppelt an eine ausreichende Zufuhr von Kobalt. So wird beispielsweise das gesamte im Verdauungstrakt erzeugte Methan über eine Vitamin B_{12}-abhängige Reaktion katalysiert. Auch die Methyltransferasen in acetatbildenden Mikroben arbeiten nur in Gegenwart von Vitamin B_{12}.

Eine unzureichende Zufuhr an Kobalt würde somit nicht nur einen **Vitamin B_{12}-Mangel** im Wiederkäuer auslösen, sondern auch viele Pansenmikroben im Wachstum und ihrer Stoffwechselleistung beeinträchtigen, mit negativen Folgen für den Aufschluss von Nährstoffen. Kobaltmangel äußert sich beim Wiederkäuer in mangelndem Appetit und vermindertem Wachstum (SCHWARZ et al. 2000). Auch verminderte Milchleistungen werden beobachtet. Bei Kobaltmangel nimmt die Menge an biologisch aktiver Folsäure ab, im Plasma erhöhen sich die Konzentrationen von Homocystein und Methylmalonsäure als Ausdruck der gestörten Vitamin B_{12}-abhängigen Reaktionen (STANGL et al. 2000). Um eine optimale Versorgung mit Kobalt zu gewährleisten, wird dieses dem Wiederkäuerfutter zugesetzt. Die Toxizität von Kobalt ist relativ gering.

Eine bakterielle Vitamin B_{12}-Synthese ist auch im Blinddarm und Dickdarm möglich. Dies ist vor allem für andere typische Herbivoren, wie das Pferd von Bedeutung. Mikrobiell synthetisiertes Vitamin B_{12} im Dickdarm von monogastrischen Tieren kann allerdings nicht mehr absorbiert werden und wäre nur bei Koprophagie verfügbar. Dickdarmkeime bilden zudem auch viele inaktive Vitamin B_{12}-Analoga.

Chrom

Chrom, das üblicherweise in der Nahrung in dreiwertiger Form vorliegt, zählt zu den essenziellen Spurenelementen. Weniger als 10 % der aufgenommnen Chrommengen werden im Dünndarm absorbiert. Nach Bindung an Transferrin und andere Plasmaproteine wird es zu den Körperzellen transportiert und mit dem Oligopeptid Apochromolin verknüpft. Es wird vermutet, dass der als **Glucosetoleranzfaktor** bezeichnete Peptid-Chrom-Komplex die Signalwirkung des Insulins am Insulinrezeptor verstärkt. Die bislang einzige Funktion des Chroms als Bestandteil des so genannten Glucosetoleranzfaktors ist jedoch nicht zweifelsfrei nachgewiesen. Bei einem Mangel an Chrom wird eine verschlechterte Insulinsensitivität bzw. Glucosetoleranz erwartet. In der Tierernährung spielt allerdings Chrom aufgrund seines ubiquitären Vorkommens in den Futtermitteln keine Rolle.

5 Mineralstoffe, Vitamine und sonstige Wirkstoffe

Jod

Jod zählt zu den Halogenen und ist ein eher seltenes Element der Erdrinde. Durch die hohe Auswaschung von leicht löslichen Jodsalzen in den oberen Erdschichten der Erde sind Böden und Pflanzen üblicherweise jodarm. Jod gelangt vorwiegend als Jodid oder auch organisch gebunden über die Nahrung in den Darm, wo mehr als 90 % absorbiert werden. Etwa die Hälfte des Jodbestandes im Körper ist in der Schilddrüse lokalisiert. Die Aufnahme von Jod in die Schilddrüse erfolgt über einen Natrium-Jodid-Symporter, der auch in der laktierenden Milchdrüse aktiv ist und den Jodtransfer in die Milch vermittelt. In der Schilddrüse wird Jod oxidiert und an die Tyrosinreste des Speicherproteins Thyroglobulin gebunden. In dieser Form wird es im Kolloid der Schilddrüsenfollikel gespeichert. Bei Bedarf gelangt Thyroglobulin zurück in das Zellinnere, wo schließlich die **Schilddrüsenhormone** Thyroxin (T_4) und Trijodthyronin (T_3) freigesetzt werden. Im Blut sind T_4 und T_3 an Proteine gebunden, um einer renalen Filtration zu entgehen. In den Zielzellen der Schilddrüsenhormone wird T_4 von einer Selen-abhängigen Dejodase in die biologisch aktive T_3 Form umgewandelt. Schilddrüsenhormone steuern den Grundumsatz. Sie fördern außerdem die Gehirnentwicklung und -reifung, steigern den Knochen- bzw. Calcium- und Phosphatumsatz, erhöhen die Herzkraft und Herzfrequenz und stimulieren alle Energiegewinnungsprozesse.

Bei unzureichender Jodversorgung versucht der Körper zunächst den **Mangel** durch ein gesteigertes Schilddrüsenwachstum und eine erhöhte Jodaufnahme in die Schilddrüse zu kompensieren, um die Menge an erforderlichen Schilddrüsenhormonen aufrecht zu erhalten. Schilddrüsenwachstum und Jodaufnahme werden durch das Hormon Thyreotropin (Thyreoidea-stimulierendes Hormon, TSH) der Hypophyse stimuliert. Aus diesem Grund sind bei Jodmangel zunächst die TSH-Konzentrationen erhöht, ohne dass sich die Schilddrüsenhormonwerte verändern. Zu den frühen Zeichen eines Jodmangels gehört auch eine Vergrößerung der Schilddrüse, die bei Mensch und Tier als Kropf **(Struma)** bekannt ist. Die Strumabildung kann durch **Goitrogene** der Nahrung verstärkt werden. Vor allem Kohlarten (Brassicaceae) wie Raps, Rübsen und Ackersenf enthalten Glucosinolate, aus denen im Verdauungstrakt Senföle und Goitrin (Vinylthiooxazolidon) freigesetzt werden, die entweder die Aufnahme von Jod in die Schilddrüse oder die Synthese der Schilddrüsenhormone hemmen. Bei ausgeprägtem Jodmangel kann sich eine Schilddrüsenunterfunktion **(Hypothyreose)** mit erniedrigen Spiegeln an Schilddrüsenhormonen entwickeln. Senkungen des Grundumsatzes, Störungen im Knochenwachstum und der Reproduktion sowie eine hohe embryonale Sterblichkeit sind häufige Zeichen eines starken Jodmangels beim Tier.

Pflanzliche Futtermittel sind im Allgemeinen arm an Jod, so dass die Futterrationen von Rind, Schwein und Geflügel mit Jod ergänzt werden sollten. Jod ist relativ untoxisch. Bei überhöhten Zufuhren wird Jod über die Niere ausgeschieden. Allerdings steigt auch der **Jodgehalt der Milch** proportional zur Jodaufnahme mit dem Futter. Jodzulagen werden sich somit immer im Jodgehalt der Milch ausdrücken. Bei Verwendung jodhaltiger Substanzen in der Euterpflege und zur Desinfektion der Melkanlagen gelangt häufig auch von außen Jod in die Milch. Dieses ist jedoch kaum bioverfügbar. In Deutschland hat sich in den letzten Jahren die Jodversorgung der Bevölkerung deutlich verbessert. Maßgeblich dazu beigetragen haben jodiertes Speisesalz, aber auch Milch- und Milchprodukte. Sollten jedoch die derzeit erlaubten Höchstgrenzen für Jod in der Tierernährung tatsächlich ausgeschöpft werden, könnte möglicherweise sogar die Gefahr einer Überversorgung beim Verbraucher drohen. Unklar ist allerdings noch, bei welchen Mengen dies der Fall wäre.

Selen

Das essenzielle Spurenelement Selen wurde 1817 von BERZELIUS entdeckt. Die Aufnahme von Selen beim Tier erfolgt vornehmlich über die Pflanzen, die das anorganische Selen aus dem Boden aufnehmen und in organisches Selenocystein und Selenomethionin einbauen. Selenoproteine werden aber auch von Bakterien gebildet. Freie Selenverbindungen wie Selenat oder Selenit sind in den Futtermitteln kaum enthalten. Die Absorptionsrate für Selenocystein und Selenomethionin entspricht der von anderen Aminosäuren und wird nicht homöostatisch kontrolliert. Die höchsten Selengehalte im tierischen Organismus weisen Leber, Nieren, Milz und Muskulatur auf. Die Ausscheidung erfolgt vorwiegend über die Nieren, geringe Mengen auch über die Galle und bei Aufnahme hoher Dosen als Dimethylselenid über die Atemluft.

Selen ist Bestandteil von spezifischen **Selenoproteinen,** von denen heute über 20 bekannt sind. Dazu gehören beispielsweise die antioxidativ wirkenden Glutathionperoxidasen, die Wasserstoffperoxid (H_2O_2) und Lipidperoxide abbauen sowie Dejodasen, die Jod vom Thyroxin abspalten und dieses in aktives Trijodthyronin überführen. Zu den selenabhängigen Enzymen zählen auch die Thioredoxinreduktasen, die den zellulären Redoxstatus sowie redoxsensitive Transkriptionsfaktoren regulieren und somit Zellteilung, Zelltod, Immunreaktionen und Fremdstoffabbau beeinflussen. Zudem sind Thioredoxinreduktasen auch für die Proteinfaltung und zur DNA-Synthese erforderlich. Eine besondere Rolle spielt ferner das Selenoprotein P, da es zum einen Selen im Blut transportiert und die Körperzellen mit Selen versorgt, zum anderen ein starker Radikalfänger ist.

Selenmangelerscheinungen sind bei Tieren seit längerem bekannt. Da eine Vielzahl selenabhängiger Proteine antioxidativ wirkt, besteht eine enge Wechselwirkung zur Vitamin E Versorgung. Manche Symptome des Selenmangels lassen sich deshalb auch durch die Zufuhr von Vitamin E beheben. Zu den Selenmangelsymptomen beim Schwein gehören Lebernekrosen und beim Geflügel eine verminderte Legeleistung sowie exsudative Diathesen (erhöhte Blutgefäßdurchlässigkeit) bei Küken. Kälber und Lämmer entwickeln bei Mangel Muskeldystrophien (Weißmuskelkrankheit); bei Kühen können Fruchtbarkeitsstörungen, Nachgeburtsverhalten und Entzündungen des Euters auftreten. Da zahlreiche pflanzliche Futtermittel eher selenarm sind, ist meist ein Zusatz von Selen zum Futter erforderlich.

Im Zusammenhang mit einer Selensubstitution müssen jedoch dessen toxische Wirkungen beachtet werden. Selen gehört zu den Spurenelementen mit geringer therapeutischer Breite. Bereits moderat überhöhte Zufuhren können die Leistung und Gesundheit des Tieres beeinträchtigen **(Selenose).** Vergiftungen äußern sich unter anderem in knoblauchartigem Geruch der Atemluft, der durch flüchtiges Dimethylselenid bedingt ist. Die molekularen Mechanismen der Selentoxizität sind noch nicht in allen Einzelheiten bekannt. Es gibt jedoch Hinweise, dass hohe Selendosen die Entstehung von Glutathionselenid fördern, welches im Gegensatz zum Glutathion keine antioxidativen Wirkungen mehr besitzt. Selenverbindungen reagieren auch mit reduzierenden SH-Gruppen von Proteinen und Enzymen und können deren Funktionen beeinträchtigen. Ähnlich wie bei Jod, ist auch der Selengehalt der Milch deutlich durch die Selenversorgung des Muttertieres zu beeinflussen. Ein Zusatznutzen von bedarfsüberschreitenden Selengaben auf die Fruchtbarkeit und Prophylaxe der Mastitis ließ sich bislang nicht eindeutig belegen.

5 Mineralstoffe, Vitamine und sonstige Wirkstoffe

Fluor

Fluor ist ein sehr reaktionsfreudiges Element. Es liegt im Organismus deshalb ausschließlich chemisch gebunden als Fluorid vor. Je nach Bindungsform unterliegt die Absorption von Fluorid starken Schwankungen; sie wird jedoch nicht homöostatisch kontrolliert. Hauptausscheidungsorgan ist die Niere. Endogenes Fluorid tritt auch in die Speichelflüssigkeit über und unterliegt somit einem enteralen Kreislauf. Etwa 95 % des Fluorids im Organismus sind in Knochen und Zähnen lokalisiert. Die einzige bislang bekannte Funktion des Fluorids ist die Stabilisierung bzw. Härtung der Zahn- und Knochensubstanz. Andere biochemische Wirkungen des Fluorids ließen sich nicht zweifelsfrei beweisen.

Fluorid gehört, ähnlich wie Selen, zu den Elementen mit geringer therapeutischer Breite. Eine überhöhte Fluoridaufnahme wirkt toxisch und äußert sich als **Fluorose,** jedoch erst wenn renale Kompensationsmechanismen versagen. Vor allem bei Jungtieren verändern überhöhte Fluormengen Form, Farbe und Festigkeit der Zähne. Durch die Zahnschäden kann sich auch die Futteraufnahme der Tiere verringern. Bei Fluorose werden zudem die Knochen spröder und brüchiger; ferner können Gelenkveränderungen auftreten, die die Beweglichkeit der Tiere einschränken. Die Empfindlichkeit gegenüber Fluor ist jedoch bei den einzelnen Tierarten und von Tier zu Tier verschieden stark.

Ultraspurenelemente

Von einem Ultraspurenelement spricht man, wenn die geschätzte Menge zur Bedarfsdeckung für das Tier außerordentlich gering ist (meist im Bereich von µg pro kg). Für die Ultraspurenelemente Nickel, Blei, Silizium, Aluminium, Arsen, Vanadium, Bor und Lithium gibt es experimentelle Hinweise für deren Essentialität. Eindeutige biochemische Funktionen beim Tier konnte man allerdings noch nicht nachweisen.

Unter den Ultraspurenelementen nimmt **Nickel** eine Sonderstellung ein, da es erwiesenermaßen Bestandteil einer Reihe von mikrobiellen Enzymen ist, zu denen beispielsweise die methanproduzierende Methyl-Coenzym M-Reduktase von methanogenen Archaea gehört. Darüber hinaus sind auch viele mikrobielle Hydrogenasen, die mikrobielle Kohlenmonoxid-Dehydrogenase sowie die Urease nickelabhängige Enzyme. Im tierischen Organismus ließ sich bislang jedoch noch kein Nickelenzym identifizieren, obgleich bei nahezu nickelfreien Diäten Eisenverwertungsstörungen, Eisenmangelanämien und veränderte Enzymaktivitäten beobachtet wurden. Auch Diäten, die nahezu frei an **Blei** sind, können beim Tier Anämien auslösen und die Aktivitäten von membranständigen ATPasen beeinträchtigen.

Silizium, das natürlicherweise als Siliziumoxid oder Kieselsäure vorliegt, ist aufgrund seiner Fähigkeit dreidimensionale Strukturen zu bilden, vermutlich beim Aufbau von Bindegewebe und Skelett beteiligt. Aus Tierversuchen ist bekannt, dass siliziumfreie Nahrung sowohl die Knochenentwicklung als auch den Stoffwechsel des Bindegewebes beeinträchtigt. Ähnliche Wirkungen scheint Vanadium zu besitzen. Bereits 1979 wies man auf die Bedeutung des **Vanadiums** für das Knochenwachstum bei Küken hin.

In vielen anderen Tierversuchen ließen sich mit extrem gereinigten Diäten, die nahezu frei an Aluminium, Arsen, Bor, Cadmium, Rubidium oder Zinn waren, Wachstumsstörungen auslösen. Bei Lithium fand man darüber hinaus Effekte auf die Reproduktion und das Verhalten der Tiere. Für Bor gibt es sogar Hinweise auf eine homöostatische Regulation; eine Beteiligung von Bor bei Membran-Transportprozessen wird diskutiert. Da die Nahrung der Tiere üblicherweise genügend Ultraspurelemente enthält, müssen sie nicht gesondert in der Fütterung berücksichtigt werden.

5.2.3 Zur Bedarfsableitung der Spurenelemente

Für die Bedarfsdeckung ist der analytische Gehalt eines Spurenelements in der Nahrung allein wenig aussagekräftig, da sowohl bei der Absorption als auch im Intermediärstoffwechsel Verwertungsverluste auftreten können. Die Gesamtverwertung eines Spurenelements ist daher bei der Bedarfsermittlung mit zu berücksichtigen. Sie setzt sich zusammen aus der Absorbierbarkeit und der intermediären Verwertbarkeit eines Spurenelements. Die Absorbierbarkeit ist dabei definiert als das Verhältnis der absorbierten zur aufgenommenen Menge. Die intermediäre Verwertbarkeit stellt hingegen das Verhältnis der verwerteten zur tatsächlich absorbierten Menge eines Spurenelements dar. Im Gegensatz zu den Mengenelementen gibt es jedoch bei den Spurenelementen nur wenige Ansätze einer faktoriellen Bedarfsableitung, da experimentelle Daten zu den unvermeidlichen Verlusten sowie zur intermediären Verwertung von Spurenelementen vielfach noch ausstehen. Empfehlungen zur Spurenelementversorgung werden deshalb überwiegend aus Ergebnissen von **Wachstumsversuchen, Bilanzstudien** und **Dosiswirkungs-Versuchen** abgeleitet.

Früher wurde der Bedarf an Spurenelementen für die verschiedenen Tierarten meist an der Menge festgemacht, bei der keine Mangelsymptome zu beobachten waren. Diese minimale Menge an einem Spurenelement zur Verhütung von Mangelsymptomen **(Minimalbedarf)** ist jedoch nicht gleichzusetzen mit der optimalen Menge (Abb. 5.2-10). Die Ermittlung der optimalen Menge (Optimalbedarf) eines essenziellen Spurenelements lässt sich meist nur über die analytische Bestimmung von sensitiven Biomarkern im Körper feststellen. Zu diesen Biomarkern gehören beispielsweise auch die Speicherformen der entsprechenden Spurenelemente. Am Beispiel des Eisens lässt sich dies sehr gut verdeutlichen. Während die Messung der Hämoglobinkonzentration und der Zahl an roten Blutkörperchen nur Hinweise auf eine manifeste

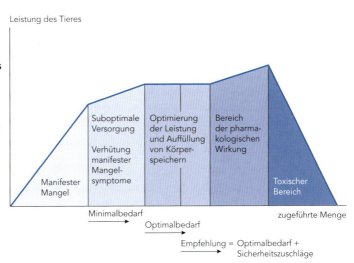

Abbildung 5.2-10

Abhängigkeit der Leistung von der zugeführten Menge eines Spurenelements (bei einigen Spurenelementen gilt dieser Zusammenhang nur bei logarithmisch aufgetragener Zufuhr)

Eisenmangelerkrankung gibt, ist die Eisenspeicherform Ferritin ein sehr sensitiver Biomarker, der über die im Organismus verfügbaren Eisenvorräte Auskunft gibt. So wäre der Optimalbedarf von Eisen die Menge, die einen konstant hohen Eisenspeicher sicherstellt. Häufig müssen für die Ableitung des Optimalbedarfes aber auch Gewebe untersucht werden. Betrachtet man das tierische Produkt, das letztlich für den menschlichen Verzehr bestimmt ist, kann die optimale Zufuhr eines Nährstoffes auch etwas anderes bedeuten. Für die Gesundheit des Verbrauchers sind die Spurenelement-, aber auch Vitamingehalte im tierischen Produkt entscheidend. So sorgen zwar beispielsweise relativ hohe Zulagen an Jod oder Vitamin A für gute Speicher im Tier, allerdings ist fraglich, ob diese hohen Mengen an Nährstoffen in Milch oder Leber tatsächlich aber im Sinne der Gesundheit des Verbrauchers sind. Auf der anderen Seite würde der Verbraucher bei bestimmten Mikronährstoffen, bei denen normalerweise Engpässe bestehen, mitunter auch von höheren Zulagen in der Tierernährung profitieren. Diese Überlegungen sollten künftig stärker in der Tierernährung mitberücksichtigt werden. Darüber hinaus muss bei den Mineralstoffen insgesamt auch auf die Umweltverträglichkeit geachtet werden, da hohe Zulagen auch mit entsprechend hohen Einträgen in die Umwelt verbunden sind.

Die verschiedenen Bereiche der Spurenelementversorgung lassen sich wie folgt definieren:

Mangelversorgung: geringe Spurenelementzufuhr löst Mangelsymptome aus

Minimalbedarf: Spurenelementmenge, die zwar keine Mangelsymptome hervorruft, aber auch keine maximale Leistung gewährleistet (z. B. fehlende Reserven)

Optimalbedarf: Spurenelementmenge zur Optimierung der Leistung und Reserven, wobei die für den Verbraucher verträglichen Gehalte im tierischen Produkt mit zu berücksichtigen sind

Empfehlung: Optimalbedarf zuzüglich eines Sicherheitszuschlages für schwankenden Nettobedarf und wechselnde Verwertung der Spurenelemente im Futter

Bereich der pharmakologischen Wirkung: über die Empfehlung hinausgehende Menge eines Spurenelements, die eine Leistungssteigerung bewirkt (z. B. Kupfer). Hierbei muss allerdings auf die Umweltverträglichkeit geachtet werden

toxischer Bereich: Spurenelementmenge, bei der die vom Tier tolerierte Menge überschritten wird. Im toxischen Bereich sind die homöostatischen Kompensationsmechanismen erschöpft, das Spurenelement reichert sich im Körper an und löst Vergiftungserscheinungen aus

Bei der Bedarfsableitung über **Dosis-Wirkungsbeziehungen** wird ein Spurenelement in unterschiedlichen Mengen dem Futter zugesetzt, wobei man sinnvoller Weise den Versorgungsbereich von suboptimal bis subtoxisch wählt. Danach untersucht man in den Tieren der verschiedenen Versorgungsstufen Parameter, die möglichst sensitiv den Versorgungsstatus wiedergeben. Das alleinige Erfassen von Futteraufnahme, Wachstum und Futterverwertung erweist sich in aller Regel als nicht geeignet, den Optimalbedarf zu ermitteln. Es ist deshalb zu empfehlen, auch spurenelementabhängige biochemische

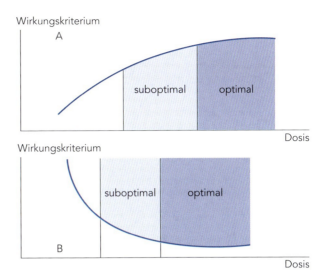

Abbildung 5.2-11
Ideale Dosis-Wirkungsbeziehungen (A: typisch für die Aktivität eines spezifischen Spurenelement-abhängigen Enzyms; B: typisch für die Konzentration eines Stoffwechselsubstrates einer Spurenelement-abhängigen biochemischen Reaktion)

Größen zu bestimmen wie beispielsweise Enzymaktivitäten, Sättigungsgrade spezifischer Spurenelement-Transporter sowie Speicherproteine. Dosis-Wirkungs-Beziehungen haben vielfach einen exponentiellen Verlauf und werden **regressionsanalytisch** ausgewertet. Abbildung 5.2-11 zeigt zwei ideale Dosis-Wirkungsbeziehungen, wobei Grafik A zum Beispiel die Aktivität eines Metalloenzyms darstellen könnte und Grafik B die Konzentration eines Stoffwechselsubstrates einer spurenelementabhängigen Reaktion. So verhält sich beispielsweise die Aktivität der zinkabhängigen Alkalischen Phosphatase bei steten Zinkzulagen entsprechend dem Kurvenverlauf A. Im Bereich geringer Zinkversorgung ist die Enzymaktivität sehr niedrig, steigt bei höherer Zufuhr exponentiell an und erreicht bei optimaler Dosis ein konstantes Niveau. Kurvenverlauf B ist beispielsweise typisch für die Konzentration von Homocystein bei steter Zulage von Kobalt in der Wiederkäuerration. Bei mangelnder Kobalt- bzw. Vitamin B_{12}-Versorgung kann Homocystein nicht mehr zu Methionin remethyliert werden und reichert sich an. Mit steigender Kobaltzufuhr sinkt die Homocysteinkonzentration und pendelt sich dann auf ein konstant niedriges Niveau ein.

Eine optimale Versorgung bei regressionsanalytischer Auswertung einer Dosis-Wirkungsbeziehung ist dann gewährleistet, wenn die Grenzdifferenz eine definierte Größe unterschreitet oder Null wird. Am besten eignen sich Parameter, die ganz spezifisch für ein Element sind und sehr sensitiv auf bereits kleinste Veränderungen im Versorgungsstatus reagieren. Da sich erste Veränderungen bei einer unzureichenden Versorgung aufgrund der sich einstellenden homöostatischen Kompensationsmechanismen bei der Absorption, der regulierten Exkretion, der Mobilisierung aus Speichern und den Bindungskapazitäten von Transportproteinen äußern, sind Messungen dieser Stoffwechselvorgänge ideal. Allerdings gestaltet sich beispielsweise die Untersuchung der Absorptionsrate eines Spurenelements in Abhängigkeit des Versorgungszustandes experimentell als überaus schwierig, da sie den Einsatz von Radioisotopen oder stabilen Isotopen erforderlich macht.

Empfehlungen zur Spurenelementzufuhr enthalten über den ermittelten Optimalbedarf noch einen Sicherheitszuschlag, der den schwankenden Nettobedarf, die unterschiedliche Verwertung sowie die Schwankungen im Spurenelementgehalt des Futters berücksichtigen. Die verschiedenen Futterrationen sollten deshalb immer bis zur Höhe dieser Empfehlungen ergänzt werden.

5.3 Vitamine

Vitamine sind lebensnotwendige organische Stoffe, die in kleinsten Mengen hoch aktiv und bei vielen Stoffwechselabläufen unentbehrlich sind, jedoch vom Tier nicht gebildet werden können. Diese klassische Definition gilt allerdings nur mit gewissen Einschränkungen. So können beispielsweise Vitamin D, C und Niacin vom Tier teilweise oder komplett über Eigensynthese gebildet werden. Darüber hinaus lassen sich bestimmte Effekte von Vitaminen wie die antioxidativen Wirkungen von Vitamin E und C zum Teil auch durch andere Verbindungen ersetzen. Bestimmte Vitamine werden außerdem von Mikroorganismen des Verdauungstraktes gebildet. Bei monogastrischen Tieren beschränkt sich die mikrobielle Vitaminsynthese hauptsächlich auf den Dickdarm. Da die Absorption jedoch vornehmlich im Dünndarm stattfindet, ist die Verfügbarkeit dieser mikrobiell gebildeten Vitamine üblicherweise relativ gering. Das monogastrische Tier ist somit viel stärker auf die Zufuhr von Vitaminen mit dem Futter angewiesen als der Wiederkäuer bzw. andere Herbivoren, die ihren Bedarf an Vitaminen häufig sogar komplett durch mikrobielle Synthese decken. Die gebildete Menge an Vitaminen korreliert dabei sehr stark mit der Intensität des mikrobiellen Wachstums und ist somit von der Futterration abhängig. Dem Wiederkäuer müssen in der Regel nur die Vitamine A, D und E bzw. Carotinoide mit dem Futter zugeführt werden.

Vitamine lassen sich auf der Basis ihrer Struktur und physikalischen Eigenschaft in fett- und wasserlösliche Substanzen einteilen. Zu den **fettlöslichen Vitaminen** gehören die Vitamine A, D, E und K sowie die Carotinoide. Sie sind strukturell verwandt, da sie sich aus einzelnen Isoprenmolekülen zusammensetzen. Deutlich heterogener ist der chemische Aufbau der **wasserlöslichen Vitamine,** zu denen Vitamin B_1 (Thiamin), B_2 (Riboflavin), B_6 (Pyridoxin), B_{12} (Cobalamin), Folsäure, Biotin, Niacin, Pantothensäure und Vitamin C (Ascorbinsäure) gehören. Vitamine lassen sich auch funktionell untergliedern. Zu den Vitaminen, die als Cofaktoren oder Hilfsmoleküle an enzymatischen Reaktionen beteiligt sind, gehören alle wasserlöslichen Vitamine und Vitamin K. Vitamine A bzw. Carotinoide mit Provitamin A-Wirkung sowie Vitamin D werden im Körper zu Hormonen umgewandelt. Vitamin E und C sowie Carotinoide haben darüber hinaus auch antioxidative Wirkung.

Im gängigen Sprachgebrauch werden die Bezeichnungen für die einzelnen Vitamine häufig so verwendet, als ob es sich dabei um eine definierte chemische Verbindung handelt. Meist verbergen sich hinter dem Begriff jedoch mehrere biologische Formen ähn-

Übersicht 5.3-1

Vitaminaktive Verbindungen aus der Gruppe der fettlöslichen Vitamine und deren Funktionen

Vitamin (Oberbegriff)	Vitaminaktive Formen	Funktion
A	Retinol (Alkoholform)	Transportform im Blut
	Retinal (Aldehydform)	Hell-Dunkel-Sehen
	Retinylester (Fettsäureester)	Speicherform
	Retinsäure (Säureform)	Hormon
	Glucuronierte/s Retinol/Retinsäure	Ausscheidungsform
	Provitamin A (Carotinoide)	Vitamin A-Vorstufe, Antioxidans
D	Cholecalciferol (Vitamin D_3)	tier. Vitamin D, Hormonvorstufe
	Ergocalciferol (Vitamin D_2)	pflanzl. Vitamin D, Hormonvorstufe
	1,25-Dihydroxycholecalciferol (Calcitriol)	Hormon
E	α-, β-, γ- und δ-Tocopherol	Antioxidans, sonstige Funktionen?
	α-, β-, γ- und δ-Tocotrienol	Antioxidans, sonstige Funktionen?
K	Phyllochinon (Vitamin K_1)	pflanzl. Vitamin K, Enzym-Cofaktor
	Menachinon (Vitamin K_2)	mikrob. Vitamin K, Enzym-Cofaktor
	Menadion (Vitamin K_3, wasserlöslich)	synthet. Vitamin K, Enzym-Cofaktor

licher chemischer Struktur. Im Stoffwechsel werden Vitamine in ihre aktiven Wirkformen umgewandelt. Bei Vitamin A wären dies beispielsweise das Retinal (Aldehydform) und das Hormon Retinsäure (Säureform). Zur Abschätzung der biologischen Vitaminwirksamkeit der zugeführten Substanz bezieht man sich deshalb häufig auf ein ganz spezifisches Derivat, das im Körper als Vorstufe oder eigentliche Wirkform dient. Es wird als **Vitaminäquivalent** bezeichnet. Eine Zusammenstellung der vitaminaktiven Formen aus der Gruppe der fettlöslichen Vitamine und deren Funktionen zeigt Übersicht 5.3-1.

5.3.1 Dynamik im Stoffwechsel

Fettlösliche Vitamine zeigen im Stoffwechsel grundsätzliche eine andere Dynamik als wasserlösliche Vitamine. Die Hauptunterschiede ergeben sich bei der Exkretion, bei der Speicherung sowie in den Auswirkungen einer Überdosierung.

5.3.1.1 Absorption und Exkretion

Vitamine werden vornehmlich im Dünndarm, gewisse Vitamine auch im Dickdarm absorbiert. Die Verdauung und Absorption der fettlöslichen Vitamine ist dabei eng gekoppelt an die der Nahrungsfette. So sind für deren Aufnahme aus dem Darm Gallensäuren, Pankreaslipase und Micellen erforderlich. Die Absorptionsrate der fettlöslichen Vitamine liegt je nach

Vitaminform und den begleitenden Nahrungsstoffen zwischen 20 und 75 %. Die wasserlöslichen Vitamine B_1, B_2, B_{12}, Folsäure, Biotin und Vitamin C werden vorwiegend aktiv absorbiert. Sie können bei sehr hohen Zufuhren auch passiv aufgenommen werden. Die Vitamine B_6, Niacin und Pantothensäure gelangen hingegen auch in physiologischen Dosen überwiegend durch einfache oder erleichterte passive Diffusion über die Darmbarriere. Für die Absorption von Vitamin B_{12} ist zusätzlich die Bindung an einen so genannten „intrinsic factor" erforderlich. Dieser wird bei Schwein, Pferd und Geflügel von den Parietalzellen des einhöhligen Magens gebildet, bei Wiederkäuern von den Parietalzellen des Labmagens. Der Komplex aus Vitamin B_{12} und intrinsic factor wird schließlich im Ileum aktiv absorbiert.

Hauptausscheidungsorgan für die meisten wasserlöslichen Vitamine wie Vitamin B_1, B_2, B_6, Niacin, Pantothensäure, Biotin und Vitamin C ist die Niere. Die Bestimmung der Vitaminmenge im Harn erlaubt somit einen gewissen Rückschluss auf den Versorgungszustand des Tieres. Vitamin B_{12} und Folsäure werden hingegen vorwiegend über die Galle ausgeschieden und unterliegen einem sehr ausgeprägten enterohepatischen Kreislauf. Deutliche Überschüsse an Folsäure und Vitamin B_{12} erscheinen aber auch im Harn. Anders ist hingegen die Situation bei den fettlöslichen Vitaminen. Überschüsse werden häufig nicht einfach ausgeschieden, sondern reichern sich im Körper an. Eine Ausscheidung über die Niere oder Galle ist generell erst möglich, wenn die Vitaminverbindungen in eine wasserlösliche Form überführt wurden. Bei Vitamin A und K erfolgt dies über chemische Verknüpfung mit Glucuronsäure. Vitamin D und E werden als wasserlösliche Metaboliten vor allem über die Galle abtransportiert. Bei deutlich überhöhten Aufnahmen an fettlöslichen Vitaminen kommt es jedoch aufgrund der geringen renalen Filtrierbarkeit relativ schnell zu einer Akkumulation im Körper.

5.3.1.2 Speicherung und Mobilisierung

Vitamine werden in ganz unterschiedlichem Umfang im Körper gespeichert. Fettlösliche Vitamine können sich im gesamten Fettgewebsraum des Organismus anreichern und weisen deshalb meist größere Speicher auf als wasserlösliche Vitamine. Die Unterteilung in gut speicherbare fettlösliche Vitamine und wenig speicherbare wasserlösliche Vitamine wird jedoch den physiologischen Gegebenheiten nicht ganz gerecht. So besteht beispielsweise für das wasserlösliche Vitamin B_{12} eine außerordentlich hohe Reservekapazität in der Leber, während fettlösliches Vitamin D in deutlich geringem Umfang gespeichert wird und eine der Folsäure vergleichbare Speicherkapazität von einigen Wochen aufweist. Im Gegensatz dazu besitzt der Körper für Vitamin B_1 praktisch überhaupt keine Reserven. Bei Vitaminen ohne nennenswerte Speicherung ist deshalb eine kontinuierliche Zufuhr über die Nahrung oder mikrobielle Synthese besonders wichtig, da sich ansonsten sehr schnell ein Mangel einstellt. Bei Vitaminen, die sich gut speichern lassen, können hingegen relativ lange Phasen suboptimaler Zufuhr überdauert werden. Mangelsymptome oder Leistungseinbußen treten dann häufig erst viel später ein.

5.3.1.3 Mangel und Überschuss

Das völlige Fehlen eines Vitamins führt zu spezifischen Krankheitsbildern, die als **Avitaminosen** bekannt sind. Unter praktischen Fütterungsbedingungen sind sie jedoch selten. Häufiger sind hingegen **Hypovitaminosen,** die durch eine suboptimale Vitaminver-

Abbildung 5.3-1

Stadien des Vitaminmangels

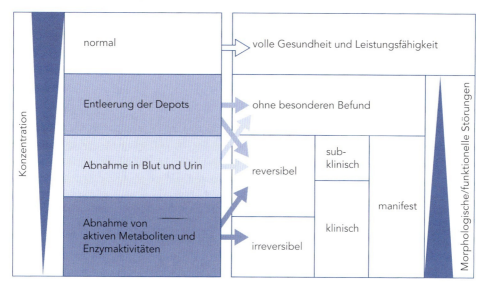

sorgung gekennzeichnet sind. Wie rasch sich Mangelsymptome einstellen, hängt vom Vitamin, seiner Funktion und der gespeicherten Menge ab. Ein Vitaminmangel verursacht üblicherweise eine chronologische Abfolge von biochemischen und phänotypischen Veränderungen, die für jedes Vitamin spezifisch sind. Bei suboptimaler Vitaminzufuhr wird zunächst auf die Körperdepots, sofern sie vorhanden sind, zurückgegriffen. Da die meisten Vitamine der B-Gruppe (Ausnahme: Vitamin B_{12}) im Gegensatz zu den fettlöslichen Vitaminen nur in sehr geringen Mengen im Tier gespeichert werden, kann ein vorübergehender Mangel durch Mobilisierung von Reserven deutlich schlechter ausgeglichen werden als ein Mangel an fettlöslichen Vitaminen. Im Gegensatz dazu kann es bei den Vitaminen A und B_{12} mitunter mehrere Jahre dauern, bis die Speicher erschöpft sind. Sind die labilen Gewebepools und Speicher nahezu aufgebraucht, sinken die Plasmakonzentrationen und Vitaminmengen im Harn ab. Fällt der Vitaminstatus im Körper unter einen gewissen Schwellenwert, werden auch vitaminabhängige biochemische Reaktionen gehemmt und es kommt zu morphologischen und funktionellen Störungen. Die frühen Symptome eines Vitaminmangels sind wenig spezifisch und erschweren häufig die Diagnose einer Vitaminunterversorgung. Bei jungen Tieren äußern sich Hypovitaminosen vor allem als Wachstumsstörung und verminderter Resistenz gegen Infektionskrankheiten. Bei adulten Tieren sind häufig Leistung und Reproduktion beeinträchtigt. Im weiteren Verlaufe einer Vitaminmangelernährung manifestieren sich auch spezifische Krankheiten und Gewebeschäden, die zu Beginn normalerweise reversibel sind. Bleibt weiterhin eine entsprechende Zufuhr des Vitamins aus, so treten mitunter auch irreversible Schäden auf, die die Leistung eines Tieres dauerhaft beeinträchtigen oder sogar zum Tode führen. Die Übergänge zwischen den verschiedenen Stadien eines Vitaminmangels sind aber fließend (Abb. 5.3-1).

Eine Überversorgung, die toxische Symptome hervorruft, kann im Wesentlichen nur bei fettlöslichen Vitaminen auftreten, die sich im Körper anreichern. Die Gefahr einer **Hyper-**

vitaminose besteht insbesondere bei den Vitaminen A und D mit Hormonfunktion. Dies gilt jedoch nicht für die Carotinoide mit Provitamin A Wirksamkeit, da deren Umwandlung zu Vitamin A mit steigender Zufuhr nachlässt. Vitamin E und K sowie die wasserlöslichen Vitamine sind hingegen auch bei hoher Dosierung relativ unbedenklich.

5.3.2 Spezifische Funktionen und Besonderheiten einzelner fettlöslicher Vitamine

Zu den fettlöslichen Vitaminen gehören die Vitamine A, D, E, K sowie die Carotinoide. Die Vitamine A, D und E müssen dem Tier grundsätzlich mit der Nahrung zugeführt werden. Vitamin K hingegen wird sowohl beim Schwein als auch beim Wiederkäuer weitestgehend von Mikroorganismen des Verdauungstraktes synthetisiert. Beim Geflügel muss jedoch dem Futter aufgrund des kurzen Verdauungstraktes und der damit geringeren mikrobiellen Synthese sowie modernen Haltungsverfahren (fehlende Koprophagie) auch Vitamin K zugesetzt werden. Alle fettlöslichen Vitamine sind relativ empfindlich gegenüber Sauerstoff und Licht. Mögliche Verluste durch Lagerung oder Konservierung müssen deshalb in der Versorgung der Tiere mitberücksichtigt werden.

Vitamin A und Carotinoide

Der Begriff Vitamin A steht für alle Verbindungen mit Vitamin A-ähnlicher biologischer Wirksamkeit. Vitamin A wird entweder in Form seines **Provitamins** (meist **β-Carotin**) aus Pflanzen aufgenommen oder in Form von Retinol bzw. Retinylester aus tierischen Produkten. Durch die überwiegend pflanzliche Nahrung des Nutztieres wird Vitamin A vor allem aus den Carotinoiden bezogen. In Pflanzen wurden bislang mehrere hundert verschiedene Carotinoide identifiziert, von denen mehr als 50 eine Provitamin-A Aktivität aufweisen. Den Hauptanteil bildet meist das β-Carotin. β-Carotin kann nach Aufnahme in die Darmzellen, aber auch in Leber, Niere, Milchdrüse und Ovar durch enzymatische Spaltung zu Retinal umgewandelt werden. Erfolgt die enzymatische Spaltung des β-Carotins an der zentralen Doppelbindung entstehen 2 Moleküle Retinal. Bei asymmetrischer Spaltung resultiert nur ein Molekül Retinal. Das Umwandlungsverhältnis von β-Carotin zu Vitamin A ist stark abhängig von der Versorgungslage des Organismus mit Vitamin A. Grundsätzlich ist die Aktivität der β-Carotin-spaltenden Enzyme umso niedriger, je besser der Körper mit Vitamin A versorgt ist. Da sich der Umfang dieser Spaltung am aktuellen Vitamin A-Status orientiert, treten auch bei Zufuhr großer β-Carotinmengen keine typischen Symptome einer Vitamin A-Hypervitaminose auf. Pflanzliche Futtermittel enthalten darüber hinaus auch andere Carotinoide, die aber nicht in gleichem Maße wie β-Carotin zur Versorgung mit Vitamin A beitragen. Aus diesem Grund hat man die Bezeichnung **„Retinoläquivalent"** eingeführt. Die Berechnung des Retinoläquivalents basiert auf der Basis der Effizienz der Konversion eines Carotinoids zu Vitamin A unter Berücksichtigung der mittleren Absorptionsrate. So weist beispielsweise α-Carotin nur halb so große Vitamin A Wirksamkeit auf wie β-Carotin. Bei γ-Carotin ist es sogar nur ein Drittel. Mit steigender Dosis nimmt die relative Bioverfügbarkeit der Carotinoide ab.

Die Umwandlungsrate von β-Carotin zu Vitamin A ist aber nicht nur abhängig vom Versorgungsstatus, sondern auch von der Nutztierart und dem Alter des Tieres. Sie ist im Bereich des Minimalbedarfs beim Geflügel mit etwa 2 : 1 am höchsten, während sie sich bei den anderen Nutztierarten im Bereich von 6–10:1 bewegt. Bei neugeborenen Tieren ist die Umwandlung grundsätzlich deutlich geringer. Mangelerscheinungen sind dennoch sehr selten, da während der Fetalzeit in der Leber relativ große Vitamin A-Speicher angelegt werden und die Milch üblicherweise reichlich Vitamin A enthält. Beim Menschen wurden in jüngster Zeit Gen-Polymorphismen entdeckt, die mit einer sehr geringen Umwandlungsrate von β-Carotin zu Vitamin A einhergehen. Inwieweit solche Polymorphismen auch im Nutztier verbreitet sind, ist bislang nahezu unbekannt.

Vitamin A wird vorwiegend in der Leber als Retinylester gespeichert. Bei Mobilisierung wird Retinol freigesetzt und durch Oxidation in die biologisch wirksamen Formen Retinal und Retinsäure umgewandelt. **Retinal** wird für den Sehvorgang, speziell für das Hell-Dunkel- bzw. Dämmerungssehen benötigt. In den Photorezeptoren der Netzhaut entsteht nach Bindung von Retinal an das Protein Opsin der Sehfarbstoff Rhodopsin. Nach Lichteinfall isomerisiert das Retinal, löst sich vom Protein und löst dabei ein Signal in den Nervenzellen aus. **Retinsäure** hingegen reguliert das Wachstum und die Differenzierung von Zellen durch Wechselwirkung mit spezifischen Kernrezeptoren, die nach Bindung an bestimmte DNA-Abschnitte die Expression von Genen für Zellwachstum und Zelldifferenzierung fördern. Mehr als 300 Gene können in ihrer Transkription durch das Vitamin A-Hormon beeinflusst werden. Besondere Bedeutung hat Retinsäure während der Embryonalentwicklung als Morphogen in der Ausbildung der Körpergestalt (z. B. Entwicklung der Körperachse). Im adulten Tier beeinflusst Vitamin A vor allem Wachstum und Differenzierung der Epithelien von Haut, Darm und Respirationstrakt.

Ein **Mangel** an Vitamin A kann zu embryonalen Missbildungen führen oder die Abortrate erhöhen. Bei Jungtieren und adulten Tieren können Wachstumsstörungen, Störungen des Hell-Dunkel-Sehens sowie Erblindung infolge von Trübungen und Nekrosen der Hornhaut des Auges resultieren. Des Weiteren kommt es aufgrund gestörter Epithelfunktionen zu erhöhter Infektanfälligkeit, zur Verhornung von Haut und Schleimhäuten, beim Geflügel auch zu struppigem Federkleid sowie zu Fruchtbarkeitsstörungen (verminderte Konzeption, beeinträchtige Spermabildung und -qualität).

Eine **Vitamin A-Intoxikation** führt zu ähnlichen Symptomen wie ein Vitamin A-Mangel. Im Vordergrund stehen Störungen der Epithelien. Darüber hinaus sind Übererregbarkeit, Festliegen und Krämpfe möglich, ebenso wie eine beeinträchtigte Knochenbildung an den Epiphysenfugen. Beim Geflügel vermindert sich die Lege- und Schlupfleistung. Selbst wenn beim Tier noch keine toxischen Krankheitszeichen auftreten, ist bei bedarfsüberschreitenden Zufuhren an Vitamin A immer mit einer Akkumulation des Vitamins in der Leber sowie im Dotter von Hühnereiern zu rechnen. Obgleich aus Gründen des Verbraucherschutzes Höchstmengen für Vitamin A im Mischfutter festgelegt wurden, sind derzeit die Vitamin A Gehalte der Leber als außerordentlich hoch einzustufen. Aufgrund der teratogenen (mißbildenden) Wirkung von bereits moderat überhöhten Vitamin A Zufuhren, wird deshalb in der Humanernährung generell allen Frauen mit Kinderwunsch sowie Frauen im ersten Drittel der Schwangerschaft vom Leberverzehr abgeraten. Eine Überversorgung mit β-Carotin kann hingegen keine der genannten Symptome auslösen, da die Umwandlung in Vitamin A mit zunehmender β-Carotinkonzentration sinkt.

Beim weiblichen Rind sowie bei Pferd und Schwein besitzt **β-Carotin** möglicherweise auch eine von Vitamin A unabhängige Funktion bei der Reproduktion. In manchen Studien waren bei geringer β-Carotin-Aufnahme bei ansonsten bedarfsdeckender Versorgung mit Vitamin A die Brunstintervalle verkürzt, der Eiblasensprung verzögert und die Güstzeit verlängert; des Weiteren traten vermehrt Follikel- und Gelbkörperzysten auf. Allerdings gibt es auch experimentelle Untersuchungen, die keinen Einfluss auf die Reproduktion erkennen ließen. Die mutmaßlichen Funktionen des β-Carotins in den Reproduktionsorganen sind unbekannt, jedoch scheint möglicherweise die lokale Umwandlung von β-Carotin in Vitamin A bei der Entwicklung und Reifung der Follikel bedeutsam zu sein. Darüber hinaus ist vermutlich auch die antioxidative Wirkung des β-Carotins von Einfluss, zumal bei Einsatz anderer antioxidativer Carotinoide wie Lutein ähnliche Effekte resultieren. β-Carotin scheint auch Eutererkrankungen wie die Mastitis günstig beeinflussen zu können. Ob hierfür die antioxidativen Effekte oder die mutmaßlichen Einflüsse des β-Carotins auf die Zellkommunikation und das Immunsystem verantwortlich sind, ist unklar. Aufgrund der Unsicherheiten bezüglich der spezifischen Funktion und wirksamen Menge des β-Carotins können derzeit für das Nutztier nur ungefähre Empfehlungen gegeben werden. Eine exakte Bedarfsableitung ist auf der Basis der wenigen wissenschaftlichen Daten bislang nicht möglich.

Grüne Futterpflanzen enthalten üblicherweise reichlich **Carotinoide,** sodass bei Weidegang und Sommerstallfütterung der Wiederkäuer keine Engpässe in der Versorgung auftreten. Allerdings sinkt der Carotinoidgehalt schnell ab, sobald nach dem Schnitt der Pflanzen Trocknungsvorgänge einsetzen. Die höchsten Verluste treten bei Bodentrocknung des Futters auf. Die Verluste betragen bei gutem Heuwetter etwa 70%, bei Schlechtwetter bis zu 90%. Etwas geringer sind die Verluste bei Gerüsttrocknung und Unterdachtrocknung. Bei der künstlichen Trocknung von Grünfutter sind die Verluste am geringsten (10%). Beim Wiederkäuer ist daher die Zufuhr von β-Carotin über natürliche Futtermittel im Winter am schlechtesten. Bei Gärfutterbereitung entscheiden am meisten Anwelkgrad und Abbauvorgänge nach Öffnen der Silos über die Verluste an Carotinoiden. Beim eigentlichen Gärprozess werden nur etwa 10% der Carotinoide zerstört. Unter ungünstigen Bedingungen können sie ähnlich hoch sein wie bei der Heubereitung. Carotinoid-Verluste entstehen auch bei der Lagerung konservierten Futters. Unter normalen Lagerbedingungen vermindert sich der Carotinoidgehalt von Grünmehlen bei einer Lagerzeit von 4–6 Monaten um etwa die Hälfte. Im Gegensatz zum Wiederkäuer ist die Vitamin A-Versorgung über die Aufnahme von β-Carotin beim Schwein deutlich geringer. Üblicherweise werden deshalb dem Futter synthetische Vitamin A-Verbindungen zugesetzt. Auch Geflügel erhält unter praktischen Fütterungsbedingungen zur Optimierung der Leistung eine Zulage an Vitamin A.

Vitamin D

Als Vitamin D werden verschiedene nah verwandte Steroid-Derivate bezeichnet, die entweder von Hefen und Pilzen (**Ergocalciferol** = Vitamin D_2) oder vom tierischen Organismus selbst synthetisiert werden (**Cholecalciferol** = Vitamin D_3). Cholecalciferol kann aus der Vorstufe 7-Dehydrocholesterin durch UV-Strahlung (vor allem UV-B) in der Haut entstehen (Ausnahme: Hund, Katze), weswegen Vitamin D nur bedingt essenziell ist. Eine überwiegende Stallhaltung begrenzt allerdings die Bildung von Cholecalciferol. Üblicherweise besitzt Ergocalciferol die gleiche biologische Wirksamkeit wie Cholecalciferol. Beim Geflügel ist allerdings die biologische Aktivität von Vitamin D_2 deutlich geringer als von Vitamin D_3. Die Ursache liegt in der geringeren Bindung von Vitamin D_2 an spezifische Plasmaproteine, was die intermediäre Verfügbarkeit vermindert und die Ausscheidung erhöht.

Während man noch bis vor kurzem davon ausging, dass Vitamin D ausschließlich passiv absorbiert wird, gibt es aktuelle Daten, die zeigen, dass Vitamin D den gleichen Transpor-

Abbildung 5.3-2

Endogene Synthese des Vitamin D_3-Hormons im Tier

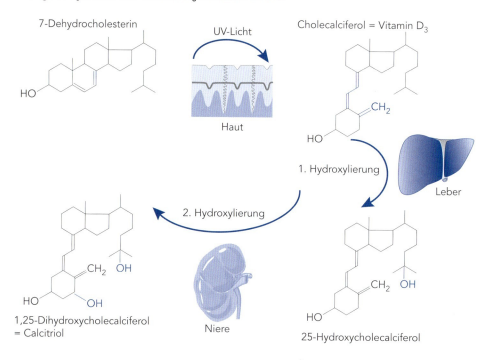

ter im Dünndarm nutzt wie Cholesterin. Für die Aktivierung von Vitamin D zum wirksamen Vitamin D-Hormon sind zwei Hydroxylierungen (Einfügen von OH-Gruppen) erforderlich, die hauptsächlich in Leber und Niere stattfinden (Abb. 5.3-2). Einige Gewebe, darunter auch Immunzellen, besitzen allerdings eigene Hydroxylasen, die das Vitamin D in die Hormonform umwandeln können. **1,25-Dihydroxycholecalciferol** (Calcitriol, Vitamin D_3-Hormon) ist die eigentlich biologisch aktive Form. Calcitriol besitzt zusammen mit dem Parathormon eine zentrale Stellung bei der homöostatischen Kontrolle des Blutcalciumspiegels (siehe auch Abb. 5.1-3). Es fördert die Calcium- und Phosphatabsorption im Darm sowie die Calcium-Reabsorption und Phosphorexkretion in der Niere. Darüber hinaus aktiviert das Vitamin D_3-Hormon Osteoblasten (knochenaufbauende Zellen) und sorgt somit für eine höhere Knochenstabilität. Vitamin D_3-Hormon spielt jedoch nicht nur für den Calcium- und Knochenstoffwechsel eine entscheidende Rolle, sondern beeinflusst auch die Insulinsekretion, sorgt für Wachstum und Differenzierung von Zellen, fördert die Synthese von Muskelproteinen und moduliert das Immunsystem.

Klassische Vitamin D Mangelerkrankungen sind die **Rachitis** beim Jungtier und die **Osteomalazie** beim adulten Tier. Vitamin D wird deshalb häufig auch als antirachitisches Vitamin bezeichnet. Infolge einer gestörten Mineralisierung des Knochens kommt es dabei zu Knochenverkrümmungen, gestörtem Knochenwachstum, erhöhter Knochenbrüchigkeit und Bewegungsarmut (siehe 5.1.2 Calcium und Phosphat). Beim eierlegenden Geflügel ist zudem die Stabilität der Eischale vermindert. Bei ausgeprägtem Vitamin D-Mangel, der sich bei eierlegenden Hühnern binnen sehr kurzer Zeit manifestieren kann, weisen die Eier häufig überhaupt keine Schale mehr auf oder es wird die Eiproduktion komplett eingestellt. Bei Weidegang und Auslaufmöglichkeit mit entsprechender Exposition von UV-B-Licht sind bei den Tieren keine Vitamin D-Mangelsymptome zu erwarten. In der Schweinehaltung ist aufgrund des häufig fehlenden Auslaufs der Tiere und hohen Wachstums ein Zusatz von synthetischem Vitamin D üblich. Die meisten Futtermittel für Geflügel (Getreide, Nebenprodukte der Getreideverarbeitung, pflanzliche Eiweißfuttermittel) enthalten wenig Vitamin D, zudem in einer schlecht verwertbaren Form. Bei Stallhaltung ist deshalb eine Supplementierung des Futters mit Vitamin D_3 zwingend erforderlich.

Für Vitamin D sind futtermittelrechtliche Höchstmengen festgelegt, weswegen Intoxikationen sehr selten sind. Symptome einer Überdosierung sind vor allem gekennzeichnet durch Calcium-Phosphat-Ablagerungen in Weichteilgeweben wie Herz, Niere und Blutgefäßen **(Calcinosen)** sowie Muskelschwäche. Beim Rind sind Calcinosen bei vermehrter Aufnahme von Goldhafer (Trisetum flavescens) beobachtet worden, da dieser beträchtliche Mengen des wasserlöslichen 1,25-Dihydroxycholecalciferol-Glycosids enthält. Er gedeiht vor allem auf kalkreichen Böden im alpinen Raum. Zum Auslösen einer Calcinose sind allerdings hohe Goldhaferanteile im Futter erforderlich, die über einen längeren Zeitraum aufgenommen werden müssen.

Vitamin E

Vitamin E ist ein Sammelname für 8 natürlich vorkommende Chroman-Verbindungen mit unterschiedlicher biologischer Aktivität, die ausschließlich von Pflanzen synthetisiert werden. Die höchsten Vitamin E-Konzentrationen sind in Pflanzenölen zu finden. Der für Vitamin E synonym verwendete Begriff **Tocopherol** leitet sich vom Griechischen *tocos* (= Geburt) und *pherein* (= hervorbringen) ab. Die Namensgebung geht auf das Jahr 1922 zurück in der EVANS und BISHOP erstmals von einem lebensnotwendigen Faktor für die Aufrechterhaltung der Trächtigkeit bei Ratten berichteten.

Das häufigste natürliche Vitamin E-Derivat ist das α-Tocopherol. Pflanzliche Futtermittel enthalten auch gewisse Mengen an β-, γ- und δ-Tocopherolen sowie Tocotrienole, die sich durch drei zusätzliche Doppelbindungen an der Seitenkette des Moleküls von den Tocopherolen unterscheiden. Für die ernährungsphysiologische Bewertung ist jedoch nicht der Gesamt-Tocopherolgehalt maßgeblich, sondern der Gehalt an biologisch wirksamen Verbindungen. Die höchste biologische Aktivität besitzt α-Tocopherol. Es ist besonders reichlich in jungem Grünfutter (Gras, Klee, Grünmehl) enthalten. Im Getreide ist trotz relativ hoher Tocopherolgehalte der Anteil an α-Tocopherol gering, sodass die Vitamin E Wirksamkeit dort deutlich schlechter ist. Dies gilt in verstärktem Maße auch für Auswuchsgetreide, da sich während der Keimung der Tocopherolgehalt zusätzlich stark vermindert. Feuchtigkeit und lange Lagerungszeiten verringern zudem die Stabilität von Vitamin E. Maissilage, Hackfrüchte und entfettete Futtermittel (Rückstände der Ölgewinnung, Magermilch, Molke) enthalten üblicherweise nur wenig Vitamin E.

Die Zuordnung einer bestimmten biologischen Aktivität erfolgt auf der Basis verschiedener Testsysteme, bei der zum Beispiel das Wachstum der Tiere, die Hämolyseneigung von Erythrozyten oder die Fötusresorption (Fetusresorptionstest) gemessen werden. Die unterschiedliche Wirksamkeit der Vitamin E-Formen ist bedingt durch die unterschiedliche intestinale Verfügbarkeit und die Rate der endogenen Ausscheidung über die Galle. Um die unterschiedliche Vitaminaktivität der einzelnen Vitamin E-Formen besser abschätzen zu können, werden sie häufig als Tocopherol-Äquivalente ausgedrückt. Dabei entspricht 1 mg natürliches α-Tocopherol einem Tocopheroläquivalent von 1, β-Tocopherol 0,5, γ-Tocopherol 0,1 und δ-Tocopherol 0,03. Die Menge von 1 mg synthetischem dl-α-Tocopherol ist 0,75 mg Tocopherol-Äquivalenten gleichzusetzen.

Alle Zellen und Zellmembranen des Körpers werden über die Lipoproteine im Blut mit Vitamin E versorgt. Die Hauptmenge an Vitamin E ist im Fettgewebe und in der Muskulatur lokalisiert. Diese stellen jedoch keine schnell verfügbaren Speicher dar. Im Gegensatz dazu kann die Leber relativ leicht α-Tocopherol mobilisieren, an ein Tocopherol-Transferprotein binden und über die Lipoproteine im Körper verteilen. Da andere Vitamin E-Formen nur in geringem Umfang an dieses Transferprotein gebunden werden, gehen sie relativ rasch über die Galle verloren.

Eine der **Hauptfunktionen** des Vitamin E ist seine Wirkung als **Antioxidans.** Aufgrund seiner Fettlöslichkeit, schützt Vitamin E vor allem die Lipide biologischer Membranen vor einer Schädigung durch Sauerstoffradikale. Besonders die mehrfach ungesättigten Fettsäuren in den Membranen würden ohne Vitamin E sehr leicht oxidativen Veränderungen unterliegen. Darüber hinaus werden natürlich auch die Fettsäuren in den Depotfetten durch Vitamin E geschützt, was besonders im Hinblick auf die Schlachtkörperqualität von Bedeutung ist. Da Vitamin E einerseits durch Vitamin C, andererseits durch Glutathion regeneriert werden kann, besteht ein Synergismus zwischen Vitamin E, Vitamin C und der selenabhängigen Glutathionperoxidase im Schutz der Zelle vor Lipidperoxidation. In Futtermitteln hemmt Vitamin E zudem die Autoxidation von ungesättigten Futterfetten und die Oxidation sauerstoffempfindlicher Vitamine wie beispielsweise Vitamin A. Allerdings ist das dem Futter häufig zugesetzte Tocopherolacetat nur im Tier, nicht im Futterfett wirksam, da für den antioxidativen Schutz erst der Acetatrest enzymatisch entfernt werden muss. Vitamin E hemmt vermutlich durch seine antioxidativen Effekte auch die Aktivität des Transkriptionsfaktors „nuclear factor-kappa B" (NF-κB) und damit entzündliche Prozesse. Des Weiteren wird auch eine Beteiligung bei der Übertragung von Zellsignalen diskutiert.

Der Bedarf des Nutztieres an Vitamin E hängt sehr stark von der Rationszusammensetzung ab. Vor allem pro- und antioxidative Futterbestandteile sowie die Menge und Art der Fettsäuren im Futter beeinflussen den Bedarf. Dabei gilt, dass sich mit zunehmender Zahl an Doppelbindungen in den Fettsäuremolekülen der Futterfette der Vitamin E-Bedarf erhöht. Bei reichlicher Versorgung mit Selen ist der Vitamin E-Bedarf etwas geringer.

Ein Mangel an Vitamin E führt zu Erkrankungen des Muskels (Weißmuskelkrankheit von Kälbern und Lämmern) und zu Fettgewebsnekrosen bei Schweinen und Küken. Beim Schwein kommt es außerdem zu Störungen der Reproduktion mit gehäuftem intrauterinen Absterben und Resorption von Embryonen (Resorptionssterilität). Beim Geflügel werden Encephalomalazien (Gehirnerweichung) und Koordinationsstörungen beobachtet. Bei Vitamin E-Mangel stellen sich generalisierte Membranschäden ein, die sich beispielsweise auch als Neigung der Erythrozyten zur Hämolyse oder als vermehrte Durchlässigkeit von Blutgefäßen äußern. Bei einem Mangel an Vitamin E ist auch das Risiko für Mastitis bei Kühen nach dem Abkalben erhöht.

Auch bezüglich der Produktqualität können Vitamin E-Zulagen gewisse Vorteile bringen. Da sich Vitamin E in den Zellmembranen, im Fettgewebe und dem Milchfett anreichert, sind auch die tierischen Produkte Fleisch, Speck und Milch besser vor oxidativen Einflüssen während der Bearbeitung (Erhitzen, Räuchern, Kontakt mit Sauerstoff beim Zerkleinern) geschützt. Vitamin E kann somit die Produktqualität von Fleisch, Speck und Milch in Bezug auf Haltbarkeit und sensorische Eigenschaften verbessern. Toxische Wirkungen einer Vitamin E-Überdosierung sind nicht bekannt.

Aufgrund des nicht exakt bekannten Bedarfs und der Diskussion um einen Zusatznutzen werden heute in der Schweine- und Wiederkäuerfütterung relativ hohe Zulagen an Vitamin E empfohlen. Die verwendeten Futtermittel in der Geflügelhaltung enthalten zwar ausreichend Vitamin E, um klinische Mangelsymptome zu verhindern, aufgrund möglicher Lager- und Verarbeitungsverluste sowie dem Umstand, dass dem Geflügelmischfutter häufig Futterfette zugesetzt werden, wird auch in der Geflügelfütterung ein Vitamin E-Zusatz empfohlen. Besonders beim Einsatz von Fetten mit mehrfach-unsättigten Fettsäuren ist auf eine adäquate Vitamin E-Versorgung zu achten. Bei Zulage von linolsäurereichen Fetten ist pro g Linolsäure (enthält 2 Doppelbindungen) ein zusätzlicher Mehrbedarf von etwa 0,6 mg Vitamin E erforderlich. Beim Einsatz von Fettsäuren mit 3 und mehr Doppelbindungen ist der Vitamin E-Bedarf entsprechend höher. Letzteres spielt besonders bei Legehennen eine Rolle, die zur Produktion von ω-3 fettsäurereichen Eiern, Futterfette mit hohem Anteil an Linolensäure oder Meeresalgen erhalten.

Vitamin K

Vitamin K ist ein Sammelbegriff für Vitamin K_1 **(Phyllochinon)**, K_2 **(Menachinon)** und K_3 (Menadion). Vitamin K_1 wird von Pflanzen synthetisiert und ist besonders reichlich im Grünfutter und den entsprechenden Grünmehlen vorhanden. Getreide, Knollen- und Wurzelfrüchte sowie Ölsaaten enthalten hingegen nur geringe Konzentrationen. Vitamin K_2 (Menachinon) wird hauptsächlich von Mikroorganismen gebildet, während Vitamin K_3 eine industriell hergestellte Vitamin K-Form ist, die für Tierfutter in verschiedenen wasserlöslichen Verbindungen angeboten wird.

In der Leber wird Vitamin K zu seiner biologisch aktiven Form hydroxyliert und hat als Cofaktor der γ-Glutamylcarboxylase eine herausragende Funktion bei der **Blutgerinnung.** Diese Carboxylase fügt eine Säuregruppe in proteingebundenes Glutamat der Blutgerinnungfaktoren Prothrombin, Faktor VII, IX und X ein und ermöglicht so die Wechselwirkung mit Calciumionen, ein für die Gerinnung des Blutes unerlässlicher Schritt. Folglich setzt ein Vitamin K-Mangel die Gerinnungsfähigkeit des Blutes herab. Bereits geringfügige innere und äußere Verletzungen können dann zu ausgedehnten Blutungen führen, die auch die Schlachtqualität mindern. Das Vitamin K-abhängige Enzym wird zudem zur Synthese von spezifischen Proteinen des Knochenstoffwechsels wie dem Osteocalcin benötigt. Osteocalcin wird in den Osteoblasten gebildet und trägt zur Mineralisierung des Knochens bei. Es liegt deshalb besonders reichlich in den schnell wachsenden Knochenabschnitten vor.

Mangelerscheinungen sind beim Schwein und Wiederkäuer selten, da zum einen pflanzliche Futtermittel Vitamin K enthalten und zum anderen auch auf mikrobiellem Weg Vitamin K gebildet werden kann. Beim adulten Schwein und Wiederkäuer scheinen die bedarfsdeckenden Vitamin K-Mengen sogar ausschließlich durch mikrobielle Synthese gedeckt werden zu können. Beim Kalb und Ferkel wird allerdings wegen der noch unzureichenden mikrobiellen Besiedelung des Darmtraktes ein Zusatz von Vitamin K mit der Nahrung während der Aufzucht empfohlen. Beim Geflügel ist die Versorgung mit Vitamin K aufgrund des kurzen Intestinaltraktes, moderner Haltungsverfahren in Käfigen ohne Möglichkeit der Koprophagie sowie der fehlenden Grünfütterung nicht ausreichend. Besonders beim jungen Geflügel und bei Zuchttieren ist zur Bedarfsdeckung eine Supplementierung des Futters mit Vitamin K erforderlich.

Auslöser eines Vitamin K-Mangels sind gelegentlich auch **Vitamin K-Antagonisten,** die strukturell große Ähnlichkeit mit Vitamin K aufweisen, aber nicht dessen Funktionen erfüllen. Als Vitamin K-Antagonisten wirken beispielsweise die Cumarine in Rodentiziden oder Kokzidiostatika zur Bekämpfung der Erreger der Roten Kükenruhr. Auch natürliche Pflanzenstoffe wie das Dicumarol im Steinklee und einigen Kräutern hemmen die Wirkung des Vitamin K. Vitamin K_1 und K_2 verursachen auch in höheren Dosen (bis zum 1.000-fachen des Bedarfs) keine toxischen Symptome. Die synthetischen Menadion-Verbindungen sind als mäßig toxisch einzustufen.

5.3.3 Spezifische Funktionen und Besonderheiten einzelner wasserlöslicher Vitamine

Zu den wasserlöslichen Vitaminen werden die Vitamine der B-Gruppe und das Vitamin C gezählt. Letzteres kann im endogenen Stoffwechsel der Nutztiere synthetisiert werden, so dass eine Zufuhr mit dem Futter nicht erforderlich ist. Wasserlösliche Vitamine haben im Stoffwechsel wichtige Coenzymfunktion oder sind als Hilfsmoleküle bei enzymatischen Reaktionen beteiligt. Beim Wiederkäuer werden die B-Vitamine durch die Mikroorganismen des Pansens synthetisiert. Beim Schwein findet eine bakterielle Synthese der B-Vitamine in nennenswertem Umfang nur im Dickdarm statt. Die Absorption dieser Vitamine ist dann aber nur noch sehr begrenzt möglich. Der mikrobielle Beitrag zur Versorgung mit wasserlöslichen Vitaminen ist beim Geflügel noch geringer. Aufgrund der zum Teil geringen oder stark schwankenden Gehalte an B-Vitaminen in den Futtermitteln für Schwein und Geflügel müssen diese häufig dem Futter zugesetzt werden.

Hohe Gehalte an B-Vitaminen weisen Hefe, Molkenpulver, Grünmehle sowie verschiedene Rückstände der Ölgewinnung auf, während Hackfrüchte durchweg arm an B-Vitaminen sind. Auch Getreide enthält nur mäßige Mengen. Praxisübliche Futterrationen für Schweine enthalten meist zu geringe oder stark schwankende Gehalte an Vitamin B_2, B_6 und Pantothensäure. Bei Rationen mit hohen Anteilen an Körnermais können auch Engpässe in der Niacin- und Cholinversorgung auftreten. Rationen ohne tierische Futtermittel müssen mit Vitamin B_{12} ergänzt werden. In der Geflügelfütterung sind vor allem Vitamin B_2, Pantothensäure und Biotin zu ergänzen, bei Rationen auf Mais- und Sojabasis auch Niacin. Rationen ohne Futtermittel tierischen Ursprungs müssen generell mit Vitamin B_{12} angereichert werden.

Vitamin B_1 (Thiamin)

Thiamin war der erste Vertreter der Gruppe der wasserlöslichen B-Vitamine, dessen Bedeutung als essenzieller Wirkstoff erkannt wurde. Die bei der Strukturaufklärung nachgewiesene Aminogruppe hielt man damals für außerordentlich wichtig im Hinblick auf die biologische Wirkung, sodass sie später als Gruppenname für alle essenziellen Mikronährstoffe organischen Ursprungs beibehalten wurde (Vit-amine). Vor allem Getreide und Mühlennachprodukte, Ölsaatextraktionsschrote, Magermilchpulver und Bierhefe enthalten reichlich Thiamin. Eine Supplementierung praxisüblicher Rationen für Schweine und Geflügel ist deshalb nicht erforderlich.

Thiamin wird nach Aufnahme in die Darmmukosa und Leber unter ATP-Verbrauch in das coenzymatisch wirksame Thiaminpyrophosphat (= Thiamindiphosphat) umgewandelt. Thiaminabhängige Enzyme sind bei der oxidativen Decarboxylierung (Abspaltung der Säuregruppe als CO_2) von Oxosäuren beteiligt. Thiaminabhängige Decarboxylierungen sind erforderlich beim Abbau von Kohlenhydraten (Pyruvatdecarboxylase) sowie im Citratzyklus (α-Ketoglutarat-Dehydrogenase). Als Coenzym der Transketolase des Pentosephosphatweges ist Thiamin auch bei der Bildung von Zuckern unterschiedlicher Kettenlänge beteiligt. Aufgrund des relativ einfachen Nachweises im Blut wird die Aktivität der thiaminabhängigen Transketolase häufig zur Bestimmung des Thiaminstatus herangezogen.

Manifester Thiaminmangel äußert sich in vermindertem Appetit und Wachstum, Schwäche und Durchfall, aber vor allem in neurologischen Störungen mit gestörter Oberflächen- und Tiefensensibilität, Krämpfe und Lähmungen. Cerebrocorticalnekrosen (Zelluntergang im Bereich der Hirnrinde) können bei Kälbern, Lämmern und Jungschafen sowie bei Jungbullen während der Mast durch eine reduzierte mikrobielle Synthese von Vitamin B_1 in den Vormägen verursacht werden. Dies ist beispielsweise der Fall beim Umstellen auf zucker- oder stärkereiche Rationen, bei Fütterung Thiaminase-haltiger Pflanzen oder aufgrund eines vermehrten Abbaus durch Thiaminase-bildende Mikroben.

Vitamin B_2 (Riboflavin)

Vitamin B_2 kommt überwiegend in tierischen, weniger in pflanzlichen Futtermitteln vor. Vor allem Milch- und Molkenpulver sind reich an Vitamin B_2, Getreide enthält hingegen nur wenig Vitamin B_2. Teilweise ist auch die Verwertbarkeit des Vitamins in den pflanzlichen Futtermitteln gering. So wurden beispielsweise nach Fütterung von Mais und Weizenkleie bei Schweinen praecaecale Verdaulichkeiten von nur 60 % ermittelt. In der Ferkelaufzucht und Zuchtsauenfütterung sollten deshalb Rationen mit hohen Getreideanteilen immer mit Vitamin B_2 ergänzt werden. Auch Geflügelmischfutter ist aufgrund des relativ hohen Getreideanteils arm an Vitamin B_2 und entsprechend zu ergänzen.

Riboflavin wird zum Transport und der kurzzeitigen Speicherung im Körper an spezifische Proteine gebunden. Bei Legehennen konnten mehrere spezifische Riboflavin-Bindungsproteine auch im Eigelb und Eiklar nachgewiesen werden. In Leber, Niere und Herz findet in größerem Umfang die coenzymatische Umwandlung von Riboflavin zu Flavin-Mononukleotid (FMN) und Flavin-Adenin-Dinukleotid (FAD) statt. Nicht zuletzt deshalb ist der Riboflavingehalt in diesen Organen besonders hoch. Bei Säugetieren sind mehr als 60 Enzyme bekannt, die Riboflavin entweder als Phosphorsäureester (FMN) oder als Ester des Adenosindiphosphats (FAD) enthalten. FMN und FAD sind an außerordentlich vielen Elektronen- bzw. Wasserstoff-übertragenden Reaktionen beteiligt. Sie spielen daher eine besondere Rolle bei der Nährstoffoxidation und Energiegewinnung. Riboflavinabhängige Reaktionen laufen ab bei der β-Oxidation von Fettsäuren (Acyl-CoA-Dehydrogenase), beim Kohlenhydratabbau (Pyruvatdehydrogenase), im Citratzyklus (Succinatdehydrogenase) und der Atmungskette (NADH-Dehydrogenase). Riboflavin ist zudem Coenzym der Glutathionreduktase und sorgt für die Regeneration von oxidiertem Glutathion. Aufgrund dieser Funktion ist es gerechtfertigt, Riboflavin als antioxidatives Vitamin zu bezeichnen, obwohl es selbst keine unmittelbare antioxidative Wirkung besitzt. Riboflavin in FMN-Coenzymform ist außerdem an Reaktionen beteiligt, bei der Eisen aus Ferritin freigesetzt (Oxidoreduktase) und Vitamin B_6 in die aktive Coenzymform überführt wird (Pyridoxin-/Pyridoxaminphosphatoxidase).

Es ist daher verständlich, dass ein **Mangel** an Riboflavin sowohl eine Anämie als auch Vitamin B_6-Mangelsymptome auslösen kann. Durch die gleichzeitige Beeinträchtigung der Energiegewinnung aus Nährstoffen macht sich ein Mangel in einem starken Leistungsabfall der Tiere, Wachstumseinbußen sowie einer verschlechterten Futterverwertung bemerkbar. Klinisch auffällig sind Entzündungen und Verhornungen der Haut und Schleimhäute sowie aufgrund der erniedrigten Spiegel an reduziertem Glutathion eine verkürzte Lebensdauer der roten Blutkörperchen. Beim Schwein führt ein Vitamin B_2-Mangel zudem häufig zu Störungen der Reproduktion mit verminderter Wurfgröße. Beim Geflügel sind einwärts gerichtete Verkrümmungen der Zehen und angewinkelte Beine typische Symptome. Bei Zuchthennen sind außerdem die Schlupfraten vermindert.

Vitamin B_6 (Pyridoxin, Pyridoxal, Pyridoxamin)

Vitamin B_6 ist ein Sammelbegriff für alle Vitamin-wirksamen 3-Hydroxy-2-Methylpyridine. Dazu gehören Pyridoxin (Alkohol), Pyridoxal (Aldehyd) sowie Pyridoxamin (Amin). Vitamin B_6-reich sind vor allem Getreide und Mühlennachprodukte, Mais, Ölsaatextraktionsschrote, Luzernegrünmehl sowie Bierhefe. Aufgrund des niedrigen Vitamin B_6-Gehaltes der Sauenmilch ist besonders in der Beifütterung der Ferkel auf eine ausreichende Vitamin B_6-Versorgung zu achten. In der Schweinefütterung ist bei Einsatz größerer Mengen an Körnermais, Mühlennachprodukten sowie Sojaextraktionsschrot die Vitamin B_6-Versorgung ausreichend. Aufgrund relativ stark schwankender Gehalte in den einzelnen Futtermitteln, kann eine Supplementierung erforderlich werden. Ähnliches gilt für das Geflügel.

Alle genannten Vitamin B_6-Verbindungen können absorbiert und im Organismus mit Phosphorsäure verestert werden. Als Coenzyme fungieren Pyridoxalphosphat und Pyridoxaminphosphat. Sie sind beteiligt an zahlreichen Reaktionen des Stoffwechsels von Aminosäuren wie beispielsweise der Transaminierung zur Synthese nicht-essenzieller Aminosäuren (Transaminasen), der Bildung von Cystein aus Methionin (Cystathionin-β-Synthase) oder der Decarboxylierung von Aminsäuren zum jeweiligen biogenen Amin (Decarboxylasen). Wichtige Coenzymfunktion hat Vitamin B_6 auch beim Enzym δ-Aminolävulinsäuresynthetase, das die Schlüsselreaktion bei der Bildung des roten Blutfarbstoffes Häm katalysiert.

Damit äußert sich ein Vitamin B_6-**Mangel** hauptsächlich als Störung des Eiweißstoffwechsels und als Anämie. Durch die mangelnde Bildung des Neurotransmitters γ-Aminobuttersäure (biogenes Amin von Glutamat) treten auch neurologische Störungen wie Bewegungsstörungen und Krämpfe auf. Zu den unspezifischen Symptomen gehören verminderte Fresslust, vermindertes Wachstum, welches vor allem durch den verminderten Eiweißansatz bedingt ist sowie eine verschlechterte Futterverwertung. Beim Geflügel resultieren auch geringere Brut- und Schlupfergebnisse.

Vitamin B_{12} (Cobalamin)

Das Grundgerüst von Vitamin B_{12} ist ein aus 4 Pyrrolringen zusammengesetztes Corrinringsystem, das ein zentrales Kobaltatom besitzt. Vitamin B_{12} kann nur von Bakterien, jedoch nicht von Pflanzen oder Tieren synthetisiert werden. Absorbiertes Vitamin B_{12} wird allerdings sehr gut im tierischen Organismus gespeichert, weswegen für Allesfresser, Fleischfresser, aber auch für den Menschen tierische Produkte eine wesentliche Vitamin B_{12}-Quelle darstellen. Auf natürlichem Wege kann der Vitamin B_{12}-Bedarf beim monogastrischen Tier im Wesentlichen nur über die Aufnahme tierischer Futtermittel oder gegebenenfalls über Koprophagie gedeckt werden. Bei Schweine- und Geflügelrationen ohne tierische Futtermittel und ohne die Möglichkeit der Koprophagie muss deshalb dem Futter die gesamte bedarfsdeckende Mange an Vitamin B_{12} zugesetzt werden. Beim Wiederkäuer erfolgt eine mikrobielle Synthese des Vitamins durch die Pansenmikroben, sofern genügend Kobalt zur Verfügung steht (siehe 5.2.2 Kobalt). Viele Vitamin B_{12}-synthetisierenden Bakterien bilden gleichzeitig aber auch unwirksame Vitamin B_{12}-Analoga. Die Absorption von Vitamin B_{12} erfordert die Bindung an den **„intrinsic factor"**. Aufgrund des ausgeprägten enterohepatischen Kreislaufes und der beträchtlichen Speicherung in der Leber kann es sehr lange dauern bis Vitamin B_{12}-Mangelsymptome auftreten.

Enzymgebundenes Methylcobalamin ist erforderlich für die Resynthese von Methionin aus Homocystein sowie bei der Regeneration von Methyl- bzw. Methylentetrahydrofolsäure zu biologisch aktiver Tetrahydrofolsäure. Eine zweite Funktion des Vitamin B_{12} ist seine Beteiligung bei der Metabolisierung der Propionsäure und somit auch beim Aufbau von Glucose und Lactose beim Wiederkäuer. Propionsäure entsteht intermediär aber auch beim Abbau von Fettsäuren mit ungerader Kohlenstoffzahl sowie beim Abbau der Aminosäuren Methionin, Threonin und Isoleucin.

Ein **Mangel** an Vitamin B_{12}, der beim Wiederkäuer vorwiegend durch einen Mangel an Kobalt hervorgerufen wird, äußert sich daher in Wachstumsstörungen, die primär auf Störungen des Methionin- bzw. Proteinstoffwechsels und durch den induzierten Folsäuremangel auf Störungen des Nukleinsäurestoffwechsels zurückzuführen sind. Aufgrund der verminderten Bildung von Nukleinsäuren fehlt auch der fortwährende Nachschub von roten und weißen Blutkörperchen aus dem Knochenmark. Diese Veränderung des Blutes, die mit wenigen, besonders großen und überalterten Blutzellen einhergeht, wird auch als **megaloblastäre Anämie** bezeichnet. Von perniziöser Anämie spricht man nur, wenn der Vitamin B_{12}-Mangel aufgrund einer gestörten Absorption z. B. bei mangelnder Bildung des „intrinsic factors" zustande kommt. Bei Geflügel äußert sich der Vitamin B_{12}-Mangel auch in verminderter Brutfähigkeit und erhöhter Embryonensterblichkeit. Da ein Großteil der Symptome bei Vitamin B_{12}-Unterversorgung durch den Mangel an biologisch aktiver Folsäure verursacht wird, ähneln sich die Mangelerkrankungen von Vitamin B_{12} und Folsäure sehr stark. Ein typisches Vitamin B_{12}-Mangelsymptom, das bei Folsäuremangel nicht auftritt, ist die neurologische Störung. Sie kommt zustande durch den „Anstau" nicht regenerierter Folsäuremetabolite.

Folsäure

Folsäure (Pteroylglutaminsäure) ist ein Sammelbegriff für verschiedene Folatverbindungen. Strukturell setzt sich Folsäure (Folat) aus einem Pterinringsystem, aus p-Aminobenzoesäure und L-Glutamat zusammen (Pteroylmonoglutaminsäure). Futtermittel enthalten Folate in Form von Mono- und Polyglutamaten, wobei in den pflanzlichen Futtermitteln vor allem die schlechter verfügbaren Polyglutamat-Verbindungen überwiegen. Polyglutamat-Verbindungen müssen vor der Absorption enzymatisch durch eine endogene γ-Glutamylcarboxypeptidase zu Monoglutamat-Verbindungen abgebaut werden. Die Verwertbarkeit von Folsäure aus Getreide liegt bei Schwein und Geflügel nur etwa zwischen 20 und 60 %. Die nativen Futterquellen sowie die bakterielle Synthese im Darm reichen aber in der Regel aus, um den Bedarf von Ferkeln, Mastschweinen und Geflügel zu decken. In der Sauenfütterung wird aufgrund des höheren Bedarfs eine Supplementierung mit Folsäure empfohlen. In Phasen eines hohen Bedarfs (Trächtigkeit, Laktation) wird auch eine Zulage von Folsäure bei Kühen diskutiert.

Die biologisch aktive Form der Folsäure im Organismus ist die 5,6,7,8-Tetrahydrofolsäure. Sie überträgt Einkohlenstoffreste (C_1-Reste) aller Oxidationsstufen und ist unter anderem als Cofaktor bei der Synthese von Purin- und Pyrimidinbasen der Nukleinsäuren beteiligt. Eine gehemmte Nukleinsäuresynthese bei Folsäuremangel macht sich vor allem in Geweben oder Zellen mit rascher Zellteilung wie den Blutzellen bemerkbar. Des Weiteren ist Folsäure zum Abbau der Aminosäuren Histidin, Tryptophan und Serin sowie zur Resynthese von Methionin erforderlich. Bei der zuletzt genannten Reaktion besteht eine wechselseitige Abhängigkeit zwischen der Folsäure und Vitamin B_{12} Stoffwechsel. Neben einer megaloblastären Anämie können bei Schwein und Rind auch Störungen der Fruchtbarkeit auftreten. Beim Geflügel resultieren zudem eine schlechte Befiederung, geringe Legeleistung, verminderte Schlupfraten sowie Perosis. Zu beachten ist, dass hohe Gaben an Folsäure einen vorhandenen Vitamin B_{12}-Mangel maskieren können.

Niacin (Nicotinsäure und Nicotinamid)

Niacin ist ein Sammelbegriff für Nicotinsäure und Nicotinamid. Beide Vitamere sind biologisch gleich wirksam, da sie im Stoffwechsel ineinander überführt werden können. Reich an Niacin sind vor allem Grünfutter und pflanzliche Eiweißfuttermittel. Mais und Roggen enthalten hingegen nur geringe Mengen verfügbaren Niacins. Für Ferkel- und Mastschweinerationen mit hohem Anteil an Körnermais kann deshalb ein Zusatz an Niacin notwendig werden. Beim Geflügel ist der Niacinbedarf üblicherweise durch die Futtermittel gedeckt. Bei Broilerrationen auf Mais- und Sojabasis können jedoch Versorgungsengpässe entstehen, die eine Supplementierung mit Niacin erforderlich machen.

Niacin ist im Stoffwechsel in Form der beiden Coenzyme Nicotinamid-Adenin-Dinucleotid (NAD) und Nicotinamid-Adenin-Dinucleotid-Phosphat (NADP) wirksam. NAD-abhängige Enzyme (Dehydrogenasen) finden sich reichlich in den Mitochondrien der Zellen. Sie dienen der Wasserstoffzulieferung an die Atmungskette zur Gewinnung von Energie. NADP-abhängige Enzyme sind hingegen bei zahlreichen Biosynthesen wie der Fettsynthese beteiligt. Da Niacin auch aus der Aminosäure L-Tryptophan gebildet werden kann, ist die Niacinversorgung auch von der Tryptophanzufuhr und somit von der biologischen Wertigkeit des Futterproteins abhängig. Ein Mangel an Niacin tritt praktisch nur bei einer gleichzeitigen Unterversorgung mit Tryptophan auf.

Mangelsymptome sind Wachstumsverzögerungen, Störungen des Nervensystems, raue, schuppende und entzündete Haut **(Pellagra),** beim Geflügel auch Störungen der Befiederung sowie eine verminderte Legeleistung. Bei Hochleistungstieren (Milchkühe, Mutterschafe) wurde von positiven Wirkungen hoher Niacingaben auf die Fettmobilisation und das Ketoserisiko in den ersten Laktationswochen berichtet. Allerdings lassen sich aus den gegenwärtigen Daten keine exakten Empfehlungen für eine Ergänzung der Rationen mit Niacin ableiten.

Pantothensäure

Pantothensäure ist chemisch gesehen ein (R)-N-(2,4-Dihydroxy-3,3-dimethyl-1-oxobutyl)-β-Alanin. Veraltete Bezeichnungen für dieses Vitamin sind Filtratfaktor oder Hühnerantidermatitisvitamin. Im französischen und angloamerikanischen Sprachraum wird Pantothensäure häufig auch als Vitamin B_5 bezeichnet. Pantothensäure ist zwar in den meisten Futtermitteln enthalten, jedoch sind die Gehalte in Gerste, Weizen und Mais relativ niedrig. In der Schweine- und Geflügelmast sowie bei Rationen mit hohen Gerste- und Maisanteilen ist deshalb eine Supplementierung anzustreben.

Im tierischen Organismus ist Pantothensäure bei zahlreichen Auf- und Abbaureaktionen des Kohlenhydrat-, Fett- und Aminosäurestoffwechsels beteiligt. Ausgesprochene Speicherorgane für Pantothensäure sind nicht bekannt, allerdings finden sich hohe Konzentrationen im Herz, in den Nebennieren, den Nieren und der Leber. Pantothensäure wird im Körper zum Aufbau von Coenzym A und Phosphopantethein benötigt. Letzeres ist Coenzym der Fettsäuresynthase und zur Bildung von Fettsäuren notwendig. Coenzym A hat im Organismus universelle Bedeutung als Acylgruppenüberträger und ist deshalb bei sämtlichen Reaktionen des Fettstoffwechsels, des Citratzyklus und damit der Energiegewinnung beteiligt. Coenzym A wird außerdem zur Synthese des Neurotransmitters Acetylcholin benötigt.

Aufgrund der umfassenden Funktionen von Pantothensäure im Fett- und Energiestoffwechsel sind die Mangelerscheinungen außerordentlich vielfältig. Symptome an Haut (raues Haarkleid, Pigmentverlust, Ausfall von Haaren und Federn) sowie Veränderungen der Schleimhäute und des Nervensystems dominieren das Krankheitsbild. Beim Schwein ist vor allem der ruckartige Gang (Paradegang) Ausdruck der neurologischen Störung. Beim Geflügel kann sich Schorf an Zehen und Schnabel bilden, außerdem verschlechtert sich die Schlupfleistung.

Biotin (Vitamin H)

Biotin liegt in den Futtermitteln sowohl in freier als auch in proteingebundener Form vor. Proteingebundenes Biotin muss zunächst durch das Enzym Biotinidase freigesetzt werden, um absorbiert werden zu können. Für das monogastrische Tier ist die Verfügbarkeit von Biotin aus pflanzlichen Futtermitteln mitunter gering. Neben der Aufnahme von Biotin über die Nahrung produzieren auch die Darmbakterien nennenswerte Mengen. Bei Einsatz praxisüblicher Rationen und Haltungsbedingungen ist bei Mastschweinen keine Supplementierung vorzunehmen. Für Ferkel und Zuchtsauen kann ein Biotinzusatz erforderlich sein. In der Geflügelfütterung sollten Weizen- und Gerste-reiche Rationen mit Biotin supplementiert werden.

Die biochemischen Wirkungen von Biotin beruhen auf seiner Funktion als Coenzym von Carboxylasen. Diese spielen eine unentbehrliche Rolle bei der Gluconeogenese (Pyruvatcarboxylase), bei der Umsetzung von Propionsäure (Propionyl-CoA-Carboxylase), beim Abbau der Aminosäure Leucin (3-Methylcrotonyl-CoA-Carboxylase) und bei der Fettsäuresynthese (Acetyl-CoA-Carboxylase). Erste Hinweise auf einen Biotinmangel erlangte man, nachdem man rohes Eiklar an Versuchstiere verabreichte. Eiklar enthält das hitzelabile Glycoprotein Avidin, das die vierfache Menge an Biotin binden kann. Da dieser Avidin-Biotin-Komplex im Intestinaltrakt nicht spaltbar ist, vermindert sich damit deutlich die Verfügbarkeit des Biotins. Durch Erhitzen verliert Avidin jedoch seine Wirkung. Ein Biotinmangel äußert sich vor allem in Störungen der Haut. Schorfige Hautentzündungen, Haarausfall und Klauenschäden gehören zu den häufigen Symptomen eines Biotinmangels. Beim Geflügel geht Biotinmangel auch mit einer Perosis, einer schlechten Befiederung sowie einem Fettleber- und Fettnierensyndrom einher.

Vitamin C (Ascorbinsäure)

Ascorbinsäure wird von höheren Pflanzen und den meisten Säugetieren (Ausnahme: Primaten, Meerschweinchen) endogen aus Glucose synthetisiert. Üblicherweise muss den Nutztieren kein Vitamin C zum Futter zugesetzt werden. Beim Absetzen der Ferkel sowie in der Geflügelfütterung unter Bedingungen starken Stresses (extreme Umgebungstemperaturen, Infektionen) wird derzeit ein Zusatznutzen einer Vitamin C-Supplementierung diskutiert.

Vitamin C ist bei zahlreichen enzymatischen Reaktionen beteiligt, hat aber auch antioxidative Wirkung. Beide Funktionen beruhen auf der Eigenschaft von Ascorbinsäure, Elektronen aufnehmen oder abgeben zu können. Vitamin C ist unter anderem bei der Synthese von Kollagen, Carnitin, Gallensäuren, Adrenalin und Noradrenalin sowie bei Entgiftungsreaktionen in der Leber beteiligt. Seine antioxidativen Eigenschaften verleihen der Ascorbinsäure die Fähigkeit „verbrauchtes" Tocopherol (Tocopherol-Radikal) zu regenerieren, das bei der Reaktion mit Sauerstoffradikalen in den Zellmembranen entsteht. Vitamin C hilft somit auch Vitamin E einzusparen. Vitamin C, das über die Futtermittel aufgenommen wird, kann zudem die intestinale Verfügbarkeit des Eisens verbessern.

Vitamin-ähnliche Substanzen

Cholin

Cholin zählt nicht zu den klassischen Vitaminen, da es von den meisten Tieren endogen aus dem Aminoalkohol Ethanolamin und anschließender Methylierung in bedarfsdeckender Menge gebildet wird. Eine mögliche unzureichende Eigensynthese von Cholin ist nur beim Geflügel bekannt. Allerdings scheinen auch bei Geflügelrationen auf Sojabasis keine Ergänzungen mit Cholin notwendig zu sein. Da die Methylgruppen zur Synthese des Cholins vom Methionin geliefert werden, geht man davon aus, dass Cholinzulagen einen gewissen Methionin-sparenden Effekt haben. Aus diesem Grund setzt man Cholin teilweise auch den Rationen für Schweine zu.

Cholin ist Bestandteil des Membranphospholipids Lecithin (= Phosphatidylcholin) und des Neurotransmitters Acetylcholin. Als Strukturkomponente des Lecithins ist Cholin auch für den Abtransport von endogen gebildeten Fetten aus der Leber erforderlich. Ein Mangel an Cholin bzw. Lecithin führt daher zu einer Fettleber. Ähnlich wie Cholin, ist auch das **Myo-Inositol** (Inosit) Baustein von Phospholipiden (Phosphatidylinositol). Ein alimentärer Bedarf ist beim Nutztier nicht bekannt.

Carnitin

L-Carnitin (L-3-Hydroxy-4-trimethyl-Ammoniumbutyrat) ist ein Stoffwechselmetabolit des tierischen Organismus. Da es endogen synthetisiert werden kann, zählt es nicht zu den klassischen Vitaminen. Grundgerüst des Carnitins ist die essenzielle Aminosäure Lysin, deren endständige ε-Aminogruppe dreifach methyliert ist (Trimethyllysin). Die Methylgruppen stammen dabei von der Aminosäure Methionin, wobei im Säuger nur das proteingebundene Lysin methyliert werden kann. Da die Hauptmasse des Proteins in der Muskulatur lokalisiert ist, zählt diese zur vornehmlichen Quelle des Trimethyllysins. Erst bei Proteinabbau wird Trimethyllysin freigesetzt und weiteren enzymatischen Modifikationen (Oxidationen) unterzogen, die vornehmlich in der Leber und den Nieren stattfinden, den eigentlichen Geweben der Carnitinsynthese.

Die primäre Aufgabe des Carnitins besteht im Transport von langkettigen Fettsäuren durch die Mitochondrienmembran (Carnitin-Palmitoyl-Transferase) zum oxidativen Abbau und der Gewinnung von Energie. Daneben werden auch andere Funktionen des Carnitins diskutiert, die bislang jedoch wissenschaftlich noch relativ wenig untersucht sind. Neuere Untersuchungen zeigen, dass Zulagen von L-Carnitin in der Fütterung trächtiger Sauen die Ferkelzahl pro Wurf und die Wurfgewichte, aber auch die Rate an lebend geborenen Ferkeln erhöhen (EDER 2005). Aufgrund der höheren Vitalität und Saugleistung der Ferkel ist infolge auch die Milchbildung der Sauen gesteigert. Obgleich der exakte Mechanismus hierfür noch nicht bekannt ist, lassen die Daten einen Einfluss des Carnitins auf eine bessere intrauterine Nährstoffversorgung vermuten. Carnitin-Supplementierungen, die sich nur auf den Zeitraum der Laktation beschränken, scheinen hingegen keinen Vorteil zu bringen.

5.3.4 Zur Bedarfsableitung von Vitaminen

Für den Vitaminbedarf des tierischen Organismus gelten ähnliche Grundsätze wie bei den Spurenelementen. Die Zufuhr sollte generell so bemessen sein, dass nicht nur Mangelsymptome verhindert (Minimalbedarf), sondern eine optimale Leistungsfähigkeit des Tieres (Optimalbedarf) gewährleistet wird. Gerade dies ist jedoch in der Praxis nicht immer der Fall. Die Vitaminzufuhr über natürliche Futtermittel oder mikrobielle Synthese übersteigt zwar in aller Regel den Minimalbedarf und lässt damit keine äußeren Anzeichen eines spezifischen Vitaminmangels erkennen, sie liegt jedoch nicht immer im optimalen Bereich. Der Optimalbedarf lässt sich am besten durch biochemische Stoffwechselparameter ermitteln, die mit entsprechend hoher Empfindlichkeit auf eine Unterversorgung mit dem Vitamin reagieren. Eine faktorielle Bedarfsableitung ist derzeit aufgrund fehlender Daten über die jeweilige intestinale Verfügbarkeit der Vitamine aus den verschiedenen Futtermitteln sowie dem Umfang und die Verdaulichkeit der mikrobiell synthetisierten Vitamine, nicht möglich. Bei der Ableitung der Empfehlungen zur Versorgung mit Vitaminen werden zum Optimalbedarf noch Sicherheitszuschläge addiert. Faktoren, die bei der Ableitung einer optimalen Empfehlung zur Versorgung berücksichtigt werden sollten, sind in Übersicht 5.3-2 aufgezeigt.

Um den Minimal- und Optimalbedarf eines Vitamins zu ermitteln, können auch sehr allgemeine und unspezifische Größen wie die Futteraufnahme, das Wachstum und die Futterverwertung herangezogen werden. Nachteil ist, dass sich die genannten Leistungskriterien meist erst dann verschlechtern, wenn Reserven aufgebraucht und homöostatische Regulationsmechanismen erschöpft sind. Auch spezifische Mangelsymptome stellen sich häufig erst nach längeren Phasen der Unterversorgung ein. Es sollten deshalb zusätzlich immer auch biochemische Parameter zur Beurteilung des Vitaminstatus herangezogen werden.

Die Bestimmung der Plasmakonzentration eines Vitamins ist wie bei den Spurenelementen wenig aussagekräftig. Im Falle der wasserlöslichen Vitamine reagieren die Plasmaspiegel mitunter sehr stark auf Schwankungen im Vitamingehalt des Futters. Aufgrund der renalen Ausscheidung werden diese kurzzeitigen Änderungen im Blut jedoch rasch ausgeglichen. Über eine Langzeitversorgung und den tatsächlichen Vitaminbestand des Körpers sagen deshalb Konzentrationsbestimmungen im Blut relativ wenig aus. Etwas anders stellt sich die Situation beim Thiamin dar. Da es im Blut überwiegend in den roten Blutkörperchen lokalisiert ist, eignet sich die Thiaminbestimmung im Vollblut relativ gut, den Versorgungsstatus des Tieres zu erfassen. Auch bei den fettlöslichen Vitaminen erlaubt die Messung der Gehalte im Plasma eine gewisse Abschätzung des Versorgungsstatus. Allerdings

Übersicht 5.3-2

Faktoren, die bei der Ableitung von Empfehlungen zur Vitaminzufuhr berücksichtigt werden sollten

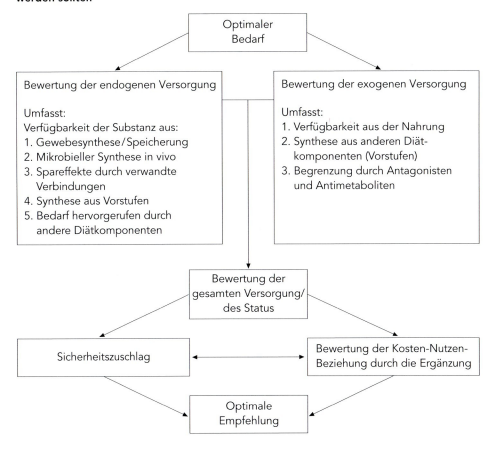

besteht beim Vitamin A die Schwierigkeit des ausgesprochen stark homöostatisch regulierten Plasmaspiegels. Ein Absinken der Vitamin A-Konzentrationen im Plasma erfolgt meist erst dann, wenn die Speicher der Leber weitestgehend entleert sind und der Mangel bereits manifest wird. Da sich bei wasserlöslichen Vitaminen Überschüsse oder Defizite relativ rasch im Harn bemerkbar machen, ist die Bestimmung der Vitaminmengen im Harn ein wichtiger Parameter bei der Bedarfsableitung. Um größere Sicherheiten bei der Ermittlung des Versorgungsstatus zu erhalten, sollten wiederholte Messungen im Harn über einen längeren Zeitraum durchgeführt werden.

Bei allen Vitaminen, die als Cofaktoren an enzymatischen Reaktionen mitwirken, kann über die Aktivitätsbestimmung des jeweiligen Enzyms der Versorgungszustand abgeschätzt werden. Bei einer suboptimalen Versorgung werden nach Entleerung potenzieller Pools und eventueller Speicher die **Enzymaktivitäten** schwächer. Die Stärke des Rückgangs der Aktivität sagt dabei zugleich etwas über die Stärke des Mangels aus. In der Diagnostik misst man vorwiegend Enzyme, die sich auch im Blut leicht nachweisen lassen und relativ sensitiv auf eine Vitaminunterversorgung reagieren. Zum Beispiel kann der Vitamin B_6-Status durch eine Aktivitätsbestimmung der Transaminasen erfasst werden, aber auch durch den Tryptophanbelastungstest. Dieser Test basiert darauf, dass Tryptophan üblicherweise über eine Vitamin B_6-abhängige Reaktion abgebaut wird, bei Mangel aber alternativ zu Xanthurensäure umgesetzt wird. Die renale Ausscheidung von Xanthurensäure bei oraler Tryptophanbelastung wäre somit beweisend für einen Vitamin B_6-Mangel. Zur weiteren Spezifizierung kann auch der **Aktivitätskoeffizient** eines Vitamin-abhängigen Enzyms herangezogen werden. Hierzu inkubiert man das spezifische Vitamin-abhängige Enzym aus dem Blut des Tieres mit dem entsprechenden biologisch aktiven Vitamin-Coenzym. Ist ein deutlicher Aktivitätsanstieg zu verzeichnen, weist dies auf einen Mangel hin. Zum Nachweis des Vitamin D-Status wird üblicherweise die Konzentration des 25-Hydroxycholecalciferols im Plasma herangezogen. Im Falle des Vitamin A ergibt die Bestimmung von Retinol im Plasma keine verwertbaren Aussagen über den Vitamin A-Status, da der Plasmaspiegel homöostatisch reguliert wird. Am besten ist es, den Vitaminbedarf durch Dosis-Wirkungsstudien unter Einbeziehung möglichst vieler diagnostischer Parameter zu ermitteln.

5.4
Ergotrope Stoffe

In der Tierernährung werden nach HENNIG (1972) unter dem Begriff der leistungssteigernden (ergotropen) Stoffe die Futterzusätze zusammengefasst, die eine Wirkung zeigen, ohne Nährstoff-, Mineralstoff- oder Vitamincharakter aufzuweisen. Bei den Ergotropica handelt es sich um eine heterogene Gruppe von Wirkstoffen, deren biochemischer Wirkungsmechanismus nicht immer geklärt ist. Man kann bei den ergotropen Futterzusätzen grundsätzlich nicht von einem bestimmten Bedarf ausgehen, obwohl ihre Wirksamkeit stets eine von Tier und Umwelt abhängige Mindestdosierung voraussetzt.

Im allgemeinen Sprachgebrauch, ebenso wie in der Fachliteratur, werden diese Stoffe häufig unter dem Begriff „Wachstumsförderer" zusammengefasst. Dies ist unter den heutigen Aspekten nicht mehr ganz zutreffend und auch missverständlich, da vielfach weniger die Steigerung der Produktion, sondern die Verbesserung der Produktqualität und Erhöhung der Produktivität (Output:Input) im Vordergrund steht. Durch den Einsatz von Ergotropica kann auch die Ausnutzung von Futtermitteln (Futterverwertung) verbessert und damit die Ausscheidung unverwerteter Nahrungsbestandteile (Stickstoff, Phosphor) reduziert und damit die Umweltverträglichkeit gesteigert werden.

Zu den Ergotropika zählen neben den Pro- und Präbiotika auch Stoffe, die in kleinsten Mengen Futtermischungen zugesetzt werden, um Verdauung und Stoffwechsel zu fördern oder die Gesundheit der Tiere zu erhalten. Somit gehören zu den ergotrop wirksamen Stoffen auch Futterzusätze wie Enzyme, Hormone (nicht in der EU), organische Säuren, phytogene Zusatzstoffe, Antioxidantien, Emulgatoren sowie Coccidiostatika.

Nach geltendem Futtermittelrecht werden die zugelassenen Ergotropika sowie alle sonstigen Wirkstoffe als **„Zusatz-** bzw. Ergänzungsstoffe" zusammengefasst und aufgelistet. Darunter fallen Zusatzstoffe mit Nährstoffcharakter wie die Aminosäuren sowie deren Hydroxyanaloga, omega-3 bzw. omega-6 Fettsäuren, Vitamine, Mineralstoffe und Spurenelemente sowie Harnstoff und dessen Derivate. Zu den Zusatzstoffen zählen aber auch Substanzen zur Verbesserung der Qualität von Futtermischungen wie Fließhilfsstoffe, Gelier- und Bindemittel, Stabilisatoren, färbende Stoffe, Konservierungs- und Aromastoffe sowie andere appetitanregende Stoffe. Die zuletzt genannten Stoffe werden üblicherweise in der Futtermittelkunde behandelt. Im Folgenden werden nur die beim Nutztier ergotrop wirksamen Substanzen näher erläutert.

Futtermittelrechtlich zugelassene Ergotropica sind hinsichtlich Funktion, Wirksamkeit und medizinisch-hygienischer Unbedenklichkeit geprüft, bevor sie in der Tierernährung eingesetzt werden. Damit soll für Tier und Konsument ein Höchstmaß an Sicherheit garantiert werden. Zur Beurteilung der Rückstände von Futterzusatzstoffen in tierischen Lebensmitteln werden vier Sicherheitsstufen herangezogen. Zunächst wird in einem mindestens zwei Jahre dauernden Tierversuch der Grenzwert ermittelt, bei dem der verabreichte Zusatzstoff keinerlei Wirkung auf Körperfunktion oder -struktur mehr zeigt („no effect level" in mg/kg Tier/Tag). Der hundertste Teil dieses Wertes ergibt die für den Menschen zulässige tägliche Aufnahmemenge („ADI-Wert" = Acceptable Daily Intake in mg/kg Mensch/Tag), die auch lebenslang ohne jede Beeinträchtigung für die Gesundheit von Mensch und Tier ist. Die „duldbare Menge" dieses Stoffes im Lebensmittel (mg/kg Nahrungsmittel) errechnet sich dann durch Multiplikation mit 70 (durchschnittliches Körpergewicht des Menschen) und Division durch die mittlere Verzehrsmenge des betreffenden Produktes, z. B. 100 g pro Tag. Die gesetzlich vorgeschriebene Höchstmenge, d. h. die maximal erlaubte Konzentration liegt in der Regel noch deutlich tiefer. Für cancerogen wirkende Kontaminanten gibt es keine Grenzwerte, da solche Stoffe schon bei minimalen Mengen krebserregend sein können.

5.4.1 Enzyme

Als Enzyme (früher: Fermente) werden die hoch-effektiven biologischen Katalysatoren des Stoffwechsels im Organismus bezeichnet. Sie gehören chemisch gesehen zu den Proteinen, die neben dem Proteinanteil (Apoenzym) noch ein Vitamin-abhängiges Coenzym enthalten können. Sie sind für alle biochemischen Umsetzungen im Organismus notwendig und beschleunigen die chemischen Reaktionen bis zum 10^6-fachen. Sie sind sowohl für den Abbau der Futterbestandteile im Verdauungstrakt, als auch für den Auf- und Abbau von Körpersubstanzen im Intermediärstoffwechsel zuständig (siehe vorausgehende Kapitel). Sie reagieren optimalerweise bei bestimmten Bedingungen (Feuchtigkeit, pH-Wert und Temperatur). Beim Ablauf einer Reaktion werden sie nicht verbraucht, weshalb die benötigte Enzymmenge im Vergleich zur Substratmenge klein ist.

Viele Versuche wurden durchgeführt, um nutritive Einflüsse auf enzymatische Reaktionen aufzudecken und vor allem das Leistungsvermögen der Nutztiere zu steigern. Die eine Seite dieser Bemühungen besteht darin, durch Ernährungseinflüsse die Aktivität der Enzyme zu erhöhen. Hierunter fallen vor allem die Auswirkungen verschiedener essenzieller Nahrungsbestandteile (Spurenelemente, B-Vitamine) auf die Aktivitäten der Enzyme. So konnte in Untersuchungen beim Schwein (KIRCHGESSNER und Mitarbeiter 1961 bis 1981) die erhöhte Proteinverdaulichkeit und das damit verbundene verbesserte Wachstum bei Zulage von Kupfersulfat als Einfluss ganz bestimmter Kupfermengen auf die Pepsin- und Trypsinaktivität erklärt werden. Dieser Weg zur Leistungssteigerung ist aber für die Fütterungspraxis nicht zu empfehlen, da die überhöhten alimentären Kupfermengen vom Tier wieder ausgeschieden werden und die Umweltbelastung steigern. Auf der anderen Seite wird versucht durch direkte Enzym-Zulagen, die Wirkung der körpereigenen Enzyme zu verstärken. Dies ist natürlich vor allem im Bereich der Verdauungsenzyme möglich, da es sich bei den Enzymen um Eiweißkörper handelt, die im Magen-Darm-Bereich abgebaut werden und deshalb im Stoffwechsel ihre Wirkung verlieren.

In mikrobiologischen Fermentationsprozessen können heute sehr viele Enzyme hergestellt werden. Im Wesentlichen werden diese aber in der Industrie zur Verarbeitung von Stärke (Amylasen, Glucosidasen), von Obst und Gemüse (Proteinasen), von Milch (Chymosin, auch Labenzym aus Kälbermagen), von Fleisch (Peptidasen) und zur Herstellung von Invertzucker (Invertasen) verwendet. Neben der Lebensmittelindustrie werden Enzyme auch im Bereich der Kosmetik, Leder-, Papier-, Waschmittel- und Textilindustrie sowie als Diagnostika und in der medizinischen Therapie eingesetzt. In der Tierernährung ist ihr Einsatz noch relativ neu. Dabei wird versucht durch direkte Enzymzulagen, die Wirkung der Verdauungsenzyme zu verstärken.

Bislang hat vor allem der Einsatz von Phytasen zur besseren Ausnutzung des Phytinphosphors beim Abbau des organisch gebundenen Phosphors Eingang in die Fütterung gefunden. Rund $2/3$ des gesamten Phosphors in pflanzlichen Futtermitteln liegt nämlich als Phytatphosphor vor. Durch die Zulagen von Phytasen wird der organisch gebundene Phosphor frei. Da auch andere Elemente einen Komplex mit dem Phytin bilden können, werden durch den Einsatz von Phytasen auch mehr Calcium und Magnesium, sowie einige Spurenelemente wie zum Beispiel Zink besser für den Körper verfügbar. Im Verdauungstrakt von Schwein und Geflügel fehlt die Phytase, nur in einigen pflanzlichen Futtermittel wie zum Beispiel Roggen und Weizen liegt eine gewisse Phytaseaktivität vor, vorausgesetzt diese sind bei der Verarbeitung und Lagerung nicht zu hohen Trocknungs- und Verarbeitungstemperaturen ausgesetzt. Futtermittelrechtlich ist das Enzym Phytase als Futterzusatz für Schweine und Geflügel zugelassen. Für Phosphor, wo ja heute die Bedarfsangaben in verdaulichem Phosphor erfolgt kann man deshalb beim Einsatz von Phytasen mit einer Verdaulichkeit des Phosphors von 60 % rechnen, was den zusätzlichen Einsatz von Phosphor in der Fütterung wesentlich verringert und damit auch zu erheblich geringeren Phosphorexkretionen führt. Dies führt damit zu einer erheblich geringeren Umweltbelastung.

Futtermittel-rechtlich ist neben dem Enzym Phytase als Futterzusatzstoff auch der Einsatz von β-Glucanasen und Pentosanasen erlaubt. Damit können verschiedene Zellwandbestandteile teilweise abgebaut und vor allem antinutritive Effekte vermieden werden. Der Wirkungsbereich liegt also im Abbau der so genannten Nicht-Stärke-Polysaccharide (NSP) wie Pentosane, Glucane oder Pektin, die ohne den Zusatz nur wenig verwertet werden können. Darüber hinaus wird die Verwertung anderer Nährstoffe dadurch verbessert, dass der sog. „Käfigeffekt", den die Zellwandbestandteile des Futters bilden, beseitigt und die Viskosität der Digesta hinsichtlich eines günstigeren intestinalen Milieus erniedrigt wird. Da im Getreide vor allem in der Gerste und im Hafer, aber auch im Roggen und Weizen, ebenso wie in Sojaextraktionsschrot und Weizenkleie, bis zu 120 g NSP je kg Trockenmasse enthalten sind, wird durch den Einsatz dieser Enzyme bei Futterrationen mit Anteilen dieser Futtermittel, die Wachstumsleistung aufgrund höherer Futteraufnahme, besserer Energieverwertung und höherer Verdaulichkeit der Nährstoffe gefördert. Eine positive Enzymwirkung ist vor allem bei wachsenden Tieren wie den Ferkeln und Küken zu beobachten.

5.4.2 Hormone

Im intakten Organismus sorgt ein ausgewogenes System von Hormonen für ein perfektes Zusammenspiel von Stoffwechsel- und Entwicklungsvorgängen. Überschuss oder Mangel an einem bestimmten Hormon kann zu Stoffwechselentgleisungen führen. In der Tierernährung sind vor allem entwicklungs- und leistungsverbessernde Hormone von Interesse. Sexualhormone, Schilddrüsenhormone wie auch Thyreostatica, Stilbenderivate mit östrogener Wirkung und das Wachstumshormon greifen sehr stark in anabole und katabole Stoffwechselwege ein. Als Anabolika werden vor allem Verbindungen bezeichnet, bei denen anabole, meist proteinanabole Wirkungen im Vordergrund stehen. Anabolika zeigen bei gezielter Anwendung Verbesserung in Futterverwertung und echtem Wachstum (Eiweißansatz), während der Gewichtszuwachs bei Thyreostaticagaben durch vermehrte Füllung des Magen-Darmtraktes und Wasseranreicherung im Körper zustande kommt.

Das im Hypophysenvorderlappen gebildete Wachstumshormon zeichnet sich durch seinen proteinanabolen und gleichzeitig fettkatabolen Effekt aus. Nach positiven Auswirkungen auf die Leistungsfähigkeit von Mastschweinen und Milchkühen konnten durch Verabreichung des Wachstumshormons auch bei Kälbern selbst auf einem bereits sehr hohen Leistungsniveau noch Verbesserungen bei Zuwachsrate und Futterverwertung nachgewiesen werden. Gleichzeitig verbesserte sich auch die Schlachtkörperqualität im Sinne eines höheren Protein- und niedrigeren Fettgehaltes.

Alle Substanzen mit Hormonwirkung sind in den EU-Ländern für eine nutritive Anwendung nicht zugelassen, da schädliche Nebenwirkungen am Tier und Gesundheitsgefährdungen des Menschen durch den Verzehr entsprechender tierischer Produkte nicht auszuschließen sind. Zudem muss die analytische Überprüfbarkeit des Einsatzes gewährleistet sein.

Seit 1988 ist EU-rechtlich auch die tierärztliche Anwendung von Hormonen bei Tieren, die der Lebensmittelerzeugung dienen, verboten. Lediglich Hormonpräparate mit kurzer Halbwertszeit dürfen zur Brunstsynchronisation und Auslösung einer Superovulation im Rahmen des Embryonentransfers verabreicht werden.

5.4.3 Wachstumsförderer

Wachstumsförderer sind ergotrope Substanzen, die bei geringen Zulagen zum Futter die tierische Leistung, speziell das Wachstum bei Jungtieren, steigern und letztlich eine günstige Futterverwertung bewirken. Für ihre futtermittelrechtliche Zulassung als Futterzusatzstoff ist der Nutzeffekt durch die verbesserte Futterverwertung der entscheidende Maßstab. Zu den Wachstumsförderern zählen Produkte von sehr unterschiedlicher chemischer Natur.

Bis zum Jahr 2006 waren Fütterungsantibiotika als Wachstumsförderer zugelassen. Im ursprünglichen Sinn sind Antibiotika (anti = gegen, bios = Leben) natürlich gebildete, niedermolekulare Stoffwechselprodukte bestimmter Bakterien, Pilze und zum Teil höherer Pflanzen. Später kamen synthetisch oder gentechnisch gewonnene Antibiotika hinzu. Sie hemmen entweder das Wachstum bestimmter Mikroorganismen (bakteriostatische Antibiotika) oder wirken bakterizid bzw. bakteriolytisch, also bakterientötend. Bislang sind mehrere Tausend verschiedene Antibiotika beschrieben. In der Medizin werden ausgewählte Antibiotika als Medikament gegen Infektionen mit pathogenen Keimen eingesetzt. Die früher in der Fütterung zugelassenen Antibiotika (Fütterungsantibiotika) unterschieden sich von denen für medizinisch-therapeutische Zwecke. Auch die Dosierung entsprach nur einem Bruchteil der üblicherweise in der Therapie eingesetzten Menge. Der nutritive Einsatz von Antibiotika verbesserte vor allem bei den Jungtieren Wachstum und Futterverwertung, die unter eher ungünstigen hygienischen Futter- und Stallverhältnissen gehalten wurden. Da jedoch auch beim Einsatz von Fütterungsantibiotika, ähnlich wie bei den therapeutisch eingesetzten Antibiotika, Probleme der Resistenzbildung auftraten, sind sie seit 2006 nach EU-Recht gänzlich verboten. Auch die zur therapeutischen Anwendung eingesetzten Antibiotika sind in der Fütterung nicht erlaubt.

Aufgrund dieser Probleme ist die Forschung seit langem bestrebt, Wachstumsförderer nicht-antibiotischer Natur zu entwickeln. Dazu sind u. a. die sog. Probiotica zu zählen, bei denen es sich zumeist um gefriergetrocknete, lebensfähige Lactobazillenstämme handelt, die unerwünschte oder pathologische Keimarten im Verdauungstrakt verdrängen und somit auf natürliche Weise ergotrop im Sinne einer verbesserten Tiergesundheit wirken. Zu den Wachstumsförderern sind auch einige organische Säuren und deren Salze sowie Kombinationspräparate zu rechnen, nachdem sie, wie neuere Untersuchungen zeigen, bei geringer Zulage im Futter von Jungtieren zu einer verbesserten Futterverwertung führen, die sich mit dem Nettoenergiegewinn durch ihren völligen Abbau im Intermediärstoffwechsel der Tiere nicht erklären lässt. Schließlich wird auch den pythogenen Zusatzstoffen eine positive zootechnische Wirkung zugeschrieben.

5.4.3.1 Pro- und Präbiotica

Probiotika (pro = für, bios = Leben) werden seit neuerer Zeit mit dem Ziel eingesetzt, auf biologische Weise regulativ in die Besiedlung des Verdauungstraktes mit Mikroorganismen einzugreifen. Im Gegensatz zu den Antibiotica handelt es sich dabei nicht um bestimmte Stoffwechselprodukte von Bakterien oder Pilzen, die hemmend oder abtötend auf die Mikroorganismen wirken, sondern um lebensfähige Mikroorganismen, die über eine veränderte Zusammensetzung der Mikroflora dem Nutztier zu höherer Leistung verhelfen können. Als probiotisch wirksam erwiesen sich vor allem bestimmte Milchsäurebakterien und Sporenbildner, wenn sie kontinuierlich zugesetzt werden, die durch ihr Wachstum, ein Anheften und eine Vermehrung potenzieller Krankheitserreger im Darm verhindern. Erreicht wird dieser Vorgang, indem die oral zugeführten Keime die Bindungsstellen des Darmepithels besetzen oder in der Schleimschicht einen wirksamen Biofilm als Infektionsbarriere aufbauen. Hinzu kommt die Bildung von Milchsäure und kurzkettigen Fettsäuren, die sich besonders hemmend auf die Entwicklung pathogener Keime auswirken. Voraussetzung für diese Schutzfunktion ist, dass die bioregulatorische Fähigkeit der dem Futter zugesetzten Keime durch eine hohe Vermehrungsrate im Verdauungstrakt erhalten bleibt (GEDEK 1986). Aus dem Einsatz von Probiotica ergibt sich somit primär eine Prophylaxe gegen infektiöse Magen-Darm-Erkrankungen, insbesondere der Colibazillose bei Jungtieren. Neuere Versuche bei Küken, Ferkeln und Kälbern zeigten, dass durch den Einsatz eines Probioticums in einer Dosierung von 0,5–1 Million koloniebildenden Keimen

(KBE) pro g Futter, deutliche Verbesserungen in der Häufigkeit von Durchfällen, des Wachstums (im Mittel etwa 4%) und der Futterverwertung zu erzielen waren.

Präbiotika sind als Alternative zu den Probiotika keine lebenden Bakterien, sondern unverdauliche Kohlenhydrate des Futters. Die genannten Substanzen sind Mehrfachzucker, die der Körper durch seine eigenen Enzyme nicht spalten kann, aber von bestimmten Darmbakterien verstoffwechselt werden können. Sie stimulieren selektiv Wachstum und Aktivität einiger Bakterienstämme im Dickdarm. Sie passieren unverdaut den Dünndarm und dienen im Dickdarm als Nährstoffe für erwünschte Keime wie Bifidobakterien und Laktobazillen, die damit im Wachstum gefördert werden. Die Wachstumsförderung günstiger Keime wirkt somit einer Ausbreitung von pathogenen Keimen entgegen. Zu den Präbiotika gehören beispielsweise Inulin und andere Fructooligosaccharide, Mannan-Oligosaccharide und Laktulose. Werden Prä- mit Probiotika kombiniert, spricht man von Synbiotika.

5.4.3.2 Organische Säuren

Der Einsatz bestimmter organischer Säuren und ihrer Salze mit dem Futter verbessert bei Schweinen die Leistung. In vielen Versuchen (KIRCHGESSNER und ROTH 1975–1990) wurde bei vergleichbaren Rahmenbedingungen, die Wirkung verschiedener organischer Säuren sowohl bei der Ferkelaufzucht als auch bei Mastschweinen untersucht. Dabei erzielten vor allem Ameisen-, Fumar-, Äpfel-, Zitronen-, Milch-, Sorbin- und Benzoesäure leistungsfördernde Effekte auf Wachstum und Futterverwertung. In der Ferkelaufzucht verbesserten sich durch den Einsatz dieser Säuren die täglichen Zunahmen um 8–20% und die Futterverwertung um 3–8%. Die unterschiedliche Wirkung ist durch die Art der organischen Säure und die zugesetzte Menge begründet. Bei hohen Dosierungen wird häufig die Futteraufnahme negativ beeinflusst. Das Maximum der Zulage für die leistungsfördernde Wirkung lag bei den verschiedenen Säuren zwischen 1,2 und 2,4%.

Auch der Einsatz der Salze (Calcium-, Natrium-, Kaliumsalze) einiger organischer Säuren erweist sich als günstig. Die Salze der Ameisen- und Fumarsäure waren hierbei am wirksamsten. Allerdings sind die Erfolge bei den Salzen bezogen auf gleiche Mengen an Anionen der reinen Säure etwas geringer. Ihr Einsatz in Futtermischungen hat jedoch den Vorteil, dass sie im Vergleich zur einen Säure geruchloser, weniger korrosiv und weniger flüchtig und somit technisch leichter zu handhaben sind.

Auch bei Mastschweinen können organische Säuren wie Fumarsäure, Zitronen-, Propion-, Benzoe- und Ameisensäure bzw. deren Salze eingesetzt werden. Allerdings haben sie hier eine wesentlich geringere Effizienz als in der Ferkelaufzucht.

Im Gegensatz zu den organischen Säuren konnten bei den anorganischen Säuren und deren Salze keine oder sogar negative Wirkungen festgestellt werden. So zum Beispiel hatte der Zusatz unterschiedlicher Mengen an Phosphorsäure keine Wirkung, während Zulagen von Salzsäure oder Calciumchlorid den Futterverzehr und das Wachstum verminderten sowie Störungen im Säure-/Basenhaushalt hervorriefen.

Die unterschiedlichen Effekte der verschiedenen Säuren sind im Wesentlichen durch drei verschiedene Wirkmechanismen zu erklären. Die Wirkorte sind entweder das Futter selbst, der Verdauungstrakt oder der Stoffwechsel. Organische Säuren sind im Gegensatz zu anorganischen Säuren als Konservierungsmittel besonders effektiv. Dies liegt nicht allein am verringerten pH-Wert des Futters. Die Besonderheit der organischen Säuren liegt darin, dass sie in undissoziierter Form die Zellwand von Mikroorganismen durchdringen können, dort dissoziieren und das pH-Gleichgewicht der Bakterienzelle stören. Desweitern kann beispielsweise Sorbinsäure mit ihren Doppelbindungen auch kovalente Bindungen mit SH-Gruppen von Enzymen eingehen und diese dadurch inaktivieren. In Folge kommt es durch die Beeinträchtigung von Enzymaktivitäten und Nährstoff-Transportsystemen zu Stoffwechselstörungen und einem Wachstumsstillstand der Bakterien. Die Wirksamkeit der Säure hängt somit von deren Dissoziationsgrad ab, also von deren pKs-Wert (pH-Wert, bei dem 50 % der Säure dissoziiert vorliegen). Organische Säuren mit hohem pKs-Wert wie schwächere organische Säuren sind deshalb besonders wirksam. Dieser antimikrobielle Effekt tritt sowohl im Futter auf als auch im Verdauungstrakt des Tieres. Da Mischfutter auch bei optimaler Behandlung und Lagerung mit verschiedenen Mikroorganismen kontaminiert ist, wird durch den Zusatz dieser Konservierungsmittel ihre Stoffwechselaktivität gehemmt und vermindert. Die dafür notwendige Menge an Zusatz ist allerdings geringer als für den Einsatz als Leistungsförderer. Setzt man also die für eine erhöhte Leistung beim Tier notwendige Dosierung ein, hat man sowohl gute hygienische Verhältnisse im Futter als auch die verbesserte Leistung.

Der größte Effekt wird in den ersten Wochen nach dem Absetzen der Ferkel erzielt; eine Periode, in der häufig Durchfall auftritt. Diese Verdauungsstörungen treten in diesem Lebensabschnitt deswegen besonders auf, da zu diesem Zeitpunkt einerseits der Immunschutz durch die Milch wegfällt, andererseits die Immunabwehrfunktionen des Verdauungskanals noch nicht ausgereift sind. Darüber hinaus werden durch den Einsatz der Säuren auch die Verdauungsbedingungen verbessert, so zum Beispiel kann das Pepsinogen durch den etwas geringen pH-Wert in Pepsin umgewandelt werden. Neben dieser verbesserten Nährstoffverdaulichkeit, liefern die organischen Säuren selbst umsetzbare Energie. Die Hemmung des Wachstums pathogener Keime und damit Prophylaxe gegen Durchfälle, die verbesserte Nährstoffverdaulichkeit und die Lieferung zusätzlicher Energie sind die wesentlichen Gründe für die verbesserte Wachstumsleistung und Futterverwertung bei Gabe von organischen Säuren.

5.4.3.3 Phytogene Zusatzstoffe

Darunter versteht man im Wesentlichen Kräuter und deren Extrakte in Form der ätherischen Öle. Der Einsatz von Kräutern und deren Extrakte in der menschlichen Ernährung und in der Humanmedizin besitzt aufgrund ihrer gesundheitsfördernden Wirkungen eine lange Tradition. Mittlerweile werden Zusatzstoffe auf pflanzlicher Basis auch in der Tierernährung vermehrt verwendet, um die Produktivität der landwirtschaftlichen Nutztiere zu verbessern. Sie werden vielfach als natürliche Alternative zu antibiotischen Leistungsförderern betrachtet. In der Tierernährung gebräuchlich sind eine Vielzahl von Kräutern und ätherischen Öle wie z. B. Oregano, Thymian, Rosmarin, Salbei, Nelken, Zimt, Anis, Fenchel, Knoblauch, Koriander, Schafgarbe, Sonnenhut oder Extrakte der Blutwurz. Häufig werden auch Mixturen aus diesen Stoffen verwendet.

Die Wirkungen dieser Substanzen sind sehr vielfältig und werden vor allem den darin enthaltenen ätherischen Ölen zugeschrieben. So soll die Verdauung durch Anregung der Speichel-, Magen- und Darmsekretion gefördert werden. Weiterhin werden appetitanregende, entzündungshemmende, das Immunsystem stabilisierende und antioxidative Eigenschaften für diese auch als Phytobiotika bezeichneten Stoffe reklamiert. Darüber hinaus konnte für bestimmte phytogene Produkte eine antimikrobielle Aktivität gegen Bakterien,

Hefen und Pilzen sowie eine antivirale Aktivität nachgewiesen werden. Insgesamt wird daraus eine Wirksamkeit als Leistungsförderer postuliert.

Diese Wirkungen beruhen auf unterschiedlichsten chemischen Inhaltsstoffen wie Tanninen, Phenolen, Senfölen oder Terpenen, die mit verschiedenen funktionellen Gruppen wie z. B. Alkoholen oder Aldehyden assoziiert sein können Es ist zu beachten, dass diese physiologisch sehr wirksamen Verbindungen nicht nur zu gewünschten positiven Wirkungen, sondern auch negativen toxischen Effekten führen können. Hinzu kommt, dass die Wirksamkeit selten auf einzelne Substanzen, sondern auf mehreren gleichzeitig vorhandenen Wirkstoffen basiert. Die komplexe Zusammensetzung der ätherischen Öle erschwert es, dass die biologischen Eigenschaften den einzelnen Komponenten zugeordnet werden können.

Phytogene Zusatzstoffe sind futtermittelrechtlich in der Gruppe der Aroma- und appetitanregenden Stoffe oder bei den zootechnischen Futterzusatzstoffen zugelassen. Für den Einsatz in der Tierernährung gewinnen dabei jene Eigenschaften an Bedeutung, die Leistung und Gesundheit der Tiere verbessern können. Eine wichtige Rolle spielt hierbei die antimikrobielle Wirksamkeit. In-vitro- Versuche bei verschieden Keimarten ergaben eine hohe antimikrobielle Wirksamkeit für Oregano-, Thymian-, Nelken- oder Pfefferminzöl, weniger wirksam waren Öle von Salbei, Knoblauch oder Anis. Sicherlich müssen für den zootechnischen Gesamtnutzen neben den antimikrobiellen auch weitere Eigenschaften dieser Zusatzstoffe, wie sie in der Human- und Veterinärmedizin beschrieben wurden, berücksichtigt werden.

Insgesamt kann aus einer Reihe von Praxisversuchen zur zootechnischen Wirksamkeit gefolgert werden, dass der Einsatz von Kräutern und ätherischen Ölen bei Schweinen und Geflügel zu sehr unterschiedlichen Ergebnissen führte. Dabei waren Futterverzehr, Gewichtszunahmen und Futteraufwand nur selten signifikant verbessert. Genauere Kenntnisse der Inhaltsstoffe, ihrer biologischen Wirkungsmechanismen sowie ihrer Dosis-Wirkungs-Funktionen sind für einen nachhaltigen erfolgreichen Einsatz dieser Zusatzstoffe notwendig.

5.4.4 Antioxidantien, Emulgatoren, Coccidiostatica

Antioxidantien werden verwendet, um sauerstoffempfindliche Futterbestandteile vor oxidativem Abbau zu schützen. Diese Wirkung erstreckt sich vor allem auf Fette mit mehrfach ungesättigten Fettsäuren und fettlösliche Vitamine im Futter. Dabei werden die Antioxidantien selbst abgebaut und verlieren somit allmählich ihre Schutzwirkung. Wichtige natürlich vorkommende Antioxidantien sind Ascorbinsäure und Tocopherole, die auch unmittelbar in den Membranen, vor allem ungesättigte Fettsäuren, vor der Lipidperoxidation schützen. Hohe Mengen an Vitamin E im Futter führen auch zu Speicherungen im Organismus und damit in den tierischen Produkten Fleisch, Milch und Eier. Als synthetische Zusatzstoffe werden vor allem Aethoxyquin und Butylhydroxytoluol in der Futtermittelherstellung eingesetzt, um Futterfette und die Fettkomponente im Mischfutter vor oxidativen Zersetzungen zu schützen. Diese futtermittelrechtlich anerkannten Stoffe werden Einzelfuttermitteln und Konzentraten in Höchstmengen von 400 bis 500 mg und in Alleinfuttermischungen bis 150 mg (Gallate bis 100 mg) je kg zugesetzt.

Emulgatoren sind natürlich vorkommende oder synthetisch hergestellte Stoffe, die durch ihre hydrophilen und lipophilen Gruppen amphiphilen Charakter besitzen und sich an Grenzflächen ausrichten können. Emulgatoren lagern sich an Grenzflächen zwischen polarer und unpolarer Phase an und führen zur Reduktion der Oberflächenspannung von

Wasser und zur Lösungsvermittlung zwischen polaren und unpolaren Stoffen (Emulsion). Die Vollmilch ist beispielsweise eine Emulsion, in der Fetttröpfchen durch eine emulgierende Hülle aus Proteinen und Lecithinen in der wässrigen Molke feinst verteilt vorliegen. Endogene Emulgatoren sind die zur Fettverdauung benötigten Gallensäuren sowie Proteine und Phospholipide, die beim Transport von Fetten in Lymphe und Blut (Lipoproteine) erforderlich sind. Auch in Pflanzen kommen viele Stoffe mit emulgierender Wirkung vor, wie zum Beispiel Lecithine und Saponine.

Als Zusatzstoffe werden Emulgatoren in der Tierernährung vor allem bei der Herstellung von Milchaustauschfuttermitteln und Ergänzungsfuttermitteln zur Nährstoffaufwertung von Magermilch verwendet. Sie erlauben in der Tränke eine feine und stabile Verteilung der zugemischten Pflanzen- und Schlachttierfette und verbessern dadurch letztlich die Verträglichkeit und Verdaulichkeit der Fettkomponente. Emulgatoren sind auch zur Stabilisierung und Verbesserung der Verarbeitungsfähigkeit von Vitaminpräparaten mit fettlöslichen Vitaminen erforderlich. Übliche Dosierungen von Emulgatoren liegen etwa bei 2–3 % in Fettkonzentraten und bei 25 % in Vitaminpräparaten. Zu den futtermittelrechtlich zugelassenen Emulgatoren zählen einerseits viele natürlich vorkommende Verbindungen wie Lecithine, Mono- und Diglyceride u.a., sowie auch synthetische Produkte wie Glycerin, das bei der Erzeugung von Biodiesel aus Rapsöl anfällt.

Neben den echten Emulgatoren mit Grenzflächenaktivität gibt es auch zahlreiche andere Stoffe mit Stabilisierungs- und Verdickungseigenschaften. Viele solcher Stabilisatoren, Verdickungs- und Geliermittel sind als Naturstoffe in Futter- und Lebensmitteln enthalten, wie Schleimstoffe, Polysaccharide (Carageen, Pektin, Alginate u.a.), Celluloseabkömmlinge, Gelatine. In der Tierernährung werden natürliche sowie verschiedene synthetische Produkte vor allem in der Herstellung von Milchaustauschern eingesetzt, um eine zu schnelle Phasentrennung der wasserunlöslichen Komponenten in der Tränke zu verhindern.

Coccidiostatica sind Zusatzstoffe, die vor allem in der Geflügelhaltung zur Verhütung der Coccidiose (Kükenruhr) dem Futter in geringer Dosierung beigemischt werden. Die Kükenruhr, die vor allem als Dünndarm- und Dickdarmcoccidiose bei Junggeflügel verbreitet auftritt, wird bei Huhn und Pute durch verschiedene Protozoen der Gattung Eimeria verursacht. In der intensiven Massenhaltung ist im Vergleich zur früheren Auslaufhaltung, bei der durch ständige schwache Infektionen eine Immunitätsausbildung der Jungtiere möglich war, ein Zusatz von Coccidiostatica zur Vermeidung von Großinfektionen unerlässlich. Resistenzbildung zwingt zum Präparatwechsel und zur Entwicklung von neuen Mitteln. Die Dosierungen bei den derzeit in der Bundesrepublik zugelassenen Coccidiostatica (z.B. Amprolium, Decoquinat, Halofuginon, Monensin, Lasalocid, Monesin, Robenidin, Salinomycin) liegen für Geflügel im Bereich von 2 bis 133 mg je kg Futter. Coccidiostaticahaltiges Futter darf laut gesetzlicher Bestimmungen an Schlachtgeflügel längstens bis 3 bzw. 5 Tage vor dem Schlachten verfüttert werden, um die Gefahr von Rückständen im Geflügelfleisch für den Verbraucher auszuschließen. Aus gleichem Grunde ist auch der Zusatz von Coccidiostatica zum Legehennenfutter nicht erlaubt, wohl aber zum Junghennenfutter bis zur Legereife. Entsprechendes gilt auch für Futterzusatzstoffe, die der Verhütung der Schwarzkopfkrankheit bei Puten dienen.

6
Schweinefütterung

6 Schweinefütterung

Schweine haben einen einhöhligen Magen und verdauen das Futter vorwiegend enzymatisch. Bakterielle Abbau- und Synthesevorgänge finden beim Schwein vorwiegend erst in den hinteren Abschnitten des Magen-Darmtraktes statt. Die dabei gebildeten Produkte (siehe 4.4.3) stehen daher nur in geringerem Ausmaß für eine endogene Verwertung im Stoffwechsel zur Verfügung und haben damit für das Schwein im Vergleich zum Wiederkäuer eine geringere Bedeutung. Das Schwein stellt deshalb bei vollwertiger Ernährung höhere Ansprüche an die Futterqualität als der Wiederkäuer. Das Futter muss höher verdaulich, das heißt die Nährstoffe im Futter müssen für die Enzymtätigkeit leichter zugänglich sein. Daher können rohfaserreiche Futtermittel bei hohen Ansprüchen an die Leistung nicht eingesetzt werden. Außerdem ist wegen des relativ geringen Fassungsvermögens des Magen-Darmtraktes einerseits und den hohen Leistungsanforderungen andererseits ein Futter mit hoher Nährstoffkonzentration zu verwenden. Hinsichtlich der Eiweißversorgung ist die Qualität des Proteins zu beachten, da das Schwein auf die Zufuhr der essenziellen Aminosäuren über das Futter angewiesen ist. Bei den Wirkstoffen ist für Schweine wegen der unzureichenden bakteriellen Syntheseleistung zusätzlich die Versorgung mit B-Vitaminen zu berücksichtigen.

Tierische Leistungen sind das Produkt aus Erbanlage und Umwelt. Einen Teil des Faktors Umwelt stellt bei den Tieren die Fütterung dar. In welcher Weise sich diese allgemeine Feststellung in der Schweinehaltung auswirkt, ist in Übersicht 6-1 von seiten der Ernährung für einige wichtige Leistungsmerkmale zusammengefasst. Die Schlachtleistungseigenschaften können über die Fütterung nur begrenzt beeinflusst werden. Fleischansatz und Futterverwertung zeigen eine mittlere Abhängigkeit von der Ernährung. Dagegen ist der Fütterungseinfluss für die wirtschaftlich sehr ins Gewicht fallenden Kriterien Wurfgröße, Absetzgewichte und Zunahmen der Masttiere hoch.

Die Ausführungen zeigen eindeutig, dass der Erfolg in allen Zweigen der Schweinehaltung in großem Maße von der Gestaltung der Fütterung bestimmt wird.

Übersicht 6-1
Einfluss der Ernährung auf einige Leistungsmerkmale

Leistungsmerkmal	Ernährungseinfluss
Wurfgröße und Absetzgewicht	hoch
Zuwachsrate bei der Mast bzw. „Fleischansatz"	hoch bzw. mittel
Futterverwertung	mittel
Schlachtkörperqualität	gering

6.1
Fütterung der Zuchtsauen

Die Wirtschaftlichkeit der Zuchtsauenhaltung hängt in erster Linie von den Futterkosten und der Zuchtleistung der Sauen ab. Obwohl die Sauenhaltung als relativ arbeitsaufwendiger Betriebszweig gilt, nimmt nämlich der Futterkostenanteil immerhin noch mehr als die Hälfte der Gesamtkosten ein. Jede Änderung der Futterkosten wirkt sich somit stark auf die Rentabilität aus. Deshalb ist auch bei Zuchtsauen die praktische Fütterung erst optimal, wenn sie vollwertig und leistungsgerecht, dabei aber so ökonomisch wie möglich gestaltet wird.

Die Zuchtleistung von Sauen setzt sich aus Fruchtbarkeits- und Säugeleistung zusammen. Sie bestimmt letztlich über die Zahl der abgesetzten Ferkel die Ertragshöhe der Sauenhaltung. Die Zuchtleistung ist sehr stark über die Fütterung zu beeinflussen (siehe auch Übersicht 6-1). Die Heritabilität der Fruchtbarkeitseigenschaften gilt nämlich beim Schwein als sehr gering. Umso mehr wirken sich Umweltbedingungen, und dabei speziell die Fütterung, aus. Deshalb kann auch nur bei einer vollwertigen Ernährung eine gute wirtschaftliche Fruchtbarkeitsleistung mit ausgeglichenen Würfen von 10–12 Ferkeln je Wurf, Geburtsgewichten nicht unter 1,3 kg, geregelter Wurffolge (mehr als 2,3 Würfe pro Jahr) und eine Lebensleistung von mindestens 4 Würfen erwartet werden. Wie entscheidend die Fütterung für eine gute Säugeleistung der Sau werden kann, wird sofort klar, wenn man einmal die enorme Leistungsfähigkeit der Sau mit der des Rindes vergleicht. Laktierende Sauen können nämlich bei guter genetischer Veranlagung und richtiger Fütterung im Durchschnitt bis zur 5. Woche Tagesleistungen von 8–10 l Milch erreichen (siehe auch Abb. 6.1-6). Dabei entspricht 1 l Sauenmilch im Eiweiß- und Energiegehalt nahezu 1,7 l Kuhmilch. Bezieht man die Leistung auf gleiches Lebendgewicht, so errechnet sich daraus bei der Sau eine Leistung, die 30–40 l Kuhmilch entspricht.

Foto 6.1-1
Die vollwertige Ernährung von Schweinen ist für die wirtschaftliche Haltung wichtig

Foto 6.1-2

Die Fruchtbarkeitsleistung der Sauen wird maßgeblich von der Fütterung beeinflusst

6.1.1 Leistungsstadien

Die erfolgreiche Fütterung der Zuchtsauen ist dem jeweiligen Leistungsstadium anzupassen. Als Leistungsstadien mit unterschiedlichen Nahrungsansprüchen kennen wir bei der Sau die Zeit des Deckens, die Trächtigkeit und die Laktation. Da beim Schwein Gravidität und Laktation zeitlich nicht zusammenfallen, ist der jeweilige Einfluss der Fütterung auf Trächtigkeit und Laktation leichter abzugrenzen als beim Rind. Allerdings darf nicht vergessen werden, dass sich die Ernährung während der Trächtigkeit stark auf die nachfolgende Laktation auswirkt und dass ebenso die Fütterung der säugenden Sau für die nachfolgende Trächtigkeitsperiode eine Rolle spielen kann.

6.1.1.1 Die Zeit des Deckens

Abgeleitet von der in den angelsächsischen Ländern bei Schafen üblichen Praxis wird auch bei Sauen die Methode des Flushing diskutiert. Es handelt sich hierbei um eine besonders reichliche Fütterung zur Zeit des Deckens. Nach zahlreichen Untersuchungen kann nämlich eine intensive Ernährung vor dem Decken die Ovulationsrate erhöhen. Dieser Flushing-Effekt wird erzielt, wenn man mit der reichlichen Fütterung 8–14 Tage vor der Brunst einsetzt, wobei allein die Energiezufuhr wesentlich ist. Abb. 6.1-1 nach CLOSE und COLE (2003) zeigt, dass über eine gesteigerte Insulin- und FSH-/LH-Produktion die Ovulationsrate erhöht wird, während eine nach dem Decken zu reichliche Fütterung das Progesteronniveau vermindert und damit zusammenhängend über eine ungenügende Bildung der uterinen sekretorischen Proteine die Überlebensrate der Embryonen beeinträch-

Abbildung 6.1-1

Ernährung um die Zeit des Deckens und endokrine Einflüsse auf die Wurfgröße

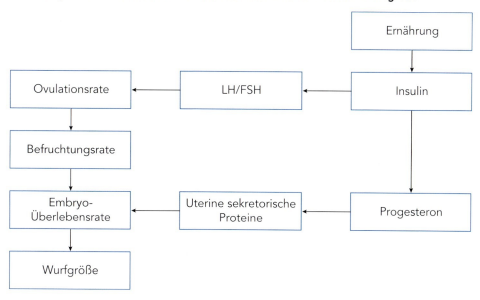

tigt. Nach dem Decken darf deshalb diese reichliche Nährstoffzufuhr auf keinen Fall fortgesetzt werden, da sonst die pränatale Embryonensterblichkeit erhöht wird. Eine erhöhte Nährstoffzufuhr bis zum Decken kann sich also positiv auf den Konzeptionsverlauf und damit auf die Wurfgröße auswirken. Dies ist aber nur der Fall, wenn in der Vorperiode, also der Laktation, knapp ernährt wurde. Unter unseren Fütterungsverhältnissen, bei denen üblicherweise während der Laktation bereits ein hohes Ernährungsniveau eingehalten wird, zeigt Flushing jedoch keinen positiven Einfluss auf die wirtschaftlich relevante Ferkelzahl und wird daher auch nicht empfohlen.

6.1.1.2 Trächtigkeit

Bei der Entwicklung von Normen und Fütterungsempfehlungen für tragende Tiere ging man von dem faktoriellen Grundgedanken aus, d. h. den Bedarf für Erhaltung und Leistung optimal zu decken. Als Ausdruck der Leistung ist hierbei der gesamte Komplex der Gewichtszunahmen bei korrekter Fütterung zu sehen. Dieser Gewichtszuwachs wird durch das Wachstum der Föten und Reproduktionsorgane, durch das normale Wachstum noch jüngerer Muttertiere, durch die Erneuerung von Körperreserven im mütterlichen Organismus, die während der Laktation erschöpft wurden, und durch den spezifischen Stoffwechseleffekt der Trächtigkeit bewirkt. Für diesen spezifischen Trächtigkeitseffekt wird häufig der Begriff Trächtigkeitsanabolismus verwendet. Er bezieht sich aber nur auf die Gewichtszunahmen der Sau, wenn davon die Zunahmen durch das Konzeptionsprodukt und das Wachstum junger Muttersauen abgezogen werden. In diesem Zusammenhang prägten LENKEIT, GÜTTE und Mitarbeiter den Begriff „Superretention". Sie bezeichnen damit eine Speicherung von

6 Schweinefütterung

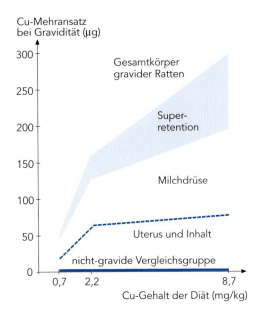

Abbildung 6.1-2

Cu-Mehransatz von graviden gegenüber nicht-graviden Ratten bei unterschiedlicher Cu-Versorgung

Stickstoff, die über den Ansatz in Föten, Uterus, Placenta und Milchdrüse hinausgeht (siehe hierzu Abb. 6.1-3). Gleichlaufend erfolgt zum Teil über eine Erhöhung des Blutvolumens eine Zunahme des Körperwassers sowie eine beträchtliche Superretention an Calcium und Phosphor (siehe 5.1.1.2) sowie nach unseren Untersuchungen mit Sauen auch an den Spurenelementen Zink, Kupfer, Mangan und Nickel. Abb. 6.1-2 zeigt hierzu exemplarisch für Kupfer die Ergebnisse aus einem Grundlagenversuch mit Ratten (KIRCHGESSNER und Mitarbeiter 1978). Dabei wurden gravide und nicht-gravide Tiere unterschiedlich mit Kupfer versorgt, wodurch der Kupferansatz in den Reproduktionsorganen und -produkten mit höherer Kupferversorgung anstieg. Die Darstellung verdeutlicht aber auch, dass die Höhe des Trächtigkeitsanabolismus sehr stark von der Höhe der Zufuhr abhängt. Dies gilt auch für die anderen Nährstoffe.

Der Trächtigkeitsanabolismus wurde inzwischen bei Mensch, Rind, Schwein, Ratte und Hund nachgewiesen. Er ist über die gesamte Tragezeit zu beobachten. Als Ursache sieht man die veränderte Hormonproduktion des trächtigen Tieres an. Der Gewichtszuwachs tritt vor allem bei Skelett, Fett- und Muskelgewebe auf, während die inneren Organe, mit Ausnahme des Uterus, ziemlich unverändert bleiben. Dabei nimmt der gesamte Wassergehalt des Körpers zu, der Fettgehalt ab. Dieser Ansatz unterscheidet sich damit grundlegend vom Wachstum junger Tiere.

Mit der Superretention eng verknüpft und ebenso hormonal gesteuert ist ein entsprechender Abfluss der Körperreserven in der Frühphase der folgenden Laktation. Auf die „Retentionsphase" folgt eine „Ausscheidungsphase". Letztere ist durch negative Bilanzen gekennzeichnet, die in der Regel umso größer sind, je ausgeprägter die Superretention war. In Abb. 6.1-3 sind nach LENKEIT und Mitarbeitern diese Verhältnisse für den N-Umsatz der graviden und laktierenden Sau aufgezeigt.

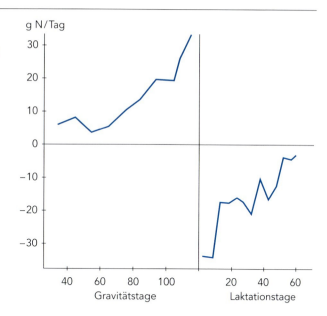

Abbildung 6.1-3
Der N-Umsatz von Sauen während der Gravidität und Laktation

Fötales Wachstum und Milchdrüse

Der Bedarf für das fötale Wachstum lässt sich am besten aus dem täglichen Ansatz an Nährstoffen im gesamten trächtigen Uterus (Föten, Eihäute und Placenta, Fruchtwasser, Wachstum des Uterus selbst) ableiten. Hierzu sind in Abb. 6.1-4 die Ergebnisse amerikanischer und dänischer Versuche (MITCHELL und Mitarbeiter, 1931, DE VILLIERS und Mitarbeiter, 1958) für den täglichen Stickstoff- und Energieansatz dargestellt. Ähnliche Verhältnisse gelten auch für die Retention von Calcium, Phosphor und Eisen (siehe auch Übersicht 6.1-1 nach MOUSTGAARD). In den ersten Wochen der Trächtigkeit nimmt lediglich das Gewicht von Uterus, Eihäuten und Fruchtwasser relativ stark zu, während die Föten beispielsweise bis zur 9. Woche erst etwa 8 % ihres Endgewichtes erreicht haben. Entsprechend gering ist der Ansatz im gesamten Uterus. Damit liegt der Nährstoffbedarf der Sau in dieser Zeit nur unwesentlich über dem Erhaltungsbedarf.

Ab der zweiten Hälfte der Trächtigkeit werden die Föten stärker ausgebildet. Dadurch steigt der Nährstoffansatz, und zwar besonders stark vor allem im letzten Drittel der Gravidität (Abb. 6.1-4). 2–3 Wochen vor dem Ferkeln werden dann pro Tag durchschnittlich etwa 10 g Stickstoff und 6 g Fett in Uterus und Föten retiniert. In den letzten Trächtigkeitswochen wird aber auch die Milchdrüse stärker ausgebildet und hierzu im Eutergewebe kurz vor der Geburt 4–5 g Stickstoff täglich eingelagert (siehe dazu Übersicht 6.1-1). Bei einer biologischen Eiweißwertigkeit von etwa 60 % ergibt sich daraus für die Reproduktionsorgane einschließlich Milchdrüse ein täglicher Bedarf von bis zu 185 g Rohprotein (MOUSTGAARD). Auch der Energieansatz steigt im letzten Drittel der Trächtigkeit stark an. 2 Wochen vor dem Abferkeln werden von 10 Föten täglich etwa 2,1 MJ retiniert.

Wie sich eine unzureichende Nährstoffzufuhr auf ein wachsendes und trächtiges Tier auswirkt, lässt sich schematisch in Abb. 6.1-5 nach HAMMOND darstellen. Unterernäh-

Abbildung 6.1-4

Der tägliche Stickstoff- und Energieansatz im Uterus trächtiger Schweine (10 Föten)

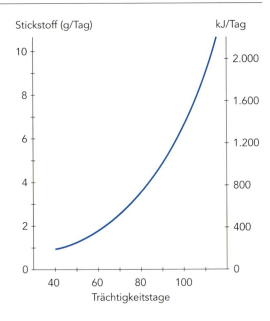

Übersicht 6.1-1

Täglicher Stickstoff- und Energieansatz von 10 Schweineföten

Tage nach dem Decken	Stickstoff Uterus g	Milchdrüse g	Energie kJ	Ca g	P g
40	1,0		210	0,1	0,1
80	3,6	0,8	710	1,2	0,9
115	10,6	4,7	2.130	9,8	4,7

rung beeinflusst die einzelnen Organe und Gewebe in einem unterschiedlichen Ausmaß, da für die einzelnen Gewebe aufgrund ihrer Entwicklungsstufe und Stoffwechselrate eine unterschiedliche Priorität der Nährstoffversorgung aus dem Blut besteht. So werden die sich früh entwickelnden Gewebe wie Gehirn, Zentralnervensystem oder Knochen vorrangig versorgt und durch Unterernährung weniger beeinträchtigt als die sich später entwickelnden Muskeln und Fettdepots.

Bei leicht verminderter Nährstoffzufuhr (ein Pfeil in der Abbildung wird jeweils entfernt) unterbleibt zuerst der Fettansatz, und das Wachstum der anderen Gewebe verringert sich. Bei stärkerer Mangelernährung (Abzug von je 2 Pfeilen) wird das Muskelwachstum beendet und das Fettgewebe zugunsten höherer Gewebeprioritäten mobilisiert (Umkehrung des Pfeiles). Sinkt die Nährstoffzufuhr noch weiter ab (3 Pfeile werden jeweils entfernt), so stagniert das Knochenwachstum, und Muskelgewebe wird nun mobilisiert, um die Versorgung von Nervengewebe oder Placenta bzw. Milchdrüse zu ermöglichen. Dadurch genießt auch der Fötus zumindest in der frühen Gravidität eine hohe Vorrangstel-

Foto 6.1-3

In den letzten Trächtigkeitswochen bilden sich die Milchdrüsen stark aus

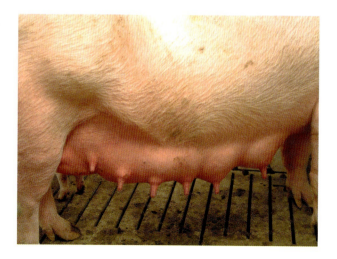

Abbildung 6.1-5

Priorität in der Nährstoffversorgung der Körpergewebe aufgrund ihrer Stoffwechselrate (dargestellt durch die Anzahl der Pfeile)

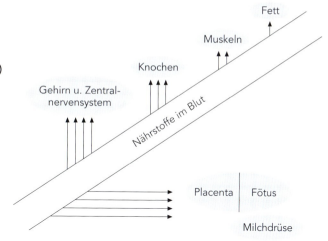

lung in der Nährstoffversorgung. Allerdings lässt diese Priorität mit fortschreitender Trächtigkeit nach, sodass verminderte Nährstoffzufuhr vor allem in der zweiten Hälfte der Gravidität das Wachstum des Fötus verringern kann.

Bei multiparen Spezies wie z. B. dem Schwein wird das fötale Wachstum durch Nährstoffmangel stärker beeinträchtigt als bei uniparen Tierarten wie Rind oder Pferd, die in der langen Trächtigkeitsperiode eine bezogen auf das Muttertier relativ geringe Fruchtmasse aufweisen. Bei Proteinmangel scheint der maternale Organismus weniger in der Lage zu sein, den Fötus ausreichend zu versorgen als bei Energiemangel. Extreme Unterernährung über einen längeren Zeitraum kann allerdings die Fähigkeit der maternalen Gewebemobilisierung überfordern, und es muss mit einer erhöhten pränatalen Mortalität gerechnet werden.

Foto 6.1-4
Während der ersten Trächtigkeitsperiode nehmen Sauen bis zu 600 g täglich zu

Zur Bildung von Körperreserven gravider Sauen

Über die Frage, ob in der Trächtigkeit Körperreserven angelegt werden sollen oder nicht, gehen die Meinungen zum Teil sehr weit auseinander. Einmal will man den doppelten Transformationsverlust der Nährstoffe möglichst gering halten. Dieser entsteht durch die Umwandlung der Nahrung in Körpergewebe, das wiederum für die Milchbildung herangezogen wird. Zum anderen sollen tragende Sauen nicht überfüttert werden, sondern in Zuchtkondition bleiben. Jeder überflüssige Fettansatz ist deshalb zu vermeiden, da eine zu starke Verfettung der Sauen schwere Geburten, Schwerfälligkeit, erhöhte Ferkelsterblichkeit und Fruchtbarkeitsstörungen hervorrufen kann. Die Frage nach dem Nutzen einer Ausbildung von Körperreserven bei graviden Sauen sollte daher unbedingt im Hinblick auf ihren Einfluss auf Zuchtleistung und Kosten der Nährstoffzufuhr beantwortet werden.

Das Ausmaß der Superretention hängt stark von der Nährstoffzufuhr ab (vgl. Abb. 6.1-2). Die Wirksamkeit von Rationen für die Bildung von Körperreserven kann jedoch wegen der Verkettung von Retentions- und Ausscheidungsphase jeweils nur über den gesamten Reproduktionszyklus kalkuliert werden.

Über das Ausmaß der Körperreservenbildung wurden bereits zahlreiche Versuche durchgeführt. Ein klassisches Beispiel hierzu (SALMON-LEGAGNEUR und RERAT, 1962) ist in Übersicht 6.1-2 angegeben. Mit verstärkter Fütterung in der Gravidität ist ein wesentlich höherer Gewichtszuwachs verbunden als mit geringer Fütterungsintensität. In jedem Fall schließt sich an die Geburt die „Ausscheidungsphase" mit negativen Bilanzen an, wobei aber geringer ernährte Tiere in der folgenden Laktation weniger an Gewicht verlieren. Deshalb ergeben sich am Ende der Säugezeit unabhängig von der Fütterungsintensität der graviden Tiere ähnliche Körpergewichte. Durch den Abbau der gebildeten Körperreserven ist

Übersicht 6.1-2

Gewichtsveränderungen von Sauen in Abhängigkeit vom Ernährungsniveau während der Trächtigkeit

Fütterungsniveau	Gewicht beim Decken kg	Gewicht nach dem Ferkeln kg	Gewicht nach der Säugezeit kg
niedrig	229	250	242
hoch	230	284	236

Übersicht 6.1-3

Futteraufnahme laktierender Sauen bei unterschiedlicher Fütterungsintensität während der Trächtigkeit

Fütterungsniveau	mittlere tägliche Futteraufnahme in kg	
	Trächtigkeit	Laktation
niedrig	2,13	5,90
hoch	3,12	4,43

das reichlich ernährte Tier zwar in der Lage, das am Anfang der Säugezeit auftretende Nährstoffdefizit teilweise auszugleichen und auch, nach Ergebnissen mehrerer Versuche, eine höhere Milchleistung zu erbringen. Auf der anderen Seite wird aber die Fresslust der laktierenden Sau bei starker Ernährung in der Gravidität gemindert. Dies zeigt Übersicht 6.1-3 nach Ergebnissen von KIRCHGESSNER und ROTH (1977). Während der Trächtigkeit nahmen die reichlich ernährten Sauen zwar 113 kg mehr Futter auf, fraßen aber dafür während der dreiwöchigen Säugezeit 31 kg weniger als die Kontrolltiere. Die Ursache hierfür ist ein homöorhetischer Regulationsmechanismus über die Futteraufnahme, wenn in der Gravidität durch intensive Energieversorgung viel Körperfett angesetzt wurde. Dies führt dann in der nachfolgenden Laktation zu verringerten Verzehrsmengen.

Anhand dieser Betrachtungen ist die Frage der Richtigkeit der Förderung der Körperreservenbildung durch die gravide Sau nicht eindeutig zu beantworten. Sicher ist, dass in den ersten zwei Dritteln der Trächtigkeit keine zusätzliche Energiezufuhr für die Superretention zu veranschlagen ist. Für den letzten Monat vor der Geburt wird im Allgemeinen eine höhere Energiezufuhr empfohlen. Dadurch soll die Fähigkeit der graviden Sau zur stärkeren Nährstoffretention ausgenutzt werden, damit angelegte Reserven in der folgenden Laktation für eine höhere Milchleistung abgebaut werden können. Setzt sich das Grundfutter tragender Sauen hauptsächlich aus billigen, wirtschaftseigenen Futtermitteln zusammen, so kann es vorteilhaft sein, eine solche überhöhte Zufuhr eher zu empfehlen. Je mehr jedoch Kraftfutter als alleiniges Futter in der Sauenfütterung eingesetzt wird, umso wichtiger und wirtschaftlicher wird eine dem jeweiligen Bedarf gerechte Zuteilung.

Für die Zufuhr an Eiweiß beim trächtigen Tier nimmt man heute noch an, dass im Hinblick auf eine normale Zuchtleistung ein zusätzlicher Ansatz von Stickstoff gefördert wer-

Übersicht 6.1-4
Mittlere Zusammensetzung von Sauenmilch

	Fett %	Protein %	Lactose %	Energie MJ/kg
Kolostrum	7	19	2,5	10,9
normale Milch	7–9	5–6	5	5,1

Übersicht 6.1-5
Abhängigkeit der Milchleistung von Zuchtsauen von der Wurfgröße

Zahl der Ferkel/Wurf	4	5	6	7	8	9	10	11	12
tgl. Milchmenge/Wurf, kg	4,0	4,8	5,2	5,8	6,6	7,0	7,6	8,1	8,6
tgl. Milchmenge/Ferkel, kg	1,00	0,96	0,87	0,83	0,83	0,78	0,76	0,74	0,72

den sollte. Diese Angabe mag für den letzten Monat der Trächtigkeit gelten, da dann die Superretention an Stickstoff sehr hoch ist. Während der ersten beiden Trächtigkeitsdrittel ist hingegen die Fähigkeit zur Stickstoff-Retention sehr gering, und über den Bedarf hinaus gegebenes Eiweiß wird als Stickstoff im Harn ausgeschieden.

6.1.1.3 Laktation

Die Säugeleistung der Muttersau verlangt wegen ihrer starken Fütterungsabhängigkeit eine optimale Nährstoffversorgung. Der absolute Nährstoffbedarf für das laktierende Tier ergibt sich aus dem Erhaltungsbedarf und dem Bedarf für die Milchproduktion.

Beim Bedarf für die Milchproduktion fallen die mit der Milch ausgeschiedenen Nährstoffmengen und der Ausnutzungsgrad der Nährstoffe für die Milchbildung ins Gewicht. Die Einschätzung der notwendigen Nährstoffversorgung über das Futter ist außerdem vom Umfang der vom tragenden Tier gebildeten Körperreserven abhängig.

Milchzusammensetzung und Milchertrag

Aus den Ergebnissen zahlreicher Untersuchungen wurden in Übersicht 6.1-4 Werte für die durchschnittliche Zusammensetzung der Sauenmilch aufgezeigt. Der Gehalt der normalen Milch an Lysin beträgt 3,8 g/kg.

Angaben über die Milchleistung von Sauen sind mehr oder weniger Schätzwerte. Im Gegensatz zur Kuh kann die Leistung der Sau nur im Versuch unter erschwerten Bedingungen bestimmt werden. Hierzu werden zumeist die Ferkel vor und nach dem Saugen gewogen, wobei in den ersten Wochen der Laktation zur Bestimmung der vollen Leistungsfähigkeit der Sau nach unseren Untersuchungen mindestens 7 Säugungen pro Tag im Abstand von einer Stunde durchgeführt werden müssen. Daraus wird dann auf die Tages-

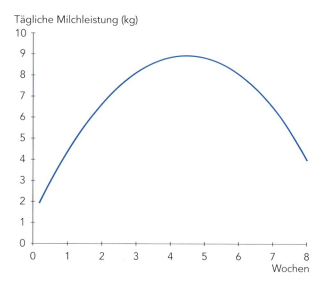

Abbildung 6.1-6

Durchschnittlicher Laktationsverlauf bei der Sau

leistung hochgerechnet. Die tatsächliche Tagesleistung ergibt sich aus etwa 25–30 Säugungen pro Tag. Der Milchfluss der Sau hält nur 10–40 Sekunden pro Säugung an und die von einem Ferkel aufnehmbare Milchmenge ist dabei auf 20–50 g begrenzt. Da die maximale tägliche Aufnahmemenge 1.000–1.300 g Milch pro Ferkel beträgt, erfolgt im natürlichen Ablauf eine Säugung pro Stunde.

Die Milchleistung der Sau unterliegt einer Reihe von Einflüssen. Am wesentlichsten sind dabei die erblich bedingte, unterschiedliche Leistungsfähigkeit, die Zahl der Laktationen, das Laktationsstadium, die Wurfgröße, die Nährstoffversorgung sowie das Aufnahmevermögen der Ferkel. Sauen mit mehr Ferkeln geben mehr Milch. Das zeigt Übersicht 6.1-5 nach ELSLEY. Sind die Neugeborenen in ihrer Vitalität stark geschwächt, so haben sie ein geringeres Nahrungsbedürfnis und nehmen die von der Sau produzierte Milchmenge nur zum Teil auf. Durch die unvollständige Entleerung des Gesäuges sinkt aber die Laktationsleistung. Auch eine reduzierte Fütterung verringert die Milchproduktion.

Als durchschnittliche Tagesmilchmenge einer Sau im Laktationsgipfel kann man aufgrund der sehr unterschiedlichen Literaturangaben etwa 8–10 kg annehmen; die höchste Angabe über eine Tagesleistung liegt sogar bei 12 kg. Den Verlauf der Laktationskurve zeigt Abb. 6.1-6. Im Allgemeinen steigt die Milchproduktion bei voller Fütterung etwa in der 3. Woche zu einem Höhepunkt an und fällt dann langsam bei gleichzeitigem Anstieg des Nährstoffgehaltes der Milch wieder ab.

6.1.2 Bedarfsnormen

Die GfE hat 2006 neue Werte zum Bedarf bzw. zur Versorgung von Zuchtsauen veröffentlicht. Diese Angaben wurden nach dem Prinzip der faktoriellen Bedarfsableitung erarbeitet und berücksichtigen die stark variierenden Nährstoffansprüche der Zuchtsau im Reproduktionszyklus. Deshalb werden für die Zeit der Trächtigkeit und Laktation getrennte

Foto 6.1-5

Ein Ferkel nimmt maximal 1 bis 1,3 kg Milch am Tag auf

Empfehlungen angegeben. Innerhalb der Trächtigkeit erscheint es aufgrund des exponentiellen Verlaufes in der Entwicklung der Trächtigkeitsprodukte sinnvoll, die Versorgung in einen nieder- und hochtragenden Abschnitt zu unterteilen, wobei die Grenze zu Beginn des letzten Trächtigkeitsdrittels zu ziehen ist. Da keine spezifischen Untersuchungen zum Bedarf der Sau zwischen Absetzen und Decken vorliegen, ist für diese Phase dieselbe Nährstoffzufuhr wie bei hochträchtigen Sauen vorzusehen. Diese intensivere Fütterung kann die Güstperiode verkürzen und die Ovulationsrate erhöhen.

6.1.2.1 Erhaltung

Der von der Lebendmasse abhängige energetische Erhaltungsbedarf von Sauen beträgt nach der GfE 0,44 MJ ME/kg $LM^{0,75} \times d^{-1}$. Dieser Wert entspricht dem Mittel von Einzeluntersuchungen bei Sauen mit einer Spanne von 0,39 bis 0,49 MJ ME/$kg^{0,75}$. Er bezieht sich auf die Aufrechterhaltung einer ausgeglichenen Energiebilanz im thermoneutralen Bereich bei geringer Bewegungsaktivität und trifft für laktierende und nicht-laktierende Sauen zu. Ist die Bewegungsaktivität erhöht oder muss die Wärmeproduktion bei Unterschreitung der unteren kritischen Temperatur (UKT) gesteigert werden, erhöht dies den Energiebedarf des Tieres. In Übersicht 6.1-6 ist nach der GfE die UKT von Sauen sowie der zusätzliche Energiebedarf bei Unterschreitung der UKT dargestellt. Dieser zusätzliche Energiebedarf wird auch als „Extra Thermoregulatory Heat" (ETH) bezeichnet.

Zur Orientierung errechnet sich aus obigen Angaben für Sauen mit 200 kg LM ein Erhaltungsbedarf von 23,4 MJ ME/d. Bei Unterschreitung der UKT von z.B. 3 °C wird ein zusätzlicher Energiebedarf von tragenden Sauen in Einzel- oder Gruppenhaltung von ca. 2,5 bzw. 1,5 MJ ME/d erforderlich. Wird dieser bei den Versorgungsempfehlungen nicht berücksichtigt, führt dies zu einem geringen Körperfettgehalt mit möglichen negativen Folgen für die Fortpflanzungsleistung. Hinsichtlich des Energieaufwandes für die Bewegungsaktivität ist dieser bei normalen Haltungsbedingungen in der Bedarfsnorm bereits enthalten. Einzel- oder Gruppenhaltung verändern die Bedarfsnorm nicht. Bei Freilandhaltung

Übersicht 6.1-6

Untere kritische Temperatur (UKT) von Sauen sowie Energiebedarf bei deren Unterschreitung (ETH)[1]

	UKT (°C)	ETH (kJ/°C/kg LM^{0,75}/d)
Tragende Sauen		
Einzelhaltung	19–22[2]	14–18
Gruppenhaltung	13–17[3]	6–10
Laktierende Sauen	10–12	17

1 Gültig bei zugluftfreier Haltung, trockener Luft, trockener und isolierter Liegefläche sowie bei üblichem Leistungsniveau der Tiere
2 Die höheren Werte am Beginn, die niedrigen zum Ende der Trächtigkeit gültig
3 Werte für die Gruppenhaltung um 6 °C reduziert

Übersicht 6.1-7

Bedarf an pcv EAS zur Erhaltung des N-Gleichgewichts von wachsenden und ausgewachsenen Schweinen

His	Ile	Leu	Lys	Met + Cys	Met	Phe + Tyr	Phe	Thr	Trp	Val
mg/kg LM^{0,75} x d^{-1}										
14	18	25	38	10	45	18	41	50	15	23
Relation (Lys = 100)										
37	47	66	100	26	118	47	108	132	39	61

der Sauen ist von einer UKT von 15 °C, von 18 MJ ETH/°C/kg LM^{0,75}/d und einem Energieaufwand für die erhöhte Bewegungsaktivität von 7 kJ/kg LM/km auszugehen (CLOSE und COLE 2003).

Der Erhaltungsbedarf an essenziellen Aminosäuren von Sauen bezieht sich ebenfalls auf die metabolische Lebendmasse und ist nach Angaben der GfE (2006) in Übersicht 6.1-7 zusammengefasst. Dabei wurden Untersuchungen an wachsenden und ausgewachsenen Schweinen zugrunde gelegt. Die notwendige Zufuhr mit NEAS wird durch die Empfehlungen zur Versorgung mit pcv Rohprotein beim Gesamtbedarf abgedeckt (siehe hierzu auch 3.4.7.2).

6.1.2.2 Trächtigkeit

Die Empfehlungen zur Energie- und Aminosäurenversorgung müssen die Lebendmassen der Sauen, die erwartete Ferkelzahl, das natürliche Wachstum der jüngeren Sauen sowie evtl. LM-Verluste der vorausgehenden Laktation berücksichtigen.

Foto 6.1-6

In den ersten beiden Laktationswochen wird der Nährstoffbedarf der Ferkel nur über die Muttermilch gedeckt

Die Lebendmassen von Sauen nehmen von der ersten bis zur vierten Trächtigkeit kontinuierlich zu. Ab der vierten Trächtigkeit gelten Sauen als ausgewachsen und ihre Lebendmassen sollten von da an konstant bleiben. Welche Lebendmassen angestrebt werden sollen, wird vor allem durch den Genotyp der Sauen bestimmt, wobei sich eine gute Körperkondition vorteilhaft auf die Lebensleistung der Sauen auswirkt. Die Empfehlungen der GfE (2006), wie sie in Übersicht 6.1-8 dargestellt sind, mit Leergewichten der Sauen beim ersten bis zum vierten Decken von 140–255 kg sind deshalb auch nur beispielhaft zu verstehen und müssen ggf. an die Zuchtgrundlage angepasst werden. Entsprechendes gilt auch für die maternalen Zunahmen während der Trächtigkeit, die bei jüngeren Sauen mit 40–45 kg deutlich höher sind als bei älteren bzw. ab der vierten Trächtigkeit sich nur noch auf den Ausgleich des Gewichtsverlustes der vorangegangen Laktation beschränken sollen. Neben dem maternalen Zuwachs ist für die Trächtigkeitszunahmen der Sauen der Zuwachs an Konzeptionsprodukten relevant. Erstlingssauen haben im Vergleich zu älteren Sauen eine geringere Ovulationsrate und eine etwa um ein Ferkel geringere Ferkelzahl. Die erwartete Ferkelzahl je Wurf wurde daher auf 12 bzw. 13 Ferkel festgelegt. Entsprechend einer Massezunahme der Sau für Konzeptionsprodukte und Milchdrüse von etwa 2 kg für einen Fötus ergibt sich daraus eine mittlere Trächtigkeitszunahme von 25 kg. Schließlich muss die Bedarfsnorm noch den Masseverlust der vorangegangen Laktation berücksichtigen, für deren Einschätzung das regelmäßige Wiegen der Sauen nach dem Absetzen der Ferkel erforderlich ist.

Der ME-Bedarf während der Trächtigkeit leitet sich aus den Teilbedürfnissen für Erhaltung, Entwicklung der Konzeptionsprodukte (Fötus, Uterus, Placenta, Fruchtwasser) und der Milchdrüse sowie aus den Zunahmen maternaler Gewebe ab. Für die faktorielle Ableitung wurde aufgrund verschiedener Untersuchungen für eine Wurfgröße von 12 Ferkeln von einer Energieretention in Konzeptionsprodukten während der ersten zwei Drittel der Trächtigkeit von 1 MJ/d und von 2,5 MJ/d im letzten Trächtigkeitsdrittel ausgegangen. Hinzu

Übersicht 6.1-8

Empfehlungen zur Versorgung tragender Sauen mit ME (MJ/Tag)[1]

	Trächtigkeit (Nummer)			
	1	2	3	4
LM beim Belegen (kg)	140	185	225	255
Erwartete Ferkelzahl	12	13	13	13
LM-Zuwachs (kg)	70	65	55	25
davon maternal (kg)	45	40	30	0
ME gesamt, MJ/d				
Niedertragend	29	32	34	31
Hochtragend	37	40	41	37

[1] Je 10 kg LM-Verlust während der Laktation erhöht sich die ME-Versorgung um ca. 2 MJ/d.

kommt ein Energieansatz von 1 MJ/d für die Gesäugeentwicklung im letzten Trächtigkeitsdrittel. Bei einem Teilwirkungsgrad der ME von 0,5 errechnet sich daraus ein Bedarf für die Konzeptionsprodukte + Milchdrüse von 2,0 bzw. 7,0 MJ ME/d für die niedertragende bzw. hochtragende Phase. Der Energieansatz für die Zunahme an maternalem Gewebe wird durch die Trächtigkeitsnummer und vom Ausmaß der Mobilisation von Körpergewebe während der vorangegangenen Laktation beeinflusst. Dabei wird mit einem Energiegehalt von 12 MJ/kg Zuwachs gerechnet und bei einem Teilwirkungsgrad der ME von 0,7 (ähnlich wie bei wachsenden Schweinen) ergibt sich daraus ein Bedarf an 17,1 MJ ME/kg Massezuwachs. Aus diesen Angaben zuzüglich des Erhaltungsbedarfes errechnen sich die in Übersicht 6.1-8 ausgewiesenen Empfehlungen zur Energieversorgung tragender Sauen.

Daraus geht hervor, dass die ME-Versorgung bis zur dritten Trächtigkeit ansteigt und in der vierten Trächtigkeit aufgrund fehlender maternaler Zunahmen leicht zurückgeht. Zu diesen Werten ist noch die ME-Versorgung für einen evtl. LM-Verlust während der Laktation von ca. 2 MJ/d je 10 kg LM-Verlust zu addieren.

Bei der Aminosäurenversorgung in der Trächtigkeit geht man zunächst von der Proteinretention in Konzeptionsprodukten + Milchdrüse aus. Sie weist wie die Energieretention einen exponentiellen Verlauf aus und kann bei einer Wurfgröße von 12 Ferkeln mit 12,5 g/d in der niedertragenden und 63,5 g/d in der hochtragenden Phase geschätzt werden. Für die Lys-Retention in den reproduktiven Geweben wurde eine Lys-Konzentration von 6,5 g bzw. 6,0 g (hochtragend) je 100 g Proteinzuwachs in den Föten und von 7,5 g/100 g Proteinzuwachs im Gesäuge zugrunde gelegt. Bei einer Verwertung des pcv Lys von 63 % für die Retention errechnet sich ein Lys-Bedarf für Konzeptionsprodukte + Milchdrüse von 1,3 und 6,5 g/d in der nieder- bzw. hochtragenden Phase. Für die Ableitung des Teilbedarfs aller weiteren EAS werden ihre Relationen zu Lys in den Gewebeproteinen (Übersicht 6.1-10) bei gleicher Verwertungsrate wie für Lys herangezogen. Hinsichtlich der maternalen Zunahmen in der Trächtigkeit wird eine Proteinretention von 158 g/kg LM Zuwachs, eine Lys-Konzentration von 7,1 g/100 Protein und wiederum eine Lys-Verwertung von 63 % angenommen. Daraus ergibt sich ein Bedarf an pcv Lys für die maternale Zunahme von 17,8 g/kg LM-Zuwachs. Der Teilbedarf aller weiteren EAS kann aus ihrer Relation zu Lys im Protein der maternalen Zunahmen abgeleitet werden. Durch Addition der Teilbedürf-

Übersicht 6.1-9
Empfehlungen zur Versorgung nieder(NT)- und hochtragender (HT) Sauen mit pcv Aminosäuren und pcv Rohprotein (g/Tag)[1]

	Trächtigkeit (Nummer)							
	1		2		3		4	
LM beim Belegen (kg)	140		185		225		255	
Erwartete Ferkelzahl	12		13		13		13	
LM-Zuwachs (kg)	70		65		55		25	
davon maternal (kg)	45		40		30		0	
	NT	HT	NT	HT	NT	HT	NT	HT
His	4,4	6,1	4,2	6,1	3,5	5,4	1,4	3,2
Ile	4,8	7,2	4,6	7,2	4,0	6,6	1,8	4,4
Leu	9,8	15,4	9,3	15,4	7,9	14,0	3,1	9,3
Lys	**9,7**	**14,5**	**9,4**	**14,6**	**8,2**	**13,4**	**3,7**	**8,9**
Met	2,9	4,5	2,8	4,5	2,4	4,1	1,0	2,7
Met + Cys	6,0	8,6	6,1	8,9	5,7	8,5	3,6	6,4
Phe	5,1	7,9	4,9	8,0	4,2	7,4	1,9	5,0
Phe + Tyr	9,2	14,1	9,0	14,3	7,9	13,2	4,0	9,3
Thr	6,5	9,2	6,6	9,6	6,2	9,1	3,9	6,8
Trp	1,7	2,7	1,8	2,8	1,7	2,8	1,2	2,2
Val	6,4	10,0	6,2	10,1	5,4	9,2	2,4	6,3
XP[2]	184	257	189	269	179	258	122	201

1 Je 10 kg LM-Verlust während der Laktation erhöht sich z. B. die Versorgung mit pcv Lysin um 1,5 g/d, die der anderen EAS entsprechend im Verhältnis zu pcv Lysin.
2 Praecaecal verdauliches Rohprotein: Summe der empfohlenen pcv EAS multipliziert mit dem Faktor 5,9 für den Erhaltungsanteil und 2,5 für den Leistungsanteil.

nisse für Erhaltung, Konzeptionsprodukte + Milchdrüse und maternale Zunahmen werden die Empfehlungen zur Versorgung mit pcv Aminosäuren und pcv XP in der Trächtigkeit ermittelt. Entsprechende Bedarfszahlen sind in Übersicht 6.1-9 nach Angaben der GfE (2006) aufgezeigt. Demnach hängt der Aminosäuren- und Proteinbedarf stark vom Trächtigkeitsabschnitt und von den maternalen Zunahmen ab. Da mit zunehmender Trächtigkeitsnummer der maternale LM-Zuwachs abnimmt, verringern sich auch die Bedarfswerte.

Die Bedarfswerte für Energie und Aminosäuren bedingen mit höheren Trächtigkeitsnummern abnehmende Relationen von pcv Lys zu ME im Futter. Für die praktische Rationsgestaltung sollte man sich an den höheren Ansprüchen der jüngeren Sauen orientieren, um mit diesem Futter alle Sauen eines Bestandes versorgen zu können. Daher wird ein Verhältnis von pcv Lys:MJ von mindestens 0,35 g/MJ für niedertragende und von 0,4 g/MJ für hochtragende Sauen empfohlen. Um die Versorgung mit limitierenden Aminosäuren zu sichern, sollte eine Relation zum pcv Lys (= 1) von 0,6 für Met + Cys, von 0,65 für Thr und von 0,2 für Trp eingehalten werden. Die minimal notwendige Proteinversorgung sollte 7,5 g pcv XP/MJ ME nicht unterschreiten.

Bei den Angaben der Bedarfszahlen für die Gravidität wurde vor allem davon ausgegangen, dass auch über mehrere Zyklen keine negativen Einflüsse auf die Reproduktionsleistung auftreten sollen. Trotz weitgehender Priorität der Fötenernährung beim graviden Tier kann nämlich ein Einfluss der Fütterung, vor allem der Energieversorgung, auf die Entwicklung der Embryonen nicht ausgeschlossen werden. Die Reserven des Muttertieres werden nämlich nicht unbegrenzt für die Bedürfnisse der Föten in Anspruch genommen. Durch zu knappe Fütterung wird zwar die Wurfgröße nicht beeinflusst, jedoch werden leichtere Ferkel geboren, die sich außerdem langsamer entwickeln.

6.1.2.3 Laktation

Neben dem Erhaltungsbedarf ergibt sich die erforderliche Zufuhr an ME aus dem Bedarf für die Milchleistung, abzüglich der Energie, die aus Körpergeweben mobilisiert wird, wenn Sauen während der Laktation einen LM-Verlust aufweisen. Da die Milchleistung von Sauen in der Praxis kaum zu erfassen ist, andererseits der LM-Zuwachs des Wurfes (= Anzahl der Ferkel × tägliche LM-Zunahme) eng mit der Milchaufnahme der Ferkel korreliert und in der Praxis gut zu messen ist, wird der Bedarf für die Milchleistung indirekt aus der Entwicklung der Wurfmasse abgeleitet. Der Aufwand an Sauenmilch je kg LM-Zuwachs der Ferkel wird in guter Übereinstimmung mit der Literatur auf 4,1 kg festgelegt. Bei einem Energiegehalt der Milch von 5,0 MJ/kg und einem Teilwirkungsgrad k_l von 0,7 ergibt sich ein Bedarf an ME der Sau je kg Sauenmilch von 7,15 MJ und von 29,3 MJ/kg LM-Zuwachs der Ferkel. Da das begrenzte Futteraufnahmevermögen häufig zu einem Energiedefizit führt, wird durch Mobilisierung von Körpergewebe zusätzlich Energie für die Milchbildung gewonnen. Im Mittel enthält das mobilisierte Körpergewebe 20 MJ/kg, das mit einer hohen Effizienz von 0,89 in Milchenergie umgewandelt wird, woraus sich eine ME-Einsparung im Sauenfutter von 25,4 MJ/kg mobilisierter Lebendmasse errechnet (20 × 0,89/0,7). Dieser Wert wird in den Empfehlungen berücksichtigt.

Die Ableitung des Aminosäurenbedarfs für die Laktation erfolgt im Prinzip ähnlich wie die des ME-Bedarfes. Angaben zur intermediären Verwertung der Aminosäuren für Milchbildung erlauben gegenwärtig nur die Lys-Ableitung auf experimenteller Basis vorzunehmen. Bei einem mittleren Proteingehalt von 51,0 g/kg Sauenmilch, einem Lys-Gehalt von 7,4 g/100 g Milchprotein und einer in N-Bilanzversuchen gefundenen Verwertung des pcv Lys von 74% ergibt sich ein Bedarf an pcv Lys von 5,1 g/kg Sauenmilch. Bei einem Milchaufwand von wiederum 4,1 kg/kg Wurfzuwachs errechnet sich ein Bedarf von 20,9 g pcv Lys/kg Wurfzuwachs. Wird durch ungenügende Futteraufnahme ein Körpermasseverlust induziert, so lässt sich anhand der Literatur eine Proteinmobilisierung von 150 g/kg Masseverlust angeben. Bei einem Gehalt von 7,1 g Lys/100 g Körperprotein und einer Verwertung des mobilisierten Lys für Milchbildung von 85%, berechnet sich eine Lys-Einsparung im Sauenfutter von 12 g pcv Lys/kg Körpermasseabbau (150 × 0,071 × 0,85/0,74). Dieser Wert wird in den Empfehlungen verwendet. Für den Bedarf an weiteren EAS wird aufgrund fehlender Daten stellvertretend ihre Relation zu Lys in der Sauenmilch und ggf. im Körpergewebe als Basis der Ableitung verwendet. Der Bedarf für die weiteren EAS kalkuliert sich demnach aus dem Bedarf für Erhaltung und den Verhältnissen der Aminosäuren in Milchprotein, teilweise modifiziert aufgrund von Ergebnissen aus Fütterungsversuchen und den Aminosäuren im mobilisierten Körperprotein. Dieses vereinfachte Vorgehen impliziert dabei eine für alle Aminosäuren gleiche intermediäre Verwertung wie für Lys. Dass dies keinesfalls ausreichend belegt ist, wird schon daraus ersichtlich, dass Aminosäuren neben der Aufgabe als Baustein für Proteine auch unterschiedliche Stoffwechselfunk-

Übersicht 6.1-10

Relationen von EAS zu Lys (Lys = 100) im Körperprotein von Föten und Sauen, im Milchprotein sowie für Erhaltung und Milchsynthese

	Föten	Körpergewebe	Milchprotein	Erhaltung	Milchsynthese
His	36	46	42	37	42
Ile	50	50	56	47	56
Leu	118	104	115	66	115
Lys	100	100	100	100	100
Met	32	31	26	26	30
Met + Cys	54	49	45	118	55
Phe	60	52	55	47	55
Phe + Tyr	102	88	107	109	107
Thr	56	52	57	132	60
Trp	20	13	17	39	18
Val	74	66	70	61	70

tionen erfüllen müssen. Dies begründet eine Modifizierung der auf Analysen beruhenden Aminosäurenrelation im Milchprotein hin zu einer optimalen Relation für die Milchsynthese. Aufgrund von praktischen Dosis-Wirkungsversuchen bei laktierenden Sauen (Arbeitsgruppen KIRCHGESSNER, PAULICKS und ROTH-MAIER 1992–2006) wurden für Met, Met + Cys, Thr und Trp im Vergleich zu Milchprotein veränderte Relationen zu Lys vorgenommen. Die für die Ableitung des Bedarfs an EAS bei Sauen erforderlichen Relationen zu Lys sind nach Angaben der GfE (2006) in Übersicht 6.1-10 dargestellt.

Aus der beschriebenen Bedarfsableitung lassen sich in Übersicht 6.1-11 und 6.1-12 beispielhaft Empfehlungen zur Versorgung an ME bzw. pcv Aminosäuren für die Laktation angeben. Die Empfehlungen berücksichtigen Lebendmasse, Wurfzuwachs und dazu zugeordnet einen möglichen LM-Verlust während einer Säugedauer von 25 Tagen. Je höher der Wurfzuwachs, desto höher muss die Energieversorgung sein mit der Folge, dass das Futteraufnahmevermögen vor allem bei Jungsauen nicht ausreichen wird, den Energiebedarf zu decken. Entsprechend ist mit höheren LM-Verlusten und möglichen negativen Folgen für die Fruchtbarkeit der Sauen zu rechnen. Der angegebene Massverlust von 10–20 kg LM sollte möglichst nicht überschritten werden. Die frühzeitige Beifütterung der Ferkel ab der zweiten Lebenswoche ist hier dringend anzuraten, da sie zur Nährstoffeinsparung bei der Sau beiträgt. Es lässt sich berechnen, dass die Aufnahme von 1 kg Ergänzungsfutter für Saugferkel mit 14 MJ ME zu einer ME-Einsparung der Sau von 22,2 MJ führen kann (14/0,9/0,7), wobei eine Umsetzbarkeit der Milchenergie von 0,9 und ein k_l von 0,7 angenommen wird. Die Nährstoffeffizienz für den Wurfzuwachs wird durch die Beifütterung deutlich besser, da 1 MJ Ergänzungsfutter 1,6 MJ Sauenfutter entsprechen (22,2/14). Alternativ könnte die Beifütterung der Ferkel auch den LM-Verlust der Sau vermindern und zwar um 0,9 kg Körpermasse bezogen auf 1 kg Beifutter mit 14 MJ ME unter Annahme einer Verwertungsrate von Körperenergie in Milchenergie von 0,89 und eines Energiegehaltes im Körpergewebe von 20 MJ/kg (14/0,9/0,89/20). In dieser Situation vermeidet die Beifütterung der Ferkel den doppelten Transformationsverlust der Nährstoffe und unterstreicht ihre Bedeutung insbesondere bei großen Würfen, um überhöhte LM-Verluste der Sauen zu vermeiden.

Übersicht 6.1-11

Empfehlungen zur Versorgung von laktierenden Sauen mit ME bei einer Säugedauer von 25 Tagen (MJ/Tag)

Wurfzuwachs (kg/d)	1,5	2,0	1,5	2,0	2,5	2,0	2,5	3,0
LM-Verlust (kg)	— 0 —		— 10 —			— 20 —		
LM zu Beginn der Laktation (kg)								
185	66	81	56	70	85	60	75	90
205	68	82	58	72	87	62	77	91
225	69	84	59	74	89	64	78	93
245	71	86	61	76	90	65	80	95
265	73	87	63	77	92	67	82	96
285	74	89	64	79	94	69	83	98

Übersicht 6.1-12

Empfehlungen zur Versorgung von laktierenden Sauen mit pcv Aminosäuren und pcv Rohprotein bei einer Säugedauer von 25 Tagen[1] (g/d)

Wurfzuwachs (kg/d)	1,5	2,0	1,5	2,0	2,5	2,0	2,5	3,0
LM-Verlust (kg)	— 0 —		— 10 —			— 20 —		
His	14,0	18,4	11,8	16,2	20,6	14,1	18,5	22,9
Ile	18,6	24,5	16,4	22,3	28,1	20,1	26,0	31,8
Leu	37,6	49,6	32,9	44,9	57,0	40,4	52,4	64,4
Lys	33,6	44,1	29,2	39,7	502	35,3	45,8	56,2
Met	10,0	13,1	8,6	11,8	14,9	10,4	13,6	16,7
Met + Cys	19,9	25,7	17,7	23,4	29,2	21,2	26,9	32,7
Phe	18,3	24,1	16,0	21,8	27,5	19,5	25,3	31,0
Phe + Tyr	26,0	47,2	32,1	43,2	54,5	39,3	50,5	61,7
Thr	21,8	28,1	19,4	25,7	31,9	23,2	29,5	35,8
Trp	6,5	8,4	6,0	7,8	9,7	7,3	9,1	11,0
Val	23,3	30,7	20,4	27,7	35,1	24,9	32,2	39,5
XP	529	692	465	628	791	564	727	890

1 Auf die Differenzierung bei der LM wurde verzichtet, da sich nur minimale Unterschiede in den Empfehlungen ergaben

Aus den Bedarfsnormen für Energie und Aminosäuren ergeben sich bei verschiedenen Leistungsanforderungen gewisse Verschiebungen in den notwendigen Nährstoffverhältnissen des Futters. Um für die Praxis ein einheitliches Laktationsfutter verwenden zu können, ist die Zusammensetzung des Futters auf einen hohen Wurfzuwachs auszurichten. Daher wird eine Relation von pcv Lys zu ME von 0,6 g/MJ, sowie Relationen der limitierenden Aminosäuren zu pcv Lys (= 1) von 0,6 für pcv Met + Cys, 0,65 für pcv Thr und 0,2 für pcv Trp vorgeschlagen. Die Mindestproteinversorgung sollte 10 g pcv XP/MJ nicht unterschreiten.

Für die Praxis kann zur Einschätzung des Wurfzuwachses vereinfacht auch die Wurfgröße verwendet werden, da diese eng mit dem Zuwachs korreliert ist. Aus der Beziehung Wurfzuwachs (kg/d) = 1,01 + 0,13 × Ferkelzahl/Wurf (Daten von AULDIST et al. 1998), wird die Wahl des zutreffenden Wurfzuwachses und damit die Wahl der Bedarfsnormen anhand der Wurfgröße wesentlich erleichtert. Dabei gilt:

Ferkelzahl/Wurf	6	8	10	12	14
Wurfzuwachs (kg/d)	(1,5)	2,0	2,3	2,6	2,8

Die Bedeutung einer möglichst bedarfsgerechten Nährstoffaufnahme in der Laktation wird in Abb. 6.1-7 illustriert (nach CLOSE u. COLE 2003, verändert). Zunächst wird über die Milchleistung das Ferkelwachstum beeinflusst. Ferner hängt aber auch die spätere Fruchtbarkeit davon ab. Die Nährstoffaufnahme beeinflusst über den Stoffwechselstatus Körperkondition und Fettgewebsanteil. Ein Mindestfettanteil ist notwendig damit ausreichend Leptin (Fettgewebshormon) gebildet wird, das als metabolisches Signal neben anderen Faktoren über Hypothalamus und Hypophyse die reproduktive Achse durch Freisetzung von Gonadotropin und LH aktiviert (BARB et al. 2005). Ausreichende Körperkondition und Ernährung sind somit entscheidend für Absetz-Deck-Intervall, Ovulationsrate und damit für die Wurfgröße. Deshalb sollte der LM-Verlust in der Laktation maximal 5–7,5% (10–20 kg LM) und die Rückenspeckdicke etwa 20 mm nach Ende der Laktation betragen. Da die Züchtung die Rückenspeckdicke stetig verminderte, wird ein höheres Sauengewicht und damit eine ausreichende Fettmasse für die Fruchtbarkeit immer wichtiger. Deshalb wurden in den Bedarfsnormen im Vergleich zu früher relativ hohe Sauengewichte unter-

Abbildung 6.1-7

Leistungsbeeinflussung durch die Nährstoffaufnahme in der Laktation

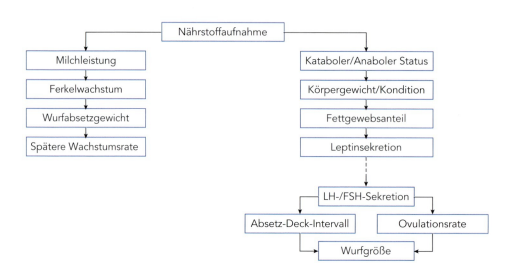

stellt. Unter praktischen Bedingungen ist im Durchschnitt nur mit einer täglichen Futteraufnahme von 5 kg Alleinfutter (bei Jungsauen 4 kg) zu rechnen. Dies liegt auch daran, dass in der ersten Laktationswoche langsam angefüttert und auch einige Tage vor dem Absetzen die Futtermenge reduziert werden muss. Um jedoch eine optimale Nährstoffversorgung für die Sauen sicherzustellen, ist deshalb das Laktationsfutter mit mind. 13 MJ ME je kg entsprechend konzentriert zu gestalten (siehe hierzu 6.1.3.1). Außerdem wird berichtet, das Sojaölzulagen von 6% im Laktationsfutter (kurz vor der Geburt bis zum Absetzen) dazu beitragen, den Gewichtsverlust der Sau zu verringern und den Fettgehalt der Milch zu erhöhen. Gut konditionierte Sauen zeigten jedoch keine Vorteile bei Ölzulage.

Zulagen von L-Carnitin (siehe 5.3.2) in der Trächtigkeit und Laktation führen nach Untersuchungen von EDER (2006) zu einer höheren Trächtigkeitsrate (v. a. bei Jungsauen), Ferkelzahl je Wurf sowie erhöhten Wurf- und Absetzgewichten. Das höhere Wurfwachstum wird durch eine höhere Milchleistung der Sauen induziert. Insgesamt ist die Reproduktionsleistung der Sauen verbessert. Wenngleich der Wirkungsmechanismus von L-Carnitin-Zulagen nicht völlig klar ist, kann aufgrund der aktuellen Versuche eine Supplementierung des Trächtigkeits- und Laktationsfutters mit 50 mg L-Carnitin/kg empfohlen werden.

6.1.2.4 Mineralstoff- und Vitaminbedarf

Empfehlungen zur gesamten Versorgung an den einzelnen Mengenelementen wurden von der GfE (2006) nach der faktoriellen Methode abgeleitet. Dabei resultiert die Versorgung aus dem Nettobedarf bestehend aus unvermeidlichen Verlusten, Körperansatz, Konzeptionsprodukte und Sekretion mit der Milch dividiert durch die Gesamtverwertbarkeit, die bei suboptimaler Versorgung definiert ist (siehe 5.1.3). In Übersicht 6.1-13 sind die Fak-

Übersicht 6.1-13

Faktoren des Nettobedarfes und Verwertungsgrößen von Mengenelementen

Faktor	Ca	P	Mg	Na	K	Cl
Ansatz, g/kg LM-Zunahme						
bis 80 kg Lebendmasse	8,5	5,0	0,3	1,2	1,9	1,6
über 80 kg Lebendmasse	7,6	4,5	0,3	1,1	1,7	1,4
Retention im letzten Drittel der Trächtigkeit, g/d	7	4	0,2	2	1	2
Gehalt in der Milch, g/kg	2,2	1,6	0,2	0,8	1,0	0,8
Unvermeidliche Verluste						
mg je kg Lebendmasse und Tag	20	10	k. A.[1]			
mg je kg Futter-T				350	700	500
Gesamt-Verwertbarkeit, %	70		k. A.[1]	90	90	90
Futter-spezifische Verdaulichkeit	nein	ja	nein	nein	nein	nein
Retention des verdauten P, %	–	95	–	–	–	–

1 k. A. = keine Angabe

Übersicht 6.1-14

Empfehlungen zur Versorgung (g/d) tragender Sauen mit Mengenelementen

Trächtigkeits-phase	Element	Trächtigkeit Nummer			
		1	2	3	4
		LM beim Belegen (kg)			
		140	185	225	255
Niedertragend	Verdaulicher P	4,0[1]	1,9	2,4	2,7
	Gesamt-Ca	9,7[1]	5,3	6,4	7,3
	Gesamt-Na	1,6[1]	1,0	1,0	1,1
Hochtragend	Verdaulicher P	6,2	6,6	6,9	6,9
	Gesamt-Ca	15,3	16,4	17,3	17,3
	Gesamt-Na	1,2	1,2	1,3	1,2
Güstzeit	Verdaulicher P		1,9	2,4	2,7
	Gesamt-Ca		5,3	6,4	7,3
	Gesamt-Na		1,0	1,0	1,0

1 Unterstellter täglicher Ansatz für noch stattfindendes Wachstum bei niedertragenden Jungsauen: 4,0 g Ca; 2,4 g P; 0,6 g Na

toren des Nettobedarfes für alle Schweinekategorien sowie die für die Bedarfsableitung erforderlichen Verwertungsgrößen dargestellt. Da bei Phosphor von der verdauten Menge ausgegangen wird, spricht man hier von der Retention des verdauten P und nicht von der Gesamtverwertbarkeit wie bei den übrigen Mengenelementen, bei denen keine Verdaulichkeitswerte vorliegen.

Die Effizienz der aufgenommenen Elemente zur Deckung des Nettobedarfes ist im Wesentlichen abhängig

- vom absorbierten Anteil der im Futter enthaltenen Mineralstoffe,
- vom Anteil der absorbierten Mineralstoffe, der retiniert werden kann,
- vom Ausmaß der Versorgung mit Mineralstoffen über den Bedarf hinaus sowie
- vom Einsatz von Phytase zur Verbesserung der P-Verwertung, die auch z. B. die Ca- und Zn-Verwertung verbessert.

Das Verhältnis von Calcium zu verdaulichem Phosphor sollte dabei zwischen 2:1 bis 3:1 liegen. Ein Ca-Überschuss ist zu vermeiden, da die P-Verwertung verschlechtert und weniger Ca in den Knochen eingelagert wird. Außerdem werden Wachstum und Phytasewirksamkeit verringert.

In Übersicht 6.1-14 sind Angaben zur täglichen Versorgung mit verd. P, Ca und Na von tragenden und in Übersicht 6.1-15 von laktierenden Sauen aufgezeigt (GfE 2006). Für Mg werden keine Bedarfsangaben mitgeteilt, weil eine Ableitung zu ungenau wäre und in der Praxis eine Unterversorgung auszuschließen ist. Auch bei K und Cl ist bei Schweinen ein Mangel bei Fütterung praxisüblicher Rationen nicht denkbar. Aufgrund der relativen Konstanz von K und Cl zu Na bei Nettobedarf und Verwertung ist die Versorgung gesichert, wenn K und Cl die Na-Versorgung um den Faktor 2 bzw. 1,5 übersteigt.

Die Gesamtversorgung an Spurenelementen und Vitaminen von Sauen zeigt Übersicht 6.1-16 nach Angaben der GfE (2006).

Übersicht 6.1-15

Empfehlungen zur Versorgung (g/d) laktierender Sauen mit Mengenelementen

LM (kg)	Element	Wurfzuwachs (kg/d)			
		1,5	2,0	2,5	3,0
185	Verdaulicher P	12,3	15,8	19,1	22,5
	Gesamt-Ca	24,4	31,0	37,3	43,6
	Gesamt-Na	7,2	9,5	11,4	13,3
225	Verdaulicher P	12,7	16,2	19,5	22,9
	Gesamt-Ca	25,6	32,2	38,4	44,7
	Gesamt-Na	7,3	9,5	11,5	13,4
265	Verdaulicher P	13,1	16,6	20,0	23,3
	Gesamt-Ca	26,7	33,3	39,6	45,9
	Gesamt-Na	7,4	9,6	11,6	13,5

Übersicht 6.1-16

Spurenelement- und Vitaminbedarf von Sauen

Bedarf an Spurenelementen (mg/kg Futter-T)[1]

Eisen	80–90	Mangan	20–25
Iod	0,6[2]	Selen	0,15–0,2
Kupfer	8–10	Zink	50

Bedarf an fettlöslichen Vitaminen (je kg Futter-T)

Vitamin A	4.000[3]/2.300[4] I. E.	Vitamin E	15[3]/30[4] I. E.
Vitamin D	200 I. E.	Vitamin K (Menadion)	0,1 mg

Bedarf an wasserlöslichen Vitaminen (mg/kg Futter-T)

Thiamin (B_1)	1,7	Cobalamin (B_{12})	0,017
Riboflavin (B_2)	4,2	Biotin[6]	0,22
Niacin[5]	11	Folsäure	1,44
Pantothensäure	13	Cholin	1.200
Pyridoxin (B_6)	1,5		

1 Innerhalb der angegebenen Spannen gelten die höheren Bedarfszahlen für Jungsauen und Jungeber
2 bei Einsatz glucosinolathaltigen Futtermitteln (z. B. Rapsschrot) Erhöhung auf 1 mg erforderlich
3 gravid
4 laktierend
5 verfügbares Niacin bei bedarfsgerechter Tryptophanversorgung
6 verfügbares Biotin

6 Schweinefütterung

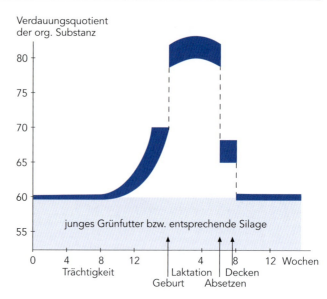

Abbildung 6.1-8
Ansprüche von Zuchtsauen an die Verdaulichkeit der organischen Substanz im Futter

Absetzen bis zum Decken

Da keine spezifischen Untersuchungen zum Bedarf der Sau zwischen Absetzen und Wiederbelegen vorliegen, ist für diese Phase dieselbe Nährstoffzufuhr wie bei hochträchtigen Sauen vorzusehen. Durch eine intensive Fütterung kann nämlich die Güstperiode verkürzt und die Ovulationsrate erhöht werden.

6.1.3 Praktische Fütterungshinweise

Als Leitgedanke für die praktische Sauenfütterung ergibt sich, niedertragende Sauen knapp, hochtragende zunehmend reichlich und laktierende Sauen sehr reichlich zu füttern. Den Einsatz von Futtermitteln in der praktischen Sauenfütterung kann man am besten aus den Ansprüchen der Zuchtsau an die Verdaulichkeit der organischen Substanz während der verschiedenen Leistungsstadien ableiten (siehe Abb. 6.1-8, nach KIRCHGESSNER, 1964). Zu Beginn der Trächtigkeit genügt bei ausgewachsenen Sauen eine Verdaulichkeit von 60 %, beim hochtragenden Tier steigen mit dem höheren Nährstoffbedarf die Anforderungen an die Verdaulichkeit. Säugenden Sauen können hingegen nur genügend Nährstoffe über das Futter zugeführt werden, wenn Verdaulichkeiten von etwa 80 % erreicht werden. Mit dem Absetzen der Ferkel kann die Nährstoffkonzentration des Futters sofort verringert werden. Aufgrund dieser Ansprüche der Sauen an die Nährstoffkonzentration können in der Gravidität gut wirtschaftseigene Grundfuttermittel eingesetzt werden, wie es bei der Methode der kombinierten Fütterung geschieht. Bei dieser Fütterungsmethode setzt sich die Ration in der Trächtigkeit aus Grundfutter (Saftfutter) und einem eiweiß- und wirkstoffreichen Kraftfutter zusammen. In der Laktation wird auch bei dieser Methode nur Kraftfutter gegeben. Die zweite Methode der praktischen Zuchtsauenfütterung ist die Alleinfütterung, bei der in allen Leistungsstadien nur Kraftfutter gegeben wird. Beide Methoden sind in der Praxis erprobt und aus ernährungsphysiologischer Sicht gut anwendbar. Welche Fütterungs-

6.1 Fütterung der Zuchtsauen

Übersicht 6.1-17

Richtwerte für wichtige Inhaltsstoffe in Alleinfuttermitteln für Sauen (88 % TS)

Leistungsstadium	Trächtigkeit	Säugezeit
Energie, MJ ME/kg	12,0	13,4
Rohprotein, g/kg	130	180
pcv Lys, g/MJ ME	0,4	0,6
pcv Lys, g/kg	4,8	8,0
Gesamt-Lys[1], g/kg	6,0	9,5
Relation zu pcv Lys = 100		
pcv Met + Cys	60	60
pcv Thr	65	65
pcv Trp	20	20
Rohfaser, g/kg	70–100	40–60
verd. Phosphor, g/MJ ME	0,18	0,25
verd. Phosphor, g/kg	2,2	3,3
Gesamt-Phosphor[2], g/kg	4,5	6,5
Calcium, g/kg	4,5	6,5
Natrium, g/kg	2,0	2,0
Spurenelemente und Vitamine[3]		

1 Gesamt-Lys = pcv Lys/0,8 bzw. 0,85 für Trächtigkeit bzw. Säugezeit
 (0,8 bzw. 0,85 = unterstellter mittlerer pcv VQ von Lys)
2 Gesamt-Phosphor = verd. Phosphor/0,5 bei Phytase-Zusatz
 (0,5 = unterstellter mittlerer VQ von P)
3 Angaben in Übersicht 6.1-16

methode deshalb ein Betriebsleiter wählt, ist aufgrund der gegebenen Futtersituation, arbeitswirtschaftlicher Gesichtspunkte und der Bestandsgröße zu entscheiden. Durch die kombinierte Fütterung können etwa 25 % des gesamten Nährstoffbedarfs einer Sau über Grundfutter gedeckt werden. Diese Art der Fütterung mit volumenreichem Futter in der Gravidität soll sich günstig auf die Futteraufnahme in der Laktation auswirken. Andererseits ist die Alleinfütterung arbeitstechnisch leichter zu lösen und in größeren Betrieben die Methode der Wahl. Ein Vorteil der Alleinfütterung liegt auch darin, dass über das nährstoffkonstante Alleinfutter eher eine bedarfsgerechte Versorgung gewährleistet ist.

6.1.3.1 Alleinfütterung

Alleinfutter sind Mischfutter, die alle für den betreffenden Nutzungszweck erforderlichen Bestandteile in einer Mischung enthalten; sie sind also in ihren Gehalten und den vorgeschriebenen Mengen bedarfsdeckend und dürfen auch nur als alleiniges Futter gegeben werden. Aufgrund des sehr unterschiedlichen Bedarfs der Sau in den verschiedenen Leistungsstadien ist es aus ernährungsphysiologischer Sicht notwendig, in der Gravidität und Laktation zwei unterschiedliche Typen von Zuchtsauen-Alleinfutter einzusetzen. Auch die ökologischen Gesichtspunkte der Verminderung der N- und P-Ausscheidung sprechen eindeutig dafür. Die Gehalte an wichtigen Inhaltsstoffen zeigt Übersicht 6.1-17. Die

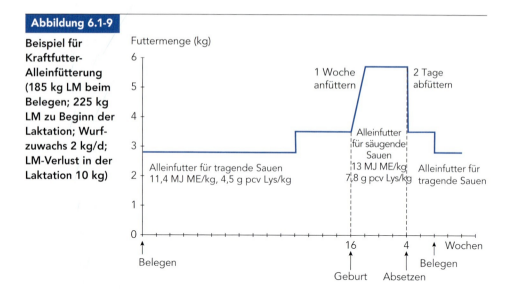

Abbildung 6.1-9
Beispiel für Kraftfutter-Alleinfütterung (185 kg LM beim Belegen; 225 kg LM zu Beginn der Laktation; Wurfzuwachs 2 kg/d; LM-Verlust in der Laktation 10 kg)

wesentlichen Unterschiede ergeben sich aus den höheren Energie-, Rohprotein-, Aminosäuren- und Mineralstoffgehalten im Alleinfutter für die Laktation bei deutlich niedrigerem Rohfasergehalt.

Der mengenmäßige Einsatz der verschiedenen Zuchtsauen-Alleinfutter richtet sich nach dem Leistungsstadium der Zuchtsau. Die erforderlichen Mengen ergeben sich einerseits aus den Empfehlungen zur Versorgung und andererseits aus dem Nährstoffgehalt des verwendeten Mischfutters. Sie sind für die verschiedenen Leistungsabschnitte in Abb. 6.1-9 dargestellt.

In der Gravidität werden somit bei gestaffelter Nährstoffzufuhr während der niedertragenden Zeit etwa 2,8 kg Alleinfuttermittel für tragende Sauen, in der Hochträchtigkeit etwa 3,5 kg Kraftfutter eingesetzt. Dabei ist es günstig, wenn der Rohfasergehalt in diesem Mischfuttertyp höher ist (bis 10 %) als im Laktationsfutter, da dieser vor allem den Verstopfungen der Sauen, die bei stark eingeschränkter Bewegungsfreiheit gerne auftreten, entgegenwirkt. Die dadurch bedingte geringere Nährstoffkonzentration ist für den Bedarf niedertragender Sauen gut ausreichend. Der Energiegehalt sollte 12 MJ ME je kg nicht übersteigen. In den letzten Wochen der Trächtigkeit wird dann zweckmäßigerweise langsam auf das Alleinfuttermittel für Laktation umgestellt. Die geringen Futtermengen im ersten Trächtigkeitsabschnitt führten häufig zu der Befürchtung, dass die Sauen damit nicht satt werden und eine stärkere Unruhe im Stall bei Gruppenhaltung der Sauen auftritt. Dies lässt sich jedoch verhindern, wenn man den Tieren Gelegenheit zur Aufnahme von ballastreichem Stroh aus der Einstreu oder bei einstreuloser Aufstallung durch Vorwerfen von etwas Stroh oder Heu bietet.

Soll in der Zuchtsauen-Alleinfütterung aus betriebsinternen Gründen nur ein Futtertyp verwendet werden, so wird auch in der Gravidität das Alleinfuttermittel für säugende Sauen eingesetzt. Hierbei wird jedoch bei der Deckung des Energiebedarfs eine über den Bedarf der Sau hinausgehende Rohproteinversorgung in Kauf genommen, da dieses Alleinfutter in seiner Zusammensetzung dem Laktationsbedarf angepasst ist. Diese Proteinüberversorgung stellt eine Belastung des Stoffwechsels dar und ist damit sicherlich auch teilweise Ursache

Foto 6.1-7
Säugende Sauen sind auf eine hohe Verdaulichkeit des Futters von ca. 80 % angewiesen

für schlechtere Zuchtleistungen. Außerdem ist damit eine höhere N-Ausscheidung gegeben, ein Aspekt, der auch aus ökologischen Gründen abzulehnen ist.

Die Futtermenge für säugende Sauen variiert je nach Wurfzuwachs. Bei Sauen mit einem täglichen Wurfzuwachs von 2 bzw. 2.5 kg entsprechend einer Ferkelzahl von etwa 10 bzw. 12 beträgt die tägliche Menge an Alleinfutter 5,4 bzw. 6,5 kg, wenn darin 13 MJ ME/kg enthalten sind. Die vielfach gebräuchliche starke Reduzierung der Alleinfuttermenge einige Tage vor und nach der Geburt ist meist nicht vorteilhaft, da mit beginnender Milchbildung ein hoher Nährstoffbedarf einsetzt. Leicht auftretende Verstopfungen während dieser Zeit lassen sich durch Zugabe von Bittersalz ($MgSO_4 \times 7\ H_2O$) – 1 Esslöffel je Mahlzeit – vermeiden. Selbstverständlich darf nach der Geburt nicht sofort die gesamte Alleinfuttermenge gegeben werden, sondern es wird langsam gesteigert, sodass bis zum Ende der ersten Säugewoche diejenige tägliche Höchstmenge an Alleinfutter erreicht ist, die während der Säugezeit beibehalten wird. Beim konventionellen Absetzen der Ferkel während der 4. Säugewoche wird die Futtermenge gestaffelt über 2–3 Tage auf etwa 3,5 kg täglich zurückgenommen und in dieser Höhe bis zum Decken beibehalten. Dabei wird weiterhin, wenn es die Haltung erlaubt, Alleinfuttermittel für säugende Sauen verwendet. Nach dem Decken ist es nicht notwendig, länger größere Kraftfuttermengen zu verabreichen. Es wird deshalb auf etwa 2,8 kg Futter zurückgegangen und das Alleinfutter für tragende Sauen eingesetzt. Nach diesen Hinweisen gefütterte Sauen beenden die Säugezeit in einem guten Ernährungszustand und müssen nicht erst wieder aufgefüttert werden. Im Gegensatz zu stark abgesäugten Tieren werden sie auch wieder regelmäßig tragend.

Zur Versorgung der Zuchtsauen mit Alleinfutter bieten sich für den landwirtschaftlichen Betrieb folgende Möglichkeiten an:

a) Zukauf von Fertigfutter (Zuchtsauen-Alleinfutter)
b) Mischung von wirtschaftseigenem Getreideschrot und Ergänzungsfuttermittel für Zuchtsauen
c) Herstellung einer hofeigenen Futtermischung aus wirtschaftseigenem Getreide, Eiweißfuttermitteln und Mineralfutter (siehe Übersicht 6.1-18)

Fertigfutter kaufen die Betriebe zu, die wenig wirtschaftseigenes Getreide erzeugen oder es anderweitig verwerten. Der Einsatz von Zuchtsauen-Ergänzungsfutter erleichtert die Verwendung selbsterzeugten Getreides und sichert die Versorgung an Aminosäuren, Mineral- und Spurenelementen sowie Vitaminen und ggf. Zusatzstoffen. Die Einmischrate an Ergänzungsfutter zur Herstellung eines Alleinfutters ist abhängig von der Nährstoffkonzentration des Ergänzungsfutters, ob ein Alleinfutter für tragende oder säugende Sauen erstellt werden soll und welche Nährstoffgehalte die zu ergänzenden Komponenten aufweisen. Mischfutterhersteller bieten hierzu spezielle Ergänzungsfutter für tragende (rohfaserreich) und säugende Sauen (nährstoffreich) an und geben auch Empfehlungen für die Mischungsanteile.

Je nach Art des Getreides kann ein Viertel bis ein Drittel des Getreides durch Mühlennachprodukte, Zuckerrübenvollschnitzel, Kartoffelschrot, Maniokmehl (Tapiokamehl) und ähnliches ersetzt werden. Auch die Einmischung von qualitativ gutem Grünmehl in Anteilen bis etwa 20 %, vor allem im Alleinfutter für tragende Sauen ist positiv zu beurteilen. Die Verwendung mehrerer Rohstoffkomponenten setzt jedoch vielfach ein gutes Mischen voraus, das wiederum technische Aufwendungen erforderlich macht. Bei der hofeigenen Futtermischung werden oft auch die Eiweißfuttermittel einzeln zugekauft. Dies erfordert, wie auch bei Zukauf der Energieträger, gute Kenntnisse der Futtermittelbeurteilung und der Rationszusammensetzung. Auf jeden Fall ist auch Mineralfutter für Schweine bis zur Höhe

Übersicht 6.1-18

Mischungsbeispiele für Zuchtsauen-Alleinfutter, Anteile in %

Futtermittel	Mischung							
	für tragende Sauen				für säugende Sauen			
	1	2	3	4	1	2	3	4
Fischmehlerzeugnis	–	–	–	–	–	4	–	–
Sojaextraktionsschrot	9	8	8	5	18	10	12,5	19
Ackerbohnen	–	–	–	5	–	5	10	–
Grünmehl	–	4	–	10	–	–	5	–
Gerste	20	–	32	40	42	8,5	8	40
Hafer	40	–	–	–	–	10	–	–
Weizen	–	12	32	25	30	60	60	–
Mais	–	35	–	–	–	–	–	29
Weizenkleie	–	27	10	13	5	–	–	6
Trockenschnitzel, mel.	19	12	16	–	–	–	–	–
Maniokmehl Typ 60	10	–	–	–	–	–	–	–
Sojaöl	–	–	–	–	2	–	1,5	3
L-Lysin x HCl	–	–	–	–	0,15	0,15	0,15	0,15
Mineralfutter	2	2	2	2	3	2,5	3	3

von 2–3% beizumischen. Einige Mischungsbeispiele für Zuchtsauen-Alleinfutter sind in Übersicht 6.1-18 angegeben.

Der Aufwand an Alleinfutter beläuft sich für eine gesamte Reproduktionsperiode pro Sau mit vierwöchiger Säugezeit auf 6,4 dt. Davon entfallen auf Alleinfutter für tragende Sauen etwa 4,4 dt während der Trächtigkeit. Vom Alleinfutter für säugende Sauen werden bei 4-wöchiger Säugezeit etwa 1,5 dt benötigt und 0,5 dt während der Zeit vom Absetzen bis zum Wiederbedecken. Insgesamt sind bei 2,2 Würfen pro Jahr und Sau etwa 14 dt Kraftfutter zu veranschlagen.

6.1.3.2 Kombinierte Fütterung

Grundfutter. Als Grundfutter für Sauen sind bei der Methode der kombinierten Fütterung wirtschaftseigene Saftfuttermittel, die Verdaulichkeiten von mindestens 60% aufweisen, geeignet. Somit können während der niedertragenden Zeit Grünfutter aller Art, Silage, Zuckerrübenblatt, Maiskolbenschrot und auch Futterrüben als Hauptfutter eingesetzt werden. Bei Grünfutter muss aber darauf geachtet werden, dass das Schwein junges Futter erhält. Der Rohfasergehalt von Gras wird ja mit fortschreitendem Wachstum laufend höher, während sich der Gehalt an verdaulichem Eiweiß verringert (siehe Abb. 7.1-8). Entsprechend nimmt auch die Verdaulichkeit der organischen Substanz ab, wie es Abb. 6.1-10 am Beispiel des Rotklees verdeutlicht. Während vor der Blüte geschnittener Rotklee noch eine Verdaulichkeit von über 60% aufweist und damit gut als Grundfutter eingesetzt werden kann, ist die Verdaulichkeit des in der Blüte geschnittenen Rotklees so gering, dass die Tiere über das Grundfutter nur sehr wenig verdauliche Nährstoffe aufnehmen können und dadurch umso mehr Kraftfutter benötigen. Auch Luzerne ist spätestens zu Beginn der Blüte zu schneiden.

Während der Vegetationszeit ist die beste Grundfutterversorgung über Weidegang gegeben. Für eine gute Schweineweide sind blattreiche, aber stengelarme Gräser und Kleearten zu wählen, wie zum Beispiel Deutsches Weidelgras, Wiesenrispengras, Wiesenschwingel, Weißklee, Wiesenrotklee. Der Weidegang bietet gegenüber der Stallhaltung während der ganzen Trächtigkeit den Vorteil der regelmäßigen Bewegung. Wo sich eine hofnahe Schweineweide einrichten lässt, sollte man diese Maßnahme durchführen. Bei intensiver Weideführung sind im Mittel 6–8 a je Zuchtsau erforderlich. Täglich zweimaliger Austrieb von je

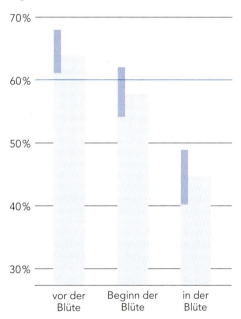

Abbildung 6.1-10

Die Verdaulichkeit der organischen Substanz von grünem Rotklee in verschiedenen Vegetationsstadien

Foto 6.1-8
Während der Vegetationszeit ist eine gute Grundfutterversorgung über die Weidehaltung gegeben

2–3 Stunden Dauer bringt die beste Weideleistung und erübrigt das Einziehen von Nasenringen, da erst bei längerem Aufenthalt auf der Weide gewühlt wird.

Fehlt die Weidemöglichkeit, so kann die Grünfütterung im Stall durchgeführt werden, wobei junges Wiesen- und Weidegras ungehäckselt, Klee gehäckselt vorgelegt werden. Grünfutter muss unkrautfrei sein und immer in frischem Zustand verfüttert werden. Die aufgenommenen Mengen an Grünfutter betragen je nach Vegetationsstadium, Pflanzenzusammensetzung und Alter der Sauen 8–15 kg je Tier und Tag.

Im Winter soll das Grundfutter hauptsächlich aus hochverdaulichen Grünfuttersilagen und Futterrüben bestehen. Grassilagen sollen angewelkt sein und bis zu 35 % Trockenmasse enthalten. Auch für die Beurteilung von Grünfuttersilagen ist in erster Linie deren Rohfasergehalt, also der Schnittzeitpunkt, maßgebend. Auf die Trockenmasse bezogen dürfen nicht wesentlich mehr als 25 % Rohfaser enthalten sein. Die tägliche Gabe kann bis etwa 6 kg betragen. Gefährlich sind für Zuchtsauen gefrorene oder verschimmelte Silagen, sie dürfen nicht verfüttert werden. Zuckerrübenblattsilagen müssen sauber gewonnen sein. Tägliche Mengen von 8 kg je Tier einwandfreier Silage sind angebracht. Wird körnerreiche Maissilage verfüttert, so können 5–6 kg davon täglich eingesetzt werden.

Futterrüben sind ein gutes Zuchtsauenfutter. Sie sollen frisch geschnitzelt verabreicht werden. Neben Silagen sind meist 3–5 kg Futterrüben, als alleiniges Grundfutter 8–12 kg täglich je nach Nährstoffgehalt während der Trächtigkeit zu verfüttern. Zuckerrüben füttert man am besten frisch gemust. Wegen des höheren Energiegehaltes sind Zuckerrüben auf jeden Fall zu begrenzen, d.h., maximal sollen 5–6 kg eingesetzt werden. Von Pressschnitzelsilage können 5–6 kg verfüttert werden. Auch der Anteil von Futterkartoffeln soll in Sauenrationen begrenzt werden. Wegen des hohen Gehaltes an verdaulichen Nährstoffen, vor allem in stärkereichen Kartoffeln, verfetten die Sauen sonst sehr leicht. Maximal dürfen nicht über 5–6 kg gedämpfte Futterkartoffeln (> 16 % Stärke) je Sau und Tag eingesetzt werden.

Kraftfutter. Aus den sehr unterschiedlichen Ansprüchen der Zuchtsau an das Futter in den verschiedenen Leistungsstadien, die bei der kombinierten Fütterung über das

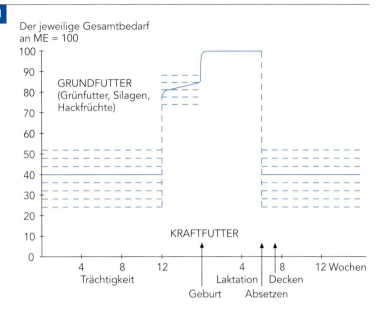

Abbildung 6.1-11
Deckung des Energiebedarfs von Zuchtsauen aus Grund- und Kraftfutter

Grundfutter nur zum Teil erfüllt werden können, ergeben sich für die Kraftfutterbeifütterung an die Zuchtsau sehr differenzierte Forderungen. So kann zu Beginn der Trächtigkeit ein großer Teil des gesamten Nährstoffbedarfs über das Grundfutter gedeckt werden, das Kraftfutter sollte hauptsächlich zur Verbesserung der Eiweiß- und Energieversorgung und für die Mineralstoff- und Vitaminzufuhr dienen. Im Gegensatz dazu ist in der Laktation das Kraftfutter der ausschließliche Nährstofflieferant (siehe Abb. 6.1-11). Während in der Laktation 100 % des Energiebedarfs aus dem Kraftfutter gedeckt werden und damit die kombinierte Fütterung als Alleinfütterung zu gestalten ist, werden an niedertragende Sauen je nach Grundfutterart und -qualität nur ein Viertel bis 40 % der Energie aus Kraftfutter zugeführt.

Als Kraftfutter in der Tragezeit wird ein Mischfutter vom Typ eines Ergänzungsfuttermittels für Zuchtsauen mit etwa 22 % Rohprotein eingesetzt, während in der Säugezeit ein Futter vom Typ eines Alleinfuttermittels für säugende Sauen (siehe Übersicht 6.1-17) verwendet wird. Damit wird man dem Bedarf am ehesten gerecht. Man erreicht diesen Futtertyp, indem man Ergänzungsfutter für Zuchtsauen (22 % XP) mit wirtschaftseigenem Getreide im Verhältnis 1:1 mischt oder das Alleinfuttermittel für säugende Sauen einsetzt. Mischungsbeispiele siehe Übersicht 6.1-18. Eine zusätzliche Mineralstoff- und Vitaminversorgung muss nicht beachtet werden, da Ergänzungsfutter für Zuchtsauen bereits ausreichend hohe Mineralstoff- und Vitamingehalte aufweist.

Beim Einsatz des Kraftfutters werden die notwendigen Mengen nach dem Leistungsstand der Zuchtsau und bei der kombinierten Fütterung zusätzlich nach der jeweiligen Grundfutterqualität bemessen. Die erforderlichen Mengen an Kraftfutter zeigt Übersicht 6.1-19. Dabei sind als Beifutter zu Kartoffeln, Gehalts- und Zuckerrüben 1 kg Ergänzungsfutter ausreichend. Für die anderen Grundfutterarten empfiehlt es sich, 1,5 kg Ergänzungsfutter zu verabreichen. 4 Wochen vor dem Ferkeln werden im Mittel täglich 2 kg Ergänzungsfutter für Zuchtsauen gegeben.

Übersicht 6.1-19
Tägliche Kraftfuttermengen für Zuchtsauen bei der kombinierten Fütterung, in kg

Leistungsstadium	Ergänzungsfutter für Zuchtsauen (22 % XP)	Getreide
Niedertragend (1.–12. Woche)	1–1,5	–
Hochtragend (13.–16. Woche)	2	–
Säugend (2 kg Wurfzuwachs)	2,65	2,65
Nach dem Absetzen bis zum Decken	2	–

Übersicht 6.1-20
Tägliche Mengen an Maiskolbenschrotsilage (50 % T) für Zuchtsauen

Art der Maiskolbenschrotsilage	Rohfasergehalt % der T	Maiskolbenschrotsilage in kg niedertragend	hochtragend
Corn-Cob-Mix (CCM)	4–6	3,8	4,8
	6–8	4,0	5,0
Lieschkolbenschrotsilage (LKS)			
abgesiebt	8–10	4,2	5,3
LKS-Silage	10–12	4,4	5,5
LKS-Silage	13–15	4,7	5,9

In der Säugezeit wird die kombinierte Fütterung wie die Alleinfütterung durchgeführt. Eine Beifütterung von Grundfutter ist nicht angebracht, da eine Aufnahme dieser Futtermittel, vor allem auch von Silagen, durch die Saugferkel ungünstig zu beurteilen ist.

Körnermaissilage und Maiskolbenschrotsilage. Einen Spezialfall der kombinierten Fütterung stellt die Verfütterung von Körnermaissilage und der verschiedenen Maiskolbenschrotsilagen dar. Sie sind geeignet als alleiniges Grundfutter verfüttert zu werden. Da diese Futtermittel energiereicher sind als andere Grundfuttermittel, müssen sie für Zuchtsauen während der Trächtigkeit stark begrenzt werden. Von Körnermaissilage (55 % T) werden an niedertragende Tiere 3,0 kg und in der Hochträchtigkeit 3,7 kg je Tier und Tag verfüttert. Für den Einsatz der verschiedenen Maiskolbenschrotsilagen ist der Rohfasergehalt entscheidend (Übersicht 6.1-20), weil zwischen Rohfaser- und Energiegehalt eine starke Abhängigkeit besteht (siehe 6.5.3.2).

Für die Beifütterung ist es bei diesen Grundfuttermitteln ausreichend, wenn eine Eiweißergänzung vorgenommen wird, die z. B. bei 275 g Sojaextraktionsschrot plus Mineralfutter je Tier und Tag in der niedertragenden Zeit und 350 g während der Hochträchtigkeit liegt. Der hohe Nährstoffbedarf laktierender Sauen sollte dann jedoch, wie auch sonst bei der kombinierten Fütterung, nur mit Kraftfutter gedeckt werden. Hat sich ein Betrieb dazu entschlossen, für Mastschweine Lieschkolbenschrotsilage zu erzeugen und abzusieben, so ist es von der Fütterung her durchaus möglich, diese Siebrückstände an Zuchtsauen zu geben. Da hierbei wegen des höheren Rohfasergehaltes mit geringerer Verdau-

Foto 6.1-9
Maiskolbenschrot- oder Körnermaissilagen können als alleiniges Grundfutter verfüttert werden

lichkeit zu rechnen ist, dürfte in diesem Fall wie auch sonst bei der kombinierten Fütterung in der Trächtigkeit die Beifütterung von 1 kg Ergänzungsfutter für Zuchtsauen zu empfehlen sein.

6.1.3.3 Fütterungstechnische Hinweise

Unabhängig vom Fütterungssystem muss eine ausreichende Wasserversorgung sichergestellt sein. Der Wasserbedarf ist individuell stark verschieden und liegt während der Säugezeit bei 15–40 l Wasser je Tier und Tag. Die beste Versorgung erfolgt über Selbsttränken mit einer Wasserdurchflussrate von 2–3 l/min.

Säugende Sauen müssen einzeln gefüttert werden, damit sie auch tatsächlich die notwendigen Futtermengen erhalten. Nach Möglichkeit sollte auch bei tragenden Tieren eine Einzelfütterung oder zumindest eine Gruppenfütterung je nach dem aktuellen Trächtigkeitsstadium durchgeführt werden. Bei Fütterung der laktierenden Sau in der Abferkelbucht muss gewährleistet sein, dass die Tiere ad libitum bzw. mindestens 1 Stunde fressen können. Angefeuchtetes Futter sollte jedoch nicht länger als 1 Stunde im Trog verbleiben, es könnte sonst verderben und bei Ferkeln Durchfälle verursachen.

Normalerweise wird das Futter den säugenden Sauen täglich in 2 Mahlzeiten verabreicht. Häufigeres Füttern steigert die Futteraufnahme gegenüber zweimaligem Füttern. Tragende Sauen können bei der Alleinfütterung aus arbeitswirtschaftlichen Gründen einmal täglich gefüttert werden, oder es kann auch bei der kombinierten Fütterung das Kraftfutter morgens und das Grundfutter nachmittags gegeben werden. Soll bei Sauen aufgrund neuer technischer Entwicklungen auch eine Flüssigfütterung durchgeführt werden, so müssen wegen der spezifischen Nährstoffansprüche der Tiere in den unterschiedlichen Leistungsstadien auf jeden Fall verschiedene Fließfuttermischungen hergestellt werden.

Beim Absetzen wird die Sau von den Ferkeln genommen. Je nach Haltungssystem kommt sie aus dem Abferkelstall in das Deckzentrum oder sie wird gleich wieder im Stall für tragende Sauen aufgestallt.

Der äußerst starke Stoffwechsel während der Säugezeit führt zu großen Mengen freiwerdender Wärme im Tierkörper. Diese kann nur dann in ausreichendem Maße an die Umwelt abgegeben werden, wenn die Stalltemperatur nicht zu hoch ist, das heißt für Sauen bei optimal 10–15 °C liegt. Andererseits stellt das Ferkel sehr hohe Temperaturansprüche, die anfangs bis zu 30 °C betragen. So einfach ein mittlerer Temperaturbereich für beide wäre, so ist es doch nicht vertretbar, säugende Sauen in Ställen über 20 °C zu halten. Solche Temperaturbereiche führen zu gesteigerter Atemfrequenz, die verminderte Futteraufnahme und damit verminderte Milchleistung, wenn nicht gar gesundheitliche Störungen des Muttertieres zur Folge haben. Diese unterschiedlichen Ansprüche an die Stalltemperatur können in erster Linie durch zusätzliche Wärmequellen und reichlich Stroheinstreu für die Ferkel ausgeglichen werden.

6.2
Ferkelfütterung

Die Rentabilität der Ferkelerzeugung hängt wesentlich von der Aufzuchtleistung der Sau und damit von der Zahl der abgesetzten Ferkel ab. Die Aufzuchtleistung wird maßgeblich vom Absetzgewicht bestimmt, wobei in starkem Maße das Geburtsgewicht und die Entwicklung während der Säugeperiode eine Rolle spielen. Daraus ergibt sich auch die Forderung nach einer adäquaten pränatalen Ernährung der Ferkel über eine vollwertige Fütterung der Muttertiere. So wird durch das Ernährungsniveau der graviden Sau neben der Anzahl der geborenen Ferkel vor allem deren Geburtsgewicht beeinflusst. Wie aus der Zusammenstellung von Ergebnissen verschiedener Autoren in Übersicht 6.2-1 hervorgeht, besteht außerdem eine enge Beziehung zwischen Geburtsgewicht und Lebensfähigkeit sowie der späteren Entwicklung der Ferkel. Die Verlustquoten sind bei leichten Ferkeln größer, die täglichen Zunahmen in der Säugezeit und anschließenden Aufzucht und Mast geringer. Normale Geburtsgewichte sollten deshalb bei einem ausgeglichenen Wurf mindestens 1,3 kg betragen. Ziel der postnatalen Ernährung ist, bis zum Ende der Aufzucht die große Wachstumsintensität von Ferkeln im richtigen Maße auszunutzen und ernährungsbedingte Verluste zu vermeiden. Als anzustrebende Gewichtsentwicklung sollten Ferkel mit 3 Wochen gut 5 kg, mit 5 Wochen knapp 10 kg und mit 10 Wochen etwa 30 kg wiegen.

Übersicht 6.2-1

Geburtsgewichte und Ferkelverluste sowie tägliche Zunahmen in verschiedenen Altersabschnitten

Geburts-gewicht kg	Verluste %	tägliche Zunahmen, g bis 28. Lebenstag	28. Lebenstag bis Mastbeginn	Mast
unter 0,8	70	140	360	–
0,8–1,0	45	150	360	615
1,0–1,2	25	175	385	625
1,2–1,4	15	195	410	665
1,4–1,6	10	220	420	700
1,6–1,8	7	240	430	700
1,8–2,0	7	265	450	–

6.2.1 Grundlagen zur Ferkelernährung

Ferkel haben ein besonders hohes Wärmebedürfnis, da sie nahezu ohne schützendes Fettgewebe und Energiereserven geboren werden. Zum Zeitpunkt der Geburt fällt deshalb der ziemlich hohe Blutzuckergehalt, um später wieder allmählich anzusteigen. Wenn keine Nahrungsaufnahme erfolgt, fällt der Glucosespiegel im Blut innerhalb eines halben bis einunddrei bis einhalb Tagen durch suboptimale Umgebungstemperatur noch stark beschleunigt auf hypoglykämische Werte ab, gefolgt von Krämpfen, Koma und Tod nach 1 1/2 bis 3 Tagen. Diese ausgeprägte neonatale Hypoglykämie ergibt sich daraus, dass die Mechanismen zur Gluconeogenese bei Ferkeln unzureichend entwickelt sind und erst durch die Nahrungsaufnahme induziert werden müssen. Bei einer Umgebungstemperatur von 15 °C kann dieser Blutzuckerabfall im Vergleich zu einer Temperatur von 30 °C etwa doppelt so groß sein. In dieser Hinsicht ist zu beachten, dass die untere kritische Temperatur von neugeborenen Ferkeln 32–35 °C beträgt.

Unmittelbar nach der Geburt suchen die Ferkel instinktiv das Gesäuge des Muttertieres. Daran sollen sie nicht gehindert werden, denn die erste Kolostralmilch müssen neugeborene Ferkel so frühzeitig wie möglich erhalten. Die Zusammensetzung der Kolostralmilch ist nämlich in idealer Weise auf die Bedürfnisse des Neugeborenen abgestimmt. Es erhält durch sie eine ausreichende Nährstoffversorgung sowie genügend Schutzstoffe gegen verschiedene Krankheiten. Der optimale Zeitpunkt der ersten Kolostralmilchgabe hängt davon ab, wie rasch sich nach der Geburt der Gehalt an Nähr-, Wirk- und Schutzstoffen der Kolostralmilch ändert und wie sich die Absorption der Schutzstoffe in den ersten Lebensstunden vermindert.

6.2.1.1 Nähr- und Schutzstoffgehalt der Kolostralmilch

Der wesentlichste Unterschied zur Normalmilch liegt im hohen Eiweißgehalt der Kolostralmilch (siehe Übersicht 6.2-2, nach PERRIN, 1955): Sie enthält rund 17 bis 19 % Eiweiß, die normale Milch der Sau hingegen 5–6 %. Außerdem weist das Eiweiß im Ko-

Foto 6.2-1

Die Kolostralmilch der Sau hat einen wesentlich höheren Eiweißgehalt als die Normalmilch

Übersicht 6.2-2

Zusammensetzung von Kolostral- und Normalmilch

		Stunden nach dem Werfen				Normal-
	Geburt	3	6	12	24	milch
Fett, %	7,2	7,3	7,8	7,2	8,7	7–9
Eiweiß, %	18,9	17,5	15,2	9,2	7,3	5–6
Lactose, %	2,5	2,7	2,9	3,4	3,9	5

lostrum eine andere Zusammensetzung auf. Über die Hälfte (55 %) des gesamten Eiweißes besteht nämlich in der ersten Kolostralmilch aus Globulinen, und zwar speziell aus γ-Globulinen, von denen die Normalmilch nur sehr geringe Mengen enthält.

In der γ-Globulinfraktion finden sich Antikörper, die Neugeborene gegen verschiedene Infektionskrankheiten, besonders der Atmungs- und Verdauungswege, schützen. Solche Immunoglobuline sind zwar im Serum der Muttertiere, nicht aber im Serum der Neugeborenen enthalten. Beim Schwein und anderen Huf- und Klauentieren ist nämlich der Übergang solcher Antikörper vom Blut der Muttertiere in den Fötus nicht möglich. Der Globulingehalt der Kolostralmilch ändert sich aber rasch. Bereits 12 Stunden nach der Geburt ist er um über 75 % reduziert. Mit zunehmender Milchsekretion nach der Geburt wird also die Globulin-Konzentration verdünnt. Deshalb wird die aufgenommene Globulinmenge umso geringer, je später die erste Kolostralmilch verabreicht wird. Ein wirksamer Schutz ist daher nur über eine frühzeitige Kolostralmilchaufnahme zu erreichen.

Neben dem Gehalt an Globulinen ist auch der Vitamin A-Gehalt der ersten Kolostralmilch als Epithelschutz für Neugeborene äußerst wichtig. Der absolute Vitamin A-Gehalt der Kolostralmilch hängt im Wesentlichen von der Fütterung der Muttertiere während der Trächtigkeit ab, woraus sich individuelle Unterschiede ergeben. Unabhängig davon wird – ähnlich wie bei Globulinen – die Konzentration an Vitamin A wie auch an Carotin nach der Geburt stets geringer. Dies gilt auch für andere fettlösliche Vitamine, nämlich D und

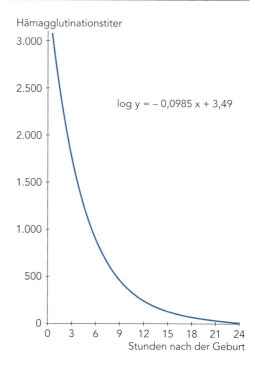

Abbildung 6.2-1
Absorption von Antikörpern beim Ferkel

E, sowie einige B-Vitamine (B_1, B_2 und B_{12}) und Vitamin C. Auch der Gehalt an Spurenelementen (Eisen, Kupfer, Zink, Kobalt, Jod) ist in der ersten Kolostralmilch um ein Vielfaches erhöht. Je später diese also verabreicht wird, desto weniger Wirkstoffe können von den Neugeborenen aufgenommen werden.

6.2.1.2 Absorptionsverhältnisse der γ-Globuline

Entscheidend für die Schutzwirkung der γ-Globuline ist aber nicht nur die angebotene Menge, sondern ebenso, wieviel davon in das Blut überführt wird. Der Darm der Neugeborenen ist nur kurze Zeit für solche hochmolekularen Stoffe durchlässig. Da das Kolostrum anfangs einen Trypsin-Inhibitor enthält, können die Schutzkörper ungespalten aufgenommen werden. Werden die γ-Globuline jedoch im Darmtrakt in ihre Bausteine zerlegt, so wird damit auch deren Schutzwirkung zerstört. Die Frage ist also, wie lange Globuline unverändert die Darmwand passieren können.

In Abb. 6.2-1 ist nach Untersuchungen von SPEER und Mitarbeitern aufgezeigt, wie sich beim Ferkel die Absorption von Schutzkörpern nach der Geburt verändert. Innerhalb von 3 Stunden geht die Absorptionsfähigkeit bereits um die Hälfte zurück. Wird jedoch erst 12 Stunden nach der Geburt zum erstenmal gesäugt, so werden nur noch etwa 6 % absorbiert, ganz abgesehen davon, dass nach dieser Zeit die Konzentration an Antikörpern in der Kolostralmilch bereits wesentlich geringer ist. Von einer ausreichenden Immunisierung des Ferkels kann dann nicht mehr die Rede sein. Erhalten Neugeborene dagegen die Kolostralmilch in-

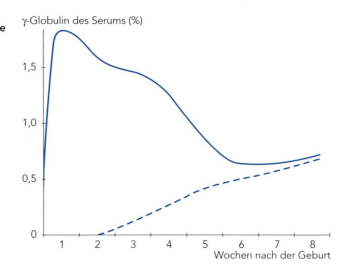

Abbildung 6.2-2
Mittlere γ-Globulingehalte im Ferkelserum
(——— sofort Kolostralmilch, ----- künstliche Ernährung, globulinfrei, bzw. ab 4. Tag Muttermilch)

nerhalb der ersten 3 Stunden, so geht ein hoher γ-Globulingehalt der Milch mit einer äußerst hohen Absorptionsfähigkeit einher, und die Schutzwirkung kann voll zur Geltung kommen.

Nur über eine frühzeitige Kolostralmilchgabe spätestens drei Stunden nach der Geburt wird also eine ausreichende passive Immunisierung für die ersten Lebenswochen erreicht. Dies geht auch aus Abb. 6.2-2 nach STAUB und BOGUTH hervor. Wird dagegen zu spät oder gar keine Kolostralmilch verabreicht, so können frühestens im Laufe der zweiten Lebenswoche γ-Globuline im Serum nachgewiesen werden, und erst nach der 6. Lebenswoche nähern sich die γ-Globulin-Werte allmählich den Werten, die bei sofortiger Kolostralmilchgabe erzielt werden.

Für praktische Verhältnisse ist also sowohl aus dem Verlauf der Konzentrationsverhältnisse im Kolostrum als auch der Absorptionsfähigkeit des Ferkeldarmes ein frühzeitiges Säugen zu fordern. Dieses frühe Säugen dürfte den Abgang der Nachgeburt keineswegs verzögern. Nach GRASHUIS soll der Geburtsvorgang sogar rascher vor sich gehen, wenn die Ferkel an der Muttersau bleiben.

6.2.1.3 Enzymentwicklung und Verdauungsvermögen

Der Abbau der Nahrung erfolgt beim Ferkel enzymatisch, das heißt, die Verwertung und Verträglichkeit der Nährstoffe hängt von der Entwicklung der Enzymsysteme im Verdauungstrakt ab. Diese sind hauptsächlich auf die Verdauung von Milch ausgerichtet, ändern sich in ihrer Aktivität aber in den ersten Lebenswochen und können damit die Fähigkeit der Tiere zur Verdauung der einzelnen Nährstoffe beeinflussen. Die Entwicklung der Verdauungsenzyme ist in Abb. 6.2-3 nach verschiedenen Untersuchungen vereinfacht dargestellt. Daraus geht hervor, dass die Lactase-Aktivität bald nach der Geburt ihren Höhepunkt erreicht. Dagegen ist die Aktivität der eiweißspaltenden Enzyme Pepsin und Trypsin bei Geburt außerordentlich niedrig und steigt auch während der ersten drei bis vier Lebenswochen nur langsam an. Ähnlich liegen die Verhältnisse bei dem stärkeabbauenden Enzym Amylase.

Foto 6.2-2
Durch die Beifütterung der Saugferkel kann der Nährstoffbedarf der Sau gesenkt werden

Abbildung 6.2-3
Aktivität von Verdauungsenzymen beim Ferkel

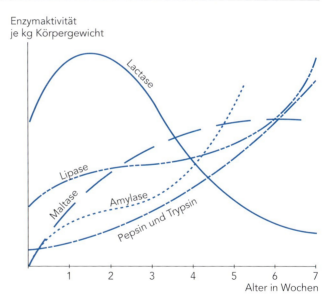

Da das Verdauungssystem des Ferkels speziell auf Sauenmilch eingestellt ist, können andere Futtermittel nur in geringerem Maße verdaut werden. Sauenmilch ist demnach auch das höchst verdauliche Futtermittel in der Ferkelernährung. So weist das Protein der Sauenmilch bei Ferkeln im Alter von 5 Tagen bis 5 Wochen eine Verdaulichkeit von 98 % auf. Ebenfalls sehr hoch verdaulich ist Eiweiß aus Kuhmilch mit 95–99 % und Fischmehl mit 92 %. Dagegen liegt die Verdaulichkeit von Sojaeiweiß mit etwa 80 % wesentlich tiefer.

Aufgrund dieser Verhältnisse kann ein Zusatz von Proteasen zu milchfremden Eiweißfuttermitteln eine zusätzliche Enzymwirkung hervorrufen. Allerdings müssen noch weitere Untersuchungen über die erforderliche Spezifität und über die optimalen Wirkungsvoraussetzungen der Enzyme durchgeführt werden, bevor Enzymzulagen für die praktische Ferkelfütterung empfohlen werden können.

Lactose wird vom Ferkel infolge der hohen Lactaseaktivität nach der Geburt gut verdaut. Der Abbau von Saccharose und roher Stärke entwickelt sich hingegen erst langsam. Deshalb wird Maisstärke in der ersten Woche nur zu 25 % verdaut, nach 3 Wochen aber bereits doppelt so gut. Durch Getreidefütterung kann die Amylasesekretion besonders gut angeregt werden. Das hohe Angebot an Fett in der Sauenmilch kann vom Ferkel bereits ab der ersten Lebenswoche optimal verwertet werden. Auch andere Fette, wenn sie stark emulgiert sind, werden vom jungen Ferkel gut ausgenutzt.

Für die Verdauungsfunktion ist ferner kennzeichnend, dass die Salzsäuresekretion im Magen in den ersten 3–4 Wochen fast völlig fehlt, danach graduell ansteigt und ihre volle Höhe erst mit 7–10 Wochen erreicht. Dies hat im Wesentlichen zwei Konsequenzen, zunächst ist die Aktivierung von Pepsinogen und dadurch vor allem die Proteinverdauung milchfremder Futtermittel beeinträchtigt und zum anderen verursacht ein schwacher Säuregrad im Magen eine überhöhte Bakterienbesiedlung und damit verbunden evtl. Krankheiten. Beim Saugferkel erfolgt die Magensäuerung vorwiegend durch mikrobielle Fermentation des Milchzuckers zu Milchsäure durch Lactobacillen. Beim Absetzen der Ferkel und Umstellen auf milchfremdes Futter geht die Milchsäurebildung zurück und die pH-Werte im Magen steigen sogar vorübergehend an, da die Salzsäuresekretion allein noch nicht ausreicht. In dieser Phase sind Ferkel besonders anfällig für Verdauungsstörungen, weshalb ein Zusatz von organischen Säuren zum Futter gerade in dieser Situation die Magensäuerung unterstützt und damit die Gesundheit und Leistung fördert. Andererseits ist auch wichtig, dass durch frühzeitige Fütterung von Getreide die Sekretion von Salzsäure und Enzymen angeregt wird.

6.2.2 Bedarfsnormen für Ferkel

6.2.2.1 Energie

Die Bedarfsnormen für Ferkel werden nachfolgend für den Bereich von 5–30 kg Lebendmasse faktoriell nach Angaben der GfE (2006) aufgezeigt. Der tägliche Erhaltungsbedarf beträgt demnach 0,55 MJ ME/kg LM^{0,75}. Aufgrund der höheren Bewegungsaktivität von Ferkeln ist dieser Wert um 25 % höher angesetzt als der entsprechende Bedarf für ausgewachsene Schweine. Im Bereich von 5–30 kg LM steigt der tägliche Erhaltungsbedarf von 1,8 auf 7 MJ ME an.

Der Leistungsbedarf wird durch den LM-Zuwachs mit den darin enthaltenen Protein- und Fettgehalten und durch den Teilwirkungsgrad der ME für die Protein- und Fettbildung bestimmt. Das Wachstum von Ferkeln ist durch ein ausgeprägtes Proteinansatzvermögen gekennzeichnet. Im Verlaufe der Aufzucht verändert sich der Proteingehalt im LM-Zuwachs kaum und es wird mit dem relativ hohen Wert von 170 g/kg gerechnet. Im Vergleich zum Protein variiert der Fettgehalt erheblich stärker, wobei vor allem die Energieversorgung und der Genotyp eine große Rolle spielen. Mit steigender Energieversorgung nimmt der Fettgehalt im Zuwachs linear zu, während der Proteingehalt weitgehend konstant bleibt. Ausgehend von einem extrem niedrigen Fettgehalt von etwa 1 % bei Geburt, ergibt sich ein linearer Anstieg im Fettgehalt des Zuwachses von 110 g/kg bei 10 kg LM auf 170 g/kg bei 30 kg LM. Daraus resultiert im Verlaufe der Aufzucht eine deutliche Verschie-

Übersicht 6.2-3

Täglicher Bedarf von Ferkeln an umsetzbarer Energie (MJ ME) in Abhängigkeit von Lebendmasse und täglichen Zunahmen[1]

Zunahmen (g)	Lebendmasse (kg)					
	5	10	15	20	25	30
100	2,9	4,3				
200	4,1	5,5				
300	5,2	6,7	8,0	9,3		
400		7,9	9,3	10,6	11,9	13,2
500		9,1	10,6	12,0	13,4	14,7
600			11,8	13,3	14,8	16,2
700				14,7	16,2	17,7
800					17,7	19,3

1 170 g Protein/kg Zuwachs; 110–170 g Fett/kg Zuwachs; 23,8 kJ/g Protein; 39,7 kJ/g Fett; $k_{pf} = 0,7$

bung des Protein-Fett-Verhältnisses im Zuwachs und damit ein erhöhter Energieaufwand je kg Zuwachs.

Nach Untersuchungen von KIRCHGESSNER und MÜLLER (1974) liegt bei Ferkeln der Aufwand an ME für den Ansatz von 1 g Protein bei etwa 45 kJ ($k_p \sim 0,5$) und für 1 g Fett bei 42–45 kJ ($k_f = 0,95-0,75$). In der Literatur werden davon deutlich abweichende Werte gefunden, deren Ursachen u. a. in der im Verlaufe der Aufzucht stark variierenden Körperzusammensetzung aber auch in der Rationszusammensetzung (Kohlenhydrat-/Fettanteil, Proteinqualität) zu suchen sind. Gesamtstoffwechselversuche bei Ferkeln (GÄDEKEN et al. 1985) mit konstanter Futterzusammensetzung hingegen ergaben für den Protein- und Fettansatz ähnliche Teilwirkungsgrade k_p und k_f im Bereich von 0,7. Für die Ableitung von Versorgungsempfehlungen in der Aufzucht wird daher ein Teilwirkungsgrad für das Wachstum (k_{pf}) von 0,7 verwendet und keine Differenzierung in Protein- und Fettansatz vorgenommen (GfE 2006). In Übersicht 6.2.-3 sind die entsprechenden Bedarfsangaben in Abhängigkeit von Lebendmasse und täglichen Zunahmen aufgeführt.

6.2.2.2 Eiweiß und Aminosäuren

In den ersten Lebenswochen ist der Eiweißbedarf nicht nur quantitativ als Versorgung mit Aminosäuren zu betrachten. Eiweiß ist in dieser Zeit auch als Quelle des passiven Immunitätsschutzes für Ferkel zu sehen (siehe hierzu 6.2.1). Für die Bedarfsableitung sehr wesentlich ist das außerordentlich hohe Ansatzvermögen für Protein in Bezug zur Futteraufnahme von Ferkeln. Dies führt bei ausreichender Energiezufuhr zu einer linearen Beziehung zwischen Aminosäurenaufnahme und Proteinansatz. Daher kann eine konstante Verwertung der Aminosäuren für den Ansatz unterstellt werden. Der Bedarf an pcv Aminosäuren wird an der faktoriellen Ableitung des Lysinbedarfes festgemacht. Der Lysinbedarf ist die Summe aus dem Bedarf für Erhaltung und Proteinansatz. Aus der Literatur werden dabei folgende Ausgangswerte berücksichtigt:

- Erhaltungsbedarf an pcv Lys: 38 mg/kg^{0,75} × d^{-1}
- Gehalt an Lysin im angesetzten Körperprotein: 7,2 g/100 g Protein
- Verwertung des pcv Lys: 63 %

Die gleiche Vorgehensweise wie für Lysin lässt sich für die übrigen EAS nicht anwenden, da nicht genügend Untersuchungen über ihre Verwertung für den Proteinansatz vorliegen. Nicht ganz zutreffend wird deshalb für die übrigen EAS die gleiche Verwertung wie für Lysin unterstellt. Dabei benutzt man für die Bedarfsableitung der übrigen EAS hilfsweise das System des Idealen Proteins, in dem der Bedarf für jede Aminosäure relativ zum Lysinbedarf ausgedrückt wird. Dazu werden zwei Muster für die Aminosäurenrelationen benötigt, eines das auf dem Erhaltungsbedarf beruht und eines das aufgrund von Aminosäurenanalysen des Körpers dem Proteinansatz entspricht (GfE 2006; Übersicht 6.2-4). Das im Futter benötigte Aminosäurenmuster ergibt sich dann aus dem relativen Anteil des Lysins, der für die Erhaltung und für den Proteinansatz erforderlich ist. Obgleich der Anteil der Aminosäuren, der für die Erhaltung benötigt wird, insgesamt sehr gering ist, bewirkt ein verändertes Verhältnis von Erhaltungs- zu Zuwachsbedarf eine gewisse Verschiebung des Aminosäuremusters des Gesamtbedarfes.

In Übersicht 6.2-5 sind die Empfehlungen zur Versorgung mit pcv Lysin und in Übersicht 6.2-6 mit pcv Rohprotein wiedergegeben. Der Bedarf an pcv Rohprotein ergibt sich aus der Summe des Bedarfes an pcv EAS multipliziert mit dem Faktor 2,5 und stellt eine Mindestversorgung dar. Die dargestellten Versorgungsempfehlungen müssen nun in die praktische Rationsgestaltung umgesetzt werden. Dazu ist es erforderlich, die Bedarfsangaben wie z. B. pcv Aminosäuren auf den ME-Bedarf zu beziehen. Dabei wird ersichtlich, dass aufgrund der beschriebenen Änderungen im Körperansatz im Verlaufe der Aufzucht der Aminosäurenbedarf bezogen auf den ME-Bedarf abnimmt. Wird die Aufzucht in zwei Abschnitte unterteilt, so ergeben sich bei hoher Zuwachsleistung folgende Anforderungen an das Futter (GfE 2006):

- Lysin
  5–15 kg LM: 0,9–0,85 g pcv Lys/MJ ME
  15–30 kg LM: 0,8–0,75 g pcv Lys/MJ ME
- Aminosäurenrelationen im Futter (pcv Basis)

Lys	Met+Cys	Thr	Trp	Ile	Leu	Val	Phe+Tyr	His
1 :	0,53 :	0,63 :	0,18 :	0,5 :	1,0 :	0,62 :	0,9 :	0,4

- pcv Rohprotein
  14,3 g pcv Rohprotein/1 g pcv Lys

Übersicht 6.2-4

Relationen der EAS zu Lys (Lys = 100) für die Ableitung des Bedarfes bei Ferkeln

His	Ile	Leu	Met + Cys	Phe + Tyr	Thr	Trp	Val
Erhaltung							
37	47	66	118	108	132	39	61
Proteinansatz							
40	49	100	50	90	60	17	62

Übersicht 6.2-5

Täglicher Bedarf von Ferkeln an pcv Lys (g) in Abhängigkeit von Lebendmasse und täglichen Zunahmen

Zunahmen (g)	Lebendmasse (kg)					
	5	10	15	20	25	30
100	2,1	2,2				
200	4,0	4,1				
300	6,0	6,0	6,1	6,2		
400		8,0	8,1	8,1	8,2	8,3
500		9,9	10,0	10,1	10,1	10,2
600			11,9	12,0	12,1	12,1
700				14,0	14,0	14,1
800					16,0	16,0

Übersicht 6.2-6

Mindestbedarf von Ferkeln an pcv Rohprotein (g/Tag) in Abhängigkeit von Lebendmasse und täglichen Zunahmen

Zunahmen (g)	Lebendmasse (kg)					
	5	10	15	20	25	30
100	30					
200	58	59				
300	85	87	88	89		
400		114	116	117	118	120
500		142	143	145	146	148
600			171	172	174	176
700				200	202	204
800					229	232

Gegenüber der vorgenannten Aminosäurenrelation soll nicht unerwähnt bleiben, dass in Bilanz- und Fütterungsversuchen bei höherer Met + Cys-, Thr-, Trp-, Ile- und Val-Versorgung noch Leistungssteigerungen erzielt werden konnten. Insbesondere konnte bei höherer Trp-Versorgung der Futterverzehr (Einfluss von Trp auf die Verzehrsregulation) deutlich gesteigert werden. Andere Vorschläge zum Idealprotein für wachsende Schweine sehen daher für diese Aminosäuren deutlich erweiterte Verhältnisse von Lys : Met + Cys : Thr : Trp : Ile : Val wie 1 : 0,6 : 0,65 : 0,2 : 0,6 : 0,68 vor (FULLER et al. 1990; CHUNG u. BAKER 1992).

Die empfohlene Versorgung repräsentiert ein Idealprotein mit 14,3 g pcv Rohprotein/1 g pcv Lys (vgl. Übersicht 6.2-5 mit 6.2-6). Dies ist die Mindestzufuhr, um den Bedarf an allen essenziellen und nicht-essenziellen Aminosäuren gerade abzudecken. Bezogen auf das Protein beträgt dabei die Konzentration an pcv Lys 7 g/100 g pcv Rohprotein (100/14,3). Da Lysin häufig erstlimitierend ist und seine Konzentration in vielen Futtermitteln für Ferkel tiefer liegt, ist die Proteinzufuhr in der Praxis entsprechend höher als sie mit dem Idealprotein möglich wäre und zwar um den Wert $7/x \times 14,3$ (x = pcv Lys/100 g pcv Rohprotein des Futters). Anders ausgedrückt, je höher die Konzentration der erstlimitierenden Aminosäuren

Übersicht 6.2-7

Mineralstoff- und Vitaminbedarf von Ferkeln

Bedarf an Mengenelementen (g/MJ ME)

Lebendmasse (kg)	5–15	15–30
Ca	0,69	0,62
vP	0,28	0,26
Na	0,1	0,1

Bedarf an Spurenelementen (mg/kg Futter-T)

Eisen	80–120[1]	Mangan	15–20
Jod	0,15[2]	Selen	0,2–0,25
Kupfer	6	Zink	80–100

Bedarf an fettlöslichen Vitaminen (je kg Futter-T)

Vitamin A	4.000 I.E.	Vitamin E	15 I.E.
Vitamin D	500 I.E.	Vitamin K (Menadion)	0,15 mg

Bedarf an wasserlöslichen Vitaminen (mg/kg Futter-T)

Thiamin (B_1)	1,7	Cobalanin	0,04[3]/0,023
Riboflavin (B_2)	4,4[3]/3,7	Biotin[5]	0,09
Niacin[4]	20[3]/15	Folsäure	0,33
Pantothensäure	13	Cholin	1.000
Pyridoxin (B_6)	3		

1. bei Saugferkeln mindestens 200 mg Fe i.m. am 2.–3. Tag p.p.
2. bei Einsatz von glucosinolathaltigen Futtermitteln (z.B. Rapsfuttermittel) Erhöhung auf 1 mg erforderlich
3. bis 10 kg LM
4. verfügbares Niacin bei bedarfsgerechter Tryptophanversorgung
5. verfügbares Biotin

im Futterprotein ist, umso niedriger kann die Proteinzufuhr eingestellt werden, wobei die Grenze mit der Mindestversorgung des Idealproteins erreicht ist (14,3 g pcv Rohprotein/1 g pcv Lysin). Ergänzungen des Futters mit hochwertigen tierischen Proteinträgern und/oder kristallinen Aminosäuren erlauben ein dem Idealprotein besser angenähertes Aminosäurenmuster. Da im Ferkelfutter neben Lysin vor allem Methionin + Cystin, Threonin und Tryptophan in Mangel geraten können, ist gerade die Einhaltung der genannten Relationen zu Lysin besonders wichtig. In der Ferkelfütterung hat daher die Supplementierung des Futters mit kristallinen Aminosäuren besondere Vorteile. Durch niedrigere Proteingehalte im Futter wird die Magensäuerung gefördert, weil die Pufferwirkung des Futters geringer ist. Aufgrund einer verbesserten Proteinverwertung geht die N-Ausscheidung zurück und die Ferkelerzeugung wirkt sich weniger umweltbelastend aus. Allerdings ist bei stärkerer Supplementierung einzelner Aminosäuren nicht nur auf die Mindestrelation aller lebensnotwendigen Aminosäuren zu achten, sondern auch auf mögliche Überschüsse einzelner Proteinbausteine, um Imbalancen auszuschließen. Mögliche Probleme ergeben sich dabei zwischen den verzweigtkettigen Aminosäuren Leucin, Isoleucin und Valin und zwischen Lysin und Arginin.

6.2.2.3 Mineralstoff- und Vitaminbedarf

Die für die Ableitung der Versorgung von Ferkeln mit Mengenelementen notwendigen Faktoren des Nettobedarfes und Verwertungsgrößen wurden bereits im Sauenkapitel in Übersicht 6.1-13 angegeben. Daraus lässt sich ermitteln, dass die notwendige Zufuhr an Mineralstoffen von der Lebendmasse und der täglichen Zuwachsrate abhängt. Unterteilt man die Aufzucht in die genannten zwei Lebendmassebereiche und überträgt den jeweiligen Tagesbedarf auf die Energieeinheit des Futters, so ergeben sich die in Übersicht 6.2-7 aufgezeigten Bedarfsangaben für Mengenelemente, Spurenelemente und Vitamine.

6.2.3 Fütterungshinweise zur Ferkelernährung

6.2.3.1 Normale Säugedauer (4–6 Wochen)

In konventionellen Betrieben beträgt die Säugedauer derzeit meistens 4 Wochen, während in biologisch geführten Betrieben Ferkel bis zu 6 Wochen gesäugt werden. Als Vorteile einer 4-wöchigen Säugeperiode können genannt werden:

- Ferkel sind bereits ausreichend entwickelt (~ 8 kg LM) und können ihren Nährstoffbedarf ohne Milchaufnahme decken.
- Es wird weniger Laktationsfutter für das Muttertier benötigt und die Nährstoffeffizienz für den Wurfzuwachs wird günstiger.
- Die Rückbildung von Uterus und Placenta bei der Sau ist mit etwa 3 Wochen abgeschlossen, sodass mit Sicherheit angenommen werden kann, dass 1–2 Wochen nach dem Absetzen die Brunst eintritt und eine hohe Konzeptionsbereitschaft gegeben ist.
- Durch rechtzeitiges Absetzen wird auch ein zu starkes Absäugen der Sau vermieden. Das Risiko einer dadurch verminderten Fruchtbarkeitsleistung wird abgeschwächt.
- Schließlich werden mit einer verkürzten Säugezeit Kosten eingespart und die Anzahl der möglichen Würfe je Jahr erhöht. Aufgrund der höheren Wurffolge wird im Mittel je Sau und Jahr ein Ferkel mehr produziert, wenn sich die Säugezeit um eine Woche verkürzt. Aus diesem Grund wird derzeit mehr und mehr ein noch früheres Absetzen durchgeführt.

Saugferkelbeifütterung

In den ersten beiden Laktationswochen wird der Nährstoffbedarf der Ferkel über die Muttermilch gedeckt. Das Kolostrum ist auch zweifellos für diese Zeit die beste Nahrung des Ferkels. Nach der zweiten Woche liefert die Sauenmilch jedoch nicht mehr die Eiweißmenge, die für ein optimales Wachstum nötig wäre. Deshalb muss versucht werden, den Ferkeln so früh wie möglich Beifutter zu verabreichen.

Für die Beifütterung von Saugferkeln ist dem Bedarf der Ferkel die Nährstofflieferung der Sauenmilch gegenüberzustellen. Aus der Differenz ergibt sich dann die Energie- und Eiweißmenge, die den Tieren über Beifutter zugeführt werden muss. In Abb. 6.2-4 ist der Energiebedarf der Ferkel und die Energieversorgung über die Muttermilch skizziert. Ähnliche Verhältnisse liegen beim Eiweiß vor. Während der ersten 2 Wochen wird bei einer normalen Milchleistung der Muttersau der Nährstoffbedarf der Ferkel weitgehend gedeckt.

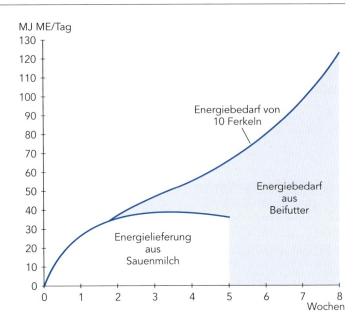

Abbildung 6.2-4
Energiebedarf und Energieversorgung wachsender Ferkel

Nach dieser Zeit treten zwischen dem Bedarf und der Versorgung mit Energie und Eiweiß immer größere Lücken auf, die über ein Beifutter zu schließen sind. Deshalb ist bereits ab der 2. Lebenswoche mit der Beifütterung anzufangen. Damit gewöhnen sich die Ferkel an die Aufnahme fester Nahrung, und es tritt kein Wachstumsstillstand ein.

Die Anforderungen an Beifutter für Ferkel sind in Übersicht 6.2-8 zusammengestellt. Bis zum Alter von 4 Wochen ist der Einsatz eines Saugferkelfutters, anschließend eines Ferkelaufzuchtfutters zu empfehlen. Ferkelaufzuchtfutter I mit höherer Nährstoff- und Energiekonzentration wird für Ferkel bis zu einem Lebendgewicht von etwa 20 kg verfüttert. Danach wird Ferkelaufzuchtfutter II eingesetzt. Bedingt durch den relativ hohen Nährstoffbedarf der noch jüngeren Tiere sowie wegen ihres geringen Aufnahmevermögens für trockenes Futter soll das Saugferkelfutter konzentrierter sein. Ein Nährstoffgehalt von 14 MJ ME je kg und 21 % Rohprotein sollte eingehalten werden.

Neben den Begriffen „Saugferkelfutter" und „Ferkelaufzuchtfutter" die auch unter den Bezeichnungen „Ergänzungs-" bzw. „Alleinfuttermittel für Ferkel" geführt werden, sind auch sog. „Prestarter" und „Starter" im Handel. Zwar ist unter dem Namen „Prestarter" meist ein Saugferkelfutter, unter „Starter" meist ein Ferkelaufzuchtfutter zu verstehen, da aber keine eindeutige, verbindliche Definition dieser Bezeichnungen existiert und die Nährstoffzusammensetzung z. T. erheblich von den geforderten Werten abweichen kann, sollten bei Verwendung dieser Mischfuttermittel stets die angegebenen Gehaltszahlen berücksichtigt werden.

Saugferkel stellen hohe Anforderungen an die Futterqualität. Deshalb hat die Auswahl der Rohstoffkomponenten für das Beifutter besonders sorgfältig zu erfolgen. Wegen der besonderen Ansprüche an die Proteinqualität sind gewisse Mengen an tierischen Eiweißfuttermitteln wie Trockenmagermilch und Fischmehl notwendig. Die hauptsächlichen Energieträger des Saugferkelfutters sind Futtergetreide und Futterfett.

Übersicht 6.2-8

Richtwerte für wichtige Inhaltsstoffe in Ferkelfutter (88 % TS)

Futtertyp	Saugferkel-	Ferkelaufzuchtfutter	
	futter	I	II
Einsatzbereich, kg LM	5–10	10–20	20–30
Energie, MJ ME/kg	14,0	13,4	13,0
Rohprotein, g/kg	210	190	180
pcv Lys, g/MJ ME	0,9	0,85	0,8
pcv Lys, g/kg	12,5	11,0	10,0
Gesamt-Lys[1], g/kg	14,0	12,5	11,0
Relation zu pcv Lys = 100			
pcv Met + Cys	53	53	53
pcv Thr	63	63	63
pcv Trp	18	18	18
Rohfaser, g/kg	30	40–60	40–70
verd. Phosphor, g/MJ ME	0,29	0,27	0,25
verd. Phosphor, g/kg	4,0	3,6	3,3
Gesamt-Phosphor[2], g/kg	6,2	5,5	5,0
Calcium, g/kg	8,5	7,5	7,0
Natrium, g/kg	1,4	1,4	1,3
Spurenelemente und Vitamine[3]			

1 Gesamt-Lys = pcv Lys/0,9 (0,9 = unterstellter mittlerer pcv VQ von Lys)
2 Gesamt-Phosphor = verd. Phosphor/0,65 bei Phytase-Zusatz
 (0,65 = unterstellter mittlerer VQ von P)
3 Angaben in Übersicht 6.2-7

Um eine hohe Futteraufnahme zu erzielen, wird man dem Saugferkelfutter häufig 5 % Futterzucker oder bis 150 mg Süßstoff je kg Mischfutter beifügen. Auch entschälter Hafer und Haferflocken sowie Sojaextraktionsschrot werden von den Ferkeln gern gefressen. Der Mineralstoff- und Spurenelementbedarf wird über die Beimischung von 2 % Mineralstoffmischung für Schweine berücksichtigt. Neben einer entsprechenden Vitaminierung (siehe Übersicht 6.2-8) sollte die Zumischung eines Probiotikums sowie einer erprobten organischen Säure oder Säuremischung wegen der damit verbundenen großen Vorteile nicht unterbleiben.

Das Beifutter wird zur freien Aufnahme vorgelegt. Im Mittel sollten etwa die in Übersicht 6.2-9 angegebenen Futteraufnahmen je Tier und Tag erreicht werden.

Häufig ist es üblich, während der gesamten Säugezeit und nach dem Absetzen nur ein Futter zu verwenden. Damit wird zwar eine Futterumstellung vor dem Absetzen umgangen, jedoch müssen beim Einsatz nur eines Ferkelfutters andere, erheblich größere Nachteile in Kauf genommen werden. Ein zu konzentriertes Ferkelfutter, wie etwa Saugferkelfutter, führt nämlich, nach dem Absetzen weitergefüttert, zu Schwierigkeiten (siehe hierzu 6.2.4), vor allem, wenn es in größeren, unkontrollierten Mengen aufgenommen wird. Nimmt man aber von Anfang an ein Ferkelaufzuchtfutter mit maximal 6 % Rohfaser, dann sind Futteraufnahme und bedarfsgerechte Nährstoffversorgung nicht optimal. Besonders die Aminosäuren(Lysin)-Zufuhr ist nicht ausreichend. Auch die Verfütterung von Getreide

Foto 6.2-3

Saugferkel stellen hohe Anforderungen an die Futterqualität

Übersicht 6.2-9

Durchschnittliche Gewichtsentwicklung, Beifutter- und Wasseraufnahme von Saugferkeln

Lebens-woche	Lebendmassebereich kg	Zunahmen g/Tag	Futteraufnahme g/Tag	Wasseraufnahme g/Tag
1	1,3–2,6	180	–	500
2	2,6–4,1	210	–	600
3	4,1–5,8	240	20	700
4	5,8–7,7	270	70	800
5	7,7–9,8	300	170	1.000

als einzigem Beifutter ist abzulehnen, da dann die Eiweißversorgung dem Bedarf des Ferkels keineswegs entspricht. Durch die im Vergleich zur Eiweißzufuhr überhöhte Energieversorgung können die Tiere schon frühzeitig verfetten.

Das Beifutter wird den Ferkeln von der Sau getrennt zur freien Aufnahme vorgelegt. Sehr gut geeignet sind Futterautomaten. Zumeist wird das Ferkelfutter in pelletierter Form verabreicht. Grundsätzlich sollte es trocken angeboten und alle 1–2 Tage in den Trögen völlig erneuert werden, um das Sauerwerden zu vermeiden. Aus diesem Grunde ist auch dickbreiiges oder suppiges Futter sowie Magermilch bei Ferkeln abzulehnen. Nur in außergewöhnlichen Fällen kann der Versuch gemacht werden, dicksaure Magermilch zu verabreichen. Insgesamt ist bei der Fütterung von Ferkeln stets auf Sauberkeit der Tröge, Regelmäßigkeit bei der Fütterung und auf einen gleitenden Übergang von 3–4 Tagen beim Umstellen von Saugferkelfutter auf Ferkelaufzuchtfutter zu achten.

Wasser

Voraussetzung für einen hohen Verzehr an Beifutter ist, dass den Ferkeln laufend einwandfreies Wasser in ausreichenden Mengen zur Verfügung steht. Die Aufnahmemengen an Beifutter und Wasser stehen nämlich in einer engen Beziehung zueinander. Im Durchschnitt kann ab der 4. Lebenswoche ein Verbrauch von 6–8 kg Wasser je kg Trockenmasseaufnahme veranschlagt werden (vgl. Übersicht 6.2-9). Damit hat das Ferkel einen täglichen Wasserbedarf von etwa 10 % seiner Lebendmasse. Bei hohen Temperaturen im Stall kann dieser Wasserverbrauch noch erheblich ansteigen. Die sicherste Wasserversorgung erfolgt über Schalen- oder Zapfentränken, die täglich zu kontrollieren und ggf. zu reinigen sind. Die Tränken sollten zweckmäßigerweise aus einem Vorbehälter gespeist werden, um ein gewisses Temperieren des Tränkwassers zu gewährleisten.

6.2.3.2 Verkürzte Säugedauer (1–3 Wochen)

Sauenmilch enthält je MJ ME nur etwa 12 g Rohprotein, ist also bezogen auf den Energiegehalt relativ eiweißarm. Aus diesem Grunde ist es auch möglich, bei frühentwöhnten Ferkeln mit Futterrationen, die im Energie- und Eiweißgehalt dem Bedarf der Tiere besser entsprechen, höhere Zunahmen zu erzielen als bei saugenden Ferkeln. Mit dem Frühabsetzen von Ferkeln werden vor allem schnellere Wurffolgen und damit höhere Ferkelzahlen je Sau und Jahr angestrebt.

Absetzen nach einer Woche

In ganz speziellen Situationen ist es möglich, Ferkel bereits nach der ersten Lebenswoche ohne Sauenmilch aufzuziehen. Dies setzt eine möglichst einheitliche Lebendmasse von rund 2,5 kg bei den in Gruppen aufgestallten Tieren voraus. Die Unterbringung in speziellen Etagenkäfigen erfordert einen heizbaren Raum, dessen Temperatur auf bis zu 30 °C eingestellt werden kann. Die relative Luftfeuchte soll wegen eines möglichst geringen Keimgehaltes zwischen 45–55 % liegen. Mit einer Lebendmasse von 7–8 kg, die in der 4. Lebenswoche zu erreichen ist, können die Ferkel von den Batterien in Flachkäfige (Flat-Decks) oder auch in Buchten mit Einstreu umgestallt werden. Die optimale Stalltemperatur beträgt dann 22–24 °C.

Aufgrund des ungenügenden Verdauungsvermögens für milchfremde Rationsbestandteile muss in den ersten 3 Wochen nach dem Absetzen ein Milchaustauschfuttermittel für Ferkel eingesetzt werden. Im Nährstoffverhältnis ist dieses Futter in etwa der Sauenmilch angepasst, allerdings mit höheren Eiweißmengen je Energieeinheit. Damit sollten in diesem Mischfutter etwa 25 % Rohprotein enthalten sein, das hochverdaulich ist. Der wichtigste Bestandteil ist Trockenmagermilch mit einem Mindestanteil von 50 %. Diese liefert außerdem ein Eiweiß von hoher biologischer Wertigkeit. Neben anderen Milchprodukten wie Casein, Molkenpulver und Buttermilchpulver sind auch geringe Mengen an Fischmehl, Expellern aus Lein oder Soja, Zucker, aufgeschlossener Stärke und Haferkernen als Rohstoffe möglich. Als Fettkomponente wird vielfach Schweineschmalz eingemischt. Folgende Anforderungen sind an ein Milchaustauschfutter für Ferkel zu stellen:

Rohprotein	min.	24 %	Vitamin D, I. E./kg	min. 1.000
Lysin	min.	1,5 %	Vitamin E, mg/kg	min. 20
Rohfett	min.	4 %	Eisen, mg/kg	min. 100
Rohfaser	max.	1,5 %	Kupfer, mg/kg	min. 20
Vitamin A, I. E./kg	min.	8.000	Mangan, mg/kg	min. 30
Vitamin B_{12}, µg/kg	min.	20	Zink, mg/kg	min. 70

Außerdem ist ein probiotischer Futterzusatz in der zugelassenen Dosierung sinnvoll. Das Milchaustauschfutter wird in trockener, pelletierter Form ad libitum vorgelegt. Da die Ferkel sehr kurzfristig von Muttermilch auf dieses Trockenfutter umgestellt werden, ist in der ersten Woche nach dem Absetzen der Futterverzehr geringer als erforderlich. Dies bedingt eine verzögerte Entwicklung der Tiere, die jedoch in den folgenden Wochen mehr als ausgeglichen wird. Zur ausreichenden Nährstoffversorgung sollen die Ferkel in der 1., 2. und 3. Woche nach dem Absetzen täglich etwa 200, 300 und 400 g Futter aufnehmen. Voraussetzung dafür ist auch, dass der hohe Wasserbedarf der Ferkel durch freie Wasseraufnahme gesichert ist und die schnell verderblichen Futterreste mindestens einmal täglich aus dem Trog entfernt werden. Nach der 4. Lebenswoche (3. Woche nach dem Absetzen) wird allmählich auf ein übliches Ferkelaufzuchtfutter I umgestellt, das dann ab der 6. Lebenswoche das alleinige Futter darstellt.

Während Ernährung und Haltung von nach der ersten Lebenswoche abgesetzten Ferkeln keine besonderen Schwierigkeiten bereiten, ist die Reproduktionsleistung der Muttersauen nach bisherigen Ergebnissen noch nicht zufriedenstellend. Da die Rückbildungsvorgänge des Uterus erst etwa 3 Wochen nach der Geburt abgeschlossen sind, ist bei früher erfolgter Paarung mit einem geringeren Konzeptionserfolg und einer niedrigeren Ferkelzahl im Folgewurf zu rechnen. Werden die Ferkel bereits nach einer Lebenswoche abgesetzt, sollten die Sauen trotzdem erst 3 Wochen post partum gedeckt werden. Für die allgemeine Praxis ist deshalb das Absetzen nach der ersten Lebenswoche ohne Bedeutung; hier wird vielmehr das Frühabsetzen nach 3 Wochen durchgeführt.

Absetzen nach drei Lebenswochen

Bei einer dreiwöchigen Säugezeit können im Gegensatz zum Absetzen nach einer Woche normale Wurfgrößen erwartet werden, da die Regenerationsphase der Reproduktionsorgane der Muttersau zum Zeitpunkt der folgenden Brunst abgeschlossen ist. Die Wurffolge wird beschleunigt, sodass im Vergleich zur 5–6-wöchigen Säugezeit 2–3 Ferkel je Sau und Jahr mehr erzielt werden können. Vorteilhaft wirkt sich weiterhin aus, dass man weniger Abferkelbuchten und keine Etagen-Aufzuchtkäfige benötigt, denn die Ferkel kommen nach dem Absetzen direkt in Flachkäfige (Flat-Deck-Haltung). Hinsichtlich der Ernährung ist es günstig, dass bei einer Säugezeit von 3 Wochen kein Milchaustauschfutter für Ferkel benötigt wird. Bereits ab der 2. Lebenswoche erhalten die Tiere wie üblich Saugferkelfutter (Ergänzungsfutter für Ferkel), das wieder bis Ende der 4. Lebenswoche durchgehend gefüttert wird. Dann erfolgt innerhalb von 3–4 Tagen der langsame Übergang auf Ferkelaufzuchtfutter I. Beim Absetzen sind die Ferkel bereits an die Trockenfutteraufnahme gewöhnt, sodass ein weitgehend gleichmäßiger Wachstumsverlauf gesichert ist. Bedingt durch den früheren Milchentzug ist beim Saugferkelfutter auf gute Verdaulichkeit und

Foto 6.2-4

Das Umtreiben der Sau sollte zügig und ruhig vor sich gehen

Schmackhaftigkeit besonders zu achten. Ein geringer Zusatz an Magermilchpulver (15 %) und diverser Süßstoffe ist deshalb von Vorteil. Als Richtzahlen für die tägliche Aufnahme der Mischfutter können die in Übersicht 6.2-11 angegebenen Zahlen gesehen werden.

Sauenmilchersatz

Bei zu geringer Leistung, Agalaktie, Mastitis, Bösartigkeit der Muttersau oder bei einer für das Gesäuge zu großen Ferkelzahl kann auch bei Aufzuchtverfahren mit längerer Säugezeit Milchaustauschfutter für Ferkel eingesetzt werden. In diesen Fällen ist die Muttermilch teilweise oder ganz zu ersetzen. Die Aufnahme von Kolostralmilch vor dem Ersatzfutter mindert das dabei auftretende Risiko erheblich.

Am einfachsten ist es, wenn in dem Betrieb andere Muttertiere mit gleichaltrigen Würfen vorhanden sind. Schwierigkeiten bei der Aufnahme der Ferkel durch die Amme können dadurch behoben werden, dass alle Ferkel mit Alkohol eingerieben werden. Dadurch kann das Muttertier eigene und fremde Ferkel nicht mehr voneinander unterscheiden.

Für die Aufzucht mit Ersatztränken eignet sich auch Schafmilch, da sie ähnlich zusammengesetzt ist wie Sauenmilch. Sie muss allerdings 6- bis 10-mal täglich verabreicht werden. Kuhmilch ist aufgrund der geringeren Nährstoffkonzentration kein brauchbarer Ersatz. Auf jeden Fall ist es falsch, Kuhmilch noch mit Wasser zu verdünnen, wie es leider analog zu der Ernährung des menschlichen Säuglings zuweilen erfolgt. Wird Kuhmilch trotzdem verwendet, so sollte man Zitronensäure zusetzen, da Kuhmilch im Magen des Ferkels sonst grobfaserig gerinnt und gummiähnliche Klumpen bildet. Milchaustauscher I für die Kälbermast ist als Ersatztränke für Ferkel nur geeignet, wenn er in einer Dosierung von 250 g je Liter Wasser verwendet wird. Diese Tränke entspricht dann wenigstens in ihrer Nährstoffkonzentration annähernd der Sauenmilch. Die Wirkstoffversorgung ist dem Bedarf der Ferkel jedoch nicht angepasst.

6.2.3.3 Fütterung von Absetzferkeln

Das Absetzen wirkt sich einschneidend auf die Verdauungsfunktion und Gesundheit der Ferkel aus. Dafür sind eine Reihe von Gründen verantwortlich:

- Unzureichende Sekretion der Verdauungsenzyme aufgrund der Futterumstellung
- Geringe Magensaftbildung und nicht ausreichende Durchsäuerung des Mageninhaltes
- Verminderte absorptive Kapazität durch Änderung der Villusarchitektur (Abflachung der Villushöhe und Zunahme der Kryptentiefe) im proximalen Dünndarm
- Wegfall der Sauenmilch und damit ihrer positiven Wirkung für das Ferkel (Immunglobuline, Aminosäuren)
- Unzureichende Futteraufnahme über mehrere Tage aufgrund der Umstellung auf ausschließlich Mischfutter
- Ungünstige Zusammensetzung der Darmflora (Dysbiose) und topographische Besiedlung des Verdauungstraktes vor allem nach übermäßiger Futteraufnahme
- Umweltstress und sozialer Stress infolge Stallwechsel und Neugruppierung der Ferkel

Eine wichtige Voraussetzung, die negativen Auswirkungen des Absetzens auf die Ferkel zu vermeiden, ist eine bereits frühzeitige Beifütterung der Ferkel. Dadurch gelingt es besser, die Enzymbildung im Verdauungstrakt an die Nährstoffe des nun vorherrschenden Mischfutters zu adaptieren. Diese Beifütterung ist auch eine wesentliche Grundlage für eine genügend hohe Futteraufnahme in den ersten Tagen des Absetzens. Sie ist erforderlich, um die strukturellen und funktionalen Eigenschaften der intestinalen Mucosa zu erhalten. Nahrungsmangel verursacht nämlich Villusatrophie, Abnahme der Kryptenzellproduktionsrate und damit Verminderung der Enterozyten zur Bildung der Bürstensaumenzyme. Erst 9 Tage nach dem Absetzen normalisieren sich intestinale Morphologie und Enzymaktivitäten wieder auf das Niveau vor dem Absetzen (siehe hierzu HEDEMANN et al. 2003). Der schlagartige Rückgang der Futteraufnahme zu Beginn des Absetzens ist ebenso zu verhindern wie der nachfolgende übermäßige Verzehr eines insbesondere eiweiß- und stärkereichen Futters. Überfressen bewirkt eine zu rasche Magenentleerung, mangelnde Durchsäuerung der Futterinhaltsstoffe, unzureichende enzymatische Verdauung, erhöhte mikrobielle Fermentation im Dünndarm und insgesamt ein ungünstiges intestinales Milieu (KAMPHUES 1988). Damit einhergehend besteht die Gefahr einer Dysbiose der Darmflora mit dem Auftreten von Durchfällen und bakteriellen Erkrankungen. Welche diätetischen Maßnahmen notwendig sind, insbesondere Ferkeldurchfälle zu vermeiden, wird im Abschnitt 6.2.4 Fütterungsbedingte Aufzuchterkrankungen, beschrieben. Um auch den Absetzstress von Ferkeln zu verringern, sollte die Sau von den Ferkeln abgesetzt werden und die Ferkel für die Zeit der Futterumstellung noch bis zu einer Woche in der Abferkelbucht verbleiben.

Absetzen und Futterumstellung sollten auf keinen Fall zusammentreffen. Danach richtet sich die Strategie des Futterwechsels. Relativ frühes Absetzen in der 3. oder 4. Lebenswoche verstärkt noch die negativen Auswirkungen der Futterumstellung. Daher sollte das besser angepasste Ergänzungsfutter für Saugferkel auch in der Absetzphase weiter gefüttert werden und die Umstellung auf Ferkelaufzuchtfutter I erst in der 5. Lebenswoche erfolgen. Wird hingegen erst nach der 5. oder 6. Lebenswoche das Absetzen vorgenommen, so ist es möglich, von Ergänzungsfutter für Saugferkel auf Ferkelaufzuchtfutter I noch vor dem Absetzen umzustellen und zwar ebenfalls in der 5. Lebenswoche. Der Vorteil hierbei ist, der

Foto 6.2-5

Besser ist es, beim Absetzen die Sau umzustallen und die Ferkel noch einige Tage in der Abferkelbucht zu lassen

Futterwechsel erfolgt vor dem Absetzen, das Absetzen gestaltet sich noch reibungsloser. Die Umstellung auf Ferkelaufzuchtfutter sollte nur allmählich und über einen Zeitraum von 3–4 Tagen erfolgen.

Die aufgrund der Nährstoffansprüche erforderliche Zusammensetzung von Ferkelaufzuchtfutter ist in Übersicht 6.2-8 angegeben. Im Vergleich zum Ergänzungsfutter für Saugferkel liegen Eiweiß- und Lysingehalt tiefer, der Rohfasergehalt höher. Der Anteil tierischen Eiweißfutters kann jetzt anstelle von Trockenmagermilch im Wesentlichen aus Fischmehl bestehen. In Übersicht 6.2-10 sind einige Mischungsbeispiele für Ferkelaufzuchtfutter I und II aufgezeigt. Dabei wurde der Proteingehalt jeweils schrittweise abgesenkt und fehlende Aminosäuren durch kristallines Lysin, Methionin, Threonin und Tryptophan ergänzt. Durch den Einsatz dieser Aminosäuren ist es möglich, den Anteil an tierischem Eiweiß (Fischmehl) zu ersetzen und gleichzeitig den Proteingehalt abzusenken. Je mehr die Proteinabsenkung erfolgt, desto mehr Aminosäuren und desto stärker müssen sie supplementiert werden. Proteinreduzierte Mischungen sind gerade in der Ferkelaufzucht aus verdauungsphysiologischer Sicht aber auch aus Gründen einer verminderten N-Ausscheidung anzustreben. Ferkelaufzuchtfutter wird nach dem Absetzen zur beliebigen Aufnahme vorgelegt. Daher können auch bei Absetzferkeln Futterautomaten verwendet werden. Eine Rationierung könnte dadurch erreicht werden, dass der Automat täglich nur einmal gefüllt wird. Die etwa zu veranschlagende tägliche Futtermenge gibt Übersicht 6.2-11 wieder.

Anstelle eines aus Einzelkomponenten bestehenden Ferkelaufzuchtfutters lässt sich ein solches Futter auch aus einem speziellen eiweißreichen Ferkel-Ergänzungsfutter plus einer Getreidemischung verwenden. Dieser Ergänzer berücksichtigt besonders die Bedürfnisse der Absetzferkel und ist nicht mit dem Saugferkelfutter zu verwechseln. Die Einmischquote richtet sich vor allem nach der Konzentration der Inhaltsstoffe in den angebotenen Ergänzern.

Übersicht 6.2-10

Mischungsbeispiele von Ferkelaufzuchtfutter unterschiedlicher Proteingehalte und Ergänzung der limitierenden Aminosäuren

Mischung	Ferkelaufzuchtfutter I			Ferkelaufzuchtfutter II		
	1	2	3	1	2	3
Komponenten, %						
Fischmehlerzeugnis	8,0	4,0	–	8,0	4,0	–
Sojaextraktionsschrot	21,0	19,0	22,0	13,0	14,6	16,0
Gerste	40,0	40,0	40,0	45,0	45,0	45,0
Weizen	27,4	32,0	31,2	32,0	33,2	34,2
Pflanzenöl	1,5	2,0	3,0	0,5	0,5	1,0
L-Lysin × HCl	0,1	0,35	0,5	0,15	0,3	0,5
DL-Methionin	–	0,05	0,1	–	0,02	0,08
L-Threonin	–	0,10	0,16	–	0,10	0,17
L-Tryptophan	–	–	0,04	–	–	0,03
Mineralfutter	2,0	2,5	3,0	1,5	2,25	3,0
Diese Mischungen enthalten						
Rohprotein, g/kg	205	185	175	195	175	165
pcv Lysin, g/kg	11,0	11,0	11,0	10,0	10,0	10,0
ME, MJ/kg	13,4	13,4	13,4	13,0	13,0	13,0

Übersicht 6.2-11

Gewichtsentwicklung und Futteraufnahme von abgesetzten Ferkeln

Lebens-woche	Lebendmasse am Ende der Woche kg	Zunahmen g/Tag	Futteraufnahme g/Tag	Futtertyp
4	7,0	200	250	Saugferkelfutter
5	9,5	350	450	
6	12,5	400	600	Ferkelaufzucht-futter I
7	15,5	450	900	
8	19,0	500	1.050	
9	23,0	600	1.250	Ferkelaufzucht-futter II
10	27,5	650	1.350	

Zukaufsferkel

Ein reibungsloser Übergang der Ferkel vom Aufzüchter zum Mäster setzt voraus, dass nach Möglichkeit das gleiche Futter weiter verabreicht wird. Etwas schwieriger gestaltet sich das richtige Anfüttern von Zukaufsferkeln, deren vorherige Fütterung nicht bekannt ist. Solchen Ferkeln wird am ersten Tag im Zukaufsbetrieb nur frisches Wasser gegeben.

Am zweiten Tag wird mit 100–150 g Ferkelaufzuchtfutter II je Tier begonnen. Diese Menge wird täglich um etwa 125 g gesteigert, sodass nach 4–5 Tagen die in Übersicht 6.2-11 angegebenen Futtermengen erreicht werden. Erst ab einer Lebendmasse von etwa 30 kg wird dann innerhalb von 3–4 Tagen auf das Anfangsmastfutter umgestellt.

Beim Zukauf von Ferkeln ist darauf zu achten, dass möglichst gleich schwere Ferkel zu einer Gruppe zusammengefasst werden, da sonst die Futteraufnahme vor allem der kleineren Ferkel beeinträchtigt wird. Alle Tiere müssen gleichzeitig fressen können.

6.2.4 Fütterungsbedingte Aufzuchterkrankungen

6.2.4.1 *Ferkelanämie*

Die Gefahr eines Eisenmangels ist beim Ferkel immer gegeben. Durch die laufende Erneuerung und Neubildung von roten Blutkörperchen mit ihrem hohen Eisengehalt ergibt sich für die Blutbildung ein ständiger Bedarf an Eisen. Wird dieser Bedarf nicht gedeckt, so wird die Hämoglobinsynthese gestört, und das Ferkel leidet an Anämie. Dabei nimmt der Hämoglobingehalt der roten Blutkörperchen meist ab, außerdem verändern sich Größe und Form der Erythrozyten. Durch die Veränderung im Blutbild wird die Abwehrkraft des Organismus geschwächt und die Krankheitsbereitschaft erhöht. Die Gewichtszunahmen gehen zurück, und das Auftreten von Kümmerern wird gefördert. Anämie ist für einen beträchtlichen Teil der Aufzuchtverluste verantwortlich.

Eine Ursache für den gerade beim Ferkel meist auftretenden Eisenmangel liegt in dem relativ geringen Umfang der körpereigenen Fe-Reserven bei der Geburt. Neugeborene Ferkel weisen nämlich nur etwa ein Drittel der Eisen-Konzentration ausgewachsener Schweine auf. Hinzu kommt, dass die Versorgung der Ferkel mit Eisen über die Muttermilch in der ersten Neugeborenen-Phase äußerst gering ist. Sauenmilch enthält nämlich im Vergleich zum Bedarf von Ferkeln nur sehr wenig Eisen.

Als prophylaktische Maßnahme, Anämie zu verhüten, ist die erhöhte Zufuhr von Eisen an Muttersauen bislang meist wirkungslos. Der Fe-Gehalt der Sauenmilch lässt sich durch eine stärkere Versorgung der Muttertiere nicht erhöhen. Allerdings sollte den Sauen besonders während der letzten vier Trächtigkeitswochen täglich zusätzliches Eisen verabreicht werden, damit die Ferkel wenigstens die bestmögliche Versorgung erhalten. Die Reserven der neugeborenen Ferkel lassen sich ebenfalls kaum beeinflussen. Der Fötus vermag Eisen nur bis zu einer gewissen Grenze zu speichern, die beim Ferkel ziemlich niedrig liegt. Diese Speicherung von Eisen ist aber auch nur dann möglich, wenn die Muttertiere ausreichend versorgt sind.

Ein frühzeitige und nachhaltige Deckung des Eisenbedarfs muss demnach durch direkte Eisengaben an die Ferkel erfolgen, und zwar spätestens ab Mitte der ersten Lebenswoche. Am sichersten ist die Injektion bestimmter Eisenpräparate, wie zum Beispiel Fe-Dextran oder Fe-Dextrin, ein Verfahren, das zwar wenig arbeitsaufwendig, aber teuer ist. Die Präparate werden intramuskulär (lange Sitzbeinmuskulatur oder Nackenmuskulatur) oder unter das Bauchfell injiziert. Dem Ferkel sollen dabei etwa 150–200 mg verfügbares Eisen zugeführt werden. Eine Wiederholung der Injektion ist normalerweise nicht erforderlich, da das injizierte Eisen laufend innerhalb von 2–3 Wochen vom Körper resorbiert wird, und zwar schneller, als es zur Hämoglobinsynthese nötig wäre. Überschüssige Fe-Mengen werden in der Leber gespeichert. Lediglich bei verlängerter Säugedauer und fehlender Beifütterung erscheint eine zweite Fe-Injektion sinnvoll.

Foto 6.2-6
Die Eisengabe nach der Geburt ist nicht über das Muttertier möglich, sondern nur direkt an die Ferkel

Foto 6.2-7
In den ersten Tagen nach der Geburt neigen Ferkel häufig zu Durchfall, der behandelt werden muss

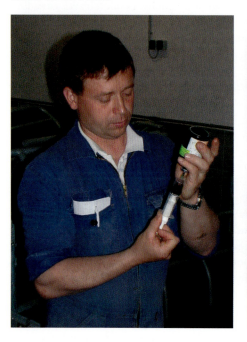
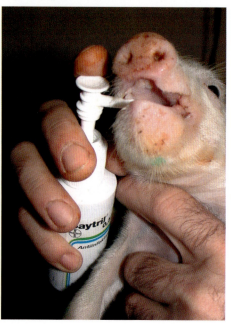

Eine zweite Möglichkeit bietet die orale Zufuhr. Grundsätzlich sollten die meisten Präparate aber mindestens zweimal verabreicht werden. Eine einmalige Gabe ist nach unseren Untersuchungen nur bei Eisen-Depot-Tabletten in der richtigen Dosierung erfolgversprechend. Diese Depot-Tabletten sind so dimensioniert und zusammengesetzt, dass sie eine bestimmte Zeit nach der oralen Eingabe im Verdauungstrakt verbleiben, hier Eisen gleichmäßig abgeben und den Eisenbedarf des Ferkels 3 Wochen lang nach Verabreichung sicherstellen.

Die Eisenversorgung der Saugferkel über gute Erde ist ein altes Hausmittel und wird seit langem angewendet. Dabei kann der Eisengehalt der Erde durch Bespritzen mit einer fünfprozentigen Eisensulfatlösung erhöht werden. Diese Methode erfordert viel Arbeit, bringt aber auch gute Erfolge. Sand ist ungeeignet. Die bestehende Verwurmungsgefahr kann durch Erhitzen der Erde beseitigt werden. Ähnlich wie dieses Einbringen von Erde in die Ferkelbucht ist der Auslauf zu beurteilen. Durch das Herumwühlen im Auslauf nehmen die Ferkel genügend Eisen auf. Das gilt jedoch nicht bei Sandböden. Tritt durch den Auslauf ein Wurmbefall der Tiere auf, so sind Wurmkuren durchzuführen oder die Standorte laufend zu wechseln.

6.2.4.2 Ferkeldurchfall

Ferkeldurchfälle können besonders in den ersten Lebenstagen, im Alter von 2–3 Wochen und zum Zeitpunkt des Absetzens auftreten. Die Ursachen hierfür sind meistens fütterungsbedingt, doch sind auch mangelhafte Stallhygiene für den Durchfall verantwortlich zu machen.

Strategien zur Prophylaxe von Durchfallerkrankungen zielen darauf ab, die Muttertiere gesund zu erhalten, die Stall- und Futterhygiene zu optimieren, ein Überfressen der Ferkel zu vermeiden und in besonderem Maße die jeweilige Futtermischung so zusammenzusetzen, dass die Verdauungsfunktion der Ferkel optimal unterstützt wird. Gerade der letzte Aspekt erscheint besonders wichtig für Ferkel in der Absetzphase und erfordert einige diätetische Maßnahmen:

- Zur Unterstützung der Magensäuerung sollte das Säurebindungsvermögen des Futters nicht höher als 700 meq HCl/kg Futter sein. Unter Säurebindung versteht man dabei die Menge an HCl, die notwendig ist, um den pH-Wert des Futters auf einen im Magen physiologisch günstigen Bereich von pH 3.0 abzusenken. Die Auswahl hochwertiger Proteinkomponenten und der Einsatz kristalliner Aminosäuren erlauben ein niedrigeres Proteinniveau im Futter und damit geringeres Säurebindungsvermögen. Ähnliches gilt für die Auswahl der Mineralkomponenten, die hochverdaulich sein sollten bei geringer Pufferwirkung. Auch der Einsatz von organischen Säuren und deren Salze unterstützt diese Maßnahme, gleichzeitig wirken sie bacterizid. Insbesondere Ameisensäure und Formiate unterdrücken effizient coliforme Keime im vorderen Verdauungstrakt des Ferkels.
- Ein hoher Rohfasergehalt um 10% kann infektiöse Ferkeldurchfälle verhüten. Soviel Rohfaser führt allerdings zu einem deutlichen Leistungsrückgang. Deshalb wird empfohlen, den Rohfasergehalt im Ferkelaufzuchtfutter auf 6% zu beschränken. Bei Gefahr und Anzeichen von Durchfällen kann jedoch eine rohfaserreichere Komponente wie Weizenkleie oder Gerste bzw. Hafer dem Alleinfutter in Höhe von 30–40% zugemischt und in der kritischen Phase des Absetzens etwa eine Woche lang verabreicht werden.
- Der Durchfallvorbeuge dient auch die rationierte Fütterung der Ferkel über eine Woche nach dem Absetzen von täglich 30–35 g Futter/kg Lebendgewicht. Voraussetzung dieser Maßnahme ist jedoch, dass alle Tiere gleichzeitig einen Fressplatz haben (evtl. zusätzlichen Trog in die Bucht stellen).
- Der Einsatz von Plasmaprotein aus Schweineblut, das 70–80% Protein und etwa 20% Immunglobuline enthält, führt bei Ferkeln nicht nur zur Zuwachsverbesserung, sondern auch zu geringerer Durchfallhäufigkeit. Die beste Wirksamkeit ergibt sich bei einem Einsatz von 5% über 14 Tage nach dem Absetzen und bei Austausch pflanzlicher Proteine.
- Ergänzend zu den diätetischen Maßnahmen ist der Einsatz der futtermittelrechtlich zugelassenen Zusatzstoffe wie Probiotica möglich, die einen günstigen Einfluss auf die Stabilität einer gesunden Darmflora ausüben. Wichtig ist bei allen Maßnahmen, dass vorrangig erkannte Ursachen abgestellt und erst dann aufgetretene Durchfälle therapeutisch mit antibiotischen Präparaten behandelt werden.

6.2.4.3 Plötzlicher Herztod und Ödemkrankheit der Absetzferkel

Plötzlicher Herztod und Ödemkrankheit der Absetzferkel gehören zu den verlustreichsten Krankheiten, da sie vorwiegend die bestgenährten Tiere befallen. Plötzlicher Herztod tritt mit 2–3 Wochen nach dem Absetzen auf. Die kranken Tiere liegen fest, atmen angestrengt und zeigen Durchfall. Nach längerer Krankheitsdauer tritt der Tod ein. Bei der Ödemkrankheit bilden sich Schwellungen an den Augenlidern und inneren Organen. Der Gang wird schwankend, Durchfall und Todesfälle treten auf.

Beide Krankheiten entstehen durch Futterwechsel und zu große Aufnahme nährstoffreichen Futters (Kohlenhydrate) oder bei Verseuchung des Stallmilieus durch β-hämolysierende Escherichia-coli-Keime bestimmter Serotypen und Überwuchern derselben im Darmkanal. Zur Vorbeugung sollten deshalb Futterwechsel beim Absetzen und ein Überfüttern vermieden und auf eine ausreichende Wasserversorgung, eine mineral- und vitaminreiche Ernährung sowie genügend tierisches Eiweiß in Verbindung mit ausreichendem Rohfasergehalt (s.o.) geachtet werden. Aus hygienischen Gründen sind die Buchten stets sorgfältig zu reinigen und zu desinfizieren. Die Behandlung bereits klinisch erkrankter Ferkel kommt meist zu spät. Bei gefährdeten, gleichaltrigen Tieren sind beim Erkennen der ersten Krankheitszeichen (z.B. Lid- und Unterhautödeme im Bereich des Kopfes, Darmkatarrh, Schwanken in der Hinterhand) in Verbindung mit einer tierärztlichen Behandlung eine ein- bis zweitägige Hungerkur bei ausreichender Frischwasserversorgung und gründlicher Desinfektion der Bucht recht erfolgversprechend.

6.3
Fütterung weiblicher Zuchtläufer

Zur Zucht bestimmte Absetzferkel werden mit einer Lebendmasse von 30 kg von den zur Mast bestimmten Tieren getrennt. Da Läufer bereits im Alter von etwa drei Monaten sexuelles Interesse zeigen und bei den weiblichen Tieren mit etwa 4 Monaten erste Brunsterscheinungen auftreten, müssen mit Beginn der Läuferfütterung auch weibliche und männliche Tiere getrennt werden. Bei den weiblichen Zuchtläufern kommt es in erster Linie auf eine gesunde und kräftige, aber nicht zu schnelle Entwicklung an. Aus diesem Grunde muss die Fütterungsintensität niedriger liegen als bei Mastschweinen. Dennoch wird in der Aufzucht von Jungsauen angestrebt, durch entsprechende Ernährung die Körperkondition zu optimieren, um dadurch den Eintritt der Geschlechtsreife und die Ovulationsrate sowie eine lange Nutzungsdauer zu fördern.

Der Eintritt der Geschlechtsreife wird durch das Alter und vor allem durch die Körperkondition der Tiere bestimmt. Sie wird bei einem Alter von etwa 200 Tagen erreicht, wobei

Übersicht 6.3-1
Einfluss der Fütterungsintensität auf die Ovulationsrate der Erstlingssau

Gruppe	Fütterung		Ovulationsrate bei der 2. Brunst
	ab 70. Tag bis Geschlechtsreife	im 1. Brunstzyklus	
I	ad libitum	ad libitum	13,9
II	ad libitum	rationiert*	11,1
III	rationiert*	ad libitum	13,6
IV	rationiert*	rationiert*	11,1

* rationiert = 70 % der ad libitum Fütterung

eine sehr knappe Ernährung an Energie und Protein den Eintritt der Geschlechtsreife um etwa 2–3 Wochen verzögern kann. Eine sehr intensive Aufzuchtfütterung (ad libitum-Fütterung) beeinflusst den Eintritt der Geschlechtsreife nur wenig, erhöht aber die Lebendmasse zur Zeit der Zuchtbenutzung (2. bis 3. Brunst). Mehr noch als Alter und Körpergewicht scheinen Körperzusammensetzung und insbesondere die Rückenspeckdicke dafür verantwortlich zu sein, wann die erste Brunst eintritt. Nach verschiedenen Untersuchungen bestehen enge positive Zusammenhänge zwischen Rückenspeckdicke und Eintritt der Geschlechtsreife, aber auch zu Trächtigkeitsrate und Wurfgröße. Für die Zuchtreife, d. h. dem Zeitpunkt des ersten Deckens, ist demnach neben Alter und Körpergewicht vor allem eine ausreichende Entwicklung der Körperkondition (Rückenspeckdicke) erforderlich.

Wie aus neueren Untersuchungen hervorgeht, beeinflusst der Körperfettanteil über das Fettgewebshormon Leptin die Fruchtbarkeit (BARB et al. 2005). Das vom Fettgewebe in proportionalen Mengen gebildete und in das Blut abgegebene Leptin liefert ein wichtiges metabolisches Signal, das über Hypothalamus und Hypophyse die Freisetzung von FSH und LH aktiviert. Man geht davon aus, dass bei einer Rückenspeckdicke von 18–20 mm die Fruchtbarkeit optimal unterstützt wird. Bei einem zu geringen Fettanteil kann sich durch eine hormonelle Instabilität die Geschlechtsreife und Auslösung der Brunst verzögern, aber auch die Wurfgröße verringern (siehe hierzu auch 6.1.2.3). Auch eine reduzierte Futteraufnahme kann sich negativ auf die Leptinkonzentration im Serum auswirken.

Nach Eintritt der Geschlechtsreife spielt die Energieversorgung eine wichtige Rolle für die Ovulationsrate von Jungsauen. Dafür ist aber nicht so sehr die Versorgung während der Läuferfütterung entscheidend, sondern erst die Energiezufuhr 8–14 Tage vor der vorgesehenen Paarung, wie auch aus Übersicht 6.3-1 (SELF et al. 1955) hervorgeht (siehe hierzu auch 6.1.1.1). Eine Erhöhung der Energiezufuhr kann über die Plasma-Insulin- und IGF-I-Konzentration die LH- und FSH-Produktion anregen und dadurch das Follikelwachstum stimulieren. Dieser Effekt wird also hauptsächlich der Glucose-Insulin-IGF-I-Wirkungsschiene zugeschrieben und ist allein von der Energieaufnahme abhängig. Erhöhte Protein- oder Lysinzufuhr beeinflussen die Ovulationsrate nicht. Dieser auch als „Flushing" bezeichnete Energieeffekt wird besonders bei kurzfristiger ad libitum-Fütterung vor der Paarung (~ 14 Tage) nach vorheriger restriktiver Fütterung ausgelöst. Bei ständiger ad libitum-Fütterung wird die Ovulationsrate nicht mehr weiter erhöht und das vorgegebene genetische Maß ist erreicht.

Übersicht 6.3-2

Empfehlungen zur Energie, pcv Lysin- und minimale pcv Rohprotein-Versorgung in der Jungsauenaufzucht

Lebendmasse-bereich kg	Zunahmen g/Tag	Umsetzbare Energie MJ/Tag	pcv Rohprotein g/Tag	pcv Lysin g/Tag
30–60	650	21	184	12,6
60–90	700	28	195	13,2
90–120	700	33	195	13,0
120–150	700	37	195	13,0

Das Ernährungsniveau während der Aufzucht und die Bildung der Körperreserven zum Zeitpunkt der Zuchtbenutzung beeinflussen auch die Nutzungsdauer der Sauen. Je besser die Körperkondition der Jungsauen, desto höher die mögliche Lebensleistung wie verschiedene Versuche zeigen (z. B. CHALLINOR et al. 1996). Demzufolge erbrachten Jungsauen, die beim Decken 125–145 kg schwer waren und eine Speckdicke P2 von 18–20 mm aufwiesen über 5 Würfe eine um 9 Ferkel höhere Lebensleistung als Jungsauen, die beim Decken weniger als 120 kg Lebendmasse und weniger als 15 mm Rückenspeckdicke aufwiesen. Unter P2 versteht man dabei die Rückenspeckdicke über dem M. longissimus dorsi der letzten Rippe 6,5 cm seitlich der Mittellinie. Auch die Anzahl der Würfe wird bei zu geringer Rückenspeckdicke vermindert. Das richtige Maß der Aufzuchtfütterung sollte auch eine ausreichende Entwicklung der Gebärmutter im Hinblick auf Wurfgröße und Geburtsgewicht der Ferkel beim ersten Wurf gewährleisten. Eine zu mastige Fütterung von Jungsauen könnte dem entgegenstehen. Außerdem kann sich eine zu hohe Aufzuchtintensiät negativ auf die spätere Zuchtleistung auswirken. Bei restriktiver Aufzuchtfütterung (75 % von ad libitum) wurden in einem Langzeitversuch weniger Tierverluste in der Aufzucht, bei etwa gleich großer Wurfgröße aber höheren Geburtsgewichten und insgesamt 0,9 Würfen mehr je Anfangstier erzielt als bei ad libitum-Fütterung (KIRCHGESSNER et al. 1984).

Jungsauen sollten daher beim ersten Decken hinsichtlich Alter, Größe, Körperkondition und Östrus ausreichend entwickelt sein. In Übereinstimmung mit der GfE (2006) werden folgende Zielwerte für eine optimale Zuchtreife vorgeschlagen:

- Alter: 220–230 Tage
- Lebendmasse: 130-140 kg
- Rückenspeckdicke P2: 18–20 mm
- Östrus: Decken im zweiten, besser im dritten Östrus

Die skizzierte Entwicklung entspricht täglichen Zunahmen von 700 g ab 30 kg Lebendmasse, die notwendigen Körperreserven und die Reproduktionsorgane können dabei ausreichend gebildet werden und das Decken im zweiten oder dritten Östrus nützt die höhere Ovulationsrate für die Wurfgröße aus. Auch eine gezielte „Flushing"-Fütterung, die bei dieser Vorgehensweise durchaus zu empfehlen ist, wird erleichtert, da der Paarungstermin leicht ermittelt werden kann. Die Körperkondition betreffend sollten im Abschnitt 100–140 kg Lebendmasse täglich 100–120 g Protein und etwa 250 g Fett angesetzt werden.

Der Bedarf an umsetzbarer Energie, pcv Rohprotein und pcv Lysin für die Jungsauenaufzucht, wie sie oben dargestellt wurde, kann anhand der Lebendmasse und Zuwachsrate in Anlehnung an die Empfehlungen für wachsende Schweine angegeben werden (Übersicht 6.3-2; nach GfE 2006). Für die übrigen EAS sind dieselben Relationen zum pcv Lysin zugrunde zu legen wie bei Mastschweinen. Für die Mineralstoff- und Vitaminversorgung von weiblichen Zuchtläufern können ebenfalls die Empfehlungen der Mastschweine übernommen werden.

Fütterungshinweise

Wie bei Zuchtsauen wird die Fütterung von weiblichen Läufern entweder mit Alleinfutter oder mit Grund- und Ergänzungsfutter (kombinierte Fütterung) durchgeführt. Bei der Alleinfütterung, die in der Praxis zunehmende Verbreitung gefunden hat, werden die Absetzferkel bei einer Lebendmasse von 30 kg im Verlaufe von mehreren Tagen auf das weiterführende Kraftfutter umgestellt. Dafür eignet sich z.B. Alleinfutter für Sauen mit mindestens 17 % Rohprotein und etwa 12 MJ ME je kg. Ebenso kann auch hofeigenes Getreide in Mischungen mit Zuchtsauenergänzungsfutter, eiweißreichem Ergänzungsfutter, Eiweißkonzentrat oder Eiweißfuttermitteln plus Mineralfutter verwendet werden (siehe hierzu auch 6.1.3.1). Die Höhe der Futterzuteilung richtet sich jeweils nach dem Energiegehalt des eingesetzten Mischfutters und der Gewichtsentwicklung der Läufer. Sie steigt im Bereich von 30 bis 150 kg Lebendmasse bei 12 MJ ME je kg Futter täglich von 1,8 auf 3,1 kg an.

Bei der kombinierten Fütterung der Läufer werden etwa ab 30 kg Lebendmasse wirtschaftseigene Saftfuttermittel vorgelegt (Grünfutter aller Art, Silagen aus Grünfutter, Mais, Maiskolbenschrot und Rübenblatt sowie auch Futterrüben). Die mit Weidegang im Sommer und Auslauf im Winter verbundene Bewegung wirkt sich auf die Zuchtkondition vorteilhaft aus. Selbstverständlich kann, wenn die Zuchtläufer keinen Weidegang oder Auslauf haben, die Fütterung ebenfalls vollwertig gestaltet werden. Der größte Teil der Nährstoffversorgung erfolgt auch bei der kombinierten Fütterung über Kraftfutter. Spätestens ab etwa 30 kg Lebendmasse wird im Sinne einer vereinfachten Fütterung beim Kraftfutter von Ferkelaufzuchtfutter auf Sauenalleinfutter umgestellt. In 6.1.3.1 sind dazu entsprechende Mischungen angegeben. Bei guter Beschaffenheit und Zusammensetzung des Grundfutters wird die tägliche Menge an Alleinfutter von etwa 1,6 kg auf 2,4 kg bei 150 kg Lebendmasse gesteigert. Die fehlende Energiemenge nehmen die Läufer jeweils durch das angebotene Grundfutter auf.

6.4
Fütterung von Jung- und Deckebern

Die Aufzucht von Jungebern und die Fütterung der Deckeber ist auf eine hohe Reproduktionsleistung auszurichten. Sowohl mangelnde als auch überreichliche Nährstoffzufuhr können sich sehr ungünstig auf die Zuchtleistung auswirken.

6.4.1 Reproduktionsleistung und Nährstoffbedarf

6.4.1.1 Aufzuchtperiode

Die Hauptentwicklung des spermabildenden Epithels erfolgt bei Ebern zwischen dem 4. und 8. Lebensmonat. Die vollständige Samenproduktion und die Fähigkeit zur Ejakulation ist erst mit etwa fünf bis sechs Monaten vorhanden, wobei allerdings Spermamenge und Samenqualität noch ungenügend sind. Erst mit einem Alter von etwa 8 Monaten ist die sexuelle Leistungsfähigkeit soweit ausgebildet, dass eine sichere Befruchtung zu erwarten ist.

Die Sexualentwicklung wird durch die Intensität der Ernährung sehr stark beeinflusst. Durch mangelnde Nährstoffzufuhr werden Entwicklung und Funktionsfähigkeit der männlichen Geschlechtsorgane verzögert. Eine vorübergehende energetische Unterversorgung dürfte aber selbst bei größeren Gewichtsverlusten den Zeitpunkt der Geschlechtsreife nicht beeinflussen. Überreichliche Energiezufuhr führt dagegen zu Verfettung und damit zu geringerer Zuchttauglichkeit.

Im Feld auf Eigenleistung geprüfte und gekörte Eber erreichen im Alter von etwa 7 Monaten eine mittlere Lebendmasse um 130 kg. Diese Gewichtsentwicklung entspricht durchschnittlichen Tageszunahmen von rund 600 g seit Geburt bzw. 750 g im Lebendmassebereich von 25 bis 120 kg. Richtzahlen für die anzustrebenden Tageszunahmen und die entsprechende Fütterung sind in Übersicht 6.4-1 zusammengestellt. Bei der Ableitung die-

Übersicht 6.4-1

Empfehlungen zur täglichen Energie- und Proteinversorgung in der Aufzucht von Jungebern

Lebendmassebereich kg	Zunahmen g/Tag	umsetzbare Energie MJ/Tag	pcv Rohprotein g/Tag	pcv Lysin g/Tag
30– 60	700	21	270	15
60– 90	850	27	360	20
90–120	750	31	370	21

ser Werte wurde unterstellt, dass männliche Zuchtläufer mit Eintritt der Geschlechtsreife (verstärkte Androgenbildung) gegenüber weiblichen Läufern und Börgen mehr Eiweiß ansetzen und für den Lebendmassezuwachs 10–20% weniger Energie benötigen. Während Mastschweine ihren maximalen täglichen N-Ansatz bereits mit etwa 50–60 kg Lebendmasse erzielen, findet der höchste Proteinzuwachs bei Jungebern erst in einem Lebendmassebereich um 90 kg statt.

6.4.1.2 Deckperiode

Jungeber können etwa ab einem Alter von 7 Monaten erfolgreich zur Zucht verwendet werden. Sie wiegen dann ca. 120–130 kg und befinden sich noch im Wachstum. Im Hinblick auf eine lange Zuchtnutzung sollten aber auch ausgewachsene Deckeber eine Lebendmasse von 220 kg nicht überschreiten. Dauer der Zuchtnutzung und Deckfähigkeit sowie Spermamenge und -qualität können sehr stark durch die Fütterung beeinflusst werden. Dies ist mit auf die hohe Ejakulatmenge von Ebern zurückzuführen. Eine vorübergehende, verringerte Energiezufuhr beeinflusst aber selbst beim Auftreten von Gewichtsverlusten die Gesamtzahl der Spermien im Ejakulat, ihre Bewegungsfähigkeit und die Befruchtungssicherheit nur wenig. Hält jedoch die mangelnde Energiezufuhr über längere Zeit an, dann verliert der Eber sehr schnell die Fähigkeit zu decken. Deshalb erfordert eine lange Zuchtbenutzung von Ebern auch eine der sexuellen Belastung angepasste Energieversorgung. Dies gilt ebenso für die Eiweißzufuhr. Bei Jungebern erhöht nach Untersuchungen von POPPE und Mitarbeitern (1974) eine gesteigerte Eiweißzufuhr, vor allem bei starker Zuchtbenutzung, die Spermamenge. Dabei kommt offenbar der Versorgung mit Lysin und Methionin eine vorrangige Bedeutung zu.

In Übersicht 6.4-2 sind die Empfehlungen der GfE (1987) zur Energie- und Proteinversorgung von Jung- und Deckebern bei normaler Zuchtbenutzung aufgezeigt. Da die faktoriellen Angaben zum Nährstoffbedarf von Ebern insbesondere für die Spermaproduktion noch unzureichend sind, wurde bei den Empfehlungen von Ergebnissen aus Fütterungs-

Foto 6.4-1

Die Energieversorgung der Eber muss an die Deckauslastung angepasst werden

Übersicht 6.4-2
Empfehlungen zur täglichen Energie- und Proteinversorgung von Deckebern

Lebendmasse- bereich kg	Zunahmen g/Tag	umsetzbare Energie MJ/Tag	pcv Roh- protein g/Tag	pcv Lysin g/Tag
120–180	400	30	380	21
über 180	(200)	30	380	21

versuchen ausgegangen. Die Angaben schließen außer dem Energie- und Proteinbedarf für Erhaltung und Zuchtbenutzung bei Jungebern (bis 180 kg Lebendmasse) auch die benötigten Nährstoffmengen für etwa 400 g Tageszunahmen ein. Je MJ umsetzbare Energie in der Ration sind demnach 13 g pvc Rohprotein zu veranschlagen. Dieses Rohprotein sollte mindestens 5,5 % pcv Lysin aufweisen. Bei ausgewachsenen Deckebern brauchen diese Nährstoffmengen nicht verändert zu werden, da der Bedarf für das Wachstum von Jungebern in etwa dem höheren Bedarf für Erhaltung und Deckeinsatz von Altebern entspricht.

6.4.2 Praktische Fütterungshinweise

6.4.2.1 Aufzucht von Ebern

Die angestrebten täglichen Zunahmen von 750 g bei der Aufzucht männlicher Zuchtläufer setzen den Einsatz relativ konzentrierter Futtermittel voraus. Bei der Fütterung mit Grund- und Kraftfutter wird daher Grundfutter (z. B. junges Grünfutter, Silagen, Futterrüben) erst ab einem Gewicht von 30–35 kg angeboten. Wegen der notwendigen Begrenzung der Aufnahmemenge auf täglich 1 kg zu Beginn bis 3 kg gegen Ende der Aufzucht, hat das Grundfutter im Vergleich zum Ergänzungsfutter nur einen geringen Anteil an der Nährstoffversorgung. Die mit dem Grundfuttereinsatz verbundene hohe arbeitswirtschaftliche Belastung hat deshalb auch dazu geführt, dass Jungeber meist nur mit Kraftfutter aufgezogen werden.

Als Kraftfutter wird für männliche Zuchtläufer bis etwa 30 kg Lebendmasse am besten Ferkelaufzuchtfutter weitergefüttert. Entsprechend der in Übersicht 6.4-1 zugrunde gelegten Gewichtsentwicklung ist anschließend ein Kraftfutter mit einer Energiekonzentration von 11,4–11,8 MJ ME je kg ausreichend. Aufgrund des hohen Proteinansatzvermögens der männlichen Zuchtläufer sollte dieses Kraftfutter allerdings bis zu einer Lebendmasse von 90 kg 16 % pcv Rohprotein (bzw. mindestens 13 g pcv Rohprotein je MJ ME) enthalten. Hinsichtlich der Proteinqualität sollten 5,5 % pcv Lysin im Protein nicht unterschritten werden; das Verhältnis von Lysin zu den S-haltigen Aminosäuren Methionin und Cystin (1 : 0,7) ist zur Gewährleistung einer optimalen Entwicklung der Fortpflanzungsorgane enger als in der Mast einzustellen. Unter den Alleinfuttertypen wird ein Alleinfuttermittel für Sauen den Nährstoffansprüchen der Jungeber am ehesten gerecht. Ab 90 kg Lebendmasse genügt ein pcv Rohproteingehalt von 14 % in der Tagesration bis zur Zuchtbenutzung.

Die Höhe der Futterzuteilung richtet sich nach der Energiekonzentration der Futterration und den in Übersicht 6.4-1 angegebenen Empfehlungen zur Energieversorgung. Bei 11,4 MJ ME und 16 % pcv Rohprotein je kg Alleinfuttermischung bietet auch die Rations-

6.4 Fütterung von Jung- und Deckebern

Foto 6.4-2
Die Aufzucht von erfolgreichen Ebern erfordert relativ hoch konzentrierte Futtermittel

liste für die restriktive Fütterung der Mastschweine (siehe hierzu Übersicht 6.5-14) einen Hinweis für die Steigerung der Futterzuteilung an männliche Zuchtläufer.

Kraftfuttermischungen für die Eberaufzucht lassen sich aus Eiweißkonzentrat bzw. aus den verschiedenen Ergänzungsfuttertypen für Schweine und wirtschaftseigenem Getreide herstellen. Futtermischungen mit 16 % pcv Rohprotein für den Einsatz bis 90 kg Lebendmasse ergeben sich zum Beispiel aus den folgenden Kombinationen:
 a) 25 % Eiweißkonzentrat mit 45 % XP + 75 % Getreide
 b) 70 % Zuchtsauen-Ergänzungsfutter (oder Schweinemast-Ergänzungsfutter mit 22 % XP) + 30 % Getreide
 c) 50 % Schweinemast-Ergänzungsfutter mit 28 % XP + 50 % Getreide

Zu Mischungen mit anderen Eiweißfuttermitteln siehe 6.5.3.1. Wird die Kraftfuttermischung aus Einzelfuttermitteln zusammengestellt, so sind zur Sicherstellung der Mineralstoffversorgung 3 % vitaminiertes Mineralfutter für Schweine beizugeben. Auch über Mischungen mit Mischfutter-Standards wird der Mineralstoffbedarf von Aufzuchtebern nicht immer voll gedeckt. In diesen Fällen lässt sich die Kraftfutterration durch den Zusatz von 1–2 % Mineralfutter für Schweine aufwerten.

Der Getreideanteil in hofeigenen Futtermischungen sollte vorzugsweise aus energieärmeren Getreideschroten (Gerste, Hafer) bestehen. Zur Begrenzung der Energiekonzentration auf 11,4–11,8 MJ ME je kg Mischfutter lässt sich aber auch ein Teil des Getreides gegen Mühlennachprodukte, Grünmehle und Trockenschnitzel austauschen. Dies ist vor allem beim Einsatz von energiereichen Getreideschroten (Mais, Weizen) zu empfehlen.

6.4.2.2 Deckeber

Eine vollwertige Ernährung der Deck- und Besamungseber ist sowohl durch eine kombinierte Fütterung von wirtschaftseigenem Grundfutter und Ergänzungskraftfutter als auch durch alleinige Fütterung von Kraftfutter möglich.

Foto 6.4-3
Hochwertiges Eiweiß in der Eber-Futterration wirkt sich positiv auf die Spermamenge aus

Beim Einsatz von wirtschaftseigenem Grundfutter erhalten Deckeber mit mittlerer Zuchtbenutzung täglich 2–4 kg Saftfutter sowie etwa 2,0 kg Kraftfutter. Als Grundfutter sollte vorzugsweise Gras oder Grassilage verwendet werden, um eine überhöhte Energieversorgung zu vermeiden. Die Höhe der Kraftfuttergabe ist nicht nur von der Zuchtbenutzung, sondern auch von Qualität und Menge des aufgenommenen Grundfutters abhängig. Bei starkem Deckeinsatz oder geringer Grundfutterqualität ist die tägliche Kraftfuttermenge bei über 200 kg schweren Tieren auf 2,5 kg zu erhöhen. Das Kraftfutter sollte in seiner Zusammensetzung dem Alleinfuttermittel für Sauen entsprechen. Erfahrungsgemäß wirkt sich ein Haferanteil von 30–50 % in der Mischung günstig auf die Zuchtleistung von Deckebern aus. Möglichkeiten für Eigenmischungen dieses Kraftfutters bestehen durch die Kombination von Eiweißkonzentrat oder anderen Ergänzungsfuttertypen mit Getreideschrot, Mühlennachprodukten, Grünmehl und Trockenschnitzeln. Zur ausreichenden Mineralstoffversorgung sollten solche Eigenmischungen, die zur Ergänzung des Saftfutters eingesetzt werden, 3,5 % Mineralfutter für Schweine enthalten. Die erforderlichen Mengen an Kraft- und Grundfutter lassen sich durch laufende Wägungen des Ebers überprüfen.

Auch für die alleinige Fütterung der Eber mit Kraftfutter eignet sich ein Alleinfuttermittel für Sauen oder entsprechende Kraftfuttermischungen. Die Tagesration liegt dann im Bereich von 2,5–3 kg und richtet sich vor allem nach der Intensität der Zuchtbenutzung. Besonders günstig dürfte sich ein hoher Gehalt hochwertigen Eiweißes in der Ration auf die Spermamenge auswirken.

6.5 Fütterung der Mastschweine

Der wirtschaftliche Erfolg bei der Mast wachsender Schweine wird im Wesentlichen von der Wachstumsrate, Futterverwertung und Schlachtkörperqualität bestimmt. Eine hohe Wachstumsrate verkürzt die Mastdauer. Durch günstige Futterverwertung werden die Futterkosten je kg Zuwachs gesenkt, die Rückenspeckdicke vermindert und damit die Schlachtkörperqualität (Fleisch-Fett-Verhältnis) verbessert. Die Effizenz der Schweinemast setzt voraus, dass diese Leistungs-Merkmale auf einer ausreichenden genetischen Grundlage beruhen und dass sie durch eine optimale Nährstoffzufuhr ausgenutzt werden.

6.5.1 Zur Physiologie des Wachstums von Mastschweinen

Mit dem Begriff Wachstum werden die Zunahme und die Entwicklung der gesamten Körpermasse in einer definierten Zeiteinheit bezeichnet, wobei beide Vorgänge durch Teilung und Vergrößerung der Zellen erfolgen. Das Wachstum vollzieht sich demnach in zwei Richtungen: Es findet eine Vermehrung der Strukturmasse sowie eine spezifische Änderung der Körperproportionen und damit auch der chemischen Zusammensetzung des Organismus statt.

6.5.1.1 *Wachstumsintensität*

Die Mast wachsender Schweine ist im Wesentlichen durch die Neubildung von Körpersubstanz gekennzeichnet. Die Geschwindigkeit, mit der diese erfolgt, wird als Wachstumsintensität bezeichnet. MÖLLGAARD definiert sie als Vergrößerung der jeweiligen Körpermasse pro Zeitdifferenzial.

Im Allgemeinen wird aber der Wachstumsverlauf bei Schweinen über die täglichen Gewichtszunahmen gemessen. Dieser Maßstab kennzeichnet die Wachstumsintensität natürlich nur unzureichend, da die täglichen Zunahmen vom Gewicht und Alter der Tiere abhängig sind. Ein einfacher Maßstab, um die Wachstumsgeschwindigkeit zu erfassen, ist der „Wachstumsquotient". Er errechnet sich aus dem Verhältnis der täglichen Zunahmen zum jeweiligen Körpergewicht. Um den Quotienten in ganzen Zahlen ausdrücken zu können, werden die täglichen Zunahmen in g, die Lebendmasse in kg angegeben. In Abb. 6.5-1 wurden die Wachstumsquotienten von Schweinen der Deutschen Landrasse zur Lebendmasse in Beziehung gesetzt. Während mit zunehmendem Gewicht die Wachstumsrate, gemessen in absoluten täglichen Zunahmen, ansteigt, sinkt dagegen die Wachstumsgeschwindigkeit ab. Junge Tiere haben also eine sehr hohe Wachstumsgeschwindigkeit, die mit zunehmendem Alter zunächst sehr stark, später langsamer zurückgeht (siehe Abb. 6.5-1).

Die physiologische Ursache der abnehmenden Wachstumsintensität mit steigendem Lebensalter wird in einer verringerten Sekretion von anabol wirkenden Hormonen und

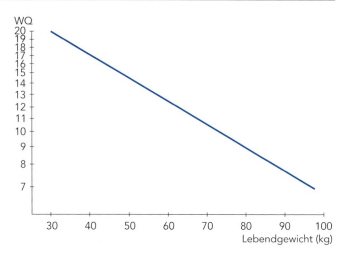

Abbildung 6.5-1

Wachstumsquotient von Schweinen Deutscher Landrasse in Abhängigkeit von der Lebendmasse (y-Achse logarithmisch geteilt)

Wachstumsfaktoren (z. B. IGF I) gesehen, sodass ein Gleichgewicht zwischen anabolen und katabolen Prozessen entsteht, wodurch Körpergewicht und Größe bei einem ausgewachsenen Tier in einem bestimmten Bereich gleich bleiben.

Abweichungen der altersbedingten Wachstumsintensität ergeben sich durch das sogenannte kompensatorische Wachstum. Darunter versteht man das biologische Phänomen, eine durch zeitweilig verringerte Nährstoffzufuhr verminderte Wachstumsrate in der Realimentationsphase (Aufhebung der Restriktion) durch überproportionales Wachstum auszugleichen, zu kompensieren. Das Ausmaß dieser Veränderungen ist umso größer, je strenger und länger die Nährstoffrestriktion zuvor war. Umgekehrt gibt es die Beobachtung, dass Perioden mit sehr hohen Tageszunahmen die weitere Gewichtsentwicklung negativ beeinflussen können. Praktische Bedeutung erhalten diese Zusammenhänge vor allem in der Ferkelaufzucht und in der darauf folgenden Mastperiode.

6.5.1.2 Körperzusammensetzung

Die endgültige Größe eines Tieres und seiner Organe resultiert zunächst aus dem Ausmaß der Zellteilungen, auch Hyperplasie genannt. Hinzu kommt, dass die neu gebildeten Zellen erst auf ihre endgültige Größe anwachsen müssen (Hypertrophie) und für die spezielle Funktion der Organe eine typische Spezialisierung durchlaufen. Diese Vorgänge sind bei den meisten Organen im Ablauf des Wachstums eng verzahnt. Zwischen dem Wachstum einzelner Organe herrscht wie bei allen Tieren auch beim Schwein eine bestimmte Entwicklungsfolge, die mathematisch als „allometrisches Wachstum" beschrieben wird. Darunter versteht man die Wachstumsgeschwindigkeit von einzelnen Organen oder Geweben im Verhältnis zu anderen oder zur gesamten Körpergröße. So ist z. B. das Zentralnervensystem der sich am frühesten entwickelnde Teil, weil dieses Gewebe sehr früh für Regulationsaufgaben benötigt wird. Ähnlich ist es einleuchtend, dass die Ausbildung des Knochensystems etwas schneller erfolgt als die der Muskulatur und sich der Fettansatz insgesamt langsamer entwickelt. Innerhalb des Fettgewebes trifft diese Gesetzmäßigkeit der Entwicklungsgeschwindigkeit ebenfalls zu. Fett der Körperhöhlen wie Nierenfett wird am

6.5 Fütterung der Mastschweine

Foto 6.5-1
Der Wachstumsverlauf der Schweine wird über die täglichen Zunahmen gemessen

Abbildung 6.5-2
Wachstumsraten von Körpergeweben
oben: sehr geringe Ernährung bzw. spätreife Tiere
unten: sehr reichliche Ernährung bzw. frühreife Tiere

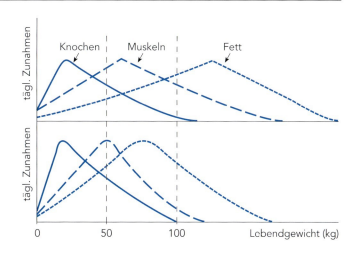

schnellsten aufgebaut (Schutzfunktion), gefolgt von subkutanem, intermuskulärem und intramuskulärem Fett, das am langsamsten gebildet wird. Bei Energiemangel wird umgekehrt das intramuskuläre Fett wieder am schnellsten verschwinden. Zwar lassen sich über die Intensität der Fütterung die Prozesse beschleunigen oder verlangsamen, die Gesetzmäßigkeit der Reihenfolge lässt sich aber grundsätzlich nicht verändern.

In Abb. 6.5-2 ist nach HAMMOND die für die Körperzusammensetzung von Schlachtschweinen wichtige Gewebeentwicklung für Knochen, Muskel und Fett schematisch dargestellt.

Knochengewebe wird demnach im frühen Alter wesentlich stärker entwickelt als das Muskelgewebe, während das spätere Wachstum vorwiegend durch den Fettansatz gekennzeichnet ist. So kann zu Beginn der Mast der Zuwachs zur Hälfte aus Muskel und etwa zu einem Drittel aus Fett bestehen, während gegen Mastende umgekehrt nur noch

Foto 6.5-2

Die Intensität der Ernährung steuert die Wachstumsraten der einzelnen Gewebe

rund ein Drittel der Zunahmen in Form von Fleisch, aber über die Hälfte als Fett angesetzt werden.

Die Wachstumsraten der einzelnen Gewebe sind von der Intensität der Ernährung abhängig (Abb. 6.5-2). Bei reichlicher Ernährung wird das maximale Wachstum der Körpergewebe früher erreicht. Das führt zu einem relativ hohen Fettanteil im Schlachtkörper. Durch eine geringe Ernährung kann das maximale Wachstum der Körpergewebe verzögert und damit bei gleichem Schlachtgewicht ein vergleichsweise hoher Muskelanteil erzielt werden. Wie sehr die Ernährung den prozentualen Anteil des Knochen-, Muskel- und Fettgewebes im Schlachtkörper beeinflusst, geht auch aus den klassischen Untersuchungen von MC MEEKAN hervor, die in Übersicht 6.5-1 zusammengestellt sind. Zwar weisen diese Versuche für praktische Verhältnisse eine zu begrenzte Fütterung auf, doch stellen sie die physiologischen Zusammenhänge sehr klar heraus. Im Vergleich zu einer ad libitum Fütterung bildet sich bei einer begrenzten Fütterung wesentlich mehr Muskel- und weniger Fettgewebe in beiden Mastabschnitten aus. Diese Untersuchungen zeigen aber auch, dass sich eine begrenzte Fütterung in der letzten Hälfte der Mast sehr günstig auf die Schlachtkörperqualität auswirkt.

Übersicht 6.5-1

Intensität der Ernährung und Körperzusammensetzung

Fütterung in Mastabschnitt		Lebend-masse kg	Mast-dauer Tage	Anteile in %		
I	II			Knochen	Muskel	Fett
viel	viel	90	180	11	40	38
begrenzt	begrenzt	90	300	12	49	27
viel	begrenzt	90	240	11	45	33
begrenzt	viel	90	240	10	36	44

Viel stärker als eine unterschiedliche Protein- und Energieversorgung wirkt sich aber das genetisch bedingte Fleischbildungsvermögen der einzelnen Rassen auf den Zeitpunkt der maximalen Wachstumsrate der verschiedenen Körpergewebe aus (Abb. 6.5-2). Ähnlich wie Tiere mit sehr geringer Ernährung, so weisen auch spätreife Tiere einen relativ fettarmen muskelreichen Schlachtkörper auf. Je nachdem, ob es sich also um frühreife „Fett-" oder spätreife „Fleischschweine" handelt, sind damit in der Zusammensetzung des Schlachtkörpers große Unterschiede vorhanden.

Chemische Zusammensetzung

Durch die unterschiedliche Entwicklung der einzelnen Körpergewebe ändert sich auch die chemische Zusammensetzung des Schlachtkörpers. Diese Zusammenhänge sind in Übersicht 6.5-2 für unterschiedliche Lebendmassen nach Untersuchungen von HÖRNICKE dargestellt. Mit zunehmendem Alter nimmt der Wassergehalt ab, während der Fettanteil stark ansteigt. Protein- und Aschegehalt werden dagegen weniger stark beeinflusst. Durch diese Entwicklung wird der Trockenmassegehalt und besonders wegen des steigenden Fettgehaltes der Energiegehalt im Körper beträchtlich erhöht.

Dieser Prozess wird als physiologische Austrocknung bezeichnet. Sie gilt nicht nur für den gesamten Schlachtkörper, sondern ist auch bei den einzelnen Geweben festzustellen.

Übersicht 6.5-2

Chemische Zusammensetzung wachsender Schweine

Lebendmasse kg	Wasser %	Protein %	Fett %	Asche %
15	70,4	16,0	9,5	3,7
20	69,6	16,4	10,1	3,6
40	65,7	16,5	14,1	3,5
60	61,8	16,2	18,5	3,3
80	58,0	15,6	23,2	3,1
100	54,2	14,9	27,9	2,9
120	50,4	14,1	32,7	2,7

Übersicht 6.5-3

Chemische Zusammensetzung des Muskelgewebes im Verlaufe des Wachstums

Alter Wochen	Wasser %	Fett %	Rest (Protein) %
Geburt	81,5	1,9	16,6
4	75,7	4,3	19,9
8	76,2	4,7	19,0
16	75,7	3,4	20,9
20	74,4	4,0	21,6
28	71,8	5,6	22,6

Mit steigendem Alter nimmt im Fettdepot der Wassergehalt ab, der Fettgehalt zu. Im Muskelgewebe erhöhen sich bei abnehmendem Wassergehalt die Protein- und Fettgehalte (siehe Übersicht 6.5-3 nach MC MEEKAN).

6.5.2 Nährstoffretention und -bedarf wachsender Mastschweine

Der Ansatz an Körpersubstanz wird durch die Protein- und Fettsynthese bestimmt. In welchem Umfang Protein und Fett beim Mastschwein gebildet werden, ist von der genetischen Veranlagung, vom Geschlecht und von der Lebendmasse sowie von der Eiweiß- und Energieversorgung abhängig.

In Abb. 6.5-3 ist nach Untersuchungen von GÜTTE und Mitarbeitern (1978) aufgezeigt, wie sich mit steigender Energiezufuhr bei ausreichender Proteinversorgung bei Schweinen der Belgischen Landrasse der Protein- und Fettansatz sowie die ökonomisch wichtigen Kriterien im Mittel der Mast im Bereich zwischen 25–100 kg Lebendmasse verändern. Mit steigender Energiezufuhr erhöhen sich die täglichen Zunahmen bis zu 700 g sehr stark, um danach degressiv anzusteigen. Der Proteinansatz erhöht sich in abnehmenden Raten, während der Fettansatz linear mit der Energiezufuhr zunimmt. Die Futterverwertung verbessert sich infolge der verkürzten Mastdauer und des dadurch geringeren Erhaltungsanteils bis zu Tageszunahmen von etwa 700 g. Bei weiter steigenden Zuwachsleistungen ergibt sich aufgrund der zunehmenden Fettsynthese wieder ein erhöhter Futterverbrauch, die weitere Verkürzung der Mastdauer wirkt sich auf die Futterverwertung nicht mehr aus. Für die Ableitung des Nährstoffbedarfs ergibt sich hieraus die Notwendigkeit, hohe Zunahmen mit gleichzeitig geringen Fettanteilen im Zuwachs anzustreben. Dies wird dadurch erschwert, dass ein maximaler Eiweißansatz eine hohe Energiezufuhr erfordert und dass Eiweiß- und Fettbildung im Körper gleichzeitig ablaufen. Die Ausschöpfung des Wachstumsvermögens bedeutet demnach, dass stets ein bestimmter Fettansatz in Kauf genommen werden muss. Je mehr durch Fortschritte in der Züchtung das Eiweißansatzvermögen der Schweine erhöht wird, desto stärker wird sich der Verlauf der Mast am Maximum der Futteraufnahme der Tiere orientieren. Bei Verwen-

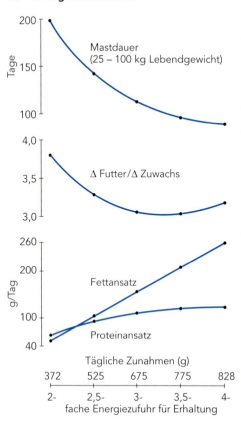

Abbildung 6.5-3

Beziehungen zwischen der Energiezufuhr und täglichen Zunahme, Protein- und Fettansatz, Futterverwertung sowie Mastdauer von Schweinen im Abschnitt 25–100 kg Lebendmasse

Foto 6.5-3
Der regelmäßig kontrollierende Blick auf Schweine und Fütterungssystem ist unerlässlich

dung weniger fleischreicher Zuchtlinien muss ein zu hoher Fettansatz über eine Begrenzung der Energiezufuhr verhindert werden. Das Optimum der Energiezufuhr an Mastschweine ist somit vom jeweiligen Genotyp des verwendeten Tiermaterials abhängig.

6.5.2.1 Protein- und Fettansatz

Für die Ermittlung des Nährstoffbedarfs sind Kenntnisse über die Ansatzwerte von Protein und Fett erforderlich. Da der Protein- und Fettansatz durch den Genotyp bestimmt wird und dieser sich durch Züchtungsmaßmahmen verändert, sind Ansatzwerte und Bedarfsermittlung von Zeit zu Zeit zu überprüfen. Die von der GfE (2006) vorgeschlagene Bedarfsableitung beruht auf Mastschweinen unterschiedlicher Genotypen wie sie die verschiedenen Schweinerassen und Rassenkreuzungen beiderlei Geschlechts repräsentieren. Die zugrunde liegenden Daten zum Protein- und Fettansatz umfassen den Bereich von 30–120 kg Lebendmasse und wurden auf der Basis von 62 Datensätzen (Gruppenmittelwerte) anhand von Ganzkörperanalysen erhoben. Dabei wurde zunächst die Protein- und Fettmasse in der Leerkörpermasse (LKM in kg) mit folgenden Gleichungen geschätzt (siehe auch Abb. 6.5-4).:

$$\text{Proteinmasse (kg/Tier)} = 0{,}168 \times \text{LKM} - 0{,}0000914 \times \text{LKM}^2$$
$$r^2 = 0{,}94; \; s_{y \cdot x} = 1{,}0$$

$$\text{Fettmasse (kg/Tier)} = 0{,}1162 \times \text{LKM} - 0{,}001389 \times \text{LKM}^2$$
$$r^2 = 0{,}84; \; s_{y \cdot x} = 4{,}0$$

Für die Bedarfsableitung ist es jedoch erforderlich, den Gehalt an Protein und Fett im LM-Zuwachs zu erfassen. Da der LKM-Anteil nur 94% der Lebendmasse beträgt, sind die

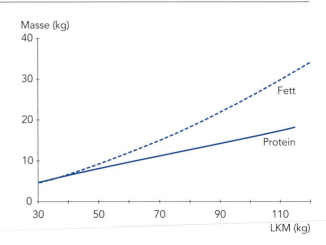

Abbildung 6.5-4

Zusammensetzung des Leerkörpers von Mastschweinen nach Protein und Fett

Angaben bezogen auf den LM-Zuwachs entsprechend überhöht. Bei der Erfassung der Proteinmasse mithilfe der Ganzkörperanalyse treten jedoch methodisch bedingte Verluste auf, sodass es gerechtfertigt erscheint, die Proteingehalte in der LKM den Gehalten im LM-Zuwachs gleichzusetzen. Bei der Ermittlung der Fettmasse sind methodisch bedingte Verluste auszuschließen. Zur Berechnung des Fettgehaltes im LM-Zuwachs sind daher die auf die LKM bezogenen Angaben mit 0,94 zu multiplizieren. Auf diese Weise lässt sich mit der ersten Ableitung der oben genannten Gleichungen der Ansatz an Protein- und Fett im LM-Zuwachs wie folgt kalkulieren (LM in kg):

$$\text{Protein (g/kg LM-Zuwachs)} = 168 - 0{,}1828 \times \text{LM}$$

$$\text{Fett (g/kg LM-Zuwachs)} = (116 + 2{,}778 \times \text{LM}) \times 0{,}94$$

Nach diesen Gleichungen sind die Protein- und Fettgehalte im LM-Zuwachs eine Funktion der Lebendmasse. Im Bereich von 30–120 kg LM nimmt der Proteingehalt im Zuwachs von 165 auf 145 g/kg leicht ab, während der Fettgehalt von 190 auf 420 g/kg kontinuierlich ansteigt (Abb. 6.5-5). Diese Gehalte bilden die Basis für die Ableitung der Empfehlungen zur ME- und Aminosäurenversorgung beiderlei Geschlechts. Daraus wird auch ersichtlich wie sich die Körperzusammensetzung von Schweinen im Verlauf der Mast verändert, nämlich leicht fallende Proteinanteile bei fortlaufend stark steigenden Fettanteilen mit der Konsequenz eines zunehmenden Energieaufwandes je kg LM-Zunahme mit höheren Lebendmassen.

Neben der Lebendmasse kann der Stoffansatz durch die Fütterungsintensität und durch das Geschlecht der Tiere beeinflusst werden. Mit steigender Fütterungsintensität wird im Allgemeinen die Fettbildung im Zuwachs stärker zunehmen als die des Proteins. Dies gilt im besonderem Maße mit fortschreitender Mast bei abnehmendem Proteinansatzvermögen der Tiere. Allerdings lässt sich ein solcher Effekt mit den vorliegenden Daten nicht nachvollziehen und damit auch nicht berücksichtigen. Bei hohen LM-Zunahmen dürfte

Foto 6.5-4

Der Energiebedarf von Mastschweinen ist in den verschiedenen Entwicklungsstadien stark unterschiedlich, umso wichtiger ist das bedarfsgerechte Füttern

Abbildung 6.5-5

Protein und Fettansatz von Mastschweinen im Lebendmassezuwachs

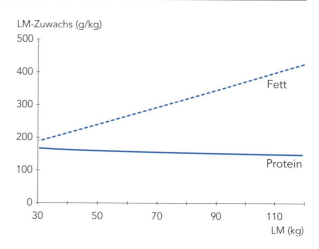

dadurch der Proteinansatz in gewissem Maße über- und der Fettansatz unterschätzt werden. Es ist bekannt, dass der Stoffansatz bei weiblichen und männlichen Tieren (Börge) unterschiedlich ist. Börge weisen einen etwas geringeren Gehalt an Protein aber höheren Gehalt an Fett im Zuwachs auf als weibliche Tiere. Nach den von der GfE ausgewerteten Daten der Ganzkörperanalysen weicht der Proteingehalt von der gesamten Stichprobe (siehe Abb. 6.5-5) für Börge 3 % nach unten und für weibliche Tiere 3 % nach oben ab. Beim Fettgehalt im Zuwachs sind die Differenzen noch größer und zwar für Börge 10 % nach oben und für weibliche Tiere 10 % nach unten. Bei der Durchführung der getrennt geschlechtlichen Mast sind diese Differenzen in den Versorgungsempfehlungen zu berücksichtigen.

6.5.2.2 Energiebedarf

Der tägliche Bedarf von Mastschweinen an umsetzbarer Energie (ME) wird nach folgendem faktoriellen Schema abgeleitet:

$$ME = ME_m + \frac{RPE}{k_p} + \frac{RFE}{k_f}$$

ME_m = Erhaltungsbedarf an umsetzbarer Energie
RPE = Energieansatz als Protein
RFE = Energieansatz als Fett
k_p = Teilwirkungsgrad für den Proteinansatz
k_f = Teilwirkungsgrad für den Fettansatz

Der für die Erhaltungsfunktionen von Schweinen erforderliche Energiebedarf wurde von der GfE (2006) für alle Schweinekategorien mit der Grundgleichung ME_m (MJ/d) = $0{,}44 \times LM^{0{,}75}$ festgelegt. Hinzu kommen Zuschläge für die erhöhte Bewegungsaktivität wachsender Tiere, die bis zu einer Lebendmasse von 30 kg 25 % betragen und dann bis zum Erreichen einer Lebendmasse von 100 kg kontinuierlich auf 0 reduziert werden. In Übersicht 6.5-4 ist der Erhaltungsbedarf von Mastschweinen und seine Berechnungsweise angegeben. Zur Orientierung beträgt der tägliche Erhaltungsbedarf 7,0 MJ ME bei 30 kg und steigt auf 13,9 MJ ME bei 100 kg Lebendmasse an. Werden Mastschweine unterhalb der kritischen Temperatur gehalten, so erhöht sich der Energiebedarf je °C Unterschreitung um 14–21 kJ/kg $LM^{0{,}75}$ und Tag. Die untere kritische Temperatur liegt für Mastschweine von 20 kg bei 15–19 °C und fällt auf 12–15 °C bei einer Lebendmasse von 100 kg.

Der Energiebedarf für den LM-Zuwachs wird durch den Energieaufwand für die Teilprozesse Protein- und Fettansatz bestimmt. Nach einer Reihe von Untersuchungen beträgt der Teilwirkungsgrad für den Proteinansatz (k_p) 0,56 und für den Fettansatz (k_f) 0,74 (ARC 1981). Bei Anwendung eines Energiegehaltes von 23,8 kJ/g Protein und 39,7 kJ/g Fett errechnet sich daraus ein Energiebedarf von 42,5 kJ/g Proteinansatz und von 53,6 kJ/g Fettansatz. Berücksichtigt man die Zuwachshöhe, so ergibt sich der Teilbedarf für das Wachstum aus beiden Größen wie folgt:

ME-Bedarf für den Proteinansatz (MJ/d) =
LM-Zuwachs (kg/d) × Proteingehalt (g/kg Zuwachs) × 0,0238/0,56

ME-Bedarf für den Fettansatz (MJ/d) =
LM-Zuwachs (kg/d) × Fettgehalt (g/kg Zuwachs) × 0,0397/0,74

Damit ist der Energiebedarf für das Wachstum von der Zusammensetzung des Zuwachses abhängig. Faktoren, die die Zusammensetzung des Zuwachses verändern, wie etwa die Lebendmasse der Tiere oder das Geschlecht beeinflussen damit auch den Energiebedarf.

> **Foto 6.5-5**
> Die Bedarfsangaben der Gesellschaft für Ernährungsphysiologie (GfE, erschienen im DLG-Verlag) orientieren sich an hohen Zunahmeleistungen mit geringer Fettbildung und hohen Proteinansätzen

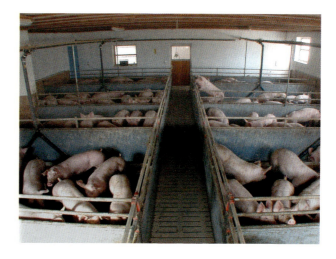

> **Übersicht 6.5-4**
>
> Erhaltungsbedarf an ME für Mastschweine
>
> | LM (kg) | 30 | 40 | 50 | 60 | 70 | 80 | 90 | ≥ 100 |
> |---|---|---|---|---|---|---|---|---|
> | MJ/kg $LM^{0,75}/d^1$ | 0,550 | 0,534 | 0,519 | 0,503 | 0,487 | 0,471 | 0,456 | 0,440 |
>
> 1 Berechnung: $0,44 \times [1,25 - 0,00357 \times (LM - 30)]$, mit LM in kg, gültig für LM zwischen 30 und 100 kg

Dem Proteingehalt im Zuwachs kommt für eine rationale Schweinemast besondere Bedeutung zu, da er im Wesentlichen die tägliche Zuwachsrate und vor allem den Magerfleischanteil bestimmt, der für die Vergütung des Schlachtkörpers maßgeblich ist. Die Magerfleischbildung beeinflusst darüber hinaus den Energiebedarf. Berücksichtigt man die oben genannten Faktoren, so errechnet sich für die Bildung von 1 kg Magerfleisch (ca. 23 % Protein, 4 % Fett, 73 % Wasser) ein ME-Aufwand von etwa 12 MJ und für die Bildung von 1 kg Rückenspeck (ca. 90 % Fett, 10 % Wasser) hingegen ein etwa 4-fach höherer ME-Aufwand von 48 MJ. Aus den Teilbedürfnissen für Protein- und Fettansatz zuzüglich des Erhaltungsbedarfes ergibt sich der in Übersicht 6.5-5 ausgewiesene Gesamtbedarf an ME für wachsende Schweine. Davon abweichende Empfehlungen ergeben sich bei getrennt geschlechtlicher Mast. Aufgrund des vor allem höheren Fettanteils im Zuwachs von Börgen haben diese bis etwa 60 kg LM einen bis 2 MJ und über 60 kg LM einen bis 4 MJ ME/Tag höheren Energiebedarf als weibliche Tiere. Die GfE (2006) empfiehlt deshalb einen ab 60 kg LM differenzierten ME-Bedarf für Börge und weibliche Tiere (Übersicht 6.5-6). Die bei getrennt geschlechtlicher Mast mögliche genauere Bedarfsdeckung kann einer stärkeren Verfettung rechtzeitig entgegen wirken.

Übersicht 6.5-5

Empfehlungen zur Versorgung von Mastschweinen mit ME (MJ/d) in Abhängigkeit von Lebendmasse und täglichen Zunahmen

Zunahmen (g/d)	Lebendmasse (kg)									
	30	40	50	60	70	80	90	100	110	120
500	15	18							29	30
600	17	19	21	23			28	30	31	33
700	18	21	23	25	27	29	31	32	34	36
800	20	23	25	28	30	31	33	35	37	39
900			27	30	32	34	36	38	40	42
1.000				32	34	36	38			
1.100					36	39				

Übersicht 6.5-6

Empfehlungen zur Versorgung mit ME (MJ/d) in der Mast von weiblichen Tieren (W) und Börgen (B) ab 60 kg Lebendmasse

Zu-nahmen (g/d)	Lebendmasse (kg)													
	60		70		80		90		100		110		120	
	W	B	W	B	W	B	W	B	W	B	W	B	W	B
600											30	33	32	35
700							30	32	31	34	33	36	35	38
800	27	29	28	31	30	33	32	35	33	36	35	39	37	41
900	29	31	31	33	32	35	34	37	36	39	38	41		
1.000	31	33	33	35	35	38	37	40						
1.100					37	40								

6.5.2.3 Protein- und Aminosäurenbedarf

Der Eiweißbedarf ist im eigentlichen Sinne ein Bedarf an Aminosäuren, von der Zufuhr her gesehen vor allem an essenziellen Aminosäuren (EAS). Nach der faktoriellen Methode ergibt sich der Aminosäurenbedarf aus den Teilbedürfnissen für Erhaltung und Wachstum. Hinsichtlich des Wachstums ist der Bedarf von der Höhe des Proteinansatzes, dem Gehalt an Aminosäuren im Protein und von der Verwertung der pcv Aminosäuren für den Proteinansatz abhängig. Gegenwärtig lässt sich die Verwertung der Aminosäuren für den Proteinansatz lediglich für Lysin auf Basis experimenteller Daten angeben. Deshalb wird von der GfE (2006) der Lysinbedarf in den Mittelpunkt der faktoriellen Ableitung gerückt, dies aber auch wegen des hohen Bedarfes für den Proteinansatz und der vergleichsweise niedrigen Gehalte in vielen Futtermitteln, wodurch Lysin zumeist die erstlimitierende Aminosäure darstellt. Für die Ableitung von Empfehlungen für alle weiteren EAS werden ihre Relationen zu Lysin im Erhaltungsbedarf und im Protein des LM-Zuwachses zugrunde gelegt. Der Lysinbedarf ergibt sich demnach aus folgenden Größen:

> **Übersicht 6.5-7**
>
> Relationen der EAS zu Lys (Lys = 100) zur Ableitung des Aminosäurenbedarfes bei Mastschweinen

His	Ile	Leu	Met + Cys	Phe + Tyr	Thr	Trp	Val
Erhaltung							
37	47	66	118	108	132	39	61
Proteinansatz							
47	49	105	51	88	60	16	65

- Erhaltungsbedarf an pcv Lys: 38 mg/kg^{0,75} × d^{-1}
- Gehalt an Lysin im angesetzten Körperprotein: 7,2 g/100 g Protein
- Verwertung des pcv Lys: 63 %

Der Teilbedarf für das Wachstum errechnet sich somit aus LM-Zuwachs (kg/d) × Proteingehalt (g/kg Zuwachs) × 0,072/0,63. Für die weiteren EAS benutzt man alternativ zur Bedarfsableitung das System des Idealen Proteins, in dem der Bedarf für jede Aminosäure relativ zum Lysinbedarf ausgedrückt wird. Nicht ganz zutreffend wird dabei die gleiche Verwertung wie für Lysin unterstellt. Aufgrund der Unterschiede in den Aminosäurenrelationen werden zwei Muster an Aminosäuren benötigt, eines das auf dem Erhaltungsbedarf und eines, das auf den Aminosäurengehalten des Proteinansatzes beruht, wobei hier für Thr und Trp gewisse Korrekturen nötig waren (GfE 2006, Übersicht 6.5-7). Das im Futter benötigte Aminosäurenmuster für den Gesamtbedarf ergibt sich dann aus dem relativen Anteil des Lysins, der für die Erhaltung und für den Proteinansatz erforderlich ist. Änderungen im Verhältnis von Erhaltungs- zu Leistungsbedarf bewirken demnach eine gewisse Verschiebung des Aminosäurenmusters des Gesamtbedarfes.

In Übersicht 6.5-8 sind die Empfehlungen zur Versorgung mit pcv Lysin abhängig von Lebendmasse und Zuwachsrate angegeben. Diese Angaben beruhen auf den in Abb. 6.5-5 dargestellten Proteingehalten im LM-Zuwachs bei Auswertung der von der GfE zusammengestellten Literaturdaten. Es soll hier nicht unerwähnt bleiben, dass Genotypen mit einem sehr hohen Proteinansatzvermögen einen höheren Bedarf an Lys und EAS aufweisen als die Mittelwerte aller Daten ergeben. Die GfE (2006) hat hierzu, für Börge und weibliche Tiere getrennt, gesonderte Empfehlungen zum pcv Lysinbedarf veröffentlicht, denen ein Proteingehalt im LM-Zuwachs über die gesamte Mast von im Mittel 17,4 und 16,4 % zugrunde liegt. Zusätzlich enthalten solche Tiere bei gleicher LM-Zunahme einen geringeren Fettgehalt im LM-Zuwachs, wodurch sich der ME-Bedarf leicht verringert. Auch hierzu werden von der GfE für Tiere mit einem sehr hohen Proteinansatzvermögen ergänzende Angaben zum ME-Bedarf ab 70 kg LM vorgelegt, auf die in diesem Zusammenhang ebenfalls verwiesen werden soll.

Die Empfehlungen zur Versorgung der weiteren EAS leiten sich aus der beschriebenen Relation zum Lysinbedarf ab und lassen sich mit folgendem Aminosäurenmuster (Relationen zu Lysin) darstellen:

Übersicht 6.5-8

Empfehlungen zur Versorgung von Mastschweinen mit pcv Lys (g/d) in Abhängigkeit von Lebendmasse und täglichen Zunahmen

Zunahmen (g/d)	Lebendmasse (kg)									
	30	40	50	60	70	80	90	100	110	120
500	9,9	9,8							9,6	9,6
600	11,8	11,7	11,6	11,5			11,4	11,4	11,3	11,3
700	13,6	13,5	13,4	13,3	13,2	13,2	13,1	13,0	13,0	12,9
800	15,5	15,3	15,2	15,1	15,0	14,9	14,8	14,7	14,6	14,6
900			17,0	16,9	16,8	16,7	16,5	16,4	16,3	16,2
1.000				18,7	18,5	18,4	18,3			
1.100					20,3	20,1				

Übersicht 6.5-9

Empfehlungen zur Mindestversorgung von Mastschweinen mit pcv Rohprotein (g/d) in Abhängigkeit von Lebendmasse und täglichen Zunahmen

Zunahmen (g/d)	Lebendmasse (kg)									
	30	40	50	60	70	80	90	100	110	120
500	143	144							144	144
600	170	170	170	170			169	169	169	168
700	197	197	197	196	196	195	194	194	193	192
800	224	224	223	222	221	220	219	218	217	216
900			250	248	247	246	244	243	241	240
1.000				274	273	271	270			
1.100					298	296				

Aminosäurenrelationen im Futter (pcv Basis)

Lys	Met+Cys	Thr	Trp	Ile	Leu	Val	Phe+Tyr	His
1	0,53–0,57	0,62–0,66	0,18	0,5	1,03	0,65	0,9	0,4

Dieses Muster entspricht dem Gesamtbedarf einschließlich Erhaltung bei hoher Wachstumsintensität. Da für die Aminosäuren Met + Cys und Thr eine im Verhältnis zum Proteinansatz deutlich höhere Relation zu Lysin im Erhaltungsbedarf vorliegt, ergibt sich mit steigender Lebendmasse und damit zunehmendem Erhaltungsanteil eine zu Lysin höhere Met + Cys- bzw. Thr-Relation im Gesamtbedarf entsprechend der angegebenen Spanne. Bei den weiteren EAS ändert sich das Verhältnis zu Lysin mit steigenden Lebendmassen nicht merklich. Andere Vorschläge zur optimalen Aminosäurenrelation für wachsende Schweine weichen von dem vorliegenden Muster je nach unterstellter Wirkung der jeweiligen Aminosäure oder Lebendmassebereich mehr oder weniger ab. So wird für die Bedarfsdeckung der besonders wichtigen Aminosäurenverhältnisse von Lys : Met + Cys : Thr : Trp : Ile : Val häufig ein Verhältnis von 1 : 0,6 : 0,65 : 0,2 : 0,6 : 0,68 angegeben (FULLER et al. 1990, CHUNG u. BAKER (1992).

Aus der Summe des Bedarfes an EAS multipliziert mit dem Faktor 2,5 (Annahme: EAS sind 40 % der Summe aller Aminosäuren im Körperprotein) lässt sich die Mindestversorgung an pcv Rohprotein für Mastschweine ableiten. In Übersicht 6.5-9 sind entsprechende Empfehlungen für unterschiedliche Lebendmassen und Zuwachsraten wiedergegeben. Dies ist die Mindestzufuhr, um den Bedarf an allen essenziellen und nicht essenziellen Aminosäuren gerade abzudecken. Sie ist dem sog. Idealen Protein gleichzusetzen, mit einem sich errechnenden Gehalt an 6,8 g pcv Lys/100 g pcv Rohprotein oder für die Mindestversorgung an pcv Rohprotein von 14,7 g/1 g pcv Lys (vgl. Übersicht 6.5-8 mit 6.5-9).

> Mindestversorgung an pcv Rohprotein: 14,7 g/1 g pcv Lys

Da Lysin häufig erstlimitierend ist und seine Konzentration in vielen Futtermitteln für Mastschweine tiefer liegt, ist die Proteinzufuhr in der Praxis höher als sie mit dem Idealprotein möglich wäre und zwar um den Wert 6,8/x × 14,7 (x = pcv Lys/100 g pcv Rohprotein des Futters). Anders ausgedrückt, je höher die Konzentration der erstlimitierenden Aminosäuren im Futter ist, umso niedriger kann die Proteinzufuhr eingestellt werden, wobei die Grenze mit der Mindestversorgung des Idealproteins erreicht ist. Ergänzungen des Futters mit hochwertigen tierischen Proteinträgern und/oder kristallinen Aminosäuren erlauben ein dem Idealprotein besser angenähertes Aminosäurenmuster. Dadurch gelingt es leichter, die geforderte Relation der einzelnen essenziellen Aminosäure zu Lysin einzuhalten. Liegt nämlich der Gehalt nur einer essenziellen Aminosäure im Futterprotein unter dem geforderten Verhältnis zu Lysin, ist die Wirksamkeit des Idealproteins entsprechend eingeschränkt. Damit ist die Wirkung anderer limitierender Aminosäuren an die Lysinwirkung gekoppelt und quantifiziert. Da im Schweinefutter neben Lysin vor allem Met + Cys, Thr und Trp in Mangel geraten können, ist gerade die Supplementierung dieser Aminosäuren von großem Vorteil, um die Relationen zu Lysin einzuhalten und auch über eine verminderte Proteinzufuhr die umweltbelastende N-Ausscheidung in der Schweinemast zu minimieren. Bei einem hohen Proteinanteil aus Leguminosen können sich Defizite an Met + Cys, bei einem hohen Getreideanteil Defizite an Lys und Thr und insbesondere bei hohen Maisanteilen auch an Trp ergeben.

6.5.2.4 Mineralstoff- und Vitaminbedarf

Die für die Ableitung der Versorgung von Mastschweinen mit Mengenelementen notwendigen Faktoren des Nettobedarfs und Verwertungsgrößen finden sich im Kapitel Fütterung der Zuchtsauen in Übersicht 6.1-13. Daraus geht hervor, dass der Bedarf an Mineralstoffen von der Lebendmasse und der täglichen Zuwachsrate abhängt. In Übersicht 6.5-10 sind zur leichteren Anwendung für die Futterformulierung die Bedarfswerte an Mengenelementen in g je MJ ME ausgedrückt und für verschiedene Lebendmassen dargestellt, wobei der obere Bereich der täglichen Zunahmen zugrunde gelegt wurde. Der Bedarf an Spurenelementen, fett- und wasserlöslichen Vitaminen bezieht sich jeweils auf die Futter-T.

> **Übersicht 6.5-10**
>
> **Mineralstoff- und Vitaminbedarf von Mastschweinen**
>
> **Bedarf an Mengenelementen (g/MJ ME)**
>
> | Lebendmasse (kg) | 30 | 40 | 60 | 80 | 100 | 120 |
> |---|---|---|---|---|---|---|
> | Ca | 0,53 | 0,47 | 0,43 | 0,40 | 0,34 | 0,31 |
> | vP | 0,23 | 0,20 | 0,18 | 0,17 | 0,15 | 0,13 |
> | Na | 0,09 | 0,08 | 0,07 | 0,07 | 0,06 | 0,06 |
>
> **Bedarf an Spurenelementen (mg/kg Futter-T)**
>
> | Eisen | 50–60 | Mangan | 20 |
> |---|---|---|---|
> | Jod | 0,15[1] | Selen | 0,15–0,2 |
> | Kupfer | 4–5 | Zink | 50–60 |
>
> **Bedarf an fettlöslichen Vitaminen (je kg Futter-T)**
>
> | Vitamin A | 2.200 I.E. | Vitamin E | 15 I.E. |
> |---|---|---|---|
> | Vitamin D | 150–200 I.E. | Vitamin K (Menadion) | 0,1 mg |
>
> **Bedarf an wasserlöslichen Vitaminen (mg/kg Futter-T)**
>
> | Thiamin (B_1) | 1,7 | Cobalamin (B_{12}) | 0,010 |
> |---|---|---|---|
> | Riboflavin (B_2) | 2,8[2]/2,3 | Biotin[4] | 0,06 |
> | Niacin[3] | 15 | Folsäure | 0,33 |
> | Pantothensäure | 10 | Cholin | 800[2]/500 |
> | Pyridoxin (B_6) | 3 | | |
>
> 1 bei Einsatz glucosinolathaltiger Futtermittel (z. B. Rapsfuttermittel) Erhöhung auf 1 mg erforderlich
> 2 bis 60 kg LM
> 3 verfügbares Niacin bei bedarfsgerechter Tryptophanversorgung
> 4 verfügbares Biotin

6.5.2.5 Richtzahlen zur Optimierung des Futters

In den vorausgegangenen Abschnitten wurden der Energie- und Aminosäuren-(Protein-)bedarf für Mastschweine abhängig von Lebendmasse und Zunahmeniveau abgeleitet. Daraus können je nach Zunahmeniveau entsprechende Richtzahlen für die Futteroptimierung im Verlauf der Mast ermittelt werden (Übersicht 6.5-11). Dazu ist es hilfreich die Bedarfsangaben auf den Bedarf von 1 MJ ME zu beziehen, um bei einem bestimmten ME-Gehalt des Futters seine Zusammensetzung zu definieren. Bei einer anzustrebenden täglichen Zunahme von 800 g zeigen sich im Verlauf von 30–120 kg LM abnehmende Bedarfswerte von z. B. 0,76 g auf 0,38 g pcv Lys/MJ ME oder von 10,9 auf 5,5 g pcv XP/MJ ME. Entsprechend nehmen auch die Bedarfswerte je kg Futter ab. Daran zeigt sich, dass der Bedarf an Energie stärker steigt als der an Lysin oder Protein, eine Folge der sich ändernden Körperzusammensetzung im Verlauf der Mast in Richtung eines verstärkten Fettansatzes. Um diesen Bedarfsansprüchen jeweils nachzukommen, müsste bei Einsatz eines Alleinfutters die Zusammensetzung der Mischung ständig im Laufe der Mast geändert werden. Da dies in der Praxis auf Schwierigkeiten stößt, wurden Alleinfuttertypen geschaffen,

Übersicht 6.5-11

Richtzahlen zur Optimierung von Schweinemast-Alleinfutter bei Tageszunahmen von im Mittel 800 g

Lebendmasse, kg	30	40	60	80	100	120
Zunahmen, g/d	700	800	950	850	750	750
ME, MJ/d	18	23	31	33	34	37
pcv Lys, g/d	13,6	15,3	17,8	15,8	13,8	13,8
pcv XP, g/d min.	197	224	261	233	206	204
pcv Lys, g/MJ ME	0,76	0,67	0,57	0,48	0,41	0,38
pcv XP, g/MJ ME min.	10,9	9,7	8,4	7,1	6,1	5,5
Je kg Futter*						
pcv Lys, g	9,9	8,7	7,4	6,3	5,3	4,9
pcv XP, g min.	142	126	109	92	79	72

* 13,0 MJ ME

die eine mehr oder weniger gute Anpassung an den jeweiligen Bedarf ergeben (siehe hierzu 6.5.3.1).

6.5.2.6 Futterverzehr und Einfluss des Geschlechts auf die Mastleistung

Die anzustrebende Mastleistung erfordert eine exakte Nährstoffzufuhr, wenn eine optimale Schlachtkörperzusammensetzung bei günstiger Futterverwertung erzielt werden soll. Um diese bedarfsgerechte Nährstoffzufuhr sicherzustellen, sind Kenntnisse über das Futteraufnahmevermögen der Tiere erforderlich. Die Höhe des Futterverzehrs wird durch viele Faktoren beeinflusst, die durch die Stallverhältnisse, die Futterbeschaffenheit und durch das Tiermaterial selbst bestimmt werden. Von den Stallverhältnissen sind insbesondere das Stallklima und die Belegdichte zu nennen, während das Futter über die Energiedichte, Form (Mehl oder Pellets, Partikelgröße), Zusammensetzung und evtl. durch den Gehalt an Toxinen auf den Verzehr einwirkt. Nach einer Zusammenstellung des ARC (1981) geht mit steigender Energiedichte des Futters die Aufnahme zurück, wird hingegen die Energiedichte durch Zugabe von unverdaulichem Fasermaterial gesenkt, so erhöht sich der Verzehr. Innerhalb bestimmter Grenzen kann das Tier dadurch Schwankungen in der Energiekonzentration des Futters durch eine veränderte Futteraufnahme ausgleichen.

Die obere Grenze der möglichen ME-Aufnahme wird beim wachsenden Mastschwein mit dem 3,5–4-fachen Erhaltungsbedarf angegeben. Allerdings sind genetische Unterschiede beim Futteraufnahmevermögen von erheblicher Bedeutung. Neuere Ergebnisse von Mastprüfungsanstalten zeigen, dass der Futterverzehr durch mehrjährige Selektion auf hohe Muskelbildung unter ad libitum Fütterungsbedingungen auf züchterischem Wege vermindert wurde. Schweine der DL-Rasse weisen zwar noch einen höheren Verzehr auf als Tiere der Rasse Pietrain. Rassenkreuzungen insbesondere mit Pietrain können damit zu einem verringerten Futterverzehr führen. Daneben differiert das Futteraufnahmevermögen zwischen den Geschlechtern sehr stark. So können männliche Kastraten mit fortschreiten-

Übersicht 6.5-12
Verdaulichkeit der organischen Substanz einiger Futtermittel in der Schweinemast

Verdaulichkeit der org. Substanz	Futtermittel
≥ 95 %	Futterzucker, Magermilch, Molke
94–90 %	Weizen, Maniokmehl, Zuckerrüben, Gehaltsrüben, Buttermilch, Kartoffeln (gedämpft, getrocknet), Fischmehl, Erbsen, Melasse
89–85 %	Maniokmehl Typ 55, Sojaextraktionsschrot, Roggen, Weizen, Reisfuttermehl (weiß), Erdnussextraktionsschrot (enthülste Frucht), Massenrüben, Küchenabfälle
84–80 %	Weizenfuttermehl, Roggenfuttermehl, Trockenschnitzel, Gerste, Ackerbohnen, Maiskolbenschrotsilage (6–8 % Rohfaser), Maisfuttermehl, Melasseschnitzel
79–75 %	Leinextraktionsschrot, Kartoffelschlempe (getrocknet), Maiskolbenschrotsilage (8–11 % Rohfaser)
74–70 %	Hafer, Weizengrießkleie, Roggenkleie, Reisfuttermehl, Maiskolbenschrotsilage (12–14 % Rohfaser), Rapsschrot (extr.)
69–65 %	Maiskleberfutter, Maiskleie, Maiskeimschrot (extr.), Malzkeime, Getreideschlempe
64–55 %	Weizenkleie, Luzerne (grün und siliert), Rotklee (Beginn bis Mitte der Blüte, frisch), Maissilage, Zuckerrübenblattsilage, junges Weidegras
≤ 54 %	Biertreber (frisch, eingesäuert oder trocken), Luzerne-Trockengrünfutter (< 19 % Rohprotein)

der Mast erheblich mehr Futter aufnehmen als weibliche Tiere. Dementsprechend zeigen Kastraten zwar eine höhere Zuwachsrate, aber auch einen stärkeren Verfettungsgrad und eine schlechtere Futterverwertung. Die exakte Dosierung des Futters ist daher hinsichtlich der angestrebten Schlachtleistung bei Kastraten vordringlicher als bei weiblichen Tieren. Auch eine Verkürzung der Mast auf 110 kg Lebendmasse bei Kastraten gegenüber 120 kg bei weiblichen Tieren könnte einem verstärkten Verfettungsgrad vorbeugen. Deshalb ist die ad libitum Fütterung von Mastschweinen heute stärker differenziert zu betrachten als früher. Unter bestimmten Bedingungen (weniger fleischwüchsige Tiere) wird ad libitum Fütterung zu einem erhöhten Verfettungsgrad und schlechterer Futterverwertung führen. Andererseits muss besonders bei sehr fleischwüchsigen Schweinen oder bei weiblichen Tieren die Fütterung dem Verzehrsvermögen angepasst werden, um den gewünschten hohen Zuwachs zu erzielen. Auch eine Erhöhung der Energiedichte in der Ration von 12 MJ ME auf 13 MJ ME/kg Futter kann die Zunahmen steigern.

Jungebermast

Die Mast von Jungebern, seit 1993 in der EU zugelassen, weist eine Reihe von Vorteilen auf, wie z. B. keine Kastration erforderlich, höherer Protein- und geringerer Fettansatz, verminderte N-Ausscheidung, geringere ad libitum Futteraufnahme und bessere Futterverwertung. Dem stehen jedoch als Nachteile vor allem der Ebergeruch, ein niedriger intramuskulärer Fettanteil bei insgesamt weicherer Fettkonsistenz, eine relativ stärkere Ausprägung der vorderen, weniger wertvollen Teilstücke und schließlich eine höhere Aggressivität der Tiere gegenüber. Allerdings überwiegen die Vorteile vor allem in nutritiver und ökonomischer Hinsicht die Nachteile bei weitem. Der Nährstoffbedarf der Jungeber ist nicht genau experimentell untersucht und er sollte sich deshalb an die Empfehlungen für Mastschweine mit sehr hohem Proteinansatz orientieren (siehe GfE, 2006). Diese erfordern eine höhere Aminosäurenversorgung bezogen auf die Energiezufuhr (g pcv Lys/MJ ME). Infolge des im Vergleich zu weiblichen Tieren und vor allem Kastraten stark eingeschränkten Futterverzehrsvermögens ist ad libitum Fütterung möglich.

Bei der Jungebermast ist insbesondere der auftretende Ebergeruch als problematisch anzusehen, da er als sensorisches Merkmal wesentlich für die Akzeptanz von Erzeugnissen aus Eberfleisch verantwortlich ist. Dieser unerwünschte Ebergeruch wird als urinartig durch die Bildung von Androstenon (fettlösliches Pheromon des Hodens) und fäkalähnlich durch die Bildung von Skatol, das ebenfalls fettlöslich ist, wahrgenommen. Skatol wird mikrobiell durch den Abbau der Aminosäure Tryptophan im Dickdarm gebildet und tritt auch bei Sauen und in geringerem Umfang bei Kastraten auf. Im Gegensatz zu Androstenon ist die Skatolmenge durch die Fütterung zu beeinflussen. Fehlende unverdauliche Kohlenhydrate im Dickdarm begünstigen die Umwandlung von Tryptophan in Skatol, während Kohlenhydrate, die im Dickdarm mikrobiell fermentiert werden, wie NSP, rohe Kartoffelstärke, Oligosaccharide oder Inulin, die für Mikroben als Energiequelle dienen, den Abbau von Tryptophan verringern und dessen Einbau in Mikrobenmasse erhöhen. Durch eine erhöhte intestinale Passage wird auch die Skatolabsorption vermindert. Folglich lassen sich über die Fütterung fermentierbarer Substanzen wenige Wochen vor Mastende die Skatolgehalte im Schlachtkörper verringern.

Als Schwellenwerte für die Genusstauglichkeit von Eberfleisch werden 0,5 mcg Androstenon/g Fett und 0,25 mcg Skatol/g Fett diskutiert (DLG, 2010). Beim Jungeber sind Geschlechtshormon- und Androstenonbildung gekoppelt und steigen mit dem Alter an, weshalb Eber so jung wie möglich geschlachtet werden sollen. Auch durch Züchtungsmaßnahmen wird versucht, die Geruchsbildung bei Ebern zu minimieren. Aufgrund der oben genannten Problematiken herrscht in Deutschland die Kastration männlicher Ferkel vor, die allerdings von Tierschützern abgelehnt wird. Ob Eberfleisch nachhaltig vom Konsumenten akzeptiert wird, dürfte letztlich von der Minimierung des Ebergeruchs abhängig sein.

6.5.2.7 Verdaulichkeit

Aufgrund der begrenzten Futteraufnahme müssen die Futtermittel für wachsende Mastschweine eine relativ hohe Nährstoffkonzentration aufweisen, um eine optimale Wachstumsintensität zu sichern. Als Maßstab für die Nährstoffkonzentration im Futter eignet sich die Verdaulichkeit der organischen Substanz. Diese soll bei der Mast wachsender Schweine im Mittel bei 80 % liegen. Zu Beginn der Mast kann die Verdaulichkeit mit 82 % sogar etwas höher liegen, gegen Mastende kann sie auf 78 % absinken.

Die Verfütterung von reinem Getreide oder der ausschließliche Einsatz von Futtermitteln, deren organische Substanz zu über 80 % verdaulich ist, führt aber leicht zu einer höheren Aufnahme an Nährstoffen als die Tiere für ihre Leistungen benötigen. Dieser Überschuss kann aber nur durch zusätzlichen Fettansatz verwertet werden. Deshalb werden in der praktischen Fütterung die höher konzentrierten Futtermittel entweder in Kombination mit geringer verdaulichen Futtermitteln verabreicht, oder sie sind noch stärker begrenzt zu füttern. Futtermittel mit einer Verdaulichkeit unter 80 % sind andererseits nur dann in der Mast einzusetzen, wenn sie mit Futtermitteln mit entsprechend höherer Verdaulichkeit kombiniert werden. Wesentlich ist, dass die Verdaulichkeit der Gesamtration 80 % beträgt. Allerdings kann man am Beispiel von Molke oder Hackfrüchten, wie z. B. Futterrüben, zeigen, dass es nicht ausreicht, die Verdaulichkeit allein zu berücksichtigen. Diese Futtermittel können trotz einer Verdaulichkeit von über 90 % nicht als alleiniges Futter eingesetzt werden, da durch den hohen Wassergehalt die erforderliche Nährstoffkonzentration nicht erreicht wird. In Übersicht 6.5-12 sind die wichtigsten Futtermittel, geordnet nach ihrer Verdaulichkeit, zusammengestellt. Dabei zeigt sich, dass bisher häufig eingesetzte Futtermittel oft nur bedingt für die Schweinemast geeignet sind.

6.5.3 Fütterungshinweise zur Schweinemast

Ziel der Schweinemast ist die Produktion von Schweinen mit großer Fleischfülle und einem besonders hohen Anteil wertvoller Teilstücke am Schlachtkörper. Das sogenannte Fleischschwein mit gut ausgebildeten Rücken- und Schinkenpartien und wenig Bindegewebe dürfte die für die Ansprüche unseres Marktes beste Schlachtreife bei 115 kg Lebendmasse erreichen. Auch für die Erzeuger ist die Erzielung einer optimalen Fleischentwicklung wirtschaftlich gesehen äußerst vorteilhaft, da eine Gewichtseinheit Fett 6- bis 8-mal soviel Energie enthält wie die gleiche Gewichtseinheit Muskel. Aus diesen Gründen müssen alle Mastverfahren auf eine optimale Fleischbildung hinzielen. Die verschiedenen Mastmethoden werden meistens nach den Futtermitteln eingeteilt, die in der Ration vorherrschen und die meiste Energie bereitstellen. In manchen Fällen kennzeichnen auch Futtermittel aufgrund ihrer besonderen Beschaffenheit die Mastmethode (z. B. Biertreber, Molke u. a.).

6.5.3.1 Getreidemast

Die Getreidemast schließt sich unmittelbar an die Ferkelaufzuchtperiode an und erfolgt üblicherweise von 30 bis 120 kg LM. Für die Umsetzung der Bedarfsnormen in praktische Fütterungskonzepte ist die Lebendmasse, der Wachstumsverlauf mit der Höhe der täglichen Zunahmen und das Geschlecht der Tiere zu berücksichtigen.

Anforderungen an die Futterzusammensetzung. – Wie bereits bei der Bedarfsermittlung (6.5.2) ausgeführt, erhöht sich mit steigender Lebendmasse infolge des zunehmenden Fettansatzes und erhöhten Erhaltungsanteils bei leicht abnehmenden Proteingehalten im Zuwachs der Bedarf an ME weit stärker als der Bedarf an Aminosäuren, Protein oder Mineralstoffen. Für die Futteroptimierung bedeutet dies abnehmende Aminosäuren-, Protein-, Phosphor-, Calcium- und Natriumanteile bezogen auf die ME oder je kg Futter im Mastverlauf. Um wegen einer Überversorgung die Zusammensetzung des Futters nicht stetig anpassen zu müssen, wird aus praktischen Gründen empfohlen, die Mastperiode in drei Abschnitte, in eine Anfangs-, Mittel- und Endmast zu unterteilen und die Nährstoffgehalte des Futters auf den jeweiligen Abschnitt abzustimmen. In Übersicht 6.5-13 sind entsprechende Richtwerte für die Zusammensetzung von Schweinemast-Alleinfutter bei einem mittleren Leistungsniveau von 800 g täglichen Zunahmen in der gesamten Mast angegeben.

Übersicht 6.5-13

Richtwerte für wichtige Inhaltsstoffe in Schweinemast-Alleinfuttermitteln (88 % TS)

Abschnitt Lebendmasse, kg	Anfangsmast 30–60	Mittelmast 60–90	Endmast 90–120
Energie, MJ ME/kg	13,0	13,0	13,0
Rohprotein, g/kg	180	160	140
pcv Lys, g/MJ ME	0,7	0,56	0,47
pcv Lys, g/kg	9,0	7,2	6,1
Gesamt-Lys[1], g/kg	10,5	8,5	7,0
Relation zu pcv Lys = 100			
pcv Met + Cys	53–56	53–56	53–56
pcv Thr	63–66	63–66	63–66
pcv Trp	18	18	18
Rohfaser, g/kg	40–70	40–70	40–70
verd. Phosphor, g/MJ ME	0,23	0,18	0,16
verd. Phosphor, g/kg	3,0	2,3	2,1
Gesamt-Phosphor[2], g/kg	5,0	4,0	3,5
Calcium, g/kg	7,0	5,5	5,0
Natrium, g/kg	1,2	1,0	1,0
Spurenelemente und Vitamine[3]			

1 Gesamt-Lys = pcv Lys/0,85 (0,85 = unterstellter mittlerer pcv VQ von Lys)
2 Gesamt-Phosphor = verd. Phosphor/0,6 bei Phytase-Zusatz
  (0,6 = unterstellter mittlerer VQ von P)
3 Angaben in Übersicht 6.5-10

Dabei ist die Angabe von Lysin als erstlimitierender Aminosäure bei der Rationsoptimierung besonders wichtig, während die nächstlimitierenden Aminosäuren (Met + Cys, Thr, Trp) lediglich relativ zu Lysin betrachtet werden. Dieses Vorgehen ist jedoch nur dann aussagekräftig, wenn der Lysinbedarf genau gedeckt ist. Überschreitet z. B. die Lysinkonzentration im Futter den Bedarf, dann ändert sich auch die notwendige Relation und der Bedarf der übrigen Aminosäuren kann somit bei erweiterten Relationen zu Lysin gedeckt werden. Auf der anderen Seite können mit dem Rückgang der Lysinwerte im Verlauf der Mast auch die übrigen Aminosäuren reduziert werden, da die Aminosäurenrelationen insbesondere bei hoher Wachstumsleistung innerhalb des angegebenen Bereiches weitgehend konstant bleiben. Der zunehmende Erhaltungsanteil am Gesamtbedarf der Aminosäuren im Mastverlauf bedingt zwar eine höhere Met + Cys-, Thr- und Trp-Versorgung in Relation zu Lysin, die Verschiebungen bleiben jedoch innerhalb der genannten Spanne. Der in der Praxis übliche Wert für Gesamtlysin ergibt sich aus pcv Lys dividiert durch die praecaecale Verdaulichkeit. Die angegebenen Rohproteingehalte sind nicht als Bedarfswerte zu betrachten, sondern dienen lediglich als Orientierung für die Auswahl der Proteinträger. Im Vergleich dazu liegt der Mindestbedarf an pcv Rohprotein zur Bedarfsdeckung aller Aminosäuren bei üblicher Rationsgestaltung stets deutlich tiefer (siehe hierzu auch 6.5.2.3). Der Rohproteingehalt ist vielmehr ein Ausdruck für die Versorgung mit Aminosäuren insgesamt und damit ein Maß für die Stickstoffeinsparung und Umweltentlastung durch die Futterration. Wenn Lysin erstlimitierend ist, ergibt sich der Rohproteingehalt des Futters aus dem Lysinanteil im Protein, wobei man in Rationen aus Getreide und Sojaextraktionsschrot 5–5,5 % Lysin im Protein zugrunde legen kann.

Unterschiede im Leistungsniveau erfordern nicht nur eine Anpassung in der täglichen Energieversorgung, sondern auch die Anforderungen an die Futterzusammensetzung ändern sich. Dies gilt insbesondere für die Lysinanteile im Futter, da mit steigenden täglichen Zunahmen der Lysinbedarf stärker steigt als der Energiebedarf. Entsprechend lässt sich aus den Bedarfsnormen kalkulieren, dass je 100 g höherem täglichen Zuwachs das pcv Lys/ME-Verhältnis um 0,03 g/MJ ME ansteigt. Die Ansprüche an die Zusammensetzung des Futters für Kastraten und weibliche Tiere sind bis zu einer Lebendmasse von 60 kg etwa gleich, da im Stoffansatz zwischen den Geschlechtern nur geringe Unterschiede bestehen. Ab der zweiten Masthälfte kann bei Durchführung der getrenntgeschlechtlichen Mast aufgrund der stärkeren Fettbildung bei Kastraten die Lysinkonzentration im Futter um 0,03 g pcv Lys/MJ ME geringer sein als bei weiblichen Tieren. Werden hingegen Schweine mit einem extrem hohen Proteinansatzvermögen verwendet, wie dies auch für die Mast von Jungebern zutrifft, sollte die Lysinkonzentration um 0,05 g pcv Lys/MJ ME gegenüber den Werten in Übersicht 6.5-13 erhöht werden.

Energieversorgung. – Neben den Ansprüchen an die Futterzusammensetzung ist für die gewünschte Mastleistung eine entsprechende Energieversorgung notwendig. Diese wird vor allem durch den Wachstumsverlauf mit der Höhe der täglichen Zunahmen bestimmt. Für den Bereich von durchschnittlich 800 g täglichen Zunahmen in der gesamten Mastperiode wird in Übersicht 6.5-14 dem Wachstumsverlauf der tägliche Bedarf an ME

Übersicht 6.5-14

Wachstumsverlauf, tägliche Energieversorgung und Futterzuteilung in der Getreidemast bei mittleren täglichen Zunahmen von 800 g

Mast-woche	Lebendmasse-bereich kg	Zunahmen g/d	ME MJ/d	Allein-futter* kg/Tier
1	28,0–32,6	650	17,5	1,35
2	32,6–37,6	720	20,0	1,55
3	37,6–42,9	760	21,5	1,70
4	42,9–48,5	800	24,0	1,85
5	48,5–54,5	850	26,5	2,00
6	54,5–60,6	880	29,0	2,20
7	60,6–67,1	920	31,0	2,40
8	67,1–73,5	920	32,5	2,50
9	73,5–79,8	900	33,5	2,55
10	79,8–86,0	880	34,0	2,60
11	86,0–91,9	850	34,5	2,65
12	91,9–97,7	820	35,0	2,70
13	97,7–103,2	790	35,0	2,70
14	103,2–108,4	740	35,0	2,70
15	108,4–113,3	710	35,0	2,70
16	113,3–118,1	680	35,0	2,70

* 13 MJ ME/kg

und Alleinfutter bei gemischtgeschlechtlicher Mast gegenübergestellt. Typisch für den Wachstumsverlauf von Schweinen ist ein maximales Zunahmeniveau bei 60 bis 80 kg LM, das dann bis Mastende infolge stärkerer Verfettung wieder zurückgeht. Abweichungen vom dargestellten Wachstumsverlauf treten vor allem aufgrund der genetischen Veranlagung auf. Hierüber sind Kenntnisse im jeweiligen Mastbetrieb erforderlich, um die Energieversorgung gezielt darauf abstimmen zu können. Grundsätzlich ergibt sich aus den Bedarfsnormen (Übersicht 6.5-5), dass mit einer Änderung des Zunahmeniveaus im Mastverlauf um 100 g/Tag die tägliche Energieversorgung um 2–3 MJ ME oder etwa 200 g Alleinfutter angepasst werden muss. Kastraten benötigen für gleichen Zuwachs infolge der stärkeren Fettbildung ab etwa 60 kg LM bis Mastende eine bis zu 4 MJ ME (ca. 300 g Alleinfutter) höhere Energiezufuhr als weibliche Tiere (siehe auch Übersicht 6.5-6). Bei gleicher Energieversorgung (rationierte Fütterung) werden daher Kastraten etwas geringere Zuwachsraten aufweisen als weibliche Tiere, während bei freier Futteraufnahme die Zuwachsraten bei Kastraten um 5–10 % höher liegen dürften bei allerdings deutlich stärkerer Verfettung und damit geringeren Magerfleischanteilen. Um eine hohe Fleischfülle zu sichern, wird empfohlen, die Energiezufuhr bei Kastraten auf maximal 35 MJ ME/Tag bis Mastende zu begrenzen (DLG, 2010). Optimal wäre jedoch die getrenntgeschlechtliche Mast, in der das Wachstumspotential weiblicher Tiere durch ad libitum Fütterung voll ausgeschöpft wird, während Kastraten ab etwa 70 kg LM entsprechend rationiert zu füttern sind.

Phasenfütterung. – Sowohl die präzise Deckung des Nährstoffbedarfs als auch eine möglichst umweltschonende Mast sprechen bei der Futterkonzeption eindeutig für die Phasenfütterung mit verschiedenen Futtertypen im Mastverlauf. Abb. 6.5-6 zeigt schematisch die Proteinversorgung bei Phasenfütterung im Vergleich zum Proteinbedarf. Während bei einphasiger Fütterung ein sog. Universalfutter mit gleichbleibender Zusammensetzung über die gesamte Mast ständig größer werdende Überschüsse an Protein verursacht, wird der Aufwand an Protein gegenüber dem Bedarf bei der zweiphasigen und noch stärker bei

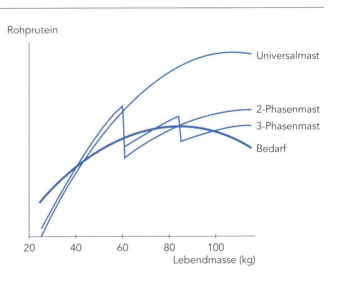

Abbildung 6.5-6
Proteinversorgung bei Phasenfütterung im Vergleich zum Proteinbedarf von Mastschweinen

der dreiphasigen Mast deutlich reduziert. Allerdings wird in der Fütterungspraxis z. B. bei kontinuierlicher Stallbelegung oder geringer Silokapazität die einphasige Fütterung trotz entstehender Nährstoffüberschüsse nach wie vor als relevant betrachtet. Mastschweine können Nährstoffüberschüsse im Futter zwar gut physiologisch regulieren, die erhöhten Nährstoffausscheidungen können aber erhebliche ökologische Belastungen verursachen. Die Vorteile der Zwei- und Drei-Phasenfütterung einer erhöhten Nährstoffeffizienz lassen sich zweifellos technisch leichter umsetzen, wenn der Stall im Rein-Raus-Verfahren belegt wird, da stets Tiere in einem ähnlichen Mastabschnitt mit den gleichen Futteransprüchen vorhanden sind.

Beispiele für Alleinfuttermischungen. – In Übersicht 6.5-15 ist beispielhaft die Zusammensetzung von Schweinmast-Alleinfutter bei ein- und zweiphasiger und in Übersicht 6.5-16 bei dreiphasiger Fütterung angegeben. Bei einphasiger Fütterung, die nach einer verlängerten Ferkelaufzucht bei einer Lebendmasse von 35–40 kg beginnt, entspricht das Alleinfutter den Anforderungen für Schweine etwa bei Mastmitte, wobei anfängliche Minderleistungen aufgrund des Nährstoffdefizits durch anschließende Kompensation im Wachstum wieder aufgeholt werden können. In der zweiphasigen Fütterung sind die beiden Alleinfutter so zusammengesetzt, dass sie den Anforderungen eines Anfangs- und Endmastfutters erfüllen, bei einer Futterumstellung bei etwa 60 bis 70 kg LM. Diese Futtermischungen sind jeweils ohne und mit Lysinergänzung optimiert, um die Auswirkungen dieser Maßnahmen auf die Zusammensetzung der Mischungen zu verdeutlichen. Ohne Lysinergänzung sind höhere Rohproteingehalte und wertvollere und damit teurere Proteinträger (z. B. Fischmehlerzeugnis) notwendig, um auf die erforderlichen Lysinwerte zu kommen. Die Mischungsbeispiele für die Drei-Phasenfütterung verdeutlichen die Anforderungen an das Alleinfutter für die Abschnitte Anfangs-, Mittel- und Endmast entsprechend 30–60, 60–90 und 90–120 kg LM (siehe auch Übersicht 6.5-13). Demnach wird der Protein-, Lysin- und Mineralstoffgehalt in drei Phasen schrittweise abgesenkt, um eine noch genauere Bedarfsdeckung zu erreichen. Grundsätzlich ergibt sich dabei der erforderliche Gehalt an Rohprotein in der Mischung aus dem Anteil an Lysin im Protein. Bei dem vorgeschlagenen Gehalt von 5,5 % Lysin im Protein muss bei Standardmischungen aus Getreide und Sojaextraktionsschrot in der Regel zusätzlich Lysin direkt ergänzt werden. Die weiteren essenziellen Aminosäuren sind jedoch stets hinsichtlich Bedarfsdeckung zu überprüfen. Wird der Lysinanteil im Protein z. B. auf 6 % gesteigert, wie in den proteinreduzierten Mischungen, so ist deutlich weniger Protein in der Mischung erforderlich, sofern die fehlenden Aminosäuren direkt supplementiert werden. Neben Lysin muss in den Beispielsmischungen nun auch Methionin und Threonin ergänzt werden. Wie sich die Phasenfütterung und die verstärkte Aminosäurensupplementierung auf die N-Ausscheidung auswirkt, wird in einem späteren Abschnitt beschrieben (siehe Übersicht 6.5-17).

Herstellung der Futtermischungen. – **Schweinemast-Alleinfutter** sind Mischfutter, die alle für den jeweiligen Mastabschnitt erforderlichen Inhaltsstoffe in einer Mischung enthalten; sie dürfen deshalb nur als alleiniges Futter gegeben werden. Diese Mastfutter können auf verschiedene Weise hergestellt bzw. beschafft werden:
1. Eine Möglichkeit ist, fertig zugekaufte Schweinemast-Alleinfutter von einem Mischfutterhersteller einzusetzen, was häufig der Fall ist, wenn kein betriebseigenes Getreide verfügbar ist.

6.5 Fütterung der Mastschweine

Übersicht 6-5-15

Mischungsbeispiele für Schweinemast-Alleinfutter für 1- und 2-Phasenfütterung ohne (a) und mit (b) Lysinergänzung

Futtertyp Lebendmassebereich, kg Mischung	einphasig 35–120 a	b	zweiphasig 30–60 a	b	60–120 a	b
Komponenten, %						
Fischmehlerzeugnis	5,5	–	5,5	–	5,3	–
Sojaextraktionsschrot (44)	11,0	16,0	17,0	21,4	8,0	10,9
Gerste	50,0	50,0	47,0	50,0	50,0	50,0
Weizen	32,5	30,8	29,5	24,7	35,7	36,7
Pflanzenöl	1,0	1,0	–	1,2	–	0,7
L-Lysin x HCl	–	0,2	–	0,2	–	0,2
Mineralfutter	1,0	2,0	1,0	2,5	1,0	1,5
Diese Mischungen enthalten						
Rohprotein, g/kg	175	165	195	180	170	150
pcv Lysin, g/kg	7,4	7,4	9,0	9,0	6,6	6,7
ME, MJ/kg	13,0	13,0	13,0	13,0	13,0	13,0

Übersicht 6-5-16

Mischungsbeispiele für 3-Phasenfütterung in der Schweinemast

Lebendmassebereich, kg	Standardmischungen 30–60	60–90	90–120	Proteinreduzierte Mischungen 30–60	60–90	90–120
Komponenten, %						
Sojaextraktionsschrot (44)	21,4	12,3	6,1	14,4	6,3	0,7
Gerste	50,0	50,0	50,0	50,0	50,0	50,0
Weizen	24,7	35,1	41,7	31,7	40,7	46,8
Pflanzenöl	1,2	0,6	0,5	1,0	0,5	0,5
L-Lysin · HCl	0,2	0,2	0,2	0,4	0,4	0,4
DL-Methionin	–	–	–	0,05	0,03	-
L-Threonin	–	–	–	0,1	0,07	0,05
Mineralfutter	2,5	1,8	1,5	2,5	2,0	1,5
Diese Mischungen enthalten						
Rohprotein, g/kg	180	155	135	160	140	120
pcv Lysin, g/kg	9,0	7,2	6,0	9,0	7,2	6,0
ME, MJ/kg	13,0	13,0	13,0	13,0	13,0	13,0

Übersicht 6.5-17

Fütterungsstrategien zur Verminderung der N- und P-Ausscheidung von Mastschweinen*

Strategie bzw. Lebendmasse, kg	Futter-bedarf kg	Gehalte im Futter, %			Ausscheidung je Schwein			
		Roh-protein	Lysin	P	N kg	relativ	P kg	relativ
Einphasig**								
25–115	276	17,2	0,91	0,5	5,35	100	0,96	100
Zweiphasig								
25– 60	86	18,3	0,97	0,55				
60–115	190	14,9	0,79	0,45	4,8	90	0,87	90
Dreiphasig								
25– 60	86	18,3	0,97	0,55				
60– 85	75	15,5	0,82	0,46	4,55	85	0,82	85
85–115	115	13,6	0,72	0,40				
Dreiphasig + Aminosäuren + Phytase								
25– 60	86	16,2	0,97	0,45				
60– 85	75	13,7	0,82	0,35	3,75	70	0,59	61
85–115	115	12,0	0,72	0,35				

* Berechnungsbasis: 90 kg Zuwachs; 3,07 kg Futter (13 MJ/kg) bzw. 40 MJ ME/kg Zuwachs; N-Ansatz 25,6 g/kg Zuwachs; Phosphoransatz 5,1 g/kg Zuwachs; Ausscheidung = Aufnahme-Ansatz
** 25–35 kg LM: 23 kg Alleinfutter für Ferkel (18,5 % XP; 1,05 % Lysin; 0,65 % P)

2. Alleinfutter können natürlich auch im landwirtschaftlichen Betrieb selbst hergestellt werden. Solche Eigenmischungen lassen sich vereinfacht fertigen, wenn das betriebseigene Getreide mit einem **Schweinemast-Ergänzungsfutter** aus industrieller Produktion zu einem Alleinfutter vermischt wird. Ergänzungsfutter enthalten vor allem Proteinträger, freie Aminosäuren, Mineral- und Spurenelemente sowie Vitamine und Zusatzstoffe, wie sie bei Ergänzung des Getreides für ein Alleinfutter notwendig sind. Je konzentrierter diese Inhaltsstoffe im Ergänzungsfutter sind, desto niedriger wird der notwendige Mischungsanteil sein. Dieser beträgt zwischen 15 bis 50 % der Ration und wird durch die jeweiligen Anforderungen an das Alleinfutter bestimmt.
3. Hofeigene Mischungen aus Einzelkomponenten, wie sie in den Übersichten 6.5-15 und 6.5-16 dargestellt sind, basieren meist auf betriebseigenen Getreideschroten und Körnerleguminosen, auf Zukauf von Proteinträgern (z. B. Sojaextraktionsschrot) und evtl. Nebenprodukten aus der industriellen Verarbeitung von Rohstoffen. Sie erfordern eine spezielle Ergänzung mit einem **Mineralfutter für Mastschweine**. Es enthält die notwendigen Mineral- und Spurenelemente, Vitamine, evtl. freie Aminosäuren und Zusatzstoffe wie Phytase, organische Säuren u. a. und ergibt zusammen mit den vorhandenen Komponenten nach einem Optimierungsprozess das jeweilige Alleinfutter. Die notwendige Einmischrate des Mineralfutters ergibt sich aus der Konzentration der Inhaltsstoffe und den Anforderungen des Alleinfutters.

Für Eigenmischungen notwendig sind eine Futtermischanlage, gründliche Kenntnisse über Einkauf und Beurteilung der Komponenten sowie über die Rationsoptimierung. Ob zugekauftes oder eigengemischtes Alleinfutter eingesetzt werden soll, wird letztlich von der betriebswirtschaftlichen Kalkulation abhängig sein.

Reduzierung der N- und P-Ausscheidung

Innerhalb der Tierhaltung trägt die Schweinemast insbesondere bei regionaler Konzentration erheblich zur Umweltbelastung mit Stickstoff und Phosphor bei. Weitere Stoffe wie Zink, Kupfer und Kalium werden zunehmend als umweltgefährdend angesehen. Es gibt zahlreiche Möglichkeiten, die N- und P-Ausscheidung von Schweinen durch Fütterungsmaßnahmen zu reduzieren. Im Überblick sind vor allem zu nennen:

1. Exakte Nährstoffversorgung
   - Verbesserung der Kenntnisse über den Bedarf der Tiere
   - Verzicht auf Vorhalte- oder Überversorgung
   - Anpassung der Nährstoffgehalte mit steigender Lebendmasse bzw. bei veränderter Leistung z.B. durch Phasenfütterung

2. Verbesserung der Futterrezeptur
   - Exakte Futtermittelbewertung
   - Ausnutzung der Ergänzungswirkung der verfügbaren Futterkomponenten
   - Rohproteinabsenkung durch Aminosäuren-Ergänzung
   - Reduzierung der P-Ergänzung infolge verbesserter Phytin-Phosphor-Verwertung durch Phytase-Einsatz

3. Verbesserung der Futterverwertung
   - Verwendung leistungsfähiger Genotypen
   - Optimierung der Produktionstechnik u.a. zur Vermeidung von Futterverlusten
   - Einsatz der zugelassenen Leistungsförderer

Von zentraler Bedeutung für die Reduktion der N- und P-Ausscheidung ist dabei die Steigerung der Effizienz in der Verwertung der zugeführten Nährstoffe. Beim Mastschwein gibt es zwei Hauptwege die N-Verwertung maximal zu steigern, nämlich die exakte Anpassung der Proteingehalte im Futter an den sich ändernden physiologischen Bedarf sowie die Absenkung des Proteingehaltes und Verbesserung des Aminosäuremusters in Richtung „Idealprotein" (siehe hierzu 3.4.6) durch Ergänzung mit reinen Aminosäuren. Bei Phosphor steht diesbezüglich die Reduzierung der Ergänzung mit mineralischem P in Kombination mit dem Einsatz der Phytase im Vordergrund. In Übersicht 6.5-17 ist aufgezeigt, wie sich derartige Strategien auf die N- und P-Ausscheidungen von Mastschweinen auswirken. Die Ausscheidung wurde dabei über die Mengen von Aufnahme minus Ansatz kalkuliert und es wurden die Gehaltswerte im Futter auf Bruttobasis (notwendig für die Bilanzierung) zugrunde gelegt. Gegenüber einer einphasigen Fütterung (Universalfutter) verringert sich die N- und P-Ausscheidung bei zweiphasiger Mast bereits um jeweils 10%. Phasenfütterung mit drei Mastabschnitten erlaubt eine noch bessere Anpassung der Gehaltswerte im Futter an den Bedarf und führt daher zu einer um jeweils 15% verringerten Ausscheidung an N und P. Dreiphasige Fütterung und Einsatz von Aminosäuren bzw. Phytase steigert die Effizienz bei der Verwertung am stärksten mit einer Reduzierung der Ausscheidung an N um 30 % bzw. an P um rd. 40 %.

Schrittmacher für die notwendige Proteinaufnahme ist der Lysingehalt im Futter, denn diese Aminosäure ist zumeist erstlimitierend. Die Proteingehalte müssen deshalb soweit angehoben werden, bis der Lysinbedarf gedeckt ist. Die Folge ist eine eigentlich unnötige Überversorgung mit Protein und damit Stickstoff. Absenkung der Proteingehalte und Ergänzung des entstehenden Fehlbedarfes durch die kristallinen Aminosäuren Lysin, Methionin und Threonin führte im obigen Beispiel bei 3-Phasenfütterung zu einer erheblich stärkeren Reduzierung der N-Ausscheidung von 30 %. Entsprechende Mischungsbeispiele für derartiges Futter wurden in Übersicht 6.5-16 aufgezeigt. Diese Reduzierung wird erreicht durch die Steigerung des Lysingehaltes im Protein von 5,5 % auf 6 % was unter den gegenwärtigen Preis-Kosten-Verhältnissen noch praktikabel erscheint. Allerdings sind die Kosten einer solchen Maßnahme stets zu berücksichtigen. Der Einsatz eines Idealproteins mit 6,5–7 % Lysin im Protein entsprechend der Mindestversorgung an pcv Rohprotein und optimale Phasenfütterung könnte eine Reduzierung der N-Ausscheidung gegenüber dem Universalfutter sogar um 50–60 % ermöglichen. Allerdings ist dies bislang wenig praktikabel, da zu viele Aminosäuren in reiner Form ergänzt werden müssten, die nicht alle kommerziell verfügbar bzw. auch zu teuer wären.

Die Absenkung des Proteingehaltes im Futter hat darüber hinaus noch günstige Nebenwirkungen. Die Tiere nehmen weniger Trinkwasser auf, die Güllemenge geht dadurch zurück, Lagerraum und Ausbringungskosten werden vermindert. Aber auch die Zusammensetzung der Gülle wird beeinflusst. Insbesondere wird durch eine verbesserte N-Verwertung der Ammonium-N-Anteil in der Gülle vermindert, da sich das Verhältnis von Harn-N zu Kot-N zugunsten des Kot-N verschiebt. Damit wird auch die Höhe der umweltbelastenden NH_3-Emission reduziert.

Futtermittel

Eiweißfuttermittel. – An Eiweißfuttermitteln werden in der Schweinemast vor allem Fischmehl, Sojaextraktionsschrot, Magermilch, Erdnussextraktionsschrot und Ackerbohnen eingesetzt.

Fischmehl ist ein Sammelbegriff für Futtermittel, die bei der Verarbeitung aus mindestens zwei verschiedenen Fischarten und Fischabfällen entstehen. Wird das Fischmehl nur aus einer Fischart hergestellt, so wird diese für die Benennung des Futtermittels herangezogen, und man erhält zum Beispiel Dorschmehle oder Heringsmehle. Fischvollmehle sind Fischmehle, denen das beim Herstellungsprozess anfallende Presswasser (Fischpresssaft) später wieder angetrocknet wurde. Aufgrund des sehr unterschiedlichen Ausgangsmaterials und der Verarbeitung schwankt der Rohproteingehalt dieser Futtermittel sehr stark. Gute Fischmehle enthalten 58 % und mehr Rohprotein, das sich durch eine hohe biologische Eiweißwertigkeit und eine hervorragende Ergänzungswirkung auszeichnet. Deshalb könnte Fischmehl ausschließliches Eiweißfuttermittel für Schweine sein, was jedoch aus preislichen Gründen nicht in Frage kommt. Wegen der guten Ergänzungswirkung (siehe Abschnitt 3.4.6.2) wird aber empfohlen, dass etwa 15 % des Eiweißgehaltes praktischer Schweinemastrationen aus Fischmehlen stammen.

Magermilch ist ein ausgezeichnetes tierisches Eiweißfuttermittel mit einem relativ hohen Ergänzungswert für Getreide. Allerdings setzt der Einsatz frischer oder dicksaurer Magermilch Flüssigfütterung voraus, um eine erhöhte Arbeitsbelastung zu vermeiden. Wird

Magermilch anstelle von Eiweißkonzentrat eingesetzt, so sind 100 g Eiweißkonzentrat durch 1,5 kg Magermilch zu ersetzen. Das ergibt dann zu Beginn der Mast 5 l und im 2. Mastabschnitt 4 l Magermilch täglich je Schwein. Die Verfütterung von Trockenmagermilch scheidet aus wirtschaftlichen Gründen aus.

Sojaextraktionsschrot weist, wenn es zur Zerstörung des Trypsininhibitors dampferhitzt wurde, von allen pflanzlichen Eiweißfuttermitteln die beste Proteinqualität auf. In der Schweinemast lässt sich deshalb Sojaextraktionsschrot sehr gut einsetzen. Einwandfreie Qualität vorausgesetzt, kann diese Proteinkomponente tierische Eiweißfuttermittel ausschließlich ersetzen, sofern die Mineralstoff- und Vitaminergänzung bedarfsgerecht erfolgt. Insbesondere bei Phosphor durch die P-Bindungsform und beim Vitamin B_{12} können sonst größere Lücken in der Versorgung auftreten.

Erdnussextraktionsschrot unterliegt sehr großen Qualitätsschwankungen (unterschiedlicher Schalenanteil, möglicher Pilzbefall und Aflatoxingehalt). Auch die biologische Eiweißwertigkeit ist nicht sehr hoch einzuschätzen, der Ergänzungswert ist wesentlich schlechter als bei Sojaextraktionsschrot. Erdnussextraktionsschrot kann deshalb nur stark begrenzt als Eiweißfuttermittel in der Schweinemast eingesetzt werden (siehe Übersicht 6.5-18).

Ackerbohnen, Erbsen und Lupinen sind für die Schweinemast wichtige heimische Eiweißfuttermittel. Als Körnerleguminosen enthalten sie jedoch verschiedene antinutritive Inhaltsstoffe wie Tannine, Proteaseinhibitoren, Glucoside und Alkaloide (v. a. bei Bitterlupinen), die ihren Anteil in Futtermischungen einschränken. Dabei gibt es zwischen verschiedenen Varietäten und Sorten große Unterschiede im Gehalt an diesen unerwünschten Stoffen, wobei versucht wird durch Neuzüchtungen diese zu verringern. Die Proteinqualität dieser Futtermittel wird begrenzt durch auffallend niedrige Gehalte an schwefelhaltigen Aminosäuren bei vor allem in Ackerbohnen und Erbsen günstig zu beurteilenden Lysinanteilen. Die Ergänzung mit der Aminosäure Methionin verbessert demnach das Aminosäurenmuster entsprechend. Ackerbohnen und Erbsen eignen sich aufgrund ihrer Ergänzungswirkung gut für Getreiderationen, da das Protein im Getreide relativ wenig Lysin, aber relativ viel Methionin und Cystin enthält. Infolge der gegebenen Einsatzbeschränkungen in Übersicht 6.5-18 müssen diese Leguminosen zumeist noch mit einer anderen Proteinkomponente kombiniert werden, um die Aminosäurenversorgung einer Ration zu sichern. Im energetischen Futterwert sind Ackerbohnen und Erbsen etwa Gerste gleichzusetzen, während Lupinen je nach Fettgehalt deutlich darüber liegen.

Energiefuttermittel. – Zur Deckung des Energiebedarfs von Mastschweinen werden im Wesentlichen neben den verschiedenen Getreideschroten auch Maniokmehl, Mühlennachprodukte und Nebenprodukte der Zuckerfabrikation verwendet. Dabei sollen diese Futtermittel in die Ration grundsätzlich nach der Preiswürdigkeit ihrer Nährstoffe aufgenommen werden. Allerdings können aufgrund der physiologischen Ansprüche des Mastschweines und aufgrund ungünstiger Wirkungen einzelner Rohstoffe diese nur in begrenzten Mengen in der Ration enthalten sein. Solche Restriktionen sind vor allem dann zu berücksichtigen, wenn bei der linearen Programmierung von Futterrationen alle preislichen Vorteile voll ausgenützt werden. In Übersicht 6.5-18 sind die Höchstmengen einiger Futtermittel für Schweinemastrationen angegeben. Allerdings sind diesen Angaben gewisse Einschränkungen beizufügen. Sie sind oft nur im Austausch mit der gleichen Menge an Getreide zu sehen. Wurde nämlich die Begrenzung von zwei Futtermitteln aus denselben

Übersicht 6.5-18

Höchstmengen einiger Einzelfuttermittel in Schweinemastrationen

Futtermittel	Höchstanteil in der Gesamtration	
	Mastabschnitt 30–60 kg	Mastabschnitt 60–120 kg
Roggen	40	60
Hafer	20	30
Maniokmehl	20	30
Weizen- oder Roggenkleie (bis 12% Rohfaser)	20	30
Futtermehle und Grießkleie	20	30
Weizentrockenschlempe	15	15
Kartoffelschnitzel und -pressschrot	30	50
Zuckerrübenvollschnitzel	30	40
Trockenschnitzel (melassiert)	15	20
Futterzucker	15	20
Trockengrünfutter	10	15
Erdnuss- bzw. Leinschrot, extr.	10	10
Ackerbohnen	30	30
Erbsen	20	20
Lupinen (weiße)	10	10
Leinsaat*	2,5	2,5
Sonnenblumensaat*	3	3
Rapssaat (00-Sorten)*	8	8
Rapskuchen*	10	10
Rapsextraktionsschrot (00-Sorten)	25	25
Sojaöl*	1–1,5	1–1,5
Rapsöl*	2–3	2–3
tierische Fette*	8	8

* Vermeidung überhöhter Anteile mehrfach ungesättigter Fettsäuren; Grenzwert von 18–21 g Polyensäuren/kg Futter mit 88% TM ist zu beachten

Gründen (Verdaulichkeit, Beeinträchtigung der Fresslust u. a.) vorgenommen, so können sie nicht zusammen in einer Ration aufgenommen werden, auch wenn man die zulässige Höchstmenge berücksichtigt.

Getreideschrote guter Qualität bilden in den praktischen Schweinemastrationen die Grundlage der Energieversorgung. Gerste und Weizen können auch als alleinige Energiefuttermittel in einer Ration eingesetzt werden, wobei Weizen einen etwa 10% höheren Nährstoffgehalt als Gerste aufweist. Roggen darf in der Gesamtration höchstens bis zum Anteil von 60% verwendet werden. Sorgfältig getrocknetes Auswuchsgetreide kann ohne weiteres verfüttert werden, dagegen sollte man schlecht getrocknetes wegen des möglichen Schimmelbefalls nur in geringen Mengen einsetzen.

Auch Mais kann als alleiniger Energieträger in der Schweinemast verwendet werden. Bei der Zuteilung ist der um 10% höhere Nährstoffgehalt im Vergleich zu Gerste zu berücksichtigen. Maiskörnersilage enthält je nach Trockenmassegehalt (55–65%) sehr unterschiedliche Nährstoffmengen. Im Allgemeinen dürfte die Nährstoffkonzentration um ein Drittel geringer sein als bei getrockneten Maiskörnern, dadurch erhöhen sich die zuzuteilenden Mengen entsprechend. Wegen des relativ hohen Rohfettgehaltes von Mais werden dem Tier auch höhere Mengen an mehrfach ungesättigten Fettsäuren (Polyensäuren) verabreicht als zum Beispiel bei Verfütterung von Gerste. Dies beeinflusst die Qualität des Depotfettes, das bei starker Maisfütterung erhöhte Gehalte an mehrfach ungesättigten Fettsäuren vor allem im Rückenspeck aufweist. Solche Änderungen in der Zusammensetzung des Fettes sind aber bei der Erzeugung von Dauerware unerwünscht. In diesem Fall sollte der Maisanteil 50 % in der Ration nicht überschreiten.

Generell sollte für eine gute Qualität von Fleischdauerwaren der Anteil an Polyensäuren im Fett des Rückenspeckes maximal 15 % betragen. Um diese Obergrenze nicht zu überschreiten darf Mastfutter höchstens 18–21 g Polyensäuren/kg 88 % TM) aufweisen. Die Einhaltung dieser Zufuhr bedeutet in Rationen auf Basis von Getreide und Sojaextraktionsschrot (ohne Mais/CCM), dass der Anteil an tierischem Fett auf 8 %, von Sojaöl oder Rapsöl auf 1–1,5 % bzw. 2–3 % zu begrenzen ist. Besteht die Energiezufuhr hauptsächlich aus Mais bzw. Corn-Cob-Mix, so sollte auf Sojaöl ganz verzichtet und andere Fettquellen auf die Hälfte reduziert werden. Wegen der zunehmenden Bedeutung der Fettzusammensetzung im Schweinefleisch sollte grundsätzlich bei der Rationsgestaltung der Gehalt an Polyensäuren in der Mischung überprüft werden. Weitere Angaben über Höchstmengen von Ölsaaten finden sich in Übersicht 6.5-18.

Der Futterwert der bei der Müllerei anfallenden Nebenprodukte hängt weitgehend vom Ausmahlungsgrad des Getreides ab. Bei den Mühlennachprodukten fällt mit steigendem Ausmahlungsgrad der Gehalt an Stärke, der Gehalt an Rohfaser steigt an, und die Verdaulichkeit geht zurück. Deshalb müssen diese Futtermittel mehr oder weniger stark in den Schweinemastrationen begrenzt werden (siehe Übersicht 6.5-18).

Von den Nebenprodukten der Zuckerfabrikation können Trockenschnitzel und melassierte Trockenschnitzel, obwohl sie zu über 80 % verdaulich sind, nur in begrenzten Mengen in die Mastration aufgenommen werden, da durch den hohen Cellulose- und Pektingehalt die ME-Konzentration der Futtermischung herabgesetzt wird. Der Anteil gemahlener Trockenschnitzel in Mastrationen sollte deshalb 20 % nicht übersteigen, weil sonst auch die Futteraufnahme verzögert und ungenügend ist. Zuckerrübenvollschnitzel können dagegen in wesentlich höheren Mengen verfüttert werden (siehe Übersicht 6.5-18). Auch Futterzucker, der mit 14,4 MJ ME je kg lufttrockener Substanz einen sehr hohen Energiegehalt aufweist, eignet sich für die Verfütterung an Mastschweine gut. Die Gesamtmenge an zuckerhaltigen Futtermitteln sollte aber nicht über einen Anteil von 30 bzw. 40 % in der Ration hinausgehen.

Fütterungstechnik

Mast- und Schlachtleistungen werden durch eine Reihe von fütterungstechnischen Maßnahmen beeinflusst. So hat die Wasserversorgung bei der Getreidemast eine besondere Bedeutung, da in den meisten Fällen das Kraftfutter trocken oder feuchtkrümelig verfüttert wird. Am sichersten erfolgt die Wasserversorgung über Selbsttränken. Die Gefahr der zu hohen Wasseraufnahme besteht in der Schweinemast nicht. Wird im Futtertrog getränkt, so kann dies vor oder nach dem Füttern erfolgen. Als Bedarf können je kg lufttrockenes Futter etwa 2–3 l Wasser angesetzt werden.

Futterrationierung. – Bei der rationierten Fütterung wird die Futtermenge dem Einzeltier oder einer Tiergruppe über eine Mengen- oder eine Zeitbegrenzung zugeteilt. Grundlage für die Festlegung der Zuteilungsmenge bildet die der angestrebten Zuwachsleistung entsprechende Bedarfsnorm sowie die Energie- und Nährstoffkonzentration des Futters, die in Beziehung zum Futteraufnahmevermögen eingestellt werden muss. Über die Rationierung des Futters können unterschiedliche Energie- und Nährstoffkonzentrationen ziemlich genau dem Bedarf der Mastschweine angepasst werden. Dadurch lässt sich noch am ehesten eine den Marktansprüchen entsprechende Schlachtqualität bei wirtschaftlichen Tageszunahmen erreichen. Die Zuteilung der vorgesehenen Futtermenge erfolgt nach Rationsliste (siehe Übersicht 6.5-14) mit einer wöchentlichen Anpassung der Futtermenge, entsprechend der Lebendmasseentwicklung der Masttiere. Es bringt keine Vorteile, die Futtermenge in kürzeren Intervallen zu erhöhen. Dagegen ergab sich in Versuchen mit Einzelfütterung bei einem Anpassungsintervall von bis zu fünf Wochen eine ähnliche Mast- und Schlachtleistung wie bei der üblichen wöchentlichen Steigerung der Futtermenge, da hierbei die Fähigkeit zur Wachstumskompensation ausgenutzt wird.

Ein vereinfachtes Verfahren der Futterrationierung stellt die Fütterung auf „blanken Trog" dar. Dazu soll bei täglich zweimaligem Füttern die Ration in jeweils 15–20 Minuten aufgefressen sein. Mit dieser Zeitbegrenzung wird allerdings die Genauigkeit einer gewichtsmäßigen Zuteilung nicht erreicht. Jegliche Rationierung erfordert im praktischen Betrieb eine Überprüfung (Gewichtskontrolle der Tiere), ob die angestrebten Leistungen auch erreicht werden, sodass ggf. die Futtermenge vor- oder zurückgestuft werden kann.

Ad libitum Fütterung. – Die wesentlichen Vorteile der ad libitum Fütterung liegen im geringeren Arbeits- und Investitionsaufwand. Da bei diesem Verfahren das Futter den Tieren mengenmäßig und zeitlich unbegrenzt zur Verfügung steht, müssen nicht alle Tiere gleichzeitig fressen können. Allerdings darf nach der Schweinehaltungsverordnung 1 Fressplatz für höchstens 4 Tiere zugeteilt werden. Doch auch bei dieser Futterdosierung ist es erforderlich, dass die mit dem unbegrenzten Futterangebot aufgenommenen Energie- und Nährstoffmengen der Bedarfsnorm entsprechen. Futteraufnahmevermögen und Energie-/Nährstoffkonzentration des Futters sind aber nur äußerst schwierig mit der Bedarfsnorm für eine angestrebte Leistung in Einklang zu bringen.

Häufige Folge der ad libitum Fütterung von Mastschweinen ist ein Überangebot an Energie und Nährstoffen, da die Zusammensetzung des Futters nicht der realisierten Futteraufnahme entspricht. Erhöhter Futteraufwand und Fettansatz sind insbesondere bei weniger fleischwüchsigen Tieren und vor allem in der Endmast zu erwarten. In der Praxis wird die ad libitum Fütterung vor allem im Bereich der Vormast bis 35 kg und z. T. in der Anfangsmast bis 50 kg Lebendmasse durchgeführt. In der Endmast sollte aber grundsätzlich, insbesondere bei männlichen Kastraten, rationiert gefüttert werden. Versuche, über erhöhte Rohfasergehalte im Futter (> 6–7 %) die Energieaufnahme zu begrenzen, führten zu wenig befriedigenden Ergebnissen (Verdauungsdepression; höhere Futterkosten).

Ausfall von Futterzeiten. – Wegen arbeitswirtschaftlicher und sozialer Vorteile kann die Fütterung am Sonntagnachmittag ausfallen. Die Futtermenge dieser ausgefallenen Mahlzeit darf dann aber nicht in der vorhergehenden oder folgenden Futterzeit zusätzlich verabreicht werden. Dies würde zu einer verstärkten Verfettung führen. Es ist deshalb günstiger, die Futtermenge dieser ausgefallenen Mahlzeit gleichmäßig auf die verbleibenden 13 Mahlzeiten der Woche zu verteilen und die in der Rationsliste angegebenen Futtermengen um etwa 8 % zu erhöhen.

Sollte an einem Tag überhaupt nicht gefüttert oder wöchentlich mehr als eine Futterzeit eingespart werden, ist es vorteilhaft, grundsätzlich nur einmal täglich zu füttern. Dabei wird die übliche gesamte Tagesmenge je Schwein zu einer Futterzeit – meist morgens – verabreicht. Entsprechende Versuche zeigten, dass durch diese Fütterungsmaßnahme in der Getreidemast Zuwachsrate und Futterverwertung gegenüber der täglich zweimaligen Fütterung nur wenig oder gar nicht beeinträchtigt werden. Wesentlich erscheint, dass bei täglich nur einer Futterzeit die Zuteilung des Futters sehr genau nach Rationsliste durchgeführt werden muss. Genügend lange Futtertröge und die ständige Möglichkeit zur Aufnahme von frischem Tränkwasser sind wesentliche Voraussetzungen. Nach der Schweinehaltungsverordnung ist bei dieser Fütterungsweise mindestens ein Fressplatz für 2 Tiere vorzusehen. Je sorgfältiger die Mast- und Fütterungstechnik bei einmaliger Fütterung eingehalten wird, umso geringere Unterschiede dürften sich zu den Mastergebnissen bei zweimaligem Füttern ergeben.

Futterkonsistenz. – Im Zusammenhang mit der Fütterungstechnik wird häufig der Einfluss unterschiedlich starker Futterbefeuchtung auf die Mastleistung herausgestellt. Angefeuchtetes Futter kann man nach der hierzu verwendeten Wassermenge folgendermaßen schematisieren:

nass oder suppig	etwa 2,5–3 l Wasser je kg Trockenfutter
dickbreiig	etwa 1,5 l Wasser je kg Trockenfutter
feuchtkrümelig	etwa 1 l Wasser je kg Trockenfutter
krümelig	etwa 0,5 l Wasser je kg Trockenfutter

Bei nasser oder suppiger Fütterung wird gleichzeitig der mittlere Wasserbedarf von Mastschweinen gedeckt. Bei den anderen Arten der Futterzubereitung muss Wasser zusätzlich verabreicht werden. Suppiges Futter weist eine kürzere Verweildauer im Verdauungstrakt auf, was jedoch bei den in der Schweinemast verwendeten hochverdaulichen Futtermitteln ohne Einfluss auf die Mastleistungen sein dürfte. Im Allgemeinen scheint die Futterkonsistenz die täglichen Zunahmen nur wenig zu beeinflussen.

Trockenfütterung kann dann Nachteile gegenüber der Nassfütterung bringen, wenn das Futter mehlförmig verabreicht wird. Dabei verstreuen nämlich die Schweine oft erhebliche Futtermengen. Hingegen bestehen keine Unterschiede bei der Verdauung und Verwertung von Trocken- und Nassfutter.

Pelletiertes Futter. – Pelletiertes Futter bietet produktionstechnisch einige Vorteile, da es besser schütt- und fließfähig ist und leichter gelagert werden kann. Für die Mastleistung von Schweinen dürften sich bei normaler Trogfütterung nur geringe Unterschiede ergeben. In einigen Versuchen zeigte sich, dass Pellets im Vergleich zu Futter in Mehlform bis zu 5 % bessere Mastergebnisse bringen können. Eine solche Verbesserung der Mastleistung ist aber eigentlich nur durch die Veränderungen im Futter bei der Pelletierung zu erklären.

Durch das Pressen bei erhöhter Temperatur steigt der Trockenmassegehalt der Futtermittel, damit sind zum einen mehr Nährstoffe je Gewichtseinheit enthalten. Beim Pressvorgang wird zum anderen die Rohfaser verändert. Damit dürften auch die geringfügigen Veränderungen der Verdaulichkeit der organischen Substanz und des Eiweißes zusammenhängen. Schließlich kann verpilztes Futter durch die Einwirkung des Dampfes beim Pelletieren teilweise entkeimt werden. Aflatoxine dagegen sind hitzebeständig und bleiben somit auch im pelletierten Futter aktiv. Für den praktischen Einsatz pellierten Futters in der Schweinemast muss neben den vorwiegend fütterungstechnischen Vorteilen vor allem der durch den Pressvorgang höhere Preis für dieses Futter in Rechnung gestellt werden.

Fütterungsverfahren bei Trockenfutter. – Der Begriff Fütterungsverfahren soll hier ausdrücken, wie und wo den Mastschweinen das Futter vorgelegt wird. Neben der Fütterung über den Trog kann das Futter über Vorratsbehälter (nicht regulierbare Selbstfütterung), automatische Fütterungsanlagen und damit auch auf dem Boden der Bucht verabreicht werden.

Bei der Vorratsfütterung wird ein Behälter in jeder Bucht mit etwa einer Wochenration für die ganze Mastgruppe gefüllt. Bei der einfachsten Ausführung rutscht das Futter von selbst aus dem Vorratsbehälter in die Fressmulde nach, eine Zuteilung ist in diesem Fall nicht möglich. Bei der Verwendung dieser einfachen Vorratsbehälter ist ein sehr gutes Wachstumsvermögen der Tiere Voraussetzung, da sie sonst durch die unkontrollierte Aufnahme von Futter sehr stark verfetten und die Futterverwertung schlechter wird. Am ehesten kann daher die Vorratsfütterung noch in der Anfangsmast angewendet werden.

Jede mechanisierte Fütterungsanlage muss eine rationierte Fütterung ermöglichen. Die Zuteilung wird dabei entweder nach dem Gewicht oder dem Volumen der Futtermischung eingestellt. Die Wirtschaftlichkeit einer mechanisierten Fütterung hängt von der Arbeitsersparnis, vom Preis und von der Haltbarkeit des Gerätes ab. Automatische Fütterungsanlagen lohnen sich erst bei entsprechend großer Tierzahl. Die Mechanisierung der Fütterung ist beim sog. „Rein-Raus-Verfahren" am einfachsten, weil immer nur eine Futtermischung für den gesamten Bestand zugeteilt wird. Dies trifft auch bei Einsatz eines Universalfutters zu. Mechanisierte Fütterungssysteme bei Einsatz der Phasenfütterung und bei kontinuierlichem Umtrieb der Tiere, d.h. es sind stets verschiedene Gewichtskategorien gleichzeitig im Maststall, erfordern dagegen relativ technisch aufwendige Lösungen. Es muss in dieser Situation bei Einsatz von Fertigfutter für jede Rezeptur ein eigener Silobehälter vorhanden sein und jeweils eine Förderstrecke in die Mastbucht installiert werden. Soll die jeweilige Rezeptur für einzelne Stallabteile aus Einzelkomponenten erfolgen, so sind zusätzlich Chargenmischer erforderlich. Bei vollautomatischen Lösungen wird die Herstellung der Mischung und Zuteilung in die Stallabteile über einen Prozessrechner gesteuert. Mehrmalige tägliche Fütterung ist ohne größeren Aufwand an Arbeitszeit möglich.

Flüssigfütterung. – Bei diesem Verfahren werden flüssige, feuchte und trockene Futtermittel zu einem fließfähigen Futterbrei gemischt und über Rohrleitungen in die Tröge gepumpt. Insbesondere niedrige Futterkosten und arbeitswirtschaftliche Vorteile sprechen für die Flüssigfütterung. Sie wird vor allem dort eingesetzt, wo preisgünstig flüssige Futtermittel wie Molke, Schlempe oder Bierhefe und feuchte Futtermittel wie Maiskolbenschrotsilage (CCM), Nassschnitzel, Biertreber u.a. zur Verfügung stehen. Es gibt halb- und vollautomatisch arbeitende Anlagen, für deren Wirtschaftlichkeit Mastbestände ab etwa 200 bzw. 500 Tiere erforderlich sind. Eine ausreichende Nährstoffkonzentration ist für den

Masterfolg mit Fließfutter sehr wesentlich. Bereits ein Wasserzusatz von 2,5 bis 3 l je kg Trockenfutter reicht aus, damit der Futterbrei fließfähig ist und die Tiere ihren Wasserbedarf decken können. Steigt der Wasserzusatz über 3,5 l an, dann wird die Nährstoffaufnahme unzureichend. Fließfutter sollte mindestens 3 MJ ME/l aufweisen. Bei der Rationsberechnung ist zu beachten, dass die Zuteilung von Fließfutter nach Volumen erfolgt, die Nährstoffgehalte der Futtermittel jedoch auf das Gewicht bezogen sind. Die Nährstoffmengen müssen also von Gewicht auf Volumen umgerechnet werden. Vereinfacht gilt, dass 1 kg Trockenfutter im Wasser ein Volumen von ca. 0,7 l verdrängt. Z. B. 3 l Wasser + 1 kg Trockenfutter (12,5 MJ ME) entsprechen damit 3,7 l Fließfutter (= 3,4 MJ ME/l). Im Einzelfall sollte die Nährstoffmenge je l über das spezifische Gewicht ermittelt werden. Einwandfreie Futterhygiene und genügende Aufnahme erfordern zweimaliges Füttern am Tag, wobei vor jeder Mahlzeit erneut einschließlich der in der Ringleitung verbliebenen Futterreste angemischt wird.

Flüssigfütterung führt bei Beachtung der erwähnten Aspekte zu ähnlicher Mastleistung wie Trockenfütterung. Allerdings ist aus technischen Gründen bei älteren Anlagen zumeist nur eine einzige Mastmischung für den gesamten Schweinebestand möglich, woraus die bekannten Nachteile resultieren. Deshalb kann dieses Fütterungsverfahren sinnvoll erst ab 35–40 kg Lebendmasse angewendet werden. Eine Vormast mit Trockenfutter wird auch wegen der in diesem Abschnitt noch geringen Fließfutteraufnahme dem Nährstoffbedarf der Tiere eher gerecht. In neuerer Zeit wurden technische Anlagen entwickelt, die auch bei Flüssigfutter eine Mehrphasenfütterung bei kontinuierlichem Tierumtrieb ermöglichen.

6.5.3.2 Mast mit Maiskolbenschrotsilage

Die Ernte von Maiskolben zur Erzeugung von Maiskolbenschrotsilage wird bei uns aus technischer Sicht im Wesentlichen nach zwei Verfahren durchgeführt: nach dem Pflück-Drusch-Verfahren (Mähdrescher mit Pflückvorsatz) und dem Pflück-Häcksel-Verfahren (Pflückhäcksler oder Lieschkolbenpflückschroter). Das anfallende Erntegut ist beim Pflück-Drusch ein Gemisch aus Körnern und Spindelbruchstücken – häufig auch als Corn-Cob-Mix (CCM) bezeichnet –, das nochmals zerkleinert werden muss. Der Rohfasergehalt des pflückgedroschenen Gutes kann durch Siebwahl auf 4–8 % in der Trockenmasse und mehr eingestellt werden. Das nach dem Pflück-Häcksel-Verfahren gewonnene, bereits ausreichend zerkleinerte Gut wird heute meist als Lieschkolbenschrot bezeichnet. Dieses setzt sich aus den gesamten Körnern und Spindeln, je nach Reifegrad verschieden hohen Lieschblattanteilen und gelegentlich aus mitverarbeiteten oberen Stängelanteilen zusammen. Der Rohfasergehalt des Lieschkolbenschrotes, das mit den derzeitigen Maschinen gewonnen wird, liegt bei 10–15 % in der Trockenmasse. Durch nachträgliches Absieben rohfaserreicher Pflanzenteile können die höheren Rohfasergehalte noch bis auf etwa 8 % in der Trockenmasse gesenkt werden. Trotz dieser hohen Rohfasergehalte von Maiskolbenschrotsilage wurde in unseren Untersuchungen eine überraschend günstige Verdaulichkeit der Rohnährstoffe beim Schwein ermittelt. Die Ursache hierfür liegt in der Zusammensetzung der Rohfaser, da die NDF-Fraktion der Maiskolbenschrotsilage verhältnismäßig wenig Lignin enthält. So war bei Corn-Cob-Mix die organische Substanz bei einem Rohfasergehalt von 8 % in der Trockenmasse zu 80 % verdaulich, bei der abgesiebten Lieschkolbenschrotsilage mit einem Rohfaseranteil von 10 % in der Trockenmasse waren die Nährstoffe insgesamt zu 77 % verdaulich. Die Verdaulichkeit der organischen Substanz (y) lässt sich aus der Regres-

6 Schweinefütterung

Abbildung 6.5-7

ME-Gehalt von Maiskolbenschrotsilagen mit 45–55 % T in Abhängigkeit vom Rohfasergehalt:
$y = 16{,}03 - 0{,}0296 \times XF + 0{,}00062 \times T$;
$s_{y \times x} = 2{,}6\,\%$
(XF = g/kg T; T = g/kg Frischmasse)

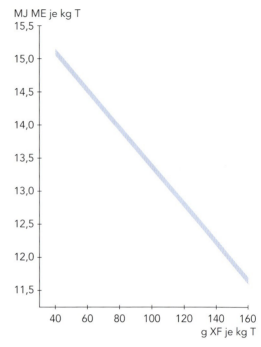

Übersicht 6.5-19

Rationsbeispiele bei Fütterung von Maiskolbenschrotsilage (Mengen je Tier und Tag)

Lebend-masse	Ergänzungs-futter (36 % XP)	+	Maiskolben-schrotsilage (60 % T; 6 % XF i. T)	Ergänzungs-futter (28 % XP)	+	Maiskolben-schrotsilage (55 % T; 9 % XF i. T)	Ergänzungs-futter (24 % XP)	+	Maiskolben-schrotsilage (50 % T; 12 % XF i. T)
kg	kg		kg	kg		kg	kg		kg
20– 40	0,5	+	1,4	0,8	+	1,0	1,0	+	0,8
40– 60	0,5	+	2,4	1,0	+	1,8	1,5	+	1,2
60– 80	0,5	+	3,1	1,0	+	2,6	1,5	+	2,1
80–100	0,5	+	3,5	1,0	+	3,1	1,5	+	2,6
Mischungsverhältnis bei Flüssigfütterung ab 35 kg LM, %	20	:	80	30	:	70	40	:	60

sionsgleichung $y = 92{,}32 - 0{,}141 \times g\,XF$ je kg T schätzen. Entsprechend hoch lag in diesen Versuchen auch die Energiekonzentration, die je nach Rohfasergehalt einen Bereich von etwa 15–11,5 MJ ME je kg T umfasste (siehe Abb. 6.5-7). Der Gehalt an Rohprotein ist niedrig und liegt im Mittel bei 100 g je kg T.

Aus der Sicht der Fütterung können damit sowohl mit dem Pflückdrescher als auch mit dem Pflückhäcksler gewonnene Maiskolbenschrotsilagen als Energiefuttermittel in der Schweinemast eingesetzt werden. Dabei hängt es vor allem vom Rohfasergehalt und Trockenmassegehalt dieser Silagen ab, ob sie als alleiniges Grundfutter verfüttert werden können oder ob sie auch energetisch zu ergänzen sind. Für eine gezielte Ergänzung ist daher die Bestimmung des Rohfaser- und Trockenmassegehaltes unerlässlich. In Übersicht 6.5-19 sind einige Rationsbeispiele für die Fütterung von Maiskolbenschrotsilage bei einem angestrebten mittleren Tageszuwachs von 750 g aufgezeigt. Da Maiskolbenschrotsilage in größeren Mastbeständen vor allem bei Flüssigfütterung verabreicht wird, wurden dafür entsprechende Mischungsverhältnisse von Beifutter plus Silage für die Mast ab 35 kg Lebendmasse abgeleitet. Bei rohfaserarmen (bis 6% XF i. T) und T-reichen Silagen kann sich die erforderliche Ergänzung auf täglich 500 g Ergänzungsfutter je Tier beschränken. Höhere Rohfaserwerte in der Silage verlangen neben der Protein- auch eine Energieergänzung. So sind z.B. bei 9% Rohfaser in der Trockenmasse 1,0 kg Ergänzungsfutter und bei Silagen bis zu 12% Rohfaser 1,5 kg Ergänzungsfutter je Tier und Tag einzusetzen. Silagen mit mehr als 12% Rohfaser sollten in der Schweinemast nicht mehr verwendet werden, da die geringe Energiedichte für die angestrebte hohe Wachstumsleistung keine genügende Nährstoffaufnahme gewährleistet. Maiskolbenschrotsilage ist nach den angegebenen Fütterungsbeispielen rationiert zu verabreichen, um einen verstärkten Verfettungsgrad des Schlachtkörpers zu vermeiden. Allerdings ist bei rohfaserreichen Silagen auf eine ausreichend lange Fresszeit zu achten, damit die geforderte Menge auch aufgenommen wird. Bei den aufgeführten Rationsbeispielen liegt die Trockenfutteraufnahme aus Beifutter plus Silage nicht wesentlich über den in der Rationsliste (siehe Übersicht 6.5-14) angegebenen Mengen. Bei Verwendung von Ergänzungsfutter kann aufgrund arbeitswirtschaftlicher Vorteile auch alternierend gefüttert werden, d.h., man gibt zu einer Fresszeit nur das Beifutter und zur anderen nur die Silage. Leistungseinbußen sind hieraus nicht zu erwarten, wenn jedes Tier einer Mastgruppe die volle Menge an Ergänzungsfutter erhält.

Alle Beifuttermischungen sollten etwa 13 MJ ME/kg sowie hohe Mineralstoff- und Spurenelementgehalte aufweisen und außerdem gut vitaminiert sein, da man bei Maiskolbenschrotsilage ähnlich wie bei Mais von geringen Mineralstoff- und Spurenelementgehalten auszugehen hat.

6.5.3.3 Hackfruchtmast

Die Hackfruchtmast, insbesondere die Mast mit Kartoffeln, kann trotz ihres hohen Arbeitsaufwandes nach wie vor noch Bedeutung haben, wenn Hackfrüchte auf dem Betrieb anfallen und aus wirtschaftlichen Gründen veredelt werden sollen. Dies trifft zu, wenn Hackfrüchte aus Fruchtfolgegründen oder im Familienbetrieb mit relativ hohem Arbeitskräftebesatz zur Erzielung einer höheren Flächenproduktivität und damit einem verbesserten Arbeitseinkommen angebaut werden müssen. Dabei lassen sich mit der Kartoffelmast durchaus ähnliche Mastleistungen erzielen wie mit der Getreidemast. Die Hackfruchtmast kann man in Form der Kartoffel-, der Kartoffel-Rüben- sowie der reinen Rübenmast durchführen.

Beifutter

Hackfrüchte sind sehr hoch verdaulich (meist über 90 %). Die Nährstoffkonzentration je kg Futtermittel ist infolge des hohen Wassergehaltes jedoch sehr gering. Auch die angebotene Menge und die Qualität des Proteins sind für die Schweinemast nicht ausreichend. Aus diesen Gründen muss in der Hackfruchtmast stets ein Beifutter verabreicht werden, das die fehlende Proteinmenge deckt und die Nährstoffkonzentration der Gesamtration verbessert. Aufgrund der unterschiedlichen Gehaltswerte der verschiedenen Hackfrüchte müssen Menge und Zusammensetzung des Beifutters variiert werden. Im Allgemeinen beträgt die tägliche Beifuttergabe 1 bzw. 1,5 kg je Schwein, der Eiweißfutteranteil liegt meistens bei 300 g je Tier und Tag. Will man ein Fertigfutter einsetzen, so verwendet man bei täglichen Mengen von 1 kg je Schwein ein Schweinemast-Ergänzungsfutter (24 % XP), bei 1,5 kg das Schweinemast-Alleinfutter für die Anfangsmast.

Beifutter für die Hackfruchtmast lässt sich aber auch sehr leicht selbst mischen. Hierzu werden neben den 300 g Eiweißfuttermitteln, Getreide, Mühlennachprodukte sowie sonstige Energieträger verwendet. Rohfaserreiche Einzelkomponenten können dabei etwas stärker als zum Beispiel in der Getreidemast vertreten sein.

Kartoffelmast

Eine wesentliche Voraussetzung für einen gleichmäßigen Verlauf der Kartoffelmast ist ein hoher Gehalt an Stärke in den Kartoffeln. Dann kann die Kartoffelmast bereits erfolgreich bei etwa 25 kg Lebendmasse begonnen werden. Ein solch früher Beginn der Kartoffelfütterung hat auch den Vorteil, dass nach dem Ferkelaufzuchtfutter für die gesamte Mast dasselbe Beifutter verwendet werden kann. Stellt man erst bei einer höheren Lebendmasse auf die Kartoffelmast um, so muss zuvor noch ein Mischfutter von der Art des Alleinfutters für die Anfangsmast verwendet werden, da bei alleiniger Verwendung von Ergänzungsfutter den Tieren sonst zuviel Eiweiß angeboten wird. Bis 25 kg Lebendmasse wird das Kraftfutter nach Zuteilungstabelle gefüttert. Im Anschluss daran wird bei gleichbleibenden Beifuttermengen der zunehmende Nährstoffbedarf über steigende Kartoffelgaben gedeckt.

Kartoffeln werden nicht nach Rationsliste zugeteilt, da ihr Nährstoffgehalt je nach Sorte und Jahr sehr stark schwanken kann. Viele Kartoffelsorten müssen sogar ad libitum vorgelegt werden, wenn ihre Nährstoffkonzentration gering ist. Nur bei sehr stärkereichen Kartoffeln wird die Fresszeit bei täglich zweimaligem Füttern auf jeweils 30 Minuten begrenzt. Aus der Entwicklung des Zuwachses kann man sehr leicht überprüfen, ob die angebotene Futtermenge ausreichend ist.

Die täglich erforderliche Beifuttermenge beträgt bei stärkereichen Kartoffeln (> 16 % Stärke) 1 kg, bei stärkearmen 1,5 kg pro Tier. Der gesamte Futterverbrauch in einer Mastperiode beträgt demnach je Schwein etwa 125 kg Schweinemast-Ergänzungsfutter (24 % XP) (Hackfruchtbeifutter) bzw. 185 kg Schweinemast-Alleinfutter für die Anfangsmast. Die erforderliche Menge an Kartoffeln richtet sich nach dem Stärkegehalt. In Abb. 6.5-8 sind diese Zusammenhänge dargestellt.

Zur Zubereitung der Kartoffeln. – Kartoffeln werden frisch gedämpft oder gedämpft siliert verfüttert. Das Dämpfwasser kann nicht verwendet werden, da leicht gesundheitliche Störungen durch den Solaningehalt, der besonders in den Kartoffelkeimen sehr hoch ist, hervorgerufen werden können. Um das Keimen der Kartoffeln und überhaupt Lagerungs-

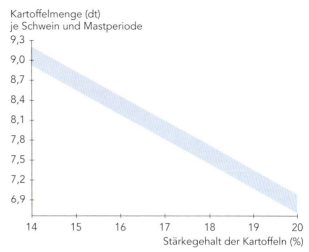

Abbildung 6.5-8
Kartoffelmenge je Mastperiode bei unterschiedlichem Stärkegehalt der Kartoffeln

verluste weitgehend zu vermeiden, müssen Kartoffeln bei niedrigen Temperaturen (um 5 °C) aufbewahrt werden. Bei höheren Temperaturen nehmen die Nährstoffverluste rasch zu, sie können 5 Monate nach der Ernte 20 % übersteigen. Das Ankeimen kann durch Keimhemmungsmittel weitgehend unterbunden werden.

Werden Kartoffeln einsiliert, so muss dies unmittelbar nach der Ernte vorgenommen werden. Dabei sind die üblichen gärtechnischen Voraussetzungen zu beachten: zügiges Befüllen, festes Einlagern, dichte Behälter und luftdichtes Abdecken, kein Besatz mit Schmutz. Vor dem Einfüllen in die Behälter sollten die gedämpften Kartoffeln bis auf etwa 30 °C abgekühlt werden. Außerdem soll der Sickersaft im Behälter aufgestaut werden. Unter diesen Voraussetzungen liegen die Verluste an Nährstoffen bei etwa 10 %. Unter praktischen Bedingungen dürften aber Verluste von 20 % und mehr nicht selten sein. Gedämpft silierte Kartoffeln lassen sich mit gleichem Masterfolg wie frisch gedämpfte Kartoffeln einsetzen.

Um die Aufwendungen für das Dämpfen einzusparen, wurde versucht, roh gemuste bzw. roh silierte Kartoffeln in der Schweinemast einzusetzen. Da die Fresslust der Schweine und die Verdaulichkeit roher Kartoffeln aber verringert sind, werden die Mastergebnisse unbefriedigend. Rohe Kartoffeln lassen sich deshalb nur in begrenzten Mengen einsetzen, wenn mit der Mast nicht vor 40 kg Lebendmasse begonnen wird. Die Beifuttermenge ist mit mindestens 1,5 kg je Tier zu veranschlagen.

Die Verwertung getrockneter Kartoffeln ist dagegen gut. Im ersten und zweiten Mastabschnitt können ohne Weiteres 30 bzw. 50 % Trockenkartoffeln in die Mastmischung aufgenommen werden. Auf diese Weise lässt sich auch die Kartoffel in die arbeitswirtschaftlich günstigere Form der Getreidemast einbeziehen. Allerdings ist die Frage der Preiswürdigkeit getrockneter Kartoffeln zu berücksichtigen.

Rübenmast

Zuckerrüben. – Die Mast mit Zuckerrüben kann, wenn sie richtig durchgeführt wird, zu gleichen Mastleistungen wie die Kartoffelmast führen. Allerdings muss die tägliche Menge an Beifutter während der gesamten Mast 1,5 kg betragen. Da die Zuckerrübe nur einen sehr geringen Proteingehalt mit einem hohen Anteil an NPN-Verbindungen aufweist, muss dieses Beifutter einem Schweinemast-Ergänzungsfutter (24% XP) entsprechen.

Zuckerrüben werden erst ab einer Lebendmasse von 35 kg eingesetzt und im weiteren Mastverlauf ad libitum angeboten. Sorgfältig gereinigte Zuckerrüben müssen für den Einsatz in der Schweinemast gemust werden, schnitzeln reicht nicht aus, dämpfen erübrigt sich. Zu Beginn der Mast kann man Alleinfutter für die Anfangsmast oder entsprechende eigene Mischungen verfüttern. Solange keine Zuckerrüben gefüttert werden, ist Schweinemast-Ergänzungsfutter weniger geeignet, da es als alleiniges Futter zu eiweißreich ist. Bis zu einer täglichen Aufnahme von 1,5 kg erfolgt die Zuteilung nach Rationsliste.

Zuckerrüben sind bis Ende Januar zu verfüttern, da eine längere Lagerung nicht nur die Beschaffenheit der Rüben verschlechtert, sondern auch die Verluste an Nährstoffen ansteigen. Das alleinige Silieren von Zuckerrüben empfiehlt sich nicht, da die Gärverluste sehr hoch sind. Durch Zusatz von 0,2–0,3% Natriumbenzoat können die Verluste aber auf 10–15% gesenkt werden.

Einige Zuckerfabriken bieten seit einigen Jahren Vollschnitzel aus Zuckerrüben an. Diese Zuckerrübenschnitzel haben einen Energiegehalt von 12,4 MJ ME/kg. Da sie sehr rasch Wasser anziehen, sind sie bei hoher Luftfeuchtigkeit allerdings nur sehr begrenzt lagerfähig. Zuckerrübenvollschnitzel lassen sich fütterungstechnisch ebenso einsetzen wie frische Zuckerrüben.

Neben 1,5 kg eiweißreichem Beifutter werden Zuckerrübenvollschnitzel in steigenden Mengen vorgelegt. Bei 25–30 kg Lebendmasse wird mit 100 g begonnen und die tägliche Gabe dann bis zum Ende der Mast auf 1,5 kg Vollschnitzel je Tier gesteigert. Eine andere Möglichkeit ist, sie in Kraftfuttermischungen aufzunehmen, wobei im 1. Mastabschnitt nicht über 30% und im 2. Abschnitt bis zu 40% eingemischt werden können. Für beide Mastmethoden werden je Schwein und Mastperiode etwa 120 kg Vollschnitzel benötigt.

Gehaltsrüben. – Anstelle von Zuckerrüben können auch Gehaltsrüben in der Schweinemast verwendet werden. Allerdings ist es besser, sie mit Kartoffeln zu mischen, da die Nährstoffkonzentration der Gehaltsrübe noch geringer ist als die der Zuckerrübe. Dabei sollten zwei Teile Gehaltsrüben mit mindestens einem Teil Kartoffeln verabreicht werden.

Massenrüben, Kohlrüben oder Stoppelrüben sollten in der Schweinemast weniger eingesetzt werden. Ist für diese Hackfrüchte keine andere Verwendung möglich, so darf höchstens 1 Teil dieser Rüben auf 2 bis 3 Teile Kartoffeln kommen. Die Fütterungshinweise entsprechen denen der Zuckerrüben. Das gemeinsame Silieren von Massen-, Kohl- oder Stoppelrüben mit Kartoffeln bewährt sich nicht.

Fütterungstechnik

Die Futterzuteilung in der Hackfruchtmast ist meist ausschließlich Handarbeit. Hackfrüchte, Beifutter und Wasser werden in getrennten Arbeitsgängen verabreicht. Bei der Flüssigfütterung mit Hackfrüchten kann das Problem auftreten, dass durch die erforderliche Beimischung von Wasser (Fließfähigkeit) die bereits geringe Nährstoffkonzentration dieser Futtermittel noch stärker absinkt. Aus diesem Grunde sollten für dieses Verfahren nur stärkereiche Kartoffeln bzw. Rüben mit einem hohen T-Gehalt verwendet werden.

Die Begrenzung der Fütterungszeit richtet sich bei der Kartoffelmast nach dem Stärkegehalt der Kartoffeln. Bei stärkereichen Sorten soll nach etwa 30 Minuten bei zweimaligem Füttern der Futtertrog blank gefressen sein. Für alle anderen Hackfrüchte wird die Futterzeit nicht begrenzt.

Bei Hackfruchtmast sollte man grundsätzlich zweimal am Tag füttern. Der Ausfall von Futterzeiten ist dabei viel schwieriger zu beurteilen als bei der Getreidemast. Bei der Kartoffelmast kann auch eine Mahlzeit je Woche (sonntags) ausfallen. Hier wird die eingesparte Futtermenge nicht mit einer anderen Mahlzeit gegeben. Eine einmal tägliche Fütterung kommt nur für sehr stärkereiche Kartoffeln und dann nur im 2. Mastabschnitt in Frage. Allerdings wird man auch hier noch geringfügige Einbußen in der Mastleistung im Vergleich zur zweimal täglichen Fütterung in Kauf nehmen müssen.

6.5.3.4 Molkenmast

Der bei der Käse- oder Quarkherstellung anfallende Rückstand ist die Molke. Bei ihrer Verfütterung ist zwischen Süß- und Sauermolke zu unterscheiden. Während Süßmolke nur durch Konservierung (z. B. Propionsäure) länger haltbar wird, ist Sauermolke von Natur aus mehrere Wochen lagerfähig. Infolge des hohen Lactoseabbaues sind jedoch nur kurze Lagerzeiten zu empfehlen. Molke sollte am besten zweimal in der Woche bezogen werden. Die Molkenmast gilt allgemein als die Mastmethode mit den geringsten Futterkosten je kg Zunahme. Mit zunehmender Entfernung vom Molkereibetrieb können jedoch die Transportkosten sehr rasch die Futterkosten der Molke übersteigen, da die Frischmolke mit nur 5–6 % T das wasserreichste Futtermittel für die Schweinemast darstellt.

Molke ist hochverdaulich. Durch den hohen Wassergehalt ist jedoch die Nährstoffkonzentration sehr gering: in 1 kg Molke sind nur 8 g Rohprotein bzw. 0,89 MJ ME enthalten. Die Schweine müssen also große Mengen aufnehmen, um ihren Nährstoffbedarf zu decken. Bei eingedickter Molke ist eine höhere Nährstoffaufnahme erzielbar. Dieses konzentrierte Futtermittel ist auch länger haltbar.

Molke kann nicht als Eiweißfuttermittel betrachtet werden. Auf gleiche Trockenmasse bezogen entspricht die Molke im Nährstoffgehalt etwa dem Getreide. 1.000 g Trockenmasse in der Molke enthalten nämlich 126 g Rohprotein bzw. 14,39 MJ ME. Allerdings sind diese Nährstoffmengen bei frischer Molke in etwa 16 kg, bei der Gerste hingegen in nur 1,2 kg Futter enthalten.

Da Molke des öfteren als Eiweißfuttermittel in der Schweinemast eingesetzt wird, soll in Übersicht 6.5-20 Molke hinsichtlich ihres Eiweißgehaltes und ihrer Eiweißqualität mit Magermilch und Fischmehl verglichen werden. Demnach entsprechen 130 g Fischmehl bzw. 2,5 kg Magermilch etwa 10 kg Molke. Die biologische Wertigkeit des Molkeneiweißes ist hoch. Molke kann deshalb ohne weiteres andere Eiweißfuttermittel tierischer

Übersicht 6.5-20
Gehalt und Qualität des Rohproteins in der Süßmolke

Futtermittel	Roh-protein g/kg	g Roh-protein je MJ ME	sind ent-halten in ... kg	ca. 80 g Rohprotein enthalten		
				Lysin g	Methionin + Cystin g	Tryptophan g
Molke	8	9,0	10,0	6,0	3,5	1,4
Magermilch	32	23,4	2,5	6,2	2,8	1,1
Fischmehl	624	44,2	0,13	7,0	3,2	1,0

Übersicht 6.5-21
Täglicher Futterverzehr bei der Molkenmast

Gewichtsbereich kg	Mittlerer Molkeverzehr kg	Kraftfuttermischung kg
30– 40	4	1,3
40– 60	8	1,5
60– 80	15	1,5
80–100	15	1,8

Übersicht 6.5-22
Kraftfuttermischungen für die Molkenmast

Futtermittel	Mischung (Anteile in %)		
	I	II	III
Mais	–	35	–
Hafer	–	35	30
Gerste	50	–	45
Roggenkleie	30	–	–
Sojaextraktionsschrot	18	8	13
Ackerbohnen	–	20	10
Mineralfutter, vit.	2	2	2

Herkunft ersetzen, den gesamten Fehlbedarf an Protein z. B. in der Getreidemast dagegen nicht.

Fütterungsempfehlungen. – Zu Beginn der Mast muss entschieden werden, ob Molke nur als Ersatz für tierische Eiweißfuttermittel dient, oder ob eine Mast mit soviel Molke wie möglich durchgeführt werden soll. Aufgrund des Eiweißgehaltes und der Nährstoffkonzentration der Molke muss auf jeden Fall noch Kraftfutter beigefüttert werden. Praktische Erfahrungen zeigen, dass die obere Grenze der Molkeaufnahme in der Schweinemast bei etwa 15 kg pro Tag angesetzt werden sollte, wodurch täglich bis zu 1,1 kg Getreidemischung ersetzt werden können. Eine noch stärkere Steigerung der Molkeaufnahme führt zu verminderter Nährstoffversorgung, reduzierter Zuwachsrate und unwirtschaftlich verlängerter Mastdauer. Ein Fütterungsbeispiel über die Molkeaufnahme und den täglichen Bedarf an Kraftfuttermischung ist in Übersicht 6.5-21 aufgezeigt. Der Nährstoffbedarf wird sowohl über steigende Molke- als auch Kraftfuttermengen gedeckt. Bei einer Molkeaufnahme von täglich 15 kg muss der Kraftfutteranteil stärker steigen. Sobald die Schweine etwa 10 kg Molke aufnehmen (mit etwa 60 kg Lebendmasse), kann von Schweinemast-Alleinfutter für die Anfangsmast auf ein Kraftfutter umgestellt werden, das bei 16% Rohprotein nur noch pflanzliche Eiweißfuttermittel enthält. Ein vitaminiertes Mineralfutter darf in diesem Kraftfutter nicht fehlen. In Übersicht 6.5-22 sind 3 entsprechende Mischungen zusammengestellt.

Der Gesamtbedarf an Futter je Schwein beträgt bei dieser Mastmethode für den Abschnitt 30–100 kg etwa 70 kg Schweinemast-Alleinfutter für die Anfangsmast, 100 kg Kraftfutter nach Übersicht 6.5-22 und 1.200 kg Molke. Damit werden etwa $1/3$ der Nährstoffe aus Molke bereitgestellt.

Wird Molke in der Kartoffelmast eingesetzt, so sind die Tagesmengen auf etwa 10 kg zu begrenzen. Dadurch kann man im Beifutter zur Kartoffelmast auf tierische Eiweißfuttermittel verzichten und außerdem etwa 1,5 bis 3 kg Kartoffeln pro Tag einsparen.

Für den Erfolg der Molkenmast ist entscheidend, dass Molke immer in frischem, einwandfreiem Zustand verfüttert wird. Deshalb muss auch sehr auf die Sauberkeit der Tröge geachtet werden.

6.5.3.5 Mast mit sonstigen Futtermitteln

Biertreber. – Frische oder silierte Biertreber weisen für Schweine eine Verdaulichkeit der organischen Substanz unter 50% auf. Sie können deshalb nur in geringen Mengen in der Schweinemast eingesetzt werden. Auf keinen Fall darf mit der Verfütterung von Biertrebern unter 40 kg Lebendmasse begonnen werden. Bei der Mast mit stärkereichen Kartoffeln kann ein Viertel der Kartoffelmenge durch Biertreber ersetzt werden, auch mit Getreide u. a. hochverdaulichen Energieträgern lassen sich Biertreber zusammen verabreichen. Über eine ganze Mastperiode können jedoch höchstens 2 dt Biertreber je Schwein verfüttert werden.

Grünfutter. – Auch junges Gras, Klee oder Luzerne sollten in der Schweinemast nicht verwendet werden, da die schlechtere Verdaulichkeit von Grünfutter bei Mastschweinen nur eine Verfütterung sehr geringer Mengen erlaubt. Sind die übrigen Bestandteile der Ration sehr energiereich, so können bis zu 20% der verfütterten Trockenmasse als Grünfutter verabreicht werden. Zusammen mit stärkereichen Kartoffeln kommt damit nur 1 Teil sehr junger Leguminosen auf 4 Teile Kartoffeln. Da Rübenblatt eine höhere Verdaulichkeit aufweist, kann sein Anteil etwas höher liegen: ein Verhältnis von 1 Teil Rübenblatt und 2–3 Teilen gedämpften Kartoffeln ist möglich. Kartoffeln lassen sich zusammen mit jungem Grünfutter und Zuckerrübenblatt auch in den angegebenen Mischungsverhältnissen einsilieren. Dabei ist auf gute Durchmischung der Futtermittel zu achten.

Schlempe. – Die verschiedenen Schlempen eignen sich sehr wenig für die Schweinemast, Getreideschlempe noch am ehesten, Kartoffelschlempe wegen ihrer geringen Nährstoffkonzentration weniger. Schlempen sollten grundsätzlich frisch gegeben werden, da sie sehr leicht verderben. Deshalb ist auch sehr auf Sauberkeit, vor allem der Tröge, zu achten. Frische Getreideschlempe sollte erst ab 50–60 kg Lebendmasse eingesetzt werden, die Menge kann von 2 auf 5 kg gesteigert werden. Trockenschlempen hingegen können aufgrund ihrer höheren Nährstoffkonzentration bereits ab Mastbeginn verfüttert werden. Sie stellen relativ eiweißreiche Futtermittel dar. Die bei der Gewinnung von Bioenergie (Ethanol) aus Getreide in erheblichen Mengen anfallenden Trockenschlempen, meist auf Weizenbasis, besitzen eine Verdaulichkeit von 68 % für die organische Substanz und von 72 % für pcv Rohprotein. Bezogen auf 1 kg T enthält Weizenschlempe 370 g Rohprotein, 7,7 g Lysin, 12,6 g Methionin + Cystin, 11,1 g Threonin, 3,5 g Tryptophan und 12,1 MJ ME. Fütterungsversuche zeigen, dass bis zu 15 % Weizentrockenschlempe ohne negativen Einfluss auf die Mast- und Schlachtleistung im Alleinfutter für die Anfangs- und Endmast eingemischt werden können.

7 Rinderfütterung

Die energetische Verwertung der verdaulichen Nährstoffe ist beim Rind ungünstiger als beim Schwein. Dies wird durch die Energieverluste bei den mikrobiellen Umsetzungen in den Vormägen des Wiederkäuers bedingt. Andererseits vermag aber das Rind pflanzliche Gerüstsubstanzen durch diesen mikrobiellen Abbau weit besser auszunutzen als monogastrische Tiere. Viele wirtschaftseigene Futtermittel, aber auch Nebenprodukte aus der Lebensmittel- und Biokraftstoffherstellung, können dadurch vom Wiederkäuer am besten verwertet werden.

7.1
Fütterung laktierender Kühe

Milchkühe haben bei hohen Leistungen einen sehr intensiven Stoffwechsel. So scheidet eine Kuh mit einer Jahresleistung von 6.000–8.000 kg durch die Milch jährlich fast das 10–12-fache ihrer Körpermasse aus. Da zur Bildung von einem kg Milch 400–500 l Blut das Euter durchströmen, sind demnach bei Hochleistungskühen täglich bis zu 20.000 l und mehr erforderlich. Wegen diesen großen physiologischen Belastungen stellen laktierende Kühe besondere Anforderungen an die Fütterung.

Zusammensetzung der Kuhmilch

Die Qualität von Kuhmilch wird weitgehend durch Menge und Beschaffenheit der einzelnen Milchbestandteile festgelegt. Aus ernährungsphysiologischer Sicht sind vor allem der Gehalt an Eiweiß, aber auch an Fett, Mineralstoffen und den verschiedenen Vitaminen hervorzuheben. Insgesamt stellt die Kuhmilch für die menschliche Ernährung eines der vollwertigsten Nahrungsmittel dar. In Übersicht 7.1-1 ist die mittlere Zusammensetzung von Kuhmilch aufgezeigt. Die einzelnen Bestandteile können in ihren Anteilen sehr stark schwanken. Vor allem gilt dies für den Gehalt an Fett, dann folgen Casein, die übrigen Milchproteine und die Lactose. Die geringste Streubreite weist der Gehalt an Mineralstoffen in der Milch auf.

Die Qualität von Milch wird aber nicht nur durch die Menge, sondern auch durch die Zusammensetzung der einzelnen Bestandteile bestimmt. Dies gilt vor allem für das Milchfett, in dem etwa 400 verschiedene Fettsäuren nachgewiesen wurden. Im Vergleich zu anderen Fetten ist im Milchfett vor allem der Gehalt an kurz- und mittelkettigen Fettsäuren erhöht. Dies ist hauptsächlich durch die Pansentätigkeit bedingt. Je nach dem Anteil an gesättigten und ungesättigten Fettsäuren ist das Milchfett härter oder weicher (siehe auch 3.3.1 und 3.3.2). In Übersicht 7.1-2 ist das Fettsäuremuster von Milchfett nach Verfütterung zweier sehr unterschiedlicher Rationen (SCHWARZ, 1998) aufgeführt, anhand derer bei-

7.1 Fütterung laktierender Kühe

Foto 7.1-1

400–500 Liter Blut durchläuft das Euter zur Bildung eines einzigen Liter Milchs

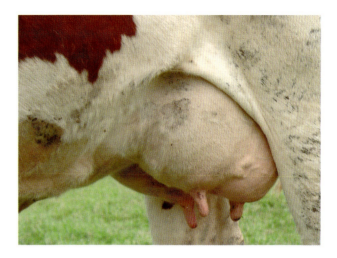

Übersicht 7.1-1

Mittlere Zusammensetzung von Normalmilch und Kolostralmilch

	Normalmilch %	Kolostralmilch %
Trockenmasse	12,9	25,3
Gesamteiweiß	3,4	17,6
Casein	2,6	4,0
Albumin + Globulin	0,5	13,6
Fett	4,0	3,6
Lactose	4,8	2,7
Asche	0,7	1,6
Calcium	0,12	0,20
Phosphor	0,10	0,20

spielhaft die Spannweite des rationsspezifischen Einflusses auf das Fettsäuremuster deutlich wird. Milchfett wird unter praxisüblichen Fütterungsbedingungen einen Anteil an kurz- und mittelkettigen Fettsäuren von etwa 65 % und ein relatives Verhältnis von gesättigten zu ungesättigten Fettsäuren von ungefähr 2 : 1 aufweisen. Demgegenüber ist die Zusammensetzung des Milcheiweißes von der Fütterung nahezu unbeeinflusst. Das charakteristische Protein der Kuhmilch ist das Casein, wie auch aus Übersicht 7.1-3 zu ersehen ist.

Zwischen dem Fett- und Eiweißgehalt der Milch wurde in vielen Fällen eine Wechselbeziehung gefunden. Daraus wird oft geschlossen, dass sich der Eiweißgehalt bei ansteigendem Fettgehalt um etwa ein Drittel des Fettanstiegs erhöht. Das ist jedoch sehr stark verallgemeinert, da dieser Zusammenhang nicht für alle Rassen und auch nicht für alle Kühe in gleichem Maße gültig sowie überdies durch Fütterungsmaßnahmen beeinflussbar ist.

7 Rinderfütterung

Übersicht 7.1-2

Fettsäurezusammensetzung von Milchfett nach Verfütterung einer Heu-Grassilage-Ration ergänzt mit Futterrüben und einer Gras-Maissilage-Ration ergänzt mit Sojabohnen

Grundfutter: Ergänzung:	Heu/Grassilage Futterrüben	Gras/Maissilage Sojabohnen
	(Fettsäuren in % der Gesamtfettsäuren)	
Caprylsäure (C8:0)	1,9	1,4
Caprinsäure (C10:0)	4,9	3,5
Laurinsäure (C12:0)	6,1	3,5
Myristinsäure (C14:0)	15,9	11,6
Myristinolensäure (C14:1)	2,1	1,7
Palmitinsäure (C16:0)	40,4	26,9
Palmitinolensäure (C16:1)	4,3	3,0
Stearinsäure (C18:0)	3,6	11,5
Ölsäure (C18:1)	16,4	26,6
Linolsäure (C18:2)	3,5	3,7
Linolensäure (C18:3)	0,1	1,0
Arachidonsäure (C20:4)	0,1	0,3

Übersicht 7.1-3

Relative Aufteilung der N-Verbindungen von Milch (Gesamt-N = 100)

Casein	78	
α-Casein		55
β-Casein		18
γ-Casein		5
Milchserumproteine	17	
Albumin		9,2
Globulin		3,3
Proteose-Pepton		4,5
Nichteiweißverbindungen (Aminosäuren, Ammoniak, Harnstoff u. a.)	5	

Kolostrum

Wie sehr die Zusammensetzung der Milch auf den physiologischen Bedarf des Kalbes eingestellt ist, wird vor allem bei der unmittelbar nach der Geburt abgesonderten Milch, der Kolostralmilch, deutlich. In Übersicht 7.1-1 sind die entsprechenden Gehalte im Vergleich zur normalen Milch aufgezeigt. Die Kolostralmilch zeichnet sich durch einen besonders hohen Eiweißanteil aus. Dieses Eiweiß besteht in den ersten Stunden nach der Geburt zu mehr als der Hälfte aus Globulinen, und zwar besonders aus γ-Globulinen. In dieser Fraktion finden sich vorwiegend Immunglobuline, das heißt Antikörper gegen verschiedene Infektionskrankheiten. Mit zunehmender Milchsekretion nimmt die Globulinkonzentration stark ab. Bereits drei Tage nach dem Abkalben nähern sich die Gehalte der

Foto 7.1-2
Die Kolostralmilch schützt das Kalb in der ersten Lebenswoche vor Infektionskrankheiten

einzelnen Nährstoffe stark denen der Normalmilch an. Das typische Verhältnis der Nährstoffe wird jedoch erst zehn Tage nach der Geburt erreicht (siehe auch 7.3.1).

7.1.1 Nährstoffbedarf laktierender Kühe

Die Milchkuh kann die Nahrung für die Erhaltung, für die Milchbildung und bei positiver Energiebilanz für die Produktion von Körpersubstanz verwenden.

7.1.1.1 Energiebedarf für Erhaltung und Milchproduktion

Als Erhaltungsbedarf wird diejenige Nährstoffmenge bezeichnet, die eine ausgewachsene, nicht laktierende und nicht trächtige Kuh ausgeglichener Ernährungsbilanz benötigt. Im einzelnen siehe hierzu 4.3 bzw. auch 4.2.3.2.

Bei einem in Leistung stehenden Tier ist es sehr schwierig zu unterscheiden, welcher Anteil des Futters für die Erhaltung und welcher für die Leistung verwendet wird, da die gesamten physiologischen Vorgänge in einem Stoffwechsel ablaufen. Trotzdem ist zwischen dem Bedarf für Erhaltung und für Produktion zu trennen. Der Erhaltungsbedarf ist nämlich eine Funktion der Lebendmasse, während der Produktionsbedarf von der produzierten Leistung abhängt. Dies gilt besonders für verschiedene Berechnungen, so für die Ableitung des Leistungsbedarfs, für die Aufstellung von Futterrationen und für betriebswirtschaftliche Kalkulationen.

Als Energiebedarf für die Erhaltung laktierender Kühe wurde aus einer Reihe von Versuchen ein Mittelwert von 0,488 MJ ME/kg Lebendmasse^{0,75} und Tag ermittelt (VAN ES, 1975). Er liegt damit um etwa 10–20% höher als für nicht laktierende, nicht trächtige Kühe. Die experimentellen Daten weisen jedoch, bedingt durch Alter, Rasse, Ernährungszustand und Milchleistung, eine gewisse Schwankung auf. Da hinsichtlich des Teilwirkungsgrades der ME für Erhaltung und Milchbildung in Abhängigkeit von der Umsetzbar-

7 Rinderfütterung

Übersicht 7.1-4
Energetischer Erhaltungsbedarf von Milchkühen

Lebendmasse kg	NEL MJ/Tag
450	28,6
500	31,0
550	33,3
600	35,5
650	37,7
700	39,9

keit der Energie (q-Wert) Proportionalität besteht (siehe Abb. 4.4-1), kann der Energiebedarf für Erhaltung in NEL ausgedrückt werden:

$$\text{Erhaltungsbedarf (MJ NEL/Tag)} = 0{,}293 \times \text{kg Lebendmasse}^{0{,}75}$$

Dieser Wert ergibt sich, indem man die 0,488 MJ ME mit 0,6, dem Teilwirkungsgrad k_l für Milchbildung bei einem q-Wert von 57, multipliziert. Der jeweils erforderliche Erhaltungsbedarf wurde in Übersicht 7.1-4 für Milchkühe mit einer Lebendmasse von 450–700 kg zusammengestellt.

In dem Bewertungssystem Nettoenergie-Laktation (NEL) ist der Energiebedarf für die Milchproduktion gleich dem Energiegehalt der Milch. Er lässt sich aus der Milchzusammensetzung wie folgt errechnen:

$$\text{Energie in der Milch} = 0{,}024 \times \text{g Eiweiß} + 0{,}039 \times \text{g Fett} + 0{,}017 \times \text{g Lactose}$$

Der Energiegehalt von einem kg Milch mit 4% Fett (= FCM fat corrected milk) und 12,8% Trockenmasse berechnet sich mit 3,15–3,19 MJ und wird mit 3,2 MJ angegeben. Bei abweichender Zusammensetzung kann der Energiegehalt der Milch auch nach folgenden Regressionen geschätzt werden:

bei bekanntem Fettgehalt:

$$\text{Energie (MJ/kg)} = 0{,}41 \times \% \text{ Fett} + 1{,}51 \text{ (= FCM)}$$

bei bekanntem Fett- und Proteingehalt:

$$\text{Energie (MJ/kg)} = 0{,}38 \times \% \text{ Fett} + 0{,}21 \times \% \text{ Protein} + 0{,}95$$

7.1 Fütterung laktierender Kühe

Foto 7.1-3

Milchkühe scheiden jedes Jahr fast das 10- bis 12-fache ihrer Körpermasse mit der Milch über das Euter aus

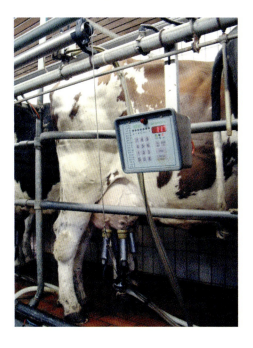

bei bekanntem Fett- und Trockenmassegehalt:

Energie (MJ/kg) = 0,18 × % Fett + 0,21 × % T − 0,24

Im gegenwärtigen NEL-System werden bei der Bedarfsermittlung zum Energiegehalt je kg Milch noch 0,1 MJ addiert. Der Grund ist darin zu sehen, dass die ME pro kg eines Futtermittels wegen des Rückgangs der Verdaulichkeit mit steigendem Ernährungsniveau im Durchschnitt um 0,8 % je Vielfaches des Erhaltungsbedarfes abnimmt. Die ME in der Formel zur Berechnung der NEL ist aber auf dem Ernährungsniveau des Erhaltungsbedarfes bestimmt. In der Leistungsfütterung müsste also die ME um diesen Einfluss korrigiert werden. Um aber der NEL-Berechnung die übersichtliche Form zu belassen, wurde diese Korrektur am Bedarf je kg Milch vorgenommen. Dabei treten gegenüber einer an die Leistungshöhe angepassten Korrektur nur sehr geringfügige Abweichungen auf. Für Milch mit unterschiedlichem Fettgehalt ergibt sich somit der in Übersicht 7.1-5 dargestellte Energiebedarf.

7.1.1.2 Proteinbedarf für Erhaltung und Milchproduktion

Der Proteinbedarf der Kuh lässt sich auf der Basis des „nutzbaren Rohproteins am proximalen Duodenum", also des Rohproteins, das am Beginn des Dünndarms ankommt, errechnen (GfE, 1997). Bei diesem Bewertungssystem wird zunächst vom Nettobedarf im Stoffwechsel ausgegangen. Der **Nettobedarf** an Stickstoff für Erhaltung ergibt sich als die

Übersicht 7.1-5

Energetischer Leistungsbedarf für Milch mit unterschiedlichem Fettgehalt und 3,4 % Protein

Fettgehalt der Milch %	MJ NEL/kg Milch	
	Energiegehalt	Bedarf
3,0	2,804	2,9
3,5	2,994	3,1
4,0	3,184	3,3
4,5	3,374	3,5
5,0	3,564	3,7

Summe aus den endogenen N-Verlusten über Kot und Harn sowie den Oberflächenverlusten. Die GfE geht dabei von folgenden Werten aus:

endogener Kot-N (g/Tag) = $2{,}19 \times$ kg Trockenmasseaufnahme
endogener Harn-N (g/Tag) = $5{,}92 \times \log$ kg Lebendmasse $- 6{,}76$
Oberflächenverlust-N (g/Tag) = $0{,}018 \times$ kg Lebendmasse^{0,75}

Die endogenen Verluste mit dem Kot stehen somit in direkter Beziehung zur Futteraufnahme. Der endogene Harn-N und der Oberflächenverlust-N hängen dagegen von der Lebendmasse der Tiere ab. Für die Umrechnung vom Nettobedarf an Stickstoff zum Bedarf an nutzbarem Rohprotein muss die Summe aus diesen Verlusten ($\times 6{,}25$) mit 2,1 multipliziert werden. Dieser Faktor ergibt sich aus folgenden mittleren Ausnutzungsgraden des Rohproteins am Duodenum zur Deckung des Nettobedarfs:

Anteil des Protein(Aminosäuren)-N am Gesamt-N im Dünndarm: 73 %
Absorbierbarkeit des Protein(Aminosäuren)-N im Dünndarm: 85 %
Verwertung der absorbierten Aminosäuren: 75 %

Der **Nettoproteinbedarf für die Leistung** entspricht der Summe aus angesetztem Körperprotein und ausgeschiedenem Milchprotein. Zur Ermittlung der erforderlichen Rohproteinanflutung am Duodenum wird der Nettobedarf mit dem Faktor 2,1 multipliziert, was einer Verwertung dieses duodenal angefluteten Rohproteins für die Nettoproteinsynthese von im Mittel 47 % entspricht. Bei einem Eiweißgehalt der Milch von 3,4 % ergibt sich ein Nettobedarf von 34 g/kg Milch bzw. ein Bedarf an nutzbarem Rohprotein am Duodenum von 71,4 g/kg. Allerdings ist zu berücksichtigen, dass bei ansteigender Milchleistung auch eine erhöhte Futteraufnahme notwendig wird, sodass der endogene Kot-N entsprechend variiert. Damit ist zunächst die Angabe eines Gesamtbedarfs an nutzbarem Rohprotein aus der Summe von Erhaltungs- und Leistungsbedarf als Versorgungsempfehlung durchaus sinnvoll. Übersicht 7.1-6 enthält Angaben zu diesem Bedarf entsprechend den Angaben der GfE (2001). Bei der Aufsummierung des Nettobedarfs aus den Teilgrößen des Leistungs- und Erhaltungsanteils ist er-

Übersicht 7.1-6

Täglicher Bedarf an nutzbarem Rohprotein und an ruminal verfügbarem Stickstoff bei ansteigender Milchleistung (600 kg Lebendmasse)

Milch-leistung kg	Futter-aufnahme kg T	Energie-aufnahme MJ ME	Nettobedarf, g Protein			Bedarf, g	
			Erhaltung	Leistung	Gesamt	nutzbares Rohprotein	ruminal verfüg-barer Stickstoff
10	12,5	120	247	340	587	1.230	178
20	16,0	170	295	680	975	2.050	253
30	20,0	220	350	1.020	1.370	2.880	328
40	23,0	265	391	1.360	1.751	3.680	395

kennbar, dass auch der Erhaltungsbedarf aufgrund der ansteigenden Futteraufnahme mit zunehmender Milchleistung deutlich zunimmt.

Neben dem nutzbaren Rohprotein am Duodenum ist auch auf eine ausreichende Menge an ruminal verfügbarem Stickstoff für ein intensives Mikrobenwachstum zu achten. Die notwendige Zufuhr errechnet sich aus der Aufnahme an ME multipliziert mit dem Faktor 1,62. Grundlage ist die mittlere Mikrobenproteinsynthese von 10,1 g Protein (entsprechend 1,62 g N) pro MJ ME (siehe 3.4.4.4). Allerdings kann die ruminale N-Lieferung über das Futter um die Menge reduziert werden, die an rezirkuliertem Stickstoff erneut im Pansen angeflutet wird. Die GfE (1997) geht dabei im Mittel von etwa 20 % rezirkulierendem Stickstoff aus; die Annahme unterliegt jedoch einem weiten Schwankungsbereich von etwa 8–20 %. Angaben für ruminal verfügbarem Stickstoff bei einer Berücksichtigung von 8 % rezirkulierendem Stickstoff finden sich ebenfalls in Übersicht 7.1-6. Die Versorgung der Mikroorganismen mit ruminalem Stickstoff sollte über die Gesamtration gerechnet werden, um den rezirkulierbaren Stickstoff richtig einzuschätzen. Allerdings wird unter praktischen Fütterungsbedingungen eine ausgeglichene ruminale Stickstoffbilanz (RNB), allenfalls nur eine leicht negative RNB angestrebt, sodass für die Rationsberechnung der rezirkulierende Stickstoff keine weitere Berücksichtigung findet.

Aus Gründen der Praktikabilität und der Vergleichbarkeit zur Darstellung des Energiebedarfs sollte der Bedarf an nutzbarem Rohprotein nicht als Gesamtbedarf, sondern getrennt für Erhaltung und Leistung angegeben werden. Um den Erhaltungsbedarf nur von der Lebendmasse und nicht zusätzlich von der Futteraufnahme abhängig zu machen, hat die GfE (2001) eine regressionsanalytische Auftrennung in Erhaltung und Leistung für eine Milchkuh mit 650 kg Lebendmasse und einer Milchleistung mit 3,4 % Eiweiß folgendermaßen vorgenommen:

Bedarf an nutzbarem Rohprotein (g/Tag) = 431 + 81 × kg Milch

Der Erhaltungsbedarf verschiebt sich pro 50 kg Lebendmasseänderung um 20 g nutzbares Rohprotein und der Leistungsbedarf pro 0,1 % Eiweißgehaltsänderung um 2,1 g nutzbares Rohprotein. Daraus sind die in Übersicht 7.1-7 dargestellten Richtzahlen abgeleitet, wobei noch ein Sicherheitszuschlag von 5 % berücksichtigt wurde.

Übersicht 7.1-7

Richtzahlen zum Erhaltungsbedarf und Leistungsbedarf an nutzbarem Rohprotein von Milch mit unterschiedlichem Eiweißgehalt

Erhaltungsbedarf		Leistungsbedarf	
Lebendmasse kg	Richtzahl an nutzbarem Rohprotein g/Tag	Eiweißgehalt der Milch %	Richtzahl an nutzbarem Rohprotein g/kg
450	370	3,0	77
500	390	3,2	81
550	410	3,4	85
600	430	3,6	89
650	450	3,8	93
700	470		

Für die Bedarfsdeckung an nutzbarem Rohprotein ist die Summe der Anflutung an Mikrobenprotein und nicht abgebautem Futterrohprotein im Dünndarm entscheidend. Dabei kommt dem Anteil an Mikrobenprotein stets die größte Bedeutung zu, da je nach Rationsgestaltung und Leistungshöhe 65–85% des nutzbaren Rohproteins Mikrobenprotein ist. Die zahlreichen Einflüsse auf die Synthese von Mikrobenprotein sind bereits in Abschnitt 3.4.4.4 dargestellt. Allerdings sind die Parameter der Aufnahme an verdaulicher organischer Substanz bzw. an ME für die Mikrobenproteinbildung nochmals hervorzuheben. Hohe Fettgehalte einer Ration oder hohe Gehalte an nicht ruminal abbaubarer Stärke überschätzen die ME für die mikrobielle Synthese. Gleichzeitig ist auch auf die notwendige Zufuhr an ruminal verfügbarem Stickstoff und eine ausgewogene Mineralstoffzufuhr für die Mikroorganismen hinzuweisen. Auch die pansenphysiologischen Bedingungen sind für ein optimales Mikrobenwachstum zu berücksichtigen. Letztlich zeigt die hohe Standardabweichung, mit der sich die mittlere Mikrobenproteinsynthese (10,1 ± 1,5 g pro MJ ME bzw. 156 ± 24 g pro kg DOS) berechnet, dass bei der Anflutung an nXP zwischen den Rationen, aber auch zwischen Einzeltieren erhebliche Abweichungen auftreten können. Die GfE (1997) hat zur Bestimmung des nutzbaren Rohproteins von Futtermitteln bzw. von Rationen Schätzgleichungen sowohl auf der Basis der ME als auch auf der Basis der verdaulichen organischen Substanz (DOS) herangezogen, wobei bei Futtermitteln > 7% Fett Korrekturen vorgenommen werden. Die Schätzgleichungen lauten:

Nutzbares Rohprotein = [11,93 – (6,82 (UDP/XP))] × ME + 1,03 UDP   (± 8,91)

Nutzbares Rohprotein = [13,06 – (8,41 (UDP/XP))] × (ME – MEXL) + 1,03 UDP
(± 8,93)

Nutzbares Rohprotein = [187,7 – (115,4 (UDP/XP))] × DOS + 1,03 UDP   (± 8,88)

Nutzbares Rohprotein = [196,1 – (127,5 (UDP/XP))] × (DOS – DXL) + 1,03 UDP
(± 9,01)

Die Einheiten nXP, XP und UDP werden in g, ME in MJ, MEXL in MJ aus Rohfett und DOS in kg angegeben, wobei die Werte bei Errechnung in der Ration auf den Tag bzw. bei Errechnung in Futtermitteln auf kg Trockenmasse bezogen sind.

In diese Schätzgleichungen geht auch die Größe des nicht abgebauten Futterrohproteins (UDP) mit ein. Die GfE (1995, 1997) hat dazu die Einzelfuttermittel anhand der intraruminalen Abbaubarkeit des Rohproteins in drei Klassen mit einer mittleren Abbaubarkeit von 85% (Bereich: > 80%), 75% (Bereich: 70–80%) und 65% (Bereich: < 70%) eingeteilt (siehe 3.4.3.2). Aus dieser Zuordnung lässt sich nicht nur die ruminale Abbaubarkeit, sondern auch die Menge an nicht abgebautem Futterrohprotein (UDP) abschätzen. Allerdings ist die tierexperimentelle Basis anhand von in vivo-Versuchen für diese Angaben gering, sodass auch in sacco-Versuche und Schätzwerte aus vergleichbaren Studien herangezogen werden. Chemische Analysenverfahren oder in vitro-Verfahren mit einem modifiziertem Hohenheimer Futterwerttest zur Bestimmung verschiedener Proteinfraktionen bzw. des nXP-Gehalts benötigen eine Verifizierung über in vivo-Versuche. Unter Berücksichtigung dieser verschiedenen Ergebnisse finden sich in der DLG-Futtermitteldatenbank Angaben für Einzelfuttermittel über die Gehalte an UDP und unter Einbeziehung von ME bzw. DOS an nXP. Das nutzbare Rohprotein der Gesamtration wird zur Überprüfung der Versorgungssituation additiv aus den Einzelfuttermitteln berechnet.

Wie bereits vorausgehend erwähnt, ist auch die ruminale N-Versorgung der Mikroorganismen in der Gesamtrationsgestaltung zu berücksichtigen (siehe Übersicht 7.1-6). Die DLG-Futterwerttabellen (1997) enthalten entsprechende Angaben der RNB für die Einzelfuttermittel. Die Gehalte errechnen sich aus der Differenz von Futterrohprotein und nutzbarem Rohprotein, dividiert durch 6,25 unter der Berücksichtigung, dass das Protein 16% Stickstoff enthält (siehe Abschnitt 1). Auch diese Werte können aus den Einzelangaben aufaddiert werden und ermöglichen eine Einschätzung der jeweiligen Rationen. Die Berechnung der RNB erfolgt in den nachfolgenden praktischen Rationen stets über die Gesamtrationen als Summe aus den Einzelkomponenten und deren relativen Anteilen.

Der Bedarf an Rohprotein im Futter für die ruminale N-Bilanz und Milchbildung ergibt sich aber auch aus der Forderung einer zumindest langfristig ausgeglichenen N-Bilanz der Tiere bzw. einer Beschränkung im Ausmaß der N-Rezirkulierung über den ruminohepatischen Kreislauf. Durch stark mangelnde Futterproteinzufuhr kann für kurze Zeit eine Ausnutzung der absorbierten Aminosäuren bis 100% erzielt werden, da zur Milchbildung zusätzlich Körperprotein herangezogen wird. Ein wichtiger Grund für einen Mindestgehalt an Rohprotein in der Ration ergibt sich aus dem N-Bedarf der Pansenmikroben. Bei suboptimaler N-Zufuhr ist die Syntheseleistung im Pansen auch bei ausreichender Energiezufuhr eingeschränkt, der Anteil des Mikrobenproteins am nutzbaren Rohprotein sinkt und die Aminosäurezufuhr ist erniedrigt. Gleichzeitig ist aber auch die Verdaulichkeit der Gesamtration und vor allem die Futteraufnahme vermindert. Andererseits ist eine deutlich überhöhte N-Zufuhr aufgrund gesundheitlicher Belastungen für die Milchkuh, aber auch aus ökologischen Gründen zu unterlassen. Ziel einer bedarfsorientierten Rohproteinzufuhr muss eine ausgeglichene RNB und eine entsprechende Versorgung mit nXP sein. Die Höhe der nXP-Versorgung wird jedoch gleichzeitig von der Energiezufuhr und dem Anteil an UDP mitbestimmt.

Allerdings ist darauf zu verweisen, dass mit zunehmender Milchleistung der Einzelkühe der Anteil des nichtabgebauten Futterrohproteins in der Ration für die Versorgung mit nutzbarem Rohprotein an Bedeutung gewinnt. Demnach muss sich im Mittel der Ration die ruminale Abbaubarkeit des Futterrohproteins verringern. Als Anhaltspunkte einer

7 Rinderfütterung

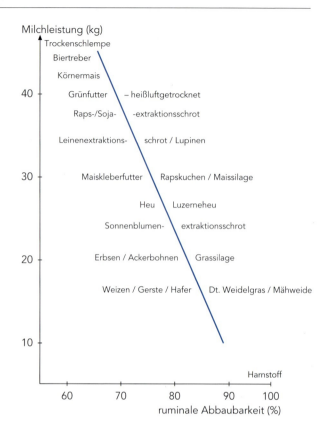

Abbildung 7.1-1
Ruminale Abbaubarkeit der Proteine in einzelnen Futtermitteln und daraus erzielbare Milchleistung

mittleren Abbaubarkeit des Rohproteins in der Gesamtration können etwa 84 % bei 20 kg täglicher Milchleistung, 81 % bei 25 kg, 79 % bei 30 kg und 76 % bei 35 kg angegeben werden. Je nach Milchleistung sind daher Einzelfuttermittelmittel mit unterschiedlicher ruminaler Abbaubarkeit in die Gesamtration einzubeziehen. Abb. 7.1-1 soll diesen Zusammenhang zwischen der ruminalen Abbaubarkeit bzw. der Lieferung an nichtabgebautem Futterrohprotein von Einzelfuttermitteln und der Milchleistung zum Ausdruck bringen. Letztlich werden aber die aus dem Dünndarm absorbierten essenziellen Aminosäuren als Bausteine des Milcheiweißes leistungsbestimmend und damit zukünftig die bedarfsorientierende Größe sein. In Übersicht 7.1-8 sind daher beispielhaft Angaben einiger wichtiger essenzieller Aminosäuren des Proteins von Pansenbakterien (u. a. KORHONEN et al. 2002, BOGUHN et al. 2006) denen des Milchproteins (Degussa, 2001) gegenüber gestellt. Das Aminosäuremuster des Bakterienproteins kann als hochwertig für die Milcheiweißsynthese eingestuft werden. Allerdings kommt bei täglichen Milchleistungen von > 35–40 kg der Aminosäurelieferung aus UDP eine zunehmende Bedeutung zu, sodass das Aminosäuremuster dieses Proteins mitbestimmend für Milcheiweißbildung wird. Bei limitierenden Aminosäuren kann in Abhängigkeit von Rationszusammensetzung und Milchleistung eine Rationsergänzung mit pansengeschützten Aminosäuren von Bedeutung sein.

Übersicht 7.1-8

Gehalte an essenziellen Aminosäuren im Protein von Pansenbakterien und von Milcheiweiß

	Pansenbakterien (g/100 g Protein)	Milch (g/100 g Protein)
Arginin	4,28–4,63	3,40
Histidin	1,65–2,10	2,82
Isoleucin	4,45–6,23	5,12
Leucin	6,65–7,89	9,61
Lysin	6,30–7,30	7,60
Methionin	1,98–2,37	2,43
(Cystein	1,05–1,35	0,90)
Phenylalanin	4,25–5,44	4,83
Threonin	4,30–6,23	4,37
(Tyrosin	5,31–5,50	4,88)
Valin	5,25–5,99	6,22

In Ergänzung zu den beiden Abschnitten über den Energie- und Eiweißbedarf sind in Übersicht 7.1-9 Richtzahlen zur Nährstoffversorgung laktierender Kühe für verschiedene Fett- und Eiweißgehalte der Milch zusammengestellt.

7.1.1.3 Mineralstoff- und Vitaminbedarf für Erhaltung und Milchproduktion

Die Versorgung von Milchkühen mit Mengenelementen wird unter Anwendung der faktoriellen Bedarfsableitung als Bruttobedarf angegeben. Dieser Bruttobedarf errechnet sich anhand der Angaben des Nettobedarfs und der Gesamtverwertbarkeit der einzelnen Mengenelemente (siehe 5.1.3). In der Milch werden pro kg mittlere Gehalte (in g) an Calcium von 1,25, an Phosphor von 1,0, an Magnesium von 0,12, an Natrium von 0,5 und an Kalium von 1,5 sowie an Chlor von 1,3 unterstellt. In Abhängigkeit von Futteraufnahme und Milchleistung errechnen sich die in Übersicht 7.1-10 angegebenen Richtzahlen zur Versorgung von Milchkühen mit Mengenelementen. Die Empfehlungen erfolgen in g pro Kuh und Tag; können aber auch z. B. als Konzentration in einer Gesamtmischration (z. B. TMR) dargestellt werden. Konzentrationsangaben erleichtern die Einschätzung einzelner Futterkomponenten hinsichtlich ihres Beitrages für die Mengenelementversorgung (siehe 7.1.4.7).

Richtzahlen zur Versorgung von Milchkühen mit Spurenelementen basieren zumeist auf Dosis-Wirkungsstudien. Angaben zum Nettobedarf (z. B. Spurenelementgehalte der Milch) sind zwar möglich. Die Gesamtverwertbarkeit wird jedoch von zahlreichen Faktoren beeinflusst (siehe 5.2.3). Übersicht 7.1-11 enthält Empfehlungen zur Spurenelementversorgung. Die Angaben erfolgen in mg pro kg Futtertrockenmasse der Gesamtration und sind somit zunächst leistungsunabhängig. Allerdings sollte bei steigender Leistung über eine höhere Futteraufnahme der Mehrbedarf abgedeckt werden. Mit Ausnahme von Eisen sind alle in Übersicht 7.1-11 aufgeführten Spurenelemente in vielen Einzelkomponenten

Übersicht 7.1-9
Zum Nährstoffbedarf von Milchkühen für verschiedene Milchleistungen

	Trocken-masse kg	Nutzbares Rohprotein g	NEL MJ
Erhaltung bei 650 kg	12–14	450	37,7
Milch, 3,8 % Fett und 3,3 % Eiweiß			
Erhaltung + 10 kg Milch		1.280	68,7
20	14–24	2.110	101,7
30		2.940	133,7
40		3.770	165,7
Milch, 4,0 % Fett und 3,4 % Eiweiß			
Erhaltung + 10 kg Milch		1.300	70,7
20	14–24	2.150	103,7
30		3.000	136,7
40		3.850	169,7
Milch, 4,2 % Fett und 3,5 % Eiweiß			
Erhaltung + 10 kg Milch		1.320	71,7
20	14–24	2.190	105,7
30		3.060	139,7
40		3.930	173,7
Milch, 4,4 % Fett und 3,6 % Eiweiß			
Erhaltung + 10 kg Milch		1.340	72,7
20	14–24	2.230	107,7
30		3.120	142,7
40		4.010	177,7

einer Milchviehration häufig nicht bedarfsdeckend enthalten (siehe 7.1.4.7). Besonders bedeutsam ist zudem, dass bei einer gravierend unterschiedlichen Zufuhr im Verhältnis einzelner Spurenelemente zueinander Imbalanzen auftreten können, die die Verwertung dieser Spurenelemente verschlechtern (siehe 5.2).

Die notwendige Versorgung des Stoffwechsels der Milchkuh mit Vitaminen umfasst sowohl fettlösliche als auch wasserlösliche Vitamine (siehe 5.3). Die Versorgungsempfehlungen für die fettlöslichen Vitamine A, D und E sind in Übersicht 7.1-12 (GfE, 2001) zusammengestellt. Die Bezugsgrößen je Tier und Tag bzw. je kg Futtertrockenmasse verdeutlichen, dass die Angaben nur als Richtwerte zu sehen sind. Für Vitamin A sind jedoch auch milchleistungsabhängige Angaben aufgeführt. Die Vitamin A-Versorgung wird entscheidend von der gleichzeitigen β-Carotin-Aufnahme beeinflusst, sodass die β-Carotinzufuhr in die Bedarfsdeckung miteinzubeziehen ist (siehe 5.3.2). Aus Sicherheitsgründen hinsichtlich eines Vitamin A-unabhängigen β-Carotineffekts ist auch eine Mindestzufuhr an β-Carotin mitaufgenommen. Die vorliegende Versorgungsempfehlung an Vitamin D berücksichtigt eine ausschließliche Stallhaltung, da bei Weidehaltung, Haltung mit Lauf-

Übersicht 7.1-10

Empfehlungen zur täglichen Versorgung von Milchkühen mit Mengenelementen

Milch kg/Tag	Futteraufnahme kg T/Tag	Ca	P	Mg	Na	K	Cl
1. Angaben in g/Tag							
Erhaltung +10	12,5	50	32	18	14	125	32
+20	16,0	82	51	25	21	164	50
+30	20,0	115	71	32	28	203	67
+40	23,0	146	90	34	35	230	83
2. Angaben in g/kg Gesamtfutter-T							
Erhaltung + 10		4,1	2,6	1,5	1,2	10	2,6
+ 20		5,3	3,3	1,6	1,4	10	3,2
+ 30		5,8	3,6	1,6	1,4	10	3,4
+ 40		6,4	4,0	1,6	1,5	10	3,7

Übersicht 7.1-11

Empfehlungen zur täglichen Versorgung von Milchkühen mit Spurenelementen

	Fe	Co	Cu	Mn	Zn	J	Se
Angaben in mg pro kg Gesamtfutter-T	50	0,20	10	50	50	0,50	0,20

Übersicht 7.1-12

Empfehlungen zur Versorgung mit Vitamin A, D und E

	Angaben pro Tier, Tag Vit. A (I.E.)	Angaben pro kg Gesamtfutter-T	
Erhaltung	40.000	Vit. A (I.E.)	~ 5000
+ 20 kg Milch	70.000	(β-Carotin (mg)	> 15)
+ 30 kg Milch	85.000	Vit. D (I.E.)	~ 500
+ 40 kg Milch	100.000	Vit. E (mg)	~ 25

höfen oder in Stallungen mit entsprechendem Lichtzutritt die nutritive Zufuhr nur wenig Bedeutung hat. Die native Zufuhr mit Vitamin E (Tocopherole) ist sehr rationsabhängig, wobei einer hohen Dosierung verschiedentlich gesundheitsprophylaktische Erfolge zugewiesen wurden. Die GfE (2001) führt jedoch aus, dass bei Plasmakonzentrationen von > 3 µg Vitamin E je ml keine zusätzlichen Verbesserungen von Eutergesundheit, Immunabwehr oder Fruchtbarkeit zu erreichen sind. Die wasserlöslichen Vitamine und Vitamin K werden von den Mikroorganismen des Pansens synthetisiert, sodass sie bei der Fütterung im Allgemeinen nicht berücksichtigt werden. Unter besonderen Bedingungen wie nichtwiederkäuergerechte Fütterung, sehr hohe Milchleistung oder spezifische Rations- und

Haltungsvoraussetzungen kann jedoch auch die nutritive Zufuhr einzelner B-Vitamine (z. B. Vitamin B_1, Vitamin B_{12}, Biotin, Folsäure, Niacin, Cholin) diskutiert werden (GfE, 2001).

7.1.2 Konzentration und Aufnahme von Nährstoffen bei laktierenden Kühen

7.1.2.1 Energiekonzentration

Ein sehr wesentliches Kriterium zur Beurteilung von Futtermitteln und Futterrationen für die Milchviehfütterung ist die Energiekonzentration. Bei gleichbleibendem Fassungsvermögen des Pansens stehen der Milchkuh nämlich je nach Höhe des Energiegehalts der Futtermittel verschieden große Nährstoffmengen für die Milchleistung zur Verfügung. Daraus lässt sich aber auch folgern, dass mit steigender Milchleistung die Energiekonzentration des Futters ansteigen muss. Allerdings wird sich unter praktischen Fütterungsbedingungen gleichzeitig auch die Futteraufnahme erhöhen. Für die Veränderung der Energiekonzentration bedeutet dies, dass bei niedrigen täglichen Milchleistungen bis etwa 15 kg eine Energiekonzentration im Gesamtfutter von etwa 6,0–6,2 MJ NEL/kg T ausreichend ist. Im mittleren Leistungsbereich bis etwa 25 kg Milch erhöht sich die notwendige Energiekonzentration auf 6,6–6,8 MJ NEL/kg T, während bei Leistungen bis 35 kg Milch und höher die Energiekonzentration der Gesamtration auf etwa 7,0–7,2 MJ NEL/kg T ansteigen müsste. Liegt der Energiegehalt des Futters niedriger, als es für die jeweilige Leistung erforderlich ist, so wird der Nährstoffbedarf nicht gedeckt, die Leistung verringert sich oder Körperreserven werden mobilisiert. Allerdings muss gleichzeitig neben der Energiekonzentration unabdingbar die Forderung einer wiederkäuergerechten Rationsgestaltung unter Berücksichtigung einer ausreichenden Zufuhr von strukturiertem Grundfutter erfüllt sein.

7.1.2.2 Futteraufnahme

Für eine ausreichende Nährstoffversorgung ist neben der Energie- und Nährstoffkonzentration auch das Futteraufnahmevermögen der Milchkühe zu beachten. Vor allem bei hochlaktierenden Kühen ist eine bedarfsgerechte Nährstoffaufnahme wegen des begrenzten Futterverzehrs erschwert.

Grundsätzlich wird die Futteraufnahme und damit auch die Sättigung der Tiere durch die sogenannte physiologische und physikalische Regulation gesteuert. Für die physiologische Sättigung sind die Bedingungen im Pansen, z. B. die Anflutung von Fettsäuren, ebenso von Bedeutung wie intermediäre Stoffwechselmetabolite, z. B. β-Hydroxybuttersäure oder freie Fettsäuren nach Abbau von Fettdepots. An der physiologischen Regulation sind aber auch Hormone aus verschiedenen Bereichen wie Leptin, aber auch Östrogen u.a. beteiligt. Eine übergeordnete Funktion kommt jedoch dem Energiestatus des Tieres zu, da der Organismus versucht, langfristig eine ausgeglichene Energieversorgung zu erreichen. Dies bedeutet auch, dass die Höhe der Milchleistung entscheidend die Gesamtfutteraufnahme beeinflusst.

Beim Wiederkäuer sind aber zunächst vorwiegend physikalische Faktoren zu nennen, die in unmittelbarer Beziehung zum Pansen und zur Pansenfüllung stehen. Je schneller

7.1 Fütterung laktierender Kühe

Foto 7.1-4
Die hohe Grundfutteraufnahme gewinnt bei steigender Milchleistung immer mehr an Bedeutung

Foto 7.1-5
Geschnittenes Grünfutter ist ein sehr gutes Grundfutter, verdirbt aber sehr schnell und muss deshalb zügig nach der Ernte verfüttert werden

der Panseninhalt zwischen den Fütterungszeiten abnimmt, desto größer wird die Aufnahme an Gesamtfutter sein. Diese Verweildauer bzw. Passagegeschwindigkeit des Futters hängt auch von der Intensität des bakteriellen Abbaues im Pansen ab. Die Intensität des bakteriellen Abbaues wird unter anderem von der Vormagenmotorik und der Speichelproduktion beeinflusst, die ihrerseits von der Struktur bzw. der physikalischen Beschaffenheit des Futters abhängen. Auch die Verdaulichkeit des Futters steht in engem Zusammenhang mit der Passagegeschwindigkeit. Je höher die Verdaulichkeit eines Futtermittels ist, desto kürzer wird seine Verweildauer im Pansen sein. Für eine hohe Futteraufnahme ist jedoch in jedem Fall eine schnelle Passagerate Voraussetzung. Allerdings ist das Futter bei zunehmender Passagegeschwindigkeit nur kurze Zeit dem mikrobiellen Abbau ausgesetzt, sodass bei Hochleistungskühen in Verbindung mit der hohen Futteraufnahme die Verdaulichkeit deutlich sinkt.

Im Allgemeinen wird der Futterverzehr nur durch die Aufnahme an Trockenmasse gekennzeichnet. Für Kühe sind je nach Lebendmasse, Milchleistung und Laktationsmonat 14–25 kg Trockenmasse zur Sättigung und zu einem normalen Ablauf der Verdauungsvorgänge erforderlich. Ein Beispiel für den Verlauf der Futteraufnahme während einer Laktation ist in Abb. 7.1-2 gegeben.

7 Rinderfütterung

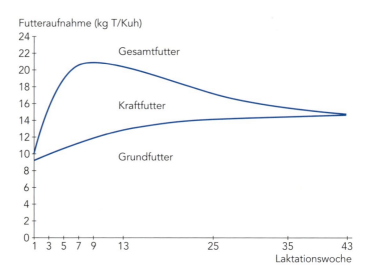

Abbildung 7.1-2
Beispiel zum Verlauf der Futteraufnahme (Grundfutter und Kraftfutter) während der Laktation

Einflussfaktoren auf die Futteraufnahme

Für die Energieversorgung der Milchkuh ist die Gesamtfutteraufnahme die wichtigste Kenngröße. Allerdings sind deren relative Anteile an Grund- und Kraftfutter hinsichtlich einer wiederkäuergerechten Fütterung bei einer gleichzeitig ausreichenden Energiekonzentration, aber auch für die ökonomische Wichtung entscheidend. Voraussetzung für eine erfolgreiche, bedarfsorientierte Rationsgestaltung ist eine hohe Grundfutteraufnahme gerade bei steigender Milchleistung des Einzeltieres, aber auch bei ökologisch wirtschaftenden Betrieben mit sehr geringen Kraftfuttergaben. Unter günstigen praktischen Verhältnissen kann bei guter Qualität des Grundfutters und ausreichend langen Fresszeiten mit einer mittleren Aufnahme von 12–14 kg T gerechnet werden. Allerdings treten erhebliche Abweichungen von 8 kg T bis 18 kg T je nach Rasse, Laktationsstatus, Rationsgestaltung, Grundfutterqualität und Grundfutterart (z.B. Weidegang) auf. Im Folgenden sollen Möglichkeiten zur Beeinflussung der Grund- und Gesamtfutteraufnahme vorgestellt werden. Allerdings ist zu berücksichtigen, dass eine gezielte Änderung der Grundfutteraufnahme bei Vorlage von Gesamtmischrationen (TMR = „total mixed ration") oder Teilmischrationen (PMR = „partial mixed ration") aufgrund der Einbeziehung des Kraftfutters nicht mehr gegeben ist.

Grundsätzlich muss dabei zwischen Einflussfaktoren, die durch das Tier unmittelbar bedingt sind sowie durch die Fütterung und Fütterungstechnik bedingten Faktoren unterschieden werden. Bei den durch das **Tier bedingten Faktoren** ist zunächst die Lebendmasse zu nennen, die in enger Beziehung zum Pansenvolumen steht. Untersuchungen haben einen linearen Anstieg der Grundfutteraufnahme mit der Lebendmasse ergeben, der je 100 kg zusätzlicher Körpermasse 0,6–1,2 kg T beträgt. Dies trifft besonders auf den Einsatz von hochwertigem Grundfutter und auf Erstlingskühe zu. Auch besteht ein Zusammenhang zum Laktationsmonat, da der Einfluss der Lebendmasse im ersten Laktationsdrittel deutlich höher ist als im späteren Laktationsbereich. Allerdings ermöglicht diese Mehraufnahme an Futter lediglich bei hoher Grundfutterqualität eine über den höheren Erhaltungsbedarf der Tiere hinausgehende Energieversorgung. Weitere wichtige, vom Tier ausgehende Faktoren sind Trächtigkeits- und Laktationsstadium. Am Ende der Trächtigkeit ist die Grundfutterauf-

Foto 7.1-6
Junges Grünfutter muss mit Rohfaser (z. B. Heu) ergänzt werden

nahme wegen des eingeschränkten Pansenvolumens (siehe 7.2) stark verringert. Auch zu Beginn der Laktation ist die Grundfutteraufnahme noch vermindert (siehe Abb. 7.1-2). Eine zusätzliche Verschlechterung der Grundfutteraufnahme kann auftreten, wenn vor dem Kalben eine stark überhöhte Energiezufuhr erfolgte, oder wenn hohe Mengen Kraftfutter ohne Berücksichtigung einer ausreichenden Aufnahme strukturierten Grundfutters verfüttert wurden, da die Grundfutterverdrängung durch Kraftfutter zu Laktationsbeginn bei getrennter Vorlage von Grund- und Kraftfutter besonders hoch ist. Die Gesamtfutteraufnahme erhöht sich zwar mit steigender Milchleistung deutlich, dieser Anstieg ist aber überwiegend auf die Kraftfutterzuteilung zurückzuführen. Allerdings ist auch erkennbar, dass leistungsstarke Milchkühe eine deutlich verbesserte Grundfutteraufnahme erzielen.

Bei den **nutritiven Einflussfaktoren** gilt die Qualität des Grundfutters als wichtigste Größe. Sie wird am besten durch die Verdaulichkeit charakterisiert und hängt von Schnittzeitpunkt, Konservierungsmethoden usw. ab. Eine bessere Grundfutterqualität (Verdaulichkeit) bringt zweierlei Vorteile: Zum einen steigt die Verzehrsmenge, zum anderen erfolgt wegen der höheren Nährstoffkonzentration noch eine zusätzliche Steigerung der Energieaufnahme. In ähnlicher Weise wirkt sich die Optimierung des T-Gehaltes von Silagen positiv auf die Grundfutteraufnahme aus, da die Strukturwirksamkeit des Grundfutters bei höherem T-Gehalt verbessert ist. Bei geringem Anwelkgrad von Gras bzw. bei einem frühen Erntezeitpunkt von Silomais liegt je % T-Anstieg der Mehrverzehr von Grassilage in der Größenordnung von 0,10–0,12 kg T, bei Maissilage sogar zwischen 0,25 und 0,50 kg. Allerdings verläuft der Anstieg kurvilinear, und bei sehr hohen T-Gehalten (z. B. Gärheu) geht die Verzehrsmenge sogar wieder zurück. Bei Grassilage wird ein T-Gehalt von 38–42 %, bei Maissilage von 33–37 % als günstig eingestuft. Auch die Schmackhaftigkeit der verfütterten Pflanzen beeinflusst die Futteraufnahme. Besonders beliebt sind Maissilage und Futterrüben. Von gewisser Bedeutung für die Verzehrsmenge ist außerdem auch die physikalische Beschaffenheit, also im Wesentlichen die Häcksellänge des Grundfutters. Die richtige Häcksellänge steht in enger Beziehung zum T-Gehalt des Erntegutes, da T-reicheres Siliergut kürzer gehäckselt werden kann. Für Silomais ergeben sich theoretische Häcksellängen von 6–8 mm und für Grassilage von 12–30 mm.

Foto 7.1-7

Kraftfutter wird in Ergänzung des Grundfutters leistungsorientiert eingesetzt

Neben der Grundfutterqualität spielt die Aufnahme an Kraftfutter eine wichtige Rolle für den Grundfutterverzehr. Bei getrennter Vorlage sinkt mit zunehmender Kraftfuttergabe die verzehrte Grundfuttermenge. Dies wird im Allgemeinen als Grundfutterverdrängung bezeichnet. Die Ursache hierfür liegt im Wesentlichen in dem tieferen pH-Wert, der durch hohe Kraftfuttergaben hervorgerufen wird. Damit verschlechtert sich der Abbau des rohfaserreichen Grundfutters, wodurch die Passagerate sinkt. Die Grundfutterverdrängung setzt je nach Grundfutterart erst bei höheren Kraftfuttergaben (> 4 kg) ein, wobei es bei sehr hohen Kraftfuttergaben bis zu einer Verdrängung von 0,9 kg Grundfutter-T durch ein kg Kraftfutter-T kommen kann. Auch Art (z. B. Stärke aus Weizen oder Körnermais, Fettzulagen u. a.) und Konzentration an Energie von Grund- und Kraftfutter spielen dabei eine Rolle. Bei zunehmendem Einsatz von Teil- oder Gesamtmischrationen wird jedoch nur die Gesamtfutteraufnahme betrachtet, für die die nutritiven Einflussfaktoren im Wesentlichen durch die physikalische Futterstruktur sowie die Höhe und Geschwindigkeit der ruminalen Abbaubarkeit der verschiedenen Kohlenhydrate charakterisiert sind.

Die Kenntnis der Futteraufnahme ist für die Rationsplanung unabdingbar. In der Regel liegen auch genauere Daten über die Kraftfuttervorlage vor, allerdings ist die Erfassung der Gesamtfutteraufnahme im praktischen Milchviehbetrieb sehr aufwendig. Lediglich bei Einsatz von Futtermischwagen mit Wiegeeinrichtung ergeben sich Hinweise über mittlere Vorlagemengen. Um die Vorhersage der Futteraufnahme zu verbessern, wurden daher Schätzgleichungen erarbeitet (GRUBER et al. 2006). Übersicht 7.1-13 enthält in Anlehnung an die DLG-Information 1 (2006) zwei Beispiele zur Berechnung der Gesamtfutteraufnahme bei getrennter Vorlage von Grund- und Kraftfutter bzw. bei Verfütterung von TMR. Die Gleichungen berücksichtigen tierspezifische Einflüsse wie Rasse, Lebendmasse, Laktationszahl, Laktationsstand und Milchleistung sowie futterspezifische Parameter wie Kraftfuttermenge bzw. -anteil, Grundfutterart oder Rohproteinzufuhr. Hervorzuheben ist, dass sich der Einfluss von Lebendmasse, Milchleistung und Kraftfutterzufuhr in Abhängigkeit des Laktationsmonats differenziert. Trotz eines hohen Bestimmtheitsmaßes und eines eher geringen Restfehlers in der Berechnung der Gesamtfutteraufnahme ist die absolute Abweichung in der Höhe der Futteraufnahme noch hoch. Allerdings zeigt sich auch bei

Übersicht 7.1-13

Schätzgleichungen zur Berechnung der Gesamtfutteraufnahme (IT, kg T pro Kuh, Tag)

Parameter	Einheit		Grundfutter/ Kraftfutter, getrennt	Mischration (TMR)
Intercept			−0,557	−1,669
Effekt Land x Rasse	FV		−2,570	−2,19
	BS		−2,006	−1,562
	HF m		−2,604	−2,052
	HF h		−1,573	0,911
Effekt der Laktationszahl	n	1	−0,767	−0,701
		2−3	0,261	0,270
		≥ 4	0,000	0,000
Effekt des Laktationstages Modell: $a + b_1*(1-\exp(-c*Laktag))$	Tag	a	−4,224	−5,408
		b	4,088	5,274
		c	0,01583	0,01928
Regr. koeff. Lebendmasse Modell: $a + b_1*(Laktag) + b_2*(Laktag)^2$	kg	a	0,0142	0,0166
		b_1	−0,0000431	−0,0000460
		b_2	−0,0000000763	0,0000000826
Regr. koeff. Milchleistung Modell: $a + b_1*(Laktag) + b_2*(Laktag)^2$	kg	a	0,0723	0,1895
		b_1	−0,0008151	−0,0008201
		b_2	−0,000001065	0,000001385
Regr. koeff. Kraftfuttermenge Modell: $a + b_1*(Laktag) + b_2*(Laktag)^2$	kg T	a	0,6856	–
		b_1	−0,0021353	–
		b_2	−0,0000038023	–
Regr. koeff. Kraftfutteranteil Modell: $a + b_1*(Laktag) + b_2*(Laktag)^2$	% IT	a	–	0,0613
		b_1	–	−0,0001743
		b^2	–	0,0000000748
Regr. koeff. NELGF	MJ/kg T		–	0,9830	0,6606
Regr. koeff. Heu	% GF		0,01154	0,00848
Regr. koeff. Maissilage	% GF		0,00699	0,00961
Regr. koeff. Grünfutter	% GF		0,00558	0,00324
Regr. koeff. XP/NEL-Verhältnis (Gesamtration)	g/MJ	XP/NEL	0,2053	0,2126
		(XP/NEL)²	−0,002266	−0,002404
R^2	%		87,0	83,8
RSD	kg T		1,30	1,45
CV	%		7,0	7,8
Korrekturfaktor $IT_{korrigiert} = a + b*IT_{predicted}$			$0,38 + 0,932*IT_p$	$0,67 + 0,918*IT_p$

Übersicht 7.1-14

Beispiel zur Schätzung der Futteraufnahme (Fleckvieh, 2. Laktation, Lebendmasse 650 kg, Grundfutterration (Anteile in % der T): Grassilage 40, Maissilage 50, Heu 10 %, NEL_{Gf} = 6,38 MJ/kg T, Grundfutter/Kraftfutter getrennt)

Laktations-tag	Milchmenge (kg)	Kraftfuttervorlage (kg T pro Kuh, Tag)	Schätzwerte Gesamtfutter (kg T pro Kuh, Tag)	Grundfutter (kg T pro Kuh, Tag)
50	32	9	21,0	12,0
100	30	8	20,5	12,5
150	27	5	18,8	13,8
200	24	3	17,6	14,6
300	16	–	15,2	15,2

exakter täglicher Messung der Futteraufnahme, dass die Abweichungen zwischen den Tieren aber auch am einzelnen Tier zwischen den Messtagen häufig erheblich sind. Ein Beispiel zur Schätzung der mittleren Futteraufnahme ist in Übersicht 7.1-14 aufgeführt.

Da die Optimierung der Gesamtfutteraufnahme zu den wichtigsten Erfolgskriterien in der Milchviehfütterung gehört, sind auch alle weiteren Einflussgrößen wie Fütterungstechnik, Tränkwasserbereitstellung oder stallbauliche Maßnahmen einzubeziehen. So kann insbesondere eine restriktive Wasserversorgung die Gesamtfutteraufnahme erniedrigen. Daher ist Tränkwasser in ausreichender Menge und Qualität (siehe 3.1, 11.2) gut erreichbar möglichst in Verbindung mit der Fütterungseinrichtung anzubieten. Je nach Herdengröße und der Möglichkeit, Leistungsgruppen zu bilden, bietet sich die Fütterung als PMR plus leistungsorientierte Kraftfutterzuteilung oder als TMR an. Grundfutter, PMR oder TMR sind zur freien Aufnahme bei ausreichend langen Fresszeiten täglich frisch vorzulegen. Im Sommer ist darauf zu achten, dass sich das vorgelegte Futter nicht erwärmt; evt. ist eine mehrmalige Vorlage notwendig. Hohe Umgebungstemperaturen erniedrigen die Futteraufnahme. Futterreste sind täglich zu entfernen (siehe auch 7.1.4.9).

7.1.3 Ernährung und Milchmenge sowie Milchzusammensetzung

In der Milchviehhaltung sind aus wirtschaftlichen Gründen hohe Leistungen anzustreben. Dies gilt auch bei einzelbetrieblicher Milchmengenbeschränkung, da Futter- und Arbeitskosten pro kg erzeugter Milch mit steigender Leistung geringer werden. Milchmenge und Milchzusammensetzung werden sehr wesentlich durch eine vollwertige und rationelle Ernährung der Kuh beeinflusst.

7.1.3.1 Laktationsverlauf

Die Höhe der Milchleistung hängt vom genetischen Leistungsvermögen der Kuh und von einer Reihe weiterer Faktoren ab. Dazu gehört auch der Verlauf der Laktation, der die tägliche Milchleistung und damit die Höhe der Milchmenge wesentlich beeinflusst. Er weist

7.1 Fütterung laktierender Kühe

Foto 7.1-8
Die Milchleistung einer Herde wird nicht nur von ihrem genetischen Leistungspotenzial bestimmt, sondern auch von Haltung und Fütterung

allerdings rassemäßig und individuell bedingte Unterschiede auf. In der Abb. 7.1-3 ist der typische Verlauf von Laktationskurven nach HUTH (1995) schematisch dargestellt.

In gewissem Maße ist die Laktationskurve auch genetisch festgelegt, wobei auch die Energie- und Nährstoffbereitstellung und deren hormonelle Steuerung von Bedeutung sind. Während Prolaktin für die Ingangsetzung der Laktation eine zentrale Rolle einnimmt, beeinflussen in der Laktation vor allem Stoffwechselhormone wie das Wachstumshormon, Schilddrüsenhormone, Insulin und Glucocorticoide den Laktationsverlauf. Gegen Ende der Laktation vermindert sich auch das Drüsengewebe des Euters, das erst gegen Ende der Gravidität wieder stärker aufgebaut wird.

Abbildung 7.1-3
Standardlaktationskurven bei unterschiedlicher Leistung

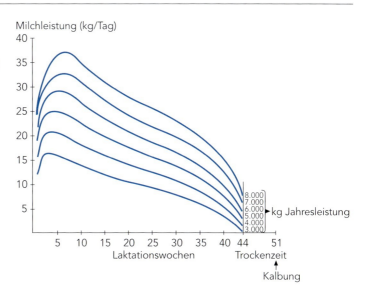

Foto 7.1-9
Die Qualität der Milch ist eng mit der ausgewogenen Fütterung der Kuh verknüpft

Der Verlauf der Laktation war ursprünglich dem Bedarf des Kalbes angepasst, wie auch Abb. 7.1-3 zeigt. Der zunehmenden Milchsekretion in den ersten 3–6 Wochen folgt ein allmähliches, später ein starkes Absinken der Leistung, bis der Milchfluss am Ende versiegt bzw. durch das Trockenstellen abgebrochen wird. Die Abweichungen von diesem Laktationsverlauf sind groß, der Leistungsabfall kann steiler oder flacher sein. Ein Maßstab hierfür ist das sogenannte Durchhaltevermögen (Persistenz). Darunter wird das Verhältnis zwischen der Leistung der zweiten 100 Tage und der Leistung der ersten zeitgleichen Periode verstanden. Für die Milchviehfütterung ist dabei interessant, dass ein Tier umso rationeller gefüttert werden kann, je flacher die Laktationskurve verläuft bzw. je größer die Persistenz ist. Dagegen ist es umso schwieriger, den täglichen Nährstoffbedarf der Kuh zu decken, je steiler und höher die Laktationskurve zu Beginn der Laktation ansteigt.

Die Höhe der Laktationsleistung wird auch durch die Länge der Trockenstehzeit der hochträchtigen Kuh beeinflusst. Ein Trockenstellen von etwa 6–8 Wochen bringt die günstigsten Erträge an Milch und Fett. Neuere Ergebnisse einer verkürzten Trockenstehzeit zeigen in der Folgelaktation eine erniedrigte Milchleistung bei leicht erhöhten Milchinhaltsstoffen verbunden mit einer geringeren Stoffwechselbelastung. Auch mit der Zahl der Laktationen steigt die Leistung an, der Laktationsverlauf ändert sich. Bedingt durch das Wachstum junger Milchkühe und somit der Milchdrüse steigt die Milchleistung im Mittel in den ersten 4–5 Laktationen noch an, später bleibt die Leistung bei entsprechender Fütterung etwa gleich.

Abbildung 7.1-4

Leistungsverlauf bei zu niedriger Energieversorgung und anschließend bedarfsgerechter Versorgung

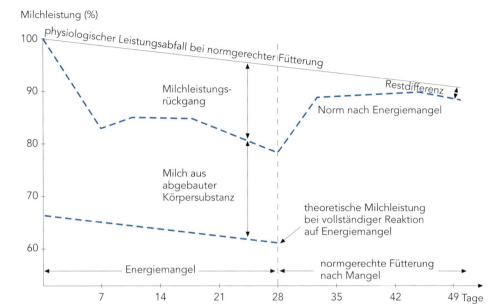

7.1.3.2 Ernährung und Laktation

Die Milchleistung wird durch das genetische Leistungsvermögen begrenzt. Darüber hinaus kann sie nicht gesteigert werden. Entscheidenden Einfluss auf die Ausschöpfung dieses Leistungspotenzials hat jedoch die Fütterung.

Milchproduktion bei Energie- und Proteinfehlernährung

Fehlernährung kann durch mangelnde, aber auch durch überhöhte Nährstoffzufuhr hervorgerufen werden. Außerdem ist zu unterscheiden, ob die Fehlversorgung nur Energie oder Protein betrifft, oder ob beides zusammen auftritt (KIRCHGESSNER et al. 1996). Das Ausmaß der Beeinträchtigung von Leistung und Gesundheit wird jedoch wesentlich vom Laktationszeitpunkt, der Dauer der Fehlversorgung und der genetischen Disposition des Individuums bzw. der Rasse mitbestimmt.

a) Bei Energiemangel und bedarfsgerechter Proteinzufuhr reagiert die Kuh zunächst mit einer negativen Energiebilanz. Fast gleichzeitig setzt auch ein Rückgang der Milchmenge ein. Dies ist in Abb. 7.1-4 schematisch dargestellt. Die Milchmenge geht dabei aber nicht im gleichen Ausmaß zurück wie die Nährstoffzufuhr. Auch bei länger andauerndem Mangel werden noch mehr als 50 % des Energiedefizits aus Körperreserven ausgeglichen, was zu Abmagerung und gesundheitlicher Beeinträchtigung der Tiere führt. Im Anschluss an Energiemangel wird aber bei nur bedarfsgerechter Energiezufuhr die genetisch mögliche Leistung nicht mehr vollständig erreicht (siehe

Foto 7.1-10
Unabhängig ob das Kalb zur Aufzucht oder Mast genutzt wird: In der ersten Woche ist die Kolostralmilch seine einzige Nahrung

Abb. 7.1-4). Dies hängt auch damit zusammen, dass die Kuh gleichzeitig wiederum versucht, die Körperreserven aufzufüllen. Daher hat in der Realimentationsphase ein erhöhtes Energieangebot (z. B. ad libitum Fütterung) zu erfolgen, um das genetisch mögliche Leistungspotenzial wieder zu erreichen (GROSS et al. 2011).

b) Mangelnde Proteinversorgung bei bedarfsgerechter Energiezufuhr führt zu ähnlichen Reaktionen wie alleiniger Energiemangel, also einer negativen N-Bilanz und einem schnelleren Abfall in der Milchleistung. Auch hierbei wird über längere Zeit ein Teil der fehlenden Proteinmenge aus dem Körper mobilisiert. Die Milchleistung wird durch Proteinrestriktion noch nachhaltiger beeinträchtigt als durch Energiemangel, da durch anschließende Anhebung der Proteinzufuhr auf Bedarfsniveau der ausgelöste Leistungseinbruch nur etwa zur Hälfte bis zwei Drittel wieder ausgeglichen wird.

c) Eine gleichzeitige Protein- und Energierestriktion verursacht eine negative N- und Energiebilanz. Die Milchmenge nimmt dabei schnell ab.

d) Proteinüberschuss bei gleichzeitig bedarfsgerechter Energiezufuhr führt nach ein bis zwei Wochen Dauer ebenfalls zu einem Rückgang der Leistung, der allerdings bei weitem nicht so stark ausfällt wie bei Proteinmangel. Als Ursache der Leistungsminderung ist ein sekundärer Energiemangel anzusehen, der durch die energieaufwendige Beseitigung der anfallenden überschüssigen N-Produkte im Intermediär-Stoffwechsel ausgelöst wird.

e) Energieüberschuss bei bedarfsgerechter Proteinzufuhr ist dagegen kaum leistungsbeeinflussend, kann aber zur Verfettung der Kühe führen, was in der Folgelaktation negative Auswirkungen auf Gesundheit, Fruchtbarkeit und damit auch auf die Milchleistung hat.

Leistungsstarke Milchkühe werden zu Laktationsbeginn aufgrund der gegenüber der Milchleistung verzögert ansteigenden Futteraufnahme stets eine mangelhafte Energieversorgung aufweisen. Bereits etwa zwei Wochen vor der Geburt verändert sich der Stoffwechsel adaptiv von anabol zu katabol mit erhöhter Lipomobilisation und Gluconeogenese (Homöorrhese, BAUMAN, 2000). Allerdings wird das Ausmaß der Stoffwechselbelastung

7.1 Fütterung laktierender Kühe

Abbildung 7.1-5

Veränderung von Glucose, freien Fettsäuren und Betahydroxybutyrat im Blutplasma frischlaktierender Milchkühe bei unterschiedlicher Energieversorgung

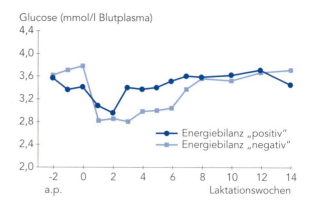

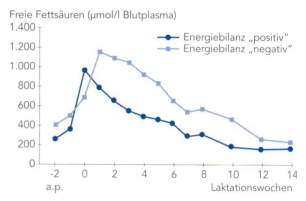

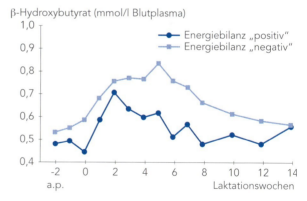

von der Höhe der Verfettung der Milchkühe zum Geburtszeitpunkt und des tatsächlich auftretenden Energiedefizits beeinflusst. Abb. 7.1-5 zeigt dazu Veränderungen einiger stoffwechselrelevanter Parameter wie Glucose, freie Fettsäuren (NEFA) und Betahydroxybutyrat (BHB) im Blutplasma frischlaktierender Milchkühe bei unterschiedlicher Energieversorgung (STRÖHL et al. 2005). Unter optimierten Fütterungsbedingungen sollte 6–7 Wochen nach der Geburt eine ausgeglichene Energiebilanz erreicht sein. Bei längerfristigem, ausgeprägtem Energiedefizit sind neben Leistungsminderung massive Stoffwechselstörungen (z. B. Ketose, Leberverfettung u. a.) und Fruchtbarkeitsprobleme zu erwarten.

Foto 7.1-11
Die Milchleistung moderner Hochleistungskühe ist fast immer so hoch, dass sie zu Beginn der Laktation kaum ausreichend ernährt werden können

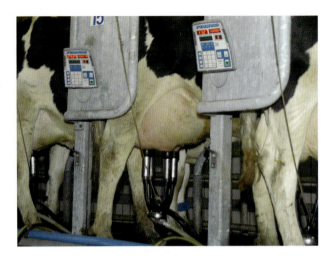

Ernährungsbilanz bei Hochleistungskühen

Das Ausmaß der Mobilisierung von Körpergewebe zur Milchproduktion wurde in verschiedenen Respirationsversuchen gezeigt. So fand bereits Flatt (1972) in Versuchen mit Hochleistungskühen (etwa 7.000 kg Milch je Laktation), dass auch bei kraftfutterreicher ad libitum Fütterung zur Zeit des Laktationsmaximums mit über 40 kg Milch täglich für die Milchproduktion 42–63 MJ aus den Körperreserven beigesteuert wurden. Dieser tägliche Abbau von Körpersubstanz entspricht etwa 1,5–2,0 kg Körperfett. Allerdings ist das Ausmaß dieser Mobilisierung tier- und rassenspezifisch sehr unterschiedlich. Die Verwertung der abgebauten Körpersubstanz zur Milchbildung wird mit k = 0,80 berücksichtigt. Im Mittel wird einem Kilogramm Gewichtsabnahme ein Energiegehalt von 25 MJ unterstellt, sodass sich demzufolge 20–21 MJ NEL in der Milchsynthese wieder finden – entsprechend etwa 6,2 kg Milch. Der Teilwirkungsgrad der ME für den Ansatz an Körperenergie ist bei laktierenden Kühen nahezu gleich hoch wie derjenige für die Milchbildung (GfE, 2001). Insgesamt entsteht jedoch ein „doppelter Transformationsverlust", sodass auf dem Umweg über Körpermasse (Depotfett) die Verwertung der ME für die Milchbildung nur noch knapp 50 % beträgt.

Ziel der Fütterung muss sein, diese negative Phase der Energiebilanz möglichst schnell ausgeglichen zu gestalten und die Energiereserven wieder aufzufüllen. Im späteren Laktationsbereich findet erneut eine mäßige Anfettung statt.

Diese starken Änderungen in der Zusammensetzung des Körpers spiegeln sich vielfach nicht in der Lebendmasse wider, da eine Zu- oder Abnahme des Wassergehaltes in den Geweben möglich ist. Praktische Fütterungsversuche können daher trotz der Kontrolle der Lebendmasse diese Vorgänge nicht exakt erfassen. Trotzdem ist eine Einbindung der Körperkondition in der Energie- und Nährstoffzufuhr notwendig. Weitere Möglichkeiten, Veränderungen der Lebendmasse zu erfassen, bestehen in der Beurteilung durch Body Condition Scoring (BCS) oder durch Ultraschall-Messung der Rückenfettdicke. Diese Parameter sollten – falls sie Berücksichtigung finden – regelmäßig bestimmt werden, was allerdings mit einem erheblichen Zeitaufwand verbunden ist. Die Messungen ergeben jedoch einen zusätzlichen Hinweis zur Körperkondition und deren Veränderung.

Durch die unterschiedliche Nährstoffbereitstellung in Verbindung mit einer Mobilisierung von Körperreserven oder einer Depotfettbildung wird die Verwertung des verabreichten Futters für die Milchbildung stark beeinflusst. Eine Berechnung des Energieaufwandes pro kg Milch wird zwar einen momentanen Anhaltspunkt geben, ermöglicht jedoch keine Hinweise über den tatsächlichen Energiebedarf. Allerdings können langfristige Datenerfassungen zumindest für die ökonomische Wichtung von Futterrationen genutzt werden.

7.1.3.3 Fütterung und Milchzusammensetzung

Durch die Fütterung können viele Milchbestandteile quantitativ und qualitativ verändert werden. Voraussetzung für eine Optimierung von Milchleistung und Milchinhaltsstoffen ist auch hier eine hinsichtlich der Empfehlungen zur Energie-, Protein-, Mineralstoff- und Vitaminversorgung bedarfsorientierte Fütterung. Darüber hinaus ist aber die gezielte Bereitstellung von Bausteinen zur Synthese der Milchinhaltsstoffe zu diskutieren. So errechnet sich eine notwendige Glucosemenge von täglich etwa 2,2–3,0 kg pro Kuh für die Lactoseausscheidung bei 30–40 kg Milch einschließlich weiterer glucoseverbrauchender Stoffwechselvorgänge, die nahezu vollständig über die Gluconeogenese bereitgestellt werden müssen. Die Lactosebildung ist aber in Verbindung mit ihrer Bedeutung für die Osmose bestimmend für die Höhe der täglichen Milchausscheidung. Dabei wird die Höhe des Lactosegehaltes in der Milch durch die Fütterung sehr wenig und nur in extremen Fällen beeinflusst. Weiterhin sind nur die am Eutergewebe in Menge und Zusammensetzung ausreichend angefluteten Aminosäuren bedeutsam für die Milcheiweißsynthese. Die Fettsäuren des Milchfettes setzen sich nach De-novo-Synthese über die aus dem Pansen absorbierte Essigsäure und Buttersäure, der unmittelbaren intestinalen Absorption von mittel- und langkettigen Fettsäuren und Fettsäuren nach Lipolyse des körpereigenen Fettgewebes zusammen. Auch wenn derzeit diese Zusammenhänge teilweise nur qualitativ beschrieben werden können, sind sie für die Rationsoptimierung von Bedeutung.

Ernährungseinflüsse auf das Milcheiweiß

Ernährungsphysiologisch gesehen sind vor allem die Ernährungseinflüsse auf den Eiweißgehalt, insbesondere auf den Caseingehalt der Milch von großer Bedeutung. Vor allem durch die Kohlenhydrat- und damit Energiezufuhr, die wiederum die Mikrobenproteinsynthese beeinflussen, aber auch durch die rationsspezifische Proteinversorgung, lässt sich der Eiweißgehalt verändern. Vereinfacht dargestellt nimmt der Gehalt an Eiweiß bei ausreichender Energieversorgung bis zur genetisch festgelegten Höhe zu, bei Energiemangel nimmt er ab. Nachwirkungen auf den Eiweißgehalt aufgrund veränderter Energieversorgung treten jedoch nicht auf. Eine Unterversorgung an Energie liegt in der Praxis vor allem zu Beginn der Laktation vor. Aber auch während der Sommermonate bzw. im Spätsommer und vereinzelt ausgangs der Winterzeit ist eine Depression der Milcheiweißgehalte zu beobachten, die mit der Energieversorgung der Kühe im Zusammenhang steht. Allerdings ist stets zu berücksichtigen, dass die Milcheiweißgehalte auch deutlich vom jeweiligen Laktationsmonat, in dem sich die Kühe befinden, beeinflusst werden, sodass ein saisonaler Abkalbezeitpunkt ebenso zu berücksichtigen ist.

Zunächst ist der Milcheiweißgehalt unmittelbar von der bedarfsgerechten duodenalen Anflutung an nXP abhängig. Das nutzbare Rohprotein ergibt nach seinem Abbau durch körpereigene Enzyme und der Absorption der Aminosäuren in Summe die Aminosäuren für die Milcheiweißsynthese im Eutergewebe. NXP setzt sich jedoch überwiegend – je nach Rationszuammensetzung und Leistungshöhe zu 65–85% aus mikrobiellem Protein und im weiteren aus nicht abgebautem Futterrohprotein (UDP) zusammen (siehe 7.1.1.2). Wie bereits ausgeführt, besteht ein unmittelbarer Zusammenhang zwischen der Zufuhr an ME bzw. der ruminal abbaubaren organischen Substanz und der mikrobiellen Proteinsynthese, woraus sich die starke Abhängigkeit des Milcheiweißgehalts von der Energiezufuhr erklärt. Da das Mikrobenwachstum im Pansen von weiteren Faktoren (siehe 7.1.1.2) u. a. von der Stickstoff(= Rohprotein)versorgung, beeinflusst wird, ist die duodenale Mikrobenproteinanflutung sehr variabel. Demnach besteht das vorrangige Ziel in der Fütterung der leistungsstarken Milchkuh darin, die Aufnahme an verdaulicher organischer Substanz bzw. an Energie zu maximieren und die Bedingungen für das Mikrobenwachstum im Pansen zu optimieren. Bei zunehmender Leistung gewinnt jedoch der Anteil an UDP an Bedeutung (siehe 7.1.1.2), sodass auf die ruminale Abbaubarkeit des Proteins in den einzelnen Rationskomponenten verstärkt geachtet werden muss. Bei Milchleistungen von täglich 35–40 kg und mehr kann der Einsatz von pansengeschützten Eiweißkomponenten oder im Einzelfall von pansengeschützten Aminosäuren den Milcheiweißgehalt stabilisieren. Dabei spielt auch das Aminosäuremuster des UDP eine Rolle (siehe 7.1.1.2).

Für die Qualität des Milchproteins ist die Ernährung ohne größere Bedeutung, da die Eiweißzusammensetzung genetisch vorgegeben ist und das Tier auf Fehlernährung fast ausschließlich mit einem Rückgang im Milcheiweißgehalt und/oder in der Milchmenge reagiert. Allenfalls wäre eine leichte Verschiebung in den Anteilen der einzelnen Proteinfraktionen (Casein etc.) denkbar.

Ernährungseinflüsse auf das Milchfett

Nicht nur die Milchmengenleistung, sondern auch die Höhe des Fettgehaltes wird in erster Linie durch eine ausreichende energetische Versorgung der Kuh bestimmt (siehe hierzu auch 3.3.2.2, 3.3.3). Für die Bildung des Milchfettes müssen aber auch ausreichend Bausteine zur Verfügung stehen. Dabei sind insbesondere Essig- und Buttersäure für die De-novo-Milchfettsynthese im Eutergewebe von Bedeutung. Damit kommt dem Anteil an pflanzlichen Gerüstsubstanzen in der Gesamtration eine überragende Bedeutung für den Milchfettgehalt zu. Verschiebt sich das Fettsäuremuster im Pansen verstärkt zugunsten von Propionsäure, wird der Milchfettgehalt gesenkt. Alle Faktoren, die bei den mikrobiellen Prozessen in den Vormägen das Angebot an diesen kurzen Fettsäuren verändern, beeinflussen dadurch auch den Fettgehalt der Milch. Dazu gehören vor allem das Angebot an strukturiertem Grundfutter, das Grund-Kraftfutter-Verhältnis, die jeweiligen Gehalte an pflanzlichen Gerüstsubstanzen, Stärke und Zucker sowie deren ruminale Abbaubarkeit in den einzelnen Rationskomponenten und auch die Höhe der Gesamtfutteraufnahme.

Kohlenhydrate und Milchfettgehalt

Die Gesamtsäurekonzentration sowie die relativen Anteile der einzelnen Fettsäuren werden weniger durch die Futtermittel als vielmehr durch die Nährstoffzusammensetzung des verabreichten Futters beeinflusst. Wie in den Grundlagen ausführlicher beschrieben, wird die Cellulose vor allem zu Essigsäure abgebaut, während Stärke und Zucker das Fettsäure-

Foto 7.1-12

Bei der Fütterung von Graskonserven im Winter enthält die Milch mehr mittelkettige Fettsäuren

Übersicht 7.1-15

Zusammensetzung der Futtermittel, Pansenvorgänge und Milchfettgehalt

	Cellulose (Heu)	Stärke (Getreide)	Zucker (Rüben)
Pansen	rel. kleine Keimzahl hoher pH (Bereich >6,3) langsamer Abbau rel. viel Essigsäure wenig Buttersäure	rel. hohe Keimzahl tiefer pH (Bereich <6,0) schneller Abbau rel. wenig Essigsäure rel. mehr Butter- und Propionsäure	rel. kleine Keimzahl sehr tiefer pH (Bereich < 5,7) schneller Abbau mehr Gesamtsäure rel. wenig Essigsäure sehr viel Buttersäure auch Milchsäure
Milch	rel. hoher Fettgehalt (Milchmenge vermin.)	niedriger Fettgehalt	leicht erhöhter Fettgehalt

muster in Richtung Propion- und Buttersäure verschieben. Diese Zusammenhänge sind in Übersicht 7.1-15 nochmals zusammengestellt.

Der Einfluss der Kohlenhydrate auf den Milchfettgehalt hängt davon ab, ob sie als pflanzliche Gerüstsubstanzen (Rohfaser), Stärke oder Zucker vorliegen. Eine wichtige Voraussetzung für einen hohen Milchfettgehalt ist eine ausreichende Zufuhr von pflanzlichen Gerüstsubstanzen. Ihre physikalische Strukturierung ist dabei von besonderer Bedeutung. Gemahlenes und pelletiertes Heu verschiebt im Pansen das Verhältnis von Essigsäure : Propionsäure in Richtung der Propionsäure. Für die Praxis ist daher zu fordern, dass der größere Teil der Rohfaser in ausreichend strukturierter Form vorliegt. Die physiologische Wirkung der Struktur beruht u. a. auf der Stimulierung des Wiederkauens und damit der Speichelproduktion (siehe 2.1.1). Durch die puffernde Wirkung des Speichels wird ein für die cellulolytischen Bakterien günstiger pH aufrechterhalten. Zu hohe Stärkegehalte in der Ration senken den Milchfettgehalt, da das Essigsäure-Propionsäure-Verhältnis enger wird. Diese Wirkung dürfte aber praktisch erst zum Tragen kommen, wenn der Gehalt an strukturierter Rohfaser in dem Grenzbereich für eine wiederkäuergerechte Rationsgestaltung fällt. In diesem Fall können auch fütterungstechnische Eingriffe wie z. B. die häufigere Verabreichung des Kraftfutters oder die Fütterung von TMR eine Milchfettdepression mindern. Insgesamt sind alle Maßnahmen danach auszurichten, eine ausreichend hohe Bildung an Essigsäure im Pansen für die De-novo-Synthese der Fettsäuren im Eutergewebe zu erreichen, um somit den Fettgehalt zu stabilisieren.

Eiweiß- sowie Energieversorgung und Milchfettgehalt

Mangelnde Energieversorgung beeinflusst den Fettgehalt zunächst wenig, da gleichzeitig auch die Milchmenge beeinflusst wird. Im Energiemangel werden die Fettdepots abgebaut und die freigesetzten Fettsäuren stehen unmittelbar zur Milchfettsynthese zur Verfügung. Insbesondere in den ersten Wochen zu Laktationsbeginn kann ein sehr hoher Milchfettgehalt von deutlich über 5 % auf eine überhöhte Lipolyse und damit auf einen starken Energiemangel hindeuten. Zu den Wirkungen von Rohproteinmangel auf den Fettgehalt liegen widersprüchliche Versuchsergebnisse vor. Es zeichnet sich jedoch ab, dass Einflüsse auf den Fettgehalt in N-Mangelversuchen vor allem in der gleichzeitig variierten Kohlenhydratzusammensetzung der Ration begründet waren.

Futterfett und Milchfettgehalt

Der Einfluss des Fettgehaltes in einzelnen Rationskomponenten bzw. in der Gesamtration auf den prozentualen Fettgehalt der Milch hängt von dem Fettsäuremuster und der Höhe des Fettgehaltes im Futter, von der Menge des Futterfettes sowie von der Höhe des Grundfutteranteils in der Gesamtration und von der Zusammensetzung der Grundfutterration ab. Die Zusammenhänge sind sehr komplex, da in Abhängigkeit der genannten Faktoren unmittelbare Auswirkungen auf die Zusammensetzung der Pansenmikroben und deren mikrobielle Tätigkeit sowie in der Folge auch auf die Fettsynthese im Eutergewebe zu beobachten sind.

Der Fettgehalt in der Gesamtration ist daher grundsätzlich im Bereich von etwa 5 % i. d. T (4 %–6 %) bzw. auf eine Fettzufuhr von täglich etwa 800 g – 1 200 g zu begrenzen.

In älteren Arbeiten wurde durch Zulage von Expellern aus Kokos- und Palmkernrückständen, deren Fett durch hohe Gehalte an mittelkettigen Fettsäuren gekennzeichnet ist, bei grundfutterarmen Rationen eine Steigerung des Milchfettgehaltes erreicht. Für heutige Milchviehrationen ist eher die Verwendung von Rapskuchen, in Einzelfällen auch der Einsatz ölhaltiger Samen (z. B. Rapssamen oder Sojabohnen) in Verbindung mit ihrem Gehalt an langkettigen, mehrfach ungesättigten Fettsäuren zu diskutieren. Futtermittel, deren Fettsäuremuster durch hohe Gehalte an Linol- und/oder Linolensäure charakterisiert sind, zeigen sich aber grundsätzlich milchfettdepressiv. Das Auftreten und die Höhe des Milchfettabfalls sind jedoch von dem gleichzeitig in der Ration vorhandenen Gehalten an pflanzlichen Gerüstsubstanzen und dem davon beeinflussten Pansenmilieu abhängig. Mehrfach ungesättigte Fettsäuren werden durch Pansenbakterien in der Stellung der Doppelbindung (cis/trans-Form) verändert und hydrogeniert. Dabei entstehen konjugierte Linolsäureisomere (siehe 3.3.2.2 und Abb. 3.3-2). Das CLA-Isomer trans-10, cis-12 hemmt konzentrationsabhängig die Milchfettsynthese, sodass rationsspezifische Effekte einer Milchfettdepression z. B. bei Zulage pflanzlicher Öle bzw. entsprechender Verarbeitungsprodukte, bei kraftfutterreichen Rationen oder auch bei Weidegang auftreten. Neuerdings kann auch durch Rationszulage dieses Isomers in pansengeschützter Form der Milchfettgehalt gezielt gesenkt werden.

Ernährung und Fettsäuremuster des Milchfettes

Ein wesentliches Qualitätsmerkmal für die Verarbeitung des Milchfettes ist dessen Konsistenz, die eindeutig von der Zusammensetzung der Futterration und von Art und Menge des verabreichten Futterfettes abhängig ist (siehe hierzu 3.3.3). So ist vielfach nachgewiesen, dass im Sommer bei Weidegang bzw. Grasfütterung vor allem der Anteil der Ölsäure, aber auch in geringem Umfang der langkettigen, mehrfach ungesättigten Fettsäuren im Milchfett zunimmt. Demgegenüber ist bei Fütterung von Graskonserven (Heu, Grassilage), Maissilage oder vor allem bei Futterrüben eine Zunahme der mittelkettigen Fettsäuren (C_{12}- bis C_{16}-Fettsäuren) zugunsten der langkettigen Fettsäuren zu erwarten (siehe auch Übersicht 7.1-2). Darüber hinaus kann durch Einsatz von pansengeschützten Fetten oder durch ölhaltige Samen das Fettsäuremuster in Richtung dieser Futterfette verschoben werden. Ebenso wird durch Abbau körpereigener Fette im Energiemangel der Anteil langkettiger Fettsäuren (C_{18}-Fettsäuren, vor allem Ölsäure) im Milchfett zunehmen.

Die Beeinflussung des Fettsäuremusters ist aber nicht nur aus molkereitechnologischer Sicht sondern vor allem auch aus Erkenntnissen zur Humanernährung von Bedeutung. Hervorzuheben sind dabei die Gehalte an CLA in der Kuhmilch bzw. den weiteren Milchprodukten (siehe 3.3.3.2). Dabei hat das CLA-Isomer C18:2 cis-9, trans-11 mit etwa 75–92 % am Gesamt-CLA-Gehalt den größten Anteil. Demgegenüber ist das Milchfett-depressiv wirkende Isomer trans-10, cis-12 nur mit einem geringen Anteil von 0,03–1,5 % vertreten (LOCK und BAUMAN, 2004). Wie vorausgehend bereits ausgeführt, erhöhen alle Futterrationen in Verbindung mit ihrem Gehalt an mehrfach ungesättigten Fettsäuren – insbesondere bei rohfaserarmen Rationen – den Gehalt an CLA. Dazu gehört auch Weidegras.

Ernährung und Gehalt der Milch an Mineral- und Wirkstoffen

Während alle Mengenelemente im Wesentlichen unabhängig von der Zufuhr im Futter stets einen konstanten Gehalt in der Milch aufweisen, zeigen einige Spurenelemente, und zwar besonders Kobalt, Mangan, Zink, Jod, Selen und Molybdän eine deutliche Abhängigkeit von der Zufuhr. Der Vitamingehalt der Milch wird durch eine Reihe von Faktoren in sehr unterschiedlichem Ausmaß beeinflusst. Bei den Vitaminen K und C sowie den B-Vitaminen kann man jedoch kaum von einem Fütterungseinfluss sprechen. Da diese Vitamine im Verdauungstrakt oder im Stoffwechsel synthetisiert werden, ist ihr Vorkommen im Futter für den Vitamingehalt der Milch von geringer Bedeutung. Dagegen ist der Gehalt der Milch an den fettlöslichen Vitaminen A und E zu einem sehr hohen Grade an die Zufuhr dieser Vitamine oder ihrer Provitamine im Futter gebunden.

Kuhmilch enthält sowohl β-Carotin als auch Vitamin A. Da Futterpflanzen kein Vitamin A enthalten, ist das Rind als Pflanzenfresser in seiner Vitamin A-Versorgung auf die β-Carotinzufuhr über die pflanzlichen Futtermittel angewiesen. Deshalb hängt die Vita-

Übersicht 7.1-16
Vitamin A-Wirksamkeit der Milch bei steigender β-Carotinzufuhr

mg β-Carotin täglich	I. E. Vitamin A je g Butterfett
130	19
200	32–34
300	36–37

min A-Wirksamkeit der Milch weitgehend vom β-Carotingehalt der verwendeten Futterpflanzen ab (siehe hierzu 5.3.2). Entsprechend der β-Carotinverluste bei der Konservierung und Lagerung ist der Vitamin A- und β-Carotingehalt der Milch bei Heufütterung am geringsten und bei Weidegang oder Grünfütterung im Stall am höchsten. Die Gehalte bei Grassilageverfütterung liegen etwa dazwischen. Allerdings steigt der Gehalt der Milch an β-Carotin und Vitamin A nicht linear mit dem β-Carotinangebot. Mit steigender β-Carotinzufuhr nimmt nämlich die Verwertung ab, wie auch aus der Übersicht 7.1-16 zu ersehen ist.

Eine Anreicherung von Vitamin A in der Kuhmilch lässt sich durch Vitamin A-Zulagen viel effektiver gestalten als durch β-Carotingaben. Dabei hängt die Wirkung solcher Zulagen im Wesentlichen von der Höhe der Dosierung ab.

Durch eine reichliche Zufuhr von Carotinen oder Vitamin A während der letzten Trächtigkeitswochen wird eine Reservebildung an Vitamin A im tierischen Organismus ermöglicht (siehe 7.2.3). Im Vergleich zur normalen Milch enthält die Kolostralmilch im ersten Gemelk eine etwa 20-mal höhere Vitamin A-Konzentration. Diese Vitamin A-Konzentration hängt jedoch ebenfalls stärker von der Vitamin A- als von der β-Carotinzufuhr ab (siehe 7.3.1.1).

7.1.3.4 Diagnose von Fütterungsfehlern anhand von Milchinhaltsstoffen

Aufgrund der vorausgehend beschriebenen z. T. drastischen Auswirkungen einer Fehlernährung mit Energie und/oder Rohprotein auf Leistung und Gesundheit der Tiere wird man bestrebt sein, die Kuh möglichst ihrem Bedarf entsprechend zu füttern. In der Praxis gestaltet sich jedoch die Erfassung der Futteraufnahme bzw. die Nährstoffeinschätzung der Futtermittel oft schwierig, sodass Probleme bei der Kontrolle der Bedarfsdeckung einzelner Tiere auftreten. Fütterungsbedingte Veränderungen der Milchinhaltsstoffe ermöglichen jedoch, Fütterungsfehler zu erkennen. Eine Möglichkeit zur einfachen Diagnose von Energie- und/oder Proteinfehlernährung ist mit der gleichzeitigen Beobachtung von Harnstoff- und Eiweißgehalt der Milch aufgezeigt. In Übersicht 7.1-17 ist ein entsprechendes Diagnoseschema nach den Untersuchungen von KIRCHGESSNER et al. (1996) dargestellt. Die Proteinfehlversorgung ist im Wesentlichen mit einer stark negativen („Proteinmangel") oder stark positiven („Proteinüberschuss") ruminalen Stickstoffbilanz (RNB) identisch. Der Energiemangel verursacht letztlich eine unzureichende Zufuhr an nutzbarem Rohprotein (nXP), die sich in der Minderung des Milcheiweißgehaltes widerspiegelt. Bei einer ausgeglichenen Protein- und Energieversorgung ist ein mittlerer Milchharnstoffgehalt von 23 mg/100 ml Milch zu erwarten; Fehlversorgungen sind mit Grenzwerten von < 15 mg

> **Übersicht 7.1-17**
>
> Schema zur Diagnose von Fehlernährung anhand von Harnstoff- und Eiweißgehalt der Milch (↑ Anstieg, ↓ Abfall, ~ geringe Veränderung)

	Harnstoffgehalt	Eiweißgehalt
a) Protein- **oder** Energiefehlversorgung		
Proteinmangel	↓	~
Proteinüberschuss	↑	~
Energiemangel	↑	↓
Energieüberschuss	↓	↑
b) Protein- **und** Energiefehlversorgung		
Protein- und Energiemangel	~	↓
Protein- und Energieüberschuss	↑	↑
Proteinmangel und Energieüberschuss	↓	↑
Proteinüberschuss und Energiemangel	↑↑	↓

und > 30 mg/100 ml gekennzeichnet. Für den Milcheiweißgehalt sind „Normbereiche" herdenspezifisch und laktationsabhängig zu definieren, da der Gehalt gleichzeitig auch von Genetik und Laktationsstadium beeinflusst wird. Zu beachten ist auch, dass das Ausmaß der Reaktion vom Grad der Fehlversorgung abhängt und dass bei kombinierter Fehlernährung Überlagerungen der Reaktionen möglich sind. Um Fehlinterpretationen zu vermeiden, sollten sich die Aussagen auf Untersuchungsergebnisse größerer Kuhgruppen beziehen.

Auch Höhe und Veränderungen des Milchfettgehalts geben Hinweise auf die Rationsgestaltung. Allerdings sind Schwankungen des Milchfettgehalts gegenüber denen des Milcheiweißgehalts deutlich ausgeprägter. Vor allem bei mangelhafter Futterstruktur und einer insgesamt zu geringen Zufuhr an pflanzlichen Gerüstsubstanzen erniedrigt sich der Milchfettgehalt. Darüber hinaus sind auch rationsspezifische Effekte einer Milchfettdepression (siehe 7.1.3.3) zu berücksichtigen. Andererseits wird bei einem deutlichen Energiemangel vor allem zu Laktationsbeginn der Milchfettgehalt aufgrund der verstärkten Lipolyse erhöht sein. Wie vorausgehend dargestellt, ist unter diesen Versorgungsbedingungen der Milcheiweißgehalt erniedrigt, sodass die gleichzeitige Berücksichtigung beider Milchinhaltsstoffe (Fett-Eiweißquotient) wertvolle Informationen liefert. Der kritische Bereich für eine Energiefehlversorgung wird derzeit mit einem Quotienten > 1,5 beschrieben.

7.1.3.5 Fütterung und Geruch, Geschmack sowie Keimgehalt der Milch

Die Milchqualität wird nicht nur durch die Anteile und Zusammensetzung der einzelnen Milchbestandteile, sondern auch durch die organoleptischen und mikrobiologischen Eigenschaften der Milch bestimmt. Geruch und Geschmack sowie der Keimgehalt der Milch können nämlich direkten und indirekten Fütterungseinflüssen unterliegen.

Futter und Geschmacks- sowie Geruchsfehler

Geschmack und Geruch der Milch können sich sehr leicht verändern. Die zahlreichen Ursachen von Geschmacks- und Geruchsfehlern der Milch sind: Änderung der Gehalte an natürlichen Milchbestandteilen, Übergang fremder Substanzen mit geruchs- und geschmackswirksamen Eigenschaften, chemische Veränderungen einzelner Milchbestandteile durch oxidative und hydrolytische Vorgänge (Wärmebehandlung, Sonnenlichteinwirkung u. a.) sowie Veränderungen von Milchbestandteilen durch mikrobiologische Prozesse.

Die Übertragung fremder geruchs- und geschmackswirksamer Substanzen in die Milch erfolgt auf verschiedene Art und Weise:
  a) durch direkten Kontakt der Milch mit Futtergeruch und Stallluft. Besonders in kuhwarmem Zustand nimmt die Milch leicht fremde Geruchs- und Geschmacksstoffe auf. Stärke und Dauer der Geruchseinwirkung beeinflussen das Ausmaß der Veränderungen.
  b) mit der Atemluft über die Atemwege ins Blut und damit auch in die Milch. Auf diesem Wege entstandene Milchfehler können schon wenige Minuten nach der Inhalation der Substanzen durch die Kuh festgestellt werden.
  c) mit dem Futter in den Verdauungstrakt und von hier durch direkte Absorption oder über Pansengase in das Blut und damit in die Milch.

Geruchs- und Geschmacksstoffe dürften meist auf den letzteren Wegen in die Milch gelangen. Da diese Substanzen meist lipophil sind, erklärt sich aufgrund des Fettgehalts die Empfindlichkeit der Milch. Geruch und Geschmack der Milch werden demnach sehr stark von der Spezifität und Konzentration der in den einzelnen Futtermitteln enthaltenen Stoffe beeinflusst. Unter den Gramineen sind es vor allem Grünroggen, Grünhafer und Grünmais, bei den Leguminosen Luzerne, aber auch Klee, Erbsen, Wicken und Bohnen, die vereinzelt Milchfehler verursachen können. Dies kann auch dann zutreffen, wenn diese Futtermittel als Heu verfüttert werden. Auch bei starker oder alleiniger Verfütterung von Stoppelrüben, Kohlrüben, Raps, Rübsen und Markstammkohl kann die Milch einen scharfen, rettichartigen Geschmack und einen stechenden Geruch bekommen. Eine Reihe dieser Futtermittel (Leguminosen) lassen sich im silierten Zustand gefahrloser und in größeren Mengen verfüttern. Dies gilt jedoch nicht für alle Futterpflanzen. So werden z. B. die Geschmacksstoffe in Laucharten durch die Gärprozesse im Silo nicht abgebaut. Allerdings zeigen neuere Untersuchungen (HARTL, 2010), dass auch mikrobielle Umsetzungen im Pansen die nativen Aromastoffe des Futters deutlich verändern können.

Silagen beeinflussen die organoleptischen Eigenschaften der Milch über Fütterung und Blutbahn nicht. Allerdings empfiehlt es sich, die Fütterungszeiten nach dem Melken zu legen. Schlechte Bedingungen der Stall-, Tier- und Melkhygiene können sich bei Silagefütterung durchaus auf Geruch und Geschmack der Milch auswirken.

Zur Verhütung von Geschmacks- und Geruchsfehlern

Um Geschmacks- und Geruchsfehler der Milch zu vermeiden, muss folgendes beachtet werden:
  a) Futtermittel, durch deren Verfütterung geschmacks- und geruchsaktive Stoffe in die Milch gelangen können, müssen stets nach dem Melken verfüttert werden. Bei Weidegang auf Kleeweide muss eventuell 3–4 Stunden vor dem Melken abgetrieben werden.
  b) Derartige Futtermittel sollen nur in geringen Mengen an die Tiere verfüttert werden.

c) Futtermittel – vor allem Silage, säuernde Schlempe u. a. – dürfen grundsätzlich nicht im Stall gelagert werden, sofern gleichzeitig der Milchentzug im Stall stattfindet. Dies gilt auch dann, wenn Absaugmelkanlagen vorhanden sind, da eine schlechte Stallluft auch über die Atmungsorgane der Tiere auf die Milch einwirken kann.
d) Verschmutztes, gefrorenes oder verschimmeltes Futter ist in der Fütterung abzulehnen, da es leicht Durchfall hervorrufen kann, der zu größerer Unsauberkeit im Stall und damit auch zu erhöhter Infektionsgefahr der Milch durch schädliche Mikroorganismen führt. Überdies gehört die Bereitstellung hygienisch einwandfreien Futters zu den Grundvoraussetzungen in der Milchviehfütterung (siehe 11.1).

Ernährung und Keimgehalt der Milch

Nicht nur für Vorzugsmilch und Milch, die zu Käse verarbeitet wird, sondern für die gesamte Trink- und Werkmilch ist die Gesamtkeimzahl qualitätsbestimmend. Der Mikroorganismengehalt der Milch hängt dabei vor allem von der Gesundheit von Tier und Milchdrüse sowie der Stall- und Melkhygiene ab. Die größte Keimzahl gelangt durch Kontaktinfektion über Melkgeschirr, Transportkannen, Milchleitungen, Seiher, Kühler und anderes in die Milch.

Futter und Fütterung beeinflussen die Mikroorganismenflora der Milch in verschiedener Hinsicht. Einmal kann das Futter Träger bestimmter Keimarten sein, die von außen in die Milch gelangen. Durch Arbeiten, die im Stall starken Staub aufwirbeln, wird die Infektionsgefahr noch erhöht, da der Keimgehalt der Luft stark ansteigt. Zum anderen können die hygienischen Verhältnisse durch das Futter oder die Art der Fütterung so negativ beeinflusst werden, dass dadurch die Gesamtkeimzahl der Milch beträchtlich erhöht wird, zum Beispiel durch Verdauungsstörungen. Die Verunreinigungen der Milch mit frischem oder getrocknetem Kot treten nämlich besonders bei einer weichen Kotkonsistenz oder Durchfall auf. Hierfür sind meist folgende Fütterungsfehler verantwortlich: zu rascher Übergang von der Trocken- zur Grünfütterung; Verfütterung sehr jungen Klees oder Grases ohne Beifutter; einseitige Gaben von Grüngetreide; Verfütterung von gefrorenem, nassem oder warmem Grünfutter, gefrorenen oder angefaulten Rüben, stark erdig verunreinigten Futtermitteln (Rübenblatt, Rüben, Kartoffeln und anderes), verdorbenen Futtermitteln; extrem hohe Schlempefütterung. Bei der Verfütterung von Silage kann es ebenfalls zu höheren Keimzahlen in der Milch, besonders zu einem stärkeren Vorkommen von Buttersäureclostridien, kommen. Eine derartige Milch kann vor allem bei der Herstellung von fettem und halbfettem Hartkäse Schwierigkeiten bereiten. Im Emmentaler-Käsereigebiet ist deshalb die Verfütterung von Silage verboten.

Der Gehalt der Silage an Buttersäureclostridien hängt von der Beschaffenheit des Futters, von der Siliertechnik und vom Gärverlauf ab. Wird schlechtes Gärfutter verfüttert, so steigt der Gehalt des Rinderkotes an Buttersäureclostridien sprunghaft an und geht nach dem Absetzen der Silage nur allmählich zurück. Inwieweit es jedoch zu einer Kontamination der Milch mit Buttersäureclostridien kommt, hängt aber nicht nur von der Qualität der Silage, sondern auch von den hygienischen Verhältnissen, nämlich der Tier-, Stall- und Melkhygiene ab. Je reinlicher und hygienischer die Milch gewonnen wird, desto weniger Buttersäureclostridien enthält sie. Bei Verfütterung einwandfreier Silagen sowie besten Methoden der Milchgewinnung lässt sich demnach Milch erzeugen, die auch für die Hartkäserei tauglich ist.

7.1.4 Hinweise zur praktischen Milchviehfütterung

Die Wirtschaftlichkeit einer Futterration kann weitgehend von den Kosten je MJ NEL und der gleichzeitig produzierten Milchmenge abgelesen werden. Zweifellos können bei entsprechender Produktionstechnik die Nährstoffe aus dem Grundfutter am billigsten bereitgestellt werden. Hohe Leistungen lassen sich jedoch nur erzielen, wenn neben einer möglichst hohen Grundfutterversorgung die Ration auch mit Kraftfuttermitteln ergänzt wird.

7.1.4.1 Berechnung von Futterrationen

Eine rationelle und vollwertige Fütterung der Milchkühe nach Leistung setzt voraus, dass der Futterwert der einzelnen Futterrationen berechnet wird. Dabei wird versucht, den Nährstoffgehalt der eingesetzten Futtermengen mit dem Nährstoffbedarf für Erhaltung und Leistung in Übereinstimmung zu bringen. Grundlage für solche Berechnungen sind die aufgezeigten Bedarfsnormen bei gleichzeitiger Berücksichtigung einer möglichst ausgeglichenen ruminalen N-Bilanz (±0), die Angaben über den Nährstoffgehalt der Futtermittel für Wiederkäuer (DLG-Futterwerttabelle 1997, DLG-Futtermitteldatenbank) und der Futtervoranschlag des Betriebes, aus dem Art und Menge der vorhandenen Futtermittel je Tier und Tag ersichtlich sind. Die Futterration wird dabei zunächst durch die Angaben über Trockenmasse, nutzbares Rohprotein, ruminale N-Bilanz und NEL gekennzeichnet. Für eine optimale Fütterung muss aber neben der Forderung nach einer angemessenen Nährstoffzufuhr unter Einbindung der Mineral- und Wirkstoffe die Futterration vor allem auch hinsichtlich des Futteraufnahmevermögens beurteilt werden. Die dazu notwendigen Berechnungsgrundlagen sind den Abschnitten 7.1.1, 7.1.2 und 7.1.3 zu entnehmen.

Darüber hinaus wird in einer modernen Rationsgestaltung auch der relative Anteil an im Pansen schnell abbaubaren Kohlenhydraten wie Stärke und Zucker mit einem Höchstanteil in einem Bereich von insgesamt etwa 25 % in der T der Gesamtration berücksichtigt (DLG, 2001). Dies ist als vorbeugende Maßnahme im Zusammenhang mit der Auslösung von Pansenazidose zu diskutieren. Da Stärke (z. B. u. a. Maisstärke) aber den Pansen auch unabgebaut verlassen kann („Bypass-Stärke") – diese Stärke jedoch aufgrund begrenzter intestinaler Enzymausschüttung und Absorptionskapazität über den Dünndarm nicht vollständig als Glucose in den Stoffwechsel gelangt – ist auch dieser Anteil der Stärke in die Rationsberechnung einzubeziehen. Unter Berücksichtigung verschiedener Literaturangaben sollte ruminal nicht abgebaute Stärke („Bypass-Stärke") in der Tagesration etwa 1,5–1,8 kg pro Kuh nicht übersteigen.

Diese Ausführungen verdeutlichen, dass bei der Rationsgestaltung für die Milchkuh das Ausmaß und die Geschwindigkeit der ruminalen Abbaubarkeit der einzelnen Nährstoffe aus den verschiedenen Futtermitteln unter Einbindung der Passagerate des Futters (= Höhe der Futteraufnahme) verstärkt zu berücksichtigen ist. Dies betrifft Kohlenhydrate und Protein mit dem Ziel einer möglichst zeitgleichen Nährstoffbereitstellung gleichermaßen, um die Versorgung der Pansenmikroorganismen und damit die mikrobielle Proteinsynthese zu optimieren. Dieser Sachverhalt wird mit dem Begriff der Synchronisierung der Nährstoffanflutung beschrieben. Neuere Arbeiten zeigen jedoch, dass bei Verabreichung praxisüblicher Mischrationen die Voraussetzungen dazu zumeist gegeben sind. Allerdings sind Futtermittel zukünftig auch mit den Merkmalen der ruminalen Abbaubarkeit zu beschreiben.

In die Rationsberechnung ist weiterhin auch der Rohfettgehalt einzubeziehen. Er sollte etwa 5 % (4 %–6 %) in der T der Gesamtration nicht überschreiten bzw. ist damit auf eine Gesamtmenge von 800 bis 1.200 g pro Kuh und Tag zu begrenzen. Höhere Gehalte können in Abhängigkeit des Anteils an ungesättigten Fettsäuren vor allem die ruminale Abbaubarkeit pflanzlicher Gerüstsubstanzen verschlechtern. Bei Fettgehalten im hohen Bereich von 5 % ist besonders auf eine ausreichende Rohfaserzufuhr über die Gesamtration zu achten. Darüber hinaus ist jedoch die Zulage von pansengeschütztem Fett in Anteilen bis 0,8 kg pro Kuh und Tag zu Laktationsbeginn mit dem Ziel einer verbesserten Energieversorgung möglich.

Futterstruktur

Eine optimale Rationsgestaltung hat neben der Energie- und Nährstoffzufuhr auch eine ausreichende Versorgung mit strukturiertem Grundfutter zu berücksichtigen. Futterstruktur kann u.a. in Abhängigkeit von Partikellänge, deren Steifigkeit und Starre und spezifischem Gewicht beschrieben werden (GfE, 2001) und ist weiterhin durch den Gehalt an pflanzlichen Gerüstsubstanzen im Futtermittel charakterisiert. Strukturiertes Grundfutter bedingt die Schichtung des Panseninhalts, ist für ausreichende Kau- und Wiederkauzeiten und damit für die Speichelproduktion und Pufferkapazität bzw. pH-Regulation des Pansens verantwortlich. Dadurch werden das mikrobielle Ökosystem des Pansens einschließlich der gesamten Fermentationsabläufe beeinflusst. Auswirkungen ergeben sich auf die Synthese der flüchtigen Fettsäuren und deren relativen Anteile, den Milchfettgehalt und die Futteraufnahme (siehe auch 7.1.3.3). Ansätze für ein Strukturbewertungssystem finden sich in der pauschalen Charakterisierung von Grundfuttermitteln bei gleichzeitiger Berücksichtigung ihres Rohfasergehaltes (HOFFMANN, 1990) oder im Strukturwert nach DE BRABANDER (DE BRABANDER et al. 1999). Letzterer misst jedem Futtermittel einen Strukturwert als dimensionslose Zahl zu und beurteilt durch Aufsummierung aller Einzelkomponenten die Gesamtration (GfE, 2001, DLG, 2001). Dieses Bewertungssystem verdeutlicht, dass neben dem Grundfutter z. B. auch dem Gehalt an pflanzlichen Gerüstsubstanzen in den verschiedenen Nebenprodukten aus der industriellen Verarbeitung oder der ruminalen Abbaugeschwindigkeit von Kohlenhydraten im Kraftfutter Bedeutung für die Aufrechterhaltung optimaler Fermentationsabläufe im Pansen zukommen. Allerdings ist eine deutliche Über- bzw. Unterbewertung einzelner Futtermittel hinsichtlich ihres Strukturwertes zu erkennen.

Ein neueres Strukturbewertungssystem (ZEBELI et al. 2010) berücksichtigt in Anlehnung an das von MERTENS (1997) erarbeitete Modell die physikalisch effektive NDF (peNDF) einer Ration. Die peNDF ergibt sich als Summe von nach Partikellänge gewichteten Anteilen der NDF. Die Partikellängen werden über Absiebung mithilfe einer Schüttelbox bestimmt. Entscheidend für den notwendigen Gehalt an peNDF in einer Ration ist die Optimierung der Pansenbedingungen durch Aufrechterhaltung eines mittleren pH-Wertes im Pansen von etwa 6,2. Dabei darf unter Berücksichtigung der tagesrhythmischen Schwankungen des pH-Wertes dieser nicht über eine Zeitdauer von 5,2 Stunden unter 5,8 liegen. Diese Grenze kennzeichnet vor allem die Gefahr einer subakuten Pansenacidose (SARA). Allerdings wird die Höhe des notwendigen peNDF-Gehaltes gleichzeitig noch von dem Gehalt an im Pansen abbaubarer Stärke in der Ration und der Futteraufnahme beeinflusst. Insgesamt ist dieses Modell jedoch sehr plausibel, da es mit den Kennzahlen NDF-Gehalt und Partikellänge den „Strukturbegriff" erfasst und sich unter Einbindung weiterer wichtiger Kenngrößen am Pansenmilieu orientiert.

Fütterungssystem und Rationsgestaltung

Die Futtermittel werden im Wesentlichen aufgrund ihrer Nährstoffkonzentration in Grund- und Kraftfuttermittel eingeteilt. In der Milchviehfütterung wird dabei zunächst eine Ration aus Grundfutter zusammengestellt, die von den betriebsspezifisch vorhandenen Futtermitteln abhängig ist. Je nach Grundfutterart und -qualität sollte daraus die Energie- und Rohprotein(RNB, nXP)zufuhr den Bedarf für Erhaltung und 14–18 kg Milchleistung ausgeglichen decken. Ist dies durch die vorhandenen Grundfuttermittel nicht möglich, so muss das Nährstoffverhältnis der Grundfutterration gegebenenfalls mit rohprotein- bzw. energiereichen Futtermitteln (= Ausgleichskraftfutter, verschiedene Nebenprodukte) ausbilanziert werden. Das bietet den Vorteil, dass alle über die Grundration hinausgehenden Milchleistungen mit einem Kraftfutter gleicher Zusammensetzung erzielt werden können (= Leistungskraftfutter). Bei Leistungsänderungen wird nur die Kraftfuttermenge verändert.

Allerdings wird dieses Vorgehen zum Rationsaufbau wesentlich vom Fütterungssystem beeinflusst. Grundsätzlich ergeben sich die Möglichkeiten, (1) Grundfutter ad libitum und das Kraftfutter (Ausgleichs- und Leistungskraftfutter) getrennt zu verabreichen, (2) Grundfutter in Mischung mit Ausgleichskraftfutter bzw. einem geringen Anteil Leistungskraftfutter (= teilaufgewertete Mischration bzw. „partial mixed ration (PMR)") ad libitum und getrennt weiteres Leistungskraftfutter oder (3) Grundfutter und alle weiteren Futterkomponenten in Mischung (= Gesamtmischration bzw. ‚total mixed ration (TMR)') ad libitum an Leistungsgruppen bzw. an die Gesamtherde vorzulegen. Je nach Fütterungsverfahren sind Grundfutter und Ausgleichskraftfutter, PMR oder TMR jeweils ausgeglichen in der Energie- und Proteinversorgung bezogen auf eine vorgegebene Milchleistung zu gestalten.

Im folgenden Rechenbeispiel in Übersicht 7.1-18 soll der Gang einer solchen Rationsberechnung für eine Leistung von 16 kg Milch aus dem Grundfutter aufgezeigt werden. Zunächst wird der Gehalt der Ration an NEL und an nutzbarem Rohprotein über die Einzelfuttermittel errechnet und vom Bedarf der Kuh für Erhaltung und 16 kg Milch abgezogen. Gleichzeitig ist die RNB dieser Grundration in Verbindung mit der Futteraufnahme zu ermitteln. Aus der Differenz und dem daraus errechneten Nährstoffverhältnis ergeben sich die für den Ausgleich notwendigen Einzelkomponenten bzw. die Kraftfuttermischung oder die Nebenprodukte und die Höhe der Zulage. Neben dieser rationsspezifischen Ergänzung ist bei höherer Leistung ein Leistungskraftfutter einzusetzen. Diese Kraftfuttermischung sollte hinsichtlich der Energiekonzentration, des Anteils an nutzbarem Rohprotein und der ruminalen N-Bilanz für 2–2,2 kg Milch je kg Kraftfutter ausgeglichen gestaltet sein. In Mischrationen (z. B. TMR) kann die Zulage auch anhand von Einzelkomponenten bis zu einer ausgeglichenen Energie- und Proteinzufuhr erfolgen. Allerdings ist nun diese Gesamtration hinsichtlich weiterer Merkmale wie einer ausreichenden Strukturbereitstellung, der Gehalte an Zucker, Stärke und ihrer ruminalen Abbaubarkeit, Rohfett sowie Mineral- und Wirkstoffen zu überprüfen.

7.1.4.2 Weide

Weidehaltung ist hinsichtlich der Futterkosten besonders ökonomisch, da die Nährstoffe im Weidegras am preiswürdigsten sind. Auch muss der Weidegang für die Gesundheit der Tiere günstig beurteilt werden. Weidehaltung ist aber auch aus Gründen einer geringen Umweltbelastung, Erhöhung der Biodiversität und Landschaftsgestaltung sowie einer hohen Ver-

Übersicht 7.1-18

Grundration für 16 kg Milch, 4,0 % Fett, 3,4 % Eiweiß, 650 kg Lebendmasse

Graskonserven und Maissilage	in 1.000 g T des Futtermittels			in der Ration		
	T	NEL	Nutzbares Rohprotein	T	NEL	Nutzbares Rohprotein
	%	MJ	g	kg	MJ	g
1 kg Wiesenheu 1. Schnitt Beginn der Blüte	86	5,3	115	0,9	4,8	104
21,5 kg Grassilage 1./2. Schnitt Ährenschieben	40	6,1	138	8,6	52,5	1.187
12,5 kg Maissilage mittl. Kolbenanteil	36	6,6	131	4,5	29,7	590
a) Aus der Ration stehen zur Verfügung				14,0	87,0	1.881
b) Bedarf für Erhaltung und 16 kg Milch					90,5	1.810
c) Erforderliche energetische Ergänzung Ausgleichskraftfutter z. B. Gerste 0,50 kg				0,4	3,5	73
d) Gesamtzufuhr				14,4	90,5	1.883
e) Rationsausgleich, insgesamt (Energie, nXP, RNB) Ausgleichskraftfutter z. B. Gerste 2,50 kg Milchleistung 20,5 kg				16,2	104,7	2.242

braucherakzeptanz von Weidemilch positiv zu sehen. Hinsichtlich des Verfahrens ist zu differenzieren, ob die Fütterung überwiegend bzw. ausschließlich über Beweidung erfolgt (Vollweide, „Low-Input-System") oder ob die Weide nur einen Teil der Gesamtration darstellt.

Vorbereitungsfütterung

Schroffe Futterumstellungen von der Winterfütterung zur Weide können zu Störungen in der Verdauung führen. Im Sinne von Gesundheit und Leistung der Tiere ist es deshalb erforderlich, dass in der ersten und evtl. zweiten Woche nach dem Weideauftrieb die Winterfütterung beibehalten wird. Dabei sollte in den ersten Tagen zu Weidebeginn nur stundenweise bzw. halbtags geweidet werden, ohne die dabei erzielte Nährstoffaufnahme in die Ration einzubeziehen. Erst allmählich ist die Weidefutteraufnahme zu erhöhen, sodass etwa ab der zweiten Woche zu einer intensiven Beweidung übergegangen werden kann.

Futterwert und Nährstoffaufnahme

Ein optimiertes Bewirtschaftungssystem und eine intensive Nutzung liefern während der ganzen Weideperiode ein relativ junges Futter. Weidegras ist somit reich an Wasser, Rohprotein und leichtverdaulichen Kohlenhydraten, aber arm an Rohfaser. Mit fortschreiten-

Foto 7.1-13

Der Weidegang im Frühjahr bringt immer physiologische Änderungen der Pansenvorgänge mit sich

dem Wachstum ändert sich der Nährstoffgehalt relativ schnell. Während der Rohproteingehalt abnimmt, steigt der Gehalt an Rohfaser an (siehe hierzu auch Abb. 7.1-8). Damit variiert der Energiegehalt in Abhängigkeit des Aufwuchsalters deutlich. Aber auch Jahreszeit und Witterungsverhältnisse (z. B. Trockenheit) beeinflussen den Energiegehalt erheblich.

Die Futteraufnahme von Weidegras ist sehr unterschiedlich und wird zunächst vom Weidesystem bestimmt. Jede Zufütterung größerer Mengen an Raufutter, Silagen oder Kraftfutter erniedrigt die mögliche Weidegrasaufnahme nahezu in einem Verhältnis von bis zu 1:1 (bezogen auf Trockenmasse). Um den Verzehr von Weidegras zu maximieren ist daher zunächst ein konsequentes Vollweidesystem mit ausreichend langen Fresszeiten notwendig. Auch wird ein saisonaler Abkalbetermin z. B. von Mitte Februar bis Mitte April, in dessen Folge hohe Milchleistung und hohes Futterangebot zusammentreffen, eine verstärkte Futteraufnahme erleichtern. Die Verzehrsmenge an Weidefutter wird weiterhin im Wesentlichen durch die angebotene Menge (Abb. 7.1-6) und Qualität des Aufwuchses, das heißt durch die botanische Zusammensetzung des Pflanzenbestandes und dessen physiologischem Alter beeinflusst. Davon hängt wiederum die Verdaulichkeit und die Passagerate des Futters ab, die letztlich die Verzehrsrate bestimmen. Bei insgesamt optimierten Bedingungen kann eine Weidegrasaufnahme in einem Bereich von 15 bis 20 kg Trockenmasse erreicht werden. Dies ermöglicht im Mittel eine Energie- und nXP-Versorgung für etwa 18 bis 25 kg Milch.

Zur Weideführung

Neuzeitliche Weidewirtschaft ist gekennzeichnet durch Weiden, die im Wechsel als Mäh- und Weidefläche genutzt werden. Durch das Mähen werden überschüssiger Futteraufwuchs abgeschöpft und Futterkonserven (Grassilage, Heu) gewonnen. Eine gute Weidepflege, ausreichende Düngung und Nutzung zum richtigen Zeitpunkt sind Voraussetzung für höchste Weideerträge. Die Weideführung ist als Standweide, auch als Kurzrasenweide bezeichnet, bei ausreichendem Flächenangebot möglich. Noch häufig anzutreffen sind die Umtriebs- bzw. auch die Portionsweide, die eine Flächenzuteilung halbtages-, tagesweise

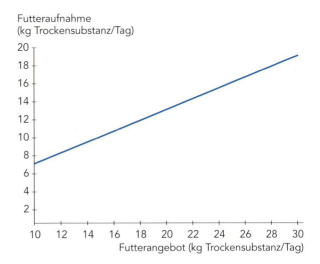

Abbildung 7.1-6

Beziehungen zwischen Futterangebot und Futteraufnahme bei weidenden Milchkühen

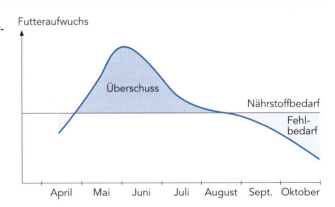

Abbildung 7.1-7

Weideaufwuchs und Futterbedarf von Milchkühen

oder für zwei bis vier Tage vorsehen. Durch einen schnellen Abtrieb soll ein gleichmäßiger, erneuter Aufwuchs erreicht werden.

Der Weideauftrieb erfolgt im Frühjahr bei hoher Flächenzuteilung bereits bei einem Grasaufwuchs von wenigen Zentimetern, um die Kühe an die Weide zu adaptieren und bereits den ersten Aufwuchs abzuschöpfen. Damit kann die weitere Zuteilung nach physiologischem Alter (= Aufwuchshöhe) besser gestaffelt werden. Häufig wird zu lange gewartet, sodass später, durch das Wachstum bedingt, überständiges Gras abgeweidet werden muss. Aus dem Verlauf des Weideaufwuchses ergibt sich auch, dass bei gleicher Besatzstärke während der Weideperiode zu Beginn der Weidezeit ein Futterüberschuss in jungem Zustand gemäht und konserviert werden muss (Abb. 7.1-7). Bei abnehmender Weideleistung ist mehr Fläche mit dem entsprechenden Grasaufwuchs vorzuhalten, sodass der in Abb. 7.1-7 aufgezeigte Fehlbedarf abgedeckt ist.

Die Grundlagen einer optimalen Weideführung sind Besatzdichte und Futterangebot, das durch das richtige physiologische Alter und der Weidefläche definiert ist, aufeinander abzustimmen. Dies bedeutet, dass die Weidefläche entsprechend dem Nährstoffbedarf der aufgetriebenen Tiere zugemessen wird. Bei Standweiden ist der Wechsel von Grasminderung durch das Abweiden und der gleichzeitige tägliche erneute Zuwachs, der allerdings witterungsbedingt differiert und mit fortschreitender Jahreszeit abnimmt, zu berücksichtigen. Bei einer Aufwuchshöhe von etwa 12–15 cm und einem Grasverzehr von 90–100 kg beträgt der tägliche Flächenbedarf je Kuh etwa 100–130 m². Für Standweiden (Kurzrasenweiden) wird jedoch im Allgemeinen eine mittlere Aufwuchshöhe von nur etwa 5–8 cm empfohlen. Bei Umtriebs- und Portionsweiden sollte jeweils nur soviel Weide zugeteilt werden, wie die Kühe in dem vorgesehenen Zeitraum abfressen. Halbtages- oder Stundenweiden, d.h. Beweidung zwischen zwei Melkzeiten oder noch kürzer, sind ähnlich zu bewirtschaften. Sie sind jedoch sehr arbeitsintensiv. Auch wird die Weidefutteraufnahme nur einen geringen Teil der Gesamtration einnehmen, sodass häufig Aspekte des Wohlbefindens und der Gesundheit der Kühe im Vordergrund stehen.

Weidebeifütterung

Durch die Aufnahme von jungem Weidegras mit einem hohen Angebot an schnellabbaubaren Kohlenhydraten und an Rohprotein werden die physiologischen Vorgänge im Pansen der Kühe intensiv beeinflusst. Bei erhöhter Gesamtproduktion an flüchtigen Fettsäuren fällt der pH-Wert im Pansen deutlich bis in den Bereich unter 6,0. Gleichzeitig ist besonders der Essigsäureanteil vermindert (Übersicht 7.1-19). Durch diese verminderte Anflutung wird der Milchfettgehalt ungünstig beeinflusst. Allerdings ist die Milchfettdepression bei Weidegang vorrangig im Zusammenhang mit der gleichzeitig vermehrten Aufnahme langkettiger, ungesättigter Fettsäuren, deren Biohydrogenierung im Pansen und der endogenen Beeinflussung der De-novo-Fettsäuresynthese zu sehen (siehe 3.3.2.2 und 7.1.3.3).

Menge und Art des erforderlichen Beifutters ergeben sich aus der Höhe der Weidefutteraufnahme, der Nährstoffzusammensetzung des Weidegrases, und der jeweiligen Milchleistung. Für ein Vollweidesystem eignen sich stoffwechselstabile Kühe mit einem geringeren Lebendgewicht und einer eher mittleren Laktationsleistung im Bereich bis etwa 7.000 kg Jahresmilchmenge. Bei einer saisonalen Abkalbung (März bis April) ist je nach Grasaufwuchs insbesondere bis Mitte Mai die Beifütterung von Silage – vorrangig Maissilage – evtl. ergänzt mit etwas Heu, beizubehalten. Gleichzeitig ist Leistungskraftfutter bei täglichen Milchleistungen > 22–25 kg in einer Menge bis etwa 3 kg leistungsorientiert zu füttern. Bei fortschreitender Laktation (= fallende Milchleistung) ist die Beifütterung deutlich einzuschränken bzw. einzustellen, um die Verdrängung von Weidegras zu minimieren. Falls der Abkalbetermin (Februar, März) jahreszeitlich ausreichend früh liegt und damit der Laktationsgipfel noch weitgehend in den Bereich der Winterfütterung fällt, kann in einem Vollweidesystem gänzlich auf Beifütterung verzichtet werden.

Die Weidebeifütterung hat jedoch insbesondere in Milchviehherden mit ganzjähriger Abkalbung, einer höheren Jahresmilchmenge oder bei einem Weidegrasangebot, das nicht gleichmäßig und in ausreichend hoher Qualität zur Verfügung steht, eine hohe Bedeutung. Sie sollte auf energie- und strukturreichen Futtermitteln aufgebaut sein. Je nach den betrieblichen Verhältnissen können hierzu vor allem Maissilagen, aber auch Gras- und weitere Halmfruchtsilagen eingesetzt werden. Auch qualitätsreiches Wiesenheu in Anteilen von 1–2 kg täglich werden von den Tieren neben dem Weidegang aufgenommen. In Übersicht 7.1-20 sind für die Weidebeifütterung einige Vorschläge aufgezeigt. Diese Beispiel-

Übersicht 7.1-19
Kurzkettige Fettsäuren im Pansen bei Weidegang

	Winterfütterung	Weidegang
Essigsäure, %	62–69	50–62
Propionsäure, %	16–19	20–23
Buttersäure, %	(10)	14–21

Übersicht 7.1-20
Grundfutterrationen bei einer mittleren Trockenmasseaufnahme von 16,4 kg und für etwa 20–22 kg Milch (einschließlich Erhaltungsbedarf für Kühe mit 650 kg Lebendmasse) bei Weidegang mit Weidebeifütterung (ohne Mineralfutterergänzung) (Futtermittel in kg/Tag)

Futtermittel	Ration				
	I	II	III	IV	V
Weidegras (18 % T)	65	65	65	65	65
Wiesenheu (1. Schnitt, Beginn der Blüte)	–	2,5	–	–	1
Grassilage (40 % T, im Ährenschieben)	12	6,5	8	–	–
Maissilage (35 % T, mittlerer Kolbenanteil)	–	–	–	13	11
Melassierte Trockenschnitzel	–	–	1,5	–	–

rationen reichen im Energiegehalt für 20 kg und im Gehalt an nutzbarem Rohprotein für 22 kg Milch. Alle Rationen sind durch eine stark positive ruminale N-Bilanz gekennzeichnet. Geringfügig darüber hinausgehende Leistungen (z. B. bis etwa 25 kg Milch) könnten daher zunächst mit einer energiereichen Einzelkomponente (z. B. Getreide) ausgeglichen werden. Allerdings werden unter praktischen Fütterungsbedingungen höhere Leistungen (> 21 kg) zumeist ausschließlich durch Leistungskraftfutter abgedeckt, wie sie auch in der Winterfütterung üblich sind (siehe hierzu 7.1.4.6). Die Kraftfuttermengen sind jedoch auf etwa 5 kg zu begrenzen. Allerdings besteht bei dieser ausgeprägten Weidebeifütterung zunehmend die Gefahr, dass der Grasanteil in der Ration eingeschränkt wird. Auch stehen nur begrenzte Fresszeiten (Stall/Weide) zur Verfügung.

7.1.4.3 Grünfütterung im Stall

Während der Vegetationsperiode kann bei ungünstiger Flurlage und in Verbindung mit Ackerfutterbau Grünfutter auch im Stall vorgelegt werden. Grünfutter wird dabei hauptsächlich wegen der geringen Kosten pro Nährstoffeinheit gegenüber Futterkonserven eingesetzt. Allerdings besteht die Ration unter praxisüblichen Bedingungen doch zumeist aus einer Kombination von Grünfutter und Futterkonserven. Grundsätzlich kann auf Ackerfutterbaubetrieben eine „grüne Futterkette" installiert werden, die im Frühjahr vorwiegend aus Futterpflanzen wie Winterrübsen, Winterraps, Futterroggen und Landsberger Gemenge besteht. Anschließend gelangen die Hauptfutterpflanzen Luzerne, Rotklee, die verschiedenen Kleegrasgemische oder auch Weidelgras, im Herbst dann stärker Rübenblät-

Abbildung 7.1-8

Vegetationsstadium und Futterwert einiger Gräser

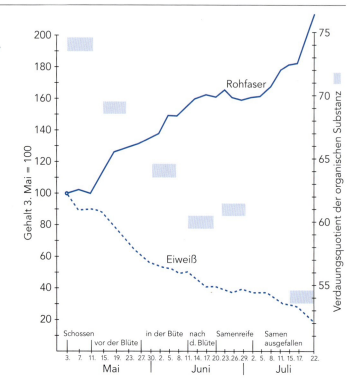

Übersicht 7.1-21

Futterwert der Luzerne (frisch, 1. Aufwuchs) in Abhängigkeit vom Schnittzeitpunkt

Schnittzeitpunkt	Verdaulichkeit d. org. Substanz %	1.000 g Trockenmasse enthalten			
		Rohfaser g	NEL MJ	Rohprotein g	nutzbares Rohprotein
vor der Knospe	75	178	6,33	254	154
in der Knospe	70	238	5,82	219	141
Beginn der Blüte	68	286	5,49	187	139
Mitte bis Ende der Blüte	63	327	5,07	175	135

ter, Leguminosenuntersaaten, Lihoraps, Markstammkohl und Stoppelrüben zum Einsatz. Allerdings hat diese Gesamtabfolge an Grünfutter keine praktische Bedeutung mehr. Vielmehr werden betriebsspezifisch nur noch einzelne Ackerfutterpflanzen, vor allem Leguminosen, verschiedene Kleegrasgemische oder Weidelgras zum Einsatz kommen. In Grünlandregionen kann aber auch Gras vom Dauergrünland unmittelbar im Stall verfüttert werden. Allen Futterpflanzen im jungen Wachstumsstadium bzw. Grüngut vom Dauergrünland ist gemeinsam, dass sie reich an leicht verdaulichen Nährstoffen und reich an Rohprotein sind (siehe Übersicht 7.1-21). Sie sind allerdings auch besonders wasserreich und arm an Rohfaser. Mit fortschreitendem Wachstum ändern sich Verdaulichkeit und Zu-

Übersicht 7.1-22

Grundfutterrationen bei einer mittleren Trockenmasseaufnahme von 14 kg und für 14–16 kg Milch (einschließlich Erhaltungsbedarf für Kühe mit 650 kg Lebendmasse) bei Grünfütterung im Stall (ohne Mineralfutterergänzung) (Futtermittel in kg/Tag)

Futtermittel	Ration				
	I	II	III	IV	V
Weidegras (18% T)	55	–	–	–	–
Rotklee (in der Knospe)	–	54	25	–	–
Luzerne (in der Knospe)	–	–	–	45	–
Landsberger Gemenge (vor der Blüte)	–	–	–	–	45
Sommerraps (vor der Blüte)	–	–	30	–	–
Wiesenheu (1. Schnitt, Beginn der Blüte)	–	2,5	5	–	2
Grassilage (40% T, 1. Schnitt, im Ährenschieben)	–	9	–	–	11
Maissilage (35% T, mittlerer Kolbenanteil)	12	–	–	18	–
Melassierte Trockenschnitzel	–	–	2	–	–

sammensetzung der Futterpflanzen ganz erheblich. In Abb. 7.1-8 ist dieser Einfluss des Vegetationsstadiums nochmals für Gräser dargestellt. So erhöht sich der Rohfasergehalt bzw. der Gehalt an pflanzlichen Gerüstsubstanzen; der Rohproteingehalt, die Verdaulichkeit und der Energiegehalt erniedrigen sich gegenläufig.

Hohe Nährstofferträge wie auch die bessere Verwertung durch die Milchkuh erfordern also einen rechtzeitigen Schnitt des Grünfutters. Durch den Einfluss des Vegetationsstadiums ist es jedoch bei der Stallfütterung schwierig, ständig etwa gleich junges Grünfutter bereitzustellen. Vielfach muss das Grünfutter in einem zu jungen oder zu alten Stadium und daher mit einer geringen Produktivität verabreicht werden. Dies kann man weitgehend vermeiden, wenn man verschiedene Futterpflanzen anbaut, statt Reinsaaten Gemische verwendet und Futterflächen für das Winterfutter mit in die Grünfutterperiode einbezieht.

Praktische Grünfutterrationen

Die Möglichkeiten für den Einsatz verschiedener Grünfutterpflanzen beim Milchvieh sind in Übersicht 7.1-22 dargestellt. Die vorgestellten Rationen reichen energetisch für 14–16 und im Gehalt an nutzbarem Rohprotein für etwa 17–18 kg Milch. Daher ist zunächst wiederum die Ergänzung mit einer energiereichen Kraftfutterkomponente (z. B. Getreide, melassierte Trockenschnitzel) notwendig. Mit Ausnahme der Ration IV weisen alle Rationen zudem einen sehr deutlichen Überschuss an ruminalem Stickstoff aus. Auch zum Ausgleich der RNB ist die Beifütterung von Energieträgern anzustreben. Aus pansenphysiologischen Gründen ist die Ration bei Nutzung von jungen Aufwüchsen oder bei dem sehr wasserreichen Raps mit Rohfaser (Heu, Silagen) zu ergänzen. Im Vergleich zu junger Weide kann jedoch die Verfütterung von Rotklee und vor allem Luzerne durch den höheren Stängelanteil hinsichtlich der Futterstruktur als günstig angesehen werden. Noch höhere Leistungen (> 18–20 kg Milch) erfordern weiterhin den Einsatz eines ausgeglichenen Leistungskraftfutters. Während die Rationen I, II und IV für leistungsstarke Milchkühe bei einem gleichzeitig hohen Kraftfuttereinsatz geeignet sind, trifft dies für die Rationen III und V weniger zu.

7.1.4.4 Rationsgestaltung mit Futterkonserven

Der Futterwert von getrocknetem oder siliertem Grünfutter ist zumeist geringer als von frischem Material, da die Verdaulichkeit der Nährstoffe und damit auch die Nährstoffkonzentration durch die Konservierung und den häufig späteren Nutzungstermin abnehmen. Daher ist besondere Sorgfalt bei der Wahl des Schnittzeitpunktes und der Konservierungstechnik notwendig, um einen möglichst hohen Energiegehalt zu erreichen. Produkte des Ackerfutterbaues (z. B. Silomais, Futterrüben) ermöglichen eine hochwertige energetische Ergänzung zu Grassilage oder Heu.

Heu, Produkte der Heißlufttrocknung und Stroh

Die Futterkonservierung zu Heu findet zumeist bei einem späteren Nutzungstermin gegenüber Grüngut oder der Silierung statt; weist aufgrund der längeren Trocknungsdauer ein erhöhtes Wetterrisiko auf und ist mit verstärkten Brökelverlusten insbesondere bei blattreicherem Schnittgut belastet. Insgesamt ist damit die Verdaulichkeit der organischen Substanz und die Energie- und Nährstoffkonzentration je kg T verringert. Gleichzeitig sind die Kosten des Ernteverfahrens hoch. Mit Ausnahme von Gebieten mit Hartkäsereien (siehe 7.1.3.4) wird daher Heu nur in Ergänzung zu Grünfutter (siehe 7.1.4.3) bzw. vor allem zu Silagen eingesetzt. Zwar können mit unterdachgetrocknetem Heu oder besonders sorgfältig geworbenem Heu („Almenheu") aufgrund der hohen Nährstoffkonzentration und der gleichzeitig sehr hohen Futteraufnahme von 14–18 kg T Leistungen bis zu 18 kg Milch ermöglicht werden (siehe Abb. 7.1-9). Demgegenüber ist jedoch Heu in modernen Milchviehrationen als ausgezeichnetes Strukturfutter einzusetzen. Dabei sind vorrangig frischlaktierende Kühe (Übergangsfütterung, Fütterung bis 100 Tag p.p.) mit Heu in Anteilen von 1 bis 3 kg pro Kuh und Tag je nach der betriebsspezifisch verfügbaren Heumenge zu bedienen. Auch wenn die Bedeutung von Heu hinsichtlich des positiven Einflusses auf die pansenphysiologischen Vorgänge zu sehen ist, sollten Schnittzeitpunkt und Ernteverfahren auf einen hohen Energiegehalt ausgerichtet sein.

Produkte moderner Heißlufttrocknungsanlagen basieren auf Grüngut (z. B. Wiesengras, Kleegras, Luzerne) mit einem frühen Schnittzeitpunkt und minimieren das Wetterrisiko. Allerdings unterscheiden sich Herstellungsverfahren und die daraus resultierende physikalische Struktur der Trocknungsprodukte deutlich. Für die Milchviehfütterung sind ausschließlich Cobs bzw. Briketts von Bedeutung. Cobs entstehen, wenn unvermahlenes Grüngut nach der Trocknung in Matrizenpressen verarbeitet wird. Dabei bleibt die ursprüngliche Struktur wesentlich besser erhalten. Noch am günstigsten beurteilt werden kann die physikalische Raufutterstruktur von Briketts, die aus unvermahlenem Ausgangsmaterial und in Kolbenpressen hergestellt werden.

Die Produkte der Heißlufttrocknung zeichnen sich gegenüber der konventionellen Heuwerbung durch geringe Nährstoffverluste aus, die für Kohlenhydrate und Rohprotein im Bereich von 5–10% liegen. Aufgrund eines gleichzeitig früheren Schnittzeitpunktes des Grüngutes besitzen die Trocknungsprodukte hohe Rohproteingehalte, relativ viele leichtlösliche Kohlenhydrate und geringe Rohfaserwerte bei einer hohen Verdaulichkeit der or-

Abbildung 7.1-9
Milchleistung bei Verfütterung verschiedener Arten von Wiesenheu

ganischen Substanz von etwa 80 %. Allerdings können höhere Trocknungstemperaturen und ein Vorwelken die Verdaulichkeit der Nährstoffe vermindern. Die Verdaulichkeitsminderung ist aber gleichzeitig mit einer verringerten Abbaubarkeit des Proteins im Pansen im Vergleich zum Ausgangsprodukt verbunden. So kann bei Cobs mit einem Anteil an UDP von 40 % des Rohproteins gerechnet werden. Das auf diese Weise vor dem Pansenabbau geschützte Protein ist aber nicht sehr hochwertig und nicht vollständig dünndarmverdaulich.

In der praktischen Milchviehfütterung werden vor allem Cobs eingesetzt. Durch die Verfütterung von Cobs lässt sich die T-Aufnahme deutlich steigern und die Grundfutterqualität erhöht sich. Dies ermöglicht Milchmengenleistungen von bis zu 18 kg aus dem Grundfutter und damit eine deutliche Kraftfuttereinsparung. Allerdings ist aufgrund der ungünstigen Futterstruktur im Vergleich zu herkömmlichen Milchviehrationen und des hohen Angebots an leichtlöslichen Kohlenhydraten ein leichter Abfall im Milchfettgehalt zu verzeichnen. Im Pansen wurde eine verstärkte Bildung von Propionat und Butyrat und damit eine Verengung des Acetat-Propionat-Verhältnisses beobachtet. Dies erklärt auch, warum in weiteren Versuchen neben einer höheren Milchmengenleistung ein erhöhter Eiweißgehalt in der Milch festgestellt wurde.

Alle Verfahren der Heißlufttrocknung sind mit außerordentlich hohen Energiekosten belastet. Für den weiteren Einsatz von Cobs in der Milchviehfütterung ist daher die Entwicklung der Energiekosten für die Trocknung entscheidend.

In Zeiten mit Futterknappheit wurde häufig auch der Einsatz von Stroh in der Milchviehfütterung erwogen. Da natives Stroh aufgrund starker Lignifizierung nur eine sehr geringe Nährstofflieferung erbringt, wurden Methoden zum Aufschluss von Stroh entwickelt. Dabei hat sich der Aufschluss mit konzentrierter Natronlauge (40–50 g/kg Stroh) oder mit Ammoniak (30 g/kg Stroh) bewährt. Bei der Ammoniakbehandlung muss das Stroh mit Fo-

Foto 7.1-14	Foto 7.1-15
Auch aus wirtschaftlichen Gründen ist Grünfutter gegenüber konservierten Grünfuttermitteln im Sommer vorzuziehen	Nicht nur im Winter gehört verdorbenes oder gefrorenes Futter nie in den Futtermischwagen

lien abgedichtet werden und kann erst nach 6–8 Wochen gelüftet werden. Der Aufschluss mit Basen bewirkt im Wesentlichen eine Schwächung der Vernetzung von Ligninen mit Hemicellulosen und Cellulosen, sodass Cellulose von Pansenmikroben abgebaut werden kann. Dadurch erfährt das Stroh eine energetische Aufwertung um 0,4–0,8 MJ NEL je kg. Durch die Verwendung von Ammoniak steigt zudem der Rohproteingehalt von ca. 4 auf 7 %, wobei aber zu berücksichtigen ist, dass dieses zusätzliche Rohprotein zu 100 % verfügbar ist und damit nur zur N-Versorgung der Mikroorganismen beitragen wird. Allerdings sind alle Verfahren arbeitsaufwendig und mit Kosten belastet, sodass im deutschsprachigen Raum, aber auch in den weiteren europäischen Ländern aufgeschlossenes Stroh nicht verfüttert wird.

Trotzdem ist der Einsatz von Stroh bedingt durch die Fütterungstechnik, z. B. Einsatz des Futtermischwagens, und durch die teilweise leichtere Verfügbarkeit gegenüber Heu praxisrelevant. Stroh kann ausschließlich aufgrund des günstigen Struktureffektes in Mischrationen (PMR, TMR) für frischlaktierende Kühe in geringen Anteilen von 0,5 bis etwa 1 kg täglich eingeplant werden. Allerdings kann Stroh auch zur Energie- und Nährstoffverdünnung in Mischrationen im letzten Laktationsdrittel und für trockenstehende Kühe genutzt werden. Die Strohgewinnung für Fütterungszwecke erfordert gleichermaßen hohe Ansprüche wie bei Heu, z. B. trockenes Erntegut, frei von erdigen Bestandteilen, keine Mykotoxinbelastung und wettersichere Lagerung (siehe 11.1).

Silagen

Zur Silierung werden vor allem Grüngut des Dauergrünlandes und Silomais von Ackerflächen, aber auch Weidelgras in Reinansaat, Gras- und Leguminosengemische, Leguminosen (Rotklee, Luzerne u.a.), Getreide- oder Ackerbohnen-Ganzpflanzen, Zwischenfrüchte wie Raps, Erbsen, Gemengeansaaten u.a. oder Nebenprodukte wie Rübenblatt herangezogen. Ein hoher Wassergehalt bzw. andererseits auch ein zu hoher Trockenmassegehalt im Ausgangsprodukt, Verschmutzung des Siliergutes, ein ungünstiger Vergärbarkeitskoeffizient (d.h. niedrige Zuckergehalte und/oder eine hohe Pufferkapazität z.B. in Verbindung mit einem hohen Rohproteingehalt) erschweren die Silierung. Für den erfolgreichen Ablauf zur Erstellung qualitativ hochwertiger Silagen sind daher einige Grundregeln zu beachten. Für Grassilage lassen sich diese wie folgt beschreiben: Wahl des richtigen Schnittzeitpunktes (z.B. Beginn des Ähren- und Rispenschiebens bei Gras), schnelles Anwelken (Trockenmassegehalt der Silagen im Bereich von 36–42%) bei kurzen Feldliegezeiten, Ernteverfahren z.B. über Exakthäckselkette (theoretische Häcksellänge im Bereich von 12 bis 30 mm), Einsatz eines biologischen Siliermittels, schnelles Befüllen des Silobehälters und starkes Verdichten, sofortiges, luftdichtes Abdecken sowie Entnahme bei glatter, nicht gelockerter Anschnittfläche und ausreichendem Vorschub (etwa bis 1,5 m bzw. 2,5 m pro Woche im Winter bzw. Sommer). Für Maissilage ergibt sich eine grundsätzlich vergleichbare Vorgehensweise. Der optimale Erntezeitpunkt kann sortenspezifisch mit einem maximalen ausgeprägten Kolbenanteil, einer Kornabreife im Bereich bis 58–63% Trockenmasse und einem Trockenmassegehalt der Restpflanze von etwa 22–25% beschrieben werden. Im Allgemeinen werden Maissilagen einen T-Gehalt von 33–36% aufweisen. Die theoretische Häcksellänge beträgt 6–8 mm, wobei eine höhere Abreife der Restpflanze kürzere Häcksellängen und andererseits eine geringere Abreife längere Häcksellängen ermöglicht. In jedem Fall ist auf eine ausreichende Kornzerkleinerung zu achten.

Die Gärqualität ist nach erfolgter Milchsäuregärung durch den Zustand einer anaerob stabilen Silage gekennzeichnet. Bei anaerob instabilen Silagen erfolgen verstärkt Stoffumsetzungen zu Essigsäure und/oder Buttersäure. Der derzeit gültige DLG-Schlüssel zur Beurteilung der Gärqualität (DLG, 2006) beruht daher auf den Gehalten dieser Gärsäuren und ihrem gegenseitigen Verhältnis in der Silage. Ergänzend wird auch trockenmasseabhängig der pH-Wert der Silage miteinbezogen. Weiterhin sollte die Silage sensorisch bewertet (DLG-Sinnenbewertungsschlüssel) und insbesondere auf hygienische Mängel (z.B. Schimmelnester u.a.) oder Nacherwärmung geachtet werden.

Hinsichtlich des Futterwertes ermöglicht eine hohe Schlagkraft in der Mechanisierung insbesondere bei der Grassilierung das Wetterrisiko zu minimieren. Für die Maissilierung helfen moderne Modelle zur Erntezeitprognose sorten- und regionalspezifisch den richtigen Siliertermin zu wählen. Qualitativ hochwertige Grassilagen des 1. Schnitts sind durch Energiegehalte von 6,2–6,4 MJ NEL/kg Trockenmasse, Grassilagen der folgenden Schnitte mit einem um 0,3–0,5 MJ NEL/kg Trockenmasse geringerem Energiegehalt ausgewiesen. Maissilagen kolbenbetonter Sorten weisen Energiegehalte von 6,6–6,8 MJ NEL/kg Trockenmasse auf.

Rationen für Milchkühe bestehen nicht nur in der Winterfütterung sondern bei vielen Betrieben auch ganzjährig ausschließlich aus Futterkonserven. In Übersicht 7.1-23 sind von den verschiedenen möglichen silagebetonten Rationen einige Beispiele unter Berücksichtigung der häufigsten Silagearten aufgezeigt. Grundsätzlich kann Gras- oder Maissilage

Übersicht 7.1-23

Grundfutterrationen bei einer mittleren Trockenmasseaufnahme von 14 kg und für 14–16 kg Milch (einschließlich Erhaltungsbedarf für Kühe mit 650 kg Lebendmasse) bei Fütterung von Futterkonserven (ohne Mineralfutterergänzung) (Futtermittel in kg/Tag)

Futtermittel	Ration						
	I	II	III	IV	V	VI	VII
Heu (Wiesengras, 1. Schnitt, Beginn der Blüte)	4	–	2	–	–	4	–
Luzerneheu	–	–	–	2	–	–	3
Grassilage (40 % T, 1. Schnitt, Beginn Ährenschieben)	24	21	–	–	10	16	–
Maissilage (35 % T, mittlerer Kolbenanteil)	–	16	38	18	15	–	21
Rotklee-Grassilage (35 % T, Beginn der Blüte)	–	–	–	17	–	–	–
Weizen-Ganzpflanzensilage (35 % T, Teigreife)	–	–	–	–	14	–	–
Futterrüben (15 % T)	–	–	–	–	–	27	–
Zuckerrübenblattsilage (16 % T)	–	–	–	–	–	–	24

als alleiniges Grundfutter verabreicht werden. Allerdings werden je nach standortspezifischer Voraussetzung zumeist mehrere Grundfutterkonserven bei der Rationsgestaltung berücksichtigt. So bietet sich in den reinen Grünlandregionen die Kombination von Heu mit Grassilagen an. Bei Vorhandensein von Ackerflächen wird vorrangig Maissilage in die Rationsgestaltung einbezogen. Auch weitere Futterkonserven (z. B. Luzerneheu, Silagen von Leguminosen, Getreide-Ganzpflanzen, Zuckerrübenblatt oder Futterrüben) setzen entsprechende Ackerflächen voraus. Entscheidend für eine hohe Milchleistung aus dem Grundfutter ist vor allem eine hohe Futteraufnahme. Mit zunehmendem Maissilageanteil erhöht sich der energetische Milcherzeugungswert der Ration von im Mittel etwa 14 kg (Graskonserven, Ration I) bis etwa 16 kg (Maissilage, Heu, Ration III, siehe Übersicht 7.1-23). Alle dargestellten Grundfutterrationen ermöglichen darüber hinaus eine Versorgung an nXP für durchschnittlich etwa 17 kg Milch. Allerdings differieren die Rationen in der ruminalen Stickstoffbilanz erheblich, sodass ein unterschiedliches Ausgleichskraftfutter zur Rationsbilanzierung notwendig wird. Für grassilagebetonte Rationen (z. B. Ration I) mit einer positiven RNB ist daher eine entsprechende Energieergänzung zu diskutieren. Demgegenüber weisen maissilagebetonte Rationen (z. B. Ration III) sehr stark negative ruminale Stickstoffbilanzen auf, sodass die berechnete Leistung nur bei gleichzeitigem Rohproteinausgleich ermöglicht wird. In der Fütterungspraxis wird daher versucht, durch Kombination entsprechender Grundfutterarten eine in der Energie- und Nährstoffzufuhr ausgeglichene Ration (z. B. Ration II, IV, VI) anzubieten.

Die verschiedenen Grundfutterrationen sind darüber hinaus auch in Abhängigkeit ihrer Einzelkomponenten hinsichtlich des Futteraufnahmevermögens, der Strukturwirkung oder des Anteils schnell abbaubarer Kohlenhydrate (Zucker, Stärke) zu diskutieren. Bis auf die Rationen mit Futterrüben und Zuckerrübenblattsilage bieten alle Rationen ausrei-

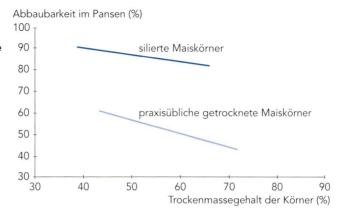

Abbildung 7.1-10
Abbaubarkeit von Maisstärke im Pansen in Abhängigkeit der Abreife des Maiskornes und der Konservierung

chend strukturiertes Grundfutter auch bei gleichzeitig verstärktem Kraftfuttereinsatz. Ganzpflanzensilagen (GPS) aus Winterweizen oder Wintergerste werden gern gefressen, sodass Futteraufnahme und Strukturwert der Ration positiv beeinflusst werden. Allerdings ist zu beachten, dass Getreide-GPS nur knapp den Energiegehalt von guter Grassilage erreicht, dieser aber im Rohproteingehalt unterlegen ist.

Getreide-GPS, vor allem aber Maissilagen enthalten zudem Stärke, die in der Rationsgestaltung zu berücksichtigen ist. Allerdings differiert die Geschwindigkeit des ruminalen Stärkeabbaues und die Höhe der effektiven Abbaubarkeit deutlich in Abhängigkeit der Futterart. So wird z. B. die Stärke in der Reihenfolge Hirse > Körnermais > Kartoffel > Ackerbohne/Erbse > Gerste, Hafer, Weizen zunehmend vollständiger im Pansen abgebaut. Für Maisprodukte spielen darüber hinaus die Konservierungsform (Silierung, Trocknung), die Kornreife oder auch die Maissorte eine wichtige Rolle. Abb. 7.1-10 zeigt die Abhängigkeit des ruminalen Stärkeabbaues vom Trockenmassegehalt des Kornes bei der Ernte in der Silage und im Körnermais. Im Mittel beträgt die Stärkeabbaubarkeit in Silagen etwa 85 %, im Körnermais jedoch nur etwa 50 bis 60 % (KURTZ und SCHWARZ, 2007).

Immer stärker zum Einsatz bei der Milchkuh gelangen auch Silagen, die nur aus Teilen der Maispflanze bestehen wie Corn-Cob-Mix (CCM), Lieschkolbenschrotsilage (LKS) oder Maiskörner. Diese Silagen eignen sich hervorragend aufgrund des hohen Stärke- und Energiegehaltes zur Kombination mit hochwertigen Grassilagen. Für die Stärke in diesen Silagen kann eine ruminale Abbaubarkeit von 75–78 % unterstellt werden. Das Ziel bei Verfütterung sollte jedoch der Austausch gegen Kraftfutter und damit die Einsparung von Kraftfutter sein. In ähnlicher Weise ist auch die Pressschnitzelsilage zu beurteilen, die bei einwandfreier Silierung den Trockenschnitzeln im Nährstoffgehalt ebenbürtig ist. Der Rationsanteil kann bis zu 5,0 kg Trockenmasse je Kuh und Tag betragen. Pressschnitzelsilage weist als Nebenprodukt der Zuckerrübenverarbeitung einen hohen Gehalt an pflanzlichen Gerüstsubstanzen auf, sodass ein teilweiser Austausch auch gegen Grundfutter möglich ist.

Rüben in der Winterfütterung

Im Vergleich zu Heu und Silagen sind Rüben wesentlich höher verdaulich, weisen damit einen beachtlichen Energiegehalt auf und werden sehr gern gefressen. Dadurch erhöht sich mit Rüben in der Futterration der Grundfutterverzehr insgesamt und somit die aus dem Grundfutter erzielbare Milchleistung. Allerdings ist die praktische Bedeutung der Futterrüben sehr gering, da Anbau, Lagerung und Fütterungstechnik sehr arbeitsaufwendig sind.

Futterrüben sind arm an Trockenmasse, wobei Massenrüben 8–13 %, Mittelrüben 13–16 % und Gehaltsrüben 16–19 % T enthalten. Der Futterwert dieses rohfaserarmen Saftfutters ist im Wesentlichen durch einen hohen Gehalt an Kohlenhydraten gekennzeichnet, die zu 60–70 % aus Zucker bestehen. Aus dieser Nährstoffzusammensetzung ergibt sich bei der „Heu-Rüben-Fütterung" ein sehr einseitiges Fütterungssystem. Mit hohen Rübengaben werden beträchtliche Zuckermengen verabreicht. Werden höhere Gaben an Rübenblatt sowie andere zuckerreiche Futtermittel wie Schnitzel und Melasse neben großen Rübenmengen verfüttert, so ist sogar besondere Vorsicht geboten, da die Pansenvorgänge sowie die Gesundheit und Fruchtbarkeit der Kühe nachteilig beeinflusst werden können. Auch zeigen neuere Stoffwechselversuche, dass diese zuckerreichen Rationen zu einer Überschätzung der Nettoenergieaufnahme führen. Auf jeden Fall ist auf einen Rohfaserausgleich zu achten. Die tägliche Rübengabe sollte 40 kg nicht übersteigen. In Übersicht 7.1-23 ist ein Rationsbeispiel aufgezeigt. Wird bei Rübenfütterung nicht zusätzlich ein rohproteinreiches Grundfutter eingesetzt, so muss die erforderliche Zufuhr an pansenabbaubarem Rohprotein mit Kraftfutter vorgenommen werden.

Für Zuckerrüben und deren Vollschnitzel gelten diese Zusammenhänge durch den höheren Zuckergehalt in noch stärkerem Maße. Die tägliche Höchstmenge sollte bei frischen Zuckerrüben 15 kg und bei Vollschnitzeln die Menge von etwa 20 kg nicht überschreiten. Auch soll nochmals auf die im Vergleich zum monogastrischen Tier schlechtere energetische Verwertung des Zuckers durch den Wiederkäuer hingewiesen werden.

7.1.4.5 Biertreber und Schlempen

Unter den verschiedenen Nebenprodukten des Gärungsgewerbes – wozu neuerdings auch die Bioethanolherstellung gehört – spielt der Einsatz von Biertrebern und Schlempen dem Umfang nach die größte Rolle in der Milchviehfütterung. Infolge des Gärvorganges weisen beide Futtermittel im Vergleich zum Ausgangsprodukt einen wesentlich höheren Rohprotein- und Rohfasergehalt auf bei einer gleichzeitig niedrigen Verdaulichkeit der organischen Substanz. Biertreber und Schlempe werden daher in erster Linie in der Milchviehfütterung eingesetzt.

Frische oder silierte Biertreber sind aufgrund eines mittleren Rohproteingehalts von etwa 25 % i. d. T als Eiweißfuttermittel zu bezeichnen. Vorteilhaft für die Milchkuh ist überdies die geringe ruminale Abbaubarkeit des Proteins von Biertreber, sodass sich in Verbindung mit dem höheren Anteil an UDP ein hoher Gehalt an nXP errechnet. Daher sollte Biertreber vorzugsweise an leistungsstarke Milchkühe im ersten Drittel der Laktation für eine verbesserte nXP-Zufuhr eingesetzt werden. An eine Milchkuh können täglich 15–20 kg frische Biertreber verabreicht werden, ebenso wie silierte Biertreber. Zu beachten ist jedoch eine gute Silagequalität, da Biertreber schwer silierbar und die Silagen wenig haltbar sind.

Von getrockneten Biertrebern sollten nicht mehr als 2–3 kg täglich gegeben werden. Praxisüblich werden sie jedoch als Eiweißkomponente in das Kraftfutter eingemischt (siehe 7.1.4.6).

Frische Schlempen sind wasserreich (mehr als 90%) und rohfaserarm. Auch sie sind mit etwa 30% Rohprotein i. d. T zu den Eiweißfuttermitteln zu rechnen. Allerdings weisen sie in Abhängigkeit der geringen Trockenmasse eine niedrige Nährstoffkonzentration auf. Der Futterwert von Weizen- und Maisschlempen ist im Vergleich zu Kartoffelschlempe beinahe doppelt so hoch. Der physiologisch richtige Einsatz der Schlempen in der Milchviehfütterung erfordert neben einer Begrenzung der täglichen Menge den Ausgleich der Futterration mit rohfaserreichem Material, z. B. mit Heu und Silagen. Besondere Beachtung verdient die tägliche Aufnahme an Schlempe. Nach langsamer Gewöhnung kann man an Milchkühe bis zu 40 kg Kartoffelschlempe und bis zu 50 kg Getreideschlempe verfüttern. Höhere Mengen an Schlempe können zu gesundheitlichen Störungen führen, bei Kartoffelschlempe vor allem zur Mauke. Schlempe soll stets frisch, möglichst noch warm (50–60 °C) verfüttert werden. Dadurch wird die Gefahr einer Säuerung vermieden. Aus diesem Grunde ist auch stets auf die Sauberkeit der Tröge und Leitungen zu achten.

Schlempen fallen darüber hinaus in großen Mengen bei der Bioethanolherstellung vorrangig auf der Basis von Getreide an. Sie kommen als Trockenschlempen (DDGS = Dried Distillers Grains with Solubles) pelletiert in den Handel bzw. zur Mischfutterindustrie. Als eiweißreiche Einzelkomponente sind sie Bestandteil des Kraftfutters für Milchkühe (siehe 7.1.4.6). Im Einzelfall können diese Schlempen jedoch auch als Pressschlempen (Trockenmassegehalt etwa 30–35%) am landwirtschaftlichen Betrieb angeliefert und siliert werden (siehe 7.7.5.3). Sie können entsprechend des höheren Rohproteingehaltes im Austausch gegen Eiweißfuttermittel bzw. Kraftfutter in die Ration eingebunden werden.

7.1.4.6 Kraftfutter

Eine bedarfsgerechte Energieversorgung von leistungsstarken Milchkühen erfordert, die Grundfutterration in Abhängigkeit ihrer Energie- und Nährstoffgehalte mit Kraftfutter zu ergänzen. Die aus dem Grundfutter erzielbare Jahresmilchmenge pro Kuh schwankt in der Fütterungspraxis in einem sehr weiten Bereich von etwa 3.000 bis 5.000 kg Milch. Dabei spielen Grundfutterart und -qualität, die erreichte Verzehrsrate, aber auch die Höhe des Kraftfutterangebots und die Milchleistung eine wichtige Rolle. Je nach herdenspezifischer Milchleistung wird daher die notwendige Kraftfutterzufuhr ebenfalls erheblich variieren. Trotz erhöhter Energiezufuhr mit zunehmender Leistung ist aber festzuhalten, dass sich unter Berücksichtigung des Erhaltungsbedarfs der Gesamtenergieaufwand pro kg erzeugter Milch deutlich verringert (siehe Abb. 7.1-11). Allerdings ergibt sich aus der Preisrelation zwischen Grundfutter und Kraftfutter, aber vor allem auch aufgrund des Ziels einer wiederkäuergerechten Rationsgestaltung, dass wirtschaftseigenes Grundfutter soviel wie möglich und vom Kraftfutter nur soviel wie nötig eingesetzt werden sollte, das heißt, Kraftfutter wird streng nach Leistung verfüttert. Dabei ist neben der Milchleistung auch die Veränderung der Körpermasse in die leistungsorientierte Fütterung miteinzubeziehen. Insbesondere nach erhöhter Mobilisierung von Körperreserven als Folge eines deutlichen Energiedefizits zu Laktationsbeginn ist das Auffüllen der Körperdepots bei der Kraftfutterzuteilung zu berücksichtigen. Sofern

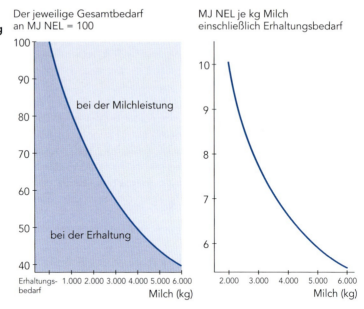

Abbildung 7.1-11
Relativer Energiebedarf für Erhaltung und Milchleistung sowie Gesamtenergiebedarf

eine Gesamtmischration (TMR) verabreicht wird, ist das Grund-Kraftfutterverhältnis vorgegeben, sodass die Kraftfutterzufuhr der Einzelkuh nur über eine Zuteilung nach Leistungsgruppen oder über das Leistungsniveau der Gesamtherde gesteuert wird. Damit kann eine Unterversorgung, oft aber auch eine Überversorgung an Kraftfutter verbunden sein, die die Futterkosten deutlich erhöht.

Milchleistungsfutter

Die Verwendung von einem Futtermittel als Kraftfutter kommt für eine rationelle Milchviehfütterung nur für sehr wenige Rationstypen in Frage. Vielmehr ist zunächst zu differenzieren zwischen einzelnen Kraftfutterkomponenten, die zum Energie- und Nährstoffausgleich des Grundfutters eingesetzt werden, und eines Mischfutters, das leistungsorientiert vorgelegt wird. Nur zum Ausgleich der Grundfutterration kann fehlendes Rohprotein durch Nebenprodukte aus der Ölgewinnung, aber auch aus dem Gärungsgewerbe oder der industriellen Biokraftherstellung, durch verschiedene Leguminosensamen und auch durch rohproteinreiches Milchleistungsfutter (DLG-Standard III, IV) ergänzt werden. Rohproteinüberschuss in der Grundfutterration kann durch Energieträger wie Trockenschnitzel, aber auch durch Getreide, Körnermais und Mühlennachprodukte ausgeglichen werden. Für die Leistungsfütterung oberhalb des ausgeglichenen Grundfutterniveaus lassen sich verschiedene Milchleistungsfutter einsetzen. Dazu kann eine hofeigene Mischung erstellt werden oder es werden handelsübliche Mischfutter bezogen. Die DLG unterscheidet vier bzw. fünf Standard-Milchleistungsfutter, die sich zunächst anhand der Rohproteingehalte von max. 7,5/15 % bis min. 28 % differenzieren (siehe Übersicht 7.1-24). Gleichzeitig werden diese Milchleistungsfutter Energiestufen zugeordnet, die mit 6,2 MJ NEL (Energiestufe 2) bzw. 6,7 MJ NEL (Energiestufe 3) pro kg ausgewiesen sind. Auch Misch-

Übersicht 7.1-24

DLG-Standards bei Milchleistungsfutter

in %	Standard			
	I	II	III	IV
Rohprotein	max. 15	16–20	21–27	min. 28
(davon aus NPN	–	3	6	6)
Rohfett	max. 4,8	min. 4,8	2–8	2–8
Rohasche (max.)	9	9	12	12
Calcium (min.)	0,7	0,7	1,3	1,9
Phosphor (min.)	0,4	0,4	0,6	0,7
Natrium (min.)	0,15	0,15	0,3	0,4
Energie (MJ NEL/kg)	min. 6,2/6,7	min. 6,2/6,7	min. 6,2/6,7	min. 6,2

Übersicht 7.1-25

Beispiel eines Mischungsverhältnisses für Milchleistungsfutter zum Einsatz bei ausgeglichenem Grundfutter

Rapsextraktionsschrot	+ Getreide im Verhältnis von 1 : 3

futter mit höheren Energiegehalten (Energiestufe 4, > 7,0 MJ NEL/kg), die allerdings zumeist fettreiche Einzelkomponenten enthalten, finden sich in der Fütterungspraxis.

Für die Rationskalkulation mit diesen Kraftfuttertypen ist neben der Angabe des Gehaltes an Nettoenergie der Gehalt an nutzbarem Rohprotein und die Angabe der RNB ausschlaggebend. Um das Kraftfutter darüber hinaus besser einzuschätzen, sind nähere Angaben zur Kohlenhydratfraktion (Zucker, Stärke) vorteilhaft.

Für die Erstellung und den Einsatz von Milchleistungsfutter bieten sich folgende Möglichkeiten an:

a) Milchleistungsfutter nach DLG-Standard II mit einem Energiegehalt von 6,7 MJ NEL und einem Gehalt an nutzbarem Rohprotein von 170–180 g pro kg
b) Mischungen der Milchleistungsfutter nach DLG-Standard III und IV mit wirtschaftseigenem Getreide bzw. anderen energiereichen, proteinarmen Einzelkomponenten
c) Mischungen von Einzelfuttermitteln als hofeigen erstelltes Milchleistungsfutter

Sofern kein wirtschaftseigenes Getreide und weitere Einzelkomponenten (siehe Übersicht 7.1-25) zur Verfügung stehen, wird man den Standard II einsetzen. 1 kg dieses Milchleistungsfutters deckt den Bedarf an nutzbarem Rohprotein und Energie für 2,0 kg Milch, je nach deren Fett- und Eiweißgehalt. Dabei ist besonders darauf zu achten, dass nutzbares Rohprotein und Nettoenergie in einem ausgeglichenen Verhältnis für den Bedarf einer bestimmten Milchleistung vorliegen. Aus den rohproteinreicheren Mischfuttertypen lassen sich vor allem mit wirtschaftseigenem Getreide Mischungen herstellen, die im Nährstoffgehalt dem Milchleistungsfutter II entsprechen. Milchleistungsfutter I dient zum Ausgleich von Rationen mit einer deutlich positiven ruminalen N-Bilanz, wobei jedoch gleichzeitig die Versorgung mit nutzbarem Rohprotein berücksichtigt werden muss. Wegen des Nährstoffbedarfs und der Futteraufnahme sollten jedoch Hochleistungskühe stets energiereiche Milchleistungsfutter erhalten (6,7 und > 6,7 MJ NEL pro kg).

Zur Erstellung von Milchleistungsfutter steht der Mischfutterindustrie neben Getreide, Körnermais und Leguminosen eine Vielzahl von Nebenprodukten zur Verfügung, die bei der Herstellung von Lebensmitteln anfallen und vorrangig an Wiederkäuer verfüttert werden. Ihre Eingruppierung erfolgt in Nebenerzeugnissen der Müllerei, der Zucker- und Stärkeherstellung, des Gärungsgewerbes und der Ölgewinnung. Neuerdings ergeben sich auch bei der Biokraftstofferzeugung erhebliche Mengen an Nebenprodukten, die im Mischfutterbereich einsetzbar sind. Alle Einzelfuttermittel sind in der Positivliste (Normenkommission für Einzelfuttermittel im Zentralausschuss der Deutschen Landwirtschaft, 2007) geführt und charakterisiert. Die Mischungskomponenten sind auf dem Sackanhänger („Begleitpapiere") darzustellen. Allerdings ist die Angabe von Kenndaten, die in die Berechnung der Gesamtration notwendigerweise einfließen (siehe 7.1.4.1), bedeutsamer.

In hofeigene Mischungen werden praxisüblich gegenüber handelsüblichen Mischfuttern deutlich weniger Einzelkomponenten eingebracht. Ein sehr einfaches Beispiel dazu ist in Übersicht 7.1-25 aufgeführt. Allerdings sollten bei der Optimierung eines solchen Milchleistungsfutters neben Energiegehalten und Proteinkennzahlen nXP, RNB und UDP auch die Gehalte an Zucker, Stärke und des Anteils an im Pansen nichtabgebauter Stärke, Rohfett sowie pflanzliche Gerüstsubstanzen und Hinweise für die Mineral- und Wirkstoffzufuhr berücksichtigt werden. Wirtschaftseigenes Getreide ist zumeist Grundlage dieses Milchleistungsfutters. Die Einbindung von Körnermais ist aufgrund der langsamen und deutlich geringeren Abbaubarkeit der Stärke im Pansen vorteilhaft (siehe auch Abb. 7.1-10). Trockenschnitzel erhöhen z. B. den Anteil an pflanzlichen Gerüstsubstanzen bei gleichzeitiger hoher Energielieferung. Soja- und Rapsextraktionsschrot sind die wichtigsten Proteinkomponenten. Dabei kann Rapsextraktionsschrot als alleinige Eiweißkomponente eingesetzt werden. Aber auch heimische Leguminosen z. B. Erbsen, Ackerbohnen, Lupinen sind gut einmischbar. Allerdings ist der eher niedrige Gehalt an nutzbarem Rohprotein bei Erbsen und Ackerbohnen zu berücksichtigen. Rapskuchen sind in Verbindung mit dem jeweiligen Fettgehalt der Futtercharge in der Gesamtzufuhr auf 1,5–2,0 kg pro Tag zu begrenzen. Neuere Arbeiten zeigen aber, dass höhere Mengen bis etwa 3,0 kg möglich sind, wobei sich der prozentuale Fett- und Eiweißgehalt der Milch erniedrigen kann. Weiter muss bei allen hofeigenen Mischungen sehr darauf geachtet werden, dass eine angepasste Mineralfutterergänzung in Anteilen von etwa 2 % der Mischung erfolgt.

Zum Kraftfuttereinsatz

Fütterungstechnisch setzt man Milchleistungsfutter bei getrennter Vorlage von Grund- und Kraftfutter über dem Grundfutterniveau so ein, dass mit 1 kg Kraftfutter der Nährstoffbedarf für jeweils 2 kg Milch mit 4 % Fett und 3,4 % Eiweiß gedeckt wird. Sofern die Milchinhaltsstoffe Fett und Eiweiß stark von dieser Standardmilch differieren, sollte dies in der Kraftfuttermenge bzw. in dem Energie- und nXP-Gehalt des Kraftfutters berücksichtigt werden. Aus der Milchleistung (abzüglich der Leistung aus dem Grundfutter) und dem Milcherzeugungswert des Kraftfutters lässt sich durch Division die Kraftfutterzuteilung vereinfacht errechnen. Beispielsweise ergeben sich für die Winterfütterung mit 16 kg Milch Grundfutterleistung bei einer täglichen Milchmenge von 25 kg und einem Kraftfutter, das je kg für 2 kg Milch ausreicht: $25 - 16 = 9 : 2 = 4,5$ kg Kraftfutter. Fütterungsprogramme, die die in Übersicht 7.1-13 angeführten Schätzgleichungen zur Berechnung der Gesamtfutter-

Übersicht 7.1-26

Laktationsverlauf und tägliche Kraftfutterzuteilung (Grundration reicht im Mittel für 16 kg Milch)

nach Laktationsbeginn Woche	tägliche Milchleistung kg	Kraftfutter kg
1.	24	4,5
3.	30	6,5
5.	32	8
7.	34	9 (+1)
9.	34	9 (+1)
11.	32	8
13.	30	7
25.	26	3,5
35.	21	1

aufnahme benutzen und damit neben Grundfutterleistung und Milchmenge weitere Einflussgrößen, vor allem aber die Interaktion zur jeweiligen Laktationswoche berücksichtigen, ermöglichen besser abgestimmte Angaben der Kraftfutterzuteilung zu erarbeiten. In Übersicht 7.1-26 ist ein entsprechendes Beispiel für Kühe ab der 2. Laktation dargestellt. Dabei ist zu berücksichtigen, dass in den ersten Wochen der Laktation Kraftfutter entsprechend der gleichzeitigen Grundfutteraufnahme angepasst bis zu der tatsächlichen Milchmenge langsam zu steigern ist. Allerdings ist Kraftfutter in der Gesamtmenge so zu begrenzen, dass der Gefahr einer Pansenazidose vorgebeugt wird. Im weiteren Verlauf des 1. Laktationsdrittels sollte auch die Körperkondition der Kühe hinsichtlich der Kraftfutterzuteilung einbezogen werden (siehe Übersicht 7.1-26, 7.–9. Lebenswoche). Da insbesondere im letzten Laktationsdrittel die Grundfutteraufnahme bei gleichzeitig abnehmenden Kraftfuttergaben ansteigt, kann Kraftfutter überproportional verringert werden.

Neben dieser individuellen Kraftzuteilung wird Kraftfutter praxisüblich auch über Gesamtmischrationen (TMR) verabreicht. Kraftfutter wird zur Erhöhung der Energie- und Nährstoffkonzentration so eingemischt, dass unter Berücksichtigung einer vorgegebenen Futteraufnahme eine definierte Milchleistung erzielt werden kann. Dabei bleibt das Grund-Kraftfutterverhältnis konstant. Eine leistungsorientierte Anpassung der Kraftfutterzufuhr kann nur über die Änderung des Mischungsverhältnisses erfolgen.

7.1.4.7 Mineral- und Wirkstoffergänzung

Die Mineral- und Wirkstoffergänzung muss leistungsgerecht unter Berücksichtigung der nativen Gehalte im wirtschaftseigenen Grund- und Kraftfutter erfolgen. Die verschiedenen Grundfutterarten und deren Konservierungsprodukte unterscheiden sich insbesondere in ihren Ca- und P-Gehalten erheblich. Die Mineralfutterergänzung muss daher auf den Rationstyp, den der Einzelbetrieb verfüttert, sowohl in der Zusammensetzung als auch in der Menge abgestimmt sein. Sicherlich kann dabei auch die Streuung, der die einzelnen Futterkomponenten in den Mineralstoffgehalten unterliegen, durch die Einbindung eines Sicherheitszuschlages berücksichtigt werden. Vielfach liegen die Mineralstoffe (z. B. Calcium und Phosphor oder Natrium und Kalium) auch nicht in einem bedarfsgerechten Verhältnis in den wirtschaftseigenen Futtermitteln vor. Erhebliche Unsicherheiten bezüglich einer bedarfsgerechten Versorgung treten bei den Spurenelementen und im Einzelfall bei den fettlöslichen Vitaminen auf. Um Mangelerscheinungen und Leistungseinbußen zu vermeiden, muss zum Grundfutter in jedem Fall Mineralfutter je nach Rationszusammensetzung verabreicht werden. Dieses Mineralfutter wird am besten zusammen mit dem Kraftfutter eingesetzt, das zum Grundfutterausgleich gegeben wird.

Allerdings sind neben der stark abgestuften Höhe der Mineralfutterergänzung auch entsprechend der Grundfutterkombination unterschiedliche Mineralfuttertypen zu wählen, die vor allem im Ca- bzw. P-Gehalt variieren. In der praktischen Milchviehfütterung ergeben sich eine Vielfalt von Varianten. In Übersicht 7.1-27 sind lediglich zwei Mineralfutter aufgeführt, die durch unterschiedliche Gehalte an Calcium und Phosphor gekennzeichnet sind. Bei einer spezifischen Betrachtung der in den vorausgehenden Übersichten 7.1-20, 7.1-22 und 7.1-23 dargestellten praktischen Grundfutterrationen kann die Versorgung mit Calcium und Phosphor wie folgt eingeschätzt werden: Alle Grundfutterrationen mit Weidegang (siehe Übersicht 7.1-20) erreichen im Mittel eine tägliche Versorgung mit Calcium von 85–100 g und mit Phosphor von 51–55 g pro Kuh. Dabei werden in einem botanisch vielfältig zusammengesetzten Weidebestand mit wenigstens vier termingerechten Nutzungen im Weidejahr mittlere Ca- bzw. P-Gehalte von 7,0 bzw. 3,9 g/kg T unterstellt. Mit diesen Rationen wird auch bei der Berücksichtigung eines Sicherheitszuschlages die zu erwartende Ausscheidung an Calcium und Phosphor über die Milch gedeckt. Trotzdem muss auch bei der Weide zusätzlich Mineralfutter zur Spurenelementversorgung verabreicht werden. Ein Vitaminzusatz ist hier nicht erforderlich. Mineralfutter kann zum Beifutter im Stall gegeben werden. Bei der Umstellung auf Weidegang ist insbesondere bei grasreichen, tetaniegefährdeten Weidebeständen ein Mg-reiches Mineralfutter zu verabreichen. Unabhängig davon ist die Na-Versorgung zu sichern, da dieses Mengenelement besonders stark im Mangel ist. Aus diesem Grund sollten unabhängig von der Mineralstoffergänzung täglich etwa 50 g Viehsalz verabreicht werden.

Demgegenüber sind die Rationen mit Grünfutter zur Sommerstallfütterung (Übersicht 7.1-22) durch erhebliche Unterschiede in der Ca-Zufuhr geprägt. Alle Leguminosen, z.B. Rotklee, Luzerne, Landsberger Gemenge oder Sommerraps weisen sehr hohe Ca-Gehalte und mit den entsprechenden Rationen auch eine gegenüber dem Bedarf sehr hohe mittlere Versorgung von etwa 130–150 g pro Tag auf. Demgegenüber erreichen grasreiche Rationen, die sehr stark maissilageergänzt sind, nur eine deutlich geringere Ca-Versorgung von etwa 60–80 g. Alle Rationen sind jedoch durch eine zu niedrige P-Versorgung von etwa 40 g gekennzeichnet. Je nach Rationstyp sind daher die Mineralfutterzusammensetzung und die tägliche Zufuhrmenge zu variieren. Zum Einsatz kommen daher sowohl Mineralfutter mit mittleren Ca- und P-Gehalten als auch P-reiche und Ca-arme Mineralfutter. Auf die Spurenelement- und Vitamin D-Zufuhr sowie auf die Na-Versorgung ist besonders zu achten. Eine Ausnahme hinsichtlich der Na-Versorgung stellt Zuckerrübenblatt dar, das reichlich Natrium enthält.

Auch bei der Fütterung von ausschließlich Futterkonserven (siehe Übersicht 7.1-23) ist die Mineralfutterergänzung rationsspezifisch erheblich zu differenzieren. Alle grassilagereichen Rationen gewährleisten eine gegenüber dem Bedarf ausreichende Ca- und P-Zufuhr von etwa 80 g Calcium und 50 g Phosphor, sofern in der Grassilage je nach Aufwuchs Ca-Gehalte pro kg T im Mittel von 6,5 g (1. Aufwuchs) bzw. 8,0 g (2. und folgende Aufwüchse) und P-Gehalte von etwa 4,0 g pro kg T unterstellt werden. Demgegenüber sind

Übersicht 7.1-27

Mineralfuttertypen zum Ausgleich des Grundfutters mit Calcium, Phosphor und Magnesium (Gehalte in %)

Typ	Ca	P	Mg (min.)	Na (min.)	Quotient Ca:P	hauptsächliche Grundfutterkomponenten
I	11 (max.)	8–13	2	5	0,8–1,4:1	Zuckerrübenblatt, Klee Luzerne
II	14 (min.)	4–8	2	8	1,8–3,5:1	Heu, Grassilage, Maissilage, Weidegras, Rüben

alle Rationen mit einem erheblichen Anteil an Maissilage, Getreide-Ganzpflanzensilage oder Futterrüben sowohl in der notwendigen Ca- als auch P-Zufuhr mit etwa 40–60 g Calcium und etwa 40 g Phosphor kritisch zu beurteilen, da Maissilage nur mittlere Ca- und P-Gehalte von jeweils etwa 2,5 g pro kg T aufweist. Die Zufuhr von etwa 100–150 g eines Ca-reichen, vitaminierten Mineralfutters ist auch zur Abdeckung eines Sicherheitszuschlages notwendig. Grundsätzlich ist aber unabhängig von der Ca- und P-Zufuhr auf die Spurenelement-, Vitamin- und Na-Versorgung hinzuweisen. Dabei gilt auch insbesondere für Spurenelemente, dass die Ergänzung unter Berücksichtigung der nativen Gehalte im Futter zu erfolgen hat. Eine Überversorgung ist zu vermeiden, da dies lediglich zu einer erhöhten Ausscheidung und Anreicherung in der Gülle führt.

Die im Milchleistungsfutter enthaltenen Mineralstoffmischungen decken nur den Mineralstoffbedarf für die höheren, über dem Grundfutterniveau erzielten Milchleistungen. Bei Verwendung von hofeigenen Kraftfuttermischungen ist die entsprechende Mineralstoffergänzung einzumischen. Damit kann die notwendige Mineralfutterzufuhr erheblich ansteigen. Fehlende Mineralstoffe im Grundfutter können damit aber nicht ausgeglichen werden. Außerdem muss bei Einsatz eines Ausgleichskraftfutters der erhöhte Mineral- und Wirkstoffbedarf auf der Grundlage der ausgeglichenen Ration berücksichtigt werden.

7.1.4.8 Futterzusatzstoffe

In Ergänzung zu Kapitel 5 werden vorliegend Zusatzstoffe zu Milchviehrationen benannt, die in geringer Dosierung in Ergänzung zu Grund- oder Kraftfutter eingesetzt werden. Darunter fallen alle Futtermittelzusatzstoffe, die nach Futtermittelrecht (VO 1821/2003) EU-weit zulassungspflichtig sind. In diesem Abschnitt werden aber auch getrennt einige Einzelfuttermittel einbezogen, die in der Positivliste für Einzelfuttermittel bzw. im Futtermittelkatalog der EU gelistet sind, die jedoch nur in geringer Menge verfüttert werden. Ein möglicher positiver Effekt auf Gesundheit und Leistung ist in Abhängigkeit der rationsspezifischen Voraussetzungen, der pansenphysiologischen Bedingungen oder der jeweiligen Stoffwechselsituation des Einzeltieres zu diskutieren. Vorrangig finden jedoch Zusatzstoffe im ersten Laktationsdrittel bei höchster Milchleistung und einer Phase schwieriger Energie- und Nährstoffversorgung Anwendung. Futtermittelrechtlich werden Futtermittelzusatzstoffe nach ihrer erwarteten Wirkung bzw. dem Einsatzbereich u. a. technologischen, sensorischen, ernährungsphysiologischen und zootechnischen Zusatzstoffen zugeordnet. Unabhängig von dieser Einteilung sind nachfolgend einige Futtermittelzusatzstoffe beispielhaft in ihrer Bedeutung angesprochen. So ist bereits die Verbesserung der Qualität konservierten Futters vor allem durch biologische Siliermittel, aber auch durch Säuren, Salze oder Enzyme zu benennen. Weiterhin ist eine ausschließlich auf den Pansen und dessen mikrobiellen Ökosystems bzw. auch auf den gesamten Gastro-Intestinaltrakt gerichtete Wirkung zu erkennen. Dazu gehören u. a. Probiotika (z. B. verschiedene Hefen wie Saccharomyces cerevisiae, Aspergillus oryzae) oder Enzyme (z. B. Xylanasen, Cellulasen, Amylasen). Letztlich ist eine Vielzahl von Futtermittelzusatzstoffen in einer Gruppe zusammenzufassen, die die Energie- oder Nährstoffanflutung unmittelbar oder den Stoffwechsel beeinflussen und damit sowohl Leistung als auch Gesundheit tangieren können. Dazu gehören auch Produkte wie pansengeschützte Aminosäuren, verschiedene Vitamine, u. a. Niacin, pansengeschütztes Cholin, Spurenelemente in organischer Bindungsform oder Harnstoff und seine Derivate. Neuerdings sind auch Futtermittelzusatzstoffe anzusprechen, die z. B. durch eine Minderung des Methanaustrages umweltorientiert zu sehen sind. Zu letzterem gehören vor allem auch phytogene Futtermittelzusatzstoffe (z. B. u. a. Tannine, Saponine).

Als Einzelfuttermittel der Positivliste, die in geringer Dosierung von Bedeutung sind, können beispielsweise Puffersubstanzen zur Stabilisierung des pH-Wertes im Pansen (u. a. $NaHCO_3$) angesprochen werden. Weiterhin sind Zusatzstoffe, die die Energie- und Nährstoffversorgung verbessern wie Propylenglycol, Glycerin, pansengeschützte Fette oder entsprechend behandelte Fettsäuren, zu erwähnen. Aber auch die Produktqualität (z. B. u. a. Fettsäurezusammensetzung der Milch, dabei vor allem der Anteil an mehrfach ungesättigten Fettsäuren oder an konjugierten Linolsäureisomeren) kann eine Zielgröße von diesen Einzelfuttermitteln sein.

7.1.4.9 Fütterungstechnik und Fütterungshygiene

Beim Füttern und beim Zusammenstellen der Futterrationen sind in der Milchviehfütterung folgende Gesichtspunkte zu beachten:
a) Bei zweimaligem Füttern am Tage ist eine genügend lange Fresszeit von etwa zweimal acht Stunden einzuhalten, damit die Tiere die erforderliche Futtermenge aufnehmen können. In der Regel wird jedoch freier Zugang mit der Möglichkeit der beständigen Futteraufnahme vorherrschen. Wichtig ist, ausreichend Fressplätze mit einem ungehinderten Zutritt auch für rangniedere Tiere bereit zu stellen. Ein Tier-Fressplatzverhältnis von 1:1 bis 2:1 ist anzustreben. Futterreste sind täglich zu entfernen.
b) Es sollte stets zur gleichen Zeit gefüttert werden. Eine täglich zweimalige Vorlage und ein erneutes Heranschieben des Futters an den Fressplatz sind vorteilhaft.
c) Grundsätzlich sollte jedes einzelne Tier nach Leistung gefüttert werden. Da die Grundfutterration für alle Tiere gleich ist, gilt dies besonders für die Leistungsfütterung mit Kraftfutter. Damit bieten sich die besten Voraussetzungen für eine bedarfsgerechte Versorgung der Milchkuh und eine ökonomisch effiziente Verwertung der Nährstoffe pro kg Milch. Die Praxis zeigt jedoch, dass diese einzeltierorientierte Fütterung aufgrund der notwendigen Einbindung der Energie- und Nährstoffaufnahme aus dem Grundfutter und der Kenntnis von Milchleistungs- und Körpermasseentwicklung außerordentlich hohe Anforderungen an den Betriebsleiter hinsichtlich der

Foto 7.1-16
Besonders bei hoher Milchleistung sollte die Futterration aus mehreren Komponenten zusammengesetzt sein

Foto 7.1-17
Nie zu vernachlässigen: Die saubere Tränke mit einwandfreiem Trinkwasser ist die Basis einer guten Fütterung

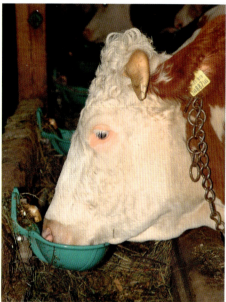

richtigen Kraftfutterergänzung stellt. Aus arbeitswirtschaftlichen Gründen gewinnen daher Gesamtmischrationen (TMR – total mixed ration), bei denen das gesamte Grund- und Kraftfutter in Mischung vorgelegt wird, zunehmend an Bedeutung. Dabei sollte die Milchviehherde in zwei bzw. drei Leistungsgruppen unterteilt werden, um die Phasen der Unter- und Überfütterung, die damit verbundenen gesundheitlichen Risiken von Fehlernährung sowie die ungünstige Nährstoffverwertung möglichst zu minimieren. Eine weitere Möglichkeit besteht insbesondere bei mittleren Herdengrößen darin, eine teilaufgewertete Mischration (PMR – partial mixed ration) mit einer geringeren Kraftfuttereinmischung an die Gesamtherde zu verfüttern. Höhere Leistungen vor allem im ersten Laktationsdrittel werden durch eine getrennte Kraftfutterzuteilung (Transponderfütterung) gezielt abgedeckt.

d) Bei getrennter Fütterung von Grund- und Kraftfutter ist aus pansenphysiologischen Gründen Grundfutter vor Kraftfutter zu verabreichen. Hohe Kraftfuttergaben sind portioniert in Teilmengen (z. B. Transponder-Fütterung) vorzulegen.

e) Das Grünfutter sollte nach Möglichkeit nicht in einer einmaligen Gabe vorgelegt werden.

f) Silagen und kohlartige Futterpflanzen sind grundsätzlich erst nach dem Melken zu verabreichen.

g) Es ist darauf zu achten, dass die angebotenen Futtermittel schmackhaft, bekömmlich und von einwandfreier Qualität sind. Verdorbenes, gefrorenes und zu stark erwärmtes Futter führt zu Störungen der Gesundheit. Silagen, Raufutter, betriebseigene Kraft-

futtermischungen benötigen hinsichtlich der futtermittelhygienischen Voraussetzungen (siehe 11.1) besondere Aufmerksamkeit.
h) Starke Futterumstellungen sollten nicht schlagartig, sondern kontinuierlich erfolgen. Vor allem ist beim Einsatz extrem hoher Mengen einseitig zusammengesetzter Futtermittel langsam (innerhalb einer Woche) auf die Höchstmenge zu steigern.
i) Eine ausreichende Versorgung mit hygienisch einwandfreiem Tränkwasser zur ad libitum-Aufnahme über 24 Stunden hinweg ist sicherzustellen (siehe 3.1 und 11.2).

Bei richtiger Rationalisierung der Milchviehhaltung dürfen arbeitswirtschaftliche Vorteile nicht auf Kosten einer optimalen Fütterungstechnik oder der Futterqualität gehen. Arbeitsvereinfachungen sollten nicht notwendigen fütterungstechnischen Maßnahmen entgegenstehen, die eine hohe Grundfutteraufnahme bei gleichzeitig minimaler pansenphysiologischer Belastung über erhöhte Kraftfuttergaben zum Ziel haben.

7.1.5 Ökologische Milchviehfütterung

Grundlage eines einheitlichen Standards für die Erzeugung und Kontrolle in der ökologischen Landwirtschaft innerhalb Europas ist derzeit die Verordnung VO (EG) Nr. 834/2007 mit der Durchführungsverordnung VO 889/2008. Dies beinhaltet auch grundlegende Regelungen der ökologischen Tierhaltung und schließt die Milchviehfütterung ökologisch wirtschaftender Betriebe mit ein. Allerdings ist zu berücksichtigen, dass in verschiedenen Ökoanbauverbänden bzw. durch Einzelabsprachen zwischen Erzeuger und Vermarkter darüber hinausgehende Anforderungen an die Fütterung auftreten. Grundprinzip ist die flächengebundene Milchviehhaltung mit Auslauf bzw. Weidehaltung, wobei eine Begrenzung des Tierbesatzes pro Hektar zu beachten ist. Die Ansprüche einer artgerechten Fütterung, die damit dem ernährungsphysiologischen Bedarf angepasst ist, sind möglichst genau einzuhalten. Damit gelten die in den vorausgehenden Abschnitten 7.1.1–7.1.4 vorgenommenen Ausführungen zum Nährstoffbedarf und zur Futteraufnahme, zum Zusammenhang zwischen Ernährung und Milchmenge bzw. -zusammensetzung sowie zur praktischen Rationsgestaltung gleichermaßen für ökologische wie konventionelle Milchviehfütterung. Bei beiden Systemen ist eine möglichst hohe Grundfutteraufnahme die Grundlage jedweden erfolgreichen Rationsaufbaues ((lt. EG-VO: Raufutteranteil mindestens 60 % der Tagesration). Die Differenzierung ergibt sich vorrangig in der Erzeugung und Auswahl der Futtermittel, die in der ökologischen Milchviehfütterung eingesetzt werden dürfen. Diese sind gegenüber der konventionellen Fütterung deutlich eingeschränkt. Das Futter muss gänzlich aus ökologischer Erzeugung, vorzugsweise aus dem eigenen Betrieb (über 50%), stammen. In der Sommerfütterung besteht die Grundfutterration überwiegend aus Grünfutter bei Weidegang (siehe 7.1.4.2, Rationsgestaltung Übersicht 7.1-20) oder Vorlage im Stall (siehe 7.1.4.3, Rationsgestaltung 7.1-22). In der Winterfütterung nimmt Heu in der Rationsgestaltung einen hohen Stellenwert ein. Grundsätzlich sind dazu die in Übersicht 7.1-23 angeführten Rationen auch in der ökologischen Milchviehfütterung verwendbar. Allerdings steht Maissilage zumeist nur sehr begrenzt zur Verfügung. Wichtigstes Ziel ist, eine möglichst hohe Milchleistung aus dem Grundfutter zu erreichen. Damit spielen Grundfutterqualität und eine hohe Vielfalt von Grundfuttermitteln eine bedeutsame Rolle. Die Rationsergänzung mit Kraftfutter wird meist über Einzelkomponenten (z. B. Getreide – Weizen, Gerste, Triticale, Hafer; Mais; Leguminosen – Ackerbohnen, Erbsen, Lupinen;

Ölsaaten – Rapssaat und -kuchen, Sojabohnen und -kuchen, Sonnenblumensaat und -kuchen u. a.) oder über entsprechende hofeigene bzw. handelsübliche Mischungen vorgenommen. Extraktionsschrote, aber auch eine Vielzahl von weiteren industriell erzeugten Nebenprodukten der Lebensmittel- oder Biokraftstoffherstellung – zumindest wenn die Grundkomponenten nicht aus biologischer Erzeugung stammen – sind nicht erlaubt. Die Fütterungspraxis zeigt, dass der Proteinversorgung bereits über das Grundfutter, vor allem aber im Bereich der Kraftfutterergänzung besondere Aufmerksamkeit zukommen sollte (SCHLEICHER et al. 2005). Eine Mineralstoffergänzung z. B. über Futtermittel mineralischen Ursprungs, sowie der Einsatz von Spurenelementen und Vitaminen zur Bedarfsdeckung sind zulässig. Futterzusatzstoffe (siehe 7.1.4.8) sind mit Ausnahme von zugelassenen Siliermitteln nicht erlaubt.

7.2 Fütterung trockenstehender Kühe

Beim Rind kommt es in den letzten 6–8 Wochen der Trächtigkeit zu den höchsten Massezunahmen bei Fötus und Reproduktionsorganen. Die Mineralisierung des fötalen Skeletts wird verstärkt, die Milchdrüse wird voll entwickelt, und die Reservebildung für die kommende Laktation nimmt deutlich zu. In dieser Zeitspanne wird der Milchfluss eingestellt und die hochträchtige Kuh auf die Geburt und die Phase zu Laktationsbeginn vorbereitet. Dieser Zeitraum wird als Trockenstehzeit bezeichnet.

7.2.1 Zur speziellen Ernährungsphysiologie bei der Reproduktion

Während der Trächtigkeit wird der gesamte Stoffwechsel des weiblichen Tieres durch die Aktivität des endokrinen Systems tiefgreifend verändert. Dabei sind der Grundumsatz und gegen Ende der Trächtigkeit auch der Stoffansatz beträchtlich gesteigert. Daraus ergeben sich ein erhöhtes Blutvolumen und eine verstärkte Herztätigkeit. Diese Umstellungen und Anforderungen bei der Reproduktion erfordern eine entsprechende Anpassung der Nährstoffversorgung in den letzten beiden Trächtigkeitsmonaten.

7.2.1.1 Entwicklung des Fötus und der Reproduktionsorgane

Die Trächtigkeit dauert beim Rind durchschnittlich 285 Tage. In dieser Zeit nimmt der Uterus mit dem gesamten Inhalt um 70–80 kg zu. Davon entfallen auf den Fötus etwa

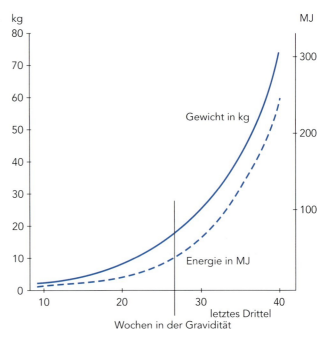

Abbildung 7.2-1
Veränderung des Gewichtes und Energiegehaltes von Fötus und Uterus im Verlauf der Trächtigkeit

45 kg, der Rest verteilt sich auf Uterus, Fruchtwasser und Placenta. In Abb. 7.2-1 ist nach MOUSTGAARD (1959) die Entwicklung des Gewichtes und Energiegehaltes von Uterus und Fötus während der gesamten Trächtigkeit aufgezeigt. Daraus ergibt sich, dass der wesentliche Gewichtszuwachs erst in den letzten zwei Monaten der Trächtigkeit erfolgt, weshalb in dieser Zeit auch eine zusätzliche Nährstoffzufuhr erforderlich ist. Die Entwicklung von Uterus und Fötus verläuft aber nicht parallel. In den ersten zwei Dritteln der Gravidität werden vorwiegend Uterus und Placenta ausgebildet, während das intrauterine Wachstum des Fötus noch sehr gering ist. Er erreicht in den ersten 6 Monaten der Trächtigkeit nur etwa 10 % seines Endgewichtes, Uterus, Placenta und Fruchtwasser dagegen schon etwa 30 % (siehe hierzu Übersicht 7.2-1). Der höchste Massezuwachs erfolgt beim Fötus erst im letzten Drittel der Trächtigkeit, wo er in den letzten 6 Wochen noch über 65 % seines Endgewichtes zunimmt.

Das fötale Gewebe besteht vorwiegend aus Protein. Zunächst weist der Fötus bei einem sehr hohen Wassergehalt zwar nur etwa 8 % Protein auf, jedoch steigt der Proteingehalt bis zum Zeitpunkt der Geburt auf das Doppelte an. Ähnlich erhöhen sich auch die Gehalte an Fett und Mineralstoffen im Verlauf der Trächtigkeit, während der Anteil an Wasser abnimmt. Diese Veränderungen im intrauterinen Wachstum werden als physiologische Austrocknung bezeichnet. In Übersicht 7.2-1 ist dies nach JAKOBSEN (1957) für den Proteingehalt aufgezeigt. Außerdem ist die entsprechende Eiweißmenge im Fötus sowie die gesamte Proteinmenge im Uterus mit Inhalt dargestellt. Auch hier zeigt sich, dass im letzten Drittel der Trächtigkeit verstärkt Protein im Fötus angesetzt wird, während der Proteinansatz in Uterus, Fruchtwasser und Placenta relativ geringer ist.

Übersicht 7.2-1

Proteingehalt und Proteinansatz im Fötus und in den Reproduktionsorganen

Trächtig-keits-monat	Gewicht des Fötus kg	Gewicht von Uterus, Frucht-wasser, Placenta kg	Protein-gehalt des Fötus %	Protein im Fötus g	Protein in Fötus und Uterus g
4.	1	6	7,5	70	440
6.	5	10	9,4	470	1.060
7.	10	14	11,9	1.200	2.200
8.	20	22	14,4	2.900	4.400
9.	45	35	16,3	7.400	9.900

Abbildung 7.2-2

Täglicher Protein- und Energieansatz in Fötus, Uterus und Milchdrüse

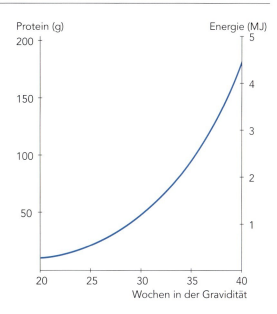

Aus dem Energie- und Proteinansatz lässt sich die täglich retinierte Menge in Uterus und Inhalt errechnen. Hierzu wurde als Beispiel in Abb. 7.2-2 nach MOUSTGAARD (1959) der tägliche Protein- und Energieansatz in Fötus, Uterus und Milchdrüse trächtiger Rinder aufgezeigt. Auch für Calcium und Phosphor ergeben sich ähnliche Verhältnisse, da erst im letzten Drittel der Trächtigkeit die eigentliche Mineralisierung des fötalen Skeletts einsetzt.

Die Milchdrüse wird ebenfalls erst in der letzten Trächtigkeitsphase stärker ausgebildet. Die Nährstoffmengen, die zur Entwicklung des Drüsengewebes erforderlich sind, sind aber nicht allzu hoch. Selbst bei einer Färse werden im Euter in den letzten 14 Tagen vor der Geburt nicht mehr als 45 g Protein täglich eingelagert.

7.2.1.2 Trächtigkeitsanabolismus

Beim Rind können ähnlich wie bei anderen landwirtschaftlichen Nutztieren (siehe auch 6.1.1.2) während der Trächtigkeit mehr Nährstoffe im Körper retiniert werden, als für die Entwicklung des Fötus und der Reproduktionsorgane notwendig sind. Diese erhöhte Nährstoffspeicherung und die nach der Geburt folgende Ausscheidungsphase hängen sehr stark vom Ernährungsniveau ab. Die negative Bilanz nach der Geburt ist in der Regel umso ausgeprägter, je höher die Retention während der Trächtigkeit war. Die erhöhte Energieretention als Körperfett kann bei der Milchkuh bereits im letzten Laktationsdrittel beginnen, sodass sich gegenüber der eigentlichen Trockenstehzeit eine sehr lange Phase der zusätzlichen Nährstoffspeicherung ergibt.

Die Bedeutung des Trächtigkeitsanabolismus liegt darin, dass neben einer optimalen Entwicklung des Fötus und der Reproduktionsorgane einschließlich der Milchdrüse auch noch Reserven für die folgende Laktation geschaffen werden. Dies ist vor allem bei Hochleistungskühen erforderlich, da bei sehr hoher täglicher Milchproduktion erhebliche Körperreserven mobilisiert werden müssen. Der Energiegehalt dieses Körperzuwachses kann im Mittel mit 25 MJ/kg (siehe 7.1.3.2) bzw. mit 17 bis 22 MJ/kg bei Erstlingskühen, die das Wachstum noch nicht abgeschlossen haben, angegeben werden (GfE, 2001). Allerdings ist ein überhöhter Körperansatz im letzten Laktationsdrittel bzw. in der Trockenstehzeit zu vermeiden. Zu Laktationsbeginn werden die Körperreserven nämlich in jedem Fall über die Lipolyse mobilisiert. Zwar kann diese zu Laktationsbeginn abgebaute Körpersubstanz zu 80 bis 85 % für die Milchbildung genutzt werden, was insbesondere für Hochleistungskühe von Bedeutung ist, bei stark verfetteten Milchkühen kann dies aber zu einer erheblichen Stoffwechselbelastung mit negativen Auswirkungen auf die Gesundheit und das Fruchtbarkeitsgeschehen führen. Auch die Futteraufnahme wird verringert sein, wodurch sich die negative Energiebilanz zu Laktationsbeginn nochmals erhöht. Die Körperkondition der Milchkühe kann anhand des Body Condition Scoring (BCS) überprüft werden, der rassenspezifisch für diese Phase in einem Bereich von etwa 3,5–3,8 (Punkteschema 1–5) liegen sollte (siehe auch 7.1.3.2). Hinsichtlich der Mineralstoffe sollte allerdings der Anabolismus ausgenutzt werden, um für die erste Laktationshälfte eine ausreichende Reservebildung und deren spätere Mobilisierung zu gewährleisten.

7.2.1.3 Ernährungsintensität und Leistung

Der Einfluss der Vorbereitungsfütterung auf die folgende Laktation wird unterschiedlich beurteilt. Entscheidend ist der in Abhängigkeit des Leistungsniveaus erzielte Körperansatz. Dabei folgte in vielen Untersuchungen auf eine intensive Ernährung während der Trächtigkeit keine höhere Einsatzleistung; vielmehr trat bei stark verfetteten Kühen sogar eine Minderleistung von 1 bis 3 kg Milch auf. Besondere Aufmerksamkeit sollten jedoch erstlaktierende Kühe erfahren, da neben dem Ansatz in Fötus, Uterus und der sich erst entwickelnden Milchdrüse auch das Wachstum des Muttertieres zu berücksichtigen ist.

Durch eine intensive Nährstoffversorgung in den letzten 8 Wochen der Trächtigkeit wird natürlich die Lebendmasse des Muttertieres erhöht. Wenn auch die Milchleistung dadurch wenig beeinflusst wird, so kann doch durch eine überhöhte Energiezufuhr während des Trockenstehens der Milchfettgehalt zu Beginn der Laktation höher sein. Die bei der Mobilisierung des Körperfettes freiwerdenden Fettsäuren werden direkt in das Milchfett eingebaut. Stark erhöhte Milchfettgehalte zu Laktationsbeginn können aber auch auf einen überhöhten Gewichtsverlust der Milchkühe deuten und somit eine unerwünscht negative Energiebilanz anzeigen (siehe 7.1.3.2, Abb. 7.1-5). Diese stark negative Energiebilanz zu Laktationsbeginn ist gleichzeitig durch deutlich erniedrigte Milcheiweißgehalte gekennzeichnet. Damit ist der Fett-Eiweißquotient zusätzlich besonders stark verändert.

Nährstoffzufuhr und Geburtsgewicht

Eine erhöhte Energie- und Proteinversorgung der Kuh in der trockenstehenden Zeit verändert das Geburtsgewicht der Kälber nicht. Auch eine mangelnde Nährstoffversorgung ist dabei ohne Einfluss, da der maternale Organismus Körpersubstanz für die Entwicklung des Fötus abbauen kann. Der Bedarf für die Entwicklung von Fötus und Uterus besitzt nämlich Priorität und wird damit ziemlich unabhängig von der Nährstoffversorgung der Mutter gedeckt. Dies geht natürlich nur bis zu einer gewissen Grenze. Je größer die Reserven des Muttertieres sind, umso länger kann eine Unterversorgung ausgeglichen werden. Bei längerer extremer Mangelernährung (unter dem Erhaltungsbedarf) wird allerdings nicht nur die Gesundheit des Muttertieres gefährdet, sondern es werden Kälber mit geringer Lebensfähigkeit geboren und das Geburtsgewicht kann verringert sein.

7.2.2 Nährstoffbedarf trockenstehender Kühe

Der Bedarf trockenstehender Kühe an Protein und Energie ergibt sich aus dem Erhaltungsbedarf des Muttertieres und der erforderlichen Nährstoffversorgung für Fötus, Uterus, Placenta und Milchdrüse. Da sich das Konzeptionsprodukt und die Reproduktionsorgane im Verlaufe der Trächtigkeit unterschiedlich stark entwickeln, ändert sich der Nährstoffbedarf der Kuh laufend.

In den ersten zwei Dritteln der Trächtigkeit liegt für den Fötus kein nennenswerter Nährstoffbedarf vor. Die Fütterung richtet sich deshalb in dieser Zeit nach der täglichen Milchleistung. Erst mit der zunehmenden Wachstumsintensität des Fötus in den letzten acht Trächtigkeitswochen steigen Protein- und Energiebedarf deutlich an (vgl. Abb. 7.2-1). Da sich in diesen letzten beiden Graviditätsmonaten auch Ansatz und Bedarf noch stark verändern, sollte nicht von einer Durchschnittszahl für die gesamte Trockenzeit ausgegangen werden. Nachdem aber eine wöchentliche Anpassung der Futterration unter praktischen Bedingungen nicht möglich ist, wird die Zeit des Trockenstehens zumindest in zwei Abschnitte (6–4 und 3–0 Wochen vor dem Kalben) unterteilt. Aufgrund homöorhetischer Regulationsmechanismen ist die Kuh in der Lage, die dabei auftretenden kurzfristigen Fehlversorgungen auszugleichen. Sollen die Kühe bereits 7–8 Wochen vor dem Kalben trockengestellt werden, sind auch für diesen Zeitabschnitt vor allem bei Hochleistungstieren die für Abschnitt I (6–4 Wochen a. p.) angegebenen Versorgungsempfehlungen einzuhalten.

7.2.2.1 Energie

Die für trächtige Kühe erforderliche Energiemenge setzt sich im Wesentlichen aus dem Bedarf für Fötus und Reproduktionsorgane sowie dem Erhaltungsbedarf zusammen. Dabei ist zu beachten, dass vor allem gegen Ende der Trächtigkeit der Grundumsatz der Kuh er-

> **Übersicht 7.2-2**
>
> **Energieansatz und -bedarf trockenstehender Kühe**
>
> | Ab-schnitt | Wochen a. p. | Energieansatz | | Energiebedarf | | |
> |---|---|---|---|---|---|---|
> | | | Uterus + Fötus MJ/Tag | gesamt MJ/Tag | für Ansatz | | gesamt[1] MJ NEL/Tag |
> | | | | | MJ ME/Tag | MJ NEL/Tag | |
> | I | 6–4 | 2,65 | 3,75 | 20,9 | 13 | 49,4 |
> | II | 3–0 | 3,75 | 5,25 | 30,0 | 18 | 56,2 |
>
> [1] einschließlich Erhaltung von 630 kg LM (Abschnitt I) bzw. 660 kg LM (Abschnitt II)

höht ist. Dies ist weniger auf die Abgabe an thermischer Energie durch den Fötus zurückzuführen als auf den intensiveren Grundumsatz des Muttertieres, der aus dem veränderten Hormonstoffwechsel im fortschreitenden Verlauf der Trächtigkeit resultiert.

Neben diesem erhöhten Grundumsatz wird der Energieumsatz trächtiger Kühe vor allem durch den Ansatz fötalen Gewebes bestimmt, der in erster Linie von der Höhe des Eiweißansatzes abhängt. Im letzten Trächtigkeitsmonat erfolgen etwa 85 % der gesamten Energieretention in Form von Eiweiß. Der tägliche Energieansatz im graviden Uterus lässt sich aufgrund zahlreicher Untersuchungen in Abhängigkeit von der Trächtigkeitsdauer (t in Tagen) nach der folgenden Gleichung berechnen:

> Energieansatz im graviden Uterus (MJ/Tag) = $0{,}044 \times e^{0{,}0165 \times t}$

Während der letzten 6 Trächtigkeitswochen werden somit allein in Uterus und Fötus täglich 2,4–4,9 MJ angesetzt. Hinzu kommt der Energieansatz in der Milchdrüse, der 6–4 Wochen a. p. bei etwa 1,0 MJ/Tag, 3–0 Wochen a. p. bei ungefähr 1,5 MJ/Tag liegt. Da die Verwertung der umsetzbaren Energie für den Ansatz in Fötus und Reproduktionsorganen, die in der Literatur mit 15–25 % angegeben wird, sehr schlecht ist, müssen ziemlich hohe Energiemengen im Futter aufgewendet werden. Im Durchschnitt kann man von einem Verwertungsfaktor k_c von 0,2 ausgehen. Energieansatz und daraus resultierender Energiebedarf sind für die letzten 6 Trächtigkeitswochen der Kuh in Übersicht 7.2-2 entsprechend den Bedarfsangaben der GfE (2001) aufgeführt.

Für Fötus und Reproduktionsorgane müssen demnach in den letzten 6 Wochen vor dem Abkalben täglich etwa 12–18 MJ NEL zusätzlich zum Erhaltungsbedarf aufgewendet werden. Ein gewisser Trächtigkeitsanabolismus ist dabei aber bereits berücksichtigt. Die Fütterung entspricht damit hinsichtlich der energetischen Versorgung dem Bedarf für eine Tagesleistung von etwa 4 kg Milch im ersten und knapp 6 kg Milch im zweiten Abschnitt.

7.2.2.2 Protein

Da beim fötalen Wachstum in starkem Maße Protein angesetzt wird, steht die Proteinzufuhr trockenstehender Kühe innerhalb der Nährstoffversorgung im Vordergrund. Für die Ableitung des Proteinbedarfes wird vom täglichen Stickstoffansatz ausgegangen. Dabei sind

Übersicht 7.2-3

N-Ansatz und Proteinversorgung trockenstehender Kühe

Abschnitt	Wochen ante partum	N-Ansatz g/Tag	Bedarf an nutzbarem Rohprotein[1] g/Tag	Richtzahl nutzbares Rohprotein g/Tag
I	6–4	28	1.020	1.070
II	3–0	36	1.110	1.165

1 einschließlich Erhaltung von 630 kg LM (Abschnitt I) bzw. 660 kg LM (Abschnitt II) RNB > 0

sowohl die in den Reproduktionsorganen, im Fötus und in der Milchdrüse retinierten N-Mengen als auch der Bedarf für den Trächtigkeitsanabolismus zu berücksichtigen. Im Laufe der Gravidität verändert sich dieser Stoffansatz in Abhängigkeit von der Trächtigkeitsdauer (t in Tagen) entsprechend der folgenden Exponentialfunktion (GfE, 2001):

$$\text{N-Ansatz (g/Tag)} = 1{,}9385 \times e^{0{,}0108 \times t}$$

In der 6.–4. Woche vor dem Kalben ist demnach im Durchschnitt ein täglicher Ansatz von 28 g N, in den letzten 3 Graviditätswochen von 36 g N zu veranschlagen. Der Nettoproteinbedarf beläuft sich in diesen Zeitabschnitten einschließlich Erhaltung (630 bzw. 660 kg Lebendmasse) auf 415 bzw. 465 g/Tag.

Zur Verwertung des Futterproteins für den Ansatz sind bei der trockenstehenden Kuh bisher noch keine eindeutigen Angaben vorhanden. Allerdings ist in diesem Fall der Verwertungsgrad nur von untergeordneter Bedeutung, da es bei trockenstehenden Kühen vor allem auf eine ausreichende Stickstoffversorgung der Pansenmikroben ankommt. Bei einer Energieaufnahme von 84 MJ ME/Tag 6–4 Wochen vor dem Abkalben und 91 MJ ME/Tag in den letzten 3 Trächtigkeitswochen sind etwa 850 bzw. 920 g im Pansen abbaubares Futterrohprotein für das Mikrobenwachstum erforderlich. Mit einer mittleren ruminalen Abbaubarkeit des Futterrohproteins von 80–85 % entspricht das einer täglichen Zufuhr an nutzbarem Rohprotein von 1.020 g 6–4 Wochen ante partum und 1.110 g 3–0 Wochen ante partum. Allerdings wird bei einer Angabe des Bedarfs bzw. der Richtzahlen für Protein auf der Basis nutzbaren Rohproteins (nXP) eine ausgeglichene bzw. positive ruminale Stickstoffbilanz (RNB > 0) vorausgesetzt. Die Richtzahlen der GfE (2001) zur Rohproteinversorgung trockenstehender Kühe (siehe Übersicht 7.2-3) enthalten noch einen Sicherheitszuschlag von 5 % zur Berücksichtigung praktischer Bedingungen, womit die Rohproteinversorgung trockenstehender Kühe dem Bedarf gleich schwerer Tiere mit rund 7 bis 8 kg Tagesmilchleistung gleichzusetzen ist. Damit wird der Nettoproteinbedarf der Tiere selbst dann gedeckt, wenn die Proteinverwertung nur 40 % beträgt und der absorbierte Aminosäuren-N nur zu 50–60 % für den Ansatz verwertet wird.

7.2.3 Fütterungshinweise

Die Fütterung trockenstehender Kühe basiert auf grundfutterreichen Rationen. Durch das starke fötale Wachstum in der letzten Zeit der Trächtigkeit ist das Fassungsvermögen des Verdauungstraktes verringert. Dies bedingt im Vergleich zu laktierenden Kühen eine verringerte Trockenmasseaufnahme. Die Minderung der Verzehrsrate in der Trockenstehzeit ist jedoch stark von der Verdaulichkeit des Grundfutters abhängig. So werden rohfaserreiche Grundfuttermittel wie Heu und Grassilage mit zunehmender Trächtigkeitsdauer fortlaufend schlechter verzehrt, während bei energiereicher Maissilage kaum eine verringerte Aufnahme beobachtet wird. Je nach Rasse, Lebendmasse und Rationsgestaltung kann bei ad libitum-Vorlage eine tägliche Futteraufnahme von etwa 11–14 kg Trockenmasse unterstellt werden. Allerdings kann der Verzehr in den letzten drei bzw. zwei Wochen vor der Geburt unabhängig von der Rationsgestaltung nochmals auf <10–11 kg Trockenmasse vermindert sein. Doch gerade in dieser Phase ist über Futterangebot und optimierter Haltung alles zu unternehmen, dass die Gesamtfutteraufnahme sich nicht verschlechtert.

Aufgrund einer geschätzten mittleren Futteraufnahme und den Richtzahlen für den Energiebedarf kann die Energie- und Nährstoffkonzentration für die Trockenstehphase berechnet werden. Dabei zeigt sich, dass bereits sehr niedrige Energiekonzentrationen im Bereich von etwa 5,2–5,5 MJ NEL/kg T in den Wochen 6–4 und von etwa 6,2–6,7 MJ NEL/kg T in den Wochen 3 bis zur Geburt bei einer ad libitum-Fütterung bedarfsdeckend sind. Praxisübliche Rationen sind jedoch häufig etwas energiereicher. Aufgrund dieses geringen Energieanspruchs könnte aber auch eine restriktive Futtervorlage diskutiert werden. Dies ist jedoch auszuschließen. Vielmehr sollten trockenstehende Kühe über eine beständige Futteraufnahmemöglichkeit stets eine hohe Pansenfüllung erreichen.

Die Rationshinweise differenzieren sich für den Abschnitt I (Woche 6/8 bis Woche 4/3 vor der Geburt) und für den Abschnitt II (Übergangs- oder Transitfütterung, Woche 3 bis zur Geburt). Die wichtigsten Rationskomponenten für den Abschnitt I sind rohfaserreiches, energiearmes Wiesenheu oder Stroh, Grassilage und Maissilage. Insbesondere bei der Auswahl von Grünlandprodukten ist auf möglichst niedrige Kaliumgehalte in den Futterchargen (z. B. Nutzung von Extensivheu, keine Gülledüngung) zu achten. Einfache Rationsbeispiele für Grünland- oder Gemischtregionen sind in Übersicht 7.2-4 zusammengestellt. Ein zunehmender Stroheinsatz in Kombination mit Maissilage erfordert eine zusätzliche Proteinergänzung. Eine weitere Ergänzung mit Kraftfutter ist nur bei mangelhafter Kondition der Trockensteher vorzunehmen. Vorteilhaft ist die Futtervorlage als Futtermischung (Mischration), um auch eine sichere Aufnahme der energiearmen Futterkomponenten zu erreichen.

Weidegang trockenstehender Milchkühe ist insbesondere unter dem Gesichtspunkt einer hohen Bewegungsintensität positiv zu sehen. Für die Rationsgestaltung ist jedoch eine nur anteilige Energie- und Nährstoffaufnahme über Weidegras anzustreben. Die notwendige Rationsergänzung kann über Futterkonserven (z. B. Heu, Stroh, Maissilage) im Stall erfolgen.

Im Fütterungsabschnitt II ist zunächst der erhöhte Energie- und Nährstoffbedarf, aber auch die gleichzeitig weiter eingeschränkte Futteraufnahmekapazität zu berücksichtigen. Allerdings ist weit wichtiger, dass die eingesetzten Rationskomponenten und evtl. auch ihre relativen Anteile denen der Ration der frischlaktierenden Kühe ante partum entsprechen. Damit werden die Mikroorganismen des Pansens bereits an das Futter der laktierenden Kühe adaptiert und die Futterumstellung zu Laktationsbeginn entfällt. Auch ist die Energiekon-

7.2 Fütterung trockenstehender Kühe

Foto 7.2-1
Besonders während der Trächtigkeit ist auf erstklassige Futterqualität zu achten

Übersicht 7.2-4
Rationsbeispiele für die Fütterung trockenstehender Kühe ohne Mineralfutterergänzung (Abschnitt I; Lebendmasse von 630 kg; Futtermittel in kg/Tag)

	I	II	III	IV
Wiesenheu (1. Schnitt, Mitte bis Ende der Blüte)	6	5	–	–
Grassilage (40 % T, Mitte der Blüte)	14	10	8	–
Maissilage (35 % T, mittlerer Kolbenanteil)	–	8	10	14
Stroh (Weizen, Gerste)	–	–	5	6
Rapsextraktionsschrot	–	–	0,7	1,6

zentration durch ansteigende Kraftfuttergaben von 1,5 bis max. 3,5 kg insbesondere bei Hochleistungskühen weiter zu erhöhen. In neueren Arbeiten (LIEBICH et al. 1989) konnte gezeigt werden, dass sich eine energiereiche Fütterung etwa zwei bis drei Wochen vor der Geburt besonders vorteilhaft auf das Pansenzottenwachstum auswirkt. Damit werden verbesserte Absorptionsbedingungen für die flüchtigen Fettsäuren geschaffen und die Futteraufnahme kann post partum schneller ansteigen. Das Kraftfutter entspricht in seiner Zusammensetzung dem eines Milchleistungsfutters. Allerdings sollten die trockenstehenden Kühe darüber hinaus stets Zugang zu einem rohfaserreichen Raufutter (z. B. Heu) haben.

Auch wenn die Rationsansprüche der trockenstehenden Kühe eher gering scheinen, erfordert die Fütterung besondere Sorgfalt und Aufmerksamkeit. Unmittelbare Auswirkungen auf das Verzehrsverhalten und Gesundheitsparameter nach der Geburt sind zu erwarten. Vor allem ist darauf zu achten, dass die vorgegebenen Futtermengen verzehrt werden. Futterreste sind täglich zu entfernen. Das Futter ist hygienisch einwandfrei frisch vorzulegen. Raufutter spielt für die Pansentätigkeit und Sättigung eine herausragende Rolle. Die Haltung der Kühe erfolgt getrennt nach Fütterungsabschnitt I und II. Abkalbebuchten sind notwendig.

Mineral- und Wirkstoffversorgung

Bei der Fütterung trockenstehender Kühe ist es sehr wesentlich, dass auch in dieser Zeit die Mineral- und Wirkstoffversorgung ausreichend sichergestellt wird. Dies ist nicht nur wegen der stärkeren Mineralisierung des Fötus-Skeletts im letzten Drittel der Trächtigkeit, sondern auch für den Trächtigkeitsanabolismus notwendig. Eine vorausgegangene Mangelversorgung während der Laktation sollte nicht in der Trockenstehzeit, sondern vor allem bereits im letzten Laktationsdrittel ausgeglichen werden. Versorgungsempfehlungen für Mineralstoffe und Vitamine während der Trockenstehzeit sind in Übersicht 7.2-5 dargestellt. Die Gegenüberstellung der Empfehlungen an Calcium und Phosphor (siehe Übersicht 7.2-5) mit der mittleren Zufuhr der Beispielsrationen (Übersicht 7.2-4) zeigt, dass bei gras-, grassilage- und heureichen Rationen die trockenstehenden Kühe ausreichend mit diesen beiden Mengenelementen versorgt sind. Allerdings benötigen die Mengenelemente Calcium, Phosphor, Magnesium und Kalium im Hinblick auf eine Verhütung von Gebärparese nach dem Abkalben besondere Aufmerksamkeit. Grundsätzlich sind calcium- und vor allem kaliumarme Futterkomponenten in der Trockenstehzeit zu bevorzugen, während Phosphor und insbesondere Magnesium stets ausreichend zu verabreichen sind. Die Strategie zur Verminderung des Auftretens von Gebärparese (siehe 5.1.2 und DLG, 2010) beinhaltet Maßnahmen der Vermeidung überkonditionierter Kühe während der Trockenstehzeit bzw. der Spätlaktation, eine bedarfsorientierte bzw. sogar suboptimale Ca-Versorgung in den letzten Wochen der Trächtigkeit, die Verabreichung hoher Vitamin D_3-Gaben wenige Tage vor dem tatsächlichen Geburtszeitpunkt und die Erfassung der Kationen-Anionen-Bilanz der Gesamtration. Letztere als DCAB (Dietary Cation Anion Balance)-Konzept bezeichnet berücksichtigt vor allem die Zufuhr der Kationen Natrium und Kalium in Differenz zu den Anionen Chlorid (Chlor) und Sulfat (Schwefel) unter Einbindung ihrer unterschiedlichen Atomgewichte. Ein Anionenüberschuss führt zu einer metabolischen Azidose, als deren Folge eine verstärkte Freisetzung von Calcium (und Phosphor) aus dem Knochen erfolgen kann. Je nach Auftreten von Gebärparese innerhalb einer Milchviehherde wird der Landwirt prophylaktische Maßnahmen ergreifen. Die Berücksichtigung des DCAB-Konzeptes

Übersicht 7.2-5

Empfehlungen zur Versorgung trockenstehender Kühe mit Mineralstoffen und Vitaminen

1. Mineralstoffe (g pro kg Futter-T)*	Ca	P	Mg	Na	K	Cl
	3,5	2,2	1,6	1,0	10,0	2,2
2. Spurenelemente (mg pro kg Futter-T)*	Fe	Co	Cu	Mn	Zn	J	Se
	50	0,20	10	50	50	0,50	0,20
3. Vitamine (pro kg Futter-T)*	A (IE)		D (IE)		E (mg)	
	10.000		500		50	

* *Futteraufnahme etwa 10 kg T*

beinhaltet vor allem zunächst, kaliumreiche Grasprodukte zu verringern, sodass die in Übersicht 7.2-4 angeführten Rationsbeispiele III und IV zu bevorzugen sind. Der zusätzliche Einsatz handelsüblicher saurer Salze ab etwa 3 Wochen vor der Geburt bedarf der Überwachung der Futteraufnahme, der Überprüfung der Netto-Säuren-Basenausscheidung (NSBA) über den Harn und einer ergänzenden Ca-Zufuhr. Dieses Verfahren ist nur unter spezifischen Herdenbedingungen zu berücksichtigen (DLG, 2010).

Die bedarfsgerechte Mineral- und Wirkstoffversorgung erfordert vorrangig die Spurenelement- und Vitaminzufuhr zu berücksichtigen. Eine Ergänzung mit vitaminiertem Mineralfutter ist rationsspezifisch in jedem Fall notwendig. Für Vitamin A, aber auch für einzelne Spurenelemente (z. B. Selen) wird durch eine ordnungsgemäße Zufuhr nicht nur die fötale Retention im Mutterleib gefördert, sondern auch die Ausscheidung über die Kolostralmilch deutlich positiv beeinflusst (siehe 7.1.4.7 und 7.3.1.1).

7.3
Fütterung von Aufzuchtkälbern

Unter Aufzuchtkälbern sind weibliche und männliche Kälber bis zu einem Gewicht von 150 kg zu verstehen, die später für die Rindermast oder die Nachzucht von Milchkühen genutzt werden sollen. Die Grundvoraussetzung für leistungsfähige Milchkühe und Mastrinder ist aber, dass die Tiere bereits als Kälber vollwertig ernährt wurden. Dabei kann die Widerstandskraft der neugeborenen Kälber gegen verschiedene Erkrankungen bereits durch eine richtige und zweckmäßige Ernährung des Muttertieres während der Trächtigkeit stark gefördert werden. Im letzten Drittel der Trächtigkeit ist der Zuwachs des Fötus so groß, dass das Muttertier dafür zusätzlich Energie und Eiweiß erhalten muss. Erfolgt dies nicht, so kann das Kalb dennoch mit annähernd normalem Gewicht geboren werden, da bis zu einer bestimmten Grenze der Fötus in der Nährstoffversorgung Vorrang vor der Mutter genießt. Dies geht aber auf Kosten der Gesundheit der Kuh, oft aber auch des Kalbes. Bei starker Unterernährung während der Trächtigkeit werden jedoch die Kälber mit unterdurchschnittlichen Gewichten geboren und sind wesentlich krankheitsanfälliger. Über den Bedarf hinausgehende Energie- und Eiweißzufuhr verändert den Nährstoffgehalt des Fötus kaum, macht sich aber bei den Muttertieren in einer stärkeren Verfettung, insbesondere der Geburtswege, und in Wehenschwächen bei der Geburt bemerkbar. Auch Überfütterung ist deshalb zu vermeiden.

Außerdem ist im letzten Trächtigkeitsdrittel auch eine vollwertige Mineral- und Wirkstoffversorgung erforderlich. Damit kann das Muttertier nicht nur erschöpfte Reserven an den verschiedenen Mineral- und Wirkstoffen wieder auffüllen, sondern auch die Krankheitsresistenz des neugeborenen Kalbes wesentlich fördern. Dies gilt vor allem für das Vitamin A. Die frühzeitige und optimale Versorgung der Kälber erfolgt nämlich bereits über die Vitamin A-Versorgung des Muttertieres während der Trächtigkeit. Allerdings werden nennenswerte Mengen an Vitamin A im Fötus nur dann gespeichert, wenn das Muttertier über längere Zeit sehr hohe Vitamin A-Gaben erhält. Eine überhöhte Carotinversorgung hat diesbezüglich nur eine geringe Wirkung. Außerdem beeinflusst die Vitamin A-Versorgung der Kuh auch den Vitamin A-Gehalt der Kolostralmilch. Über diese wird der Vitamin A-Bedarf des neugeborenen Kalbes sichergestellt, da ein beträchtlicher Teil der Vitamin A-Reserven des Muttertieres über das Kolostrum abgegeben wird. Der Vitamin A-Gehalt der Kolostralmilch hängt infolgedessen davon ab, inwieweit die tragende Kuh Vitamin A speichern kann. Mangelhafte Carotin- bzw. Vitamin A-Versorgung, die gerade in der zweiten Winterhälfte vielfach auftritt, führt dann auch zu einem äußerst geringen Vitamin A-Gehalt der Kolostralmilch. Diese Zusammenhänge gelten auch für Vitamin E und einzelne Spurenelemente, deren Konzentrationsanstieg in der Kolostralmilch von der Versorgung der hochträchtigen Kuh abhängt. So führte auch in neueren Untersuchungen (GIERUS et al. 2003) eine Selenzulage von 2,4 mg pro Kuh und Tag (etwa 0,2 mg pro kg Futtertrockenmasse) in der Trächtigkeit im Kolostrum zur Verdopplung des Selengehaltes.

7.3.1 Grundlagen zur Ernährung des Kalbes

7.3.1.1 Ernährung in der Kolostralmilchphase

Während der ersten Lebenswoche bildet die Kolostralmilch die ausschließliche Nahrung, unabhängig davon, ob das neugeborene Kalb zur Aufzucht oder zur Mast verwendet wird und wie die daran anschließende Ernährung gestaltet wird. Die Umstellung auf andere Futtermittel und andere Fütterungsmethoden erfolgt normalerweise etwa vom sechsten bis zehnten Lebenstag.

Die Kolostralmilch ist unter normalen Bedingungen in ihrer Zusammensetzung auf die Bedürfnisse des neugeborenen Kalbes abgestimmt und zeichnet sich durch hohe Gehalte an leicht verdaulichen Nährstoffen sowie erhöhten Mineral-, Wirk- und Schutzstoffgehalt aus (siehe Übersicht 7.1-1). Auffallend und besonders abweichend von der Normalmilch ist ihr hoher Gehalt an Globulinen. Über die Hälfte des Eiweißes besteht nämlich aus der Globulinfraktion, besonders aus γ-Globulinen. Die Bedeutung dieser γ-Globuline liegt weniger in ihrer Ernährungs-, sondern vielmehr in ihrer möglichen Schutzwirkung, da sie als sogenannte Immunglobuline dem neugeborenen Kalb einen passiven Infektionsschutz verleihen können. Die maternale Immunisierung wird aber vorwiegend stallspezifisch sein, d. h. Immunkörper sind nur gegen solche Infektionskrankheiten vorhanden, mit denen sich das Muttertier aktiv auseinandergesetzt hat. Dieser maternale Schutz über die Kolostralmilch ist von allergrößter Bedeutung, da beim Kalb ähnlich wie bei anderen Huf- und Klauentieren kein Übertritt von Immunglobulinen über die Plazenta auf den Fötus erfolgt. Damit ist der postnatale Verlauf des Immunspiegels im Serum von Kälbern zunächst von den passiv erworbenen Immunglobulinen der Kolostralmilch abhängig. Demgegenüber wird sich erst allmählich in den ersten Lebenswochen ein aktiv erworbener Immunschutz einstellen. Eine ausreichende, frühzeitige Versorgung mit Kolostralmilch gehört zu den wichtigsten Maßnahmen, Kälberverluste zu verringern.

Die Kolostralmilch weist anfangs den zehn- bis zwölffachen spezifischen Antikörpergehalt des maternalen Blutes aufweisen. Mit zunehmender Milchsekretion wird die Konzen-

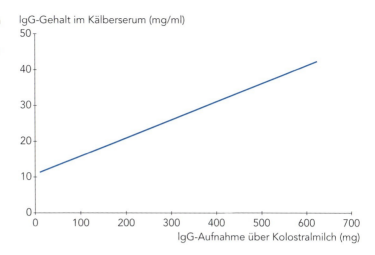

Abbildung 7.3-1
Beziehung zwischen IgG-Aufnahme im ersten Kolostrum und IgG-Gehalt im Kälberserum

tration jedoch stark vermindert, und nach 24 Stunden ist nur noch knapp die Hälfte der ursprünglichen Antikörper enthalten. Hinzu kommt, dass die Absorptionsfähigkeit des Kälberdarmes für die großmolekularen Immun-Gammaglobuline bereits nach 24 Stunden stark zurückgegangen ist und nach 36 Stunden ein Übertritt vom Darm in die Blutbahn des Kalbes kaum mehr möglich ist (siehe hierzu auch Abb. 6.2-1), und die Globuline als Eiweißkörper dem Proteinabbau unterworfen werden. Aus diesen Gründen ist die erste Kolostralmilch möglichst rasch, also innerhalb der ersten drei Lebensstunden, dem neugeborenen Kalb zu verabreichen. Bereits 2–7 Stunden nach ihrer Verfütterung sind auch im Blut des Kalbes wesentliche Antikörpermengen nachweisbar, ein Zeichen, dass durch diese Maßnahme am ehesten die Gewähr eines wirksamen Infektionsschutzes gegeben ist. Abb. 7.3-1 zeigt diese enge Beziehung zwischen der Immunglobulin(IgG)aufnahme mit dem ersten Kolostrum und dem IgG-Gehalt im Serum (PRENNER et al. 2006).

Erfahrungsgemäß sind Erstlingskälber gegen Infektionen anfälliger als Kälber von Altkühen. Anscheinend ist die immunbiologische Funktionsfähigkeit der Erstlingskuh noch nicht voll entwickelt. In diesen Fällen, auch bei Zukauf hochtragender Tiere oder bei fehlendem bzw. mangelhaftem Bereitstellen von Erstkolostrum besteht die Möglichkeit, nicht verbrauchtes Erstgemelk älterer Kühe durch Tiefgefrieren zu konservieren. Neugeborene Kälber erhalten dann ein Gemisch von maternalem und konserviertem Kolostrum oder ausschließlich konserviertes Kolostrum. Allerdings erfordert diese Maßnahme entsprechend große Sorgfalt beim Auftauen (mithilfe eines Wasserbades im Temperaturbereich von 45 °C – max. 50 °C) und Aufwärmen (Tränketemperatur etwa 37 °C).

Das Kolostrum ist aber auch aus anderen Gründen frühzeitig und in ausreichender Menge während der ersten Lebenswoche zu verfüttern. So beeinflusst das Kolostrum Entwicklung und Funktion des Verdauungstraktes, Verdauungsenzyme und Hormone des Verdauungstraktes sowie die Absorptionskapazität. Im Kolostrum wurden zahlreiche „Minorsubstanzen", z. B. Lactoferrin, Transferrin, Enzyme wie γ-Glutamyltransferase, Alkalische Phosphatase, Aspartat-Aminotransferase oder Hormone wie Insulin, Glucagon, Prolaction, IGF1, IGF2, Wachstumshormon u. a. nachgewiesen (BLUM und HAMMON, 2000). Auch die Konzentration dieser Bestandteile nimmt ähnlich wie die fettlöslichen Vitamine A, D und E, die wasserlöslichen Vitamine B_1, B_2, B_{12}, Cholin, Vitamin C oder nahezu alle essenziellen Mengen- und Spurenelemente mit der Zahl der Gemelke ab. Je später die Kolostralmilch verabreicht wird, desto weniger Wirkstoffe erhält das Neugeborene.

Für praktische Verhältnisse sind also sowohl aus dem Verlauf der Konzentrationsverhältnisse von Nähr-, Schutz- und Wirkstoffen im Kolostrum als auch aufgrund deren abnehmender Absorbierbarkeit durch die Darmwand des Kalbes rechtzeitige Kolostralmilchgaben notwendig. Dies wird auch durch einen stabilisierenden Effekt auf die Gehalte an Glucose, Lipide oder fettlösliche Vitamine im Plasma des Neugeborenen bestätigt. Daher haben ein rechtzeitiges Abmelken des Erstgemelkes (möglichst unmittelbar nach dem Abkalben bis etwa 3 Stunden p. p.) und ein sofortiges Tränken oder ein unmittelbares Säugen des Kalbes Priorität. Beim selbstständigen Säugen ist eine Kontrollbeobachtung notwendig.

7.3.1.2 Enzymaktivitäten im Verdauungstrakt und Verdauung der Nährstoffe

Aus physiologischen und anatomischen Gründen ist ein einwöchiges Kalb auf flüssige, im Wesentlichen aus Milchprodukten bestehende Nahrung angewiesen. Die Vormägen des Kalbes sind noch klein und kaum funktionsfähig. Dementsprechend werden auch Milch und Milchersatztränken an den Vormägen vorbei direkt in den Labmagen geleitet. Da nun sowohl bei der Aufzucht als auch bei der Mast Vollmilch und andere Milchprodukte aus wirtschaftlichen Gründen immer stärker von teilweise milchfremden Nahrungsbestandteilen verdrängt werden, ist vorerst die Frage nach deren Verträglichkeit zu stellen. Futterstoffe, die aufgrund der physiologischen Verhältnisse nicht verwertet werden können, führen nämlich unweigerlich zu gesundheitlichen Störungen, besonders wenn sie in größeren Mengen in der Tränke enthalten sind. Die Aktivität der körpereigenen Enzyme spielt dabei eine bedeutende Rolle (siehe hierzu auch Abb. 6.2-3). Deshalb sollen im Folgenden die einzelnen Nährstoffe in der Tränke hinsichtlich ihrer Verdaulichkeit und Verträglichkeit näher erläutert werden.

Eiweiß

Die Verwertbarkeit der verschiedenen Nährstoffe und ganz besonders auch des Eiweißes hängt mit der kaum entwickelten Mikroorganismentätigkeit und den Enzymverhältnissen im Magen-Darmtrakt des Kalbes zusammen. Das Kalb ist auf die essenziellen Aminosäuren im Futter angewiesen, das heißt, nicht nur die mengenmäßige Versorgung mit verdaulichem Eiweiß, sondern auch seine biologische Wertigkeit muss berücksichtigt werden. Dabei dürften Milch und Milchprodukte den Anforderungen des Kalbes an die Eiweißqualität am besten entsprechen. Die rasche Gerinnung der körperwarmen Milchtränke durch die anfänglich hohe Renninaktivität (Labwirkung) macht dabei das Milcheiweiß den eiweißspaltenden (proteolytischen) Enzymen besser zugänglich.

Die proteolytischen Enzymaktivitäten im Verdauungstrakt des Kalbes sind jedoch in den ersten Wochen noch relativ gering. Wohl ist in der ersten Lebenswoche im Labmagengewebe bereits eine hohe Proteaseaktivität vorhanden, die Wirkung der Salzsäure-Pepsin-Funktion des Labmagens wird aber erst mit zunehmendem Alter verstärkt. Auch die Aktivität der Pankreas-Proteasen steigt erst nach und nach an. Allerdings weisen Milchproteine schon in der ersten Lebenswoche eine Verdaulichkeit von nahezu 90 % auf und erhöhen sich rasch weiter auf deutlich über 90 %. Demgegenüber kann das Kalb erst mit zunehmendem Alter vermehrt milchfremdes Protein in der Tränke verwerten.

Foto 7.3-1
Kälber sind nicht nur auf eine bestimmte Proteinmenge in der Ration angewiesen, die Qualität des Eiweißes muss vor allem auch stimmen

Kohlenhydrate

Die Enzymverhältnisse des Magen-Darmtraktes bestimmen auch das Verdauungsvermögen des jungen Kalbes für Kohlenhydrate. Sie sind gekennzeichnet durch anfangs hohe Aktivität der Darmlactase, in den ersten Wochen ansteigende Pankreasamylaseaktivität, geringe Darmmaltaseaktivität während der reinen Tränkeperiode und fehlende Saccharaseaktivität.

Als einzige Kohlenhydrate werden deshalb anfangs Lactose (Milchzucker) bzw. deren Monosaccharide Glucose und Galactose gut verwertet. Andere Kohlenhydrate kommen zu diesem Zeitpunkt als Futterstoffe noch nicht in Frage. Für Stärke hat das junge, noch nicht ruminierende Kalb nur ein geringes Verdauungsvermögen, Saccharose kann sogar nur mikrobiell abgebaut werden. Erst durch die allmählich einsetzende Pansentätigkeit, wie sie aber nur bei Aufzuchtkälbern erwünscht ist, werden Stärke und Zucker (z. B. Saccharose, Maltose, Fructose) ruminal abgebaut. Diese Nährstoffe dürfen daher nicht flüssig verabreicht werden, damit sie nicht nach Auslösung des Schlundrinnenreflexes unmittelbar in den Labmagen und Dünndarm gelangen. Dies ruft beim jungen Kalb innerhalb weniger Stunden erheblichen Durchfall hervor. Zudem wird infektiösen Keimen die Ansiedlung im Darmkanal erleichtert, da sie ein leicht zugängliches Nährsubstrat bilden.

Fett

Die Fettverwertung ergibt sich einerseits aus dem Verdauungsvermögen des jungen Kalbes, andererseits aus dem Bearbeitungs- und Qualitätszustand der Futterfette.

Die Fettverdauung wird beim Saugkalb durch prägastrische Esterasen eingeleitet. Nach den bisherigen Kenntnissen wird dadurch in erster Linie die Verdaulichkeit des Milchfettes günstig beeinflusst. Ähnlich den anderen Pankreasenzymen ist auch die Aktivität der Pankreaslipase beim neugeborenen Kalb gering, erhöht sich aber bereits bis Ende der ersten Lebenswoche und verändert sich in den folgenden Wochen nur mehr geringfügig. Da die Pankreaslipase nicht substratspezifisch ist, kann vom jungen Kalb bereits eine Reihe von Fetten verdaut werden.

Die Verdaulichkeit des Fettes und damit auch die Verträglichkeit stehen in enger Beziehung zum Verteilungszustand, das heißt zur Größe der Fettpartikelchen in der zugeführten Nahrung. Lipasen als Proteinkörper sind wasserlöslich, Fette dagegen nicht. Die Einwirkung der fettspaltenden Enzyme kann daher nur an der Oberfläche der Fetttröpfchen wirksam werden. Je besser nun der Verteilungszustand des Fettes ist, desto größer ist auch dessen Oberfläche und desto wirksamer die Enzymreaktion. Außerdem unterstützt die Feinverteilung die Emulgierbarkeit der Fette.

In zahlreichen Versuchen wurde festgestellt, dass eine Verteilungsgröße von etwa 2 µm bei milchfremden Fetten Verdaulichkeit und Verträglichkeit stark fördert. So ist allgemein zu erwarten, dass mit der Verkleinerung der Fetttröpfchen die Absorption dieser Fette zunimmt und dadurch Verdauungsstörungen weitgehend vermieden werden können. Ein zu feiner Verteilungszustand milchfremder Fette würde jedoch deren Oxidationsempfindlichkeit erhöhen. Störungen in der Fettverdauung wirken nicht nur negativ auf die Aufnahme anderer Nährstoffe, sondern vermindern auch die Absorption von Wirkstoffen.

Weiterhin beeinflussen Schmelzpunkt, Kettenlänge und Sättigungsgrad die Verdaulichkeit und die Verträglichkeit milchfremder Fette für das Kalb. Milchfett weist einen hohen Anteil an kurz- und mittelkettigen Fettsäuren (< C 18) und nur einen sehr geringen Anteil an mehrfach ungesättigten Fettsäuren auf (siehe Übersicht 7.1-2). Pflanzliche Öle mit langkettigen, mehrfach ungesättigten Fettsäuren (Linol- und Linolensäure, z. B. Sojaöl, Rapsöl u.a.) können zu Wachstumsstörungen, kümmerhaftem Aussehen, Durchfall, Schwund der Skelett- und Herzmuskulatur, erhöhter Anfälligkeit für Pneumonien und sogar zum Tod führen. Hydrierte Pflanzenöle zeigen eine bessere Verträglichkeit und Wachstumswirkung. Demgegenüber sind Säugetierfette (z. B. Rindertalg, Schweineschmalz) aufgrund des Fettsäuremusters sehr viel besser verträglich und mit einer Verdaulichkeit von etwa 90 % hoch verdaulich. Ihre Einmischung in Milchaustauscher bzw. die Verfütterung an Kälber ist jedoch seit dem Auftreten von BSE-Fällen bei Rindern in der BRD verboten. Allerdings sind einige wenige pflanzliche Fette wie Kokosfett, Palmkernfett oder Palmöl durch einen hohen Anteil mittelkettiger Fettsäuren und einen geringen Anteil mehrfach ungesättigter Fettsäuren gekennzeichnet. Diese Fette bzw. Öle werden derzeit überwiegend als Fettkomponenten im Milchaustauscher herangezogen. Sie weisen ebenfalls hohe Verdaulichkeiten von etwa 90–96 % auf. Für die Verträglichkeit von milchfremden Fetten in Kälberrationen ist außerdem deren Frischezustand von maßgebender Bedeutung. Dabei genügt es selbstverständlich nicht, dass Fette zum Zeitpunkt der Verarbeitung frisch sind, sondern sie müssen im Futter über einen gewissen Zeitraum frisch bleiben. Milchaustauscher enthalten daher zur Fettstabilisierung zusätzlich Antioxidantien, aber auch Emulgatoren, um die Fettverteilung zu fördern.

Der natürliche Bedarf des Kalbes an essenziellen ungesättigten Fettsäuren (Linol-, Linolen- und Arachidonsäure) ist aber in der Regel sowohl über das Milchfett als auch über das in der Nahrung vorhandene Fett gedeckt. Hinzu kommt noch, dass beim Kalb durch die Kolostralmilchfütterung eine gewisse Reservebildung an essenziellen Fettsäuren erreicht wird.

7.3.1.3 Pansenentwicklung

Das Aufzuchtkalb sollte sich so rasch wie möglich zum Wiederkäuer entwickeln. Deshalb ist im Folgenden beschrieben, wie die Pansenentwicklung schon frühzeitig stimuliert werden kann.

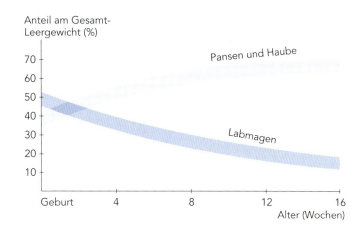

Abbildung 7.3-2
Relativer Anteil von Pansen (mit Haube) und Labmagen am Leergewicht des Gesamtmagens in Abhängigkeit vom Alter des Kalbes

Übersicht 7.3-1

Längenwachstum der Pansenzotten in Abhängigkeit vom Fütterungsregime

Alter	Mittlere Länge der Pansenzotten in mm	
	bei Milch	bei Milch, Kraftfutter und Heu
1–3 Tage	1,0	1,0
4 Wochen	0,5	0,8
8 Wochen	0,5	1,5
12 Wochen	0,5	2,5

Zur Zeit der Geburt ist der einzige funktionsfähige Teil des Kälbermagens der Labmagen, während sich der Pansen erst allmählich entwickelt. Dabei steht die zeitliche Entwicklung des Pansens in sehr engem Zusammenhang mit Art und Menge des verabreichten Futters. In Abb. 7.3-2 ist aufgezeigt, wie sich Pansen und Labmagen mit fortschreitendem Alter des Kalbes gewichtsmäßig verändern.

Ein wesentliches Kennzeichen für die Funktions- und Absorptionsfähigkeit des Pansens sind die Pansenzotten. Diese sind beim neugeborenen Kalb zunächst gut entwickelt vorhanden, bilden sich aber während der Milchfütterungsperiode zahlen- und längenmäßig zurück. In Übersicht 7.3-1 ist das Längenwachstum der Pansenzotten bei ausschließlicher Milchgabe und bei Fütterung von Milch mit Kraftfutter und Heu ad libitum wiedergegeben. Die angegebenen Zahlen zeigen sehr deutlich den Einfluss der Fütterung auf das Längenwachstum der Pansenzotten. Dieses ist nämlich von der Produktion flüchtiger Fettsäuren abhängig, und zwar in der Wirkungsreihe Buttersäure > Propionsäure > Essigsäure. Milch gelangt beim Saugen infolge des Schlundrinnenreflexes vorwiegend in den Labmagen, sie kann also das Pansenzottenwachstum nicht beeinflussen. Kraftfutter ist dagegen durch den Abbau von Stärke bzw. weiterer Kohlenhydrate zu flüchtigen Fettsäuren in erster Linie für die Entwicklung der Pansenmucosa und der Pansenzotten verantwortlich. Daher werden verschiedentlich große Anstrengungen unternommen, eine schnelle und hohe Kraftfutteraufnahme unter Einschränkung des Heuverzehrs zu erzielen. Allerdings beeinflussen die mechanischen Reize, wie sie besonders durch Heugaben hervorgerufen werden,

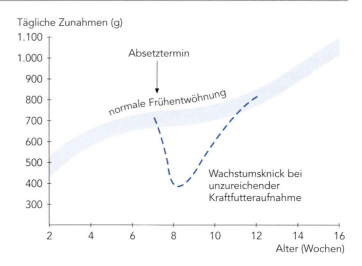

Abbildung 7.3-3
Mittlerer Zunahmeverlauf bei Frühentwöhnung

das Wachstum des Muskelgewebes, also die Größe des Pansens. Deshalb ist zu empfehlen, neben Kraftfutter auch laufend bestes Kälberheu zu verabreichen. Selbstverständlich wird über Kraftfutter allein eine bessere Nährstoffzufuhr erreicht, über längere Zeit ausschließlich verabreicht, kann es jedoch die Bedingungen zum Auftreten einer subakuten Pansenacidose fördern. Dies wird durch die ausgleichende Wirkung des Heus vermieden. Zudem sollten Kälber in jedem Fall vor dem Absetzen des Milchaustauschers neben Kraftfutter auch Grundfutter aufnehmen.

Um nun die Aufnahme fester Nahrung zu fördern, muss bei eingeschränktem Trockenmassegehalt der Tränke deren tägliche Menge und auch die Dauer der Tränkeperiode verkürzt werden. Diesen Forderungen entspricht die Aufzuchtmethode „Frühentwöhnung". Dabei wird das junge Kalb durch die verringerte Nährstoffzufuhr über die Tränke angeregt, das sich ergebende Nährstoffdefizit über die Aufnahme von Kraftfutter zu decken. Getreide spielt hierbei eine bedeutende Rolle, da einerseits mit beginnender Pansentätigkeit verstärkt Propionsäure gebildet wird und es andererseits auch der Geschmacksrichtung des Kalbes entspricht. Dabei wird, sachgemäße Gewinnung und Lagerung vorausgesetzt, vom jungen Kalb am liebsten Gerste und Mais, gefolgt von Weizen, Roggen und Hafer aufgenommen. Ausreichende frühzeitige Kraftfutteraufnahme entscheidet letztlich über das Gelingen dieser Aufzuchtmethode. Bei zu geringer Kraftfutteraufnahme zum Zeitpunkt des Absetzens ist nämlich ein Wachstumsrückgang unvermeidlich, und es ergibt sich die in Abb. 7.3-3 stark vereinfachte Situation. Werden dagegen bei kombinierter Kraftfutter-Heu-Fütterung zur Zeit des Wegfalls der Tränke 800–1.000 g eines hochwertigen Kraftfutters täglich aufgenommen, so reicht die gesamte Nährstoffmenge für ein gleichmäßiges Wachstum aus, und es tritt kein Abfall in den täglichen Gewichtszunahmen ein.

Bei sachgemäßer Anwendung der Methode der Frühentwöhnung kann anhand der Entwicklung des Pansens, der Pansenmikroorganismen sowie der Wiederkauhäufigkeit gezeigt werden, dass die Kälber mit dem Absetzen von der Tränke im Alter von etwa 7–9 Wochen bereits als Wiederkäuer bezeichnet werden können.

Foto 7.3-2

Um den Pansen so frühzeitig wie möglich zu entwickeln, ist neben der Milchgabe das Bereitstellen von Kraftfutter und Heu nötig

7.3.2 Energie- und Nährstoffbedarf

Der Energiebedarf wird bei Kälbern wie bei allen wachsenden Rindern auf Basis der umsetzbaren Energie (ME) ausgedrückt. Zur Bedarfsableitung wird die faktorielle Methode angewandt (GfE 1997). Die Berechnung des energetischen Erhaltungsbedarfs erfolgt dabei in Anlehnung an die Mastrinder (vgl. 7.7.2). Der Leistungsbedarf, d.h. der Stoff- und Energieansatz während des Wachstums, wird in Abhängigkeit von Lebendmasse und Lebendmassezunahmen angegeben. Datengrundlage hierfür sind zahlreiche Schlachtversuche mit Kälbern, die hinsichtlich Alter, Lebendmasse sowie Aufzucht- und Wachstumsintensität (Rasse) der Tiere ein großes Variationsspektrum abdecken.

Körperzusammensetzung

Bei Kälbern, die unmittelbar nach der Geburt oder nach der Kolostralmilchperiode geschlachtet wurden, beträgt der Anteil des Leerkörpers, d.h. Schlachtkörper abzüglich des Inhalts von Verdauungstrakt und Blase, über 90%. Der Proteingehalt des Leerkörpers schwankt zwischen 16 und 20%, der Fettgehalt zwischen 2,4 und 6,7%. Bei Aufzuchtkälbern zwischen 90 und 160 kg Lebendmasse beläuft sich der Anteil des Leerkörpers auf 79–91%. Bei Einsatz raufutterreicher Rationen, bei niedrigen Zunahmen und höheren Schlachtgewichten werden die geringsten relativen Leerkörperanteile gefunden. Unabhängig von Lebendmasse und -zunahmen ist der Proteingehalt im Leerkörper mit 18–19% weitgehend konstant und in ähnlicher Höhe wie der der Kolostralmilchkälber. Die Energiegehalte zeigen dagegen in den zur Verfügung stehenden Untersuchungen eine deutliche Abhängigkeit von der Fütterungsintensität und dem Zunahmeniveau. Sie bewegen sich zwischen 5,8 und 7,3 MJ Energie je kg Leerkörper. Bei höheren Tageszunahmen und schwereren Tieren steigen die Energiegehalte im Leerkörper deutlich an.

Foto 7.3-3
Die Tageszunahme in den ersten vier Monaten nach der Geburt sollte bei etwa 750 g liegen

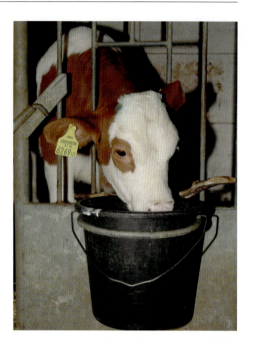

Zusammensetzung des Körperansatzes

Die Schätzung des Stoff- und Energieansatzes für Kälber erfolgt unter Berücksichtigung des Stoff- und Energiegehaltes des Leerkörpers, der Relation zwischen Lebendmasse und Leerkörpermasse sowie von Lebendmasse und Lebendmassezunahme. Mittels Regressionsanalyse werden unter Berücksichtigung der oben dargestellten Angaben entsprechende Werte für der Leerkörperanteil am Schlachtkörper sowie für die Protein-, Fett- und Energiegehalte abgeleitet.

Für den Anteil des Leerkörpers am Schlachtgewicht werden mit steigender Lebendmasse abnehmende Werte beobachtet, die der Gleichung

$$y = 98{,}87 - 0{,}0994\, x \quad (r^2 = 0{,}64)$$

mit y = Anteil des Leerkörpers in %
x = Lebendmasse in kg

folgen. Dieser Trend wird vor allem durch die mit steigendem Raufuttereinsatz bei größeren Kälbern eintretende Pansenentwicklung verursacht. Für den Proteingehalt im Leerkörper kann dagegen keine eindeutige Beziehung zu Lebendmasse oder Lebendmassezunahmen gefunden werden. Deshalb wird für die Versorgungsempfehlungen der Aufzuchtkälber ein konstanter Proteingehalt von 188 g/kg Leerkörper zugrundegelegt. Der Fettgehalt steht demgegenüber in deutlicher Abhängigkeit zu Lebendmasse und Lebendmassezunahmen. Mittels multipler Regressionsanalyse folgt er der Gleichung

$y = 8{,}42 + 0{,}205\, x_1 + 0{,}05\, x_2 \;(r^2 = 0{,}53)$

mit y = Fettgehalt im Leerkörper in g/kg
     x_1 = Lebendmasse in kg
     x_2 = Lebendmassezunahmen in g/Tag

Der Energiegehalt des Leerkörpers ist dann aus den jeweigen Fett- und Proteingehalten zu berechnen, wobei für Protein ein Energiegehalt von 22,6 kJ/g, für Fett ein Energiegehalt von 39,0 kJ/g angesetzt wird.

Bedarfsableitung

Für die Ableitung des Energiebedarfs wird eine theoretische Unterteilung des Gesamtbedarfs in Erhaltungs- und Leistungsbedarf vorgenommen. Anhand der großen Anzahl entsprechender Versuche mit wachsenden Rindern wird auch für Kälber der tägliche energetische Erhaltungsbedarf unabhängig von Rasse, Geschlecht, Alter und Haltungssystem mit 530 kJ ME/kg $LM^{0{,}75}$ angesetzt. Da aber aus entsprechenden Untersuchungen eindeutig hervorgeht, dass gerade beim Kalb die Umgebungstemperatur durchaus nennenswerte Bedeutung für die tatsächliche Höhe dieses Erhaltungsbedarfes hat, wird vorgeschlagen, bei Kälbern unter 100 kg Lebendmasse den energetischen Erhaltungsbedarf um 1 % höher einzuschätzen für jedes °C, um das die Umgebungstemperatur unter 25 °C liegt. Dies ist in erster Linie bei der Haltung von Kälbern im Außenbereich (Offenstall, Iglus) und im Winter von Bedeutung.

Der energetische Leistungsbedarf wird beim wachsenden Kalb vom Energieansatz bestimmt, der sich mithilfe der beschriebenen Zusammenhänge aus dem Ansatz an Fett und Protein errechnen lässt. Er ist damit abhängig von der Lebendmasse und insbesondere von den täglichen Lebendmassezunahmen. So werden beispielsweise bei 400 g Tageszunahmen täglich 2,25–2,41 MJ angesetzt, während diese Werte bei 800 g Tageszunahmen auf weit mehr als das Doppelte, nämlich auf 5,15–5,31 MJ ansteigen. Zwischen Geschlecht und Rasse wird vorerst noch nicht unterschieden. Für die umsetzbare Energie wird mit einem Verwertungsfaktor von $k_g = 0{,}40$ gerechnet. Als täglich zuzuführende Menge an umsetzbarer Energie ergeben sich daraus für Aufzuchtkälber die in Übersicht 7.3-2 zusammengestellten Werte. Der Energiebedarf bei täglichen Zunahmen von 900 g und 1.000 g wurde dabei auf der Basis des Bedarfs im Zunahmebereich von 600 g–800 g geschätzt.

Auch beim Proteinbedarf wird zwischen Erhaltung und Leistung (Wachstum) unterschieden. Der Nettobedarf für Erhaltung wird identisch zur Milchkuh (siehe 7.1.1.2) auf der Grundlage der endogenen Stickstoffausscheidungen über Kot, Harn und Körperoberfläche pro Tier und Tag ermittelt. Für den täglichen Proteinansatz werden der konstante Rohproteingehalt von 188 g pro kg Leerkörperzunahme, die Veränderung im Leerkörperanteil mit zunehmender Lebendmasse und die Höhe der täglichen Zunahmen berücksichtigt. Aus diesen Größen errechnet sich ein mittlerer Nettoproteinbedarf im Lebendmassebereich von 50 kg bis 150 kg und Zunahmen von 500 bis 1.000 g ansteigend von 125 g bis 250 g (GfE, 1999). Für die weitere Ableitung des Rohproteinbedarfs wird zwischen dem überwiegend milchernährten Kalb und dem bereits zum Wiederkäuer erzogenen Kalb unterschieden. So wird das duodenal angeflutete Rohprotein aus Milchkomponenten ge-

Übersicht 7.3-2

Täglicher Bedarf an umsetzbarer Energie (MJ ME/Tag) von männlichen und weiblichen Aufzuchtkälbern in Abhängigkeit von Lebendmasse und Lebendmassezunahme

Lebendmassezunahme (g/Tag)	Lebendmasse (kg)				
	50	75	100	125	150
400	15,6	19,3	22,7	25,8	–
500	17,1	20,9	24,4	27,5	30,5
600	18,8	22,7	26,1	29,2	32,3
700	–	24,4	27,9	31,0	34,1
800	–	26,4	29,8	33,0	36,0
900	–	28,4	31,7	35,1	38,2
1.000	–	–	33,6	37,3	40,6

Übersicht 7.3-3

Täglicher Bedarf an Rohprotein (g/Tier und und Tag) von Kälbern bei Frühentwöhnung oder 12-wöchige Tränkeperiode

Lebendmassezunahme (g/Tag)	Lebendmasse (kg)				
	50	75	100	125	150
400	160	250[1]/210[2]	300[1]/265[2]	320	–
600	210	335/275	385/335	405	420
800	–	420/345	475/410	485	495
1.000	–	(495/410)	560/490	565	575

1 Frühentwöhnung
2 12-wöchige Tränkeperiode

genüber dem des Wiederkäuers deutlich besser verwertet. Dabei werden beim Milchkalb ein Anteil von Aminosäure-N am Gesamt-N im Dünndarm von 95 %, eine Absorbierbarkeit des Aminosäure-N von 90 % und eine intermediäre Verwertung von 85 % unterstellt. Die entsprechenden Angaben für das Kalb als Wiederkäuer betragen 73 %, 85 % und 70 %. In Übersicht 7.3-3 ist der daraus errechnete Bedarf an Rohprotein von Kälbern bei Frühentwöhnung und bei 12-wöchiger Tränkeperiode dargestellt (GfE, 1999).

Futteraufnahme

Die Futteraufnahme des jungen Aufzuchtkalbes ist in der Regel zunächst durch eine vorgegebene Menge an Milchtränke und eines ad libitum-Angebotes von Heu und Kraftfutter geprägt. Erst mit zunehmender Lebendmasse kann durch die Kraftfutterergänzung verstärkt auch auf die Futteraufnahme Einfluss genommen werden. Für die Rationsgestaltung sind jedoch Kenntnisse über die Höhe der Futternahme nötig, um die Versorgungssituation mit den Bedarfsempfehlungen in Einklang zu bringen. In Übersicht 7.3-4 sind in Anlehnung an GfE (1999) mittlere Angaben zur Futteraufnahme in Abhängigkeit von Lebendmasse, Le-

Übersicht 7.3-4

Futteraufnahme (kg Trockenmasse/Tier und Tag) von Kälbern in Abhängigkeit von Lebendmasse, Lebendmassezunahme und Aufzuchtverfahren

Lebendmassezunahme (g/Tag)	Lebendmasse (kg)				
	50	75	100	125	150
400	$0{,}7^1/0{,}8^2$	1,3	2,1	2,6	–
600	$0{,}7^1/0{,}8^2$	1,6	$2{,}4^1/2{,}2^2$	2,9	3,2
800	–	1,9	$2{,}7^1/2{,}4^2$	3,2	3,4
1.000	–	(2,1)	$2{,}9^1/2{,}7^2$	3,4	3,6

1 Frühentwöhnung
2 12-wöchige Tränkeperiode

bendmassezunahme und Aufzuchtverfahren dargestellt. Dabei können im oberen Lebendmassebereich (etwa 150 kg) auch höhere Futteraufnahmen realisiert werden.

7.3.3 Fütterungshinweise zu den verschiedenen Aufzuchtmethoden

Bei der Aufzucht von Kälbern zu Milchkühen, Zuchtbullen oder Mastrindern können verschiedene Methoden angewandt werden, zwischen denen aber keine grundsätzlichen Unterschiede für die einzelnen Leistungsrichtungen bestehen. Die Kälber sollen zügig wachsen, ohne vorzeitig zu verfetten. Nach einer Aufzuchtdauer von 4 Monaten sollten die Tiere etwa 130 kg schwer sein, wofür mittlere Tageszunahmen von 750 g ab Geburt erforderlich sind. Bullenkälber nehmen bei gleicher Nährstoffaufnahme täglich etwa 50–100 g mehr zu als Kuhkälber. Werden deutlich höhere Zunahmen angestrebt, ist ein relativ hoher Einsatz von Milch bzw. Milchaustauschfutter erforderlich. Allerdings spielen auch die Höhe des Kraftfuttereinsatzes nach dem Absetzen der Milchtränke und die damit in der Folge erzielten Zunahmen für das Gesamtwachstum in der Kälberaufzucht eine wesentliche Rolle. Ferner lässt sich aus den Gesetzmäßigkeiten des Wachstums ableiten, dass extensiv aufgezogene Kälber während der späteren Jungrindermast bzw. -aufzucht besser zunehmen als deutlich zu intensiv versorgte Tiere (kompensatorisches Wachstum). Damit deutet sich bereits an, dass in der Kälberaufzucht insgesamt eher mittlere Zunahmen angestrebt werden sollten. Unabhängig von der Aufzuchtmethode erhalten die Kälber in der ersten Lebenswoche Kolostralmilch. Anschließend unterscheidet sich die Kälberaufzucht nach Art und Dauer der Tränkefütterung.

7.3.3.1 Kolostralmilch

Die alleinige Verfütterung von Kolostralmilch während der ersten Lebenswoche ist nicht nur ernährungsphysiologisch notwendig, sondern auch wirtschaftlich vertretbar, da Kolostralmilch ohnehin nicht molkereitauglich ist. Die erste Gabe erfolgt bereits innerhalb der ersten drei Lebensstunden (siehe 7.3.1). Dabei sollte die Tränkemenge bereits bei etwa

Übersicht 7.3-5
Kolostralmilchmenge und Tränkehäufigkeit während der ersten Lebenswoche

Alter der Kälber	Menge je Mahlzeit (l)	Tränkehäufigkeit
1. Tag	2,5–3,5	1. Tränkegabe
	1–1,5	2.–3. Tränkegabe
2. und 3. Tag	2–3	2–3 mal
4. bis 7. Tag	2,5–3	(3)–2 mal

2,5–3,5 l liegen. Eine frühzeitige und auch möglichst hohe Versorgung des neugeborenen Kalbes gerade mit dem Erstgemelk ist für die Zufuhr mit Immunglobulinen besonders wichtig. Die weiteren Tränkemengen am ersten Tag können deutlich geringer sein. Eine behutsam und richtig durchgeführte Verabreichung der ersten Kolostralmilch über Schlundsonde („Drenchen") ist nur in Notfällen bei vitalitätsschwachen, neugeborenen Kälbern anzusprechen. Anhaltspunkte über die tägliche Tränkehäufigkeit und die Menge je Mahlzeit zeigt Übersicht 7.3-5. Häufigere, kleinere Tränkegaben kommen dabei dem natürlichen Saugverhalten entgegen und ermöglichen eine höhere Aufnahme. Der Gesamtverbrauch an Kolostrum beträgt in der ersten Lebenswoche etwa 35–45 kg je Kalb.

Die richtige Temperatur der Kolostralmilch ist eine wesentliche Voraussetzung für deren Bekömmlichkeit. Bekanntlich ist die Gerinnung des Milcheiweißes im Labmagen temperaturabhängig, das heißt, nur bei Tränketemperaturen von etwa 37 °C wird sie rasch erfolgen. Bei tieferen Temperaturen dauert die Gerinnung zu lange, und ungeronnene Milch tritt vom Labmagen in den Darm über. Durchfall kann die Folge sein. Wenn Verdauungsstörungen auch während der gesamten Tränkezeit entwicklungshemmend wirken, so sind sie gerade in den ersten Lebenstagen lebensgefährlich und deshalb unbedingt zu vermeiden.

Nach praktischen Erfahrungen spielt die Tränketemperatur der Kolostralmilch nur dann keine entscheidende Rolle für deren Bekömmlichkeit, wenn sie den Kälbern zweimal täglich zur freien Aufnahme zur Verfügung steht. Die Tiere erhalten dabei in einem Tränkeeimer mit Saugstutzen zu jeder Mahlzeit 6–7 l zunächst körperwarme Milch, die allmählich auf Stalltemperatur absinkt. Unter diesen Bedingungen wird die Biestmilch in vielen kleinen Portionen über den ganzen Tag verteilt aufgenommen. Dadurch wird der Labmagen nicht überladen, und die Tränke erreicht schnell Körpertemperatur, ohne dass Verdauungsstörungen auftreten. Allerdings sollte die Tränketemperatur nicht unter 15 °C absinken, da sonst die Aufnahme zu wünschen übriglässt. Ein Infrarotstrahler über dem Tränkeeimer ist zur Erwärmung ausreichend. Alternativ kann die Biestmilch auch angesäuert stallwarm angeboten werden. Die Entfernung des Milchrestes zu jeder Melkzeit vor dem Einfüllen frisch ermolkener Milch sowie das heiße Auswaschen von Eimer und Saugstutzen sind wichtige hygienische Voraussetzungen. Der Vorteil dieser Tränkeverabreichung liegt in der höheren Kolostralmilchaufnahme (50–70 kg/Woche), dem z. T. verminderten Auftreten von Verdauungsstörungen und einem geringeren Arbeitszeitbedarf.

7.3.3.2 Kälberaufzucht mit einer Tränkeperiode von 10 Wochen

Nach der Kolostralmilchperiode erhalten die Kälber bis zur 10. bis 12. Lebenswoche als Tränke entweder Vollmilch oder Milchaustauschfutter. Entscheidenden Einfluss auf die spätere Leistungsfähigkeit dürfte dabei nach neueren Ergebnissen das Wachstum des Kalbes vor allem in den ersten Lebenswochen haben. Um eine ausreichende Gewichtsentwicklung zu erreichen, sollte die Energie- und Nährstoffversorgung über die Milchtränke in dieser Phase eher hoch angesetzt werden. Allerdings muss gleichzeitig das Haltungsverfahren optimiert werden und gesundheitliche Aspekte sind vorrangig zu beachten. Grundsätzlich wird jedoch versucht, die Phase der Verabreichung von Milchtränke aufgrund der hohen Kosten von Milchprodukten so kurz wie möglich zu halten. Daher wird überwiegend eine etwa 9–10-wöchige Tränkeperiode eingehalten. Ausnahmen sind die Bereiche der ökologischen Milchviehhaltung mit einer mindestens 12-wöchigen Vollmilchgabe oder auch das Verfahren der Fresseraufzucht (siehe 7.3.3.5), bei dem männliche Kälber mit dem Ziel einer forcierten Aufzucht über eine relativ lange Gesamtzeit (Bullenkalb bis zum Verkauf durch Milchviehhalter und Fresserphase) Milchprodukte erhalten. Zur Förderung der Vormagenentwicklung erhalten die Kälber als trockenes Beifutter bestes Heu und ein Kälberaufzuchtfutter.

Vollmilch

Obwohl Vollmilch aus ernährungsphysiologischer Sicht zweifellos ein ausgezeichnetes Futtermittel ist und damit die Aufzucht mit Vollmilch ein sehr sicheres Verfahren darstellt, sollte der Einsatz von Vollmilch aus kostenmäßigen Überlegungen auf die erste Lebenswoche (Biestmilchperiode) beschränkt bleiben. Die Verfütterung von Vollmilch an Kälber ist nur bei den verschiedenen Formen der Mutterkuh- bzw. Ammenkuhhaltung und in der ökologischen Milchviehhaltung aufgrund entsprechender Vorschriften gerechtfertigt oder wenn aufgrund einer begrenzten Milchquote Überschussmilch anfällt.

Übersteigt die Milchproduktion die Quotenmenge, so ist es in der Regel ökonomisch günstiger, die Überschussmilch in der Kälberaufzucht zu verwerten, als an die Molkerei abzuliefern. Bei einer genauen Wirtschaftlichkeitsbetrachtung sind die variablen Erzeugungskosten der Milch mit den Zukaufskosten eines Milchaustauschfutters zu vergleichen. Bei Kostengleichheit ist die Verfütterung von Vollmilch an Aufzuchtkälber also kosten- bzw. einkommensneutral, wenn sie auf den Ersatz des Milchaustauschfutters beschränkt bleibt. Entsprechend dem Aufzuchtverfahren mit Milchaustauschfutter (Übersicht 7.3-7) wird eine ausreichende Nährstoffversorgung erreicht, wenn ab der 2. Lebenswoche täglich $2 \times 3{,}5–4$ l Vollmilch eingesetzt werden. Diese ist mit min. 37 °C zu verabreichen, da sonst Durchfallgefahr besteht. Empfehlenswert ist eine gleichzeitige Ergänzung mit Wirkstoffen (z. B. hinsichtlich von Vitaminen und Spurenelementen), evtl. auch an Protein und eine Ansäuerung (z. B. mit Obstessig, handelsübliche Säuerungsmittel). Die Ansäuerung erfolgt bei Temperaturen von < 30 °C, um die Ausflockung von Casein zu minimieren. Die alleinige Vollmilchgabe kann bei noch mangelhafter Beifutteraufnahme vor allem zu einer suboptimalen Eisenversorgung, aber auch von weiteren Spurenelementen bzw. Vitaminen führen.

Bei Aufzucht mit Mutterkuh- bzw. Ammenkuhhaltung stellt Vollmilch die alleinige Tränke für das Jungtier dar. Die für das Kalb täglich zur Verfügung stehende Milchmenge ist in Abhängigkeit der rassenspezifische Milchleistung mit 8 bis 14 l hoch. Kühe von Zwei-

Übersicht 7.3-6
Inhalts- und Zusatzstoffe von Milchaustauschfuttermittel für Aufzuchtkälber

Inhaltsstoffe (%)		Zusatzstoffe je kg		
Rohprotein	20–22	Kupfer		4–15 mg
Lysin	1,6–1,8	Eisen	min.	60 mg
Methionin (+ Cystein)	0,7	Vitamin A	min.	12.000 I. E.
Rohfett	16–20	Vitamin D	min.	1.500 I. E.
Rohfaser	0,1–0,2	Vitamin E	min.	20 mg
Calcium	0,9			
Phosphor	0,7			

Übersicht 7.3-7
Kälberaufzucht mit Milchaustauschfutter

Lebenswoche	Liter Milchaustauschtränke	g Milchaustauscher je l	
2.	6–7	100–125	Kälberaufzuchtfutter,
3.–7./9.	8	(100)–125	Heu und Wasser zur
8./10.–9./11.	6–4	(100)–125	freien Aufnahme
10./12.	4–3	100	
Gesamtverbrauch		35–60 kg	

nutzungsrassen könnten je nach Milchleistung 2–3 Kälber aufziehen. Ammenkuhhaltung ist jedoch aus arbeitswirtschaftlichen und ökonomischen Gründen wenig verbreitet. Kälber in Mutterkuhhaltung säugen täglich acht- bis zehnmal und nehmen somit jeweils nur geringe Teilmengen auf. Gleichzeitig steht den Kälbern von Anfang an vor allem Weide beziehungsweise Heu, Kraftfutter und Wasser zur Verfügung.

Milchaustauschfutter

Für die vollmilcharme Kälberfütterung wurden hochwertige Mischfutter, sogenannte Milchaustauschfutter, entwickelt. Die wichtigsten Einzelkomponenten sind Nebenprodukte der Milchverarbeitung wie Magermilchpulver und Molkenpulver, das teilentmineralisiert und teilentzuckert hergestellt wird. Damit werden die Nährstoffe an Lactose und je nach Anteil auch an Protein abgedeckt. Ihre Zusammensetzung wird den physiologischen Verhältnissen des jungen Kalbes gerecht. Allerdings können auch pflanzliche Proteine, vor allem Sojaproteinkonzentrat bzw. Weizenproteinhydrolysat, als Eiweißträger eingemischt werden. Aufgrund verschiedener antinutritiver Inhaltsstoffe gerade bei Sojaprodukten sind jedoch eine intensive futtermitteltechnologische Vorbehandlung und eine hohe Produktqualität Voraussetzung für die Verwendung im Milchaustauscher. Zudem werden Milchaustauscher mit pflanzlichen Proteinträgern erst für eine spätere Phase der Kälberaufzucht in Frage kommen.

In Übersicht 7.3-6 sind wichtige Inhalts- und Zusatzstoffe von Milchaustauschfuttermittel für Aufzuchtkälber zusammengestellt. Neben der Berücksichtigung eines ausreichend hohen Rohproteingehaltes sind vor allem die Gehalte an essenziellen Aminosäuren Lysin, Methionin und in weiterer Folge Threonin, Leucin und Isoleucin sowie ihre Verfügbarkeit wertbestimmend. Der Rohfasergehalt kann als Hinweis auf pflanzliche Komponenten geringfügig über dem angegebenen Richtwert liegen. Die Rohasche sollte 8 bis 9% nicht überschreiten. Vor allem bei sehr hohen Gehalten an den einwertigen Kationen Natrium und Kalium nimmt die Durchfallhäufigkeit zu, aber auch die Sulfat-Aufnahme unter Einbeziehung des Tränkwassers ist in Betracht zu ziehen. Spurenelemente und Vitamine sind wichtige Zusatzstoffe, wobei Kupfer mit seinem Maximalgehalt angegeben werden sollte. Der Höchstgehalt an Kupfer im Milchaustauschfutter liegt bei 15 mg pro kg. Unter Berücksichtigung der futtermittelrechtlichen Zulassung können auch Probiotika und Praebiotika (siehe 5.4) im Milchaustauscher als Sicherungszusatz enthalten sein. Ebenso sind Säurezusätze möglich.

In Abhängigkeit vom jeweilgen Fettgehalt ist eine Energiekonzentration von 17–18,5 MJ ME/kg Milchaustauschfutter anzusetzen. Für 1 l Tränke sind je nach Nährstoffgehalt und angestrebten Zunahmen etwa 125 g Milchaustauschfutter erforderlich. Mögliche Tränkepläne für die Kälberaufzucht mit Milchaustauschfutter sind in Übersicht 7.3-7 aufgezeigt.

Die Kälber werden frühestens im Anschluss an die Kolostralmilchperiode auf Milchaustauschtränke umgestellt. Bei betriebseigenen Kälbern erfolgt dies innerhalb von 3–4 Tagen, indem man allmählich die Vollmilch durch Austauschtränke ersetzt. Bei Zukaufskälbern ist dagegen meist eine plötzliche Umstellung notwendig. Am Umstellungstag erhalten die jungen Tiere eine Elektrolytlösung. Erst am zweiten Tag wird mit etwas reduzierter Menge von Milchaustauschtränke weitergefüttert. Nach der Umstellung erhalten die Kälber keine weitere Vollmilch. Zugekaufte Tiere sind durch den Transport und die Futterumstellung oft anfällig. Wichtig ist, dass die Tiere möglichst auf einmal angekauft werden und nicht einzeln über mehrere Tage, um laufend neue Infektionsmöglichkeiten zu vermeiden.

Die Dauer der Verfütterung von Milchaustauscher kann bis zum Ende etwa der 9. bis 12. Lebenswoche variieren. Dabei erhöht sich die tägliche Tränkemenge in einer ersten Phase von 6 auf 8 Liter, wobei die Konzentration des Milchaustauschers von 100–125 g je Liter in Abhängigkeit der Menge angepasst werden kann. Dabei ist gerade in den ersten 3–4 Wochen auf eine möglichst sichere MAT- bzw. Tränkeaufnahme in Verbindung mit einem gewünschten hohen Wachstum zu achten. Ein Abtränken, d.h. ein langsames Reduzieren der Tränkegabe beginnt etwa in der 7. bis 10. Woche über einen Zeitraum von 2 Wochen.

Milchaustauschtränke muss klumpenfrei zubereitet werden. Dazu wird das Pulver am besten mit etwas heißem Wasser zu einem gleichmäßigen Brei angerührt und anschließend mit warmem Wasser auf die gewünschte Konzentration verdünnt. Dabei sind die Herstellungsvorschriften stets einzuhalten und die Anrühr- und Tränketemperatur mit einem Thermometer zu überprüfen. Bei kleinen Mengen kann gut mit einem Schneebesen angerührt werden, ansonsten wird ein Milchmixer eingesetzt. Allerdings ist in größeren Milchviehbeständen die Verwendung von rechnergesteuerten Tränkeautomaten praxisüblich. Neben arbeitswirtschaftlichen Erleichterungen ergeben sich auch verdauungsphysiologische Vorteile. Die Tränkemenge kann auf mehrere Tagesportionen aufgeteilt und der Abruf überwacht werden. Zudem ist das Abtränken durch die Reduzierung der Teilmengen über einen längeren Zeitraum begünstigt. In Kombination mit einer ebenfalls rechnergestützten Kraftfutterstation, der Erfassung des Kraftfutterverzehrs und evtl. einer Lebendmassebestimmung ist eine weitere Optimierung der Kälberaufzucht möglich.

Bei diesen Aufzuchtverfahren werden etwa 40 l Kolostral- bzw. Vollmilch und je nach Länge der Tränkeperiode und Konzentration an Milchaustauscher etwa 35–60 kg Milchaustauscher verbraucht. Da bei den begrenzten Tränkemengen von maximal 6–8 l/Tag der Flüssigkeitsbedarf nicht gedeckt ist, müssen Aufzuchtkälber ab der 2.–3. Lebenswoche die Möglichkeit zur Wasseraufnahme haben. Die Beifütterung von Kraftfutter und Heu gestaltet sich wie bei den übrigen Aufzuchtverfahren.

Kraftfutter und Heu

Bei der Kälberaufzucht sollte das ganze Bestreben dahin gerichtet sein, über trockenes Futter, wie Heu und Kraftfutter, die Pansenentwicklung anzuregen. Dem Aufzuchtkalb wird man daher ab der 2.–3. Lebenswoche hochverdauliches Kraftfutter und bestes Kälberheu zur beliebigen Aufnahme vorlegen.

Ein gutes Kraftfutter für die ersten 8–12 Wochen der Aufzucht sollte an wertbestimmenden Bestandteilen mindestens 18% Rohprotein und höchstens 10% Rohfaser enthalten. Ein Zusatz von etwa 2,5–3,0% einer Mineralstoffmischung für Rinder sowie mindestens 8.000 I.E. Vitamin A und 1.000 I.E. Vitamin D je kg sollte nicht fehlen (Übersicht 7.3-8). Neben den Inhaltsstoffen ist ein Ergänzungsfutter jedoch hinsichtlich eines möglichst frühzeitigen und rasch ansteigenden Verzehrs zu beurteilen. Strukturiertes Kraftfutter, z.B. pelletiert, evtl. auch geflockt wird anfangs besser gefressen als mehliges Kraftfutter. Damit haben industriell hergestellte Ergänzungsfuttermittel für Aufzuchtkälber besondere Bedeutung. Hofeigene Mischungen können jedoch auch eingesetzt werden bzw. diese Mischungen werden etwa 1–2 Wochen nach dem Absetzen der Milchtränke im Austausch gegen pelletiertes Kraftfutter bis zum Ende der Kälberaufzucht verfüttert. In Übersicht 7.3-9 sind einige Beispiele für selbstgemischte Kraftfutter zusammengestellt. Als Hauptbestandteile für die Mischung eignen sich vor allem gängige Extraktionsschrote, Getreideschrote und Mühlennachprodukte. Die Einmischung von etwa 3% Melasse und/oder 1–2% Pflanzenöl (z.B. Sojaöl) zur Staubbindung ist vorteilhaft.

Wird Kraftfutter von der zweiten Woche an laufend frisch zur freien Aufnahme vorgelegt, so steigt der Verzehr in der 8.–10. Woche in Abhängigkeit der Tränkemenge auf etwa 1,0 kg täglich und nach dem Absetzen rasch auf 1,5 kg. Je nach gewünschtem Zunahmenniveau und gleichzeitiger Aufnahme an Silagen und Heu wird die Kraftfuttergabe bei weiblichen Aufzuchtkälbern auf etwa 1,8 bis max. 2,2 kg begrenzt. Männliche Aufzuchtkälber können bis 2,5 kg Kraftfutter erhalten (siehe 7.3.3.5). Der Rohproteingehalt dieses Kraftfutters sollte, je nachdem ob überwiegend Grassilage oder Maissilage als Grundfutter verfüttert wird, angepasst werden. Rationen mit in etwa gleichen Anteilen an diesen beiden Silagen benötigen weiterhin ein Kraftfutter mit etwa 18% Rohprotein.

Nicht aufgefressenes Kraftfutter muss täglich entfernt werden, da es sonst eine Ursache für Verdauungsstörungen bilden kann. Für die ersten 12 Wochen der Aufzucht werden etwa 50–65 kg, für die folgenden 4 Wochen bereits wiederum eine vergleichbare Menge von etwa 50–55 kg Kraftfutter gebraucht.

Bestes Kälberheu wird ab derselben Zeit wie Kraftfutter zur freien Aufnahme gegeben. Dieses „Kälberheu" muss zart, blattreich und vom 1. Schnitt sorgfältig geworben sein. Grummet ist weniger geeignet. Bis zur 10. Lebenswoche werden die Tiere etwa $^1/_2$ kg Heu täglich aufnehmen. Die Heuaufnahme darf aber keineswegs die Kraftfutteraufnahme beeinträchtigen. Ist dies der Fall, so ist die Heumenge vorübergehend entsprechend zu reduzieren. Als ein für die Pansenentwicklung positives und arbeitswirtschaftlich vorteilhaftes

Übersicht 7.3-8

Inhalts- und Zusatzstoffe von Ergänzungsfuttermittel für Aufzuchtkälber

Inhaltsstoffe (%)			Zusatzstoffe je kg	
Rohprotein	min.	18	Vitamin A	8.000 I. E.
Rohfaser	max.	10	Vitamin D	1.000 I. E.
Rohasche	max.	10		

Übersicht 7.3-9

Verschiedene Kraftfuttermischungen für die Kälberaufzucht, Anteile in %

Futtermittel	Mischung			
	I	II	III	IV
Leinexpeller oder Leinextraktionsschrot	20	12	10	–
Hafer	10	–	–	18
Gerste	20	–	29	20
Weizen	25	30	23	–
Mais	–	30	–	20
Weizenkleie	9	8	–	–
Trockenschnitzel	–	–	13	8
Sojaextraktionsschrot	13	17	10	17
Rapsextraktionsschrot	–	–	12	14
vit. Mineralfutter	3	3	3	3

Verfahren hat sich Verfütterung einer Mischration von gehäckseltem Heu und Kraftfutter in relativen Anteilen von etwa 30:70 erwiesen. Die Ration wird in der Praxis als Trocken-TMR bezeichnet und ad libitum angeboten.

Beste Anwelksilagen und körnerreiche Maissilagen werden bei den üblichen Aufzuchtverfahren frühzeitig, zumeist vor dem Absetzen von der Milchaustauschertränke angeboten. Der Verzehr ist zunächst gering. Ein täglicher Futterwechsel, d.h. Entfernen der Futterreste und Vorlage frischer Silage, ist jedoch unbedingt notwendig. Silagen werden nach dem Absetzen bei vorausgegangener Adaptation in rasch steigenden Mengen verzehrt. Wichtig ist gerade beim Kalb, dass die Futterübergänge allmählich durchgeführt werden. Je besser und frühzeitiger es gelingt, über das aufgenommene Kraftfutter und Heu eine schnelle Pansenentwicklung beim Kalb zu erreichen, umso frühzeitiger kann die Tränkeperiode beendet werden. Neuere Arbeiten zeigen, dass auch die TMR von Hochleistungskühen erfolgreich anstelle der Einzelkomponenten angeboten werden kann. Futterhygiene und Sauberkeit am Trog haben oberste Priorität. Als sichtbares Zeichen eines funktionierenden Vormagensystems setzt das Wiederkauen ein. Bis zum Ende der Aufzuchtperiode mit 4 Monaten sollte der mittlere Tageszuwachs 750–820 g betragen.

7.3.3.3 Frühentwöhnung

Im Sinne einer beschleunigten Pansenentwicklung ist das frühzeitige Absetzen der Kälber von der Tränke, die sogenannte Frühentwöhnung, zu verstehen. Sie unterscheidet sich von den übrigen Aufzuchtverfahren dadurch, dass die tägliche Tränkegabe deutlich stärker nährstoff- und mengenmäßig begrenzt wird. Durch Hunger angeregt, nehmen die Kälber zeitiger als sonst Trockenfutter auf. Dies führt zu einer so frühzeitigen Pansenentwicklung, dass bereits nach 7–8 Wochen das Tränken eingestellt werden kann. Kälber, die offensichtlich kaum Beifutter aufnehmen und in der Gewichtsentwicklung zurückgeblieben sind, sollten noch etwa 1 bis 2 Wochen länger getränkt werden. Damit wird jedoch deutlich, dass zwischen dem Normalverfahren der Kälberaufzucht mit Milchaustauscher (siehe 7.3.3.2, Übersicht 7.3-7) und der Frühentwöhnung in der Tränkedauer im Einzelfall nur noch geringe Unterschiede auftreten werden. Den Fütterungsplan für diese Aufzuchtmethode zeigt Übersicht 7.3-10.

Die Umstellung von Vollmilch (= Kolostralmilch) auf Milchaustauschtränke erfolgt innerhalb von wenigen Tagen zu Beginn der 2. Woche entsprechend dem bereits beschriebenen Verfahren mit Milchaustauscherfutter (7.3.3.2). Durch die gleichbleibende Tränkemenge von zweimal 3 l Milchaustauschtränke wird die Aufzucht vereinfacht. Größere Tränkemengen und mehr als 100 g Milchaustauschfutter/l Tränke dürfen nicht verabreicht werden. Dies würde die Aufnahme von Kraftfutter und Heu vermindern und dadurch die Pansenentwicklung verzögern.

An die Kraftfutterqualität werden bei der Frühentwöhnung erhöhte Anforderungen gestellt. Etwa für die ersten zehn Wochen soll es daher pelletiert und mit vitaminiertem Mineralfutter angereichert sein und einen hohen Getreideanteil aufweisen. Zum besseren Anlernen an die Kraftfutteraufnahme kann nach dem Tränken dem Kalb eine Handvoll Kraftfutter in das Maul gegeben werden. Diese Maßnahme lenkt außerdem vom gegenseitigen Besaugen der Kälber ab. Ebenso fördert die artgerechte Gruppenhaltung die Trockenfutteraufnahme. Moderne Fütterungstechnik wie Tränke- und Kraftfutterautomaten kann auch bei Frühentwöhnung eingesetzt werden. Die benötigte Gesamtmenge an Milchaustauscher pro Kalb und Aufzuchtperiode liegt bei knapp 30–35 kg. Nehmen die Kälber täglich mindestens 800 g Kraftfutter auf, was normalerweise ab der 7.–8. Woche der Fall sein wird, so kann von der Tränke abgesetzt werden. Einige Wochen nach diesem Zeitpunkt kann auch auf ein hofeigenes Kraftfutter umgestellt werden, für dessen Zusammensetzung in Übersicht 7.3-9 einige Beispiele aufgezeigt sind. Die Aufnahme von Kraftfutter wird auf 1,8–2,2 kg je Tier und Tag begrenzt. Neben Kraftfutter muss den Kälbern von der 2. Lebenswoche an Kälberheu zur Verfügung stehen. Beste Silagen mit höheren Trockenmassegehalten können bereits gegen Ende der Tränkezeit eingesetzt werden. Grundsätzlich gelten die gleichen Hinweise zum Beifutter wie bei der Kälberaufzucht mit längerer Tränkeperiode.

Fütterungsbedingt nehmen die Kälber bei der Frühentwöhnung in den ersten 7–8 Wochen etwa 400–600 g täglich zu. Während der Tränkeperiode sehen sie dadurch etwas leer aus, zeigen dabei aber beste Gesundheit. Im 3. und 4. Monat steigen die Tageszunahmen mit der besseren Trockenfutteraufnahme auf 900–1.100 g, sodass in den ersten vier Monaten mittlere Tageszunahmen von etwa 700–800 g erreicht werden. Der größte Vorteil der Frühentwöhnung zeigt sich, wenn Kälber in gleichaltrigen Gruppen aufgezogen werden. Nach den bisherigen Erfahrungen ist diese Methode vor allem zur Aufzucht von Kälbern für die Jungrindermast geeignet.

7.3 Fütterung von Aufzuchtkälbern

Foto 7.3-4

Bei der Frühentwöhnung kann bereits nach 7–8 Wochen das Tränken eingestellt werden

Übersicht 7.3-10

Tränke- und Fütterungsplan bei Frühentwöhnung

Alter	Tränke	Kraftfutter	Heu	Wasser
1. Woche	Kolostralmilch (s. Übersicht 7.3-5)	–	–	
2.–6./7. Woche	2-mal täglich je 3 l Milchaustauschtränke (100 g Pulver/ 1 l Wasser)	zur beliebigen Aufnahme	zur beliebigen Aufnahme	von Anfang an zur freien Aufnahme
7./8. Woche	2-mal/1-mal täglich je 2 l Milchaustauschtränke			
8./9.–16. Woche	–	zur beliebigen Aufnahme, ab 1,8–2,2 kg täglich zugeteilt	zur beliebigen Aufnahme	

7.3.3.4 Kalttränkeverfahren

Die Kälberaufzucht nach dem sog. Kalttränkeverfahren wird mit 12–20 °C relativ kalter Milchaustauschtränke, die für 2–3 Tage im voraus angerührt und mit einem Säurezusatz versehen wird, durchgeführt. Über Gummisauger, die mit Schläuchen zu einem Vorratsbehälter verbunden sind, steht die Tränke den Tieren ständig zur freien Aufnahme bereit. Daneben werden Kraftfutter, Heu und Wasser ad libitum angeboten. Je Sauger rechnet man mit drei Kälbern, die zur besseren Beobachtung in Gruppen von maximal 10 Tieren je Bucht auf Stroheinstreu gehalten werden. Arbeitsersparnis ist der wesentliche Vorteil dieser in der technischen Ausstattung sehr einfachen Aufzuchtmethode. Allerdings verlangt das Kalttränkeverfahren eine besonders sorgfältige Tierbeobachtung.

In diesem Zusammenhang erhebt sich die Frage nach der physiologischen Verträglichkeit der Kaltmilchtränke, da in den bisher besprochenen Aufzuchtmethoden eine Tränketemperatur von 37 °C empfohlen wird, was für eine rasche Gerinnung des Milchcaseins durch das Labenzym beim Kalb erforderlich ist. Ernährungsphysiologisch betrachtet könnte man nämlich einwenden, dass bei der angesäuerten Kalttränke die enzymatisch ablaufenden Verdauungsvorgänge entsprechend der Reaktionsgeschwindigkeit-Temperatur-Regel erheblich verlangsamt werden. Als Folge davon können nicht völlig hydrolysierte Nährstoffe in die unteren Darmabschnitte gelangen und durch bakterielle Fermentation Durchfälle hervorrufen. Tatsächlich wird in der Praxis auch von einer weicheren Kotbeschaffenheit und von durchfallartiger Konsistenz vor allem über 10–14 Tage nach Umstellung auf dieses Tränkesystem berichtet. Nach entsprechender Anpassung des tierischen Organismus wirkt sich jedoch der Säuregrad der Tränke stabilisierend auf die Verdauungsvorgänge aus. Infolge des Säurezusatzes werden die Eiweißstoffe denaturiert und ausgefällt. Die saure und geronnene Tränke unterstützt damit die beim Kalb noch geringe HCl-Sekretion im Magen und fördert auf diese Weise die Pepsinwirkung. Da der normalerweise bei Aufnahme nichtgesäuerter Tränke zu beobachtende Anstieg des pH-Wertes des Magensaftes beim Kalttränkeverfahren unterbleibt, können günstigere Wirkungsverhältnisse für die peptidische Hydrolyse vorliegen. Die niedrigere Temperatur und der Säuregrad begünstigen dabei eine häufigere Aufnahme kleinerer Tränkeportionen, die Tränke erreicht dadurch sehr rasch die Körpertemperatur, eine Überfüllung des Labmagens wird vermieden. Insgesamt können somit nach einer Übergangszeit die Verdauungsstörungen sogar vermindert werden.

Voraussetzung des Kalttränkeverfahrens ist also eine genügende Ansäuerung der Tränke, wobei ein pH von 4,2–4,8, im Mittel 4,5 anzustreben ist. Dieser Säuregrad ist auch deshalb erforderlich, um die Tränke sicher zu konservieren und die Gefahr, dass sich unerwünschte Mikroorganismen vermehren, zu verhindern. Allerdings wird neuerdings auch erfolgreich eine geringere Ansäuerung (pH von etwa 5,5) vorgenommen, wobei die Haltbarkeit der Tränke jedoch deutlich auf max. etwa 24 Stunden eingeschränkt ist. Die Herstellung der Tränke erfolgt gewöhnlich mit 100 g Milchaustauschfutter je 1 l Wasser, wobei ein Viertel der Wassermenge die vorgeschriebene Anrührtemperatur aufzuweisen hat; die restliche Wassermenge wird als Kaltwasser zugegeben. Als Konservierungszusatz werden 0,3 % Ameisensäure empfohlen. Andere organische Säuren wie Propion-, Fumar- oder Zitronensäure kommen als handelsübliche Säuerungsmittel ebenfalls in Frage. Als Milchaustauschfutter eignen sich Produkte ohne Magermilchpulver, da das Casein der Milch durch den Säurezusatz grobflockig ausfällt, wodurch Schläuche und Ventile der Tränkezuführung verstopfen. Solche Milchaustauscher enthalten als Eiweißkomponenten vor allem Molkenpulver und/oder Sojaproteinkonzentrate. Durch die hohen Molkenanteile besteht jedoch die Gefahr einer Elektrolytbelastung für das Tier. Deshalb ist auf eine freie Wasseraufnahme besonders zu achten.

Kalttränke muss wegen der Aufnahme in kleinen Portionen ad libitum angeboten werden. Der Tränkeverzehr ist dadurch jedoch höher als bei der Frühentwöhnungsmethode. Er steigt von anfangs 6 l/Tag und nach Gewöhnung bis auf 12 l/Tag und beträgt im Mittel etwa 9 l täglich. Bei einer Tränkedauer von 7–8 Wochen beläuft sich der Verbrauch an

Milchaustauschfutter auf etwa 45 kg je Kalb. Die Aufnahme an Kraftfutter und Heu wird hierdurch nicht wesentlich eingeschränkt.

Nach den bisherigen Erfahrungen wird die Kalttränke von den Kälbern insgesamt gut vertragen. Qualitativ hochwertige Milchaustauschfutter sind hierbei eine wichtige Voraussetzung. Das gelegentliche Muskelzittern nach Aufnahme der Kalttränke ist als reflektorischer Vorgang für die chemische Wärmeregulation zu deuten. Es wird auch bei anderen Aufzuchtverfahren und bei Aufnahme größerer Wassermengen festgestellt. Die durch die Ansäuerung aufgenommenen H^+-Ionen dürften über den Säure-Basen-Haushalt der Kälber ausreichend neutralisiert werden können. Für den Erfolg dieses Tränkesystems ganz besonders zu berücksichtigen ist das Alter der Tiere bei Aufzuchtbeginn. Ältere Kälber gewöhnen sich weniger gut an angesäuerte Kalttränke, die Nährstoffaufnahme ist deshalb zunächst nicht ausreichend. Bei kurzen Tränkeperioden, wie sie sich bei Zukauf älterer Kälber (ab 65 kg) ergeben, dürfte das Kalttränkeverfahren weniger geeignet sein.

7.3.3.5 Aufzucht älterer Kälber

Für spezialisierte Bullenmäster werden auf süddeutschen Kälbermärkten männliche Fleckviehkälber vorwiegend im Alter von 5–6 Wochen mit einer Lebendmasse von 80–90 kg angeboten. Die Aufzuchtphase dieser Tiere erstreckt sich beim Bullenmäster bis etwa 130–150 kg, während der sogenannte „Fressererzeuger" die Kälber bis zu einer mittleren Lebendmasse von etwa 200–220 kg aufzieht und dann an Bullenmäster verkauft. Der Zuwachs in der Aufzuchtperiode dieser Tiere umfasst somit im Mittel 60 bzw. 120 kg.

Für die Aufzucht der Kälber ist eine Milchaustauschertränke entsprechend der Frühentwöhnungsmethode zu empfehlen. Unter optimalen Haltungs- und Fütterungsbedingungen sind mittlere Tageszunahmen in der Fresseraufzucht bis zum vorgesehenen Verkaufsgewicht von 200–220 kg zwischen 1.100–1.250 g zu erreichen. Die Höhe des Zunahmeniveaus hängt von der Dauer der Tränkeperiode, dem Verzehr an Kälberaufzuchtfutter und von der Qualität des Milchaustauschers, die besonders bei magermilchfreien Produkten beachtet werden muss, ab. Die Tränkeperiode sollte wenigstens 5–6 Wochen umfassen, in denen bei einer täglichen Tränkegabe von 6 l mit 100–125 g Milchaustauschfutter je l rd. 20–30 kg von diesem Futter verbraucht werden. Die Lebendmasse der Tiere beträgt dann 105–120 kg. Allerdings wird praxisüblich in der Fresseraufzucht häufig noch über einen deutlich längeren Zeitraum von etwa 8 Wochen und mehr Milchaustauschertränke verabreicht, um höhere Zunahmen zu erzielen. Zum Absetzzeitpunkt von der Tränke ist pro Kalb eine tägliche Aufnahme von etwa 1,2 kg eines energiereichen Ergänzungsfutters zur Kälberaufzucht mit 18 % Rohprotein anzustreben. Ein eventueller Wachstumsknick wird hierdurch vermieden. Je nach gewünschten Tageszunahmen sind täglich ansteigend bis etwa 2,5 kg Kraftfutter vorzulegen. Insgesamt werden bis zu einer Lebendmasse von 200 kg je nach Dauer der Tränkegabe etwa 190–220 kg Kraftfutter pro Tier benötigt. Die tägliche Heugabe sollte 0,5 kg nicht übersteigen, um den Verzehr des weiteren Grundfutters – vorzugsweise T-reiche Maissilage ad libitum – nicht zu beeinträchtigen. Eine Gesamtfutteraufnahme von mehr als 4 kg Trockenmasse täglich wird dabei erst ab 150 kg Lebendmasse beobachtet. In Abb. 7.3-4 ist die tägliche T-Aufnahme im Lebendmassebereich von 80–180 kg bei unterschiedlicher Tränkedauer aufgezeigt. Die T-Aufnahme steigt demnach mit zunehmendem Gewicht sehr rasch an, liegt bei kürzerer Tränkeperiode etwas höher und erreicht nach dem Absetzen mit 2,3–2,5 % der Lebendmasse ähnliche Werte wie in der intensiven

Abbildung 7.3-4

Gesamtfutteraufnahme (kg T/Tier, Tag) im Bereich von 80–180 kg Lebendmasse bei fünf- und neunwöchiger Tränkeperiode

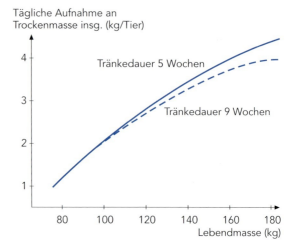

Bullenmast. Werden bei 100 kg Lebendmasse täglich etwa 30 MJ ME verzehrt, so steigt die Energieaufnahme bei 150 kg bereits auf 45–48 MJ ME/Tag an. Dementsprechend liegt der Tageszuwachs je nach Tränkedauer im ersten Abschnitt bei etwa 900 g und steigt gegen Ende der Aufzuchtperiode auf über 1.400 g an.

7.4 Aufzuchtfütterung weiblicher Jungrinder

Unter Aufzuchtrindern versteht man im Allgemeinen wachsende weibliche Rinder (Färsen, südd. Kalbinnen) in einem Bereich von 150 kg Lebendmasse bis zwei Monate vor der Abkalbung. Darüber hinaus werden in diesem Kapitel auch noch Hinweise zur Versorgung dieser Tiere bis zur ersten Kalbung gegeben.

Das genetisch bedingte Wachstumsvermögen der einzelnen Tiere kann durch die Fütterung mehr oder weniger ausgeschöpft werden. Eine unterschiedliche Energie- und Nährstoffzufuhr beeinflusst das relative Wachstum von Knochen-, Muskel- und Fettgewebe. So wird mit deutlich erhöhter Nährstoffzufuhr und damit verstärktem Wachstum vor allem das Fettgewebe bzw. der Fettgehalt im Zuwachs zunehmen. Die Aufzuchtintensität kann zahlreiche physiologische und leistungsorientierte Parameter wie das Erstkalbealter, Abkalbeverhalten, Milchleistung und Nutzungsdauer beeinflussen. Allerdings sind der Aufzucht weiblicher Jungrinder rassenspezifisch gewisse Grenzen in der Gewichtsentwicklung vorgegeben. Darüber hinaus gewinnen aber auch ökonomische Gesichtspunkte zunehmend an Bedeutung.

7.4.1 Aufzuchtintensität sowie Energie- und Nährstoffbedarf

7.4.1.1 Ernährungsniveau und Leistung

Die Gewichtsentwicklung eines Tieres ist in hohem Maße von der Art und Menge der erhaltenen Nahrung abhängig. Unterschiedliches Fütterungsniveau wird daher entsprechende Gewichtszunahmen zur Folge haben. Für weibliche Aufzuchtrinder ist bedeutend, dass die Geschlechtsreife (Zeitpunkt der ersten Brunst) lebendmasse- und weniger altersabhängig ist. Diese kann wegen individueller und rassebedingter Unterschiede im Bereich zwischen 200 und 250 kg angenommen werden. Die Zuchtreife wird jedoch erst bei einem gewissen Entwicklungszustand des Jungrindes erreicht. Als Anhaltspunkt gelten etwa 70 % der Lebendmasse ausgewachsener Rinder. Für unsere Zweinutzungsrassen entspricht dies einer Lebendmasse von etwa 380–410 kg (Rasse Holstein Friesian) und 400–430 kg (Rasse Fleckvieh). Durch diesen engen Bezug zur Lebendmasse kann durch eine unterschiedliche Fütterungsintensität der Zeitpunkt der Zuchtbenutzung und damit das Erstkalbealter beeinflusst werden. Allerdings sind mögliche Auswirkungen auf Abkalbeerfolg, Laktationsleistung, nachfolgende Fertilität und Nutzungsdauer zu berücksichtigen. Insbesondere aus ökonomischen Gründen wird derzeit ein sehr frühes Abkalbealter im Bereich von etwa 24 Monaten diskutiert. Verschiedene Versuche zeigen, dass genotyp-abhängig bei Holstein-Friesian-Färsen mit einem hohen Wachstumspotenzial dieses Verfahren ohne Nachteile angewandt werden kann. Es ist jedoch darauf zu achten, dass vor allem in der präpubertären Phase nicht durch zu hohe Zunahmen und einer zu starken Fetteinlagerung in das sich entwickelnde Eutergewebe das Milchdrüsenwachstum negativ beeinflusst wird. Daher sind die täglichen Zunahmen auf maximal 800–850 g bis zur Zuchtbenutzung zu begrenzen. Für spätreifere Rassen (u. a. Fleckvieh) kann sich jedoch eine zu intensive Aufzucht negativ auf die spätere Laktations- und Lebensleistung auswirken. Möglichst gleichmäßige tägliche Zunahmen im Bereich von 700–750 g und damit ein Erstabkalbealter von etwa 26–28 Monate sind anzustreben. Andererseits lassen sich auch bei zu extensiver Fütterung und damit einem höheren Alter zur Zuchtbenutzung Probleme beim Besamungserfolg feststellen, die sich auch in der nachfolgenden Laktation fortsetzen. Letztlich sind damit der Aufzuchtintensität von Färsen rassenspezifisch eher enge Grenzen vorgegeben.

7.4.1.2 Energie- und Nährstoffbedarf

Grundlage zur Angabe von Bedarfsnormen für Aufzuchtrinder ist, ähnlich wie bei anderen Tierarten oder Leistungsrichtungen auch, die faktorielle Bedarfsableitung. Der Gesamtbedarf untergliedert sich demnach zunächst in den Erhaltungsbedarf und den Leistungsbedarf, der in erster Linie aus dem Ansatz für das Wachstum, aber beim trächtigen Jungrind auch aus dem Ansatz in Uterus und Milchdrüse besteht. In Übersicht 7.4-1 sind

Übersicht 7.4-1

Täglicher Protein-, Fett- und Energieansatz von weiblichen Aufzuchtrindern in Abhängigkeit von Lebendmasse und Lebendmassezunahmen

Lebendmasse (kg)	Lebendmassezunahme (g/Tag)				
	400	500	600	700	800
Proteinansatz (g/Tag)					
150	–	80	95	110	126
200	–	80	95	108	121
250	66	80	93	106	117
300	65	78	91	102	112
350	64	76	87	97	106
400	62	74	83	91	98
450	61	71	78	85	89
500	58	67	73	77	79
550	56	63	68	70	70
Fettansatz (g/Tag)					
150	–	34	43	53	63
200	–	48	62	78	95
250	47	63	83	105	130
300	58	80	105	135	167
350	69	97	130	167	207
400	82	116	156	201	252
450	96	136	184	238	299
500	111	158	214	278	349
550	126	182	245	320	400
Energieansatz (MJ/Tag)					
150	–	3,14	3,83	4,56	5,31
200	–	3,68	4,57	5,48	6,44
250	3,32	4,27	5,35	6,52	7,71
300	3,73	4,86	6,16	7,60	9,04
350	4,14	5,47	7,04	8,73	10,47
400	4,60	6,17	7,97	9,92	12,04
450	5,12	6,88	8,95	11,23	13,67
500	5,64	7,65	10,00	12,61	15,40
550	6,20	8,50	11,10	14,10	17,20

Daten für den täglichen Stoff- und Energieansatz aufgeführt (GfE, 2001). Lebendmasse und Höhe der täglichen Zunahmen beeinflussen die Zusammensetzung des Zuwachses deutlich. So nimmt zum Beispiel der Fettgehalt im Lebendmassebereich von 250 kg bzw. 500 kg bei Zunahmen von 500 g und 800 g von 126 g auf 162 g bzw. von 316 g auf 436 g pro 1.000 g Zuwachs zu. Gleichzeitig verringert sich der Proteingehalt, während der Energiegehalt analog dem Fettgehalt deutlich steigt.

Die Angabe des Energiebedarfs erfolgt auch beim Aufzuchtrind – wie bei allen wachsenden Rindern – in der Einheit MJ (kJ) umsetzbare Energie (ME). Als Erhaltungsbedarf werden für das wachsende Aufzuchtrind – analog zum Kalb oder Mastrind – 530 kJ ME/kg

Übersicht 7.4-2

Täglicher Bedarf an umsetzbarer Energie von Aufzuchtrindern in Abhängigkeit von Lebendmasse und Lebendmassezunahme (MJ ME/Tag)

Lebendmasse (kg)	Lebendmassezunahme (g/Tag)					
	400	500	600	700	800	900
150	–	30,5	32,3	34,1	36,0	–
200	–	37,4	39,6	42,0	44,3	–
250	41,6	43,9	46,7	49,6	52,6	59,0
300	47,5	50,4	53,6	57,2	60,8	68,6
350	53,2	56,6	60,5	64,7	69,1	78,5
400	58,9	62,8	67,3	72,2	77,5	89,3
450	64,6	69,0	74,2	79,9	86,0	100,0
500	70,1	75,1	81,0	87,5	94,5	–
550	75,5	81,4	88,0	95,4	103,2	–
600	81,3	87,8	94,9	103,4	–	–

$LM^{0,75}$ unabhängig von Rasse, Alter, Leistungsniveau oder Haltungssystem veranschlagt. Im Falle höherer Bewegungsintensität der Tiere, z. B. bei Weidehaltung, können insbesondere bei vertikaler Bewegung Zuschläge von bis zu 15 % erforderlich sein. Zur Berechnung des Energiebedarfes für das Wachstum werden die in Übersicht 7.4-1 aufgeführten Daten zum Stoff- und Energieansatz weiblicher Aufzuchtrinder in Abhängigkeit von Lebendmasse und Lebendmassezunahmen zugrundegelegt. Als Verwertungsfaktor der umsetzbaren Energie für das Wachstum wird wie beim Aufzuchtkalb ein Wert (k_g) von 0,40 unterstellt.

Die sich daraus ergebenden Richtzahlen zur bedarfsgerechten Energieversorgung von Aufzuchtrindern sind für unterschiedliche Lebendmassen und unterschiedliches Zunahmeniveau in Übersicht 7.4-2 zusammengestellt.

Für die Ableitung des Proteinbedarfs kann beim Aufzuchtrind analog wie bei der Milchkuh vorgegangen werden (siehe 7.1.1.2). Der Nettoproteinbedarf lässt sich mithilfe der Gleichungen für den Erhaltungsbedarf (vgl. 7.1.1.2) sowie des in Übersicht 7.4-1 aufgeführten Proteinansatzes ableiten. Da die Verwertung der absorbierten Aminosäuren für den Proteinansatz bei 70 % liegt und damit niedriger ist als für die Milchbildung (75 %), errechnet sich der Bedarf an nutzbarem Rohprotein am Duodenum für Aufzuchtrinder, ebenso wie für die Mastbullen (vgl. 7.7.2.3) durch Multiplikation des Nettoproteinbedarfs mit dem Faktor 2,3. Der sich damit ergebende Gesamtbedarf an nutzbarem Rohprotein am Duodenum ist für verschiedene Lebendmassen und für Zunahmen von 500 g/Tag bzw. 800 g/Tag in Übersicht 7.4-3 angegeben. Eine Rohproteinzufuhr, die sich in Höhe des Bedarfs am Duodenum bewegt, stellt in allen Fällen eine ausreichende Versorgung des Wirtstieres mit Aminosäuren-N sicher.

Allerdings ist beim Wiederkäuer ja nicht nur der Proteinbedarf des Tieres selbst, sondern auch der N-Bedarf der Pansenmikroben zu berücksichtigen. Zu dessen Ableitung wird von den Annahmen ausgegangen, dass die Effizienz der mikrobiellen Proteinsynthese 10,1 g Mikrobenprotein je MJ umsetzbare Energie beträgt (bzw. 156 g Mikrobenprotein je kg verdauliche organische Substanz) und dass die Pansenmikroben bis zu 20 % ihres N-Bedarfs aus rezirkuliertem Stickstoff decken können. Damit ergeben sich die in den letzten 3 Spal-

Übersicht 7.4-3

Vergleich des Bedarfs an nutzbarem Rohprotein am Duodenum (Aufzuchtrind) und der notwendigen Rohproteinversorgung der Pansenmikroben

Lebend-masse	Zunahme	Futter-aufnahme	Bedarf an nutz-barem Rohprotein am Duodenum	Rohproteinzufuhr für die Pansenmikroben (g/Tag) bei einer Abbaubarkeit von		
(kg)	(g/Tag)	(kg T/Tag)	(g/Tag)	75 %	80 %	85 %
150	500	3,2	384	329	308	290
	800	3,5	490	388	364	342
200	500	4,2	431	403	378	356
	800	4,5	532	480	450	424
250	500	5,2	471	473	443	417
	800	5,4	562	568	533	502
300	500	6,0	501	543	509	479
	800	6,2	585	657	616	580
350	500	6,6	523	610	572	538
	800	7,0	604	747	700	659
400	500	7,2	544	677	634	597
	800	7,8	618	838	786	740
450	500	7,6	557	743	697	656
	800	8,6	629	929	871	819
500	500	8,0	566	809	759	714
	800	9,4	637	1.021	957	901
550	500	8,4	575	873	818	770
	800	10,2	647	1.110	1.040	979

ten der Übersicht 7.4-3 in Abhängigkeit der Proteinabbaubarkeit der Gesamtration aufgeführten Zahlen für die notwendige Rohproteinversorgung der Pansenmikroben. Beim Vergleich mit den Bedarfszahlen des Wirtstieres zeigt sich, dass spätestens ab einer Lebendmasse von 300 kg eine Rohproteinzufuhr in Höhe des Bedarfs am Duodenum nicht mehr ausreicht, um auch eine ausreichende N-Versorgung der Pansenmikroben zu gewährleisten. Es erscheint daher angebracht, die Rohproteinversorgung während der gesamten Aufzuchtperiode an die Energiezufuhr zu koppeln. Ein Wert von 11–12 g Rohprotein je MJ ME erweist sich außer bei Tieren in der Anfangsphase der Aufzucht im Gewichtsbereich von 150 kg–250 kg Lebendmasse unter allen Bedingungen als ausreichend.

Als Richtzahlen zur bedarfsgerechten Rohproteinversorgung von Aufzuchtrindern werden von der GfE (2001) die in Übersicht 7.4-4 aufgeführten Werte in Abhängigkeit von Lebendmasse und täglichen Zunahmen genannt. Für hochtragende Färsen werden hinsichtlich des fötalen Wachstums und der Reproduktionsorgane die gleichen Richtzahlen wie für trockenstehende Kühe (vgl. 7.2.2.2) unterstellt.

Je nach Höhe der gewünschten Tageszunahmen kann nun die tägliche Zufuhr an umsetzbarer Energie und an Rohprotein abgeleitet werden. Dabei ist das Ziel der Aufzuchtfütterung, eine rassen(genotyp)- und betriebsspezifisch angepasste Zuchtbenutzung und damit das richtige Erstabkalbealter zu gewährleisten. Je nach vorgegebenen Bedingungen (siehe

Übersicht 7.4-4

Richtzahlen zur Rohproteinversorgung von Aufzuchtrindern (g XP/Tag)

Lebendmasse (kg)	Futteraufnahme (kg T/Tag)	Lebendmassezunahme (g/Tag)					
		400	500	600	700	800	900
150	3 – 4	–	400	440	480	515	–
200	4 – 5	–	450	490	525	560	–
250	5 – 6	465	500	530	565	595	635
300	6 – 6,5	530	570	610	650	690	735
350	6,5– 7	590	640	690	735	785	840
400	7 – 8	655	710	765	825	880	940
450	7,5– 9	715	780	845	910	975	1.045
500	8 – 9,5	775	850	925	1.000	1.070	–
550	9 –10,5	835	915	1.000	1.085	1.165	–
600	10,5–11,5	895	980	1.075	1.170	–	–

Übersicht 7.4-5

Leistungskriterien, Futteraufnahme und zu empfehlende tägliche Nährstoffzufuhr bei unterschiedlichem Erstabkalbealter

Alter (Monate)	LM (kg)	Zunahmen (g/Tag)	Aufnahme (kg T/Tag)	Energie (MJ ME)	Rohprotein (g)
1. Erstabkalbealter 24/25 Monate					
5/6–12	150–310	770–820	4– 6,5	36– 63	520– 710
12–15/16*	310–390/410	800	6,5– 8	63– 78	710– 880
15/16–23**	410–580	750	8–10,5	78–105	880–1.200
2. Erstabkalbealter 26/27 Monate					
5/6–12	150–290	760	4– 6	36–58	520– 680
12–17/18*	290–400/420	720	6– 8	58–74	680– 840
17/18–25**	420–570	720	8–10,5	74–99	840–1.160

* Zuchtbenutzung
** anschließend Vorbereitungsfütterung 6–8 Wochen

7.4.1.1) kann der Zeitpunkt der Erstbesamung im Alter zwischen 15 und etwa 20 Monaten liegen, sodass ein Erstabkalbealter von 24 bis etwa 29 Monaten erreicht wird. Damit differenziert sich die Wachstumsleistung in den verschiedenen Altersabschnitten deutlich. Übersicht 7.4-5 enthält dazu zwei Beispiele für einerseits wachstumsfreudige Holstein-Friesian-Färsen mit einer sehr frühen Abkalbung und andererseits einem Erstabkalbealter, wie dies derzeit im Mittel der milchviehhaltenden Betriebe praxisüblich ist. Grundsätzlich ist wichtig, dass gesunde Aufzuchtkälber in einem Alter von etwa 5–6 Monaten und mit einer Lebendmasse von 140–170 kg in die weitere Aufzuchtphase übergehen. Die Zuchtbenutzung (Erstbesamung) liegt rassenspezifisch bei einem Lebendgewicht von 390–420 kg, so-

Übersicht 7.4-6
Empfehlungen zur Versorgung von Aufzuchtfärsen mit Mengenelementen (g/Tag)

LM kg	Zuwachs g/Tag	Futteraufnahme kg T/Tag	Ca	P	Mg	Na	K	Cl
150	500	3,2	21	10	4	3	29	5
	800	3,5	30	14	5	4	33	6
200	500	4,2	23	11	5	4	38	7
	800	5,4	34	16	7	5	49	9
250	500	5,2	25	13	6	4	47	8
	800	5,4	34	16	7	5	49	9
300	500	6,0	26	14	7	5	54	9
	800	6,2	35	17	8	6	63	11
400	500	7,2	29	16	8	6	65	11
	800	7,8	38	20	9	7	71	12
450	500	7,6	30	16	9	6	68	12
	800	8,6	40	21	10	7	70	13
500	500	8,0	30	17	9	7	72	12
	800	9,4	42	22	11	8	85	15
550	500	8,4	31	17	9	7	75	13
	800	10,2	43	23	12	9	92	16

dass in dieser Phase je nach angestrebtem Erstabkalbealter mittlere tägliche Zunahmen von 800–820 g bzw. 700–750 g notwendig sind. Nach erfolgreicher Besamung differieren die täglichen Zunahmen bis zur Vorbereitungsfütterung nur gering zwischen 750 bzw. 680–720 g. Allerdings sollte in jedem Fall das Ziel von rahmigen Erstlingskühen mit einer Lebendmasse von etwa 610–630 kg erreicht werden, da damit das Futteraufnahmevermögen der Erstlingskühe positiv beeinflusst wird.

Wie Übersicht 7.4-5 zeigt, erhöht sich beim Zuchtrind der tägliche Nährstoffbedarf mit steigendem Gewicht insgesamt nur langsam. Demgegenüber steigt die Aufnahme an Trockenmasse relativ stärker an. Daher kann die Nährstoffkonzentration im verabreichten Futter geringfügig abnehmen. Allerdings variiert auch die Höhe der Futteraufnahme tierindividuell und rationsabhängig. In der Anfangsphase der Aufzucht wird bei angestrebten höheren Zunahmen eine Energiekonzentration von etwa 10,2–10,5 MJ ME je kg Trockenmasse, in der Folgezeit von etwa 10,0 MJ ME notwendig sein. Demgegenüber sind bei mittleren täglichen Zunahmen von 750 g etwa 10,0 MJ ME und abnehmend bis etwa 9,5 MJ ME je kg Trockenmasse zu veranschlagen. Erst die Vorbereitungsfütterung hochtragender Rinder stellt wieder erhöhte Anforderungen an die Nährstoffversorgung und damit an die an die Energiekonzentration in der Tagesration.

Angaben für eine bedarfsdeckende Versorgung mit Mengenelementen sind in Übersicht 7.4-6 bei täglichen Zunahmen von 500 und 800 g im Gewichtsbereich von 150 bis 550 kg dargestellt (GfE, 2001). Der Bruttobedarf setzt sich aus Erhaltungsbedarf (siehe 7.1.1.3) und Leistungsbedarf anhand des Ansatzes (pro kg Zuwachs) von 14,3 g Calcium, 7,5 g Phosphor, 0,38 g Magnesium, 1,2 g Natrium und 1,9 g Kalium zusammen. Die Gesamtverwertbarkeit (%) der Mengenelemente wird identisch zur Milchkuh angenommen (siehe 5.1.3). Ergänzend sind in Übersicht 7.4-7 die erforderlichen Mengenelementkonzentrationen in der Gesamtration ange-

Übersicht 7.4-7

Empfehlungen zu Mengenelement-Konzentrationen in der Gesamtration von Aufzuchtrindern bei täglichen Zunahmen von 800 g (g/kg Futter-T)*

LM (kg)	Ca	P	Mg	Na	K
150	8,6	4,0	1,4	1,1	9,4
200	7,1	3,3	1,3	0,9	9,1
250	7,1	3,3	1,3	0,9	9,1
300	5,6	2,7	1,3	0,9	9,0
350	5,3	2,7	1,2	0,9	9,0
400	4,9	2,6	1,2	0,8	9,1
500	4,5	2,3	1,2	0,9	9,0
550	4,2	2,3	1,2	0,9	9,0

* Futteraufnahme entsprechend Übersicht 7.4-6

führt. Der Bedarf an Spurenelementen (Angaben pro kg Futter-Trockenmasse) liegt bei Zink (40–50 mg), Mangan (40–50 mg), Jod (0,25 mg) und Selen (0,15 mg) geringfügig unter den Angaben für Milchkühe (GfE, 2001). Vergleichbar sind die Angaben für Eisen (50 mg), Cobalt (0,20 mg) und Kupfer (10 mg). Auch die Versorgungsempfehlungen für die fettlöslichen Vitamine A (IE) 2.500–5.000, D (IE) 500 und E (mg) 15 sowie β-Carotin (mg) 15 beziehen sich als Konzentrationsangabe auf kg Futter-Trockenmasse (GfE, 2001).

7.4.2 Fütterungshinweise zur Rinderaufzucht

7.4.2.1 Fütterung im ersten und zweiten Lebensjahr

Die Fütterung im ersten Lebensjahr bis hin zur Zuchtbenutzung wird sehr stark von dem gewünschten Alter bei der Erstbesamung bestimmt. Grundsätzlich ist in der Färsenaufzucht die Einbeziehung von Weidegang zu bevorzugen. Weidegras bietet hinsichtlich Energie- und Nährstoffversorgung beste Voraussetzungen. Dies erfordert jedoch stets ein ausreichendes Angebot an Weidefutter bei einem gepflegten, jungen Weidegrasbestand. Allerdings können während der Umstellungsphase von der Stallfütterung auf Weidegang kurzzeitig auch Gewichtsminderungen auftreten. Daher sollten weibliche Rinder nach der Aufzuchtphase mit einer ausreichenden Lebendmasse (etwa 170–200 kg) auf die Weide kommen. Eine langsame Adaptation an Weidegras durch Beibehaltung der Fütterung mit Futterkonserven über etwa ein bis zwei Wochen ist positiv. Eine ansteigende Aufnahme von etwa 22 bis 32 kg Weidegras im Gewichtsbereich bis 300 kg sollte erreicht werden. In der Aufzuchtvariante hinsichtlich eines frühen Erstabkalbealters ist die Einbeziehung der Weide bis zur Erstbesamung in der Regel nicht möglich. Eine kontinuierliche Fortführung der Fütterung entsprechend des Aufzuchtkalbes bei deutlicher Minderung der täglichen Kraftfutterergänzung auf etwa 0,5–1,5 kg je nach Grundfutterqualität wird sich anbieten. Je nach auf dem Betrieb vorhandenen Grundfutter sind grassilagereiche Rationen, evtl. ergänzt mit Heu oder mit Maissilage zu bevorzugen. Folgende Grundfuttertypen ergeben sich für die Aufzuchtfütterung:

7 Rinderfütterung

> I = Wiesenheu + Grassilage
> II = Grassilage + Maissilage
> III = Gerstenstroh + Gras-/Maissilage
> IV = Wiesenheu + Maissilage

In Übersicht 7.4-8 sind dazu Beispielsrationen für verschiedene Altersabschnitte bei einem angestrebten Erstabkalbealter von 26–27 Monate aufgeführt. In der Färsenaufzucht kann energieärmeres Grundfutter, z. B. Wiesenheu, Beginn der Blüte, Grassilage, 2. und nachfolgende Schnitte oder auch Gerstenstroh in Kombination mit Maissilage eingesetzt werden. Grassilagerationen (Rationstyp I) werden im ersten Aufzuchtjahr noch eine geringe Energieergänzung (z. B. 0,5–1,0 Getreide), maissilagereiche Rationen (Rationstyp IV) stets eine Proteinergänzung (z. B. 0,5 kg eiweißreiches Ergänzungsfutter für Milchkühe, Rapsextraktionsschrot) benötigen. Bei ausschließlicher Rationsgestaltung über Gras- und

Übersicht 7.4-8

Beispielrationen für die Winterfütterung weiblicher Rinder im ersten und zweiten Aufzuchtjahr bei einem Erstabkalbealter von etwa 26–27 Monaten

	Ration			
	I	II	III	IV
für Rinder zwischen 6 und 12 Monaten (150–290 kg)				
Wiesenheu, grasreich, Beg. Blüte	2	–	–	2
Grassilage, 2. und ff. Schnitte, 35 % T	7,5	8	8	–
Maissilage, mittl. Kolbenanteil, 35 % T	–	6,5	3	9
Gerstenstroh	–	–	1,5	–
Eiweißreiches Ergänzungsfutter (32 % XP)	–	–	–	0,5
Getreide (Winterweizen)	0,8	–	–	–
Mineralfutter, vitaminiert	0,05	0,08	0,08	0,08
für Rinder zwischen 13 und 18 Monaten (290–420 kg)				
Wiesenheu, grasreich, Beg. Blüte	2	–	–	2,5
Grassilage, 2. und ff. Schnitte, 35 % T	15	12	12	–
Maissilage, mittl. Kolbenanteil, 35 % T	–	8	4	12
Gerstenstroh	–	–	2	–
Eiweißreiches Ergänzungsfutter (32 % XP)	–	–	–	0,5
Mineralfutter, vitaminiert	0,05	0,08	0,08	0,08
für Rinder zwischen 19 und 24 Monaten (420–550 kg)				
Wiesenheu, grasreich, Beg. Blüte	2	–	–	3
Grassilage, 2. u. ff. Schnitte, 35 % T	21	15	15	–
Maissilage, mittl. Kolbenanteil, 35 % T	–	9	6	17*
Gerstenstroh	–	–	2	–
Mineralfutter, vitaminiert	0,05	0,08	0,08	0,08

* 80 g Harnstoff

Maissilage ist auf eine eher begrenzte Fütterung zu achten. Bei gewünschter Intensivierung der Aufzucht besteht die Möglichkeit, Grundfutter mit etwas höherer Energiekonzentration (z. B. Grassilage, 1. Schnitt; Maissilage) oder zusätzlich maximal etwa 1 kg Kraftfutter in der Zusammensetzung eines Leistungskraftfutters für Milchkühe anzubieten. Allerdings ist stets darauf zu achten, dass im Mittel des vorgesehenen Alters- bzw. Gewichtsabschnitts unter Berücksichtigung des Genotyps tägliche Zunahmen über 800–850 g die Gefahr einer zu starken Verfettung beinhalten. Alle Rationen sind mit vitaminiertem Mineralfutter rationsabhängig zu ergänzen. Insbesondere bei Verfütterung von Maissilage ist die Calciumversorgung zu beachten.

Im zweiten Lebensjahr ist zunächst die Tierbeobachtung zur Brunsterkennung und die erfolgreiche Erstbesamung eine besondere Herausforderung. In dieser Phase ist natürlich auch die Fütterung entsprechend des angestrebten Gewichts und Alters der Färse bis zur Erstbesamung weiter ähnlich dem ersten Lebensjahr anzupassen. Rationsbeispiele mit Futterkonserven sind in Übersicht 7.4-8 angegeben. In der Regel werden in der praktischen Färsenaufzucht während der gesamten Aufzuchtphase dieselben Rationskomponenten eingesetzt, sodass sich weiterhin identische Rationstypen ergeben. Lediglich die Höhe der Zuteilung und evtl. die relativen Anteile sind anzupassen. Wie aus Übersicht 7.4-5 hervorgeht, differenzieren sich die täglichen Zunahmen während der nun eingetretenen Trächtigkeitsphase auch bei unterschiedlichem Erstabkalbealter weniger. Die mittlere tägliche Gewichtsentwicklung kann mit 680–720 g angegeben werden. Der Anteil energieärmerer Rationskomponenten (z. B. Wiesenheu, Gersten- oder Weizenstroh, Grassilage bei späterem Schnittzeitpunkt) kann zunehmen. Maissilage kann mit Harnstoff zur Stickstofflieferung für die Pansenmikroorganismen ergänzt werden. Auf die Zufuhr von Mineralfutter ist weiterhin besonders zu achten. Die Verabreichung der Einzelkomponenten in Mischung fördert vor allem bei Rationsbestandteilen mit sehr unterschiedlicher Energiekonzentration eine sichere Futteraufnahme. Harnstoff (Ration IV) ist besonders sorgfältig unter Beachtung einer etwa zweiwöchigen Adaptationszeit in die Maissilage einzumischen.

Grundsätzlich hat aber auch im zweiten Lebensjahr die Weide im Fütterungsverfahren Färsenaufzucht Vorrang vor der ausschließlichen Verfütterung von Futterkonserven. Gerade der Zeitraum nach der Besamung bis zur Vorbereitungsfütterung ist besonders geeignet, zumal auch die notwendigen täglichen Zunahmen geringfügig niedriger angesetzt sind. Das Weidefutterangebot muss auf den Tierbesatz, der sich in der Weidesaison durch Zuwachs beständig erhöht, angepasst sein. Die Mineralstoffversorgung muss auch während der Weidezeit sichergestellt sein. Eine Möglichkeit besteht darin, die Mineralstoffe über Lecksteine bzw. Leckschüsseln anzubieten.

7.4.2.2 Vorbereitungsfütterung des hochtragenden Jungrindes

Zwei Monate vor dem Abkalben muss das Jungrind wieder intensiver ernährt werden. Es ist eindeutig erwiesen, dass die Vorbereitungsfütterung einen wesentlichen Einfluss auf die Höhe der Einsatzleistung der Jungkuh hat. Damit die Nährstoffversorgung vom relativ niedrigen Ernährungsniveau gegen Ende der Trächtigkeit nicht plötzlich stark ansteigen muss, werden für die Vorbereitungsfütterung des tragenden Jungrindes zwei Abschnitte empfohlen. Vor allem in den Wochen acht bis sechs ante partum soll eine langsame Angewöhnung an konzentrierte Futtermittel vorgenommen werden. Als Anhaltspunkte des zusätzlichen Energie- und Nährstoffbedarfs für das Wachstum des Fötus und der Reproduktionsorgane können die Angaben der trockenstehenden Milchkuh (siehe 7.2.2) herangezogen werden. Dabei soll die intensivere Nährstoffversorgung in der letzten Periode nicht nur das Wachstum des Fötus, sondern auch die starke Drüsenentwicklung des Euters ermöglichen.

Durch das zunehmende Volumen von Fötus und Fruchtwasser ist das Fassungsvermögen des Pansens vermindert. Deshalb muss gerade für noch wachsende Rinder bei der Zusammenstellung der Futterration eine höhere Nährstoffkonzentration berücksichtigt werden. In der praktischen Rationsgestaltung sind verstärkt Rationskomponenten mit aufzunehmen, die auch in der sich anschließenden Laktationsphase gefüttert werden. Insbesondere in dem zweiten Fütterungsabschnitt (Woche 3–0 vor dem Abkalben) kann die Fütterung der Milchviehherde übernommen werden. Damit ist eine rechtzeitige Adaptation auch der Pansenmikroorganismen an eine veränderte Ration gegeben. Für eine kurze Zeitdauer können die hochträchtigen Färsen sogar schon in die Milchviehherde integriert werden, um das Fütterungs- und Melksystem kennen zu lernen. Die Höhe der Kraftfutterergänzung beträgt je nach Grundfutterzusammensetzung im Abschnitt 6–3 Wochen vor dem Abkalben etwa 1 kg bis max. 2 kg und erhöht sich in Abschnitt bis zur Geburt um ein weiteres Kilogramm. Die Kraftfutterzusammensetzung kann der eines Leistungskraftfutters für Milchkühe entsprechen. Die Einbindung von Heu zur freien Aufnahme ist vorteilhaft. Ebenso ist auf eine ausreichende Mineralfutterergänzung zu achten.

7.5
Fütterung von Jung- und Deckbullen

Die Fütterung männlicher Rinder in der Aufzucht muss eine gleichmäßige, normale Gewichtsentwicklung gewährleisten. Gleichzeitig sind auch die Voraussetzungen für eine spätere lange Nutzungsdauer zu schaffen. Dieser Grundsatz gewinnt bei Verwendung zuchtwertgeprüfter Bullen immer mehr an Bedeutung.

7.5.1 Grundlagen zur Zuchtbullenfütterung

7.5.1.1 Aufzuchtintensität und Leistungsfähigkeit

Die Intensität der Aufzuchtfütterung kann die geschlechtliche Entwicklung, die Fruchtbarkeit und die Langlebigkeit der Zuchtbullen beeinflussen. Die intensive Aufzucht fördert die Geschlechtsreife, eine deutlich verminderte Nährstoffversorgung verzögert sie. Die unterschiedlich einsetzende Geschlechtsreife fällt aber noch in den Zeitraum des ersten Lebensjahres. Nur bei sehr niedrigem Ernährungsniveau – etwa 70 % einer normalen

Übersicht 7.5-1

Ergebnisse der Eigenleistungsprüfung auf Mastleistung von Auktionsbullen verschiedener Rinderrassen

Rasse	Alter (Tage)	LM (kg)	Zunahmen seit Geburt (g/Tag)
Fleckvieh	425	615	1.356
Braunvieh	421	507	1.114
Gelbvieh	419	626	1.391
Dtsch. Angus	435	(578)	1.248
Charolais	417	(653)	1.462
Limousin	440	(604)	1.284
Galloway	611	(526)	812

Ernährung – wird die Geschlechtsreife einige Wochen später einsetzen. Da der früheste Zeitpunkt der Zuchtbenutzung jedoch später liegt, ergibt eine Vorverlegung der Geschlechtsreife durch sehr starke Nährstoffversorgung während des ersten Lebensjahres keine züchterischen Vorteile.

Auch die Fruchtbarkeit der Zuchtbullen wurde in keinem der bekannten Versuche durch eine begrenzte Aufzuchtfütterung geschädigt. So zeigten bereits ältere Untersuchungen von BRATTON et al. (1968) an Bullen bei unterschiedlichem Fütterungsniveau (60 %, 100 % und 160 % der Standardfütterung von Geburt bis 80. Lebenswoche), dass bei 82.000 Erstbesamungen der Anteil der nicht mehr zu einer Zweitbesamung gemeldeten Kühe durch die unterschiedliche Aufzuchtintensität nicht beeinflusst worden war. Ebenso scheint die Spermaqualität im Rahmen der künstlichen Besamung durch die vorausgehende praxisübliche Aufzuchtintensität wenig beeinflusst zu sein. Vielmehr ist bei einer sehr hohen Aufzuchtintensität in Einzelfällen eine reduzierte Libido mit einer insgesamt doch leicht erhöhten Ausfallquote zu beobachten.

Durch eine intensive Aufzucht, deren sichtbares Zeichen sehr hohe tägliche Zunahmen sind, wird aber auch eine verringerte Langlebigkeit diskutiert. Da durch die Bullenprüfprogramme Wartezeiten nach dem Probeeinsatz erforderlich sind, muss die Leistungsfähigkeit zuchtwertgeprüfter Bullen lange Zeit erhalten bleiben. Allerdings dürften die Bedingungen während der Einsatz- und Wartezeit größeren Einfluss auf die Lebensdauer von Zuchtbullen haben als die vorausgehende Aufzuchtintensität.

Insgesamt bringt zwar eine hohe Aufzuchtintensität für die spätere Zuchtbenutzung keine Vorteile. Doch wird unter Praxisbedingungen eine beachtliche Gewichtsentwicklung der zur Körung vorgestellten Zuchtbullen festgestellt. Insbesondere bei fleischbetonten Zweinutzungsrassen werden die Aufzuchtdaten im Rahmen der Eigenleistungsprüfung, die auf hohe Zunahmen und eine gute Futterverwertung abzielt, besonders beachtet. In Übersicht 7.5-1 sind die Ergebnisse der Eigenleistungsprüfung auf Mastleistung im Feld von gekörten Jungbullen im Mittel der Jahre 2007–2009 für die Zweinutzungsrassen und für die Fleischrassen von 2004–2006 zusammengestellt, die auf bayerischen Zuchtviehauktionen aufgetrieben wurden. Demnach liegen die täglichen Zunahmen von Geburt an gerechnet bei Fleckvieh und Gelbvieh im Mittel bei 1.370 g und dürften in der mit der Rindermast vergleichbaren Phase ab 150 kg sogar deutlich über 1.400 g betragen.

7.5.1.2 Energie- und Nährstoffbedarf

Bei der Aufzucht von Jungbullen zur späteren Zuchtbenutzung werden derzeit je nach Rassenzugehörigkeit im Mittel tägliche Zunahmen von 1.150 bis etwa 1.400 g erreicht. Am Ende des ersten Lebensjahres wiegt der Jungbulle im Durchschnitt der deutschen Zweinutzungsrassen 480–520 kg. In Übersicht 7.5-2 sind dementsprechend Bedarfszahlen für eine mittlere tägliche Gewichtsentwicklung von etwa 1.150–1.200 g und von etwa 1.350–1.400 g ab einer Lebendmasse von 175 bis knapp 200 kg aufgezeigt. Grundsätzlich können die für die Jungbullenmast erarbeiteten Empfehlungen zur Versorgung mit umsetzbarer Energie und mit Rohprotein entsprechend des angestrebten Zunahmeniveaus zugrundegelegt werden (siehe Übersicht 7.7-4 und Übersicht 7.7-6).

Bei der Nährstoffversorgung der Deckbullen ist in erster Linie zu berücksichtigen, ob es sich um noch wachsende oder bereits ausgewachsene Tiere handelt. Bei den sogenannten „Wartebullen" nach dem Prüfeinsatz ist deshalb zum Erhaltungsbedarf der Bedarf für das Wachstum hinzuzurechnen. Bullen der deutschen Rinderrassen sind mit etwa 4–5 Jahren weitgehend ausgewachsen. Weitere Gewichtszunahmen sind dann vorwiegend Fettanlagerungen, die vermieden werden sollten.

Für gute Zuchtleistungen ist besonderer Wert auf eine bedarfsdeckende Protein- und Energieversorgung zu legen. Dabei dürfte für die Spermaqualität und die Auslösung der sexuellen Reflexe die optimale Proteinzufuhr wichtiger sein als die Qualität der verfütterten Proteine. In Übersicht 7.5-3 sind Richtzahlen zum Nährstoffbedarf von Deckbullen angegeben. Die mittleren Gewichtsbereiche deuten die unterschiedliche Wachstumsintensität zwischen und innerhalb der deutschen Zweinutzungsrassen an. Unter Berücksichtigung der Futteraufnahme errechnen sich für die notwendige Energiekonzentration der Gesamtration eher niedrige Angaben von < 10,0 MJ ME/kg Futter-Trockenmasse bei Rohproteingehalten von 11–12 % in der Trockenmasse.

Neben der Nährstoffversorgung ist bei der Fütterung von Jung- und Deckbullen auf eine ausreichende Versorgung mit Mineralstoffen (insbesondere Ca, P, Na, Mg), Spurenele-

Übersicht 7.5-2

Richtzahlen für den täglichen Nährstoffbedarf von Zuchtbullen bei unterschiedlicher Gewichtsentwicklung

Alter (Monate)	LM (kg)	Aufnahme (kg T/Tag)	Rohprotein (g XP/Tag)	Energie (MJ ME/Tag)
Mittlere tägliche Zunahmen von 1.150–1.200 g				
4– 5	175–210	4–5	700– 760	50–60
6– 8	210–320	5–6,5	760– 860	60–71
9–11	320–430	6,5–8	860– 960	71–83
12–14	430–530	8–9,5	960–1.060	83–95
Mittlere tägliche Zunahmen von 1.350–1.400 g				
4– 6	190–270	4,5–6	720– 800	56– 68
7– 9	270–400	6–8	800– 940	68– 84
10–12	400–525	8–9,5	940–1.060	84– 98
12–14	525–610	9,5–10,5	1.060–1.170	98–110

Übersicht 7.5-3

Richtzahlen für den täglichen Nährstoffbedarf von Deckbullen

Alter (Jahre)	LM (kg)	Aufnahme (kg T/Tag)	Rohprotein (g XP/Tag)	Energie (MJ ME/Tag)
etwa 2	750– 800	10–11	1.200	90–100
etwa 3	900– 950	12–13	1.300	100–110
4 und mehr	1.050–1.100	12–15	1.400	110–120

menten (Zn, Co, Mn, Cu, Se) und Vitaminen (A, D, E) zu achten. Vitamin A-Mangel kann beispielsweise zu verminderter Samenkonzentration und erhöhter Anzahl pathologisch veränderter Spermien sowie zur Degeneration des Keimepithels führen. Mangelnde Libido wie auch teilweise oder vollständige Deckunfähigkeit werden als Folge von längerer, deutlicher Vitamin A-Unterversorgung angeführt. Da für Zuchtbullen die Bedarfsangaben sehr lückenhaft sind, hält man sich an die Bedarfsangaben für Milchkühe.

7.5.2 Fütterungshinweise

In der Zuchtbullenfütterung müssen Futterrationen eingesetzt werden, die in der Energie- und Nährstoffzufuhr bedarfsorientiert und gleichzeitig wiederkäuergerecht sind. Dabei ist zwischen Rationen in der Aufzuchtphase und Rationen für Deckbullen zu unterscheiden. Bei Deckbullen ist vor allem auch eine ausreichende Sättigung zu berücksichtigen. Gleichzeitig ist jede übermäßige Verfettung zu vermeiden.

Als Grundfutter werden ganzjährig Futterkonserven wie Grassilage, Maissilage und Heu verfüttert. Gerade bei Silagen ist neben der Optimierung des Futterwertes (siehe 7.1.4.4) vor allem auf die hygienische Futterqualität zu achten. Auch sollte das jeweilige Grundfutter ganzjährig verfügbar sein, damit eine gleichmäßige Rationsgestaltung möglich ist. Krasse Futterumstellungen während der Deckperiode haben meist Störungen in der Deck- und Befruchtungsfähigkeit zur Folge. Das Grundfutter wird je nach Grundfutterart und den relativen Anteilen in der Gesamtration mit einem entsprechenden Kraftfutter und Mineralfutter ergänzt. Für grassilagereiche Rationen ist eher ein energiereiches, für maissilagereiche Rationen ein rohproteinreiches Kraftfutter notwendig. Heu ist als Strukturfutter und zur Sättigung wertvoll. Auch hygienisch einwandfreies Stroh kann zur Sättigung eingesetzt werden.

Das Kraftfutter für Zuchtbullen wird sich demnach vor allem im Rohproteingehalt abhängig von der Grundfutterart differenzieren. Allerdings ist auch zwischen Kraftfutter für Jung- und Deckbullen zu unterscheiden. Ein Energiegehalt von 11,5–12 MJ ME/kg ist anzustreben. Ein solches Mischfutter lässt sich aus Getreide unter Einbeziehung von Körnermais, melassierten Trockenschnitzeln, Eiweißkomponenten wie Sojaextraktionsschrot und Mineralfutter konzipieren. Für Deckbullen wurde in älteren Arbeiten einem hohen Haferanteil besondere Bedeutung zugemessen. Sojaöl in Anteilen von 1–2 % im Kraftfutter ist vorteilhaft. Für Deckbullen kann aber auch ein handelsübliches Mischfutter, z.B. ein Milchleistungsfutter nach DLG-Standard II (7.1.4.6) verfüttert werden.

Als Anhaltspunkt für die Zusammenstellung der Futterration für Zuchtbullen sind in Übersichten 7.5-4 einige Beispiele aufgezeigt. Den Fütterungsbeispielen für Jungbullen lie-

Übersicht 7.5-4

Rationsbeispiele für Jung- und Deckbullen (Futtermittel in kg/Tag)

Futtermittel	Jungbullen mit 400 kg LM		Deckbullen mit 1.050 kg LM		
	I	II	I	II	III
Wiesenheu, grasreich, Beg. Blüte	0,5	1,5	5	4	7
Stroh (Weizen, Gerste)	–	–	–	2,5	2
Grassilage, 38 % T	6	–	14	5	–
Maissilage, 34 % T	6	12	5	12	–
Kraftfutter, hofeigen, eiweißreich (20–35 % Rohprotein)	1	2,8	–	1,2	–
Kraftfutter, hofeigen, energiereich (12 % Rohprotein)	2,5	–	1,2	–	–
Milchleistungsfutter, DLG-Standard 2	–	–	–	–	5
Mineralfutter, vitaminiert	0,15	0,20	0,15	0,20	0,12

gen die Bedarfsangaben für normale Aufzucht zugrunde (siehe Übersicht 7.5-2). Allerdings gelten dazu auch die Ausführungen für die Jungrindermast und entsprechende Rationen können ebenfalls berücksichtigt werden (siehe 7.7). Hervorzuheben ist jedoch, dass in der Aufzucht bei den mehr „rindermastorientierten" Rationen einer ausreichend hohen Mineralfutterergänzung stets besondere Aufmerksamkeit zukommt. Jungbullen erhalten häufig vielfältig zusammengesetzte Rationen mit dem Ziel, eine hohe Futter- und Energieaufnahme zu erreichen.

Rationen für ausgewachsene bzw. nahezu ausgewachsene Deckbullen enthalten hohe Anteile strukturreichen Futters wie Heu und Stroh. Dabei ist das Hauptaugenmerk – ebenso wie bei den Silagen – auf die hygienische Qualität und nicht auf den Energiegehalt dieser Rationskomponenten zu richten. Rationen mit Gras- und/oder Maissilage sind ebenso praxisüblich wie Rationen mit Heu, Stroh und Kraftfutter. Die tägliche Versorgung mit vitaminiertem Mineralfutter, das 14–16 % Calcium und 4–6 % Phosphor enthält, wird mit etwa 150 g je nach Rationszusammensetzung sichergestellt. Vorteilhaft ist bei mehreren Einzelkomponenten die Ration als Mischung (TMR) nach Bedarf restriktiv zu verabreichen. Gleichzeitig kann weiterhin Heu oder Stroh zur Sättigung vorgelegt werden.

7.6 Kälbermast

Kälbermast wird in der Regel von wenigen spezialisierten Mastbetrieben durchgeführt. Dabei kommen häufig auch Verfahren zum Tragen, in denen Futtermittelhersteller, Mäster, Schlachtbetrieb und Handel vertraglich verbunden sind (= vertikale Integration). Gleichzeitig wird damit aber auch programmabhängig die Produktionstechnik im Mastbetrieb bestimmt. Qualitäts- und Herkunftssicherungssysteme spielen somit für Kalbfleisch eine große Rolle. Mastverfahren differenzieren sich regional, aber auch zwischen den verschiedenen europäischen Ländern deutlich hinsichtlich des angestrebten Mastendgewichts. Neben den Wünschen des Verbrauchers spielen dabei vor allem Kosten und Verfügbarkeit des Kalbes sowie Kosten der Milchprodukte eine wichtige Rolle. Da die Zuordnung zum Begriff Kalb und Kalbfleisch entsprechend des in der Praxis sehr unterschiedlichen Schlachtgewichts zunehmend schwieriger geworden ist, erfolgt eine altersorientierte Einteilung. Bei Kalbfleisch handelt es sich um Fleisch von bis zu 8 Monate alten Tieren.

In früheren Verfahren der Kälbermast wurden die Kälber bis zu einem Mastendgewicht von 160–180 kg ausgemästet. Diese Mast wird nur noch sehr vereinzelt in bäuerlichen Betrieben mit wenigen Tieren durchgeführt. In der Regel werden derzeit Mastendgewichte deutlich >200 kg erreicht. Dabei dürften in Süddeutschland eher etwas niedrigere Gewichte im Bereich von 220–240 kg, in Norddeutschland höhere Gewichte von 250–260 kg vorherrschen. Bei einer Ausschlachtung nach der derzeit gültigen Schnittführung von 55–57 % ergeben sich Schlachtkörpergewichte von etwa 130 kg bzw. bis etwa 150 kg. Vorrangiges Ziel ist die Erzeugung eines hellen, fettarmen, zarten Fleisches, das den Wünschen des Verbrauchers entspricht. Dafür wurde in früheren Jahren auch der Begriff der „Weißfleischmast" geprägt.

7.6.1 Allgemeine Aspekte der Kälbermast

Tiermaterial

Tiere aller deutschen Zweinutzungsrassen sind für die Kälbermast gleich gut geeignet. Allerdings differenziert die Praxis zwischen Kälbern fleischbetonter und milchbetonter Rassen. Männliche Kälber fleischbetonter Rassen (z. B. Fleckvieh) werden vorrangig zur Rindermast benutzt, sodass eher männliche Kälber milchbetonter Rassen (z. B. Braunvieh in Süddeutschland, Holstein Friesian in Norddeutschland) für die Kälbermast in Frage kommen. Weibliche Kälber haben im Allgemeinen geringere Zunahmen bei etwas schlechterer Futterverwertung als Bullenkälber. Die Unterschiede können bis zu 10 % betragen. Dies schließt jedoch ein erfolgreiches Ausmästen weiblicher Kälber nicht aus.

Übersicht 7.6-1
Mastendgewicht und Schlachtqualität bei der Kälberschnellmast

Mastendgewicht (kg)	Anteil mit hoher Schlachtqualität (%)
100	74
125	88
140	90

Mastendgewicht

Ziel der Kälbermast sind voll ausgemästete Kälber bester Handelsklasse mit gleichmäßiger Oberflächenfettabdeckung des Schlachtkörpers bei ausreichender Bildung weißlichen Nierenfettes und vor allem heller Fleischfarbe. Die besten Schlachtqualitäten werden allgemein erst mit höherem Mastendgewicht erreicht. Die Abhängigkeit der Schlachtqualität vom Mastendgewicht zeigen bereits ältere Untersuchungen (SOMMER et al. 1966, siehe Übersicht 7.6-1), die an einigen hundert Mastkälbern aus demselben Betrieb ermittelt wurden. Allerdings werden heute sehr viele höhere Mastendgewichte verfahrensabhängig in einem Bereich von im Mittel 220 bis zu 260 kg erreicht. Auch hat die Klassifizierung für die Bezahlung der Schlachtkörper eine eher geringe Bedeutung, da oftmals eine pauschale Abgeltung unabhängig von den Handelsklassen erfolgt. Der Beginn der Mast liegt in der Regel bei 45–55 kg nach der Kolostralmilchphase bzw. in einem Alter von etwa zwei bis drei Wochen. Die hohen Endgewichte benötigen eine Mastdauer von wenigstens 20 Wochen bis etwa 26 Wochen. Dabei müssen allerdings im Mittel tägliche Zunahmen von etwa 1.100–1.200 g erzielt werden. Dementsprechend hoch sind die Ansprüche der Mastkälber an die Nährstoffversorgung.

Fleischfarbe

Die Fleischfarbe übt als Qualitätsmerkmal einen relativ starken Einfluss auf die Beurteilung des Schlachtkörpers und damit auf die Preisbildung aus. So werden die Schlachtkörper subjektiv anhand einer sehr differenzierten Farbskala klassifiziert. Die Fleischfarbe dürfte jedoch in diesem Fall kein echtes Qualitätsmerkmal darstellen, da sie weder geschmackliche noch ernährungsphysiologische Vorteile bringt. Trotzdem ist sie entscheidend in der Zuordnung der Schlachtkörper und der Bezahlung. Um eine möglichst helle Fleischfarbe zu erhalten, dürfen in der Kälbermast nur Futtermittel mit einem relativ geringen Eisengehalt eingesetzt werden. Voraussetzung für eine „Weißfleischmast" ist daher die Tränke aus Milchprodukten bzw. entsprechendem Milchaustauschfutter. Ein zu starker Eisenmangel kann aber die Gewichtszunahmen und die Futterverwertung nachteilig beeinflussen. Insofern sollten Mastkälber wenigstens soviel Eisen erhalten, dass die Hämoglobingehalte im Blut nicht wesentlich unter 8 g/100 ml absinken, um eine anämisch bedingte Wachstumsdepression zu vermeiden. Bei gut verwertbarem Eisen dürfte der optimale Gehalt im Milchaustauschfutter in einem ersten Mastabschnitt um 50 mg Fe je kg Futter liegen. Nach der Kälberhaltungsverordnung sind im Milchaustauschfutter für Kälber bis zu einem Gewicht von 70 kg mindestens 30 mg Fe je kg vorgeschrieben. Bei Kälbern mit einem Gewicht >70 kg wird eine Eisenversorgung dann als ausreichend angesehen, wenn ein auf die Gruppe bezogener

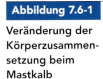
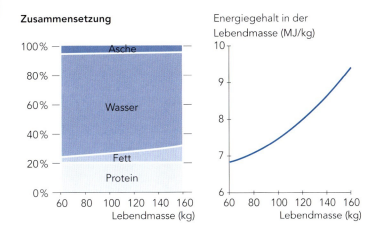

Abbildung 7.6-1
Veränderung der Körperzusammensetzung beim Mastkalb

durchschnittlicher Hämoglobinwert von mindestens 6 mmol/l Blut erreicht wird (Bundesgesetzblatt, 2006). Praxisübliche Milchaustauschfutter für die Kälbermast in diesem höheren Lebendmassebereich werden daher unter Einbeziehung der ebenfalls nach der Kälberhaltungsverordnung vorgeschriebenen Mindestmenge an Raufutterergänzung (siehe 7.6.3) nur Eisengehalte aufweisen, um diesen gesetzlichen Vorschriften zu entsprechen. Eine intensivere Rotfärbung des Fleisches tritt erst bei stärkerer Verfütterung von Grund- und Kraftfutter ein, da diese Futtermittel sehr hohe Fe-Gehalte aufweisen. Außerdem fördern sie auch die Entwicklung des Pansens und damit die Entwicklung des Kalbes zum Wiederkäuer.

7.6.2 Ernährungsgrundlagen

Körperzusammensetzung

Die Neubildung von Körpersubstanz in der Mast von Kälbern ist durch eine hohe Proteinsynthese und eine vergleichsweise niedrige Fettbildung gekennzeichnet. Wie aus älteren Untersuchungen zur Kälbermast hervorgeht (siehe Abb. 7.6-1) hervorgeht, verändert sich der Proteingehalt von Kälbern im Gewichtsbereich von 60–160 kg nur wenig, während der Fettgehalt, allerdings von einem sehr tiefen Ausgangswert, von 5 % auf etwa 12 % zunimmt. Mit steigendem Körpergewicht vermindert sich der Wasseranteil von über 70 % auf etwa 65 %. Der zunehmenden Fetteinlagerung entsprechend erhöht sich der Energiegehalt je kg Lebendmasse von 6,8 auf 9,4 MJ. Trotz dieser Nährstoffverschiebungen ist Kalbfleisch als relativ fett- und energiearmes Nahrungsmittel einzustufen. Diese Zusammenhänge gelten grundsätzlich auch für die Körperzusammensetzung von Mastkälbern mit den derzeit praxisüblichen höheren Mastendgewichten.

Nährstoffretention

Aus der Körperzusammensetzung lässt sich die Retention an Nährstoffen und Energie je kg Gewichtszunahme ermitteln und damit die Voraussetzung für eine faktorielle Bedarfsableitung schaffen. Bei sehr intensiver Mast mit durchschnittlichen Tageszunahmen von

Übersicht 7.6-2

Nährstoff- und Energieretention je kg Körpergewichtszunahme beim Mastkalb

	Lebendmasse (kg)		
	60–100	100–160	60–160
Fett (g/kg Zuwachs)	111	203	162
Protein (g/kg Zuwachs)	167	185	174
Energie (MJ/kg Zuwachs)	8,5	12,6	10,7

1.400 g im Abschnitt 60–160 kg Lebendmasse ergibt sich die in Übersicht 7.6-2 aufgezeigte Nährstoff- und Energieretention je kg Gewichtszunahme (NEESSE und KIRCHGESSNER, 1976). Demgegenüber dürfte bei den derzeitigen Mastverfahren mit eher geringeren Zunahmen in einem vergleichbaren Lebendmassebereich der Energiegehalt pro kg Zuwachs doch deutlich niedriger anzusetzen sein. So kann im Lebendmassebereich von 100–200 kg ein Energiegehalt von etwa 9–10 bis knapp 12 MJ und im höheren Bereich (> 200 kg) nochmals stärker ansteigend von bis zu 13–14 MJ pro kg Zuwachs angenommen werden.

Energiebedarf

Das Verdauungssystem des Mastkalbes ist allein auf die Wirksamkeit der körpereigenen Enzyme ausgerichtet, was den Einsatz hochverdaulicher Milchprodukte erfordert. Im Gegensatz zu den bereits zum Wiederkäuer sich entwickelnden Aufzuchtkälbern entstehen jedoch keine Energieverluste durch die Pansenfermentation. Die umsetzbare Energie (ME) hängt deshalb weitgehend von der Energieverdaulichkeit des Futtermittels und der Energieausscheidung über den Harn ab. Bei einer Verdaulichkeit von Milchprodukten um 95 % bzw. von Milchaustauschfutter von 90 % und renalen Energieverlusten von etwa 2 % der Bruttoenergie beträgt die Umsetzbarkeit der Nahrungsenergie somit etwa 93 % bzw. etwa 88 %.

Der Aufwand an ME für die Erhaltungsfunktionen beim Mastkalb lässt sich nach verschiedenen Untersuchungen je kg metabolischer Lebendmasse ($kg^{0,75}$) mit 460 kJ angeben. Er wird dabei für die vorliegende Bedarfsableitung deutlich niedriger angesetzt als beim Aufzuchtkalb. Allerdings können sich vor allem durch Bewegungsaktivität, Stalltemperatur u.a. auch deutlich höhere Bedarfswerte ergeben. Der Bedarf an Energie für den Zuwachs bemisst sich nach der Energieretention, wobei entscheidend ist, wieviel Energie in Form von Protein und Fett angesetzt wird. So betragen nach Untersuchungen von KIRCHGESSNER et al. (1976) die Energiekosten beim Mastkalb für den Ansatz von 1 g Fett 45,6 kJ ME und für 1 g Protein 52,7 kJ ME. Bei einem Energiegehalt von 39,7 kJ/g Fett bzw. 23,8 kJ/g Protein wird die umsetzbare Energie für die Fettbildung somit zu 85 % und für den Proteinansatz zu 45 % ausgenutzt. Die Verwertung der umsetzbaren Energie für die gesamte Energieretention hängt demnach von der Relation Protein- zu Fettsynthese ab. Im Durchschnitt über den gesamten Mastbereich ergibt sich nach diesen Untersuchungen eine mittlere Verwertung der umsetzbaren Energie für die Retention von 68 %. Der Energiebedarf des Mastkalbes an umsetzbarer Energie lässt sich demnach mit folgender Gleichung überschlagen, wobei RE die Energieretention darstellt:

Übersicht 7.6-3

Energiebedarf für 1 kg Zuwachs von Mastkälbern

Lebend-masse (kg)	je kg Zuwachs Energieretention (MJ)		je kg Zuwachs Energiebedarf (MJ ME)	
	„hohes Zu-nahmeniveau"	„mittleres Zu-nahmeniveau"	„hohes Zu-nahmeniveau"	„mittleres Zu-nahmeniveau"
60	6,7		9,9	
100	10,1	(9,0)	14,9	(13,2)
140	12,4	(9,8)	18,2	(14,4)
160	14,4	(10,5)	21,1	(15,4)
180		(11,3)		(16,6)
220		(12,7)		(18,7)
260		(14,2)		(20,9)

Übersicht 7.6-4

Bedarf an ME bei mittleren täglichen Zunahmen während der Mastperiode bis 180 kg von 1.400 g und bis 260 kg von 1.150 g

Lebend-masse (kg)	Erhaltungs-bedarf (MJ ME)	Tägliche Zunahmen (g)	Gesamt-bedarf (MJ ME)	Tägliche Zunahmen (g)	Gesamt-bedarf (MJ ME)
60	9,9	1.000	19,8	600	16,8
100	14,5	1.550	37,6	1.100	29,0
140	18,7	1.650	51,2	1.200	36,0
180	22,6	1.500	55,9	1.250	43,3
220	26,3			1.300	50,6
260	29,8			1.300	57,0

$$\text{ME (MJ)} = 0{,}46 \text{ (MJ)} \times \text{kg LM}^{0{,}75} + \frac{\text{RE (MJ)}}{0{,}68}$$

Zur Ableitung des Energiebedarfes ist in Übersicht 7.6-2 anhand der Versuchsdaten für das sehr hohe Zunahmeniveau die Energieretention je kg Körpergewichtszunahme aufgezeigt. Interpoliert man die in den beiden Mastabschnitten ermittelte Energieretention auf die verschiedenen Lebendmassen, so ergibt sich nach Übersicht 7.6-3 eine von 60–160 kg Lebendmasse zunehmende Energieretention von 6,7 MJ auf 14,4 MJ je kg Zuwachs. Weiterhin sind jedoch auch Schätzwerte (Werte in Klammern) für ein eher mittleres Zunahmeniveau bei gleichzeitig höherem Mastendgewicht mit aufgeführt. Daraus errechnet sich je kg Zuwachs ein Bedarf an ME von knapp 10 MJ ansteigend auf etwa 20 MJ. Diese Zahlen zeigen, wie die zunehmende Fetteinlagerung im Verlauf der Mast den Energiebedarf je kg Zuwachs erhöht. Auf dieser faktoriellen Basis lässt sich nun der Energiebedarf einschließlich Erhaltung für die einzelnen Gewichtsabschnitte und Zuwachsraten angeben. Übersicht 7.6-4 zeigt den Bedarf an ME für den Gewichtsbereich von 60–180 kg bei durchschnittlichen Tageszunahmen von 1.400 g und von 60–260 kg bei mittleren Zunahmen von 1.150 g. In Abhängigkeit der Energiekonzentration des jeweiligen Milchaustauschfutters kann die notwendige Tränkemenge berechnet werden. Praxisübliche Milchaustauschfutter für Mastkälber werden Energiekonzentrationen von 16–18 MJ ME/kg aufweisen. Daraus errechnen sich ansteigende Mengen an Milchaustauscher von 0,8 bis etwa 3,2 kg pro Mastkalb und Tag.

Proteinbedarf

Der Proteinbedarf setzt sich aus dem Bedarf für Erhaltung und Zuwachs zusammen. Der Erhaltungsbedarf des Mastkalbes kann in Analogie zum milchernährten Aufzuchtkalb (siehe 7.3.2) errechnet werden. Hinsichtlich des Leistungsbedarfs ergibt sich aus Übersicht 7.6-2 über die gesamte Mastperiode hinweg ein mittlerer Gehalt von 174 g Protein bzw. bei geringerer Fütterungsintensität von etwa 180–185 g je kg Zuwachs. Besteht die Proteinquelle im Wesentlichen aus Milchprotein, so kann wie beim Aufzuchtkalb (siehe 7.3.2) ein Anteil von Aminosäure-N am Gesamt-N im Dünndarm von 95 %, eine Absorbierbarkeit des Aminosäure-N von 90 % und eine intermediäre Verwertung von 85 % unterstellt werden. Daraus errechnet sich eine Gesamtverwertung von 73 %. Bei verstärktem Einsatz milchfremder Proteine und geringerer Proteinqualität ist mit einem niedrigeren Ausnutzungsgrad zu rechnen. Je kg Zuwachs sind demnach je nach Proteingehalt im Zuwachs und je nach Proteinqualität des Milchaustauschfutters etwa 240–290 g Rohprotein erforderlich.

Aus den einzelnen Faktoren wird ersichtlich, dass der Proteinbedarf vor allem durch die Höhe des Zuwachses (N-Retention) bestimmt wird, während der Erhaltungsbedarf von untergeordneter Bedeutung ist. So erhöht sich der tägliche Erhaltungsbedarf an Rohprotein von 60–260 kg Lebendmasse von etwa 50 g auf 190 g. Der Gesamtbedarf an Rohprotein für die verschiedenen Lebendmassen bei durchschnittlichen täglichen Zunahmen von 1.400 g im Gewichtsbereich bis 180 kg und bei täglichen Zunahmen von 1.150 g bis 260 kg ist in Übersicht 7.6-5 angegeben. Demnach steigt die erforderliche tägliche Zufuhr von 240 auf etwa 580 g an, während in % des Milchaustauschfutters der Anteil von 24 % bei Mastbeginn auf 17–18 % bei Mastende abfällt.

Letztlich ist jedoch für den Proteinbedarf das Aminosäurenangebot ausschlaggebend. Beim Mastkalb sind als erste limitierende Aminosäuren Methionin + Cystin, Lysin, Threo-

Übersicht 7.6-5

Täglicher Bedarf an Rohprotein bei mittleren täglichen Zunahmen von 1.400 g bis 180 kg und von 1.150 g bis 260 kg

Lebendmasse (kg)	Tägliche Zunahmen (g)	Rohproteinbedarf (g/Tag)	Tägliche Zunahmen (g)	Rohproteinbedarf (g/Tag)
60	1.000	300	600	240
100	1.450	450	1.100	370
140	1.650	530	1.200	440
180	1.500	540	1.250	500
220			1.300	550
260			1.300	580

nin, Isoleucin und Leucin anzusprechen. Bei 5–7 Wochen alten Mastkälbern beträgt nach verschiedenen Untersuchungen (VAN WEERDEN und HUISMAN, 1980, TOULLEC, 1992) der erforderliche Gehalt an Methionin + Cystin 0,70–0,72% und an Lysin 1,8% im Milchaustauschfutter. Bei einem Gehalt von 22% Rohprotein in Form von Magermilchpulver werden diese Gehaltswerte erreicht.

7.6.3 Praktische Fütterungshinweise zur Kälbermast

Aufgrund des hohen Nährstoffbedarfs erfordert die Kälbermast eine sehr intensive Nährstoffversorgung über geeignete Futtermittel. Dabei liegen grundsätzlich die gleichen Voraussetzungen wie beim Aufzuchtkalb vor, nämlich die Ausgestaltung des Milchaustauschfutters an die Enzymausstattung des Kalbes und den verdauungsphysiologischen Besonderheiten anzupassen (siehe 7.3.1.2). Im Wesentlichen müssen Milchprodukte und Fette als Tränke eingesetzt werden. Während der Proteinbedarf je kg Lebendmassezunahme im Verlauf der Mast sich nur wenig verändert, wird der Energiebedarf mit steigendem Gewicht der Tiere immer größer, da zunehmend mehr Fett eingelagert wird. Dies bedingt mit erhöhtem Mastgewicht auch einen vermehrten Futteraufwand je kg Zuwachs. Dabei ist natürlich auch der Anstieg im Erhaltungsbedarf mit zu berücksichtigen. Wesentlich ist dabei, dass mit einem einzigen Mastfutter für die gesamte Mastperiode eine bedarfsgerechte Nährstoffversorgung nicht möglich ist. Eine gute Anpassung an den sich ändernden Nährstoffbedarf des Mastkalbes erlaubt dagegen die Unterteilung der Mast mit Milchaustauschfutter in zwei, evtl. sogar in drei Abschnitte. Während im Anfangsabschnitt durch die hohen Anforderungen an die Qualität des Milchaustauschfutters durchweg teure Rohstoffe verwendet werden müssen, können im späteren Mastverlauf, wenn dann der Futterverbrauch ansteigt, verstärkt milchfremde, kostengünstigere Protein- und Energieträger eingesetzt werden.

Nach der ersten Lebenswoche muss entschieden werden, ob ein Kalb aufgezogen oder gemästet werden soll. Nur während dieser Zeit ist die Ernährung von Mast- und Aufzuchtkälbern gleich (siehe hierzu 7.3.3). Bereits ab der 2. Lebenswoche werden Mast- und Aufzuchtkälber unterschiedlich gefüttert. Während bei der Aufzucht eine rasche Pansenentwicklung angestrebt wird, muss dies bei der Kälbermast verhindert werden. Dazu gehört auch, dass die Tiere möglichst wenig Einstreu fressen. Insgesamt sollte die Aufnahme an Raufutter das von der Kälberhaltungsverordnung festgelegte Mindestangebot nicht wesentlich überschreiten (ab der 2. Lebenswoche mind. 100 g/Tag; ab der 8. Lebenswoche mind. 250 g/Tag). Andererseits darf jedoch die Tränkemenge das Fassungsvermögen des Magen-Darmtraktes nicht übersteigen. Solche Überfütterung bringt Verdauungsstörungen mit sich. Tritt ein fütterungsbedingter Durchfall ein, so muss die Tränke eingeschränkt, zumeist sogar für ein oder zwei Mahlzeiten ganz entzogen werden und durch Elektrolytlösung ersetzt werden. Das Verdauungsvermögen der Kälber und die Verträglichkeit des Futters kann an der Beschaffenheit des Kotes sehr gut abgeschätzt werden. Deshalb darf die Tränkemenge erst dann auf ihre ursprüngliche Höhe gebracht werden, wenn der Kot normale Beschaffenheit zeigt. Auf die bekannten Forderungen in der Fütterungstechnik wie Einhaltung der Tränkezeiten, Tränketemperatur, Sorgfalt und Sauberkeit sei nochmals hingewiesen. Bei der Kälbermast dürfte aber auch noch wichtig sein, dass zwischen den täglichen Futterzeiten gleiche Abstände eingehalten werden.

Besonders sorgsam sind zugekaufte Mastkälber zu behandeln, da sie durch Stallwechsel und Transport in ihrer Entwicklung gefährdet sind. Die Anfütterung muss vorsichtig erfolgen. Am 1. Tag erhalten die Kälber lediglich eine Elektrolytlösung. Am nächsten Tag beginnt man mit der Tränke und steigert die Menge allmählich. Besonders während dieser Umstellungsphase sollten die Kälber laufend beobachtet werden.

Im Rahmen der praktischen Fütterung ist auch auf das Stallklima hinzuweisen. Hierbei ist zu beachten, dass der starke Zuwachs den Stoffwechsel des Mastkalbes sehr beansprucht. Es wird viel thermische Energie frei. Da diese vorwiegend zusammen mit der Wasserverdunstung über Atemluft und Haut an die Umwelt abgegeben wird, wirken Umgebungstemperatur und relative Luftfeuchte des Stalles auf den Wassergehalt des Kalbes ein. So kann eine zu hohe relative Luftfeuchtigkeit die Wasser- und Wärmeabgabe erschweren und damit zu einem Wärmestau im Tier führen. Die relative Luftfeuchte sollte daher in einem Kälbermaststall 80% möglichst nicht überschreiten und die Stalltemperatur bei etwa 16–18°C liegen.

Mast mit Milchaustauschfutter

Eine Kälbermast auf der Grundlage von Vollmilch spielt aus ökonomischen Gründen keine Rolle mehr. Allerdings können aus der Mutterkuhhaltung Kälber zum Schlachten kommen, die hohe Vollmilchgaben erhielten. Diese Tiere nehmen jedoch in der Regel gleichzeitig auch Beifutter auf, was wiederum die Fleischfarbe beeinflusst. Somit ist Milchaustauschfutter das wichtigste Futtermittel praxisüblicher Kälbermast. Allerdings werden dabei an Qualität und Auswahl der Einzelkomponenten für Milchaustauschfutter hohe Anforderungen gestellt. Auch sollten für eine möglichst genaue Anpassung der Protein- und Energiezufuhr an den sich ändernden Energie- und Nährstoffbedarf mit zunehmender Lebendmasse wenigstens zwei unterschiedliche Milchaustauschfutter eingesetzt werden. In Übersicht 7.6-6 sind Anforderungen an die notwendigen Inhalts- und Zusatzstoffe zusammengestellt.

Als Proteinträger aus Milchprodukten stehen Magermilchpulver, verschiedene Molkenpulver (z.B. teilentmineralisiert, teilentzuckert u.a.) und Casein sowie aus pflanzlichen Komponenten im Wesentlichen Sojaproteine (Sojaproteinkonzentrate u.a.) und Weizenproteinhydrolysat (siehe 7.3.1.2) zur Verfügung. In einem Milchaustauschfutter I, das praxisüblich nur in einer Anfangsphase über einen Zeitraum von bis zu sechs bis acht Wochen gefüttert wird, empfiehlt sich der Einsatz von Magermilchpulver, Molkenpulver bzw. eine Kombination dieser Eiweißträger. Dagegen können im Milchaustauschfutter II Magermilchpulver, teilweise auch Molkenpulver gegen preisgünstigere pflanzliche Eiweißträger ausgetauscht werden. Praxisüblich kommen je nach Kosten der Einzelkomponenten sowohl Milchaustauschfutter II mit Magermilchpulver als auch ohne Magermilchpulver vor. Für die pflanzlichen Komponenten spielen deren technologische Aufbereitung zur Entfernung antinutritiver Inhaltsstoffe und zur Minderung des Kohlenhydratanteils sowie ein geringer Eisengehalt eine wichtige Rolle. Die Aminosäurengehalte können durch Zulage limitierender Aminosäuren, vor allem von Lysin und Methionin, angepasst werden. Die Milchprodukte liefern gleichzeitig auch Lactose. Eine weitere Kohlenhydratergänzung ist über Dextrose möglich. Wichtigste Energieträger sind jedoch Fette, die aufgrund futtermittelrechtlicher Vorschriften zum Verbot von tierischen Fetten in Deutschland nur aus pflanzlichen Fetten bzw. Ölen wie z.B. Palmkern-, Kokosfett oder Palmöl u.a. bestehen (siehe 7.3.1.2). Dabei wird ein Fettgehalt im Milchaustauschfutter von etwa 18–22% erreicht. Die Angaben zur Ergänzung mit Mengen- und Spurenelementen, Vitaminen und weiteren Zusatzstoffen entsprechen weitgehend den Milchaustauschfuttern für Aufzucht-

Übersicht 7.6-6
Inhalts- und Zusatzstoffe von Milchaustauschfuttermittel für Mastkälber

		Milchaustauschfuttermittel	
		I	II
Inhaltsstoffe (%)			
Rohprotein		22	17–20
Lysin	min.	1,75	1,5–1,7
Methionin + Cystein	min.	0,7	0,6
Rohfett		18–21	19–22
Rohfaser	max.	0,1–0,2	0,3–0,6
Rohasche	max.	8–10	8–10
Calcium	min.	0,9	0,9
Phosphor	min.	0,65	0,7
Magnesium	min.	0,13	0,13
Natrium		0,2–0,6	0,2–0,6
Magermilchpulver		20–30	–
Zusatzstoffe je kg			
Eisen (mg)	min.	30–50	–
Kupfer (mg)	min.	4–15	max. 15
Vitamin A (I.E.)	min.	10.000	8.000
Vitamin D (I.E.)	min.	1.250	1.000
Vitamin E (mg)	min.	20	20

kälber (siehe 7.3.3.2). Lediglich der Eisengehalt ist entsprechend der Kälberhaltungsverordnung (siehe 7.6.1) zu minimieren.

Die Tränke mit Milchaustauschfutter wird mit heißem Wasser nach den jeweiligen Vorschriften der Herstellerfirma angerührt und mit einer Temperatur von 35–40 °C dem Kalb verabreicht. Weitere Angaben hinsichtlich der Technik der Zubereitung siehe 7.3.3.2.

Bei der Mast mit Milchaustauschfutter kann das Nährstoffangebot über die Konzentration des Milchaustauschfutters in der Tränke sowie über die Tränkemenge gesteuert werden. Da der Gewichtszuwachs in enger Relation zur Nährstoffaufnahme steht, andererseits aber das Aufnahmevermögen des Kalbes begrenzt ist, müssen im Milchaustauschfutter ausreichende Protein- und Energiemengen enthalten sein. Ein Tränkeplan für die Kälbermast muss eine möglichst hohe Aufnahme an Milchaustauschfutter gewährleisten. Unter Berücksichtigung der in Übersicht 7.6-4 aufgeführten Versorgungsempfehlungen an ME für eine Kälbermast bis etwa 260 kg Lebendmasse und einer Energiekonzentration von etwa 17–18 MJ ME pro kg Milchaustauschfutter ergibt sich der in Übersicht 7.6-7 zusammengestellte Tränkeplan. Dabei wird die vorgegebene Tränkemenge pro Tag in der Regel auf zwei Mahlzeiten verteilt gefüttert. Für die Anfangsphase wird ein Milchaustauschfutter I und in der weiteren Mast werden je nach Anpassung ein oder sogar zwei weitere Milchaustauschfutter (II, evtl. III) eingesetzt. Die Umstellung von Milchaustauschfutter I auf II wird praxisüblich über eine Zeitspanne von zwei Wochen vorgenommen. In dieser Phase werden beide Milchaustauscher anteilig verfüttert. Bei einer Mastdauer von insgesamt 26 Wochen sollten mittlere tägliche Zunahme von 1.150 g erreicht werden. Der Ge-

Übersicht 7.6-7

Tränkeplan je Tier und Tag für die Kälbermast mit Milchaustauschfutter (MAT)

Mastwoche		Lebendmasse (kg)	MAT (kg)	Wasser (l)	MAT in der Tränke (g/l)
MAT 1	2	50–60	0,7–0,8	7	110
	6	80	1,3–1,5	11	125
MAT 2	10	112	1,6–1,8	14	125
	14	145	1,9–2,1	16	130
	18	185	2,4–2,6	18	140
	22	220	3,0–3,1	18	170
	26	260	3,1–3,2	18	175

samtverbrauch an Milchaustauschfutter liegt bei 380 bis knapp 400 kg, sodass sich ein Aufwand von 1,8–1,9 kg pro kg Zuwachs errechnet. Die Fütterung der Mastkälber muss auch den Entwicklungszustand (Körpergewicht) und die Mastveranlagung der Tiere berücksichtigen. Insofern kann jeder Tränkeplan nur ein Anhaltspunkt sein. Sorgfältiges Beobachten der Masttiere ist jedenfalls Voraussetzung für eine erfolgreiche Mast.

Neben Milchaustauschfutter müssen alle Kälber entsprechend der Kälberhaltungsverordnung Raufutter erhalten. Dabei wird ganz besonders auf eine Beifütterung von Eisenarmen Komponenten geachtet. Praxisüblich werden Strohcobs, Maiscobs oder vor allem Maissilage eingesetzt. Auch Kraftfutter, für das ebenfalls ausschließlich nur Einzelkomponenten mit einem sehr niedrigen Fe-Gehalt ausgewählt werden, oder Getreide (z. B. Gerste) können in geringen Mengen bis etwa 0,5 kg pro Kalb und Tag angeboten werden.

Für einzelne Kälbermastbetriebe kann auch die Erstellung einer Flüssigmischung mit frischer Magermilch oder Molke bzw. eingedickter Süßmolke, pflanzlichen Eiweißen, Flüssigfett, Dextrose sowie entsprechenden Vormischungen zur Vitamin-, Mineralstoff-, Aminosäure- und Zusatzstoffergänzung in Frage kommen. Diese betriebseigene Mischung wird an ältere Kälber verfüttert. Allerdings sind Futterhygiene, Lagerfähigkeit, Transportkosten bzw. Verfügbarkeit der Einzelkomponenten u.a. sehr sensible Parameter für einen erfolgreichen Einsatz.

Kälberhaltung und Fütterungstechnik müssen aufeinander abgestimmt sein. So werden in verschiedenen Betrieben nach dem Zukauf die Kälber zunächst in einer Anfangsphase noch in Einzelboxen gehalten. Entsprechend wird eine Eimertränke vorgenommen. Die weitere Haltung erfolgt ausschließlich in Gruppen mit 5–8 Kälbern oder auch mit einer größeren Tierzahl. Dabei bietet sich die Fütterung buchtenweise über Trog mit exakter Tränkezuteilung an. Häufig finden sich jedoch auch Tränkeautomaten, die neben der Einhaltung der genauen Tränkebedingungen wie Temperatur und Konzentration des Milchaustauschfutters auch die Möglichkeit zum mehrmaligen Saugen geben. Alle Verfahren setzen jedoch die genaueste Einhaltung von Futterhygiene und eine tägliche Tierbeobachtung voraus.

Eine der Kälbermast mit Milchaustauschfutter vergleichbare Mast unter Einbindung größerer Kraftfuttermengen wird heute nicht mehr durchgeführt. Allerdings gibt es das Verfahren zur Erzeugung von Rosé-Rindfleisch. Dabei wird im Wesentlichen eine Kraftfuttermast bis zu Mastendgewichten von 350–400 kg durchgeführt (siehe 7.7.5.4).

7.7 Jungrindermast

Rindfleisch mit einer Zartheit und Feinfasrigkeit, wie sie der Verbraucher wünscht, lässt sich nur über das wachsende Rind erzeugen. Während bei der Mast ausgewachsener Rinder der Gewichtszuwachs größtenteils aus Fetteinlagerungen in Körperdepots besteht, wird beim wachsenden Rind vorrangig Eiweiß in Form von Muskelgewebe angesetzt, das je nach Alter, Rasse, Geschlecht und Nährstoffzufuhr unterschiedlich stark mit Fettgewebe durchsetzt ist. Eine solche Mast von Jungrindern beginnt nach der Aufzuchtperiode im Alter von 4–5 Monaten mit einer mittleren Lebendmasse von 125 bis 200 kg. Im Alter von etwa 14 bis 18 Monaten erreichen die zumeist männlichen Tiere Endgewichte von 520 bis 730 kg.

7.7.1 Zur Physiologie des Wachstums von Mastrindern

7.7.1.1 Körperzusammensetzung wachsender Rinder

Die Körperzusammensetzung ändert sich im Laufe des Wachstums sehr stark. In Abb. 7.7-1 sind diese Verhältnisse schematisch nach Untersuchungen an Jungbullen der Rasse Fleckvieh (KIRCHGESSNER et al. 1994) dargestellt. So bleibt der Eiweißgehalt der

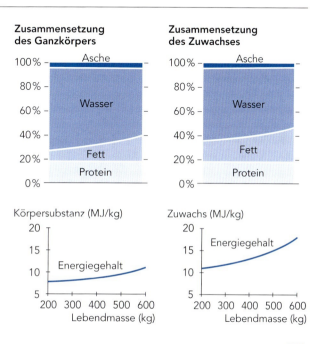

Abbildung 7.7-1 Zusammensetzung der Körpersubstanz und des Zuwachses von Jungbullen der Rasse Fleckvieh im Verlauf der Mast

Übersicht 7.7-1

Fett-, Protein- und Energiegehalte in der Körpersubstanz von Bullen, Färsen und Ochsen (Fleckvieh, 500 kg Lebendmasse)

Gehalte in der Körpersubstanz	Hohe Energiezufuhr			Niedrige Energiezufuhr		
	Bullen	Ochsen	Färsen	Bullen	Ochsen	Färsen
Fett (%)	14	20	23	10	19	21
Protein (%)	19	18	17	21	19	19
Energie (MJ/kg)	9,9	11,7	13,0	8,6	11,9	12,5

Übersicht 7.7-2

Zusammensetzung der Körpersubstanz von Mastbullen der Rassen Schwarzbunte und Fleckvieh bei gleichen Fütterungsbedingungen

Endgewicht	565 kg		615 kg	
Rasse	Schwarzbunte	Fleckvieh	Schwarzbunte	Fleckvieh
Protein (%)	17,6	19,2	17,0	18,8
Fett (%)	21,7	16,4	24,3	19,0
Asche (%)	4,5	4,0	4,3	3,9
Wasser (%)	56,2	60,4	54,4	58,3

Körpersubstanz im Verlauf der Mast weitgehend konstant, während der Wassergehalt sinkt und entgegengesetzt dazu der Fettgehalt stark ansteigt. Die Verschiebungen der grobgeweblichen Zusammensetzung betreffen die einzelnen Teilstücke des Ganzkörpers allerdings in unterschiedlichem Ausmaß. So ändern sich die Fettgewebeanteile beispielsweise von Kamm, Keule, Hessen, Filet und Fehlrippe nur wenig, während in der Brust und Spannrippe sowie in den Dünnungen der höchste Zuwachs zu verzeichnen ist. In Folge der verstärkten Einlagerung von Fett in das Körpergewebe steigt auch der Energiegehalt des Ganzkörpers. Zu Beginn der Mast enthält 1 kg Körpersubstanz im Mittel nur etwa 8 MJ, am Ende der Mast dagegen um die Hälfte mehr. Der Energiegehalt des Zuwachses nimmt sogar um fast das Doppelte zu.

Das Ausmaß solcher Veränderungen hängt allerdings sehr stark vom Geschlecht und der Fütterungsintensität ab. Untersuchungen an der Rasse Fleckvieh zufolge liegt der Fettgehalt in Körpersubstanz von Färsen nahezu doppelt so hoch wie von Jungbullen gleicher Lebendmasse, während der Protein- und Wassergehalt deutlich vermindert ist (KIRCHGESSNER et al. 1993, Übersicht 7.7-1). Demnach muss auch für den Zuwachs an Körpersubstanz ein wesentlich stärkerer Anstieg des Fett- und Energiegehalts veranschlagt werden als bei Jungbullen. Die Werte der Ochsen liegen zwischen denjenigen von Jungbullen und Färsen. Bei niedriger Fütterungsintensität sind insgesamt geringere Gehalte an Fett und dafür höhere Gehalte an Protein in der Körpersubstanz zu verzeichnen.

Neben der Fütterungsintensität und dem Geschlecht hat auch die Rasse einen wesentlichen Einfluss auf die Zusammensetzung der Körpersubstanz. Bei den wichtigsten Rinderrassen Deutschlands weisen Schwarzbunte (heute: Holstein Friesian) als Vertreter milchbetonter Zweinutzungsrassen im Vergleich zum eher fleischbetonten Fleckvieh bei gleicher Lebendmasse einen deutlich höheren Fett- und niedrigeren Proteingehalt in der Körpersubstanz auf (Übersicht 7.7-2). Diese Unterschiede spiegeln sich auch in der Zusammensetzung des Zuwachses wider. So steigt der Fettanteil im Zuwachs von Schwarzbunten Jungbullen mit fortschreitender Mastdauer wesentlich stärker an als beim Fleckvieh. Der Energiegehalt des Zuwachses kann dadurch im Verlauf der Mast um bis das Dreifache zunehmen.

Insgesamt unterliegen somit die Gehalte an Protein, Fett und Energie in der Körpersubstanz von Mastrindern je nach Mastendgewicht, Rasse, Geschlecht und Fütterungsintensität erheblichen Schwankungen. Andererseits kann aber auch mithilfe dieser Einflussgrößen die Schlachtkörper- und Fleischqualität als wichtiges Kriterium für die Vermarktung gezielt gesteuert werden.

7.7.1.2 Zur Fütterungsintensität

Im Allgemeinen wird in der landwirtschaftlichen Praxis die Mast männlicher Tiere bei fleischbetonten Rassen (z. B. Fleckvieh, Limosain, Charolais) bis zu Lebendmassen von 680–730 kg durchgeführt, bei milchbetonten Rassen (z. B. Holstein Friesian, Braunvieh) liegt das Mastendgewicht bei 550–600 kg.

Tägliche Zunahmen von 1.100 g–1.300 g bei den Rassen Holstein Friesian oder Braunvieh bzw. von 1.200 g–1.400 g bei Fleckvieh und Gelbvieh können in der Jungrindermast nur über eine hohe Nährstoffdichte des Futters erzielt werden. Das Fassungsvermögen des Verdauungstrakts ist insbesondere zu Mastbeginn stark begrenzt. Demzufolge ist in der Anfangsmast eine Energiekonzentration von etwa 11–11,7 MJ ME je kg Futtertrockenmasse erforderlich. Im weiteren Mastverlauf erhöht sich die Futteraufnahme mit zunehmender Lebendmasse zwar deutlich (siehe Abb. 7.7-4). Allerdings verringert sich dieser Anstieg im hohen Lebendmassebereich wiederum. Gleichzeitig nimmt jedoch der energetische Gesamtbedarf auch aufgrund der sich verändernden Zusammensetzung des Zuwachses nahezu linear zu. In der intensiven Bullenmast wird daher über den gesamten Mastverlauf bis Mastende hin diese hohe Energiekonzentration von etwa 11–11,5 MJ ME notwendig sein. Nur bei extensiven Mastverfahren in Verbindung mit gleichzeitig sehr hohen Verzehrsraten in der zweiten Masthälfte kann die Energiekonzentration der Gesamtration mit zunehmendem Mastgewicht auf etwa 10,5 MJ ME je kg Trockenmasse abnehmen.

Bestimmend für die Energiedichte der Gesamtration sind zunächst die Art und Qualität des Grundfutters. So kommt z. B. Maissilage mit hohem Kolbenananteil (> 55 % der T) am Ende der Teigreife in den Bereich der für die Anfangsmast erforderlichen Energiedichte. Andere Grundfuttermittel, wie z. B. die Konservierungsprodukte von Gras oder auch Silomais eines früheren Reifestadiums werden solch hohe Energiekonzentrationen dagegen kaum aufweisen. Daher kann bei diesen Futtermitteln das erwünschte Wachstum in der Anfangsmast nur über einen relativ hohen Kraftfutteranteil in der Ration erzielt werden. Allerdings erfordert ein gleichmäßig hohes Wachstum auch im weiteren Mastverlauf und zu Mastende hin noch eine Energieergänzung über Kraftfutter. Die Höhe dieser Kraftfutterzufuhr wird jedoch von der Grundfutterqualität bzw. der Energiedichte des Grundfutters abhängen. Kraftfutter verdrängt Grundfutter gerade bei hoher Energiekonzentration zunehmend bis in einen Bereich von 1:1 (bezogen auf Trockenmasse) aus der Gesamtration, sodass der zusätzliche Wachstumserfolg unterschiedlich hoch ausfallen wird.

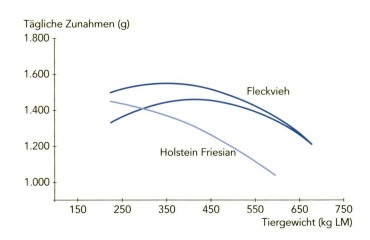

Abbildung 7.7-2
Wachstumskurven von Mastbullen der Rassen Fleckvieh und Holstein Friesian bei praxisüblichen Mastbedingungen

Abb. 7.7-2 zeigt Wachstumskurven von Mastbullen der Rassen Fleckvieh und Holstein Friesian im Gewichtsbereich von 150–700 kg bzw. von 150–600 kg, wie sie sich anhand umfangreicher neuerer Versuchsdaten darstellen. Insgesamt ist erkennbar, dass im mittleren Lebendmassebereich jeweils die höchsten Zunahmen erzielt werden. Allerdings differenziert sich der Wachstumsverlauf rassenspezifisch gegen Ende der Mast insofern deutlich, als die Zunahmen bei Holstein Friesian stark abnehmen, bei Fleckvieh jedoch immer noch hoch ausfallen. Diese Wachstumskurven sind jedoch durch die Höhe der Energiezufuhr in den einzelnen Mastabschnitten deutlich beeinflussbar.

Abb. 7.7-3 enthält dazu beispielhaft einige Wachstumskurven aus Experimenten zur Maissilagemast von Fleckviehbullen bei unterschiedlichem Energieangebot zu Mastbeginn (BECKENBAUER et al. 1984). Diese Wachstumskurven sind gleichzeitig auch repräsentativ für die Verfütterung von Rationen unterschiedlicher Energiedichte über die gesamte Mastperiode. Bei intensiver Fütterung, wie zum Beispiel bei der Mast mit körnerreicher Maissilage, liegen die höchsten täglichen Zunahmen in einem niedrigen Gewichtsbereich und fallen anschließend stark ab. Eine etwas geringere Energiezufuhr in der Anfangsmast verschiebt den Wachstumsgipfel in einen mittleren Mastbereich. Bei weiter begrenztem Energieangebot tritt das Maximum der Tageszunahmen noch später auf, wobei gleichzeitig aber auch das Gesamtniveau der Tageszunahmen sinkt. Demzufolge muss unter diesen Fütterungsbedingungen zur Erzielung des gleichen Mastendgewichts eine insgesamt verlängerte Mastdauer in Kauf genommen werden.

Die Höhe der Fütterungsintensität beeinflusst auch das optimale Mastendgewicht. Bei durchgehend intensiver Fütterung wird das Mastendgewicht beispielsweise von Holstein Friesian Bullen bei etwa 550 kg erreicht sein. Ein weiteres Mästen führt zu einer übermäßigen Verfettung, schlechteren Futterverwertung und zu steigenden Futterkosten. Demgegenüber kann durch eine restriktive Energiezufuhr in der ersten Masthälfte ein etwa 50 kg höheres Mastendgewicht bei gleich guter Schlachtkörperqualität erzielt werden. Diese Zusammenhänge gelten im Prinzip auch für Fleckvieh. Allerdings hat das wesentlich höhere Fleischansatzvermögen der Fleckviehbullen zur Folge, dass bei durchgehend intensiver Fütterung selbst über 670–700 kg Endgewicht immer noch eine gute Schlachtkörperqualität erzielt werden kann.

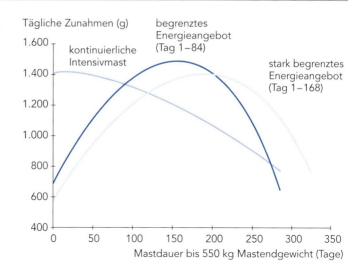

Abbildung 7.7-3
Wachstumskurven von Fleckviehbullen bei unterschiedlichem Energieangebot zu Mastbeginn

Wird die Energiezufuhr in der Anfangsmast bzw. in bestimmten Mastabschnitten begrenzt und den Masttieren anschließend eine energiereiche Ration zur freien Aufnahme angeboten, kann mit einem kompensatorischen Wachstumseffekt („Ausgleichswachstum") gerechnet werden. Dieses Fütterungssystem kommt dem Zwischenschalten einer Vormastperiode gleich. Dadurch lässt sich die zu Mastbeginn erforderliche hohe Energiedichte des Futters umgehen und Kraftfutter einsparen. In der anschließenden Endmast hat der Verdauungstrakt der Tiere ein beträchtlich gesteigertes Fassungsvermögen, sodass die nun angestrebten hohen Tageszunahmen mit hochverdaulichen Grundfuttermitteln und einer relativ geringen Kraftfutterergänzung erzielt werden können. Allerdings wird sich die Mastdauer trotz des kompensatorischen Wachstums in der Regel etwas verlängern. Insgesamt dürfte das optimale Mastendgewicht dann erreicht sein, wenn sich die während des kompensatorischen Wachstums erhöhten Zuwachsraten gerade an die Zunahmen der gleichmäßig intensiv gemästeten Tiere angleichen.

7.7.2 Nährstoffretention und -bedarf wachsender Mastrinder

Der wirtschaftliche Erfolg der Jungrindermast wird durch die täglichen Zunahmen, Schlachtkörper- und Fleischqualität sowie den Futterverbrauch bestimmt. Günstige Gewichtsentwicklung und optimale Futterverwertung setzen eine ausreichende Zufuhr an Nähr-, Mineral- und Wirkstoffen voraus. Dabei erfolgen die Bedarfsableitungen wie bei anderen Tierarten und Leistungsrichtungen faktoriell. Dies erfordert genaue Kenntnisse über den Erhaltungs- und Leistungsbedarf sowie über die Verwertung der umsetzbaren Energie und des am Duodenum nutzbaren Rohproteins.

7.7.2.1 Fett- und Proteinansatz

Für die Ermittlung des Leistungsbedarfs muss der tägliche Ansatz an Fett und Protein bekannt sein. Die Höhe und Zusammensetzung des Zuwachses kann jedoch je nach Lebendmassebereich, Mastintensität, Rasse und Geschlecht erheblich variieren (siehe auch 7.7.1). Zudem muss sich die Praxis am lebenden Tier auf indirekte Messungen stützen, wie etwa die momentanen Gewichtszunahmen. Für die Bedarfsableitung ist jedoch der zugehörige Fett- und Proteinansatz entscheidend. Derartige Messungen sind mit Mastrindern der Rasse Fleckvieh unter unterschiedlichen Haltungs- und Fütterungsbedingungen, aber auch für die Rasse Schwarzbunte (Zweinutzungstyp), durchgeführt worden. Sie ermöglichen insgesamt eine tabellarische Beschreibung des zu erwartenden Fett-, Protein- und Energieansatzes in Abhängigkeit von Geschlecht, Lebendmasse und momentanem Niveau

Übersicht 7.7-3

Fett-, Protein- und Energieansatz von Bullen, Ochsen und Färsen der Rasse Fleckvieh für unterschiedliche Tageszunahmen und Lebendmassen

	kg LM	\multicolumn{11}{c}{Tageszunahmen (g)}

	kg LM	500	600	700	800	900	1.000	1.100	1.200	1.300	1.400	1.500
Fettansatz (g/Tag)												
Bullen	200–350						164	180	196	213	229	245
	350–500				141	158	176	193	211	229		
	500–650			144	165	186	207	227				
Ochsen	200–350			128	146	164	182	200	218			
	350–500		186	218	248	279	310	341				
	500–650	155	186	218	248	279						
Färsen	200–350		142	165	188	212	235	261	284			
	350–500	152	182	213	243	273						
Proteinansatz (g/Tag)												
Bullen	200–350						175	193	210	228	245	263
	350–500				140	156	175	192	210	228		
	500–650			144	165	185	206	227				
Ochsen	200–350			132	150	169	187	205	223			
	350–500		98	114	130	146	162	178				
	500–650	81	98	114	130	146						
Färsen	200–350		105	122	139	156	173	192	209			
	350–500	84	100	117	113	150						
Energieansatz (MJ/Tag)												
Bullen	200–350						10,3	11,4	12,4	13,5	14,5	15,5
	350–500				8,6	9,7	10,8	11,9	13,0	14,1		
	500–650			9,1	10,2	11,5	12,7	14,0				
Ochsen	200–350			8,0	9,1	10,2	11,3	12,4	13,5			
	350–500		9,5	11,1	12,6	14,2	15,7	17,5				
	500–650	7,9	9,5	11,1	12,6	14,2						
Färsen	200–350		7,9	9,2	10,5	11,8	13,0	14,3	15,6			
	350–500	7,8	9,4	10,9	12,5	14,0						

der täglichen Zunahmen. Übersicht 7.7-3 zeigt exemplarisch die jeweiligen Werte für den Fett-, Protein- und Energieansatz von Bullen, Ochsen und Färsen der Rasse Fleckvieh (GfE 1995). Hierbei zeigt sich wiederum das von Färsen über Ochsen zu Bullen steigende Ansatzvermögen und der Trend, bei vergleichbaren täglichen Zunahmen weniger Fett, mehr Protein und demnach auch weniger Energie anzusetzen (vgl. Übersicht 7.7-1). Allerdings ist insgesamt zu berücksichtigen, dass rassenspezifisch durch gezielte Zuchtmaßnahmen Einfluss auf die Höhe des Protein- und Fettansatzes genommen werden kann. Dies trifft vorliegend vor allem für die Rasse Schwarzbunte (Zweinutzungstyp) zu, die sich heute als Holstein Friesian (Milchrasse) deutlich von den bisher genutzten Ansatzwerten unterscheidet.

7.7.2.2 Energiebedarf

Der energetische Erhaltungsbedarf wachsender Mastrinder variiert in Abhängigkeit verschiedener Einflussgrößen. So wurden zum Beispiel für die Rasse Fleckvieh je nach Geschlecht 551 kJ ME (Bullen), 518 kJ ME (Ochsen) bzw. 485 kJ ME (Färsen) pro kg metabolischer Lebendmasse ($kg^{0,75}$) ermittelt (KIRCHGESSNER et al. 1994). Für Schwarzbunte Mastbullen (Zweinutzungstyp) wird ein Erhaltungsbedarf von 538 kJ ME/$kg^{0,75}$ angegeben. Um eine systematische Tabellierung des Energiebedarfs zu erleichtern, wird mit einem für alle wachsenden Rinder und damit auch für Mastrinder einheitlichen Erhaltungsbedarf von 530 kJ ME/$kg^{0,75}$ gerechnet.

Der Leistungsbedarf errechnet sich aus dem täglichen Energieansatz in Form von Fett und Protein unter Berücksichtigung des energetischen Teilwirkungsgrades für die Fett- und Proteinsynthese (k_f bzw. k_p). Dabei ist die Verwertung der umsetzbaren Energie für den Proteinansatz deutlich schlechter als für den Fettansatz. Allerdings wird aufgrund der noch bestehenden Unsicherheiten in der exakten Bestimmung von k_f und k_p derzeit mit der energetischen Effizienz des Gesamtzuwachses (k_g) gerechnet. Der Wert von k_g hängt jedoch maßgeblich von der Relation zwischen dem Fett- und Proteinansatz ab, sodass je nach Mastabschnitt, Geschlecht, Fütterungsbedingungen und Rasse ein unterschiedliches k_g anzunehmen ist. Derzeit wird bei Bullen der Rasse Fleckvieh und Schwarzbunte von $k_g = 0,40$ und bei Ochsen und Färsen der Rasse Fleckvieh von $k_g = 0,43$ ausgegangen (GfE 1995). Der niedrigere Wert für k_g bei Bullen im Vergleich zu Färsen und Ochsen spiegelt hierbei den höheren, energetisch ungünstigen Proteinansatz wider.

Aus der Summe des Energiebedarfs für Erhaltung und für Leistung ergibt sich der Gesamtbedarf an Energie. Die entsprechenden Richtwerte für Mastbullen der Rasse Fleckvieh und Schwarzbunte (Zweinutzungstyp) sowie für Ochsen und Färsen der Rasse Fleckvieh sind in Übersicht 7.7-4 in Abhängigkeit von Lebendmasse und täglichen Zunahmen dargestellt (GfE 1995). Dabei wird ersichtlich, dass zumeist deutlich mehr als die Hälfte des gesamten Energiebedarfs für den Erhaltungsstoffwechsel beansprucht wird. Im Mittel liegt die Relation zwischen Erhaltungs- und Leistungsbedarf bei etwa 60:40. Die Übersicht zeigt ferner, dass der Gesamtaufwand an Energie pro kg Zuwachs mit steigender Lebendmasse fortlaufend zunimmt. Dies liegt sowohl an dem ständig wachsenden Erhaltungsbedarf als auch an dem zunehmenden Fett- bzw. Energiegehalt des Zuwachses. Der Produktionswert einer Nährstoffeinheit wird deshalb laufend geringer.

Eine neuere Validierung der energetischen Versorgungsempfehlungen anhand von umfangreichen Ergebnissen aus Mastversuchen ergibt für Bullen der Rasse Fleckvieh weit-

Übersicht 7.7-4

Energetischer Erhaltungs- und Gesamtbedarf von Mastrindern bei unterschiedlichen Tageszunahmen und Lebendmassen (in MJ ME pro Tier und Tag)

kg LM	Erhaltungsbedarf	Gesamtbedarf Tageszunahmen (g)					
		600	800	1.000	1.200	1.400	1.600
Bullen der Rasse Fleckvieh							
225	30,8			55,9	61,3	64,5	
325	40,6			66,4	72,1	75,9	80,9
425	49,6			76,2	82,1	86,3	91,3
525	58,1		82,1	88,2	94,2	96,3	
625	66,3		93,0	99,6	106,1		
Ochsen der Rasse Fleckvieh							
225	30,8		49,2	53,7			
325	40,6		64,4	70,2	76,3		
425	49,6	71,7	78,9	86,1			
525	66,3	84,3	90,0	97,9			
Färsen der Rasse Fleckvieh							
225	30,8		52,5	59,3			
325	40,6		65,3	72,1	77,8		
425	49,6	70,2	77,4	84,1			
525	66,3	81,7	89,0	95,6			
Bullen der Rasse Schwarzbunte (Zweinutzungstyp)							
225	30,8			51,2	57,1		
325	40,6			66,4	74,2	83,1	
425	49,6		73,7	83,1	94,4		
525	58,1		88,9	102,5			

gehend vergleichbare Angaben einer notwendigen Energieaufnahme bei den entsprechenden täglichen Zunahmen. Lediglich im höheren Gewichtsbereich (>500 kg) ist eine verstärkt ansteigende Energieaufnahme erkennbar. Demgegenüber dürfte der Energiebedarf für die Rasse Holstein Friesian gegenüber den Angaben der Schwarzbunten (Zweinutzungstyp), vor allem bei hohen täglichen Zunahmen (>1.200 g), niedriger liegen.

7.7.2.3 Proteinbedarf

Der Proteinbedarf von Mastrindern wird auf der Basis des „nutzbaren Rohproteins" formuliert und nach dem gleichen faktoriellen Schema abgeleitet wie bei Milchkühen (vgl. 7.1.1). Die primäre Bezugsgröße ist hierbei der Nettobedarf der Tiere für Erhaltung und Leistung. Der Nettobedarf für die Erhaltung errechnet sich aus der Summe der endogenen Stickstoffverluste über Kot, Harn und die Körperoberfläche, multipliziert mit dem Faktor 6,25. Der Nettobedarf für die Leistung entspricht dem täglichen Proteinansatz, wie er in

Übersicht 7.7-5

Bedarf an nutzbarem Rohprotein am Duodenum von Fleckvieh- und Schwarzbunten Bullen bei unterschiedlichen Tageszunahmen und Lebendmassen (in g pro Tier und Tag)

LM (kg)	Tageszunahmen (g)				
	800	1.000	1.200	1.400	1.600
Bullen der Rasse Fleckvieh					
225		674	756	842	
325		736	819	904	986
425		786	869	952	1.035
525	798	897	996	1.082	
625	835	931	1.030		
Bullen der Rasse Schwarzbunte (Zweinutzungstyp)					
225		665	741		
325		727	782	823	
425	702	754	789		
525	722	752			

Abhängigkeit von Rasse, Geschlecht, Lebendmassebereich und Höhe der täglichen Zunahmen in Übersicht 7.7-3 tabellarisch dargestellt ist.

Aus dem Nettobedarf an Protein wird auf die erforderliche Menge an nutzbarem Rohprotein hochgerechnet. Hierbei ist zu berücksichtigen, dass das am Duodenum angeflutete Rohprotein zu 73 % aus Reineiweiß bzw. Aminosäuren besteht, die ihrerseits zu 85 % absorbierbar sind und eine intermediäre Verwertbarkeit (biologische Wertigkeit) von 70 % aufweisen. Demzufolge stehen 0,73 × 0,85 × 0,70 = 0,43, also 43 % des Rohproteins im Duodenalchymus für den Nettobedarf zur Verfügung. Der Bedarf an nutzbarem Rohprotein errechnet sich somit durch Multiplikation des Nettobedarfs mit dem Faktor 1/0,43 = 2,3.

In Übersicht 7.7-5 ist der tägliche Gesamtbedarf an nutzbarem Rohprotein dargestellt (GfE 1995). Neben dem Bedarf des Tieres an nutzbarem Rohprotein ist allerdings immer auch auf eine ausreichende Stickstoffversorgung der Vormagenflora zu achten (siehe 3.4.4.4). Ein N-Mangel der Mikroorganismen kann nämlich über eine Depression der ruminalen Verdauungskapazität die Futteraufnahme reduzieren und damit die Leistung der Tiere beeinträchtigen.

Die Deckung des Bedarfs an nutzbarem Rohprotein erfolgt über die Anflutung von Mikrobenprotein aus den Vormägen sowie über das nichtabgebaute Futterprotein (siehe auch 7.1.1.2). Letzteres ist insbesondere zu Mastbeginn von Bedeutung, da der Proteinbedarf der Tiere hier relativ hoch und das Futteraufnahmevermögen noch stark begrenzt ist. Im weiteren Mastverlauf nimmt jedoch der Bedarf an Protein im Vergleich zur Energie nur gering zu. Dies hat zur Folge, dass je nach Rasse, Geschlecht und Leistungsintensität ab etwa 300 bis 350 kg Lebendmasse die am Duodenum angeflutete Menge an Mikrobenprotein bereits ausreicht, um den gesamten Proteinbedarf des Tieres zu decken. Hier steht deshalb die ausreichende Versorgung der Vormagenflora mit abbaubarem Futterstickstoff im Vordergrund. Allerdings ist bislang noch nicht exakt bekannt, in welcher Höhe der über den ruminohepathischen Kreislauf rezirkulierbare Stickstoff zur N-Versorgung der Vormagenflora beiträgt und dadurch Futterprotein ersetzen kann. Da die ruminale Synthese von

> **Übersicht 7.7-6**
>
> Rohproteinbedarf von Fleckvieh- und Schwarzbunten Bullen bei unterschiedlichen Tageszunahmen und Lebendmassen (in g pro Tier und Tag)

LM (kg)	tägliche Zunahmen (g)				
	800	1.000	1.200	1.400	1.600
Bullen der Rasse Fleckvieh					
225		780	850	900	
325		860	930	980	1.050
425		910	980	1.030	1.110
525	900	960	1.030	1.080	
625	990	1.020	1.110		
Bullen der Rasse Schwarzbunte (Zweinutzungstyp)					
225		650	730		
325		790	880	980	
425	810	920	1.040		
525	900	1.040			

Mikrobenprotein jedoch eng mit der Zufuhr an umsetzbarer Energie zusammenhängt, lässt sich die erforderliche Menge an Futterprotein experimentell anhand des Rohprotein-Energie-Verhältnisses ableiten, das für maximales Wachstum ausreichend ist. Fütterungsversuchen zufolge ist bei Fleckviehbullen im Lebendmassebereich 200–360 kg, 360–470 kg bzw. 470–620 kg ein Rohprotein-Energie-Verhältnis von 13,5, 11,5 bzw. 10,7 g XP/MJ ME anzusetzen. Für Schwarzbunte Bullen der Lebendmassebereiche 150–250 kg, 250–350 kg, 350–450 kg und 450–550 kg wird eine Relation von 13,0, 12,0, 11,2 und 10,3 g XP/MJ ME empfohlen. Allerdings zeigen neuere Arbeiten, dass insbesondere im letzten Mastabschnitt die Höhe der Rohproteinzufuhr von geringem Einfluss auf das Wachstum ist.

Aus dem anzustrebenden Rohprotein-Energie-Verhältnis des Futters und dem Energiebedarf lässt sich berechnen, wieviel Rohprotein die Tiere über das Futter aufnehmen müssen, damit am Duodenum ausreichende Mengen an nutzbarem Rohprotein angeflutet werden. Übersicht 7.7-6 zeigt die entsprechenden Empfehlungen für Mastbullen der Rasse Fleckvieh und Schwarzbunte (GfE 1995). Es sei jedoch betont, dass diese Mengen an Rohprotein im Futter nur dann eine ausreichende Proteinversorgung gewährleisten, wenn gleichzeitig auch die Energiezufuhr bedarfsdeckend ist und die Abbaubarkeit des Futterproteins der Gesamtration nicht unter 75 % liegt. Entsprechende Empfehlungen für Färsen und Ochsen liegen mangels ausreichender experimenteller Daten bislang noch nicht vor. Aufgrund des niedrigeren Proteinansatzes im Vergleich zu Bullen dürfte der Proteinbedarf von Ochsen und Färsen jedoch stets gedeckt sein, wenn die Vorgaben des Protein-Energie-Verhältnisses für Jungbullen eingehalten werden.

7.7.2.4 Mineralstoffe und Vitamine

Die Ableitung des Bedarfs an den Mengenelementen Calcium, Phospohor, Magnesium und Natrium erfolgt faktoriell. Der Ansatz an Mineralstoffen über den täglichen Gewichts-

Übersicht 7.7-7

Mittlere Gehalte an Mengenelementen im Zuwachs von Fleckviehbullen bei unterschiedlicher Fütterungsintensität

Fütterungs-intensität	Zunahmen (g/Tag)	g Mengenelemente je kg Zuwachs			
		Calcium	Phosphor	Magnesium	Natrium
hoch	1.200	12,1	6,55	0,35	1,11
niedrig	< 900	15,0	7,46	0,38	1,17

zuwachs und die aus dem Erhaltungsumsatz stammenden unvermeidlichen Mineralstoffverluste ergeben in der Summe den Nettobedarf. Durch Berücksichtigung der Verwertbarkeit der Mineralstoffe des Futters erhält man den Bruttobedarf an Mineralstoffen, der insgesamt über die Nahrung zuzuführen ist (Bruttobedarf = Nettobedarf/Verwertbarkeit).

Der Mineralstoffansatz wird von der Höhe des Gewichtszuwachses und dessen Mineralstoffgehalt bestimmt. Letzterer ist jedoch nicht konstant, wie aus Untersuchungen an Fleckvieh (SCHWARZ et al. 1995) hervorgeht. So ist der Mineralstoffgehalt von 1 kg Gewichtszuwachs bei Mastbullen umso niedriger, je intensiver die Tiere gefüttert werden bzw. je höher die Tageszunahmen sind (Übersicht 7.7-7). Die Verschiebungen im Mineralstoffgehalt des Zuwachses sind hauptsächlich damit zu erklären, dass einzelne Körpergewebe (Knochen, Muskulatur und Fettgewebe) je nach Mastbedingungen unterschiedlich stark zum Gesamtzuwachs beitragen. Auf diese Weise kann der Mineralstoffgehalt des Zuwachses auch durch das Geschlecht und die Rasse beeinflusst werden.

Die unvermeidlichen Verluste an Calcium und Phosphor werden als Funktion der Futteraufnahme abgeleitet. So ist je kg verzehrter Futtertrockenmasse ein unvermeidlicher Verlust von je 1 g Calcium und Phosphor anzusetzen. Zur Vereinfachung der Berechnungen werden die unvermeidlichen Verluste an Magnesium und Natrium ebenfalls auf den Trockenmasseverzehr bezogen (je kg T 0,2 g Mg und 0,55 g Na). Die Verwertbarkeit des im Futter enthaltenen Ca, P und Mg beträgt unter praxisüblichen Verhältnissen 50%, 70% bzw. 20%. Bei Natrium wird derzeit noch eine Verwertbarkeit von 80% unterstellt. In Analogie zu den Milchkühen ist aber von einer deutlich höheren Verwertbarkeit von 95% auszugehen. Alle Angaben enthalten bereits einen Sicherheitszuschlag für rationsbedingte Schwankungen der Verwertbarkeit.

Aus dem Nettobedarf für den Ansatz und die unvermeidlichen Verluste und der Berücksichtigung der jeweiligen Verwertbarkeit ergibt sich der in Übersicht 7.7-8 dargestellte Bruttobedarf an Calcium, Phosphor, Magnesium und Natrium (GfE 1995).

Neben der bedarfsdeckenden Zufuhr von Mengenelementen ist auch auf eine ausreichende Versorgung an Spurenelementen und fettlöslichen Vitaminen (hauptsächlich A, D und E) zu achten. Für eine faktorielle Bedarfsableitung reicht der Umfang der experimentellen Befunde derzeit allerdings noch nicht aus. Die Empfehlungen zur Versorgung mit Spurenelementen und Vitaminen werden deshalb noch als Konzentrationsangabe in der Futtertrockenmasse bzw. als Tagesdosis je 100 kg Lebendmasse formuliert (Übersicht 7.7-9 und Übersicht 7.7-10).

Übersicht 7.7-8

Bruttobedarf an Mengenelementen von Mastrindern bei unterschiedlichen Tageszunahmen und Lebendmassen (in g pro Tier und Tag)

Zunahmen (g/Tag)	800	1.000	1.200	1.400	800	1.000	1.200	1.400
		Calcium				Phosphor		
Lebendmasse (kg)								
225	33	36	39		16	17	19	
325	35	39	42	47	17	19	21	23
425	38	41	44	50	19	21	22	24
525	39	43	46	51	20	22	24	26
625	41	45	48		21	23	25	
		Magnesium				Natrium		
225	6	6	7		5	5	5	
325	8	8	9	9	5	6	6	7
425	9	9	10	10	6	7	7	7
525	10	10	11	11	7	7	8	8
625	11	11	11		7	8	8	

Übersicht 7.7-9

Bruttobedarf an Spurenelementen von Mastrindern

	Fe	Co	Cu	Mn	Zn	J	Se
Angaben in mg pro kg Gesamtfutter-T	50	0,20	8-10	40	40	0,25	0,15

Übersicht 7.7-10

Empfehlungen zur Versorgung von Mastrindern mit Vitamin A, D und E

	Vitamin A (IE)	Vitamin D (IE)	Vitamin E (mg)
Angaben pro 100 kg Lebendmasse	7.500–10.000	500	50

7.7.3 Schlachtkörper- und Fleischqualität

Rindfleischerzeugung ist auf eine hohe Schlachtkörper- und Fleischqualität ausgerichtet. So beeinflussen u. a. die prozentuale Ausschlachtung und das Schlachtkörpergewicht sowie die Konformation und Verfettung des Schlachtkörpers und die davon abhängigen Klassifizierungen unmittelbar den ökonomischen Wert. Demgegenüber ist die Fleischqualität durch ernährungsphysiologische Eigenschaften des Fleisches, Fleischfarbe u. a. sowie sensorische Merkmale wie Geschmack, Saftigkeit oder Zartheit überwiegend verbraucherorientiert.

Abbildung 7.7-4

Einfluss von Fütterungsintensität und Schlachtalter bzw. Mastendgewicht auf Parameter der Schlachtkörper- und Fleischqualität bei Fleckvieh-Jungbullen

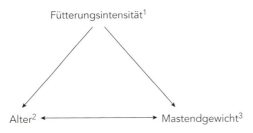

1* Fettklasse, Nierenfett,
Marmorierung
Intramuskulärer Fettgehalt
Tropfsaftverlust, Grillzeit
(Scherkraft, lösl. Kollagen)
(Subjektive Verkostung)

2* (Ausschlachtung)
Muskelfläche
Rotton
(Scherkraft, lösl. Kollagen)
Muskelfaserdurchmesser

3* (Ausschlachtung)
Konformation
(Subjektive Verkostung)

* Angabe von Parametern, die vorrangig tangiert werden

Vorrangig moduliert die Höhe der Energiezufuhr die Wachstumsintensität und dabei die anteilige Entwicklung von Knochen-, Muskel- und Fettgewebe (siehe 7.7.1). Alle Qualitätskriterien, die in einem direkten oder indirekten Zusammenhang mit Wachstumsintensität, der Fettgewebeausbildung und der Fetteinlagerung stehen, sind daher durch die Höhe der Energiezufuhr veränderbar. Die Energieversorgung hat somit von allen Ernährungsparametern den größten Einfluss auf die Schlachtkörper- und Fleischqualität. Allerdings steht eine hinsichtlich der Rindfleischqualität optimierte Energiezufuhr in direkter Wechselwirkung zur Rasse, dem Geschlecht (Kategorie), dem Mastendgewicht (Schlachtgewicht), dem Schlachtalter und dem beprobten Teilstück. Damit ist eine strikt faktoriell ausgerichtete Betrachtung notwendig. Eine neuere Arbeit (SAMI et al. 2003) weist anhand eines zweifaktoriellen Versuchsansatzes mit Fleckviehbullen durch Modifikation der Höhe der Energiezufuhr und der Dauer der unterschiedlichen Fütterung – was einer Variation des Schlachtalters bzw. Mastendgewichts gleich kommt – verschiedene Qualitätskriterien den Einflussgrößen Fütterungsintensität und Schlachtalter (bzw. Mastendgewicht) zu (Abb. 7.7-4). Schlachtkörpermerkmale wie Ausschlachtung werden verstärkt positiv von Alter und Mastendgewicht, Konformation von Mastendgewicht und Fettklassifizierung von Fütterungsintensität beeinflusst. Merkmale der Fleischqualität wie der subjektiven Verkostung werden überwiegend von Fütterungsintensität und Mastendgewicht, Merkmale der Verfettung wiederum von Fütterungsintensität sowie Farbintensität und Muskel- und Muskelfaserausprägung vom Schlachtalter verändert.

Eine unterschiedliche Rohproteinzufuhr hat im Unterschied zur Energiezufuhr nur einen indirekten Einfluss auf Qualitätsparameter. So wird beim Mastrind aufgrund der im Vergleich zum Proteinansatz bereits hohen duodenalen Mikrobenproteinanflutung eine über die Bedarfsangaben hinausgehende Steigerung der Proteinzufuhr den Ansatz und damit die Gewebezusammensetzung nicht beeinflussen. Eine zu geringe Rohproteinzufuhr wird demgegenüber das Mikrobenwachstum und damit auch die Energieversorgung verschlechtern. Damit verringern sich die täglichen Zunahmen, gleichzeitig aber auch die Verfettung bzw. der Fettgewebeanteil.

Besondere Aufmerksamkeit erfährt neuerdings auch das Fettsäuremuster von Rindfleisch, das durch das Fettsäuremuster des Futters deutlich beeinflusst wird. Die unmittelbaren Auswirkungen der Rationszusammensetzung, z. B. des Anteils mehrfach ungesättigter Fettsäuren, werden jedoch wesentlich durch die Vorgänge im Pansen (z. B. Hydrogenierung ungesättigter Fettsäuren, siehe 3.3.2.2) mitbestimmt. Eine hohe Fütterungsintensität mindert zudem den relativen Anteil mehrfach ungesättigter Fettsäuren zugunsten einfach ungesättigter Fettsäuren. Quantitativ gesehen sind die Veränderungen allerdings eher gering einzuschätzen, da die Anteile der gesättigten Fettsäuren und der einfach ungesättigten Fettsäuren im Rindfleisch dominieren.

7.7.4 Futteraufnahme wachsender Mastrinder

Für die praktische Rationsgestaltung sind neben dem Nährstoffbedarf auch sichere Kenntnisse über die Höhe der täglichen Futteraufnahme nötig. Als wichtigste Einflussfaktoren auf den Futterverzehr sind die Lebendmasse und die Energiedichte der Ration anzusehen. Daneben hat auch die Höhe des täglichen Gewichtszuwachses Einfluss auf die Verzehrsraten. Nach Untersuchungen an Mastrindern der Rasse Fleckvieh (HEINDL et al. 1996) lässt sich die Verzehrskapazität für maissilagereiche bzw. kraftfutterreiche Rationen relativ genau über die Lebendmasse (LM) und die täglichen Lebendmassezunahmen (LMZ) schätzen:

Maissilagereiche Ration:

$$\text{T-Aufnahme [kg/Tag]} = -19{,}0 + 4{,}32 \times \ln(LM, kg) + 0{,}55 \times LMZ, kg$$

Kraftfutterreiche Ration:

$$\text{T-Aufnahme [kg/Tag]} = -21{,}6 + 4{,}79 \times \ln(LM, kg) + 0{,}66 \times LMZ, kg$$

In Abb. 7.7-5 sind die entsprechenden Verzehrsraten dargestellt, wie sie bei Fleckviehbullen unter Zugrundelegung einer mittleren Tageszunahme von 1.200 g zu erwarten sind. Demnach liegt die tägliche Futteraufnahme 200 kg schwerer Tiere bei etwa 5 kg Trockenmasse. Im weiteren Mastverlauf steigt der Futterverzehr dann degressiv an und erreicht bei 600 kg Lebendmasse etwa 9,3 (maissilagereich) bis 9,7 (kraftfutterreich) kg Trockenmasse. Eine verstärkte Nährstoffzufuhr ist dann nur noch über eine weitere Steigerung der Nährstoffkonzentration des Futters zu erzielen. Allerdings kann die Verzehrsrate in der Endmast erhöht sein, wenn den Tieren im Anschluss an eine verhaltene Energiezufuhr während der Anfangsmast energiereiches Futter zur freien Aufnahme zu Verfügung steht. Dieser Effekt wird als eine der Ursachen für das kompensatorische Wachstum angesehen (siehe auch 7.7.1.2).

Der genetische Fortschritt zu erhöhter Milchleistung bei den Rassen Holstein Friesian, aber auch Fleckvieh und weiteren Milchviehrassen bedeutet zumeist auch einen positive Beeinflussung des Futteraufnahmevermögens. Daher zeigt eine neueste Schätzung der Futteraufnahme von Mastrindern gegenüber den dargestellten Verzehrsraten eine um etwa

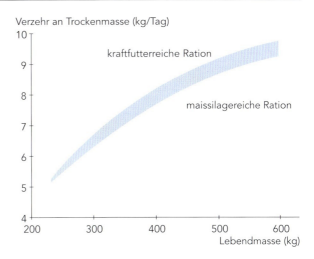

Abbildung 7.7-5

Mittlere Verzehrsraten maissilagereicher und kraftfutterreicher Rationen bei Fleckviehbullen in Abhängigkeit von der Lebendmasse (in kg Trockenmasse pro Tag)

0,3–0,4 kg Trockenmasse pro Tag höhere Aufnahme bei einer nahezu identischen Verlaufskurve mit zunehmender Lebendmasse (GRUBER et al. 2008). Holstein Friesian- und Fleckvieh-Bullen sind dabei in der Verzehrshöhe nahezu gleich.

7.7.5 Fütterungshinweise zu den Mastmethoden

Die Wahl der Mastmethode richtet sich in erster Linie nach dem vorhandenen Grundfutter; sie wird aber auch von Rasse und Geschlecht der zu mästenden Rinder und den gegebenen Erfordernissen des Marktes bestimmt. Die folgenden Ausführungen betreffen die Mast von Jungbullen. Die Mast von Färsen und Ochsen schließt sich daran an.

Über die Mastmethode sollte man sich auf jeden Fall zu Beginn der Mast entschieden haben, da nach Möglichkeit kein größerer Futterwechsel während der Mast stattfinden sollte. Ob sich eine intensive Mast unmittelbar an die Aufzuchtperiode anschließt oder ob ein Fütterungsabschnitt mit geringerer Energiezufuhr einzulegen ist, wird vor allem durch die Art des Grundfutters bestimmt. In jedem Fall müssen lange Fresszeiten gewährleistet sein, um eine erhöhte Grundfutteraufnahme zu erreichen.

Treten bei gleicher Fütterung sehr große Unterschiede im Zuwachs zwischen Jungbullen derselben Rasse auf, so sind diese hauptsächlich auf unterschiedliche Futteraufnahmen und auf das genetisch bedingte, unterschiedliche Wachstumsvermögen der Tiere zurückzuführen. Voraussetzung für einen guten Mastverlauf sind daher gesunde, entwicklungsfreudige Bullenkälber. Durch Gewichtskontrollen während der Mast kann aus den Zunahmen die Fütterung laufend überprüft werden.

7.7.5.1 Maissilage

Durch die Erfolge der Hybridmaiszüchtung und die arbeitswirtschaftlichen Vorteile hat sich der Maisanbau in der Bundesrepublik stark ausgedehnt. Bei richtiger Sortenwahl und verbesserter Anbautechnik ist heute ein höherer Kolbenansatz erreichbar. Etwa 55–58 %

Übersicht 7.7-11
Änderung des Nährstoffgehaltes von Maissilage in Abhängigkeit des Reifestadiums und des Kolbenanteils

	Trocken-masse (%)	in der Trockenmasse			in der Frischmasse
		XF (%)	Stärke (%)	ME (MJ/kg)	ME (MJ/kg)
Milchreife	21	23	13	10,1	2,12
Teigreife	27–30	20	20–25	10,5	2,99
Ende der Teigreife	35–38	17	> 30	11,1	4,05

der Gesamttrockenmasse von in der Teigreife geerntetem Mais-Siliergut entfallen auf den Kolben, wobei sogar etwa zwei Drittel aller Nährstoffe vom Kolbenanteil geliefert werden. Dazu ist jedoch neben Sortenwahl und anbautechnischen Maßnahmen vor allem der richtige Erntezeitpunkt wesentlich. Höchste Nährstofferträge lassen sich nur dann erzielen, wenn Mais nicht in der Milchreife, sondern am Ende der Teigreife geerntet wird. Im Gegensatz zu anderen Futterpflanzen steigt nämlich beim Mais die Verdaulichkeit der Nährstoffe und die Energiedichte bei fortschreitendem Vegetationsstadium bis zur Teigreife an, bedingt durch die fortschreitende Einlagerung von Stärke und Fett in die Körner und den insgesamt zunehmenden Kolbenanteil der Ganzpflanze. Die Nährstoffanalyse zeigt demnach abnehmende Rohfasergehalte und zunehmende Gehalte an Stärke in der generativen Phase dieser Futterpflanze, wie in Übersicht 7.7-11 dargestellt. Damit steigt auch der Energiegehalt von Beginn der Milchreife bis Ende der Teigreife von etwa 10 bis auf mehr als 11 MJ ME je kg Trockenmasse. Da sich gleichzeitig auch der T-Gehalt erhöht, kommt es in der Frischmasse der Maissilage mit fortschreitendem Erntezeitpunkt zu einem Anstieg des Energiegehalts um nahezu das Doppelte. Bei hohen T-Gehalten (> 28–30 %) des Erntegutes bzw. hoher Abreife der Maiskörner ist allerdings auf eine vollständige Zerkleinerung aller Maiskörner zu achten. Heile, ganze Körner werden vom Rind nicht verdaut, sodass je nach Reifegrad des Silomaises und Ernteverfahren dadurch Energieverluste von 3–5 % auftreten können. Neuere Häcksler beseitigen jedoch durch Zusatzvorrichtungen den Ganzkornanteil nahezu völlig.

Gute Fütterungserfolge mit Maissilage setzen aber auch eine einwandfreie Silagequalität voraus. Dazu muss Silomais möglichst kurz gehäckselt werden. Die Häcksellänge wird je nach T-Gehalt des Erntegutes bzw. vor allem abhängig von der Abreife der Restpflanze in der Regel etwa 8 mm betragen und sollte bei hoher Abreife der Restpflanze (> 25–26 % der Restpflanze) sogar auf etwa 6–4 mm verringert werden. Überlängen (z. B. bei Lieschen, Stängel- und Kolbenteilen) sind möglichst zu vermeiden. Dann lässt sich Silomais gut verdichten – eine der wichtigsten Voraussetzungen einer optimalen Silagequalität. Zur einwandfreien Konservierung der Maissilage muss auch der Silobehälter luftdicht abgeschlossen sein. Aufgrund seiner Nährstoffzusammensetzung gilt Mais als gut silierbare Futterpflanze. Durch die höhere Gesamtkeimzahl und den Besatz an Hefen neigt er jedoch stärker als andere Silagen nach dem Öffnen des Behälters zu den sogenannten „Nachgärungen", die richtiger als Selbsterwärmung (aerober Prozess) aufgrund des neuerlichen Zuflusses von Sauerstoff bezeichnet werden. Absätziges Silieren, ungenaues Häckseln, zu

Übersicht 7.7-12

Futterplan für die Mast mit Maissilage bei mittleren täglichen Zunahmen von 1.400 g (Rasse Fleckvieh)

Lebendmasse	kg	175–275	275–375	375–475	475–575	575–675
Tägl. Zunahmen	g	1.300	1.450	1.500	1.400	1.300
Maissilage (34 % T)	kg	9,7	13,0	15,3	17,4	20,0
Kraftfutter	kg	2,5	2,7	2,9	3,2	3,2
z. B. Weizen-Körnermais (2:1)	kg	1,1	1,2	1,3	1,8	1,8
Rapsextraktionsschrot	kg	1,3	1,4	1,5	1,3	1,3
Mineralfutter	kg	0,1	0,1	0,1	0,1	0,1

lockere Lagerung, schlechte Abdeckung, hoher Reifegrad (> 38 % T) und zu langer Luftzutritt, wenn nur geringe Mengen entnommen werden, beeinträchtigen die Haltbarkeit der Maissilage. Durch starke Selbsterwärmung können sehr schnell hohe Temperaturen auftreten, die auch hohe Nährstoffverluste bedingen. Insgesamt setzen sich die Silierverluste aus den eigentlichen Gärungs-, Sickersaft-, Abraum- und Nachgärungsverlusten zusammen. Je nach dem T-Gehalt der Maispflanze sowie der Silier- und Entnahmetechnik werden unter praktischen Bedingungen sehr unterschiedliche Nährstoffverluste auftreten. Da neben dieser Nährstoffminderung schlechte Silage zumeist auch von den Tieren ungern gefressen wird, ist dann in zweifacher Hinsicht mit einer ungünstigeren Nährstoffversorgung der Jungbullen zu rechnen. Die Optimierung des Futterwertes von Maissilage bis hin zum Futtertrog ist der Schlüssel zum Erfolg in der intensiven Bullenmast.

Übersicht 7.7-12 zeigt beispielhaft einen Futterplan auf der Basis von Maissilage mit 34 % Trockenmasse für Mastbullen der Rasse Fleckvieh mit mittleren täglichen Zunahmen von knapp 1.400 g. Die erforderliche tägliche Menge an Maissilage bei ad libitum Fütterung beträgt im Lebendmassebereich von 175–275 kg etwa 10 kg je Mastbulle und steigt bis auf etwa 20 kg bei 575–675 kg Lebendmasse an. Das entspricht einem Gesamtverbrauch von etwa 55–60 dt Maissilage je Mastperiode. Somit können mit dem Ertrag von 1 ha Silomais und entsprechender Beifütterung etwa 7–8 Jungbullen von 175 auf 675 kg Lebendmasse gemästet werden.

Hohe Zunahmen in der Bullenmast werden nur bei einer ausreichenden Energieversorgung erreicht. Der Fütterungserfolg hängt daher überwiegend von der Bereitstellung einer qualitativ hochwertigen Maissilage ab, die etwa 33–35 % Trockenmasse aufweisen sollte. Um die erforderliche Energieversorgung der Masttiere sicherzustellen, muss die Gesamtration je nach Energiedichte der Maissilage mit Getreide, handelsüblichem Ergänzungsfutter oder anderen Energieträgern ergänzt werden. Allerdings ist zu beachten, dass ein hoher Kraftfuttereinsatz den Verzehr von Maissilage beeinträchtigen kann (Grundfutterverdrängung). So konnte in Versuchen (CARMANNS et al. 1987) gezeigt werden, dass mit besonders energiereicher Maissilage (hoher Kolbenanteil, T-Gehalte von 34 % und mehr, kombinierte Ernteverfahren von Ganzpflanze und Kolben) und einer bedarfsgerechten Eiweißergänzung ohne weitere Kraftfuttergabe eine ähnliche Gewichtsentwicklung zu erzielen ist als mit zusätzlichem Energie-(Getreide-)einsatz. Allerdings wird praxisüblich doch stets eine weitere Energieergänzung mit etwa 1–2 kg Getreide oder eines anderen Energieträgers vorgenommen. Bei höherem Getreideeinsatz (z. B. Weizen) empfiehlt sich eine Beimischung von Körnermais als eine Komponente mit einem langsamen und geringen ruminalen Stärkeabbau (siehe Abb. 7.1.10). Verschlechtert sich andererseits die Maissilage auf T-Gehalte deutlich unter 30 %, so müsste die Kraftfuttergabe für eine bedarfsgerechte Energieversorgung erheblich erhöht werden. Allerdings verengt sich dadurch das Grund-Kraftfutter-Verhältnis in der Ration zunehmend, sodass hinsichtlich pansenphysiologischer Voraussetzungen besondere Vorsicht geboten ist. Unter diesen Grundfuttersituationen sollte daher eher eine mittlere Kraftfuttermenge (etwa bis 2,5 kg) angestrebt und ein verringertes Zunahmenniveau in Kauf genommen werden.

Eiweißergänzung

Maissilage ist im Vergleich zum Energiegehalt mit 80–85 g Rohprotein pro kg Trockenmasse arm an Protein. Das Rohprotein-Energie-Verhältnis beträgt daher nur etwa 7–8 g XP/MJ ME. Mit dem Beifutter muss demnach im Wesentlichen auch die fehlende Rohproteinmenge der Maissilage ergänzt werden. Je nach Preiswürdigkeit der Nährstoffe in den einzelnen Futtermitteln gibt es folgende Möglichkeiten der Proteinergänzung zu körnerreicher Maissilage:

a) Die Verfütterung von Soja- oder Rapsextraktionsschrot kann in nahezu konstanten Mengen über den gesamten Mastverlauf erfolgen. Die dabei einzusetzende Menge richtet sich in Verbindung mit der Energiezufuhr nach dem Rohprotein- und Energiegehalt des Extraktionsschrotes, dem angestrebten Wachstum und nach der gleichzeitigen Getreidefütterung. Bei einer Ergänzung mit Sojaextraktionsschrot liegt die tägliche Zufuhr bei etwa 1,0–1,2 kg. In Übersicht 7.7-12 ist ein Rationsbeispiel mit Rapsextraktionsschrot aufgenommen. Bei sehr hohen täglichen Zunahmen während der gesamten Mastperiode von etwa 1.400 g und einer weiteren Energieergänzung mit etwa 1,2–1,8 kg Getreide sind noch im Mittel etwa 1,4 kg Rapsextraktionsschrot notwendig. Die Verfütterung von Rapskuchen ist in begrenzter Menge aufgrund des hohen Fettgehaltes von etwa 0,6 bis 1,4–1,6 kg ansteigend von Mastbeginn bis Mastende möglich. Der Fettgehalt des Rapskuchens sollte aufgrund dessen hohen Variabilität bekannt sein, um den Rohfettgehalt in der Gesamtration auf 5,0–5,4 % in der Trockenmasse zu begrenzen. Allerdings wird mit dieser Komponente allein keine ausreichende Eiweißzufuhr erreicht.

b) Heimische Leguminosen wie Erbsen, Ackerbohnen oder Lupinen können ebenfalls zur Eiweißergänzung herangezogen werden. Ihre Einsatzmenge richtet sich zunächst nach dem jeweiligen Rohproteingehalt aber auch nach möglichen antinutritiven Inhaltsstoffen. Erbsen haben einen eher niedrigen Rohproteingehalt von etwa 23 % und müssen bei ausschließlicher Eiweißergänzung über diese Samen in erheblich höherer Menge (bis etwa 2 kg) verfüttert werden. Ackerbohnen und Lupinen (z. B. Blaue Süßlupine) haben gegenüber Erbsen deutlich höhere Rohproteingehalte von etwa 33 bzw. 36 %, sodass mit geringeren Mengen eine etwas höhere Rohproteinzufuhr erreicht wird. Allerdings sollten Lupinen eher begrenzt bis etwa 1,0 kg pro Mastrind und Tag eingesetzt werden (SAMI et al. 2008). Heimische Leguminosen haben ihre vorrangige Bedeutung in der ökologischen Rinderfütterung.

c) Die Nebenprodukte des Brauereigewerbes, flüssige Bierhefe und Biertreber, frisch oder siliert, können vorteilhaft in Verbindung mit Maissilage eingesetzt werden. Sie werden zu Beginn der Mast einen Teil der Eiweißergänzung abdecken und können im späteren Mastverlauf sogar die alleinige Ergänzung übernehmen. Bierhefe, die pro kg etwa 90 g Rohprotein enthält, kann in Mengen bis zu 1,5–2 % der Lebendmasse eingesetzt werden. Allerdings reichen ab 250 kg Lebendmasse bis zum Mastende bereits Mengen von 4 kg täglich aus, um den Proteinbedarf zu decken. Die Getreidemenge ist dabei auf etwa 1,5 kg täglich anzuheben. Auch Biertreber sollte bei höheren Lebendmassen von 350 kg ab nur in Mengen von 7–8 kg täglich eingesetzt werden, um bei ausreichender Eiweißzufuhr nicht allzuviel Maissilage zu verdrängen. Werden diese beiden Futtermittel gezielt zur Eiweißergänzung eingesetzt, muss eine sichere Aufnahme der geforderten Futtermengen gewährleistet sein. Allerdings ist die praktische Einsatzhäufigkeit dieser Futtermittel eher gering. Zudem wird empfohlen, die Futtermittel aufgrund ihres hohen Gehaltes an nutzbarem Rohprotein vorrangig in der Milchviehfütterung zu verwenden. Neuerdings gewinnt auch Trockenschlempe als Nebenprodukt bei der Bioethanolherstellung zur Eiweißergänzung an Bedeutung (siehe 7.7.5.3). Allerdings zeigen Versuche mit Fleckvieh bzw. Holstein-Friesian-Jungbullen, dass dieses Futtermittel nur in Kombination mit anderen Eiweißträgern (z. B. Soja- oder Rapsextraktionsschrot) eingesetzt werden sollte.

d) Qualitativ hochwertige Silagen aus Leguminosen (z. B. Ackerbohnen-Ganzpflanzensilage, Kleegrassilage) oder Gras (z. B. Weidelgrassilage, früher Schnitt) mit einem Rohproteingehalt von wenigstens 16–18% i. d. T können ebenfalls zur Eiweißergänzung von maissilagereichen Rationen in Anteilen von etwa 4–7 kg eingesetzt werden und dabei Sojaextraktionsschrot oder andere Eiweißfuttermittel teilweise oder weitgehend ersetzen. Allerdings muss auf eine ausreichende Energieergänzung (Getreide) geachtet werden. Diese Rationsgestaltung gewinnt durch die Verwendung von Futtermischwagen und der Erstellung entsprechender Mischrationen zunehmend an Bedeutung.

e) Industriell hergestelltes Rindermastfutter ist entweder als Ergänzungsfutter für Mastrinder mit einem Rohproteingehalt von etwa 25% oder als eiweißreiches Ergänzungsfutter für Mastrinder mit einem Rohproteingehalt von 30–40% auf dem Markt. Eiweißreiches Ergänzungsfutter kann anstelle von Sojaextraktionsschrot zusätzlich zu Getreide in Mengen von etwa 1,5 kg verfüttert werden. Demgegenüber wird das Ergänzungsfutter für Mastrinder als alleiniges Kraftfutter eingesetzt. Neben dem Rohproteingehalt ist dabei der Energiegehalt für die täglichen Futtermengen entscheidend. Im Mittel dürften etwa 2,5–3 kg zur Eiweiß- und Energieergänzung notwendig sein.

f) Bei Verwendung von eiweißarmen Kraftfutterkomponenten kann es ab einer Lebendmasse von rund 300 kg wirtschaftlich vorteilhaft sein, wenn Futterharnstoff eingemischt und damit eine teilweise Eiweißergänzung vorgenommen wird. Aufgrund ihrer Zusammensetzung erfüllt nämlich gerade körnerreiche Maissilage die ernährungsphysiologischen Voraussetzungen, die bei der Verfütterung von Futterharnstoff zu beachten sind (siehe 3.4.4.4). Aus arbeitswirtschaftlichen, aber auch aus siliertechnischen Gründen kann die Zugabe von Futterharnstoff bereits während der Silierung bei ausreichend hohen Trockenmassegehalten (> 28–30%) des Erntegutes vorgenommen werden. Futterharnstoff kann die aerobe Stabilität positiv beeinflussen (SPIEKERS und THAYSEN, 2003). Dabei bewährte sich eine Beimischung von 3 kg Futterharnstoff zu 1.000 kg Frischmasse bzw. von 0,5 bis 1% Harnstoff bezogen auf Maissilage-Trockenmasse. Allerdings muss sehr darauf geachtet werden, dass der Futterharnstoff beim Einbringen gleichmäßig verteilt wird. Versuchsdosierungen mit Futterharnstoff bei unmittelbarer Verabreichung in Rindermastrationen lagen bei maximal 150 g je Tier und Tag, die dann noch durch die Hälfte des unter a) aufgezeigten Eiweißfutters zu ergänzen waren.

Die bedarfsgerechte Proteinergänzung von Maissilagerationen erfordert zu Mastbeginn einen relativ hohen Einsatz an Futterprotein, der sich im weiteren Mastverlauf jedoch in der Zufuhrhöhe wenig ändert. Die erforderliche Energiezufuhr nimmt dagegen stetig zu. Daraus resultiert ein rückläufiger Anspruch an das Eiweiß-Energie-Verhältnis, der sich in der praktischen Fütterung in einer entsprechenden Anpassung der Rationszusammensetzung widerspiegeln sollte. Ein fütterungstechnisch einfaches Verfahren besteht beispielsweise darin, das Kraftfutter in weitgehend konstanter Menge und Zusammensetzung bzw. in nur gering ansteigender Menge einzusetzen und Maissilage ad libitum vorzulegen (vgl. Übersicht 7.7-12). Indem die Tiere fortlaufend höhere Mengen an Maissilage verzehren, nimmt das Eiweiß-Energie-Verhältnis der aufgenommen Gesamtration kontinuierlich ab. Allerdings ist bei diesem Verfahren ab der zweiten Hälfte der Mast mit einer gewissen Eiweißüberversorgung zu rechnen. Dies ist insbesondere der Fall, wenn Grundfutter und Kraftfutter in Mischung bei Einsatz von Futtermischwagen verabreicht werden. Bei diesen Fütterungsverfahren sind während des Mastverlaufs zwei bis vier Mischungen erforderlich, damit die Unter- oder Überversorgung mit Rohprotein begrenzt ist.

Neben der Eiweiß- und Energiezufuhr muss auch die Mineral- und Wirkstoffversorgung sichergestellt werden. Das Grundfuttermittel Maissilage beansprucht dabei besondere Sorgfalt, da Maissilage geringe Mineralstoffgehalte – insbesondere an Calcium – aufweist. Je nach Alter und Gewichtsentwicklung ist daher ein Ca-reiches (20% Ca), vitaminiertes Mineralfutter in Mengen von etwa 80–130 g täglich beizufüttern. Bei Einsatz von Ergänzungsfutter für Mastrinder kann je nach Zusammensetzung des Zukaufsfuttermittels diese Ergänzung nur noch in geringem Umfang notwendig sein bzw. entfallen.

7.7.5.2 Grassilage

Grassilage ist neben Maissilage das wichtigste Grundfutter in der Rindermast. Allerdings ist die Energiekonzentration mit etwa 9,8–10,5 MJ ME pro kg Trockenmasse gegenüber Maissilage deutlich niedriger. Gerade daher ist auch bei der Erzeugung von Grassilage für die Rindermast höchste Sorgfalt geboten, um eine möglichst hohe Energiekonzentration und Konservierungsqualität zu erreichen. Besonders bedeutsam sind u.a. der richtige Schnittzeitpunkt zu Beginn des Ähren- und Rispenschiebens, ein Anwelkgrad im Bereich von 35–40% und die Einhaltung wichtiger siliertechnischer Maßnahmen (siehe auch 7.1.4.4). Auch Kleegras wird deshalb zur Gärfutterbereitung bereits bei Blühbeginn des Klees geschnitten und leicht angewelkt. Kleegrassilage ist im Nährstoffgehalt einer Anwelksilage aus Wiesengras gleichzusetzen. Weidelgras, das als Haupt- oder Zwischenfrucht angebaut wird und neuerdings größere Bedeutung gewinnt, ist zur Silagegewinnung ebenfalls frühzeitig zu mähen und möglichst stark anzuwelken. Der Erfolg einer Verfütterung von Grünfuttersilagen in der Rindermast ist nämlich ausschließlich abhängig von der Energiedichte und der Qualität des Silageproduktes.

Eine Anwelksilage mit einem Trockenmassegehalt von 38% enthält je kg etwa 60–65 g Rohprotein und 3,8–4,0 MJ ME. Die Aufnahme dieser Anwelksilage dürfte im Gewichtsbereich von 175–575 kg von etwa 7–8 auf 18 kg ansteigen. Übersicht 7.7-13 gibt einen entsprechenden Fütterungsplan für diesen Mastbereich (Rasse: Holstein Friesian) wieder. Dabei werden mittlere Tageszunahmen von etwa knapp 1.200 g unterstellt. Weiterhin wird von einer eher geringen bis mittleren Futteraufnahme in der ersten Masthälfte und einer sehr hohen Verzehrsrate als Folge eines Kompensationseffektes in der zweiten Masthälfte

Übersicht 7.7-13

Futterplan für die Mast mit Grassilage bei mittleren täglichen Zunahmen von 1.200 g (Rasse: Holstein Friesian)

Lebendmasse	kg	175–275	275–375	375–475	475–575
Tägl. Zunahmen	g	1.050	1.200	1.380	1.170
Grassilage (38 % T)	kg	7,5	11,5	15	18
Kraftfutter	kg	2,5	3,0	3,5	3,8
z. B. Rapsextraktionsschrot	kg	0,3	–	–	–
Weizen	kg	2,2	2,0	2,0	2,0
Trockenschnitzel	kg	–	0,92	1,42	1,72
Mineralfutter	kg	0,08	0,08	0,08	0,08

ausgegangen. Entsprechend gestalten sich die Energieaufnahme und als Folge die Gewichtsentwicklung.

Zur ausreichenden Nährstoffversorgung muss neben Grassilage energiereiches Kraftfutter eingesetzt werden. Die Eiweißversorgung wird über qualitativ hochwertiges Grundfutter abgedeckt. Allerdings wird empfohlen, in der Übergangsphase zu Mastbeginn geringe Mengen an Raps- oder Sojaextraktionsschrot in die Ration einzubeziehen. Das Kraftfutter kann z. B. aus einem handelsüblichen energiereichen Ergänzungsfutter für Mastrinder, Getreide und Trockenschnitzel bestehen. Getreide wird in der ersten Masthälfte vorrangig verfüttert. Die Höhe der täglichen Kraftfuttergabe ist abhängig von der Intensität der Mast und von der Nährstoffkonzentration der Grassilage. Kraftfutter sollte ansteigend beginnend mit etwa 2,5 kg bis 3,5–4,0 kg täglich zu Mastende hin angeboten werden. Weiterhin sind zur Mineralstoffversorgung etwa 80 g eines vitaminierten Mineralfutters mit einem ausgeglichenen Ca:P-Verhältnis pro Tier und Tag notwendig.

Fütterungsverfahren mit Getreide-Ganzpflanzensilagen (GPS) wie z. B. Gersten-GPS oder Weizen-GPS sind aufgrund der Energiedichte dieser Futtermittel zunächst ähnlich zu beurteilen wie der Einsatz von Anwelksilagen. Diese Futtermittel werden im Mittel nämlich auch nur eine Energiedichte von etwa 9 MJ ME pro kg T aufweisen, wobei je nach Kornertrag, Erntezeitpunkt und -verfahren sehr hohe Abweichungen möglich sind. Entscheidend für eine erfolgreiche Verfütterung von GPS ist daher die weitere Energieergänzung der Ration, die entweder über Maissilage, aber auch Lieschkolbenschrotsilage oder Energieträger ähnlich wie bei der Grassilagemast vorgenommen werden kann. Überdies muss berücksichtigt werden, dass Getreide-Ganzpflanzensilagen nur sehr wenig Rohprotein besitzen und daher auch eine Eiweißergänzung vorgenommen werden muss.

7.7.5.3 Nebenerzeugnisse der Zuckerherstellung und des Gärungsgewerbes

Rindermastverfahren ermöglichen unter Berücksichtigung rationsspezifischer Voraussetzungen sowie der Energie- und Nährstoffkosten sehr unterschiedliche Futtermittel günstig zu verwerten. Vorteilhaft ist dabei die Erstellung von Mischrationen unter Verwendung moderner Fütterungstechnik. Damit kann der relative Anteil der Einzelkomponente je nach ihrer Verfügbarkeit variieren, die Ration insgesamt aber in der Energie- und Nährstoffversorgung durch Anpassung der weiteren Komponenten wiederum optimiert werden.

In der Vergangenheit war Rübenblattsilage als Nebenprodukt bei der Ernte von Zuckerrüben ein beliebtes, sehr kostengünstiges Futtermittel. Gute Berge- und Siliertechnik sind Voraussetzung für geringe Ernte- und Konservierungsverluste. Ausreichend hohe T-Gehalte der Rübenblattsilage von etwa 16% mit niedrigen Rohaschegehalten d.h. einer möglichst geringen Verschmutzung des Erntegutes sind wünschenswert. Dabei wird je kg Frischmasse ein Energiegehalt von etwa 1,55 MJ ME und 24 g Rohprotein erreicht. Rübenblatt kann mit einem relativ weiten Rohprotein-Energieverhältnis von etwa 15 g XP/MJ ME als eiweißreich, aber insgesamt als strukturarm bezeichnet werden. Rationen mit Rübenblattsilage sind daher mit Heu bzw. Stroh zum Strukturausgleich und/oder mit Maissilage als energiereichem Grundfutter sowie mit energiereichem Kraftfutter (Trockenschnitzel, Getreide) zu ergänzen.

Aufgrund hoher Trocknungskosten kommen in der Nähe von Zuckerfabriken auch Rübennassschnitzel bzw. Rübenpressschnitzel und nach der Silierung am landwirtschaftlichen Betrieb als Pressschnitzelsilagen zum Einsatz. Dabei kann das Futtermittel auch angereichert mit Melasse den Landwirt erreichen. Der T-Gehalt liegt bei etwa 20–30%. Der Nährstoffgehalt ist – bezogen auf einen vergleichbaren T-Gehalt – dem von Trockenschnitzel gleichzusetzen. Das Futtermittel kann damit als Grundlage der Energieversorgung bzw. zur Energieergänzung eingesetzt werden.

Biertreber fällt als Nebenprodukt der Bierherstellung an. Er steht frisch oder nach der Silierung als Silage zur Verfütterung zur Verfügung. Während in früheren Jahren ein möglichst hoher Einsatz in der Mast von Bedeutung war, wird Biertreber nur restriktiv zur ausschließlichen Eiweißergänzung z.B. in Verbindung mit Maissilage eingesetzt (siehe 7.7.5.1). Rationen mit Biertreber sind aber auch hinsichtlich der Energieversorgung zu überprüfen, da der Energiegehalt von Biertreber nur in einem Bereich von 10,9–11,2 MJ ME pro kg Trockenmasse liegt.

Am Betrieb anfallende Schlempen können in Rationen für Mastbullen mit höheren Lebendgewichten in beachtlicher Menge von im Mittel bis zu 10 kg je 100 kg Lebendmasse eingesetzt werden. Allerdings ist der Nährstoffgehalt je nach Ausgangsprodukt (Kartoffeln, Getreide, Mais) sehr unterschiedlich und bei Kartoffelschlempe deutlich niedriger als bei Getreideschlempen. Charakteristisch für alle Schlempen sind ein weites Rohprotein-Energie-Verhältnis von etwa 25 g XP/MJ ME und geringe Trockenmassegehalte zwischen 5 und 8%. Somit enthält die Schlempe relativ viel Eiweiß bei allerdings geringer Nährstoffkonzentration.

Entsprechende Mastrationen erfordern daher in Ergänzung zu Schlempe in erster Linie den Einsatz von Energieträgern wie körnerreiche Maissilage, evtl. Grassilage und Kraftfuttermittel (Getreide, Trockenschnitzel, Rindermastfutter). Aber auch die Futterstruktur ist mit der Zufütterung von Heu, evtl. auch Stroh zu verbessern. Besondere Beachtung erfordert bei hohem Schlempeneinsatz zudem die Mineralstoff-/Calcium-Ergänzung.

Neuerdings fallen auch Schlempen in erheblicher Menge bei der Bioethanolherstellung an. Diese Schlempen werden überwiegend getrocknet und als eiweißreiche Komponenten in der Mischfutterindustrie eingesetzt (siehe 7.7.5.1). Allerdings können diese Schlempen als Pressschlempen auch mit einem Trockenmassegehalt von etwa 30–35% am landwirtschaftlichen Betrieb angeliefert und siliert werden. Probleme treten vor allem nach Öffnen des Silobehälters (z.B. des Siloschlauches) aufgrund geringer Lagerstabilität auf, sodass entsprechende Konservierungsmittel einzusetzen sind. Diese Pressschlempen werden aufgrund des hohen Rohproteingehaltes von etwa 18–25% in der Trockenmasse zur Eiweißergänzung herangezogen. Der Nährstoffgehalt kann jedoch wie bei allen Nebenprodukten je nach Verfahren und Ausgangsprodukt erheblich schwanken, sodass vor der Verfütterung eine Nährstoffanalyse notwendig ist.

7.7.5.4 Kraftfutter

Eine Kraftfuttermast, d. h. eine überwiegende Energie- und Nährstoffversorgung der Mastrinder über Kraftfutter, hat in der BRD aus zweierlei Gründen nahezu keine Bedeutung. So ist die Relation von hohen Futterkosten und dem eher geringen Erlös aus dem Verkauf des Schlachtrindes so ungünstig, dass sich aus ökonomischen Gründen ein solches Verfahren kaum rechnet. Weiterhin bedingen die Einordnung der Rinder in einzelne Kategorien und das praxisübliche hohe Mastendgewicht eine entsprechend lange Mastdauer bzw. es müssten auch bei Kraftfuttermast hohe Mastendgewichte erreicht werden. Eine Kraftfuttermast sollte sich jedoch als Intensivmast unmittelbar an die Aufzuchtperiode anschließen. Sie könnte bereits bei niedrigen Endgewichten von etwa 350–420 kg beendet werden. Zur Mast sollten dabei überwiegend Kälber von milchbetonten Rassen (z. B. Holstein Friesian) genutzt werden. Dieses Produktionsverfahren dient zur Erzeugung von Rosé-Rindfleisch. Die Fleischqualität wird dabei als ausgezeichnet eingestuft, da einerseits bereits der typische „Rindfleischcharakter" vorhanden ist, andererseits aber auch Eigenschaften ähnlich dem Kalbfleisch wie Zartheit u. a. erkennbar sind.

Die täglichen Kraftfuttergaben betragen ansteigend etwa 3–4 kg bis etwa 7 kg mit zunehmender Lebendmasse. Eine zusätzliche gleichbleibende Heumenge von 0,5–1,5 kg je Tier und Tag beugt Störungen im Speichelfluss, in der mikrobiellen Verdauung und in der Vormagenmotorik vor und kann sogar den täglichen Zuwachs erhöhen. Höhere Mengen an Wiesenheu sind jedoch für diese intensive Mastform nicht empfehlenswert. Weiterhin werden bei überwiegendem Kraftfuttereinsatz zur pH-Stabilisierung des Pansens sogenannte Puffersubstanzen wie zum Beispiel 1–2 % Natriumhydrogencarbonat dem Futter beigemischt. Da sich die Ansprüche der Mastrinder an den Eiweiß- und Energiegehalt in der Futterration im Mastverlauf ändern, sind je nach Mastdauer zwei oder drei unterschiedliche Kraftfuttermischungen einzusetzen.

7.7.5.5 Weide

Hohe Anteile absolutes Grünland oder nicht ackerfähige Restflächen in Ackerbaugebieten führen auch zur Rindermast auf der Weide. Hierfür eignen sich die Mutterkuhhaltung (siehe 7.7.7) und die Mast von Färsen und Ochsen (siehe 7.7.6). Eine Mast von Bullen auf der Weide scheidet aus. Voraussetzung für eine wirtschaftliche Weidemast ist eine ausreichende Gewichtsentwicklung der Tiere, die nur über eine beständige und hohe Futteraufnahme gewährleistet werden kann. Letztere hängt primär vom Futterangebot und der Futterqualität ab. Bezeichnend für die Mast wachsender Rinder auf der Weide ist, dass zur Zeit des größten Grasaufwuchses die Lebendmasse und damit der Nährstoffbedarf der Weidetiere geringer ist als in den folgenden Weidemonaten. Während nämlich zu Beginn der Weideperiode der Grasaufwuchs den Nährstoffbedarf bei einer durchschnittlichen Besatzstärke je ha und Jahr von 3 Ochsen mit 300–500 kg beziehungsweise von 5 Ochsen mit 170–300 kg Lebendmasse weit übertrifft, muss bereits ab Ende Juli bei gleicher Tierzahl ein fehlender Betrag an Nährstoffen ausgeglichen werden. Die Bereitstellung von Nährstoffen und der Nährstoffbedarf laufen also entgegengesetzt. In Abb. 7.7-6 ist dieser Zusammenhang aufgezeigt. Daraus ergeben sich folgende Möglichkeiten für die Weideführung:

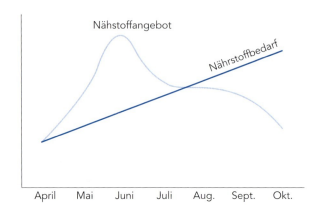

Abbildung 7.7-6
Futteraufwuchs auf der Weide und Nährstoffbedarf der Weidetiere

a) Der „Grasberg" wird gemäht und für die Winterfütterung konserviert. Gleichzeitig wird damit den Weidetieren mit fortschreitender Jahreszeit mehr Weidefläche zur Verfügung gestellt.
b) Mit nachlassendem Aufwuchsvermögen wird die Zahl der Weidetiere durch zeitigen Verkauf laufend dezimiert.

Unter den vorherrschenden praktischen Verhältnissen wird meistens die erste Lösung gewählt. Wie hoch der Aufwuchs des Weidegrases sein soll, wird derzeit stark diskutiert. Wenn auch zusätzlich die botanische Zusammensetzung der Grasnarbe eine Rolle spielt, so wird als optimale Aufwuchshöhe ein Bereich von 8–15 cm angegeben. Diese eher niedrige mittlere Bestandshöhe erfordert jedoch eine ausreichende Flächenbereitstellung. Gleichzeitig bietet sie aber die Gewähr, dass bei entsprechender Wachstumsintensität nicht sofort wiederum überständiges Weidegras angeboten wird. Aufgrund des Nährstoffgehalts im Weidegras wird unter diesen Bedingungen der Bedarf an Rohprotein stets gedeckt sein, limitierend für den Zuwachs ist die Energieversorgung. Entscheidend für eine erfolgreiche Weidemast ist daher, stets eine möglichst hohe Futteraufnahme zu erreichen. Die Höhe der Verzehrsrate wird jedoch wesentlich vom physiologischen Alter des Weideaufwuchses und dem insgesamt zur Verfügung stehenden Weidefutterangebot bestimmt. Im Mittel sollten während der Weideperiode tägliche Zunahmen von 800–1.000 g angestrebt werden. Allerdings zeigen neuere Auswertungen, dass bei vielen Betrieben Zunahmen von 800 g nicht überschritten werden.

Die Gewichtsentwicklung auf der Weide wird auch sehr stark von der Höhe der Nährstoffversorgung und damit dem Wachstum in der vorausgegangenen Winterperiode bestimmt. Eine zu intensive Winterfütterung wird bei Weidebeginn Gewichtseinbußen und nur allmählich steigende Zunahmen hervorrufen. Andererseits werden gerade bei Rindern durch das Auftreten des kompensatorischen Wachstums geringere Tageszunahmen in der Winterfütterung durch höhere in der Sommerfütterung ausgeglichen. Damit wird auch das Ziel der Weidemast, die kostengünstigen Nährstoffeinheiten des Weidegrases am besten zu verwerten, am ehesten verwirklicht. Allerdings sind derzeit noch zu wenig fundierte Daten über die Höhe der Nährstoffversorgung in der Winterfütterung vor der sich anschließenden Weidemast vorhanden. Es sollte jedoch auch während der Stallperiode so gefüttert werden, dass tägliche Zunahmen von 400 bis 500 g erreicht werden.

Bei Verfahren der Weidemast von Färsen und Ochsen, die auf Zukauf der Jungrinder basieren, kann das Alter bzw. Gewicht der Tiere beim Zukauf entsprechend dem gewünschten Weideauftriebsgewicht einheitlich eingestellt werden. Für die Mast von betriebseigenen Kälbern aus der Milchviehhaltung werden sich jedoch je nach dem Geburtstermin der Kälber unterschiedliche Verfahren der Weidemast ergeben. Herbstkälber sollen schon mit einem möglichst hohen Gewicht – jedoch ohne „Intensivmast" im Stall – auf die Weide kommen, umso bereits im 1. Weidesommer viel voluminöses Weidegras aufnehmen zu können. Je nach den betrieblichen Gegebenheiten und nach Geschlecht (z. B. Färsen) können sie dann im Stall ausgemästet werden. Dieses Verfahren kann deshalb auch als Vormast für eine übliche Stallfütterung angesehen werden. Im Allgemeinen werden die Tiere (z. B. vor allem Ochsen) aber für eine zweite Weideperiode vorbereitet. Im 2. Weidesommer sind dann je nach Futterangebot Zunahmen von 800–1.000 g zu erwarten. Dabei wird bei guten Bedingungen die Schlachtreife bis zum Weideabtrieb, evtl. auch schon vorher, erreicht.

Frühjahrskälber, nach der tränkesparenden Aufzuchtmethode aufgezogen, können zwar bereits im Geburtsjahr geweidet werden, verlangen aber eine Weidebeifütterung, was vielfach aus arbeitswirtschaftlichen Gründen nicht durchgeführt wird. In der Winterperiode kann die Fütterung ausschließlich mit Grundfutter erfolgen. Dann schließt sich eine weitere Weideperiode an, in der hohe Zunahmen von 800–1.000 g erreicht werden sollten. Je nach Gewichtsentwicklung kann die Ausmast anschließend im Stall oder erneut auf der Weide (3. Weidesommer) erfolgen. Im 3. Weidesommer (ausschließlich Ochsen betreffend) können diese Masttiere frühzeitig verkauft werden. Man erreicht dadurch eine Anpassung an den Weideaufwuchs und erzielt meist bessere Verkaufserlöse als in der Hauptabtriebszeit. Durch diese Art der Mast wird von den Tieren am meisten Weidegras verzehrt. Jedoch ergibt sich auch eine überaus lange Mastdauer.

Die Bekämpfung von Parasiten ist bei der Weidemast besonders zu beachten. Die gefährlichsten Schädlinge sind Dasselfliege, Leberegel, Lungen-, Magen- und Darmwürmer. Während die Larven der Dasselfliege am wirkungsvollsten im Herbst direkt mit entsprechenden Insektiziden bekämpft werden, sind gegen die übrigen Schädlinge vorbeugende Maßnahmen wichtiger. Hierzu gehören hygienisch einwandfreie Weidetränkanlagen, Beseitigung von Tümpeln und schlammigen Bachrändern als Brutstätten für den Zwischenwirt des Leberegels sowie richtige Weideführung zur Vorbeuge gegen Infektionen. Eine Behandlung gegen Wurmbefall erfolgt sowohl in Winter als auch während der Weidezeit über Verabreichung entsprechender Mittel, am besten über das Kraftfutter.

7.7.6 Mast von Färsen und Ochsen

Aufgrund des natürlichen Anfalls weiblicher Kälber werden auch Färsen zur Mast aufgestellt. Die Mast weiblicher Tiere erfordert aber eine große Sorgfalt und planvolle Durchführung. Das Mastendgewicht differiert sehr stark in Abhängigkeit der Rasse (z. B. Holstein Friesian gegenüber Fleckvieh); es wird aber auch durch das Fütterungsverfahren (Stall- oder Weidemast) und die Rationsgestaltung bei der Stallfütterung beeinflusst. Normalerweise werden Färsen bei einer Lebendmasse von etwa 480–550 kg marktreif. Die anschließende zunehmende Verfettung vermindert die Mast- und Schlachtleistung. In Verbindung mit den ohnehin geringeren Tageszunahmen führt dies zu einer wesentlich schlechteren Futterverwertung als bei Jungbullen (Abb. 7.7-7). Somit ist es wenig sinnvoll, auf höhere Gewichte zu

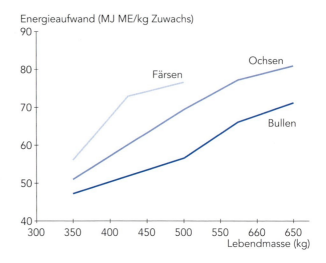

Abbildung 7.7-7

Nährstoffverbrauch je kg Zuwachs bei Bullen, Ochsen und Färsen der Rasse Fleckvieh

mästen. Ein stärkerer Fettansatz lässt sich vermeiden, wenn die Nährstoffversorgung entsprechend der Lebendmasse und der Gewichtsentwicklung genau eingehalten wird.

Für Mastfärsen sind mittlere tägliche Zunahmen von 700–900 g anzustreben. Die notwendige Nährstoffzufuhr liegt damit deutlich unter der von Jungbullen (siehe Übersicht 7.7-4 und 7.7-6). Für Färsen empfehlen sich daher grundsätzlich extensive Mastverfahren; d. h. die Energiekonzentration in der Gesamtration kann deutlich niedriger sein als in der intensiven Jungbullenmast (siehe 7.7.1.2). Damit können entsprechend energieärmere Grundfuttermittel eingesetzt werden. Vorrangig ist jedoch das Weidemastverfahren zu berücksichtigen (siehe 7.7.5.4). Bei guter Weide und entsprechender Weideführung können sie ohne Endmast im Stall und ohne wesentliche Beifütterung während der Weidezeit bereits schlachtreif werden. Auch etwas geringere Zunahmen während der Winterfütterung können in der Weideperiode bei entsprechend nährstoffreichem Aufwuchs durch das sogenannte kompensatorische Wachstum ausgeglichen werden.

Innerhalb der Rindfleischerzeugung spielt die Mast von Ochsen eine untergeordnete Rolle. Im Vergleich zu Jungbullen besitzen nämlich kastrierte Tiere ein viel geringeres Wachstumsvermögen und dadurch eine frühere Fetteinlagerung (siehe auch 7.7.1.1). Dies hat bis zu 20 % geringere Tageszunahmen bei gleichem Nährstoffangebot bzw. einen bis zu 15 % höheren Futterverbrauch je kg Zuwachs zur Folge. Die Futterverwertung ist also entsprechend schlechter als die von Jungbullen, liegt aber dennoch über dem Niveau von Mastfärsen (Abb. 7.7-7). Allerdings sind verschiedene Merkmale der Fleischqualität ähnlich wie bei Mastfärsen deutlich besser zu beurteilen als bei Jungbullen (siehe 7.7.3). Färsen und Ochsen haben vor allem in der ökologischen Rindermast in Verbindung mit Weidehaltung eine wichtige Bedeutung.

Ochsen können ebenso wie Mastfärsen auf der Weide gemästet werden (siehe 7.7.5.4). Sie erreichen bei begrenzter Nährstoffversorgung, wie sie auf der Weide auftreten kann, durchaus die für eine gute Schlachtqualität erforderliche subcutane und intramuskuläre Fetteinlagerung. Im Einzelfall ist jedoch auch eine zwei- bis dreimonatige Stallendmast nach dem Weidegang mit hochwertigem Grundfutter und Kraftfuttergaben bis zu 3 kg pro Tag hinsichtlich der Schlachtkörper- und Fleischqualität empfehlenswert.

7.7.7 Mutterkuhhaltung

Die Mutterkuhhaltung spielte in Deutschland in den letzten Jahrzehnten nur eine untergeordnete Rolle, da sie als extensive Produktionsmethode der intensiven Tierhaltung wirtschaftlich zumeist weit unterlegen war. Im Zuge der Extensivierung der Landwirtschaft hat die Mutterkuhhaltung auch bei uns an Bedeutung gewonnen. Zudem gelingt es durch Mutterkuhhaltung, Grünlandflächen verstärkt in ein Produktionsverfahren einzubinden.

Die Mutterkuhhaltung basiert zumeist auf einem saisonalen Produktionsrhythmus mit dem Winter oder dem Frühjahr als bevorzugte Abkalbesaisons. Wichtigstes Ziel der Mutterkuhhaltung ist daher die jährliche Erzeugung eines gesunden, vitalen Kalbes. Kälber und Muttertiere bleiben von der Abkalbung an beisammen und werden im Frühjahr gemeinsam auf die Weide getrieben. Zu diesem Zeitpunkt sind die Kälber der Winterabkalbung bereits soweit entwickelt, dass sie größere Mengen an Grünfutter aufnehmen können. Darüber hinaus fällt der Zeitabschnitt mit dem höchsten Aufwuchs an Grünfutter mit dem Milchleistungsgipfel der Muttertiere zusammen. Auf diese Weise werden die jahreszeitlichen Schwankungen des Grundfutterangebots optimal verwertet. Wird die Abkalbesaison in das Frühjahr verlegt, so ist ein sehr enges Zeitfenster zum Abkalben wünschenswert. Je nach Geburtszeitpunkt kann die auf der Weide erzielbare Milchleistung der Muttertiere von den Kälbern ausgenutzt werden. Bei beiden Verfahren differieren aber auch die Ansprüche an die Stallgebäude, die Arbeitswirtschaft, die tierhygienischen Voraussetzungen oder die Bedingungen zum Zeitpunkt der Wiederbelegung.

Zu Herbstbeginn werden die Jungtiere abgesetzt und die bereits wieder trächtigen Muttertiere trockengestellt. Am Ende der Weideperiode erreichen die Jungtiere mit einem Alter von 7–10 Monaten eine Lebendmasse von etwa 200–300 kg. Sie werden dann als „Absetzer" an Rindermäster verkauft bzw. im eigenen Betrieb weitergemästet (siehe 7.7.5) oder geschlachtet. Das Fleisch dieser Tiere (Baby Beef) wird als besonders hochwertiges Rindfleisch geschätzt. Es weist bereits das volle Rindfleischaroma auf, ist aber gleichzeitig noch ähnlich zart wie Kalbfleisch. Besonders geeignet für die Erzeugung von höchster Baby-Beef-Qualität sind frühreife Rinderrassen (z. B. Angus, Hereford).

Bei der Fütterung der Mutterkühe ist zu berücksichtigen, dass die Tiere jedes Jahr einmal abkalben und anschließend etwa 6–8 Monate lang Milch erzeugen. Die erforderliche Milchleistung überschreitet jedoch kaum 12–14 kg pro Tag. Eine dem Grundfutter für Milchkühe entsprechende Ration (siehe 7.1.4) wird demnach die Nährstoffansprüche der Muttertiere während der Winterperiode weitgehend decken. Auf eine Zufütterung von Kraftfutter kann somit in der Regel verzichtet werden. Gleiches gilt für die Weideperiode, sofern die Weideführung eine ausreichende Menge und Qualität des Grünfutterangebots gewährleistet. Darüber hinaus können die Muttertiere während der Winterperiode eine gewisse Unterversorgung an Energie tolerieren, vorausgesetzt, die Tiere kommen im Herbst in guter Futterkondition von der Weide in den Stall und die Versorgung mit Protein, Mineralstoffen und Vitaminen ist stets bedarfsdeckend. Bei unzureichender Menge und Qualität des Grundfutters, schlechter Körperverfassung der Muttertiere und ungünstiger Abkalbezeit kann jedoch insbesondere an Ende der Winterperiode die Milchleistung der Kühe für ein ordnungsgemäßes Wachstum der Kälber nicht ausreichen. In diesem Fall ist eine Zufütterung von Kraftfutter an die Muttertiere erforderlich. Zur Fütterungskontrolle sollte regelmäßig die Körperkondition der Mutterkühe mithilfe des Body Condition Scoring (BCS, DLG, 2009) erfasst werden.

7 Rinderfütterung

Ob und wieviel Kraftfutter an die Kälber zu verfüttern ist, hängt maßgeblich vom Produktionsziel ab. Sollen die Kälber zur Nachzucht verwendet oder im eigenen Betrieb später weitergemästet werden, ist die Nährstoffaufnahme über die Milch und über die Weide in der Regel ausreichend und es kann auf eine Beifütterung von Kraftfutter verzichtet werden. Marktfähige Absetzer oder gar Baby-Beef-Kälber mit einem vollfleischigen Schlachtkörper bei guter Marmorierung sind dagegen ohne zusätzliches energiereiches Kraftfutter weniger erzielbar.

8 Schaffütterung

8 Schaffütterung

Das Schaf kann als Wiederkäuer ebenso wie das Rind durch die mikrobielle Verdauung im Pansen rohfaserreiche Futtermittel sehr gut ausnutzen. In der Verdaulichkeit der Rohnährstoffe und auch in der energetischen Verwertung verdaulicher Nährstoffe für den Fettansatz bestehen zwischen Rind und Schaf gewisse Unterschiede, die sich aber insgesamt gesehen in etwa ausgleichen. So dient das Schaf auch als Modelltier zur Bestimmung der Verdaulichkeit von Futtermitteln und damit als Grundlage der Energiebewertung bei Rind und Schaf. Allerdings spielt die physikalische Beschaffenheit des Futters eine große Rolle, da Schafe gegenüber Rindern zum Beispiel ganze Körner (Mais, Getreide) stärker zerkleinern und besser verdauen. Auch sind Einflüsse der Häcksellänge hinsichtlich der Verdaulichkeit unterschiedlich zwischen Schaf und Rind zu bewerten. Allerdings kann beim Schaf vergleichbar zum Rind eine hohe Wachstums- und Reproduktionsleistung nicht mit geringwertigen Futterstoffen, sondern erst mit einer leistungsgerechten Ernährung über energie- und nährstoffreiche Futterrationen erzielt werden. Insgesamt können jedoch viele pansen- und ernährungsphysiologische Gesichtspunkte zwischen Schaf und Rind gleichgerichtet beurteilt werden.

8.1 Fütterung von Mutterschafen

Die Schafhaltung ist weltweit durch eine hohe Rassenvielfalt mit einer unterschiedlichen Leistungsorientierung (Fleisch, Wolle, Milch) gekennzeichnet. Die Energie- und Nährstoffansprüche differenzieren sich stark, auch durch rassenspezifisch unterschiedliche Lebendgewichte bedingt. In der deutschen Schafhaltung steht heute die Fleischproduktion im Vordergrund. Deshalb sind für eine wirtschaftliche Schafhaltung gute Ablamm- und Aufzuchtergebnisse der Mutterschafe erforderlich. Diese sind durch Zuchtmaßnahmen in den einzelnen Schafrassen und Kreuzungen sehr unterschiedlich. Ablamm- und Aufzuchtergebnisse können aber auch sehr stark durch die Fütterung beeinflusst werden.

8.1.1 Leistungsstadien und Nährstoffbedarf

Der Nährstoffbedarf der Mutterschafe verändert sich im Verlauf des Reproduktionszyklus je nach der zu erbringenden Leistung in den einzelnen Abschnitten. Hohe Fruchtbarkeit und Säugeleistung setzen deshalb auch voraus, dass die Mutterschafe in den einzelnen Leistungsstadien entsprechend diesen Ansprüchen vollwertig ernährt werden.

8.1 Fütterung von Mutterschafen

Foto 8.1-1

Die Laktation dauert etwa 12–16 Wochen, bei Milchschafrassen jedoch deutlich länger

Übersicht 8.1-1

Flushing und Ovulationsrate beim Schaf

Dauer der Flushingfütterung in Wochen	Änderung der Lebendmasse in %	Ovulationsrate
Kontrolle	–	1,50
4	+ 16,4	2,17
8	+ 27,5	2,17
12	+ 30,7	2,00

8.1.1.1 Zeit des Deckens

Die Fruchtbarkeit von Mutterschafen wird sehr stark durch die Ernährung vor der Paarung beeinflusst. Eine gezielte zusätzliche Nährstoffzufuhr vor dem Decken bzw. auch eine sehr gute Zuchtkondition (Lebendmasse) können zu höherer Ovulationsrate und damit zu einem größeren Prozentsatz an Zwillingslämmern führen. Diese zusätzliche Fütterung bewirkt auch, dass die Brunst nach der Laktation wieder früher einsetzt und intensiver in Erscheinung tritt. Dieser Effekt wird als Flushing (Auffüttern) bezeichnet. Er lässt sich mit steigenden Mengen energiereichen Kraftfutters oder mit junger, nährstoffreicher Weide in Verbindung mit einem Futterwechsel erzielen. Wesentlich scheint vor allem eine erhöhte Energiezufuhr, aber auch eine gleichzeitige Rohproteinergänzung, zu sein.

Nach älteren Untersuchungen (ALLEN und LAMMING, 1969) wird die Zahl der zur Reifung gelangenden Eier auch von der Dauer des Flushings beeinflusst (Übersicht 8.1-1). Demnach bringt eine zusätzliche Fütterung, die früher als 4 Wochen vor der Paarungszeit beginnt, keine weiteren Vorteile, wohingegen Flushingfütterung bis hin zu 4 Wochen eine beständige Steigerung der Ovulationsrate bewirkt. Vom Absetzen der Lämmer bis zur nächsten Decksaison müssen die Mutterschafe dabei allerdings eher verhalten gefüttert werden, wobei ein Gewichtsverlust in dieser Zeit sogar durchaus günstig für die Wirksamkeit des

Flushings sein kann. Praxisüblich wird etwa 2–4 Wochen vor dem Decken das Fütterungsniveau um bis zu 30 % gegenüber leerstehenden Schafen angehoben. Allerdings muss auch die Implantationsphase in den ersten Wochen nach der Bedeckung als besonders sensibel angesehen werden, da in dem ersten Monat die meisten fötalen Verluste auftreten. Sowohl eine deutliche Unterversorgung als auch eine extreme energetische Überversorgung (>200 % des Erhaltungsbedarfes) sind zu vermeiden (RASSU et al. 2004).

8.1.1.2 Trächtigkeit

Der Bedarf an Nährstoffen in der Trächtigkeit ergibt sich auch beim Schaf im Wesentlichen aus dem Stoffansatz des gesamten Konzeptionsproduktes und dem Erhaltungsbedarf. In der durchschnittlich 150 Tage dauernden Trächtigkeit beträgt die Zunahme der gesamten Reproduktionsorgane bei einem Fötus etwa 10 kg, bei 2 Föten dürfte der Ansatz um etwa zwei Drittel höher liegen. Das Geburtsgewicht des Lammes beträgt rassen- und geschlechtsspezifisch bei Einlingen etwa 4,5–5,5 kg, bei Zwillingslämmern liegt es um 15–25 % tiefer. Die Differenz zum Gesamtansatz in der Trächtigkeit ergibt sich aus Gewichtszunahmen von Uterus, Placenta und Fruchtwasser. Übersicht 8.1-2 enthält die aus Untersuchungen von WALLACE (1968) geschätzte tägliche Proteinretention im Uterus von Schafen.

In den ersten 3 Monaten der Trächtigkeit liegt der Nährstoffbedarf von Mutterschafen nur wenig über dem Erhaltungsbedarf, da der Ansatz in den Reproduktionsorganen hier

Übersicht 8.1-2

Täglicher Proteinansatz im Fötus und in den Reproduktionsorganen beim Schaf

Trächtigkeits- monat	Proteinansatz in g/Tag	
	Einling 5,5 kg Geburtsgewicht	Zwillinge 10,0 kg Geburtsgewicht
2.	1	2
3.	3	6
4.	10	20
5.	30	50

Übersicht 8.1-3

Energieaufnahme in der Trächtigkeit von Schafen und Geburtsgewicht der Lämmer

Energieaufnahme Bedarf = 100	Gewichtszunahme des Mutterschafes kg	Geburtsgewicht je Lamm kg
67	0	4,4
88	1,8	4,8
100	7,2	5,1
134	10,4	5,3

noch relativ gering ist. Allerdings sollte nach neueren Ergebnissen (RASSU et al. 2004) dieser Phase größere Aufmerksamkeit zukommen. So kann eine am Erhaltungsbedarf orientierte Fütterung das plazentale Wachstum fördern. Demgegenüber sollte eine deutliche Überfütterung vermieden werden. Erst in den letzten 6 Wochen der Gravidität muss eine deutlich höhere Energie-, Protein- und Mineralstoffversorgung für die verstärkte Entwicklung der Föten und der Milchdrüse erfolgen. Gerade in dieser Zeit ist auch die ausreichende Nährstoffversorgung für günstige Geburtsgewichte und für die Gesundheit der Muttertiere besonders wichtig. So zeigten bereits Untersuchungen von GILL und THOMSON (1967) den Einfluss unterschiedlicher Energieaufnahmen in den letzten 6 Wochen der Trächtigkeit auf die Geburtsgewichte der Lämmer sehr deutlich auf (Übersicht 8.1-3). Folgen einer Unterernährung von trächtigen Mutterschafen können Frühgeburten und damit erhöhte Lämmerverluste sowie verminderte Milchleistung aufgrund unzureichender Euterentwicklung sein. Mangelnde Nährstoffzufuhr in den letzten Wochen der Gravidität kann auch zur sogenannten Trächtigkeitstoxämie der Mutterschafe führen. Dabei liegt eine Stoffwechselstörung ähnlich der Acetonämie bei Milchkühen (siehe 3.2.4), ausgelöst durch Mangel an Glucose bzw. glucoplastischen Substanzen vor, wobei die Gehalte an Ketonkörpern im Blut erhöht sind. Glucose ist die wichtigste Energiequelle für das Wachstum der Föten, und der Glucosebedarf ist bei Zwillings- und Mehrlingsträchtigkeiten besonders hoch. Vorbeugend wirken daher ausreichende Ernährung und Futterrationen, die im Stoffwechsel genügend Glucose bzw. Propionsäure liefern.

8.1.1.3 Laktation

Die Aufzuchtleistung von Mutterschafen wird sehr stark durch die Säugeleistung bestimmt. Deshalb müssen laktierende Mutterschafe entsprechend ihrer Milchmenge, dem Laktationsverlauf und der Milchzusammensetzung ausreichend mit Nährstoffen versorgt werden.

Die Laktation dauert beim Schaf normalerweise etwa 12–16 Wochen, bei Frühentwöhnung wird das Lamm dagegen bereits mit 6–8 Wochen abgesetzt. Die mittlere Laktationsleistung beläuft sich auf 120–180 kg Milch mit Ausnahme von reinen Milchrassen, bei denen in Verbindung mit einer längeren Laktationsdauer auch 700 kg und mehr erreicht werden können. Die Milchleistung weist nämlich sehr große rassenbedingte und individuelle Unterschiede auf. Neben genetischer Veranlagung und Fütterung wird die Milchmenge auch stark von der Zahl der säugenden Lämmer beeinflusst. Zwillingslämmer saugen nämlich häufiger als Einlinge. Dadurch wird das Euter stärker entleert und die Milchbildung angeregt. So haben Mutterschafe mit Zwillingslämmern eine um etwa 50% höhere Milchleistung als Einlingsmütter, also bis 2,0 statt 1,2–1,5 kg pro Tag im Mittel der ersten 2 Laktationsmonate.

Die tägliche Milchleistung hängt aber auch vom Laktationsverlauf sehr stark ab. In Abb. 8.1-1 ist nach WALLACE (1968) als Beispiel eine Laktationskurve von Suffolkschafen aufgezeigt. Sie kann jedoch wegen der großen Unterschiede zwischen den Rassen nur als Anhaltspunkt dienen. Im Allgemeinen kann man rechnen, dass von der gesamten Milchmenge im ersten Monat der Laktation etwa 40%, im zweiten 30%, im dritten 20% und im vierten Monat 10% ausgeschieden werden; das heißt, in der zweiten Hälfte der Laktation wird nur etwa halb soviel Milch produziert wie in den ersten 8 Wochen.

Schafmilch (Übersicht 8.1-4) weist ähnliche Gehalte an Inhaltsstoffen auf wie Sauenmilch und ist somit der Kuhmilch in Bezug auf Protein-, Fett- und Energiegehalt weit über-

8 Schaffütterung

Abbildung 8.1-1

Laktationsverlauf beim Schaf

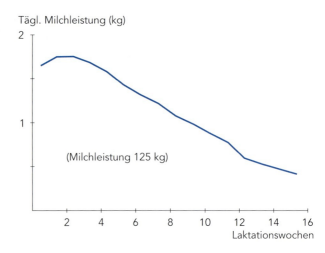

Übersicht 8.1-4

Inhaltsstoffe von Schafmilch

Trockenmasse %	Protein %	Fett %	Lactose %	Asche %	Energiegehalt MJ je kg
17–20	5–6	7–7,5	4,4–4,8	0,9	um 5,0

legen. Allerdings sind Protein- und Fettgehalt in der Schafmilch durch die Fütterung ebenso zu beeinflussen wie bei der Kuh (s. hierzu 7.1.3.3).

8.1.1.4 Wollwachstum

Die jährliche Wollproduktion von Schafen mit 60–80 kg Lebendmasse liegt je nach Rasse bei 2,5–4 kg Schurgewicht. Das entspricht etwa 1,5–2,5 kg reiner Wolle, da der Schmutzanteil abgezogen werden muss. Auf tägliches Wollwachstum umgerechnet ergibt dies 5–7 g. Wolle enthält etwa 16,3 % Stickstoff und besteht damit ausschließlich aus Protein (Skleroproteine). Die tägliche Retention an Protein für die Wollproduktion beträgt demnach ebenfalls 5–7 g. Das Wollprotein ist besonders durch hohe Gehalte an Cystin charakterisiert; der Anteil ist im Vergleich zu den Gehalten im Muskelprotein verzehnfacht. Als täglicher Energieansatz errechnet sich für das Wollwachstum unter Berücksichtigung eines Energiegehaltes von etwa 23 kJ/g Protein ein Wert von etwa 150 kJ. Aufgrund der Zusammensetzung der Wolle ist jedoch der Energiebedarf für Wollwachstum im Wesentlichen über die Proteinzufuhr abzudecken.

Wolle wächst kontinuierlich. Sie setzt im Gegensatz zum Muskel ihr Wachstum auch noch etwas bei negativer Stickstoff- und Energiebilanz fort, da andere Proteingewebe des Körpers dafür abgebaut werden. Trotzdem müssen natürlich für eine optimale Wollproduktion

Foto 8.1-3

1,5–2,5 kg reine Wolle gewinnt man je Schaf und Jahr durchschnittlich

genügend Nährstoffe verabreicht werden. Mit steigender Nährstoffzufuhr nimmt die Wachstumsrate der Wolle bis zur genetisch festgelegten Grenze zu. Auch die Wollqualität wird durch eine ausreichende Ernährung verbessert. Mangel an Nährstoffen führt zu brüchiger Wollfaser, Mangel an Kupfer verringert ihre Kräuselung. Besonders unzureichende Gehalte an Schwefel in der Ration und damit ungenügende Synthese an schwefelhaltigen Aminosäuren im Pansen stören das Wollwachstum. Durch eine Überversorgung der Schafe mit Schwefel oder Cystein kann die Wollproduktion aber nicht gesteigert werden.

8.1.1.5 Energie- und Nährstoffbedarf

Energie

Beim Schaf wird wie beim wachsenden Rind die Energiebewertung und damit die Energiezufuhr auf der Stufe der umsetzbaren Energie (MJ ME) vorgenommen. Die Angaben für die Höhe des energetischen Erhaltungsbedarfs von ausgewachsenen Schafen schwanken innerhalb sehr weiter Grenzen zwischen 292 und 374 kJ ME/kg LM^{0,75} und Tag. Dies ist darauf zurückzuführen, dass der energetische Erhaltungsbedarf von Schafen eigentlich keine feststehende Größe sein kann, da er durch einige Umweltfaktoren wie Temperatur und Bewegung stark beeinflusst wird. Je nach Vlieslänge ist zum Beispiel die kritische Temperatur sehr unterschiedlich. Nach ARMSTRONG et al. (1969) liegt diese Temperatur für Schafe bei Erhaltungsniveau und

einer Vlieslänge von 0,1 cm bei +32 °C,
mit einem Vlies von 2,5 cm Länge bei +13 °C
und mit einem Vlies von 12 cm Länge bei 0 °C.

8 Schaffütterung

> **Übersicht 8.1-5**
> Empfehlungen zur täglichen Energieversorgung von Mutterschafen (MJ ME/Tier und Tag)

		Lebendmasse, kg		
		60	70	80
Erhaltung	(güst oder niedertragend)	9,3	10,4	11,5
Hochträchtigkeit				
Föten	Geburtsgewicht/Lamm			
1	3 kg	11,8	12,9	14,0
	5 kg	13,5	14,6	15,7
2	3 kg	14,3	15,4	16,5
	5 kg	17,6	18,7	19,8
Laktation				
	1 kg Milch/Tag	17,3	18,4	19,5
	2 kg Milch/Tag	25,3	26,4	27,5
	3 kg Milch/Tag	33,3	34,4	35,5
	4 kg Milch/Tag		42,4	43,5

Für laktierende Schafe wird sogar ein energetischer Erhaltungsbedarf von 436 kJ ME/kg $LM^{0,75}$ und Tag beschrieben. Die GfE (1996) rechnet generell mit einem täglichen Erhaltungsbedarf von 430 kJ ME/kg $LM^{0,75}$ und Tag, bei dem ein Zuschlag für mittlere Bewegungsaktivität sowie für Wollwachstum (200–300 kJ/Tier und Tag) beinhaltet ist. Wenn die Schafe bei Weidegang größere Strecken, insbesondere an Hanglagen zurücklegen, erhöht sich der Erhaltungsbedarf. Der zusätzliche Energieaufwand beträgt nach Untersuchungen von CORBETT et al. (1969) etwa 150 kJ ME je km in der Ebene und liegt bei Vertikalbewegung wesentlich höher.

Zur faktoriellen Bedarfsableitung sind neben dem Erhaltungsbedarf die Energiegehalte in den jeweiligen Produkten, d.h. in den Konzeptionsprodukten während der Trächtigkeit, in der Milch während der Laktation und in der gebildeten Körpermasse während des Wachstums, von Interesse. Darüber hinaus werden die jeweiligen Teilwirkungsgrade benötigt. Ohne zwischen den verschiedenen Rassen zu differenzieren, wird von der GfE (1996) ein Energieansatz in den Konzeptionsprodukten von 5 MJ je kg Lebendmasse bei der Geburt angenommen. Die im Uterusinhalt angesetzte Energie (MJ) ergibt sich damit durch Multiplikation der Geburtsmasse (kg) mit 5, da als Teilwirkungsgrad der umsetzbaren Energie (ME) für intrauterines Wachstum ein Wert von 0,2 unterstellt wird. Das bedeutet, dass vom Mutterschaf je kg Geburtsmasse eine Energiemenge von 25 MJ ME zusätzlich aufgenommen werden muss. Es ist davon auszugehen, dass der intrauterine Energieansatz zum überwiegenden Teil in den letzten 6 Wochen stattfindet (vgl. Übersicht 8.1-2).

Beim Energiegehalt der Milch müssen aufgrund der starken Schwankungen im Gehalt an Fett (6–9%) und Protein (5–6%) grundsätzlich große Unterschiede angenommen werden. Zur Vereinfachung wird aber im Mittel mit einem konstanten Wert von 4,8 MJ/kg Milch gerechnet (GfE, 1996). Als Teilwirkungsgrad der ME für die Laktation wird weiterhin ein Wert von 0,6 unterstellt, sodass sich ein Bedarf an umsetzbarer Energie von 8,0 MJ ME/kg Schafmilch errechnet. Als Energiebedarf von Mutterschafen in den verschiedenen Leistungsstadien ergeben sich damit die in Übersicht 8.1-5 aufgeführten Werte (GfE,

> **Foto 8.1-3**
> Durch die physiologische Ähnlichkeit zum Kalb gelten in der Lämmeraufzucht ähnliche Grundsätze

1996). Dabei werden Milchleistungen von täglich 3–4 kg im Wesentlichen nur von Milchschafrassen und Nutzung der Milchproduktion erbracht.

Protein

Die Eiweißbewertung in der Schaffütterung erfolgt derzeit noch in Gramm Rohprotein. Der Erhaltungsbedarf an Rohprotein ist damit vom N-Grundumsatz und der N-Verwertung abhängig. Nach JAHN (1970) beträgt die minimale N-Ausscheidung bei ausgewachsenen Schafen etwa 0,26 g N/kg LM^{0,75}. Etwa 60% des endogenen N-Verlustes werden über den Darm ausgeschieden. Bei einem täglichen N-Ansatz von 5–7 g Protein in der Wolle, einer intermediären Verwertung des absorbierten Protein-N von 60% und einer Absorbierbarkeit von 90% errechnet sich der Erhaltungsbedarf an Rohprotein inklusive Wollwachstum (g XP/Tier und Tag) aus der Multiplikation der metabolischen Lebendmasse (kg^{0,75}) mit dem Faktor 3 plus einer Konstanten (= 15).

Der Rohproteinbedarf für die Leistungsprodukte ergibt sich aus deren Proteingehalt und dem jeweiligen Verwertungskoeffizienten. In der Gravidität ist besonders bei hochträchtigen Tieren eine über den Erhaltungsbedarf hinausgehende Proteinversorgung zu beachten (vgl. 8.1.1.2). Sie errechnet sich aus dem Proteinansatz von Fötus und Reproduktionsorganen bei einer Ausnutzung von 42% des zugeführten Rohproteins mit 70 g XP/Tag für einen Fötus und von 110 g XP/Tag für zwei Föten. Für die Schätzung des Rohproteinbedarfs in der Laktation wurde ein mittlerer Proteingehalt der Milch von 5–6% und damit ein Nettoproteinbedarf von 50–60 g XP/kg Milch unterstellt. Bei einer ähnlichen Verwertung des Futterproteins wie in der Trächtigkeit ergibt sich daraus ein Bedarf von etwa 120–140 g Rohprotein/kg Milch. Da beim Schaf Laktation und eine neue Trächtigkeit zeitlich meis-

Übersicht 8.1-6
Empfehlungen zur täglichen Proteinversorgung von Mutterschafen (g XP/Tier und Tag)

		Lebendmasse, kg		
		60	70	80
Erhaltung		80	88	95
Gravidität				
	niedertragend	115	123	130
	hochtragend 1 Fötus	145	153	160
	2 Föten	180	188	195
Laktation				
	1 kg Milch/Tag	220	228	235
	2 kg Milch/Tag	360	368	375
	3 kg Milch/Tag	500	508	515
	4 kg Milch/Tag		648	657

tens getrennt sind, werden Mutterschafe zwischen diesen Leistungsstadien entsprechend dem Erhaltungsbedarf gefüttert. Die entsprechenden Richtzahlen zur Rohproteinversorgung von ausgewachsenen Schafen sind in Übersicht 8.1-6 zusammengestellt. Allerdings sollte ergänzend erwähnt werden, dass auch die Stickstoff(Rohprotein)zufuhr für die Pansenmikroorganismen hinsichtlich einer optimalen Rationsverdaulichkeit und Futteraufnahme mitbetrachtet werden sollte.

Neuere Ausführungen des NRC (2007) bestätigen weitgehend die vorliegenden Empfehlungen zur Rohproteinversorgung unter Berücksichtigung einer ruminalen Abbaubarkeit des Rohproteins von 80 % bzw. eines Anteils an unabgebautem Rohprotein (UDP) von 20 %. Allerdings werden im internationalen Schrifttum die Bedarfsempfehlungen zur Proteinversorgung beim Schaf vergleichbar zum Rind (GfE, 2001) und der Ziege (GfE, 2003) auf der Basis des am Duodenum angefluteten nutzbaren Rohproteins (nXP) angegeben. Die Bewertung auf der Basis von nXP wird insbesondere in Abschnitten mit sehr hoher Leistung (z. B. hochtragend, 2 Föten, laktierend, wachsend (insbesondere Lämmermast)) eine genauere Versorgung ermöglichen. In diesen Phasen ist die Energiezufuhr für eine weitergehende mikrobielle Proteinsynthese limitierend, sodass durch einen erhöhten Anteil an im Pansen unabgebautem Futterprotein (UDP) die Versorgung an nXP sicherzustellen ist. Demgegenüber ist in Lebensabschnitten mit niedriger Leistung, die beim Schaf ausgeprägt vorhanden sind, die Empfehlung auf der Grundlage von Rohprotein zur vorrangigen Sicherung der Stickstoffversorgung der Pansenmikroorganismen ausreichend.

Mineralstoffe und Vitamine

Der Bruttobedarf der Mengenelemente Calcium, Phosphor, Magnesium und Natrium wird faktoriell unter Berücksichtigung von Nettobedarf und Verwertbarkeit berechnet. Entsprechende Daten für Rinder (siehe 5.1.3 und 7.1.1.3) geben auch Anhaltspunkte für Schafe. In einer neueren Zusammenstellung (NRC, 2007) werden bei tragenden und laktierenden Schafen für Calcium und Phosphor Absorptionskoeffizienten von 50 % und 60 % unterstellt.

Übersicht 8.1-7

Empfehlungen zur Versorgung mit Mengenelementen von Mutterschafen
(Angaben in g je Tier und Tag)

	Ca g	P g	Mg g	Na g
Mutterschafe (70–90 kg)				
Erhaltung	5	4	1	1
hochtragend*	9	6	1,5	1,5
laktierend*	10–14	6–8	1,5–2,5	1,8–2,2

* Zwillinge

Übersicht 8.1-8

Empfehlungen zur Spurenelementversorgung für Mutterschafe und wachsende Schafe
(mg je kg Trockenmasse der Gesamtration)

Fe	Cu	Zn	Mn	Co	Se	J
40–50	7	40–50	40–50	0,1–0,2	0,15	0,5

Bei Milchkühen (GfE, 2001) betragen die entsprechenden Werte für die Verwertbarkeit ebenfalls 50 % bzw. 70 %. In Übersicht 8.1-7 sind Versorgungsempfehlungen für die Mengenelemente Calcium, Phosphor, Magnesium und Natrium als Bruttobedarf in g pro Tier und Tag aufgeführt. Deutlichen Einfluss üben die Zahl der Föten bzw. der geborenen Lämmer auf diesen Bedarf sowohl während der Trächtigkeit als auch während der Laktation aus.

Die notwendige Zufuhr von Spurenelementen wird als Konzentrationsangabe in mg pro kg Futtertrockenmasse ausgedrückt (siehe Übersicht 8.1-8). Damit wird die leistungsorientierte Versorgung über eine entsprechend angepasste Futteraufnahme erreicht. Allerdings liegen neuerdings auch für Spurenelemente faktoriell abgeleitete, sehr differenzierte Bedarfsdaten vor (NRC, 2007). Beim Schaf haben Grünfutter und Weidegras sowie Raufutter und Silagen eine hohe Bedeutung. Deren Gehalte variieren häufig sehr stark, sodass der Mineralfutterergänzung im Wesentlichen auch eine Risikoabsicherung zukommt. Die Eisenversorgung sollte bei Parasitenbefall besonders beachtet und gegenüber der Normalsituation erhöht werden. Kupfer ist im Einzelfall zwar bedarfsorientiert zu ergänzen. Jedoch liegen die maximal tolerierbaren Werte im sehr niedrigen Bereich von 12–15 mg pro kg Futtertrockenmasse (NRC, 2007) unter gleichzeitiger Berücksichtigung einer praxisüblichen Molybdän- und Schwefelzufuhr von 1–2 mg Mo pro kg Futtertrockenmasse bzw. 0,15–0,25 % S in der Trockenmasse.

Beim Schaf sind ähnlich wie beim Rind die fettlöslichen Vitamine A, D und E in der Versorgungshöhe zu berücksichtigen. Bezogen auf 1 kg Körpermasse werden für das hochtragende und säugende Mutterschaf etwa 100–150 I.E. Vitamin A, etwa 5–8 I.E. Vitamin D und 0,8–1,2 mg Vitamin E veranschlagt. Allerdings ist eine entsprechende Ergänzung nur in der Winterfütterung bei Einbindung der Zufuhr über die einzelnen Rationskomponenten vorzunehmen.

Übersicht 8.1-9
Schätzwerte zur Futteraufnahme von Mutterschafen mit Lebendmassen von 60–90 kg

	Futteraufnahme kg Trockenmasse pro Tier, Tag
Erhaltung	
(Lebendmasse 60–90 kg)	1,1–1,5
Niedertragend	1,2–1,6
Hochtragend	1,6–2,1
Laktierend*	
1. Laktationsmonat	1,9–2,4
2. Laktationsmonat	2,1–2,7 (3,0)
3. Laktationsmonat	1,9–2,5

* Zwillinge

8.1.2 Futteraufnahme

Für die praktische Rationsgestaltung von Mutterschafen sind Kenntnisse über die Höhe der Futteraufnahme unabdingbar. Allerdings wird ähnlich wie bei den Milchkühen (siehe 7.1.2.2) der Futterverzehr von zahlreichen Faktoren beeinflusst. So sind neben den rassenspezifischen Besonderheiten vor allem die Lebendmasse, das Leistungsstadium und damit der Energiebedarf sowie die Energiekonzentration des Futters und das Futterangebot bestimmend für die Höhe des Verzehrs. Besonders schwierig ist die Weidefutteraufnahme einzuschätzen. Schafe bevorzugen morphologische Pflanzenteile und Arten, die höher verdaulich und rohproteinreicher sind. Demnach enthalten auch entsprechende Schätzgleichungen zur Futteraufnahme neben Lebendmasse der Tiere den NDF- und/oder Rohproteingehalt des Weidefutters (AVONDO und LUTRI, 2004). Eine geringere Verfügbarkeit von Weidefutter (= Aufnahme pro Minute) muss durch eine längere Weidezeit ausgeglichen werden. In Übersicht 8.1-9 sind Schätzwerte zur Futteraufnahme unter Berücksichtigung eines weiten Lebendmassebereiches in Anlehnung an neuere Literaturübersichten (AVONDO und LUTRI, 2004; NRC, 2007) aufgeführt.

8.1.3 Praktische Fütterungshinweise

Der unterschiedliche Nährstoffbedarf von Mutterschafen in den verschiedenen Leistungsstadien erfordert in der praktischen Fütterung den Einsatz von Grund- und Kraftfuttermitteln. Während bei güsten und niedertragenden Schafen die Nährstoffversorgung ausschließlich über das Grundfutter erfolgt, müssen bei hochtragenden und insbesondere bei säugenden Tieren mit mehreren Lämmern wegen der erhöhten Anforderungen an die Nährstoffkonzentration häufig Kraftfuttermittel verabreicht werden. Allerdings erfordert diese leistungsorientierte Fütterung gleichzeitig auch ein intensives Herdenmanagement. Somit sollten sich möglichst viele Mutterschafe in einem vergleichbaren Leistungsstadium befinden, da die Fütterung im Allgemeinen herdenspezifisch erfolgt.

Übersicht 8.1-10

Grundfutterrationen für Mutterschafe in verschiedenen Leistungsabschnitten während der Winterperiode (Futtermittel in kg)

Futtermittel	Ration			
	I	II	III	IV
	güst und niedertragend			
Wiesenheu	0,6	0,5	0,9	1,0
Gersten-, Weizenstroh	–	0,5	–	–
Grassilage (35 % T)	2,0	1,5	0,7	–
Maissilage (32 % T)	–	–	0,7	1,1
Mineralfutter	0,01	0,01	0,01	0,01
	hochtragend*		säugend (2. Laktationsmonat)*	
Wiesenheu	0,6	–	0,6	–
Luzerneheu	–	0,7	–	0,7
Grassilage (35 % T)	2,5	0,8	3,5	1,0
Maissilage (32 % T)	–	1,4	–	2,5
Mineralfutter	0,02	0,02	0,02	0,02

* Kraftfutterergänzung (siehe Übersicht 8.1-11)

8.1.3.1 Grundfutter

Je mehr Grundfutter eingesetzt werden kann, desto wirtschaftlicher wird die Fütterung. Voraussetzung hierfür ist aber, dass Grundfutter mit hoher Verdaulichkeit angeboten wird. Rechtzeitige Nutzung von Futterpflanzen ist deshalb auch bei der Fütterung von Schafen erforderlich. In der Winterfütterung sind vor allem Heu oder Stroh sowie Gras- und Maissilage die wichtigsten Futtermittel. Silage muss stets von einwandfreier hygienischer Qualität sein, ganz besonders wenn sie an hochträchtige und säugende Mutterschafe verabreicht wird. Nach verschiedenen Versuchen können je Tier und Tag bis zu 5 kg Anwelksilage verfüttert werden, allerdings sollte sich diese hohe Menge aus verschiedenen Silagen zusammensetzen.

In Übersicht 8.1-10 sind einige einfache Grundfutterrationen für die Winterfütterung von Mutterschafen in den verschiedenen Leistungsstadien angegeben. Dabei ist eine mittlere Lebendmasse von 80 kg unterstellt. In der Rationsgestaltung für güste und niedertragende Schafe ist bei begrenzter Energiezufuhr vor allem auf eine ausreichende Sättigung zu achten, sodass auch Heu und Stroh verstärkt zum Einsatz kommen. Die Rohproteinversorgung sollte jedoch wenigstens 11–12 % in der Trockenmasse der Gesamtration erreichen, um eine Verdaulichkeitsdepression aufgrund von N-Mangel bei den Pansenmikroben zu umgehen. Bei hochtragenden und säugenden Tieren ist die Energie- und Nährstoffzufuhr deutlich zu erhöhen, wobei bei ad libitum-Vorlage auch mit einem starken Anstieg des Futterverzehrs gerade von laktierenden Schafen zu rechnen ist (Übersicht 8.1-9). Grundsätzlich ist in diesem Leistungsstadium eine Kraftfutterergänzung vorzusehen (siehe 8.1.3.2). Allerdings ist die Energiekonzentration des Grundfutters und die beobachtete Futteraufnahme sowie die Anzahl säugender Lämmer pro Mutterschaf mit einzubeziehen, sodass die Kraftfuttermenge entsprechend angepasst werden sollte. Der Mineralstoffversorgung wird für güste und niedertragende Schafe mit 10 g bzw. für hochtragende und laktierende mit 20 g Mineralfutter je Tag Rechnung getragen. Mineralfutter für Rinder eignet sich wegen der vorgesehenen Ergänzung mit Kupfer nicht für Schafe. Während der Wintermonate sollte das Mineralfutter vitaminiert (Vitamin A, Vitamin D) sein.

Für das Schaf gilt natürlich auch, dass Weidegras gegenüber konserviertem Futter am kostengünstigsten ist. Während der Vegetationszeit erfolgt die Grundfutterversorgung von Mutterschafen über Weide. Schafe werden dazu auch in Koppeln gehalten. Dies hat nicht nur arbeitswirtschaftliche Vorteile, sondern es lassen sich auch höhere Leistungen erzielen. Die Dauergrünland- oder Ackerfutterflächen müssen hierbei „schafsicher" eingezäunt werden. Hierzu sind vor allem Elektrozäune oder gut gespannte Knotengitter geeignet.

Wird eine Grünlandfläche nur über Schafe genutzt, so rechnet man im Durchschnitt mit einer Besatzstärke von 10 Mutterschafen einschließlich Nachzucht je ha. Gleichzeitig kann dabei noch das Winterfutter (Heu, Silage) für die Mutterschafe gewonnen werden. Abwechselndes Mähen und Weiden liefert auch auf der Schafweide bessere Futterqualitäten und höhere Weideerträge. Außerdem wird mit dieser Maßnahme der Gefahr der Verwurmung vorgebeugt. Die Koppelflächen werden am besten durch Portions- oder Umtriebsweide genutzt. Lämmer können über Lämmerautomaten oder Lämmerschlupfe zugefüttert werden. Die tägliche Aufnahme an Trockenmasse liegt bei 60 bis 80 kg schweren Schafen im Mittel bei etwa 1,8 kg. Bei einem Trockenmassegehalt von 20 % sind dies bis zu 9 kg Weidegras. Allerdings ist bei Angaben zur Verzehrhöhe das Leistungsstadium und die Lammzahl mit zu berücksichtigen. So kann ein laktierendes Mutterschaf mit Zwillingen eine Trockenmasseaufnahme bei ausgezeichneter Weideführung auch bis zu 2,5–2,8 kg erreichen (MOLLE et al. 2004). Schafe können gemeinsam mit Rindern weiden. Bei diesem gemeinsamen Auftrieb wird durch das gute Ausnutzungsvermögen der Weidenarbe durch die Schafe nur ein geringer zusätzlicher Flächenbedarf erforderlich, wenn ein Verhältnis von einem Rind (500 kg) je Mutterschaf eingehalten wird.

Schafe sollten ähnlich wie Rinder zu Beginn der Weidezeit auf die Futterumstellung vorbereitet werden (s. 7.1.4.2). Auch während der Weidezeit wirkt sich eine Beifütterung von rohfaserreichem Material (Stroh, Heu, Silagen) günstig auf die Leistung und Gesundheit der Tiere aus. Bei Verwendung von Maissilagen u. a. wird zugleich das Nährstoffverhältnis verbessert. Auch ist zu beachten, dass bei Berücksichtigung einer mittleren Futteraufnahme auf einer guten Weide zunächst nur der Energie- und Nährstoffbedarf hochträchtiger Schafe gedeckt wird. Laktierende Schafe müssen daher häufig zur Milchbildung auch Körperreserven mobilisieren und werden an Gewicht verlieren. Grundsätzlich muss bei allen Tieren zusätzlich Mineralfutter, am besten über Lecksteine, verabreicht werden, um den Mineralstoff- und Spurenelementbedarf der Tiere (vgl. Übersicht 8.1-7, 8.1-8) zu decken. Dies ist insbesondere zu berücksichtigen, wenn kein Ergänzungsfutter oder ein in Eigenmischung hergestelltes Kraftfutter eingesetzt wird. Allerdings ist bei Weidegang vorrangig die Natriumversorgung über Viehsalz sicherzustellen.

8.1.3.2 Kraftfutter

Güste und niedertragende Schafe erhalten mit Ausnahme der Zeit des Deckens kein Kraftfutter. Etwa 4 Wochen vor dem Decken werden zum Grundfutter noch täglich 1,2 MJ ME (z. B. über 100 g Getreideschrot) verabreicht. Diese Menge wird bis eine Woche vor

Übersicht 8.1-11

Tägliche Kraftfutterzuteilung für Mutterschafe, in kg

Leistungsstadien	Schafe mit	
	Einzelgeburten	Zwillingsgeburten
Zeit des Deckens	0,1–0,3	0,1–0,3
hochtragend[1]	0,2–0,3	0,4–0,6
Laktation		
1.– 8. Woche	0,3–0,7	0,6–1,0
9.–16. Woche	0,2	0,3–0,4

1 je nach Rasse und zu erwartendem Geburtsgewicht

dem Decktermin auf etwa 3,5 MJ ME (300 g) gesteigert und in dieser Höhe auch noch zwei Wochen nach Beginn der Deckperiode beibehalten.

Bei hochtragenden und säugenden Schafen hängt die erforderliche Kraftfuttergabe von der Aufnahme und Qualität des Grundfutters ab. Bei Grundfutterrationen, wie sie auch in Übersicht 8.1-10 aufgezeigt sind, kommt ein Kraftfutter, das in seiner Zusammensetzung dem Ergänzungsfutter für Zuchtschafe mit mindestens 16% Rohprotein entspricht, dem Nährstoffbedarf von Mutterschafen am nächsten. Entsprechende Kraftfuttermischungen können auch aus eigenem Getreide und Eiweißfuttermitteln hergestellt werden. Für Rinder bestimmte Ergänzungsfutter sind für Schafe weniger geeignet, da sie mit Kupfer ergänzt sind. Sind in der Grundfutterration vor allem rohproteinreiche Komponenten wie Grassilage enthalten oder es handelt sich um eine Weidebeifütterung, eignen sich vor allem energiereiche Ergänzungsfutter oder reine Getreideschrote. Kraftfuttermischungen mit höherem Rohproteingehalt als 16% sind nur bei eiweißarmem Grundfutter berechtigt, wenn also z.B. in der Futterration große Anteile Stroh, Trockenschnitzel oder Maissilage enthalten sind. Die erforderlichen Kraftfuttermengen sind in Übersicht 8.1-11 aufgezeigt. Die Anpassung an das Leistungsstadium ist möglichst einzuhalten.

8.2
Aufzucht von Lämmern

Voraussetzung für eine erfolgreiche Aufzucht von Lämmern ist, dass sie mit einem normalen Geburtsgewicht von etwa 4,5–5,5 kg geboren werden. Dies wird nur erreicht, wenn Mutterschafe in den letzten Wochen der Trächtigkeit vollwertig ernährt werden (s. hierzu Übersicht 8.1-3). Nur bei einem ausreichenden Geburtsgewicht sind die Lämmer lebenskräftig.

Bei der Aufzucht von Lämmern gelten aufgrund der physiologischen Ähnlichkeiten analoge Grundsätze wie bei der Kälberaufzucht (siehe 7.3.1). Auch Lämmer sind deshalb bereits in den ersten Stunden auf die Kolostralmilch angewiesen. Lämmer säugen bereits in den ersten 20–30 Minuten nach der Geburt. Eine vorausgehende Euterkontrolle durch kurzes Anmelken ist positiv. Für Notfälle sollte Kolostralmilch eingefroren sein. Nach dem Auftauen im Wasserbad wird über die Flasche die Kolostralmilch verabreicht (siehe auch 7.3.1.1). Ebenso wie beim Kalb ist auch beim Lamm in den ersten Lebenswochen die Vormagenregion nicht voll ausgebildet und funktionsfähig. Die Nahrung wird demnach vorwiegend enzymatisch im Labmagen und Dünndarm abgebaut. Für die Aufzucht, vor allem beim Ersatz von Milch, muss daher die Entwicklung der Verdauungsenzyme berücksichtigt werden. Aus wirtschaftlichen Gründen sollte aber auch bei der Aufzucht von Lämmern möglichst eine frühzeitige Entwicklung des Pansens durch die Fütterung angestrebt werden.

8.2.1 Energie- und Nährstoffbedarf

Lämmer besitzen eine hohe Wachstumsintensität. In etwa 5 Wochen verdreifachen sie ihr Geburtsgewicht. Dieses rasche Wachstum wird aber nur bei ausreichender Versorgung mit biologisch hochwertigem Protein und leichtverdaulicher Energie erzielt. Rassebedingte Unterschiede erschweren es, allgemeingültige Nährstoffbedarfsnormen anzugeben. Der tägliche Nährstoffbedarf steht in enger Beziehung zum Protein- und Energieansatz je Einheit Gewichtszuwachs. Während ein Proteinansatz zu Beginn des postnatalen Wachstums von etwa 18–19 % des Zuwachses angenommen wird, der mit fortschreitendem Alter der Lämmer abfällt, steigt der Energieansatz durch zunehmende Fetteinlagerung.

Für wachsende Lämmer ergab sich dementsprechend nach Auswertung von Ganzkörperanalysen ein energetischer Erhaltungsbedarf von rund 340 kJ ME/kg Lebendmasse^{0,75}. Anhand von Respirationsversuchen und neueren Ganzkörperuntersuchungen lassen sich aber auch höhere Werte von etwa 520 kJ ME/kg LM^{0,75} ableiten. Die Empfehlungen der GfE (1996) beziehen sich jedoch ebenso wie bei den ausgewachsenen Schafen auf einen einheitlichen energetischen Erhaltungsbedarf von 430 kJ ME/kg LM^{0,75} und addieren dazu den Energiebedarf für das Wachstum. Da sich die Zusammensetzung des Körperzuwachses bei Aufzucht und Mast aber sowohl mit steigender täglicher Zunahme als auch mit Zunahme der Lebendmasse verändert, indem verstärkt Fett eingelagert wird, liegt der Ener-

Foto 8.2-1

Auch beim Lamm ist auf eine frühzeitige Entwicklung des Pansens durch die Fütterung zu achten

giegehalt im Zuwachs zwischen 7,5 und 11,5 MJ/kg Zuwachs. Dazu zeigen wiederum neuere Versuche (BELLOF und PALLAUF, 2004) bei Mastlämmern im Bereich von 18–45 kg Lebendmasse trotz hoher Fütterungsintensität einen eher geringen Fettanteil im Ganzkörper und damit einen geringeren Energiegehalt von knapp 9 MJ/kg Zuwachs. Allerdings wird der Energiegehalt sehr deutlich von der Höhe der Energiezufuhr beeinflusst. Gleichzeitig zeigen weibliche Lämmer aufgrund einer stärkeren Verfettung eindeutig höhere Energiegehalte im Zuwachs gegenüber Bocklämmern. Als Teilwirkungsgrad der umsetzbaren Energie für das Wachstum wird ein Wert von 0,4 veranschlagt (GfE, 1996).

Zur Schätzung des Proteinbedarfs wachsender Lämmer wird ebenfalls der Ansatz im Körperzuwachs zugrundegelegt. Vergleichende Ausschlachtungsversuche mit Lämmern ergaben dazu zwischen 12 und 32 kg Lebendmasse einen mittleren Proteingehalt im Zuwachs von 190 g/kg. Im Verlauf des Wachstums geht dieser Anteil jedoch zugunsten der Fetteinlagerung zurück. In Abhängigkeit von Lebendmasse und täglichen Zunahmen sind in Übersicht 8.2-1 die von der GfE (1996) bzw. der DLG (1997) erarbeiteten Richtwerte zur bedarfsdeckenden Energie- und Proteinversorgung von Lämmern zusammengestellt. Hinsichtlich der Empfehlungen zur Proteinversorgung auf der Basis Rohprotein ist jedoch gerade beim intensiv wachsenden Lamm eine genauere Bewertung auf der Basis nutzbares Rohprotein (nXP) zu erwarten (siehe 8.1.1.5).

Die notwendige Zufuhr an Mengenelementen kann in Abhängigkeit der ansteigenden Lebendmasse (Bereich von 15–55 kg) mit 7–11 g Calcium, 3–4 g Phosphor, 0,6–1 g Magnesium und 0,6–1 g Natrium je Lamm und Tag angegeben werden. Gerade bei wachsenden Schafen (Bocklämmer) ist auf ein weites Ca:P-Verhältnis zu achten. Empfehlungen zur Spurenelementversorgung sind in Übersicht 8.1-8 dargestellt. Sie gelten gleichermaßen auch für wachsende Schafe. Angaben zur Versorgung mit den fettlöslichen Vitaminen A, D und E werden auf die Körpermasse bezogen. Je kg Körpermasse werden etwa 80–100 I.E. Vitamin A, 4–6 I.E. Vitamin D und etwa 1 mg Vitamin E veranschlagt. Bei Weidegang ist die Versorgung mit Vitaminen sichergestellt.

8 Schaffütterung

> **Übersicht 8.2-1**
>
> Empfehlungen zur Energie- und Proteinversorgung wachsender Schafe
> (MJ ME/Tag bzw. g XP/Tag)

Lebendmasse kg	Zuwachs g/Tag	Energie MJ ME/Tag	Protein g XP/Tag
15	100	5,2	70
	200	7,6	110
	300	10,4	150
25	100	6,8	90
	200	9,3	130
	300	12,3	170
	400	15,8	210
35	100	8,3	110
	200	11,0	145
	300	14,1	195
	400	17,7	245
45	100	9,8	130
	200	12,5	155
	300	15,8	210
55	100	11,1	140
	200	14,0	160

8.2.2 Aufzuchtmethoden

Nach der Länge der Säugezeit können bei der Aufzucht von Lämmern drei Methoden unterschieden werden:
  a) Säugeperiode von 12–16 Wochen (Sauglämmeraufzucht),
  b) verkürzte Säugezeit von 6–8 Wochen (Frühentwöhnung),
  c) mutterlos mit Milchaustauschtränke (mutterlose Aufzucht).

Die Aufzucht mit einer Säugeperiode von 12–16 Wochen ermöglicht im Allgemeinen nur eine Ablammung im Jahr und bietet sich daher für saisonale Schafrassen an. Dagegen kann die Reproduktionsrate von Mutterschafen asaisonaler Rassen durch das Frühabsetzen der Lämmer nach einer 6–8-wöchigen Säugezeit erhöht werden, wobei auch die Pansenentwicklung beim Lamm durch die stärkere Beifütterung und die geringere Milchversorgung früher einsetzt. Die mutterlose Aufzucht mit Milchaustauschtränke ist vorwiegend auf Schafmilch-erzeugende Betriebe und auf Problemlämmer beschränkt. Das heißt, wenn die Zahl der Lämmer das Aufzuchtvermögen der Mutterschafe übersteigt oder das Mutterschaf aus sonstigen Gründen nicht in der Lage ist, das Lamm mit Milch zu ernähren, bietet sich der Einsatz von Milchaustauschtränke an. Eine weitere Verkürzung der Zwischenlammzeit durch generelle Anwendung der mutterlosen Aufzucht lässt sich gegenüber der Frühent-

Übersicht 8.2-2
Kraftfuttermischungen für Sauglämmer

Futtermittel	Mischung (Anteile in %)			
	I	II	III	IV
Gerste	34	30	30	16
Hafer	–	38	12	10
Mais	30	–	–	–
Weizen	–	12	24	30
Trockenschnitzel	10	–	10	–
Rapsextraktionsschrot	10	–	–	–
Sojaextraktionsschrot	12	16	20	–
Erbsen	–	–	–	40
vit. Mineralfutter und kohlensaurer Futterkalk	4	4	4	4

wöhnung nicht erzielen, da die Zeit bis zur erneuten Konzeptionsbereitschaft der Mutterschafe nach bisherigen Erfahrungen dadurch nicht verkürzt werden kann.

8.2.2.1 Sauglämmeraufzucht

Für die Ernährung der Lämmer ist die Muttermilch optimal zusammengesetzt. Allerdings ist bei ausschließlicher Versorgung der Lämmer mit der Milch des Mutterschafes das Nährstoffangebot im Laufe der Laktation für das schnelle Wachstum nicht völlig ausreichend. Während nämlich mit fortschreitender Laktation die Milchmenge sehr stark zurückgeht (Abb. 8.1-1), steigt der Nährstoffbedarf der Lämmer laufend an. Dies erfordert während der Winterfutterperiode eine Beifütterung der Lämmer mit Heu und Kraftfutter ab der 3. Lebenswoche. Eine frühzeitige Aufnahme von Kraftfutter stimuliert auch eine raschere Entwicklung der Vormägen. Während der Weideperiode werden die Lämmer spielerisch rasch Weidegras mit aufnehmen, sodass bei gutem Weidefutterangebot eine Beifütterung entfallen kann. Je nach Aufwuchs kann jedoch auch eine Kraftfutterergänzung (siehe 8.1.3.1) erfolgen.

Für das Kraftfutter eignen sich Mischungen mit einem Rohprotein-Energie-Verhältnis von etwa 14 g XP pro MJ ME. In Übersicht 8.2-2 sind einige Mischungsbeispiele aufgezeigt. In die Mischungen können starke Anteile an Getreide aufgenommen werden. Bei den Eiweißfuttermitteln kann auf handelsübliche Extraktionsschrote wie Soja-, Raps- oder Leinextraktionsschrot, aber auch auf heimische Leguminosen wie Erbsen oder Ackerbohnen zurückgegriffen werden. Wird das Getreide teilweise durch Trockenschnitzel ersetzt, so sind die Anteile an Eiweißfuttermitteln zu erhöhen. An Mineralfutter für Schafe sollten insgesamt 3–4 % mit einem möglichst hohen Ca-Gehalt beigemischt werden, sodass im Kraftfutter ein Ca:P-Verhältnis von mindestens 3:1 vorliegt. Damit wird vor allem bei Bocklämmern Harnsteinen vorgebeugt. Der Cu-Gehalt sollte im Futter aufgrund der geringen Cu-Toleranz höchstens 12 mg je kg Trockenmasse betragen. Für Rinder und Schweine bestimmte Ergänzungsmischfutter und Mineralfutter enthalten in der Regel

> **Übersicht 8.2-3**
> Tägliche Futterzuteilung in der Aufzucht von Sauglämmern
>
> | | Lebenswoche | | | |
> | --- | --- | --- | --- | --- |
> | | 3.–5. | 7. | 9. | 11.–15. |
> | Kraftfutter in g | 50–150 | 300–400 | 400–600 | 500–700 |
> | Heu | | ad libitum | | |

Cu-Zusätze und sind daher für Schafe nicht verwendbar. Allerdings ist das Schaf auch auf Kupfer angewiesen, sodass extrem Cu-arme Futtermittel durchaus auch einen Cu-Mangel induzieren können. Der Bereich zwischen Bedarf und toxischer Konzentration im Futter ist jedoch beim Schaf im Falle des Kupfers sehr klein.

Kraftfutter muss den Lämmern in einem eigenen Trog, getrennt von den Mutterschafen, verabreicht werden. Dazu wird in der Regel ein Lämmerschlupf erstellt. Die täglich notwendigen Mengen je Lamm sind in Übersicht 8.2-3 zusammengestellt, sie entsprechen zusammen mit der Muttermilch und dem Grundfutter den Bedarfsempfehlungen. Als Grundfutter erhalten Lämmer Heu zur freien Aufnahme. Auch Silagen in einwandfreier Qualität können schon im Alter von 6–8 Wochen den Lämmern vorgelegt werden.

8.2.2.2 Frühentwöhnung

Bereits eine Woche nach dem Ablammen erhalten die Lämmer neben der Muttermilch pelletiertes Kraftfutter zur freien Aufnahme. Nach insgesamt 5–6 Wochen sollte die Kraftfutteraufnahme etwa 400 g betragen. Ein erhöhter Kraftfutterverzehr wird durch eine gleichzeitige Minderung der Milchaufnahme gefördert, was zum Beispiel durch eine Trennung der Lämmer über mehrere Stunden von der Mutter erreicht werden könnte. Allerdings ist dies zu arbeitsintensiv und nicht praxisrelevant. Daher wird in der Regel über einen Lämmerschlupf Kraftfutter ad libitum, gleichzeitig auch bestes Heu und frisches Wasser angeboten. Heu wird anfangs nur in sehr geringen Mengen vorgelegt. Über eine etwas verringerte Nährstoffversorgung der Muttertiere kann zudem die Milchproduktion geringfügig vermindert werden.

Etwa 6–8 Wochen nach dem Ablammen, wenn die Lämmer bereits etwa 20 kg wiegen, können sie von den Muttertieren abgesetzt werden. Dies kann über eine Zeitspanne von einer Woche erfolgen, in der die Mutterschafe durch eingeschränkte Nährstoffzufuhr trockengestellt werden. Häufig erfolgt die Trennung vom Mutterschaf abrupt. Die Lämmer verbleiben in der gewohnten Umgebung. Voraussetzung ist jedoch, dass die Lämmer zum Beginn des Absetzens etwa 500–600 g Kraftfutter aufnehmen. Die Nährstoffversorgung aus dem Beifutter reicht dann für ein kontinuierliches Wachstum aus. Zudem steigt die Futteraufnahme über Kraftfutter und Heu nach dem Absetzen rasch an. So dürfte die tägliche Gesamtfutteraufnahme von etwa 20 kg schweren Lämmern bereits im Bereich von etwa 1 kg Trockenmasse liegen.

Nach dem Absetzen erhalten die Lämmer das gleiche Kraftfutter wie in der Säugezeit. Da die Muttermilch ersetzt werden muss, ist ein Verhältnis von g Rohprotein zu MJ umsetzbarer Energie von 16:1 einzuhalten. Das heißt, dieses Lämmeraufzuchtfutter sollte etwa 18%

Foto 8.2-2

Zwillingsgeburten sind sehr häufig und erwünscht

Übersicht 8.2-4

Tägliche Futterzuteilung für frühentwöhnte Lämmer, in g

	Lebenswoche		
	5.	7.	9.
Kraftfutter	300–400	500–600	800–900
Heu und Wasser		ad libitum	

Rohprotein aufweisen. Bereits in Übersicht 8.2-2 sind Beispiele von Kraftfuttermischungen für Sauglämmer aufgezeigt, die allerdings geringfügig rohproteinärmer sind. Hochwertige Eiweißkomponenten wie Soja- oder Leinextraktionsschrot als Mischungskomponenten sind zu bevorzugen. Auch ist pelletiertes Kraftfutter gerade in der Frühentwöhnung vorteilhaft, jedoch können auch grob geschrotete, hofeigene Mischungen eingesetzt werden. Mischung IV in Übersicht 8.2-2 ist besonders für ökologisch wirtschaftende Betriebe geeignet. Richtwerte für die tägliche Zuteilung des Kraftfutters bis einschließlich der 9. Lebenswoche dürften die Mengen, wie sie in Übersicht 8.2-4 angegeben sind, darstellen. Aus physiologischen Gründen muss bestes Heu verabreicht werden. Es wird in dieser Zeit ad libitum vorgelegt. In den letzten 14 Tagen der Aufzuchtperiode bis 20 kg sollten Lämmer, die für die spätere Zuchtverwendung vorgesehen sind, an die vorhandenen Grundfutterarten gewöhnt werden. Damit reduziert sich gleichzeitig auch die in Übersicht 8.2-4 vorgesehene Kraftfuttervorlage. Eine sichere, hygienisch einwandfreie Tränkwasserversorgung ist zu gewährleisten.

Aus arbeitswirtschaftlichen Gründen werden die abgesetzten Lämmer in Gruppen von 30–40 Tieren gehalten. Auf gleichmäßig entwickelte Lämmer in der Gruppe ist dabei zu achten.

8.2.2.3 Mutterlose Aufzucht

Bei der mutterlosen Aufzucht werden die Lämmer bereits nach einer sicheren Kolostralmilchaufnahme ab dem 2.–3. Lebenstag abgesetzt und danach die Muttermilch durch Milchaustauschfutter ersetzt. Dies erleichtert die Angewöhnung an die Ersatzzitze bzw. die Annahme der Flasche. Wie schon erwähnt, betrifft dieses Aufzuchtverfahren im Wesentlichen schafmilcherzeugende Betriebe oder vor allem auch Problemlämmer. Ein für die Praxis ebenfalls bedeutsames Verfahren ist das unmittelbare Absetzen der Lämmer nach der Geburt und das Abmelken der Kolostralmilch. Diese Methode ist Bestandteil einer herdenspezifischen Bekämpfung der Maedi-Visna(Lentiviren)-Übertragung in Zuchtbetrieben.

Wie beim Kalb sind für die Qualität des Milchersatzes hohe Anteile an Magermilchpulver sowie einwandfreie Qualität und physikalische Verteilung des Fettzusatzes (etwa 25% Fett) sehr entscheidende Kriterien. Abgesehen von Lactose und den Monosacchariden sollte das Milchaustauschfutter keine weiteren Kohlenhydrate (z.B. Saccharose, Stärke) enthalten. Insofern kann auch Milchaustauschfutter I für Kälbermast (max. 12 mg Kupfer je kg) mit gutem Erfolg als Milchersatz eingesetzt werden, wenn kein spezielles Milchaustauschfutter für Lämmer zur Verfügung steht. Ein Verhältnis von Rohprotein : MJ ME von etwa 12 : 1 im Milchaustauscher entspricht dem Nährstoffbedarf des Lammes am ehesten. Für einen Milchaustauscher, der aufgrund des hohen Fettgehaltes 18–22 MJ ME je kg aufweist, leitet sich daraus ein Rohproteingehalt von rund 22–24% ab. Ein zu weites Eiweiß-Energie-Verhältnis wirkt sich nachteilig auf Gewichtsentwicklung und Futterverwertung der Lämmer aus.

Milchaustauschtränke wird bei der mutterlosen Aufzucht der Lämmer bis zu einem Alter von 6–8 Wochen verabreicht. Dabei ist vor allem in den ersten Wochen darauf zu achten, dass wegen der guten Gewichtsentwicklung auch entsprechende Mengen an Milchaustauscher mit der Tränke aufgenommen werden. Als Konzentration der Tränke haben sich 160 bis 250 g Milchaustauscher je l Wasser bei ansteigenden täglichen Tränkegaben über 0,8 l (1. Woche), 1,5 l (2. Woche) bis etwa 2,5–3,0 l (3.–6. Woche) bewährt. Bei kalter Tränke empfiehlt sich eine Tränkekonzentration von mindestens 200 g je l, die ad libitum angeboten wird. Für die gesamte Tränkeperiode kann man mit einem Verbrauch von 9–12 kg Milchaustauschfutter rechnen.

Als technische Möglichkeiten für die Verabreichung der Tränke bieten sich die „Lammbar", Halb- und Vollautomaten oder auch nur die Saugflasche an. Die Frage der Tränketemperatur ist bei Lämmern von geringerer Bedeutung. Kalte Tränke wird von den Lämmern im allgemeinen langsamer aufgenommen. Die Milchaustauschfutter müssen jedoch unabhängig von der Tränketemperatur stets bei einer bestimmten Temperatur, die aufgrund der Fettzusammensetzung vorgeschrieben ist, angerührt werden. Anfangs sollten die Lämmer die Möglichkeit haben, mindestens drei- bis viermal am Tage Tränke aufzunehmen, später genügt zweimaliges Tränken. Zu hohe Tränkeaufnahmen je Mahlzeit erhöhen aber das Risiko von Verdauungsstörungen.

Den Lämmern wird bereits ab der 2. Lebenswoche pelletiertes Kraftfutter und Heu zur freien Aufnahme angeboten. Solange aber hohe Milchgaben verabreicht werden, bleibt die Kraftfutteraufnahme meist gering. Deshalb muss die Tränkemenge oder -konzentration vor dem Absetzen allmählich verringert werden, um die Lämmer durch das erhöhte Hungergefühl zur Kraftfutteraufnahme anzuregen. Damit setzt aber auch die Pansentätigkeit stärker ein. Die Lämmer sollten beim Absetzen ähnlich wie bei der Frühentwöhnung täglich bereits mindestens etwa 200–300 g Kraftfutter aufnehmen und eine Lebendmasse von 13–16 kg aufweisen. Es ist darauf zu achten, dass die Lämmer mit dem Tränkeentzug genügend frisches Wasser aufnehmen. Nach dem Absetzen erhalten die Lämmer dann bis zu einer Lebendmasse von etwa 20 kg nur noch das während der Tränkeperiode verabreichte Kraftfutter und Heu.

Die Zusammensetzung des Kraftfutters entspricht dem bei der Frühentwöhnung (siehe 8.2.3.2) eingesetzten Lämmeraufzuchtfutter. Es sollte wegen der besseren Aufnahme pelletiert oder zumindest grob geschrotet sein. Das Kraftfutter sollte sehr energiereich sein und einen Rohproteingehalt von 17–18 % aufweisen. Beispiele für hofeigene Mischungen zeigt Übersicht 8.2-2. 3–4 % eines möglichst calciumreichen Mineralfutters für Schafe (Ca:P in der Gesamtration mindestens 3:1) müssen eingemischt werden.

8.2.3 Fütterung junger Zuchtschafe

Mit der Fütterung junger Zuchtschafe wird im Anschluss an die Aufzuchtperiode begonnen. Frühentwöhnte oder mutterlos aufgezogene Lämmer weisen zu dieser Zeit eine Lebendmasse von etwa 20 kg auf, Sauglämmer sind je nach Verbleib bei den Mutterschafen und den Weideverhältnissen bereits 25 bis 35 kg schwer. Dabei kommt es bei den zur Zucht bestimmten Tieren nicht wie bei Mastlämmern auf hohe tägliche Zunahmen an. Für eine gute spätere Zuchtleistung sollten nämlich weibliche Zuchtlämmer bei der ersten Zuchtbenutzung ein Gewicht von etwa 75 % des für die jeweilige Rasse typischen Endgewichtes ausgewachsener Mutterschafe erreichen. Dazu sind durchschnittliche tägliche Zunahmen von etwa 200–250 g ausreichend. Dies gilt nicht bei gewünschter intensiver Fütterung und für sehr frühreife Rassen wie zum Beispiel die Texelschafe. Sie können bereits nach 6–7 Monaten eine Lebendmasse von 50 kg aufweisen. Dazu sind nach der eigentlichen Aufzuchtperiode tägliche Zunahmen von etwa 250–300 g notwendig.

Für die Nährstoffversorgung junger Zuchtschafe sind die gleichen Richtzahlen anzusetzen wie für Mastlämmer mit täglichen Zunahmen von 200 g (vgl. Übersicht 8.2-1). Die sich daraus ergebende Nährstoffkonzentration der Ration kann mit nährstoffreichem Grundfutter erreicht werden. Allerdings stehen häufig in der Winterfütterung überwiegend nur Heu oder energieärmere Grassilage zur Verfügung. Deshalb muss in diesen Fällen bei der Fütterung junger Zuchtschafe bis zum Alter von einem halben Jahr noch zusätzlich geringfügig Kraftfutter verabreicht werden. In den meisten Grundfutterarten ist reichlich Rohprotein zur Deckung des Erhaltungsbedarfs enthalten, sodass sich das zusätzliche Kraftfutter vorwiegend aus Getreide zusammensetzen sollte. Wird jedoch verstärkt Maissilage als Grundfutter verfüttert, kommt es auch auf eine Eiweißergänzung an, sodass als Kraftfutter auch das Ergänzungsfutter für Zuchtschafe (siehe 8.1.3.2) eingesetzt werden kann.

Bei Sauglämmern kann die tägliche Kraftfuttergabe von 500 g am Ende der 11–15-wöchigen Aufzuchtperiode (siehe Übersicht 8.2-3) mit der steigenden Grundfutteraufnahme stark eingeschränkt werden und bei nährstoffreichem Grundfutter schließlich ganz entfallen. Dies gilt vor allem bei Weidegang mit jungem Weideaufwuchs. Auch bei den frühentwöhnten und mutterlos aufgezogenen Lämmern kann die Kraftfutterzuteilung im Verlauf der weiteren Aufzuchtfütterung entsprechend der Grundfutteraufnahme reduziert werden. Aufgrund der notwendigen höheren Zunahmen dieser Lämmer empfiehlt sich hier jedoch bis zum Alter von 6 Monaten je nach Grundfutterqualität eine tägliche Kraftfuttermenge von etwa 200–300 g je Lamm beizubehalten.

Foto 8.2-3

Auch nach dem Absetzen erhalten die Lämmer das gleiche Kraftfutter wie während der Säugezeit

In der Winterfütterung wird neben gleichbleibenden Kraftfuttermengen der ansteigende Nährstoffbedarf durch zunehmende Grundfuttergaben gedeckt. Im Allgemeinen werden Tagesrationen mit etwa 250–500 g Heu und 3–4 kg Silage eingesetzt. Die tägliche Futteraufnahme wird bis etwa 1,8 kg Trockenmasse ansteigen. Je höher die Nährstoffkonzentration dieses Grundfutters ist (z. B. nährstoffreiche Maissilage), desto früher gelingt es, die Kraftfuttermengen zu reduzieren.

Im zweiten halben Lebensjahr bis zum Decken (10–15 Monate) genügt ein täglicher Zuwachs von 80 g je Tier und Tag. Bei der Zuchtreife beträgt dann das Gewicht 50–60 kg. Entsprechend diesem geringen Zuwachs und der zunehmenden Aufnahme an Grundfutter dürfte in dieser Zeit kaum Kraftfutter erforderlich sein. Dies setzt allerdings voraus, dass junge Zuchtschafe für eine vollwertige Ernährung nährstoffreiches Grundfutter erhalten. Zeiten mit zu knappem Grundfutterangebot (beispielsweise geringe Weideleistung) lassen sich durch Kraftfuttergaben überbrücken. Wie hoch dabei die Kraftfuttermenge bemessen werden soll, kann durch laufende Gewichtskontrollen überprüft werden. Die trächtigen Jungschafe werden dann wie die Mutterschafe gefüttert (siehe hierzu 8.1.2).

Bei Weide- und Stallhaltung junger Zuchtschafe ist Vorsorge zu treffen, dass sie zur Mineralstoffversorgung täglich 15 bis 30 g Mineralfutter für Schafe aufnehmen. In den Wintermonaten sollte dieses Mineralfutter mit Vitamin A, D und E ergänzt sein.

Bei der Fütterung von männlichen Tieren ist die schnellere Gewichtsentwicklung im Vergleich zu den weiblichen Tieren zu beachten. Im Alter von einem Jahr sollten Jungböcke etwa 80–100 kg wiegen. Das erfordert nach der Aufzuchtperiode einen täglichen Zuwachs von 250–300 g. Aufgrund dieses Wachstums müssen junge Zuchtböcke bereits nach der Aufzuchtperiode zum Grundfutter etwa 0,5–0,8 kg Kraftfutter erhalten. Frühreife Rassen (Texelschafe), die wesentlich früher zur Zucht eingesetzt werden, sollten mit einem guten halben Jahr etwa 60–70 kg Lebendmasse erreichen. Das entspricht nach der Aufzuchtperiode einem täglichen Zuwachs von 350–400 g. Allerdings ist bei der Aufzucht von Jungböcken eine zu hohe Wachstumsintensität mit der Gefahr der Verfettung zu vermeiden.

8.3
Zur Fütterung von Zuchtböcken

Die Fütterung von Zuchtböcken muss so durchgeführt werden, dass eine lange Zuchtnutzung, hohe Potenz und optimale Spermaqualität erwartet werden können. Mangelnde als auch überreichliche Fütterung (Fettansatz) wirken sich nämlich sehr ungünstig auf die Reproduktionsleistung aus. Grundsätzlich gilt dies ja für alle männlichen Zuchttiere (siehe hierzu auch 6.4.1 und 7.5.1). Bei Böcken muss jedoch ganz besonders auf eine vielseitige und hochwertige Futterration geachtet werden, da sich die Deckperiode innerhalb einer kurzen Zeitspanne zusammendrängt.

Eine ausgeglichene Energie-, Eiweiß- und Mineralstoffversorgung ist für die Geschlechtsfunktion und die Spermaqualität von großem Einfluss. Zuchtböcke weisen ein höheres Körpergewicht als Mutterschafe auf, die Bewegungsaktivität kann höher sein und die Zuchtkondition muss berücksichtigt werden. Zuchtböcke mit einer Lebendmasse von etwa 100 kg haben einen Energie- und Proteinbedarf von etwa 13–15 MJ ME und 120–150 g

Foto 8.3-1

Bei Zuchtböcken ist eine optimale Protein- und Mineralstoffversorgung besonders wichtig

Foto 8.3-2
Die Futterration der Böcke beinhaltet täglich eine Kraftfuttergabe, idealerweise mit Hafer

Rohprotein je Tag. In der Deckzeit dürfte die Energie- und Proteinzufuhr je nach Sprunghäufigkeit um 10–20 % höher anzusetzen sein.

Zuchtböcke erhalten ähnliche Grundfutterrationen, wie sie in Übersicht 8.1-10 für Mutterschafe zusammengestellt sind. Eine starke P-Überversorgung der Böcke ist zu vermeiden, da die Bildung von Harnsteinen begünstigt wird. Daher ist auf ein weites Ca:P-Verhältnis zu achten. Zusätzlich zum Grundfutter kann je nach Grundfutterqualität eine Kraftfutterergänzung vorgenommen werden. Nach älteren Angaben wird dem Hafer eine günstige Wirkung auf die Zuchtleistung zugesprochen, sodass während der Decksaison eine verstärkte Haferfütterung empfohlen wird. Im Wesentlichen erfordert aber die Belastung durch das Decken eine ausgeglichene Energie- und Eiweißzufuhr. Deshalb können Zuchtböcke bei normaler Zuchtbenutzung entsprechend dem in dieser Zeit höheren Bedarf auch das Kraftfutter entsprechend dem Ergänzungsfutter für weibliche Zuchtschafe in einer Menge von etwa 0,5–0,7 kg erhalten. Bereits 4 Wochen vor der Deckperiode wird die Zulage an Kraftfutter langsam gesteigert, um die Böcke auf die Zuchtbenutzung entsprechend vorzubereiten. Aus Gründen der Rekonvaleszenz der Böcke sollte diese zusätzliche Kraftfuttergabe auch noch 2–3 Wochen nach der Rittzeit beibehalten werden. Allerdings ist außerhalb der Decksaison darauf zu achten, dass die Zuchtböcke wiederum möglichst nur nach Erhaltungsbedarf gefüttert werden.

8.4 Lämmermast

Nach der EU-einheitlichen Handelsklassenverordnung werden Schlachtkörper von unter 12 Monate alten Lämmern in die Kategorie L (Lämmer) eingeordnet; Schlachtkörper anderer Schafe erhalten die Kategorie S. Die Schafschlachtkörper werden darüber hinaus klassifiziert durch Bewertung der Fleischigkeit (Klassen E-U-R-O-P) und des Fettgewebes (Klassen 1–5). Lediglich Lämmer mit einem Schlachtkörpergewicht von weniger als 13 kg („Osterlämmer") können auch nach Gewicht, Fleischfarbe und Fettanteil beurteilt werden. Allerdings spielen diese sehr jungen, milchernährten Lämmer von wenigen Ausnahmen abgesehen für den Absatz keine Rolle mehr. Lämmer höchster Qualität sind bei Erreichen des Mastendgewichtes jünger als 6 Monate, womit weibliche Lämmer in einem Alter von 4–5 Monaten 50 % des Muttergewichtes, männliche Lämmer im gleichen Alter etwa 60 % des Muttergewichtes aufweisen sollten. Für die Mast junger Schafe ergeben sich je nach Mastdauer und angestrebtem Mastendgewicht folgende Möglichkeiten:

a) Lämmerschnellmast bis zu einem Alter von etwa 3–4 Monaten und einer Lebendmasse von 40–45 kg. Sie erfolgt als Sauglämmermast, wobei die Tiere neben Muttermilch noch Kraftfutter und Heu erhalten, oder als Intensivlämmermast, die nach einer verkürzten Aufzuchtperiode im Wesentlichen mit Kraftfutter bei Begrenzung der Raufuttergabe durchgeführt wird.

b) Verlängerte Lämmermast bis zu einem Alter von 5–7 Monaten und einer Lebendmasse je nach Geschlecht und Rasse von 45–55 kg. Diese Art der Mast wird sehr häufig als Weidelämmermast ohne oder mit Stallendmast durchgeführt.

Der Konsument bevorzugt aus dem Angebot an Schaffleisch in zunehmendem Maße junges Lammfleisch. Seine Erzeugung ist auch sehr wirtschaftlich, da die hierfür benötigten jungen Mastlämmer eine hohe Wachstumsintensität bei günstiger Futterverwertung aufweisen. Deshalb ist die Lämmerschnellmast bis zu einer Lebendmasse von 40–45 kg ein wichtiges Produktionsverfahren.

Die verlängerte Lämmermast ermöglicht einen stärkeren Einsatz wirtschaftseigener Grundfuttermittel. Dazu gehört vor allem die intensive Weidenutzung. Zudem ermöglicht die Weide ein weites Spektrum von Nutzungsformen und -intensitäten, die letztlich von der Wander- oder Hüteschäferei bis zur Koppelschafhaltung reichen. In Abhängigkeit des jeweiligen Haltungssystems sind Gewichtsentwicklung, Lebendmasse bei der Schlachtung und Zeitpunkt der Schlachtung zu sehen. Auch kann in den letzten beiden Monaten vor der Schlachtung noch eine Endmast bei Kraftfutterergänzung vorgenommen werden. Die Bedeutung dieser Verkaufsprodukte nimmt durch die traditionellen Verzehrsgewohnheiten von Bevölkerungsgruppen, die einen hohen Schaffleischkonsum aufweisen, zu.

8.4.1 Lämmerschnellmast

Bei der Lämmerschnellmast sollen die Lämmer in etwa 3–4 Monaten bei täglichen Zunahmen von etwa 300–400 g ein Mastendgewicht von 40–45 kg aufweisen. Ein Schlachtkörpergewicht von 22 kg sollte dabei nicht überschritten werden. Es wird dabei ein fettdurchsetztes Fleisch von möglichst hellroter Farbe und zarter Beschaffenheit angestrebt. Die Lämmerschnellmast kann nach zwei Mastmethoden durchgeführt werden, und zwar als Sauglämmer- oder als Intensivlämmermast.

Für die Intensivlämmermast sprechen wesentliche Vorteile. Durch die verkürzte Säugeperiode von 6–8 Wochen bzw. durch eine mutterlose Aufzucht der Lämmer können die Mutterschafe wieder früher trächtig werden, da der mit der Laktation verbundene Anöstrus verkürzt wird. Damit wird das Ablamminrvall von asaisonal brünstigen Mutterschafen kürzer, die Reproduktionsrate höher. Auch der Futteraufwand liegt bei der Intensivmast im Vergleich zur Mast mit Muttermilch günstiger, da durch die direkte Nährstoffversorgung der Lämmer der Transformationsverlust von Nährstoffen über die Milchproduktion entfällt. Hinsichtlich der erforderlichen Nährstoffzufuhr kann von den in Übersicht 8.2-1 aufgeführten Protein- und Energiemengen für wachsende Schafe bei täglichen Zunahmen von 300–400 g ausgegangen werden.

8.4.1.1 Sauglämmermast

Bei der Sauglämmermast wird die angestrebte Mastleistung erreicht, wenn zusätzlich zur Muttermilch noch eine intensive Beifütterung der Lämmer mit Kraftfutter erfolgt. Dabei wird eine sehr gute Fleischqualität erreicht. Bei der Sauglämmermast hängt die Entwicklung der Lämmer stark von der Milchleistung der Muttertiere ab. Auch wenn Mutterschafe deshalb so gefüttert werden müssen, dass sie über die gesamte Mastperiode von 12–16 Wochen eine möglichst große Milchmenge produzieren, reicht die Nährstoffaufnahme mit der Muttermilch für ein intensives Wachstum von Sauglämmern keineswegs aus. Deshalb sollten sie bereits ab der 2. Lebenswoche noch Kraftfutter und Heu ad libitum erhalten. Entsprechend der abnehmenden Milchleistung des Mutterschafes und dem zunehmenden Nährstoffbedarf der Mastlämmer muss dann die Menge an Beifutter im Verlauf der Mast stark ansteigen (Übersicht 8.4-1).

Übersicht 8.4-1

Tägliche Futteraufnahme in der Mast von Sauglämmern

Woche	Kraftfutter g	Heu g
1.	–	–
3.	50	
5.	200 – 450	
7.	400 – 650	ad libitum
9.	600 – 850	
11.	800 – 1.050	bis 400 g
13.	1.000 – 1.250	
15.	1.400	

Foto 8.4-1
Bei der Lämmermast ist die Kraftfuttergabe in pelletierter Form von Vorteil

In Übersicht 8.2-2 sind hierzu Kraftfuttermischungen zusammengestellt, die einen Rohproteingehalt von 14 g XP pro MJ umsetzbarer Energie aufweisen. Auch Ergänzungsfutter für Schafe mit entsprechendem Nährstoffgehalt kann als Beifutter für die Sauglämmer eingesetzt werden.

8.4.1.2 Intensivlämmermast

Die Intensivmast von Lämmern ist eine Kraftfuttermast. Sie schließt sich an eine Aufzuchtperiode an und beginnt mit einer Lebendmasse von etwa 20 kg. Bei durchschnittlichen täglichen Zunahmen von 350–400 g wird das Mastendgewicht von 40–45 kg im Alter von 3–4 Monaten erreicht. Bocklämmer erzielen durchschnittlich 15–20 % höhere Tageszunahmen und zeigen bei Mastende einen wesentlich niedrigeren Verfettungsgrad als weibliche Lämmer. Daher sollten weibliche Lämmer je nach Fütterungsintensität bei einem niedrigeren Mastendgewicht (37–40 kg) und Bocklämmer bei einem höheren Endgewicht (43–48 kg) geschlachtet werden. Dieser ausgeprägte Geschlechtsdimorphismus ist grundsätzlich bei allen Mast- und Aufzuchtverfahren zu erkennen. Damit wird geschlechtsspezifisch auch der Energie- und Nährstoffbedarf sowie die Futteraufnahme beeinflusst. Bocklämmer werden in der Regel eine deutlich höhere Verzehrsrate erreichen als weibliche Lämmer.

Bis zu Beginn der Mast mit 20 kg werden die Lämmer entsprechend der verschiedenen Aufzuchtmethoden gefüttert. Besonders eignet sich die verkürzte Aufzucht am Muttertier mit einer Säugeperiode von 6–8 Wochen (siehe hierzu 8.2.2). Nach dem Absetzen der Lämmer von der Milch bzw. der Milchaustauschtränke wird bis zum Mastbeginn das Beifutter der Tränkeperiode als alleiniges Futter verabreicht.

Übersicht 8.4-2
Tägliche Futteraufnahme von Intensivmastlämmern

Woche	Lebendmasse kg	Kraftfutter g	Trockenschnitzel g	Heu g
7.	20	1.100	–	begrenzt
9.	25	1.300	–	
11.	31	1.400	150	
13.	37	1.500	250	
15.	42	1.600	350	

Die hohe Wachstumsgeschwindigkeit von Lämmern in der Mast erfordert eine intensive Nährstoffversorgung. Die tägliche Futteraufnahme ist im Verlauf der Intensivlämmermast in Übersicht 8.4-2 aufgezeigt. Im Wesentlichen wird mit Kraftfutter gemästet, das zur freien Aufnahme vorgelegt wird. Dieses wird so zusammengestellt, dass es je MJ ME 14 g Rohprotein aufweist. Für die Herstellung eines solchen Mischfutters eignet sich sehr gut Getreide, Körnermais und als Eiweißfuttermittel vor allem Sojaextraktionsschrot. In Übersicht 8.2-2 sind entsprechende Mischungen zusammengestellt. Dabei sind die Mischungen zu bevorzugen, die bei einer Proteinbewertung auf der Basis des nutzbaren Rohproteins höhere Gehalte aufweisen. Neben getreidereichen Kraftfuttermischungen können die Lämmer Trockenschnitzel, und zwar in steigenden Gaben, bis zum Ende der Mast etwa 350 g erhalten. Auf diese Weise wird das Nährstoffverhältnis der gesamten Ration entsprechend den physiologischen Bedürfnissen im Verlauf des Wachstums bis auf etwa 13 g Rohprotein/MJ ME gegen Ende der Mast reduziert. Anstelle der Trockenschnitzel lässt sich dazu auch eine Getreidemischung verwenden, vor allem, wenn in der Kraftfuttermischung bereits Trockenschnitzel enthalten sind. Neben dem Kraftfutter wird aus pansenphysiologischen Gründen auch Heu ansteigend von 100 g bis etwa 250–350 g täglich verabreicht. Deutlich höhere Grundfuttergaben, auch in Form von Silagen, sollte man vermeiden, da sonst die Aufnahme an Kraftfutter und damit die Zunahmen zurückgehen. Bei ökologisch wirtschaftenden Betrieben ist ein Grundfutteranteil von mindestens 40 % der Gesamtfutteraufnahme (bezogen auf Trockenmasse) einzuhalten.

Pelletiertes Kraftfutter hat den Vorteil, dass die Lämmer die härteren Teile nicht ausselektieren können. Aus diesem Grunde sollte auch nichtgepresstes Kraftfutter für Lämmer zumindest grob geschrotet oder auf „blanken Trog" gefüttert werden. Wegen der Bildung von Harn- bzw. Blasensteinen (Urolithiasis) bei männlichen Tieren und der damit verbundenen hohen Verluste soll das Kraftfutter bei der Lämmermast ein weiteres Ca : P-Verhältnis aufweisen, als es für Rinder üblich ist. Dazu eignet sich am besten ein sehr calciumreiches, phosphorarmes Mineralfutter, das dem Kraftfutter in Anteilen von etwa 3 % beigemischt wird. Aufgrund des mangelnden Calciumgehaltes in Getreide und Ölsaatrückständen lässt sich damit allerdings das für die Lämmerfütterung empfohlene Ca : P-Verhältnis von > 3 : 1 in der Kraftfutterration der Mastlämmer nicht erreichen. Vielmehr sind dazu noch Anteile von 1–1,5 % kohlensaurem Futterkalk oder anderen Ca-Trägern erforderlich. Trockenschnitzel sind vergleichsweise calciumreich und tragen dazu bei, die Ca-Versorgung der Mastlämmer merklich zu verbessern. Grundsätzlich ist stets auf eine ausreichend hohe Wasseraufnahme zu achten.

Foto 8.4-2

Aus arbeitswirtschaftlichen Gründen werden abgesetzte Lämmer in Gruppen von 30–40 Tieren gehalten

8.4.2 Verlängerte Lämmermast

Die verlängerte Lämmermast, die auch als Wirtschaftsmast von Lämmern oder als Absatzlämmermast bezeichnet wird, ist auf einen stärkeren Einsatz von wirtschaftseigenen Futtermitteln als die Methoden der Lämmerschnellmast ausgerichtet. Grundgedanke ist, mit möglichst niedrigem Kraftfutteraufwand Grundfutter für die Lammfleischerzeugung zu verwenden. Da mit zunehmendem Alter der Lämmer aufgrund der ansteigenden Futteraufnahme die Ansprüche an die Verdaulichkeit der Gesamtration sinken, kann bei dieser Mast, bei der in 6–7 Monaten Endgewichte von 45–50 kg erwünscht sind, neben Kraftfutter nämlich auch zunehmend Grundfutter eingesetzt werden. Im Vergleich zur Intensivlämmermast werden bei geringeren Kraftfuttermengen in Höhe von 500 bis 600 g vor allem 2 bis 5 kg Silage (Mais- und Grassilage) je Tier und Tag eingesetzt.

Eine besondere Form der verlängerten Lämmermast ist die Weidelämmermast. Wegen der Ansprüche des Marktes an die Qualität von Lammfleisch sollte auch bei der Mast von Lämmern auf der Weide das Mastendgewicht entsprechend der kraftfutterorientierten Mastverfahren nicht deutlich überschritten werden. Allerdings können spezifische Verbraucherwünsche im Einzelfall auch höhere Mastendgewichte zulassen. Für die Weidelämmermast kommen nur intensive Weiden und Koppelschafhaltung in Frage. Im Frühjahr geborene Lämmer bleiben bis zu einer Lebendmasse von etwa 30 kg an der Mutter. Nach dem Absetzen im Alter von 14–16 Wochen werden den Lämmern die besten Weiden zugeteilt, sie können so bis Ende August/Anfang September schlachtreif sein. Eine Zufütterung von Kraftfutter ist nur erforderlich, wenn die Weideleistung zurückgeht oder wenn Lämmer und Mutterschafe von Anfang an auf den gleichen Weideflächen grasen. Dann ist den Lämmern das Kraftfutter in Trögen zu verabreichen, die den Mutterschafen nicht zugänglich sind. Anderseits kann aber auch bei normaler Weideleistung Kraftfutter zugefüttert werden, damit die Lämmer das Mastendgewicht in kürzerer Zeit erreichen und sich entsprechend früher vermarkten lassen. Bei der verlängerten Lämmermast wird nicht die hellrote Fleischfarbe mit weißer Fettabdeckung wie bei Schnellmastlämmern erreicht. Bei Weidemastlämmern ist vor allem die Fettfarbe aufgrund der Carotinoidaufnahme über das

Weidegras bräunlich gefärbt. Allerdings wird die Lämmermast in Verbindung mit Weidehaltung gerade in der ökologischen Schafhaltung bevorzugt. Dabei kann mit dem Produktionsverfahren auf der Weide auch eine deutliche Beeinflussung des Fettsäuremusters zugunsten eines höheren Anteils an mehrfach ungesättigten Fettsäuren, wozu auch die konjugierten Linolsäureisomere (CLA) zählen, erreicht werden.

Weidelämmer können auch noch einer Stallendmast zugeführt werden. Dabei ist das Ziel, das Mastendgewicht zu erhöhen und die Schlachtreife zu verbessern. Bei hochwertigem Grundfutter können tägliche Zunahmen bis 200 g angestrebt werden. Diese Leistungen sind realisierbar, ohne dass eine zu starke Verfettung auftritt. Soll ein baldmöglicher Verkauf erfolgen, müssen die Tageszunahmen bei der Stallendmast bei 250–300 g liegen. Die dabei notwendige Erhöhung der Nährstoffkonzentration in der Ration ist nur durch den Einsatz von Kraftfutter zu erreichen. Vor dem Einstallen der Weidelämmer sollte eine Kotuntersuchung auf Parasitenbefall und eine eventuell notwendige Behandlung vorgenommen werden.

9
Pferdefütterung

Das Pferd gehört ebenso wie Rind und Schaf zu den Herbivoren. Cellulosereiche pflanzliche Futtermittel können in den großen Gärkammern von Blinddarm und Grimmdarm mikrobiell aufgeschlossen werden. Im Gegensatz zum Wiederkäuer erfolgt dieser mikrobielle Aufschluss beim Pferd jedoch erst nach der enzymatischen Verdauung im Dünndarm. Je nach der Zusammensetzung des Futters überwiegen deshalb Verdauungs- und Stoffwechselprozesse, die den monogastrischen Tieren oder den Wiederkäuern entsprechen.

9.1
Fütterung von Zug- und Sportpferden

Viele Pferde werden heute außerhalb landwirtschaftlicher Betriebe gehalten. Da der Einsatz wirtschaftseigener Futtermittel dabei oft begrenzt ist, sollen im folgenden neben dem Nährstoffbedarf vor allem auch die verdauungsphysiologischen Unterschiede im Nährstoffabbau bei Grund- und Kraftfutter besprochen werden.

9.1.1 Zur Verdauungsphysiologie der Nährstoffe beim Pferd

Kohlenhydrate

In Rationen mit hohem Anteil leichtverdaulicher Kohlenhydrate wie Zucker und Stärke sind bereits mehr als 70% der Kohlenhydrate absorbiert, bevor der Nahrungsbrei in das Caecum weiterbefördert wird. Der energetische Wirkungsgrad dieser Kohlenhydrate ist beim Pferd somit wesentlich höher als beim Wiederkäuer, da die Energieverluste durch mikrobielle Umsetzungen entfallen. Diese Kohlenhydrate werden als Glucose absorbiert. Der Glucosespiegel im Blut steigt deshalb nach Nahrungsaufnahme innerhalb kurzer Zeit stark an. Im Nüchternzustand bewegt sich der Blutglucosewert zwischen 500–700 mg/l (MEYER und COENEN, 2002) und liegt somit auch deutlich höher als beim Wiederkäuer. Allerdings beeinflussen Stärkeart und -aufbereitungsform, Futtermenge pro Mahlzeit und auftretende Interaktionen zum Grundfutter die praecaecale Verdaulichkeit erheblich. So wird Haferstärke nahezu vollständig im Dünndarm verdaut, während Mais- oder Gerstenstärke nur zu geringen Anteilen im Dünndarm und damit überwiegend im Dickdarm abgebaut wird. Technische Aufbereitung wie Quetschen oder Vermahlen von Gerste und Mais verbessert zwar die Dünndarmverdauung; Verfahren wie Toasten, Expandieren oder Poppen sind jedoch deutlich erfolgreicher.

Foto 9.1-1
Der Energiebedarf von Freizeitpferden ist wesentlich geringer als von Sport- oder Arbeitspferden

Der nichtverdaute rohfaserangereicherte Nahrungsbrei wird im Blinddarm und anschließend im Grimmdarm mikrobiell aufgeschlossen. Cellulose und Hemicellulose werden dabei ebenso wie die noch nicht verdauten restlichen Kohlenhydrate zu Essig-, Propion- und Buttersäure abgebaut, wobei die angeflutete Menge an abbaubarer organischer Substanz und deren zeitlicher Verlauf die Gesamtkonzentration an flüchtigen Fettsäuren bestimmt. Je nach dem Anteil an pflanzlichen Gerüstsubstanzen oder schnell abbaubaren Kohlenhydraten (z. B. Stärke) verändert sich vor allem im Blinddarm nicht jedoch im Grimmdarm das Verhältnis der drei Fettsäuren zueinander. Ähnlich wie beim Wiederkäuer führen steigende Rohfasergehalte zu vermehrten Anteilen an Essigsäure und zu verminderten Propionsäuregehalten. Andererseits führen schnell abbaubare Kohlenhydrate wie Zucker, Stärke, aber auch Fructane u. a. neben der Zunahme von Propionsäure auch zur Erhöhung des Milchsäureanteils und damit zu einem deutlichen pH-Abfall innerhalb des Blinddarms. Dies kann Störungen des mikrobiellen Abbaues, eine Beeinträchtigung der Schleimhaut, Auftreten von Endotoxinen und die Auslösung von Hufrehe hervorrufen. Die flüchtigen Fettsäuren dienen der Energiegewinnung. Die Methanproduktion ist beim Pferd wesentlich geringer als beim Wiederkäuer. Je nach Rationszusammensetzung dürften im Mittel etwa 3–6 % der verdaulichen Energie als Methan verlorengehen.

Die celluloseabbauenden Bakterien des Pferdedickdarms weisen eine deutlich höhere cellulolytische Aktivität auf als die Pansenbakterien des Wiederkäuers. Allerdings ist die Passagerate des Nahrungsbreis im Darmtrakt des Pferdes etwa dreimal so groß wie beim Wiederkäuer; die Rohfaser wird deshalb beim Pferd insgesamt schlechter verdaut. In Rationen mit einem Rohfasergehalt über 15 % ist die entsprechende Verdaulichkeit etwa 25–30 % geringer als bei Wiederkäuern. Insgesamt ist jedoch die Mikrobentätigkeit im Dickdarm neben der Energieversorgung auch für die Synthese wasserlöslicher Vitamine sowie den Elektrolyt- und Wasserhaushalt von herausragender Bedeutung. Daher ist der Anteil an physikalisch richtig strukturiertem Grundfutter in der Gesamtration, die Dauer der Fresszeiten und die damit verknüpfte Einspeichelung sowie die Passagerate hinsichtlich der Dickdarmverdauung zu optimieren. Ein überhöhter Rohfasergehalt in der Gesamtration vermindert allerdings die Verdaulichkeit der Nährstoffe. Eine hohe Aufnahme von gering-

9 Pferdefütterung

Foto 9.1-2
Der Energiebedarf der arbeitenden Zugpferde erweitert sich entsprechend ihrer Arbeitsleistung

verdaulichem Futter wie z. B. Stroh kann überdies zu Obstipationen und damit zu Koliken führen.

Protein

Das Nahrungsprotein wird beginnend im Magen weitgehend im Dünndarm zu Aminosäuren verdaut. Das unverdaute Futterrohprotein wird im Blind- und Grimmdarm von den Mikroorganismen zu Ammoniak, Kohlendioxid und Fettsäuren abgebaut. Im Blind- und Grimmdarm verwenden die Mikroorganismen die N-haltigen Abbauprodukte zum Aufbau ihres Mikrobeneiweißes. Die biologische Proteinqualität kann dadurch im Dickdarm höher liegen als im Futterrohprotein. Eine Nutzung des hochwertigen mikrobiellen Proteins ist jedoch nicht möglich.

Fett

Da der Fettgehalt in den meisten Futtermitteln für Pferde mit Ausnahme von Hafer und Körnermais sehr gering ist, wurde in früherer Zeit dem Fett wenig Beachtung geschenkt. Neuere Untersuchungen zeigen aber, dass pflanzliche Fette eine hohe praecaecale Verdaulichkeit aufweisen. Zulagen pflanzlicher Fette von bis 10 % haben dabei im Mittel eine Gesamtverdaulichkeit von etwa 90 %. Da die Absorption in hohem Maße vor Erreichen des Dickdarms stattfindet, ist eine negative Beeinflussung der Mikroorganismentätigkeit nicht zu erwarten.

9.1.2 Nährstoffbedarf von Zug- und Sportpferden

Eine zu verallgemeinernde Darstellung des Energie- und Nährstoffbedarfs ist für das Pferd außerordentlich schwierig, da Rasse und die damit verknüpften Eigenschaften, vor allem auch Körpergröße, z. B. vom Shetland-Pony bis zum Kaltblut, sowie Nutzungsrichtung

Übersicht 9.1-1

Erhaltungsbedarf von Pferden an verdaulicher Energie und verdaulichem Rohprotein in Abhängigkeit der Lebendmasse

Lebendmasse kg	verd. Energie MJ/Tag	verd. Rohprotein g/Tag
100	19	95
200	32	160
300	43	220
400	54	270
500	64	320
600	73	360
700	82	410

zu deutlichen Unterschieden in der Stoffwechselsituation und dem Energie- und Nährstoffanspruch führen. Der Ausschuss für Bedarfsnormen der Gesellschaft für Ernährungsphysiologie hat Empfehlungen zur Nährstoffversorgung beim Pferd (1994) erarbeitet, die auch als Grundlage zur vorliegenden Bedarfsermittlung dienen. Allerdings werden derzeit diese Empfehlungen überarbeitet. Bisher veröffentlichte Ergebnisse dazu werden vorliegend berücksichtigt.

9.1.2.1 Energiebedarf

Der Energiebedarf des erwachsenen Arbeitspferdes setzt sich aus dem Erhaltungsbedarf und dem Leistungsbedarf für Bewegung und Zug zusammen. Eine genaue Kenntnis des Erhaltungsbedarfs ist in der Pferdefütterung besonders wichtig, da nichtarbeitende Pferde möglichst exakt nach dem Erhaltungsbedarf gefüttert werden sollten. Der Ausschuss für Bedarfsnormen (1994) sieht aufgrund der Ergebnisse verschiedener Arbeitsgruppen eine mittlere Zufuhr von 600 kJ verdaulicher Energie pro kg Lebendmasse^{0,75} und Tag als bedarfsdeckend an. Entsprechend der Lebendmasse ergeben sich die in Übersicht 9.1-1 dargestellten Richtzahlen. Allerdings werden individuelle Einflüsse, zusätzliche Rassemerkmale und Temperament neben Alter, Geschlecht, Haltungsform und Ernährungszustand gewisse Abweichungen bedingen.

Der Ausschuss für Bedarfsnormen der Gesellschaft für Ernährungsphysiologie (2011) hat sich zwischenzeitlich jedoch darauf verständigt, auch beim Pferd den Energiebedarf auf der Grundlage der umsetzbaren Energie (ME) darzustellen (siehe 9.1.3.1). Dabei wird neuerdings hinsichtlich des Erhaltungsbedarfs eine Differenzierung nach Rassen vorgenommen, wobei im Unterschied zum Warmblutpferd Vollblüter einen höheren sowie Ponys und alle anderen Rassen einen niedrigeren Erhaltungsbedarf bezogen auf die metabolische Lebendmasse (kg^{0,75}) haben. Nach KIENZLE et al. (2010) ergibt sich für „in Boxen gehaltenen, normalgewichtigen Pferden mit durchschnittlichem Trainingszustand" ein mittlerer Erhaltungsbedarf beim Warmblut von 520, beim Vollblut von 640, beim Pony von 400 und bei sonstigen Pferderassen von 400–500 kJ umsetzbare Energie pro kg Lebendmasse^{0,75} und Tag. Besonders wichtig ist aber darüber hinaus, dass die auch schon früher angesprochenen Einflussfaktoren auf den Erhaltungsbedarf (GfE, 1994) nun in prozentua-

9 Pferdefütterung

> **Übersicht 9.1-2**
>
> Korrekturfaktoren zum Erhaltungsbedarf von Pferden bei deutlich variierender Haltung sowie unterschiedlichem Trainings- und Ernährungszustand

Einflussfaktoren	Veränderung des Erhaltungsbedarfs
Kälte, Hitze	bis zu 10 % Mehrbedarf
Extreme Witterungsbedingungen und/oder fehlende Adaption	bis zu 20 % Mehrbedarf
Offenstall, Gruppenauslauf, stundenweiser Weidegang, Weidegang auf kleinen Weiden, einzeln oder in Kleingruppen	bis zu 10 % Mehrbedarf
Weidehaltung in einer Herde auf großen Flächen (geländeabhängig, abhängig von Bewegungsanreizen)	bis zu 50 % Mehrbedarf
Sehr guter Trainingszustand	bis zu 15 % Mehrbedarf
Übergewicht	bis zu 10/15 % Minderbedarf

len Zu- und Abschlägen zum Erhaltungsbedarf ausgedrückt werden (Übersicht 9.1-2). Insbesondere größere Abweichungen von einer mittleren Umgebungstemperatur vor allem bei mangelnder Adaptation, das Haltungssystem, der Trainingszustand und Übergewicht verändern den Erhaltungsbedarf. Die Angaben sind angepasst an die jeweilige Situation unter dem Hinweis „bis zu" zu verwenden, wobei nicht jeder kurzfristige Einfluss Berücksichtigung finden muss. Für Pferde ist damit aber auch ein Body Condition Scoring zur Erfassung des Ernährungszustandes von vorrangiger Bedeutung. Die prozentualen Zu- und Abschläge beziehen sich jeweils auf den mittleren rassenspezifischen Erhaltungsbedarf und werden additiv gehandhabt. Insgesamt bedeutet diese Berechnung jedoch, dass der Erhaltungsbedarf im Einzelfall erheblich variieren kann. Demnach kann im Extremen einem übergewichtigen Pony ein Erhaltungsbedarf von 340 kJ ME pro $kg^{0,75}$ und einem in einem sehr guten Trainingszustand befindlichen Vollblüter ein Erhaltungsbedarf von 740 kJ ME pro $kg^{0,75}$ und Tag unterstellt werden (KIENZLE et al. 2010).

Während in früheren Jahren die Zugleistung des Pferdes mehr im Vordergrund stand, äußert sich die Arbeitsleistung heute vor allem beim Reiten des Pferdes. Dabei wird durch Muskelkontraktionen chemische Energie in mechanische Arbeit unter Wärmeproduktion umgesetzt. Der energetische Wirkungsgrad ändert sich für die insgesamt im Stoffwechsel umgesetzte Energie in Abhängigkeit von Bewegungsrichtung und Bewegungsart. Während bei der Bewegung in der Ebene der Nutzeffekt bei etwa 31 % liegt, werden bei sehr anstrengendem Trab bzw. Bewegung mit Anstieg etwa 23 % der Energie ausgenutzt; der Rest geht als Wärme verloren. Aus diesem energetischen Wirkungsgrad und der geleisteten Arbeit lässt sich der Energiebedarf theoretisch berechnen. Demnach ergibt sich für horizontale und vertikale Bewegungen im Schritt, Trab und Galopp ein unterschiedlicher Energiebedarf. In Übersicht 9.1-3 sind für die verschiedenen Bewegungsformen experimentelle Schätzwerte (HINTZ et al., 1971, GfE, 1994) zusammengestellt. Kennt man Dauer und Art der häufig wechselnden Bewegungsabläufe, lässt sich durch Addition der Bedarf errechnen.

In Übersicht 9.1-4 sind unter Berücksichtigung des Erhaltungsbedarfs entsprechende Richtzahlen an verdaulicher Energie für ein Pferd mit 550 kg Lebendmasse errechnet. Dabei wurden für leichte Arbeit bis zu 17, für mittlere Arbeit bis zu 38 und für schwere Arbeit bis zu 67 kJ DE je kg Lebendmasse und Stunde zugrunde gelegt. Neben der Leistungs-

9.1 Fütterung von Zug- und Sportpferden

Foto 9.1-3
Der Futterbedarf von leicht arbeitenden Freizeitpferden wird meist überschätzt

Übersicht 9.1-3

Bedarf an verdaulicher Energie (kJ/kg Lebendmasse/h) für Bewegungsleistungen ohne Erhaltungsbedarf

Schritt	7– 10
leichter Trab	20– 27
schneller Trab, kurzer schneller Galopp	40– 57
Galopp, Springen	80–100
extreme Bewegungsleistung	>100

Übersicht 9.1-4

Richtzahlen zum Leistungsbedarf von Arbeitspferden (einschließlich Erhaltungsbedarf, 550 kg Lebendmasse)

	verd. Energie MJ/Tag	verd. Rohprotein g/Tag
Reitpferde		
leichte Arbeit (2 h/Tag)	75– 87	370–450
mittlere Arbeit (2 h/Tag)	88–110	450–540
schwere Arbeit (2 h/Tag)	111–142	540–700
Rennsport	134–142	670–720
Zugpferde	117–150	570–770

dauer ist jedoch auch der jeweilige Trainingszustand zu berücksichtigen. Vereinfacht wird verschiedentlich auch der Leistungsbedarf in Prozent des mittleren Erhaltungsbedarfs dargestellt. So erhöht sich der Energiebedarf bei leichter Arbeit um bis zu 25 %, bei mittlerer Arbeit um bis zu 50–60 %, bei schwerer Arbeit um bis zu 80–100 % und bei sehr schwerer Arbeit > 100 %.

Als Energielieferanten für die Muskelkontraktion dienen zunächst Blutglucose und Glucose aus Glykogenabbau, die zwar kurzfristig, aber insgesamt nur in relativ geringen Mengen zur Verfügung stehen. Bei Dauerbelastung werden durch Abbau von Fettdepots Fettsäuren freigesetzt, die aber im Vergleich zu Kohlenhydraten eine um etwa 10 % schlechtere Ausnutzung aufweisen.

9.1.2.2 Proteinbedarf

Der Proteinbedarf des Pferdes wird bisher auf der Basis des verdaulichen Rohproteins angegeben (siehe 9.1.1, GfE, 1994). Allerdings ist der Stoffwechsel im Wesentlichen auf die Zufuhr an essenziellen Aminosäuren angewiesen, sodass zur genaueren Beschreibung die Angabe des Aminosäurenbedarfs notwendig ist. Der Ausschuss für Bedarfsnormen arbeitet an dieser Neubewertung. Da die Aminosäurenabsorption nach dem Rohproteinabbau durch körpereigene Enzyme ausschließlich im Dünndarm erfolgt, ist in den eingesetzten Futtermitteln die praecaecale Aminosäurenverdaulichkeit in Analogie zum Schwein und Geflügel zu berücksichtigen (ZEYNER et al. 2010, siehe 9.1.3.1). Für das ausgewachsene Pferd dürfte jedoch die Aminosäurenversorgung mit Ausnahme der laktierenden Stute über die allermeisten Rationen bedarfsdeckend sein.

Wie gerade angesprochen, ist der Bedarf an verdaulichem Rohprotein bzw. an verdaulichen Aminosäuren zur Aufrechterhaltung einer ausgeglichenen Aminosäuren(Stickstoff)bilanz beim ausgewachsenen Tier relativ niedrig. Das Pferd benötigt als Erhaltungsbedarf pro kg Lebendmasse^{0,75} 3 g verdauliches Rohprotein. Ein 500 kg schweres Pferd sollte demnach für die Erhaltung etwa 320 g verdauliches Rohprotein pro Tag aufnehmen (Übersicht 9.1-1). Bei einer ausgeglichenen Grundfutter-Kraftfutter-Ration kann eine Verdaulichkeit des Rohproteins von etwa 60–70 % unterstellt werden.

Die Muskeltätigkeit als Arbeitsleistung ist energieabhängig, erfordert aber auch eine zusätzliche Proteinzufuhr. Mit Aufnahme des Trainings nimmt nämlich das Muskelwachstum stark zu. Außerdem ist eine erhöhte Energieumsetzung mit einer verstärkten Enzymaktivität verbunden. Auch die Erregbarkeit des Nervensystems soll durch eine hohe Proteinaufnahme verbessert werden. Weiterhin entstehen erhebliche zusätzliche Stickstoffverluste über die Schweißabsonderung und über erhöhte Darmzellverluste. Auch benötigen die Mikroorganismen des Dickdarms für ein ausreichendes Wachstum ein ausgeglichenes Energie-Stickstoff-Verhältnis. Für die einzelnen Leistungsstufen von leichter, mittlerer und schwerer Arbeit sollte daher die Proteinzufuhr pro Tag etwa um 100 g verdauliches Rohprotein erhöht werden (siehe Übersicht 9.1-4). Das Verhältnis von verdaulichem Rohprotein zu verdaulicher Energie bleibt daher insgesamt in etwa konstant und beträgt etwa 5 g verdauliches Rohprotein pro MJ verdauliche Energie. Das ausgewachsene Pferd ist dabei weitgehend unabhängig von der Qualität des zugeführten Eiweißes. Praktische Rationen für Arbeitspferde werden aufgrund der Rohproteingehalte in den Einzelkomponenten den Bedarf an verdaulichem Rohprotein zumeist überschreiten. Nach MEYER und COENEN (2002) ist eine gegenüber dem Erhaltungs- bzw. Leistungsbedarf etwa dreifach bzw. zweifach erhöhte Proteinzufuhr ohne größere Stoffwechselbelastung tolerierbar.

9.1.2.3 Mineral- und Wirkstoffbedarf

Mengen- und Spurenelemente

Die Versorgung des Pferdes mit Calcium und Phosphor für ein kräftiges, gut ausgebildetes Skelett spielt für den gesamten Bewegungsablauf eine überragende Rolle. Von den Mengenelementen werden aber auch noch Leistungseigenschaften, die insbesondere für Zug- und Sportpferde zutreffen, wie die Erregbarkeit der Nerven, die Muskelkontraktionen, die Bereitstellung energiereicher Phosphate u. a. beeinflusst (siehe auch 5.1.2). Richtzahlen für den Bruttobedarf der Mengenelemente zur Deckung des Erhaltungsbedarfs erwachsener Pferde sind in Übersicht 9.1-5 zusammengestellt. Dabei wurde von einer täglichen endogenen Ausscheidung eines 550 kg schweren Pferdes von 16,5 g Calcium, 6,6 g Phosphor, 3,9 g Magnesium, 9,9 g Natrium, 22 g Kalium und 2,8 g Chlor sowie einer mittleren Absorption von 60 % bei Calcium, 40 % bei Phosphor, 35 % bei Magnesium, 90 % bei Natrium, 80 % bei Kalium und 100 % bei Chlor ausgegangen (GfE, 1994). Bei älteren Pferden sollte auf eine bedarfsdeckende Versorgung besonders geachtet und diese evtl. sogar geringfügig erhöht werden, da die Absorptionsrate und die schnelle Mobilisierung aus dem Skelett vermindert sind. Das Ca:P-Verhältnis sollte im Bereich von 1,5–2:1 liegen. Während ein Ca-Überschuss, etwa bei einem Ca:P-Verhältnis von 3–5:1 kurzfristig ohne Schäden toleriert wird, reagiert das Pferd auf ein zu enges Ca:P-Verhältnis von weniger als 1:1 sehr empfindlich. Hält die relative Unterversorgung an Calcium längere Zeit an, führt dies zur Demineralisierung der Knochen mit erheblichen Störungen am Bewegungsapparat.

Der Leistungsbedarf an Mengenelementen liegt mit Ausnahme von Natrium, Kalium und Chlor nur geringfügig über dem in Übersicht 9.1-5 aufgezeigten Erhaltungsbedarf. Dabei wird der Mehrbedarf in erster Linie von der Schweißabsonderung beeinflusst. Schweißmenge und -zusammensetzung sind dazu in Übersicht 9.1-6 zusammengestellt (MEYER, 1990). Während pro Stunde nur geringe Mengen an Calcium, Phosphor bzw. Magnesium ausgeschwitzt werden, liegt die Na-, K-, Cl-Ausscheidung insbesondere bei hohen Umgebungstemperaturen wesentlich höher. Bei leichter und mittlerer Belastung steigt deshalb der in Übersicht 9.1-5 aufgezeigte Na-Bedarf bis 40 g an und dürfte bei höherer Belastung

Übersicht 9.1-5

Richtwerte zum Bedarf an Mengenelementen und fettlöslichen Vitaminen je Pferd und Tag (550 kg Lebendmasse)

	Erhaltungsbedarf	Bedarf bei mittlerer Arbeit
Calcium	27,5 g	29 g
Phosphor	16,5 g	17 g
Magnesium	11,0 g	12 g
Natrium	11,0 g	40 g
Kalium	27,5 g	46 g
Chlor	44,0 g	95 g
Vitamin A	30.000–50.000 I. E.	
Vitamin D	3.000– 5.000 I. E.	
Vitamin E	500– 1.100 mg	

Übersicht 9.1-6

Schweißmenge und -zusammensetzung bei Pferden

	Schweißmenge kg/100 kg Lebendmasse	Schweißzusammensetzung g/kg			
Geringe Arbeit (1 h)	0,3	Calcium	0,12	Natrium	3–4
Mittlere Arbeit (1 h)	0,6	Phosphor	<0,01	Kalium	1,5–2
Schwere Arbeit (1 h)	1–2	Magnesium	0,05	Chlor	5,5

Übersicht 9.1-7

Richtwerte zum Spurenelementbedarf von Pferden in verschiedenen Leistungsstadien (Angaben in mg/kg Futter-T der Gesamtration)

	Fohlen	Zuchtstuten	Reitpferde
Eisen	80–100	80	60–80
Kupfer	8–12	10	8–10
Zink	50	50	50
Mangan	40	40	40
Kobalt	0,05–0,1	0,05–0,1	0,05–0,1
Selen	0,15–0,2	0,15–0,2	0,15–0,2
Jod	0,10–0,2	0,10–0,2	0,10–0,2

noch darüber liegen. Fehlende Na-Ergänzung führt bald zu Ermüdung und Überhitzung. Es empfiehlt sich deshalb eine ständige Versorgung an Natrium über Lecksteine oder Viehsalz. Für den Säure-Basen-Haushalt des Pferdes haben neben dem Natrium auch Kalium und als Anion das Chlor erhebliche Bedeutung. Turnierpferde verdienen hinsichtlich der Elektrolytversorgung in Verbindung mit einer ausreichenden Wasseraufnahme besondere Aufmerksamkeit. Eine forcierte Salzzufuhr in Verbindung mit Heu und Krippenfutter etwa vier Stunden vor einem Start werden empfohlen (MEYER und COENEN, 2002).

Richtwerte zum Spurenelementbedarf von Pferden sind in Übersicht 9.1-7 gegeben. Diese Angaben sind vor allem für Eisen, Kupfer und Selen für wachsende Pferde und Zuchtstuten gegenüber dem Reitpferd etwas erhöht.

Vitamine

Mangelerscheinungen an fettlöslichen Vitaminen sind beim ausgewachsenen Pferd selten. Dagegen treten in den Winter- und Frühjahrsmonaten sowie bei ganzjähriger Stallhaltung suboptimale Versorgungszustände häufiger auf. Richtwerte für den Bedarf an fettlöslichen Vitaminen sind in Übersicht 9.1-5 zusammengestellt. Vitamin-D-Gaben, die das fünf- bis zehnfache der Versorgungsempfehlung übersteigen, sind unbedingt zu vermeiden, da das Pferd gegenüber hoher Vitamin-D-Zufuhr mit erheblichen Gesundheitsstörungen reagiert. Der Vitamin E-Bedarf hängt sehr stark von der Zusammensetzung der Ration

Übersicht 9.1-8
Tägliche Wasserzufuhr bei Heu-Kraftfutterrationen

	l je 100 kg Lebendmasse	l je Pferd (550 kg Lebendmasse)
Fohlen (7.–12. Lebensmonat)	7–10	20–29
Reitpferde		
Erhaltung	3–5	16–28
leichte Arbeit	5–7	28–39
schwere Arbeit	7–10	39–55
Stuten (laktierend)	7–10	39–55

(siehe 5.3.2) und der Leistung des Pferdes ab. Bei Hochleistungspferden wird eine Verdoppelung der Zufuhr empfohlen.

Die wasserlöslichen Vitamine der B-Gruppe können von den Mikroorganismen im Dickdarm des Pferdes synthetisiert werden. Voraussetzung ist jedoch, dass die Mikroorganismen optimal wachsen. Verdauungsstörungen, krasse Futterumstellungen, einseitige Fütterung, insbesondere von Kraftfutter oder schlechtem Raufutter, mindern diese Synthese sehr stark. Hinzu kommt, dass die Absorptionsrate im Dickdarm relativ gering sein dürfte. Die Richtwerte für den Bedarf des Organismus an diesen Vitaminen schwanken deshalb auch sehr. Die Gefahr einer mangelnden Versorgung ist am ehesten im Rennsport gegeben. Dies gilt vor allem für das Vitamin B_1, das in den Kohlenhydratstoffwechsel eingreift, aber auch für Riboflavin und Pantothensäure. Biotin kann bei hoher und langfristiger Dosierung von etwa 15–20 mg pro Pferd und Tag zu einer Verbesserung der Hufqualität beitragen.

9.1.2.4 Wasser

Eine ausreichende Wasserversorgung ist Bestandteil einer ordnungsgemäßen Rationsgestaltung. Die Zufuhr hygienisch einwandfreien Wassers sollte möglichst zur freien Aufnahme über Selbsttränken erfolgen (siehe 3.1 und 11.2). Ein besonders hoher Wasserbedarf entsteht bei arbeitenden Pferden oder bei hohen Umgebungstemperaturen. Die Wasserabgabe erfolgt renal bei gleichzeitiger Ausschleusung von Endprodukten des Proteinabbaus und überschüssigen Elektrolyten, über den Kot, über den Schweiß (siehe Übersicht 9.1-6) oder über die Milch. Der Kot weist je nach Rationszusammensetzung bei normaler Konsistenz 60 bis 80 % Wasser auf. Auch über das Futter (z. B. Weidegras, Futterrüben) können erheblich Wassermengen aufgenommen werden. Unter Einbeziehung der Rationskomponenten wird eine Wasserzufuhr von etwa 3,0–3,5 l pro kg Futtertrockenmasse als notwendig erachtet. In Übersicht 9.1-8 sind einige Angaben in Anlehnung an MEYER und COENEN (2002) zusammengestellt.

9.1.3 Praktische Fütterungshinweise

Grundlage einer optimierten Rationsgestaltung sind zum einen die Versorgungsempfehlungen hinsichtlich einer bedarfsorientierten Energie- und Nährstoffzufuhr, zum anderen ergeben sich weiter Ansprüche des Verdauungssystems an die strukturelle und auch hygienische Beschaffenheit des Futters. Daraus leitet sich die Rationszusammensetzung in ihren relativen Anteilen an Grundfutter, Kraftfutter und Mineralfutter ab. Für eine ausreichende Kautätigkeit, Speichelbildung, Versorgung des Dickdarms mit pflanzlichen Gerüstsubstanzen, ein Sättigungsgefühl und letztendlich eine entsprechende Beschäftigung ist eine Mindestanteil an strukturiertem Grundfutter z. B. in Form von Heu, Silagen oder als Weidefutter notwendig. Die Richtwerte dazu schwanken je nach Autorengruppe (MEYER und COENEN, 2002, DLG, 2003) von 0,6–1,0 kg Trockenmasse/100 kg Lebendmasse. Daraus errechnen sich beispielsweise bei Unterstellung eines mittleren Richtwertes eine Grundfuttermenge von 5 kg Heu für ein Reitpferd mit 550 kg Lebendmasse als Rationsanteil als notwendig. Allerdings ist der Grundfutteranteil stets im Kontext aller weiteren Einzelkomponenten der Gesamtration, der Fütterungstechnik, des Haltungsverfahrens (z. B. Stroheinstreu – strohlos) und der Leistungsrichtung bzw. Rasse zu sehen.

9.1.3.1 Futterbewertung und Futteraufnahme

Eine traditionsgebundene Pferdefütterung bevorzugt die Heu-Hafer-Fütterung. Allerdings können unter Beachtung von Nährstoffzusammensetzung, hygienischer Beschaffenheit oder futtermitteltechnologischer Bearbeitung sehr unterschiedliche Einzelfuttermittel in der Rationsgestaltung berücksichtigt werden. Grundlage sind zunächst die Rohnährstoffgehalte und deren Verdaulichkeiten unter Einbeziehung der Gehalte an Stärke sowie an verdaulicher Energie (siehe DLG-Futterwerttabelle, 1994). Dabei kann der Gehalt an verdaulicher Energie in Einzel- oder Mischfuttermitteln sowie in der Gesamtration auch anhand einer Schätzgleichung (GfE, 2003) unter Berücksichtigung der Rohnährstoffgehalte wie folgt berechnet werden:

$$\begin{aligned} DE\ (MJ/kg\ T) = \ & -3{,}54 + 0{,}0209 \times XP\ (g/kg\ T) \\ & + 0{,}0420 \times XL\ (g/kg\ T) \\ & + 0{,}0001 \times XF\ (g/kg\ T) \\ & + 0{,}0185 \times XX\ (g/kg\ T) \end{aligned}$$

Die Schätzgleichung ist nicht anzuwenden bei sehr rohfaserreichen Futtermitteln bzw. Rationen (> 35 % XF i. d. T) und sehr fettreichen Varianten (> 8 % XL i. d. T).

Da allerdings zukünftig der Energiebedarf auch bei Pferden auf der Basis der umsetzbaren Energie angegeben wird (siehe 9.1.2.1), sind ausgehend von der verdaulichen Energie entsprechende Korrekturen in der Futterbewertung vorzunehmen. Die verdauliche Energie mindert sich im Wesentlichen um die Fermentationsverluste (Methan) im Dickdarm und die renalen Verluste bei Ausscheidung N-haltiger Substanzen (siehe 4.2.2). Damit ergeben sich vor allem in Abhängigkeit des Anteils an pflanzlichen Gerüstsubstanzen und an Rohprotein in einem Futtermittel größere Unterschiede zwischen verdaulicher und umsetzbarer Energie. In einer neueren Arbeit haben KIENZLE und ZEYNER (2010) diese Verluste mit einer Minderung von 0,002 MJ pro g Rohfaser und 0,008 MJ pro g Rohprotein quantifiziert. Vereinfacht lässt sich demnach der Gehalt an umsetzbarer Energie eines Futtermittels wie folgt berechnen:

$$ME\ (MJ/kg) = DE\ (MJ/kg) - 0{,}008\ (MJ) \times XP\ (g/kg) - 0{,}002\ (MJ) \times XF\ (g/kg)$$

Unter Berücksichtigung der Schätzgleichung zur Ermittlung der verdaulichen Energie (siehe oben) haben sie weiterhin auch eine angepasste Gleichung für die umsetzbare Energie auf der Basis der Rohnährstoffe vorgeschlagen:

$$ME\ (MJ/kg\ T) = \ -3{,}54 + 0{,}0129 \times XP\ (g/kg\ T)$$
$$+ 0{,}0420 \times XL\ (g/kg\ T)$$
$$- 0{,}0019 \times XF\ (g/kg\ T)$$
$$+ 0{,}0185 \times XX\ (g/kg\ T)$$

Hinsichtlich des Proteinbedarfs sollen die praecaecal verdaulichen Aminosäuren berücksichtigt werden, sodass auch dazu zukünftig eine genauere Beschreibung der Futtermittel notwendig ist (siehe 9.1.2.2). Dies setzt zunächst Kenntnisse über die Aminosäurengehalte in den Futtermitteln, aber auch eine Einstufung der Verdaulichkeit des Rohproteins bzw. der Aminosäuren im Dünndarm voraus.

Pferde nehmen bei Weidehaltung Futter in kleinen Portionen tag- und nachtaktiv über sehr lange Fresszeiten auf und können so über die Höhe der Nahrungsaufnahme die Energiezufuhr regulieren. Demgegenüber wird bei Stallhaltung das Grundfutter und vor allem das Kraftfutter restriktiv vorgelegt, sodass entsprechende Futterwägungen Kenntnisse über die Höhe des Verzehrs die Rationsgestaltung erleichtern könnten. Eine sehr grobe Annäherung hinsichtlich einer mittleren Futteraufnahme (in kg Trockenmasse) ist mit der Angabe von 2 % der Lebendmasse gegeben, auf deren Angabe die Versorgungsempfehlungen der Spurenelemente und einiger Vitamine beruhen. Allerdings wird die Höhe der Futteraufnahme wesentlich von der Lebendmasse (Rasse) und der Leistung des Pferdes bestimmt

Übersicht 9.1-9

Mittlere tägliche Futteraufnahme (Trockenmasse) von Pferden in Abhängigkeit von Lebendmasse und Leistung (Angaben in % der Lebendmasse)

Lebendmasse, ausgewachsen kg	Erhaltung	Arbeit	Trächtigkeit (10./11. Monate)	Laktation	Wachstum (Lebensmonat)		
					3.–6.	7.–12.	13.–24.
200	1,3–1,6	1,8–2,9	1,9–2,1	2,4–3,0	2,8–3,2	2,6–3,0	2,1–2,5
400	1,2–1,4	1,5–2,4	1,6–1,8	2,0–2,5	2,0–2,5	1,8–2,2	1,6–1,8
600	1,1–1,3	1,4–2,2	1,4–1,5	1,8–2,3	1,9–2,2	1,8–2,0	1,5–1,7

> **Foto 9.1-4**
> Bei starker Arbeitsbelastung muss Pferden in Weidehaltung ein energiereiches Kraftfutter zugefüttert werden

(siehe Übersicht 9.1-9, GfE, 1994). Darüber hinaus können jedoch spezifische Eigenschaften des Futters (z. B. Geruch, Geschmack, Konsistenz u. a.) den Verzehr erheblich variieren.

9.1.3.2 Grundfutter

Weide- und Grünfutter

Der Weidegang gehört zu den natürlichsten Haltungsformen des Pferdes, da neben der selbstständigen Futtersuche auch eine ausreichende Bewegung sichergestellt ist. Die aufgenommene Futtermenge auf der Weide wird vor allem durch das Futterangebot und die Länge der Beweidungszeiten bestimmt. Zug- und Sportpferde sollten jedoch täglich nicht mehr als 30–40 kg Weide- oder Wiesengras aufnehmen. Da Weidefutter ein hochverdauliches, rohproteinreiches Futter mit einem weiten Verhältnis von verdaulichem Rohprotein zu verdaulicher Energie darstellt, wird damit der Erhaltungsbedarf an verdaulicher Energie zwar zumeist gedeckt, während die Versorgung mit verdaulichem Rohprotein weit über das Doppelte des Bedarfs hinausgeht. Bei stärkerer Arbeitsbelastung muss deshalb energiereiches Kraftfutter (Getreide) beigefüttert werden (Übersicht 9.1-10). Die gleichzeitige Beifütterung geringer Mengen Heues (z. B. etwa 1–2 kg) in Verbindung mit den Kraftfuttergaben hat sich bewährt. Allerdings wird dann die Weidefutteraufnahme eher eingeschränkt. Auch bei Pferden, die in intensivem Training bzw. unter starker Belastung stehen (= schwere Arbeit), dürfte die Weidefutteraufnahme eher gering sein. Eine Versorgung mit Futterkonserven ist daher zu bevorzugen, um eine gleichmäßige Nährstoffversorgung zu gewährleisten.

Der hohe Rohproteinüberschuss auf der Weide zeigt, dass an Pferde keineswegs zu junges, rohproteinreiches und rohfaserarmes Weidegras verfüttert werden soll. Geeignete Weideführung verlangt aber auch, dass kein überständiges Grüngut angeboten wird. Für Pferde haben sich deshalb Umtriebsweiden als günstig erwiesen, wobei mit einer Besatzdichte von etwa 5 Pferden je ha gerechnet wird. Dabei ist die Forderung nach großer Weidefläche für Pferdeweiden noch erfüllt. Standweiden zeigen häufig starke Verbissschäden und Narben-

Foto 9.1-5

Wird das Pferd im Stall gehalten, kann anstelle des Weidegangs auch Wiesengras, Luzerne oder Rotklee vorgelegt werden

Übersicht 9.1-10

Kraftfutterbeifütterung von Pferden (550 kg Lebendmasse) bei Weidegang

leichte Arbeit (2 h/Tag)	1–2 kg pro Tag
mittlere Arbeit (2 h/Tag)	2–4 kg pro Tag*
schwere Arbeit (2 h/Tag)	4–6 kg pro Tag*

plus Raufutterergänzung

verletzungen. Für Pferdeweiden empfiehlt sich deshalb auch häufiger Nutzungswechsel. Der Flächenbedarf liegt bei Standweiden mit 2–4 Pferden pro ha und Vegetationsperiode auch relativ hoch. Das gleichzeitige Mitbeweiden von einzelnen Rindern in Pferdegruppen bzw. der Wechsel von Rinder- und Pferdeweiden hat sich ebenfalls gut bewährt. Bei abnehmender Weideleistung (Herbst) muss zusätzlich Grund- bzw. Kraftfutter beigefüttert werden.

Anstelle des Weidegangs können dem Pferd im Stall auch Wiesengras, Luzerne oder Rotklee vorgelegt werden. Allerdings ist die Futtermenge bei den Leguminosen auf 20–25 kg pro Pferd (550–600 kg Lebendmasse) und Tag zu begrenzen. Klee-Gras-Gemische sind dabei günstiger zu beurteilen als reiner Klee. Frisch gemähtes Grüngut darf sich bei der Lagerung nicht erwärmen, da seine Verfütterung sehr leicht zu Fehlgärungen im Verdauungstrakt des Pferdes und damit zu Blähungen führt. Auch überständiges Leguminosengrüngut sollte wegen Kolikgefahr nicht im Pferdestall eingesetzt werden. Schwedenklee und Inkarnatklee dürfen nach MEYER (1995) ebenfalls nicht in größeren Mengen an Pferde verfüttert werden.

Der Übergang von der Winterfütterung zur Weide- und Grünfütterung sollte auch beim Pferd allmählich erfolgen. Eine entsprechende Vorbereitungsfütterung – falls möglich mit größeren Mengen Silage und allmählich steigenden Mengen an frischem Grünfutter – hat sich bewährt. Die Weidezeiten sind deshalb auch zunächst nur kurz zu bemessen; sofortiges ganztägiges Weiden führt zu Verdauungsstörungen, da sich vor allem die Mikroorganismen dem veränderten Nährstoffangebot nicht so schnell anpassen können. Auch besteht durch eine plötzliche Futterumstellung die Gefahr des Auftretens von Hufrehe, wobei diese Krankheit mit dem übermäßigen Angebot von leicht löslichen Kohlenhydraten, die in den Blinddarm gelangen und dort intensiv mikrobiell abgebaut werden, in Verbindung zu bringen ist. Entsprechende Raufuttergaben sollten in jedem Fall zu Weidebeginn, evtl. auch über die gesamte Weideperiode, beibehalten werden. Die bessere Nährstoffversorgung über das Grundfutter kann durch eine geringfügige Reduzierung des Kraftfutters ausgeglichen werden.

Silagen

Silagen von Gras, Leguminosen und Mais können ohne weiteres an Pferde verfüttert werden. Allerdings muss dieses Saftfutter von einwandfreier Qualität sein. Bei Gras soll es sich dabei um Anwelksilage mit T-Gehalten von etwa 38–48 % handeln. Maissilage sollte einen T-Gehalt von 30–33 % aufweisen. Bei Schnitt und Werbung des Grüngutes sind Verunreinigungen mit erdigen Bestandteilen möglichst zu vermeiden. Silobehälter sind zügig zu befüllen. Das Siliergut ist stark zu verdichten. Die Silobehälter sind unmittelbar nach der Befüllung sorgfältig abzudecken. Der sichere Einsatz von Silage aus Flach- und Hochsilos setzt allerdings größere Pferdebestände oder die gleichzeitige Verabreichung an andere Tierarten voraus. Eine Nacherwärmung mit entsprechenden hygienischen Mängeln der Silage lässt sich nur vermeiden, wenn stets eine größere Futtermenge mit einem ausreichenden Vorschub aus dem Silobehälter entnommen wird. Allerdings hat die neue Verfahrenstechnik zur Erstellung von Grassilage in folienverpackten Rundballen oder Quaderballen den Einsatz in der Pferdefütterung erheblich erleichtert. Da damit kleinere Futtermengen zur Verfügung stehen, wird eine schnelle Verfütterung auch mit wenigen Pferden erreicht. Die Siliertechnik mit einer starken Verdichtung des Siliergutes und ein einwandfreier, luftdichter, mehrfacher Folienverschluss erfordern jedoch stets größte Sorgfalt. Bei hohem Pressdruck können auch Silagen mit sehr hohen T-Gehalten von 65–75 % erstellt werden, die als „Haylage" bezeichnet und sehr gern gefressen werden. Für den Konservierungserfolg von Haylage ist nochmals auf die notwendige hohe Verdichtung und den luftdichten Abschluss hinzuweisen, um die Gefahr von Schimmelnestern zu vermeiden. Auch bei Transport und Lagerung dürfen keinerlei Folienverletzungen vorkommen. Für eine erfolgreiche Silierung und Konservierung ist ein sehr später Schnittzeitpunkt des Grüngutes weniger geeignet. Wie neuere Untersuchungen (SCHLEGEL et al. 2008, SENCKENBERG et al. 2010) von Haylage pferdehaltender Betriebe zeigen, schwanken Futterwert und Futterqualität noch erheblich trotz zunehmender Einsatzhäufigkeit.

Silagen von Grüngut können in Kombination mit Heu oder als alleiniges Grundfutter an Pferde verfüttert werden. Auch bei Silagen wird der Schnittzeitpunkt die Höhe des Energiegehalts wesentlich beeinflussen. Tägliche Futtermengen T-reicher Haylage von 10–12 kg, bei Anwelksilage im Bereich von 15–17 kg decken in etwa den mittleren Erhaltungsbedarf

Übersicht 9.1-11

Beispiele für die Pferdefütterung (mittlerer Erhaltungsbedarf, 550 kg Lebendmasse, Rasse Warmblut), kg Futtermittel je Tag

Futtermittel	Rationen						
	I	II	III	IV	V	VI	VII
Wiesenheu	4	–	–	9,5	6	4	–
Leguminosenheu	–	–	3,5	–	–	2,5	–
Grassilage (45 % T)	9	16	–	–	–	–	–
Maissilage (32 % T)	–	–	12	–	–	–	–
Haylage (70 % T)	–	–	–	–	–	–	11
Kraftfutter	–	–	–	–	2	2	–

eines Warmblutpferdes mit 550 kg Lebendmasse (Übersicht 9.1-11). Grassilage oder Haylage als alleiniges Grundfutter empfiehlt sich insbesondere bei staubalergischen Pferden. Um die Pferde an die Silage zu gewöhnen, wird die Menge nur langsam gesteigert. Bei der Futtervorlage ist stets auf einen vollständigen Verzehr zu achten, da Futterreste rasch verderben. Die Verfütterung von Maissilage und Leguminosensilage ist grundsätzlich möglich, aber in der Praxis wenig verbreitet. Maissilagen sind energiereich und proteinarm, während Leguminosensilagen rohproteinreich sind. Auch bei Grassilagefütterung ist die Rohproteinzufuhr reichlich. Alle Silagen können bei reduzierter Vorlagehöhe mit Heu ergänzt werden. Anstelle von Heu kann auch Stroh zur Sättigung eingesetzt werden, wobei die Strohmenge auf etwa 2 bis 3 kg pro Pferd (500–600 kg Lebendmasse) zu begrenzen ist. Bei Pferden in Arbeit wird energiereiches Kraftfutter entsprechend der in Übersicht 9.1-10 aufgeführten Menge beigefüttert.

Raufutter

Als Raufutter werden dem Pferd Wiesen- und Leguminosenheu angeboten. Der Futterwert des Heues unterliegt je nach der botanischen Zusammensetzung, dem Schnittzeitpunkt und der Sorgfalt beim Ernteverfahren erheblichen Schwankungen. Bei spätem Schnitt oder schlechter Werbung steigt der Rohfasergehalt, die Verdaulichkeit der Nährstoffe sinkt. Wird überwiegend solches Heu als Grundfutter eingesetzt, muss zum Ausgleich mehr Kraftfutter gegeben werden. Dabei darf frisch geerntetes sowie verdorbenes Heu (z. B. durch Schimmel oder hohen Staubanteil) unter keinen Umständen an Pferde verfüttert werden, da dies Verdauungsstörungen, Koliken oder eine Belastung der Atemwege verursacht.

Zur Deckung des Erhaltungsbedarfs sind in Übersicht 9.1-11 einige Rationsbeispiele mit Heu von mittlerer bis guter Qualität zusammengestellt. Kombinationen von Wiesen- und Leguminosenheu werden sehr gerne aufgenommen. Der Bedarf an verdaulichem Rohprotein wird stets gedeckt. Zusätzliche Leistungen sind durch Beifütterung von energiereichen Getreidemengen zu erzielen (Übersicht 9.1-10). Bei stärkerer Belastung wird die Heumenge zugunsten des Kraftfuttereinsatzes etwas zurückgenommen. Große Heumengen erfordern lange Fresszeiten und liefern nur wenig schnell verfügbare Energie.

Neben der reinen Nährstoffversorgung kommen dem Raufutter auch Aufgaben im Zusammenhang mit einem gesunden Mikroorganismenwachstum, dem Speichelfluss, der

> **Foto 9.1-6**
> Stroh wird nicht nur als Einstreu genutzt, teilweise lässt sich Heu auch durch sachgerecht geerntetes Stroh als Raufutter ersetzen

Darmperistaltik, der Passagerate und der Sättigung zu. Deshalb sollte auch jedem Pferd (550 kg Lebendmasse) bei Stallhaltung täglich eine Mindestmenge von etwa 4–6 kg Raufutter vorgelegt werden. Bei sachgerechtem Einsatz übernimmt das Raufutter im Wesentlichen strukturelle Aufgaben im Verdauungstrakt, in solchen Fällen kann deshalb der Rohfasergehalt auch wesentlich höher sein. Je stärker jedoch das Heu an der Gesamtration beteiligt ist, desto mehr ist auch auf einen höheren Energiegehalt zu achten. Gerade in Rationen für Hochleistungspferde spielt das Heu eine herausragende Rolle und sollte in möglichst hohen Anteilen enthalten sein. Für strukturelle Aufgaben im Verdauungstrakt lässt sich Heu auch durch Stroh ersetzen. Allerdings ist der Futterwert aufgrund des hohen Rohfasergehaltes (bis zu 45 % in der Trockenmasse) gering. Der Strohanteil an der Gesamtration ist daher auf 2–3 kg zu begrenzen. Gersten- und Haferstroh sind Weizen- und Roggenstroh vorzuziehen. Auf keinen Fall darf verunreinigtes, staubiges, verschimmeltes oder feuchtes Stroh verfüttert oder eingestreut werden; Einstreu wird häufig auch zur Sättigung aufgenommen. Das Häckseln von Stroh und Heu und das Vermischen mit Getreide wird heute aus arbeitswirtschaftlichen Gründen meist unterlassen. Auch heißluftgetrocknete Cobs oder Briketts, bei denen die physikalische Struktur des Raufutters weitgehend erhalten ist, eignen sich zum Einsatz bei Pferden. Da mit diesem Futter mikrobielle Störungen noch am wenigsten zu erwarten sind, Cobs und Briketts zudem einen hohen Nährstoffgehalt aufweisen, können sie als alleiniges Futter eingesetzt werden. Dies ist insbesondere bei älteren Pferden mit Zahnproblemen zu empfehlen. Ähnlich zu beurteilen sind Futtermittel aus gehäckseltem Raufutter, die mit Getreide (Hafer, Gerste, Körnermais), Weizenkleie und Melasse zu Briketts verpresst sind.

Die Mengenangaben in den Rationen der Übersicht 9.1-11 beziehen sich auf den mittleren Erhaltungsbedarf (550 kg Lebendmasse) der Rasse Warmblut. Da der Erhaltungsbedarf sich anhand der neueren Auswertungen (siehe 9.1.2.1) rassenspezifisch orientiert, ergeben sich jedoch lebendmasse- und rassenbedingt größere Unterschiede in den Zuteilungsmengen. Überdies können auch in Abhängigkeit von Witterung, Haltungsverfahren, Trainingszustand und Körperkondition (siehe Übersicht 9.1-2) erhebliche Abweichungen in der Höhe der Futter(Energie)Zufuhr notwendig werden.

Hackfrüchte

Aufgrund ihres relativ hohen Gehaltes an leichtverdaulichen Kohlenhydraten können Kartoffeln, Zuckerrüben, Massenrüben und Karotten als Saftfuttermittel an Pferde verfüttert werden. Das Pferd verwertet dieses Futtermittel aufgrund der enzymatischen Verdauung im Dünndarm sehr gut. Allerdings sind Hackfrüchte sehr wasserreich und voluminös, arm an Rohfaser und Protein; deshalb sind sie in Kombinationen mit Luzerne- und Kleeheu besonders geeignet. Der Einsatz von Hackfrüchten ist sehr aufwendig, da die Früchte nur sauber gewaschen, frei von erdigen Bestandteilen und gut zerkleinert bzw. gemust zu verfüttern sind. Kartoffeln können roh oder gedämpft eingesetzt werden. Praxisüblich ist heute nur noch die Verfütterung von Karotten. Maximale Mengen von täglich 10 bis 15 kg sind möglich. Üblicherweise werden jedoch nur kleine Mengen verabreicht, die dann auch nur einen sehr geringen Beitrag zur Nährstoffversorgung leisten.

9.1.3.3 Kraftfutter

Pferde müssen durch Training in gute Kondition gebracht werden und dürfen dabei nicht zu fett sein. Überfütterung kann außerdem zu den verschiedensten Störungen führen. Die Fütterung der Pferde hat sich deshalb ausschließlich nach der Leistungsbeanspruchung zu richten. Der Erhaltungsbedarf sollte dabei stets durch die Zufuhr von strukturiertem, rohfaserreichem Futter sichergestellt sein. Die Zufütterung des Kraftfutters (Krippenfutters) hat entsprechend der Beanspruchung im Reit- und Rennsport bzw. bei Zugleistungen zu erfolgen. In Übersicht 9.1-10 sind für verschiedene Leistungen die notwendigen Kraftfuttermengen zusammengestellt. Diese Kraftfuttermengen lassen sich bei leichter Arbeitsbelastung durch stärkeren Einsatz von Grundfutter verringern, wobei etwa 1,5–1,7 kg gutes Heu notwendig sind, um 1 kg Kraftfutter einzusparen. Für dieses Kraftfutter sind ein Energiegehalt von 11,3 MJ verdauliche Energie (bzw. 10,5 MJ umsetzbare Energie) je kg und 7,0 % verdauliches Rohprotein zugrunde gelegt. Der in der Pferdefütterung so beliebte Hafer erreicht in etwa diese Gehaltswerte. Hafer lässt sich jedoch durch andere Getreidekörner ersetzen. Allerdings ist die maximale Einsatzmenge pro Pferd und Mahlzeit gegenüber Hafer um etwa ein Drittel zu reduzieren. Dabei ist jedoch die technische oder futtermitteltechnologische Aufbereitung (Quetschen, Vermahlen oder Extrudieren, Poppen u.a.) miteinzubeziehen, um eine möglichst hohe Stärkeverdauung im Dünndarm und nur eine geringe Stärkeanflutung im Dickdarm zu erreichen (siehe auch 9.1.1). Mais und Gerste sind jedoch energiereicher als Hafer und eignen sich daher vor allem bei stärkerer Belastung der Pferde als wertvolle Kraftfutterkomponenten. Weizen und Triticale können zwar grundsätzlich ebenfalls an Pferde verfüttert werden, ihr Anteil ist insbesondere bei Weizen aufgrund des Klebereiweißes stark einzuschränken. Demgegenüber ist Weizenkleie als energieärmeres Mühlennachprodukt in Mischfutter oder kurzzeitig im sog. Mash – mit Viehsalz und heißen Wasser verrührt – einsetzbar. Die weiteren Mühlennachprodukte eignen sich nicht zur Verfütterung an Pferde. Melassierte Trockenschnitzel können ebenfalls als Kraftfutterkomponente berücksichtigt werden. Da sie ähnlich wie Weizenkleie pektinreich und damit sehr quellfähig sind, ist ihr Anteil im Mischfutter bei gleichzeitiger Berücksichtigung von Weizenkleie auf etwa 20 % zu begrenzen. Bei alleiniger Verfütterung von Trockenschnitzeln sind diese vorher im Wasser einzuweichen, um vor allem auch Schlundverstopfungen zu vermeiden. Rohproteinreiche Einzelkomponenten wie Leguminosensamen, aber praxisüblicher die verschiedenen Extraktionsschrote, können bei der Fütterung von Zug- und Reitpferden in der Regel fehlen. Leinsamen sind aufgrund ihres Gehaltes an ungesättigten Fettsäuren und ihrer diätetischen Wirkung der enthaltenen Schleimstoffe hervorzuheben. Leinsamen können in geringer Menge (< 0,12 kg pro Pferd und Tag) trocken, bei größerer Menge (> 0,15 bis 0,2 kg) aufgekocht verfüttert werden. Bei Pferden mit mittlerer bis starker Arbeitsleistung können auch pflanzliche Öle in Anteilen bis maximal 12–15 % im Kraftfutter eingemischt die Energiezufuhr verbessern. Pflanzliche Öle können aber auch ähnlich wie Leinsamen im Zeitraum des Haarwechsels der Pferde oder bei Problemen der Futteraufnahme älterer Pferde wertvolle Einzelkomponenten der Ration sein.

Für diese Kraftfuttermischungen gibt es handelsübliche pelletierte Mischungen. Ihr Futterwert ist primär aufgrund des Gehaltes an verdaulicher Energie (umsetzbarer Energie) einzuschätzen. Ergänzungsfuttermittel für Pferde werden weiterhin mit min. 0,6 % Calcium bzw. max. 0,6 % Phosphor und Gehalten an Vitaminen A, D und E von min. 15.000 I. E., 1.500 I. E. und 50 mg charakterisiert. Die Gehalte an Rohprotein, Rohfaser und Rohasche sind als wertbestimmende Inhaltsstoffe anzugeben. Der Rohfasergehalt soll 10 % nicht überschreiten, um eine ausreichende Energiedichte zu gewährleisten. Auch der Rohproteingehalt wird im Mischfutter für Reit- und Zugpferde deutlich unter 15 % liegen. In hofeigenen Mischungen kann der Hafer ohne weiteres als ganzes Korn verfüttert werden. Gerste und Mais sind dagegen gequetscht oder grob geschrotet zu verabreichen. Für Jungpferde oder ältere Pferde trifft dies auch für den Hafer zu. Stärkeres Schroten ist jedoch nicht angebracht, da die Kraftfuttermischungen nicht staubig sein sollen.

9.1.3.4 Mineral- und Wirkstoffergänzung

Eine bedarfsgerechte Versorgung der Zug- und Sportpferde mit Calcium und Phosphor ist beim Einsatz hoher Mengen an Grundfutter meistens gegeben. Bei zu intensiv oder sehr selektiv beweideten Grasbeständen bzw. stark überständigen Weiden, bei Verfütterung von spätgeschnittenem Heu, Maissilagen und Hackfrüchten sowie einem geringen Grundfutteranteil in der Ration sind die Pferde an Calcium unterversorgt. Bei zusätzlichem Einsatz von Kraftfutter kann jedoch auch das Ca:P-Verhältnis in der Gesamtration zu eng werden, da im Getreide ein Ca:P-Verhältnis von 0,3–0,1:1 vorliegt. Daher sollten für eine gesicherte Bedarfsdeckung und vor allem zum Ausgleich der unterschiedlichen Ca- und P-Mengen Zug- und Sportpferde stets ein Mineralfutter für Pferde erhalten. Am besten verabreicht man täglich pro Pferd 50–75 g Mineralfutter zusammen mit dem Kraftfutter. Je höher der Kraftfutteranteil in der Ration ist, desto höher sollte der Ca-Gehalt des Mineralfutters sein. In kraftfutterreichen Rationen ist ein Mineralfutter mit 20 % Calcium zu verwenden. Da Pferde ein sehr selektives Fressverhalten zeigen, ist stets zu überprüfen, ob das Mineralfutter auch verzehrt wird. Pelletiertes Mischfutter, das zur Mineralfutterergänzung deklariert ist, kann anstelle von Mineralfutter ebenfalls die Ration vervollständigen.

Die Na-Versorgung der Pferde über Grund- und Kraftfutter ist stets sehr mangelhaft. Dies gilt ganz besonders bei Leistungsbeanspruchung. Da im Mineralfutter nur geringe Mengen an Natrium enthalten sind, müssen stets Viehsalz oder Lecksteine zusätzlich angeboten werden. Dies gilt auch bei Weidegang. Als Sicherungszusätze sollten im Mineralfutter für Pferde die Spurenelemente Kupfer, Zink, Jod und Selen mitaufgenommen werden. Der Eisenbedarf wird normalerweise über Grund- und Kraftfutter ausreichend gedeckt. Im Rennsport und bei sehr konzentrierter energiereicher Fütterung, auch bei Saug- und Absetzfohlen (siehe 9.3.2), kann jedoch Eisen in die Spurenelementzufuhr mit aufgenommen werden.

Die Versorgung von Zug- und Sportpferden mit den fettlöslichen Vitaminen A, D und E ist außer bei Grünfütterung und Weidegang stets suboptimal. Die Zufuhr an diesen Vitaminen muss deshalb in den Winter- und Frühjahrsmonaten sowie bei ganzjähriger Stallhaltung über ein vitaminiertes Mineralfutter sichergestellt werden. Allerdings sollten dazu mindestens 500.000 I.E. Vitamin A je kg, 60.000 I.E. Vitamin D und 1.500 mg Vitamin E je kg Mineralfutter enthalten sein. Bei sehr starker Beanspruchung der Pferde kann die zusätzliche Zufuhr von B-Vitaminen und weiterhin von Vitamin E notwendig werden. Als Sicherungszusatz zur Versorgung von B-Vitaminen hat sich auch die Verwendung von getrockneter Bierhefe recht gut bewährt.

9.1.3.5 Fütterungstechnik

Bei der Rationsgestaltung und der Fütterungstechnik für Pferde müssen besondere Gesichtspunkte beachtet werden. In Übersicht 9.1-12 sind nach MEYER (1995) die häufigsten Fütterungsfehler bei Pferden aufgezeigt, die zu den verschiedensten Erkrankungen führen.

Da die Aufnahmekapazität des Pferdemagens relativ gering ist, müssen ausreichend lange Fresszeiten von mindestens 1 1/2 Stunden eingehalten werden. Insbesondere bei hoher Leistungsbeanspruchung sollte dreimal täglich gefüttert werden. Auch beim Einsatz von hohen Kraftfuttermengen sind nach Möglichkeit mehrere Mahlzeiten anzustreben, um die Kraftfuttermenge pro Mahlzeit (maximal bis 0,5 kg pro 100 kg Lebendmasse) möglichst gering zu halten. In der Futterreihenfolge ist Grundfutter vor Kraftfutter zu verabreichen. Alle Pferde sind möglichst zeitgleich zu füttern und anschließend ist eine ausreichend lange Stallruhe von etwa 2 Stunden einzuhalten.

Futterhygiene ist besonders wichtig. Grundsätzlich dürfen in der Pferdefütterung nur einwandfreie und saubere Futtermittel eingesetzt werden. Vor allem Verunreinigungen mit Erde oder Sand setzen sich am Magengrund ab, da der Magenbrei wenig durchmischt wird und der Magenausgang sehr hoch liegt. Feuchtes, muffiges, verschimmeltes oder staubiges Heu oder Stroh ist ebenso auszuschließen wie entsprechend belastete oder „nacherwärmte" Silagen. Aber auch Hafer oder Mischfuttermittel dürfen nicht mykotoxin-belastet sein.

Bei der Rationsgestaltung ist die Schmackhaftigkeit verschiedener Futtermittel zu berücksichtigen. An neue Futtermittel sind die Pferde langsam zu gewöhnen; Futterumstellungen sollen kontinuierlich vorgenommen werden.

9 Pferdefütterung

Übersicht 9.1-12

Fütterungsfehler bei Pferden (MEYER, 1995)

1. **Fehler in der Rationszusammensetzung**
   a) zu rohfaserarme, stärkereiche Futtermittel wie Weizen, Roggen (Verkleisterungen im Magen, Fehlgärungen, Magen- und Darmkatarrhe, Tympanien, Magenüberladungen)
   b) einseitige Verwendung rohfaserreicher, sperriger, eiweißarmer Futtermittel wie Stroh (Obstipationen im Blinddarm und Kolon)
   c) langfaseriges Futter wie Rotklee in der Blüte (Faserkonglobate im kleinen Kolon)
   d) blähendes Futter wie junges Grünfutter, Leguminosen, Klee, Luzerne, Kohlgewächse, Äpfel, Brot (Tympanien im Blinddarm und Kolon)
   e) überhöhte Mengen an Magnesium und Phosphor (Darmsteinbildung)

2. **Mangelnde Futterqualität**
   a) verschimmeltes Futter: Stroh, Einstreu, Getreide, Brot, Mischfutter (spastische Kolonobstipationen, Magentympanien und -rupturen, Magen- und Darmkatarrhe, Hufrehe)
   b) ungenügend abgelagertes Heu bzw. Hafer (Magen- und Darmkatarrhe, Hufrehe)
   c) Grünfutter, das in Haufen gelegen und sich erwärmt hat (Tympanien)
   d) angefaulte oder gefrorene Futtermittel: Rüben, Kartoffeln, Silage (Magen- und Darmkatarrhe, Hufrehe)
   e) stark verschmutzte Futtermittel: Rüben, Kartoffeln (Sandkolik, Magen- und Darmkatarrhe)

3. **Fehler in der Futterzubereitung**
   a) zu kurz gehäckseltes Stroh unter 3 cm (Blinddarm-, Kolon-, Hüftdarmobstipationen)
   b) zu kurz geschnittenes Gras (Hüftdarmobstipationen)
   c) Trockenschnitzel nicht eingeweicht (Quellung – Schlundverstopfung, primäre Magenüberladung)

4. **Fehler in der Fütterungstechnik**
   a) zu große Futtermengen pro Mahlzeit, insbesondere an hochverdaulichen Futtermitteln
   b) unregelmäßige Futterzeiten
   c) unkontrollierter Zugang zum Kraftfutter (primäre Magenüberladung)
   d) plötzlicher Futterwechsel, besonders beim Übergang zum Grünfutter (Hufrehe)
   e) zu starke körperliche Belastung unmittelbar nach der Fütterung
   f) zuwenig Bewegung bei guter Fütterung
   g) zu große oder mangelnde Wasseraufnahme

9.2 Fütterung von Stuten

9.2.1 Leistungsstadium und Nährstoffbedarf

Bei der Stute sind als Leistungsstadien mit unterschiedlichen Nährstoffansprüchen vor allem die Zeiten der Trächtigkeit und der Laktation zu unterscheiden. Der Zeitpunkt des Belegens fällt meist mit der Phase höchster Milchleistung zusammen. Der Deckerfolg ist jedoch gerade in der Pferdezucht mit 50–70 % sehr niedrig, was auch mit einer Unterversorgung an Energie und Nährstoffen, insbesondere an Vitamin A und dessen Vorstufe β-Carotin und an Vitamin E, zusammenhängen dürfte. Da die Deckperiode saisonal begrenzt ausgangs des Winters und im Frühjahr bis hin zum Frühsommer liegt, kann mangelnde Versorgung an diesen Vitaminen gehäuft auftreten. Die optimale Vitaminversorgung muss jedoch auch während der frühembryonalen Phase sichergestellt sein.

9.2.1.1 Trächtigkeit

Die Trächtigkeitsdauer der Stute beträgt im Mittel etwa 11 Monate. Neben dem Wachstum des Fötus sind auch die Entwicklung des Uterus, der Placenta und der Milchdrüse sowie die Zunahme des Fruchtwassers zu berücksichtigen. Für die Gesamtzunahme der Konzeptionsprodukte können am Ende der Trächtigkeit rund 10–12 % der Lebendmasse der Stute veranschlagt werden. Das Geburtsgewicht der Fohlen schwankt dann je nach Rasse zwischen 47 und 57 kg (Warmblut), Kaltblutfohlen wiegen meist über 60 kg. Die stärkste Entwicklung der Konzeptionsprodukte mit etwa 70 % des Endgewichts findet in den letzten drei Monaten der Trächtigkeit statt. Deshalb ist gerade in diesen Trächtigkeitsmonaten eine zusätzliche Nährstoffversorgung für den Fötus und die Reproduktionsorgane notwendig. Der zusätzliche tägliche Bedarf in der Trächtigkeit an verdaulichem Rohprotein und verdaulicher Energie kann aus der Zusammensetzung des fötalen Gewebes und der Höhe des Ansatzes abgeleitet werden. Der Energie- und Proteingehalt neugeborener Fohlen wird bei MEYER und AHLSWEDE (1976) mit 5,48 MJ und 171 g/kg angegeben. In Übersicht 9.2-1 sind Richtzahlen für den Trächtigkeitsansatz von Warmblutstuten, deren Fohlen ausgewachsen ein Endgewicht von 550 kg erreichen, aufgeführt. Dabei wurde für den Ansatz eine Verwertung der verdaulichen Energie von 0,2 und des verdaulichen Rohproteins von 0,5 unterstellt. Insbesondere der Rohproteinbedarf steigt in den letzten Monaten der Trächtigkeit durch die hohen Zunahmen sehr stark an. Für den Mehrbedarf an verdaulicher Energie wurde neben dem Energieansatz auch der durch die Umstellung des endokrinen Systems erhöhte Grundumsatz berücksichtigt. In den letzten Wochen der Trächtigkeit weist der Fötus eine hohe Mineralisierung auf. Angaben zum Mineralstoff- und auch Vitaminbedarf hochträchtiger Stuten sind in Übersicht 9.2-2 zusammengestellt.

Zusätzlich wird bei hochträchtigen Stuten eine extragenitale Energie- und Proteinretention gewünscht, um zu Laktationsbeginn mit einem optimalen Futterzustand die Rosse zu

Übersicht 9.2-1
Täglicher Energie- und Proteinbedarf trächtiger Stuten (ohne Erhaltung)

Trächtigkeitsmonat	verdauliche Energie MJ	verdauliches Rohprotein g
9.	12	150
10.	13	160
11.	17	210

Übersicht 9.2-2
Mineralstoff- und Vitaminbedarf hochtragender und laktierender Stuten (550 kg Lebendmasse)

	Ca	P	Mg	Na
Mineralstoffe in g und Tag				
hochtragend				
(9.–11. Monat)	42	28	12	13
laktierend				
1. und 2. Monat	58	44	15	15
3. und 4. Monat	54	40	14	14

	Vitamin A	Vitamin D	Vitamin E
Vitamine in I. E. und Tag			
hochtragend bzw. laktierend	70.000–80.000	6.000–9.000	600

fördern. Nach den Ausführungen der GfE (1994) kann dafür bei Warmblutstuten eine zusätzliche Energiezufuhr von täglich etwa 8–10 MJ verdaulicher Energie und 40–50 g verdaulichem Rohprotein veranschlagt werden. Damit werden richtig ernährte Stuten am Ende der Trächtigkeit ein gegenüber dem Normalgewicht um 18 bis maximal 20 % höheres Körpergewicht aufweisen.

9.2.1.2 Laktation

Die Milchleistung weist auch bei Pferden je nach Rasse größere Unterschiede auf. Zur Ermittlung des Leistungsbedarfs laktierender Stuten haben COENEN et al. (2010) in einer neueren Übersichtsarbeit unter Berücksichtigung von Lebendmasse und Laktationstag für die tägliche Milchmenge eine Gleichung erarbeitet (siehe Abb. 9.2-1). Grundlage dafür sind umfassende experimentelle Messungen zur Milchausscheidung und die Einbindung des Fohlenwachstums bei Milchernährung. Demnach beträgt die mittlere tägliche Milchleistung in den ersten 5 Laktationsmonaten je nach Laktationstag bei Kleinpferden (400 kg Lebendmasse) etwa 14–10 kg, bei Warmblutstuten (550 kg Lebendmasse, siehe Abb. 9.2-1) knapp 18–13 kg und bei Kaltblutstuten (700 kg Lebendmasse) 22–16 kg. Aller-

9.2 Die Fütterung von Stuten

Abbildung 9.2-1
Durchschnittlicher Laktationsverlauf bei Warmblutstuten (550 kg Lebendmasse)

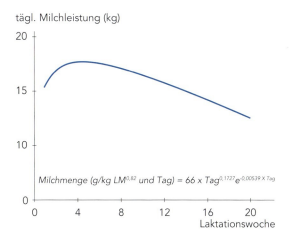

Milchmenge (g/kg $LM^{0,82}$ und Tag) = 66 x $Tag^{0,1727}$ $e^{-0,00539 \times Tag}$

Übersicht 9.2-3
Zusammensetzung von Kolostralmilch und Normalmilch bei Stuten

	Trockenmasse %	Asche %	Protein %	Fett %	Lactose %	Energie MJ/kg
Kolostralmilch	16,0	0,60	7,98	1,88	4,83	3,28
Normalmilch	10,6	0,42	2,32	1,39	6,46	2,15

dings dürften die individuellen Schwankungen sehr hoch sein. Der Laktationsgipfel wird schon früh zwischen dem 25. bis 35. Laktationstag erreicht (Abb. 9.2-1). Allerdings zeigt die Laktationskurve – ein Beispiel ist für Warmblutstuten in Abb. 9.2-1 dargestellt – einen eher flachen Verlauf. Danach errechnet sich für die gesamte Laktationsphase von 5 Monaten eine Milchleistung von etwa 2.300–2.400 kg.

In Übersicht 9.2-3 sind die Inhaltsstoffe der Stutenmilch nach einer Literaturauswertung von COENEN et al. (2010) aufgeführt. Die Kolostralmilch zeichnet sich, ähnlich wie bei den anderen Haustieren, durch einen besonders hohen Eiweißgehalt mit einem starken Anteil an Immunoglobulinen aus. Dies gilt jedoch nur unmittelbar nach der Geburt. Nach einer Studie von ERHARD et al. (2001) verringert sich der IgG-Gehalt im Kolostrum von etwa 55 mg/ml bis 4 Stunden nach der Geburt auf etwa 3–5 mg/ml bis etwa 17–24 Stunden post partum. Stutenmilch ist eiweiß- und fettarm, hat jedoch einen relativ hohen Lactosegehalt. Das Protein besteht nur zu 50 % aus Casein und weist mit etwa 39 % einen hohen Anteil an Molkenproteinen auf. Stutenmilch kommt in der Zusammensetzung damit der Humanmilch am nächsten. Während der Proteingehalt der Milch im Laktationsverlauf von etwa 2,6 % (2. Laktationswoche) auf etwa 1,9 % (16. Laktationswoche) abfällt, weisen der Lactosegehalt nur einen sehr geringen Anstieg und der Fettgehalt keine Veränderung auf. Das Fettsäuremuster enthält in Summe etwa 51 % gesättigte Fettsäuren, 27 % einfach ungesättigte und etwa 22 % mehrfach ungesättigte Fettsäuren (COENEN et al. 2010). Der Ener-

Übersicht 9.2-4

Richtzahlen zum Bedarf an verdaulicher Energie und verdaulichem Rohprotein laktierender Stuten einschließlich Erhaltungsbedarf (550 kg Lebendmasse)

Laktations-monat	Milchmenge kg	verd. Energie MJ je Tag	verd. Rohprotein g je Tag
1	17,5	125	1.250
2	18	127	1.220
3	16,5	122	1.100
4	15	117	970
5	13,5	112	850

giegehalt liegt mit etwa 2,15 MJ pro kg Milch um über 30 % unter dem der Kuhmilch (3,2 MJ) und um weit mehr als 50 % unter dem der Sauenmilch (5,1 MJ). Analog zu anderen laktierenden Tieren unterstellt die GfE (1994) bei der Stute für die Milchbildung eine 50 %ige Ausnutzung des verdaulichen Rohproteins und 66 %ige Ausnutzung der verdaulichen Energie. Entsprechend dem sich geringfügig ändernden Eiweiß- und Energiegehalt der Milch ergeben sich unterschiedliche Richtzahlen zum Nährstoffbedarf pro kg Milchmenge. Der Bedarf an verdaulichem Rohprotein nimmt dabei im Laufe der Laktation pro kg Milch von 52 auf 37 g und der Bedarf an verdaulicher Energie nur geringfügig von etwa 3,26 auf 3,24 MJ ab. In Übersicht 9.2-4 sind die aus diesen Bedarfswerten und der entsprechenden Milchmenge berechneten Richtzahlen zum Protein- und Energiebedarf einer laktierenden Warmblutstute (550 kg Lebendmasse) in den verschiedenen Laktationsmonaten aufgeführt. Im Vergleich zum Erhaltungsbedarf der Stuten (Übersicht 9.1-1) steigt dabei der Bedarf an verdaulichem Rohprotein auf etwa das Dreifache, der Energiebedarf nahezu auf das Doppelte. Bei Arbeitsbeanspruchung ist zusätzlich der dadurch bedingte Energiebedarf zu berücksichtigen. Auch der Bedarf an Mineralstoffen und Vitaminen steigt aufgrund der hohen Milchausscheidung erheblich an. Nach COENEN et al. (2010) enthält Stutenmilch im Mittel pro kg 1,03 g Calcium, 0,60 g Phosphor, 0,07 g Magnesium, 0,18 g Natrium und 0,67 g Kalium. Die Ca-, P- und Mg-Gehalte vermindern sich im Laktationsverlauf. Für Vitamin A bzw. E werden Gehalte von 2.100 I.E. bzw. 1,1 mg pro kg Milch angegeben. Die entsprechenden Richtwerte für Stuten im 1. und 2. bzw. 3. und 4. Laktationsmonat sind in Übersicht 9.2-2 zusammengestellt.

9.2.2 Praktische Fütterungshinweise

Die Fütterung hochtragender und laktierender Stuten ist sowohl aufgrund des erhöhten Energie- als auch Proteinbedarfs besonders zu beachten. Die gezielte Vorbereitungsfütterung trächtiger Stuten beginnt etwa ab dem 9. Trächtigkeitsmonat. Die Futtergrundlage besteht wie bei den Sport- und Zugpferden aus Grundfutter. Die verabreichten Grundfuttermittel sollten etwa den Erhaltungsbedarf decken, weshalb die in Übersicht 9.1-11 zusammengestellten Grundfutterrationen jeweils unter Einbeziehung von Heu auch Beispiele für die Fütterung trächtiger Stuten darstellen. Allerdings sind sehr hohe Anforderungen an die Qualität der Futtermittel zu stellen, da bei Verfütterung von Heu, Silagen oder Rüben, die

Übersicht 9.2-5
Kraftfuttermengen für hochtragende und laktierende Stuten (ohne Weidegang)

	Monat	kg je Tag
hochtragend	9.	2,0
	10.	2,0
	11.	2,5
laktierend	1.	5,5
	2.	6,0
	3.	5,5
	4.	4,5
	5.	4,0

verdorben oder verschmutzt sind, die Gefahr des Verfohlens besteht. Neben dem Grundfutter müssen für eine ausreichende Nährstoffversorgung täglich 2–2,5 kg Kraftfutter zugelegt werden. Diese Kraftfuttermenge entspricht etwa der Zufuhr wie bei leichter Arbeitsbelastung. Während der Trächtigkeit kann dabei das gleiche Kraftfutter verwendet werden wie in der Laktation, sodass zu Beginn der Laktation keine Futterumstellung vorzunehmen ist.

Auch in der Laktation sind die in Übersicht 9.1-11 aufgeführten Beispiele an Grundfutterrationen geeignet. Die Kraftfuttermenge wird innerhalb von 1–2 Wochen nach der Geburt allmählich auf 5 bis 6 kg täglich gesteigert (siehe Übersicht 9.2-5). Ein mehrmaliges tägliches Füttern des Kraftfutters ist notwendig. Die Kraftfuttermenge wird sich jedoch vor allem nach der Menge und Qualität des gleichzeitig verfütterten Grundfutters richten. Ein gewisser gegenseitiger Austausch von Grund- und Kraftfutter ist dabei möglich. Die Gesamtaufnahme an Trockenmasse beträgt bei 550 kg Lebendmasse etwa 12–14 kg. Ab dem 4.–5. Laktationsmonat, wenn die Arbeitsbeanspruchung wieder einsetzt, müssen je nach Leistung eventuell auch etwas höhere Mengen an Kraftfutter berücksichtigt werden. Nach dem Absetzen der Fohlen sind die Stuten wieder entsprechend dem Bedarf der Sport- und Zugpferde zu füttern.

Das in Trächtigkeit und Laktation zu verfütternde Kraftfuttergemisch kann ein handelsübliches Ergänzungsfutter für Pferde sein. Voraussetzung ist jedoch, dass dieses Ergänzungsfutter bzw. die entsprechenden Mischungen aus Getreide und Sojaextraktionsschrot mindestens 12 bis 14 % verdauliches Rohprotein und 11,3 MJ verdauliche Energie aufweisen. Auch die Proteinqualität hinsichtlich einer ausreichenden Aminosäurenversorgung ist zu berücksichtigen. Die genaue Höhe des Rohproteingehaltes in diesem Kraftfuttergemisch hat sich dabei nach der Rohproteinzufuhr über das Grundfutter zu richten. Handelsübliche Ergänzungsfutter für Zuchtpferde sind mit min. 15 % Rohprotein gekennzeichnet. Zusätzlich werden in der Trächtigkeit täglich etwa 100 g, in der Laktation etwa 150 g eines hochvitaminierten, Ca-reichen Mineralfutters gefüttert. Besondere Aufmerksamkeit in der Supplementierung erfordern dabei vor allem auch die Spurenelemente Kupfer, Zink und Selen, um sowohl eine ausreichende foetale Speicherung als auch eine maximale Abgabe über die Milch zu ermöglichen. Bei der Bemessung der Mineralfuttermenge ist die Ca- und P-Zufuhr über Ergänzungsfutter zu berücksichtigen.

Foto 9.2-1

Bei Weidegang ist die Proteinversorgung immer ausreichend, während ein energiereiches Kraftfutter oft noch zugefüttert werden muss

Weide

Die Haltung von Zuchtstuten ist stets in Verbindung mit Weidegang zu sehen. Weide bietet für Mutterstuten mit Fohlen zunächst die notwendige Bewegungsmöglichkeit, aber auch eine gute Energie- und Nährstoffversorgung. Um jedoch den gesamten Nährstoffbedarf über Weidegras zu decken, müssen etwa 60 kg Grüngut täglich aufgenommen werden. Dies setzt einen sehr guten Weideaufwuchs und ganztägige Weidezeiten voraus. Während die Proteinzufuhr aufgrund des hohen Rohproteingehalts der Weide stets ausreicht, ist die Energieversorgung nur in den seltensten Fällen bedarfsdeckend. Je nach Beweidungszeiten und Weideleistung ist eine Ergänzung mit einem energiereichen Kraftfutter in Mengen von etwa 1–3 kg notwendig. Auch die Vorlage von Heu wird sich anbieten. Weiterhin sollte Mineralfutter und unabhängig davon ein Leckstein zur Na-Versorgung zur Verfügung gestellt werden. Für den Weidegang ist auch eine sorgfältige Vorbereitungsfütterung durchzuführen (siehe 9.1.3.1).

9.3 Fütterung von Fohlen und Jungpferden

9.3.1 Wachstum und Nährstoffbedarf

Die Gewichtsentwicklung wachsender Pferde wird sehr wesentlich von der Nährstoffversorgung beeinflusst. Eine ausgeglichene Energie-, Nähr- und Wirkstoffversorgung in Verbindung mit einer hohen Bewegungsintensität der Fohlen sind Voraussetzungen für eine erfolgreiche Aufzucht. Insbesondere mangelhaftes und unausgeglichenes Mineralstoffangebot führt in der Aufzuchtphase zu Schäden am Skelett, die die spätere Leistung mindern. Das Wachstum von Fohlen und Jungpferden in den verschiedenen Altersabschnitten in Prozent des Endgewichts ist in Übersicht 9.3-1 bei niedriger bis mittlerer Aufzuchtintensität zusammengestellt. Eine intensive Aufzucht wird eine noch etwas höhere Gewichtsentwicklung ermöglichen. Auch Kleinpferde und Vollblüter weisen relativ zum Endgewicht ein eher etwas höheres Wachstum auf. Die größte Wachstumsintensität besitzen die Saugfohlen. Innerhalb von etwa 6–8 Wochen verdoppeln sie ihr Geburtsgewicht, nach einem halben Jahr sind bereits 40 bis nahezu 50 % des Endgewichts erreicht. Für die normale Aufzucht von Warmblutfohlen werden im ersten halben Jahr mittlere tägliche Zunahmen von 800–900 g und im zweiten halben Jahr von 500–600 g angestrebt. Jährlinge nehmen täglich noch etwa 300–350 g und Zweijährige 150–200 g zu. Mit 3 Jahren sind damit 92–95 % des Endgewichts erreicht.

Mit zunehmender Lebendmasse erhöht sich der Erhaltungsbedarf entsprechend der metabolischen Körpermasse. Beim Leistungsbedarf ist bei jüngeren Pferden zusätzlich zum Gewichtszuwachs die stärkere Bewegungsaktivität zu berücksichtigen. Dafür wird ein Anteil von 20 % des Erhaltungsbedarfs dem Energiebedarf zugeschlagen (GfE, 1994). Der Nährstoffbedarf für den Zuwachs ergibt sich aus der täglichen Gewichtszunahme und der chemischen Zusammensetzung dieses Zuwachses. Im Mittel können dabei je kg Zuwachs ein Proteinansatz von 180 g und ein Energieansatz von 11,4 MJ unterstellt werden. Allerdings dürfte der Energiegehalt im Laufe der Aufzucht von etwa 9 auf 14 MJ je kg Lebendmassezuwachs zunehmen. Damit ist der Energiegehalt je Einheit Zuwachs vergleichbar mit dem des Rindes. Gleichzeitig ist eine Abnahme des Proteingehalts von etwa 200 g auf 160 g je kg Lebendmassezuwachs zu erwarten.

Übersicht 9.3-1

Gewichtsentwicklung wachsender Pferde

Alter (Monat)	Gewichtsentwicklung in % des Endgewichts
6.	42–46
12.	62–66
18.	74–78
24.	82–88
36.	92

9 Pferdefütterung

Foto 9.3-1

Fohlen sind oft sehr bewegungsaktiv, das erhöht den Leistungsbedarf zusätzlich

Übersicht 9.3-2

Richtzahlen zum Bedarf an verdaulicher Energie und verdaulichem Rohprotein wachsender Pferde

Endgewicht, kg	400		500		600	
Alter (Monat)	verd. Energie MJ	verd. Rohprotein g	verd. Energie MJ	verd. Rohprotein g	verd. Energie MJ	verd. Rohprotein g
3.– 6.	54	470	63	570	73	670
7.–12.	57	440	66	540	74	610
13.–18.	59	400	68	490	77	560
19.–24.	59	360	70	450	79	510
25.–36.	63	350	74	420	84	480

Legt man beim Rohprotein eine Ausnutzung von 35 % zugrunde – während des Saugens dürfte sie um 20 % höher liegen – und veranschlagt bei der Energie eine Ausnutzung von 60 %, so lassen sich entsprechend dem aufgezeigten Gewichtszuwachs die in Übersicht 9.3-2 angegebenen Bedarfswerte errechnen. Dabei ist die starke Bewegungsaktivität, wie sie bei Jungpferden, aber auch bei Zwei- und Dreijährigen bei Trainingsaufnahme oder bei verstärkter Arbeitsbeanspruchung auftritt, in diesen Richtzahlen weitgehend berücksichtigt.

Wachsende Pferde haben auch einen hohen Mineralstoffbedarf. Im Altersabschnitt 3–24 Monate sind für Warmblutfohlen deshalb täglich 42–32 g Calcium, 30–20 g Phosphor, 6–10 g Magnesium und 6–10 g Natrium zu verabreichen. Das Ca : P-Verhältnis sollte dabei nicht wesentlich unter 1,4 : 1 liegen. Auch auf eine ausreichend hohe und ausgewogene Spurenelementversorgung (siehe auch Übersicht 9.1-6) ist besonders hinzuweisen. Der Vitaminbedarf der Fohlen und Jungpferde beträgt rund 150–200 I.E. Vitamin A, 15–20 I.E. Vitamin D und 1 mg Vitamin E je kg Lebendmasse. Eine Überdosierung mit Vitamin D ist schädlich.

9.3.2 Fütterungshinweise zur Aufzucht

9.3.2.1 Saugfohlen

Ausreichende passive Immunisierung der Fohlen gegen verschiedene Infektionskrankheiten kann nur durch eine rechtzeitige Versorgung mit Kolostralmilch erreicht werden. Bereits 1–2 Stunden nach der Geburt müssen Fohlen Kolostralmilch aufnehmen. Ähnlich wie bei Schwein und Rind nimmt nämlich in der Kolostralmilch der Anteil an γ-Globulinen, Mineral- und Wirkstoffen nach der Geburt außerordentlich rasch ab (siehe 9.2.1.2). Auch die Möglichkeit, diese hochmolekularen Globuline zu absorbieren, geht beim Fohlen nach der Geburt ständig zurück (siehe hierzu 6.2.1.2). Da die Kolostralmilch von erstfohlenden, aber auch von sehr alten Stuten einen sehr niedrigen Gehalt an γ-Globulinen aufweist, kann in diesen Fällen zusätzlich eingefrorene Kolostralmilch von Stuten in der 3.–5. Laktation verwendet werden.

In den ersten 4–6 Lebenswochen wird der Nährstoffbedarf des Fohlens in der Regel über die Muttermilch gedeckt. Ab dem 2. Lebensmonat reichen Eiweiß- und Energiegehalt der Stutenmilch für die hohe Wachstumsintensität nicht mehr aus. Ab diesem Zeitpunkt ist daher gezielt bestes Heu und Kraftfutter zur beliebigen Aufnahme vorzulegen, zumal das Fohlen bereits frühzeitig Beifutter aufnimmt. Ein solches Ergänzungsfutter zur Fohlenaufzucht sollte etwa 15 % verdauliches Rohprotein und 11,7–12,6 MJ verdauliche Energie/kg Futter enthalten. Neben Getreide – einem hohen Anteil an gequetschtem Hafer – und Sojaextraktionsschrot werden oft auch noch ca. 10 % Eiweißfuttermittel aus Milchprodukten wie Trockenmagermilch eingemischt. Damit wird die Proteinqualität erhöht und die Aminosäurezufuhr verbessert. Für eine ausreichende Mineral- und Wirkstoffversorgung sind dem Fohlenaufzuchtfutter 2,5–3 % einer hochvitaminierten, Ca-reichen Mineralstoffmischung beizumischen. Der Ca-Gehalt des Fohlenaufzuchtfutters sollte bei etwa 0,8–1,2 %, der P-Gehalt entsprechend bei etwa 0,6–0,8 % liegen. Auch auf die Spurenelementzufuhr, insbesondere auf einen Cu-Gehalt von etwa 20–25 mg/kg T, ist zu achten. Hafer ist wegen des zu geringen Rohprotein-, Mineral- und Wirkstoffgehaltes als alleiniges Beifutter nicht geeignet. Die zu verabreichende Menge an Fohlenaufzuchtfutter richtet sich nach der Höhe der Milchleistung der Stuten, der Bewegungsmöglichkeit und -intensität des Fohlens und dem Futterzustand. Normalerweise geht man davon aus, dass die Kraftfuttermenge in kg der halben Anzahl an Lebensmonaten entsprechen soll. Demnach sind einem fünf Monate alten Saugfohlen (Rasse Warmblut) 2,5 kg Kraftfutter zu verabreichen. Bei guter Milchleistung der Stute ist die Beifutteraufnahme als Kraftfutter jedoch im allgemeinen mit etwa 1 kg (3. Lebensmonat) bis 1,5–2,0 kg (5. Lebensmonat) etwas niedriger anzusetzen. Anteilig kann je nach Gesamtverzehr etwa ein Drittel bis die Hälfte auch als Hafer aufgenommen werden. Saugfohlen, die zusammen mit der Mutterstute auf die Weide gehen, sollten ebenfalls die Möglichkeit der Aufnahme eines Ergänzungsfutters oder eines speziellen Mineralfutters für Saugfohlen in Verbindung mit gequetschtem Hafer haben. Auf dem Markt befinden sich zudem Mineralfutterpasten, die oral verabreicht, eine sichere Versorgung ermöglichen.

In Ausnahmesituationen können Fohlen auch mutterlos aufgezogen werden, wobei sich zunächst für die ersten Tage nach der Geburt eingefrorene Kolostralmilch am besten eignet. Anschließend gelangt ein handelsübliches Milchaustauschfutter für Fohlen zum Einsatz. Bei natürlichem Saugverhalten wird ein Fohlen im Mittel 60 mal täglich saugen und bei jedem Saugakt durchschnittlich 0,2 l aufnehmen. Die Ersatztränke sollte deshalb in der ersten Lebenswoche mindestens 10 mal täglich verabreicht werden. Ab der zweiten Le-

Foto 9.3-2

Ideal: Jungpferdehaltung in der Gruppe auf der Weide

benswoche ist die Anzahl der Tränkegaben bei gleichzeitiger Steigerung der Tränkemenge zu reduzieren. Bei ausreichender Aufnahme an Fohlenaufzuchtfutter (etwa 2,5 kg) kann im Alter von etwa drei Monaten von der Milchaustauschtränke entwöhnt werden.

9.3.2.2 Absetzfohlen

Saugfohlen werden in der Regel 5–6 Monate nach der Geburt von der Mutterstute abgesetzt. Stuten, die schon zur Arbeit herangezogen werden, können etwas früher absäugen, während reine Zuchtstuten Fohlen auch bis zu 7 Monaten führen. Der Zeitpunkt des Absetzens wird von der Entwicklung des Saugfohlens bestimmt, die vor allem auch von der Höhe der aufgenommenen Beifuttermenge abhängt. Fohlen (Rasse Warmblut), die im Alter von 4–5 Monaten 2–2,5 kg Kraftfutter aufnehmen, können ohne größere Schwierigkeiten entwöhnt werden. Auf keinen Fall darf jedoch zum Absetzzeitpunkt ein Futterwechsel erfolgen. Das Fohlenaufzuchtfutter der Säugeperiode ist deshalb auch im Übergang kontinuierlich weiterzufüttern.

Fohlen im 7.–12. Lebensmonat müssen neben bestem Wiesen- oder Leguminosenheu (2,5–3,5 kg) insgesamt 3,5 kg Kraftfutter aufnehmen. Etwa die Hälfte dieses Kraftfutters, mindestens jedoch etwa 1,5 kg, besteht aus Ergänzungsfutter zur Fohlenaufzucht, da der für das Wachstum notwendige Bedarf an qualitativ hochwertigem Protein gedeckt werden muss. Für eine ausgeglichene Mineralstoffversorgung ist eine Ca-reiche Mineralstoffmischung von 75 g pro Tag beizufüttern, die in der Winterfütterung noch vitaminiert sein muss. Absetzfohlen können je nach dem Zeitpunkt der Geburt und des Absetzens auch noch kurzzeitig auf die Weide geführt werden. Die Aufnahme an Weidegras ist jedoch noch beschränkt, sodass mindestens 2,5–3 kg Kraftfutter bei einem gleichzeitigen Angebot von Heu beigefüttert werden müssen. Da der Rohproteingehalt des Grases sehr hoch ist, kann jedoch der Anteil an Fohlenaufzuchtfutter auf 1 kg zurückgehen. Da Absetzfohlen in der Regel in Gruppen mit guter Bewegungsmöglichkeit gehalten werden, ist sicherzustellen, dass jedes Fohlen unbedrängt und in Ruhe das Beifutter aufnehmen kann.

9.3.2.3 Fütterung von Jährlingen und Zweijährigen

Der Energiebedarf von Jährlingen und Zweijährigen liegt im Vergleich zu dem der Fohlen um 10–20% höher. Der Bedarf an verdaulichem Rohprotein ist jedoch aufgrund des langsameren Wachstums verringert. Allerdings steigt mit zunehmender Lebendmasse die tägliche Futteraufnahme von etwa 5,5–6,5 kg Trockenmasse bei Absetzfohlen auf 7,5–8,5 kg Trockenmasse bei Zweijährigen an. Damit fallen die Ansprüche an die Nährstoffkonzentration und entsprechend an die Verdaulichkeit der organischen Substanz.

Die beste Futtergrundlage für Jungpferde bietet die Weide. Der Übergang von der Winterfütterung zum Weidegang hat allmählich zu erfolgen (siehe auch 9.1.3.1). Zu Beginn des Weidegangs sollte noch Heu sowie je nach Weidezeiten und Aufwuchs etwas Kraftfutter beigefüttert werden. Um den Energiebedarf ausschließlich über Weidegras zu decken, müssen Jungpferde im 2. bzw. 3. Lebensjahr 35–50 kg Weidegras aufnehmen. Dies erfordert ausreichende Weideflächen und eine ausgezeichnete Weidepflege, um ein hohes Futterangebot zu gewährleisten. Nur bei Futterknappheit sind etwa 1–2 kg Getreide (Hafer) zusätzlich zu verabreichen. Auch eine Mineralfutterergänzung ist sicherzustellen, wobei bei ausschließlichem Weidegang mineralstoffreiche Lecksteine anzubieten sind.

Für die Winterfütterung sind in Übersicht 9.3-3 Rationsbeispiele zusammengestellt. Als Grundfutter eignet sich in der Jungpferdeaufzucht neben Heu auch hygienisch einwandfreie, gehaltvolle Grassilage oder Haylage. Die angebotenen Silagemengen betragen im Alter bis zu 12 Monaten etwa 5–8 kg. Im Laufe eines weiteren Jahres fressen Pferde zusätzlich zu etwa 3 kg Heu bereits 8–10 kg Silage.

In Abhängigkeit von der Höhe der Energie- und Proteinaufnahme über das Grundfutter kann die Futterration mit etwa 2–3 kg Kraftfutter ergänzt werden (siehe Übersicht 9.3-3).

Übersicht 9.3-3

Rationsbeispiele zur Fütterung von Jährlingen und Zweijährigen (Rasse Warmblut, Endgewicht 550 kg)

Monate	12–18		18–24		24–36	
Ration	I	II	I	II	I	II
Futtermittel, kg und Tag						
Wiesenheu	–	4	–	2	–	2
Leguminosenheu	3	–	3,5	–	3,5	–
Grassilage (45% T)	–	–	–	8	–	10
Maissilage (32% T)	5	–	6	–	10	–
Kraftfutter	2,5	3,5	2,5	2	1,5	2
vitaminierte Mineralstoffmischung, g	75	75	75	75	75	75

Bei Jährlingen ist allerdings darauf zu achten, dass dieses Kraftfutter bei Rationen mit Maissilage oder überständigem Heu nicht ausschließlich aus Getreide besteht, da sonst die Proteinversorgung mangelhaft ist. Bei Maissilagefütterung ist zudem auf eine begrenzte Vorlage zu achten. In das Kraftfutter sind jeweils etwa 75 g einer vitaminierten Mineralstoffmischung einzubringen. Soweit die Pferde im 3. Lebensjahr bereits eingeritten, trainiert oder an Zugarbeit gewöhnt werden, ist die Fütterung derjenigen von Sport- und Zugpferden anzupassen.

Grundsätzlich ist aber auch bei wachsenden Pferden anzumerken, dass rassenbedingt, vor allem aber auch abhängig von Haltung und jeweiliger Witterung, die Futtermengen bzw. die notwendige Energiezufuhr (siehe 9.1.2.1) erheblich variieren können.

9.4
Fütterung von Deckhengsten

Die Decksaison in der Pferdezucht erstreckt sich in der Regel vom ausgehenden Winter bis Sommerbeginn. Bereits 6–8 Wochen vor der Deckperiode erhalten die Hengste langsam steigende Futtermengen. Der Energiebedarf liegt in der Deckperiode nur um etwa 25–30 %, der Proteinbedarf jedoch um etwa 50–70 % über dem Erhaltungsbedarf. Demnach benötigt ein Hengst mit einer Lebendmasse von 600–700 kg etwa 100–110 MJ verdauliche Energie und 630–650 g verdauliches Rohprotein. Zu proteinreiche Fütterung mit Mengen von täglich >1.200 g verdaulichem Rohprotein sind demnach deutlich überhöht. Allerdings müssen sich Deckhengste zu Saisonbeginn in einem guten, austrainierten Zustand präsentieren, sodass dafür der höher angesetzte Erhaltungsbedarf (siehe 9.1.2.1) zu berücksichtigen ist.

Der Nährstoffbedarf kann mit 5–6 kg gutem Heu und etwa 5–6 kg Kraftfutter gedeckt werden. Günstig hat sich dabei der Einsatz von Leguminosenheu zusammen mit Wiesenheu erwiesen. Die Verfütterung von Grassilage oder Haylage oder geringer Mengen Grünfutter ist ebenfalls möglich. Das Kraftfutter setzt sich aus Getreide (Hafer, Gerste, Mais), Weizenkleie oder Trockenschnitzeln zusammen und wird mit 3–5 % Sojaextraktionsschrot und 100–150 g vitaminiertem Mineralfutter für Pferde ergänzt. Der Einsatz eines handelsüblichen Ergänzungsfutters für Zuchtstuten ist ebenfalls möglich. Im Anschluss an die Decksaison werden die Hengste entsprechend ihrer Arbeitsbeanspruchung gefüttert.

10 Geflügelfütterung

Foto 10-1	Foto 10-2
Bei der Freilandhaltung haben die Tiere tagsüber die Möglichkeit, ins Freie zu gehen	In Bodenhaltung befinden sich die Tiere freilaufend im Stall, genügend Nester und Sitzstangen müssen vorhanden sein

Geflügel zählt zu den Omnivoren. Der Verdauungskanal ist im Verhältnis zur Körperlänge wesentlich kürzer als beim Wiederkäuer. Während der gesamte Verdauungskanal bei Schafen die 25–30fache Länge des Körpers, bei Schweinen die 15fache hat, ist er bei Geflügel nur etwa 6mal so lang wie das ganze Tier. Als Besonderheiten bei Hühnergeflügel sind der Kropf als eine drüsenlose, sackartige Erweiterung der Speiseröhre sowie das dem Dünndarm vorangestellte Drüsen-Muskelmagen-System hervorzuheben. Der Dünndarm selbst zeigt keine Abweichungen. Die Auswahl der Nahrung erfolgt beim Geflügel durch den Gesichts- und Tastsinn. In der zahnlosen Schnabelhöhle wird das Futter mit nur wenig muzinreichem Speichel vermischt und gelangt schnell in den Kropf, der als Nahrungsspeicher dient. Im Drüsenmagen wird das Futter mit Magensaft vermischt und dann im Muskelmagen zerkleinert. Der Hauptort der enzymatischen Verdauung sowie der Absorption der Nährstoffe ist der Dünndarm. Ein geringer Teil des Futters wird in den beiden Blinddärmen bakteriell ab- und umgebaut. Die Absorptionsrate dieser Nährstoffe ist allerdings niedrig. Der Blinddarm wird etwa mit jedem zehnten Absetzen von Darmkot entleert. In weiten Abständen erfolgt demnach auch die Befüllung, sodass Zeit für die bakteriellen Vorgänge vorhanden ist. Der Blinddarmkot hat eine dickbreiige Konsistenz, ist homogener als der Dünndarmkot und dunkel gefärbt.

Entsprechend dem relativ kleinen Intestinum ist die Verweildauer der Nahrung im Verdauungstrakt des Geflügels kurz. Sie hängt in erster Linie von der Futterbeschaffenheit ab. Deshalb muss den Tieren für optimale Leistungen auch ein hochverdauliches Futter mit nur geringem Rohfasergehalt angeboten werden. Die Futteraufnahme ist beim Geflügel wesentlich von der Energiekonzentration des Futters abhängig. Der Nährstoffgehalt der Ration sollte deshalb auf den Energiegehalt abgestimmt sein, sodass für jede Leistung auch bei ad-libitum-Fütterung ein ausgeglichenes Nährstoff-Energie-Verhältnis vorliegt.

In der Landwirtschaft versteht man unter Geflügel neben Hühnern auch noch Gänse, Enten und Puten. Wegen der großen wirtschaftlichen Bedeutung von Legehennen und Broilern wird vor allem deren Fütterung besprochen.

Zu den Empfehlungen zur Energie- und Nährstoffversorgung der Lege- und Masthühner (Broiler) wird auf die Ausführungen des Ausschusses der Gesellschaft für Ernährungsphysiologie (1999) hingewiesen.

10.1 Fütterung der Legehennen

Die heutzutage zur Eiererzeugung gehaltenen Hochleistungshennen sind fast ausschließlich Hybrid-Hennen, die in weißlegende und braunlegende Herkünfte unterschieden werden. Durch Fütterungsmaßnahmen können neben der Legeleistung vor allem die Beschaffenheit der Eischale, die Dotterfarbe sowie in geringem Maße die Eizusammensetzung und damit das Schlupfergebnis beeinflusst werden.

Leistungsentwicklung der Legehennen

Legehennen werden bei intensiven Haltungsformen meist nur eine Legeperiode (12–15 Legemonate) gehalten. Daher sind Nährstoffnormen für Legehennen besonders für die Eiproduktion notwendig. Die Futtermischung muss während der Legeperiode der Legeleistung der Tiere angepasst werden, was eine genaue Kenntnis von Gewichtsentwicklung, Legeleistung und Futteraufnahme der Tiere voraussetzt. In Abb. 10.1-1 sind diese Zusammenhänge dargestellt. Der 1. Legemonat, der gewöhnlich bei 10% Legeleistung festgelegt wird, beginnt mit etwa 22 Lebenswochen. Die Legeleistung steigt in den ersten 6–7 Legewochen auf 90–100% an und sinkt dann allmählich bis zum Ende der Legeperiode auf rund 70% ab. Eine 100%-ige Legeleistung eines Hennenbestandes bedeutet dabei die Produktion von einem Ei pro Henne und Tag. Während der ersten Legewochen nimmt außerdem der Futterverbrauch zu. Die Henne selbst befindet sich in dieser Legephase noch im Wachstum. Das Körpergewicht, das während der gesamten Legeperiode um insgesamt 600 g ansteigt, vermehrt sich vor allem zu Beginn der Legeperiode um etwa 4–7 g täglich. Mit fortschreitender Legeperiode nimmt das durchschnittliche Eigewicht laufend von etwa 55 g zu Beginn auf rund 65 g gegen Ende der Legezeit zu. Die tägliche Eimasseproduktion (Produkt aus Legeleistung in % × Eigewicht in g/100) verläuft ähnlich wie die Legeleis-

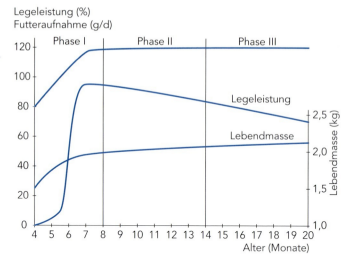

Abbildung 10.1-1

Veränderung der Legeleistung, Lebendmasse und Futteraufnahme von Legehennen (leichte Legehybriden) während der Legeperiode

tungskurve, fällt aber infolge des steigenden Eigewichtes nicht so stark ab. Im Höhepunkt der Legeleistung steigt die tägliche Eimasseproduktion auf etwa 60 g an, sie verringert sich gegen Ende der Legeperiode auf rund 45 g. Entsprechend der Leistungsentwicklung lässt sich die Legeperiode im Hinblick auf die Gestaltung der Fütterung in drei Phasen einteilen (siehe 10.1.3.1; Phasenfütterung)

Ernährung und Eizusammensetzung

Das Hühnerei setzt sich im Mittel aus 32 % Eidotter, 58 % Eiklar und 10 % Schale zusammen. Die Zusammensetzung des Hühnereies ist in Übersicht 10.1-1 zusammengestellt. Ein mittleres Ei von 60–62 g enthält 7,3 g Eiweiß und 6 g Fett, wobei sich nahezu alles Fett im Dotter befindet. Der Gehalt an Kohlenhydraten beträgt etwa 0,3 g, sodass sich insgesamt ein Energiegehalt von rund 400 kJ ergibt. Der gesamte Ascheanteil eines solchen Eies liegt bei 6 g.

Je nach Rasse schwanken diese Gehalte. Sie sind durch die Fütterung nur wenig zu beeinflussen. Auch die Zusammensetzung der einzelnen Proteinmoleküle ist durch Fütterungsmaßnahmen nicht zu verändern, da sie genetisch determiniert ist. Die mittleren Gehalte eines Eies an für das Geflügel essenziellen Aminosäuren sind bereits im Abschnitt 3.4.1 zusammengestellt. Da diese im Tierkörper nicht synthetisiert werden können, müssen sie mit dem Futter zugeführt werden. Im Vergleich mit anderen Nahrungs- und Futterproteinen zeichnet sich das Eiweiß von Hühnereiern durch einen hohen Anteil an Cystin und Methionin aus. Da diese Aminosäuren außerdem zur Bildung des Federeiweißes benötigt werden, ist der Bedarf an diesen Aminosäuren relativ hoch. Der Anteil der nichtessenziellen Aminosäuren am gesamten Eiweißgehalt des Hühnereies beträgt etwa ein Drittel.

Die Zusammensetzung des Fettes wird weitgehend von den Fettsäuren des Futterfettes bestimmt. Entsprechend wird auch der Gehalt an ungesättigten Fettsäuren durch linol- und linolensäurereiche Futtermittel erhöht. Einzelne Fettsäuren erscheinen deshalb ver-

10.1 Fütterung der Legehennen

Foto 10.1-1

Ab 2009 ist die bisherige Käfighaltung von Legehennen verboten. Zukünftig ist an dessen Stelle die Kleingruppenhaltung in sog. ausgestalteten Käfigen erlaubt

Übersicht 10.1-1

Chemische Zusammensetzung und Energiegehalt des Frischeies

	T %	Roh-asche %	Roh-protein %	Gesamt-fett %	N-freie Extraktst. %	Energie kJ/g
mit Schale	32,0	9,9	12,0	9,7	0,4	6,5
ohne Schale	25,0	0,9	13,0	10,7	0,4	7,2

mehrt im Fett des Eidotters. Dieser physiologische Zusammenhang wird bei den Bestrebungen zur Anreicherung der Eier mit langkettigen ω-3-Fettsäuren, die im menschlichen Organismus weitreichende gesundheitliche Bedeutungen haben, ausgenützt. Es kommen dabei für die Fütterung der Legehennen ω-3-Fettsäuren-reiche Produkte, wie vor allem Fischöle, fettreiche Fischmehle, Algen, und evtl. fettreiche Lein- und Rapsprodukte in den Rationen in Frage. Diese so erzeugten Eier werden vor allem im Ausland als Omega-Ei oder Designer-Ei angeboten, in neuester Zeit auch bei uns. Inwieweit die innere Eiqualität und damit die Lagerfähigkeit und Verwendbarkeit solcher Eier zu beurteilen ist, muss noch weiter abgeklärt werden. Außerdem wird unumgänglich sein, dass diese Eier teurer angeboten werden müssen als das Standard-Konsumei.

1–2% Linolsäure im Futter sind für ein gutes Schlupfergebnis und eine gesunde Entwicklung der Küken notwendig. Eine Unterversorgung an Linolsäure führt außerdem zu einer verringerten Eileistung bei niedrigerem Eigewicht.

Foto 10.1-2
Regelmäßige Kontrollgänge im Stall sind unerlässlich

Mineral- und Wirkstoffgehalt des Eies

Der Gehalt des gesamten Eies an Calcium wird hauptsächlich durch den hohen Anteil dieses Elementes in der Eischale bestimmt, die etwa 33 % Calcium enthält. Dies entspricht einem mittleren Ca-Gehalt des Eies von 2 g, im essbaren Teil des Eies dürfte nur etwa der hundertste Teil (26 mg) davon enthalten sein. Die Qualität der Eischalen ist somit sehr stark von der Ca-Versorgung abhängig. Allerdings kann das Tier Unterversorgungen durch bessere Ausnutzung des Calciums im Futter und sehr schnelle Mobilisierung der Ca-Depots vor allem aus den Röhrenknochen kurzfristig ausgleichen. Bei lang andauerndem Ca-Mangel werden die Knochen demineralisiert und die Stabilität der Eischale vermindert. Mit zunehmendem Alter lässt zudem die Mobilisierbarkeit der Ca-Depots nach, die Bruchfestigkeit der Eischalen geht deshalb mit fortschreitender Legeperiode zurück. Dieses Problem konnte in Versuchen durch Verabreichung von zusätzlichem Calcium an ältere Hennen gemildert werden. Auch mangelhafte Vitamin D-Versorgung sowie zu geringe Mangan- und Zinkzufuhr können ebenso instabile und dünne Schalen bewirken wie ein zum sauren Milieu verschobenes Säure-Basen-Verhältnis des Blutes. Eine ausreichende Vitamin C-Versorgung dürfte vor allem bei hohen Stalltemperaturen notwendig sein. Da die Mineralstoffversorgung der Tiere in der Regel optimal gestaltet werden kann, dürfte eine unter praktischen Verhältnissen auftretende schlechte Eischalenqualität insbesondere durch die genetische Veranlagung, aber auch durch Krankheiten der Tiere sowie extreme Umgebungstemperaturen verursacht sein.

Der Spurenelementgehalt von Eiern ist relativ hoch und konstant. Er lässt sich zumeist durch äußere Faktoren wie Fütterung und Haltung nicht beeinflussen. Über die Verwertbarkeit der Spurenelemente aus Eiern für den Menschen ist außer der schlechten Verfügbarkeit von Eisen noch weniger bekannt.

Der Vitamin-Gehalt des Eies, der für die Entwicklung des Embryos und des späteren Kükens äußerst wichtig ist, wird sehr stark von den zugeführten Mengen beeinflusst. Bei den fettlöslichen Vitaminen A, D und E wird dieser Einfluss durch Mobilisierung bzw. Einlagerung etwas gemindert.

Foto 10.1-3

Die Eischale hat einen extrem hohen Calcium-Gehalt

Farbe des Eidotters

Die zur Dotterfärbung notwendigen Farbstoffe müssen dem Tier mit dem Futter zugeführt werden. Dadurch ist je nach den Verbraucherwünschen (Frühstücks-, Industrieei) eine bestimmte Dotterfarbe zu erreichen. In der Regel wird eine kräftige Färbung gewünscht. Hierzu tragen vor allem zur Nährstoffversorgung eingesetzte Futterkomponenten wie Mais, Gelbmaiskleber, Luzerne- und Grasgrünmehl sowie nur zur Dotterfärbung verwendete pflanzliche Produkte oder aus diesen gewonnene stabilisierte und standardisierte Erzeugnisse wie Paprika, Grünmehlextrakte und Tagetesblütenmehle bei. Außerdem stehen verschiedene stabilisierte synthetische Produkte wie z. B. Lutein, Apocarotinester, Canthaxanthin und Citranaxanthin zur Verfügung.

Der Gehalt der Futtermittel an Carotinoiden schwankt stark und nimmt mit der Lagerungszeit ab, sodass im Laufe des Winters auch der Pigmentgehalt des Eidotters zurückgeht. Dies könnte zwar durch vermehrten Einsatz farbstoffgebender Futtermittel ausgeglichen werden, jedoch ist dies mit Rücksicht auf die Anforderungen an die Nährstoffkonzentration der Futtermittel nur begrenzt möglich. Deshalb werden synthetische Carotinoide eingesetzt, die stabilisiert sind und infolgedessen auch eine genaue Dosierung zulassen. Die Farbcarotinoide haben jedoch meist keine nennenswerte Vitamin A-Wirksamkeit. Da andererseits die Verfütterung des Provitamins β-Carotin nur wenig Einfluss auf die Dotterfärbung hat, kann von der Dotterfarbe nicht auf die Vitamin A-Wirksamkeit geschlossen werden.

Der Pigmentgehalt des Dotters kann vor allem durch stabilisierte synthetische Pigmentträger genau festgelegt werden. Die Farbskala reicht dabei von zitronengelb (durch Lutein) über goldgelb (z. B. durch Apocarotinester) bis zu rötlicher Farbe, die durch Canthaxanthin und Citranaxanthin verursacht wird. Je nach der Grundversorgung mit Farbstoffen aus den

Foto 10.1-4

Da Eier leicht Geruchs- oder Geschmacksstoffe annehmen, muss auf eine hygienische Lagerung und Verpackung besonderen Wert gelegt werden

natürlichen Futterkomponenten kann deshalb ein Zusatz gelber oder roter Pigmente oder einer Mischung aus beiden Pigmenten erforderlich sein.

Geschmack und Geruch des Eies

Eier nehmen sehr leicht fremde Geruchs- und Geschmacksstoffe an. Solche Veränderungen können deshalb durch falsche Lagerung der Eier in der Nähe stark riechender Stoffe wie Kot, verschiedener Futtermittel, verdorbener Stoffe, Desinfektions- und Insektenbekämpfungsmittel auftreten. Die Verfütterung verdorbenen Fischmehls, insbesondere mit ranzigem Fischöl, führt natürlich auch bei den Eiern zu tranigem Fischgeschmack, der sich sofort verringert, wenn einwandfreies Futter verwendet wird. Manche Hennen legen auch bei bestem Futter Eier mit Fischgeschmack (hervorgerufen durch Trimethylamin), auch wenn kein Fischmehl verfüttert wurde. Dies beruht auf einer genetischen Veranlagung und tritt vor allem dann auf, wenn Rapsextraktionsschrot bzw. Rapssaat an verschiedene Linien braunlegender Hennen (sogenannte Teinter) verfüttert wird. Dabei produzieren diese Hennen auch bei Schroten aus den neuen 00-Sorten aus dem hierin unveränderten Gehalt an Sinapin, einem Cholinester, Trimethylamin und damit Riecheier. Als Konsequenz für die praktische Fütterung wird deshalb derzeit vom Einsatz von Rapsextraktionsschrot bzw. Rapssaat an braunlegende Hennen gänzlich abgeraten.

Das Auftreten von Geschmacks- und Geruchsfehlern bei Eiern lässt sich somit durch verbesserte Züchtungs- und Haltungsmaßnahmen sowie auch durch entsprechende Fütterung beseitigen.

10.1.1 Energie-, Protein- und Aminosäurenbedarf

Die faktorielle Ableitung des Energie-, Protein- und Aminosäurenbedarfs umfasst den Erhaltungs- und Leistungsbedarf, wobei für den Leistungsbedarf vor allem die Eiproduktion aber auch eine Lebendmassezunahme im Verlauf der Legeperiode zu berücksichtigen

Foto 10.1-5

Alleinfutter für Hennen deckt den gesamten Nähr- und Wirkstoffbedarf

ist. Folgt man den Empfehlungen der GfE (1999) für die Bedarfsableitung von Legehennen, so beträgt der Erhaltungsbedarf 480 kJ/kg LM^{0,75}/d und gilt für eine Umgebungstemperatur von 15–28 °C. Fällt die Umgebungstemperatur unter 15 °C, wird ein thermoregulatorischer Zuschlag von 7 kJ/kgLM^{0,75} je °C Temperaturabnahme erforderlich, um die Körpertemperatur der Tiere aufrechtzuerhalten. Befiederung, Besatzdichte und insbesondere die Haltungsform beeinflussen den Erhaltungsbedarf, wobei sich im Wesentlichen nur der Einfluss der Haltungsform quantifizieren lässt. Basis des oben genannten Wertes ist die Käfighaltung. Im Vergleich dazu ist für den höheren Energieumsatz bei Boden- und Freilandhaltung der Energieerhaltungsbedarf um 10 bzw. 15 % zu erhöhen. Der Energieaufwand für Eibildung beruht auf einem Energiegehalt von 6,5 kJ/g Eimasse und einem Teilwirkungsgrad der umsetzbaren Energie von 0,68. Der Teilbedarf beträgt demnach 9,6 kJ je g gelegter Eimasse. Für den Lebendmassezuwachs ergibt sich ein Energieaufwand von 23 kJ/g. Dabei werden ein Protein- und Fettgehalt von 10 bzw. 40 % sowie Teilwirkungsgrade für den Ansatz an Protein- und Fettenergie von $k_p = 0,52$ und $k_f = 0,84$ zugrunde gelegt. Dieser Teilaufwand wird vor allem zwischen der 20. und 32. Lebenswoche anfallen, da Hennen vorwiegend in diesem Abschnitt einen Lebendmassezuwachs aufweisen. Er liegt je nach Hennen im Mittel zwischen 4 und 7 g täglich. Aus den genannten Faktoren wird der Gesamtbedarf an umsetzbarer Energie je Legehenne mit folgender Gleichung berechnet:

$$AME_N \text{ (kJ/d)} = [480 + (15 - UT) \times 7] \times W^{0,75} + 9,6 \times O + 23 \times LMZ$$

AME_N = N-korrigierte scheinbare umsetzbare Energie (siehe 4.4.4)
UT = Umgebungstemperatur, °C (Korrektur für UT < 15 °C)
W = Lebendmasse, kg
O = täglich gelegte Eimasse, g
LMZ = täglicher Lebendmassezuwachs, g

10 Geflügelfütterung

Für den Bedarf der Legehennen an Rohprotein sind wie beim Energiebedarf analoge Teilleistungen zu berücksichtigen. Der Erhaltungsbedarf, der auch eine gewisse Federbildung einschließt, beträgt 3,1 g Rohprotein/kg $LM^{0,75}$/d. Für die Eibildung müssen bei 11,2 % Rohprotein im Ei und einer Proteinverwertung von 45 % 0,25 g Rohprotein je g gelegter Eimasse aufgewendet werden. Der Teilbedarf je g Lebendmassezuwachs beläuft sich auf 0,17 g Rohprotein (10 % Proteingehalt im Zuwachs; Proteinverwertung 60 %) und ist in der Bedarfsnorm nur bis zur 32. Lebendwoche zu erfassen, da bei älteren Hennen der Lebendmassezuwachs relativ gering ist und vorwiegend aus Fett besteht. Für die faktorielle Ableitung des Gesamtbedarfes ist demnach folgende Formel anzuwenden:

$$\text{Rohproteinbedarf (g/Henne/d)} = 3,1 \times W^{0,75} + 0,25 \times O + 0,17 \times LMZ$$

W = Lebendmasse, kg
O = täglich gelegte Eimasse, g
LMZ = täglicher Lebendmassezuwachs, g

Aufgrund der Formeln zur Kalkulation des Energie- und Rohproteinbedarfs wurden in Übersicht 10.1-2 beispielhaft Empfehlungen zur Energie- und Rohproteinversorgung von leichten und mittelschweren Legehybriden in Abhängigkeit der Eimasseproduktion dargestellt.

Da die Rohproteinversorgung lediglich die Summe aller Aminosäuren umfasst, ist eine Bedarfsdeckung erst erreicht, wenn jede essenzielle Aminosäure ausreichend zugeführt wird. Neben den bei allen Spezies als essenziell geltenden Aminosäuren, besteht beim Geflügel zusätzlich ein spezifischer Bedarf an Arginin, da aufgrund fehlender Harnstoffsynthese diese Aminosäure nicht im Stoffwechsel synthetisiert wird. Die Ableitung des Bedarfs an essenziellen Aminosäuren erfolgt nach einem Vorschlag der GfE (1999) wiederum faktoriell nach folgender Formel:

$$AS = AS_m \times W + \frac{C_{AS}}{k_{AS}} \times O$$

AS = Bedarf einer Aminosäure, mg/Henne/Tag
AS_m = Erhaltungsbedarf, mg/kg LM
W = Lebendmasse, kg
C_{AS} = Aminosäurenkonzentration, mg/g Ei
k_{AS} = Verwertungskoeffizient der Futteraminosäure
O = täglich gelegte Eimasse, g

Für die Bedarfsermittlung werden die in Übersicht 10.1-3 aufgezeigten Daten über Erhaltungsbedarf, Verwertung und Konzentration im Ei verwendet. Abhängig von Lebendmasse und täglicher Eimasse ist damit die Bedarfskalkulation vorzunehmen. Für die Aminosäure Lysin ergibt sich z. B. bei einer Lebendmasse von 1800 g und einer täglichen Eimasse von 60 g ein täglicher Bedarf von 729 mg (73 × 1,8 + 7,87/0,79 × 60). Entspre-

10.1 Fütterung der Legehennen

Übersicht 10.1-2

Energie- und Rohproteinbedarf von Legehennen sowie erforderlicher Futterverzehr in Abhängigkeit von Eimasseproduktion, Hennentyp und Legeabschnitt

Eimasse	AME_N-Bedarf[1]		XP-Bedarf[1]		$XP:AME_N$		Futterverzehr[2]	
	l	m	l	m	l	m	l	m
g/d	MJ/d	MJ/d	g/d	g/d	g/MJ	g/MJ	g/d	g/d
Legebeginn bis 32. Lebenswoche								
40	1,22	1,41	15,5	16,8	12,7	11,9	107	124
45	1,27	1,46	16,8	18,0	13,2	12,3	111	128
50	1,32	1,51	18,0	19,3	13,6	12,8	116	132
55	1,37	1,56	19,3	20,5	14,1	13,1	120	137
60	1,42	1,61	20,5	21,8	14,4	13,5	125	141
65	1,46	1,65	21,8	23,0	14,9	13,9	128	145
Ab 32. Lebenswoche bis Legeende								
40	1,13	1,25	14,8	15,6	13,1	12,5	100	110
45	1,18	1,30	16,1	16,8	13,6	12,9	104	114
50	1,23	1,35	17,3	18,1	14,1	13,4	108	118
55	1,28	1,40	18,6	19,3	14,5	13,8	112	123
60	1,33	1,45	19,8	20,6	14,9	14,2	117	127
65	1,37	1,49	21,1	21,8	15,4	14,6	120	131

l = leichter Typ, ⌀ LM 1.800 g; m = mittelschwerer Typ, ⌀ LM = 2.200 g
1 LM-Zuwachs bis 32. Lebenswoche: leichter Typ ⌀ 4 g/d, mittelschwerer Typ ⌀ 7 g/d; ab 32. Lebenswoche LM-Zuwachs vernachlässigbar
2 11,4 MJ AME_N/kg Futter

Übersicht 10.1-3

Ausgangsdaten zur Bedarfsableitung von essenziellen Aminosäuren für Legehennen

Aminosäure	Erhaltungsbedarf mg/kg LM	Verwertungs-koeffizient	Zusammensetzung von Eiern mg/g
Arg	52	0,77	7,31
His	13	0,77	2,73
Ile	67	0,76	6,91
Leu	32	0,77	9,94
Lys	73	0,79	7,87
Met	31	0,74	3,78
Met + Cys	70	0,75	6,36
Phe	16	0,77	6,42
Phe + Tyr	32	0,77	11,26
Thr	43	0,77	5,68
Trp	11	0,74	1,84
Val	76	0,83	8,23

Übersicht 10.1-4

Empfehlungen zum Aminosäurenbedarf von Legehennen am Beispiel von 1.800 g LM und einer täglichen Eimasseproduktion von 60 g

Aminosäure	Bedarf[1]			Aminosäuren-muster (Lys = 100)
	mg/d	mg/MJ AME_N	% i. Futter[2]	
Arg	663	501	0,57	91
His	236	178	0,20	32
Ile	666	503	0,57	91
Leu	832	628	0,72	114
Lys	729	550	0,63	100
Met	363	274	0,31	50
Met + Cys	635	479	0,55	87
Phe	529	399	0,45	73
Phe + Tyr	935	705	0,80	128
Thr	520	393	0,45	71
Trp	169	127	0,15	23
Val	732	552	0,63	100

1 Bei Hennen bis zur 32. LW ein Sicherheitszuschlag (~ 5 %) für Lebendmassezuwachs erforderlich
2 11,4 MJ AME_N/kg Futter

chend sind in Übersicht 10.1-4 Empfehlungen zum Bedarf an essenziellen Aminosäuren von leichten Legehybriden (1.800 g LM) bei einer täglichen Eimasse von 60 g beispielhaft ausgewiesen. Das daraus kalkulierte relative Aminosäurenmuster im Futter (Lysin = 100) erweist sich selbst bei einer sehr unterschiedlichen täglichen Eimasseproduktion als relativ stabil. Zur Vereinfachung der Bedarfskalkulation an Aminosäuren und deren praktischer Überprüfung kann daher dieses Bedarfsmuster verwendet werden, wenn der Bedarf an nur einer Aminosäure (z. B. Lysin) aus der faktoriellen Ableitung spezifiziert ist. Dies entspricht dann in etwa dem Konzept des idealen Proteins. Da Legehennen die Futteraufnahme in gewissen Grenzen regulativ an den Energiegehalt des Futters anpassen, wird ein energieärmeres Futter in höheren Mengen aufgenommen und umgekehrt. Um den täglichen Bedarf abzusichern, müssen deshalb die Nährstoffempfehlungen auf 1 MJ AME_N bezogen werden (siehe Übersicht 10.1-2 und 10.1-4). Da für Eiproduktion und Wachstum mehr Protein und Aminosäuren benötigt werden als für Erhaltung sind diese Relationen nicht konstant. Mit steigender Eimasseproduktion erhöht sich der Eiweiß- oder Aminosäurenbedarf je Energieeinheit, während er sich demgegenüber mit steigender Lebendmasse verringert. Mit den in Abb. 10.1-2 und 10.1-3 aufgezeigten Nährstoff:Energierelationen kann für verschiedene Energiegehalte im Legehennenfutter und Leistungsanforderungen die jeweils erforderliche Nährstoffkonzentration je kg Futter berechnet werden. So wird in der Leistungsspitze (Legeleistung > 90 %; Eimasse > 60 g/d; LM 1.600 g) bei einem Futter mit 11.4 MJ AME_N/kg der Bedarf bei 18,2 % Rohprotein und 0,67 % Lysin gedeckt sein, während am Ende der Legeperiode (Legeleistung < 70 %; Eimasse 45 g/d; LM 2.000 g) 15 % Rohprotein und 0,54 % Lysin im Futter erforderlich sind. Aus Fütterungsversuchen er-

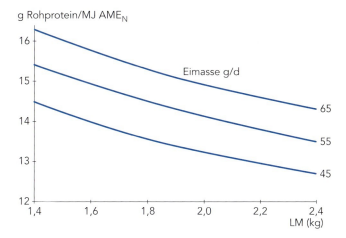

Abbildung 10.1-2
Proteinbedarf/MJ AME_N in Abhängigkeit von Eimasseproduktion und Lebendmasse

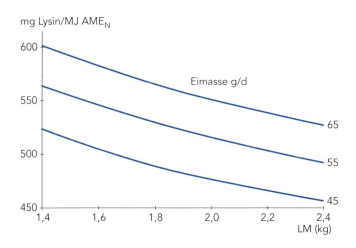

Abbildung 10.1-3
Lysinbedarf/MJ AME_N in Abhängigkeit von Eimasseproduktion und Lebendmasse

gibt sich allerdings, dass Legehennen bei der praxisüblichen freien Futteraufnahme vor allem bei fallender Legeleistung bis zu 10 % mehr Energie aufnehmen als sie für Erhaltung und Leistung benötigen. Aus diesem Grunde wird häufig die Nährstoffkonzentration im Vergleich zur Energie etwas verringert. Günstiger ist es jedoch im Hinblick auf eine bessere Futterverwertung diesen sog. Luxuskonsum durch eine kontrollierte Fütterung einzuschränken, wobei moderne Fütterungsanlagen technisch dazu in der Lage sind.

Neben der Zufuhr an Rohprotein und essenziellen Aminosäuren ist für die Henne aufgrund ihres hohen Bedarfs besonders die Zufuhr an essenziellen Fettsäuren zu beachten (vgl. 10.1 bzw. 10.5). Ein Gehalt von 1 % Linolsäure und 0,6 % Linolensäure in der Futter-T ist hierbei zu empfehlen.

10.1.2 Mineralstoff- und Vitaminbedarf

Zur faktoriellen Ableitung des Bedarfes an Mengenelementen für Legehennen sind Angaben über die Erhaltung (= unvermeidliche Verluste), Ansatz im Lebendmassezuwachs und Gehalte im Ei zu addieren und durch die Gesamtverwertung zu dividieren. In Übersicht 10.1-5 finden sich die für die Bedarfsableitung erforderlichen Faktoren (GfE 1999). Von den aufgeführten Elementen kommt vor allem durch die hohe Ca-Ausscheidung in der Eischale dem Ca-Bedarf besondere Bedeutung zu. Bei einer täglichen Legeleistung von 60 g Eimasse werden bereits 2 g Ca ausgeschieden, wofür bei einer Ca-Verwertung von 55 % schon 3,6 g Ca täglich erforderlich sind. Eine stärkere Mobilisierung der Ca-Depots scheidet aus, da der gesamte Ca-Gehalt des Skeletts nur 20 g beträgt. Um die Legeleistung aufrecht zu erhalten, ist die Henne somit auf die ständige bedarfsgerechte Ca-Zufuhr angewiesen. Ca-Mangel führt innerhalb weniger Tage zum Verlust der Schalenbildung (schalenlose Eier) und die Legetätigkeit wird eingestellt. In Übersicht 10.1-6 sind Empfehlungen zur Versorgung von Legehennen an Calcium und den anderen Mengenelementen in Abhängigkeit von der täglich gelegten Eimasse aufgezeigt. Im Vergleich zur Eimasse ist der Einfluss der Lebendmasse auf den Ca-Bedarf nur marginal

Übersicht 10.1-5

Faktoren für die Bedarfsableitung von Mengenelementen bei Legehennen

Kriterium	Ca	P	Mg	Na	Cl	K
Erhaltung, g/kg LM/d	0,1	0,083	0,003	0,013	0,013	0,028
Ansatz[1], g/kg LM-Zuwachs	10	5,5	0,33	1,3	1,3	2,8
Gehalt im Ei, g/kg	33	1,7	0,4	1,2	1,4	1,2
Gesamtverwertung, %	55	70[2]	60	80	80	80

1 Nur 1.–14. Legewoche
2 Nicht-Phytin-P (≈ anorg. P + tier. P + 1/3 pflanzl. P)

Übersicht 10.1-6

Empfehlungen zur Versorgung von Legehennen mit Mengenelementen
(LM 1.800 g; Eimasse 45, 55, 65 g/d)

Eimasse g/d	Bezugs- basis	Ca	Nicht- Phytin-P	Mg	Na	Cl	K
45	g/d	3,05	0,32	0,040	0,10	0,11	0,13
	g/MJ AME_N	2,55	0,27	0,034	0,08	0,09	0,11
55	g/d	3,65	0,35	0,047	0,11	0,13	0,15
	g/MJ AME_N	2,85	0,27	0,036	0,09	0,10	0,11
65	g/d	4,25	0,37	0,053	0,13	0,14	0,16
	g/MJ AME_N	3,10	0,27	0,039	0,09	0,10	0,12

und wurde deshalb nicht dargestellt. Aus den Angaben lässt sich auch die erforderliche Konzentration im Futter ermitteln.

Die für die Legeleistung, Eischalenqualität, Fortpflanzung und Vitalität der Küken äußerst wichtige Spurenelement- und Vitaminversorgung der Legehennen wird auf die Futter-Trockenmasse eines Alleinfutters bezogen (Angaben in Übersicht 10.1-7). Es handelt sich hierbei um Empfehlungen, die aus verschiedenen Gründen einen Sicherheitszuschlag enthalten. Damit stellen sie die Menge eines alimentär verabreichten Wirkstoffes dar, bei der unter praktischen Bedingungen der Bedarf der Nutztiere sicher gedeckt ist. Zur Vermeidung von Wiederholungen finden sich neben den Legehennen auch Angaben für Küken, Junghennen, Zuchthennen und Broiler.

Ergänzend zur faktoriellen Bedarfsableitung ist erwähnenswert, dass es Untersuchungen an Legehennen und auch an Broilern gibt, um mithilfe der sog. „Cafeteriafütterung" eine

Übersicht 10.1-7

Empfehlungen zur Versorgung mit Spurenelementen und Vitaminen (je kg Futter-T)

Element/Vitamin	Lege-hennen	Küken	Jung-hennen	Zucht-hennen	Masthühner (Broiler)
Eisen, mg	100	100	70	100	100
Kupfer, mg	7	7	6	7	7
Zink, mg	50	50	40	50	50
Mangan, mg	50	60	50	50	60
Jod, mg	0,5	0,5	0,4	0,5	0,5
Selen, mg	0,15	0,15	0,15	0,15	0,15
Vitamin A, I.E.	4.500	2.500	1.000	4.500	2.500
Vitamin D_3, I.E.	450	250	250[1]	450	450
Vitamin E[2], mg	6	6	6	10	6
Vitamin K_3, mg	0,6	0,6	0,6	1,1	0,6
Thiamin, mg	1,7	1,9	1,7	1,7	2,8
Riboflavin, mg	2,8	3,3	3,3	4,4	3,0
Niacin, mg	22	30	22	22	40[3]/33[4]
Vitamin B_6, mg	2,8	3,3	2,8	4,4	3,3
Pantothensäure, mg	5,6	9	9	9	9
Vitamin B_{12}, mg	0,01	0,01	0,01	0,01	0,01
Biotin[6], mg	0,11	0,17	0,11	0,11	0,17
Folsäure, mg	0,55	0,55	0,55	0,55	0,55
Cholin, mg	500	1.100	1.100	550	1.330[3]/1.100[4]/830[5]

1 Ab 18. Lebenswoche bis Legebeginn 350 I. E.
2 Plus 0,6 mg Vitamin E je g Polyenfettsäuren im Futter über den Bedarf
3 0–3 Wochen
4 3–6 Wochen
5 6–8 Wochen
6 verfügbares Biotin

Bedarfsschätzung vorzunehmen. Darunter versteht man das gleichzeitige Anbieten von z. B. zwei Futtermischungen unterschiedlicher Nährstoffkonzentrationen oder die Vorlage einer zusätzlichen separaten Futterkomponente wie eines Mineralfutters. Die Tiere sind dabei in der Lage, bei freier Auswahl sich selbst so mit Nährstoffen zu versorgen, dass sie optimale Leistungen erbringen können. Wie eine Reihe von Versuchen zeigte, ernähren sich Hennen durch die Wahl des entsprechenden Futters bedarfsgerecht an den untersuchten Nahrungsfaktoren wie Rohprotein, Methionin, Vitamin B_6 oder Zink (Arbeitsgruppe KIRCHGESSNER 1990–1994). Damit ist ohne großen methodischen Aufwand aufgrund der den Tieren angeborenen oder erlernten Fähigkeit zur Regulation der selektiven Nährstoffaufnahme eine vereinfachte Bedarfsschätzung möglich. Für die Praxis bietet diese Wahlfütterung den Vorteil einer art- und leistungsgerechteren Ernährung, durch bessere Anpassung der Nährstoffaufnahme an tierindividuelle Bedarfsunterschiede sowie Einsatz hofeigener Futtermittel. In gewisser Weise beruht die seit langem praktizierte kombinierte Fütterung auf dieser Fütterungsmethode.

10.1.3 Praktische Fütterungshinweise

Je nach Aufstallungsart und betriebseigener Futtergrundlage können bei Legehennen verschiedene Fütterungsmethoden gewählt werden, nämlich die Alleinfütterung bzw. die kombinierte Fütterung. Seit langem wird in den meisten Betrieben die Alleinfütterung mit industriell hergestelltem Mischfutter durchgeführt. In neuerer Zeit wird in bestimmten Fällen auch die Herstellung hofeigener Alleinfuttermischungen interessant. Einen Spezialfall der Fütterungsmethoden stellt der in Versuchen entwickelte Einsatz von CCM in der Legehennenfütterung dar (ROTH-MAIER u. KIRCHGESSNER, 1984–1988).

10.1.3.1 Alleinfütterung

Alleinfutter für Legehennen stellt eine vollwertige Mischung dar und deckt somit den gesamten Nähr- und Wirkstoffbedarf. Eine zusätzliche Beifütterung von Getreide ist überflüssig, da das ausgewogene Nährstoffverhältnis dadurch gestört und die Leistung negativ beeinflusst wird. In Übersicht 10.1-8 sind Richtwerte für wichtige Inhaltsstoffe zur Optimierung der Zusammensetzung von Legehennen-Alleinfutter angegeben, wobei eine hohe und mittlere Legeleistung zugrunde liegt. Aus den Bedarfsnormen (siehe Übersicht 10.1-2) lässt sich ableiten, dass in einem Alleinfutter I bei 11,3–11,5 MJ AME_N für eine hohe tägliche Eimasseproduktion (bis 60 g) 17 % Protein, im Alleinfutter II für eine mittlere tägliche Eimasseproduktion (50 g) 15,5 % Protein bei 11 MJ AME_N/kg enthalten sein sollten.

In der ersten Zeit der Legeperiode kommt für eine bedarfsgerechte Fütterung das Alleinfutter I in Frage. Bei einer hohen Legeleistung decken etwa 125 g dieses Futters den Eiweißbedarf einer 1,8 kg schweren Henne. Zu Beginn der Legeperiode ist trotz geringerer Futteraufnahme die Nährstoffversorgung sichergestellt, da in dieser Zeit die Legeleistung noch nicht maximal ist. Ab etwa dem 10. Legemonat, mit weiter absinkender Legeleistung und höherem Lebendgewicht (>2 kg), deckt das Alleinfutter II den Nährstoffbedarf bei einer täglichen Futteraufnahme von 115 g. Je nach dem Energiegehalt des Futters kann die Futteraufnahme jedoch schwanken. Dabei werden als optimaler Energiegehalt für Lege-

Übersicht 10.1-8
Richtwerte für wichtige Inhaltsstoffe in Alleinfuttermitteln für Legehennen (MJ/kg bzw. %)

	Legehennen-Alleinfutter	
	I[1]	II[2]
AME_N, MJ/kg	11,4	11,0
Rohprotein	17,0	15,5
Met	0,32	0,28
Met + Cys	0,55	0,49
Lys	0,63	0,56
Thr	0,45	0,40
Trp	0,15	0,13
Gesamtzucker, max.	12	12
Calcium	3,5	3,5–4,0
Nicht-Phytin-P	0,31	0,30
Magnesium	0,043	0,039
Natrium	0,11	0,10
Chlorid	0,12	0,11
Kalium	0,13	0,12

Spurenelemente und Vitamine nach Übersicht 10.1-7

1 Für Eimasseproduktion von 60 g/Tag; LM ca. 1.800 g; Futterverzehr 125 g/Tag.
   Bis 32. LW Aminosäuren für LM-Zunahmen um 5 % erhöhen
2 Für Eimasseproduktion von 50 g/Tag; LM ca. 2.000 g; Futterverzehr 115 g/Tag

hennen-Alleinfutter 11–11,5 MJ ME/kg angesehen, da bei höheren Energiegehalten (> 11,7 MJ ME/kg) zu viel Energie aufgenommen wird und die täglichen Zunahmen steigen. Dadurch verschlechtert sich der Futteraufwand (g Futter/g Eimasse). Die Futteraufnahme ist im übrigen auch durch ein entsprechend gestaltetes Beleuchtungsprogramm zu verändern (siehe 10.5).

In der Regel werden Legehennen ad libitum gefüttert. Inzwischen wurden jedoch auch Fütterungsprogramme modifiziert, in denen in gut geführten Betrieben die Futtervorlage begrenzt wird oder kontrolliert gefüttert wird, nachdem das Maximum der Eimasseproduktion der Herde erreicht ist. Dies ist eine Möglichkeit, um Einfluss auf das Eigewicht zu nehmen und auch über den geringeren Futterverbrauch die Wirtschaftlichkeit zu verbessern. Der Grad der Futterrestriktion sollte dabei individuell je Herde aufgrund der Daten über den Futterverbrauch, Körpergewicht der Tiere (Tiere müssen regelmäßig gewogen werden und dürfen in der Legeperiode kein Gewicht verlieren), Umgebungstemperatur und Legeleistung bestimmt werden. Bei diesem Verfahren kann auch die Wasseraufnahme beschränkt werden (siehe auch 10.1.3.4), was eine geringere Wasservergeudung, trockeneren Kot und geringeren Schmutzeieranfall zur Folge hat. Werden die Maßnahmen Futterrestriktion bzw. Futterrestriktion und kontrollierte Wasserzufuhr in einer Herde angewendet, so sind dafür jedoch zusätzliche spezielle technische Investitionen erforderlich und das Risikopotenzial für Fehlschläge steigt an.

Ein Alleinfutter für Zuchthennen kann dem Legehennen-Alleinfutter entsprechen, jedoch sollte es eine um 30 % höhere Wirkstoffdosierung aufweisen, um die Schlupffähigkeit der Küken zu optimieren. Zuchthennen der Mastrassen erhalten aufgrund ihrer geringeren Legeleistung weniger Protein und Energie. Da solche Broilerelterntiere zu überhöhter Futteraufnahme neigen, müssen sie streng nach Leistung gefüttert werden, um eine Verfettung zu vermeiden.

Zur Deckung des Ca-Bedarfs sollte Alleinfutter I bei einer Futteraufnahme von 125 g pro Tag 3,5 % Calcium enthalten. Im eiweißreichen Ergänzungsfutter für Legehennen sind entsprechend 9 % Calcium notwendig. Zur Verbesserung der Eischalenstabilität hat sich in unseren Versuchen bewährt, den Calciumgehalt des Futters ab etwa dem sechsten Legemonat zu erhöhen. Wegen des hohen Zerkleinerungsgrades von Alleinfutter muss Grit nicht zusätzlich verabreicht werden.

Neben diesem Fütterungskonzept wurde in den letzten Jahren das Konzept der Phasenfütterung von Legehennen entwickelt, das bereits im ersten Lebensjahr der Hennen nach der Junghennenaufzucht verschiedene Futtermischungen verwendet (z. B. von der 20. bis 36. Lebenswoche, 37. bis 52. Lebenswoche und 53. bis 80. Lebenswoche). Unter Phasenfütterung versteht man nämlich die Bereitstellung von verschiedenen Legehennenfuttern mit unterschiedlichen Nährstoffgehalten, die sich dem ändernden Bedarf der Hennen während der Legeperiode möglichst anpassen und ihn optimal decken. Allgemein sind ja die täglichen Aufnahmen von Protein, Aminosäuren und Phosphor in jeder folgenden Phase reduziert, dagegen die Aufnahmen an Calcium erhöht. Dementsprechend ändern sich die Konzentrationen dieser Nährstoffe im Futter. Die Futterrezepturen der Phasenfütterung bewegen sich dabei im Rahmen der Gehaltsangaben des Alleinfuttermittels I. Der Zweck der Phasenfütterung liegt in der Steuerung des Eigewichts und der Minimierung der Ausscheidungen (s. unten). Voraussetzung für ihre Anwendung ist allerdings, dass bei Futterzukauf die Möglichkeit besteht, die verschiedenen Alleinfutter beziehen zu können, und dass im Betrieb separate Futterversorgungseinheiten für jede Altersgruppe vorhanden sind.

Auch in der Legehennenfütterung sind Strategien für die Verminderung der N- und P-Ausscheidungen interessant. Diese Verminderungen lassen sich durch eine Nährstoffversorgung dichter am Bedarf bzw. eine verbesserte Nährstoffversorgung verwirklichen. Eine der Strategien ist die Phasenfütterung der Legehennen, d. h. die Verwendung von drei verschiedenen Alleinfuttermitteln in der Legeperiode und natürlich auch einer separaten Futtermischung für die Junghennenaufzucht. Eine weitere Strategie ist durch genaue Kenntnis des Bedarfs an Aminosäuren über die Ermittlung des idealen Proteins, das genau dem Bedarf des Tieres entspricht (siehe 3.4.6), gezielt mit synthetischen Aminosäuren zu supplementieren. Dadurch wird die Zufuhr an Stickstoff insgesamt und damit die Ausscheidung verringert. Inwieweit diese Vorgaben des idealen Proteins in die Praxis umgesetzt werden, richtet sich natürlich vor allem danach, wie gut und zu welchem Preis die einzelnen Aminosäuren im Handel verfügbar sind.

Bezüglich der Verminderung der Phosphorausscheidung hat sich bei Legehennen der Einsatz von Phytase bereits bewährt (siehe auch 5.4.1). Nach verschiedenen Versuchsergebnissen kann durch den Phytaseeinsatz die P-Ausscheidung bei 1.000 Hennen/Jahr von 385 kg auf 234 kg oder um etwa 40 % gesenkt werden.

Foto 10.1-6
Hofeigene Futtermischungen sind die kostengünstige Variante zu Alleinfuttermitteln ab Werk

Hofeigene Mischungen

Ein Alleinfutter für Legehennen kann auch selbst zusammengestellt werden, wobei die Empfehlungen zur Versorgung genauso gültig sind. Es bieten sich dabei dem Geflügelhalter in Abhängigkeit von den betrieblichen Gegebenheiten, dem Preis der Komponenten, der vorhandenen Mischtechnik und der Qualifikation des Betriebsleiters verschiedene Möglichkeiten an:
1. Ergänzungsfuttermittel für Legehennen (Legemehl) und Getreide
2. Eiweißreiches Ergänzungsfuttermittel für Legehennen und Getreide
3. Mineralfutter für Legehennen (2 %) und Einzelfuttermittel
4. Halbfabrikate und Einzelfuttermittel

Im ersten Fall wird für die Mischung eines Alleinfutters „Legemehl" (siehe Übersicht 10.1-9) verwendet, das sonst in der kombinierten Fütterung eingesetzt wird. Dieses wird mit einem geringeren Anteil Getreide (Verhältnis etwa 3:2) zu einem Alleinfutter vermischt. Beim zweiten Beispiel erhält man aus 40 % eiweißreichem Ergänzungsfutter (mit 27 % Protein, Übersicht 10.1-9) und 60 % Getreideschrot ein Mischfutter mit 17,5 % Protein und 11,7 MJ Energie je kg, das etwa einem Alleinfutter I entspricht. In diesem eiweißreichen Ergänzungsfutter sind dementsprechend auch höhere Mineralstoff- und Wirkstoffgehalte erforderlich.

Futtermischungen nach Beispiel 3 oder 4 herzustellen, erfordert das meiste Detailwissen über Futtermittel und die genauesten Mischanlagen. Das Mineralfutter liefert dabei auch die erforderlichen Vitamine, Dotterfarbstoffe und evtl. Methionin. Der Bezug von sogenannten Halbfabrikaten (z. B. Mineralstoffmischungen, Vitaminvormischungen) ist jedoch nur für landwirtschaftliche Betriebe möglich, die „anerkannte Mischfutterhersteller" sind.

Für verschiedene Einzelfuttermittel ist es aufgrund ihrer Energiekonzentration, ihrer Aminosäurenzusammensetzung oder verschiedener ungünstig wirkender Inhaltsstoffe angezeigt, bestimmte Einsatzgrenzen in Alleinfuttermischungen nicht zu überschreiten. Die Höchstmengen sind in Übersicht 10.1-10 angegeben.

Übersicht 10.1-9

Richtwerte für Inhalts- und Zusatzstoffe von Ergänzungsfuttermitteln für Legehennen nach DLG-Standard

		Ergänzungsfuttermittel für Legehennen (Legemehl)	Eiweißreiches Ergänzungsfuttermittel für Legehennen	Mineralfuttermittel für Legehennen
Inhaltsstoffe, %				
Rohprotein	min.	18	27	–
Methionin	min.	0,35	0,54	–
Methionin + Cystin	min.	–	1	–
Gesamtzucker	max.	12	12	–
Calcium		2–6	8,5–12	–
Phosphor		0,6–0,8	0,65–1,25	min. 8
Natrium		0,18–0,4	0,3–0,7	4–8
Zusatzstoffe, je kg				
Mangan, mg	min.	60	120	2.000
Zink, mg	min.	100	180	3.000
Vitamin A, I.E.	min.	9.000	18.000	300.000
Vitamin D_3, I.E.	min.	1.125	2.250	37.500
Riboflavin, mg	min.	4	7,5	125

Energiefuttermittel. – Zur Deckung des Energiebedarfs von Legehennen werden im Wesentlichen die verschiedenen Getreideschrote verwendet, es können aber auch Maniokmehl, Mühlennachprodukte, Kartoffelflocken oder Nebenprodukte der Zuckerfabrikation in bestimmten Anteilen eingesetzt werden. Dabei entscheidet jeweils die Preiswürdigkeit der Nährstoffe.

Mais-, Weizen- und Gerstenschrote guter Qualität bilden die Grundlage der Energieversorgung. Dabei ist bei Ersatz von Mais durch Weizenschrot bezüglich der Dotterfarbe zu berücksichtigen, dass Weizen keine Gelbpigmente enthält. Durch Einsatz natürlicher bzw. synthetischer Carotinoide lässt sich diese Lücke schließen. Bei Roggenschrot wurden bislang keine höheren Anteile geprüft. Hafer ist aufgrund seines geringeren Energiegehaltes, bedingt durch den höheren Rohfasergehalt, zu begrenzen. Gleiches gilt für Trockenschnitzel und Grünmehl, während für Melasse der hohe Zuckergehalt bzw. die Konsistenz limitierend wirken. Dabei ist der Zuckergehalt insgesamt auf 12 % zu begrenzen, um feuchte und klebrige Exkremente, Verschmutzung der Eier, schlechtere Stallhygiene und Einstreubeschaffenheit zu vermeiden. Der Einsatz von Grünmehl erfolgt vor allem wegen seines hohen Xanthophyllgehaltes im Hinblick auf die Dotterfarbe. Weiterhin erwies es sich als günstig, in Legehennenrationen 4–5 % Sojaöl einzumischen. Dadurch wird bereits als vorbeugende Maßnahme gegen das Fettlebersyndrom die mit dem Ei abgegebene Fettmenge im Futter zugeführt. Gleichzeitig wird durch den hohen Linolsäuregehalt des Sojaöls der Linolsäurebedarf des Tieres gedeckt.

Eiweißfuttermittel. – Als Eiweißfuttermittel können vor allem Sojaextraktionsschrot, Maiskleber, Maiskleberfutter, Ackerbohnen sowie Erbsen verwendet werden (nähere Be-

Übersicht 10.1-10

Höchstmengen verschiedener Einzelfuttermittel in Alleinfuttermischungen für Legehennen

Futtermittel	Anteile in %
Roggen	20
Triticale	30
Hafer	20
Maniokmehl	15
Futtermehl	20
Kleien	20
Kartoffelflocken	40
Trockenschnitzel	20
Melasse	3
Grünmehl	10
Erbsen	20*¹/30**¹
Ackerbohnen	10¹
Weiße Süßlupinen	30¹
Maiskleberfutter	25
Rapsextraktionsschrot	5²
aus 00-Sorten	15²
Leinextraktionsschrot	3
Magermilchpulver	5

1 + DL-Methionin
2 nur für Weißleger, für Braunleger 0
* buntblühende Sorten
** weißblühende Sorten

schreibung der Futtermittel 6.5.3.1). Maiskleber und Maiskleberfutter wirken zusätzlich durch ihren hohen Xanthophyllgehalt günstig auf die Dotterfarbe. Der Anteil von Ackerbohnen sollte 10 % nicht überschreiten, da sonst der Anteil großer Eier zurückgeht.

Bei der Herstellung des Trockenmischfutters ist es wichtig, dass die zu mischenden Komponenten möglichst ähnliche Korngrößen aufweisen, da die Hennen sonst größere Partikel ausselektieren. Der Vermahlungsgrad des Futters sollte nicht zu fein sein, da Hühner ein „griffiges" Futter einem staubfeinen vorziehen.

10.1.3.2 Kombinierte Fütterung

Bei kombinierter Fütterung wird Legehennen-Ergänzungsfutter ad lib. angeboten, das je nach Leistung mit unterschiedlichen Mengen an Körnern eine ausgewogene und vollwertige Nahrung ergibt. Wird auch das Körnerfutter zur freien Aufnahme vorgelegt, fressen die Hennen zuviel Getreide. Aufgrund des unausgewogenen Nährstoffangebots sinkt die Legeleistung. Legemehl und Körner sind am besten getrennt anzubieten, da sonst das Futter nach der Größe selektiert wird und die kleinen Teile im Trog zurückbleiben. Eine kombinierte Fütterung ist deshalb vor allem für die Bodenhaltung geeignet, wobei die Körner meistens auf die Einstreu gegeben werden. Wegen des Körneranteils ist außerdem unlöslicher Grit anzubieten, wodurch sich die Verdaulichkeit der Nährstoffe um etwa 10 % erhöht. Muschelgrit, der sich im sauren Milieu des Magens auflöst, dient dagegen einer verbesserten Ca-Versorgung. Bei der kombinierten Fütterung sollten 100–150 g Muschelschalen je Monat und Henne beigefüttert werden, da der Ca-Gehalt von Getreide und Legehennen-Ergänzungsfutter meist nicht völlig zur Bedarfsdeckung ausreicht.

In Legehennen-Ergänzungsfutter sind nach DLG-Standard mindestens 18 % Rohprotein enthalten, meist sind jedoch 20–21 % Protein beigemischt. Bei maximal 8 % Rohfaser dürfte der Gehalt dieses Futters an umsetzbarer Energie etwa 10,7 MJ betragen. Im Gegensatz zu Getreide enthält Legemehl also ein enges Eiweiß-Energie-Verhältnis. Bei geringer Legetätigkeit und auch relativ niedriger Raumtemperatur wird das Angebot an Körnern zur Steigerung des Energieanteils in der Gesamtration erhöht. Bei hoher Leistung muss entsprechend den größeren Anforderungen an den Eiweißgehalt mehr Legemehl verwendet werden. Legt man im Mittel für Getreide 10,5 % Protein und 12,6 MJ umsetzbare Energie zugrunde, so ergeben sich für Legehennen bei einer Legeleistung von 60 g Eimasse/Tag (Lebendmasse 1,8 kg) tägliche Futtermengen von 50 g Getreide und 70 g Ergänzungsfutter und bei einer Legeleistung von 50 g Eimasse und weniger (Lebendmasse > 2 kg) von je 60 g Getreide und Ergänzungsfutter.

Diese Futtermengen sollten in der Regel von Legehennen aufgenommen werden. Als Getreide kommen hierfür Weizen, Mais (gebrochen) und Gerste in Frage, ein Teil der Getreidemischung kann auch sehr gut aus Hafer bestehen. Roggen ist vor allem als ganzes Korn weniger geeignet, da er von den Hennen nur nach langer Gewöhnungszeit ausreichend aufgenommen wird. Sollen höhere Mengen an wirtschaftseigenem Getreide zum Einsatz kommen, so muss ein eiweißreiches Ergänzungsfutter für Legehennen mit mindestens 27 % Rohprotein beigefüttert werden. Allerdings empfiehlt es sich in diesem Fall, das Ergänzungsfutter mit Getreide zu einem Alleinfutter zu mischen.

10.1.3.3 Fütterung von Corn-Cob-Mix

Der Einsatz von CCM-Silage an Legehennen stellt eine Fütterungsmethode dar, die in unseren Versuchen für die Praxis geprüft wurde. CCM wird von den Hennen sehr gerne gefressen. Es ist wie in der Schweinefütterung vorwiegend Energielieferant. In Stoffwechselversuchen wurde bei etwa 4 % Rohfaser in T ein Energiegehalt von 14,5 MJ AME_N/kg T ermittelt. Der Rohproteingehalt liegt lediglich bei etwa 10,5 % in T. Deshalb muss CCM in der Legehennenfütterung auch mit Eiweißfuttermitteln ergänzt werden. Hierzu wäre die Verwendung einer Futtermischung vom Typ eines Eiweißkonzentrates mit der erforderlichen Mineralstoff- und Vitaminergänzung günstig, das etwa 35 bis 40 % Rohprotein enthalten sollte.

CCM kann alleiniges Energiefuttermittel einer Hennenration sein, wenn es ad libitum zur Verfügung steht. Es ist mit einem Verbrauch von etwa 70 g Trockenmasse je Tier und Tag zu rechnen, womit die Futteraufnahme höher ist als beispielsweise bei lufttrockenem Alleinfutter. Eine zusätzliche Verabreichung von Getreide in der Ration ist im Austausch gegen einen entsprechenden CCM-Anteil möglich. Auch eine Rationsgestaltung nach der Methode der kombinierten Fütterung mit Legehennen-Ergänzungsfutter und CCM, anstelle des Körnergetreides, ist durchführbar. Vergleichsweise wird in diesem Falle die Aufnahme an CCM zurückgehen, bedingt durch die höhere Energieversorgung über Ergänzungsfutter als über ein Eiweißkonzentrat.

Zur Vereinfachung der Fütterungstechnik kann auch mit CCM ein Alleinfutter hergestellt werden, das aber nach unseren bisherigen Untersuchungen frisch angemischt werden sollte. Eine weitere Möglichkeit wäre eine Wahlfütterung, d.h. eine getrennte Vorlage von Eiweißkonzentrat und CCM, da Hennen ihrem Bedarf entsprechend die Futteraufnahme und -auswahl regulieren (siehe 10.1.2). Die Ansprüche der Hennen an den Zerkleinerungsgrad von CCM sind geringer als beim Schwein. In unseren Versuchen wurde auch ein Futter, bei dem nur 50 % der Partikel < 2 mm waren, gut aufgenommen. Wie bei der Methode der kombinierten Fütterung ist den Legehennen bei der Verfütterung von CCM ebenfalls Grit zur Verfügung zu stellen. Hinsichtlich der Fütterungsanlage ist darauf zu achten, dass die Tröge wegen der Silagesäuren im CCM säurefest sind.

10.1.3.4 Wasserversorgung

Eine um 20 % reduzierte Wasseraufnahme vermindert bereits die Futterverwertung und damit das Wachstum und die Legeleistung. Hühnergeflügel hat einen Wasserverbrauch, der etwa das Zweifache der Futteraufnahme beträgt. Demnach werden bei Legehennen zu etwa 120 g Futter täglich bis zu 0,3 l Wasser aufgenommen. Da das Wasser der Wärmeregulation dient, hängt die Höhe des Wasserverbrauchs von der Umgebungstemperatur und der Luftfeuchtigkeit ab. Die optimale Stalltemperatur für Legehennen bewegt sich zwischen 15 und 18 °C. Auch die Menge an Futter, die Beschaffenheit und Zusammensetzung des Futters, wie Trockenmasse, Eiweiß- und Mineralstoffgehalt, verändern die Wasseraufnahme. Die ausreichende Wasserversorgung wird ebenso wie bei anderen Tieren über Selbsttränken (Nippel-, Rund- und Rinnentränken) gewährleistet. Die Wasserzufuhr sollte aus Vorratsbehältern erfolgen. Dadurch wird auch die Möglichkeit zur Beimischung von Impfstoffen und Medikamenten geschaffen.

In modernen Managementkonzepten für Legehennen wird auch eine Beschränkung der Wasserzufuhr bzw. eine kontrollierte Wasserzufuhr vorgeschlagen (siehe 10.1.3.1). Diese bezieht sich darauf, dass Hennen sehr wohl ihren optimalen Wasserbedarf decken können, Wasser jedoch nur zu bestimmten Zeiten und nicht ad libitum angeboten wird. Dadurch geht u.a. die Wasservergeudung zurück, es werden weniger Schmutzeier gelegt und der Kot wird trockener. Die Hennen passen sich sehr schnell an das jeweilige Restriktionsprogramm an und lernen rasch, genügend Wasser aufzunehmen.

10.2
Küken- und Junghennenaufzucht

Ziel der Küken- und Junghennenaufzucht ist es, bei geringem Futteraufwand und niedriger Verlustrate die Voraussetzungen für eine hohe Legeleistung zu schaffen. Zu Beginn der Legereife mit dem 5.–6. Lebensmonat sollte je nach Linie eine Lebendmasse der Tiere von etwa 1,5 kg erreicht sein. Dies entspricht täglichen Zunahmen von durchschnittlich 10 g. Im Vergleich zu den Broilern ist das genetische Wachstumspotenzial der Legerassen in der Aufzuchtperiode wesentlich niedriger, sodass auch die Eiweiß- und Energiezufuhr geringer gehalten werden kann. Zur grundsätzlichen Ableitung des Bedarfs siehe 10.4. Allerdings wird nach SCOTT, NESHEIM und YOUNG (1969) bei der Geflügelaufzucht eine Verwertung des Futtereiweißes von 55% angenommen. Demnach müssen für tägliche Zunahmen von 10 g entsprechend 1,8 g Proteinansatz, 3,3 g Rohprotein sowie 125–290 kJ AME_N verabreicht werden.

Zur ausreichenden Ernährung während der ersten Tage nach dem Schlupf sind die Küken mit einem Dottersack ausgestattet. Von den im Dottersack und auch in der Leber enthaltenen Mineral- und Wirkstoffen wird die Entwicklung der Tiere weitgehend bestimmt, da die Futteraufnahme noch gering ist. Die Einlagerung von Nährstoffen in die Depots hängt allerdings von der Versorgung der Henne sowie auch davon ab, in welchem Umfang die einzelnen Vitamine und Mineralstoffe in das Ei und Küken übergehen.

Zur optimalen Versorgung der Küken mit Nährstoffen sollten im Futter der Tiere während der ersten 14 Lebenstage 22% Rohprotein und 11,4 MJ AME_N je kg enthalten sein. Dabei kommt es auch in der Aufzuchtfütterung auf ein ausgewogenes Eiweiß-Energie-Verhältnis an. Um nach der kritischen Startphase eine allzu rasche weitere Entwicklung der Tiere zu vermeiden, wird die Energiekonzentration anschließend auf 10,6 und mit zunehmendem Alter auf 10 MJ je kg Futter vermindert; auch der Rohproteinanteil im Futter liegt mit 17 bzw. 15 und 12 % sehr niedrig. Wegen des relativ geringen Eiweißanteils im Küken- und Junghennen-Aufzuchtfutter muss der Aminosäurenanteil besonders ausbalanciert werden. Die Empfehlungen hierzu sind in Übersicht 10.2-1 nach den Angaben des Jahrbuchs für die Geflügelwirtschaft (2005) enthalten. Dabei kommt den schwefelhaltigen Aminosäuren vor allem aufgrund des Federwachstums besondere Bedeutung zu.

Übersicht 10.2-1

Empfehlungen zur Aminosäurenversorgung von Hühnerküken und Junghennen, g Aminosäure je 1 MJ AME_N im Futter

Alter in Wochen	1–6	7–12	13–20
Methionin	0,33	0,29	0,24
Methionin + Cystin	0,60	0,53	0,43
Lysin	0,75	0,60	0,55
Threonin	0,57	0,48	0,30
Tryptophan	0,15	0,11	0,09

10.2 Küken- und Junghennenaufzucht

Foto 10.2-1

Vom Küken bis zum 5. Lebensmonat nehmen Hennen etwa 10 g täglich zu

Fütterungshinweise

Während der ersten 2 Wochen nach dem Schlupf erhalten die Küken ein Starterfutter (Übersicht 10.2-2) mit der Bezeichnung Alleinfuttermittel für Hühnerküken in den ersten Lebenswochen. In diesem Futter dürfen wegen der unzureichenden mikrobiellen Aktivität in den Blinddärmen höchstens 3,5 % Rohfaser enthalten sein. Ab dem 10.–14. Lebenstag wird auf Alleinfutter für Hühnerküken umgestellt. In den meisten Fällen erhalten die Küken zur Reduktion der Anzahl der Futtertypen kein Starterfutter, sondern sofort Küken-Alleinfutter. In der 7. Lebenswoche wird auf das Alleinfutter I für Junghennen, ab der 13. Lebenswoche auf das Alleinfutter II umgestellt, das bis kurz vor Beginn der Legereife im 5. Lebensmonat gefüttert wird. Dieses Alleinfutter II, das relativ arm an Rohprotein, jedoch rohfaserreicher als die übrigen Rationen für Hühnergeflügel ist (Übersicht 10.2-2), soll neben einem entsprechenden Lichtprogramm (10.5) bewirken, dass sich die Junghennen langsam entwickeln. Durch eiweißreiche Rationen würde der Eintritt der Legereife zu stark gefördert. Bei Frühreife legen die Hühner jedoch kleine Eier, es kommt zu einer Leistungsminderung während der Legeperiode und zu einer hohen Ausfallquote. Sämtliche Futtermischungen für die Aufzucht sollten ein Coccidiostaticum enthalten.

Junghennen können nach der Methode der Alleinfütterung, der kombinierten Fütterung oder auch mit CCM aufgezogen werden. Junghennen-Alleinfutter (Übersicht 10.2-2) wird sowohl in der Aufzucht auf dem Boden als auch in Käfigen eingesetzt. Ab der 18.–20. Lebenswoche wird auf Legehennen-Alleinfutter umgestellt, was auch wegen des niedrigen Ca-Gehaltes in Junghennen-Alleinfutter notwendig ist. Die Vorlage von Grit dürfte sich bei der Verabreichung von Alleinfutter erübrigen.

Die kombinierte Fütterung eignet sich nur für die Bodenhaltung. Bei dieser Aufzuchtmethode wird ein Junghennen-Ergänzungsfutter ad lib. gefüttert und die Energiezufuhr über eine rationierte Körnergabe reguliert (Übersicht 10.2-3). Das Junghennen-Ergänzungsfutter sollte folgende Zusammensetzung aufweisen: min. 14 % Rohprotein, 10,7 MJ ME/kg, 0,8–1,8 % Calcium, min. 0,6 % Phosphor, 0,2–0,4 % Natrium, min. 75 mg Mangan, min. 75 mg Zink, min. 6.000 I.E. Vitamin A, min. 750 I.E. Vitamin D_3, min. 3 mg Ri-

Übersicht 10.2-2

Richtwerte für wichtige Inhaltsstoffe von Küken- und Junghennenfutter (MJ/kg bzw %)[1]

	Alleinfuttermittel für Hühnerküken in den ersten Lebenswochen	Alleinfuttermittel für Hühnerküken	Alleinfuttermittel I für Junghennen ab 7. Lebenswoche	Alleinfuttermittel II für Junghennen ab 13. Lebenswoche
AME_N, MJ/kg	11,4	10,6	10,6	10,0
Rohprotein	22	17	15	12
Met	0,43	0,35	0,31	0,24
Met + Cys	0,80	0,64	0,56	0,43
Lys	1,0	0,8	0,64	0,55
Thr	0,66	0,60	0,51	0,30
Trp	0,18	0,16	0,12	0,10
Gesamtzucker, max.	8	12	12	12
Calcium	0,9–1,3	0,7–1,2	0,6–1,2	0,5–1,2
Phosphor	0,6	0,6	0,5	0,45
Natrium	0,1–0,25	0,1–0,25	0,1–0,25	0,1–0,25

Spurenelemente und Vitamine nach Übersicht 10.1-7

[1] Angaben nach DLG-Mischfutter-Standards und Jahrbuch der Geflügelwirtschaft (2005)

Übersicht 10.2-3

Mittlere Körnerfuttergabe je Tier und Tag in der Junghennenaufzucht bei kombinierter Fütterung

Lebenswoche	Getreidemischung g/Tier und Tag
9	5
10	10
11	15
12	20
13	25
14	30
15	30
16	35
17	35
18	40
19	40
20	45

boflavin. Zusammen mit einem Lichtprogramm lässt sich dadurch die Entwicklung der Tiere sehr gut steuern. Zur besseren Verwertung des Körnerfutters sollte Grit mit einem Durchmesser von 3–4 mm angeboten werden. Ab der 18. Lebenswoche sind Muschel-

Foto 10.2-2
Gesunde Küken brauchen neben der ausgewogenen Ernährung genug Luft, Licht und Bewegungsmöglichkeit

schalen zur freien Aufnahme vorzulegen, wobei auf Ergänzungsfuttermittel für Legehennen umgestellt wird.

Nach Möglichkeit sollte die für die Aufzucht gewählte Fütterungsmethode auch in der Legeperiode beibehalten werden, weil sich eine Änderung der Fütterung bei Legebeginn negativ auf die Leistung auswirkt. Da Aufzucht und Haltung der Legehennen meist in getrennten Betrieben erfolgen, ist diese Forderung jedoch nicht immer zu verwirklichen.

Haltungsbedingungen

Küken stellen in den ersten Wochen nach dem Schlupf hohe Ansprüche an Haltung und Fütterung. Grundsätzlich ist eine erfolgreiche Aufzucht nur durchzuführen, wenn gesunde Küken, genügend Luft, Licht und Bewegungsmöglichkeiten für die Tiere sowie ein gründlich desinfizierter Stall vorhanden sind. Die Stalltemperatur sollte wegen der starken Abhängigkeit der Körpertemperatur von der Umgebungstemperatur im Bereich der Küken je nach Alter die in Übersicht 10.2-4 angegebenen Werte erreichen. Dies kann durch Ganzraumheizung geschehen, erfolgt aber meist mithilfe von Wärmestrahlern. Außerhalb des Strahlerbereiches sind Temperaturen von 12–20 °C günstig. Eine Luftfeuchtigkeit von 60–70 % sollte eingehalten werden, da größere Abweichungen hiervon zu stärkerer Anfälligkeit für Krankheiten der Atemwege und zu geringerer Leistung der Tiere führen. Die Futtertröge sind so zu bemessen, dass alle Tiere gleichzeitig fressen können. Für die störungsfreie Entwicklung von Küken und Junghennen zu gesunden Legehennen sollte den Tieren ein Lebensraum von 0,22 cm^2 Käfigbodenfläche/g Körpermasse bzw. bei Bodenhaltung von 0,50 cm^2 Bodenfläche/g Körpermasse zur Verfügung gestellt werden.

Jede Krankheit der Hennen führt zu Leistungseinbußen. Durch mehrmaliges Impfen der Tiere im Rahmen sogenannter Impfprogramme kann eine Prophylaxe gegen verschiedene Krankheiten (Newcastle Disease = ND, Infektiöse Bronchitis = IB, Gumboro Krankheit = Gu) erreicht werden. Die Impfungen finden vor allem in der Aufzucht statt, während

Übersicht 10.2-4

Temperaturprogramm für die Küken- und Junghennenaufzucht sowie Platzbedarf an Futtertrog und Tränke

Zeitraum	Temperatur (°C)	Futtertrog Platz/Tier	Tränke
1. Woche	32	3 cm	2 Rundtränken pro 100 Tiere
2. Woche	30		
3. Woche	28		Rund- oder Rinnentränke, 1 cm/Tier
4. Woche	25		
5. Woche	22	6 cm	Rund- oder Rinnentränke, 1,5 cm/Tier
6. Woche	20		
7. Woche	18		
8. Woche	16		
9.–12. Woche	14–18	bis 15 cm	bis 3 cm/Tier bei Nippeltränke 1 Nippel für 5–6 Junghennen

in der Legeperiode nur noch etwa alle 10 Wochen eine Immunisierung gegen die Newcastle-Krankheit und Infektiöse Bronchitis erfolgt. Die Impfstoffe werden meistens in das Trinkwasser gemischt. Am ersten Tag nach dem Schlupf erfolgt außerdem eine Schutzimpfung gegen die Mareksche Krankheit mit einer Impfpistole.

10.3
Fütterung der Zuchthähne

Leistungsmerkmale von Zuchthähnen sind Menge und Qualität des gebildeten Samens und somit die Anzahl befruchteter Eier. Obwohl über den Einfluss der Fütterung hierauf noch wenig Untersuchungen vorliegen, kann ähnlich wie bei Säugern auch bei Hähnen ein Mangel an Aminosäuren, Vitamin A und Vitamin E, aber auch an Vitamin C und Selen zu Störungen in der Spermaproduktion führen. Hähne reagieren sehr empfindlich auf Stressfaktoren; bei Verfütterung von im Nähr- und Wirkstoffgehalt unausgeglichenen Rationen wird dies noch verstärkt. Futterumstellungen können nur sehr langsam durchgeführt werden.

Aufgrund empirischer Empfehlungen und neuerer Untersuchungen sollten Futtermischungen für Zuchthähne ähnliche Eiweiß-, Energie- und Vitamingehalte aufweisen wie Rationen für Zuchthennen. Eine Notwendigkeit für spezielle Futtermischungen für männliche Tiere besteht nicht. Die für Zuchthennen aufgestellten Normen gewährleisten nämlich hohe Spermaqualität und Befruchtungsfähigkeit. Der Ca-Gehalt kann jedoch um 1% geringer sein. Der hohe Proteingehalt im Futter, wie er bei männlichen Zuchttieren empfohlen wird, dürfte mit der ausreichenden Versorgung an Aminosäuren in Zusammenhang zu bringen sein. Allerdings liegen bislang nur mangelhafte Informationen zum Aminosäurenbedarf von Zuchthähnen vor.

10.4 Broilerfütterung

Nach den EU-Verordnungen über die Vermarktungsnormen für Geflügel werden geschlachtete Broiler mit biegsamem (nicht verknöchertem) Brustbeinfortsatz als Hähnchen bezeichnet. Neben dem Handel mit ganzen Schlachtkörpern in verschiedenen Herrichtungsformen ist auch der Handel mit Geflügelteilstücken geregelt, wobei die Einstufung in die Handelsklassen A und B jeweils bestimmte Anforderungen zu erfüllen hat. Für die Erzeugung von ganzen Schlachtkörpern wird im Allgemeinen eine Kurzmast (~35 Tage), für die Produktion von Teilstücken eine verlängerte Mast (49–56 Tage) durchgeführt.

Wachstum

Broiler wachsen in den ersten Lebenswochen bei ähnlichen Haltungsansprüchen wie Aufzuchtküken wesentlich schneller und müssen deshalb auch intensiver ernährt werden. Die Lebendmassen von Broilern in Abhängigkeit von Alter und Geschlecht, wie sie aus zahlreichen Versuchsdaten gewonnen werden konnten, zeigt Abbildung 10.4-1. Weibliche Tiere weisen während der gesamten Mastperiode etwas geringere Gewichte auf als männliche Tiere. Der Unterschied zwischen den beiden Geschlechtern beträgt nach 5 Wochen etwa 15%, nach 8 Wochen knapp 19%.

Chemische Zusammensetzung und Energieansatz

Auch bei Broilern ändert sich wie bei allen wachsenden Tieren die chemische Zusammensetzung im Verlauf der Mast, allerdings wegen des unterschiedlichen physiologischen Alters, in dem der Hauptteil der Mast beim Huhn stattfindet, auf etwas andere Weise. Dies ist in Übersicht 10.4-1 nach unseren Untersuchungen bei bedarfsgerechter Versorgung dargestellt. Der Wassergehalt geht als Folge der physiologischen Austrocknung bis zum Alter von 8 Wochen zurück. Im Gegensatz dazu steigt der Rohproteingehalt beim Mastküken bis zum Alter von 6 Wochen an, ein Ausdruck dafür, dass die meist verbreitete Kurzmast der Broiler

Abbildung 10.4-1

Gewichtsentwicklung von Broilern in Abhängigkeit von Alter und Geschlecht

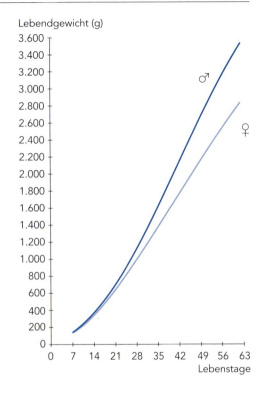

Übersicht 10.4-1

Chemische Zusammensetzung wachsender männlicher Broiler

Alter	Wasser %	Protein %	Fett %	Asche %	Energie kJ/g
Eintagsküken	74,5	16,0	5,3	4,2	6,1
2 Wochen alt	69,1	17,0	10,4	3,5	8,1
5 Wochen alt	67,2	19,1	10,2	3,5	8,3
6 Wochen alt	63,7	20,4	11,9	4,0	9,1
8 Wochen alt	62,2	19,0	15,8	2,8	10,5

Übersicht 10.4-2

Chemische Zusammensetzung des Gewichtszuwachses männlicher Broiler bei verschiedener Lebendmasse

Lebendmasse g	Wasser %	Protein %	Fett %	Energie kJ/g
40 – 300	68,3	17,2	11,6	8,2
600 – 1.300	67,6	20,3	11,7	9,1
1.300 – 1.660	63,1	22,1	15,1	10,6
1.500 – 2.600	59,1	21,1	20,9	13,1

Foto 10.4-1
Broiler wachsen in den ersten Lebenswochen sehr schnell und müssen auch entsprechend intensiv gefüttert werden

in einem physiologisch jungen Stadium stattfindet. Dies wirkt sich auch auf den Fettgehalt aus, der sich zwar vom Eintagsküken bis zu 2 Wochen alten Küken erhöht, sich jedoch dann relativ konstant auf einer Höhe von 10–12 % hält und erst in der verlängerten Mast bis 8 Wochen wieder stärker auf 16 % ansteigt. Aufgrund dieser Zusammenhänge steigt auch der Energiegehalt im gesamten Schlachtkörper an. Diese Änderungen in der Körperzusammensetzung sind auf die veränderte Zusammensetzung des Zuwachses zurückzuführen (Übersicht 10.4-2). Diese ist wesentlich stärker, als es der Zusammensetzung des gesamten Tierkörpers entspricht, und wird von einem starken Rückgang im Wassergehalt und einer Steigerung des Eiweiß-, Fett- und Energiegehaltes charakterisiert. Der Ansatz an Protein und Fett, der sich aus der chemischen Zusammensetzung ergibt, bildet die Grundlage für die Ableitung des Protein- und Energiebedarfs. Da in der Wachstumsgeschwindigkeit und im Ansatz zwischen männlichen und weiblichen Tieren Unterschiede bestehen, erfolgen die entsprechenden Bedarfsangaben getrennt nach Geschlechtern.

Futteraufnahme und Futterverwertung

Die Futteraufnahme und Futterverwertung sind in Abb. 10.4-2 dargestellt. Männliche Tiere verzehren etwas mehr Futter als weibliche Tiere. Die Futterverwertung ist bei weiblichen Tieren im Mittel um 5–6 % schlechter. Der mit zunehmender Lebendmasse ansteigende Futteraufwand je Zuwachseinheit ist zum einen damit zu erklären, dass der Erhaltungsbedarf der Tiere absolut größer wird. Zum anderen erhöht sich der Energiegehalt des Zuwachses mit steigendem Gewicht deutlich (Übersicht 10.4-2).

Energiebedarf

Für die faktorielle Ableitung des Energiebedarfs von Broilern benötigt man den Erhaltungsbedarf, den Ansatz an Energie in Form von Körperprotein und -fett sowie den jeweiligen Teilwirkungsgrad der umsetzbaren Energie für den Ansatz. Als Erhaltungsbedarf für Broiler wurden 480 kJ AME_N/kg $LM^{0,75}$ ermittelt. Der Ansatz an Protein und Fett ist abhängig von

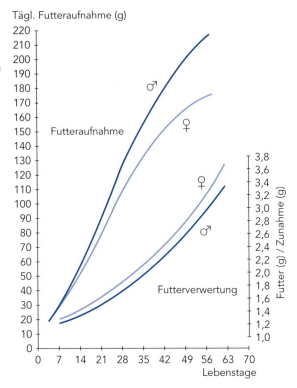

Abbildung 10.4-2

Futteraufnahme bei 13,4 MJ umsetzbarer Energie/kg Futter und Futterverwertung in den einzelnen Wochen von männlichen und weiblichen Broilern

Genetik, Alter, Geschlecht und nicht zuletzt von der Menge und Zusammensetzung des verabreichten Futters. Die schnellen Fortschritte in der Broilerzüchtung verändern auch den Stoffansatz der Tiere. Dabei erschweren es diese Faktoren, die Zusammensetzung des Zuwachses von Broilern aus einfachen Parametern vorherzusagen. Entsprechend müssen die Ansatzwerte für Protein und Fett durch gezielte Untersuchungen öfter aktualisiert werden. Übersicht 10.4-3 zeigt den Ansatzverlauf für Protein und Fett von männlichen und weiblichen Broilern nach den von der GfE (1999) mitgeteilten Untersuchungen. Die Differenzierung nach dem Geschlecht erweist sich als notwendig, da weibliche Broiler vor allem ab der 4. Lebenswoche deutlich mehr Fett ansetzen als männliche Tiere. Beim Proteinansatz fällt auf, dass sich der Anteil, der auf die Federn entfällt, mit der 3. Mastwoche stärker erhöht. Anhand dieser Daten kann der Energiebedarf mit folgender Gleichung kalkuliert werden, wobei die Teilwirkungsgrade für die retinierte Protein- bzw. Fettenergie 0,52 bzw. 0,84 betragen:

$$AME_N \text{ [kJ/d]} = 480 \times LM_{kg}^{0,75} + \frac{RPE}{0,52} + \frac{RFE}{0,84}$$

RPE = Retinierte Proteinenergie (kJ/d) = Proteinansatz in Federn und Tierkörper (g/d) × 23,86

RFE = Retinierte Fettenergie (kJ/d) = Fettansatz (g/d) × 39,77

Foto 10.4-2

Das gehört auch zur Ernährung: Ausreichend Frischwasser aus hygienischen Trinkbehältern

Übersicht 10.4-3

Ermittlung des Energie- und Rohproteinbedarfs von Broilern

Alter	LM am Ende der Woche[1,2]		Proteinansatz		Fettansatz gesamt		AME_N-bedarf[3]		XP-bedarf[3]		XP : AME_N[3]	
			Federn	Tierkörper o. Federn								
Woche	m	w	m/w	m/w	m	w	m	w	m	w	m	w
			g/100 g Lebendmassezuwachs				MJ/d		g/d		g/MJ	
1	170	150	1,1	14,5	11,5	11,5	0,32	0,28	5,3	4,6	16,8	16,5
2	400	360	1,2	15,9	13,4	14,0	0,65	0,62	10,4	9,9	16,1	16,0
3	750	690	2,6	16,1	15,9	16,5	1,14	1,07	17,9	16,4	15,7	15,4
4	1.230	1.110	3,0	16,3	16,4	17,5	1,60	1,46	24,4	21,7	15,3	14,8
5	1.770	1.560	3,8	16,4	16,8	18,9	1,98	1,77	29,7	25,1	15,0	14,2
6	2.330	2.000	4,3	16,4	17,2	20,1	2,24	1,94	32,1	25,7	14,4	13,3
7	2.870	2.400	4,5	16,5	17,5	21,5	2,36	1,99	32,1	24,6	13,6	12,3
8	3.350	2.740	4,5	16,5	17,8	23,0	2,38	1,96	30,1	22,1	12,7	11,3

m = männlich; w = weiblich; Anfangsmasse 42 g (m/w)
1 Mittlere LM in der Mastwoche = $(LM_{n-1} + LM_n) : 2$ ist notwendig für die Kalkulation des Erhaltungsbedarfes
2 täglicher LM-Zuwachs in der Mastwoche $(LM_n - LM_{n-1}) : 7$
3 Werte sind mit entsprechendem Sicherheitszuschlag für Futterverluste zu versehen (~ 5 %)

Wie aus Übersicht 10.4-3 hervorgeht, unterscheidet sich der Energiebedarf zwischen männlichen und weiblichen Broilern in den ersten 3 Wochen nur wenig, während ab der 4. Woche weibliche Tiere zwar einen höheren Fettansatz aufweisen, aber aufgrund der geringeren Wachstumsgeschwindigkeit einen niedrigeren Energiebedarf besitzen als männliche. Da die Futteraufnahme in gewissem Rahmen über den Energiegehalt reguliert wird, sind Energiekonzentrationen von 12,5–13,5 MJ/kg in Broilerrationen möglich, um den Bedarf zu sichern. Allerdings sind stets die Nährstoffgehalte auf den Energiegehalt des Futters abzustimmen.

Protein- und Aminosäurenbedarf

Der Proteinbedarf setzt sich aus dem Bedarf für Erhaltung und Proteinansatz zusammen, wobei zwischen Ansatz im Tierkörper und in den Federn unterschieden wird. Da Federn zu 82 % aus Protein bestehen, beeinflusst die Befiederung den Protein- und insbesondere auch den Aminosäurenbedarf. Im Vergleich zum Tierkörper enthalten Federn wenig Lysin und Methionin, dagegen sind sie ausgesprochen reich an Cystin. Damit hat die Befiederung auch Auswirkungen auf das notwendige Aminosäuremuster des Futters im Verlauf der Mast. Die Kalkulation des Proteinbedarfes kann mit der nachstehenden Gleichung erfolgen (GfE 1999):

$$XP\ (g/d) = XP_m \times LM_{kg}^{0,67} + \frac{XP_F + XP_{TK}}{Verwertung}$$

XP = Rohproteinbedarf
XP_m = Proteinerhaltungsbedarf = 2,8 g/kg $LM^{0,67}$/d
XP_F = Proteinansatz in Federn, g/d
XP_{TK} = Proteinansatz im Tierkörper ohne Federn, g/d
Verwertung = mittlerer Verwertungsgrad des Futterrohproteins für den Ansatz = 0,6 g/g

Der so kalkulierte Gesamtbedarf an Rohprotein ist ebenfalls in Übersicht 10.4-3 aus den dort angegebenen Ausgangsdaten für männliche und weibliche Broiler in den einzelnen Mastwochen zusammengefasst. Die Beziehung zum Energiebedarf wird über die Angabe des Quotienten von Protein:AME_N hergestellt. Danach benötigen Broiler beiderlei Geschlechts in den ersten Mastwochen ein ähnliches Protein:Energie-Verhältnis im Futter, während mit fortschreitender Mastdauer männliche Tiere aufgrund des schnelleren Wachstums und geringen Fettansatzes deutlich mehr Protein im Futter brauchen. Dies bedeutet, dass für die am häufigsten durchgeführte Kurzmast bis 5 Wochen für Tiere beiderlei Geschlechts ein einheitliches Futter verwendet werden kann. Dieses sollte zu Mastbeginn etwa 17 g XP/MJ und in der 3. bis 5. Mastwoche etwa 15 g XP/MJ enthalten. In der verlängerten Mast (6.–8. Woche) dürften männliche Tiere hingegen von einem proteinreicheren Futter stärker profitieren mit etwa 14 g XP/MJ gegenüber 12 g XP/MJ bei weiblichen Tieren. Um der Abnahme des Protein:Energie-Verhältnisses im Verlauf der Mast zu entsprechen, sollte eine Phasenfütterung mit dem Einsatz von bis zu 3 Futtermischungen durchgeführt werden.

Die Höhe der Proteinversorgung entscheidet nicht nur über den Proteinansatz, sondern sie ist auch von großer Bedeutung für den Fettansatz. In Abb. 10.4-3 ist dieser Zusammenhang nach Untersuchungen von KIRCHGESSNER und Mitarbeitern (1978) für 5 Wochen

10.4 Broilerfütterung

Abbildung 10.4-3
Fettgehalt von 5 Wochen alten Broilern

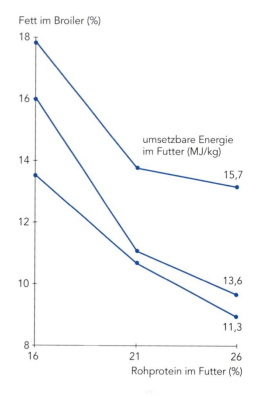

alte Broiler aufgezeigt. Während der gesamten Mastdauer – und dies gilt auch für die verlängerte Mast bis 8 Wochen – führt ein zu niedriges Eiweiß-Energie-Verhältnis im Futter stets zu einem hohen Fettgehalt des Tierkörpers.

Zusätzlich zur Proteinversorgung ist die bedarfsgerechte Zufuhr an essenziellen Aminosäuren zu beachten. Dabei kommt der optimalen Aminosäurenrelation im Futter wie sie im Idealprotein gegeben ist hinsichtlich der Proteinverwertung (Minimierung der N-Ausscheidung), und um Imbalanzen zu vermeiden, besondere Bedeutung zu. Die faktorielle Ableitung der Aminosäuren berücksichtigt wiederum die Teilbedürfnisse für Erhaltung und Leistung nach folgender Gleichung:

$$AS\ (g/d) = \frac{AS_m + AS_F + AS_{TK}}{Verwertung}$$

AS = Bedarf einer Aminosäure
AS_m = Nettoerhaltungsbedarf der Aminosäure, g AS/kg LM × LM (kg)/d
AS_F = Ansatz der Aminosäure im Federprotein, g/d
AS_{TK} = Ansatz der Aminosäure im Tierkörperprotein ohne Federprotein, g/d
Verwertung = mittlerer Verwertungsgrad der Futteraminosäure für ihren Ansatz

Übersicht 10.4-4

Ausgangsdaten zur Bedarfsableitung von essenziellen Aminosäuren bei Broilern

Aminosäure	Nettobedarf für Erhaltung mg/kg LM	Aminosäurenzusammensetzung g/100 g XP		Gesamt-Verwertung[1]
		Tierkörper (ohne Federn)	Federn	
Lys	41	7,0	1,8	0,68
Met	38	2,5	0,6	0,70
Met + Cys	72	3,8	8,8	0,66
Thr	65	3,9	4,8	0,65
Trp	10	1,0	0,7	0,66
Arg	63	6,9	7,0	0,68
Val	60	5,5	7,9	0,63
Ile	56	4,2	5,4	0,67
Leu	91	7,1	8,0	0,69
Phe	31	4,3	5,1	0,68
Phe + Tyr	160	7,1	7,8	0,68
His	22	2,1	0,6	0,65

1 Produkt aus intermediäre Verwertung x wahre praecaecale Verdaulichkeit (Einzelangaben bei GfE 1999)

Die für die Bedarfsableitung notwendigen Ausgangsdaten der einzelnen Aminosäuren hinsichtlich Erhaltung, Zusammensetzung von Federn, Tierkörper ohne Federn und die Verwertung sind in Übersicht 10.4-4 aufgezeigt. Es wird u.a. deutlich, dass Lysin hauptsächlich im Tierkörperprotein und hier anteilsmäßig im Muskelprotein, angesetzt wird. Demgegenüber ist der Erhaltungsanteil sowie der Teilbetrag von Lysin für den Ansatz im Federprotein relativ gering. Bei den schwefelhaltigen Aminosäuren ist der hohe Anteil der Teilbeträge für Federansatz und für die Erhaltung bemerkenswert. Der nach obiger Gleichung und den entsprechenden Ausgangsdaten zur Lebendmasseentwicklung sowie zu Proteinansatz in Federn und Tierkörper kalkulierte Aminosäurenbedarf sowie das daraus abgeleitete Aminosäuremuster sind in Übersicht 10.4-5 zusammengefasst. Dabei wurde der Aminosäurenbedarf auf 1 MJ AME_N bezogen, um bei unterschiedlichen Energiegehalten im Futter die jeweils zutreffende Versorgung zu erhalten. Die Bedarfsangaben berücksichtigen die Mastabschnitte 0–3, 4–6 und 7–8 Wochen. Daraus wird ersichtlich, dass sich der Bedarf an einzelnen Aminosäuren/MJ AME_N ähnlich wie der Proteinbedarf im Verlauf der Mast verringert, was in erster Linie auf den verstärkten Fettansatz zurückgeht. Neben dem Bedarf ändert sich auch das Aminosäuremuster des Futters, ausgedrückt in Relativzahlen zu Lysin (Lysin = 100), mit fortschreitender Mastdauer. Die Ursache dafür liegt in dem stärker steigenden relativen Anteil der erforderlichen Aminosäuren für Erhaltung und Federbildung gegenüber dem Muskelansatz. Entsprechend erhöht sich im Verlauf der Mast neben anderen Aminosäuren bei den wichtigen limitierenden Aminosäuren das Verhältnis von Methionin + Cystin und Threonin zu Lysin sehr deutlich. Diese Differenzierung erschwert die Einführung eines Idealproteins mit konstanten Aminosäurenverhältnissen für die gesamte Mast. Vielmehr ist eine Phasenfütterung notwendig mit zwei

Übersicht 10.4-5

Empfehlungen zur Aminosäurenversorgung von männlichen Broilern[1],
g Aminosäure/MJ AME_N

Amino-säure	Mastwochen 0–3[2]		4–6[2]		7–8[2]	
	g/MJ AME_N	Lys = 100	g/MJ AME_N	Lys = 100	g/MJ AME_N	Lys = 100
Lys	0,89	100	0,78	100	0,66	100
Met	0,32	36	0,29	37	0,26	40
Met + Cys	0,59	66	0,63	81	0,62	94
Thr	0,58	65	0,57	73	0,54	82
Trp	0,14	16	0,13	16	0,11	17
Arg	0,93	104	0,89	114	0,80	121
Val	0,83	93	0,82	105	0,76	115
Ile	0,60	67	0,58	74	0,54	83
Leu	0,97	109	0,94	120	0,87	132
Phe	0,57	64	0,53	68	0,45	69
Phe + Tyr	1,01	113	1,01	129	0,99	150
His	0,29	33	0,26	33	0,23	34

1 Bei gemeinsamer Mast auch für weibliche Tiere anwendbar
2 Angaben betreffen die erste Woche des jeweiligen Altersabschnittes

Futtermischungen für die Kurzmast und drei Futtermischungen für die verlängerte Mast bei jeweils unterschiedlichen Aminosäurenmustern.

In der praktischen Fütterung geraten bei Getreide-Sojarationen in der Broilermast zuerst Methionin + Cystin ins Minimum, gefolgt von Lysin und Threonin. Bei Maisrationen wirkt auch Tryptophan leistungsbegrenzend. Die Supplementierung der limitierenden Aminosäuren in Kombination mit einer moderaten Proteinabsenkung führt oftmals nicht nur zur Leistungsverbesserung wie zu einem höheren Fleischansatz, sondern verringert über eine bessere N-Verwertung auch die N-Ausscheidung.

Mineralstoff- und Vitaminbedarf

Die für die Bedarfsableitung der Mengenelemente erforderlichen Faktoren zum Erhaltungsbedarf, Ansatz und Verwertung finden sich in Übersicht 10.4-6. Daraus lässt sich für verschiedene Lebendmassen und dem jeweiligen Zuwachs wie er in Übersicht 10.4-3 zum Energie- und Proteinbedarf vorgegeben ist, der Bruttobedarf an jedem Mineralstoff ermitteln (GfE 1999). Die Bedarfsempfehlungen in Übersicht 10.4-7 berücksichtigen die Angabe in g Mengenelement/MJ AME_N. Die Empfehlungen zur Spurenelement- und Vitaminversorgung von Broilern wurden bereits in Übersicht 10.1-7 (Abschnitt Legehennen) aufgeführt.

Fütterungshinweise zur Broilermast

Broilermast wird in der Regel mit pelletiertem Alleinfutter durchgeführt. In neuerer Zeit werden auch in diesem Produktionszweig teilweise hofeigene Mischungen hergestellt. Auch

Übersicht 10.4-6

Faktoren für die Ableitung von Empfehlungen zur Versorgung von Broilern mit Mengenelementen

	Ca	P	Mg	Na	Cl	K
Erhaltung, g/kg LM/d	0,069	0,080	0,003	0,013	0,013	0,028
Ansatz, g/kg Zuwachs	6,9	5,0	0,33	1,3	1,3	2,8
Verwertung, %	55	70[1]	60	80	80	80

1 Nicht-Phytin-Phosphor

Übersicht 10.4-7

Empfehlungen zur Versorgung von Broilern mit Mengenelementen im Futter, g/MJ AME_N

Alter	LM am Ende der Woche, g	Ca	Nicht-Phytin-P	Mg	Na	Cl	K
1	160	0,80	0,48	0,035	0,10	0,10	0,22
2	380	0,70	0,42	0,030	0,09	0,09	0,20
3	720	0,63	0,39	0,030	0,08	0,08	0,18
4	1170	0,62	0,39	0,025	0,08	0,08	0,17
5	1670	0,59	0,37	0,025	0,08	0,08	0,16
6	2170	0,56	0,36	0,025	0,07	0,07	0,16
7	2630	0,53	0,36	0,025	0,07	0,07	0,15
8	3050	0,52	0,36	0,025	0,07	0,07	0,15

der Einsatz von CCM ist aufgrund unserer Versuchsergebnisse in der Broilermast möglich (ROTH-MAIER und KIRCHGESSNER, 1984–1988).

Zur präzisen Deckung des Energie-, Aminosäuren- und Mineralstoffbedarfs sowie aus ökologischen Gründen ist auch in der Broilermast eine Phasenfütterung anzuwenden. So sind in der Kurzmast bis 5 Wochen zwei verschiedene Futtertypen einzusetzen und zwar ein Alleinfutter für Hühnerküken (Kükenstarter) für die ersten 10–14 Tage mit dem höheren Proteingehalt und einer Pelletgröße von 2 mm Durchmesser und einer maximalen Länge von 5 mm. Ab der dritten Woche wird dann ein Alleinfuttermittel I für Masthühnerküken mit den entsprechenden Energie- und Rohproteingehalten und einer Pelletgröße von 3 mm Durchmesser und einer Pelletlänge bis maximal 7 mm verfüttert. Für die verlängerte Mast wird ab der 6. Woche ein Alleinfuttermittel II für Masthühnerküken mit einem nochmals um 2 % absolut je Energiestufe reduzierten Proteingehalt verwendet. Diese Alleinfutter sollten ein Coccidiostaticum enthalten und müssen deshalb wenigstens 3 Tage vor dem Schlachten abgesetzt und durch eine Futtermischung ohne Coccidiostaticum ersetzt werden.

Auf Basis der beschriebenen Bedarfsableitung lassen sich für die vorgegebenen Futtertypen entsprechende Richtwerte über Inhaltsstoffe zur Optimierung der Zusammensetzung des Futters ermitteln (Übersicht 10.4-8). Kennzeichnend sind demnach im Verlauf der Mast vor

Übersicht 10.4-8

Richtwerte für wichtige Inhaltsstoffe von Alleinfuttermitteln für Masthühnerküken (MJ/kg bzw %)

Mastabschnitt, LW	Kükenstarter- futter 0–2	Alleinfutter- mittel I für Masthühnerküken 3–5	Alleinfutter- mittel II für Masthühnerküken 6–8
AME_N, MJ/kg	12,6	13,0	12,2
Rohprotein	22,0	20,5	18,5
Met	0,40	0,38	0,32
Met + Cys	0,75	0,82	0,76
Lys	1,12	1,02	0,81
Thr	0,73	0,74	0,66
Trp	0,18	0,17	0,14
Gesamtzucker, max.	8	12	12
Calcium	1,01	0,82	0,68
Nicht-Phytin-P	0,61	0,51	0,44
Magnesium	0,044	0,040	0,031
Natrium	0,13	0,11	0,09
Chlorid	0,13	0,11	0,09
Kalium	0,28	0,24	0,20

Spurenelemente und Vitamine nach Übersicht 10.1-7

allem abnehmende Protein-, Aminosäuren- und Mineralstoffwerte, während der Energiegehalt erst im Abschnitt 6–8 Lebenswochen vermindert wird. Soweit Fett als Energieträger zugesetzt wird, sind Antioxidantien zur Aufrechterhaltung der Futterqualität beizumischen. Die Farbe von Haut und Fleisch des Geflügels ist durch den Farbstoffgehalt des Futters zu beeinflussen. Dies ist aber nur in wesentlich geringerem Umfang als beim Dotter möglich. Vielfach werden in der Broilermast zur Verbesserung der Leistungsdaten (Zunahmen und Futteraufwand) zu gerste-, roggen- und weizenreichen Rationen Enzymzusätze (Präparate mit Aktivitäten von β-Glucanasen und Pentosanasen) verwendet und dabei Verbesserungen dieser Kriterien von etwa 2–5% erzielt. Auch der Wasserverbrauch der Tiere kann dadurch reduziert und die Konsistenz der Ausscheidungen verbessert werden (siehe hierzu auch 5.4.1). Allerdings treten diese Effekte nicht bei allen Getreideherkünften auf.

Für die Herstellung **hofeigener Mischungen** gelten dieselben Anforderungen an Inhaltsstoffe und Gehalte wie für Alleinfutter. Wie bei den Legehennen (siehe 10.1.3.1) bilden Mais und Weizen die Grundlage bei den Energie-, Sojaextraktionsschrot bei den Eiweißfuttermitteln. Aber auch andere Futtermittel können eingesetzt werden, wenn die sehr oft begrenzten Höchstmengen (siehe Übersicht 10.4-9) eingehalten werden.

Bei gemeinsamer Mast erhalten männliche und weibliche Broiler gleich zusammengesetztes Futter, wobei allerdings die weiblichen Tiere etwas weniger fressen. Die Inhaltsstoffe des Futters orientieren sich dann an den Ansprüchen der männlichen Tiere. Bei getrennt geschlechtlicher Mast ist die Differenzierung des Futters vor allem bei der verlängerten Mast vordringlich (siehe Übersicht 10.4-3). Maximale Futteraufnahme wird durch Pelletie-

Übersicht 10.4-9
Höchstmengen verschiedener Einzelfuttermittel in Alleinfuttermischungen für Broiler

Futtermittel	Anteile in %
Roggen	5
Hafer (geschält)	10–20
Maniokmehl	20
Weizenfuttermehl	15
Roggenfuttermehl	5
Kleien	10
Kartoffelflocken	20
Trockenschnitzel	10
Melasse	3
Ackerbohnen	20[1]
Erbsen	
buntblühende Sorten	20[1]
weißblühende Sorten	30[1]
Maiskleberfutter	15
Rapsextraktionsschrot aus 00-Sorten	15
Leinextraktionsschrot	2
Magermilchpulver	4

1 + DL-Methionin

ren des Futters sowie durch eine lange Beleuchtung erreicht, die in den ersten 3 Tagen 24 Stunden und dann täglich 20 Stunden beträgt. Geringe Lichtintensität schafft dabei Ruhe unter den Tieren und verhindert Federfressen. Der Trinkwasserverbrauch beträgt je Küken und Mastperiode etwa 5,5–6,5 l je nach Tränkesystem, wobei Nippeltränken arbeitswirtschaftlich und hygienisch vorteilhaft und heute Stand der Technik sind. Zumindest in den ersten Wochen sollte das Trinkwasser eine Temperatur von 20 °C nicht unterschreiten.

Broilermast mit CCM. CCM als Futtergrundlage der Broilermast kann bereits den Eintagsküken angeboten werden und den alleinigen Energielieferanten darstellen. Aber auch ein Austausch von CCM gegen beliebige Anteile Getreide ist möglich. Eine Eiweißergänzung etwa in Form einer Mischung aus Eiweißkonzentrat mit etwa 45 % Rohprotein ist aber stets erforderlich. Das Eiweißkonzentrat sollte die dem Bedarf entsprechenden Mineralstoffe enthalten, vitaminiert und mit DL-Methionin und Coccidiostatica versehen sein. CCM und Eiweißkonzentrat können zu einer Alleinfuttermischung kombiniert werden.

CCM stellt für Broiler zwar ein schmackhaftes, gern gefressenes Futter dar, jedoch muss aufgrund der geringeren Nährstoffkonzentration (14,5 MJ AME_N/kg T) als bei energiereichen Alleinfuttermischungen, die über 15 MJ umsetzbare Energie je kg T enthalten, auch mit einem entsprechend geringeren Wachstum gerechnet werden. Aufgrund des höheren Wassergehaltes der CCM-Silage im Vergleich zum lufttrockenen Alleinfutter ergibt sich natürlich auch eine schlechtere Futterverwertung. Die Energieverwertung entspricht jedoch weitgehend der mit Alleinfutter.

10.5
Mit der Fütterung zusammenhängende Besonderheiten beim Geflügel

Beleuchtungsprogramm

Beim Geflügel lassen sich Futteraufnahme und damit der Eintritt der Legereife über die Lichtzufuhr steuern. Deshalb werden in der Legehennenhaltung Beleuchtungsprogramme angewendet, die sich in Dunkelställen einfach durchführen lassen. Ein Beispiel dafür ist in Übersicht 10.5-1 angegeben (Jahrbuch für die Geflügelwirtschaft 1997). Die ersten beiden Tage wird 24 Stunden beleuchtet, um das Lernen der Futter- und Wasseraufnahme zu unterstützen. Durch nur kurzzeitige Beleuchtung während der Junghennenperiode lässt sich ein langsames Wachstum und ein gesundes Ausreifen der Tiere erzielen. Im 5.–6. Lebensmonat wird die Beleuchtungsdauer dann um 3 Stunden auf 12 Stunden gesteigert; dies führt zum Eintritt der Legereife. Ab der 25. Lebenswoche beträgt die Beleuchtungsdauer 14 Stunden pro Tag. Diese Beleuchtungsdauer wird dann konstant beibehalten. Geringe Abweichungen von diesem Schema sind ohne nachteilige Folgen auf die Leistung. Es sollte jedoch gewährleistet sein, dass kein Störlicht (z. B. durch Belüftungsöffnungen) in den Stall gelangt. Die Beleuchtungsstärke sollte für Aufzuchtküken bis zum Alter von 14 Tagen 40–50 Lux betragen, dann allmählich auf 5–10 Lux gesenkt werden. Vor Produktionsbeginn wird die Lichtintensität wieder auf 10–15 Lux erhöht und ab der 21. Lebenswoche werden dann 15–20 Lux beibehalten. In Fensterställen werden auf die Tageslänge abgestimmte Beleuchtungsprogramme benötigt.

Fettlebersyndrom

Beim Geflügel erfolgt die Fettsynthese vor allem in der Leber. Eine Störung des Fettstoffwechsels stellt das Fettlebersyndrom dar. Es tritt bei intensiver Haltung der Legehennen vor allem zu Beginn der Legeperiode, aber auch ab dem 9.–10. Legemonat auf und äußert sich zunächst durch eine verringerte Eigröße. Wenige Tage später geht auch die Legeleistung zurück. Die Hennen zeigen hohes Gewicht bei Fettanreicherungen in Abdomen und Leber. Die Leber ist vergrößert, hellgrau bis gelb verfärbt und brüchig. Kreislaufstörungen und inneres Verbluten der Tiere sind die Folgen. Da zu Beginn nur wenige Tiere betroffen sind, wird die Erkrankung oft zu spät erkannt. Als diagnostisches Hilfsmittel kann der Trockenmassegehalt der Leber herangezogen werden, da zwischen dem Gehalt der Leber an Fett und an Trockenmasse ein Zusammenhang besteht. Die normalen Gehalte liegen bei etwa 30 % Trockenmasse, dagegen weisen 40 % und mehr auf Fettlebersyndrom hin.

Der Fettgehalt der Leber wird von der hormonellen Situation der Tiere beeinflusst. Hohe Östrogen- wie Insulinspiegel führen zu einer vermehrten Fettsynthese. Um dies zu verhindern, wurde in entsprechenden Versuchen der Östrogenstoffwechsel gestört. Dadurch wird jedoch nicht nur die Neigung zum Fettlebersyndrom gefördert, sondern auch

Übersicht 10.5-1

Beispiele für Beleuchtungsprogramme für Aufzucht und Legehennenhaltung (Dunkelställe)

Lebens-woche	Lichtdauer in Stunden				Licht-intensität
	A		B		
	L*	M	L	M	Lux
1.–2. Tag	24,0	24,0	24,0	24,0	40
1.	15,0	15,0	20,0	20,0	20
2.	14,0	13,0	16,0	16,0	15
3.	13,0	12,0	12,0	12,0	10
4.	12,0	11,0	9,0	8,0	5–10
5.	11,0	10,0	9,0	8,0	5–10
6.	10,0	9,0	9,0	8,0	5–10
7.	9,5	8,5	9,0	8,0	5–10
8.	9,0	8,0	9,0	8,0	5–10
9.	8,5	7,5	9,0	8,0	5–10
10.–16.	8,0	7,0	9,0	8,0	5–10
17.	8,0	7,0	9,5	8,5	5–10
18.	8,5	7,5	10,0	9,0	10
19.	9,0	8,0	10,5	9,5	10–15
20.	9,0	8,5	12,0	12,0	10–15
21.	12,0	12,0	12,5	12,5	15–20
22.	12,5	12,5	13,0	13,0	15–20
23.	13,0	13,0	13,5	13,5	15–20
24.	13,5	13,5	14,0	14,0	15–20
25.	14,0	14,0	14,0	14,0	15–20

* L = leichte Herkünfte; M = mittelschwere Herkünfte
Programm A: Nutzung der Legehennen bis zur 76. Lebenswoche (LW), mittleres Eigewicht.
   Futterzuteilung: 1. + 2. LW ad lib., 3.–16. LW restriktiv, ab 17. LW ad lib.
Programm B: kurze Nutzungsdauer, früher Legebeginn.
   Futterzuteilung: gesamte Aufzucht ad lib.

die Eileistung reduziert. Zur Senkung des Insulinspiegels wurde die Kohlenhydrataufnahme entweder über eine begrenzte Futterzuteilung oder über einen Austausch von Kohlenhydratenergie gegen Fettenergie vermindert. Dabei zeigten sich keine Leistungseinbußen. Ein hoher Linolsäureanteil im Fett bewirkte sogar eine Leistungssteigerung, was mit der Wirkung von Linolsäure auf die katabol wirkenden Nebennierenrinden-Hormone zusammenhängen soll. Bei Batteriehaltung der Hennen ist unter optimalen Umweltbedingungen wegen der sehr geringen Bewegungsmöglichkeit der Tiere nur mit einer schwachen Nebennierenrinden-Aktivität zu rechnen, wodurch es zusätzlich zu einer Fettanreicherung in der Leber kommt.

Da eine begrenzte Fütterung in der Legehennenhaltung nur bedingt ökonomisch ist, scheint zur Prophylaxe des Fettlebersyndroms am ehesten der Ersatz von Kohlenhydratenergie durch Fett geeignet zu sein. Es wird empfohlen, Getreide durch 4–5% Sojaöl isokalorisch zu ersetzen. Überhöhte Gaben lipotroper Substanzen wie Methionin, Folsäure,

Vitamin B_{12}, Cholin und Inosit tragen nur in wenigen Fällen zur Verhinderung des Fettlebersyndroms bei.

Federfressen und Kannibalismus

Bei intensiver Geflügelhaltung können bei Küken das Zehenpicken sowie Federfressen und Kannibalismus auftreten. Die Ursachen hierfür sind sehr komplex. Sicherlich spielen dabei zu dichter Stallbesatz, zu hohe Temperatur und trockene Luft eine Rolle. Eine fütterungsbedingte Ursache dürfte in einer bedarfsunterschreitenden Versorgung mit essenziellen Aminosäuren zu suchen sein. Durch weniger intensive Beleuchtung (Rotlicht bzw. eine weitere Reduzierung der Lichtstärke) lassen sich diese Untugenden meist beseitigen. Verletzte Tiere müssen vom Bestand getrennt werden. Zusätzlich helfen verminderter Stallbesatz, Verbesserung des Stallklimas, eventuell auch eine Futterumstellung von pelletiertem Futter auf Mehl.

11
Futtermittelsicherheit

Da die Futtermittelsicherheit vorwiegend Gegenstand der Futtermittelkunde ist, sollen die folgenden Ausführungen aufgrund der zunehmenden Bedeutung vor allem die grundsätzlichen Aspekte dieser Thematik hervorheben. Für ausführliche Darstellungen sei auf Lehrbücher der Futtermittelkunde und verschiedene Übersichtsarbeiten verwiesen (u. a. BAUER und MEYER, 2006, KAMPHUES, 2007, JEROCH et al. 2008).

11.1
Futtermittel

Aufgrund aktueller Probleme der Lebensmittelsicherheit (z. B. BSE-Problematik, Dioxine) hat die Futtermittelsicherheit im öffentlichen, aber auch gesetzlichen Blickfeld einen herausragenden Stellenwert im Rahmen der Tierernährung erfahren. Gesetzliche Basis für diese Entwicklung waren im Wesentlichen das Weißbuch für Lebensmittelsicherheit (2000) und die sich anschließende EU-Verordnung 178/2002. Dabei wurden u. a. Richtlinien für die Lebensmittelsicherheit festgelegt und Futtermittel als Voraussetzung für sichere tierische Nahrungsmittel gleichrangig mit eingebunden. Zur Umsetzung und Überwachung entsprechender Maßnahmen wurden auf EU-Ebene die Europäische Behörde für Lebensmittelsicherheit (EFSA) und auf nationaler Ebene die Bundesanstalt für Verbraucherschutz und Lebensmittelsicherheit (BVL) sowie das Bundesinstitut für Risikobewertung (BfR) geschaffen. Hinsichtlich futtermittelrechtlicher Vorschriften greift in der Bundesrepublik Deutschland seit 01.09.2005 das Gesetz zur Neuordnung des Lebensmittel- und Futtermittelrechts (LFBG). Die entsprechende Umsetzung erfolgt in der Futtermittelverordnung vom 24.05.2007, ergänzt mit einem weiteren Anlagenteil, so dass damit insgesamt ein exaktes Regelwerk für Futtermittel im weitesten Sinne vorliegt.

Besondere Bedeutung für die Futtermittelsicherheit ist allerdings auch der Verordnung EG 183/2005 mit Vorschriften der Futtermittelhygiene beizumessen. Diese Verordnung betrifft den gesamten Bereich der Primärproduktion der Futtermittelerzeugung bis zur Fütterung landwirtschaftlicher Nutztiere, die zur Lebensmittelerzeugung herangezogen werden. Demnach schließt die Kette der Primärproduktion von Futtermitteln bereits pflanzenbauliche Maßnahmen mit ein, setzt sich fort in Ernte, Lagerung, Transport oder auch Be- und Verarbeitung und Vertrieb. Aber auch die Tätigkeiten des Tierhalters bei Fütterung und Haltung der Tiere werden mit berücksichtigt. Grundlage sind „Maßnahmen einer guten fachlichen Praxis". Entsprechende Ausführungen zur Futter- und Fütterungshygiene im landwirtschaftlichen Betrieb finden sich bereits in einer DLG-Information (1998). Entscheidend in der Verordnung EG 183/2005 ist jedoch der Hinweis, dass Futtermittel für die Verfütterung am Nutztier tauglich sein müssen und somit Futtermittelsicherheit zu gewährleisten haben. Futtermittelsicherheit ist dabei sowohl auf die Produkt(Lebensmittel)sicherheit als auch auf die Gesundheit des Tieres und die Umwelt ausgerichtet. Diese Betrachtung schließt natürlich zunächst auch alle unerwünschten Stoffe mit ein, wie sie nach der Futtermittelverordnung mit Höchstgehalten benannt sind, die in einem Futtermittel nicht überschritten werden dürfen und für die ein Verschneidungsverbot mit weniger belasteten Futtermitteln vorliegt. Dazu finden sich in Anlage 5 Höchstgehalte für verschiedene anorganische Stoffe (u. a. Arsen, Blei, Cadmium, Quecksilber, Fluor, Nitrat, Nitrit), organische Verunreinigungen (u. a. Dioxine, PCB, DDT), Aflatoxin B_1, Mutterkorn, antinutritive Inhaltsstoffe (u. a. Senföle, Gossypol, Blausäure) sowie Pflanzenteile und Pflanzen mit toxischen Inhaltsstoffen. In Anlage 5a werden Rückstände von Schädlingsbekämpfungsmitteln und in Anlage 6 verbotene Stoffe wie z. B. Verpackungsmaterialien aufgeführt.

Der Futtermittelhygienestatus und damit die Futtermittelsicherheit kann jedoch darüber hinaus auf den verschiedenen Ebenen von der Produktion, Ernte, Lagerung bis zur Verfütterung durch sehr unterschiedliche Einflüsse tangiert werden. Letztlich kann die Summe von Einzelereignissen zum Futtermittelverderb führen und das Futtermittel darf nicht mehr verfüttert werden. Diese Vorgänge werden chemischen bzw. biologischen Veränderungen zugeordnet. Ein einfaches Beispiel für einen chemisch bedingten Vorgang ist der Fettverderb (siehe 3.3.6). In der praktischen Handhabung von Futtermitteln haben jedoch biologische Veränderungen im Rahmen des mikrobiellen Verderbs die größte Bedeutung. Dabei ist zu differenzieren zwischen einer produktspezifischen Mikroflora, die im Wesentlichen bereits dem Ausgangsprodukt zuzuordnen ist, und einer verderbanzeigenden Mikroflora, die vor allem bei einer unsachgemäßen Lagerung bzw. Weiterbehandlung bis zum Futtertrog entsteht (VDLUFA, 2010). Bedingt durch Witterung, Fruchtfolge sowie mangelhafte pflanzenbauliche und erntetechnische Maßnahmen ist bei Getreide und Mais die Entwicklung verschiedener Pilze (vor allem Fusarium-Arten) bereits auf dem Feld möglich, in deren Folge sich die Mykotoxinbelastung dieser Futtermittel ergibt. Dabei sind – besonders bedeutsam für das Schwein – gesundheitsgefährdend die Mykotoxine Zearalenon (ZON) und von den Trichothecenen Typ B das Deoxynivalenol (DON), wobei aber auch Typ A, z. B. T-2 Toxin und die Fumonisine zu erwähnen sind. Als Lagerpilz tritt im mittel- und nordeuropäischen Bereich Aspergillus ochraceus mit dem Mykotoxin Ochratoxin A auf. Für diese Mykotoxine hat die Europäische Kommission Orientierungs- bzw. Richtwerte in verschiedenen Futtermitteln erarbeitet, die bei der Verfütterung nicht überschritten werden dürfen (siehe Übersicht 11.1-1). Allerdings bedeutet dies im Unterschied zu dem schon erwähnten Mykotoxin Aflatoxin B_1 (Anlage 5, unerwünschte Stoffe), für das futtermittelrechtlich je nach Futtermittel und Tierart ein Höchstgehalt von 0,005–0,02 mg/kg Futtermittel vorliegt, noch kein Verschneidungsverbot; vielmehr ist die Mykotoxinbelastung auf allen Stufen einschließlich der Verfütterung zu „minimieren".

In Abhängigkeit der mikrobiellen Ausgangsbelastung von pflanzlichen Erzeugnissen bzw. Futtermitteln, einer unsachgemäßen Konservierung, Lagerung und Weiterverarbeitung oder Auftreten zusätzlicher Verunreinigungen kann sich die verderbanzeigende Mikroflora entwickeln. Entscheidend dafür ist zumeist auch der Restwassergehalt des Futtermittels, der hinsichtlich der Lagerfähigkeit 14 % (= lufttrockene Substanz) nicht überschritten werden darf. Allerdings können auch weitere prädisponierende Faktoren wie Befall von Getreide bzw. des Futters mit Vorratsschädlingen, z. B. Kornkäfer und Milben, Auftreten von Schadnagern, Verschmutzung durch Vogelkot u. a. benannt werden, die an sich schon erhebliche futtermittelhygienische Probleme aufwerfen. Der mikrobielle Besatz kann aeroben mesophilen Bakterien, Schimmel- und Schwärzepilzen sowie Hefen zugeordnet werden. Um die Futtermittelsicherheit in Abhängigkeit dieser Keimbelastung einzuschätzen, hat

Übersicht 11.1-1

Richtwerte verschiedener Mykotoxine in Futtermitteln (Empfehlung der EU-Kommission, 2006/576/EG)

Futtermittel	\multicolumn{4}{c}{Richtwerte (mg/kg Futtermittel)}
	DON	ZON	Ochratoxin A	Fumonisin B1 + B2
Getreide und Getreideerzeugnisse	8	2	0,25	
Maisnebenprodukte	12	3		
Ergänzungs- u. Alleinfuttermittel außer:	5			
Ergänzungs- u. Alleinfuttermittel für Schweine	0,9			
Ergänzungs- u. Alleinfuttermittel für Kälber (< 4 Monate) u. Lämmer	2			
Ergänzungs- u. Mischfuttermittel				
Ergänzungs- u. Alleinfuttermittel für Ferkel und Jungsauen		0,10		
Ergänzungs- u. Alleinfuttermittel für Sauen u. Mastschweine		0,25		
Ergänzungs- u. Alleinfuttermittel für Kälber, Milchkühe, Lämmer, Schafe		0,50		
Ergänzungs- u. Alleinfuttermittel				
Schweine			0,05	
Geflügel			0,10	
Schweine, Pferde				5
Geflügel, Kälber (< 4 Monate), Lämmer				20
Wiederkäuer (> 4 Monate)				50
Mais und Maiserzeugnisse				60

der Arbeitskreis Mikrobiologie der Fachgruppe Futtermittel des VDLUFA ein Orientierungswertschema (VDLUFA, Methodenbuch II, in aktueller Fassung) erarbeitet, das den Futtermittelhygienestatus bis hin zum Verbot der Verfütterung beurteilen hilft. Der Verzehr mikrobiell verdorbener Futtermittel wird beim Tier zu erheblichen gesundheitlichen Problemen führen, ausgelöst entweder durch bakterielle Stoffwechselprodukte (Exotoxine) oder z. B. durch Lipopolysaccharide der Zellwand von Bakterien nach deren Abbau im Verdauungstrakt (Endotoxine). Neben einer Minderung der Futteraufnahme sind vor allem unmittelbare Auswirkungen im Verdauungstrakt (z. B. Durchfall) die Folge.

Für den Praktiker einschließlich der einschlägigen Futtermittelindustrie wurden Maßnahmenkataloge für den hygienischen Umgang u. a. mit Getreide, Ölsaaten und Leguminosen erarbeitet (DRV, 2010). Sie beginnen mit dem Anbau (acker- und pflanzenbauliche Maßnahmen), der Ernte (z. B. auch Reinigung des Erntegutes von Fremdbesatz, Staub, Bruchkorn), den Transport (z. B. Reinigungs- und Pflegemittel nur mit lebensmittelverträglichen Substanzen, Transportfolgen mit losem Schüttgut berücksichtigen u. a.) und der Lagerung (z. B. getrennte Lagerung zu Pflanzenschutzmitteln, gebeiztem Saatgut, Mineralölen u. a., trockene Lagerung bei vorausgehender Reinigung von Behältern und Transportwegen). Diese Verhaltensregeln gelten gleichermaßen für alle weiteren Einzelfuttermittel, aber auch für Mischfuttermittel.

Grundfuttermittel wie Raufutter (Heu, Stroh) und Silagen (siehe 7.1.3.5, 7.1.4.4 und 9.1.3.2) benötigen hinsichtlich ihres futtermittelhygienischen Status besondere Aufmerksamkeit. Vor allem bei Heu und Stroh ist schon während der Ernte auf Sauberkeit (keine erdigen Bestandteile, Minderung des Staubanteils, kein mikrobiell belastetes Stroh) und lagerfähige Trockenheit (14 % Restwasser) zu achten. Auch die spätere Lagerung hat absolut nässegeschützt zu erfolgen. Diese Sorgfalt ist ebenso notwendig, wenn Stroh als Einstreu genutzt wird. Für Silagen gelten zunächst die gleichen Bedingungen hinsichtlich des Vermeidens von Kontaminationen während der Ernte bzw. auch beim Verdichten des Siliergutes. Weiterhin sind alle siliertechnischen Maßnahmen zu optimieren. Besondere Aufmerksamkeit erfordert der Anschnitt eines geöffneten Silobehälters. Dabei können sich bei gelockertem Siliergut und nicht ausreichender Entnahme zunächst vor allem Hefen entwickeln, was zu hohen Nährstoffverlusten bis hin zu mikrobiell verdorbener Silage führen kann. Aber auch während des Siliervorgangs kann bei Lufteinschluss Pilzwachstum und Mykotoxinbildung mit entsprechender Gesundheitsgefährdung nach Verfütterung dieser Silage entstehen. Besonders sorgfältig sind Silagen von Nebenprodukten wie Biertreber, Pressschnitzel oder Pressschlempen zu behandeln, da sie aufgrund des Wassergehaltes und der schnellen Nährstoffverfügbarkeit sehr leicht dem mikrobiellen Verderb ausgesetzt sind.

11.2 Tränkwasser

Neben der Versorgung mit Nährstoffen ist das Angebot von ausreichend Tränkwasser in geeigneter Qualität eine entscheidende Voraussetzung für Gesundheit und Leistung der Nutztiere sowie für sichere Lebensmittel. Abhängig von Tierart, Nutzungsrichtung, Leistungshöhe, Futtermittel, Außentemperatur u. a. beträgt die ausreichende Wassermenge 2–5 l/kg Trockensubstanzaufnahme (siehe auch 3.1). Der Menge nach wird damit Tränkwasser zum wichtigsten Futtermittel. Die bedarfsdeckende Zufuhr an Tränkwasser wird aber nur erreicht, wenn der Wasserdurchfluss durch das Tränkesystem der Tierart, dem Alter und der Nutzungsrichtung der Tiere angepasst ist. Folgende Durchflussmengen können als ausreichend angesehen werden (Liter/Minute): Ferkel 0,6; Mastschweine von 30–120 kg 0,8–1,8; tragende Sauen 1,8; laktierende Sauen 2–3 (DLG, 2010), Rinder < 5 Monate 1,9; Rinder 5–15 Monate 3,8; Mastbullen 7,5; Milchkühe 18 (KTBL, 2008). Um die ausreichende Aufnahme an Tränkwasser zu sichern, sind Versorgungsnetz und Tränkesysteme (Nippel-, Zapfen-, Schalentränke) hinsichtlich Funktion regelmäßig zu überprüfen.

Neben ständigem Zugang zu ausreichend Tränkwasser ist der Tierhalter im Rahmen der Futtermittelsicherheit auch für die hygienische Qualität des Wassers verantwortlich. Während Trinkwasser nach den Anforderungen der Trinkwasser-Verordnung die entsprechende Qualität auch für Tiere aufweist, gibt es für Tränkwasser keine vergleichbaren rechtlichen Anforderungen. Nach der EU-Futtermittelhygiene-Verordnung muss Tränkwasser lediglich so beschaffen sein, dass es für die betreffenden Tiere geeignet ist. Weiterhin heißt es, Tränkeanlagen müssen so konstruiert, gebaut und angebracht werden, dass eine Kontamination des Wassers auf ein Mindestmaß begrenzt wird. Tränkesysteme müssen regelmäßig gereinigt und instand gehalten werden. Um die Qualitätsanforderungen aber für die Praxis näher zu charakterisieren, wurde von einer Arbeitsgruppe (KAMPHUES et al. 2007) im Auftrag des Bundesministeriums für Ernährung, Landwirtschaft und Verbraucherschutz (BMELV) ein Orientierungsrahmen für die Anforderungen an Tränkwasser unter Berücksichtigung der Lebens- und Futtermittelsicherheit geschaffen. Danach muss Tränkwasser schmackhaft sein, um eine ausreichende Aufnahme zu gewährleisten. Es muss verträglich sein, indem Inhaltsstoffe und/oder unerwünschte Stoffe nur in einer Konzentration enthalten sind, die für Tiere bzw. daraus gewonnene Lebensmittel nicht schädlich sind. Weiterhin darf die Funktionssicherheit der Tränkesysteme z. B. durch mögliche Kalk- oder Eisenablagerungen nicht beeinträchtigt werden.

Der zugrundegelegte Qualitätsbegriff von Tränkwasser umfasst biologische, chemische und physiko-chemische Kriterien. In das System eingespeistes Wasser soll frei sein von Salmonella, Campylobacter und E. Coli. Die aerobe Gesamtkeimzahl soll 1.000 KBE/ml bei 37 °C und 10.000 KBE/ml bei 20 °C nicht überschreiten. Die physiko-chemische und chemische Wasserqualität repräsentieren verschiedene Parameter wie pH-Wert, Leitfähigkeit, Salzgehalt, Oxidierbarkeit und die Konzentration an anorganischen und organischen Inhaltsstoffen. Zur Beurteilung dieser Qualitätseigenschaften werden die in Übersicht 11.2-1 aufgezeigten Richtwerte empfohlen. Bei der Ableitung dieser Werte gehen die Autoren davon aus, dass weniger als 10% der für die Fütterung zugelassenen Höchstmengen an unerwünschten Stoffen aus dem Tränkwasser stammen sollten, wobei eine Wasseraufnahme von 3 l/kg Futtertrockensubstanz unterstellt wird. Falls dabei die resultierenden Werte geringer sind als der Grenzwert nach der Trinkwasser-Verordnung, wird der Trinkwasserwert angenommen.

Um die Richtwerte einzuhalten, empfiehlt die Arbeitsgruppe nicht nur das eingespeiste Wasser, sondern auch das von den Tieren aus dem Tränkesystem aufgenommene Wasser hinsichtlich Keimgehalte und chemische Qualität zu überprüfen. Höhere Keimgehalte können u. a. durch Stallstaub, Futterreste, Ausscheidungen der Tiere oder Eindringen von Fremdwasser verursacht sein. Deshalb ist auf geeignete Konstruktion, Anbringung, tägliche Reinigung sowie Wartung der Tränkeanlagen hinzuweisen. Wird kein Wasser aus dem öffentlichen Netz verwendet, so ist eine regelmäßige Überprüfung der biologischen und chemischen Qualität des Gewässerzustandes anzuraten. Schließlich wird auch darauf hingewiesen, dass für die Beurteilung der Wasserqualität u. U. weitere Rechtsvorschriften wie z. B. die Zoonose-Richtlinie oder die futtermittelrechtlichen Vorschriften über unerwünschte Stoffe (Anlage 5 der Futtermittelverordnung) zu beachten sind.

Übersicht 11.2-1

Richtwerte für die Tränkwasserqualität bezüglich der Futter- und Lebensmittelsicherheit (KAMPHUES et al. 2007)

Parameter	Richtwert für die Eignung von Tränkwasser	Bemerkungen (mögliche Störungen)	Grenzwert für Trinkwasser nach Trinkwasserverordnung
Physiko-chemische Parameter			
pH-Wert	> 5, < 9	Korrosionen im Leitungssystem	6,5–9,5
Elektrische Leitfähigkeit (µS/cm)	< 3.000	evtl. Durchfälle bei höherem Wert, Schmackhaftigkeit	2.500
Lösliche Salze (g/l)	< 2,5		
Oxidierbarkeit (mg/l)	< 15	Maß für die Belastung mit organischen Stoffen	5
Chemische Parameter (mg/l)			
Ammonium	< 3	Hinweis auf Verunreinigung	0,5
Arsen	< 0,05	Gesundheitsstörungen, Minderleistung	0,01
Blei	< 0,1		0,01
Cadmium	< 0,02		0,005
Calcium	500	Funktionsstörungen, Kalkablagerungen in Rohren und Ventilen	kein Grenzwert vorhanden
Chlorid	< 250[1] < 500[2]	Feuchte Exkremente[1]	250
Eisen	< 3	Antagonist zu anderen Spurenelementen, Eisenablagerung in Rohren, Biofilmbildung, Geschmacksbeeinflussung	0,2
Fluor	< 1,5	Störungen an Zähnen und Knochen	1,5
Kalium	< 250[1] < 500[2]	Feuchte Exkremente[1]	kein Grenzwert vorhanden
Kupfer	< 2	Gesamtaufnahme bei Schafen und Kälbern berücksichtigen	2
Mangan	< 4	Ausfällungen im Verteilersystem, Biofilme möglich	0,05
Natrium	< 250[1] < 500[2]	Feuchte Exkremente[1]	200
Nitrat	< 300[3] < 200[4]	Risiken für Methämoglobinbildung, Gesamtaufnahme berücksichtigen	50
Nitrit	< 30		0,5
Quecksilber	< 0,003	Allgemeine Störungen	0,001
Sulfat	< 500	Abführender Effekt	240
Zink[5]	< 5		kein Grenzwert vorhanden

1 Geflügel
2 sonstige Tierarten
3 ruminierende Wiederkäuer
4 Kälber und andere Tierarten
5 Orientierungswert nur bei Herstellung von Milchaustauscher-Tränke

Anhang

Abkürzungen

a	absorbiert
A	Energieabgabe als mechanische Arbeit
ADF	saure Detergensfaser (acid detergent fiber)
ADH	antidiuretisches Hormon, Adiuretin, Vasopressin
ADI	Acceptable daily intake
ADL	saures Detergenslignin (acid detergent lignin)
ADP	Adenosindiphosphat
AFRC	Agricultural and Food Research Council (England)
AME_N	N-korrigierte scheinbare umsetzbare Energie
AMP	Adenosinmonophosphat
Arg	Arginin
ATP	Adenosintriphosphat
BCS	Body Condition Scoring
BS	Brown Swiss
BFS	bakteriell fermentierbare Substanz
BHB	Betahydroxybutyrat
BW	Biologische Wertigkeit des Proteins
c	Subskript für Konzeptionsprodukte (concepta)
C	Crude = Roh-
CCM	Korn-Spindel-Gemisch (Corn-Cob-Mix)
CLA	konjugierte Linolsäure/n (conjugated linoleic acid/s)
CN	Kohlenstoff-Stickstoff
CoA	Coenzym A
Cys	Cystin
d	Tag
D	Präfix für verdaulich (digestible)
DAP	Dihydoxyaceton-Phosphat
DB	Doppelbindung
DCAB	Dietary Cation Anion Balance
DDGS	Dried Distillers Grains with Solubles
DE	verdauliche Energie (digestible energy)
DHA	Docosahexaensäure (docosahexaenoic acid)
DLG	Deutsche Landwirtschafts-Gesellschaft
DMT1	Divalent metal transporter-1
DNA	Desoxyribonukleinsäure, deoxyribonucleic acid
DOM	verdauliche organische Masse (digestible organic matter)
DON	Deoxynivalenol
DOS	verdauliche organische Substanz
DXF	verdauliche Rohfaser
DXL	verdauliches Rohfett (Rohlipide)

DXP	verdauliches Rohprotein
DXX	verdauliche N-freie Extraktstoffe
e	endogen
E	Energie
EAAI	Essential Amino Acid Index
EAS	Essenzielle Aminosäuren
EF	Energetische Futtereinheit (energetischer Futterwert)
ELOS/ESOM	Enzymlöslichkeit der organischen Masse
EPA	Eicosapentaensäure (eicosapentaenoic acid)
ER	Endoplasmatisches Retikulum
ETH	Extra Thermoregulatory Heat
f	Subskript für Fettansatz bzw. Faktor
F	im Kot (Faeces) ausgeschiedene Menge
FABP	Fatty acid binding protein
FAD/FADH$_2$	Flavin-Adenin-Dinukleotid (oxidierte Form/reduzierte Form)
FAT/CD36	Fatty acid translocase
FCM	Fett-korrigierte Milch
FM	Frischmasse
FMN	Flavinmononukleotid
FSH	Follikel stimulierendes Hormon
FV	Fleckvieh
g	Subskript für Wachstum (growth)
GAP	Glycerinaldehyd-3-Phosphat
Gb	Gasbildung
GDP	Guanosindiphosphat
GE	Bruttoenergie (gross energy)
GF	Grundfutter
GfE	Gesellschaft für Ernährungsphysiologie
GLUT2	Glucose/Fructose-Transporter
GLUT5	Fructose-Transporter
GMP	Guanosinmonophosphat
GPS	Ganzpflanzensilage
GTP	Guanosintriphosphat
H	Wärme (heat)
HDL	High density lipoprotein
HF	Holstein Friesian
HFh	Holstein Friesian, hohes Managementniveau
HFm	Holstein Friesian, mittleres Managementniveau
His	Histidin
I	aufgenommene Menge im Futter (intake)
I.E.	Internationale Einheiten bei Vitaminen
IGF	Insulin-like growth factor (Wachstumsfaktor)
Ile	Isoleucin
IRE	Iron-responsive element
IT	Gesamtfutteraufnahme
k	Wirkungsgrad
l	Subskript für Laktation

Leu	Leucin
LDL	Low density lipoprotein
LH	Luteotropes Hormon
LKM	Leerkörpermasse
LKS	Lieschkolbenschrot
LM	Lebendmasse
$LM^{0,75}$	Metabolische Körpermasse, LM in kg
LMZ	Lebendmassezunahme
LP	Leistungsprodukt
Lys	Lysin
m	Subskript für Erhaltung (maintenance)
MCT1	Monocarboxylat-Transporter 1
ME	umsetzbare Energie (metabolizable energy)
$ME_{N-korr.}$	N-korrigierte umsetzbare Energie (Geflügel)
ME_S	umsetzbare Energie Schwein
Met	Methionin
mRNA	Boten-Ribonukleinsäure (messenger ribonucleic acid)
NAD/ NADH + H⁺	Nicotinsäure-(Nicotin)amid-Adenin-Dinukleotid (oxidierte Form/reduzierte Form)
NADP/ NADPH + H⁺	Nicotinsäure-(Nicotin)amid-Adenin-Dinukleotid-Phosphat (oxidierte Form/reduzierte Form)
NDF	Neutrale Detergensfaser (neutral detergent fiber)
NE	Nettoenergie
NEAS	Nicht-essenzielle Aminosäuren
NEFA	Freie Fettsäuren (non esterified fatty acids)
NEF	Nettoenergie-Fett
NEL	Nettoenergie-Laktation
NfE	N-freie Extraktstoffe
NF-κB	Nuclear factor-kappa B (Transkriptionsfaktor)
NPN	Nicht-Protein-Stickstoff
NSBA	Netto-Säuren-Basenausscheidung
NSP	Nicht-Stärke-Polysaccharide
nXP	nutzbares Rohprotein
OM	Organische Masse
OR	Organischer Rest
OS	organische Substanz
p	Subskript für Protein
pcv	praecaecal verdaulich
PepT1	Peptidtransporter 1
peNDF	physikalisch effektive Neutrale Detergensfaser
Phe	Phenylalanin
PMR	Teilaufgewertete Mischration (partial mixed ration)
PPARα	Peroxisome proliferator-activated receptor α (Transkriptionsfaktor)
q	Umsetzbarkeit der Energie (ME/GE)
R	Retention

RE	Energieretention
RN	Stickstoff-Retention (N-Retention)
RNA	Ribonukleinsäure (ribonucleic acid)
RNB	Ruminale Stickstoffbilanz (ruminale N-Bilanz)
RQ	Respiratorischer Quotient
S, XS	Stärke
S_a	absorbierte Menge
S_e	endogene Menge
SARA	Subakute Pansenacidose (subacute ruminal acidosis)
SGLT1	Na+/Glucose-Cotransporter 1 (sodium-glucose transporter 1)
SREBP-1c	Sterol regulatory element-binding protein-1c (Transkriptionsfaktor)
StE	Stärkeeinheit
StW	Stärkewert
T_3	Trijodthyronin
T_4	Thyroxin
Thr	Threonin
TM, T	Trockenmasse
TMR	Gesamtmischration (total mixed ration)
tRNA	Transfer-Ribonukleinsäure (transfer ribonucleic acid)
Trp	Tryptophan
TSH	Thyreotropin (Thyreoidea-stimulierendes Hormon)
T_u	untere kritische Temperatur
Tyr	Tyrosin
U	Harn (Urin)
UDP	im Pansen nicht abgebautes Futterrohprotein (undegradable protein)
UDP	Uridindiphosphat
UKT	Untere kritische Temperatur
UV	Ultraviolett
v	verdaulich
V	Verlust
Val	Valin
VK	Verdauungskoeffizient
VQ	Verdauungsquotient
XA	Rohasche
XF	Rohfaser
XL	Rohfett (Rohlipide)
XP	Rohprotein
XS	Stärke
XX, NfE	Stickstofffreie Extraktstoffe
XZ, Z	Zucker
ZON	Zearalenon

Literaturhinweise

Lehr- und Handbücher sowie Übersichtsarbeiten

AFRC Technical Committee: Energy and Protein Requirements of Ruminants. CAB International Wallingford, Oxon, UK, 1993

BAUER, J., K. MEYER: Stoffwechselprodukte von Pilzen in Silagen. Einflüsse auf die Gesundheit von Nutztieren. Übers. Tierernährg. 34, 27–55, 2006

COENEN, M., KIRCHHOF, S., KIENZLE, E., A. ZEYNER: Aktualisierung von Grunddaten für die faktorielle Ableitung des Energie- und Nährstoffbedarfs laktierender Stuten. Übers. Tierernährg. 38, 91–121, 2010

CLOSE, W. H., D. J. A. Cole: Nutrition of Sows and Boars. Nottingham University Press, Nottingham, UK, 2000

DETTMER, U., M. FOLKERTS, E. KÄCHLER, A. SÖNNICHSEN: Intensivkurs Biochemie. 1. Aufl., Urban & Fischer Verlag, München, 2005

DLG: Arbeitskreis Futter und Fütterung:
  Futter- und Fütterungshygiene im landwirtschaftlichen Betrieb, 2/1998
  Struktur und Kohlenhydratversorgung der Milchkuh, 2/2001
  Schätzung der Futteraufnahme bei der Milchkuh, 1/2006
  Grobfutterbewertung, Teil B – DLG-Schlüssel zur Beurteilung der Gärqualität von Grünfuttersilagen auf Basis der chemischen Untersuchuung, 2/2006
  Empfehlungen zur Sauen- und Ferkelfütterung, 1/2008
  Empfehlungen zur Fütterung von Mutterkühen und deren Nachzucht, 2009
  Erfolgreiche Milchfieberprophylaxe, 2010
  Erfolgreiche Mastschweinefütterung, 2010

DLG-Futterwerttabellen (Wiederkäuer, Schweine, Pferde, Mineralstoffgehalte, Aminosäuregehalte). DLG-Verlag Frankfurt am Main, 1995ff

D'MELLO, J. P. F. (Ed.): Amino Acids in Animal Nutrition. 2nd Ed., CABI Publishing, Wallingford, UK, 2003

DOENEKE, D., J. KOOLMAN, G. FUCHS: Karlsons Biochemie und Pathobiochemie. 15. Aufl., Thieme, Stuttgart, 2005

ENTEL, H. J., N. FÖRSTR, E. HINCKERS (Hrsg.): Futtermittelrecht. Verlag Blackwell Wissenschaft Berlin, 1995 ff.

GFE: Ausschuss für Bedarfsnormen der Gesellschaft für Ernährungsphysiologie:
  Empfehlungen zur Proteinversorgung von Aufzuchtkälbern. Proc. Soc. Nutr. Phys. 8, 155–164, 1999
  Energie- und Nährstoffbedarf landwirtschaftlicher Nutztiere. Nr. 1 Mineralstoffe (1978), Nr. 2 Pferde (1994), Nr. 3 und 8 Milchkühe und Aufzuchtrinder (1986 u. 2001), Nr. 5 Hunde (1989), Nr. 6 Mastrinder (1995), Nr. 7 Legehennen und Masthühner (1999), Nr. 9 Ziegen (2003), Nr. 10 Schweine (2006); DLG-Verlag Frankfurt am Main
  Energie-Bedarf von Schafen. Proc. Soc. Nutr. Phys. 5, 149–152, 1996
  Schätzgleichungen für Gras- und Maisprodukte sowie für Schweinemischfutter. Proc. Soc. Nutr. Phys. 17, S. 191 bzw. 199, 2008

JEROCH, H., G. FLACHOWSKY, F. WEISSBACH: Futtermittelkunde. Gustav Fischer Verlag, Jena und Stuttgart, 1993
JEROCH, H., DROCHNER W., O. SIMON: Ernährung landwirtschaftlicher Nutztiere. 2. Auflage, Verlag Eugen Ulmer, Stuttgart, 2008
KAMPHUES, J.: Futtermittelhygiene: Charakterisierung, Einflüsse und Bedeutung. In: PETERSEN, U., KRUSE, S., DÄNICKE, S., FLACHOWSKY, G. (Hrsg.): Meilenstein für die Futtermittelsicherheit, Landbauforschung Völkenrode, Sonderheft 306, 41–55, 2007
KAMPHUES, J., COENEN, M., IBEN, CH., KIENZLE, E., PALLAUF, J., SIMON, O., WANNER, M., J. ZENTEK (Hrsg.): Supplemente zu Vorlesungen und Übungen in der Tierernährung. 11. Aufl., M. u. H. Schaper Verlag, Hannover, 2009
KAMPHUES, J., BÖHM, R., FLACHOWSKY, G., LAHRSSEN-WIEDERHOLT, M., MEYER, U., H. SCHENKEL: Empfehlungen zur Beurteilung der hygienischen Qualität von Tränkwasser für Lebensmittel liefernde Tiere unter Berücksichtigung der gegebenen rechtlichen Rahmenbedingungen. Landbauforschung Völkenrode 57, 255–272, 2007
KIENZLE, E., COENEN, M., A. ZEYER: Der Erhaltungsbedarf von Pferden an umsetzbarer Energie. Übers. Tierernährg. 38, 33–54, 2010
KIRCHGESSNER, M.: Underwood Memorial Lecture. Homeostasis and homeorhesis in trace element metabolism. TEMA 8, 1993
LOEFFLER, K.: Anatomie und Physiologie der Haustiere. 10. Aufl., Ulmer Verlag, Stuttgart, 2002
MEYER, H., M. COENEN: Pferdefütterung. 4. Aufl., Parey-Verlag, Berlin, 2002
NUTRIENT REQUIREMENTS OF DOMESTIC ANIMALS. Swine/Dairy Cattle/Sheep/Poultry/Horses. National Academy Press, Washington, 1978 ff.
NUTRIENT REQUIREMENTS OF PIGS, 2nd ed, The Commonwealth Agricultural Bureaux, Farnham Royal, Slough, 1981 ff.
NUTRIENT REQUIREMENTS OF HORSES, 6. ed, National Research Concil, National Academic Press Washington, 2007
NUTRIENT REQUIREMENTS OF RUMINANT LIVESTOCK, The Commonwealth Agricultural Bureaux, Farnham Royal, Slough, 1980 ff.
NUTRIENT REQUIREMENTS OF SMALL RUMINANTS: Sheep, goats, cervids and new world camelids. Animal Nutrition Series. National Research Council; The National Academies Press, Washington, D.C., 2007
REHNER, G., H. DANIEL: Biochemie der Ernährung. 2. Aufl., Spektrum Akademischer Verlag, Heidelberg, 2002
STANGL, G. I.: Das Zusammenspiel zwischen Proteinauf- und -abbau – Neue Erkenntnisse zum Proteinturnover. Übersichten zur Tierernährung 38, 1–32, 2010
ULBRICHT, M., M. HOFFMANN, W. DROCHNER: Fütterung und Tiergesundheit. Verlag Eugen Ulmer, Stuttgart, 2004
Verband Deutscher Landwirtschaftlicher Untersuchungs- und Forschungsanstalten (VDLUFA): Methodenbuch III: Die chemische Untersuchung von Futtermitteln mit Ergänzungslieferungen, VDLUFA-Verlag, Darmstadt, 2010
VERSTEGEN, M.W.A., P.J. MOUGHAN, J.W. SCHRAMA (Eds.): The Lactating Sow. Wageningen Press, Wageningen, NL, 1998
VON ENGELHARDT, W., G. BREVES: Physiologie der Haustiere. 3. Aufl., Enke Verlag, Stuttgart, 2010
WHITTEMORE, C.T., M.J. HAZZLEDINE, W.H. CLOSE: Nutrient Requirement Standards for Pigs. British Society of Animal Science. Penicuik, 2003

Zeitschriften für Original- und Übersichtsarbeiten

Animal Feed Science and Technology. Amsterdam
Animal Science. Edinburgh
Annals of Nutrition and Metabolism. Basel
Archiv für Geflügelkunde. Stuttgart
Archives of Animal Nutrition. Amsterdam
Biological Trace Element Research. Passaic, USA
British Journal of Nutrition. The. Cambridge, UK
British Poultry Science. Oxfordshire, UK
Canadian Journal of Animal Science. Ottawa
International Journal for Vitamin and Nutrition Research. Bern
Journal of Animal Physiology and Animal Nutrition. Berlin und Wien
Journal of Animal Science. Albany, USA
Journal of Dairy Science. Champaign, USA
Journal of Nutrition, The. Bethesda, USA
Nutrition Abstracts and Reviews. Wallingford, UK
Poultry Science. Savoy, USA
Proceedings of the Society of Nutrition Physiology (Berichte der Gesellschaft für Ernährungsphysiologie). Frankfurt am Main
Übersichten zur Tierernährung. Frankfurt am Main
Zentralblatt für Veterinärmedizin, Reihe A. Berlin und Wien
Züchtungskunde. Stuttgart

Zur Zusammensetzung und zum Nährwert von Futtermitteln

siehe

- DLG-Futterwerttabellen (Wiederkäuer, Schweine, Pferde, Mineralstoffe, Aminosäuregehalte), 1995 ff.
- DLG-Futtermitteldatenbank, 2008 ff. http://datenbank.futtermittel.net
- Jahrbuch für Geflügelwirtschaft, 2008 ff.
- Normenkommission für Einzelfuttermittel, Zentralausschuss der Deutschen Landwirtschaft, Positivliste für Einzelfuttermittel, Bonn, 2008

Sachverzeichnis

A

Abbaubarkeit von Protein (Pansen) 105, 360
Abkürzungen 618
Absetzferkel 290, 296
Absorbierbarkeit **34f.**, 356, 425
Acetat 55ff., 83f.
Acetonämie (s. Ketose) 69f., 503
Acetonurie (s. Ketose) 68f.
Acid Detergent Fiber 25
Acid Detergent Lignin 25
Acidose 68, 179, 407
Ackerbohnen 332, 406, 488, 584, 604
Adenosintriphosphat 50, 58ff., 64, 137f.
ADF 25
ADH (s. Adiuretin)
ADI-Wert 229
Adiuretin 49
ADL 25
Agarose 51
Aktivitätskoeffizient 228
Albumin 95
Aldehydzahl 91f.
Alkaloide 52, 96
Alkalose
– hypokaliämische 179
Allantoin 97
Alleinfutter
– für Deckeber 304
– für Ferkel 284
– für Geflügelmast 604
– für Hühnerküken 590
– für Junghennen 590
– für Legehennen **581**
– für Mastschweine 325f.
– für Zuchthennen 582
– für Zuchtläufer 299, 302f.
– für Zuchtsauen **263**
Aluminium 204
Ameisensäure 233, 295, 444
Amide 24
Amine, biogene 98, 115, 116
Aminopeptidasen 100
Aminosäureimbalancen 101, 132

Aminosäuren
– Absorption 100
– essenzielle 100, 114, 117, 130
– – Bedarf Ferkel 280
– – Bedarf Geflügel 574f., 598f.
– – Bedarf Mastschweine 316f.
– – Bedarf Zuchtsauen 254f.
– glucoplastische 65, 115, 117f.
– Imbalance 102, 131, 132
– limitierende 120
– Milchkühe 361f.
– nicht-essenzielle 114, 117
– proteinogene 94, 97, 105
– semiessenzielle 118
– Stoffwechsel **114ff.**
– verzweigtkettige 100, 109, 118
Aminosäurenverhältnis(-muster)
– für Broiler 601
– für Ferkel 280
– für Legehennen 576
– für Mastschweine 318
Ammenkuhhaltung 437
Ammoniak 104, 111ff.
Ammoniakintoxikation 113
Amprolium 236
α-Amylase 54
– beim Ferkel 278
Amylopektin 52
Amylose 52
Anabolika 231
Anämie
– Bleimangel 204
– Eisenmangel 196
– Ferkel **293**
– hypochrome 196f.
– Kupfermangel 198
– megaloblastäre 222f.
– perniziöse 222
Androstenon 323
Antibiotica 232
– Fütterungsantibiotica **232**
Antidiuretisches Hormon (s. Adiuretin)
Antinutritive Stoffe 26, 103
Antioxidantien 92, 229, 235
Antirachitisches Vitamin 215

Apocarotinester 571
Arabinose 51, 53, 56
Arachidonsäure 74, 90, 428
Arsen 204
Ascorbinsäure (s. Vitamin C)
Atmungskette 58f., 62, 86, 142f., 223
ATP (s. Adenosintriphosphat)
Aufzuchtfutter
– für Ferkel 285
– für Fohlen 561
– für Junghennen 590
– für Kälber 441
– für Küken 590
Aufzuchtrinder, weibliche 446ff.
– Bedarfsnormen **447ff.**
– Energiekonzentration 452
– Ernährungsniveau und Leistung **447**
– Fütterungshinweise 453ff.
– Vorbereitungsfütterung 455f.
– Zuchtreife 447
Ausscheidungsphase, Zuchtsauen 242, 246
Austrocknung, physiologische
– Broiler 593
– Rind 414
– Schwein 309
Auswuchsgetreide 334
Autoxidation 91f.
Avitaminose 210
Azidose (s.a. Acidose)
– hyperkaliämische 179
– metabolische 68

B

Beleuchtungsprogramm 605f.
BFS 167
Bierhefe 488
Biertreber
– an Mastrinder 488, 492
– an Mastschweine **347**
– an Milchkühe **402**
Biogene Amine 98, 116
Biologische Wertigkeit (Protein) 103, 121ff.
Biotin 86, 224, 541
– Bedarf 261, 282, 320, 579
Bittersalz, an Sauen 265
Blei 204
Blinddarmkot 566
Blutgerinnungsfaktoren 49, 95, 218
Blutzucker 50, 55, 67f., 71f.

Blutzuckerspiegel
– Ferkel 273
– Pferde 532
– Wiederkäuer 375
Bor 204
Briketts
– an Milchkühe 396
– an Pferde 548
Broiler **593**
– Alleinfutter 601f., 603
– Aminosäurenbedarf 598ff.
– Beleuchtung 604
– CCM 602, 604
– Einzelfuttermittel 604
– Eiweißansatz 597
– Energieansatz 593
– Energiebedarf **595**
– Erhaltungsbedarf 595
– Fettansatz 597
– Fütterungshinweise **601**
– Futteraufnahme **596**
– – Höchstmengen von Einzelfuttermitteln 604
– – Hofeigene Mischungen 603
– – männliche, weibliche Tiere 594, 596
– – Pelletiertes Futter 602, 603
– Futterverwertung **596**
– Gewichtsentwicklung 594
– Mineralstoffbedarf 601
– Pelletgröße 602
– Proteinbedarf 598
– Vitaminbedarf 579
– Wachstumskapazität 593
– Wasser 604
– Zusammensetzung **594**
Brom 189
Bullenmast (s. Jungrindermast)
Buttersäure (s. Butyrat)
Butylhydroxytoluol 235
Butyrat 55f., 69
B-Vitamine 219ff., 238, 275

C

Ca:P-Verhältnis 180, **183**
– Lämmeraufzucht 517
– Lämmermast 528
Cadmium 199, 204
Calbindin 180
Calcinose 216f.
Calcitriol 181f., 215f.

Calcium 81, 175 ff., 180 ff., 215, 361, 405, 407, 422, 452, 480, 508, 515, 539, 550, 557, 560
– Absorption 180 f.
– Ausscheidung Legehenne 578
– Bedarf
– – bei Geflügel 578, 602
– – bei Schweinen 260, 282, 320
– Dynamik
– – Legehennen 570, 578
– – Sauen 242
– Eischale 570, 582
– Funktion 180
– Mangel 183
– Versorgung Legehenne 582
Canthaxanthin 571
Carboxypeptidasen 100
Carnitin 87, 89, 225 f.
β-Carotin 212 ff.
Carotinoide 72 ff., 212 ff., 571, 584
Casein 99, 120, 124, 152, 350 ff., 377, 444
CCM (Corn-Cob-Mix)
– in der Broilermast 602, 604
– an Legehennen 580, 586
– – Zerkleinerungsgrad 587
– an Mastschweine 339 f.
– an Milchkühe 401
– an Zuchtsauen 270
Cellulose 24 f., 50 f., 55 f., 101 f., 398
Cerebrocorticalnekrose 220
Chaparone 96
Chlorid 175 f., 179, 361, 422, 539
Cholecalciferol 209, 214 f.
Cholesterin 72, 77, 88 f.
Cholin 225, 607
– Bedarf 261, 282, 320, 579
Chrom 201
Chromogen 43
Chromoxid 43
Chylomikronen 78
Chymosin (s. Labferment)
Chymotrypsin 100 f.
Ciliaten 32
Citranaxanthin 571
Citratzyklus 59, 61, 139 ff.
CLA (s. konjugierte Linolsäuren)
Cobalamin (s. Vitamin B_{12})
– Bedarf 261, 282, 320
Cobs
– an Milchkühe 396
– an Pferde 548

Coccidiostatica 235, 604
Coeruloplasmin 196 f., 198
Colipase 77 f.
Conjugated linoleic acids (s. konjugierte Linolsäuren)

D

Darmverlust-Stickstoff 35
Deckbullen (s. Zuchtbullen)
Deckhengste 564
Defaunierung 34
Dehydratation 47 f.
Dejodasen 203
7-Dehydrocholesterin 215
Denaturierung 96, 99, 102
Depotfett 82, 376
Desaminierung 115 f.
Desaturasen 81, 90
Designer-Ei 569
Diagnose von Fehlernährung
– an Eiweiß 382
– an Energie 383
Dipeptidasen 100 f.
Disaccharide 50 f.
Divalent metal transporter-1 195 f.
DMT1 (s. Divalent metal transporter-1)
Docosahexaensäure 74, 90
Dosis-Wirkungsbeziehung 206 f.
Dotterfarbe 571, 585
Dottersack 588
Durchfall
– Ferkel 295
– Kalb 437

E

EAAI (s. Essential Amino Acid Index)
Eber 300
– Fütterungshinweise 302
– – Aufzucht 302
– – Deckperiode 303
– Jungebermast 322
– Nährstoffbedarf, in der Aufzucht 300
– – von Deckebern 301
Ebergeruch 322
Ei
– Aminosäuren 98
– Eidotter 568 ff.
– Eigewicht 567 f.
– Eimasseproduktion 567 f.
– Eischale 570, 578
– Geschmack und Geruch 572

- Mineralstoffgehalt **587**
- Wirkstoffgehalt **570**
- Zusammensetzung **568**

Eicosanoide 72, 90
Eicosapentaensäure 72, 74 f., 90
Einsatzleistung 416, 447, 455
Eischalenqualität 570
Eisen 113, 194 ff., 363, 437, 462, 469, 540
- Absorption 195 ff.
- Bedarf 261, 282, 320, 579
- Mangel 196 f.

Eiweiß 94 ff.
- Abbau, endogen 108 f.
- – lysosomal 107
- – proteasomal 108
- Abbaubarkeit im Pansen 105, 360
- Absorption 100 f.
- Anabolismus 127 f.
- Bedarf 126 ff.
- Bedarfsbestimmung
- – Nettobedarf
- – – Aufzuchtrind 448
- – – Mastkalb 462
- – – Mastrind 475, 480
- – – Milchkuh 356
- Ergänzungswirkung **123 ff.**
- Fehlernährung **132**, 373, 382
- geschütztes Protein 113
- Katabolismus 127
- Mangel 131
- Minimum 128
- nutzbares, am Duodenum 113, 126 f., 355, 448, 480
- Skleroproteine 504
- Synthese 106 ff.
- – endogene 215
- – mikrobielle 110
- Turnover 108 f.
- Überschuss **132 f.**
- Verdaulichkeit 101 ff., 121, 129
- – praecaecale 36, 103 f., 121, 129
- – scheinbare 102
- – wahre 102
- Verdauung **100 f.**
- – Kalb **426**
- – Nichtwiederkäuer 54, 77, 100 f.
- – Wiederkäuer 105

Eiweißmangelernährung 132
Eiweißüberschuss 132 f.
Elektrolyte 21, 175
Emulgatoren 235

Endopeptidasen 99
Energetische Futtereinheit 163
Energie 133
- Aufwand für Biosynthesen **143**
- aus Atmungskette 142
- aus Citratzyklus 140
- Bilanzstufen **144**
- Erhaltungsbedarf **159**
- Grundgesetzmäßigkeiten 135
- Leistungsbedarf **160**
- Lieferung der Nährstoffe 137
- Maßeinheit **134**
- Messung 149 ff.
- Minimalbedarf **158**
- Nettoenergie **147**
- – und Futterbewertung 163
- thermische Energie **146**, 418, 468
- umsetzbare Energie **146**, 166
- – – N-korrigiert 169
- verdauliche Energie **145**
- Verwertung der Energie
- – Bewegung (Pferd) 536
- – Fettbildung 151
- – Milchproduktion 350, 355
- – Monogastriden **153**
- – Pansenfettsäuren 153
- – Proteinbildung 152
- – Wachstum
- – – Ferkel 279
- – – Mastrind 477
- Wärmeabgabe 148, 149
- – Bestimmung 150 ff.
- Wärmezuwachs **147**
- Wirkungsgrad 144, 464, 536

Energiebewertung (s. Futterbewertung)
Enterohepatischer Kreislauf 112, 210, 222
Entropie 136
Enzyme 30 f., 52 f., 63, 79 f., 95, 104, 229 f., 276 f., 426
- Enzymzulagen 230
- – an Broiler 603
- – an Ferkel 278
- Verdauungsenzyme
- – Ferkel 276
- – Kalb 426

Erbsen 333 f., 406, 412, 584
Erdnussextraktionsschrot 332 f.
Ergänzungsfutter
- für Aufzuchtkälber 441
- für Ferkel 283, 291

- für Fohlen 561
- für Junghennen 590
- für Legehennen 583f., 585, 589
- für Mastrinder 489, 491
- für Mastschweine 330
- für Pferde 549
- für Schafe 513, 521, 527
- für Zuchtbullen 459
- für Zuchtsauen 266, 270, 271
- für Zuchtstuten 557

Ergänzungswirkung (Proteine) 123ff., 332f.
Ergocalciferol 209, 214
Ergotropica 228
Erucasäure 74
Essential Amino Acid Index 122ff.
Essigsäure (s. Acetat)
Exopeptidasen 99
Extrazellulärflüssigkeit 46

F

Färsen (s. Aufzuchtrinder, weibliche)
FCM 354
Federfressen 607
Federn, Aminosäuren 600f.
- Proteinansatz 597
Ferkel 272
- Absetzen 283, 287ff.
- Aufzuchterkrankungen 293
- Bedarfsnormen 278
- – Eiweiß 279
- – Energie 279
- – essenzielle Aminosäuren 279f.
- – Mineralstoffe 283f.
- – Spurenelemente 282f.
- – Vitamine 282f.
- Blutzucker 273
- frühentwöhnte Ferkel 287f.
- Fütterungshinweise 283
- – Absetzferkel 290
- – Alleinfuttermittel 284
- – Ergänzungsfuttermittel 284
- – Frühabsetzen 287f.
- – Milchaustauschfutter 287, 289
- – Prestarter 284
- – Säugeperiode 283
- – Sauenmilchersatz 289
- – Saugferkelbeifütterung 283
- – Starter 284
- – Wasser 287
- – Zukaufsferkel 292

- Geburtsgewicht 273
- γ-Globuline 274ff.
- – Absorption 275
- – in der Kolostralmilch 274f.
- k-Faktoren 279
- Kolostralmilch 273
- – erstes Säugen 274f.
- – Vitamine 274
- Temperaturansprüche 272
- Verabreichung von Kuhmilch 289
- – von Schafmilch 289
- Verdauungsenzyme 276
- Verlustquoten 272
Ferkelanämie 293
Ferkelaufzuchtfutter 284ff., 295
Ferkeldurchfall 295
Ferritin 95, 193, 195ff.
Ferroportin 196f.
Fett 71ff.
- Absorption 77ff.
- Einsatz beim Kalb 437f.
- Körperfett 82f.
- Milchfett 73, 82, 83ff., 378ff.
- Stoffwechsel 85f.
- Synthese 62, 88
- Toleranz 81
- Verdaulichkeit 78f.
- Verdauung 77ff.
- – beim Kalb 428
- – Nichtwiederkäuer 77ff.
- – Wiederkäuer 79ff.
- Verderb 90ff.
Fette, gehärtet 78, 93
Fette, pansengeschützt 80f.
Fetthärtung 93
Fettkennzahlen 76f.
Fettleber 71, 224f.
Fettlebersyndrom 605
Fettmast 162, 163
Fettmobilisationssyndrom 71
Fettsäuren 71ff., 82, 85
- essenzielle 73, 90
- kurzkettige 55ff., 69, 74, 76, 79, 88
- – Milchbildung 377, 392f.
- – Einfluss der Fütterung 392f.
- – Pansenentwicklung 429
- ungesättigte 73ff., 90
- – im Milchfett 350, 381
- – im Pansen 79ff., 390
- trans 79ff.

Fettsäureoxidation 85 ff., 89
– mitochondriale 85 f.
– peroxisomale 87
Fischgeschmack (Ei) 572
Fischmehl 123, 277, 284, 291, 332, 345 f., 572
Flat-Decks 287, 288
Fluor 204
Fluorose 204
Flushing
– Sauen 240 f.
– Schafe 501
Fötus, Entwicklung
– Pferd 553
– Rind **413 ff.**
– Schaf 502
– Schwein 244
Fohlen **559**
– Absetzfohlen 562
– Absetzzeitpunkt 562
– Bedarfsnormen 560
– Fohlenaufzuchtfutter 561
– Fütterungshinweise **561 ff.**
– Geburtsgewicht 559
– mutterlose Fohlenaufzucht 561
– Proteinverwertung 560
– Saugfohlen 561
– Wachstum **559**
Folsäure 222 f., 606
– Bedarf 261, 282, 320, 579
Formiate 233, 295
Fruchtbarkeit, Eber 300
– Sau 239
– weibl. Jungrinder 448
– Zuchtböcke **524**
– Zuchtbullen 456 f.
– Zuchtläufer 297
Fruchtbarkeitsstörungen 183, 203
Fructane 53, 533
Fructose 50, 55, 56, 427
Fütterung, rationierte (Schwein) 295, 336
Fütterungsfrequenz, Milchvieh 410 f.
Futteraufnahme
– Aufzuchtkalb 434
– Kuh
– – Einflussfaktoren 366
– – Regulation 364
– – Schätzgleichung 369
– Mastrind **484**
– Mastschwein **321**
– Pferde 543

– Sauen 247
– Schafe 510
Futterbewertung, energetische **161 f.**
– beim Geflügel 169
– beim Milchvieh **164**
– in der Rindermast 166
– Rostocker System 162, 163
– Schätzgleichungen **170**
– beim Schaf 166
– beim Schwein 166
– Skandinavische Futtereinheit 163
– Sowjetische Futtereinheit 163
– Stärkewert 163
Futterfett 83, 93, 217
– und Eifett 568
– – ω3-Fettsäuren 74, 569
– und Milchfettgehalt 380
Futterkonservierung, Grünfutter **399**
Futtermittelhygiene 410 ff., 610 ff.
Futtermittelsicherheit 610 ff.
Futtermittelverordnung 409 f., 610 ff.
Futterstruktur in Milchviehrationen 387
Futterverwertung (Schwein) 310
Futterwertschätzung 169, 170
Futterwerttabellen 625
Futterzucker 285, 322, 335
Futterzusatzstoffe 226, 409 ff.

G
Galactose 50, 54, 56, 62, 68, 427
Gallensäuren 72, 77 f., 89, 209, 225
Ganzpflanzensilage
– an Mastrinder 491
– an Milchkühe 400 f.
Gasbildungstest 43, 170
Gastrointestinaltrakt (s. Verdauungstrakt)
Gaswechselmessung 150
Gebärparese (s. a. Milchfieber) 69, 183, 422
Geflügel (s. Broiler, Junghennen, Küken, Legehennen)
– Besonderheiten im Verdauungstrakt 566
Gerüstsubstanzen 20, 24 f., 378, 387
Getreide
– an Legehennen 583 ff.
– an Mastschweine 333
γ-Globuline, Absorption **275**
– Kalb 424
– Kuhmilch 352
– Sauenmilch 274
Glucagon 63, 109
Glucanase 603

Glucane 52
Glucocorticoide 67, 71, 89, 109
Gluconeogenese 62, 64 ff., 87
Glucose 50 f., 54 ff., 57 ff., 65, 66 ff., 87, 375, 427, 503, 532
Glucosetoleranzfaktor 201
Glucosinolate 202
Glutathionperoxidase 203
Glykogen 52 f., 67 f., 538
Glycogenolyse 67
Glycolyse 58 ff., 63 f.
Goitrogene 202
Grasfutterfresser 28
Grassilage
– Aufzuchtkälber 421
– Aufzuchtrinder 454
– Mastrinder **490**
– Milchkühe 399, 420
– Pferde 546
– Schafe 511
– Zuchtbullen 459
Grastetanie 184
Grit 582, 586, 589 f.
Grünfutter
– an Mastschweine 347
– an Milchkühe 382, 388 f., 393 ff., 420
– an Sauen 267
Grünmehl 216, 218 f., 266 f., 304 f., 584 f.
Grundfutteraufnahme 366, 397, 400
Grundfutterverdrängung 368, 487
Grundumsatz 157 f., 413, 417, 507

H

Hämoglobin 194
Hardening off 83
Harnsäure 97
Harnstoff 96, 104, 111 ff., 114 ff., 131 ff.
– und Maissilage 455, 489
– in der Milch 382 f.
Harnstoffzyklus 115 ff.
Haylage
– an Pferde 546
Heißlufttrocknung 396
Hemicellulosen 23 ff., 51, 53
Hephaestin 196, 198
Herztod bei Ferkeln 296
Heu
– an Aufzuchtlämmer 517
– an Aufzuchtrinder 453
– an Kälber **440**

– an Mastlämmer 526
– an Milchkühe **396**, 420
– an Mutterschafe 511
– an Pferde 547
– an Zuchtbullen 459
Hexosen 51
Histone 95
Hitzeschockproteine (s. Chaparone)
Hofeigene Mischungen
– Broiler 601, 603
– Legehennen **583**
– Milchkühe 405
– Zuchtbullen 459
Hohenheimer Futtertest 43
Homocystein 201, 207
Homöorhese 174, 186
Homöorhetische Regulation 247, 417
Homöostase 174, 194
Hormone 49, 58, 68, 89, 108 f., 158, 200, 229, 231, 364, 425, 606
Hühnerei (s. Ei)
Hungersterilität 183
Hydrierung (s. Fetthärtung)
β-Hydroxybuttersäure 364, 375
Hyperplasie 306
Hypertrophie 306
Hypervitaminose 212
Hypocalcämie 183
Hypoglykämie 71
– neonatale 273
Hypophosphatämie 183
Hypothyreose 202
Hypovitaminose 210 f.

I

Idealprotein 119 ff., 130, 132, 281
– Legehennen 576, 582, 599 f.
– Mastschweine 332
Immunglobuline 58, 68, 295, 352, 424, 555
Indikatormethode 42
Infektiöse Bronchitis 592
Inosit (s. Myo-Inositol)
Insulin 63 f., 71, 89, 95, 109
Interkonversion 63
Intrazellulärflüssigkeit 46
Intrinsic factor 210, 222
Inulin 23, 51, 53
Isoprenoidlipide 72
Isotopen-Verdünnungsmethode 35

J

Jährlinge 563
Jod 76, 202, 275, 363, 381
– Bedarf 261, 282, 320, 579
Jodzahl 76, 83 ff.
– des Milchfettes 84 f.
Joule 134 ff.
Jungebermast 322
Junghennen 588
– Bedarf 588
– Beleuchtung 605
– Fütterungshinweise 589
– Impfprogramme 591
– Körnerfutter 590 f.
– Temperaturprogramm 592
Jungpferde 559
– Fütterungshinweise 561
– Gewichtsentwicklung 559
– Jährling 563
– Nährstoffbedarf 560
– Weide 561
– Zweijährige 563
Jungrinder, Mast 471
– Bedarfsnormen 477
– – Energie 477
– – Mineralstoffe 480 f.
– – Protein 478 f.
– – Vitamine 481
– Energiekonzentration 473
– Fütterungsintensität 473
– Körperzusammensetzung 471 f.
– Kompensatorisches Wachstum 474, 494
– Mast
– – mit Biertreber 492
– – von Färsen 495 f.
– – mit Grassilage 490 f.
– – mit Kraftfutter 493
– – mit Maissilage 485 ff.
– – von Ochsen 495 f.
– – mit Rübenblattsilage 492
– – mit Schlempe 492
– – mit Weidegras 493 f.
– Schlachtkörper- und Fleischqualität 482 f.
– Vormastperiode 475
Jungrinder, weibliche (s. Aufzuchtrinder, weibliche)
Jungsauen 259, 296 ff.

K

Kälber, Aufzucht 423 ff.
– Aktivität von Verdauungsenzymen 426
– – Eiweißverdauung 426
– – Fettverdauung 427
– – Kohlenhydratverdauung 427
– Bedarfsableitung 431 ff.
– Bedarfsnormen 433
– Fütterungshinweise 437
– – Ergänzungsfuttermittel 437
– – Fresseraufzucht 445
– – Frühentwöhnung 442
– – Kalttränkeverfahren 443
– – Kolostralmilch 424, 435
– – Kraftfutter und Heu 440
– – Milchaustauschfutter 438
– – Vollmilch 437
– Körperansatz 433
– Körperzusammensetzung 431
– Pansenentwicklung 428 f.
Kälber, Mast 461 ff.
– Aminosäurenbedarf 469
– Energieretention 463
– Faktorielle Bedarfsableitung
– – Energie 463
– – Protein 466
– Fleischfarbe 462
– Fütterungshinweise 467
– Körperzusammensetzung 463
– Mast mit Milchaustauschfutter 467
– Mastendgewicht 462
– Nährstoffbedarf
– – Energie 464
– – Protein 466
– Nährstoffretention 463
– Stallklima 468
– Tiermaterial 461
– Tränkeplan 469 f.
– Verwertung der umsetzbaren Energie 464
Kalium 175 f., 178 ff., 331, 361, 420, 422, 539
– Bedarf 260, 578, 602
Kalorie 134
Kalorimetrie 148
Kannibalismus 607
Kartoffeln
– an Mastschweine 342
– an Pferde 549
– an Sauen 268
Katecholamine 89, 99, 109, 200
Keratin 95, 102
Ketonkörper 69, 87 f.

Ketonkörpersynthese 62, 89
Ketose 69f., 87
Kleibersche Formel 158
Kobalt 111, 201, 207, 222, 275, 363, 381, 540
Körnermaissilage, an Zuchtsauen 270f.
Körperfettzusammensetzung 82f.
Körpergröße, metabolische 158
Körperwasser 20, 21, 46, 47
Körperzellmasse 21
Kohlenhydrate 49ff.
– Absorption 53
– Stoffwechsel 57ff.
– Verdauung 53ff.
– – beim Kalb 426
– – beim Nichtwiederkäuer 54f.
– – beim Pferd 532f.
– – beim Wiederkäuer 55ff.
Kohlenhydratmast 65, 88
Kolostralmilch, Kuh 350, 424
– Ferkel 273f.
– Fohlen 555, 561
– Kalb 424, **435f.**
– Sauen 248
Kombinierte Fütterung
– Deckeber **303**
– Junghennen **589**
– Legehennen **585**
– Zuchtläufer **299**
– Zuchtsauen **267**
Komplexbildner 191f.
Konjugierte Linolsäuren 80f., 84, 381
Konjugierte Linolsäureisomere (CLA) 381
Konservierungsstoffe 444
Konzentrationsselektierer 28
Koprophagie 201, 212, 218, 221
Kreislauf, ruminohepatischer 112f., 359
Kühe (s. Milchvieh)
Kükenaufzucht **588**
– Bedarf **588**
– Fütterungshinweise **589**
– Impfprogramm **591**
– Mareksche Krankheit **592**
– Temperaturprogramm **592**
Kükenstarterfutter **589**
Kupfer 193, 198f., 242, 275, 363, 439, 505, 513, 520, 540
– Bedarf 261, 282, 320, 579
– Toleranz 509
Kupfersulfat 198

L
Labferment 99, 426
Lactase 54, 276
Lactose 49f., 62, 68, 278, 350, 377, 427
Laktat 57ff., 60, 62, 68
Laktoferrin 197
Lämmer
– Aufzucht **514**
– Aufzuchtmethoden **516**
– Bedarfsnormen **514**
– Frühentwöhnung **518**
– Geburtsgewicht 502, 514
– junge Zuchtschafe **521**
– mutterlose Aufzucht **520**
– Sauglämmeraufzucht **517**
Lämmer, Mast **525**
– Absatzlämmermast **529**
– Intensivlämmermast **527**
– Mastmethoden **525**
– Sauglämmermast **526**
– Stallendmast **530**
– verlängerte Lämmermast **529**
– Weidelämmermast 525, 529
Läufer (s. Zuchtläufer)
Lecithin 76, 225
Legehennen **567**
– Alleinfütterung **580**
– Bedarf **572**
– – Aminosäuren 572, 574ff.
– – Energie 572f.
– – Linolsäure 569, 577
– – Mineralstoffe 578
– – Protein 572, 574f.
– – Spurenelemente 579
– – Vitamine 579
– Beleuchtung 605f.
– Einzelfuttermittel 583ff.
– Eiweiß-Energie-Verhältnis 575
– Ergänzungsfuttermittel 583f., 585
– Erhaltungsbedarf 573
– Futterselbstauswahl 580
– Futtervorlage, ad libitum 581
– – begrenzt 581
– Gewichtsentwicklung 567
– Höchstmengen an Einzelfuttermitteln 585
– Kombinierte Fütterung **585**
– Korngröße 585
– Legeleistung 567f.
– Phasenfütterung 582
– Phytase 582
– Sojaöl 584, 606

– Stallklima 587
– Verminderung der Ausscheidung von N und P 583
– Wasserversorgung 587
– – kontrolliert 581, 587
Legemehl 583, 585
Leinextraktionsschrot 440
Leucin 66, 98, 99, 109, 117, 118
Leukotriene 72, 90
Lieschkolbenschrotsilage 270, 339, 401, 491
– an Mastschweine 339
– an Zuchtsauen 270
Lignin 24 f., 53, 339, 398
α-Linolensäure 74 f., 90
Linolsäure 74, 76, 81, 90, 569, 606
– Bedarf Henne 577
Lipase 77 f.
Lipide 20, 71 ff.
Lipogenese (s. Fettsynthese)
Lipolyse 89
Lithium 204
Lupinen 406, 488
Lutein 571
Lysin, praecaecal verdauliches 129

M

Magen-Darm-Trakt (s. Verdauungstrakt)
Magensaft 32, 566
Magermilch an Mastschweine 332
Magermilchpulver 438, 468
Magnesium 81, 175 ff., 184 f., 361, 422, 539, 550, 560
– Bedarf 578, 602
Maillard-Produkte 103
Maillard-Reaktion 103
Maiskolbenschrotsilage
– an Broiler 604
– an Legehennen 586
– an Mastschweine 322, 339
– an Milchkühe 401
– an Zuchtsauen 270
Maissilage
– an Aufzuchtkälber 445
– an Aufzuchtrinder 453
– an Mastkälber 470
– an Mastrinder 485 ff.
– an Milchkühe 399 ff.
– an Pferde 547
– an Schafe 511
– an Zuchtbullen 459

Maisstärke, an Ferkel 278
– ruminale Abbaubarkeit 401
Maltase 54
Maltose 50 f., 54
Mangan 113, 200, 242, 362, 381, 570, 579, 589
– Bedarf 261, 282, 320, 579
Mannose 51
Mastschweine 305
– ad libitum Fütterung 336
– Bedarfsnormen
– – Eiweiß 316 f.
– – Energie 314 f.
– – essenzielle Aminosäuren 316 f.
– – Lysin 317, 318
– – Mineralstoffe 319 f.
– – Spurenelemente 320
– – Vitamine 319 f.
– Biertreber 347
– CCM 333 f.
– chemische Zusammensetzung 309
– einmal füttern 336
– Eiweißansatz 310
– Erhaltungsbedarf
– – Aminosäuren 316 f.
– – Energie 314 f.
– Ernährungsintensität und Körpergewebe 308
– Faktorielle Bedarfsableitung
– – Eiweiß 316 ff.
– – Energie 314 ff.
– – essenzielle Aminosäuren 316 ff.
– – Lysin 316 ff.
– – Lysinverwertung 317
– – Teilwirkungsgrade 314
– Fettansatz 311 ff.
– Flüssigfütterung 335
– Fütterungshinweise 324
– Futteraufnahme 321
– Futtermittel in der Mast 332
– Futterverwertung und Nährstoffzufuhr 310
– Getreidemast 324
– – Ausfall von Futterzeiten 336
– – Automatenfütterung 338
– – Eiweißfuttermittel und Getreide 332 f.
– – Fütterungstechnik 335
– – Futterkonsistenz 337
– – Mast mit Alleinfutter 328
– – Pelletiertes Futter 337
– – Rationierte Fütterung 336
– – Schweinemast-Ergänzungsfutter 330
– – Vorratsfütterung 338

- Grünfutter 347
- Hackfruchtmast 341
- – Ausfall von Futterzeiten 336
- – Beifutter 342
- – Fütterungstechnik 345
- – Kartoffelmast 342
- – Rübenmast 344
- Höchstmengen in der Ration 334
- Körperzusammensetzung 306
- Lieschkolbenschrot 339
- Maiskolbenschrotsilage 322, 339 ff.
- Molkenmast 345
- Nährstoffretention 310
- Schlempe 348
- VQ der organischen Substanz 44, 322
- Wachstumsintensität 305
- Wasserbedarf 339

Mauke 403
MCT1 (s. Monocarboxylat-Transporter 1)
Melasse 51, 71
Menachinon 209, 218
Menadion (s. a. Vitamin K) 209, 218
Mengenelemente 175 ff.
- Absorption 175 f.
- Bedarf 259 f., 282 f., 319 f., 578, 601 f.
- Bedarfsableitung 185 ff.
- Exkretion 175 f.
- Mangel 177 f.
- Mobilisierung 176 f.
- Speicherung 176 f.
- Überschuss 178

Metallothionin 96, 193, 198 ff.
Methan 55 f., 144, 153, 533, 542
Methylhistidin 110
Micellen 77 f.
Mikrobeneiweiß 110 ff.,113, 126, 358, 534
Mikroorganismen, Mitwirkung bei der Verdauung 32
Milch
- Fettzusammensetzung 75, 83 ff., 352, 381
- Sauen 248, 274
- Schaf 503
- Stute 555

Milch, Kuh
- Beziehung zwischen Fett- und Eiweiß- gehalt 351, 383
- Energiegehalt (Berechnung) 354
- Fütterungseinflüsse 377
- – Eiweißgehalt 377
- – Fett-Eiweißquotient 383
- – Geruch 383 ff.
- – Geschmack 383 ff.
- – Harnstoffgehalt 382
- – Keimgehalt 385
- – Lactosegehalt 350, 377
- – Milchfett 75, 83 ff., 378 ff.
- – Mineralstoffe 381 f.
- – Vitamine 381 f.
- Zusammensetzung 350

Milchaustauschfutter
- für Ferkel 287, 289
- für Kälberaufzucht 438
- für Kälbermast 468
- – an Ferkel 287
- für Lämmer 520

Milchfettdepression 83 f.
Milchfettgehalt 73 f., 83 f.
Milchfettbildung 53, 57, 80 f., 83 f., 131
Milchfieber 183, 422
Milchleistungsfutter 405, 459
Milchprotein 94 f.
Milchsäure (s. a. Laktat) 278
Milchvieh, laktierend 350
- Abbaubarkeit von Eiweiß
- – Anforderungen 359
- – Futtermittel 360
- Aminosäuren 360
- Bedarf 353
- – Bedarfsnormen 355
- – Energie für Milchproduktion 354
- – Erhaltungsbedarf 354
- – Nutzbares Protein für Milchproduktion 353 ff.
- – Mineralstoffe 361
- – Vitamine 362
- Berechnung von Futterrationen 386
- Biertreber 402
- Diagnose von Fehlernährung 382
- Energiekonzentration 364
- Energieaufwand 376
- Fütterungstechnik 410 ff.
- Futteraufnahme 364 ff.
- – Einflussfaktoren 366
- – Schätzgleichung 369
- Futterkonserven 396 ff.
- – Briketts 396
- – Ganzpflanzensilage 401
- – Grassilage 399 ff.
- – Heu 396
- – Konservierungsverluste 399
- – Maissilage 399
- – Rüben 402
- – Stroh, aufgeschlossen 398

- Futterzusatzstoffe 409
- Grünfütterung im Stall **393 ff.**
- – Futterwert **394**
- Hochleistungskühe **374 ff.**
- Kraftfutter **403 ff.**
- Laktationskurve 370
- Milch
- – Fütterungseinflüsse 373, 377
- – Kolostralmilch 352
- – Normalmilch 350
- – Milchleistung
- – bei Eiweißmangel 373
- – bei Eiweißüberschuss 374
- – bei Energiemangel 373
- – bei Energieüberschuss 374
- – Mineral- und Wirkstoffergänzung **407 ff.**
- – Mobilisierung von Körpergewebe 376
- – Body Condition Scoring 376
- – Nachwirkungen von Fehlernährung 374
- – Nutzbares Protein (s. a. Eiweiß) 355
- – Ökologische Milchviehfütterung 412
- – Ruminale Stickstoffbilanz (s. a. Stickstoff) 319, 359, 382, 386, 395, 400, 405
- – Schlempen 403
- – – Pressschlempen 403
- – – Trockenschlempen (DDGS) 403
- – Stoffwechselparameter 375
- – TMR 366, 388
- – Weide **388 ff.**
- – – Futterwert und Nährstoffaufnahme 389
- – – Vorbereitungsfütterung 389
- – – Weidebeifütterung 392
- – – Weideführung 390
- Milchvieh, trockenstehend **413 ff.**
- – Bedarf
- – – Energie **417 f.**
- – – Protein **418 f.**
- – Energiekonzentration 420
- – Entwicklung des Fötus **413 f.**
- – Ernährung und Einsatzleistung 416
- – und Geburtsgewicht **417**
- – Fütterungshinweise **420**
- – Kationen-Anionenbilanz 422
- – Mineral- und Wirkstoffversorgung 422
- – Trächtigkeitsanabolismus 416, **422**
- Milchzucker (s. a. Lactose) 50 f., 427, 520
- Mineralfutter für Rinder 407, 459, 512
- Mineralstoffe 175
- – Bedarf 259 f., 282 f., 319 f., 578, 601 f.
- Minimalbedarf 205 f., 226
- Mischfutter, Energieschätzung 170 f.

Molke, an Mastschweine 346 f.
- Molkenpulver 438
Molybdän 200 f.
Monocarboxylat-Transporter 1   57
Monosaccharide 50 f.
Mühlennachprodukte 267, 303 f., 333, 335, 342, 406, 549, 584
Muschelgrit 586
Muskel, Gehalt an Eiweiß 20
- Gehalt an Wasser 20
Mutterkuhhaltung 437, **497**
Mutterschafe **500**
- Futteraufnahme **510**
- Fütterungshinweise **510**
- Grundfutter **511**
- Kraftfutter **512**
- Kupfertoleranz 199
- Laktation **503**
- Laktationskurve 504
- Milchleistung **503**
- Milchzusammensetzung 503
- Nährstoffnormen **505**
- Proteinansatz im Fötus 502, 507
- Trächtigkeit **502**
- Wollwachstum **504**
- Zeit des Deckens **501**
Mykotoxine
- Aflatoxin B_1 611
- Deoxynivalenol 611 f.
- Fumonisine 611 f.
- Ochratoxin A 611 f.
- Zearalenon 611 f.
Myogenese 110
Myo-Inositol 225

N

Nachgärung, Maissilage 486
Natrium 49, 89, 175 ff., 179, 361, 408, 422, 550, 560
- Bedarf 259 f., 282, 320, 578, 602
Natriumbenzoat 344
Natriumhydrogencarbonat 410, 493
N-Ausscheidung (s. a. Stickstoff)
- bei Schafen 507
- Reduzierung **331**
- – bei Legehennen 582
- – in der Schweinemast 331
N-Bilanz (s. a. Stickstoff) 126 ff., 131, 375, 465
NDF 25 f.
NEL (Nettoenergie-Laktation) **164 ff.**, 170, 354, 364, 376, 386, 405, 420

Neutral Detergent Fiber 25
Newcastle Disease 591
N-freie Extraktstoffe 24 f.
Niacin 64, 86, 99, 223
– Bedarf 261, 282, 320, 579
Nicht-Protein-Stickstoff 96 f., 105, 110, 113
Nicht-Stärke-Polysaccharide 51 ff., 54 f.
Nickel 93, 204
Nicotinamid (s. Niacin)
Nicotinsäure (s. Niacin)
NPN (s. Nicht-Protein-Stickstoff)
NSP (s. Nicht-Stärke-Polysaccharide)
Nukleinsäuren 97, 110, 222 f.
Nutzbares Protein am Duodenum (s. a. Eiweiß) 37, 113, 130 1 f., 355
N-Verwertung, Gravidität Rind 418
Nylonbeutel-Technik 43

O

Ochsenmast **495**
Ödemkrankheit 296
Ölfruchtrückstände und Milchfettgehalt 380
Ölsaaten an Mastschweine 335
Oligosaccharide 51
Omega-Ei 569
Optimalbedarf 205 f., 226
Osteoblasten 215, 218
organische Masse 22
organische Säuren 188, 233, 444
organische Substanz (s. organische Masse)
Osteocalcin 218
Osteomalazie 183, 215
Oxidation, Fettsäuren 85 ff., 90 f.

P

Pankreasamylase 54
Pansen 32, 55 ff., 68 f., 79 ff., 105, 110 ff., 125 f., 130 f.
Pansenazidose 47, 68 f.
Pansenmikroben 52, 77, 80, 111 ff., 114, 201, 359
– Einfluss der Fütterung 32, 358
– Protozoen 32
Pantothensäure 64, 210, 223, 541
– Bedarf 261, 282, 320, 579
Parathormon 181, 183
Pektine 23, 51, 53, 102 f.
Pellagra 223
Pentosane 23 f., 51
Pentosen 51
Pentosephosphatweg 66 f.

Pepsin 43, 100 f.
– beim Ferkel 276
Peptidasen 100 f.
Peroxide 91
Peroxidzahl 91 f.
Peroxisome proliferator activated receptor-α 87, 89
Persistenz 372
Pferde (s. Deckhengste, Fohlen, Sportpferde, Stuten, Zugpferde)
Pflanzenstoffe, antinutritive 103 f.
Phasenfütterung 327 f., 331 f., 338, 582
Phosphatidylcholin (s. Lecithin)
Phospholipide 72, 76
Phosphor 175 ff., 180 ff., 228, 324, 331, 361, 408, 422, 452, 482, 539, 550, 560
– Ausscheidung von Mastschweinen, Reduzierung 331 f.
– Bedarf 259 f., 282 f., 320, 578, 602
– verdaulicher 187 f.
Phyllochinon 209, 218
Phytase 182, 199, 230 f.
– an Legehennen 582
– an Mastschweine 331 ff.
Phytat 180 ff., 195, 199
Phytinsäure (s. Phytat)
Phytobiotika 234
Polyensäuren an Mastschweine 335
Polymorphismen 213
Polyphenole 26
Polysaccharide 51 ff.
Posttranslationale Modifikation 106, 107
PPARα (s. Peroxisome proliferator activated receptor-α)
Praecaecale Verdaulichkeit (s. a. Eiweiß) 36
Präbiotica 232
Pressschnitzel
– an Mastrinder 491
– an Milchkühe 402
Prestarter 284
Primärstruktur 96
Priorität in der Nährstoffversorgung 244 f.
Primärharn 48
Probiotica 232
Propionat 55 ff., 83, 397
Propionsäure (s. a. Propionat) 378, 393, 429
Prostaglandine 72, 90
Proteaseinhibitoren 103
Proteasen 99, 277
Proteasom 108 f.
Protected proteins 114

Protein (s. Eiweiß)
Proteinabbau 104, 107, 108, 109
Proteinqualität 119 ff., 125 f., 284, 302, 333, 534, 561
Proteinturnover 105, 108, 110
Protozoen 32, 33 ff.
Provitamin A 208, 209, 212 ff.
Pyridoxal (s. Vitamin B_6)
Pyridoxamin (s. Vitamin B_6)
Pyridoxin (s. a. Vitamin B_6)
– Bedarf 261, 282, 320, 579

Q
Quecksilber 189
Quotient, respiratorischer 148 f.

R
Rachitis 183, 215
Radikale, freie 91
Raffination 92 f.
Raffinose 51
Rapsextraktionsschrot
– an Legehennen 572, 585
– an Mastrinder 488
– an Mastschweine 334
– an Milchkühe 406, 420
– und Riecheier 572
Rapskuchen
– an Mastrinder 488
– an Milchkühe 406
Rapsöl an Mastschweine 335
Raufutterfresser 28
Reineiweiß 22 f.
Renin-Angiotensin-Aldosteron-System 49
Rennin (s. Labferment) 99, 426
Respirationsanlage 150
Retentionsphase, Zuchtsauen 242
Retinal 209, 212 f.
Retinol 209, 212
Retinoläquivalent 212
Retinsäure 208 f., 213
Rhodopsin 213
Riboflavin (s. a. Vitamin B_2) 220, 541, 579, 584
– Bedarf 261, 282, 320, 579
Ribose 51
Riecheier 572
Rinderfütterung (s. Kälber, Jungrinder, Milchvieh, Zuchtbullen)
Rindermastfutter 489
Rohasche 22 f., 25

Rohfaser 24, 37, 53
– in Milchviehrationen 378 f., 387
– beim Pferd 533, 543
Rohfaserabzug 163
Rohfett 24 f., 71, 380, 387, 439
Rohprotein (s. a. Eiweiß) 22, 101 f., 105, 130
Rohwasser 22 f.
Rostocker System 162, 163
Rotklee, VQ beim Schwein 267
Rüben, an Mastschweine 344
– an Milchkühe 402
– an Pferde 549
– an Sauen 268
Rübenblattsilage
– an Mastrinder 492
– an Milchkühe 400
Rubidium 204
Ruktus 55
Ruminohepatischer Kreislauf 112 f.

S
Saccharase 54
Saccharose 50 f., 278, 427
Säurebindungsvermögen 295
Sauen (s. Zuchtsauen)
Saugferkel, Milchaufnahme 247
Saugferkelfutter 284 ff., 288
Schaffütterung (s. Lämmer, Mutterschafe, Zuchtböcke)
Schafmilch, an Ferkel 289
Schilddrüsenhormone 99, 202
Schlachtqualität und Mastendgewicht
– Mastrinder 482 ff.
Schlempe
– an Mastrinder 492
– an Mastschweine 348
– an Milchkühe 403
Schlundrinnenreflex 427
Schlüsselenzyme 61
Schmelzpunkt 76 f.
Schrittmacherenzyme 61 f.
Schwefel 94, 111, 113, 175, 185, 422, 505
Schweinefütterung (s. Eber, Ferkel, Mastschweine, Zuchtläufer, Zuchtsauen)
– Ernährungseinflüsse auf Leistungsmerkmale 238
Sekundäre Pflanzenstoffe 26, 103
Sekundärharn 48
Sekundärstruktur 96
Selen 94, 188, 190, 193, **203**, 217, 261, 282, 363, 381, 423 f., 453, 540, 550, 557, 579
– Bedarf 282, 320, 579

Selenocystein 105, 203
Selenoproteine 203
Selenose 203
Silage, an Sauen 267 f.
Silizium 204
Silierung von Kartoffeln 343
Skandinavische Futtereinheit 162
Skatol 323
Skelett, Gehalt an Wasser 20
Sojaeiweiß, VQ beim Ferkel 277
Sojaextraktionsschrot
– an Broiler 603
– an Legehennen 584
– an Mastrinder 488
– an Mastschweine 322, 328, 333
– an Milchkühe 406
– an Sauen 266
Sojaöl
– an Mastschweine 334
– an Zuchtsauen 259, 266
Sorbinsäure 233 f.
Speichel 30 f., 182, 566
Sportpferde (Reit)
– Bedarf 534 ff.
– – Eiweiß 538
– – Energie 535
– – Mengenelemente 539
– – Spurenelemente 540
– – Vitamine 540
– Fütterungsfehler 552
– Fütterungstechnik 551
– Hackfrüchte 549
– Kraftfutter 549
– Mineralstoffergänzung 550
– Raufutter 547
– Silagefütterung 546
– Vitaminversorgung 551
– Vorbereitungsfütterung 546
– Weidebeifutter 544
– Weidegang 544
Spurenelemente 188 ff., 194 ff.
– Absorption 190 ff.
– akzidentelle 189
– Bedarf 261, 282, 320, 579
– Bedarfsableitung 205 ff.
– Exkretion 190 ff.
– Mangel 193 f.
– Mobilisierung 192 ff.
– Speicherung 192 f.
– Überschuss 193 f.
– Verteilung 192 ff.

SREBP-1c (s. Sterol regulatory element-binding protein-1c)
Stärke 51 f.
– ruminale Abbaubarkeit 401
Stärkeeinheit 162
Stärkewert 162, 163
Stallklima, Ferkel 273, 287
– Geflügel 591
– Mastkälber 468
– Sauen 321
Starter 284
Steroide 72, 77
Sterol regulatory element-binding protein-1c 89
Stickstoff (s. a. N)
– Ansatz 122 f., 128
– Ausscheidung (s. a. N-Ausscheidung) 127
– Bilanz 126 ff., 131, 373, 466
– Minimierung 125
– Retention 122 f., 129
– Verluste 101, 122
Stickstoffbilanz, ruminale 131 f.
Streckerabbau 103
Stroh
– aufgeschlossen 397
– an Aufzuchtrinder 454
– an Mastkälber 467 ff.
– an Milchkühe 397, 420
– an Pferde 547 ff.
– an Schafe 511
– an Zuchtbullen 459
Struktur (s. Futterstruktur)
Struma 202
Stuten 553
– Bedarf, Laktation 554
– – Trächtigkeit 553
– Fütterungshinweise 556
– Kolostralmilch 555
– Kraftfutter 557
– Milchleistung 554
– Milchzusammensetzung 555
– Weide 558
Substratketten-Phosphorylierung 58 f., 60
Superretention 176
– Rind 416
– Sau 241
– Mengenelemente 176 f.
– Spurenelemente 193, 242
– Stickstoff 242, 248

T

Tagetesblütenmehl 571
Tannine 103f., 195
Taurin 99
Teilwirkungsgrad **146**f., 253, 278, 314, 353, 418, 433, 479, 507, 514, 573, 596
Teinter 572
Temperatur, untere kritische 159, 251, 273, 314, 505
– bei Schafen 505
Terpene 77f.
Tertiärstruktur 96
Tetanie, hypomagesämische 184f.
Tetrahydrofolsäure 222
Thiamin (s. a. Vitamin B$_1$)
– Bedarf 261, 282, 320, 579
Thiaminasen 220
Thromboxane 90
Thyreostatica 231
Tierkörper
– Beziehung zwischen Fett- und Wassergehalt 21
– Chemische Zusammensetzung 20
– Ermittlung der Zusammensetzung 21
Tilly-Terry-Methode 43
Toasten 41, 532
Tocopherol (s. Vitamin E)
Tocopherol-Äquivalent 216
Tocotrienol 209
Trächtigkeitsanabolismus 176, 186
– Rind 374, 416, 420
– Sauen 241
Trächtigkeitstoxämie, Schaf 503
Tränkwasserqualität 613ff.
Transaminierung 114f.
Transferrin 195
Transkription 105f., 213
Translation 106f.
Triglycerid 23f., 72ff., 78f., 85, 88
Trinkwasserverordnung 48, 614f.
Trockenmasse 22
Trockenschlempe
– an Milchkühen 403
– an Mastrinder 489, 492
Trockenschnitzel
– an Mastbullen 491
– an Mastlämmer 528
– an Mastschweine 335
– an Pferde 549
Trypsin 99f., 103, 275
– beim Ferkel 276
Trypsininhibitoren 103
Tryptophanbelastungstest 228

U

Überschussbilanz, negative 177
Ubiquitin 108
Ubiquitin-Proteasom-System 108
Ultraspurenelemente 189f., 204f.
Umesterung 93
Umgebungstemperatur 273, 433, 468, 536, 587, 591
Umsetzbare Energie 359, 431, 477, 505, 535, 542
Urease 104, 204
Urolithiasis 528
„Uterine crowding" 109

V

Vanadium 204
van-Soest-Analyse 25
Vasopressin (s. Adiuretin)
Verbrennungswärme 146
Verdaulichkeit **34**, 78f., 101, 104
– Bestimmung **41**
– – Differenzversuch 42
– – Indikatormethode 43
– – In-vitro-Methoden **43**
– – Substitutionsversuch 42
– – Tierversuche **41**
– Einflüsse durch
– – Alter 38, 101f.
– – Futtermenge **39**
– – Futterzubereitung **40**, **103**, **104**
– – Rasse 38
– – Rationszusammensetzung **40**
– – Tierart **37**
– – Trächtigkeit und Laktation 38
– ileale **36**
– der organischen Masse **44**
– partielle **41**
– praecaecal 101ff., 121, 129
– und Rohfasergehalt 37
– scheinbare **34**, **36**, 101
– und Vegetationsstadium 38, 267
– wahre 102
Verdauung 27, 53f., 77f., 100f.
Verdauungsdepression 40
Verdauungskoeffizient 34
Verdauungsquotient 34
Verdauungssekrete 30ff.
Verdauungstrakt 28, 29, 30, 31, 32, 37, 41, 50, 53
– Größenangaben 28, 566
Verdauungsversuch 41
Verseifungszahl 76
Verwertbarkeit 187, 426, 477, 570
Viehsalz 408, 540, 550, 558

Vitamin A 72 f., 91, 209 ff., 362, 381, 422 f., 438, 482, 509, 540
– Bedarf 261, 282, 320, 579
– Carotine 382
– in Kuhmilch 382
– Mangel bei Zuchtbullen 458
Vitamin B$_1$ (s. a. Thiamin) 64, 219 f.
Vitamin B$_2$ (s. a. Riboflavin) 64, 220
Vitamin B$_6$ (s. a. Pyridoxin) 115, 221
Vitamin B$_{12}$ (s. a. Cobalamin) 86, 201, 221 f.
Vitamin C 62, 67, 224 f.
– an Legehennen 570
Vitamin D 72 f., 89, 180 f., 183, 214 ff., 362, 422, 438, 482, 509, 540
– Bedarf 261, 282, 320, 579
Vitamin D$_3$-Hormon (s. Calcitriol)
Vitamin E 72 f., 92, 203, 208 ff., 216 ff., 362, 381, 422, 438, 482, 509, 540
– Bedarf 261, 282, 320, 579
Vitamin H (s. Biotin)
Vitamin K 72 f., 218
– Bedarf 261, 282, 320, 579
Vitamin K-Antagonisten 218
Vitaminäquivalent 209
Vitamine 208 ff.
– Absorption 209 f.
– Bedarf 261, 282, 320, 579
– Bedarfsableitung 226 ff.
– Exkretion 209 f.
– fettlösliche 208 f., 212 ff., 261, 282, 320, 362, 381, 408, 422, 540, 570
– Mangel 210 f.
– Mobilisierung 210
– Überschuss 210 f.
– wasserlösliche 208, 219 ff., 261, 282, 320
Vorbereitungsfütterung 389, 416, 420, 455 f., 546

W

Wachstum
– allometrisches 306
– kompensatorisches 306, 435
Wachstumsförderer 231
– Fütterungsantibiotica **232**
– Kupfersulfat 198, 230
– organische Säuren **233**
– Präbiotica 232
– Probiotica 232
– Phytobiotika 234
Wachstumshormon 109, 231
Wachstumsintensität 272, **305**, 416, 431, 457, 514, 525, 555

Wachstumsquotient 305
Wärmezuwachs 146
Wasser 46 ff., 613 ff.
– Bedarf 47
– – Ferkel **287**
– – Mastschweine **339**
– – Pferde **541**
– – Sauen **271**
– in Futtermitteln 48
– im Tierkörper 20
– Qualität 613 f.
– Verluste 47 f.
Weender Futtermittelanalyse **22**, 24 f., 71
Weide
– an Aufzuchtrinder 453
– Futterwert **389**
– an Mastrinder **493**
– an Milchvieh **388 ff.**
– an Mutterschafe 512
– an Pferde 544, 558
– an Sauen 267
Weidefieber (s. Weidetetanie)
Weideparasiten 495
Weidetetanie 184
Wertigkeit (StW) 163
Wertigkeit, biologische 122 ff., 332, 345, 426
Winterisieren 93
Wirkungsgrad 144, 147, 152, 536
Wollwachstum **504**

X

Xanthophyll 585
Xylose 51, 53

Z

Zink 191 f., 195, 199 f., 275, 363, 381, 540, 580, 589
– Bedarf 261, 282, 320, 579
Zinn 204
Zitronensäure für Ferkel 289
Zuchtböcke **523**
Zuchtbullen **456**
– Aufzuchtintensität **456**
– Bedarfsnormen
– – in der Aufzucht 458
– – in der Deckperiode 458
– – Fütterungshinweise 459
Zuchthähne **592**
Zuchthennen 579, 582
Zuchtläufer, männliche 302
– weibliche **296**

Zuchtsauen **239**
- Alleinfütterung **263**
- Bedarfsnormen **249**
- – faktorielle Methode 249, 252
- – Laktation **255**
- – Mineralstoffe 260
- – Spurenelemente 261
- – Trächtigkeit **251**
- – Vitamine 261
- Bildung von Körperreserven **246**
- CCM 270
- einmal füttern **271**
- Embryonensterblichkeit 241
- Erhaltungsbedarf, Sauen 250
- Ferkelbeifütterung 256
- Fischmehl 266
- Flüssigfütterung 271
- Flushing 240 f.
- Fötales Wachstum **243**
- Fruchtbarkeitsleistung 239
- Fruchtbarkeitsstörungen 246
- Fütterungsmethoden 262
- Fütterungstechnik **271**
- Futteraufnahme 247
- Gewichtsveränderungen 247, 251 f.
- Grundfutter **267**
- hofeigene Mischungen 266
- homöorhetische Regulation 247
- Jungsauen 259, 296 ff.
- Kombinierte Fütterung **267**
- Kraftfutter **268**
- Laktation **248**
- Laktationskurve 249
- Leistungsstadien **240**
- maternale Massezunahme 252
- Milchleistung 239, 248
- – Einflüsse 249
- – Messung 248
- Milchzusammensetzung **248**
- N-Umsatz 242
- Säugeleistung 239
- Sojaölzulagen 259, 266
- Stalltemperatur 272
- Trächtigkeit 241, 251
- Verwertungsfaktoren 253 ff.
- VQ der organischen Substanz 267
- Wachstum der Föten **243**
- – – der Milchdrüse **243**
- Wasserbedarf 271
- Weidegang 267
- Zeit des Deckens **240**
- Zuchtleistung 239, 246 f., 298 ff.
Zuchtsauen-Alleinfutter 263, 266
- an Eber 302
- Mischungsbeispiele 266
Zuchtschafe, junge **521**
Zuckeralkohole 101
Zugpferde (s. Sportpferde)
Zukaufsferkel **292**
Zweijährige 563

Prof. Dr. Dr. mult. h. c. M. Kirchgeßner

Manfred Kirchgeßner studierte nach dem Abitur (1948) Agrarwissenschaften in Hohenheim und Chemie an der TU Stuttgart. Nach der Promotion zum Dr. agr. in Hohenheim, habilitierte er sich 1958 für Ernährungsphysiologie. Seit 1961 ist er Inhaber des Lehrstuhls für Ernährungsphysiologie und Tierernährung an der TU München. Er blieb dem Lehrstuhl trotz vieler Rufe an andere Universitäten 36 Jahre bis zu seiner Emeritierung treu. Seine Forschungsarbeiten sind in über 1.600 Originalarbeiten in wissenschaftlichen Journalen und 8 verschiedenen Büchern veröffentlicht. Neben Fragen der Tierernährung, erforschte Kirchgeßner vor allem Grundlagen der Ernährungsphysiologie. Seit 1983 ist er Mitglied der Leopoldina, der Nationalen Akademie der Wissenschaft. Für seine Arbeiten erhielt er über ein Dutzend Auszeichnungen und Ehrungen. Außerdem wurden ihm 2 Ehrenprofessoren und 6 Ehrendoktoren aus der Agrarwissenschaft, der Veterinär- und Humanmedizin sowie der Naturwissenschaft von Universitäten weltweit verliehen.